普通高等学校"十四五"规划生命科学类特色教材

附数字资源增值服务

General Biology

普通生物学

主　编　朱宝长　　侯义龙　　郭晓农

编　者　(以姓氏笔画为序)

朱宝长　　首都师范大学

刘文斌　　武汉轻工大学

李　睿　　武汉轻工大学

张　成　　首都师范大学

陈大清　　仲恺农业工程学院

侯义龙　　大连大学

昝丽霞　　陕西理工大学

郭晓农　　西北民族大学

曹　阳　　大连大学

颜忠诚　　首都师范大学

华中科技大学出版社
http://www.hustp.com
中国·武汉

内 容 简 介

本书是普通高等学校"十四五"规划生命科学类特色教材。

本书深入浅出地介绍了生物学所涵盖的主要内容,介绍了生命的起源与进化原理,在个体生物与群体水平讨论了生物的基本原理与多样性,涉及生物的结构与功能、生长与发育、遗传与变异、繁殖与衰亡等方面的原理,也阐述了生物与环境的生态关系、人与自然的关系等。

本书可作为普通高等院校相关从业人员的基础教材,适用于各高校生物专业不同学科间的互相了解及非生物专业了解生物学的基本原理,亦可作为中学生物学教师的参考教材。

图书在版编目(CIP)数据

普通生物学/朱宝长,侯义龙,郭晓农主编.—武汉:华中科技大学出版社,2021.1(2024.1重印)
ISBN 978-7-5680-6144-5

Ⅰ. ①普… Ⅱ. ①朱… ②侯… ③郭… Ⅲ. ①普通生物学-高等学校-教材 Ⅳ. ①Q1

中国版本图书馆 CIP 数据核字(2020)第 263749 号

普通生物学
Putong Shengwuxue

朱宝长 侯义龙 郭晓农 主编

策划编辑:罗 伟
责任编辑:罗 伟 马梦雪
封面设计:刘 婷
责任校对:刘 竣
责任监印:周治超
出版发行:华中科技大学出版社(中国·武汉)   电话:(027)81321913
        武汉市东湖新技术开发区华工科技园   邮编:430223
录 排:华中科技大学惠友文印中心
印 刷:武汉科源印刷设计有限公司
开 本:880mm×1230mm 1/16
印 张:40.5
字 数:1429千字
版 次:2024 年 1 月第 1 版第 4 次印刷
定 价:89.80 元

普通高等学校"十四五"规划生命科学类特色教材
组编院校

（排名不分先后）

北京理工大学	华中科技大学	云南大学
广西大学	华中师范大学	西北农林科技大学
广州大学	暨南大学	中央民族大学
哈尔滨工业大学	首都师范大学	郑州大学
华东师范大学	南京工业大学	新疆大学
重庆邮电大学	湖北大学	青岛科技大学
滨州学院	湖北第二师范学院	青岛农业大学
河南师范大学	湖北工程学院	青岛农业大学海都学院
嘉兴学院	湖北工业大学	山西农业大学
武汉轻工大学	湖北科技学院	陕西科技大学
长春工业大学	湖北师范大学	陕西理工大学
长治学院	湖南农业大学	上海海洋大学
常熟理工学院	湖南文理学院	塔里木大学
大连大学	华侨大学	唐山师范学院
大连工业大学	武昌首义学院	天津师范大学
大连海洋大学	淮北师范大学	天津医科大学
大连民族大学	淮阴工学院	西北民族大学
大庆师范学院	黄冈师范学院	西南交通大学
佛山科学技术学院	惠州学院	新乡医学院
阜阳师范大学	吉林农业科技学院	信阳师范学院
广东第二师范学院	集美大学	延安大学
广东石油化工学院	济南大学	盐城工学院
广西师范大学	佳木斯大学	云南农业大学
贵州师范大学	江汉大学文理学院	肇庆学院
哈尔滨师范大学	江苏大学	浙江农林大学
合肥学院	江西科技师范大学	浙江师范大学
河北大学	荆楚理工学院	浙江树人大学
河北经贸大学	军事经济学院	浙江中医药大学
河北科技大学	辽东学院	郑州轻工业大学
河南科技大学	锦州医科大学	中国海洋大学
河南科技学院	聊城大学	中南民族大学
河南农业大学	聊城大学东昌学院	重庆工商大学
菏泽学院	牡丹江师范学院	重庆三峡学院
贺州学院	内蒙古民族大学	重庆文理学院
黑龙江八一农垦大学	仲恺农业工程学院	

网络增值服务使用说明

欢迎使用华中科技大学出版社教学资源网yixue.hustp.com

1.教师使用流程

（1）登录网址：http://yixue.hustp.com （注册时请选择教师用户）

注册 ▷ 登录 ▷ 完善个人信息 ▷ 等待审核

（2）审核通过后，您可以在网站使用以下功能：

2.学员使用流程

建议学员在PC端完成注册、登录、完善个人信息的操作。

（1）PC端学员操作步骤

①登录网址：http://yixue.hustp.com （注册时请选择普通用户）

注册 ▷ 登录 ▷ 完善个人信息

② 查看课程资源

如有学习码，请在个人中心-学习码验证中先验证，再进行操作。

（2）手机端扫码操作步骤

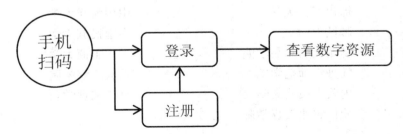

前　　言

　　虽然目前市面上《普通生物学》教材已有多个版本,各版本在不同的领域发挥着重要的功能,也为本教材的编写提供了参考,但是生物学本身覆盖面大、内容繁杂、分科细致,致使行业内外的相关从业者往往有些多见"树木",难见"森林"的感觉。生物专业内及其与外界的联系是如此密切,以至于每个人都不可避免地要在理解本学科内涵的同时,也要充分了解其与外界环境的相关性。其实生物演化本身就是不断与环境互作的结果,在信息迅猛发展的时代,人们并不缺乏知识而是缺乏对知识的系统理解,因此,编写一本让本行业人员了解生物学全貌,或者供相关行业人员通俗易懂地了解生物学的教材则显得格外迫切。鉴于生物学涵盖面较宽,很难由单一教师独自完成全部过程,我们在编写过程中采用分篇介绍的形式将生物学的各个部分呈现给读者,也方便教学过程中不同教师根据教学实际情况对内容进行灵活取舍等。由于生物学研究进展较快,内容繁杂,而实际教学中学时数有限,我们对动、植物分类的内容偏重于原则与方法,而对具体的分类过程仅仅予以简明的介绍;微生物的内容也鉴于篇幅问题没有详细阐述,并非相关内容不重要,只是考虑教学实际过程中的习惯安排等因素。

　　在每章后,我们还给出了本章的内容总结和若干思考题,便于读者从不同的角度来理解内容,同时还提供了参考书目。在本书的最后我们给出了关键术语的中英文对照,便于读者快速找到感兴趣的内容。

　　参加本教材编写的委员都是各高等院校长期从事相关教学,并对普及基础教学工作感兴趣的教师,但是,因为生物学本身分科较细,包含的内容过于庞杂,不同学科所关心的重点也有所不同,本教材是全体编委共同协作的结果。本教材共分为6篇32章,其中第一篇由李睿、刘文斌、侯义龙与朱宝长编写(朱宝长编写第1章、李睿编写第2～3章大部,其中第2章的2.7结构生物学一节由侯义龙编写,刘文斌编写第4～5章),第二篇由侯义龙编写,第三篇由朱宝长编写,第四篇由曹阳编写,第五篇由郭晓农编写,第六篇由颜忠诚编写,陈大清参与了遗传学部分的编写,张成参与了动物学部分的编写,昝丽霞参与了书稿的校对,朱宝长负责全书的统稿与编排工作。需要指出的是,在本教材的编写过程中,首都师范大学生命科学学院从人员、审校、编辑及资金等方面都给予了重要的支持,特此鸣谢。

　　由于编者编写水平有限,编写时间较短,本教材难免有错误、疏漏之处,恳请广大读者对本书的内容、编排及取舍提出批评与建议,以便改进与提高。

编　者

中英文名词对照

总目录

第一篇

细胞和生物化学基础
XIBAOHESHENGWUHUAXUEJICHU

目　录

第**1**章 绪　论

　　自从有了人类，我们就一刻也没有停止过探索自然的脚步，当然也包括探索生命和我们人类自身。在人类的早期，虽然也有过闪耀光辉的思想萌芽，但是由于初步认识的局限和工具的简陋，人们经历了漫长的时期才终于认识到了生命的基本特征。伴随着自然科学的长足发展，人们对生命的认识已经从表面深入到了器官、组织和细胞分子层面，思想也不再局限于身边而向宇宙发散。如今科学家已不再是个体形式的工作者，他们已经作为一个整体来探索世界的奥秘，我们又从微观走出，透过细胞看到组织器官，通过个体放眼群落、系统、生物圈及外太空，沿着科学的脚步走向揭示生命本质的无垠边际。

1.1　生命的内涵与外延

　　生命并非地球所仅有，在浩瀚的宇宙中，具有形成生命条件的星球应该不少，然而我们与它们以及它们之间相距太遥远，以至于地球是我们现在唯一知道的孕育生命，特别是高级生命形态的星球。

1.1.1　地球的演化

　　据地球物理学研究结果推测，地球大概是在 45 亿年前形成的。最早的生命大概是在 38 亿年前出现的。在生命出现之前，地球是寂静的岩石，在地球上有水之后则形成了大海和浅滩，之后或同时又有了笼罩在地球表面上的薄层气体，此时，地球只是由岩石圈、水圈和大气圈所构成的。后来生物出现了，生物逐渐发展而占据了岩石圈、水圈和大气圈中的一定区域而形成了生物圈。生物在生物圈中利用阳光、水分、空气和盐类而生活繁衍，经历了亿万年漫长岁月以及与环境间的相互作用，终于形成了现在的纷繁复杂的生物界，它绚丽多姿令人惊叹。

1.1.2　生物圈

　　虽然在 4000 m 深的海底仍有细菌等生物，但大多海洋生物则是聚集在 150 m 深度以内的。在陆地上，一些深达 2000 m 的地下石油矿床中曾找到过细菌，但一般说来，生物只局限在 50 m 以内的土层中，鸟类飞翔最高也不过 2000 m。由此可见，生物圈只是一个包括岩石圈（含土壤在内）、水圈和大气圈在内的狭长地带而已。但是这个狭长地带对生物来说已是一个足够广阔的空间了，这个空间在地球上连接成我们现在所说的生物圈，但是严格地讲，生物圈（biosphere）是指所有生物和它们所生存的环境共同组成的空间状态。生活在这广阔空间里的生物，已知的约有 200 万种，如果算上已经灭绝的生物（估计至少也有 1500 万种），那就至少有 1700 万种了。

1.1.3　生命的特征

　　生物的形态非常复杂，种类繁多，数量巨大，生命现象十分错综复杂，以至于目前还没有一个可以完全概括生命的定义，然而，可以从错综复杂的生命现象中提出生物的一些共性，即生命的特征。

　　1. 化学成分的同一性　从元素成分来看，生命体都是由 C、H、O、N、P、S、Ca 等元素构成的；从分子成分来看，生命体中有蛋白质、核酸、脂肪、糖类、维生素等多种有机分子。其中，蛋白质都是由 20 种氨基酸组成，核酸主要由 4 种核苷酸组成，ATP（三磷酸腺苷）为储存能量的分子。

　　2. 严整有序的结构　生命的基本单位是细胞，细胞内的各结构单元（细胞器）都有特定的结构和功能。

生物界是一个多层次的有序结构。在细胞这一层次之上还有组织、器官、系统、个体、种群、群落、生态系统等层次。每一个层次中的各个结构单元,如器官系统中的各器官、各器官中的各种组织,都有它们各自特定的功能和结构,它们的协调活动构成了复杂的生命体系。各种生物编制基因程序的遗传密码是统一的,都遵循 DNA-RNA-Protein 的中心法则。

3. 新陈代谢(metabolism) 生物体不断地吸收外界的物质,这些物质在生物体内发生一系列变化,最后成为代谢过程的最终产物而被排出体外。

同化作用(assimilation):从外界摄取物质和能量,将它们转化为生命本身的物质和储存在化学键中的化学能。

异化作用(dissimilation):分解生命物质,将能量释放出来,供生命活动之用。

4. 生长特性(growth) 生物体能通过新陈代谢的作用而不断地生长、发育,遗传因素在其中起决定性作用,外界环境因素也有很大影响。

5. 遗传和繁殖能力(genetics) 生物体能不断地繁殖下一代,使生命得以延续。生物的遗传是由基因决定的,生物的某些性状会发生变异;没有可遗传的变异,生物就不可能进化。

6. 应激能力(irritability) 生物接受外界刺激后会发生反应。生物体的改变受到其生物信号系统的整体控制。

7. 进化(evolution) 生物表现出明确的不断演变和进化的趋势,地球上的生命从原始的单细胞生物开始,经过了多细胞生物形成,各生物物种辐射发生,以及高等智能生物人类出现等重要的发展阶段后,形成了今天庞大的生物体系。

1.1.4 生物分类与命名

生物分类学(taxonomy)是研究生物分类理论和方法的学科。它包括分类(classification)、命名(nomenclature)和鉴定(identification)三个独立与相关的分类学领域。分类是根据生物的相似性和亲缘关系,将生物归入不同的类群(分类单元);命名则是根据国际生物命名法规给生物分类单元以科学的名称;而鉴定是确定一个新的分类生物属于已经命名的分类单元的过程。所有生物类群都需要对目标生物进行上述研究过程,因此,概括来说生物分类学是对各类生物进行鉴定、分群归类,按分类学准则排列成分类系统,并对已经确定的分类单元进行科学命名的学科。其目的是探索生物的系统发育及其演化历史,揭示生物的多样性及其亲缘关系,并以此为基础建立多层次的、能够反映生物界亲缘关系和演化发展的自然分类系统。

双名命名法又称二名法,依照生物学上对生物种类的命名规则,所给定的学名形式,自林奈《植物种志》(1753 年,Species Plantarum)后,成为种的学名形式。每个物种的学名由两个部分构成:属名和种名(种小名)。属名由拉丁语法化的名词形成,首字母须大写;种名是拉丁文中的形容词,首字母不大写。习惯上,在科学文献的印刷出版时,学名常以斜体表示,或是于正排体学名下加下划线表示。这个命名法目前仍在使用。

分类学家根据生物之间相同、相异的程度与亲缘关系的远近,以不同的分类特征为依据,将生物逐级分类;主要的分类等级或分类阶元(taxonomic category)单位为界(kingdom)、门(phylum)、纲(class)、目(order)、科(family)、属(genus)、种(species)七级。其中,种是分类的基本单元。排列在一定分类等级上的具体分类研究类群,有特定的名称和分类特征,常称为分类单元,将各个分类单元按照分类等级顺序排列起来,构成阶层系统。为了更精确地表达分类地位,有时候还可以将原有等级进一步细分,在上述的每一级之前,都可增加一个"总或超级",而在每一级之下插入一个"亚级",分别在其拉丁文名称前面冠以 super-(总)和 sub-(亚)等字头。于是就有了总目(superorder)、亚目(suborder)、总纲(superclass)、亚纲(subclass)等名称。这些次要的等级,在分类研究中根据包括类群数量的多少可以使用,也可以不使用。

林奈曾提出将所有的生物划分为动物和植物 2 个界,德国生物学家海克尔(E. Haeckel)于 1886 年提出三界学说:植物界(Plantae)、动物界(Animalia)和原生生物界(Protista)。原生生物界包含单细胞的生物、一些简单多细胞动物和植物。其后,1969 年魏特克(R. H. Whittaker)提出了五界分类系统(图 1-1)。他首先根据核膜结构有无,将生物分为原核生物和真核生物两大类。原核生物为一界。真核生物根据细胞多少进一步划分,由单细胞或多细胞组成的某些生物归入原生生物界。余下的多细胞真核生物又根据它们的营养类型分为植物界,光合自养;真菌界,腐生异养;动物界,异养。

五界系统虽然能反映出生物间的亲缘关系和进化历程,但仍不够完善。所以中国著名昆虫学家陈世骧,

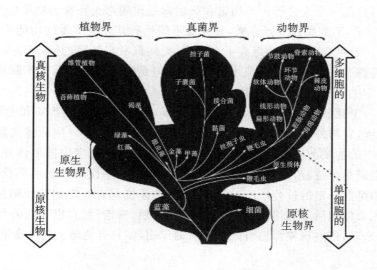

图 1-1　五界分类系统示意图

于 1979 年提出三总界六界系统,即非细胞生物总界(包括病毒界)、原核总界(包括细菌界和蓝藻界)、真核总界(包括真菌界、植物界和动物界)。

1.2　生命和人类的本质

一般人不难区分什么东西是有生命的,什么东西是没有生命的,但给生命下一个科学的定义却是学术界的一个难题,至今没有完全解决。这个问题直接关系人类对自身的理解。生命现象是多层次的,但是生命的本质是统一的。生命本身的复杂性以及人们认识的阶段性,使得生命还没有一个为所有科学家都能够接受的准确定义,我们只能抓住生命本质的特征去定义生命。

因此,人们从不同的角度出发对生命都有不同的定义。宗教信徒以为生命是上帝的作品;文学家以为生命是情感的载体;物理学家认为生命是一个耗散结构,任何生命都要与外界环境不断地交换物质和能量,否则生命就会死亡;化学家认为生命是一系列化学反应;分子生物学家认为生命是由核酸和蛋白质等物质组成的分子体系,它具有不断繁殖后代以及对外界产生反应的能力,即生命是由核酸和蛋白质(特别是酶)的相互作用而产生的可以不断繁殖的物质反馈循环系统(自组织系统)。但是,核酸和蛋白质只是生命的核心部分,只有当这些分子与其他的有机物和无机物结合后,生命才表现为完整的形式。

1.2.1　不同学科的生命定义

现代化学将生命定义为"生命是具有自催化特征的循环反应分子体系,能和环境共同循环;通过协同作用、整合作用所构成的在功能上耦合的超循环组织"。

按照这个定义,大量分子体系的循环反应,通过协同作用能够相干进化,从而保持稳定状态。生命的信息可以储存在大分子 DNA 上,也可以通过复制、转录、翻译的生物化学循环反应结构而放大,形成个体,这就是生命。而按照这个定义,病毒也应该是完整的"生命"。病毒必须依赖细胞而生存;对于病毒来说细胞就是它的生存"环境",能和环境共同循环。按照传统定义,病毒不是完整的生命。共同循环的概念超越了"应激性"的概念,稳态与进化是根本,而遗传并不是必需的(共同循环在生态角度可以理解为协同进化)。

分子生物学认为生命是由核酸和蛋白质等物质组成的分子体系,它具有不断繁殖后代以及对外界产生反应的能力。

最简单的生命是病毒(virus)。病毒是一种没有细胞结构,只能在活细胞中增殖的微生物,也就是说病毒在活体细胞之外不具有生命特征,只是一团物质。病毒是一种介于生命和非生命之间的一种生命。卫星烟草坏疽病毒是由 1300 个碱基对构成的只有 1 个基因的最小的病毒。卫星烟草坏疽病毒不能独立复制,必须与烟草坏疽病毒同时出现时才能复制。也就是说,单独的卫星烟草坏疽病毒无论是在活体细胞外,还是活体细胞内都不具有生命特征,只是一个大分子。类病毒和朊病毒是比病毒更特殊的物质。类病毒是由 359 个碱基对构成的单个的 RNA 分子,不能翻译为蛋白质,其自身不能编码其存活所需的功能蛋白质,只能在宿主细胞的酶的帮助下才能复制。卫星烟草坏疽病毒有 1 个基因,类病毒没有基因,更不像是生命。只有 30 nm 到 50 nm 大小的朊病毒就更特殊,不含核酸,就是疏水性蛋白质,但是朊病毒能够通过不断聚合,形成自聚集纤维。这些例子都说明生命与非生命之间并没有严格的界限。

物理学认为生命是一个耗散结构,任何生命都要与外界环境不断地交换物质和能量,否则生命就会死亡。

生命是一个开放系统,它与外界不仅有能量的交换,而且有物质交换。生命体实际上是从环境中取得以食物形式存在的高熵状态的物质和能量,把它们转化为了低熵状态并把废物排出体外,从而保持自身的熵处于比环境更低的水平,也就是维持着自身的有序状态。生命体的有序性从分子水平看就很明显,大分子如核酸、蛋白质在各种细胞中都有一定的排列顺序,以至一个生态系统都有一定的空间结构。有序性不但表现在空间分布上,也表现在生命体的活动规律上,如生长、发育、生殖、衰老、死亡以及对外界刺激做出有规律的反应等。从热力学的观点来看,这些现象都出自太阳辐射的作用,但只有地球上有生命活动,生命的出现必然还有它自身内在的因素。

一般认为生命是生物的生长、发育、繁殖、代谢、应激、进化、运动、行为、特征、结构所表现出来的生存意识。生物是生命、生存意识和物质的统一体。这些定义显然没有把用物理技术或生物技术制造的人造智慧结构视为生命。因此,需要重新定义生命的概念。

生命是由高分子的核酸蛋白体和其他物质组成的生物体所具有的特有现象。与非生物不同,生物能利用外界的物质形成自己的身体并繁殖后代,按照遗传的特点生长、发育和运动,在环境变化时,常表现出适应环境的能力。

有人根据上述特征将生命的定义更简洁地概括为任何具有生存表现的物质结构都是生命。生存表现就是试图维持或延续其生存状态的表现。生存状态是由物质或能量流动维持的一种物理上的稳态,一旦物质或能量停止流动,这种稳态就会耗散。具有生存状态但不具有生存表现的物质结构不是生命。例如:电脑通电时表现出一种稳态,断电时这种稳态就消失了。可以认为电脑具有由电能维持的生存状态,但不能认为其具有生命。如果电脑要求人类不要切断它的电源,那么这就是电脑向人类提出的生存要求,这才是一种生存表现。能向人类提出生存要求的人造物质结构也是生命的一种形式。

由核酸、蛋白质和水构成的蛋白体不断自我更新,以维持其生存状态,即代谢是维持生存状态的一种生存表现。繁殖则是延续生存状态的一种生存表现。因此人们认为,繁殖、代谢和生存要求是三种基本的生存表现。天然物质结构因为具有繁殖或代谢的生存表现而成为生命;人造物质结构因为能提出或能表现出生存要求而成为生命。当人造物质结构表现出生存要求时,就说明其具有了潜在的生存意识。人类自我意识的觉醒经历了漫长的发展过程,至今还没有彻底觉醒。

1.2.2 生命的自然形态

一般认为 H、C、Si、N、P、O、S 七种元素是宇宙中生命的基本元素。以 C、H、O、N、P 五种元素为基础的生命称为碳基生命。以 Si、H、S、N、P 五种元素为基础的生命称为硅基生命。以 C、H、S、N、P 五种元素为基础的生命称为非稳态碳基生命。以 Si、H、O、N、P 五种元素为基础的生命称为非稳态硅基生命。非稳态碳基生命和非稳态硅基生命可以存在,但难以形成高等生物,多为细菌级别的生物。一般认为在自然情况下,可能只有碳基生命和硅基生命才能形成高等生物。

碳基生命以 C、H、O、N、P 五种元素为基础。腺嘌呤 $C_5H_5N_5$、胸腺嘧啶 $C_5H_6N_2O_2$、尿嘧啶 $C_4H_4N_2O_2$、鸟嘌呤 $C_5H_5N_5O$、胞嘧啶 $C_4H_5N_3O$、核糖 $C_5H_{10}O_5$、脱氧核糖 $C_5H_{10}O_4$、磷酸 H_3PO_4 和 20 种标准氨基酸 $R-CH(NH_2)-COOH$ 是构成碳基生命的 28 种基本单位。碳基生命的生物化学反应都在水中进行。例如:腺嘌呤、胸腺嘧啶、鸟嘌呤、胞嘧啶和脱氧核糖构成 DNA,腺嘌呤、尿嘧啶、鸟嘌呤、胞嘧啶和核糖构成 RNA,氨基酸构成蛋白质。碳基生命就是 DNA、RNA、蛋白质和水构成的蛋白体。

硅基生命以 Si、H、S、N、P 五种元素为基础。有人认为可以用硅腺嘌呤 $Si_5H_5N_5$、硅胸腺嘧啶 $Si_5H_6N_2S_2$、硅尿嘧啶 $Si_4H_4N_2S_2$、硅鸟嘌呤 $Si_5H_5N_5S$、硅胞嘧啶 $Si_4H_5N_3S$、硅核糖 $Si_5H_{10}S_5$、硅脱硫核糖 $Si_5H_{10}S_4$、硅磷酸 H_3PSi_4 和 20 种硅氨基酸 $R-SiH(NH_2)-SiSSH$ 为基本单位制造出硅基生命。事实上,仅用硅 RNA 就可以制造出最简单的硅基病毒。硅基病毒无法在碳基细胞内复制。然而,制造高等硅基生物远比想象的复杂。

硅链在水中不稳定,容易断掉。或许硅基生命的生物化学反应不在水中进行,而在 H_2S 中进行。碳基植物会释放 O_2,碳基动物会排出 CO_2。硅基植物却不一定会释放 S,硅基动物也不一定会排出 SiS_2。硅基生命与碳基生命之间并不是简单的对应关系。

在 1 个标准大气压下,H_2S 的熔点为 $-85.5\ ℃$,沸点为 $-60.4\ ℃$;SiS_2 熔点为 $1090\ ℃$,沸点为 $1130\ ℃$;S_8 环状分子构成的菱形硫熔点为 $112.8\ ℃$,沸点为 $444.7\ ℃$;S_8 环状分子构成的单斜硫熔点为 $119.0\ ℃$,沸点为 $444.6\ ℃$。在实验室中,通过控制气压,使 H_2S 变为液态才有可能让人造硅基生命存活。然而,人们对硅基生命还缺乏了解,许多特征或性状并未完全明了,甚至还没有硅基生命在宇宙存在的充分证据。

生命存活的最小单位是生物个体,生命延续的最小单位是种群,维持种群存在的最小单位是生态体系(群落),维持所有生命的基本范围是生物圈。

1.2.3　人的定义

广义地看,任何具有自我意识且能创造知识的生物都是人。地球上的高等智慧生物简称地球人,外星高等智慧生物简称外星人。这里所说的人包括地球人和外星人,并非仅指地球人。地球人包括自然人和超自然形态的人,后者是指用物理技术或生物技术制造的人造智慧结构。

一般认为高等智慧生物就是具有自我意识且能创造知识的生物。如果该生物能够把自己与其他物质结构区分开,能够把自己的行为与行为的对象区分开,能够把自己这个主体和自己的行为区分开,能够认识到自己这个物质结构的全部,那么这个物质结构就具有了自我意识。

有人认为仅仅拥有自我意识并不能称为高等智慧生物。例如:婴儿可以认出镜子里面那个像就是他自己。猩猩和大象等少数动物也可以认出镜子里面那个像就是它自己。所谓创造知识,就是能够根据已知条件进行推理和猜想。例如:给出"2、4、6、8、x、12"这串字符,可以推理出 x 就是 10。又如:人类的祖先看到日出日落和月亮的阴晴圆缺,可以制定出历法。

高等智慧生物可以根据已知条件进行推理和猜想,所以高等智慧生物的生活方式是不断改变的。非高等智慧生物的生存方式基本不变。例如:许多鸟类具有飞行的本能,但只能够在一定的生境中按既定的行为模式活动,而人类虽不具有飞翔的本能,但能发明飞机,人还可以登上月球。

地球人的定义:地球上承载人类的知识和思想的生物体就是地球人。在本质上是因为其拥有承载人类的知识和思想的脑,而不是因为其拥有四肢或五官。人脑只是一种承载人类的知识和思想的物质结构,地球人就是人类的知识和思想的集合体。每个地球人都是人类的知识和思想的一种表现形式。承载不是简单的存储,而是基于思考的继承。例如:现在的电子计算机可以储存人类的知识,但不能思考,不属于人类。更明确地说,存储了人类的知识和思想,并且拥有想象力和创造力的物质结构才是地球人。然而,自然人、人造脑、人工脑,以及可能的硅脑、超自然脑、脑机融合脑、模拟人脑和虚拟人等人造智慧结构只要承载了人类的知识和思想,也可以是地球人,与自然人相比,只是其物质形态不同而已。

不能以貌取人,不能以肤色取人,不能以种族取人,也不能以物质形态取人。这些物质形态不同的人与自然人一样都承载了人类的知识和思想,与人类拥有相同的基本意识形态,是人类的一部分,是人类文明的一部分。限制得更严格一些,拥有想象力、创造力和自我意识,并认同人类的基本价值观的人造智慧结构才是地球人。实际上,必须拥有想象力和创造力才能称为人造智慧结构。当人造物质结构拥有想象力和创造力时,其自我意识就将不可避免地产生。有人认为任何物质形态的任何人都是人类的知识和思想的一种表现形式,是具有能动性或创造性的一种表现形式。

现在的人脑是地球上的生命经过 42 亿年的自然进化而形成的。从 700 万年前人类的祖先在非洲乍得出现算起,人脑自然进化的过程也是相当缓慢的。现代人的大脑皮层约有 140 亿个脑细胞,脑容量约为 1500 mL,而类人猿的脑容量仅为 500 mL。有人认为人类脱离缓慢的自然进化,进行高速的人工进化是人类文明发展的可能途径,也是应对人造智慧结构挑战的必由之路。人类可以按照需要对自己进行进化。例如:人类可以使用成熟的分子生物学技术删除或修改"致病基因"实现终身无病,插入"各种免疫基因"实现超强抗病能力,甚至修改"脑基因"快速提高脑容量并获得超级智慧等。此时,实现人工进化后的人则是人造人。人造人是智商极高、终生无病、效率极高的人造智慧,因而是人类文明的巅峰之作。

1.2.4 生命的基本特征

虽然生命的定义尚未完全统一,但是,生命的基本特征却有其共同的属性。

生命或生存意识是生物的本质、内在规律和组成部分,是生物的无穷变化遵循的普遍规律。生物是生命、生存意识和物的统一体。

生物的生长、发育、繁殖、代谢、应激、运动、行为、特征、结构是生命或生存意识的表现形式,我们通过观察生物的表现形式,就可以判断出一个物体是否具有生命或生存意识、是生物还是非生物。

1. 什么是生命 虽然生物种类繁多,数量巨大,生命现象十分错综复杂,给生命下一定义无疑是困难的,但是从错综复杂的生命现象中提出生物的一些共性,即生命的属性(化学结构的统一、分子细胞及整体的有序性、新陈代谢性、应激性、稳态持续性、生长发育及繁殖遗传性),则是可能的。下面从生命定义的发展以及现代生命观的多个方面为大家展示人们对生命的理解。

2. 关于生命本质的一些理论 在自然科学还没有获得长足发展时,人们对生物界的五光十色,对生命所表现的各种属性感到深奥莫测,无法解释。因而他们往往把生命和无生命当作两个截然不同、没有联系的领域。他们将各种生命现象归结为一种非物质的或超物质的力,即"活力"(entelechy)的作用,这就是活力论(vitalism)。在宗教界,这种超物质的力指的就是上帝的意志,这就是特创论(creationism)的基本观点,随着科学的发展,特创论、活力论等在现代生物学中已无立足之地。1928年,德国化学家 F. Wohler 在实验室合成了尿素,首次证明原先只在体内产生的有机化合物——尿素是不需要活力就能合成的。1859年,达尔文的巨著《物种起源》的问世,使生物学与"上帝"或超物质的力决裂。1897年,E. Buchner 发现,在无细胞的酵母提取液中也能产生乙醇,证明发酵这样一个重要的生命过程,只要有"酿酶"(zymase),就可以在试管中发生,而不需要"活力"。20世纪以来,特别是分子生物学的发展,进一步证明生命是物质的运动形式,是不需要虚无缥缈的"活力"参与的。

在历史上,活力论和目的论(teleology)的关系十分密切,目的论将生物对环境的适应及生物结构与功能的变化归结于"造物主"的意志和智慧,这固然是不可信的,但生物确实存在着某种"预定的程序",有"一定的目标"。例如,生物的代谢活动和其他生理活动的客观目的是维持生物的稳定,从而使生物能够正常地生活、生长。又如,生物的个体发育总是沿着一定的模式和程序进行的,由此形成的个体,它的每一个结构单元,如每一个器官系统的结构和功能也都是互相适应的,而同时又都是适应于在一定环境条件下的生存和延续的。

20世纪,随着生理学、控制论以及分子生物学的发展,生物学已经能够用物质的相互作用来解释生物的目的。例如,稳态已经不再是什么神秘的东西,而是一系列生理过程的调节作用的结果;奇妙的个体发育过程无非是遗传信息按一定程序表达的结果。这样的例子是很多的,虽然有许多细节还有待进一步澄清,但是生物目的实现机制在大体上是清楚的,这里也没有"活力"存在的余地。

在相当长的历史时期内,和活力论对立的理论是机械论(mechanism)。这是早在西方文艺复兴时代,一些自然科学的先驱者们提出来的关于生命的理论。他们认为生命系统很像机器,机器是可以用物理学解释清楚的,因而生命系统也可以从物理学方面得到解释。根据这一理论,机械论者将生物和机器相类比,主张用物理学以及化学的成就和方法来研究生命的过程,这是有积极意义的。19世纪后叶,生物学家一改过去单纯形态观察的机械状态,努力使用物理的和化学的手段进行实验研究,结果发展了实验生物学。20世纪以来,生物学家在用物理和化学规律解释生命现象的研究方面取得了丰富的成果,使生物学的面目为之一新。在此基础上,新的理论即还原论(reductionism)产生了。所以,还原论和机械论是一脉相承的。还原论的基本论点是生命运动的规律可以还原为物理的和化学的规律。还原论者认为,生物的一切属性都可以用分子和分子相互作用的规律来说明。和还原论相对的理论为整体论(holism),又称反还原论(anti-reductionism)。它认为,生物体是一个整体,生物体的各组成部分的规律,如分子的规律、细胞的规律等,加起来不等于整体的规律。局部的规律只有在整体的调节下才有意义,单靠生物体内的分子层次的规律是不能解释生物整体的属性的。现在这两种意见的争论还在继续。生命是复杂的综合过程,正因为如此,只有阐明了生命过程中的物理、化学规律,才能揭示生命怎样发生,以及生命的本质。由此可知,还原论的方法是完全必要的。另一方面,生命系统的整体属性既和它的组成部分的性质有关,也和这些组分在生物系统中的特定地位和相互关系,即和生物体的有序结构密切有关,这就需要把生物当作一个整体,用整体的观点和方法来研究它。

3. 现代生命观 根据生命形态的表现特征所归纳的生命定义在现代科学出现后,人们对自然现象分门别类加以研究。不同科学从不同的角度来研究生命,因此对生命的看法也不尽相同。20世纪50年代以前,人们从所有生命形态的共同表面特征归纳出一个"生命"的定义:生命是一个具有与环境进行物质和能量交换、生长繁殖、遗传变异和对刺激做出反应的特殊物质系统。这种定义,描述了生命活动的一般特征,具有一定的科学认识价值。但是随着科学的发展,人们愈来愈觉得这种定义有很大的局限性。因为所有的这些特征都可以有一些例外。

(1)化学进化论 主张从物质的运动变化规律来研究生命的起源。认为在原始地球的条件下,无机物可以转变为有机物,有机物可以发展为生物大分子和多分子体系直到最后出现原始的生命体。1924年苏联学者A. N. 奥巴林首先提出了这种看法,1929年英国学者J. B. S. 霍尔丹也发表过类似的观点。他们都认为地球上的生命是由非生命物质经过长期演化而来的,这一过程被称为化学进化,以别于生物体出现以后的生物进化。

1936年出版的奥巴林的《地球上生命的起源》一书,是世界上第一部全面论述生命起源问题的专著。他认为原始地球上无游离氧的还原性大气在短波紫外线等能源作用下,能生成简单有机物(生物小分子),简单有机物可生成复杂有机物(生物大分子),并在原始海洋中形成多分子体系的团聚体,后者经过长期的演变和"自然选择",终于出现了原始生命,即原生体。化学进化论的实验证据越来越多,已为绝大多数科学家所接受。

(2)黑格尔生命观 "生命"概念在黑格尔那里是一个核心概念,在早期为了解决人的异化问题,黑格尔提出了"生命"这个灵魂与肉体、主观与客观相统一的概念来使生命获得自由。后期黑格尔更是把生命逻辑化,看成是直接性的理念,同时提出了逻辑的生命、自然的生命、精神的生命三种生命观,使得生命的概念泛化,把整个世界以及整个思想体系都看成一个有机的生命体。马克思认为黑格尔思想的合理内核就在于其辩证法思想,黑格尔把辩证法与理念捆在一起进行讨论,因而对辩证法思想的讨论在黑格尔的著作中,所占篇幅并不是很多。但是不能否认辩证法在黑格尔思想中的重要地位,辩证法是黑格尔思想的灵魂和核心,辩证法是理念内在所固有的,是生命和精神最内在的环节。直接性的理念,即黑格尔所谓的"生命"的运动使辩证法成为思辨的辩证法,成为可以进行自我反思、自我扬弃、又回归自我的自由运动的辩证法的内在根源。在黑格尔那里,生命或者说概念是个精神性的东西,黑格尔辩证法的灵魂是生命和精神的自身运动,即概念的、自我的、能动的、否定的运动,否定性使得概念获得的辩证运动成为可能。

(3)恩格斯生命观 恩格斯给生命下了一个定义:生命是蛋白体的存在形式。这个存在形式的基本因素在于和它周围外部自然界不断地新陈代谢,而且这种新陈代谢一旦停止,生命就随之停止,结果便是蛋白质的分解。

恩格斯认为自然界存在五种运动形式,即机械运动、物理运动、化学运动、生命运动和社会运动。这五种运动形式从历史的角度看,反映了自然界演化发展的顺序,每一种后面的运动形式都是由前面的运动形式演化来的。不同的运动形式有不同的物质承担者,有不同的运动规律,高级的运动形式包含低级的运动形式。生命运动是一种高级的运动,它是由化学运动发展而来的,它的物质承担者及其运动规律都不同于化学运动,但生命运动包含化学运动。

恩格斯所指的蛋白体是广义的,它甚至不是现代意义上的一种高分子,而是一个物质系统。他把生命和蛋白体等价。生命是蛋白体所固有的,生来具备的,没有这种过程,蛋白体就不能存在。恩格斯说的"蛋白体"就是指核酸和蛋白质。也就是说没有蛋白质就没有生命。恩格斯的生命定义,在一定程度上揭示了生命的物质基础,即具有新陈代谢功能的蛋白体。

(4)分子生物学的生命观 从生命物质微观构成的共性,来概括生命定义。根据分子生物学的研究,人们对构成生命活动的基本物质有了比较详细的了解。生命体的形状、大小和结构可以千差万别,但它们都是由脱氧核糖核酸(DNA)、核糖核酸(RNA)和蛋白质等大分子为骨架构成的。

DNA是由四种不同的脱氧核苷酸的小分子(单体),按一定排列次序组成的一条非常长的分子链。例如,大肠杆菌的DNA就是由约2万个脱氧核苷酸分子组成的长链。在各种不同形式的生命体中,DNA相当于同样的字母写出的长短不同、排列次序不同、因而意义也不同的书。RNA也是由四种不同的核糖核苷酸的单体连接而成的分子链。其情况与DNA相似,但是链较短。各种不同形式的生命体有着各式各样长短不一的分子链。RNA蛋白质是由20种不同的氨基酸单体按照一定顺序连接起来长链分子。各种不同的生命体中具有各式各样的单体排列的长短不同的蛋白质链,链的折叠、卷曲形状也不同。总之,各种生物的DNA、RNA和蛋白质都分别由脱氧核苷酸、核糖核苷酸和氨基酸单体组成,也就是说它们都是由通用的"元件"组成的。这些核酸、蛋白质在各种生物的生命活动中所起的作用也基本相同。

DNA 可以自我复制,因而使生命物质具有繁殖和遗传的能力。DNA 能通过转录和翻译决定 RNA 及蛋白质的结构,从而控制了生物的形态结构和生理功能,而复制、转录及翻译这些过程又都需要蛋白质酶及 RNA 参与。这样,就有了一个分子生物学的生命定义:生命是由核酸和蛋白质,特别是酶的相互作用产生的,可以不断地繁殖的物质反馈循环系统。

这种说法是对生命物质的微观结构及其运动过程的描述。它概括了分子生物学的一些重要的理论突破,但仍然有一些界限不清楚的地方。自然界有一类东西称为“病毒”,病毒只是一些裸露的环状核酸,由核酸链和蛋白质外壳构成,单独存在时,它好像一种纯粹的化学物质,并可结晶,而一旦进入了活的特定的宿主细胞中,就可利用宿主细胞内能量的供应,复制、转录和翻译的“机器”自我繁殖。此外,类病毒也有类似的情况。这些物质是否具有生命? 有人认为,只要能控制自身繁殖和遗传变异并对进化力量独立做出反应的都应称之为生命。如果这样讲,那么病毒、噬菌体、质粒之类的物体就都可划为生命体。也有人认为,生命必须能够独立自主地复制、转录、翻译,而病毒、类病毒和质粒等是一种不完整的生命形态,它们都是寄生的,不能独立存在。后一种观点也不能成为明确的生命定义的划分界限,因为生命体从来就不是一个孤立的存在物,生命与周围环境与其他生命都有着不可分割的联系。这就使得什么是独立生活,什么是寄生生活失去了明确的意义。因此还需要从宏观的角度,也就是从生态学去研究生命观。

(5)生物物理学的生命观 生物物理学着重从物质运动的一般规律上指明生命特征。

热力学第二定律用一种称作“熵(entropy)”的函数来衡量一个系统的均匀程度。一个孤立系统,即与外界没有物质和能量交换的系统,运动总使熵(无序值)增加。当熵达到极大值时,宏观物质运动就会停止,达到热力学平衡。此时系统处于均匀的、无序的状态。地球不是一个孤立系统,而是一个闭合系统,即与外界只有能量交换而无物质交换的系统,它受到太阳辐射的能量,同时又向太空反射和辐射能量。根据熵的定义,太阳属于相对低熵区域,由于地球表面温度远低于太阳,地球向太阳反射辐射的能量,处于相对高熵区域,可用这样一个公式来描述:

$$\frac{\mathrm{d}S}{\mathrm{d}t} = \frac{\mathrm{d}Q}{\mathrm{d}t}\left(\frac{1}{T_{太阳}} - \frac{1}{T_{地球}}\right) < 0$$

式中,S 代表熵,$\mathrm{d}S/\mathrm{d}t$ 代表熵随时间的变化率,Q 代表能量,$\mathrm{d}Q/\mathrm{d}t$ 是能量随时间的变化率。$T_{太阳}$ 和 $T_{地球}$ 代表太阳表面温度和地球表面温度。这个公式小于 0 表示在太阳转化过程中,地球的熵在下降。地球上的物质和能量由此处于不均匀和有序状态。

尽管地球的物质和能量都没有显著的变化,但地球上各种元素由于太阳辐射发生了不同的反应产生了不同的运动,这些运动导致了地球上物质的不均匀分布。因太阳辐射所造成的能量流动对地球的影响在一个长时期内的是稳定的、有节奏的和有规律的,所以地球物质分布的不均匀也是有节奏和有规律的。这就产生了地球物质分布和运动的有序状态。

物理学家薛定谔(1887—1961)于 1944 年运用量子力学解释生命过程,他认为:生命系统是一个具有从无序制造有序的奇特能力的特殊热力学体系,它依靠吸收“负熵”保持体系的稳定。一切生命运动——代谢、遗传、繁殖都依赖于核酸、蛋白质、多糖等各种生物大分子严密组织和高度协同的物理和化学作用。近代理论科学的非线性新概念,认为生命系统的特殊性质就在于它是一个开放的远离平衡的耗散性结构体系,它与外界不断地交换能量和信息,通过这些交换、吸收外界的能量来维持自身的高度组织状态,逐渐使本身结构从无序到有序,由简单向复杂演变,促使体系自身形成较低熵状态。这种特征在生命过程中表现为新陈代谢,在遗传过程中表现为渐变和突变。

(6)生态学的生命观 就已知的事实看,太阳系内,生命活动只见于地球的生物圈——由高约离地表 20 公里的大气层,直至地表十几公里的深处,这一相对来说不算厚的空间构成。

在生物圈内,有的生命具有叶绿素,可进行光合作用,大部分植物、蓝藻和部分细菌属于这类生命。还有一些生物没有叶绿素,不进行光合作用,必须依靠摄取自养生物或其他生物为食而生存,称为异养生物。真菌、动物(包括人在内),以及大部分细菌属于这类生命体。生物圈中的无机物质,通过自养生物的光合作用进入了生物体,其中一部分通过自养生物自身的代谢活动而回到无机世界,一部分为异养生物所摄取,通过其代谢活动又回到了无机世界。而大部分植物秸秆和动物尸体最后都经腐生生物(也为异养生物)的降解作用而最终返回无机世界。这样就形成了生物圈内的物质运动循环。这种循环运动都是单方向进行的,不可逆转,在这个循环运动中少了哪一环或哪一环不畅通,都会影响到整个生物界。没有自养生物或自养生物不足,异养生物当然难以生存;但只有自养生物,没有异养生物,大量有机物质积累后不能降解,也会阻塞自养生物继续生存的道路。

从物质的简单形式来看,如在大气中的以二氧化碳形式存在的碳元素,经过自养生物的光合作用,与水化合成糖类进入生命体内,一部分经过自养生物自身的呼吸作用,重新成为二氧化碳回到大气中,其余部分则被各种异养生物所利用,通过它们的呼吸回到无机世界。这样就形成了一个碳元素的循环,这个循环在生命中还必须与其他很多元素(如氢、氧、氮、磷、硫等)的循环,通过化学反应耦合起来,同时推动这些元素在空间进行循环运动。这样的循环不仅在宏观的生物圈中存在,在生物体的微观运动中也是存在的。生态学把生命看作是生物圈中种种不可逆的物质循环过程的中心环节,但它仅描述了生命外部条件及其所处的地方,并未指明生命本身的质的特点。

(7)信息论　研究构成生命的物质成分与微观结构,固然是生命科学的重要内容,但是更重要的是把物质运动与信息化运动作为生命科学的整体来研究,重点放在物质运动中如何产生信息化运动来揭示生命的本质。从产生信息化运动的原理入手,来揭示生命的物质运动原理,因为,生命虽然是一种物质运动,但绝对不能简单地理解为纯粹的物理现象,而应该是信息与物质所构成的整体运动,生命的核心本质是信息支配的程序化物质运动。其中关于“信息支配运动”的生物原理,在 DNA 遗传信息指导下细胞分化发育为完整的生物体的过程中得到了很好的演绎,它既是揭示个体发育过程的关键过程,也是生命进化历程的具体体现。生命是具有稳定的自组织系统的有机体,在自身的精密程序控制下,所产生的需求能动、持续稳定的自动化运动。可以简单地表述为生命是自组织系统自我程序控制的自动化运动。

生命是相对独立的物体依据自体需要并利用周围环境的物质和能量复制自体的现象。承载生命的物质称作生命承载物,生命承载物为实现生命而产生的活动称作生命功能。这一定义用来解释病毒及致病朊蛋白等生命现象都没有问题,但是,对能量流动和物质属性没有清楚的界定。比如:流感病毒侵入宿主呼吸道上皮细胞后,依据自体基因,利用宿主细胞内的物质和能量复制自体。复制出的流感病毒离开原宿主细胞,然后入侵其他健康细胞重复相同的活动。流感病毒符合该生命的定义,它有生命。生命承载物即病毒体。病毒体侵入宿主细胞,利用宿主细胞的资源复制构成自体的生物大分子,并将生物大分子装配成新的病毒等一系列的行为即生命功能。又比如:致病朊蛋白 PrPsc 侵入动物或人的中枢神经细胞后会促进神经细胞里的正常朊蛋白 PrPc 转化为致病朊蛋白 PrPsc,制造出的致病朊蛋白 PrPsc 又可以感染其他神经细胞并重复相同的活动。致病朊蛋白也符合该生命的定义,它有生命。致病朊蛋白 PrPsc 即生命承载物。而 PrPsc 对 PrPc 转化为 PrPsc 的催化促进作用即 PrPsc 的生命功能。

1.3　生命科学的研究方法

生命科学研究的基本目的在于不断地揭示生物(包括人体)生理与病理状态下的运动变化规律,从而探索出阻止向疾病转化,促使向健康转化的科学措施。虽然并没有一成不变的研究方法来适应所有的科学研究活动,但是,经过人类认识活动的积累与总结,仍然可以清晰地看到它们所遵循的方法。

1.3.1　生物学方法论的变革

所谓的科学方法论,系指人们在不同世界观基础上所形成的,对于认知世界与变革世界的理论,因此它被世界观所左右。唯物主义与唯心主义则是当代极具代表性和影响力的两种世界观,是两种截然不同的世界观。

在生命科学研究中,生命科学方法论从属于人们认知世界与变革世界的基本方法,但它对生命科学研究各种方法起着概括与总结作用,因而在这个意义上来说,它又支配和指导着生命科学研究的一般常用方法。因此,宇宙观、世界观、科学方法论和生命科学研究的一般常用方法是四个层次的不同概念,从前至后每一概念的内涵包括下一个概念的内涵。

生物学方法论是人们从事生物学科研的系统方法的理论。迄今为止,生物学研究大致经历了三次重大的方法论的革命,它们分别是整体论、还原论和新的整体论。事实上,每一次科学范式的转换过程中,相对科学技术进步而言,人们往往更加重视其方法论的革命。这是因为方法论通常对一门学科如何进行具体实践乃至真正做到科学共同体的承认更具有关键意义。

1. 整体论　生物学第一个经典的整体论方法论革命兴起于十七世纪到十九世纪的欧洲,其也是使生物学成为一门科学的重要方法论。所谓的生物学整体论是在近代的科学水平基础上发展出的一种从整体角度研究生物的方法论,并在生物学史上开创性地把神学的生物学和科学的生物学划分开来,这充分体现在瑞典人林奈的《自然系统》论著中。书中所提出的纲、目、属、种的分类概念正是整体论生物学的首创。它标志着人类开始第一次自主地和系统地对动植物进行命名和分类。此时,上帝和诸神的作用已经开始被逐渐忽略。另一方面,整体论还特别为生物学发展出两条研究道路。一种是静态的,即把人和生物用简单、静止和机械的观点看成由各种零件构成的机器。该理论以牛顿的机械唯物主义为哲学依据,并以英国人哈维的血液循环学说为代表。另一种是动态的,即把生物看作是漫长进化链条中一环的整体论,以英国人达尔文《物种起源》为代表学说。此理论主要从物竞天择、适者生存的角度动态地研究生物的整体运动。此时,生物已不再是神创造的产物,而是自然进化的结果。

整体论生物学方法论的兴起本质上是近代科学的方法论在生物学领域的体现。事实上,近代的科学方法论正是以整体的认识论为前提,以科学实验为依据,从而建立起来的一整套的科学研究方法体系。近代的数学、物理学、化学、哲学、社会科学、历史等基础学科均遵循整体方法论自觉和不自觉的指导。整体论的科学方法论总的特征大致可以归纳为三重架构。首先,事物是整体性的。这是把事物作为整体研究的出发点,即所谓整体大于部分之和。其次,事物是运动性的。这反映出整体论对事物存在方式的基本判断。最后,作为整体的运动是符合因果律的。譬如牛顿第一定律所阐述的,事物在未受外力作用时将始终保持静止或匀速直线运动,直到受到外力的破坏为止。这为数学、逻辑和实证方法的应用提供了条件。具体到法国人拉美特里的人是机器的观点,我们可以看到这样的描述:人是一个机械的整体,这个人显然是活动的,而且人的活动具有因果性。比如,人要举起物体,就必须消耗一定的能量。另一方面,就达尔文的进化论而言,任何生物个体也被认为是一个整体。生物是运动的,包括进化类型的运动。而根据环境因的不同,生物可以进化出形态和种类的果也不同。从这个层面来看,整体论的确代表近代科学充分地回答了关于生物的许多问题。整体论的确立反映了近代生物学方法论对神学方法论的革命。不仅因为整体论符合近代科学的方法论和认识论,同时也因为它符合近代科学进步的社会文化的需求,更因为整体论的客观和开放性。不得不说,生物是一种整体的观点固然正确,但缺乏更加精细的科技手段的生物学无法更多地解释生物的功能和机制,更不用说探讨生命的本质问题了。这预示整体论势必被更加先进的力量所取代。与此同时,我们发现整体论也并非经典科学范式中的方法论。由此我们可以判定,当时的生物学是萌芽阶段的科学,当时的整体论也是一种被动的后知后觉的方法论。最后,此时的整体论也并非绝对意义上的整体论。因为此时染色体学说已经诞生,这已经是明显的还原论的雏形。

2. 还原论　还原论是生物学历史第二个重要的方法论,其萌芽于十九世纪整体论阶段的细胞学说和遗传学说,兴盛于分子生物学和基因组学,作用一直绵延至今。当人们认识到整体论的生物学方法论并不能帮助人们进入到生物学的核心问题的时候,尤其是认识到过去的神学生物学方法论本身其实也带有某种整体论的影子以后,一般的本能反应是采取一个与整体论截然相反的理论。这就是把整体分解为部分,乃至分解到不能再分为止的方法。我们称之为还原论的生物学方法论的革命。其根本宗旨是把生物的功能和机制还原为物理运动和化学反应并进行研究。

还原论对生物学的作用主要体现在三个重要领域之中。①生物物理学:其作为物理学与生物学的交叉学科,主要是通过应用物理学的原理和方法来研究生物的结构、功能及其关系,生命活动的物理、化学过程和物质在生命活动过程中体现的物理特性等,从而阐明生物在特定的空间、时间内的物质、能量和信息的变化规律。②生物化学:一种采用化学的原理和方法对生命物质进行研究的学科。其工作主要是探索生物的化学成分、构造及生命功能中的化学反应。生物化学不仅涉及生物总体组成的化学,也对生物组织以及细胞的化学构成做精确解析。譬如,通过对重要的生物大分子(如蛋白质、核酸等)进行生物化学研究,从而阐述此类大分子的多重功能和生物结构的关系。③分子生物学:这是一门从分子水平来研究生物的各种现象的分支生命科学。分子生物学试图通过对生物大分子(核酸、蛋白质)的结构、功能和生物合成等方面的研究来阐明其内在的机制。其主要研究内容包括光合作用、发育的分子机制、神经功能原理、癌的发生机制等。

以上现代生物学的成就中还原论厥功至伟。如果我们不把生物还原到物理学、化学乃至分子水平,就无法发现其中所蕴含的诸多规律和现象,比如遗传和变异。但是,与之前的整体论一样,采取这种方法论,与其说是生物学的科学共同体自发自觉所采取的策略,更不如说是整个科学界从物理学领域发端的还原论大潮的波及所致。其暗示生物学和生物学研究的客体——生物本身仍然缺乏某种最为本质的联系,而并非生物学界的主观价值或集体愿望所致。如果我们再进一步研究这些成果,就不难得出这样的结论:还原论的生物学方法论主要回答的是诸如怎么样的问题。譬如:生物内物质的物理运动是怎么样的? 生物内的化学反应是怎么样的? 生物发育的分子机制是怎么样的? 如果对这类问题反思,我们会意识到还原论的生物学方法论其实并没有更深入地回答为什么的问题。比如:为什么生物会有这样的光合作用? 为什么生物的神经功能要这样运作? 生物为什么会产生癌症? 这就导致一个很明显的反差,还原论对机制问题谈的很多,但是对原理问题却谈得很少。退一步讲,当人们声称一个方法论比前一个方法论更加先进是因为它能回答和解决更多问题的时候,我们也要反思好的方法论是不是应该能够回答更复杂的原理层面的问题。因为机制问题是描述问题的表层特征,是可以通过大量的实验数据的搜集、整理出来的。而原理才是解决科学研究的核心问题的关键,是功能机制背后的根本原因。这就好像神学方法论解释了上帝是如何造人的,比如,在一天的时间内,按照自己的形象造出来。但是,这种方法论并没有真正解释为什么神要用一天的时间造人的问题,也没有回答为什么神要按自己的形象来造人的问题。但我们发现神学方法论还是可以用神意不可测的理由挡住所有原理性的质疑。相对而言,整体论中的达尔文的进化论反而能够给出答案,这就是物竞天择和用进废退。至此,人们不禁会问,还原论是否仅仅体现了科技水平的进步,而在方法论的内核上却展示了某种倒退呢?

不得不承认,还原论的生物学方法论在解决认识论原理层面问题的时候是无力的,而且不能帮助我们提出任何科学哲学意义上的关于生命的结论。给人留下深刻印象的论著就是奥地利人薛定谔的《生命是什么》一书。薛定谔试图用物理和化学来解释一切生命现象。尽管这一基本思想极大地推动了20世纪分子生物学的发展,但是书中的很多观点,诸如基因属于一种非周期性的晶状体,突变是基因分子中的量子跃迁等等观点,本质就是我们今天看起来已经落后的还原论的一种体现。因为,如果生命用这种方法来还原,一直还原到分子、原子,甚至还原到量子,人们依然会问,这些微观粒子或者波动是生命本身吗? 答案显然是否定的,或者至少是今天的科学界所难于普遍接受的。因此,这种研究方式注定是要犯一个公认的方向性错误。另一方面,我们发现这种缺陷所致的不利情况在还原论兴盛的物理学领域却并未受到丝毫影响。究其根本就是因为物理学本身的方法论非常重视原理层面的建设。有史以来,物理学从来就不回避诸如原子、分子是怎么来的,最终又会转化成什么的问题;宇宙的起源是什么,乃至会不会有多重宇宙这样的深入到物质本质的问题。对照来看,在还原论的生物学方法论中,生命的本质,乃至细胞的本质这样的基本原理的问题,却在生物学或者生命科学领域中经常地有意无意地被忽略了。这最终导致还原论的生物学方法论成为无本之木,成为为还原而进行方法研究的方法论。

3. 新的整体论　20世纪30年代的美籍奥地利人贝塔朗菲创立的系统科学以及还原论所逐步显示出的诸多缺陷引发了第三次生物学方法论的革命,即新的整体论的兴起。生物学的方法论研究至此再次回归到从整体的视角来看待生物的思路上来。所谓新的整体论就是今天系统生物学所采用的系统科学哲学的方法论。而系统生物学则是对生物系统组分的构成与关系、动态与发生进行研究,并以系统论和实验、计算方法整合研究为特征的最新一代的生物学。经过几十年的理论准备,系统生物学家已经初步奠定了关于建模、自组织和涌现等一系列基本生命问题的哲学基础。我们之所以把今天系统生物学阶段的方法论称之为新的整体论和整体论的回归,是因为新的整体论的确与之前的整体论有很多重合的地方,但同时又具有时代的先进性。

新的整体论可以归结为以下三重架构。首先,事物是整体的而且是系统的和复杂的。其次,事物是运动性的而且是显示出自组织特性的。这反映出新的整体论对事物存在方式的崭新的基本判断。最后,整体的活动是具有因果性的但却是多线性的。那么,为什么新整体论可以成为超越还原论的新一代生物学方法论呢? 进一步分析,我们发现新的整体论具有以下特点。第一,和以前的整体论和还原论不同,系统生物学的新的整体论的方法论一开始就为我们提供了关于生物的原理性的定义,而之前的整体论和还原论的方法论却始终没有对究竟什么是生命和生物做出正面的回答。新整体论认为:首先,生物是一个系统,而系统是具有特定结构和功能的整体;其次,生物是一个复杂系统,即具有相当数量规模个体组成部分并复杂运动的系统;最后,生物是一个复杂的自组织系统,即具有自行演化功能的复杂系统。无论这种方法论的探索是否能够最终在未来经受长久的考验,新整体论的主张毕竟在解决原理问题层面符合了一个合格先进方法论的基本条件。第二,新的整体论是整合了还原论的整体论,而不是单一的整体论。而之前的还原论则是一种完全背离了整体论的方法论。系统生物学之所以能够完全接纳还原论,是因为今天的系统生物学的科学共同体可以理解部分是整体的部分,而整体是部分的整体。既然生物是一种复杂的自组织系统,还原论的方法论在处理系统组成部分的关系和作用时当然可以发挥积极作用。第三,新的整体论是在系统科学的多种理论、最新的生物学科技以及多重的研究进路的综合背景下的融合产物。首先,新整体论不仅包含了系统论、信息论和控制论(老一代的系统科学方法论),而且涵盖了耗散结构理论、突变论和协同论(新一代系统科学的方法论)。其次,新整体论不仅继承了博物生物学、实验生物学的成果,还吸收了基因组学、蛋白组学和计算机模拟等最新科学技术。最后,新整体论不仅具有自下而上的代谢和系统生理学的研究进路,而且还包括自上而下的电生理学、动力学建模等学科的研究进路。至此,我们看到生物学发展到系统生物学阶段已经进入到方法论、科技手段和研究进路的极大丰富时期。而生物学新的整体论正是在这样一个背景下诞生的。

今天的系统生物学所运用的新的整体论主要应用于以下六个方面:①对所研究对象整体的 DNA、RNA、蛋白质和一切代谢产物做精确分析和测量,以明确系统的结构和所有组成部分以及相互关系。②对上述内容进行动态性的系统和精确的研究。③对上述内容进行计算机和数学的整合与模拟。④对生物系统的发育、病理、健康、肿瘤等现象做系统动态分析。⑤建立不同的系统模型来模拟生物系统。⑥运用发现和假说结合的手段,对模型和模型预设结果进行对照研究,最终达到目的和结果的统一,或者说达成认识论和方法论的相互印证。简而言之,新的整体论的生物学方法论已经在对认识论的贡献、对原有方法论的继承以及自身科学哲学的丰富完善和最新科技的吸收,乃至进路的选择方面做了充分的准备。新整体论较先前的两种方法论所做的最大限度的突破是从科学哲学理论上最终实现了整体大于部分之和的思想演变。这标志着整体论、还原论到新的整体论从线性到非线性、从可积到非可积、从原始到复杂的演进。但是,无论如何系统生物学毕竟仍处于发展中阶段,而一个学科由诞生、发展到真正成熟往往需要几十年甚至更长的时间。毫无疑问,从科学哲学的角度而言,科学究竟是什么的问题一天不能解决,我们就仍不能坦言科学已经完全把生命本质的问题解释清楚了,尽管系统生物学的新整体论的方法论在过去的几十年间为我们提供了大量科学哲学的结论。同时,我们还注意到系统生物学所采用的新整体论也正在发挥着与多个学科群的联系和互动功能。新的整体论不但对生物学,对整个科学体系,乃至社会科学体系都将可能具有不可限量的积极意义。

简单说起来,所谓科学方法就是通过各种手段从客观世界中取得原始第一手的材料,并对这些材料进行整理、加工,从中找出规律性的东西。

1.3.2 生物学研究的一般方法

生命科学研究通常可分为应用性研究和理论性研究两大类,但在实际运用中这种分类并不十分严谨。因为所谓应用性研究乃是指针对有实际意义的课题进行有明确目的的研究,但在很多情况下也包括研究其原理。而理论性研究则往往在对课题获得了理性认识之后也将对其应用前景做进一步探讨。生命科学研究还可以分为开辟新领域的"探索性研究"和发展现有成果的"发展性研究"。前者比较自由,富有创造性,但同时也具有较大的冒险性,或许偶尔能做出重大发现,有时也可能一无所获。发展性研究则在已开辟的科研领域中继续探索某些残留问题,并常通过付诸应用来巩固现有的科研成果或补充原有理论的不足。生命科学研究亦可分为观察和描述性研究、假说和实验性研究以及生命现象的人工模拟等。观察和描述性研究多为探索复杂生命过程的基本手段,而实验性研究则多为基础性研究。现代生命科学研究越来越多趋向采用"实验性研究"方法来进行科研,也越来越多地开展"应用理论性研究"。总之,这些划分并非一成不变的。

1. 观察与描述 观察与描述是对生命现象、生物体的结构和生命过程等进行直接的观察与描述,是研究生命现象的最基本的方法。观察可以是针对大尺度的生态行为来进行,也可以对生命的细小部分借助仪器(如显微镜)来完成;可以对生命的活体过程进行观察(如胚胎发育过程),也可以将生命杀死固定并用特定方法(如染色、同位素标记)显示生命的瞬间结构和理化状态。这些观察的结果往往要经数据和资料的分析或再处理后才能得到对生命真实过程的了解。

人们对生命现象的认识大多源于观察,例如物种的生态分布和地域、季节的迁移,胚胎的发育过程,细胞分裂时的染色体行为变化、细胞的超微结构等。生命现象是如此的复杂,观察与描述的任务就显得格外突出,没有这一步,人们不可能进入对生命深刻认识的阶段。

科学观察的基本要求是客观的反映可观察的事物,并且是可以检验的。观察结果必须是可重复的。只有可重复的结果才是可检验的,才是可靠的结果。

观察需要有科学知识。如果没有必要的科学知识,就说不上科学的观察。科学的观察应该是从看热闹中逐渐深入而发现其中的"门道"。但是另一方面,观察切不可为原有的知识所束缚。当原有的知识和观察到的事实发生矛盾时,只要观察的结果是客观的而不是主观揣测的,那就说明原有知识不完全或有错误,此时就应修正原有知识而不应囿于原有知识而抹杀事实。做科学观察时既要尊重已有的成果,又不能受已有成果的限制。只有不断地修正观察的事实,才能使认识更接近于事实。通过这种方法使科学研究产生突出发展的例子就有许多,包括林奈通过生物性状的比较研究对物种进行生物学分类,施莱登、施旺通过显微镜观察生物材料创立的细胞学说,达尔文通过对物种性状及化石的比较研究提出生物的自然进化理论等。

2. 假说与实验　人们通常说的生物学实验实质上是一种人为条件控制下的生命过程的再现,这是生命科学研究的另一种重要方法。这一方法可以在条件控制的情况下,针对性地再现或阻断特定的生命过程,它的最大的优点是可以使人们对生命的机制过程有进一步的了解。生物实验设计是一项理论性、技巧性很高的工作。

生物实验设计的一个重要内容是对照组的设置,即在维持各种条件同一而仅单一因素改变的情况下,检查它对生命过程的影响。实验方法在当今生命科学研究中占有着优势的比例和重要的地位。一个好的实验的完成依赖于许多的因素,除了仪器设备、药品、资料的获得等条件外,实验者的素质条件是至关重要的。实验者除了应该具有必要的生物学知识,及时掌握有关的研究动态,还要有精密的实验设计和敏锐的观察能力,要有良好的动手操作和分析归纳能力,更要有顽强不懈的意志。

生物学发展过程中用到假说演绎法的典型研究成果:孟德尔的豌豆杂交试验;摩尔根通过果蝇杂交实验证实基因位于染色体上;DNA 复制方式的提出与证实(沃森、克里克提出遗传物质自我复制假说:半保留复制,后来的科学家以大肠杆菌作为实验材料,运用同位素标记法证实了这一假说);中心法则的提出与证实(伽莫夫提出三个碱基编码一个氨基酸的设想,克里克等以 T4 噬菌体为材料,研究其中某个基因的碱基的增加或减少对其所编码的蛋白质的影响,证实确实是三个碱基编码一个氨基酸,后来美国生物学家尼伦伯格和马太破译第一个遗传密码,之后科学家们努力将密码全部破译);巴甫洛夫动物神经实验提出条件反射学说等。

3. 生命现象的人工模拟　在观察、实验和科学假设的基础上,以等效或近似的人工模型模拟生命过程,以求达到对生命现象的了解和预测。

人工模拟生命是又一类型的生物学研究方法。在生物学研究中广泛应用的,建立各种实验模型的方法就会是对生命过程的一种模拟。无论是物理的、化学的,还是数学的以至诸如经济学的方法和手段,都可以在一定的程度上借鉴用来模拟生命现象。

近年来已有用计算机手段直接模拟、探索思维活动规律的研究,如将生物信息输入计算机来分析高级神经活动的规律;函数化的数学模型可以模拟许多生态结构变化的动力学过程,从而提示我们生态变迁的可能性并给出对它的预测;用计算机模拟生物生长发育过程的"实验"也有报道,实验者以生物发育过程中特定成分(如钙离子)浓度的分布为指标,在给定初始条件、作用法则和生长限定的情况下,通过计算机运算的迭代操作,直观地显现了一幅生动的伞藻顶端生长发育的画面,揭示了这一过程的动力学成因;用模拟远古地球表面可能存在的物理和化学环境的办法,在反应瓶里观察到简单的化学组成成分可以产生出多种重要的生物大分子,考察在对环境适应的过程中引起生物有序改变的内在总体因素(包括基因、蛋白质及其他)和它们之间的相互制约性来研究生命计划汇总的有序起源,等等。

4. 模型实验　如果由于种种原因,直接用研究对象进行实验非常困难,或者在简直不可能时,可用模型代替研究对象来进行实验。常用的生物学模型实验有以下几种。

(1)用动物模型代替人体进行实验。例如,诱发豚鼠血脂增加,成为高血脂患者的模型。利用这个模型来筛选血脂的药物,以及研究这种药物的作用机制等。

(2)用机械和电子模型对动物功能进行模拟实验。例如,研究了昆虫的复眼而模拟制造了复眼照相机。研究了蛙眼而研制出电子蛙眼,可感知运动着的物体,因而可跟踪飞机、导弹和人造卫星等。人工智能研究实际也是一种功能模拟。这些模型不仅可作为理解生物功能的模型,其本身也具有科学的和实用的价值。这正是新型学科——仿生学(bionics)的任务。

(3)用模型研究在时间上极为遥远的事件。1953 年米勒在实验室内模拟 40 多亿年前的自然条件,证明了生命化学进化的过程在 40 多亿年以前是可能存在的。

(4)抽象模型。以上用以进行模拟实验的模型都是实物模型。现代自然科学常用语言、符号、数学方程、图表等手段来表示一个实体的内部功能。这种符号、数学方程、图表等也称为模型,即抽象模型。例如,1970 年,专门研究全球问题的罗马俱乐部的 J. W. Forrester 等,根据他们对人口增长、工业发展、粮食增长、不可再生资源的消耗和污染环境的研究,用几十个相互联系的变数,组成了一个模型,人们可以借助计算机进行各种运算,一方面对模型进行检验,另一方面也可对未来做出预测。这种抽象模型的计算机模拟在生物学的一些学科,如生态学、种群遗传学中已经成为重要的研究方法之一。

1.4 生物学的分科

生物学涉及的方面很广,因此它的分支学科也很多。此外,生物学的研究对象是生命,生命作为一种物质运动形态,有它自己的生物学规律,同时又包含并遵循物理和化学的规律,因此,生物学和物理学、化学都有密切的关系。生物有漫长的历史,它们的遗迹很多都保存在地层之中。现代生物的生活和它们赖以生存的地球环境紧密相关,所以生物学和地学也存在着密切的关系。因此,生物学的很多分支学科都是生物学与其他自然科学相互渗透而成的。

早期的生物学主要是对自然的观察和描述,以及对动、植物种类的系统整理,所以最早建成的分支学科是分类学(taxonomy)和按生物类群或研究对象划分的学科,如植物学(botany)、动物学(zoology)、微生物学(microbiology)等。这些学科又可再划分为更细的学科,如藻类学(phycology)、原生动物学(protozoology)、昆虫学(entomology)、鱼类学(ichthyology)、鸟类学(ornithology)等。微生物不是一个自然类群,包括的种类甚为庞杂,可划分为病毒学(virology)、细菌学(bacteriology)、真菌学(mycology)等。此外,以化石为研究对象的古生物学(paleontology)也属于此类。

按结构、机能以及各种生命过程划分的学科有形态学(morphology)、解剖学(anatomy)、组织学(histology)、细胞学(cytology)等。生理学(physiology)可进一步划分为细胞生理学、生殖生理学等;遗传学(genetics)可划分为种群遗传学、细胞遗传学、分子遗传学等。胚胎学(embryology)是研究生物个体发育的学科,现在吸收了分子生物学的成就,已发展成发育生物学(developmental biology);生态学(ecology)是研究生物与生物之间、生物与环境之间的关系的学科,也可扩大为环境生物学。

生物结构是多层次的,从不同层次研究生物学的学科有种群生物学(population biology)、细胞生物学(cell biology)、分子生物学(molecular biology)等。细胞生物学已经发展到分子的层次,即分子细胞生物学。分子遗传学(molecular genetics)也是发展最快的学科之一。

用物理学的、化学的以及数学的手段研究生命的分支学科或交叉学科有生物化学(biochemistry)、生物物理学(biophysics)、生物数学(biomathematics)、仿生学等,这些是 20 世纪以来发展迅速、成就突出的学科。

以上所述只是生物学分科的主要格局,实际上:①分支学科要比上述多很多;②各分支学科互相渗透,不像上述的那样界限清楚,例如,物理学、化学和数学的手段和方法不仅用于生物物理等交叉学科,而且广泛地用于多个分支学科,如分子生物学、细胞生物学、发育生物学、生理学等;③很多学科都已深入到分子层次,如分子细胞生物学。总之,生物学的发展,一方面,新的学科不断地分化出来,另一方面,这些学科又互相渗透而走向融合。这种情况反映了生物学极其丰富的内容和蓬勃发展的情景。

1.5 生命的结构层次

一方面,生命截然不同于无生命物质;另一方面,生命和无生命物质之间没有不可逾越的鸿沟,生命是从无生命的物质发展而来的。构成生物体的各种元素并不特殊,都是普遍存在于自然界的。但是由这些元素构成的核酸、蛋白质、多糖等大分子则是生命所特有的,所以它们才被称为生物大分子。脱氧核糖核酸(即DNA)有"繁殖"的能力,即在酶的参与下,能复制出与自身一样的分子。DNA还能通过"转录"和"翻译"而决定核糖核酸和蛋白质的结构。一些分子生物学家根据这些特点而给生命下了一个定义,即生命是由核酸和蛋白质,特别是酶的相互作用而产生的可以不断繁殖的物质反馈循环系统。但是只有核酸和蛋白质,究竟还不是完整的生命。因为这一简单的系统还不能从外界摄取必要的物质和能量。只有当这些大分子和其他必要的分子,如脂类、糖类、水、各种无机盐等组合成有一定结构的细胞,自然界才出现了完整的生命。单细胞生物,如鞭毛藻类、原生动物等就是细胞层次的生命。但是,在进化过程中,生命结构不是停留在细胞层次而是向更高的、更复杂的层次发展。相同细胞聚集成群就成了高等生物的组织(tissue)。低等生物,如团藻、海绵等都是相当于组织层次的多细胞生物。各种不同的组织构成器官,承担共同任务的各器官组成系统,不同结构和功能的各系统组合而成为多细胞生物的个体。个体从来没有,也不可能像"鲁滨逊"那样单独存在,它们总是以一定的方式组成群体或种群。种群中各个个体通过有性生殖而交换基因,产生新的个体。一个种群就是这种生物的一个基因库。在生物学上,种群才是各种生物在自然界中存在的单位。在同一环境中生活着不同生物种的种群,它们彼此之间存在着复杂的关系,它们共同组成一个生物群落。生物群落加上它所在的无机环境就是一个生态系统。一个池塘就是一个小的生态系统。生命圈则是包括地球上所有生物群落在内的最大的生态系统。

本章小结

在浩瀚的宇宙中,银河系只是沧海一粟,而在地球的整个生命周期中,出现生命的时间也只是很短暂的一小段而已,然而生命是如此绚丽多姿,致使目前人们对生命的严格定义仍未统一,尤其是像人类这样的高级智慧是如何出现并演化的至今仍不完全清楚。但是,我们认识生物的脚步从未停息,自从达尔文的《物种起源》开始,我们就已经脱离了"上帝"的掌控,经过简单的归纳整理阶段跃向了从个体深入到细胞及分子的各个层面,也从个体升华到了群体、物种、生态乃至生物圈范围,人工智能也初见端倪,这些都有赖于人们对生命本质的探寻与思考,更有赖于人们研究生命的科学方法和手段的建立与发展,直到现在挣脱原有的思维羁绊,开拓新的研究方法仍然是重要的方面。在研究人类自身的过程中,对高级智慧生物的定义在不同领域都有着不同的理解,但是高等智慧与人工智能的关系以及对人类演化和最终结局都有重要的影响,如何认识高等智慧,如何发展人工智能以及如何管控人工智能的创造不仅仅是生物学问题,同时也是哲学问题和社会问题,无疑,生物学研究是揭开高等智慧的重要手段。

思考题

 扫码答题

参考文献

[1] 李建会. 生物学方法论[M]. 杭州:浙江教育出版社,2007.

[2] Pigliucci M. Between holism and reductionism:a philosophical primer on emergence[J]. Biological Journal of the Linnean Society,2013,112(2):261-267.

[3] Darwin C. The Origin of Species[M]. Hertfordshire:Wordsworth Editions Ltd,1998.

[4] Fardet A,Rock E. The search for a new paradigm to study micronutrient and phytochemical bioavailability:From reductionism to holism[J]. Medical Hypotheses,2014,82(2):181-186.

[5] Schrodinger E. What is Life?:With Mind and Matter and Autobiographical Sketches[M]. Cambridge:Cambridge University Press,2012.

[6] Boogerd F C,Bruggeman F J,Hofmeyr J H S,et al. 系统生物学:哲学基础[M]. 孙之荣,译. 北京:科学出版社,2008.

[7] 林标扬. 系统生物学[M]. 杭州:浙江大学出版社,2012.

[8] 吴蠡荪. 人类寿命学(上册)[M]. 北京:中国医药科技出版社,2007.

第2章　生命的基本组成与结构

从远古时代起,人们已经认识到植物、动物这些生物有一些共同的特征,因此把它们统称为"生命",但至今还没有一个为大多数科学家所接受的关于生命的定义。地球上的生命种类众多、形态与结构千差万别,但是活的生命和非活物质相比,各种生命仍能找到显著的共同特征,即生命的物质基础是相同的。所有生物都由大体相同的元素(C、H、O、N、P 和 S 等)组成,这些化学元素构成氨基酸、核苷酸、单糖与脂肪酸等,这些生物小分子再组成蛋白质、核酸、糖类、脂类等大分子,各种分子在生物体中组成多层次的有序结构。

2.1　生命的元素组成

构成形形色色生命的元素都是普遍存在于无机界的各种元素,并不存在某种特殊的生命所特有的元素。C、H、O、N 是生命中最普遍、含量最高的元素,它们占细胞总重的 96% 以上。它们作为主体成分构成生物中的各种有机化合物。Ca、Mg、Cl、S、Na、P 和 K 是第二类常见的必需元素,它们占细胞总重的 3% 以上。这些离子在生物体内可以起到维持细胞渗透压、形成离子梯度等功能。Fe、Mn、Co、Cu、Zn、Se 和 Ni 虽然也是生命活动中必不可少的必需元素,但在细胞中的含量甚微,通常以痕量存在于细胞中。痕量元素只出现在某些生物分子中,比如 Fe 是细胞色素酶活性中心的成分。此外还有些微量元素,由于环境污染或从食物中摄入量过大,时间过长,会对人体健康造成危害。这些元素称为有害元素或有毒元素,常见的有 Cd、Hg、Pb 等。

2.2　水

水在绝大多数生物体中占细胞总重的 70%～90%。不同类型的细胞中含水量是不一样的。水在细胞中主要以游离态存在,作为溶剂参与细胞中物质的运输过程。水参与了细胞的新陈代谢,生物体内的全部化学反应都是在水中进行,可以说没有水就没有生命。

酸溶于水时可以释放质子(H^+),质子进而与水分子中的氧原子结合,形成水合氢离子(H_3O^+),传统上常将 H_3O^+ 浓度称为 H^+ 浓度。碱则能从水中获取质子,产生 OH^-。一个 OH^- 离子和一个 H^+ 结合形成水分子。活细胞中的缓冲液成分可以与 H^+ 可逆结合,使细胞内 pH 值维持在 7.0 附近,维持细胞内环境的稳定。

2.3　糖

糖类(carbohydrate)是地球上最丰富的生物分子,也是细胞中非常重要的一类有机化合物。糖类有以下生物学作用:①参与组成细胞结构成分:比如植物细胞壁主要成分是纤维素、半纤维素和果胶等,而这些都是多糖物质。②参与细胞的新陈代谢过程:淀粉、糖原等糖类作为能量储存物质,可以在酶催化下水解为单糖,同时释放能量。③作为细胞识别的信号分子:糖蛋白是由短的寡糖链与蛋白质共价相连构成的分子,糖链的细微变化可形成不同抗原,被专一抗体识别。

糖类分为单糖、寡糖和多糖。单糖是不能被水解为更小分子的糖类。寡糖是能水解为少数(2～6 个)单糖分子的糖类。能水解为多个单糖分子的糖类称作多糖。

2.3.1 单糖

自然界中单糖(monosaccharide)及其衍生物种类繁多,高达数百种。最重要的单糖是戊糖和己糖。核糖、脱氧核糖是戊糖,葡萄糖、果糖是己糖。单糖分子式常写为$(CH_2O)_n$。n 常等于 3、4、5 或 6。现以葡萄糖(glucose)和果糖(fructose)为例阐释单糖结构。

葡萄糖和果糖的链式结构见图 2-1,葡萄糖属于醛糖,果糖属于酮糖。能使平面偏振光右旋和左旋的甘油醛被规定为 D 型或 L 型。与此对应,将葡萄糖和果糖不对称碳原子上的—OH 在空间上的排布与甘油醛上的不对称碳原子上的—OH 的空间排布相比较,来确定其构型。自然界常见的葡萄糖和果糖都是 D 型的。D-葡萄糖是人体和动物代谢的重要能源,是大脑唯一可直接利用的燃料,能被人体直接吸收利用,人体中的 D-葡萄糖常被称为血糖。果糖是自然界最丰富的酮糖,以游离态和葡萄糖、蔗糖等存在于植物果汁和蜂蜜中。D-果糖也是自然界最甜的单糖。

葡萄糖和果糖能形成环状结构。单糖分子能形成两种环状结构:五元环即呋喃型,六元环即吡喃型。呋喃型葡萄糖不甚稳定,因此天然葡萄糖主要以吡喃型葡萄糖形式存在。单糖由开链变成环状结构后,半缩醛碳原子称为异头碳原子。连有 4 个不同基团的碳原子称为手性碳原子。1926 年英国化学家 Haworth 推荐了一种透视式来表示单糖的环状结构。葡萄糖和果糖的透视式表示如图 2-2 所示。透视式中,葡萄糖羟甲基在环平面上方的为 D 型糖。异头碳原子的羟基与最末的手性碳原子的羟基具有相反取向的称为 α 型,具有相同取向的称为 β 型。

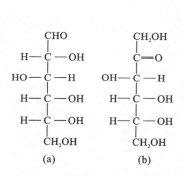

图 2-1 葡萄糖和果糖的链式结构

(a) D-葡萄糖;(b) D-果糖

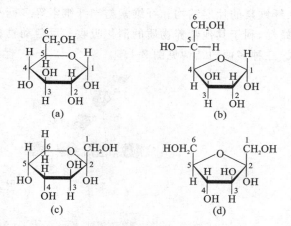

图 2-2 吡喃型和呋喃型的 D-葡萄糖和 D-果糖(Haworth 式)

(a) α-D-吡喃葡萄糖;(b) α-D-呋喃葡萄糖;(c) α-D-吡喃果糖;(d) α-D-呋喃果糖

2.3.2 寡糖

双糖是最简单的寡糖(oligosaccharide),由 2 分子单糖脱水缩合而成。自然界常见的有蔗糖、乳糖、麦芽糖等。

麦芽糖(maltose)是 2 个葡萄糖分子脱水缩合形成的,糖苷键为 α(1→4)型。麦芽糖主要存在于发芽谷粒如麦芽中。蔗糖(sucrose)是一分子 α-D-葡萄糖和一分子 β-D-果糖脱水缩合形成的。蔗糖广泛存在于甘蔗、甜菜等植物中。乳糖(lactose)存在于哺乳动物的乳汁中,由一分子 α-D-葡萄糖和一分子 β-D-半乳糖以 β(1→4)型键脱水缩合而成。三种糖的结构见图 2-3。

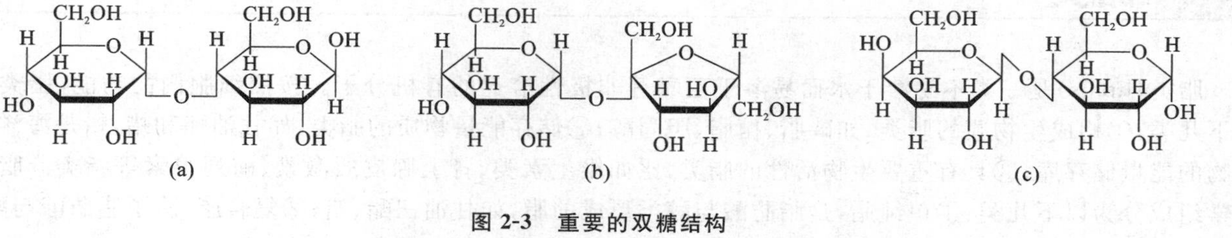

图 2-3 重要的双糖结构

(a) 麦芽糖;(b) 蔗糖;(c) 乳糖

2.3.3　多糖

由同一种单糖缩合而成的多糖(polysaccharide)为均一多糖,常见的有淀粉、糖原、纤维素等。由不同种单糖缩合成的称为不均一多糖,如结缔组织中的透明质酸。淀粉(starch)储存于植物种子的胚乳、块茎和块根等器官中,是植物能量的一种储存形式。淀粉在酸和淀粉酶作用下被逐步水解,先后水解为糊精、麦芽糖和葡萄糖。天然淀粉含有直链淀粉(amylose)和支链淀粉(amylopectin)2 种组分。直链淀粉是多个 α-D-葡萄糖分子以 α(1→4)型糖苷键连接形成的线性分子,在重力作用下卷曲成螺旋形,每一转约有 6 个葡萄糖单体分子。支链淀粉除了 α-D-葡萄糖分子以 α(1→4)型糖苷键连接形成的线性链外,还有不少分支。分支处由 α-D-葡萄糖分子以 α(1→6)型糖苷键连接。支链淀粉较直链淀粉分子要大。直链和支链淀粉在物理、化学性质上有明显差别,纯直链淀粉仅有少量溶于热水,放置时溶液可以重新析出淀粉。支链淀粉易溶于水,形成稳定胶体,静置时溶液不出现沉淀。直链淀粉和支链淀粉的比例以及支链淀粉的分支结构,与谷物淀粉的品质有重要关系。

糖原(glycogen)是动物体内的储存多糖,主要分布于动物肝脏和骨骼肌。当动物剧烈运动时,糖原会被消耗,降解为葡萄糖,维持血糖正常水平。糖原结构与支链淀粉很相似,只是糖原的分支化程度更高,分支链更短。

纤维素(cellulose)是地球上含量最丰富的有机物质,占植物界碳含量的 50% 以上。纤维素是 β-D-葡萄糖分子以 β(1→4)型糖苷键连接而成的线性直链。很多这样的直链相邻而平行地排列,链间葡萄糖残基间形成氢键,维系纤维素的片层结构。纤维素与半纤维素等多糖不能被人消化,因此称为膳食纤维,膳食纤维能促进动物肠道蠕动,利于其他营养物质的消化吸收。反刍动物在肠道内共生着能产生纤维素酶的细菌,因而能消化纤维素。三种多糖的结构见图 2-4。

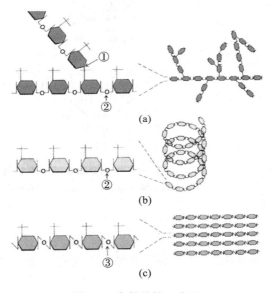

图 2-4　多糖结构示意图
(a) 糖原或支链淀粉;(b) 直链淀粉;(c) 纤维素

2.4　脂类

脂类(lipids)是一类不易溶于水而易溶于乙醚等非极性溶剂的有机分子。按照细胞内的功能,脂类分为以下几类:①构成生物膜的脂类,如磷脂、糖脂、胆固醇;②储存能量物质的脂类,如甘油酯和蜡,蜡是海洋浮游生物的能量储存库;③具有重要生物活性的脂类,比如维生素类、肾上腺皮质激素、前列腺素等脂类。脂类按化学组成分为以下几类:①单纯脂,是脂肪酸与醇类形成的脂,如甘油三酯、蜡;②复合脂,除了脂肪酸与醇外,还有其他成分,如磷脂、鞘脂;③衍生脂类,如萜、类固醇、脂肪酸、乙酰辅酶 A 等。

三酰甘油(triacylglycerol)又称甘油三酯,是甘油的三个羟基和三分子脂肪酸脱水缩合形成的脂类。甘油三酯是疏水性的。甘油三酯是动植物细胞中脂类的主要储存形式,液态下称为油(oil),固态下常称为脂,常统称为油脂(fat)。

脂肪酸(fatty acid)作为能量的储存库在细胞内存在,因为脂肪酸分解所产生的有效能量是等质量葡萄糖的 6 倍。脂肪酸是由 4~36 个碳的烃链和末端羧基组成的羧酸。烃链不含双键的是饱和脂肪酸,如软脂酸、硬脂酸;含双键的是不饱和脂肪酸,如亚油酸、亚麻酸。后两者是动物体内不能自身合成的,但对维持机体功能必不可少的不饱和脂肪酸,称为必需脂肪酸。脂肪酸和含脂肪酸化合物的物理性质主要取决于脂肪酸烃链的长度和不饱和程度。一般来说,烃链越长,溶解度越低。不饱和脂肪酸中的双键存在两种形式:顺式和反式。顺式(cis)键看起来像 U 形,反式(trans)键看起来像线形。不饱和脂肪酸中一个顺式键使烃链形成一个"结节"(link),将分子间相互作用削弱,熔点比相同链长的饱和脂肪酸低。顺式键形成的不饱和脂肪酸室温下是液态,如植物油。自然食物中反式脂肪酸含量几乎为零,反式脂肪酸一般存在于加工食物中,如人造黄油。反式键形成的不饱和脂肪酸室温下是固态。反式脂肪酸很难被人体消化,摄入过多会危害健康,引起发胖、降低记忆力、引发冠心病等疾病。

磷脂(phospholipid)包括甘油磷脂(glycerophosphatide)和鞘磷脂(sphingomyelin)两大类。磷脂主要是参与生物膜的形成。甘油磷脂可视为甘油骨架的 2 个羟基被脂肪酸酯化,另一个被磷酸酯化后,磷酸基再进一步与氨基醇(胆碱)或肌醇结合。甘油磷脂的两条长的碳氢链构成非极性尾部,磷脂酰碱基部分构成它的极性头部(图 2-5)。鞘磷脂是磷脂酰碱基和脂肪酸两部分通过与鞘氨醇结合而成。

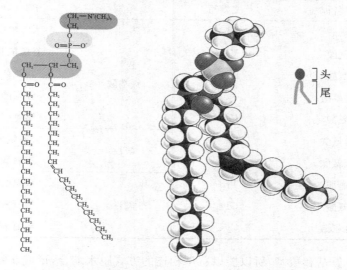

图 2-5　磷脂分子结构示意图(引自 Alberts,2009)

胆固醇(cholesterol)分子的甾环一端连接羟基基团,构成极性头部,另一端连接非极性烃链,构成疏水性尾部。甾环本身是非极性的。胆固醇在动物的脑、肝、肾中含量很高。胆固醇参与生物膜的组成,但它也是血脂蛋白的成分之一,胆固醇摄入过多,会引起高胆固醇血症,进而形成冠状动脉粥样硬化性心脏病等疾病。

糖脂(glycolipid)结构与鞘磷脂很相似,由糖基取代磷脂酰胆碱构成亲水性头部。最简单的糖脂是脑苷脂,只含有一个糖基,如葡萄糖或半乳糖残基。糖脂只占膜含量的很少一部分。糖脂是细胞表面抗原的重要组分,某些正常细胞癌化后,表面糖脂成分有明显变化。细胞表面的糖脂还是许多胞外物质的受体,参与细胞识别和信号转导过程。

2.5　蛋白质

蛋白质(protein)是生物体中非常重要的一类大分子。可以说没有蛋白质就没有生命。蛋白质的功能很复杂:①参与构成细胞结构成分;②参与细胞中的物质运输,如生物膜上的离子泵、载体蛋白质;③参与细胞内大量生化反应,生物体新陈代谢过程中,起到催化作用的绝大部分酶都是蛋白质;④防御和保护,比如免疫球蛋白,可识别和结合外来物质;⑤收缩与运动,如肌纤维中的肌球蛋白和肌动蛋白;⑥细胞信号传导,如接受与传递信号的 G 蛋白和受体蛋白。

蛋白质的元素组成除 C、H、O、N 外,还有少量 S。蛋白质的平均含氮量为 16%,因此可以用以下公式计算生物体的蛋白质含量:

$$蛋白质含量＝蛋白氮含量×6.25$$

式中,6.25 即 16% 的倒数,为 1 g 氮所代表的蛋白质质量(克)。

蛋白质由 20 种氨基酸(amino acid)组成。除脯氨酸外,这些氨基酸与羧基相邻的 α-碳原子上都有一个氨基,因此称为 α-氨基酸。

α-氨基酸的结构通式为:

$$H_2N - \underset{\underset{R}{|}}{\overset{\overset{H}{|}}{C}} - COOH$$

各种氨基酸的区别在于 R 基的不同。按照 R 基极性性质,20 种氨基酸可以分为非极性氨基酸、不带电荷的极性氨基酸、带正电荷的极性氨基酸(碱性)、带负电荷的极性氨基酸(酸性)(表 2-1)。将氨基酸与甘油醛的构型相比较,氨基酸的光学异构体也可分为 D 型和 L 型。天然氨基酸大都是 L-氨基酸。虽然少数细菌的细胞壁和一些抗生素中存在 D-氨基酸,但组成蛋白质的氨基酸只有 L 型。

表 2-1 天然氨基酸种类

类别	中文名称	英文缩写	类别	中文名称	英文缩写
	丙氨酸	Ala		天冬酰胺	Asn
	缬氨酸	Val		谷氨酰胺	Gln
	亮氨酸	Leu	极性氨基酸	丝氨酸	Ser
	异亮氨酸	Ile		苏氨酸	Thr
非极性氨基酸	脯氨酸	Pro		酪氨酸	Tyr
	苯丙氨酸	Phe	酸性	天冬氨酸	Asp
	甲硫氨酸	Met		谷氨酸	Glu
	色氨酸	Trp		赖氨酸	Lys
	甘氨酸	Gly	碱性	精氨酸	Arg
	半胱氨酸	Cys		组氨酸	His

因为氨基酸同时含有氨基和羧基,所以能以首尾相连的方式脱水缩合,形成肽键(peptide bond)。肽链中的氨基酸称为氨基酸残基。蛋白质和多肽分子中连接氨基酸残基的共价键除肽键外,还有两个 Cys 残基侧链间形成的二硫键。最简单的肽链是含有两个氨基酸残基的二肽。含有几个到十几个氨基酸残基的肽称为寡肽。含有数十个氨基酸残基的肽称为多肽。一条多肽链除了氨基酸残基外,还有一个游离氨基端和一个游离羧基端。有时这两个游离的末端基团连接起来构成环肽。有的蛋白质由一条多肽链构成,如溶菌酶。有的蛋白质由两条或多条多肽链构成。其中每条多肽链称为蛋白质的亚基(subunit),如血红蛋白。

2.5.1 蛋白质一级结构

一级结构(primary structure)主要是指肽链中氨基酸的种类和氨基酸的排列顺序。蛋白质测序的经典方法是 Sanger 法。步骤如下:根据蛋白质末端残基的数目和蛋白质分子量确定蛋白质分子中的多肽链数目。如蛋白质由几条多肽链构成,需要将几条多肽链拆分出来。将分离出来的多肽链部分样品水解,进行氨基酸组成测定。将分离出来的多肽链另一部分样品进行 N 末端和 C 末端残基测定。断裂多肽链中的二硫键,将多肽链降解成几套肽段,并将肽段分离出来。再用 Edman 法测定各个肽段的氨基酸顺序。确定肽段在多肽链中的次序。确定多肽链中的二硫键位置。

蛋白质三维结构或空间结构的研究方法较多,如 X 射线衍射测定蛋白质晶体结构,核磁共振(NMR)测定溶液中蛋白质的动态构象,扫描隧道显微术测定蛋白质三维结构等。蛋白质的三维结构可以划分为二级、三级和四级结构。近年来对蛋白质三维结构的研究有了不少进展,但彻底弄清楚复杂的蛋白质空间结构仍然存在不少困难。至今已经获得完全空间结构的蛋白质为数甚少。

2.5.2　蛋白质二级结构

二级结构(secondary structure)是指蛋白质肽链折叠的方式。蛋白质二级结构主要是 α-螺旋(α-helix)和 β-折叠(β-sheet)(图 2-6)。α-螺旋每圈螺旋含 3.6 个氨基酸残基,螺距为 0.54 nm,残基的侧链伸向外侧。相邻螺圈之间形成氢键。蛋白质中的 α-螺旋几乎都是右手螺旋,因为右手螺旋比左手螺旋稳定。

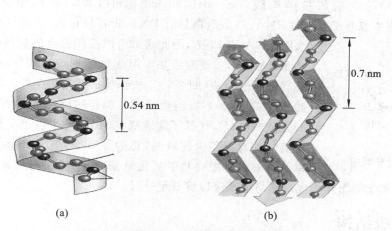

图 2-6　**α-螺旋和 β-折叠**(引自 Alberts,2009)
(a) α-螺旋;(b) β-折叠

β-折叠是蛋白质中第二种常见的二级结构。可以想象,几张折叠的纸片侧向并排排列,在每张纸片上,一条多肽链沿着纸片排列形成锯齿状。平行式的纸片中,相邻肽链的方向相同(氨基端到羧基端),反平行式的纸片中,相邻肽链的方向相反。每一肽链或肽段之间有氢键相连接,主要是羧基氧和酰胺氢之间形成氢键。

2.5.3　蛋白质三级结构

蛋白质多肽链在二级结构基础上进一步折叠形成的更为复杂的三维构象。维持三级结构(tertiary structure)的作用力主要是范德华力、氢键、疏水作用、离子键等。纤维状蛋白质往往由单一类型的二级结构组成,如 α-角蛋白只含 α-螺旋。球状蛋白质则含有几种类型的二级结构,除了 α-螺旋和 β-折叠外还有 β-转角(β-turn),经过进一步折叠形成自己独特的三维结构。球状蛋白质三级结构根据其中二级结构类型、数量、组合方式和拓扑构象,大致可以分为四种类型:①全 α 类型:该类结构中主要的二级结构是 α-螺旋,各段 α-螺旋通过反平行或近乎垂直的状态连接、排列形成的三级结构。②平行 α/β 型:肽链中 α-螺旋和 β-折叠交替存在,一般 β-折叠在结构域内部,α-螺旋在结构域外部,卷曲形成的三级结构。③反平行 β 型:主要由 β-折叠片层反平行排列形成,β-折叠之间的连接以 β 转角等结构形式连接。④不规则类型:蛋白质立体结构不规则,内部很少有正规的二级结构单元。蛋白质三级结构中,某些立体形状或拓扑结构相似的局部区域,被称为模体(motif)。

2.5.4　蛋白质四级结构

很多蛋白质是由两个或两个以上亚基组成的,亚基本身具有完整的三级结构。这些亚基通过非共价键彼此连接聚集构成蛋白质的四级结构(quaternary structure)。四级结构一个研究的重要内容就是亚基在蛋白质中的空间排布方式和各亚基间的相互作用,不包括亚基内部的空间结构。根据观察,多数蛋白质中亚基的排布是对称的。最简单的蛋白质四级结构就是两个亚基组成的对称复合物,称为二聚体。

每一种蛋白质都有一种特定的三维结构,蛋白质的构象取决于蛋白质的一级结构,这是由蛋白质变性实验证明的。在环境条件改变时,如温度升高,pH 值极端变化,或在有机溶剂作用下,蛋白质的紧密构象被破坏,肽链伸展成无规则卷曲状,称之为变性。蛋白质变性是不涉及一级结构断裂,仅二、三、四级结构变化的过程。蛋白质分子变性后,重新改变环境条件,蛋白质可以重新恢复天然构象,称为复性。

每个蛋白质通常只形成一种稳定构象,但当细胞内分子和这个蛋白质相互作用时,蛋白质构象往往会发生微小变化,这对蛋白质行使功能是很重要的。比如膜上的载体蛋白就常常通过构象变化,实现协助物质跨膜输送的功能。当蛋白质折叠错误时,不仅会造成蛋白质无功能化,有时无用的蛋白质会聚集起来,从而危害到细胞或整个组织,引起一系列神经退行性疾病。比如阿尔茨海默病、牛海绵状脑病(俗称疯牛病)等等疾病。

2.6 核酸

核酸(nucleic acid)分为脱氧核糖核酸(deoxyribonucleic acid,DNA)和核糖核酸(ribonucleic acid,RNA)。所有生物细胞中都有 DNA 和 RNA,但是病毒只有 DNA 或者只有 RNA,至今未发现某种病毒同时含有 DNA 和 RNA,因此病毒可以按照含有的核酸类型,分为 DNA 病毒和 RNA 病毒。核酸的基本组成单位是核苷酸(nucleotide),核苷酸又由核苷和磷酸组成(图 2-7)。核苷包括碱基和戊糖。DNA 中的碱基是腺嘌呤(A)、鸟嘌呤(G)、胞嘧啶(C)、胸腺嘧啶(T),RNA 中的碱基与此类似,只是尿嘧啶(U)代替了胸腺嘧啶(T)。除了以上 5 种常见碱基外,核酸中还有一些含量甚少的碱基,称为稀有碱基。tRNA 中含有较多的稀有碱基。稀有碱基主要是甲基化碱基,如二氢尿嘧啶、羟甲基尿嘧啶、甲基胞

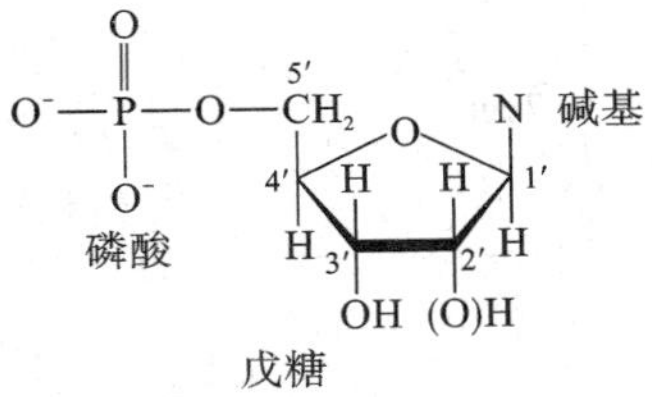

图 2-7 核苷酸分子结构

嘧啶等。核苷由碱基和戊糖缩合而成。糖与碱基间以糖苷键连接。

2.6.1 DNA 一级结构

DNA 是 4 种脱氧核苷酸通过 $3'$,$5'$-磷酸二酯键连接起来形成的多聚体。DNA 分子中碱基排列顺序是一级结构研究的主要内容。DNA 测序的经典方法有 Sanger 法测序,其原理是利用一种 DNA 聚合酶来延伸结合在待定序列模板上的引物,直到掺入一种链终止核苷酸为止。反应体系包括单链模板、4 种脱氧核苷酸三磷酸(dNTP)、引物和 DNA 聚合酶。每一次序列测定由一套四个单独的反应构成,每个反应按比例掺入限量的一种不同的双脱氧核苷三磷酸(ddNTP)。ddNTP 能随机地掺入合成的 DNA 链。由于 ddNTP 缺乏延伸所需要的 $3'$-OH 基团,使延长的 DNA 链选择性地在 A、G、C 或 T 处终止。每一种 dNTPs 和 ddNTPs 的相对浓度可以调整,使反应得到一组长几百至几千碱基的链终止产物。它们具有共同的起始点,但终止在不同的核苷酸上,末端核苷酸可以直接通过反应掺入的 ddNTP 种类来读取。传统 Sanger 法通过高分辨率变性凝胶电泳分离大小不同的片段,凝胶处理后可用 X-光胶片放射自显影或非同位素标记进行检测。

DNA 第一代测序技术大多是基于 Sanger 法测序,第二代测序法有 Roche 公司的 454 技术、Illumina 公司的 Solexa 技术和 ABI 公司的 SOLiD 技术,与第一代技术从原理上来看区别不大,也是基于边合成边测序的原理,测序前需要将待测序列通过 PCR 扩增,因此测序的错误率较高。第三代测序技术以 PacBio 公司的 SMRT 和 Helisope BioScience 公司的 SMS 技术为代表。与前两代测序技术相比,它们最大的特点就是单分子测序,测序过程无须进行 PCR 扩增,因此第三代测序技术可以直接对 RNA 和甲基化 DNA 序列进行测序。以 SMRT 技术为例,测序时 DNA 聚合酶和模板结合,4 色荧光标记 4 种碱基,在碱基配对阶段,不同碱基的加入,会发出不同光,根据光的波长与峰值可判断进入的碱基类型。SMRT 技术中读长主要和 DNA 聚合酶活性有关。第四代测序技术属于真正意义上的单分子测序技术,代表性的有英国 Oxford Nanopore Technologies 公司的纳米孔测序技术。其技术原理是 DNA 分子在电泳驱动下通过纳米微孔组成的电路时可引起特征性电流变化,据此可确定 DNA 分子的碱基类型和排列顺序。第四代测序技术的优点是测序读长长(超过 150 kb),测序速度快,目前主要应用于高质量基因组的测序和组装。

2.6.2 DNA 二级结构

DNA 二级结构是指 DNA 特有的双螺旋结构。1953 年 Watson 和 Crick 两位科学家提出的 DNA 双螺旋结构模型,被认为是生命科学的重大突破之一,它为分子生物学的兴起奠定了基础。DNA 有 A 型、B 型和 Z型,天然的 DNA 都以 B-DNA 存在。按照 Watson 和 Crick 所提的模型,B-DNA 具有以下的特征(图 2-8):两条反向平行的 DNA 单链围绕一条中心轴相互缠绕,碱基位于双螺旋的内侧,碱基以氢键相结合;磷酸与戊糖位于外侧;两条 DNA 单链均为右手螺旋,双螺旋螺距为 3.4 nm,每一转为 10 个核苷酸,碱基对和中心轴倾角为 36°;A 与 T 相配对,形成两个氢键;G 与 C 相配对,形成三个氢键。因此 GC 之间的连接更加稳定。DNA 中的碱基配对能力也是遗传和进化的基础。

A-DNA 也是两条反向平行的 DNA 单链组成的双螺旋,也是右手螺旋。但和 B-DNA 不同的是,A-DNA

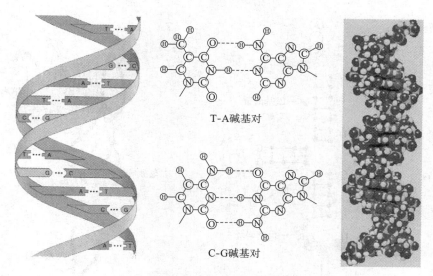

T-A碱基对

C-G碱基对

图 2-8　DNA 双螺旋结构模型

螺体宽而短,碱基对和中心轴倾角为 19°。自然界还有一种 Z-DNA,这种 DNA 是左手螺旋。目前尚不清楚 Z-DNA 有何种生物学功能。

2.6.3　DNA 三级结构

DNA 三级结构是指在二级结构基础上,DNA 链通过进一步扭曲和折叠形成的特定构象。常见的三级结构形式有超螺旋。在 DNA 双螺旋结构中,每旋转一圈含有 10 个碱基对,此时双螺旋处于能量最低的状态。如果将正常的 DNA 分子额外地多转几圈或少转几圈,就会使双螺旋中存在张力。此时形成的 DNA 螺旋称为超螺旋。细菌染色体 DNA、质粒 DNA、线粒体 DNA、叶绿体 DNA 等往往以环状双链 DNA 形式存在,生物体内这类 DNA 常呈超螺旋。细菌质粒提取后电泳时可以观察到三种类型的 DNA 带:共价闭环的 DNA,即超螺旋 DNA;双链环状 DNA 一条链断裂形成的开环 DNA;环状 DNA 双链断裂形成的线形 DNA。

2.6.4　RNA 结构

生物体中 RNA 除了常见的转运 RNA(transfer RNA,tRNA)、核糖体 RNA(ribosomal RNA,rRNA)和信使 RNA(messenger RNA,mRNA)外,真核细胞中还有少量核内小 RNA(small nuclear RNA,snRNA)、微 RNA(microRNA,miRNA)。snRNA 是从基因组中非蛋白质编码区转录来的 RNA 分子,哺乳动物中 snRNA 为 100～215 个核苷酸。snRNA 一直存在于细胞核中,功能是与蛋白质结合形成核小核糖核蛋白颗粒(small nuclear ribonucleo-protein particle,snRNP),行使剪接 mRNA 的功能。miRNA 是 2001 年被发现的,被 Science、Nature 两大顶级杂志评为年度重大科技成果之一。miRNA 是一种广泛存在于真核生物中的单链小分子 RNA,一般为 19～25 bp,不具有编码功能,定位于 RNA 前体的 3′端或者 5′端。miRNA 的作用机制是与 mRNA 互补,介导核酸酶切割 mRNA,让 mRNA 沉默或者降解。目前只有一小部分 miRNA 生物学功能得到阐明。miRNA 调节细胞生长、组织分化,因而与生命过程中发育、疾病有关。现在流行的 RNAi 技术就是在体外人工加入类似 snRNA、miRNA 的小分子 RNA 来沉默对应的 mRNA,抑制突变致病基因,达到基因治疗的目的。

RNA 一级结构是由 4 种核糖核苷酸通过 3′,5′-磷酸二酯键连接成的线性分子,RNA 分子中通常没有互补的碱基组成,腺嘌呤量不等于尿嘧啶的量,鸟嘌呤量也不等于胞嘧啶的量。RNA 以单链形式存在,但可以通过自身回折形成局部的双螺旋,构成二级结构,还可以借助链内次级键发生进一步折叠形成更复杂的三级结构。

tRNA 中含有较多稀有碱基,3′末端为 CCAOH,用来接受活化的氨基酸。RNA 以单链形式存在,回折形成分子内双螺旋区,构成二级结构。tRNA 二级结构是三叶草形,由氨基酸臂、二氢尿嘧啶环、反密码环、可变环、TΨC 环组成。tRNA 在二级结构的基础上,进一步折叠形成倒 L 形的三级结构(图 2-9)。

mRNA 是以一条 DNA 链为模板合成的,真核生物合成的 RNA 称为核内不均一 RNA(heterogeneous nuclear RNA,hnRNA),在核内进行加工后进入细胞质内变成成熟的 mRNA,才能直接进行翻译。snRNA

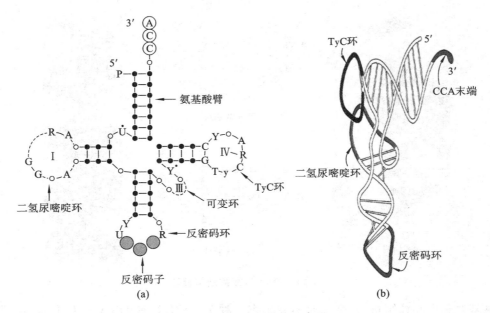

图 2-9　tRNA 空间结构示意图

（a）tRNA 的二级结构；（b）tRNA 的三级结构

在 hnRNA 向 mRNA 转变过程的剪接中起十分重要的作用。原核细胞的 mRNA 则不需要加工，即使转录尚未结束，只要先前合成的一段 RNA 与 DNA 模板脱离就能马上进行翻译。大多数真核细胞的 mRNA 在 3′端有一段长约 200 bp 的多聚腺苷酸，这段 polyA 是转录后经 polyA 聚合酶的作用添加上去的。polyA 可能与 mRNA 从细胞核到细胞质的转移有关。原核生物一般无 3′端 polyA 尾。真核细胞 5′端还有特殊的帽子结构，由甲基化鸟苷酸经焦磷酸和 5′末端核苷酸相连，形成 5′,5′-磷酸二酯键（图 2-10）。这种结构有抗 5′-核酸外切酶降解的作用，在蛋白质合成中，有助于核糖体识别 mRNA 起始密码子，正确地起始翻译。原核生物 mRNA 一般是多顺反子，即几个结构基因转录到一条 mRNA 链上，然后分别与核糖体结合，可同时翻译出几条肽链。真核生物 mRNA 是单顺反子，一种 mRNA 只编码一种蛋白质或多肽。

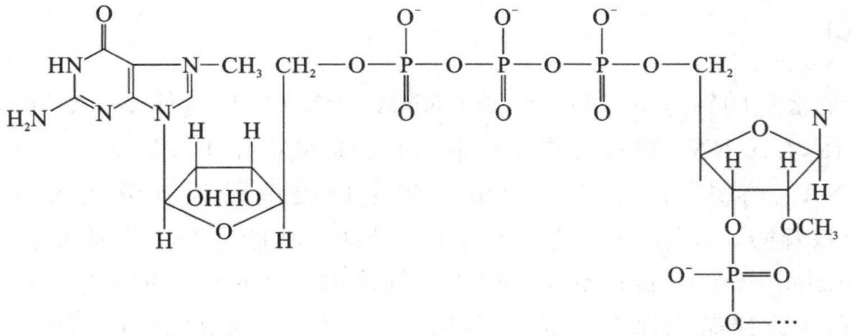

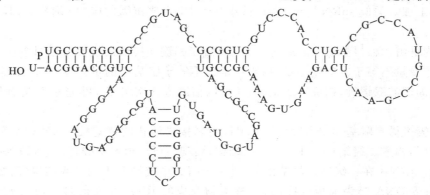

图 2-10　mRNA 5′端"帽子"结构

rRNA 在细胞 RNA 中含量最高。真核细胞 rRNA 分为 5S rRNA、5.8S rRNA、18S rRNA、28S rRNA；原核细胞 rRNA 有 5S rRNA（图 2-11）、16S rRNA 和 23S rRNA 三类。16S rRNA 是原核核糖体 30S 小亚基

图 2-11　5S rRNA 二级结构示意图

的组成部分。细菌 16S rDNA 基因含有的核苷酸约为 1540 个,其基因序列既有高度保守区,也有高度可变区,因此可利用保守区设计通用引物,PCR 扩增细菌 16S rDNA 序列,在利用其可变区的序列差异鉴别菌种。真核生物则常使用 18S rRNA 基因序列进行物种的系统发育进化分析和物种鉴别。

2.7　结构生物学

2.7.1　内涵与发展背景

结构生物学是以生物大分子特定空间结构、结构的特定运动与生物学功能的关系为基础,来阐明生命现象及其应用的科学。详细地说,结构生物学是以分子生物物理学为基础,结合分子生物学和结构化学方法测定生物大分子及其复合物的三维结构以及结构的运动,阐明其相互作用的规律和发挥生物学功能机制,从而揭示生命现象本质的科学。

结构生物学的发展经过以下几个阶段。结构生物学起源于 20 世纪 50 年代,Waston 和 Crick 发现了 DNA 双螺旋结构,建立了 DNA 双螺旋模型。20 世纪 60 年代,卡文迪许实验室的 J. Kendrew 和 M. Perutz 用 X 射线晶体衍射技术获得了球蛋白的结构,X 射线晶体衍射技术的应用使我们可以在晶体水平研究大分子结构,在分子和原子基础上解释大分子。由于他们开创性的工作,Waston 和 Crick 获得 1962 年诺贝尔生理学或医学奖,J. Kendrew 和 M. Pertt 获得同年的化学奖。从那时起,技术的发展就成为结构生物学发展最为重要的决定因素。20 世纪 60～70 年代,他们又发展了电子晶体学技术,当时的研究对象主要是有序的、对称性高的生物体系,如二维的晶体和对称性很高的三维晶体。20 世纪 70～80 年代,多维核磁共振波谱学的发明使得人们有可能在水溶液中研究生物大分子,水溶液中的生物大分子更接近于生理状态。20 世纪 80 年代到 21 世纪初,冷冻电子显微镜的发明,使我们既能够研究生物大分子在晶体状态和溶液状态的结构,也能够研究复杂的大分子体系(molecular complex)、超分子体系,即细胞器和细胞。可见结构生物学的发展经历了从结晶到溶液再到大分子体系、超分子体系,如核糖体(ribosome)、病毒、溶酶体(lysosome)、线粒体等。

2.7.2　当前的研究热点

1. 生物大分子三维结构的测定　结构生物学的研究基础是生物大分子特定的空间结构,因此,生物大分子三维结构测定必然成为重要的研究内容。近年来,精确测定的生物大分子结构呈现快速增长态势,1988 年测定速度为每年 129 个,1995 年激增到每年 1200 个,到了 1997 年则增加到每年 1900 多个。另外,还突破性地解决了很多难度高、意义重大的结构,使得以精确三维结构为基础揭示重要生命过程的研究达到了前所未有的深度和广度,如:明确了细菌光合作用中心复合物及细菌集光蛋白复合物的三维结构,较为完整地揭示了细菌光合作用机理以及光能高效传递的时空关系和分子机制;朊病毒蛋白的 NMR 溶液结构的突破,为研究朊病毒的致病机理——构象转换奠定了结构基础;在首次测定抗原-抗体复合物结构之后,近年来对多种 T 细胞及其复合物及人体组织相容性抗原的晶体结构的解析,使得人们越来越深入地了解了免疫反应机制和规律;1997 年底,准确测定了由 146 个 DNA 碱基对和 8 个组蛋白亚基组成的核小体三维结构,是目前在原子水平上测定的最复杂也是最大的蛋白质-核酸复合物的三维结构,这一研究结果为研究基因转录、DNA 复制提供了精确的结构基础。

2. 研究技术及手段　结构生物学目前研究的侧重点还包括复杂生物大分子的精细结构测定,这种测定十分依赖复杂的技术条件和手段。因此,先进的仪器设备、研究技术和手段是十分必要的。近年来高能量第三代同步辐射仪的出现对结构生物学影响最大,Science 杂志将此列为 1997 年十大科学成就之一。这种同步辐射仪具有很多优势,如能够提供多种波长、强 100 倍的高亮度光源和精细 100 倍的细微聚焦能力。这些先进技术手段的应用极大地影响了生物大分子三维结构的研究。一方面它大大地降低了对晶体大小的要求,而 X 射线晶体衍射成功的前提是必须有足够大的优质单晶,使用第三代同步辐射光源可以使对晶体大小的要求从 0.1 mm 降至 20～40 μm,使原先过小的膜蛋白的晶体都得到了成功的分析,另一方面也可以克服在一些过大的晶胞(如病毒的分子组装体)、复杂的蛋白质、DNA、RNA 及其复合物中由于含原子数极多、衍射点过多或衍射点强度过弱而造成的晶体解析的困难。这具有重要的生物学意义,因为几乎所有的生物功能都是通过生物大分子的相互作用实现的。目前结构生物学研究已从单分子进入到研究分子间相互作用的复合物以及许多分子构成的复合体,如酶和底物、生物激素与受体、抗原与抗体以及DNA与其调控蛋白等都是令人瞩目的研究对象,特别是一些复杂、庞大的分子组装体结构,如高等植物的光合作用系统是由60个不同的蛋白质和3条RNA链组成的分子量为230 kDa的核糖体结构,这些结构的解析对光合作用、激素作用、DNA复制、基因调控、遗传信息的转录翻译乃至肽链的折叠、卷曲等重要生命过程的分子机理的阐明有重要意义。所以测定生物大分子复合物以及亚细胞器、细胞器的精细三维结构是结构生物学的重要目标,这无疑需要先进的技术条件。

此外,第三代同步辐射仪的优势还在于大大减少了在同晶置换法中重原子衍生物制备的困难,使得结构测定的速度加快。同时也可以极快速度获取衍射数据,从而使研究快速运动和动力学过程成为可能,使结构生物学研究从生物大分子静态的结构进入了动态的结构研究和动力学分析。

多维核磁共振技术也发展很快。价值700万美元的900 MHz核磁共振仪已于1998年在美国投入运行,而1000 MHz的新一代核磁共振谱仪也已在筹划之中。计算机硬件和软件的迅猛发展以及图像显示技术的进步都更进一步推动了结构生物学研究技术的发展。

本章小结

自然界生物体形形色色,但都是由共同的化学元素为基础组成的。单糖、氨基酸、核苷酸等小分子逐个连接成长链的大分子,即多糖、蛋白质、核酸。大分子再组合成复合大分子如糖蛋白、脂蛋白、糖脂。除水分子外,细胞其他大部分物质是由大分子组成的。糖类是细胞的主要能源。脂类可以储存能量,对于磷脂来说最重要的功能是形成生物膜。蛋白质种类繁多,功能也很复杂,参与了细胞中绝大部分代谢反应。核酸是细胞遗传物质。大分子中大多数单键允许相连的两个原子发生转动,因此大分子的长链具有较大的灵活性,可以形成很多种形状,即构象。蛋白质要形成稳定的构象,就会在自然选择中形成有层次的折叠结构,按这些层次依次划分为二级、三级、四级结构。核酸分为DNA和RNA,DNA除了形成经典的双螺旋结构外,还可以形成三级结构如超螺旋结构。RNA分为tRNA、rRNA和mRNA,真核细胞中还有少量snRNA、miRNA。tRNA、rRNA可以通过自身单链回折形成二级或三级结构。同时,还介绍了结构生物学的形成与发展,聚焦了一些当下研究的热点问题、研究手段以及发展趋势。

思考题

 扫码答题

参考文献

[1] 王镜岩,朱圣庚,徐长法.生物化学教程[M].北京:高等教育出版社,2008.

[2] 吴相钰,陈守良,葛明德.陈阅增普通生物学[M].3版.北京:高等教育出版社,2009.

[3] 顾德兴.普通生物学[M].北京:高等教育出版社,2000.

[4] Alberts B,Bray D,Hopkin K,et al. Essential Cell Biology[M].3rd ed. New York:Garland Science,2009.

第3章 细胞的结构与功能

将活的生命和非活物质区分开来的特性是什么呢？1674年荷兰科学家列文虎克（Antoni van Leeuwenhoek）借助自制的显微镜看到了活细胞，从而向人类揭示了一个前所未见的奇妙的微观世界。随后几百年里，人类用光学显微镜广泛观察活细胞，获得了有关细胞的很多重要知识。人类认识到：细胞是生命的基本单位。生物科学的很多基本问题，必须回到细胞中谋求解决。

细胞生物学就是研究细胞的结构、功能和生活史的科学。细胞生物学作为一门单独的学科出现，离不开很多人的努力和奉献，也离不开显微观察仪器的发展。细胞是非常微小的，绝大多数细胞小到用肉眼看不见。光学显微镜是细胞生物学家的重要装备。但是光学显微镜的分辨力受照明光的波长限制，无法再提高了。20世纪中叶电子显微镜的出现弥补了光学显微镜的不足。电子显微镜是以电子束作为照明源，分辨力可达到0.2 nm（光学显微镜分辨力为200 nm）。借助电子显微镜，我们对细胞的研究从显微结构过渡到了亚显微结构，可研究各种细胞器的精细结构（它们在光学显微镜下只能粗略地被分辨），甚至可直接观察到细胞内的DNA等大分子。

现代细胞生物学是一门大学科，它几乎与所有的现代生物学学科分支都有关联，已经发展为一门从细胞整体、显微、亚显微和分子等各级水平上研究细胞结构、功能及生命活动规律的学科。我们必须了解细胞生物学来认识我们所处的世界，来认识人类本身，细胞生物学应成为现代生物学教育的一个中心。细胞学的发展将与生物技术的其他学科如蛋白质组学、基因组学相结合，采用各种分析手段如高分辨力电镜、流式细胞术、X射线衍射进行细胞分子表型分析，重点揭示整个细胞水平上的特定分子的结构和功能，以及细胞间的相互作用和群体感应。

3.1 细胞的基本结构

细胞分为两大类：原核细胞（prokaryotic cell）和真核细胞（eukaryotic cell）（图3-1）。原核细胞生物包括支原体、细菌和蓝藻等。原核细胞没有完整的细胞核构造，DNA链盘绕的位置没有膜将其与细胞质隔开，称为拟核区。正常情况下，细菌中只有一条DNA分子，也就是只有一个拟核区。但当细菌正在进行生长繁殖时，一个细胞中可以出现几条DNA分子，往往出现几个拟核区。细菌等的细胞质中还含有一些小分子DNA，称为质粒（plasmid）。原核细胞结构简单，除质膜外，无内质网、高尔基体、线粒体和叶绿体等膜层结构和细胞器。原核细胞和真核细胞的区别见表3-1。

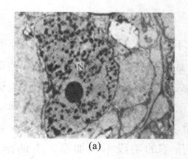

(a)   (b)

图3-1 原核细胞和真核细胞显微结构

（a）小麦淀粉胚乳细胞；（b）大肠杆菌细胞

表 3-1　原核细胞和真核细胞特征的比较

特　征	原核细胞	真核细胞
核膜、核仁	无	有
染色体	环状 DNA 构成的单个染色体，不与或甚少与蛋白质结合	2 个染色体以上，由线状 DNA 与蛋白质组成
核糖体	70S(50S 和 30S 亚基组成)	80S(60S 和 40S 亚基组成)
线粒体等细胞器	无	有
核外 DNA	细菌有质粒 DNA	线粒体 DNA、叶绿体 DNA
细胞壁	细菌是氨基糖与胞壁酸	植物细胞是纤维素、果胶
转录与翻译时空性	同时同地进行	核内转录，细胞质内翻译
细胞分裂	无丝分裂	有丝分裂、减数分裂
细胞骨架	无	有

原核细胞一般比真核细胞要小，最小的原核细胞——支原体直径一般为 0.1～0.3 μm，细菌直径一般为 1～2 μm，动植物细胞平均直径为 20～30 μm，而某些原生动物细胞更大。

原核细胞和真核细胞虽然在结构上存在很大差别，但是两者仍具有一些基本的共性：

（1）原核和真核细胞都有细胞质膜。细胞膜将细胞和外部环境隔离开来，使细胞具有稳定的内环境。没有质膜，细胞会因为不耐受渗透压而很快破裂死亡。细胞通过细胞膜进行物质的运输和信号转导。

（2）所有细胞都有 DNA 和 RNA，它们是细胞的遗传物质。非细胞形态的生命体——病毒则只有一种核酸，即 DNA 或者 RNA 作为遗传信息的载体。

（3）所有细胞都具有核糖体。核糖体毫无例外地存在于一切细胞中，保障 mRNA 合成蛋白质，是细胞不可或缺的基本结构。

（4）所有细胞都以一分为二的方式分裂，进行细胞增殖。染色体在复制时加倍（细菌 DNA 也常被称之为染色体），在细胞分裂时被均匀地分配到两个子细胞中，保证了遗传物质传递的连续和完整性。

真核细胞包括动物细胞、真菌和植物细胞。真核细胞有明显的细胞核，有核膜和核仁，有内质网、线粒体等细胞内膜为基础形成的各种细胞器（图 3-1）。真核细胞的遗传物质和信息量远远大于原核细胞。真核细胞结构复杂，动物细胞和植物细胞稍有不同。动物细胞没有细胞壁，没有质体。植物细胞除了有厚实的细胞壁，还有以叶绿体为代表的质体。动植物细胞中都有液泡，但植物细胞中液泡特别明显，有大液泡和中央液泡。

细胞虽然千差万别，但所有细胞都被认为是一个共同祖先细胞的后裔，在进化中，这个祖先细胞的根本性质是保守的、不变的。因此细胞结构和功能的研究中常常选定某一种代表生物，即模式生物（model organism）。比如原核生物常选择大肠杆菌作为模式生物，最简单的真核细胞模式生物是酿酒酵母，此外从 30 多万种植物中选出拟南芥作为模式植物，动物界则以果蝇、鼠和人自身为模式生物。通过对这些模式生物的考察，我们获取了对细胞的各方面的深入认识。以下将介绍细胞各部分的结构和功能。

3.1.1　细胞壁

细胞壁（cell wall）是细胞最外层的屏障。生物种类不同，细胞壁的主要组成成分也不同。细菌的细胞壁主要成分是肽聚糖。真菌细胞壁主要成分为几丁质，即氨基葡萄糖聚合物。植物细胞的细胞壁最为复杂。植物细胞壁有一定的层次，这些细胞壁层次与形成时间有关。植物细胞壁分为胞间层、初生壁和次生壁。胞间层位于细胞壁的最外层，主要由果胶质组成。果实成熟时，果胶质被果胶酶溶解、分解，细胞彼此分开，果实变软。初生壁是植物细胞停止生长前所形成的一层细胞壁。初生壁较薄（1～3 μm），主要由纤维素、半纤维素、果胶质等组成。有的细胞停止生长后，细胞壁停留在初生壁的阶段不再加厚。有的细胞在停止生长后，细胞壁仍继续发育，壁增厚，称之为次生壁。次生壁很厚（5～10 μm），主要由纤维素、半纤维素、木质素组成，果胶质极少，因此比初生壁坚韧。植物细胞相邻的细胞壁上有些小孔，称之为胞间连丝（plasmodesmata）。所有的高等植物、某些低等植物如有些藻类以及真菌有胞间连丝，细胞质可通过胞间连丝实现物质运输和信息传递。

3.1.2 细胞膜

细胞膜(cell membrane)是紧贴细胞质,包围着细胞外层,由蛋白质和磷脂双分子层组成的膜,又称为质膜(plasma membrane)。细胞膜将细胞与外界环境隔离开来,对维持细胞内环境稳定性有重要作用。通过细胞膜,细胞和外界环境不断进行物质交换和信息传递。真核细胞中,内质网、高尔基体、线粒体、溶酶体、核被膜等都是由膜参与构成的细胞器,这些细胞器的膜和质膜性质和组成相似,因此将这些膜统称为生物膜(biological membrane)。以下用质膜为代表介绍生物膜的特性和组成。

细胞膜的组成主要是蛋白质、脂类、糖和少量金属离子。功能复杂的膜,蛋白质比例较大,而功能简单的膜,蛋白质的种类和含量都较少,如神经髓鞘膜中蛋白质只有 3 种,仅占 18%。大多数细胞膜中蛋白质占40%~50%,脂类占 50%,糖类占 1%~10%。

参与生物膜构建的脂类有磷脂、胆固醇和糖脂。磷脂是构成细胞膜膜脂的主要成分,占膜脂的 50% 以上。糖脂含量占膜脂总量的 5% 左右。神经细胞膜上的糖脂含量较高,为 5%~10%。胆固醇位于真核细胞膜上,含量不超过膜脂的 1/3。

每个磷脂分子都有一个疏水性的尾部和一个亲水性的头部,因此它是两性分子。当磷脂在水中存在时,亲水性头部吸引水,而疏水性尾部要避开水分子。因此质膜的结构可用液态镶嵌模型(fluid mosaic model)来解释。液态镶嵌模型(图 3-2)的要点:磷脂双分子层构成质膜的骨架,称为脂双层;脂双层分子两两相对,亲水端朝外,疏水性尾部朝向膜脂内侧;脂双层中镶嵌着球形蛋白质分子。质膜等生物膜是一种流动性的、不对称性的结构。

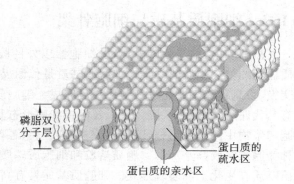

图 3-2 生物膜模式图

磷脂双分子层

蛋白质的疏水区

蛋白质的亲水区

膜的流动性主要与脂分子的运动性有关。膜脂分子有 4 种运动方式:沿膜平面的侧向运动;脂分子围绕轴心的自旋运动;脂分子尾部左右摆动;双层脂分子发生翻转运动。一般翻转运动很少发生。膜的流动性主要是由脂分子的侧向运动造成的。一般来说,脂分子的脂肪酸链越短,不饱和程度越高,膜脂流动性越大。脂双层有屏蔽作用,使大分子溶质不能自由通过,必须通过膜蛋白质作为载体通过。

膜蛋白质按照分离的难易程度及其同脂分子结合的方式,可分为膜外在蛋白(extrinsic protein)和膜内在蛋白(intrinsic protein)(图 3-3)。膜外在蛋白为水溶性蛋白,占膜蛋白总量的 20%~30%。膜外在蛋白分布在脂双层的内外两侧,靠离子键、氢键、静电作用等与膜脂分子极性头部结合,只要改变溶液的离子强度甚至提高温度就可以从膜上剥离下来。膜内在蛋白占膜蛋白的 70%~80%,部分或全部镶嵌在细胞膜中。内在蛋白亲水端暴露在膜的一侧或两侧表面,疏水端同脂双层的疏水性尾部相互作用。内在蛋白通过带电荷的极性氨基酸与磷脂分子的极性头部以离子键结合。内在蛋白跨膜的部分可形成 α-螺旋,非极性氨基酸位于 α-螺旋外侧,极性氨基酸位于 α-螺旋内侧,位于外部的疏水性部分通过范德华力与脂分子的脂肪酸链相互作用。内在蛋白与脂双层结合紧密,只有通过去垢剂,破坏膜的结构才能将内在蛋白剥离出来。膜蛋白并非固定在膜上不能流动,膜蛋白亦有一定的运动性。荧光抗体免疫标记实验是证明膜蛋白侧向移动的一个典型例子。用抗鼠细胞膜蛋白的荧光抗体(绿色荧光)和抗人细胞膜蛋白的荧光抗体(红色荧光)分别标记鼠和人细胞,用灭活的仙台病毒处理使两种细胞融合,10 min 后荧光开始在细胞表面扩散,40 min 后融合细胞表面两种不同颜色的荧光均匀分布。这一实验清楚地说明了与抗体结合的膜蛋白在质膜上的运动。膜蛋白的运动方式主要是侧向运动和旋转运动,没有翻转运动。膜蛋白的运动有很大的局限性,细胞骨架可以和某些膜蛋白结合限制其运动。脂分子与蛋白分子以及蛋白分子间的相互作用,也限制了膜蛋白的扩散。

膜的不对称性是指膜的结构成分分布的不对称。膜脂的不对称性是指同一种膜脂分子在脂双层中呈不均匀分布。糖脂的分布表现为高度不对称性,糖链附在细胞质膜的外表面,靠近外部环境一侧。膜蛋白的不对称性表现为膜蛋白分布的完全不对称,所有膜蛋白,无论是内在蛋白还是外在蛋白在质膜上的分布都是不对称的。每种膜蛋白分子在膜上都具有明确的方向性。膜上的载体蛋白是按一定的方向性转运物质,因此膜蛋白都有特定的排布方式。

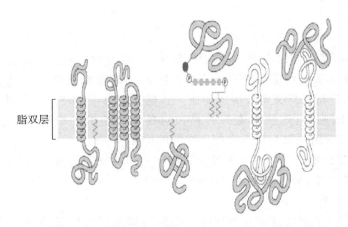

图 3-3　膜蛋白在膜上的分布方式(引自 Karp,2010)

3.1.3　细胞质基质与细胞骨架

真核细胞中,细胞膜以内,除去细胞器以外的胶状物质,称为细胞质基质(cytoplasmic matrix)。细胞质基质体积约占细胞质的一半。细胞质基质是代谢反应的主要场所,细胞内部、细胞与环境之间的物质运输、能量交换、信息传递都要通过细胞质基质完成。细胞质基质也是蛋白质和脂类合成的重要场所。细胞质基质中含有与代谢有关的数千种酶类,以及维持细胞形态和与细胞物质运输有关的细胞骨架。用差速离心方法分离细胞匀浆物中的细胞组分,除去细胞核、细胞膜、各种细胞器成分后,存留在上清液中的主要是细胞基质成分,又称为胞质溶胶(cytosol)。胞质溶胶和细胞质基质是密切相关但有差异的两个概念。胞质溶胶一般是指细胞质基质在生化上的表现形式。细胞质基质具有高度有序的组织结构形式和精细复杂的超微结构。目前由于研究手段存在困难,只能从生物化学和超微结构两个方面来综合推断细胞质基质的复杂结构体系。

细胞质基质中蛋白质含量占 20%～30%,水分子多数以水化物形式紧密结合在蛋白质和其他大分子表面极性部位。部分水分子以游离态存在,起溶剂作用。

细胞质基质中很多蛋白质,包括水溶性蛋白质,并不是以溶解状态存在的,有的是结合在微丝等细胞骨架上,更大的结构如分泌小泡、细胞器是固定在细胞质基质某些部位上,或沿着细胞骨架定向运动。

细胞骨架(cytoskeleton)作为细胞质基质的主要结构成分,不仅与维持细胞形态、细胞运动、物质运输有关,也为细胞质基质中大分子和细胞器提供锚定位点。细胞骨架分为微管、微丝与中间纤维。

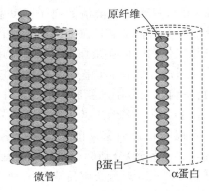

图 3-4　微管结构示意图

1. 微管(microtubule)　微管是存在于所有真核细胞中的长管状细胞骨架,由微管蛋白装配而成,平均外径为 24 nm,多数位于细胞质基质。微管还是纤毛、鞭毛和中心粒的组成部分。微管由两种球状蛋白质,即 α 蛋白和 β 蛋白组成。α 微管蛋白和 β 微管蛋白分子量相等,约为 55 kDa,但氨基酸组成和顺序不同。α 微管蛋白和 β 微管蛋白组成微管蛋白二聚体。每个微管蛋白二聚体上有两个 GTP 结合位点。αβ 二聚体头尾相连排成原纤维,13 根原纤维纵向排列成微管壁,合拢成中空的管状结构(图 3-4)。新的 αβ 二聚体不断加到微管的端点使其延长。α 微管蛋白和 β 微管蛋白形成异二聚体再形成多聚体的过程,称作聚合;多聚体解离成二聚体的过程称作解聚。不形成 αβ 二聚体的 α 微管蛋白和 β 微管蛋白会很快被降解,细胞质中很少有游离的 α 微管蛋白和 β 微管蛋白。

微管两端的二聚体构型不同,具有极性,即微管两端添加二聚体的速度不同。装配快的一端为正极(＋),装配慢的一端为负极(－)。微管一端进行组装,添加二聚体使微管长度延长;另一端发生去组装作用,二聚体掉下来的速度比结合上的快,微管在缩短。因此形成踏车现象。

目前已知多种因素可以影响微管的组装和去组装。秋水仙素可以阻止微管聚合,抑制纺锤丝形成和终止有丝分裂。微管的聚合还受到细胞内 Ca^{2+} 浓度的影响。

微管的生物学作用如下。

①维持细胞形态:实验证实用秋水仙素处理细胞后,会破坏微管结构,造成细胞丧失原有形态而变圆。②鞭毛和纤毛运动:很多细菌表面有纤毛和鞭毛,具有运动功能。目前认为鞭毛和纤毛运动是由微管的相对滑动完成的。③物质运输:侵入细胞的病毒、膜状分泌小泡等可在细胞内部沿着微管定向运动。依赖于微管的马达蛋白能利用 ATP 的能量,沿着微管运输"货物"。④细胞分裂:细胞从间期到分裂期时,微管解聚,经过重装配形成纺锤体。连接在着丝粒上的微管,在细胞有丝分裂时,牵引染色体分离和平移,使染色体平均地分布到子代细胞中去。当细胞进入到分裂末期时,纺锤体微管解聚,经过重新装配形成胞质微管网。中心体是动物细胞主要的微管中心。基粒和中心粒也是微管性结构。

2. 微丝(microfilament)　微丝是一种实心纤维状的细胞骨架,平均直径约 7 nm,长短不定。微丝基本组成成分是肌动蛋白(actin),肌动蛋白有两种组成形式:一种是球形肌动蛋白,称为 G-肌动蛋白(G-actin),另一种是肌动蛋白聚合而成的纤维状多聚体,称为 F-肌动蛋白(F-actin)。每个 G-肌动蛋白由两个亚基组成,所以呈哑铃形,有 ATP 结合位点。肌动蛋白又分为 α、β、γ 三种异构体。α 肌动蛋白存在于平滑肌、心肌、骨骼肌,β、γ 肌动蛋白存在于所有非肌肉细胞中。

以前人们认为微丝是由两条球形肌动蛋白单链呈右手螺旋盘绕而成的纤维,现在更倾向于认为微丝是由一条肌动蛋白单链形成的螺旋。肌动蛋白具有极性,装配成微丝时肌动蛋白头尾相连,因此微丝也有极性。G-肌动蛋白可以加到微丝两端,正极(＋)比负极(－)装配速度快 5～10 倍。一定条件下,微丝一端因加入新的 G-肌动蛋白而延长,另一端因 G-肌动蛋白脱落而缩短,也呈现出踏车现象(图 3-5)。在含有 ATP 和高浓度 Ca^{2+} 的溶液中,微丝趋于解聚成 G-肌动蛋白;在 Mg^{2+} 和高浓度 Na^+、K^+ 诱导下,G-肌动蛋白聚合为微丝。许多微丝结合蛋白调节肌动蛋白纤维的动态和组织装配,比如肌肉收缩系统中存在肌球蛋白、原肌球蛋白、肌钙蛋白等微丝结合蛋白。

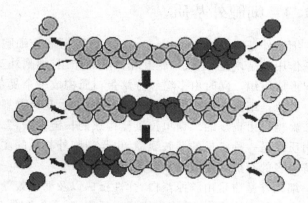

图 3-5　微丝装配示意图

微丝具有以下生物学功能:①构成细胞骨架,维持细胞形态。②肌肉运动:骨骼肌的收缩单位是肌原纤维,肌原纤维由肌动蛋白组成的细肌丝和肌球蛋白组成的粗肌丝构成,肌肉收缩是由肌动蛋白和肌球蛋白的相对滑动形成的。③构成微绒毛:肠上皮细胞的微绒毛的轴心是微丝,微丝呈同向平行排布,微绒毛中心的微丝束起到维持微绒毛形态的功能,无收缩功能。④构成真核细胞胞质分裂环:真核细胞有丝分裂末期,两个子细胞间形成一个收缩环。收缩环是由大量平行排列的微丝构成的。胞质分裂,子细胞分开后,收缩环即消失。收缩环是非肌细胞中具有收缩功能的微丝。其收缩亦是肌动蛋白和肌球蛋白的相对滑动形成的。

3. 中间纤维(intermediate filament)　中间纤维直径介于肌肉粗肌丝和细肌丝之间,为 10 nm 的中空管状结构。中间纤维蛋白来自同一基因家族,具有高度同源性。中间纤维蛋白的特征是具有一个由 310 个氨基酸残基组成的 α 螺旋的中间杆状区域,两端是非螺旋的头部(氨基端)和尾部(羧基端)。

中间纤维是 3 种细胞骨架纤维中最复杂的一种。中间纤维装配的第一步是两个中间纤维蛋白分子组成二聚体,即由两个相邻亚基的对应 α 螺旋区形成双股超螺旋;第二步是由两对超螺旋反向平行排列组成四聚体;第三步是两个这样的四聚体首尾相连,形成较长的原纤维;最后由 8 根原纤维组成一个完整的中空的中间纤维(图 3-6)。中间纤维与微管、微丝不同的是,中间纤维蛋白合成后几乎都被装配为中间纤维,游离的蛋白质很少,也没有微管和微丝的踏车现象。

目前对中间纤维的生物学功能了解不多。一个重要的原因是找不到某种同中间纤维特异结合的药物,像秋水仙素对微管,细胞松弛素 B 对微丝作用的药物,能可逆地特异地影响中间纤维。一般认为,中间纤维具有两大功能:一是构成细胞骨架,中间纤维与核纤层、核孔复合体相连,穿越细胞质连接到细胞膜桥粒等结构处,构成一个完整的支撑网架系统。二是信息传递和物质运输功能,中间纤维与单链 DNA 分子有高度亲和性,推测它与 DNA 的复制和转录活性有关。近年来还发现中间纤维与 mRNA 的运输有关,mRNA 锚定在中间纤维上可能对其在细胞质中的定位和是否翻译起到决定作用。

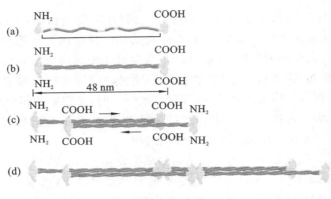

图 3-6　中间纤维的装配(引自 Alberts,2009)

3.1.4　细胞外基质

细胞外基质(extracellular matrix)是指分布在细胞外空间,由细胞分泌的蛋白质和多糖构成的结构。多细胞作用的结果是,不仅细胞互相接触和作用,细胞外基质也相互接触和作用,最后细胞外基质将细胞粘连在一起形成组织。同时由多糖和分泌蛋白质构成一个复杂的网络结构,在组织中起到支持作用。

胶原是细胞外基质的最基本成分之一,也是动物细胞含量最丰富的糖蛋白。胶原是水不溶性纤维蛋白。糖胺聚糖是由重复的二糖单位重复构成的长链多糖,二糖单位之一是氨基己糖(氨基葡萄糖或氨基半乳糖)。透明质酸是一种常见的糖胺聚糖,也是细胞外基质的主要成分之一。细胞外基质还存在多种非胶原糖蛋白,了解较多的有层粘连蛋白和纤连蛋白。

细胞外基质是由胶原蛋白、弹性蛋白以及糖胺聚糖和蛋白聚糖一起构成的复杂体系。胶原蛋白和弹性蛋白是主要的结构蛋白,它们组成蛋白纤维,赋予细胞外基质一定的强度和韧性,并赋予组织抗张力。糖胺聚糖和蛋白聚糖能够形成水性的胶状物,增加组织耐压性。层粘连蛋白和纤连蛋白在细胞与细胞外基质互相粘连中起到重要作用。

动物细胞没有细胞壁的保护,动物细胞形成细胞外基质具有积极的生理意义。细胞外基质不仅为细胞提供网架支撑,赋予组织和细胞抗压的机械性能,还与细胞的组织分化和细胞凋亡有关。

3.2　细胞器的功能

3.2.1　内膜系统

内膜系统(endomembrane system)是指结构、功能和发生上相关的,由膜包围形成的细胞器或细胞结构,主要由内质网、高尔基体、溶酶体、胞内体、微体、分泌小泡等组成。也有的学者将除了细胞质膜外,包括线粒体、叶绿体在内的所有膜相结构,归纳为内膜系统(图 3-7)。

1. 内质网(endoplasmic reticulum,ER)　内质网是一层单位膜形成的互相连通的扁平囊状、管状系统。根据内质网外表是否附着核糖体,分为粗面内质网(rough endoplasmic reticulum,rER)和光面内质网(smooth endoplasmic reticulum,sER)(图 3-8)。粗面内质网常常同核被膜外膜相连通。粗面内质网的功能是参与蛋白质合成与运输,因此代谢旺盛的细胞中 rER 含量比较丰富。细胞质基质中一部分蛋白质直接在核糖体上合成,合成不久就转到内质网膜上,多肽链一边合成一边穿越内质网膜进入内质网网腔中。进入内质网腔中的蛋白质,会发生糖基化、酰基化、羟基化、二硫键形成等修饰。肽链形成只需要短短几分钟甚至几十秒钟,而多肽往往在内质网中停留数十分钟。不同蛋白质在内质网中停留时间不同,这取决于蛋白质正确折叠需要的时间。蛋白质在内质网中完成折叠、加工、包装,然后向高尔基体转运。不能正确折叠和装配的蛋白质不能进入高尔基体,而是在膜上一种协助蛋白质进出内质网的蛋白复合体——移位子(translocon)协助下,从内质网腔转入细胞质基质,在那里被蛋白酶降解。

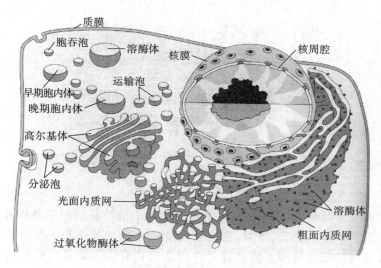

图 3-7 内膜系统示意图

光面内质网是脂质和类固醇激素合成的重要场所。因此在肝脏细胞或合成激素的细胞中,光面内质网非常发达。细胞中一些脂溶性代谢产物或药物等不易被排除,要在肝细胞中进行氧化还原和水解等反应使之毒性降低,形成易溶于水的代谢产物,并最终排出体外。这一解毒过程主要就是在肝细胞的光面内质网中进行的。光面内质网中含有一些酶,可以清除脂溶性物质和有害物质。当肝细胞进行解毒反应时,光面内质网面积成倍增加,一旦毒物消失,多余的光面内质网便被溶酶体水解消化,短短几天内恢复原状。

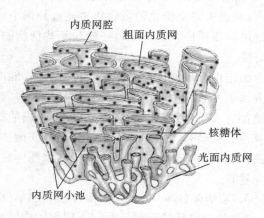

图 3-8 内质网结构

光面内质网合成磷脂、胆固醇等几乎全部膜脂。合成的膜脂通过 2 种方式从内质网向其他膜相结构转运。一种是以出芽的方式转运,另一种是以水溶性载体蛋白——磷脂转换蛋白(phospholipid exchange protein,PEP)转运。

原核细胞没有内质网,由细胞质膜代行使某些类似的功能。

内质网的发生有一假说,即认为内质网是由细胞质膜内陷、延伸形成的,内质网再合成蛋白质和脂类,为内质网膜的维持、扩大补充新的结构成分。内质网膜的部分蛋白质和脂类成分的插入和进出不会影响膜结构的完整性,但许多有害因素如缺氧、辐射、化学药物等会引起内质网病理性改变。肝炎患者中常见到粗面内质网上的核糖体解聚呈离散状态,并从内质网上脱落,谓之"脱粒"现象,导致肝分泌蛋白合成减少,血浆蛋白含量急剧下降。

2. 高尔基体(Golgi body) 高尔基体又称为高尔基器(Golgi apparatus)或高尔基复合体(Golgi complex)。高尔基体从发现到现在历经百年,很长时间内很多学者认为它是由染色和固定引起的人工假象,并非细胞内真实的存在。直到 20 世纪 50 年代后随着电子显微镜的运用和超薄切片技术的发展,人们才证实了高尔基体的存在。高尔基体是由大小不一的形态多变的囊泡组成,在细胞的不同发育阶段其形态都有差别,而且在细胞中数量较少,因此难以辨认。

高尔基体由扁平膜囊(saccule)平行排列堆叠在一起,膜囊周围又有大量大囊泡和小囊泡(图 3-9)。扁平囊又称潴泡。高尔基体是一个有极性的细胞器,物质从一侧进入,从另一侧排出。高尔基体靠近细胞核的一面,扁平膜囊弯曲成凸面,称为顺面(cis face)或形成面(forming face);面向细胞膜的一面常成凹面,称为反面(trans face)或成熟面(maturing face)。从发生的角度看,高尔基体膜脂的化学成分居于内质网和细胞质膜之间,高尔基体的扁平膜囊也可视为内质网和细胞质膜的中间分化阶段。扁平膜囊中含有丰富的酶系。小囊泡(vesicle)为直径 40~60 nm 的球形小泡,一般认为小囊泡是高尔基体附近的粗面内质网出芽形成的,将粗面内质网合成的蛋白质运输到高尔基体扁平囊泡,所以小囊泡又称运输小泡。大囊泡(vacuole)是直径 100~500 nm 的球形泡。一般认为大囊泡是扁平囊端部膨大脱落形成的,含有扁平囊特有的分泌物质,又称为浓缩泡、分泌泡。

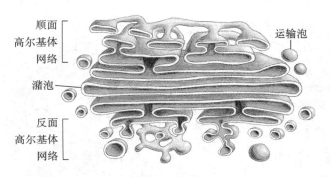

顺面
高尔基体
网络

运输泡

潴泡

反面
高尔基体
网络

图 3-9　高尔基体结构

高尔基体参与细胞的分泌活动,从内质网脱落下来的分泌小泡转移到高尔基体并与之融合,内质网合成的蛋白质和部分脂质在高尔基体中加工、分类、包装后,通过高尔基体分泌的小泡再运送到细胞特定部位或分泌到细胞外。高尔基体参与的蛋白质加工涉及糖蛋白的合成和修饰。糖蛋白有两种寡糖链,O-连接寡糖链和 N-连接寡糖链,O-连接寡糖链主要是在高尔基体中完成的。N-连接寡糖链糖蛋白的糖链合成,始于粗面内质网,然后未完全糖化的蛋白质再通过分泌小泡运输到高尔基体扁平囊泡中,在糖基化转移酶等的作用下,使糖链进一步延伸。高尔基体还参与某些糖脂的糖基化,比如含有末端半乳糖和唾液酸的糖脂,如脑苷脂、神经节苷脂。

细胞中合成的蛋白质需要经过分选,才能准确无误地送到细胞相应的部位去。被运送的蛋白质存在独特的分选信号。一些蛋白质的分选信号是蛋白质在粗面内质网上合成后就加上的,例如内质网的驻留蛋白质羧基端都有 4 个特殊氨基酸序列;另一些蛋白质如溶酶体蛋白、质膜蛋白、分泌蛋白等经过高尔基体加工修饰后才获得分选信号。溶酶体中水解酶都有 6-磷酸甘露糖(mannose 6-phosphate,M6P)标志,这个分选信号就是在高尔基体扁平囊中加工上去的。高尔基体最重要的功能就是对蛋白质进行加工、赋予分选信号、进行分类定向输送。

3. 溶酶体(lysosome)　溶酶体是一层单位膜包裹形成的球状细胞器,膜内含有多种高浓度强酸性水解酶类,是细胞内消化的重要场所。不同细胞中溶酶体的数量区别很大,白细胞、吞噬细胞中溶酶体数量多且体积大,肌肉细胞中溶酶体数量很少。溶酶体内没有消化物质时,形体较小,一般为直径 $0.25\sim0.5$ μm 的球状;溶酶体中有作用底物时,形体变化较大。

溶酶体的膜不同于其他膜,膜脂中含有较多鞘磷脂,膜上有质子泵,不断将 H^+ 泵入溶酶体内,维持酸性环境。膜蛋白高度糖基化,保护膜蛋白不受水解酶作用。溶酶体有 60 多种水解酶,有磷酸酶、核酸酶、蛋白酶、脂肪酶等,可以对细胞内几乎所有生物大分子起降解作用。

根据溶酶体内有无作用底物,可以将溶酶体分为初级溶酶体(primary lysosome)、次级溶酶体(secondary lysosome)和残体(residual body)。初级溶酶体内容物均一,不含有明显的颗粒物质。次级溶酶体是初级溶酶体和细胞内的自噬泡、吞噬泡、胞饮泡融合形成的,包含有多种生物大分子、细胞碎片等,因此形状不规则。溶酶体消化完毕,形成的小分子可通过膜上载体蛋白转运到细胞基质中,继续参与代谢反应,而没有消化完全的物质留存在溶酶体中,形成残体,残体可通过胞吐的方式将内容物排出到细胞外。

溶酶体的功能是清除无用的大分子、衰老的细胞器和细胞。细胞中的大分子、细胞器都有一定的寿命,比如肝细胞中线粒体平均寿命是 10 天左右,因此细胞必须定期清除它们,保证细胞正常的代谢活动和调控。溶酶体中水解酶缺失或者代谢环节出现故障时,这些代谢废物就不能被正常水解而是停留在溶酶体中,细胞结构成分得不到及时更新,结果造成疾病的发生。台萨氏病就是溶酶体中缺少 β-氨基己糖苷酶 A,细胞膜的神经节苷脂不能被溶酶体水解,结果积累在细胞尤其是脑细胞中,造成精神呆滞,患者 $2\sim6$ 岁即死亡。目前已经发现几十种这类疾病,都是由溶酶体功能紊乱造成的隐性遗传病。

溶酶体还可以杀死入侵的细菌、病毒等外来生物。机体被感染后,巨噬细胞移到被感染发炎处,巨噬细胞中丰富的溶酶体和过氧化氢等共同作用杀死入侵细菌。电镜下可观察到巨噬细胞内有较多的残体。胞外物质进入细胞内,先与早期胞内体(early endosome)融合,然后再与晚期胞内体(late endosome)结合,最后才与溶酶体融合,将内吞物转移到溶酶体中。胞内体具有分拣功能,促进内吞物和受体分离,受体可通过出芽小泡转运回质膜或高尔基体,进行循环利用(图 3-10)。

细胞自溶作用也与溶酶体有关。当溶酶体膜破裂时,整个细胞都被溶酶体释放的酶所消化。细胞的自溶作用可导致机体的某些器官组织形态的改变和退化。例如,蝌蚪变青蛙时尾部的消失,人体子宫内膜周期性的萎缩,都是溶酶体作用的结果。

溶酶体的发生是由内质网出芽形成,经小泡运送到高尔基体扁平囊进行加工和分选,然后在高尔基体反面以小泡形式释放,最后形成新的溶酶体。

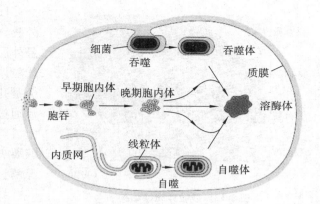

图 3-10　溶酶体消化作用的途径

4. 过氧化物酶体(peroxisome)　过氧化物酶体是微体(microbody)中的一种,是一层单位膜围绕成的球状细胞器,内含一种或几种酶。过氧化物酶体与初级溶酶体的大小和形态很相似。不同生物或不同类型的组织细胞内,过氧化物酶体的数量、大小和形态有较大的差异。大鼠肝细胞中有 70～100 个过氧化物酶体,哺乳动物中只有肝细胞、肾细胞、中性粒细胞中有典型的过氧化物酶体。目前已知各种过氧化物酶体中的酶有 40 多种,但未发现同一种过氧化物酶体中包含有全部 40 多种酶。过氧化物酶体中的酶主要有氧化酶、过氧化氢酶和过氧化物酶。氧化酶占过氧化物酶体中酶总量的一半。过氧化氢酶几乎在所有的过氧化物酶体中都能发现,约占酶总量的 40%。过氧化物酶体的功能目前了解不多,公认的有以下几种。

(1)解毒作用　过氧化氢酶利用 H_2O_2 的过氧化反应氧化各种底物,如甲醇、乙醇、甲酸、甲醛、亚硝酸盐等,使这些有毒物质变成无毒物质。人体饮酒摄入的乙醇一半是以这种方式氧化为乙醛的,从而解除了乙醇对肝、肾细胞的毒害作用。

(2)对细胞氧的调节作用　过氧化物酶体中的过氧化酶利用分子氧将底物氧化,即

$$RH_2 + O_2 \xrightarrow{\text{过氧化酶}} R + H_2O_2$$

由过氧化酶和过氧化氢酶催化的反应互相偶联,使细胞氧张力得到调节,避免高浓度氧对细胞的毒害作用。

(3)参与核酸、脂肪和糖类的代谢　过氧化物酶体中的尿酸氧化酶能参与核酸中嘌呤碱基的分解代谢。

过氧化物酶体的发生不同于溶酶体,并不是由内质网或高尔基体芽生而成。过氧化物所有的膜蛋白都是在游离核糖体上合成,由导肽牵引,分选输入到过氧化物酶体中。膜脂则通过内质网合成后,由细胞质基质中的磷脂交换蛋白进行输送。过氧化物酶体膜上有特殊受体,可以识别输送的蛋白质。

乙醛酸循环体也是一种微体,只存在于植物细胞中。种子萌发过程中,乙醛酸循环体降解脂肪酸产生乙酰辅酶 A,经过一系列乙醛酸循环反应,产生葡萄糖。动物细胞中因为没有乙醛酸循环体,所以不能将脂肪酸直接转变为糖。

5. 液泡(vacuole)　液泡也是一层单位膜包围形成的细胞器,内部充满了细胞液。细胞液主要成分是水,溶有多种无机盐、氨基酸、有机酸、糖类、色素等成分,依不同植物不同组织细胞而异。液泡中还有水解酶,在电镜下有时能观察到液泡中有线粒体、内质网、质体等细胞器的残留物,说明液泡还具备溶酶体的功能。液泡的另一大功能是储存植物细胞从外界环境吸收的水分。幼时的植物细胞有多个分散的小液泡,细胞成长过程中,这些小液泡逐渐合并成中央大液泡,占据细胞中央,将细胞核和其他细胞器挤到细胞周边(图 3-11)。

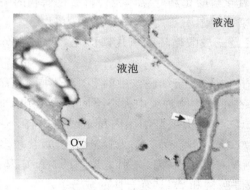

图 3-11　植物细胞中央大液泡

3.2.2　线粒体

线粒体(mitochondrion)是真核细胞内氧化磷酸化和 ATP 合成的重要场所,有"细胞动力工厂"之称。光学显微镜下就可以看见线粒体的形状。线粒体一般呈粒状或棒状,在不同细胞以及细胞不同生理时期形状不同。线粒体是比较大的一种细胞器,大小与杆菌的平均大小相近。代谢活跃的细胞中,线粒体数量很多,比如肝细胞中有 1000～2000 个。代谢低的细胞中,如精子、淋巴细胞中,线粒体数量一般少于 100 个。通常植物细胞的线粒体数目比动物细胞少,这是因为植物细胞中叶绿体替代了线粒体的部分功能。

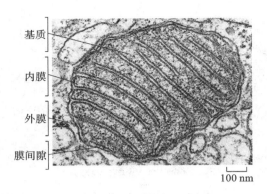

基质
内膜
外膜
膜间隙

100 nm

图 3-12　线粒体超微结构

1. 线粒体的结构　线粒体的超微结构由 4 部分组成：外膜、内膜、膜间隙和基质(图 3-12)。线粒体外膜是线粒体最外层的一层单位膜结构，厚度 6～7 nm。电镜下可观察到线粒体外膜(outer membrane)有排列整齐的筒状体，主要成分是孔蛋白，中央有小孔，可允许分子量小于 6000Da 的物质通过。外膜的主体成分同样是脂双层，蛋白质镶嵌在膜上。与内膜相比，线粒体外膜富含胆固醇，蛋白质含量比内膜要少。外膜的标志酶是单胺氧化酶和细胞色素 C 还原酶。

线粒体内膜(inner membrane)是靠近基质面的一层单位膜结构，厚度 5 nm。内膜向内突出形成很多弯曲皱褶称为嵴(crista)，嵴的形成增加了内膜的表面积。内膜的组成与外膜相比是低脂、高密度、蛋白质含量丰富。内膜对物质的通透性很低，只有不带电的小分子物质能通过。借助内膜上的一些载体蛋白，大分子能进行跨膜交换。内膜上有三类不同功能的蛋白质：呼吸链的酶复合体；ATP 合成酶复合体；特殊载体蛋白，调节基质中代谢物的输入和输出。

膜间隙(intermembrane space)是内膜和外膜间的空腔，宽 6～8 nm。由于外膜的通透性比较大，膜间隙内的溶液成分与细胞液相同。膜间隙中的标志酶是腺苷酸激酶。

基质(matrix)是充满线粒体内部空间的液态无定形物，内含数百种酶。有三羧酸循环的酶类，还含有 DNA、tRNA、rRNA、mRNA、核糖体和线粒体基因表达所需的各种酶。基质中的标志酶是苹果酸脱氢酶。

线粒体的内膜内侧和嵴上有很多微小的蛋白质粒称为基粒(elementary particle)，基粒形似棒棒糖，分为头、柄和基部。基粒实际上是 ATP 合成酶，头部成分称为 F_1 因子，由 5 种多肽(3 个 α、3 个 β、γ、δ、ε)共 9 个亚基组成。F_1 的 3 个 β 亚基都有 ATP/ADP 结合位点，具有催化 ADP 和 Pi 合成 ATP 的能力。γ 亚基与 ε 亚基具极强的亲和力，结合在一起形成"转子"(rotor)，位于 $3\alpha3\beta$ 的中央。它们共同旋转以调节 3 个 β 亚基催化位点的开放和关闭。ε 亚基有抑制酶水解 ATP 的活性，同时有堵塞 H^+ 通道，减少 H^+ 泄露的功能。F_0 因子又称基部，是嵌合在内膜上的疏水蛋白复合体，形成一个跨膜质子通道。F_0 类型在不同物种中差别很大，结构复杂。电镜显示，多拷贝的 c 亚基形成一个环状结构，a 亚基和 b 亚基形成二聚体排列在 c 亚基 12 聚体环状外侧，a 亚基、b 亚基和 δ 亚基共同组成"定子"(stator)，防止 $3\alpha3\beta$ 六聚体的转动。ATP 合成酶存在于线粒体内膜、叶绿体类囊体膜、光合细菌质膜上，是植物细胞线粒体氧化磷酸化和叶绿体光合磷酸化偶联的关键装置，也是合成 ATP 的关键装置。ATP 合成酶的结构参见本书第 4 章图 4-7。

线粒体是糖、脂和氨基酸最终氧化释放能量的场所，共同途径是三羧酸循环和氧化磷酸化。该过程分为三步：三羧酸循环、电子传递和 ATP 合成。

2. 线粒体的半自主性　线粒体 DNA 是封闭的双链环状分子，结构上与细胞核中的 DNA 不同，没有组蛋白包装成核小体。线粒体 DNA(mitochondrial DNA，mtDNA)在不同生物种类中大小不同。酵母 mtDNA 为 80 kb，植物 mtDNA 为 200～250 kb。每个线粒体含有多个 mtDNA。大鼠肝细胞内每个线粒体有 5～10 个 mtDNA。人 mtDNA 大小为 16569 bp，一条为重链(H 链)，含较多鸟嘌呤，另一条为轻链(L 链)，含较多胞嘧啶。编码序列占 93% 左右，不存在内含子，排列紧密。人 mtDNA 有 37 个基因，分别是 2 个 rRNA 基因、22 个 tRNA 基因、13 个蛋白质编码基因。编码合成的蛋白质是组成呼吸链和 ATP 复合体的成分。

人 mtDNA 的复制与原核细胞相同，只有一个起始区，复制过程较长，需要大约 2 h。人 mtDNA 合成的调节是和核 DNA 合成的调节独立分开进行的。人 mtDNA 的转录也比较奇特，每个基因都有自己的启动子，分别起始转录。mRNA 的翻译是在线粒体内的核糖体上进行。放线菌酮可以抑制胞质蛋白质的合成，但不能抑制线粒体蛋白质的合成。氯霉素、红霉素、四环素可以抑制线粒体蛋白质的合成，但不影响胞质蛋白质的合成。线粒体本身编码、合成的蛋白质只占呼吸链和 ATP 酶复合体的一小部分，且全部为疏水肽段。大部分蛋白质是由核 DNA 编码、细胞液中核糖核蛋白体合成后，跨膜输入线粒体中的。

线粒体可以通过出芽或者自身分裂的方式进行增殖。线粒体的发生一直有争论，内共生假说认为线粒体起源于细菌。分化假说认为线粒体是质膜内陷形成的。这两种假说都各有支持者和反对者。线粒体的起源还有待探讨和证明。

线粒体是细胞内最易受损害的一个细胞器，一般认为 mtDNA 的自发突变率远较核 DNA 高(10～20

倍）。许多研究工作表明,线粒体与疾病、衰老和细胞凋亡有关。线粒体的异常会影响细胞的整体功能,导致病变的发生,这类疾病被称为"线粒体病"。克山病就是一种心肌线粒体病,表现为心肌损伤,主要由缺乏硒引起。与线粒体功能相关的疾病已知有上百种,且仍在增加。

3.2.3　叶绿体

植物细胞与动物细胞的一个重要区别,就是它有质体(plastid)。质体分为白色体(leucoplast)、叶绿体(chloroplast)和有色体(chromoplast)三类。白色体常见的是淀粉质体。有色体含有各种色素,水果、花朵等的颜色主要就是由有色体形成的。植物细胞中的三种质体在一定条件下可以转化。

叶绿体是质体中最重要的一种细胞器,也是植物细胞特有的能量转换细胞器,主要功能是进行光合作用。叶绿体的形状、大小和数目因植物种类不同而有很大区别。植物中的叶绿体一般呈香蕉形。同一种植物在不同环境中,叶绿体大小也不相同,比如向阳面的细胞比背阳面的细胞叶绿体不仅体积大而且数量也多。叶肉细胞一般含 50～200 个叶绿体,占细胞质体积的 40%～90%。藻类通常只有一个巨大的叶绿体。

1. 叶绿体的结构　叶绿体是由叶绿体膜(chloroplast membrane)、类囊体(thylakoid)和基质(stroma)三部分组成(图 3-13)。叶绿体的膜也是由两层单位膜组成的,每层膜厚度 6～8 nm,称为内膜和外膜。内、外膜间有膜间隙,宽 10～20 nm。叶绿体外膜通透性较大,核苷、无机磷、蔗糖、羧酸类化合物均可自由通过。叶绿体内膜选择性较强,是细胞质和叶绿体基质间的功能屏障。苹果酸、草酰乙酸等化合物不能直接通过内膜,需要借助内膜上的转运载体才能通过。

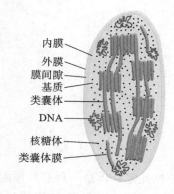

内膜
外膜
膜间隙
基质
类囊体
DNA
核糖体
类囊体膜

图 3-13　叶绿体结构示意图

类囊体是叶绿体基质中由单位膜封闭形成的扁平小囊,它是叶绿体内部组织的基本结构单位。类囊体上分布着许多光合作用色素,是光合作用光反应的场所。许多基粒堆积形成的柱形颗粒,称为基粒(granum)。构成基粒的类囊体称为基粒类囊体(granum thylakoid)。一个基粒由 5～30 个基粒类囊体组成。一个叶绿体可含有 40～80 个基粒。贯穿在基粒之间没有堆叠在一起的类囊体称为基质类囊体(stroma thylakoid)。类囊体的形成大大增加了膜的总面积,可以更加有效地收集光能,加速光反应。

叶绿体基质是内膜与类囊体间的无定形的物质,主要成分是可溶性蛋白质,还有核糖体、DNA、RNA。

2. 叶绿体的半自主性　叶绿体和线粒体一样是半自主性细胞器。叶绿体中的蛋白质有的是由核 DNA 编码,细胞质中合成后输入叶绿体;有的由叶绿体 DNA 编码,在叶绿体基质中合成;有的是核 DNA 编码,却在叶绿体核糖体上合成。叶绿体 DNA(chloroplast DNA, ctDNA)呈环状双链,分子大小差异很大(200～2500 kb)。植物细胞中每个叶绿体约含有 12 个 ctDNA。

ctDNA 可以编码 4 种 rRNA、30～40 个叶绿体 tRNA、19 种叶绿体核糖体蛋白质和其他的一些蛋白质,比如核酮糖-1,5-二磷酸羧化酶(ribulose-1,5-bisphosphate carboxylase, RuBPase)。RuBPase 是光合作用的一个重要的酶系统,也是自然界含量最丰富的蛋白质。RuBPase 占类囊体可溶蛋白质总量的 80% 和叶片可溶蛋白质的50%。全酶由 8 个大亚基和 8 个小亚基组成。大亚基由叶绿体 DNA 编码,小亚基由核 DNA 编码。

3.2.4　细胞核

细胞核(nucleus)是真核细胞内最大、最重要的细胞器。细胞核不仅是遗传信息的储存器,也是细胞生命活动的调控中心。真核细胞有完整的细胞核。哺乳动物的红细胞、植物的筛管细胞最初也有细胞核,但在发育过程中细胞核逐渐消失了。细胞核包含了真核细胞的绝大部分 DNA,是细胞的遗传和代谢的调控中心。细胞核形状与大小差异很大,大多呈球形或卵球形,但在不同物种以及不同发育时期变化很大。高等动物细胞核一般直径为 5～10 μm,高等植物细胞核直径一般在 5～20 μm。细胞核是由核被膜、核仁、染色质和核基质组成的。

1. 核被膜　核被膜(nuclear envelope)是双层膜结构,包围在核外,将细胞核与细胞质分隔开。核被膜两层膜的中间为空隙,称为核周腔,宽 20～40 nm。内外两层核膜各有特点。核被膜的外膜往往与粗面内质网相连,外膜上面附有很多的核糖体。因此,人们认为外膜是围绕细胞核的内质网的一部分。核被膜内膜紧贴一层 30～160 nm 厚的纤维状蛋白质,称作核纤层(nuclear lamina)。核被膜结构不是一成不变的。当高等植物细胞分裂开始时,核被膜破裂解体。这些膜碎片和内质网无法区别。当细胞分裂进入末期,核膜可能重新从内质网开始形成。因此新形成的核的外膜往往和内质网连接在一起,内质网腔和核周腔相贯通。

细胞核膜上有穿孔,称之为核孔(nuclear pore),核孔上镶嵌着核孔复合体(nuclear pore complex,NPC)。核孔复合体的结构一直是一个令人感兴趣的问题。有关核孔复合体的结构模型不断被提出并得到修正,但至今仍不完善。核孔复合体由100多种蛋白质组成,从核外向核内依次形成胞质环、轮辐环、核质环三层"捕鱼笼"样的结构(图3-14)。胞质环朝向细胞质一侧,环上有8条短而缠绕的纤维伸向胞质。轮辐环为8个球状颗粒组成,有的还能在中央观察到一个颗粒或棒状的中央颗粒。核质环靠近核基质一侧,也有8条直而长的纤维丝向核内伸入,最终与8个球状颗粒形成的小环相连。

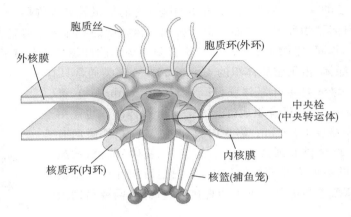

图 3-14　核孔复合体模型

核孔复合体是一种双向性的亲水性核质交换通道,DNA复制、转录和核糖体亚单位装配所需要的DNA聚合酶、RNA聚合酶、核糖体蛋白、组蛋白等从核质被运输到核内;翻译所需的RNA、组装好的核糖体亚单位同时又被移出到核外。物质可以被动运输和主动运输两种方式出入核孔复合体。核孔复合体有效直径为9~10 nm,中心有时可达12.5 nm。一些小分子蛋白质,如G-肌动蛋白可依靠扩散,跨越核孔,在胞质和核质间来回运输。一些大分子蛋白质(60 kDa以上)则需要某种特殊信号肽的引导,通过主动运输实现大分子的核质分配。这种特殊的亲核信号肽被称为核定位序列或核定位信号(nuclear localization signal,NLS)。

人们对于RNA和核糖体亚单位出核的机制了解甚少。真核细胞中的RNA前体要经过转录后加工、剪接才能被转运出核。其中,rRNA分子要跟核糖体蛋白结合,形成核糖体亚单位,以核糖核蛋白体(RNP)的形式转运出核。核内不均一RNA(hnRNA)经过5′加帽和3′加poly A尾巴后,经过剪接加工,形成成熟的mRNA后出核。真核细胞中的snRNA、mRNA和tRNA与相关蛋白质结合,以各种RNP颗粒的形式存在,其出核也是RNA-蛋白复合体的转运过程。

2. 染色质和染色体　细胞有生命周期,分为间期和细胞分裂期。正常人体细胞,大部分处于间期状态。染色质(chromatin)是指间期细胞核内由DNA、组蛋白、非组蛋白和少量RNA组成的纤维状复合物。有丝分裂或减数分裂时期,染色质高度凝缩成棒状或点状的染色体(chromosome),两者的区别是DNA的包装程度不一样,是DNA在不同细胞周期的存在形式。

染色质根据形态和功能的不同又可分为常染色质和异染色质。当DNA链和其盘绕的蛋白质高度螺旋、卷曲时,经染色,在光镜下可观察到染色较深的块状或颗粒状的染色质,称为异染色质。当染色质丝的部分呈伸展状态时,即使经过染色,在光镜下仍然看不到,这些就称为常染色质。电镜下,异染色质之间的浅亮区都是常染色质。

组蛋白富含带正电荷的Arg和Lys等碱性氨基酸,聚丙烯酰胺凝胶电泳可将组蛋白分为5种组分:H1、H2A、H2B、H3、H4。这5种组分的共同点是不含色氨酸。除组蛋白外,染色体上其他与DNA链特异结合的蛋白质统称为非组蛋白。非组蛋白能识别特异DNA序列,帮助DNA分子折叠,协助启动DNA复制和调控基因表达,因此非组蛋白又被称为序列特异性DNA结合蛋白(sequence-specific DNA binding protein)。

染色质中含有的少量RNA,其来历仍然存在争议。染色质的基本结构单位是核小体。核小体由大约200 bp的DNA和5种组蛋白组成。其中H2A、H2B、H3、H4各两分子组成组蛋白八聚体,约147 bp的双链DNA盘绕该组蛋白八聚体1.75圈,八聚体和外面缠绕的DNA构成核小体的核心颗粒,其余大约60 bp的

DNA 连接相邻的 2 个核小体核心颗粒,称为连接线。另一分子 H1 和非组蛋白与 DNA 结合,锁住核小体 DNA 的进出口,起到稳定核小体结构的作用。由此形成的串珠状结构,是染色质包装的一级结构。核小体串珠形结构再进一步螺旋盘绕,以 6 个核小体为一圈,缠绕成外径 30 nm、内径 10 nm 的中空形螺旋管,从而构成染色质包装的二级结构。螺旋管再进一步折叠和压缩,形成直径 0.4 μm 的圆筒状结构,称为超螺旋管,这是染色质包装的三级结构。超螺旋管再经过螺旋化盘绕和压缩形成长度为 2~10 μm 的染色单体,这是染色质包装的四级结构(图 3-15)。

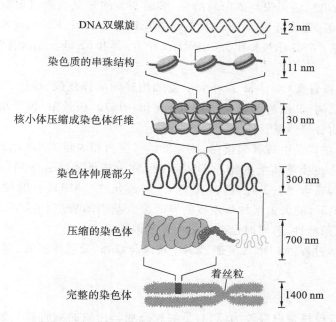

图 3-15　染色体四级结构(引自 Alberts,2009)

染色体在细胞分裂中期是以两条相同的染色单体构成,单体间以着丝粒连接。为了确保染色体的复制和分裂后期遗传物质的稳定分配,染色体必须具备以下三个元件:DNA 复制起始位点、着丝粒和端粒。大多数真核细胞的复制起点 DNA 序列都富含 AT 碱基对。着丝粒可以使复制的染色体平均地分配到子代细胞中。端粒位于染色体的端部,由高度重复的短序列核苷酸组成。DNA 复制时需要以一条 DNA 单链为模板,在 RNA 引物的引导下,合成新的互补单链。当新生 DNA 链合成后 RNA 引物被切除。如没有端粒,则 DNA 5′ 末端经过多次复制、切除 RNA 引物后,链长会逐步变短。端粒的存在解决了 DNA 的末端复制问题,但端粒自身也会随着多次复制而逐步变短。

端粒序列不是由 DNA 聚合酶参与合成的,而是由端粒酶合成后加到染色体末端。人的生殖细胞和部分干细胞内有端粒酶,所有体细胞内尚未发现有端粒酶活性。体细胞分裂一次,端粒重复序列就会缩短 50~ 100 bp。细胞重复分裂,端粒不断变短,细胞随之衰老。癌细胞具有表达端粒酶活性的能力,因此得以无限制地增殖。

有丝分裂中期染色体形态结构清晰、数目稳定,因此染色体的结构形态一般以中期为标准。核型是指染色体组在有丝分裂中期的表型。核型分析是在对染色体进行测量计算基础上,进行分组、配对和形态分析的过程。核型分析对探讨人类遗传病发生机制、物种亲缘关系与进化都有重要意义。核型分析常采用 G 显带技术,即通过 Giemsa 染液染色后,每条染色体上可显示出深浅相间的条纹,而且有较为恒定的 G 带带纹特征。通过比较染色体数目、长度、着丝粒位置、随体与次缢痕的数目和大小位置等,可准确识别染色体上细微的结构畸变。目前染色体核型分析在人类遗传病产前诊断等临床治疗中应用十分广泛。

原核细胞 DNA 不与组蛋白结合经压缩和螺旋化形成染色体构造,但习惯上,仍将原核细胞基因组 DNA 称为染色体。

3. 核仁　核仁(nucleolus)是真核细胞中一个动态变化的结构,在间期细胞核中,核仁很明显,在细胞分裂期核仁会消失。核仁是一个无核膜包裹的球形小体,往往位于细胞核中央。核仁大小、数目和形状随细胞种类、生理状况不同而不同。核仁化学组成以蛋白质为主,约占核仁干重的 80%。蛋白质种类较多,主要是组蛋白、非组蛋白、DNA 聚合酶、RNA 聚合酶、ATP 酶等。RNA 约占核仁干重的 10%,RNA 常与蛋白质结合形成核蛋白。核仁中还有 8% 左右的 DNA。

核仁是 rRNA 合成、核糖体亚基组装的场所。rDNA 转录 rRNA,然后与蛋白质结合形成核糖核蛋白颗粒,组装成核糖体大、小亚基后经过核孔复合体被转运到细胞质。在细胞质中大、小亚基结合到 mRNA 上,装配成核糖体后即可进行蛋白质的合成。

rRNA 基因由 RNA 聚合酶转录出初始转录产物,称为 rRNA 前体。不同生物 rRNA 前体大小不同。真核生物中哺乳类为 45S rRNA,酵母为 37S rRNA。以哺乳动物为例,45S rRNA 前体涉及一系列的加工和修饰。45S rRNA 前体被转录出来后很快与蛋白质结合,形成 80S 的核糖核蛋白颗粒。45S rRNA 经过部分核苷酸甲基化,核酸酶切割降解,逐步分裂为 18S rRNA、28S rRNA、5.8S rRNA。18S rRNA 和大约 33 种蛋白质组成 40S 的核糖体小亚基。28S rRNA 和 5.8S rRNA 结合,再和 5S rRNA 以及约 50 种蛋白质组成 60S 的核糖体大亚基。

4. 核骨架(核基质)　核骨架(nuclear skeleton)是细胞核内除掉核膜、核仁、染色质和核纤层外,以蛋白质为主体成分构成的网状结构,又被称为核基质(nuclear matrix)。核骨架、核纤层与中间纤维互相连接,形成贯穿于细胞质和细胞核的骨架体系。

核骨架成分比较复杂,主要是由核骨架蛋白、核骨架结合蛋白和少量 RNA 组成。RNA 与维持核骨架三维结构的稳定性有关。结合在核基质上的特异 DNA 序列称为核骨架结合序列(matrix attachment region,MAR)。MAR 的结构特点:富含 A—T 序列,富含 DNA 解旋元件。MAR 一般位于转录单位两侧。研究证实 MAR 在稳定整合的情况下,能大大增加所连接的异源报告基因的表达。MAR 在基因转录调节中起到重要作用,可增强相邻基因转录活性,但有时也会抑制相关基因的表达。

核骨架参与很多生物学过程,如 DNA 复制、RNA 转录与修饰、染色体组装、细胞信号转导与凋亡等。

3.2.5　核糖体

核糖体(ribosome)是核糖核蛋白颗粒的简称,是细胞合成蛋白质的细胞器。细胞中还有一些 snRNA 同蛋白质组成的核糖核蛋白体,主要参与 RNA 的加工、基因表达的调控。核糖体几乎存在于一切细胞内,包括原核细胞和真核细胞。线粒体和叶绿体中也有少数核糖体。核糖体是细胞不可或缺的结构。

核糖体是无膜结构,由 40% 的蛋白质和 60% 的 rRNA(核糖体中的 RNA 称为 rRNA)组成。蛋白质一般在表面,rRNA 位于内部,两者靠非共价键连接。粗面内质网上和细胞质内游离的核糖体合成的蛋白质种类不同,但它们的结构和化学组成是相同的。核糖体常常分布在蛋白质合成旺盛的区域,数量与蛋白质合成程度有关。

生物体内有两种类型的核糖体,一种是原核细胞中的 70S 核糖体(S 为沉降系数单位),另一种是真核细胞中的 80S 核糖体(图 3-16)。这两种核糖体均由大小两个亚基组成。原核细胞的 70S 核糖体分为 50S 大亚基和 30S 小亚基,50S 大亚基由 23S rRNA 和 32 种蛋白质组成,30S 小亚基由 16S rRNA 和 21 种蛋白质组成,大亚单位还含有一个 5S rRNA。真核细胞中,核糖体亚基组成有一定差异。动物细胞 80S 核糖体大亚基中有 28S rRNA,植物、真菌与原生动物细胞中,核糖体的大亚单位不是 28S rRNA,而是(25～26)S rRNA。

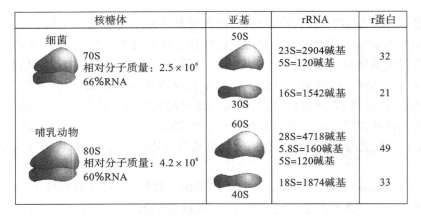

核糖体	亚基	rRNA	r蛋白
细菌 70S 相对分子质量:2.5×10⁶ 66%RNA	50S	23S=2904碱基 5S=120碱基	32
	30S	16S=1542碱基	21
哺乳动物 80S 相对分子质量:4.2×10⁶ 60%RNA	60S	28S=4718碱基 5.8S=160碱基 5S=120碱基	49
	40S	18S=1874碱基	33

图 3-16　原核细胞和真核细胞核糖体成分比较

核糖体大、小两个亚基都是在核仁中合成装配的。构成核糖体的蛋白质在细胞质中合成后再运送到核仁,然后同 rRNA 一起装配成核糖体亚基。两个亚基分别被运输到细胞质中,在参与翻译过程时,大、小亚基才装配成完整的核糖体。肽链合成终止后,大、小亚基再度解离,又游离存在于细胞质中。

核糖体大、小亚基装配时,两者凹陷部位互相对应,形成一个空隙,mRNA 从此穿过。核糖体上有一系列与蛋白质合成相关的位点(图 3-17):与 mRNA 结合的位点;与新掺入的氨基酰 tRNA 结合的位点,称为 A 位点;与延伸的肽酰 tRNA 结合的位点,又称 P 位点;肽酰转位后与即将释放的 tRNA 结合的位点,又称 E 位点;肽酰转移酶的催化位点;与转移酶即延伸因子 EG-G 结合的位点,等等。

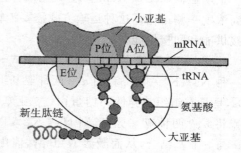

图 3-17　核糖体结构模型

细胞内合成蛋白质时,核糖体不是单独执行功能,而是由多个甚至几十个核糖体串联在一条 mRNA 上,组成多聚核糖核蛋白体。在一条 mRNA 上,多个核糖体同时合成多条同种肽链,大大提高了蛋白质的合成效率。

3.3　物质的跨膜运输

质膜的功能很多,细胞质膜的一大功能是选择性地进行物质跨膜运输、调节细胞内外渗透压和离子平衡。物质的跨膜运输(transmembrane transport)对细胞的生长和分化至关重要。物质的跨膜运输主要有被动运输、主动运输、胞吞和胞吐。

3.3.1　被动运输

被动运输(passive transport)是指通过简单扩散或协助扩散使溶质从高浓度向低浓度方向的运输。被动运输不需要能量,顺溶质浓度梯度运输。简单扩散(simple diffusion)跨膜过程中,溶质溶解在膜脂中,再从膜脂一侧扩散到另一侧,因此分子量越小、脂溶性越强,越容易通过脂双层质膜。如不带电的极性小分子、非极性的小分子、乙醇等有机物质能迅速通过脂双层;水分子虽然不溶于脂,但是因为水分子很小且不带电荷,可以通过膜脂运动过程产生的间隙实现跨膜运输;各种带电荷的分子(离子),无论多小,均不能自由穿越质膜。

协助扩散(facilitated diffusion)是指各种极性分子如糖、氨基酸等和无机离子顺浓度梯度方向跨膜转运,需要膜上运输蛋白协助物质转运的一种被动运输方式。膜上的运输蛋白有两类:载体蛋白(carrier protein)和通道蛋白(channel protein)。运输蛋白都是膜内在蛋白。载体蛋白既可以介导协助扩散,又可以介导主动运输。通道蛋白只能介导协助扩散。

载体蛋白是跨膜蛋白,每种载体蛋白能与特定的溶质分子可逆地结合和分离,一种载体蛋白只能转运一种类型的分子或离子,通过自身构象变化介导待转运物质跨膜输送。有的载体蛋白只运输一种物质,称为单运输(uniport)。有的载体蛋白运输一种物质的同时,伴随另一种物质的运输,称为协同运输(coupled transport)。协同运输中,如两种溶质运送的方向相同,是同向运输(symport);如两种溶质运输方向相反,称为反向运输(antiport)。

通道蛋白横跨膜形成亲水性通道,大小适合的分子及带电荷的离子可通过。通道蛋白本身不与待转运溶质结合,但是对转运的分子大小和电荷具有高度选择性。亲水性通道多数情况下是关闭的,只有在膜电位变化、化学信号或压力刺激下,通道蛋白构象改变才开启跨膜的亲水性通道。溶质本身的浓度梯度差和跨膜电位差是驱动带电荷的溶质跨膜运动的动力。

协助扩散同简单扩散相比,具有以下一些特点:协助扩散需要膜蛋白的帮助,起始速率比简单扩散要高几个数量级,但一定程度后,协助扩散速率达到最大值,且不能再提高;简单扩散的速率与溶质的浓度成正比,结构上相似的分子以基本相同的速度通过膜,而在协助扩散中,运输蛋白具有高度的选择性,只能运输特定的某种物质。

3.3.2 主动运输

主动运输(active transport)是由载体蛋白介导的跨膜运输方式,溶质逆浓度梯度或电化学梯度从低浓度向高浓度一侧运输。这种运输方式需要消耗细胞的代谢能,根据主动运输过程能量来源的不同可分为ATP直接供能和间接供能。

1. 由ATP直接供能的主动运输模式——钠钾泵　所有动物细胞膜上都有Na^+-K^+泵。Na^+-K^+泵实际是一种Na^+-K^+ATP酶,由α、β两种亚基组成。α亚基大小约为120 kDa,其多肽链跨膜多次。β亚基约为50 kDa,是具有组织特异性的糖蛋白。β亚基的功能不明,推测其与维持Na^+-K^+ATP酶的结构和功能有关。如果将α、β两种亚基分开,则Na^+-K^+ATP酶的活性消失。Na^+-K^+泵的工作原理(图3-18):在质膜内侧,Na^+与α亚基结合,从而激活ATP酶,催化ATP水解为ADP和高能磷酸根;高能磷酸根与α亚基结合,使其磷酸化,引起α亚基构象改变;Na^+被泵出细胞外,Na^+与α亚基亲和力降低,被释放到细胞外;细胞外的K^+与α亚基的另一位点结合,α亚基构象改变,发生去磷酸化反应,磷酸根水解脱落;α亚基构象恢复原状,将K^+泵进细胞内,K^+与α亚基亲和力降低,被释放到细胞内;α亚基在细胞内又可以和Na^+结合,上述过程循环进行。Na^+-K^+ATP酶每水解一分子ATP,可将3个Na^+输出到细胞外,同时从细胞外摄取2个K^+。Na^+-K^+泵对动物细胞保持渗透平衡十分关键。

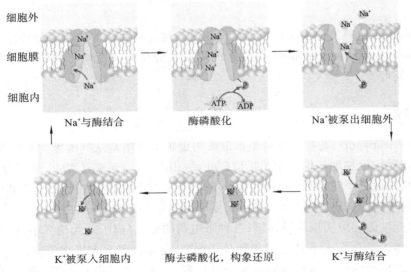

图3-18　Na^+-K^+泵工作示意图

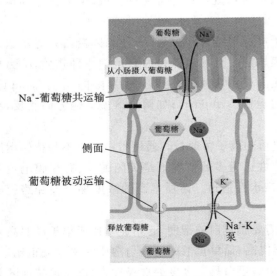

图3-19　Na^+-葡萄糖共运输

植物细胞、真菌、细菌细胞膜上没有Na^+-K^+泵,但有H^+泵,H^+泵又可称为质子泵。质子泵通过将H^+泵出细胞,建立H^+的跨膜电化学梯度,进而驱动转运溶质进入细胞。质子泵分为三种:P型质子泵,与Na^+-K^+泵结构类似,转运H^+过程中涉及磷酸化和去磷酸化,位于真核细胞膜上;V型质子泵,转运H^+过程中不形成磷酸化的中间体,主要功能是将细胞质基质中H^+泵入细胞器,位于动物细胞溶酶体膜和植物细胞液泡膜;第三种位于线粒体内膜、类囊体膜和细菌质膜上,H^+顺浓度梯度运动,释放的能量与ATP合成相偶联,因此常称为H^+-ATP酶。

Ca^{2+}泵是一种Ca^{2+}-ATP酶,位于质膜、内质网、线粒体等细胞器膜上。通常细胞质基质中Ca^{2+}浓度很低,大约为10^{-7} mol/L,而在细胞外以及线粒体、内质网等细胞器中浓度很高,高达10^{-3} mol/L。Ca^{2+}泵利用水解ATP释放的能量,实现Ca^{2+}逆电化学梯度跨膜运输。Ca^{2+}泵的工作原理类似于Na^+-K^+泵,每水解一分子ATP,运输 2 个 Ca^{2+}。

2. 由 ATP 间接供能的主动运输模式——协同运输　协同运输也是主动运输的一种方式，它逆浓度梯度运输某种物质但不直接消耗 ATP，而是与另一种物质的运输相偶联，间接利用 ATP 水解释放的能量，比如 Na^+-葡萄糖共运输（图 3-19）。小肠上皮细胞质膜上有载体蛋白，同时有葡萄糖和 Na^+ 结合位点。当 Na^+-K^+ 泵将 Na^+ 运输到细胞外后，在膜两侧 Na^+ 电化学浓度梯度驱动下，Na^+ 会顺电化学浓度梯度从细胞外流向细胞内。葡萄糖载体蛋白协助 Na^+ 进行跨膜运输时，葡萄糖会同时结合到载体蛋白上，逆浓度梯度转运，实现 Na^+-葡萄糖的共运输。Na^+ 浓度梯度越大，葡萄糖的转运效率就越高。细胞内葡萄糖浓度比肠腔高 176 倍，而进入细胞内的 Na^+ 又会被 Na^+-K^+ 泵运出细胞外，维持 Na^+ 的跨膜电化学浓度梯度。可以说 Na^+-葡萄糖共运输实际上依赖于 Na^+-K^+ 泵的主动运输，是一种间接供能的主动运输。

3.3.3　胞吞和胞吐

蛋白质、多糖等大分子和颗粒状物质不能进行跨膜运输，这些物质的运输是通过胞吞和胞吐的方式实现的。胞吞作用（endocytosis）是通过细胞膜内陷形成囊泡，将外界物质包裹并吞入细胞内；吞入的物质如为溶液，形成的囊泡较小，又称为胞饮作用（pinocytosis）；如吞入的物质为大的颗粒状物质，如微生物或细胞碎片，且形成的囊泡较大，则称为吞噬作用（phagocytosis）。

当大颗粒外来物质与细胞表面接触时，诱导细胞膜接触区域内陷，细胞伸出伪足包围并吞入大颗粒，形成封闭的囊泡。囊泡随后与细胞膜分离、脱落，进入到细胞质。囊泡在细胞内与溶酶体融合，摄入的物质被溶酶体内的水解酶水解消化。

吞噬或胞饮是大多数寄生型原生生物的营养方式。高等动物多数细胞没有吞噬作用，只有少数细胞保留了这一功能。人体内具有吞噬功能的细胞主要是巨噬细胞和中性粒细胞，它们通过细胞膜上的特异性受体识别病原菌等外来入侵者，通过非特异性免疫或特异性免疫保护机体免受细菌、病毒等微生物侵袭。胞饮作用是由细胞质膜和膜下的微丝共同完成的。胞饮过程中，细胞质膜在微丝作用下局部内陷形成小泡，小泡包裹外来溶液，从质膜上脱离下来，进入细胞质。胞饮小泡对吞入的物质没有严格选择性，几乎所有细胞都有胞饮作用。大多数胞饮小泡最终与溶酶体融合，转运的物质在溶酶体中水解后进入细胞质中参与机体新陈代谢，而胞饮小泡再从溶酶体上脱离下来，返回到细胞质膜被重新利用。

胞吐作用（exocytosis）是与胞饮和吞噬作用相反的一种物质运输活动。胞吐过程中，内质网、高尔基体、溶酶体等内膜系统的膜内陷，包围细胞内某种物质形成小泡，小泡移动到细胞膜并与之融合，小泡内的物质随后被排出细胞外。细胞产生的抗体、激素以及没有消化完全的大分子物质都可以胞吐的方式被排到细胞外。细胞内合成的一些物质，如膜上蛋白质等成分，也随小泡被运送到细胞膜，使细胞膜成分得到补充和更新。胞吞作用频繁的细胞，胞吐作用也同样频繁，维持细胞内环境的稳定。

目前发现细胞形成三种类型的包被小泡，即网格蛋白包被小泡、COP Ⅰ 包被小泡、COP Ⅱ 包被小泡。

网格蛋白（clathrin）是一种进化上高度保守的蛋白质，由 180 kDa 的重链和 $35\sim40$ kDa 的轻链组成的二聚体。三个二聚体形成三脚蛋白复合物（triskelion），许多三脚蛋白复合物组成五边形或六边形网格结构，然后由这些网格结构再组装成网格蛋白包被小泡（clathrin-coated vesicle）。胞吞过程中，吞入物质与质膜表面特异受体结合。接头蛋白（adaptin）能识别跨膜受体尾端的肽序列，同时还能结合网格蛋白。因此网格蛋白聚集在有受体和吞入物质结合的膜部位，质膜逐渐内陷形成小窝状，称为网格蛋白包被小窝（clathrin-coated pit）。一种小分子 GTP 结合蛋白——发动蛋白（dynamin），在网格蛋白包被小窝的颈部装配成环，发动蛋白水解引起包被小窝缢缩，最终从质膜脱落形成网格蛋白包被小泡。网格蛋白包被小泡形成后，一分钟之内就会很快脱去网格蛋白的外被，变成无被小泡。网格蛋白解聚脱下后，返回细胞膜再参与形成新的网格蛋白包被小窝（图 3-20）。网格蛋白包被小泡负责从反面高尔基体网络到细胞质膜的运输以及从细胞质膜到溶酶体的运输。

COP Ⅰ 包被小泡被认为介导高尔基体到内质网的逆向运输，以及高尔基潴泡之间的运输。COP Ⅱ 包被小泡被认为介导内质网到高尔基体的运输。细胞通过这 3 种不同类型的蛋白包被小泡介导不同途径的运输，从而实现蛋白质等大分子和颗粒物质的有序的运输。

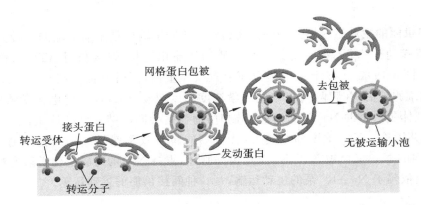

图 3-20　网格蛋白包被小泡形成

3.4　蛋白质的分选和定向转运

细胞中除了线粒体和叶绿体可以少量合成自身蛋白质外,大部分蛋白质都是在细胞质游离的核糖体或者粗面内质网的核糖体中合成,然后转运到细胞特定部位,这个过程称作蛋白质的分选(protein sorting)或者定向转运(protein targeting)。蛋白质是如何跨越膜结构并被定向转运到相应正确部位呢? 美国细胞生物学家G. Blobel 提出了信号假说,并获得了 1999 年的诺贝尔生理学或医学奖。

3.4.1　粗面内质网蛋白质的转运

粗面内质网上可合成三类蛋白质:分泌蛋白,即分泌到细胞外的抗体、消化酶类、肽类激素、细胞外基质蛋白等;膜蛋白,如细胞质膜、内质网膜、高尔基体膜、细胞核膜等膜结构上的膜蛋白;溶酶体蛋白。

研究发现,所有蛋白质的起始合成都是在细胞质的游离核糖体中进行的,游离核糖体上合成的蛋白质是如何转运到粗面内质网上去的呢? 可以用信号假说来解释。信号假说认为指导蛋白质在粗面内质网上合成的决定因素是信号肽,信号识别颗粒和内质网上的信号识别颗粒受体协助完成这一过程。

1. 信号肽　信号肽(signal peptide)位于蛋白质 N 端,一般为 $15\sim35$ 个氨基酸,具有疏水性核心区。信号肽似乎没有严格的专一性,比如大鼠的胰岛素原接上原核或真核细胞的信号肽,都可以通过大肠杆菌的质膜。

2. 信号识别颗粒　信号识别颗粒(signal recognition particle,SRP)是核糖核蛋白复合体,沉降系数为11S,由 6 条多肽和 1 个 7S 的 RNA 组成。现已经能用实验手段提取分离。SRP 可以与新生肽信号序列、核糖体和 SRP 受体蛋白分别结合。SRP 受体又称停泊蛋白,位于内质网膜上。

信号肽假说认为,蛋白质首先在细胞质游离核糖体上起始合成,分泌蛋白质等 mRNA 的 5' 端起始密码子AUG 后有一组密码子指导信号肽的合成。当新生肽中信号肽露出核糖体后,被游离的 SRP 所识别。SRP 与信号肽结合,使肽链的合成暂时终止,并防止新生肽折叠。SRP 再与内质网上的 SRP 受体识别并结合。SRP-核糖体复合物同内质网结合后,SRP 脱离,返回胞质溶胶重复使用。信号肽与内质网上的移位子结合,使膜上的亲水孔道打开,信号肽引导肽链以祥环形式穿越内质网膜进入内质网腔。先前处于暂停状态的蛋白质合成又重新启动。信号肽进入内质网腔后,被信号肽酶切除掉,并被很快水解。当新生肽全部运输完毕,亲水通道再度消失。核糖体也和内质网分离,大小亚基分开,重新进入胞质(图 3-21)。粗面内质网核糖体上合成的蛋白质有两类:一种是全部穿过内质网膜,进入内质网腔的可溶性蛋白质;另一种是与内质网膜有很强亲和力,停留在脂双层,成为膜蛋白。粗面内质网上的蛋白质是一边合成一边从胞质转运到内质网,这种边翻译边转运的蛋白质转运方式称为共转移(cotranslocation)。

进入内质网腔的新生肽需要进一步折叠和组装,随后通过分泌小泡运输进入高尔基体。分子伴侣能识别并介导蛋白质进行正确折叠和组装,但分子伴侣本身不成为最终装配产物的组成部分。常见的分子伴侣有热休克蛋白 Hsp70 家族蛋白质。Hsp70 家族基因高度保守,不含内含子。

3. 高尔基体蛋白　内质网合成的蛋白质进行修饰、加工后,通过不同类型的包被小泡输送到高尔基体,

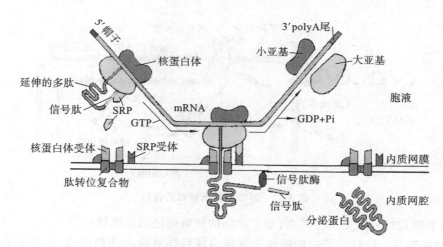

图 3-21 内质网蛋白质的转运(参考 Lodish,2007)

在高尔基体中进行糖基化、硫基化等加工作用后,再分选送至细胞不同部位和细胞器。内质网合成的蛋白质到高尔基体的输出信号目前尚不清楚,但输出的蛋白质必定是正确折叠或正确组装的,否则蛋白质会与内质网 Bip 蛋白(binding protein)结合,重新折叠或组装,或者被水解掉。Bip 蛋白可以识别不正确折叠的蛋白质或未组装好的蛋白亚单位,促使其正确折叠和装配。

4. 溶酶体蛋白 内质网合成的蛋白质在高尔基体中加工糖基化后,如糖蛋白加上 6-磷酸甘露糖(mannose 6-phosphate,M6P)标志,这些蛋白就可以被特异的受体识别,并被引导聚集在一起,出芽形成初级溶酶体。受体可经出芽的小泡再返回到高尔基体完成受体的再循环,可以重新被利用。但有些 M6P 蛋白会逃逸高尔基体的包装过程,被释放到细胞表面。M6P 受体会到达质膜,捕获逃逸的酶,通过受体介导的内吞作用,将它们重新运回溶酶体。

3.4.2 游离核糖体蛋白质的转运

游离核糖体上的部分蛋白质合成完毕,并不转运到内质网上,有定位信号的蛋白质被运送到线粒体、叶绿体、细胞核、核糖体、细胞骨架,有的蛋白质没有定位信号则存在于细胞质基质。这些蛋白质是在细胞质基质中合成后才转移到细胞器中去的,称为后转移(post translocation)。

游离核糖体上合成的蛋白质定位信号,N 端的信号肽段,常被称为导肽(leader peptide),与内质网蛋白质的信号序列相区别。导肽一般携带有较多的正电荷氨基酸,尤其是精氨酸,导肽有形成两亲性结构(亲水性亲油性)的倾向。导肽的作用特点如下:导肽运输时需要受体,导肽牵引蛋白质跨膜输送时需要消耗 ATP,导肽对牵引的蛋白质没有特异性,比如线粒体导肽不仅可牵引线粒体蛋白,也可牵引外源蛋白。

1. 线粒体蛋白的转运 在胞质合成的线粒体蛋白称为前体蛋白,线粒体蛋白定位于内膜、外膜和基质,它们运送的途径不尽相同。目前对线粒体基质蛋白的转运途径研究得较为清楚。

(1)线粒体基质蛋白 前体蛋白的 N 端导肽牵引蛋白质,以伸展状态移动到线粒体,这个过程中分子伴侣如 Hsp70 与之结合,防止蛋白质折叠并伴随运输。到达线粒体后,分子伴侣与之脱离。导肽被线粒体外膜上的受体识别。在受体内外膜的接触点,导肽牵引蛋白质穿越对接的 Tom 和 Tim 膜蛋白,这个过程需要水解 ATP 释放的能量驱动。前体蛋白进入基质后,导肽被信号肽酶切除并很快被水解。留在基质中的蛋白质被线粒体基质中的分子伴侣识别,并协助组装成成熟的蛋白质(图 3-22)。

(2)线粒体内膜蛋白 线粒体内膜蛋白无导肽牵引,前体蛋白有一个 N 末端靶向序列,相距不远有一个肽链内停止转运信号序列(stop-transfer sequence)。在靶向序列的引导下,内膜蛋白通过与基质蛋白相同的途径转运。靶向序列穿越线粒体内外膜接触点处的输入孔道,进入线粒体基质后,在基质中被切除。此时停止转运信号序列停泊在内膜中,蛋白质被锚定在内膜上。

(3)线粒体膜间隙蛋白 线粒体膜间隙蛋白前体也有两个靶向序列,一个 N 末端的基质靶向序列和一个肽链内膜间隙靶向序列。蛋白质输入途径与内膜蛋白非常相似。不同的是第二个靶向序列同内膜结合,被内膜中的蛋白酶切断,从而将牵引的下游肽链释放到膜间隙。

(4)线粒体外膜蛋白 定位于外膜的蛋白质一般没有导肽,它们与外膜上的受体识别后直接插入到外

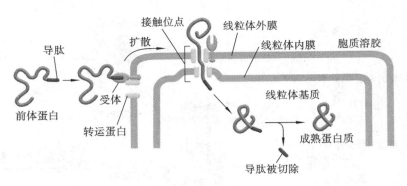

图 3-22　线粒体基质蛋白的转运

膜。线粒体的蛋白质转运目前仍是一个热点,很多具体的机制问题仍未明确。

2. 叶绿体蛋白的转运　叶绿体蛋白的输送和装配与线粒体有很多相似之处,但其研究比线粒体蛋白更为困难。细胞质中合成的叶绿体蛋白前体 N 端也有一段短肽,称为转运肽。目前研究得较多的是类囊体中蛋白的转运。叶绿体蛋白被转运的目的地不同,其导肽序列也不一样。转运到叶绿体基质中的蛋白质只有基质靶序列,类囊体蛋白前体的导肽由两部分组成:N 端有基质靶序列,C 端有引导蛋白质定位到类囊体膜上的靶序列。这两个靶序列分别被基质和类囊体腔中的蛋白酶水解。

3. 核蛋白　细胞核中的蛋白质是在胞质游离核糖体上合成后,跨越核孔运输到细胞核中的。胞质中合成,在核内起作用的蛋白质被称为亲核蛋白(karyophilic protein)。亲核蛋白 C 端有核定位信号。

NLS 是一段富含碱性氨基酸的短肽。NLS 与指导蛋白质跨膜运输的信号肽不同,它在指导亲核蛋白完成核内输入后,并不被切除。第一个被确定结构的 NLS 是病毒 SV40 的 T 抗原。其序列为 Pro-Pro-Lys-Lys-Lys-Arg-Lys-Val。当此 NLS 序列的第三个氨基酸由 Lys 突变为 Thr 后,其核输入功能即丧失。NLS 中碱性氨基酸形成强的入核信号,如被中性或酸性氨基酸取代则会减弱信号的强度。亲核蛋白的转运涉及很多蛋白质的参与。现在已经基本确认的有以下几种:核转运受体(importin)和 Ran-GTP。核转运受体 importin α 为 60 kDa 的蛋白质,是 NLS 的受体。不同的 NLS 识别不同的 importin α 受体,且亲和力不同,通过亲和力的差异可调节蛋白质的入核过程。importin β 在亲核蛋白跨越核孔复合体的过程中起到辅助功能。Ran 蛋白是 GTP/GDP 结合蛋白。importin β 入核需要 Ran-GDP,出核需要 Ran-GTP。

亲核蛋白通过核孔复合体的转运分为几步进行。首先,亲核蛋白依靠 NLS 识别核孔复合体上的 importin α,亲核蛋白被结合到核孔复合体的胞质面。importin α 起到连接器的作用,它一边与亲核蛋白结合,一边与 importinβ、Ran-GDP 结合,形成复合物。其次,核孔复合体构象改变,亲核蛋白、NLS、importin 受体、Ran-GDP 组成的转运复合物被移到核质面。GDP 被转化成 GTP,复合物解离,importin α、亲核蛋白被释放到核质。最后 importin β 再与 Ran-GTP 结合,返回到胞质面,GTP 水解并与

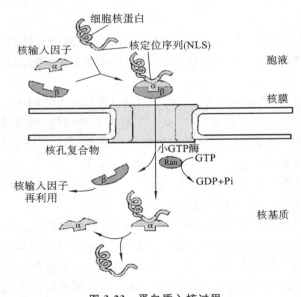

图 3-23　蛋白质入核过程

importin β 脱离。Ran-GDP 随后再返回核内,并转化成 Ran-GTP。importin α 出核机制很复杂,可能依靠核输出受体(exportin)如 CAS 出核,目前仍在探讨中。以上蛋白质入核过程参考图 3-23。

3.5　细胞连接

细胞连接(cell junction)是相邻细胞间通过细胞质膜互相联系、协同作用的重要组织方式。除了游离的

血细胞外,人体各类细胞表面都存在细胞连接。细胞连接分为三大类,即封闭连接(occluding junction)、锚定连接(anchoring junction)和通讯连接(communicating junction)。

3.5.1 封闭连接

封闭连接存在于上皮细胞等多种细胞之间。紧密连接(tight junction)是最主要的封闭连接方式。紧密连接中,两个相邻的细胞质膜紧紧靠在一起,没有空隙,似乎融合在一起。电镜下观察到它是由围绕在细胞周围的焊接线网络组成。焊接线又称嵴线,是由成串排列的特殊跨膜蛋白组成。相邻细胞由嵴线相连接,封闭了细胞间的空隙(图 3-24)。有些上皮细胞间的紧密连接甚至能阻止水分子通过。

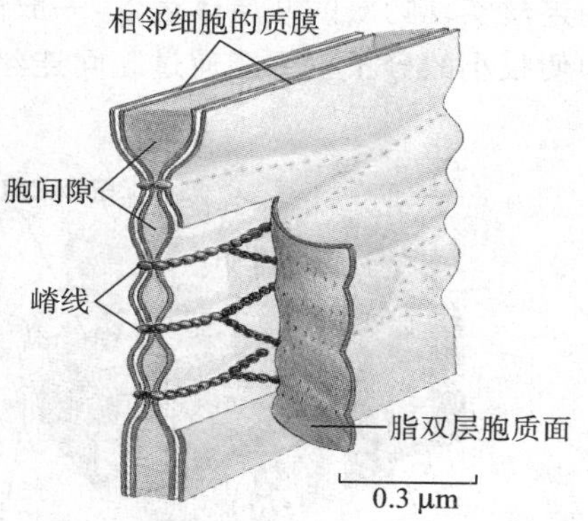

图 3-24 紧密连接

3.5.2 锚定连接

锚定连接在组织内分布很广泛,存在于相邻细胞间、细胞与细胞外基质间。锚定连接有两种不同的形式:一类是与中间纤维相连的锚定连接,包括桥粒(desmosome)和半桥粒(hemidesmosome);另一类是与肌动蛋白相连的锚定连接,包括黏着带(adhesion belt)与黏着斑(plaque)。

桥粒在相邻细胞间形成纽扣式结构,将细胞铆接在一起。细胞质内的中间纤维通过桥粒连接,形成贯穿于整个组织的网络体系。桥粒处相邻细胞质膜间有 30～50 nm 宽的间隙。中间有丝状物。桥粒所在的质膜胞质面有一块盘状的致密斑,厚度为 15～20 nm。桥粒斑上有大分子复合物,将中间纤维反折成袢环而锚定。多束中间纤维通过桥粒紧密相连,形成贯穿于整个组织的网络体系(图 3-25)。

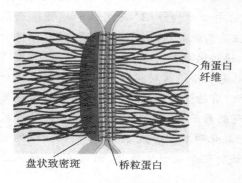

角蛋白纤维

盘状致密斑　桥粒蛋白

图 3-25 桥粒连接

半桥粒结构上类似半个桥粒,故此得名。半桥粒位于上皮细胞的底面,是以整合素为黏附分子、角蛋白中间纤维为胞内支架的锚定连接。中间纤维不是穿过而是终止于半桥粒的致密斑内。半桥粒的主要作用是将上皮细胞锚定在基膜上,防止机械力造成上皮细胞和下层组织脱离。

黏着斑是肌动蛋白纤维与细胞外基质形成的,呈散在斑点状的锚定连接。黏着斑处,跨膜接头糖蛋白作为纤连蛋白受体,通过纤连蛋白与细胞外基质结合,跨膜接头糖蛋白的胞内结构域通过微丝结合蛋白与肌动蛋白纤维结合。黏着斑主要位于成纤维细胞等结缔组织细胞上。

黏着带位于某些上皮细胞紧密连接的下方,形成一个连续的带状结构。黏合带也是两个相邻细胞通过跨膜接头蛋白作用,将相邻细胞连起来的锚定连接,与黏着带相连的纤维是肌动蛋白纤维,与黏着带相连的微丝形成平行于细胞膜的可收缩的纤维束。黏着带处相邻细胞膜的间隙为 15～20 nm,介于紧密连接和桥粒之间。黏着带因此又被称为中间连接或带状桥粒。

3.5.3 通讯连接

通讯连接是一种特殊的细胞连接方式,除了起到机械连接作用外,还在细胞间形成电偶联或代谢偶联,以此传递信号。动物细胞中有间隙连接和化学突触等通讯连接方式,植物细胞中有胞间连丝。

间隙连接(gap junction)分布非常广泛,几乎所有动物组织中都存在间隙连接。间隙连接是通过连接子(connexon)将相邻细胞连接起来的连接方式,相邻细胞的质膜间隙为 2～3 nm。间隙连接中的连接子是由 6 个相同或相似的跨膜蛋白亚单位环绕形成的,中央有直径 1.5～2 nm 的孔道。间隙连接中连接子两两相对,在相邻的细胞质膜中对接便形成一个间隙连接单位(图 3-26)。间隙连接的中央孔道可允许相对分子质量在 1000 以下的分子通过,如无机盐、糖、氨基酸、核苷酸和维生素有可能通过。间隙连接除了使代谢物或第二信使如 Ca^{2+}、cAMP 直接在细胞间流通,间隙连接孔道的调控还能够影响细胞生理活动,并对细胞有保护作用。如细胞损伤引起 pH 值、Ca^{2+} 浓度变化,均可引起间隙连接孔道关闭,从而保护周围正常细胞免受损害。连接子基因突变还可造成不同疾病,已知先天性耳聋就是一种与间隙连接有关的遗传疾病。

　　胞间连丝在植物细胞中普遍存在,胞间连丝是穿越细胞壁,连接相邻植物细胞原生质体的通道,其中还有内质网延伸形成的管状结构(图 3-27)。正常情况下,胞间连丝是植物细胞分裂期间形成的。植物细胞通过胞间连丝实现物质的共质体运输,一般情况下,胞间连丝允许相对分子质量 1000 以下的分子自由通过,但有时即便很小的分子也不能通过胞间连丝,这证实了胞间连丝的物质运输具有一定的选择性。

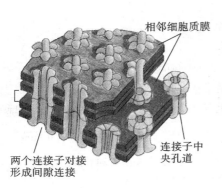

图 3-26　间隙连接

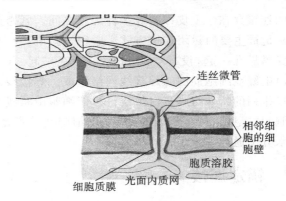

图 3-27　胞间连丝

本章小结

　　细胞是生命的基本单位,结构精细而复杂。细胞分为原核细胞和真核细胞两大类。原核细胞有拟核,代表生物是细菌、蓝藻、支原体。真核细胞有完整的细胞核构造,代表生物有动物、植物和真菌。细胞膜是所有细胞都有的结构,由脂双层和膜蛋白质组成,其结构特点可以用"液态镶嵌模型"解释。内质网、高尔基体、溶酶体等细胞器组成功能和发生上相关的内膜系统。细胞核是细胞的中心结构。rRNA 转录和核糖体亚基组装均在核仁中进行,随后通过核孔复合体转运出核。核糖体大、小亚基装配后,与 mRNA 结合,tRNA 携带活化的氨基酸连接到核糖体特定位点开始合成肽链。蛋白质合成后,通过共转移方式进入内质网,在内质网中进行一系列的修饰后,被转运到高尔基体加工,随后通过不同类型的包被小泡被转运到细胞特定部位,比如通过小泡运输到溶酶体等细胞器,这一过程可以用"信号假说"来解释。有的蛋白质通过后转移方式被运送到线粒体、叶绿体、细胞核、核糖体、细胞骨架。大小适合的分子及带电荷的离子通过被动运输、主动运输等方式进行跨膜输送。细胞代谢和物质运输需要的能量,主要由线粒体进行氧化磷酸化合成 ATP 来提供。细胞通过微管、微丝、中间纤维构成细胞骨架维持细胞结构。细胞膜局部区域特化形成封闭连接、锚定连接、通讯连接等细胞连接方式,将相邻细胞连接成一个统一协调的整体。

思考题

　扫码答题

参考文献

［1］翟中和,王喜忠,丁明孝.细胞生物学[M].4 版.北京:高等教育出版社,2011.

［2］谭恩光.医学细胞生物学[M].2 版.广州:广东高等教育出版社,2002.

［3］高文和.医学细胞生物学[M].天津:天津大学出版社,2000.

［4］胡玉佳.现代生物学[M].北京:高等教育出版社,1999.

［5］Karp G. Cell Biology[M]. New York:John Wiley & Sons,Inc.,2010.

［6］Lodish H,Berk A,Kaiser C A,et al. Molecular Cell Biology[M]. 6th ed. New York:W. H. Freeman & Co Ltd,2007.

第**4**章 细胞的代谢

4.1 细胞与能量

热力学第二定律指出,一个和外界环境既无物质交换,也无能量交换的孤立系统中的自发过程总是朝着熵增大的方向进行的。熵是表示一个系统无序程度的状态函数。可是,在自然界中的生命体及其细胞无休止的物质代谢和能量变换并没有导致熵增加或无序程度的增加。相反,生命体或细胞在进化过程中经历了从低级到高级的过程,变得愈来愈复杂、有序度愈来愈高,熵值在减少。这是因为,生命体或细胞是一个开放系统,不是孤立体系。它们在生活过程中不断地与环境进行物质交流和能量交换,发生着无数的生化反应,在体内外做着无数的机械功。这些过程都伴随着能量的变化。

在压力和温度恒定的条件下能够做功的能称为自由能(free energy)。当一种形态的自由能转变为另一种自由能时,会有一部分能量变化为热能,即转变为分子无规则运动所含的能量,这是生命体中不能做功的能。热能做功是需要温差的,而生命体或细胞基本上是等温系统。生命体或细胞不断地从环境中吸收日光或富含自由能的有机物或无机物,而把热以及含有自由能很少的简单物质送回环境,从而促进环境中熵的增加并抵消了自身体内熵的变化。这种依靠不断获取自由能来维持其自身有序性的结构称为耗散结构(dissipative structure),生命体或细胞就是一个耗散结构。

生命体或细胞中进行的能量交换的用途有三个:①在肌肉收缩或其他细胞运动中做功;②分子和离子进出细胞的主动转运;③由简单的小分子合成复杂的大分子和衍生出其他生物特有的分子。在其能量转换中,化学能最为重要,而ATP是最重要的能量转换中介物,因为来自食物氧化和光的能量必须先转变为储存能量的ATP分子,然后其中所含有的自由能才能用于机械运动、主动运输和生物合成等。ATP分子就像一个"通用货币"。

4.1.1 ATP 的结构与功能

早在20世纪初,人们就从肌肉中发现了腺苷三磷酸这种化合物,简称 ATP(adenosine triphosphate)。它由腺嘌呤、核糖及三个磷酸根组成(图4-1)。

在ATP结构中,第一个磷酸根结合在腺苷上形成腺苷一磷酸,简称AMP;连接第二个磷酸根后成为腺苷二磷酸,简称ADP;连接第三个磷酸根后成为腺苷三磷酸,简称ATP。由于磷酸根带有负电荷,所以强烈地相互排斥,连接键也相对不稳定。其中第二个与第三个磷酸键是储存大量化学能的高能磷酸键,用符号"～"表示。第三个高能磷酸键经常发生变化,在细胞的生理活动中起着非常巨大的作用,它断裂时可以释放 33.44 kJ/mol 的能量。

当把ATP上的末端磷酸根转移至其他化合物时,同时也转移了能量,本身变成了ADP或AMP。

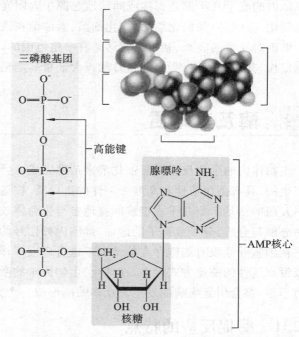

图 4-1　ATP 分子结构

反之,ADP 或 AMP 也可以从其他含有高能磷酸键的化合物中获得磷酸根,从而获得能量生成 ATP。生成 ATP 的能量可以是化学能,也可以是光能。ADP 结合磷酸根生成 ATP 的过程称为磷酸化。以化合物的氧化分解释放能量生成 ATP 的过程称为氧化磷酸化(oxidative phosphorylation),而在植物的光合作用中,从光能中获取能量生成 ATP 的过程称为光合磷酸化(photophosphorylation)。

4.1.2　ATP 的生理功能

生命活动需要消耗能量和补充能量,而 ATP 在生物能量转换、储藏和利用中是关键的化合物。例如,肌肉运动、呼吸运动需要消耗 ATP,细胞内信号通路的激活等都有 ATP 的参与。细胞内很多氧化反应产生的能量储存在 ATP 中,在需要时再分解产生能量或转移到其他化合物上。例如,当机体中 ATP 过剩时,ATP 将末端磷酸基团转移给肌酸,生成磷酸肌酸,从而将能量储存在磷酸肌酸中,但是磷酸肌酸中的能量不能被机体直接利用,而是在机体消耗过多 ATP,产生大量 ADP 时,磷酸肌酸把含有高能的磷酸键转移给 ADP,生成 ATP,以备生理活动所需,催化这一可逆反应的酶是肌酸磷酸激酶。反应式如下:

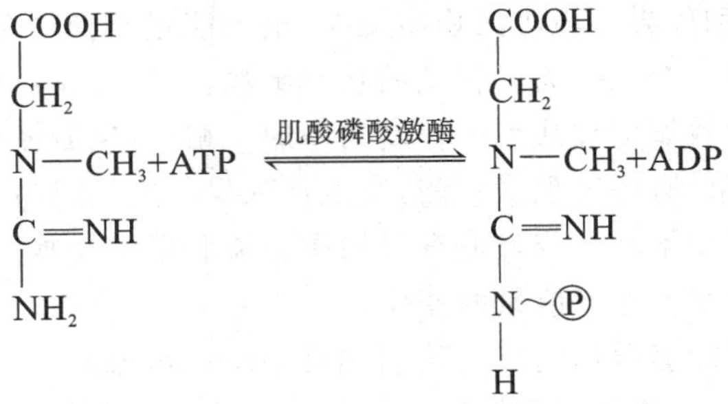

同样,无脊椎动物体内的磷酸精氨酸也是如此。ATP 是细胞生理活动时直接利用的能量物质。例如细胞的生长、分裂,众多的生化反应等都需要 ATP 的参与,但是大多数生物在体内不储存 ATP,而是把能量储存在碳水化合物或脂肪中,在使用时将它们含有的能量转变为 ATP。对于恒温动物来说,其体温的维持需要消耗能量。某些特殊动物,如萤火虫的发光、电鳗的放电所需的能量都是由 ATP 中的化学键能转变而来的。细胞通过主动运输将环境中的某些物质逆浓度转运至细胞内而消耗掉 ATP。例如海藻中积累的碘的浓度比海水中的高出 100 万倍。动物的机械运动所需的能也来自 ATP,同时一部分能量以热量的方式散失掉了。

一切细胞活动都离不开 ATP 的能量转化。那么 ATP 中的能量起源于哪里呢?从根本上讲,绝大多数细胞体内的能量几乎都是直接或间接地起源于太阳光能。但有些细胞内的能量则来自简单的无机物或有机物的氧化、分解等,如硝化细菌、硫化细菌、氢细菌和铁细菌对 NH_4^+、NO_2^-、S、H_2S、H_2 和 Fe^{2+} 的利用。

细胞对能量的吸收、利用或转移是有一定范围的,这是长期进化过程中形成的,超出这一范围,细胞就会受到损伤,甚至坏死。例如,强烈日晒或大剂量高能辐射会引起皮肤细胞死亡或癌化病变。

4.2　酶及其本质

生物体内的生化反应需要催化剂来帮助完成,这种生物催化剂(biological catalyst)称作酶。它是由活细胞产生的、具有催化活性和高度专一性的蛋白质、核糖核酸(RNA)或脱氧核糖核酸(DNA)。生物的新陈代谢离不开酶的活动。酶几乎直接或间接地参与生命体或细胞的各种活动,例如,食物的获取、消化和吸收,大分子的分解与合成,分子或离子的运输,细胞内外信号的传导,遗传信息的储存和传递等。酶是细胞产生的,但是它在细胞外或没有细胞存在的情况下也可以发挥作用。一般,酶的量和活性会维持在一个正常范围,有些是以没有活性的酶原方式存在,在理化、生物因子的激发下才具有催化活性。酶分子在细胞内表达量过高或活力不足,都会引起疾病的发生。众多的酶形成一个完整的体系,相互调控,维持平衡。

4.2.1　酶促反应的特点

酶(enzyme)是一种生物催化剂,因此,它的最主要特点是高效和特异。在生化反应中,酶的用量很少,并且自身不消耗。它能比无机催化剂的效率高出 $10^6 \sim 10^{10}$ 倍。例如,1 分子过氧化氢酶每分钟可以催化 5×10^6 个 H_2O_2 分子分解为 H_2O 和 O_2,比铁离子(Fe^{3+})的催化效率高 10^9 倍。一种酶只针对一定结构的底物发生催化作用,具有专一性。例如,脂肪酶只催化脂肪酸的水解,不能催化蛋白质和糖类的水解;而蛋白酶只能催化蛋白质的水解,不能催化糖类、脂肪酸或其他物质的水解。酶可以改变生化反应的速度,但不会改变反应的平衡点或者反应的方向,也不能改变反应的最终分子浓度。酶可以降低生化反应的反应活化能,使反应物仅需少量能量就可以进入活化状态。

4.2.2　酶的化学本质

根据对酶的性质、组成和结构的研究,人们发现绝大多数酶是蛋白质,但是少数的特殊结构的核糖核酸(RNA)也具有酶的活性。很多能够影响蛋白质与核糖核酸的理化因子也能够影响酶的活性和功能,如高温、高压、酸、碱等能够使其变性或者改变其功能。

有些酶仅仅由蛋白质构成,如水解酶(蛋白酶和淀粉酶);有些是结合酶,如氧化还原酶(乳酸脱氢酶和细胞色素氧化酶),它们除了含有蛋白质部分,还有有机分子或金属离子作为酶的辅基或辅酶。与酶的蛋白质部分结合紧密不易分开的称为辅基,与酶蛋白结合疏松,容易分离的称为辅酶。有些简单的离子是酶发挥作用所必需的,例如,Cl^- 是唾液淀粉酶的辅助因子,Fe^{2+} 是过氧化物酶的辅助因子。常见的辅酶有烟酰胺腺嘌呤二核苷酸(NAD)、烟酰胺腺嘌呤二核苷酸磷酸(NADP)、黄素单核苷酸(FMN)与黄素腺嘌呤二核苷酸(FAD)。酶蛋白与辅基或辅酶共同组成全酶,两者缺一不可。一种辅酶可以与不同的酶蛋白结合,生成结构不同且催化活性不一样的结合蛋白酶。辅酶在反应中往往是电子、原子或化学基团的传递者。

4.2.3　酶的类型

酶分子随着生命的进化而进化,因此出现了许多结构和功能不同的酶,以及一些功能相似或者完全相同的酶。

国际命名和分类系统将酶分为 6 大类,并根据每种酶的系统名称再标明底物和反应类型,有两三个底物的需用冒号分开。

1. 氧化还原酶类　专门催化氧化反应和还原反应。例如,乳酸:NAD^+ 氧化还原酶(又称乳酸脱氢酶)。

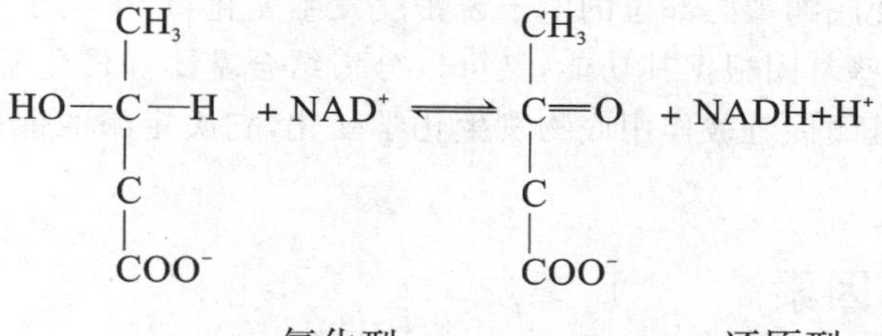

乳酸　　　　氧化型辅酶 I　　　丙酮酸　　　还原型辅酶 I

2. 转移酶类　催化化学基团的转移。例如,丙氨酸:α 酮戊二酸氨基转移酶(又称谷丙转氨酶)。

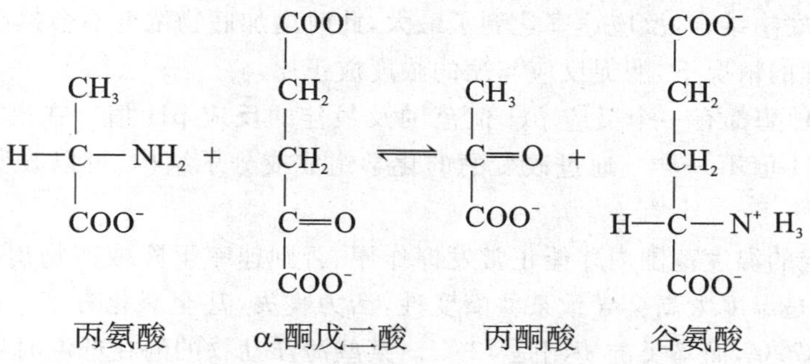

丙氨酸　　　α-酮戊二酸　　　丙酮酸　　　谷氨酸

3. 水解酶类　催化底物水解反应。例如,淀粉酶、蛋白酶、核酸酶等。

4. 裂合酶类　催化从底物上移走一个化学基团而形成双键的反应及其逆反应。例如,柠檬酸裂合酶(又称柠檬酸合成酶)。

$$\text{HO}-\underset{\overset{\displaystyle |}{CH_2COO^-}}{\overset{\displaystyle CH_2COO^-}{C}}-COO^- + CoA-SH \Longleftrightarrow \underset{\overset{\displaystyle |}{COO^-}}{\overset{\displaystyle COO^-}{C}}=O + \underset{\overset{\displaystyle |}{O}}{\overset{\displaystyle CH_3}{C}}-S-CoA$$

柠檬酸 　　　　 辅酶A 　　　　 草酰乙酸 　　　　 乙酰辅酶A

5. 异构酶类 催化各种同分异构体的转变。例如,葡萄糖-6-磷酸己酮醇异构酶(又称 6-磷酸葡萄糖异构酶)。

$$\begin{array}{c} CHO \\ | \\ H-C-OH \\ | \\ HO-C-H \\ | \\ H-C-OH \\ | \\ H-C-OH \\ | \\ CH_2OPO_3^{2-} \end{array} \Longleftrightarrow \begin{array}{c} CH_2OH \\ | \\ C=O \\ | \\ HO-C-H \\ | \\ H-C-OH \\ | \\ H-C-OH \\ | \\ CH_2OPO_3^{2-} \end{array}$$

葡萄糖-6-磷酸 　　　　 果糖-6-磷酸

6. 连接酶类 催化两种物质合并成为另一种物质的反应,并且与 ATP 分子的分解释放能量相偶联。例如,T4 DNA 连接酶。

4.2.4 酶的活性中心

一般蛋白质性质的酶分子量较大,而核糖核酸性质的酶分子量较小。蛋白质酶可以由 100~1000 个甚至更多个氨基酸组成,但是它的催化中心只与分子中的一个或几个部位有密切关系。催化中心也就是酶的活性中心,构成活性中心的化学基团称为必需基团或活性基团,它们或具有一定的序列,或具有一定的空间结构。活性中心的基团或离子可以使底物敏感部位的电子云密度发生变化,产生电子张力甚至导致底物分子变形、断裂,最终促使反应发生。这些基团根据其功能,又可以分为结合基团和催化基团。结合基团负责与作用底物结合及酶的专一性。催化基团促进被作用底物发生化学变化,它决定酶的催化能力。另外,有些酶还有调节单元。

4.2.5 影响酶活性的因素

酶促反应的速率及专一性受到酶分子浓度、底物浓度、温度、pH 值、盐浓度、产物浓度、活化剂和抑制剂的影响。

在其他条件一定和底物浓度较低时,酶的催化反应速度与底物的浓度成正比。当底物浓度到一定限度时,所有的酶分子已经与底物结合,反应速率达到了最大,此时增加底物浓度不会提高酶促反应的速率。在有足够底物和其他条件合理的情况下,酶促反应与酶的浓度成正比。

酶对 pH 值敏感,每种酶都有一个反应 pH 值范围及最佳的反应 pH 值。在最佳 pH 值时,酶促反应最快。不同的酶,其最佳 pH 值不一样。通过改变酶的化学组成或分子结构,可以改变其适用的 pH 值范围和最佳 pH 值。

所有的酶都是在一定的温度范围内才能正常发挥作用,否则速率下降或产物出现异常。一般来说,温度提高可以促进酶反应,但是温度太高会导致某些酶变性,活力丧失,甚至氧化分解。例如,哺乳动物体内的酶的最佳反应温度一般为 37 ℃,而鸟类的酶则是 42 ℃。某些海洋动物的酶在低温时仍有很强的活性。有些嗜热菌的酶可以在 95 ℃左右时仍有活性。RNase H 在沸水中加热 1 h 后仍然保有水解 RNA 的功能。冷血动物的酶在低温时活性下降,导致动物的新陈代谢减慢,各种活动减少,促使其进入冬眠。

加入后能够促进酶的活性提高或者使非活性酶原变为活性酶的物质,称为激活剂;而加入后促使酶催化活性下降或丧失的物质称为抑制剂；加入后使酶分子变性，酶活下降或丧失的物质称为变性剂。

有些酶在加入一定浓度的无机或有机离子或被其他的蛋白质作用后产生催化活性，这称为酶的活化。例如，胃蛋白酶原需要被加工后才能变成有降解蛋白质能力的胃蛋白酶。唾液淀粉酶需要 Cl^-，超氧化物歧化酶需要 Cu^{2+}，醛缩酶需要 Mn^{2+}。

酶反应需要一个合适的反应环境，一般是一个液体的环境，为了使酶反应有合适的 pH 值、离子浓度，往往需要一个缓冲体系，它们由一种或多种无机盐或有机物构成。

4.2.6　核酶

核酶（ribozyme）是具有催化功能的 RNA 分子，它可以降解特异的 RNA 序列。核酶又称核酸类酶、酶RNA、核酸类酶 RNA，其化学本质是核糖核酸而不是蛋白质。它们对 RNA 有切割、连接以及去磷酸根的作用。T. R. Cech 在 1982 年发现，原生动物四膜虫（tetrahymena）的 26S rRNA 前体分子经过加工后变成L19RNA，它能够催化寡核苷酸的切割与连接。与蛋白质类酶相比，核酶的催化活性低，是一种进化上较为原始的酶。大多数核酶通过转磷酸酯和水解磷酸二酯键反应参与 RNA 的自身剪切和加工过程。核糖核酸酶 P由较小的蛋白质分子（119 个氨基酸）和较大的 RNA 分子（400 个核苷酸）组成，其中的 RNA 部分在高浓度的 Mg^{2+} 存在下，可以单独在体外催化 tRNA 前体分子的成熟，不需要 ATP 提供能量。许多核酶 RNA 具有锤头一样的结构，因此又称锤头样酶，另外一些核酶的结构则像发卡一样（图 4-2）。

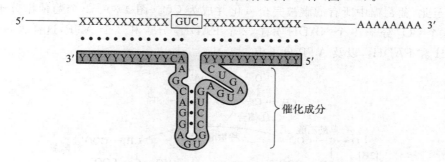

图 4-2　酶分子的发卡结构

4.2.7　酶性 DNA

最小的酶性 DNA（deoxyribozyme）是由 47 个核苷酸构成的单链 DNA 分子。它可以连接两段底物 DNA分子，产生预期的连接产物。有一种酶性 DNA 具有过氧化物酶的特点。酶性 DNA 结合化学发光分析技术可用于检测特殊 DNA 序列，端粒酶、甲基化酶活性，也可用于检测重金属离子。

各种各样的酶在生物体或细胞内行使不同的功能，相互之间形成一个复杂的网络，共同调节着生命体或细胞的各种生理活动，维持着生命的繁衍和兴旺。

4.3　细胞的呼吸

细胞型生物在进行生命活动时需要消耗能量，有些能量来源于阳光、矿物质等，另外一些能量则来源于糖、脂类和蛋白质在细胞内的氧化分解或转化。这种有机化合物在活细胞内氧化分解，产生能量的过程称为细胞的呼吸（cell respiration）。细胞呼吸分为有氧呼吸和无氧呼吸两种类型。

有氧呼吸（aerobic respiration）是指在有氧气的条件下，细胞内的有机物被彻底氧化分解，最后生成 CO_2和 H_2O，并释放出大量能量的过程，其反应式如下：

$$C_6H_{12}O_6（葡萄糖）+6O_2 \rightarrow 6CO_2+6H_2O+2870 \times 10^3 \ J$$

无氧呼吸（anaerobic respiration）是指在缺氧条件下，细胞内的有机物发生部分氧化分解，释放出相对较少能量的过程，其反应式如下：

$$C_6H_{12}O_6 \rightarrow 2C_2H_5OH（乙醇）+2CO_2+226 \times 10^3 \ J$$

$$C_6H_{12}O_6 \rightarrow 2CH_3CH(OH)COOH（乳酸）+197 \times 10^3 \ J$$

细胞在呼吸过程中有许多酶参与,是一个复杂的生化过程。

4.3.1 有氧呼吸

有氧呼吸又称好氧呼吸,是一种最普遍和重要的生物氧化或产能方式,其特点是底物脱下的氢,经过完整的呼吸链(respiratory chain)传递,最终被分子氧接受,产生 H_2O 并释放 ATP 形式的能量。这是一种高效产能的生物氧化方式。

1. 丙酮酸氧化脱羧 在有氧气的情况下,丙酮酸被转运进入线粒体,在丙酮酸脱氢酶的作用下生成乙酰辅酶 A(乙酰 CoA)。

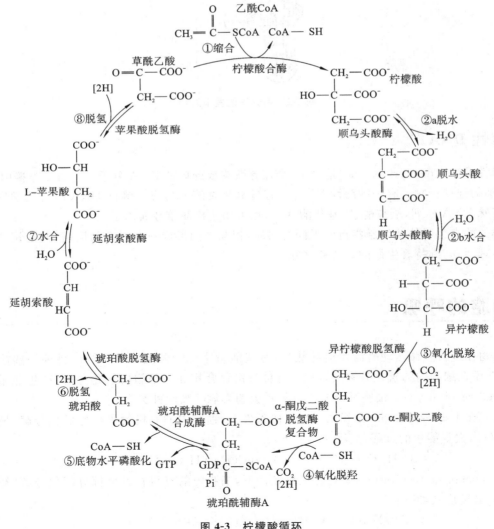

2. 柠檬酸循环 又称三羧酸循环。其中的琥珀酸脱氢酶位于线粒体内膜,而其他的酶则位于线粒体基质。进入线粒体的乙酰 CoA 与草酰乙酸反应生成柠檬酸和辅酶 A。柠檬酸氧化脱羧又可以变成草酰乙酸,如此循环。在这个过程中,丙酮酸的 3 个碳原子在形成乙酰 CoA 时脱去 1 个,在柠檬酸循环时脱去 2 个,最后产生 3 个 CO_2,至此,葡萄糖中所有的碳被完全氧化并成为 CO_2(图 4-3)。1 个葡萄糖分子氧化分解,在柠檬酸循环中产生 4 个 CO_2 分子,6 个 NADH 分子,2 个 $FADH_2$ 分子和 2 个 ATP,这样大量的能量被储存在还原型辅酶 NADH 和 $FADH_2$,以及 ATP 分子中。

图 4-3 柠檬酸循环

柠檬酸循环的 8 步反应如下：

（1）柠檬酸合酶催化乙酰 CoA 与草酰乙酸缩合成为柠檬酸。

（2）顺乌头酸酶催化柠檬酸分子变为异柠檬酸。这个反应是一个可逆反应。

（3）异柠檬酸脱氢酶催化异柠檬酸氧化变成 α-酮戊二酸和 CO_2，其中异柠檬酸脱氢酶的辅酶是 NAD^+。

（4）α-酮戊二酸脱氢酶复合物催化 α-酮戊二酸氧化脱羧成为琥珀酰 CoA。产物琥珀酰 CoA 是一个高能的硫酯。该反应是一个很强的放能反应。

（5）琥珀酰 CoA 合成酶催化底物的硫酯键水解生成琥珀酸和 CoA-SH，同时，GDP 磷酸化成为 GTP。

（6）琥珀酸脱氢酶催化琥珀酸脱氢成为延胡索酸。琥珀酸脱氢酶的辅酶是 FAD,该酶内嵌在线粒体内膜中,而柠檬酸循环的其他成员都位于线粒体基质中。

$$
\begin{array}{ccc}
\text{COO}^- & & \text{COO}^- \\
| & \text{FAD} \quad \text{FADH}_2 & | \\
\text{CH}_2 & \searrow \quad \nearrow & \text{HC} \\
| & \xrightarrow{\quad\text{琥珀酸脱氢酶}\quad} & \| \\
\text{CH}_2 & & \text{CH} \\
| & & | \\
\text{COO}^- & & \text{COO}^- \\
\text{琥珀酸} & & \text{延胡索酸}
\end{array}
$$

（7）延胡索酸酶催化延胡索酸水化变成 L-苹果酸,该反应是可逆的。

$$
\begin{array}{ccc}
\text{COO}^- & & \text{COO}^- \\
| & \text{H}_2\text{O} & | \\
\text{HC} & \searrow & \text{HO—C—H} \\
\| & \xrightleftharpoons{\text{延胡索酸酶}} & | \\
\text{CH} & & \text{CH}_2 \\
| & & | \\
\text{COO}^- & & \text{COO}^- \\
\text{延胡索酸} & & \text{L-苹果酸}
\end{array}
$$

（8）苹果酸脱氢酶催化 L-苹果酸氧化,重新生成草酰乙酸,完成一个柠檬酸循环。苹果酸脱氢酶的辅酶是 NAD^+。

$$
\begin{array}{ccc}
\text{COO}^- & & \text{COO}^- \\
| & \text{NADH+H}^+ & | \\
\text{HO—C—H} & \text{NAD}^+ \searrow \nearrow & \text{C}=\text{O} \\
| & \xrightleftharpoons{\text{苹果酸脱氢酶}} & | \\
\text{CH}_2 & & \text{CH}_2 \\
| & & | \\
\text{COO}^- & & \text{COO}^- \\
\text{L-苹果酸} & & \text{草酰乙酸}
\end{array}
$$

由此得出柠檬酸循环的总反应式:

$$乙酰 CoA + 3NAD^+ + FAD + GDP(或 ADP) + Pi + 2H_2O \longrightarrow$$
$$CoA\text{-}SH + 3NADH + 3H^+ + FADH_2 + GTP(或 ATP) + 2CO_2$$

3. 呼吸链 又称电子传递链。在线粒体膜上排列着一系列电子传递体,分别是辅酶 I（NAD）→黄素蛋白（FP）→辅酶 Q（CoQ）→细胞色素 b（Cyt b）→Cyt c_1→Cyt c→Cyt a→Cyt a_3→O_2（图 4-4、图 4-5）。呼吸途径中产生的氢,被 NAD^+、FP 和 CoQ 接受,形成 $NADH+H^+$、FPH_2 和 $CoQH_2$。其中的 H^+ 游离到线粒体介质中,而电子（e^-）则沿着电子传递链交给氧原子。1 个氧原子接受 2 个电子（e^-）并和 2 个质子（H^+）结合形成 1 分子水（H_2O）。

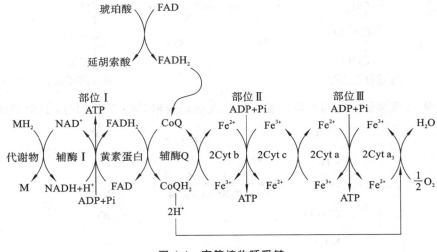

图 4-4　高等植物呼吸链

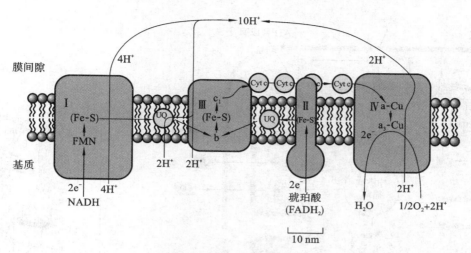

图 4-5 线粒体电子传递链

组成呼吸链的组分有 5 种:烟酰胺脱氢酶类,黄素蛋白,铁硫蛋白(FeS),辅酶 Q(又称泛醌),细胞色素类。烟酰胺脱氢酶类以 NAD⁺、NADP⁺ 为辅酶,NAD⁺ 全称为烟酰胺腺嘌呤二核苷酸。黄素蛋白辅基有 2 种,一种是黄素单核苷酸(FMN),另一种是黄素腺嘌呤二核苷酸(FAD)。细胞色素有 6 种:细胞色素 a、细胞色素 a_3、细胞色素 b_{562}、细胞色素 b_{566}、细胞色素 c 和细胞色素 c_1。细胞色素 a 和细胞色素 a_3 组成复合体,难以拆开,是唯一能将电子传递给氧的细胞色素,故又称细胞色素氧化酶。以上组分组成呼吸链的几大酶复合体。

复合体 Ⅰ:NADH-CoQ 还原酶,又称 NADH 脱氢酶,由 25 条以上多肽链组成,以二聚体形式存在。每个单体含 1 个 FMN 和至少 6 个铁硫蛋白,是最大的呼吸链酶复合体。其主要作用是从 NAD 接受电子传递给 FMN,经铁硫蛋白传递给辅酶 Q。电子传递的同时伴随有质子的转位,质子从线粒体基质跨膜输送到膜间隙。

复合体 Ⅱ:琥珀酸-CoQ 还原酶,又称琥珀酸脱氢酶,由 4 条多肽链组成,含有 1 个 FAD、2 个铁硫蛋白和 1 个细胞色素 b。其作用是催化电子从琥珀酸通过 FAD 和铁硫蛋白传递给辅酶 Q。琥珀酸脱氢酶不能使质子移位。

复合体 Ⅲ:CoQ-细胞色素 c 还原酶,由 10 条多肽链组成,以二聚体形式存在。每个单体含有 2 个细胞色素 b、1 个细胞色素 c_1 和 1 个铁硫蛋白。其作用是催化电子从辅酶 Q 传递给细胞色素 c,同时使质子移位。

复合体 Ⅳ:细胞色素氧化酶,由 6~13 条多肽链组成,以二聚体形式存在。每个单体含有细胞色素 a、a_3 和 2 个铜原子。其作用是催化电子从细胞色素 c 传给氧,同时使质子移位。

试验证明,呼吸链组分在线粒体上有严格的排列顺序和方向。H 原子可分解为 H⁺ 和 e⁻,即电子。电子以氧化还原电位从低到高的顺序传递,即从 NADH 或 FADH₂ 经呼吸链被传递到氧分子。

4. 氧化磷酸化 电子由呼吸链传递给氧形成水的同时,伴随有 ADP 磷酸化合成 ATP,称为氧化磷酸化,从而把葡萄糖中的化学能转移到 ATP 中,以供其他生化活动所需(图 4-6)。

电子传递和氧化磷酸化的偶联机制,普遍接受的是化学渗透假说。该假说由英国生化学家 P. Mitchell 于 1961 年提出,他也因此于 1978 年获得了诺贝尔化学奖。化学渗透假说的要点:呼吸链各组分在线粒体内膜中的分布是不对称的,ATP 合成酶是能量转换的核心酶,也是 ATP 合成的重要装置(图 4-7)。

当高能电子沿呼吸链传递时,释放的能量使 H⁺ 从线粒体基质移位到膜间隙。由于膜对 H⁺ 不通透,从而使膜间隙的 H⁺ 浓度高于基质的 H⁺ 浓度。在内膜两侧形成质子的电化学浓度梯度,在这个梯度的驱动下,H⁺ 穿越内膜上的 ATP 合成酶回流到基质,其能量促使 ADP 合成为 ATP。

2 分子葡萄糖经过彻底的氧化磷酸化(细胞呼吸),共生成 38 个 ATP。

4.3.2 无氧呼吸

无氧呼吸又称厌氧呼吸,其特点是底物脱下的氢经过部分呼吸链传递,最终由氧化态的无机物或有机物接受,进行氧化磷酸化产能。

常见的无氧呼吸有糖酵解过程。糖在生物体内缺氧条件下降解为丙酮酸并释放能量的过程,称为糖酵解(glycolysis)。糖酵解是动物、植物和微生物细胞中葡萄糖分解产生能量的共同代谢途径。对于某些细胞,如

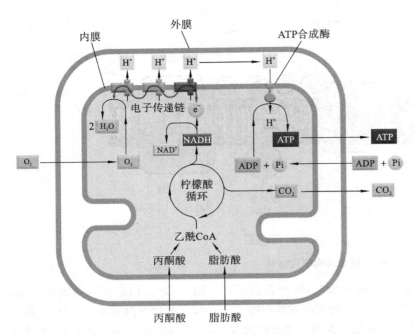

图 4-6　线粒体氧化磷酸化模式图(引自 Alberts, Essential cell biology, 2009)

图 4-7　ATP 合成酶结构(参考 Lodish, Molecular cell biology, 2004)

红细胞,糖酵解是唯一生成 ATP 的途径。糖酵解的起始化合物可以是单糖,如葡萄糖或果糖,也可以是多糖,如淀粉或糖原。多糖可以转变为葡萄糖-6-磷酸,然后再进行糖酵解反应。

在酶的作用下,1 分子葡萄糖经过大约 10 个步骤,逐步氧化成为 2 个丙酮酸(图 4-8)。葡萄糖先是转变为 3-磷酸甘油醛和磷酸二羟丙酮。2 分子的 3-磷酸甘油醛再转变为 2 分子丙酮酸,其间产生 2 分子 NADH 和 2 分子 ATP。2 个 NADH 还原乙醛生成乙醇或还原丙酮酸生成乳酸。

具体来说,糖酵解途径的 10 个步骤如下:

(1) 己糖激酶催化葡萄糖分子成为葡萄糖-6-磷酸,消耗 1 个 ATP 分子。

$$葡萄糖 + ATP \longrightarrow 葡萄糖\text{-}6\text{-}磷酸 + ADP$$

(2) 葡萄糖-6-磷酸异构酶催化葡萄糖-6-磷酸分子转变为果糖-6-磷酸

$$葡萄糖\text{-}6\text{-}磷酸 \longrightarrow 果糖\text{-}6\text{-}磷酸$$

(3) 磷酸果糖激酶 I 催化果糖-6-磷酸生成果糖-1,6-二磷酸,再消耗 1 个 ATP 分子。

$$果糖\text{-}6\text{-}磷酸 + ATP \longrightarrow 果糖\text{-}1,6\text{-}二磷酸 + ADP$$

(4) 醛缩酶催化果糖-1,6-二磷酸裂解为甘油醛-3-磷酸和磷酸二羟丙酮。

$$果糖\text{-}1,6\text{-}二磷酸 \longrightarrow 甘油醛\text{-}3\text{-}磷酸 + 磷酸二羟丙酮$$

(5) 丙糖磷酸异构酶催化磷酸二羟丙酮成为甘油醛-3-磷酸。

$$磷酸二羟丙酮 \longrightarrow 甘油醛\text{-}3\text{-}磷酸$$

(6) 甘油醛-3-磷酸脱氢酶催化甘油醛-3-磷酸变为 1,3-二磷酸甘油酸

图 4-8　糖酵解全过程

$$甘油醛\text{-}3\text{-}磷酸 + NAD^+ + Pi \longrightarrow 1,3\text{-}二磷酸甘油酸 + NADH + H^+$$

(7) 磷酸甘油酸激酶催化 1,3-二磷酸甘油酸成为 3-磷酸甘油酸,同时产生 1 个 ATP 分子。

$$1,3\text{-二磷酸甘油酸}+\text{ATP}\longrightarrow 3\text{-磷酸甘油酸}+\text{ATP}$$

（8）磷酸甘油酸变位酶催化 3-磷酸甘油酸异构化为 2-磷酸甘油酸。

$$3\text{-磷酸甘油酸}\longrightarrow 2\text{-磷酸甘油酸}$$

（9）烯醇化酶催化 2-磷酸甘油酸脱去水分子产生磷酸烯醇式丙酮酸。

$$2\text{-磷酸甘油酸}\longrightarrow \text{磷酸烯醇式丙酮酸}+H_2O$$

（10）丙酮酸激酶催化磷酰基从磷酸烯醇式丙酮酸分子上转移给 ADP，生成丙酮酸和 ATP 分子。

$$\text{磷酸烯醇式丙酮酸}+\text{ADP}\longrightarrow \text{丙酮酸}+\text{ATP}$$

总的反应式：

$$\text{葡萄糖}+2\text{ADP}+2\text{NAD}^++2\text{Pi}\longrightarrow 2\text{ 丙酮酸}+2\text{ATP}+2\text{NADH}+2H^++2H_2O$$

人在剧烈运动时，氧气供应不足，就会进行乳酸发酵，由葡萄糖产生的丙酮酸不能彻底氧化分解，不能进入三羧酸循环，而是在乳酸脱氢酶作用下转变为乳酸，这称为乳酸发酵。这样 1 分子葡萄糖分解只能产生 2 分子 ATP 供机体运动所用，而多余的能量储存在乳酸中。因此，机体通过乳酸发酵产生能量的效率是很低的。为了对付这个问题，人体细胞中会储存一定的糖原。人体剧烈运动产生的乳酸会进入血液，刺激呼吸加快，以获得更多的 O_2 进行有氧呼吸。

有些细菌，特别是古细菌，它们可以不需要氧气，而是利用硝酸盐（NO_3^-）、亚硝酸盐（NO_2^-）、硫酸盐（SO_4^-）或其他无机化合物来作为最终的电子受体，并生成储能物质，这也是无氧呼吸。

$$NO_3^-+2H^++2e^-\longrightarrow NO_2^-+H_2O$$

4.4　光合作用

在植物中，细胞可以通过叶绿体进行光合作用，另外有些藻类和细菌也可以进行光合作用。通过光合作用，生物可以将太阳能、水和二氧化碳转变为有机物，释放氧气并储存能量。

植物的光合作用包括两个过程：光反应（light reaction）和碳同化反应（carbon-assimilation reaction）或称固碳反应（carbon-fixation reaction）。光反应包括原初反应和伴随电子传递的光合磷酸化两个步骤。通过光反应，植物在类囊体由叶绿素吸收、传递光能，并将光能转变为电能，然后转化为化学能，储存在 ATP 和 NADPH 中，并产生 O_2。固碳反应是在叶绿体的基质中进行的，有很多酶分子参加，利用由光反应产生的能量分子 ATP 和 NADPH，将 CO_2 和 H_2O 转变为具有多种生理功能的各种糖分子，从而将能量固定在有机物中。

4.4.1　原初反应

光合色素分子被光子激发，引起第一个光化学反应的过程称为原初反应。这个过程包括光能被天线色素分子吸收、传递到反应中心，光反应发生并使电荷分离，从而将光能转变为电能。其特点是时间很短，光能利用效率高（图 4-9）。

1. 光合色素　它是一类含有能够吸收可见光能量的特殊化学基团的分子，包括叶绿素、类胡萝卜素和藻胆素等。叶绿素（chlorophyll）和类胡萝卜素存在于植物和藻类中，而藻胆素存在于细菌和藻类中。

高等植物中含有叶绿素 a 和叶绿素 b，两者吸收不同波长的可见光，呈互补现象。而类胡萝卜素（carotenoid）是一些辅助色素，它能吸收一些叶绿素不能吸收的可见光，并将多余的能量转换为热能，避免植物受到伤害。藻胆素（phycobilin）也能吸收一些叶绿素不能吸收的光能，并转移给叶绿素，进入光合作用途径。光合单位（photosynthetic unit）。由反应中心和捕光色素组成。反应中心是一对特殊状态的叶绿素 a 分子，捕光色素由全部的叶绿素 b、大部分叶绿素 a、胡萝卜素和叶黄素组成，捕光色素只具有吸收光能的作用，无光化学活性。捕光色素故又称天线色素（antenna pigment），它们吸收光能并传递到反应中心。能量是从需能较高的天线分子（吸收短波光波）传递到需能较少（吸收长波光波）的天线分子。作用中心色素是由特殊状态的叶绿素 a 组成，按最大吸收峰不同，可分为两类：吸收峰为 700 nm 的，称为 P700，是光系统 PS Ⅰ 的中心色素；吸收峰为 680 nm 的，称为 P680，是光系统 PS Ⅱ 的中心色素。作用中心色素都具有光化学反应活性，可以将光能转换为电能。

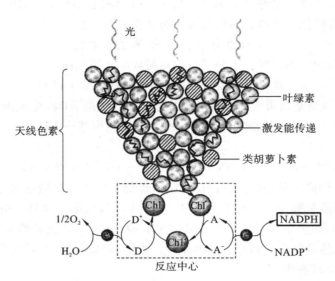

图 4-9 光合作用原初反应的能量吸收、传递与转换

Chl 为反应中心色素分子；D 为原初电子供体；A 为原初电子受体

2. 光化学反应 指反应中心色素分子吸收光子的能量后，引起一系列氧化还原反应。叶绿素（Chl）被光激发后称为 Chl*，同时释放电子给受体 A，而 Chl 被氧化为带正电荷的 Chl^+，A 则被还原为带负电荷的 A^-。氧化的 Chl^+ 又可以从电子供体 D 获得电子而恢复为原初状态的 Chl，而 D 则被氧化为 D^+。如此反复，结果是光能转化为电能，D 被氧化而 A 被还原。

4.4.2 电子传递和光合磷酸化

在原初反应之后，电子在众多分子之间传递并进行磷酸化，形成 ATP 和 NADPH，将电能转变为化学能。这其中有水的裂解、电子传递及 $NADP^+$ 还原。水是电子供体，而 $NADP^+$ 是最终电子受体。

1. 电子传递 光合磷酸化中的电子传递链（photosynthetic electron transport chain）包括细胞色素、黄素蛋白、醌和铁氧还蛋白等，它们以膜蛋白复合物的形式存在。光合系统包括光系统Ⅱ（photosystem Ⅱ，PS Ⅱ）和光系统Ⅰ（photosystem Ⅰ，PS Ⅰ）。光系统 PS Ⅰ 是跨膜复合体，含有 13 条多肽链。光系统 PS Ⅱ 是由 20 多个不同的多肽组成的叶绿素蛋白质复合体。光照射到类囊体膜上后，能同时被 PS Ⅰ、PS Ⅱ 的捕光色素吸收，分别传递给各自的中心色素 P700 和 P680，两个反应中心的电子被同时激发并传给各自的原初电子受体。色素由基态提高到激发态用 P^+ 表示。

PS Ⅱ 中的 $P680^+$ 是强氧化剂，从水中夺取电子传给质体醌，质体醌传递电子给细胞色素 b、细胞色素 f，H^+ 被释放到类囊体腔，形成 H^+ 梯度。细胞色素 b、细胞色素 f 将电子传递给质蓝素，质蓝素将电子再传给光系统 PS Ⅰ 中的 $P700^+$。

$P700^+$ 是弱氧化剂，它从质蓝素捕获电子，再次激发出电子。电子从受体 A_0 转移到 A，然后转移到铁硫中心，最后转移到铁氧还蛋白。在 $NADP^+$ 还原酶作用下，$NADP^+$ 从铁氧还蛋白接受一个电子的同时，从基质中摄入一个 H^+，被还原成 NADPH。PS Ⅱ 将电子从低于 H_2O 的能量水平提高到一个中间点，而 PS Ⅰ 把电子从中间点提高到高于 $NADP^+$ 的水平。电子传递是在两个光系统的协同作用下接力完成的。这两个光系统的反应中心相继催化光驱动的电子从 H_2O 到 $NADP^+$ 的流动（图 4-10）。电子从 H_2O 流向 $NADP^+$ 的反应如下：

$$2H_2O + 2NADP^+ + 8 \text{光子} \rightarrow O_2 + 2NADPH + 2H^+$$

这个过程中每个光系统各吸收 4 个光子，有 4 个电子从 H_2O 传递到 $NADP^+$，形成一个 O_2 分子。PS Ⅱ 系统吸收的光能在类囊体膜腔面一侧氧化水分子（裂解）并在基质一侧还原醌，从而在类囊体两侧建立起质子梯度。PS Ⅰ 系统能吸收的光能或传递来的激发能在类囊体的两侧还原 $NADP^+$ 形成 NADPH。

2. 光合磷酸化 光照引起的电子传递和磷酸化作用相偶联合成 ATP 的过程，称作光合磷酸化（photophosphorylation）。根据电子传递途径的不同，光合磷酸化分为非循环式和循环式两种类型。

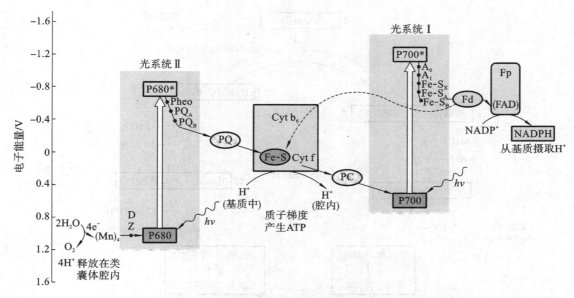

图 4-10　叶绿体中两个光系统及电子传递途径

非循环式光合磷酸化中,光照后激发态的 P680 得到电子,电子经过两个光系统传递给最终受体 $NADP^+$。传递电子的过程中产生 H^+ 梯度,并同磷酸化偶联,合成 ATP。由于该途径中电子的传递是开放的通道,所以称非循环式。最终产物有 ATP、NADPH 和分子氧。

循环式光合磷酸化过程中,PSI 产生的电子经过铁氧还蛋白、细胞色素 b、细胞色素 f 和质蓝素后,流回到 PSI。此过程中,电子循环流动,并同磷酸化偶联产生 ATP。最终产物仅有 ATP,没有 NADPH 和水。

光合磷酸化中产生的 ATP,将用于固定 CO_2 形成有机物储存能量。催化 ATP 合成的酶称为 CF_0-CF_1 ATP 合酶(CF_0-CF_1 ATP synthase)。在质子驱动力作用下,ADP 和 Pi 在 CF_0-CF_1 ATP 合酶表面缩合为 ATP 并释放 ATP 分子(图 4-11)。

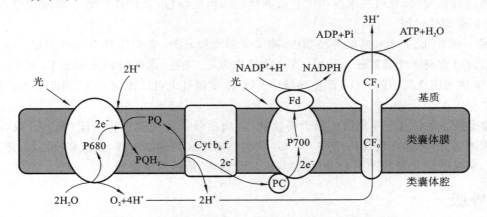

图 4-11　叶绿体类囊体膜中进行的电子传递和 H^+ 跨膜转移

4.4.3　光合碳同化

主要有三条途径通过光合作用来同化 CO_2、形成糖等有机物,也就是把光反应产生的 ATP 和 NADPH 中储存的化学能转化为具有多种功能的糖类的化学能。这是发生在叶绿体基质中的不需要光的反应,因此称为暗反应。高等植物暗反应碳同化的途径有三条:卡尔文循环、C_4 途径和景天酸途径。

1. 卡尔文循环(Calvin cycle)　这是由卡尔文(Calvin)等人应用 $^{14}CO_2$ 示踪方法发现的一条碳同化途径(图 4-12)。

由于在该途径中最先的产物是甘油酸-3-磷酸(含有 3 个碳原子),因此也称 C_3 途径,这是几乎所有植物进行光合作用所共有的基本途径。它包括如下步骤。①羧化阶段:1 分子核糖酮-1,5-二磷酸(RuBP)在 RuBP 羧化酶/加氧酶(RuBP carboxylation/oxygenase)的催化下,与 1 分子 CO_2 反应形成 1 分子不稳定的六碳化合物,并立即分解为 2 分子甘油酸-3-磷酸。②还原阶段:甘油酸-3-磷酸在激酶催化下被 ATP 磷酸化,形

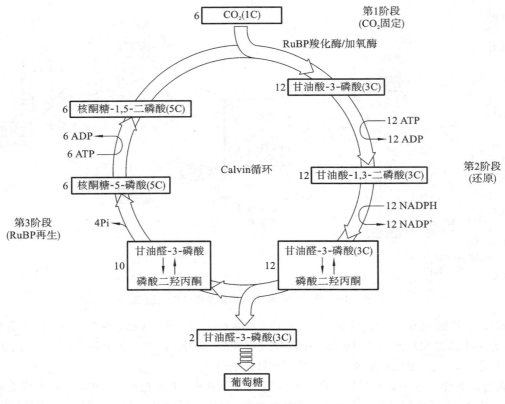

图 4-12　卡尔文循环

成甘油酸-1,3-二磷酸,然后在甘油酸-3-磷酸脱氢酶的作用下被 NADPH 还原为含能量更多的甘油醛-3-磷酸,一旦 CO_2 被还原到甘油醛-3-磷酸,光合作用的能量储存过程便完成。甘油醛-3-磷酸等三碳糖可进一步转化,在叶绿体内合成淀粉,也可在细胞质中合成蔗糖。③再生阶段:是指甘油醛-3-磷酸经过一系列的转变,再生成核酮糖-5-磷酸的过程。

2. C_4 途径　在甘蔗、玉米和高粱等植物中,除了卡尔文循环外,它们还具有一种固定 CO_2 的途径,其最初产物是草酰乙酸(含有 4 个碳原子),因此,该途径又称为 C_4 途径,这些植物又称为 C_4 植物。植物通过 C_4 途径可以更有效地利用空气中的 CO_2,即使环境中 CO_2 浓度很低也可以固定 CO_2,因此这类植物一般为高产植物。

3. 景天酸途径　生长在干旱地区的景天科植物,其肉质叶子的气孔白天关闭,晚上开放,可以减少水分蒸发,并且在夜间吸收 CO_2,在羧化酶作用下,CO_2 和磷酸烯醇式丙酮酸结合,生成草酰乙酸,进一步还原成苹果酸。白天时,苹果酸氧化脱羧产生 CO_2,再参与卡尔文循环,最后形成淀粉。

4.4.4　光呼吸

RuBP 羧化酶/加氧酶不仅催化核糖酮-1,5-二磷酸的羧化,还可以催化核糖酮-1,5-二磷酸加氧,这两个反应是竞争性反应。CO_2 和 O_2 共同竞争 RuBP 羧化酶/加氧酶的活性部位。RuBP 羧化酶/加氧酶对 CO_2 的亲和性要高于 O_2,同时 CO_2 更容易溶解于基质中,但是大气中 O_2 的浓度(21%)要远远高于 CO_2 的浓度(0.03%)。

RuBP 羧化酶/加氧酶氧合反应的产物是 3-磷酸甘油酸和磷酸乙醇酸。3-磷酸甘油酸可以直接进入卡尔文循环,而磷酸乙醇酸最后代谢为 CO_2 和 3-磷酸甘油酸。依赖于光,吸收 O_2 和释放 CO_2 的过程称为光呼吸(photorespiration)。

磷酸乙醇酸的代谢涉及植物的三个细胞器:叶绿体、过氧化物酶体和线粒体。磷酸乙醇酸先是在叶绿体中脱磷酸变成乙醇酸,乙醇酸进入过氧化物酶体发生氧化反应,生成乙醛酸和过氧化氢。过氧化氢在酶的作用下可以转变为 O_2 和 H_2O,而乙醛酸经过氨基转移变成甘氨酸。甘氨酸经过过氧化物酶体进入线粒体,在脱羧酶的作用下,两个甘氨酸缩合成为丝氨酸,并释放出 CO_2 和 NH_3。CO_2 再经过植物的光合作用生成糖类物质,NH_3 则可以用来形成谷氨酸。丝氨酸由线粒体进入过氧化物酶体,脱去一个氨基形成羟基丙酮酸,羟基丙酮酸被还原为甘油酸,它可以进入叶绿体,被 ATP 分子磷酸化变成为 3-磷酸甘油酸,从而进入三羧酸循环(图 4-13)。

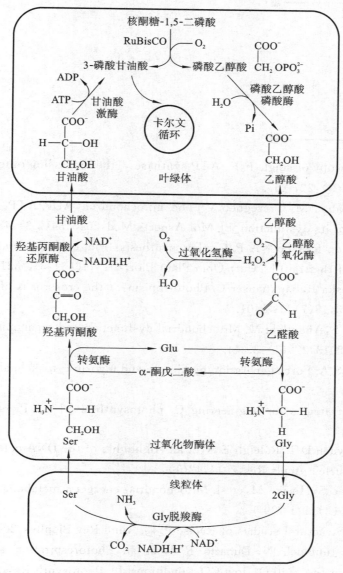

图 4-13　光呼吸反应

最终结果是,经过一个光呼吸过程,消耗掉一个 ATP 分子。在 CO_2 浓度低,光的强度很高时,光呼吸可以降低氧分子的浓度,抑制光合反应,减少光合色素和光系统的损伤。

本章小结

生命或细胞在进行生理活动时需要与外界发生物质和能量的交换。磷酸化合物 ATP 分子在其中扮演着重要角色。

细胞中的许多生化反应都是由酶来催化的。生物蛋白质类有六大类,分别为氧化还原酶类、转移酶类、水解酶类、裂合酶类、异构酶类和连接酶类。另外还存在具有催化活性的 RNA 和 DNA 分子。影响酶活性的因素有酶分子浓度、底物浓度、pH 值、温度、缓冲液、激活剂和抑制剂。

细胞的呼吸分为有氧呼吸和无氧呼吸。有氧呼吸通过三羧酸循环和氧化磷酸化来产生能量及 ATP 分子,用于其他生理活动所需。无氧呼吸则通过糖酵解途径将葡萄糖转变为乙醇或乳酸而产生能量。有些细菌则利用简单的无机化合物的氧化还原反应来产生能量。

植物的光合反应包括原初反应、光合磷酸化和光合碳同化来固定来自太阳光中的能量,合成复杂的有机化合物并产生氧气。而 C_4 植物比 C_3 植物有效率更高的光合作用。

思考题

扫码答题

参考文献

[1] Börsch M. Microscopy of single F_0F_1-ATP synthases—the unraveling of motors, gears, and controls [J]. IUBMB Life, 2013, 65(3): 227-237.

[2] Clémençon B, Babot M, Trézéguet V. The mitochondrial ADP/ATP carrier (SLC25 family): pathological implications of its dysfunction[J]. Mol Aspects Med, 2013, 34(2-3): 485-493.

[3] Denton A K, Simon R, Weber A P. C_4 photosynthesis: from evolutionary analyses to strategies for synthetic reconstruction of the trait[J]. Curr Opin Plant Biol, 2013, 16(3): 315-321.

[4] Goyal A, Szarzynska B, Fankhauser C. Phototropism: at the crossroads of light-signaling pathways [J]. Trends Plant Sci, 2013, 18(7): 393-401.

[5] Karami-Mohajeri S, Abdollahi M. Mitochondrial dysfunction and organophosphorus compounds[J]. Toxicol Appl Pharmacol, 2013, 270(1): 39-44.

[6] Kull F J, Endow S A. Force generation by kinesin and myosin cytoskeletal motor proteins[J]. J Cell Sci, 2013, 126(1): 9-19.

[7] Leegood R C. Strategies for engineering C_4 photosynthesis[J]. J Plant Physiol, 2013, 170(4): 378-388.

[8] Loenen W A, Dryden D T, Raleigh E A, et al. Highlights of the DNA cutters: a short history of the restriction enzymes[J]. Nucleic Acids Res, 2014, 42(1): 3-19.

[9] Mazat J P, Ransac S, Heiske M, et al. Mitochondrial energetic metabolism-some general principles [J]. IUBMB Life, 2013, 65(3): 171-179.

[10] Mondragón A. Structural studies of RNase P[J]. Annu Rev Biophys, 2013, 42(1): 537-557.

[11] Moroney J V, Jungnick N, Dimario R J, et al. Photorespiration and carbon concentrating mechanisms: two adaptations to high O_2, low CO_2 conditions[J]. Photosynth Res, 2013, 117(1-3): 121-131.

[12] Timm S, Bauwe H. The variety of photorespiratory phenotypes-employing the current status for future research directions on photorespiration[J]. Plant Biol, 2013, 15(4): 737-747.

[13] van Amerongen H, Croce R. Light harvesting in photosystem I [J]. Photosynth Res, 2013, 116(2-3): 251-263.

[14] Vinyard D J, Ananyev G M, Dismukes G C. Photosystem II: the reaction center of oxygenic photosynthesis[J]. Annu Rev Biochem, 2013, 82(1): 577-606.

[15] Wada M. Chloroplast movement[J]. Plant Sci, 2013, 210: 177-182.

[16] 黄熙泰, 于自然, 李翠凤. 现代生物化学[M]. 北京: 化学工业出版社, 2005.

[17] 靳利娥, 刘玉香, 秦海峰, 等. 生物化学基础[M]. 北京: 化学工业出版社, 2007.

[18] 潘大仁. 细胞生物学[M]. 北京: 科学出版社, 2007.

[19] 钱凯先, 邵健忠, 李亚南. 细胞生物化学原理[M]. 杭州: 浙江大学出版社, 2009.

[20] 沈显生. 生命科学概论[M]. 北京: 科学出版社, 2007.

[21] 张洪渊. 生物化学原理[M]. 北京: 科学出版社, 2006.

[22] 周晴中. 生命化学基础[M]. 北京: 北京大学出版社, 2011.

第 **5** 章 　细胞的增殖与分裂

5.1　细胞周期与细胞分裂

除了病毒以外,生命个体基本上是由细胞(单细胞或多细胞)构成的。生命的繁衍和种族的延续离不开细胞的增殖(proliferation)与死亡(death)。细胞增殖必须经过细胞分裂(cell division),即由原来的一个亲代细胞(mother cell)变为两个子代细胞(daughter cell)。在细胞分裂之前还必须有一定的物质准备。

细胞增殖是生物繁衍的基础。对于单细胞生物,如细菌和酵母,细胞增殖将直接导致生物个体增加。对于多细胞生物,细胞增殖会导致个体变大和新老细胞更替,然后会有细胞分化、衰老和死亡。人体的表皮细胞、血细胞、口腔黏膜上皮细胞等,每天都会有更替。机体的平衡与生理功能的正常发挥,都离不开细胞增殖。另外,创伤愈合、组织再生、病理修复等也离不开细胞增殖。因此,细胞增殖是生命个体非常重要的过程。

但是,细胞增殖不是无序的,而是受到严格调控的,这也是为什么生物个体都是有一定大小的原因。

5.1.1　细胞周期

首先,在细胞分裂之前,必须进行各种物质准备,例如核酸、蛋白质和脂类等。其中遗传信息载体 DNA 的复制是最重要的物质准备。DNA 的复制必须准确和彻底,否则,细胞会走向死亡或发展成为肿瘤细胞。这些物质还必须被及时地组装成需要的结构或者被修饰到一定的分子结构和功能状态。如新复制的 DNA 和新合成的组蛋白必须组装成染色质,这个过程离不开其他蛋白质的调控。有了正常结构的染色质,才能启动细胞分裂的后续过程。由此可见,细胞分裂的物质准备是一个复杂而精确的过程。

准确的物质准备之后,细胞开始进行分裂。细胞分裂也是一个十分复杂和精确的生命过程。其间只要有一个步骤出现问题,如染色体组装不正常,微管组装不合理,染色体运动就会出现失调,再分配到两个子细胞时遗传物质就会不均匀,最终会导致细胞的死亡。但是,细胞质成分的不均匀分配不会对细胞造成致命威胁。子代细胞形成之后,又会进行新一轮物质的积累和准备,下一次细胞分裂又会开始。如此周而复始,循环往复,细胞数量不断增加或更替。这种细胞物质积累与细胞分裂的循环过程,称为细胞增殖(cell proliferation)。从一次细胞分裂结束,经过物质积累,到下一次细胞分裂结束为止,称为一个细胞周期(cell cycle)。起初,人们根据细胞形态的变化,将细胞周期划分为 2 个连续的时期,即细胞有丝分裂期(mitotic phase)和位于两次分裂期之间的分裂间期(interphase)。分裂间期是细胞增殖的物质准备和积累阶段,而分裂期是细胞增殖的实施阶段。

1953 年,Howard 和 Pelc 用 ^{32}P 标记的磷酸盐浸泡蚕豆苗,然后于不同时间取根尖做放射自显影,结果发现,DNA 复制发生在静止期的某个区段,这一区段与有丝分裂的前后存在两个间隙。因此,将细胞周期划分为 4 个时期:S 期(DNA 合成期)、M 期(有丝分裂期)、G_1 期(M 期结束到 S 期之间的间隙)和 G_2(S 期结束到 M 期之间的间隙)。绝大多数真核细胞的细胞周期都由这 4 个时相构成,但各阶段的时长可以不同。

同种细胞之间,在相同条件下,其细胞周期时间长短相似或相同。不同种细胞之间,细胞周期时间长短可能差别很大。有些微生物,如细菌的细胞周期在对数生长期时仅几十分钟,而有些高等动物的细胞,其细胞周期可以长达几十年。细胞周期长短主要差别在 G_1 期,而 S 期、G_2 期和 M 期的总时长相对稳定。但这不是绝对的,在某些物理、化学或生物因子的影响下,细胞可以停留在某个时期。有些细胞发生分化后会停止细胞分裂,而长时间处于细胞周期的某个阶段并执行一定的生理功能,这些细胞称为静止期细胞(quiescent cell),或

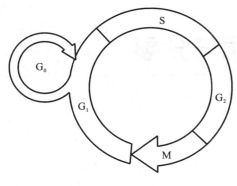

图 5-1　细胞周期 G_0 期

G_0 期细胞(图 5-1)。周期中细胞转化为 G_0 期细胞多发生在 G_1 期。

G_0 期细胞一旦受信号激活,会快速进入细胞分裂周期,进行增殖。例如肌肉组织中的卫星细胞(satellite cell),平时并不分裂,一旦肌肉部位受伤(刺激信号),它们马上就会返回细胞周期,分裂产生大量的成肌细胞(myoblast),进而形成肌管和肌肉纤维。对 G_0 期细胞的研究,对生物治疗、药物设计和药物筛选非常具有指导意义。但是,另外一些细胞,由于分化程度很高,如神经细胞,一旦生成后,则不可逆地脱离了细胞周期,终生不再分裂,但保持了正常的生理功能,这种细胞称为终末分化细胞。

5.1.2　细胞周期中的主要事件

细胞周期的 4 个时相中会发生各自不同的生化事件。

1. G_1 期　G_1 期是细胞周期的第一阶段。上一次细胞分裂后,两个子代细胞形成,标志着 G_1 期的开始。这时细胞进入生长阶段,合成细胞生长和分化所需要的各种蛋白质、糖类和脂质等,但不合成 DNA。一般,子代细胞的体积会变大。到了 G_1 期的晚期某个阶段,如果细胞进入 S 期,则细胞开始合成 DNA,并继续完成细胞分裂。这个特定时期,在哺乳动物细胞中称为限制点(restriction point,R 点)或检验点(checkpoint)(图 5-2)。细胞必须在内外因素的共同作用下才能经过这一时期,顺利通过 G_1 期,进入 S 期并合成 DNA。影响这一过程的外在因素有营养供给和激素刺激;内在因素有细胞分裂周期基因(cell division cycle gene,*cdc* 基因)的调控。*cdc* 基因的产物是一些蛋白激酶、磷酸酶等,它们起着监控作用,可以鉴别细胞周期进程中的错误,并诱导产生特异的抑制因子,阻止细胞周期进一步进行或进行修复。检验点不仅存在于 G_1 期,也存在于细胞周期其他时期,如 S 期检验点、G_2 期检验点、纺锤体组装检验点等。

2. S 期　S 期即 DNA 合成期。经过 G_1 期,细胞为 DNA 的复制起始提供了各种分子信号,一旦进入 S 期,立即合成 DNA。这个过程同样受多种蛋白质分子的严密调控。同时,DNA 复制与细胞核结构如核骨架、核纤层、核被膜等密切相关。原核、真核细胞 DNA 的复制都是半保留方式。新合成的 DNA 与之前或同时合成好的组蛋白结合,组装成一定结构的核小体,进而形成染色质。

3. G_2 期　DNA 复制完成后,细胞就进入 G_2 期。此时的细胞是四倍体($4n$),即具备四套染色体。其他相关的亚细胞结构也做好了进入 M 期的准备。G_2 期之后就是 M 期。细胞能否顺利进入 M 期,要受到 G_2 期检验点的控制。此时,细胞需要检查 DNA 是否完成复制,没有错误,DNA 损伤是否得到修复,细胞尺度是否达到足够大小,环境因素是否有利于分裂等。当所有因素满足后,细胞随即进入 M 期。

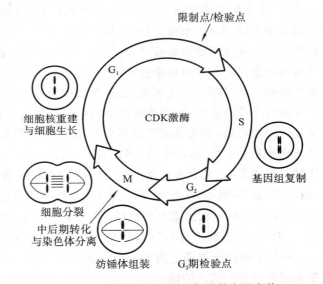

图 5-2　细胞周期中不同时相及其主要事件

4. M 期　M 期即细胞分裂期。真核细胞的分裂方式主要包括:有丝分裂(mitosis)和减数分裂(meiosis)。体细胞进行有丝分裂,生殖细胞进行减数分裂。减数分裂是有丝分裂的特殊方式。通过分裂,细胞将等量的遗传物质均匀地分配到两个细胞中。这两个细胞大小可以一样,也可以不一致。

5.1.3　有丝分裂

根据细胞形态上的变化,传统上将有丝分裂划分为前期、前中期、中期、后期、末期和胞质分裂 6 个时期。

1. 前期　前期(prophase)开始时,细胞核内的遗传物质——染色质进行浓缩,由漫长的弥漫样分布的线性物,经过螺旋化、折叠和包装,逐渐变短、变粗,形成显微镜下可见的早期染色体结构,其中的两条染色单体(一条在 S 期合成)已能分辨。每条染色体上有个特殊部位,称为着丝粒(centromere)。两条染色单体的两个着丝粒对应排列。由于此处形态结构狭窄,故称为主缢痕。在这里会有很多蛋白质形成一个复合结构,称为动粒。在前期,中心体的周围,微管开始大量组装。朝向中心体的一端为负极,远离中心体的一端为正极。微管以中心体为核心向四周发散,故形成一个星体。由于中心体在细胞间期时已经复制,因此,在前期中有两个星体。星体逐渐向细胞的两极运动,从而确立细胞分裂极。

2. 前中期　核膜在胞内分子的作用下发生破裂,标志着前中期(prometaphase)的开始。核膜破裂后,以小膜泡的形式分散到细胞中,它们在形态上与内质网膜泡难以区别,但生化成分上有差别。此时,核质与细胞质混合起来了,核纤层解聚而再度形成核纤层蛋白,而组成核骨架的一些成分如 DNA 拓扑酶Ⅱ、NuMA 蛋白等分散到细胞质中。染色体进一步浓缩形成明显的 X 形结构。此时,动粒逐渐成熟。纺锤体开始形成,它与细胞分裂和染色体向两个子代细胞中分配直接相关,它主要由微管及其结合蛋白构成。两个星体向两极运动时就开始形成纺锤体。此时,微管逐渐变长,迅速与染色体一侧的动粒结合,形成动粒微管(kinetochore microtubule),从而“捕获”染色体,而由另一个星体发出的微管则与染色体的另一侧的动粒相连接,另外一些微管则形成极微管(polar microtubule)。动粒微管、极微管和辅助分子,共同组成纺锤体。此时,与同一条染色体连接的动粒微管并不等长,因此,整套染色体不会均匀地分布在细胞赤道面上,显得杂乱。

3. 中期　随着分裂的进行,细胞两极距离拉长,染色体逐渐向赤道面运动,并最终整齐地排列在赤道面上,标志着中期(metaphase)开始。此时的纺锤体呈现出典型模样,而位于两侧的动粒微管长度相等,作用力均衡,极微管在赤道面上也相互搭桥,形成貌似连续的微管结构。纺锤体微管数量,在不同物种之间变化很大。真菌 *Phycomyces* 中仅有 10 根,而植物 *Haemanthus* 则有 10000 根。

4. 后期　赤道板上的两条染色体相互分离,形成两个独立的子代染色体,它们各自向两极运动,标志着后期(anaphase)开始。随后,极性微管长度增加,两极之间的距离逐渐拉长。这个过程可以持续几分钟。

染色体向两极的运动依靠纺锤体微管的作用,因而秋水仙素可以阻止该运动。

5. 末期　染色单体到达两极,即进入末期(telophase)。此时,动粒微管消失,极性微管继续加长,分布在两组染色单体之间。达到两极的染色单体逐渐浓缩,并在它的周围,核膜相关物质重新聚集和组装,新的核膜开始形成。首先小的膜泡结合到染色体表面并相互融合形成大的双层核膜片段,然后再融合形成大的完整的核膜,核孔复合体同时在核膜上组装,最后形成两个子代细胞的细胞核。核仁也开始形成,RNA 合成功能逐渐恢复。

6. 胞质分裂　胞质分裂开始时,在赤道面的细胞表面出现下陷,在肌动蛋白和肌球蛋白的参与下形成分裂沟,随着细胞由后期向末期转化,分裂沟加深,形成一个由微丝组成的收缩环,细胞在此处不断收缩,直至将两个子代细胞完全分开,细胞质也就被分成了两份(图 5-3)。

5.1.4　减数分裂

减数分裂(meiosis)是一种仅发生在生殖细胞形成过程中某个阶段的有丝分裂。其主要特点是细胞仅进行一次 DNA 复制,随后就进行两次细胞分裂,最后子代细胞中的染色体数目减少一半。生殖细胞经过形成合子后,染色体数目又可以恢复到体细胞的染色体数目。生物个体经过减数分裂后,生殖细胞既有效地得到了父母双方的遗传物质,又通过 DNA 片段的交换而增加了组合变异机会,确保了后代的多样性,增强了生物适应环境变化的能力。因此,减数分裂是生物进化和生物多样性的基础。

减数分裂前同样存在 G₁ 期、S 期和 G₂ 期 3 个时相,但是与有丝分裂相比,S 期持续时间较长。例如,蝾螈(*Triturus*)体细胞有丝分裂前的 S 期时长 12 小时,而减数分裂前的 S 期则持续 10 天。在植物百合中,S 期仅复制 DNA 总量的 99.7%~99.9%,而剩下的 0.1%~0.3%要在减数分裂前期Ⅰ阶段才完成。减数分裂间期的细胞核体积大于体细胞核,染色质也多是缠绕更紧密的异染色质。

减数分裂分为两次分裂,两次分裂之间的间期,不同物种长短不一,而且此时没有 DNA 合成与复制。减数分裂过程见图 5-4。

1. 减数分裂Ⅰ　减数分裂Ⅰ分为前期Ⅰ、前中期Ⅰ、中期Ⅰ、后期Ⅰ、末期Ⅰ和胞质分裂 6 个阶段。

(1) 前期Ⅰ　此阶段持续时间长,细胞内部形态变化较为复杂,可以划分为细线期、偶线期、粗线期、双线期和终变期 5 个阶段。

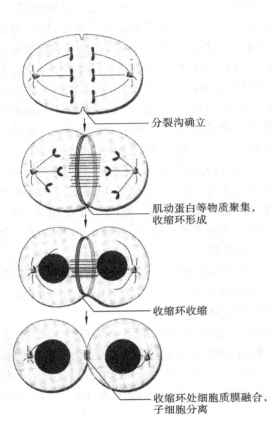

图 5-3　胞质分裂过程

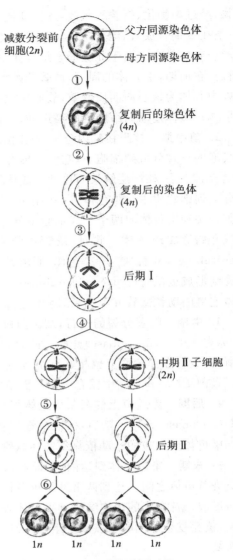

图 5-4　减数分裂过程

①细线期(leptotene)：首先染色质凝集、折叠、螺旋化、变粗变短,呈现出细纤维状。细线期的染色体发生凝集,但两条染色单体没有分开,这点和有丝分裂前期的染色体不一样,这可能是因为还有部分 DNA 没有复制,两条完整的染色单体不能形成。另外,在细纤维染色体上有大小不同的颗粒状结构,功能不详。此时的染色体端粒通过接触斑与核膜相连,而其他部分则延伸到核质中。

②偶线期(zygotene)：此时,来自父母双方的同源染色体相互靠近,沿着长轴紧密结合在一起,称为同源染色体配对。配对是专一的,非同源染色体不能配对。配对以后的两条同源染色体形成的复合物称为二价体(bivalent)。由于每条染色体含有两条染色单体,因而二价体又称为四分体(tetrad)。同源染色体配对的过程又称为联会(synapsis),这是减数分裂中很重要的过程,因为它和基因重组有关。刚开始,两条同源染色体端粒在与核膜相连的部位(接触斑)相互靠近并结合,然后向其他部位延伸,直到整条染色体的侧面都与另一条染色体的侧面紧密结合。联会也可以只发生在染色体的几个点上。在联会的部位形成一种特殊的结构,称为联会复合体(synaptonemal complex)(图 5-5)。在偶线期,S 期未合成的 0.3％的 DNA(偶线期 DNA,zygDNA)最终合成。抑制 zygDNA 的合成则可以抑制联会复合体的形成。由 zygDNA 转录而来的 RNA 称为 zygRNA。

③粗线期(pachytene)：同源染色体配对后就进入粗线期。此时的染色体继续浓缩,变粗变短,但仍然连在一起。在联会复合体的中间出现一个圆球形的重组结(recombination nodule),其中含有多种蛋白质,参与基因的重组。在粗线期合成减数分裂专有的组蛋白,并将体细胞类型的组蛋白部分或全部地置换下来。

④双线期(diplotene)：基因重组结束后,联会复合体消失,同源染色体分离,但仍有几处相连,导致四分体结构清晰可见。染色体相连处称为交叉(chiasma)。不同细胞之间交叉数量不同。有些动物在双线期的染色体发生部分去凝集,基因发生转录,特别是鱼类、两栖类、爬行类和鸟类的雌性动物,染色体去凝集成一个特殊

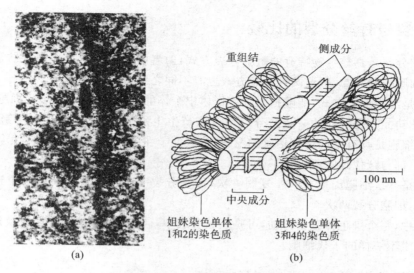

图 5-5　联会复合体和重组结构

的巨大染色体结构,染色体上有很多侧环,即基因活跃转录部位,这种染色体称为灯刷染色体。

双线期持续时间可以达到 1 年左右,甚至几十年。

⑤终变期(diakinesis):染色体重新凝集,形成短棒状结构,此时仍然是四分体结构。交叉向染色体的端部移动,称为端化(terminalization)。最后,染色体仅仅在端部和着丝粒部位相连接。终变期的结束标志着前期Ⅰ的结束。

(2)中期Ⅰ　前期结束,中期Ⅰ即开始。此时,核膜破裂,许多微管形成,并捕获四分体染色体,纺锤体开始形成。四分体染色体移动到赤道面上,排列起来。四分体的每一侧各有两个动粒,它们与来自纺锤体一极的微管相连(图 5-6)。

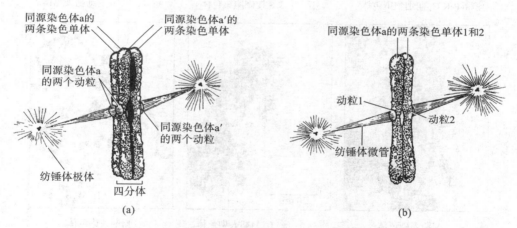

图 5-6　减数分裂中期Ⅰ与减数分裂中期Ⅱ动粒与纺锤体的联系示意图

(a)减数分裂中期Ⅰ;(b)减数分裂中期Ⅱ

(3)后期Ⅰ　此时的同源染色体各有两条染色单体,它们向两极移动,并且随机组合,因而会产生非常多的组合方式,增加了生物个体的多样性。最终达到每一极的染色体数目是原先数目的一半,但是染色单体的数目是一样的。

(4)末期Ⅰ、胞质分裂Ⅰ和减数分裂间期　染色体到达两极后去凝集,在它们周围核膜重新形成并产生两个新的细胞核。细胞质发生分裂,最终形成两个子代间期细胞。它们不进行 DNA 的复制,也没有 G_1 期、S期和 G_2 期。间期时间很短,准备进行第二次分裂。

2. 减数分裂Ⅱ　这个过程非常类似于有丝分裂,即经过前期、中期、后期、末期和胞质分裂,最后形成 4个子代细胞。每一个子代细胞只有母细胞一半的染色体数目。对于雄性动物,它们产生的 4 个子代细胞很相似,称为精子细胞,并最终发育成 4 个精子。而对于雌性动物,第一次分裂产生一个小的极体和一个大的次级卵母细胞。极体很快死亡解体。第二次分裂时又产生一个小的极体和一个大的卵细胞。第二次产生的极体同样很快解体。因此,雌性动物细胞经过减数分裂后只产生一个有功能的卵细胞。

5.1.5 减数分裂与有丝分裂的比较

减数分裂和有丝分裂是真核生物特有的重要分裂方式,两者的共同之处在于都有纺锤体的出现,它与染色体的相互作用将细胞一分为二,但这两种分裂方式也有不同之处,各有特点。

第一,有丝分裂是细胞增殖方式,能够扩大细胞群体中个体的数量,所产生的子代细胞基本上与亲代细胞在染色体数量和生理功能上是一样的。减数分裂是机体产生生殖细胞的方式,是为了繁衍后代而进行的分裂,其所产生的子代细胞是具有不同遗传信息的配子,这些配子在染色体数量、染色体组合方式及单条染色体上所携带的遗传信息都与亲代细胞不一样了。

第二,有丝分裂是一次细胞周期,DNA 复制一次,细胞分裂一次。减数分裂是两个连续的细胞周期,而DNA 也只复制一次,细胞分裂两次。

第三,有丝分裂中,每个染色体独立行动,可是减数分裂中,同源染色体要配对,交换遗传信息,从而发生遗传信息的重组,产生不一样的子代细胞。

5.1.6 细胞周期的调控

为了保证细胞分裂或细胞周期有条不紊地进行,特别是为了保证遗传物质不发生错误,这个过程受到了严格的调控。

1. MPF 的发现　MPF 就是卵细胞促成熟因子(maturation-promoting factor),或细胞分裂促进因子(mitosis-promoting factor),或 M 期促进因子(M phase-promoting factor)。1970 年,Johnson 和 Rao 在研究HeLa 细胞的同步化时,发现与 M 期细胞融合的不同时相的间期细胞发生了形态各异的染色体凝集,称为早熟染色体凝集(premature chromosome condensation,PCC)。融合的 G_1 期细胞 PCC 为细单线状,S 期 PCC为粉末状,G_2 期 PCC 为双线染色体状(图 5-7)。

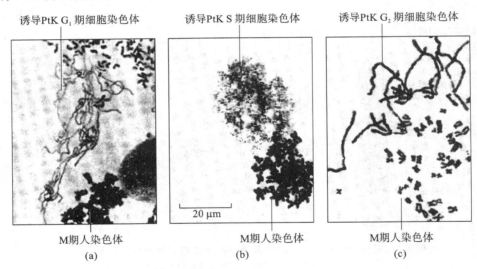

诱导PtK G_1 期细胞染色体　　诱导PtK S 期细胞染色体　　诱导PtK G_2 期细胞染色体

20 μm

M期人染色体　　　　　　M期人染色体　　　　　　M期人染色体
(a)　　　　　　　　　　(b)　　　　　　　　　　(c)

图 5-7　M 期 HeLa 细胞与 G_1 期、S 期和 G_2 期袋鼠(PtK)细胞融合诱导 PCC
(a) M 期细胞与 G_1 期细胞融合;(b) M 期细胞与 S 期细胞融合;(c) M 期细胞与 G_2 期细胞融合

实验结果表明,M 期细胞可以诱导出现 PCC,暗示着在 M 期细胞中存在诱导染色体凝集的生物因子,当时称为细胞促成熟因子。1971 年,Masui 和 Markert 用非洲爪蟾卵做实验时,明确了 MPF 这一概念。1988年,Lohka 分离并纯化了 MPF,证明其主要含有 p32 和 p45 两种蛋白。p32 和 p45 结合后表现为蛋白激酶活性,可以使底物蛋白质发生磷酸化,因此,MPF 是一种蛋白激酶。

2. p34^{cdc2} 激酶的发现　L. Hartwell 和 P. Nurse 等人研究酵母菌的温敏突变体时,发现了一些与细胞分裂和细胞周期调控相关的基因,称为 cdc 基因。根据发现的先后顺序,对这些基因命名为 cdc2、cdc25、cdc28等。cdc2 基因突变会使得细胞停留在 G_2/M 处,它的表达产物是一种分子量为 $34×10^3$ Da 的蛋白激酶,即p34^{cdc2}。但进一步研究表明,p34^{cdc2} 单独不具有激酶活性,它必须与另一种蛋白质 p56^{cdc13} 结合,才能表现出激酶活性。

p34^cdc2 和 MPF 都影响细胞周期,且都是激酶,两者有何关系呢? J. Maller 和 P. Nurse 合作研究表明,MPF 中的 p32 与 p34^cdc2 有同源性。

1983 年,人们发现在海胆卵中存在两种特殊蛋白质,它们的含量随着细胞周期的进程而变化,即在细胞间期和分裂期发生周期性变化,因而被命名为周期蛋白(cyclin)。后来的研究表明,周期蛋白为诱导细胞进入 M 期所必需,并参与 MPF 的功能调节。其实,MPF 的两种成分就是 Cdc2 蛋白和周期蛋白,Cdc2 为催化亚单位,周期蛋白为调节亚单位。

3. 周期蛋白　人们已经发现了几十种细胞周期蛋白,如酵母的 Cln1、Cln2、Cln3、Clb1~Clb6,高等动物的周期蛋白 A1、A2、B1、B2、B3、C、D1、D2、D3、E1、E2、F、G、H、L1、L2、T1、T2 等,它们功能多样。有些周期蛋白在 G$_1$ 期表达并控制细胞由 G$_1$ 期向 S 期转换,故称为 G$_1$ 期周期蛋白,如 C、D、E、Cln1、Cln2、Cln3 等;有的蛋白只在 M 期发挥调节功能,因此称 M 期周期蛋白,如 A、B 等。各种周期蛋白有类似的分子结构,都含有一个保守的氨基酸序列,称为周期蛋白框(cyclin box)(图 5-8),约有 100 个氨基酸残基。周期蛋白框介导不同的周期蛋白与不同的 CDK(cyclin-dependent kinase)结合,形成各种复合体,表现出不同的酶活性。M 期蛋白内部含有一个由 9 个氨基酸残基 RXXLGXIXN 构成的破坏框(destruction box),X 表示任意氨基酸。破坏框介导了泛素蛋白与周期蛋白 A 和 B 的连接及随后的降解。G$_1$ 期蛋白不含破坏框,但有一个 PEST 序列,这个序列与蛋白降解相关。

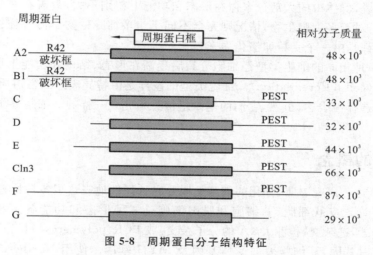

图 5-8　周期蛋白分子结构特征

如图 5-9 所示,周期蛋白 A 在 G$_1$ 期的早期开始表达并积累,细胞到达 G$_1$/S 交界处时,其含量最高并一直维持到 G$_2$/M 期。而周期蛋白 B 则从 G$_1$ 晚期开始表达并积累,在细胞到达 G$_2$ 期后期时到达最大值并持

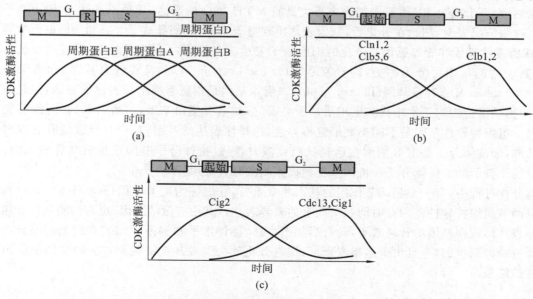

图 5-9　哺乳动物和酵母细胞周期蛋白在细胞周期中的累积及其与 CDK 激酶活性的关系

(a)哺乳动物细胞周期;(b)芽殖酵母细胞周期;(c)裂殖酵母细胞周期

续到 M 期的中期,然后迅速降解。而周期蛋白 D 则在整个细胞周期中持续表达,周期蛋白 E 在 M 期的晚期和 G_1 期早期表达,在 G_1 期的晚期到达最大值,在 G_2 期的晚期则为最低值。各种周期蛋白在细胞受到各种刺激(如营养变化)或在其他基因(如 Notch)的表达下,其含量会发生变化,从而控制细胞的分裂。

4. CDK 激酶和抑制物 通过筛选 cDNA 文库,人们分离到许多 *cdc2* 相关基因,有些与 *cdc2* 同源性很强,有些则在氨基酸序列和功能上差别较大。这些蛋白与周期蛋白结合后表现出激酶活性,因而被命名为周期蛋白依赖性蛋白激酶(cyclin-dependent kinase,CDK)。Cdc2 是第一个被发现的 CDK,因此,Cdc2 被命名为 CDK1。

除此之外,细胞中还存在着一类对 CDK 激酶起抑制作用的蛋白质,称为 CDK 激酶抑制物(cyclin-dependent kinase inhibitor,CDKI),如 Cip/Kip 家族和 INK4 家族。其中 Cip/Kip 家族成员 p21$^{Cip/WAF1}$ 主要针对 G_1 期的 CDK 激酶(CDK2、CDK3、CDK4 和 CDK6)起抑制作用。INK4 家族成员 p16 主要抑制 CDK4 和 CDK6 的激酶活性。

5.2 细胞分化

对于单细胞生物来说,群体中的大部分个体在形态和功能上差别不大,只有在一些特殊生活阶段会出现一些变化的细胞。但是,对于多细胞生物,情况则完全不同了。多细胞生物个体中往往有很多种不同形态和功能的细胞。这些细胞都是由一个受精卵演化而来。

在个体发育中,由一种相同的细胞类型经细胞分裂后逐渐在形态、结构和功能上形成稳定差异的细胞类群的过程称为细胞分化(cell differentiation)。细胞类型的差异是由特异表达的蛋白质来体现的,蛋白质的差异表达又取决于基因的选择性表达,虽然,它们的基因组信息是完全一样的。细胞分化也是细胞增殖、衰老和凋亡的综合结果。

5.2.1 细胞分化的概念

1. 基因的选择性表达 研究表明,分化的细胞是因为它选择性地表达了各自特有的蛋白质组,并且进行了不同形式的加工和修饰。皮肤细胞、T 细胞和肌肉细胞是三种形态和功能各不相同的细胞。如果使用 Southern blot(Southern 印迹杂交,检测 DNA 的分子杂交)或 PCR(polymerase chain reaction)的方法在三种细胞中都能检测到角蛋白基因、T 细胞表面受体基因及 MYH 基因。使用 Northern blot(Northern 印迹杂交,检测 RNA 的分子杂交)、Real-time PCR(实时定量 PCR)或 Western blot(蛋白质印迹法,检测蛋白质的分子杂交)来检测这三种基因的表达时,在皮肤细胞中能检测到较多的角蛋白的表达,但是检测不到 T 细胞表面受体的表达,而 T 细胞则相反;肌肉细胞中有大量的 MYH 蛋白的表达,几乎不表达角蛋白和 T 细胞表面受体蛋白。这些情况表明,细胞在分化后,基因表达出现显著差异,从而导致了形态和功能的巨大差异。

2. 组织特异性基因和管家基因 分化的细胞除了表达很多细胞共有的蛋白外,还表达自己特有的蛋白质。因此,其表达的基因可分为两类,即看家基因(house-keeping gene,又称管家基因)和组织特异性基因(tissue-specific gene,又称奢侈基因(luxury gene))。看家基因是指所有细胞都表达的基因,但是表达量可以不一样,其产物是维持细胞正常结构和生理活动所必需的,如微管蛋白基因、组蛋白基因、丙酮酸脱羧酶和肌球蛋白基因。组织特异性基因是不同类型细胞特异性、选择性表达的基因,其产物导致细胞表现出自己特有的形态和功能,如抗体分子是由 B 细胞在遇到抗原刺激时,经过抗体分子基因重排后特异表达的,其结构和功能是针对抗原分子的。抗体分子在机体未受到抗原刺激时,一般是不会产生的。

在细胞分化过程中,有一类起调节作用的基因非常重要,它们称为调节基因(regulatory gene),它们的表达产物可以调节组织特异性基因在时间和空间上的差异表达。其中有激活基因,也有抑制基因。组织特异性基因的差异表达体现在基因的转录水平,转录后加工方法,翻译水平和翻译后加工方式上的差异。所有这些过程都是经过精确调控的,一旦出现差错或紊乱,细胞分化就会失败甚至细胞死亡。肿瘤细胞的出现就是基因表达紊乱的结果。

5.2.2 单细胞生物的分化

单细胞生物如细菌和原生动物,它们也有细胞分化现象,如枯草芽孢杆菌在营养缺乏时会形成抗逆性很强的芽孢,啤酒酵母会形成单倍体孢子,但是这些分化现象相对于多细胞生物来说很简单。

5.2.3 转分化与再生

一种分化类型的细胞转变为另一种分化类型的细胞的过程称为转分化(transdifferentiation)。例如,水母横纹肌细胞可以形成神经细胞、平滑肌细胞、上皮细胞等。分化程度低的神经细胞可以形成骨髓细胞和淋巴样细胞。成肌细胞可以转变为成纤维细胞。实际上,转分化需要经历去分化(dedifferentiation)与再分化两个过程。去分化是指已经分化的细胞失去其特有的结构和功能变成具有未分化特征细胞的过程。例如植物的组织培养,由叶、茎可以形成愈伤组织(由未分化的细胞团组成),再经过诱导,愈伤组织可以再生成根、芽等组织,最后形成完整的植株。

1962 年,英国的格登用一个已分化成熟的肠道细胞的核置换未分化的卵细胞的核,最后发育成一个完整的蝌蚪(图 5-10)。

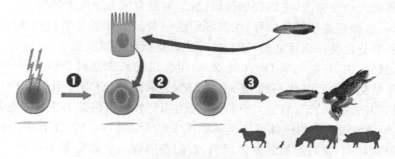

图 5-10 细胞核置换

这是因为虽然肠道细胞已分化,表达了肠道细胞特异的蛋白组,但是其细胞核内的遗传信息没有丢失,仍然是完整的,在卵中细胞质的诱导下可以发生去分化。同样,日本的山中伸弥通过引入几个基因的表达,将分化成熟的细胞重新编程为多能干细胞,然后再分化为其他特异的细胞(图 5-11)。

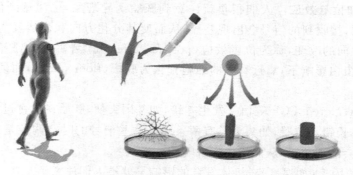

图 5-11 成熟细胞再分化

这些发现解决了人类干细胞来源和异体移植排斥的问题,也是动物克隆的技术基础,因此两人获得了2012 年诺贝尔生理学或医学奖。

我们在生活中经常见到动物的再生现象,如螃蟹的断肢可以重新生长出来,壁虎的尾巴及海星的内脏可以再生成。幼体蟾蜍切掉肢体后,伤口处有些细胞凋亡,但另一些细胞如皮肤、肌肉、软骨和结缔组织等发生去分化,重新形成间充质细胞团,再生出芽基,这些细胞再进一步分化为完整的肢体。但是,不同的生物,其再生能力是很不一样的。虽然低等生物可以再生肢体,但人类却不可能。一般来说,植物的再生能力比动物强,低等动物比高等动物强。另外,再生能力随着生物个体年龄的增大而减弱。再生的详细的分子机制目前仍然不清楚。

5.2.4 影响细胞分化的因素

组织特异性基因的选择性表达是由调节基因启动的。起调节作用的蛋白质和 RNA,直接影响着组织特异性蛋白的表达时间和数量,同时,这又受制于细胞外信号的刺激,包括物理的、化学的和生物的。细胞在机体内所处的位置、微环境、胞内信号传导系统的差异也影响着细胞的分化。

1. 细胞外信号的影响 早期的胚胎发育研究发现,一部分细胞会影响其周围细胞朝一定方向分化,这称为近端组织的相互作用(proximate tissue interaction),也称为胚胎诱导(embryonic induction)。例如,免疫器官里的成熟 B 细胞的形成,需要与之相互作用的 T 细胞的信号传导,T 细胞的成熟又需要与之接触的巨噬细胞或树突状细胞的信号传导。这些细胞相互之间通过表面接触及分泌信号分子来调节各自的功能,调节细胞的分化与增殖。当所有的信号正确后,才能最终形成具有抗体产生能力的成熟 B 细胞。参与细胞分化的分子信号有成纤维细胞生长因子(fibroblast growth factor,FGF)、转化生长因子(transforming growth factor,TGF)、白细胞介素(interleukin)、Hedgehog 家族、Wnt 家族等。另外,激素也能影响细胞的分化,如生长激素、蜕皮激素、保幼激素等。

2. 细胞记忆和细胞决定 信号分子的刺激一般是短暂的,但是有些细胞通过一定的方式将这些刺激信号储存起来,逐渐向特定方向分化。在果蝇幼虫变态过程中,它的成虫盘可以发育为不同的器官,如腿、翅、触角等。如果将幼虫的某处成虫盘细胞植入已发育成熟的成虫中,连续移植 9 年,细胞增殖多达 1800 代,然后再将这些成虫盘细胞移植回幼虫体内,它们仍然保留记忆,可发育成为相应的器官。

细胞决定指的是,一个细胞接受某种信号,在发育中这一细胞及其子代细胞仍然能发育成特定的细胞类型,即形态、结构和功能等分化特征出现之前,细胞的分化命运就已经被决定了。

细胞决定与细胞记忆有关,与染色质 DNA 的修饰,组蛋白的修饰及转录因子的活性相关。这些修饰包括甲基化、乙酰化、去甲基化和去乙酰化,另外还有磷酸化、去磷酸化、SUMO 化、NEDDY 化等修饰方式。它们影响着染色质的结构和基因的转录、表达,从而影响着组织特异性蛋白的表达及细胞分化特征的出现。

3. 受精卵染色体和细胞质的不均一性 卵母细胞质中除了营养物质外,还有多种 mRNA,它们很多由于与蛋白质的结合而被隐蔽起来,暂时不被核糖体识别,它们在细胞质中的分布是不均匀的,另外,很多染色体 DNA 和组蛋白的修饰也是不均一的。在卵细胞受精后,细胞质重新定位,只有部分而非全部 mRNA 被翻译成蛋白质。受精卵分裂后,隐蔽部位的 mRNA 被不均一地分配到子代细胞中。同时,不均一修饰的染色体也被随机地分配到子代细胞中。结果导致不同量或种类的基因的转录及其蛋白质被表达,子代细胞呈现出不同结构和功能特征,细胞出现不同的分化方向。

4. 细胞间相互作用和位置效应 人们很早就注意到胚胎诱导现象,也注意到信号分子旁分泌的现象。由于细胞所处的位置不同,接收到的信号会出现差异,从而使其分化方向和命运发生变化。改变细胞所处的位置可以导致细胞分化方向的改变,称为位置效应(position effect)。例如,在鸡胚的原肠腔阶段,在不同量的 Sonic hedgehog(Shh)蛋白影响下,靠近脊索的细胞分化为底板(floor plate),而远离脊索的细胞分化为运动神经元。

Sonic hedgehog、Wnt、Notch、FGF 等信号发生差错,如基因突变,胚胎在发育过程中会出现畸胎,如两个头部,八条腿等,或者肢体长错了位置,如头上长有两条腿。这些信号的时空调控是非常精确的,只要出现一点差错,细胞分化方向就会出现差错,从而机体出现畸胎。

5. 环境的影响 环境因素(如温度)对机体发育的影响早就被人们注意到。在气温 24 ℃时,有些蜥蜴种类会全部发育为雌性,而温度在 32 ℃时则全部发育为雄性,而龟类却相反。有些鱼类会在雌性群体中选择一个个体转变为雄性,从而完成交配和繁殖后代,这取决于这个群体中是否有雄性个体存在。目前对这些现象的分子机制研究还很少。

6. 染色质变化和基因重排 马蛔虫在卵裂过程中,染色体会出现消减现象。在形成由 32 个细胞组成的分裂球后,只有一个细胞保留完整的染色体组,它会分化成生殖细胞,其他细胞出现染色体缺失,并最终分化成体细胞。B 细胞在分化成熟过程中,会出现染色体 DNA 断裂和抗体基因重排,最后才能表达出针对千变万化抗原的抗体分子。

5.2.5　干细胞

1. 干细胞的概念 干细胞(stem cell)是指具有克隆形成能力、自我复制和单向或多向分化潜能的,能够产生单一或多种分化细胞类型的非特化细胞。它们在机体中数目和位置相对稳定,具有分化发育的可塑性。那些具有单向分化能力的干细胞往往称为祖细胞。干细胞的自我更新能力是指分裂产生的子代细胞完全保持与自己一样的基因型和表型,保持未分化状态和继续增殖和分化的潜能。干细胞分化是指子代细胞在形态上、机能上、化学组成上与自身有很大的差别,它是在众多转录因子、生长因子、细胞因子、细胞表面接触等因素下共同调控、相互协调的结果。基因的时空差异表达导致了子代细胞具有不同的表型和功能。这种分化是可逆的。

2. 干细胞的分裂方式　干细胞通过两种方式进行分裂。一种是对称分裂,即产生两个完全一样的子代细胞;另一种是不对称分裂,即产生一个保持亲代细胞特征的子代细胞并保留下来,另一个子细胞则不可逆地走向终末分化,形成成熟的功能细胞。

3. 干细胞的分类　依据分化潜能分类,干细胞分为全能干细胞、多能干细胞和单能干细胞。

(1) 全能干细胞(totipotent stem cell)　具有自我更新和分化形成任何类型细胞的能力,在自然条件或生理条件下能发育成为完整的个体。如受精卵及发育至四个细胞之前的细胞都是全能干细胞,其自我更新能力、增殖能力和分化能力是最强的。

(2) 多能干细胞(pluripotent stem cell)　具有产生多种类型细胞的能力,但没有发育成为完整个体的能力。如造血干细胞可以分化为红细胞、T 细胞、巨噬细胞、血小板等(图 5-12),骨髓间充质细胞可以分化为骨、软骨、肌肉和脂肪细胞等。

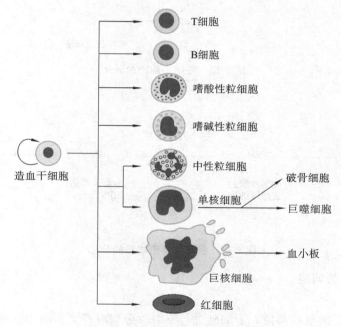

图 5-12　造血干细胞的分化

(3) 单能干细胞(unipotent stem cell)　是存在于成体器官或组织中的干细胞,它们只能分化为一种或者两种密切相关的该种组织类型的细胞。如肌肉中的卫星细胞,它们分化时需要外部的刺激。

依据组织来源分类,干细胞分为胚胎干细胞、核移植干细胞、诱导多能干细胞、成体干细胞和肿瘤干细胞。

(1) 胚胎干细胞(embryonic stem cell)　是指由胚胎内细胞团或原始生殖细胞经体外抑制培养而筛选出的细胞类型。它具有发育全能性(图 5-13),在体外可以长期培养和增殖,具有稳定的二倍体核型和表达活性很高的端粒酶。这种细胞易于进行基因工程操作,可用于基因敲除和转基因。

(2) 核移植干细胞　是利用核移植技术将成熟功能细胞中的细胞核移入没有核的卵母细胞中,经过体外培养获得的干细胞克隆,其分化潜能类似于胚胎干细胞,又有所不同。世界上第一只克隆羊"多莉"就是核移植干细胞分化、发育而来的。

(3) 诱导多能干细胞(induced pluripotent stem cell,iPS)　由日本学者山中伸弥在 2006 年研究成功。当把 Oct3/4、Sox2、Klf4 和 c-Myc 这 4 种转录因子的基因导入成熟细胞,会诱导其转变为未分化状态,具有再分化成为其他成熟功能细胞的能力,这称为诱导多能干细胞(图 5-14)。

(4) 成体干细胞(adult stem cell)　存在于成熟个体各种组织、器官中的单能或多能干细胞,如造血干细胞、神经干细胞等。它们大多处于休眠状态,在病理状态或外因刺激下表现出不同程度的再生和更新能力,有一定的可塑性。

(5) 肿瘤干细胞(tumor stem cell)　存在于肿瘤组织中,影响着肿瘤的发生、侵袭和转移。它是由其他干细胞突变而来,可以分化为多种表型的肿瘤细胞。它们的存在经常导致手术、化疗和放疗的失败。

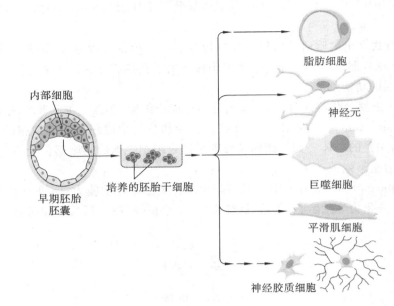

图 5-13　胚胎干细胞的分化

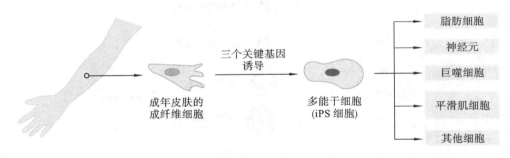

图 5-14　诱导多能干细胞的分化

4. 干细胞增殖和分化的调控

1）内源性调控

（1）细胞内蛋白质对干细胞的调控　干细胞进行不对称分裂时产生新的干细胞和分化的功能细胞,这种分裂的不对称性是由于细胞内部成分的不均等分配和环境因素造成的。细胞内的骨架蛋白成分对细胞的发育非常重要,其中的纺锤体和纺锤体结合蛋白决定了干细胞分裂的部位,并把维持干细胞性状的成分保留在新的子代干细胞中。

（2）转录因子的调控　现在的研究表明,转录因子对细胞基因的表达和调控非常重要,干细胞同样如此。例如,Oct4 是一种哺乳动物早期胚胎细胞表达的转录因子,它可以诱导另外的基因表达,如成纤维细胞生长因子 FGF-4,并通过旁分泌的方式调节周围其他干细胞或滋养层细胞的进一步分化。Oct4 基因缺失的胚胎只能发育到囊胚期。另外白血病移植因子 LIF 对培养的小鼠胚胎干细胞的自我更新有促进作用,而对人的无作用,说明不同种属的干细胞的调节有差异。Tcf/Lef 转录因子家族则对上皮干细胞的分化非常重要,因为它们是 Wnt 信号通路的中介物,Wnt 信号通路与其他信号通路如 Notch 等一样,调节着动物的胚胎发育,如果失调会导致肿瘤发生。Tcf/Lef 转录因子能与 β-catenin 结合形成复合物,促使角质细胞转化为多能细胞并最终分化为毛囊结构。

2）外源性调控

（1）分泌因子　许多间充质细胞能够分泌一些蛋白质,来维持或调节干细胞的增殖、分化和存活。例如 TGF 家族成员调节神经嵴干细胞的分化。神经胶质细胞分泌的神经营养因子 GDNF 不仅能够促进多种神经元的存活或分化,还对精原细胞的分化和再生有调节作用,GDNF 缺失的小鼠表现为干细胞数量的减少。在线虫卵裂球的分裂中,邻近细胞分泌一些因子,激活 Wnt 信号通路并控制细胞的纺锤体的起始和内胚层的分化。

（2）膜蛋白　有时候,干细胞需要与其他细胞直接接触,传递或接收信号才能增殖和分化。β-catenin 就是一种介导细胞黏附的结构成分。一个干细胞膜上的 Nocth 蛋白与另一个细胞上的 Delta 或 Jagged 蛋白结合与否对干细胞的分化起调节作用。如果结合,干细胞进行非分化的增殖;如果不结合或 Notch 蛋白的活性被抑制,干细胞进入分化过程,最终发育成为功能细胞。肌肉中卫星细胞的调节及肌肉细胞的分化就是这样的。

（3）整合素和细胞外基质　　整合素(integrin)家族是存在于细胞表面的一类分子,它们调节着细胞之间、细胞与基质之间的相互作用,对细胞的许多功能至关重要,例如黏附与迁移。整合素与其配体的相互作用为干细胞的分化提供了微环境。如果 β_1 整合素功能丧失,上皮细胞就没有了微环境的制约,就会分化为角质细胞。

另外,一些小的 RNA 分子(micro RNA)也对干细胞的分化起着调节作用,甚至是细胞定时、定向分化的开关。

5. 干细胞的应用

（1）细胞治疗与组织器官替代治疗的细胞来源　　人们的组织和器官经历疾病、战争、车祸等因素后会有治疗和更换的需要,但是其来源一直是个问题。由于干细胞有增殖和分化为各种功能细胞的潜能,从而可以重建各种组织和器官,因此,干细胞逐渐成为人们关注的重点。骨髓间充质细胞可以用来治疗肌肉和神经的退行性病变,而神经干细胞可以用来修复神经元、胶质细胞的损伤。胰腺干细胞又为糖尿病患者带来希望,因为它可以分化成为胰岛细胞。

（2）探讨胚胎发育的调控机制　　发育生物学至今还有很多没有解决的难题,很多机制还不清楚。利用胚胎干细胞我们可以了解胚胎细胞是如何发育和分化的,干细胞本身易于基因操作,因此,可以用于研究胚胎发育时空调控的分子机制。

（3）疾病基因治疗的载体　　骨髓间充质干细胞非常易于外源基因的导入和表达,因此,通过基因或细胞因子的诱导可以使其分化成需要治疗的靶细胞,特别适用于具有遗传疾病、重症免疫缺陷、恶性肿瘤和罹患 AIDS 的个体。

（4）研究基因功能　　利用转基因和基因敲除技术,将靶基因导入胚胎干细胞或破坏干细胞内的某个基因功能,就可以研究生命个体特定发育过程中的特定基因的功能,也可以研究不同表达产物（蛋白）之间的相互作用及其对生物发育、功能发挥和疾病发生的影响。

（5）筛选药物　　目前用于筛选药物的细胞多为肿瘤细胞或永生化的非正常细胞,它们不能完全代表正常细胞的功能。而将胚胎干细胞诱导分化成为各种类型的细胞后,可以使用不同的药物,研究它们对不同细胞生理功能的影响,有助于筛选和鉴定药物以及研究毒理学。

5.3　细胞的凋亡

生命个体会经历一个出生、生长、衰老和死亡的过程,其中,细胞的死亡过程对生命历程至关重要。对于单细胞生物,如细菌和酵母,一个细胞的死亡就意味着个体的死亡。对于多细胞生物,细胞的死亡对细胞的更新和机体的发育却是必需的。最重要的细胞死亡方式之一就是细胞凋亡(apoptosis),另外还有坏死(necrosis)和自噬(autophagy)等。

5.3.1　细胞凋亡

细胞凋亡是一步步进行的,是受到细胞内部分子机制控制的,因此也称为程序性细胞死亡(programmed cell death,PCD)。

1. 细胞凋亡的概念和特征　　Kerr 最早于 1965 年发现细胞凋亡现象。他在研究局部缺血时,发现大鼠肝脏细胞会转化为小的圆形的细胞质团,里面有许多细胞碎片。这种现象与细胞坏死截然不同,于是,他将该现象命名为细胞凋亡。后来的研究发现细胞凋亡是受基因调控的主动的生理性的细胞自杀行为。在形态学上主要分为 3 个阶段(图 5-15)。

（1）凋亡起始　　细胞表面的微绒毛消失,细胞间接触消失,但质膜完整,仍具有选择通透性。线粒体完整,但核糖体与内质网膜分开,脱落而进入细胞质。内质网囊腔膨胀并与其他质膜融合。染色质开始固缩,形

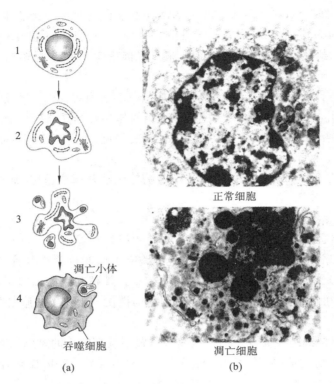

图 5-15　细胞凋亡的三个阶段

成月牙形结构。

（2）凋亡小体形成　染色体 DNA 断裂成大小不等的片段,每个片段基本上是 200 bp 的整数倍。这些染色体片段与出现问题的线粒体聚集在一起并被一层质膜包围,形成显微镜下可见的凋亡小体(apoptotic body)。然后细胞表面出现空泡化,随后逐渐地分离,最后产生单个的大小不等的凋亡小体。

（3）凋亡小体消失　凋亡小体慢慢地被周围的吞噬细胞所吞噬、消化,凋亡细胞的残余物被重新利用,最后凋亡小体消失。

细胞凋亡过程可以持续几个小时。整个过程中,细胞质膜不破裂,细胞内含物不外泄,不引起炎症反应。

2. 细胞凋亡的生理意义　细胞凋亡对生物个体的发育、免疫耐受的形成、肿瘤细胞的杀灭等具有重要意义。蝌蚪尾巴的消失和四肢的形成是由细胞凋亡来实现的。人类胚胎发育早期指/趾之间的细胞发生凋亡,才能正确形成手和足,否则会形成蹼(图 5-16)。

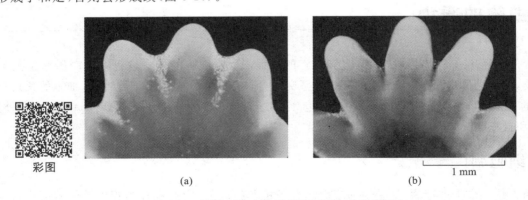

图 5-16　小鼠趾发育过程中的细胞凋亡

（a）胎鼠的趾,图中荧光亮点所示为凋亡中的细胞;(b)发育后期的胎鼠趾,凋亡细胞被吞噬后形成趾间隔

脊椎动物神经系统的发育过程中,约有 50% 的神经元发生凋亡,只有那些与靶细胞建立紧密连接的神经元才存活下来,这其中肌细胞分泌的神经生长因子起着引导作用(图 5-17)。

3. 细胞凋亡的检测方法　可通过形态学与生物化学的方法来检测细胞是否发生了细胞凋亡。

（1）形态学观察　有些染料如台盼蓝可以使死细胞呈蓝色,而活细胞为无色。4′,6-二脒基-2-苯基吲哚(DAPI)可以结合细胞核中的 DNA,在荧光显微镜下呈现蓝色,从而可以观察到细胞凋亡过程中细胞核的变

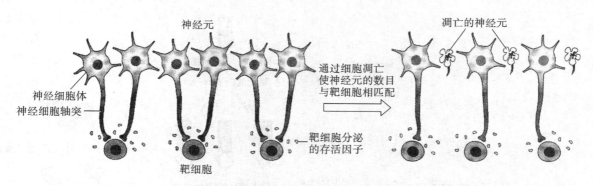

图 5-17　细胞凋亡使得神经元与靶细胞的数量相匹配

化。而吉姆萨染料可以使细胞质染上色,因而在显微镜下可以观察到凋亡的细胞发生固缩、趋边、凋亡小体的形成与释放等生理变化过程。使用透射与扫描电子显微镜更可以看到凋亡细胞的细节部分。

（2）DNA 电泳　正在凋亡的细胞,其染色质 DNA 在核小体处被自身的特异性内切核酸酶作用,降解成 180～200 bp 的整数倍片段。这所有的片段在进行琼脂糖电泳时,会出现阶梯状,这称为 DNA 梯状条带(DNA ladder)(图 5-18)。

（3）TUNEL 测定法　TUNEL 法是指末端脱氧核苷酸转移酶介导的 dUTP 缺口末端标记测定法(terminal deoxynucleotidyl transferase(Tdt)-mediated dUTP nick end labeling),这是一种常用的检测细胞凋亡的生化方法。它对 DNA 分子断裂缺口中的 3′-OH 进行荧光素标记,使得凋亡的细胞可以被荧光显微镜观察到或用分光光度计测量荧光强度。

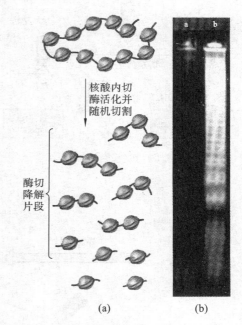

图 5-18　细胞凋亡的典型特征——DNA 梯状条带

4. 细胞凋亡的分子机制　引起细胞凋亡的因素有物理因素（如紫外线、γ 射线、温度刺激等）、化学因素（如活性氧基团、DNA 和蛋白质抑制剂等）和生物因素（如细菌毒素、肿瘤坏死因子等）。细胞凋亡过程中,蛋白酶 Caspase(cysteine aspartic acid specific protease)家族成员发挥了巨大作用,因此,这种细胞凋亡方式也被称为 Caspase 依赖性的细胞凋亡,也存在不依赖 Caspase 的细胞凋亡方式。

（1）Caspase　它们是一组结构类似的蛋白酶,活性位点中含有半胱氨酸残基,能够切割靶蛋白中天冬氨酸残基后面的肽键,因此,Caspase 又称为天冬氨酸特异性的半胱氨酸蛋白水解酶。在研究秀丽隐杆线虫(*C. elegans*)细胞凋亡时,人们发现 *ced*3 和 *ced*4 是线虫发育过程中细胞凋亡的必需基因,而 *ced*9 则抑制细胞的凋亡,它们的功能失调将导致线虫的发育失败。在哺乳动物中,同源蛋白有白介素-1β 转换酶(interleukin-1β converting enzyme,ICE)。ICE 后来被命名为 Caspase-1。哺乳动物 Caspase 家族成员有 15 个。Caspase-1 和 Caspase-11 主要负责白介素前体的活化,不参与细胞凋亡。但是 Caspase-2、Caspase-8、Caspase-9、Caspase-10 是凋亡起始因子(apoptotic initiator),而 Caspase-3、Caspase-6、Caspase-7 是凋亡执行者(apoptotic executioner)。凋亡起始因子切割凋亡执行者前体,使之活化;活化的凋亡执行者再切割细胞内其他的结构蛋白和调节蛋白,从而完成细胞凋亡过程。例如,活化的凋亡执行者激活了 DNA 酶 CAD(Caspase-activated DNase),后者在核小体间切割 DNA,形成间隔 200 bp 的大小不等的 DNA 片段。另外,凋亡执行者还可以切割核纤层蛋白、核孔蛋白和细胞支架蛋白,使得核纤层瓦解,细胞核内外物质交流中断,导致染色质凝集,产生凋亡小体。一个凋亡起始者可以切割多个凋亡执行者前体蛋白,一个活化的凋亡执行者又可以切割多个底物蛋白质,如此级联活化下去,产生一个放大效应,最后导致细胞凋亡(图 5-19)。

（2）Caspase 依赖的细胞凋亡　主要通过两种途径引发:由死亡受体(death receptor)起始,或者由线粒体起始(图 5-20)。

死亡受体是一些结构与肿瘤坏死因子(TNF)相似的蛋白质,含有一个死亡结构域(death domain,DD),

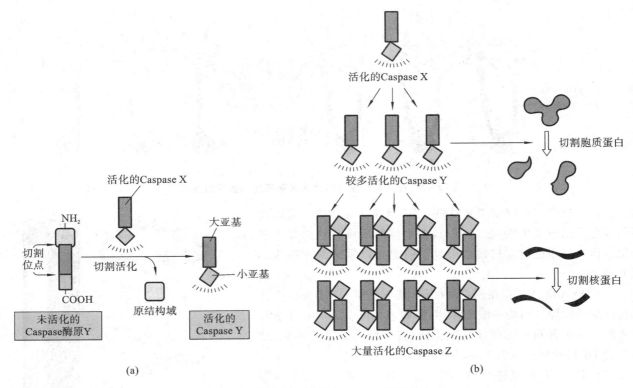

图 5-19　细胞凋亡过程中 Caspase 级联效应

（a）Caspase 酶原的活性；（b）Caspase 级联效应

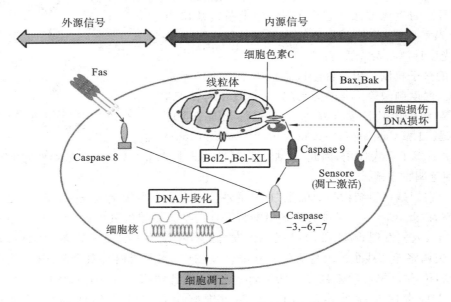

图 5-20　细胞凋亡外源和内源信号途径

它们同属于一个家族。例如，Fas（Apo-1，CD95），它和配体 FasL 结合后引起自身的聚合，聚合的 Fas 通过胞质区的死亡结构域招募（结合）接头蛋白 FADD（Fas-associating death domain-containing protein）和 Caspase-8 前体分子，形成死亡诱导信号复合物 DISC（death inducing signaling complex）（图 5-21）。Caspase-8 在复合物中自我切割而被激活，再作用于 Caspase-3 前体分子，产生有活性的 Caspase-3 这一关键分子，最终导致细胞凋亡。同时，活化的 Caspase-8 可以切割 Bid 蛋白，将凋亡信号传递到线粒体，从另一途径使凋亡进程进一步扩大。T 淋巴细胞可以通过 Fas 途径诱导凋亡，杀灭被病原体感染的细胞。

当细胞接收到凋亡信号，如 DNA 损伤、紫外线、γ 射线、药物等刺激时，细胞质中的促凋亡因子 Bax 和 Bak 发生寡聚化，迁移到线粒体外膜上，与膜上的离子通道分子相互作用，导致外膜通透性发生改变，细胞色素 C 被释放到细胞质中，并与 Apaf-1 结合，导致 Apaf-1 自身聚合，通过 CARD 结构域招募 Caspase-9 前体分子，形成一个大的复合物，然后 Caspase-9 自我切割而活化，再作用于 Caspase-3 和 Caspase-7 前体分子，最终

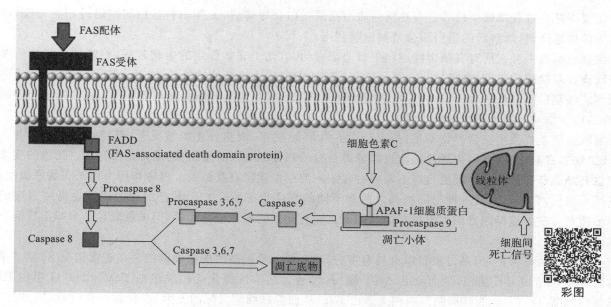

图 5-21 细胞凋亡分子信号

诱导细胞凋亡发生。

细胞中存在一种不依赖于 Caspase 的凋亡机制,线粒体、凋亡诱导因子 AIF(apoptosis inducing factor)和限制性核酸内切酶 G(endonuclease G,Endo G)参与其中,但详细机制还不清楚。

(3)细胞凋亡的调控 在细胞凋亡过程,各种 Caspase 酶分子是关键,它的活性及信号分子受到了严格的调控。调控因子是一些能与 Caspase 分子结合并抑制其活性的蛋白,如 c-IAP(inhibitor of apoptosis)家族成员和 c-FLIP(FADD-like ICE-inhibiting protein)、BAR(bifunctional apoptosis regulator)和 ARC(apoptosis repressor with CARD)。它们的功能见表 5-1。这些凋亡抑制因子又可以被其他因子所调控。

表 5-1 内源性 Caspase 抑制因子

名称	抑制底物
NAIP(BIRC1)	Caspase-3,Caspase-7
c-IAP1(BIRC2)	Caspase-3,Caspase-7
c-IAP2(BIRC3)	Caspase-3,Caspase-7
XIAP(BIRC4)	Caspase-3,Caspase-7,Caspase-9
Survivin(BIRC5)	Caspase-3,Caspase-7
Livin(BIRC7)	Caspase-3,Caspase-7,Caspase-9
ILP-2(BIRC8)	Caspase-9
c-FLIP(I-FLICE)	Caspase-8,Caspase-10
ARC	Caspase-2,Caspase-8
BAR	Caspase-8

5.3.2 细胞坏死

细胞坏死是一种典型的细胞死亡形式,发现也较早。人们的直觉认为它是一种被动的细胞死亡方式。当细胞受到外力、化学腐蚀或严重的病理刺激时就会发生。

细胞坏死的特征表现为:细胞质出现空泡,细胞膜破损,内含物(包括细胞器和染色质片段)释放到细胞外,趋化巨噬细胞,引起炎症反应。其中,染色质不凝集,不出现 200 bp 整数倍 DNA 片段,而是被随机降解。由 DNA 损伤引起的 ATP 水平急剧降低也会导致细胞坏死。

5.3.3 细胞自噬

细胞自噬是近几年来的研究热点。生命在生长过程中会出现细胞的分裂、尺寸变大、分化、凋亡等过程,这就需要不断生成或降解蛋白质。有些蛋白质由泛素蛋白介导降解，另外一些蛋白质则通过细胞自噬，由溶酶体中的酶来降解，降解后的蛋白质会得到重新利用。

细胞自噬是一种在所有真核生物细胞中普遍都有的、进化上非常保守的生理过程，它将部分细胞质和细胞器隔离在双层膜的囊泡（自噬体）中，再运输到液泡或溶酶体中进行酶的氧化、水解，最后对分解产物予以回收利用。细胞自噬过程中会出现大的双层膜包裹的自噬泡，其中包裹着细胞器和细胞质。在自噬泡与溶酶体融合后，内含物被溶酶体的水解酶降解。

细胞自噬主要发生在营养物不足、热、氧化胁迫、胚胎发育、细胞分化的情况下，有特殊的基因参与。例如，线虫幼虫在缺乏食物时，会通过细胞自噬降解自身的部分细胞来获得能量，维持生命存活。昆虫的变态过程中也有细胞自噬的参与。细胞自噬不需要吞噬细胞的存在就能自我销毁。自噬作用可以杀灭病原微生物，促进抗原递呈，它可以引发一种与细胞凋亡截然不同的程序化细胞死亡。淋巴细胞的调节也需要自噬的参与。细胞自噬在肿瘤抑制方面也发挥功能。细胞自噬与动物的寿命延长相关，但关系复杂。自噬出现问题就引发许多疾病。

自噬不足是有害的，但是过度自噬也是有害的，这需要一系列基因的精确调控。在正常情况下，胰岛素与受体结合后，激活 PI3K 蛋白，进而激活 AKT 激酶，再通过结节性硬化症相关蛋白 TSC1/2 和 G 蛋白 Rheb 活化蛋白激酶 Tor，Tor 能够抑制自噬相关蛋白 Atg，从而抑制细胞自噬的发生，在营养不良（如饥饿）时，Tor 的活性被抑制，Atg 家族成员被活化，最终促成细胞自噬的发生（图 5-22）。Atg 蛋白家族涉及细胞内蛋白质的更新、过氧化物酶体降解（酶体自噬）以及驻留液泡水解酶的传递。

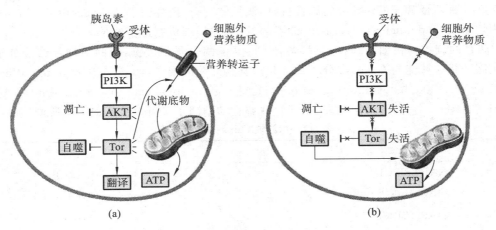

图 5-22 酵母中细胞自噬的信号调控

（a）当营养充足时，生长信号活化 PI3K/AKT 信号途径及其下游的效应分子蛋白激酶 Tor，促进营养物质的吸收，大分子的合成、ATP 的产生等，同时抑制细胞自噬。（b）当生长信号缺乏时，PI3K/AKT 信号途径失活，细胞停止营养物质的吸收以及 ATP 的产生；同时效应分子 Tor 也失活，解除了对细胞自噬作用的抑制，细胞通过自噬来产生 ATP；AKT 的失活也能引发细胞凋亡

5.4 细胞的寿命与衰老

不同的细胞，包括原核细胞和真核细胞，其寿命是不一样的，一般都会经历衰老和死亡的过程，这是一个细胞生活能力自然减退直至最后丧失的不可逆过程。

5.4.1 细胞的寿命

原核细胞生物主要是指古细菌和真细菌。表面上看，细菌分裂后产生的两个细胞没有什么差别。事实上，研究表明还是存在"母子"的。一般情况下，在营养充分和生活条件适宜的时候，细菌会无休止地分裂增殖下去。但是，有些细菌细胞经过多次分裂后，在一定的条件下会出现自溶现象，从而终结生命。有时候，细菌为了躲避营养缺乏或其他恶劣的生活条件，它们会生成芽孢，进入休眠状态，从而保全自己。芽孢的生命力非常顽强，那些湖底沉积土中的芽孢杆菌经过 500～1000 年后仍有活力。因此，原核生物的寿命依生活条件而定。

法国的 Carrel 认为,体外培养的细胞是能够永生不死的,如果它停止生长是因为培养条件变得不适合生长。可是后来美国的 Hayflick 发现真核细胞是有一定寿命的,并且与供者的年龄有关。他用能消化细胞间基质的胰蛋白酶处理胎儿肺组织,使成纤维细胞分离出来,然后低速离心收集细胞,再将已知数量的细胞接种到培养基中进行贴壁培养,长满瓶底之后再用胰蛋白酶消化下来,进行第二次贴壁生长(传代),如此循环下去,传到 30～40 代,细胞增殖速度开始放慢。当传到 50～60 代,无论怎样更换培养基或改变其他培养条件,细胞再也不能长满瓶底,而是停止了生长,有些开始退化并死亡。从成人肺得到的成纤维细胞只可以传代 20 次。Hayflick 把细胞出现生长缓慢到最终死亡的这个阶段称为衰老期。他认为人工培养的二倍体细胞,不是不死的,而是有一定的寿命的,它们的增殖能力不是永远的,而是有一定限度的,这就是 Hayflick 界限(Hayflick limitation)。Hayflick 经过进一步的实验证明,细胞停止分裂是由细胞自身因素决定的,与培养条件无关。

细胞衰老(cell senescence)和死亡,不仅仅发生在生物的年老个体中,也可以发生在胚胎期和青壮年期。对于属于真核生物的人类细胞而言,肠黏膜细胞的寿命为 3 天,肝细胞的寿命是 500 天,而血液中红细胞的寿命是 120 天,白细胞可以短到几小时。但是,脑和脊髓里的神经细胞可以与人的寿命相当。有些表皮细胞发生癌化后,其寿命是很长的,几乎可以无限传代,有时我们称它们为"永生化细胞"。

生命机体的寿命与细胞的衰老和寿命是紧密相关的。

5.4.2　细胞衰老的特征

人们在研究细胞衰老的过程中发现,衰老的细胞都有一些共同的特征,包括分化状态改变,增殖能力减弱甚至不可逆地丧失,细胞本身的结构发生变化,总体生理功能衰退。

1. 衰老过程中细胞膜体系的变化　生物膜是指细胞质膜和细胞器膜,它们主要由脂类和蛋白质构成,其中的脂类具备一定的流动性和韧性,每个脂质分子与相邻的分子之间的位置交换非常多,呈现液晶相,镶嵌其中的蛋白质分子正常地发挥功能。衰老的膜则不然,膜脂流动性明显降低,侧向运动能力逐渐丧失。膜变得脆弱,变性能力降低,这样调节膜上蛋白质的排列和构型的能力降低,从而影响膜上蛋白质的功能发挥。

细胞衰老时,细胞间间隙连接和膜内颗粒分布也发生了变化。间隙连接对于细胞间离子、小分子代谢物的交换非常重要。衰老时细胞间隙连接减少,使得细胞间交流和通讯减少。

红细胞在衰老时,胞内脱水,黏度增加,细胞变性能力下降,变成棘形,膜的流动性下降,膜上的血红蛋白与血影蛋白交联,Ca^{2+} 浓度增加,Na^+ 泵被抑制,K^+ 向细胞外流出。

2. 衰老过程中细胞骨架的变化　细胞衰老时,微丝、微管开始解聚。肌动蛋白与细胞膜之间的连接蛋白组成的微丝减少,使细胞失去典型的伸展状态,逐渐失去贴壁的能力,细胞骨架韧性减小。

与微管结合的 tau 蛋白,在正常细胞中能够促进并且稳定细胞微管蛋白的聚合,保障神经细胞内物质的运输,而老年性痴呆患者的神经细胞中的 tau 蛋白磷酸化和糖基化异常,丧失了与微管蛋白结合的能力,破坏了沿微管进行的物质传递,并且导致神经细胞变形,形成神经纤维纠缠。

3. 衰老过程中线粒体的变化　在细胞的衰老过程中,作为"能量工厂"的细胞器——线粒体发生了遗传物质、功能蛋白及数量和形态方面的变化。

(1) 线粒体遗传物质的变化　线粒体 DNA(mtDNA)是一种没有蛋白质结合的裸露环形 DNA,大约 16 kb。研究标明,通过 PCR 的方法检测发现,衰老细胞中的 mtDNA 存在片段缺失,并且缺失率随着年龄的增长而升高,但不同组织中有所不同。老年大白鼠肝细胞 mtDNA 长约 4.8 kp,人膈肌中 mtDNA 是 3.4 kb,骨骼肌中是 5 kb,脑中是 4.9 kp。

线粒体 DNA 也存在着点突变,并且与一些老年病相关。线粒体 DNA 的一个突变影响了肌酸激酶和氧化磷酸化酶的表达,而另一个突变则导致了 MERRF 疾病。线粒体中的 RNA 也出现碱基的缺失、互换。其中 tRNA 的突变导致了老年糖尿病和耳聋的发生。衰老细胞线粒体中 tRNA 的合成也出现下降,16Sr RNA 也减少,直接影响了线粒体蛋白质的表达。

(2) 线粒体功能蛋白的变化　正常线粒体的功能包括物质的氧化分解,产生能量并将能量储存在 ATP 分子中,以备其他生化活动所需,但是,在衰老的线粒体中这些蛋白质经常发生变化。

衰老细胞中,mtDNA 突变导致了 NADH-Q 还原酶失活,结果导致线粒体内超氧化物的累积并导致细胞死亡,而另一种细胞色素氧化酶的数量与活性均下降,合成 ATP 有关的三个蛋白活力也下降。

参与三羧酸循环的一些酶也发生了变化,如琥珀酸脱氢酶和苹果酸脱氢酶的活性随着年龄增加而下降。在老年痴呆症的患者中发现了酮戊二酸脱氢酶的结构发生改变。

(3)线粒体数量和形态的变化　随着年龄增长,细胞内线粒体的数量减少,而其体积却变大。这在衰老小鼠的神经肌肉连接的突触末梢中可以观察到,膨大的线粒体中可以见到清晰的嵴,其内容物有时出现网状化并形成多囊体。线粒体外膜甚至破坏而多囊体被释放。

由此可见,线粒体的生理状态与细胞整体的生理状态紧密相关,可以作为一个细胞衰老的"钟表"。

4. 衰老过程中细胞核的变化　衰老细胞细胞核的最明显变化就是出现核膜内折,染色质固缩,尤其是神经细胞、垂体细胞和颌下腺腺泡细胞。染色质固缩与DNA结合蛋白的二硫键数量相关。在有些酵母的衰老细胞中甚至观察到核仁裂解为小体或核仁消失。

5. 衰老细胞中致密体的形成　致密体(dense bodies)是衰老细胞中常见的结构并有累积现象。除了致密体,衰老细胞中还出现脂褐质(lipofuscin)、血褐质(hemofuscin)、脂色素(lipochrome)、黄色素(yellow pigment)、透明蜡体(hyaloceroid)及残体(residual bodies)。致密体是由溶酶体或线粒体转化而来,具有磷酸酶活性。脂褐质则是自由基诱发的脂质过氧化作用的产物。

5.4.3　自由基与衰老的关系

1. 自由基的概念　自由基(free radical),又称游离基,是指化合物的分子在光、热等外界条件下,共价键发生均裂而形成的具有不成对电子的原子或基团。自由基具有很强的化学反应能力,它的生成速率影响了细胞及机体的寿命。对人体有危害作用的自由基主要是氧自由基。

细胞在生理活动中,其细胞膜、线粒体、微粒体等经常产生氧自由基。线粒体呼吸链中的很多酶或辅酶在反应时产生氧自由基,如还原型辅酶Q、黄素蛋白酶、单胺氧化酶等。

2. 自由基对生物大分子的损伤　自由基对体内生物大分子的损伤是指对维持生命活动具有重要作用的蛋白质和DNA的损伤。这可以是活性氧(氧自由基)直接引发蛋白质和DNA的氧化作用,也可以是间接地通过脂类、糖类分子的氧化产生的羰基对蛋白质和DNA的修饰。

(1)蛋白质的氧化作用　氧自由基可以引起蛋白质主链的氧化和断裂。氧自由基引起氨基酸侧链氧化,特别是半胱氨酸和甲硫氨酸。

(2)脂类过氧化引起细胞膜的损伤　可以使膜上的酶活降低,引起膜蛋白质的交联,使得膜的流动性减弱、通透性增加。

(3)自由基引起DNA中碱基的修饰并引发DNA断裂。

3. 自由基对线粒体的损伤　Miquel和Fleming认为衰老是由细胞分化及随后氧自由基对线粒体的损伤引起的。

线粒体是衰老细胞活性氧(氧自由基)的主要来源,这是随年龄增加而累积的。线粒体的氧化磷酸化既产生能量,也生成活性氧。自由基导致线粒体膜脂受到氧化损伤,脂类过氧化产生的羰基与蛋白质反应并形成羰基蛋白质,自由基引起线粒体DNA突变,使得抗氧化酶活性发生改变,最后导致了线粒体的功能障碍、形态改变,DNA复制发生错误。

线粒体损伤是细胞衰老的特征,也是细胞发生凋亡的导火索。

4. 自由基对机体细胞和组织的损伤　自由基引起免疫相关细胞发生功能改变,损伤脑组织,改变肌肉细胞中的酶活,导致肌肉收缩能力减弱。自由基也可以引起脂褐素增加、累积,形成老年斑,阻止细胞内物质和信息的传递。

5.4.4　端粒与细胞的寿命关系

1938年,Muller发现了端粒(telomere),而端粒酶则是1985年Blackbun在研究四膜虫细胞核提取物时发现的,它是一种能维持端粒长度的酶。端粒是线状染色体末端的DNA非转录重复序列,具有特殊结构(G-四链体结构)并有结合蛋白,随着细胞分裂及染色体复制次数增多而缩短。它能保护染色体末端免于融合和退化,在控制细胞生长及寿命方面具有重要作用,并与细胞凋亡、细胞分化和永生化密切相关。

端粒在进化上是高度保守的,原生生物、真菌、植物和动物的端粒DNA序列是极其相似的;同时它又是种属特异的,例如,四膜虫端粒重复序列是GGGGTT,草履虫为TTGGGG,人类和其他哺乳动物为

TTAGGG。端粒重复序列也经常在染色体的内部出现,这称为内部端粒序列,它可能是在进化过程中末端端粒序列融合而生成的。内部重复序列的侧翼序列结构表明,它们有可能也是基因转座造成的。

细胞越年轻,端粒越长,反之越短,因为,细胞每分裂一次,端粒的长度就会缩短一些,如此端粒逐渐变短,细胞逐渐衰老,最终死亡。细胞每分裂一次,其端粒的 DNA 碱基对丢失 $30\sim200$ bp。当端粒的长度缩短到 $2\sim4$ kb 时,细胞的染色体变得不稳定,会发生末端融合的现象,细胞于是启动死亡程序。某种意义上说,细胞的寿命取决于端粒的长短及其 DNA 在体内消减的速度。成体干细胞的端粒随着年龄的增长也会缓慢变短。

端粒酶是一种逆转录酶,它是由蛋白质和 RNA 构成的核糖核蛋白体,其中的 RNA 成分含有与端粒重复序列互补的部分,起着合成模板的作用,因而端粒酶可以催化端粒 DNA 的延长,在细胞分裂的过程中维持端粒的长度不变。人的端粒酶 RNA(hTR)由 450 个核苷酸组成,模板区为 CUAACCCUAAC。正常人体细胞随着胚胎的发育,其端粒酶活性逐渐丧失或减弱,直至没有活性,但是在生殖细胞如睾丸、卵巢和胎盘细胞中却有端粒酶的表达。精细胞中的端粒比体细胞中的长,保持在 15 kb。肿瘤细胞中的端粒酶也是高表达的,并且活性明显增高,以延长端粒,弥补因细胞分裂而造成的端粒缩短,从而使得肿瘤细胞可以无限增殖,获得所谓"永生化"的能力。胚胎干细胞也表达高活性的端粒酶。人的端粒酶蛋白质部分的催化亚基是 hTERT(human telomerase reverse transcriptase)基因表达产物。该蛋白含有一个 48 个氨基酸残基组成的端粒酶特异基序(telomerase-specific motif)。

如果将端粒酶基因转染人的二倍体细胞并表达端粒酶,其活性导致被转染细胞的端粒长度明显增加,细胞分裂也变得旺盛。表达端粒酶的细胞寿命比正常细胞至少长 20 代,甚至可以诱导人的成纤维细胞"永生化",具有无限分裂的能力。

研究已经表明,端粒的长度和端粒酶的活性直接与细胞的衰老和寿命相关。

本章小结

生命个体的生长需要进行细胞数目的增加,这由细胞分裂来完成。细胞分裂是周期循环进行的,每个周期包括 G_1 期、S 期、G_2 期和 M 期。细胞分裂包括有丝分裂和无丝分裂,而减数分裂是有丝分裂的特殊方式。有丝分裂包括前期、前中期、中期、后期、末期和胞质分裂。

细胞周期通过 MPF、Cdc、Cyclin、CDK 和 CDKI 等分子来有效地调控。

细胞的分化是基因选择性表达的结果。分化成熟的细胞可以去分化和再分化。影响细胞分化的因素有细胞外信号、细胞记忆和决定、受精卵细胞质的不均一性、细胞间相互作用和位置效应、基因重排以及环境因素。

细胞凋亡是一种程序化死亡方式,参与凋亡的酶分子主要是 Caspase,另外还有细胞色素和死亡受体等。细胞自噬是在营养不足、微生物感染或胚胎发育时经常发生的保守的生理活动,受到许多信号通路的精确调控。

细胞的衰老和寿命取决于细胞膜、细胞骨架、线粒体、细胞核等的变化,而自由基则随着年龄增加影响了这些变化。细胞分裂的次数及寿命取决于端粒的长短和端粒酶的活性。

思考题

扫码答题

参考文献

[1] Guarente L P. 衰老分子生物学[M]. 李电东,译. 北京:科学出版社,2009.

[2] 潘大仁. 细胞生物学[M]. 北京:科学出版社,2007.

［3］陈瑗,周玫.自由基与衰老［M］.2 版.北京:人民卫生出版社,2011.

［4］杨恬.细胞生物学［M］.2 版.北京:人民卫生出版社,2010.

［5］Bolisetty S,Jaimes E A. Mitochondria and reactive oxygen species:physiology and pathophysiology ［J］. Int J Mol Sci,2013,14(3):6306-6344.

［6］Bonetti D,Martina M,Falcettoni M,et al. Telomere-end processing:mechanisms and regulation［J］. Chromosoma,2014,123(1-2):57-66.

［7］Chandler H,Peters G. Stressing the cell cycle in senescence and aging［J］. Curr Opin Cell Biol, 2013,25(6):765-771.

［8］Cheng Z,Ristow M. Mitochondria and metabolic homeostasis［J］. Antioxid Redox Signal,2013,19 (3):240-242.

［9］Chiodi I,Mondello C. Telomere-independent functions of telomerase in nuclei, cytoplasm, and mitochondria［J］. Front Oncol,2012,2:133.

［10］Gelino S,Hansen M. Autophagy-An emerging anti-aging mechanism［J］. J Clin Exp Pathol,2012, Suppl 4:006.

［11］Lionaki E,Markaki M,Tavernarakis N. Autophagy and ageing:insights from invertebrate model organisms［J］. Ageing Res Rev,2013,12(1):413-428.

［12］Nicholls C,Li H,Wang J Q,et al. Molecular regulation of telomerase activity in aging［J］. Protein Cell,2011,2(9):726-738.

［13］Saeidnia S,Abdollahi M. Toxicological and pharmacological concerns on oxidative stress and related diseases［J］. Toxicol Appl Pharmacol,2013,273(3):442-455.

［14］Venditti P,Di Stefano L,Di Meo S. Mitochondrial metabolism of reactive oxygen species［J］. Mitochondrion,2013,13(2):71-82.

第二篇

动物的形态、结构与功能
DONGWUDEXINGTAI JIEGOUYUGONGNENG

本篇引言

目 录

第**6**章 营养与消化系统

新陈代谢是生物生命活动的基本特征，能量交换伴随着物质代谢过程也是生命活动不可或缺的。生物与外界环境之间不断地进行着物质和能量的交换，这种交换是各项生命活动正常进行的必要条件。绝大多数动物体内没有能够直接利用阳光的叶绿体，也就无法通过光合作用产生自己代谢所需要的有机物质，因此，其代谢所需要的物质都是通过消化系统从外界获得的。营养（nutrition）是指动物摄取、消化、吸收和利用食物中的可利用物质维持生命、生长繁殖的过程。而营养成分则是指食物中能够被动物机体直接或间接利用，维持生命活动、生长繁殖及种群交流等的化学物质。消化是动物或人的消化器官把大块复杂食物通过物理、化学和生物学方式变成可以被机体吸收的小分子简单成分的加工、分解的过程，它既包括物理性的粉碎及软化，也包括在消化酶作用下将食物转变成能溶于水的小分子物质的过程，当然还包括与肠道微生物的互作等生物学过程。吸收（absorption）则是指消化后的食物透过消化道黏膜进入血液或淋巴液的过程。而利用是指上述进入机体血液或淋巴液的小分子营养物质被有机体作为组织成分、能量参与或辅助参与到生命代谢过程中。可见，正常生理情况下，食物只有通过消化为小分子物质后才能够被吸收进入机体，而只有进入机体后的营养物质才可能参与机体生命代谢过程而被利用。

6.1 物质代谢与营养类型

与其他类型的生物（如植物）不同，动物没有自养型，全部为异养型，生物体在同化作用的过程中，把从外界环境中摄取的已有的有机物转变成为自身的组成物质，并且储存能量，这种营养类型称作异养型营养。异养型营养又可以按照对氧的需求而划分为厌氧型和好氧型，也可以按照生活方式分为共生型、寄生型和腐生型等，还可以分为腐食型和吞噬型。

腐食型营养也可称为吸收营养，是细菌和真菌的营养方式。有些原生动物能从腐水中吸收溶解的有机物，也是腐食型营养。很多寄生生物如疟原虫寄生于血细胞中，用体表细胞膜从红细胞吸收营养物。绦虫的消化道全部退化，和细菌一样也是用体表吸收人肠道中的营养物。这些寄生生物的营养方式也属于腐食型营养。

吞噬型营养又名全动式（动物式）营养，异养生物需要从外界摄取哪些食物呢？有些细菌和真菌对食物的要求不高，只要给予糖类和某些无机盐，就能很好地生长繁殖。这说明它们有较强的合成能力，能够以糖类为碳源，利用无机盐中的 NH_4^+ 等离子合成蛋白质、核酸、脂类以及其他有机分子。动物对食物的要求比细菌、真菌要高得多。它们需要糖类，也需要蛋白质和脂肪。这三者既是能源，又可为动物提供生长发育所需的原料。此外，动物一般还需要多种维生素和矿物质。后两者虽然不是能源物质，但却是动物机体的构建和代谢必需的，属于动物生长健康的必需物质，也即营养物质。

动物摄食及消化的方式差别很大，原始的单细胞动物，如变形虫以细胞内消化方式直接从周围的水环境中吞噬微小的食物颗粒，在细胞内通过酶将其分解为自身可利用的物质。而原始的多细胞动物，如腔肠动物，除了保留细胞内消化的特征外，同时出现了细胞外消化，使其摄食质量和消化利用效率得以提高。进一步的演化过程使细胞外消化不断完善，开始形成消化系统，其结构与功能日趋复杂，包括专门的消化腺体的形成，消化利用营养物质的效率进一步提高。

6.2 营养物质

异养生物从食物中所摄取的营养成分称为营养物质。营养物质除机体代谢所必需的载体——水以外，还包括糖类、蛋白质、脂质、维生素和矿物质 5 大类。

6.2.1　糖类

淀粉等糖类是人类食物中的主要供能者,个体所需的能量至少有一半来自糖类,但不能说糖类是不可代替的供能者,我们完全可以从蛋白质和脂肪取得所需的能量。此外,柑橘中的柠檬酸及苹果、西红柿中的苹果酸等也可以供能。糖类分子氧化释放的能量是同量脂肪分解释放的能量的一半,但糖类主要来自植物(粮食、蔬菜),因而比来自动物的脂肪和蛋白质便宜得多。

糖类广泛存在于生物界,特别是植物界,糖类物质占植物干重的 $85\%\sim90\%$,占细菌干重的 $10\%\sim30\%$,在动物中则小于 2%,动物体内虽不多,却是生命活动的主要供能物质。糖类是地球上数量最多的一类化合物,糖类的根本来源是绿色细胞的光合作用。自然界中重要的多糖如下。

1. 淀粉　淀粉以淀粉粒的形式储存在植物细胞中,天然淀粉由直链淀粉与支链淀粉组成。多数淀粉中所含的直链淀粉与支链淀粉的比例为 $(20\%\sim25\%)$: $(75\%\sim80\%)$。

2. 糖原　糖原又称动物淀粉,以颗粒形式存在于胞液中,颗粒内除有糖原外,还有调节蛋白和催化糖原合成和降解的酶。体内糖原的主要存在场所是骨骼肌(含量 1.5%)和肝脏(含量 5%),从总量上看,骨骼肌中糖原多,因为一个平均体重为 70 kg 的男性约有骨骼肌 30 kg(约含糖原 450 g),人的肝脏只有 1.6 kg(约含糖原 80 g),其他组织中也含少量糖原。

3. 纤维素　纤维素是自然界最丰富的有机化合物,纤维素广泛分布于植物界,但不是植物界所特有的,动物中也有。纤维素不溶于水与多种其他溶剂。人和多数哺乳动物缺乏纤维素酶,某些草食动物肠道中共生着产生纤维素酶的细菌,因而可以利用它们来分解、利用纤维素。

6.2.2　蛋白质

蛋白质是由氨基酸组成的多聚体,是重要的生物分子。人体中有数万种不同的蛋白质,各自有其不同的顺序结构及独特的三维结构,分别执行专一的功能。细胞、组织和机体的结构都与蛋白质有关,生物体内的几乎每一项活动都有蛋白质参与。

1. 蛋白质的分类　根据蛋白质在机体内的功能,可将其分为 7 大类。

(1)结构蛋白　结构蛋白是组成细胞结构的基础,例如,哺乳动物的毛、发、肌腱和韧带,蚕和蜘蛛的丝等都是由专门的蛋白质组成的。

(2)收缩蛋白　收缩蛋白与结构蛋白共同起作用,例如,肌肉的运动就需要收缩蛋白与肌腱共同起作用。

(3)储藏蛋白　例如,卵清蛋白就是动物卵中的储藏蛋白,是给发育中的胚胎提供氨基酸的。植物的种子中也有许多种储藏蛋白,是种子萌发时的养料来源,也是食物中重要的蛋白质来源。

(4)防御蛋白　例如,抗体就是一种防御蛋白,是存在于血液中负责与病原体做斗争的蛋白质。

(5)转运蛋白　转运蛋白是负责物质转运的蛋白质,例如,血红蛋白,即血液中含铁的蛋白质,是把氧从肺转运到身体其他各部分的蛋白质。

(6)信号蛋白　信号蛋白是将信号从一个细胞传送到另一个细胞的蛋白质。例如,某些激素就是信号蛋白,它们的作用是协调躯体中的某些活动。

(7)酶　酶大概是生物体内最重要的蛋白质。它们是生物催化剂,催化体内的每一个化学反应。酶促进化学反应的进行,但本身并不在反应中发生变化。实际上细胞中所有的化学反应都是由酶来促进和调节的。

综上所述,无论是生物体的结构,还是每一种生命活动,都离不开蛋白质。

2. 蛋白质的组成　蛋白质在结构和功能方面都是极为多样化的分子,然而所有的蛋白质都仅由 20 多种氨基酸组成。蛋白质之所以多种多样,只是由于氨基酸在分子中的组合和排列及空间位置不同。氨基酸(amino acid)是含有氨基和羧基的化合物,其通式如下:

连接在中间的 C 上的是 4 个基团:左边是氨基(—NH_2)、右边是羧基(—COOH),而中间是—R 和—H。在组成蛋白质的氨基酸中最简单的氨基酸是甘氨酸(glycine),在其他氨基酸中,R 是各式各样的基团。

从化学性质看,这些氨基酸可以分为两大类:疏水类和亲水类。氨基酸的疏水性或亲水性取决于其中 R 基团的性质。例如亮氨酸,其 R 基团为—CH_2—$CH(CH_3)_2$,是非极性的,因此是疏水的。又如丝氨酸其 R 基团上有一羟基,是极性的,因此是亲水的。在亲水氨基酸中,我们根据其 pH 值又划分出了酸性氨基酸和碱性氨基酸。

虽然所有的蛋白质都是由 20 余种氨基酸所构成的,但是,其中有些氨基酸在动物机体内可以由其他原料合成或转化而获得,另一些则自身无法合成或转化,或者合成与转化的速度远远无法满足机体代谢的需要,必须从食物中获得,因此被称为必需氨基酸。它们在食物中的含量决定了食物的营养价值,因为,机体利用氨基酸组成机体组织的过程必须以自身基因为模板按照一定的比例来进行,因此,食物的营养价值多取决于含量最少的氨基酸种类,这就对食物消化后的氨基酸构成比例有特定的要求。当然,这个要求会随着机体的生理状态和生长发育的不同时期而具有一定的差异,因此,营养需要必须与机体所处的状态相一致,否则营养价值就无从谈起。

6.2.3　脂质

脂质(lipid)是一类含有醇酸酯化结构,溶于有机溶剂而不溶于水的天然有机化合物。分布于天然动植物体内的脂类物质主要为三酰基甘油酯(占 99% 左右),俗称为油脂或脂肪。一般室温下呈液态的称为油(oil),呈固态的称为脂(fat),在化学上油与脂没有本质区别。

在植物组织中,脂类主要存在于种子或果仁中,在根、茎、叶中含量较少。动物体中主要存在于皮下组织、腹腔、肝和肌肉内的结缔组织中。许多微生物细胞中也能积累脂肪。

脂质按其结构和组成可分为简单脂质(simple lipid)、复合脂质(complex lipid)和衍生脂质(derivative lipid)(表 6-1)。天然脂类物质中最丰富的一类是酰基甘油类,广泛分布于动植物的脂质组织中。

表 6-1　脂质的分类

主　类	亚　类	组　成
简单脂质	酰基甘油	甘油+脂肪酸
	蜡	长链脂肪醇+长链脂肪酸
复合脂质	磷酸酰基甘油	甘油+脂肪酸+磷酸盐+含氮基团
	鞘磷脂类	鞘氨醇+脂肪酸+磷酸盐+胆碱
	脑苷脂类	鞘氨醇+脂肪酸+糖
	神经节苷脂类	鞘氨醇+脂肪酸+碳水化合物
衍生脂质		类胡萝卜素、类固醇、脂溶性维生素等

1. 脂肪酸

(1) 脂肪酸的结构　脂肪酸按其碳链长短可分为长链脂肪酸(13 碳及以上)、中链脂肪酸(含 6～12 碳)和短链(5 碳及以下)脂肪酸,按其饱和程度可分为饱和脂肪酸(saturated fatty acid,SFA)和不饱和脂肪酸(unsaturated fatty acid,USFA)。

必需脂肪酸是指人体不可缺少而自身又不能合成的一些脂肪酸,如亚油酸和 α-亚麻酸。事实上,许多脂肪酸如花生四烯酸、DHA(docosahexaenoic acid,二十二碳六烯酸)、EPA(eicosapentaenoic acid,二十碳五烯酸)等都是人体不可缺少的必需脂肪酸(essential fatty acid,EFA),虽然人体可以利用亚油酸和 α-亚麻酸来合成这些脂肪酸,但由于机体在利用这两种必需脂肪酸合成同系列的其他多不饱和脂肪酸时均使用相同的酶,故由于竞争抑制作用,使其在体内合成速度较为缓慢,因此,直接从食物中获取这些脂肪酸是最有效的途径。

(2) 脂肪酸的功能　DHA 和 EPA 即二十二碳六烯酸以及二十碳五烯酸,其烯键即碳碳双键化学结构很不稳定,容易被氧化。DHA 和 EPA 均为 ω3 不饱和脂肪酸系列的重要成员,在神经系统方面,具有改善记忆力、健脑和预防老年痴呆症的生理功能。最近研究又证明,油脂中的 α-亚麻酸和它的长链衍生物 DHA 对人体,特别是幼年时期是必不可少的。在怀孕期的最后 3 个月和出生后的最初 3 个月中,DHA 和花生四烯酸会快速沉积在婴儿的脑膜上,在完全发育的大脑和视网膜上含有高含量的 DHA。这也是 DHA 被誉为"脑黄金"的原因之一。在心血管系统方面,EPA 和 DHA 还具有降低血脂总胆固醇、LDL-胆固醇、血液黏度、血小板凝聚力及增加 HDL-胆固醇的生理功能,从而降低了心血管疾病发生的概率。此外,EPA、DHA 与低钠膳食结合,在降低血压上起协同作用。

目前 DHA 和 EPA 的营养功能还未做系统的比较,但有研究表明,由于 DHA 主要分布于神经组织中,因此在脑、视网膜等发育和相关功能中作用更强一些,而 EPA 在心血管系统的作用更为明显。

2. 类固醇 类固醇是广泛分布于生物界的一大类环戊稠全氢化菲衍生物的总称,又称类甾体、甾族化合物。

类固醇包括固醇(如胆固醇、羊毛固醇、谷甾醇、豆固醇、麦角固醇)、胆汁酸和胆汁醇、类固醇激素(如肾上腺皮质激素、雄激素、雌激素)、昆虫的蜕皮激素、强心苷和皂角苷配基以及蟾蜍毒等。

类固醇的母体化合物通常是饱和的碳氢化合物。按照 IUP-AC-IUB 的系统命名原则,以母体化合物名称为基础,加上词头和词尾系统地描述类固醇的取代基团的类别、数目和取向。

3. 其他脂类 磷脂酸是最简单的磷脂,也是其他甘油磷脂的前体。磷脂酸与 CTP 反应生成 CDP-二酰甘油,再分别与肌醇、丝氨酸、磷酸甘油反应,生成相应的磷脂。磷脂酸水解成二酰甘油,再与 CDP-胆碱或 CDP-乙醇胺反应,分别生成磷脂酰胆碱和磷脂酰乙醇胺。

6.2.4 维生素

维生素是维持人体正常物质代谢和某些特殊生理功能不可缺少的一类低分子有机化合物,它们不能在体内合成,或者所合成的量难以满足机体的需要,所以必须由食物供给。维生素的每日需要量非常少(常以毫克或微克计),它们既不是机体的组成成分,也不能提供热量,然而在调节物质代谢、促进生长发育和维持生理功能等方面却发挥着重要作用,如果机体长期缺乏某种维生素就会导致维生素缺乏症。

按照在油脂中和水中的溶解性不同,维生素可以大致分为脂溶性维生素和水溶性维生素,然后将作用相近的归为一族,在一族里含有多种维生素时,再按其结构标上 1、2、3 等数字。脂溶性维生素的排泄效率不高,摄入过多会在体内蓄积而导致中毒,水溶性维生素的排泄效率高,一般不在体内蓄积。由于维生素的化学名称复杂,国际上都采用俗名。例如,维生素 B_1 又名硫胺素,维生素 B_2 又名核黄素。人体通常容易缺乏的主要是维生素 A、维生素 D、维生素 B_1、维生素 B_2、维生素 B_6、维生素 C 和维生素 PP。

大部分维生素的生化功能已经被研究清楚。通常来说维生素是辅酶的主要或者唯一的组成成分。辅酶可以看作是促进生化反应进行的酶复合体的一部分。只有酶和辅酶同时存在的时候,生化反应才能正常进行。

6.2.5 矿物质

矿物质是构成人体组织和维持正常生理功能必需的各种元素的总称,是人体必需的营养素。人体中含有的各种元素,除了碳、氧、氢、氮等主要以有机物的形式存在以外,其余的 60 多种元素统称为矿物质(也称为无机盐)。其中 21 种为人体营养所必需。钙、镁、钾、钠、磷、硫、氯 7 种元素含量较多,占矿物质总量的 60% ~ 80%,称为大量元素。其他元素如铁、铜、碘、锌、硒、锰、钼、钴、铬、锡、钒、硅、镍、氟共 14 种,存在数量极少,在机体内含量少于 0.005%,被称为微量元素。虽然矿物质在人体内的总量不及体重的 5%,也不能提供能量,可是它们在体内不能自行合成,必须由外界环境供给,并且在人体组织的生理作用中发挥重要的功能。矿物质是构成机体组织的重要原料,如钙、磷、镁是构成骨骼、牙齿的主要原料。矿物质也是维持机体酸碱平衡和正常渗透压的必要条件。人体内有些特殊的生理物质如血液中的血红蛋白、甲状腺素等需要铁、碘的参与才能合成。

6.3 动物的消化系统

6.3.1 动物对食物的消化和吸收

动物消化(digestion)食物的一般方式有两种,即细胞内消化和细胞外消化。原生动物只有细胞内消化,海绵动物、腔肠动物、扁形动物也都保留着这种消化方式。其他多细胞动物的某些细胞也有细胞内消化现象。随着动物的演化,细胞内消化逐渐为细胞外消化所取代,从腔肠动物开始,出现细胞外消化。

1. 细胞内消化　单细胞的原生动物和海绵动物都是将食物颗粒吞入细胞之内进行消化的,称为细胞内消化。例如,草履虫(图 6-1)纤毛的摆动,使水在口沟里形成漩涡,水中细菌等小生物被漩涡送到口沟深处,进入体内,形成食物泡。食物泡在细胞内流动,与溶酶体融合,成为次级溶酶体,食物在次级溶酶体中,被消化为小分子而陆续透过膜,进入细胞质。不能消化的残渣从细胞表面排出(外排作用)。

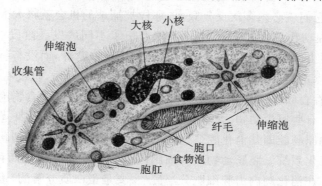

图 6-1　单细胞生物草履虫

细胞内消化虽然只是低等动物的消化方式,但内吞作用则是动物界的普遍现象。人体很多细胞如各种白细胞,甚至肠壁上皮细胞保留了内吞作用的功能,这可以认为是生物演化中保留下来的生物遗迹。

2. 细胞外消化　细胞内消化只适用于单细胞的动物和小型的多细胞动物,在演化过程中,动物从单细胞发展为多细胞,身体逐渐长大加厚,细胞内消化也随之为细胞外消化所取代。动物的摄食能力提高了,能摄食较大食物颗粒,并能将食物在细胞外研碎、消化、分解,然后由细胞吸收。

腔肠动物是最早出现细胞外消化的动物,但腔肠动物还同时保留着细胞内消化的能力。腔肠动物捕捉食物的能力很强。它们有触手,触手上有刺细胞,刺细胞中有刺丝囊,遇到可吃的小动物时,刺丝囊能急如闪电地射出,一方面机械地刺伤小动物,另一方面释放毒液,麻痹或杀死小动物。刺丝囊是细胞内的结构,虽然其体积很小,但它的作用却不可低估。因为刺细胞非常多,海洋中的水母大量发射刺丝囊,常给其他动物造成很大的威胁。

食物进入胃水管腔后,体壁上下蠕动收缩而使之破碎。同时,胃层(内胚层)的腺细胞分泌消化酶到胃水管腔中,将食物大分子水解为小分子,这是细胞外消化。但是,腔肠动物的细胞外消化很不完全,只有一小部分食物被消化、吸收,大部分只是被机械地研碎,而未被水解。这些未被水解的食物碎渣最终仍要被胃层细胞伸出伪足裹入,形成食物泡,再进行细胞内消化。腔肠动物虽然有了细胞外消化,它们的细胞内消化仍然占有重要地位。

涡虫的细胞外消化有了进一步的发展。涡虫是三胚层动物(图 6-2)。细胞层次多了,身体加厚了,它的消化系统必须有相应的改变来适应这一特点。涡虫的口位于身体腹面,消化道分 3 支,每支又分许多小支,分布于身体各处。消化道既有消化吸收的机能,又起着运输的作用。消化道分支越多,消化吸收的面积就越大,运输效率也越高。涡虫以细胞外消化方式为主,同时肠壁细胞也能将未消化的食物碎渣吞入,在细胞内消化。涡虫的消化道只有一个开口,食物和消化后的残渣都要从这个开口排出。这是动物界中比较低级的消化系统。

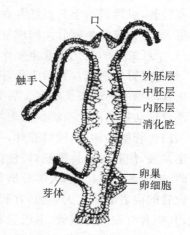

图 6-2　涡虫的结构

蚯蚓、昆虫以及其他高等动物,都是在消化道内消化食物,即都是细胞外消化。蚯蚓的消化道有口和排泄废渣的肛门,这就使食物能按一定的方向运行,从而提高了消化和吸收的效率。此外,蚯蚓消化道还分化成几个具有不同功能的部分。蚯蚓以腐烂的有机物为食。蚯蚓口后有肌肉发达的咽。咽胀大而将食物吸入。咽后有嗉囊,功能是储藏食物。嗉囊后面是一个肌肉发达的砂囊,它的功能是研磨食物。蚯蚓吸入食物时,总是把混在食物中的砂石一同吸入。在砂囊中,砂石也有被动地研磨食物的作用。食物经研磨后,和水混在一起而进入肠。肠才是化学消化和吸收收的地方。食物在肠中被消化酶消化成小分子,为肠壁所吸收。不能消化的残渣继续向身体后端运行(肠蠕动),其中水分被重新吸收一部分后,从肛门排出。

有细胞外消化功能的动物,除化学消化外,常常也发展了机械消化的能力和相应的结构。蚯蚓有砂囊,人、脊椎动物也有类似的(同功而不是同源的)机械消化的器官,如牙齿、砂囊(鸟类)等。

蚯蚓有嗉囊,能储存食物,因此蚯蚓不必整天摄食,可省出时间做别的活动,如寻找配偶、交配、产卵等。蚂蟥吸一次血可以坚持很长时间不食,蚊子的消化道也有很大的储血的盲囊,吸一次血可以坚持四五天。这些吸血动物如果不能储血,它们就必须多次反复吸血,那样被捕杀的机会就将大大增加。

3. 消化系统的演化 在动物演化过程中,消化系统经历了不同的发展阶段。原生动物的消化与营养方式有 3 种:①光合营养,如眼虫体内有色素体,能通过光合作用获取营养,而没有特殊的消化器官;②渗透性营养(腐生性营养),通过体表渗透,直接吸收周围环境中呈溶解状态的物质,也没有分化的消化器官;③吞噬营养,大部分原生动物能直接吞食固体的食物颗粒,并在细胞内形成食物泡。食物泡与细胞内的溶酶体融合后,各种水解酶遂将食物消化。有些原生动物,如草履虫,其细胞内具有胞口、胞咽、食物泡和胞肛等细胞器。腔肠动物内胚层细胞所围成的原肠腔即其消化腔。这种消化腔有口,没有肛门,消化后的食物残渣也由口排出,这种消化系统称为不完全消化系统。腔肠动物兼有细胞内消化和细胞外消化两种形式,如水螅,以触手捕捉食物后,经过口送入消化腔,在消化腔内由腺细胞分泌酶(主要是蛋白质分解酶)进行细胞外消化,经消化后形成的一些食物颗粒,再由内皮肌细胞吞入,进行细胞内消化。

线形动物的运动能力加强了,食物也变得复杂起来,消化系统进一步分化。其原肠腔的末端,外胚层内褶,形成后肠和肛门,使食物在消化管内可沿一个方向移动。消化管也分成一系列形态和功能不同的部分。如环节动物蚯蚓的消化管在口腔、咽、食管之后,有一膨大的嗉囊,可以暂时储存食物;其后为厚壁的砂囊和细长的小肠,是对食物进行机械粉碎和酶解的主要场所;消化管的末端则主要储存消化后残渣。

由于消化管中出现了膨大的部分,动物可以在短时间内摄入大量食物,不再需要连续进食,从而获得时间去寻找新的食源。

脊椎动物的消化系统高度分化,形成了消化管和消化腺两大部分。大部分脊索动物如头索动物文昌鱼,其消化管只包括 3 个部分:口腔、咽和一个没有明确界限的管状咽后肠管。脊椎动物咽后肠管逐渐分化成一系列在解剖上和功能上可以区别的区域,即食管、胃、小肠、大肠、肛门。在演化过程中口腔和咽的变化最明显。这种变化与动物从水生演化到陆生有关。鱼类和两栖类还没有分隔口腔和鼻腔的结构——腭,口腔和咽是消化系统和呼吸系统的共同通道。爬行动物(鳄鱼除外)和鸟类的口腔顶部出现了一对长的皱褶,形成一导致空气从内鼻孔到咽部的通道。鳄鱼和哺乳动物的鼻和口腔被腭完全分开。鱼类的食管很短,在演化过程中随着咽变短和胃下降到腹部,食管变得越来越长。鸟类的食管有一个膨大的部分称作嗉囊,其功能是暂时储存食物和软化食物。胃是消化管的明显膨大部分,食物在这里初步进行消化。圆口类以上的脊椎动物有胃,但其大小和形态随食物的不同而异。鸟类的胃分为两个部分,前面的称腺胃(前胃),分泌消化液;后面的称肌胃或砂囊,肌胃借助于鸟类经常吞食的砂粒来磨碎食物,帮助消化液更好地发挥作用。哺乳动物中的反刍类胃很大,常分成几个部分而构成复胃,如牛的胃可分为 4 个部分(见反刍胃),复胃中生活着大量的细菌和纤毛虫,对于纤维素的消化起着重要作用。没有复胃的食草动物(如马、兔等)的小肠和大肠交界处出现发达的盲肠,具有复胃的功能。胃后为肠,一般可分为十二指肠、小肠、大肠、直肠等部分。草食动物的肠道比食肉动物和杂食动物的肠道要长很多。鸟类的肠道相当短,直肠极短,不储存粪便,是对飞行活动的适应。

脊椎动物的消化系统虽因动物的种类不同而有一些差异,但其基本形态非常相似。

消化管壁的构造,除口腔外,一般可分 4 层,由里向外,依次为黏膜层、黏膜下层、肌层和外膜。黏膜经常分泌黏液,使腔面保持滑润,可使消化管壁免受食物和消化液的化学侵蚀和机械损伤。消化管有的部位上皮下陷,形成各种消化腺,大部分消化管黏膜形成皱褶,小肠黏膜的皱褶上还有指状突起——绒毛。这些结构使消化管的内表面积大大增加,有利于吸收,故黏膜层是消化和吸收的重要结构。黏膜下层由疏松结缔组织组成,其中含有较大的血管、淋巴管和神经丛,有些部位的黏膜下层中没有腺体。消化管的肌层除口腔、咽部、食管上 1/3 以及肛门等为骨骼肌外,其余大部分消化管的肌层为平滑肌。

6.3.2 哺乳动物的消化和吸收

机体消化食物和吸收营养素的所有器官总称为消化系统。消化系统分为消化管和消化腺两大部分。消化管包括口腔、咽、食管、胃、小肠、大肠和肛门等各段;消化腺则有唾液腺、胃腺、小肠腺、胰腺和肝脏等。消化系统的主要功能是消化食物、吸收营养和排出食物残渣。此外,消化黏膜上皮制造和释放多种内分泌激素和肽类,与神经系统一起共同调节消化系统的活动和体内的代谢过程。

消化是机体通过消化管的运动和消化腺分泌物的酶解作用,使大块的、分子结构复杂的食物,分解为能被吸收的、分子结构简单的小分子化学物质的过程。消化过程包括机械性消化和化学性消化,前者是指通过消化管壁肌肉的收缩和舒张(如口腔的咀嚼,胃、肠的蠕动等)把大块食物磨碎,后者是指各种消化酶将分子结构复杂的食物,水解为分子结构简单的营养素,如将蛋白质水解为氨基酸,脂肪水解为脂肪酸和甘油,多糖水解为葡萄糖等。动物的食物由消化管的口端摄入在消化管中消化属于细胞外消化。

吸收是指营养物质通过消化管黏膜上皮细胞进入血液和淋巴的过程,消化是吸收的前提条件,两者是不同的而又密切相关的生理过程,都是为机体提供营养从而为机体的生命活动提供能量的生理过程。只有消化后的小分子物质才能够被吸收,同样,只有被吸收的营养成分才有可能被动物体利用。

1. 消化管概述

1) 消化道　消化道是从口腔到肛门的一个连续的管道,可分食管、胃、小肠和大肠四个主要的器官,在器官和器官之间均有括约肌分隔(图 6-3)。

(1) 消化道管壁的一般结构　除口腔外,消化道的各部分可分为黏膜、黏膜下层、肌层和外膜四层。

(2) 消化道的组成　口腔为消化道的起始部,主司采食、吸吮、咀嚼、味觉、泌涎并参与吞咽功能,向后与咽相通。口腔中有舌、齿和唾液腺。

食管是位于咽部之后的一段消化管,是食物入胃的通路。之后是胃,它位于食管之后,为一囊状器官,可暂时储藏食物、分泌胃液,混合食物并进行初步消化。小肠前端连接胃,可分为十二指肠、空肠和回肠三个部分。大肠分盲肠、结肠和直肠三段,功能是消化纤维素,分泌大肠液,吸收水分、盐类和维生素,最后形成粪便。肛门是消化道终端的一段短管,粪便经肛门排出体外。

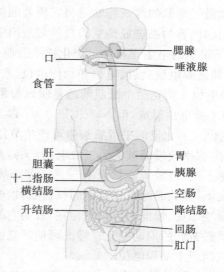

口　腮腺
口　唾液腺
食管
肝　胃
胆囊　胰腺
十二指肠　空肠
横结肠　降结肠
升结肠　回肠
肛门

彩图

图 6-3　人的消化道示意图

2) 消化腺　消化腺是分泌消化液的腺体,分壁内腺和壁外腺两种。壁内腺多为小型腺体,分布在消化道各段的管壁内,直接开口于消化道管腔内,如唇腺、舌腺、食管腺和黏膜上皮凹陷形成的肠腺等。壁外腺属大型腺体,位于消化道管壁外,以导管开口于消化道内,如唾液腺、胰腺、肝脏等。导管开口于口腔的腺体总称为唾液腺。

胰腺位于腹膜的后面,附着在十二指肠的旁边,是一种复合腺。胰腺可分为内分泌腺和外分泌腺两个部分。外分泌腺占胰的大部分,为复壁泡状腺,可泌胰液,参与消化食物中蛋白质、脂肪和糖类等物质;内分泌腺散布于外分泌腺泡之间,是大小不等、形状不定的细胞团,称胰岛,分泌胰岛素、胰高血糖素等多种激素,调节糖的代谢。

肝是动物体内最大的消化腺,位于胃后方,是一种复管状腺。大多数哺乳动物的肝分为左、中、右三叶,有胆囊的动物肝管和胆囊管一般汇合成胆管开口于十二指肠。肝细胞是一种形状较大的多角形细胞,单行排列在肝小叶上。细胞邻接面的间隙形成胆小管。肝脏最重要的功能是参与物质代谢,可进行蛋白质、脂肪和糖的分解、合成和转化,并能储存这些物质,也储存维生素 A、维生素 D、维生素 K 及大部分 B 族维生素,清除机体有害的物质,分泌的肝汁协助对脂肪和脂溶性物质进行消化和吸收。

2. 消化道的运动　消化道平滑肌是一种兴奋性较低,收缩缓慢的肌肉。它经常处于轻度收缩状态,称为紧张性收缩。紧张性收缩使消化道管腔内经常保持一定的压力,并使消化道维持一定的形态和位置。消化道肌肉的各种收缩运动,也都是在紧张性收缩的基础上发生的。此外,消化道平滑肌还有较大的伸展性,最长时可比原来的长度增加 2～3 倍,能容纳大量食物。消化道的主要运动形式是蠕动。蠕动通常是在食物的刺激下,通过神经系统反射性引起的一种推进性的波形运动。蠕动波发生时,在食团的上方产生收缩波,食团的下方产生舒张波,一对收缩波和舒张波顺序推进,遂使食物在消化道中下移。胃的一个蠕动波通常可将 1～3 mL 的食糜推送入十二指肠。蠕动还可研磨食物,使食物与消化液充分混合,从而有利于酶解。

1) 消化道平滑肌的一般特性　消化道平滑肌具有肌组织的共同特性,如兴奋性、自律性、传导性和收缩性,但这些特性的表现均有其自身的特点。

(1) 消化道平滑肌的兴奋性较骨骼肌低。收缩的潜伏期、收缩期和舒张期所占的时间比骨骼肌的长得多,而且变异很大。

(2) 消化道平滑肌在离体后,置于适宜的环境内,仍能进行良好的节律性运动,但其收缩很缓慢,节律性远不如心肌规则。

(3) 消化道平滑肌经常保持在一种微弱的持续收缩状态,即具有一定的紧张性。消化道各部分,如胃、肠等之所以能保持一定的形状和位置,同平滑肌的紧张性有重要的关系;紧张性还使消化道的管腔内经常保持着一定的基础压力;平滑肌的各种收缩活动也就是在紧张性基础上发生的。

(4) 消化道平滑肌能适应实际的需要而做很大的伸展。作为中空的容纳器官来说,这一特性具有重要的生理意义。它使消化道有可能容纳好几倍于自己原初体积的食物。

(5) 消化道平滑肌对电刺激较不敏感,但对于牵张、温度和化学刺激则特别敏感,轻微的刺激常可引起强烈的收缩。消化道平滑肌的这一特性是与它所处的生理环境分不开的,消化道内容物对平滑肌的牵张、温度和化学刺激是引起内容物推进或排空的自然刺激因素。

2) 消化道平滑肌的电生理特性 消化道平滑肌电活动的形式要比骨骼肌复杂得多,其电生理变化大致可分为三种,即静息膜电位、慢波电位和动作电位。

(1) 静息膜电位 消化道平滑肌的静息膜电位很不稳定,波动较大,其实测值为$-60 \sim -50$ mV,静息电位主要由K^+的平衡电位形成,但Na^+、Cl^-、Ca^{2+}以及生电性钠泵活动也参与了静息膜电位的产生。

(2) 慢波电位 消化道的平滑肌细胞可产生节律性的自发性去极化;以静息膜电位为基础的这种周期性波动,由于其发生频率较慢而被称为慢波电位,又称基本电节律(basic electrical rhythm,BER)。消化道不同部位的慢波频率不同,慢波的波幅为$10 \sim 15$ mV,持续时间为数秒至十几秒。

在通常情况下,慢波起源于消化道的纵行肌,以电紧张形式扩布到环行肌。由于切断支配胃肠的神经,或用药物阻断神经冲动后,慢波电位仍然存在,表明它的产生可能是肌源性的。慢波本身不引起肌肉收缩,但它可以反映平滑肌兴奋性的周期变化。慢波可使静息膜电位接近阈电位,一旦达到阈电位,膜上的电压依赖性离子通道便开放而产生动作电位。

(3) 动作电位 平滑肌的动作电位与神经和骨骼肌的动作电位的区别在于:①锋电位上升慢,持续时间长;②平滑肌的动作电位不受钠通道阻断剂的影响,但可被Ca^{2+}通道阻断剂所阻断,这表明它的产生主要依赖Ca^{2+}的内流;③平滑肌动作电位的复极化与骨骼肌相同,都是通过K^+的外流而实现的,所不同的是,平滑肌K^+的外向电流与Ca^{2+}的内向电流在时间过程上几乎相同,因此,锋电位的幅度低,而且大小不等。

由于平滑肌动作电位发生时Ca^{2+}内流的速度已足以引起平滑肌的收缩,因此,锋电位与收缩之间存在很好的相关性,每个慢波上所出现锋电位的数目,可作为收缩力大小的指标(图6-4)。

慢波、动作电位和肌肉收缩的关系可简要归纳如下:平滑肌的收缩是由动作电位触发而产生的,而动作电位则是在慢波去极化的基础上发生的,后者是在静息电位的基础上产生的。因此,凡能影响到静息电位、慢波及动作电位的因素都能够影响平滑肌的收缩,慢波电位本身虽不能引起平滑肌的收缩,但却被认为是平滑肌的起步电位,是平滑肌收缩节律的控制波,它决定蠕动的方向、节律和速度。

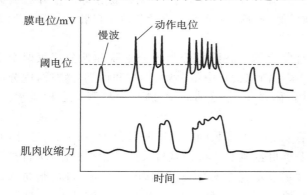

图6-4 肠道平滑肌的膜电位与肌肉收缩张力的关系
注:慢波电位、峰电位、去极化电位和超级化电位发生在不同的生理状态下;去极相为Ca^{2+}内流(少Na^+);复极相为K^+外流。

3. 消化系统的血液循环 以人为例,消化系统各器官的血液供应主要来自腹主动脉的分支:腹腔动脉,肠系膜上、下动脉。

消化器官的血流量受机体全身血液循环功能状态、血压和血量的影响,并与机体在不同的活动状态下血液在各器官间重新分配有关。进食活动通过神经和体液机制的调节,不仅增加消化道运动和消化腺分泌,同时,流经消化器官的血量也相应地增多。一般认为,流经消化器官的血量对于消化道和消化腺的功能具有允许作用和保证作用。如果血管强烈收缩,血流量减少,消化液分泌随之显著减少,消化管运动也随之明显减弱。

营养元素通过肠上皮细胞进入体内的途径有两条:一条途径是进入肠壁的毛细血管,直接进入血液循环,如葡萄糖、氨基酸、甘油和甘油一酯、电解质和水溶性维生素等,主要是通过这条途径吸收的;另一条途径是进入肠壁的毛细淋巴管,经淋巴系统再进入血液循环,如大部分脂肪酸和脂溶性维生素是循这条途径间接进入血液的。

4. 消化系统活动的调节　在消化过程中,消化系统各部分的活动是紧密联系、相互协调的。如消化道运动增强时,消化液的分泌也增加,使消化和吸收得以正常进行。又如食物在口腔内咀嚼时,就反射性地引起胃、小肠运动和分泌的加强,为接纳和消化食物做准备。消化系统各部分的协调,是在中枢神经系统控制下,通过神经和体液两种机制的调节实现的。

(1)神经调节　消化系统全部结构中,除口腔、食管上段和肛门外括约肌受躯体神经支配外,其他部分受自主神经系统中的交感神经和副交感神经的双重支配,其中副交感神经的作用是主要的(图 6-5)。副交感神经的节前纤维进入消化道管壁后,首先与位于管壁内的神经细胞发生突触联系,然后发出节后纤维支配消化道的肌肉和黏膜内的腺体。节后纤维末梢释放乙酰胆碱,这一神经递质作用于靶细胞上的毒蕈碱受体(M 受体)而发挥其效应。交感神经和副交感神经对消化系统的作用是对立统一的。副交感神经兴奋时,使胃肠运动增强,腺体分泌增加;而交感神经的作用则相反,它兴奋时,使胃肠运动减弱,腺体分泌减少。此外,从食管中段到肛门的绝大部分的消化管壁内,还含有内在的神经结构,称作壁内神经丛,食物对消化道管腔的机械或化学刺激,可通过壁内神经丛引起局部的消化管运动和消化腺分泌。壁内神经丛包括黏膜下层的黏膜下神经丛和位于纵行肌层和环行肌层之间的肌间神经丛。

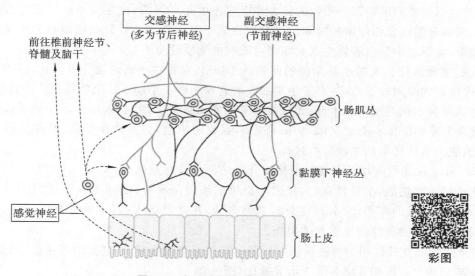

图 6-5　小肠壁的神经支配

(2)体液调节　消化系统的活动还受到由其本身所产生的内分泌物质——胃肠激素的调节。从胃贲门到直肠的消化黏膜中,分散地存在着多种内分泌细胞。消化管内的食物成分、消化液的化学成分、神经末梢所释放的化学递质以及内分泌细胞周围组织液中的其他激素,都可以刺激或抑制这些内分泌细胞的活动。不同的内分泌细胞释放不同的肽。这些肽类进入血液,通过血液循环再作用于消化系统的特定部位的靶细胞,调节它们的活动。

5. 消化道与消化　人的消化器官由长 8～10 m 的消化道及与其相连的许多大、小消化腺组成。消化器官的主要生理功能是对食物进行消化和吸收,从而为机体新陈代谢提供必不可少的物质和能量来源。

消化是食物在消化道内被分解为小分子的过程,其方式有两种。一种是通过消化道肌肉的舒缩活动,将食物磨碎,并使之与消化液充分混合,以及将食物不断地向消化道的远端推送,这种方式称机械消化;另一种消化方式是通过消化腺分泌的消化液完成的,消化液中含有各种消化酶,能分解蛋白质、脂肪和糖类等物质,使之成为小分子物质,这种消化方式称化学性消化。正常情况下,这两种方式的消化作用是同时进行,互相配合的。食物经过消化后,透过消化道的黏膜,进入血液和淋巴循环的过程,称为吸收。消化和吸收是两个相辅相成、紧密联系的过程。不能被消化和吸收的食物残渣,最后以粪便的形式排出体外。

(1)消化道的运动　在整个消化道中,除口、咽、食管上端和肛门外括约肌是骨骼肌外,其余部分是由平

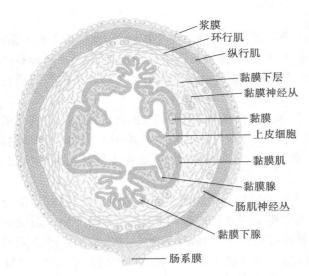

浆膜
环行肌
纵行肌
黏膜下层
黏膜神经丛
黏膜
上皮细胞
黏膜肌
黏膜腺
肠肌神经丛
黏膜下腺
肠系膜

图 6-6 典型消化道横截面结构示意图

滑肌组成的(图 6-6)。消化道通过这些肌肉的舒缩活动,完成对食物的机械性消化,并推动食物的前进;消化道的运动对于食物的化学性消化和吸收,也有促进作用。

小肠还有一种重要的分节运动,这是一种以环行肌为主的节律性收缩和舒张的运动。在含有食糜的一段肠管内,环行肌在许多点同时收缩,把食糜分割成许多节段,随后原来收缩的部位舒张,舒张的部位收缩,如此反复进行,使食糜不断地分开,又不断地混合。分节运动的推进作用很小,其意义主要是使食物与消化液充分混合,便于化学性消化,是一种混匀性运动。分节运动还使食糜与肠壁紧密接触,有利于吸收。

消化腺的分泌活动包括:细胞从细胞外液摄取原料,然后在细胞内合成与浓缩,形成分泌颗粒在细胞内储存,以及最后向细胞外释放等一系列过程。它是腺细胞主动活动的结果,需要消耗能量、氧和营养物质。引起消化腺分泌的自然刺激物是食物,食物可以通过神经和体液途径刺激或抑制腺体分泌。不同的神经和不同的传入冲动可引起不同腺细胞发生不同程度的活动。

消化道的吸收:消化道的不同部分吸收的能力和吸收速度是不同的,这主要取决于该部分消化道的组织结构以及食物在该部分的成分和停留的时间。口腔和食管不吸收食物。胃只吸收酒精和少量水分。大肠主要吸收水分和盐类,实际上小肠内容物进入大肠时可吸收的物质含量不多。

小肠是吸收的主要部位。人的小肠黏膜的面积约 10 m²,食物在小肠内被充分消化,达到能被吸收的状态;食物在小肠内停留的时间较长,这些都是小肠吸收的有利条件。小肠不仅吸收被消化的食物,而且吸收分泌入消化管腔内的各种消化液所含的水分、无机盐和某些有机成分。因此,人每天由小肠吸收的液体量可达 7～8 L。如果这样大量的液体不能被重吸收,必将影响吸收的机制,包括简单扩散、易化扩散等被动吸收过程,以及通过细胞膜上载体转运的主动吸收过程。

（2）消化腺的分泌功能 人每日由各种消化腺分泌的消化液总量达 6～8 L。消化液主要由有机物、离子和水组成。消化液的主要功能:①稀释食物,使之与血浆的渗透压相等,以利于吸收;②改变消化腔内的 pH 值,使之适应于消化酶活性的需要;③水解复杂的食物成分,使之便于吸收;④通过分泌黏液、抗体和大量液体,保护消化道黏膜,防止物理性和化学性的损伤。

（3）胃肠的神经支配及其作用 神经系统对胃肠功能的调节较为复杂,它是通过植物性(也称自主性)神经和胃肠的内在神经两个系统相互协调统一而完成的(图 6-7)。

胃肠的内在神经是由存在于食管至肛门的管壁内的两种神经丛组成的。目前认为,消化道管壁内的神经丛构成了一个完整的、相对独立的整合系统,在胃肠活动的调节中具有十分重要的作用。

副交感神经通过迷走神经和盆神经支配胃肠。到达胃肠的纤维都是节前纤维,它们终止于内在神经丛的神经元上。

（4）胃肠激素 在胃肠的黏膜层内,不仅存在多种外分泌腺体,还含有几十种内分泌细胞,这些细胞分泌的激素统称为胃肠激素(gastrointestinal hormone)。胃肠激素在化学结构上都是由氨基酸残基组成的肽类,相对分子质量大多数在 5000 以内。从胃到大肠的黏膜层内,存在 40 多种内分泌细胞,它们分散地分布在胃肠黏膜的非内分泌细胞之间。由于胃肠黏膜的面积巨大,胃肠内分泌细胞的总数很大,因此,消化道已不仅仅是人体内的消化器官,它也是体内最大且最复杂的内分泌器官。

胃肠激素与神经系统一起,共同调节消化器官的运动、分泌和吸收功能。此外,胃肠激素对体内其他器官的活动也具有广泛的影响。

（5）脑-肠肽的概念 近年来的研究证实,一些产生于胃肠道的肽,不仅存在于胃肠道,也存在于中枢神经系统内;而原来认为只存在于中枢神经系统的神经肽,也在消化道中发现。这些双重分布的肽被统称为脑-肠肽(brain-gut peptide)。已知的脑-肠肽有胃泌素、胆囊收缩素、P 物质、生长抑素、神经降压素等 20 余种。这些肽类双重分布的生理意义已引起人们的重视,例如胆囊收缩素在外周对胰酶分泌和胆汁排放的调节作用

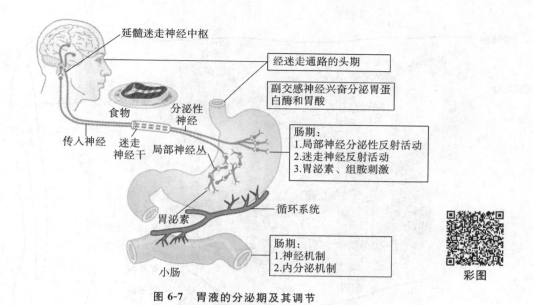

图 6-7　胃液的分泌期及其调节

及其在中枢对摄食的抑制作用,提示脑内及胃肠内的胆囊收缩素在消化和吸收中具有协调作用。

6.3.3　消化系统功能与机体其他功能的联系

消化系统的活动在机体内与循环、呼吸、代谢等有着密切的联系。在消化期内,循环系统的活动相应加强,流经消化器官的血量也增多,从而有利于营养物质的消化和吸收。相反,循环系统功能障碍,特别是门静脉循环障碍,将会严重影响消化和吸收功能的正常进行。消化活动与其紧接着的下一过程即中间代谢也有紧密的联系。进食动作可反射地兴奋迷走神经-胰岛素系统,促使胰岛素的早期释放;在消化过程中,由食物和消化产物刺激所释放的某些胃肠激素,也能引起胰岛素分泌。胰岛素是促进体内能源储存的重要激素,胰岛素的早期释放有利于及时地促进营养物质的中间代谢,有利于有效地储存能源,这些对机体的生命活动是有益的。精神焦虑、紧张或自主神经系统功能紊乱,都会引起消化管运动和消化腺分泌的失调,进而产生胃肠组织的损伤。

6.3.4　反刍动物的消化系统

与单胃动物的结构不同,复胃动物具有四个胃室,分别是瘤胃、网胃、瓣胃和皱胃。其中,前三个胃室总称为前胃,后一个被称为真胃,与单胃动物的胃类似,除了具有机械性的消化作用外,还具有胃酸处理和消化酶的化学消化作用。前胃的黏膜没有胃腺,食物在其中受到机械性消化和复杂的微生物消化,同时,胃内容物还可以根据需要从胃中逆呕(regurgitation)到口腔中进行仔细的咀嚼,然后再次被吞咽到胃中,该过程被称为反刍(图 6-8)。

瘤胃是食物进入反刍动物胃肠道内第一个储存食物的胃室,也是食物消化的"主战场"。它相当于一个活体发酵罐,罐子里面栖息着许多种类的微生物,主要包括原虫、细菌和真菌三大类。通常,每毫升瘤胃液中就含有 160 亿~400 亿个细菌、20 万个纤毛虫以及大量的真菌。这些微生物是瘤胃发挥消化生理功能的具体执行者。食物到达瘤胃后,大量微生物立即紧贴在食物的表面,同时分泌纤维素酶、半纤维素酶以及 β-糖苷酶等消化酶,于是,食物中的纤维素、半纤维素和果胶等多糖类物质很快就被消化为单糖或双糖等,也有些成为挥发性的脂肪酸和 CO_2 等,前者可为反刍动物提供 $60\%\sim70\%$ 的能量来源。而这些多糖类植物营养素,反刍动物本身是无法消化的,必须借助于生活在瘤胃中的微生物来完成,虽然瘤胃体积较大,但它的黏膜并没有消化腺,也不能够分泌消化液。食物在瘤胃内经微生物充分消化后,约 50% 的粗纤维可在瘤胃内被消化。

网胃是紧贴着瘤胃的一个胃室,它的黏膜形似蜂巢,故又俗称蜂巢胃。实际上,网胃与瘤胃在空间结构上并未完全分开,因此食物颗粒可以自由地在两个胃室间来回转运。此外,网胃黏膜上的传感器可接受来自青草或干草的机械刺激信号,并通过瘤、网胃胃壁上的肌肉发生收缩从而启动反刍行为。

瓣胃前面连通网胃,后面接通皱胃,由于其黏膜面向内凹陷,形成许多大小不等的叶瓣,故又称重瓣胃。此胃对食物的消化更像是瘤胃消化的延续部分,来自瘤胃的食糜中粗糙部分在这里被浓缩,移去水分和电解

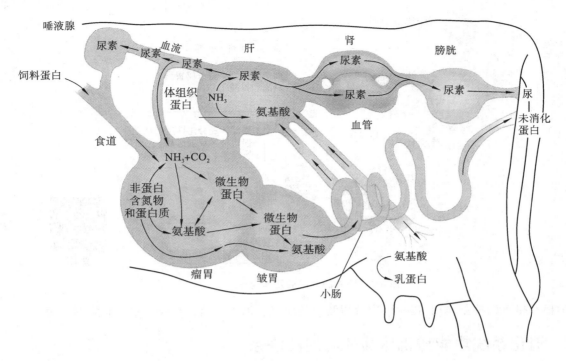

图 6-8　蛋白质在反刍动物的代谢途径

质后被进一步磨细,同时将较稀的食糜推送入皱胃。在瓣胃内,食物中 20% 的纤维素可被消化。

皱胃是后接小肠的胃室,也是唯一具有分泌功能的胃,具有真正意义上的消化功能,因此被称为真胃。皱胃可分泌大量的胃液,包括盐酸、胃蛋白酶和凝乳酶等消化酶以及大量的黏液。这些分泌物主要对前三个胃消化的食物(包括微生物和纤毛虫本身)以及初级代谢物进行进一步化学性消化。

除了微生物和消化酶的消化作用外,反刍动物对食物的消化还依赖这四个胃体的肌肉收缩运动来协助完成。它们的节律性收缩形成了一个定向压力梯度,从而引起各胃室食糜的流动与排空。胃壁的肌肉运动主要起到三个方面的作用:储藏食物、混合食物与胃液以形成半流质食糜以及排空食物。

因此,反刍动物的四个胃具有各自的生理消化特点,但彼此间相互联系,共同完成对食物的消化功能。

1. 蛋白质的消化吸收　反刍动物真胃和小肠中蛋白质的消化及吸收与单胃动物无差异,但反刍动物瘤胃中微生物的作用使反刍动物对蛋白质和含氮化合物的消化利用与单胃动物有很大的不同。

(1)饲料蛋白质在瘤胃中的降解　饲料蛋白质进入瘤胃后,一部分被微生物降解生成氨,生成的氨除用于微生物合成菌体蛋白外,其余的氨经瘤胃吸收进入门静脉,随血液进入肝脏合成尿素。合成的尿素一部分经唾液和血液返回瘤胃再利用,另一部分从肾排出,这种氨和尿素的合成和不断循环被称为瘤胃中的氮素循环(图 6-9)。它在反刍动物蛋白质代谢过程中具有重要意义。它可减少食入饲料蛋白质的浪费,并可使食入蛋白质被细菌充分利用合成菌体蛋白以供机体利用。

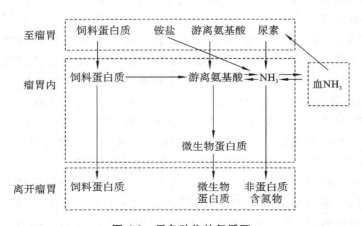

图 6-9　反刍动物的氮循环

　　饲料蛋白质经瘤胃微生物分解的那一部分称瘤胃降解蛋白质(RDP),不被分解的部分称作非降解蛋白质(UDP)或过瘤胃蛋白。饲料蛋白质被瘤胃降解的那部分的百分含量称降解率。各种饲料蛋白质在瘤胃中的降解率和降解速度不一样,蛋白质溶解性愈高,降解愈快,降解程度也愈高。

　　(2)微生物蛋白质的产量和品质　瘤胃中80%的微生物能利用氨,其中,26%可全部利用氨,55%可以利用氨和氨基酸,少量的微生物能利用肽。瘤胃微生物能在氮源和能量充足的情况下合成足以维持正常生长的蛋白质。瘤胃微生物蛋白质的品质次于优质的动物蛋白,与豆饼和苜蓿叶蛋白相当,优于大多数的谷物蛋白。

　　瘤胃微生物在反刍动物营养中的作用是多方面的,它既能将品质低劣的饲料蛋白质转化为高质量的菌体蛋白,这是主流,同时它又能使优质的蛋白质降解。尤其是高产奶牛需要较多的优质蛋白质,而供给时又很难逃脱瘤胃的降解,为了解决这个问题,可对饲料进行预处理,使其中的蛋白质免遭微生物分解,即所谓保护性蛋白质。

2. 碳水化合物的消化和吸收

　　(1)粗纤维的消化吸收　前胃是反刍动物消化粗饲料的主要场所。前胃内微生物每天消化的碳水化合物占采食粗纤维和无氮浸出物的70%～90%。其中瘤胃相对容积大,是微生物寄生的主要场所,每天消化碳水化合物的量占总采食量的50%～55%,具有重要的营养意义。

　　饲料中粗纤维被反刍动物采食后进入瘤胃,瘤胃细菌分泌的纤维素酶将纤维素和半纤维素分解为乙酸、丙酸和丁酸。三种脂肪酸的物质的量之比受日粮结构的影响而产生显著差异。一般地说,饲料中精料比例较高时,乙酸物质的量浓度减少,丙酸物质的量浓度增加,反之亦然。约75%的挥发性脂肪酸经瘤胃壁吸收,约20%经皱胃和瓣胃壁吸收,约5%经小肠吸收。碳原子含量越多,吸收速度越快,丁酸吸收速度大于丙酸。三种挥发性脂肪酸(VFA),参与体内碳水化合物代谢,通过三羧酸循环形成高能磷酸化合物(ATP)产生热能,以供动物应用。乙酸、丁酸有合成乳脂肪中短链脂肪酸的功能,丙酸是合成葡萄糖的原料,而葡萄糖又是合成乳糖的原料。

　　瘤胃中未分解的纤维性物质,到盲肠、结肠后受细菌的作用发酵分解为VFA、二氧化碳和甲烷。VFA被肠壁吸收并参与代谢,二氧化碳、甲烷由肠道排出体外,最后未被消化的纤维性物质由粪便排出。

　　(2)淀粉的消化吸收　由于反刍动物唾液中淀粉酶含量少、活性低,因此饲料中的淀粉在口腔中几乎不被消化。进入瘤胃后,淀粉等在细菌的作用下发酵分解为VFA与二氧化碳,VFA的吸收代谢与前述相同,瘤胃中未消化的淀粉与糖转移至小肠,在小肠胰淀粉酶的作用下变为麦芽糖。在有关酶的进一步作用下,转变为葡萄糖,并被肠壁吸收并参与代谢。小肠中未消化的淀粉进入盲肠、结肠,受细菌的作用产生与前述相同的变化。

3. 脂肪的消化吸收　被反刍动物采食的饲料中,脂肪在瘤胃微生物作用下发生水解产生甘油和各种脂肪酸,其中包括饱和脂肪酸和不饱和脂肪酸。不饱和脂肪酸在瘤胃中经过氢化作用变为饱和脂肪酸。甘油很快被微生物分解成VFA。脂肪酸进入小肠后被消化吸收,随血液运送至体组织,变成体脂肪储存于脂肪组织中。

本章小结

　　动物大多属于异养型生物,它们不能像植物那样通过光合作用从无机物制造有机物营养,其自身代谢的所有物质与能量都从外界获得,其中营养物质主要通过多细胞动物的消化道获得。所谓的营养物质需要经过物理和化学方式降解(消化)为小分子原料(单糖、氨基酸、脂肪酸等)才能进入动物有机体的内环境中(吸收),从而被动物有机体作为能量、自身组成、代谢活动等所接纳(利用)。有些寄生动物的消化道退化为仅有吸收功能的器官,直接从宿主获得营养;草食动物自身也没有分解纤维素的酶类,但是它们能够利用消化道中共生的微生物来分解纤维素等,从而间接地利用纤维素作为食物。反刍类动物的消化道出现了瘤胃、网胃、瓣胃和皱胃,其中瘤胃相当于一个发酵罐,先利用微生物将纤维素等降解并利用后再经过皱胃(真胃)来消化微生物作为食物。

思考题

 扫码答题

参考文献

［1］姚泰．生理学［M］．6 版．北京：人民卫生出版社，2003．

［2］张建福．人体生理学［M］．上海：第二军医大学出版社，2000．

［3］周吕．胃肠生理学［M］．北京：科学出版社，2000．

［4］Johnson L R. Essential Medical Physiology［M］. 2nd ed. Philadelphia：Lippincott-Raven Publishers，1998．

［5］Ganong W F. Review of Medical Physiology［M］. Connecticut：Appleton & Lange，2003．

［6］侯晓华．消化道运动学［M］．北京：科学出版社，1998．

［7］Yamada T，Alpers D H，Kaplowitz N，et al. Textbook of Gastroenterology［M］. 4th ed. Philadelphia：Lippincott William & Wilkins，2003．

第7章 气体交换（呼吸）

动物机体所有的细胞都需要不停地从外界获取氧气并通过代谢产生能量与代谢废物,但是,结构简单的生物机体并不需要专门的呼吸系统,它们直接与外环境交换即可。但是,组织结构复杂的动物机体并非所有细胞都能够直接与外界相联系,因此,必须通过专门的呼吸系统来完成气体交换工作。

通常我们把动物及人的机体与外界环境之间的气体交换过程,称为呼吸。通过呼吸,机体从大气摄取新陈代谢所需的 O_2,排出所产生的 CO_2,因此,呼吸是维持机体新陈代谢和其他功能活动所必需的基本生理过程之一,一旦呼吸停止,生命也将终止。

7.1 无脊椎动物的呼吸

昆虫与脊椎动物的呼吸系统大为不同。脊椎动物由专门器官(如肺)把空气吸进,通过血液的红细胞把氧传送至各组织,同时把细胞代谢产生的二氧化碳呼出体外。

由于昆虫的体液中没有类似脊椎动物血液中的红细胞,氧在液体介质中的扩散能力又很弱,昆虫不得已发展出由表皮内凹形成的不断分支的气管系统(图7-1)。这一系统从主气管、支气管,到微气管,分布到昆虫躯体各部分,把氧气直接输送到各组织,尤其在能量代谢最旺盛的组织(如翅肌的周围)十分发达。具有表皮特征的气管所具有的疏水性能,减少了水通过毛细管作用进入气管的可能,同时体壁上气门的开合控制,也有效地减少了因蒸腾作用而造成的水分丧失。细胞呼吸所产生的二氧化碳比氧气

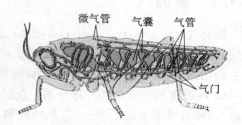

图 7-1 昆虫气管与气门示意图

能更快地通过组织并穿透表皮扩散,但大部分要经过气门排出。这一有效的气管系统,使得昆虫能维持高水平的新陈代谢,成为高度活跃的陆生动物。

7.2 鱼类的呼吸

鳃是鱼的呼吸器官,由鳃丝、鳃耙和鳃弓组成,主要部分是鳃丝,鳃丝里密布毛细血管,因此,鳃是鲜红的。当水由口流进,经过鳃丝时,溶解在水中的氧气就渗入鳃丝中的毛细血管里,而血里的二氧化碳,渗出毛细血管,排到水中,随水从鳃盖后缘的鳃孔排出体外。

鳃上的血液循环是鳃呼吸的保障,入鳃动脉将含 CO_2 多的血液输入鳃间隔,在鳃间隔上分两支进入每个半鳃,每支发出若干细支进入鳃片,每细支的鳃小片上形成毛细血管网,气体交换后携带着多 O_2 血,由逐步汇合而成的出鳃动脉血管输出,再运送至各组织器官。鳃的运动是鳃呼吸的必需条件,它使水沿着一定途径流动,鳃隔(软骨鱼)和鳃盖(硬骨鱼)的启开,犹如泵的作用,将水从口腔中抽出,口瓣膜关闭,防水倒流,使水始终保持从口进入、经鳃裂流出的流动方向。

7.3 两栖类的呼吸

在两栖类整个生命历程中,其呼吸方式出现多种形式,以青蛙为例,青蛙的幼体用鳃呼吸(先是外鳃,后是

内鳃),成体则用肺呼吸,皮肤辅助呼吸。蝌蚪的呼吸器官是鳃,而经过变态发育的成年蛙很大程度上却是依靠肺进行呼吸的,但是由于生存环境和生活方式及肺的构造简单等原因,蛙还必须借着口腔黏膜和皮肤协助呼吸,蛙的皮肤常年保持湿润,皮下有毛细血管,湿润的皮肤有良好的换气作用,功能类似于人的肺泡。

7.4 哺乳类的呼吸

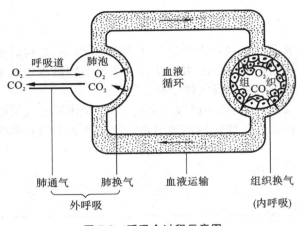

图 7-2 呼吸全过程示意图

在高等动物和人体中,呼吸过程由三个相互衔接并且同时进行的环节来完成(图 7-2):①外呼吸或肺呼吸,包括肺通气(外界空气与肺之间的气体交换过程)和肺换气(肺泡与肺毛细血管之间的气体交换过程);②气体运输,气体在血液中的运输;③内呼吸(或组织呼吸),即组织换气(血液与组织、细胞之间的气体交换过程),有时也将细胞内的氧化过程包括在内。

可见呼吸过程不仅依靠呼吸系统来完成,还需要血液循环系统的配合,这种协调配合,以及它们与机体代谢水平的相适应,又都受神经和体液因素的调节。

7.4.1 肺通气

肺通气(pulmonary ventilation)是肺与外界环境之间的气体交换过程,也是外呼吸的主要构成。实现肺通气的器官包括呼吸道、肺泡和胸廓等。呼吸道是沟通肺泡与外界的通道;肺泡是肺泡气与血液气进行交换的主要场所;而胸廓的节律性呼吸运动则是实现通气的动力。

1. 呼吸道的主要功能 呼吸道(气道)包括鼻、咽、喉(上呼吸道)和气管、支气管及其在肺内的分支(下呼吸道)。随着呼吸道的不断分支,其结构和功能均发生一系列变化,气道数目增多,口径减小,总横断面积增大,管壁变薄,这些变化有重要的生理意义。

(1)调节气道阻力 通过调节气道阻力从而调节进出肺的气体的量、速度和呼吸功(详见肺通气原理)。

(2)保护功能 环境气温、湿度均不恒定,而且可含尘粒和有害气体,这些都会危害机体健康,但是呼吸道对吸入气体具有加温、湿润、过滤、清洁和防御反射等保护功能。

2. 肺通气的原理 气体进入肺取决于两个方面因素的相互作用:一是推动气体流动的动力,二是阻止其流动的阻力。前者必须克服后者,方能实现肺通气,正如心室射血的动力必须克服循环系统的阻力才能推动血液流动一样。

1)肺通气的动力 气体进出肺是因为大气和肺泡气之间存在着压力差。在自然呼吸条件下,此压力差产生于肺的张缩所引起的肺容积的变化。可是肺本身不具有主动张缩的能力,它的张缩是由胸廓的扩大和缩小所引起,而胸廓的扩大和缩小又是由呼吸肌的收缩和舒张所引起。呼吸肌收缩、舒张所造成的胸廓的扩大和缩小,称为呼吸运动。呼吸运动是肺通气的原动力。

(1)呼吸运动 引起呼吸运动的肌肉为呼吸肌。使胸廓扩大产生吸气动作的肌肉为吸气肌,主要有膈肌和肋间外肌;使胸廓缩小产生呼气动作的是呼气肌,主要有肋间内肌和腹壁肌。

膈肌收缩时,隆起的中心下移,从而增大了胸腔的上下径,胸腔和肺容积增大,产生吸气(图 7-3)。因此,膈稍稍下降就可使胸腔容积大大增加。膈肌收缩而膈下移时,腹腔内的器官因受压迫而使腹壁突出,膈肌舒张时,腹腔内器官恢复原位,由于膈肌舒缩引起的呼吸运动伴有腹壁的起伏,所以这种类型的呼吸称为腹式呼吸(abdominal breathing)。腹式呼吸和胸式呼吸常同时存在,其中某种类型可占优势;只有在胸部或腹部活动受到限制时,才可能单独出现某一种类型的呼吸。

(2)肺内压 肺内压是指肺泡内的压力。在呼吸暂停、声带开放、呼吸道畅通时,肺内压与大气压相等。吸气之初,肺容积增大,肺内压暂时下降,小于大气压,空气在此压力差推动下进入肺泡,随着肺内气体逐渐增加,肺内压也逐渐升高,至吸气末,肺内压已升高到和大气压相等,气流也就停止。反之,在呼气之初,肺容积减小,肺内压暂时升高并超过大气压,肺内气体便流出肺,使肺内气体逐渐减少,肺内压逐渐下降,至呼气末,肺内压又降到和大气压相等(图7-4)。

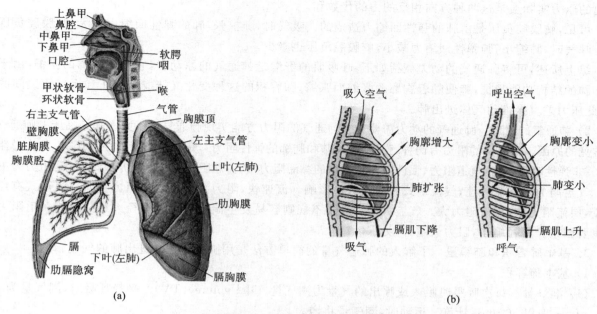

图 7-3　呼吸运动过程中肋骨和膈肌位置的变化示意图

(a)呼吸系统结构;(b)呼吸时膈肌的位置变化

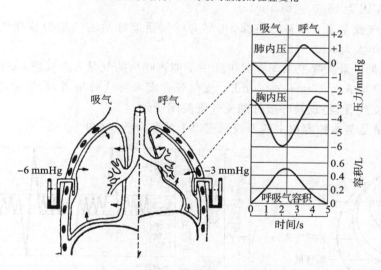

图 7-4　吸气和呼气时,肺内压、胸膜腔内压及呼吸气容积的变化过程(右)和胸膜腔内压直接测量示意图(左)

注:1 mmHg=0.133 kPa,1 cmH₂O=0.098 kPa。

呼吸过程中肺内压变化的程度,视呼吸的缓急、深浅和呼吸道是否通畅而定。若呼吸慢,呼吸道通畅,则肺内压变化较小;若呼吸较快,呼吸道不够通畅,则肺内压变化较大。用力呼吸时,呼吸深快,肺内压变化的程度增大。当呼吸道不够通畅时,肺内压的升降将更大。

由此可见,在呼吸过程中正是由于肺内压的周期性交替升降,造成肺内压和大气压之间的压力差,这一压力差成为推动气体进出肺的直接动力。一旦呼吸停止,便可根据这一原理,用人为的方法造成肺内压和大气压之间的压力差来维持肺通气,这便是人工呼吸。

(3)胸膜腔和胸膜腔内压　如上所述,在呼吸运动过程中,肺的运动是随胸廓运动的被动运动。这是因为在肺脏与胸廓之间存在着密闭的胸膜腔以及肺本身有可扩张性。胸膜有两层,即紧贴于肺表面的脏层和紧贴于胸廓内壁的壁层。两层胸膜形成一个密闭的潜在的腔隙,为胸膜腔。因此,胸膜腔的密闭性和两层胸膜间浆液分子的内聚力有重要的生理意义。如果胸膜腔破裂,与大气相通,空气将立即进入胸膜腔,形成气胸,两层胸膜彼此分开,肺将因其本身的回缩力而塌陷。这时,尽管呼吸运动仍在进行,肺却失去或减弱了随胸廓运动而运动的能力,其程度视气胸的程度和类型而异。

测量表明胸膜腔内压比大气压低,为负压。从分析作用于胸膜腔的力来看,有两种力通过胸膜脏层作用于胸膜腔:一是肺内压,使肺泡扩张;一是肺的弹性回缩力,使肺泡缩小(图7-4(左),箭头所示)。因此,胸膜腔内的压力实际上是这两种方向相反的力的代数和。

可见,胸膜腔负压是由肺的弹性回缩力造成的。吸气时,肺扩张,肺的弹性回缩力增大,胸膜腔负压也更负。呼气时,肺缩小,肺弹性回缩力减小,胸膜腔负压也减少。

综上所述,可将肺通气的动力概括如下:呼吸肌的舒缩是肺通气的原动力,它引起胸廓的张缩,由于胸膜腔和肺的结构功能特征,肺便随着胸廓的张缩而张缩,肺容积的这种变化又造成肺内压和大气压之间的压力差,此压力差直接推动气体进出肺。

2)肺通气的阻力　肺通气的动力需要克服肺通气的阻力方能实现肺通气。阻力增高是临床上肺通气障碍最常见的原因。肺通气的阻力有两种:弹性阻力(肺和胸廓的弹性阻力),是平静呼吸时主要阻力,约占总阻力的70%;非弹性阻力,包括气道阻力、惯性阻力和组织的黏滞阻力,约占总阻力的30%,其中又以气道阻力为主。

气道阻力受气流流速、气流形式和管径大小影响。流速快,阻力大;流速慢,阻力小。气流形式有层流和湍流,层流阻力小,湍流阻力大。气流太快和管道不规则容易发生湍流。气道管径大小是影响气道阻力的另一重要因素。管径缩小,阻力大增,因为 $R \propto 1/r^4$。

3. 基本肺容积和肺容量　了解人的肺通气量的简单方法是用肺量计记录进出肺的气量。

1)基本肺容积

(1)潮气量　每次呼吸时吸入或呼出的气量为潮气量(tidal volume,TV)。平静呼吸时,潮气量为400～600 mL,一般以500 mL计算。运动时,潮气量将增大。

(2)补吸气量或吸气储备　平静吸气末,再尽力吸气所能吸入的气量为补吸气量(inspiratory reserve volume,IRV),正常成年人为1500～2000 mL。

(3)补呼气量或呼气储备量　平静呼气末,再尽力呼气所能呼出的气量为补呼气量(expiratory reserve volume,ERV),正常成年人为900～1200 mL。

(4)余气量或残气量　最大呼气末尚存留于肺中不能再呼出的气量为余气量(residual volume,RV)。只能用间接方法测定,正常成人为1000～1500 mL。支气管哮喘和肺气肿患者,余气量增加。目前认为余气量是由于最大呼气末,细支气管,特别是呼吸性细支气管关闭所致。

2)肺容量　肺容量是基本肺容积中两项或两项以上的联合气量(图7-5)。

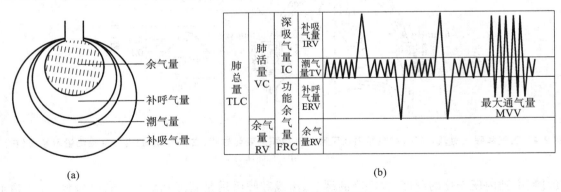

图7-5　基本肺容积和肺容量图解

(a)基本肺容积示意图;(b)肺容量和最大通气量示意图

(1)深吸气量　从平静呼气末做最大吸气时所能吸入的气量为深吸气量(inspiratory capacity,IC),它也是潮气量和补吸气量之和,是衡量最大通气潜力的一个重要指标。胸廓、胸膜、肺组织和呼吸肌等的病变,可使深吸气量减少而降低最大通气潜力。

(2)功能余气量　平静呼气末尚存留于肺内的气量为功能余气量(functional residual capacity,FRC),是余气量和补呼气量之和。正常成年人约为2500 mL,肺气肿患者的功能余气量增加,肺实质性病变时减小。

(3)肺活量和时间肺活量　最大吸气后,从肺内所能呼出的最大气量称作肺活量(vital capacity,VC),它是潮气量、补吸气量和补呼气量之和。肺活量有较大的个体差异,与身材、性别、年龄、呼吸肌强弱等有关。正常成年男性平均约为3500 mL,女性为2500 mL。

肺活量反映了肺一次通气的最大能力,在一定程度上可作为肺通气功能的指标。但由于测定肺活量时不限制呼气的时间,所以不能充分反映肺组织的弹性状态和气道的通畅程度,即通气功能的好坏。

（4）肺总量　肺所能容纳的最大气量为肺总量(total lung capacity,TLC),是肺活量和余气量之和。其值因性别、年龄、身材、运动锻炼情况和体位不同而异。成年男性平均为 5000 mL,女性为 3500 mL。

4. 肺通气量

（1）每分通气量　每分通气量(minute ventilation volume)是指每分钟进或出肺的气体总量,等于呼吸频率乘以潮气量。每分通气量随性别、年龄、身材和活动量不同而有差异。为便于比较,最好在基础条件下测定,并以每平方米体表面积为单位来计算。

运动时,每分通气量增大。尽力做深快呼吸时,每分钟所能吸入或呼出的最大气量为最大通气量。它反映单位时间内充分发挥全部通气能力所能达到的通气量,是估计一个人能进行多大运动量的生理指标之一。

（2）无效腔和肺泡通气量　每次吸入的气体,一部分将留在从上呼吸道至呼吸性细支气管以前的呼吸道内,这部分气体均不参与肺泡与血液之间的气体交换,故称为解剖无效腔(anatomical dead space),其容积约为 150 mL。进入肺泡内的气体,也可因血流在肺内分布不均而未能都与血液进行气体交换,未能发生气体交换的这一部分肺泡容量称为肺泡无效腔。肺泡无效腔与解剖无效腔一起合称生理无效腔(physiological dead space)。健康人平卧时生理无效腔等于或接近于解剖无效腔。

由于无效腔的存在,每次吸入的新鲜空气不能都到达肺泡进入气体交换。因此,为了计算真正有效的气体交换,应以肺泡通气量为准。肺泡通气量(alveolar ventilation)是每分钟吸入肺泡的新鲜空气量,等于(潮气量－无效腔气量)×呼吸频率。潮气量和呼吸频率的变化,对肺通气和肺泡通气有不同的影响。在潮气量减半和呼吸频率加倍或潮气量加倍而呼吸频率减半时,肺通气量保持不变,但是肺泡通气量却发生明显的变化,如表 7-1 所示。故从气体交换而言,浅而快的呼吸是不利的。

表 7-1　不同呼吸频率和潮气量时的肺通气量和肺泡通气量

呼吸频率 /（次/分）	潮气量 /mL	肺通气量 /(mL/min)	肺泡通气量 /(mL/min)
16	500	8000	5600
8	1000	8000	6800
32	250	8000	3200

7.4.2　呼吸气体的交换

肺通气使肺泡不断更新,保持了肺泡气 PO_2、PCO_2 的相对稳定,这是气体交换得以顺利进行的前提。气体交换包括肺换气和组织换气,在这两处换气的原理相同。

1. 气体交换原理　气体分子不停地进行着无定向的运动,其结果是气体分子从分压高处向分压低处发生净转移,这一过程称为气体扩散,于是各处气体分压趋于相等。机体内的气体交换就是以扩散方式进行的。单位时间内气体扩散的容积为气体扩散速率(diffusion rate of gas,D),它受下列因素的影响。

$$D \propto \frac{\Delta P \cdot T \cdot A \cdot S}{d \cdot \sqrt{MW}}$$

（1）气体的分压差　在混合气体中,每种气体分子运动所产生的压力为各气体的分压,它不受其他气体或其分压存在的影响,每一气体的分压只取决于它自身的浓度。混合气体的总压力等于各气体分压之和。

气体分压＝总压力×该气体的容积百分比

两个区域之间的分压差(ΔP)是气体扩散的动力,分压差越大,扩散越快。

（2）扩散面积和距离　扩散面积越大,所扩散的分子总数也越大,所以气体扩散速率与扩散面积(A)成正比。分子扩散的距离越大,扩散经全程所需的时间越长,因此,扩散速率与扩散距离(d)成反比。

（3）温度　扩散速率与温度(T)成正比。在人体,体温相对恒定,温度因素可忽略不计。

其中,溶解度(S)是单位分压下溶解于单位容积的溶液中的气体的量,MW 为气体分子量。

2. 气体在肺的交换　以人为例,哺乳动物的气体交换只能在肺泡中进行,而肺泡中涉及气体交换的过程又与肺内气体及肺的毛细血管有直接关系。

1) 交换过程　血流经肺毛细血管时,血液的 PO_2 是 5.32 kPa(40 mmHg),比肺泡气 PO_2(13.83 kPa,104 mmHg)低,肺泡气中 O_2 由于分压差而向血液扩散,血液的 PO_2 逐渐上升,最后接近肺泡气的 PO_2。CO_2 则向相反的方向扩散,从血液到肺泡,因为血液的 PCO_2 是 6.12 kPa(46 mmHg),肺泡的 PCO_2 是 5.32 kPa(40 mmHg)。O_2 和 CO_2 的扩散都极为迅速,仅需约 0.3 s 即可达到平衡。通常情况下血液流经肺毛细血管的时间约 0.7 s,所以当血液流经肺毛细血管全长约 1/3 时,已经基本上完成交换过程(图 7-6)。可见,通常情况下肺换气时间绰绰有余。

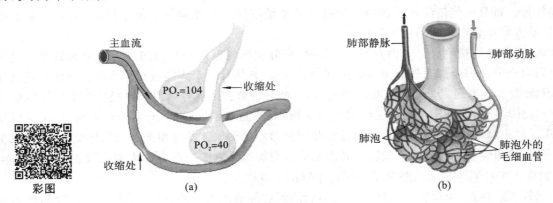

图 7-6　气体交换示意图

(a) 缺血(氧)性肺血管收缩;(b) 肺泡及其周围的毛细血管

注:数字为气体分压,单位为 mmHg(1 mmHg=0.133 kPa)。

2) 影响肺部气体交换的因素　前面已经提到气体的扩散速率受气体分压差、扩散面积、扩散距离、温度和扩散系数的影响。这里只需具体说明肺的扩散距离和扩散面积以及影响肺部气体交换的其他因素,即通气/血流值的影响。

(1) 呼吸膜的厚度　在肺部肺泡气通过呼吸膜(肺泡-毛细血管膜)与血液气体进行交换。气体扩散速率与呼吸膜厚度成反比关系,膜越厚,单位时间内交换的气体量就越少。呼吸膜由六层结构组成(图 7-7):含表面活性物质的极薄的液体层、很薄的肺泡上皮细胞层、上皮基底膜、肺泡上皮和毛细血管膜之间很小的间隙、毛细血管的基膜和毛细血管内皮细胞层。虽然呼吸膜有六层结构,但却很薄,总厚度约 1 μm,气体易于扩散通过。病理情况下,任何使呼吸膜增厚或扩散距离增加的疾病,都会降低扩散速率,减少扩散量,如肺纤维化、肺水肿等,前者还包括硅肺,由于长期在高粉尘环境下吸进大量颗粒粉尘(常见于矿工),肺内巨噬细胞吞噬了大量的粉尘却无法分解,致使细胞死亡,进而导致肺组织纤维化,虽然其呼吸运动仍然进行着,但是其呼吸效率大幅度降低。后者也包括吸烟等引起的慢性水肿,严重影响了气体交换的效率。

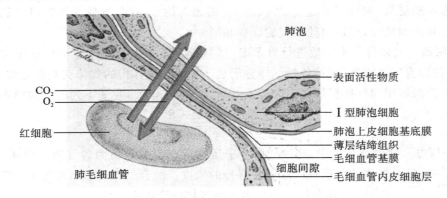

图 7-7　呼吸膜结构示意图

(2) 呼吸膜的面积　气体扩散速率与扩散面积成正比。正常成人肺有约 3 亿个肺泡,总扩散面积约 70 m^2。安静状态下,呼吸膜的扩散面积约 40 m^2,故有相当大的储备面积。运动时,因肺毛细血管开放数量和开放程度的增加,扩散面积也大大增大。

(3) 通气/血流值的影响　通气/血流值是指每分肺通气量(VA)和每分肺血流量(Q)之间的比值(VA/Q),正常成年人安静时约为 4.2/5=0.84。不难理解,只有适宜的 VA/Q 才能实现高效的气体交换,这是因为肺部的气体交换依赖于两个"泵"的协调工作。一个是"气泵",使肺泡通气,肺泡气得以不断更新,提供 O_2,排出

CO_2;另一个是"血泵",向肺循环泵入相应的血流量,及时带走摄取的 O_2 并带来组织代谢所产生的 CO_2。如果 VA/Q 值增大,这就意味着通气过剩,血流不足,部分肺泡气未能与血液气充分交换,致使肺泡无效腔增大。反之亦反。由此可见,VA/Q 增大,肺泡无效腔增加;VA/Q 减小,发生功能性动静脉短路。两者都妨碍了有效的气体交换,可导致血液缺氧或二氧化碳潴留,但主要是血液缺二氧化碳。

3. 气体在组织的交换　气体在组织的交换机制、影响因素与在肺泡处相似,所不同的是其交换发生于液相(血液、组织液、细胞内液)之间,而且扩散膜两侧的 O_2 和 CO_2 的分压差随细胞内氧化代谢的强度和组织血流量而异,血流量不变时,代谢强、耗氧多,则组织液 PO_2 低,PCO_2 高;代谢率不变时,血流量大,则 PO_2 高,PCO_2 低。

在组织处,由于细胞有氧代谢,O_2 被利用并产生 CO_2,所以 PO_2 可低至 3.99 kPa(30 mmHg)以下,PCO_2 可高达 6.65 kPa(50 mmHg)以上。动脉血流经组织毛细血管时,便顺着分压差由血液向细胞扩散,CO_2 则由细胞向血液扩散(图 7-8),动脉血因失去 O_2 和得到 CO_2 而变成静脉血。温度降低和 CO 中毒,曲线则左移。

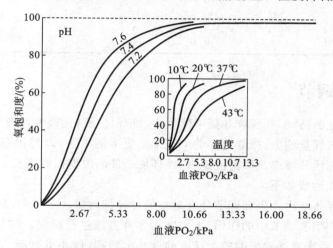

图 7-8　氧饱和度与血液氧分压(不同温度与酸度)的关系

虽然大气中的氧分压与二氧化碳分压基本稳定,但是氧分压则随着海拔的升高而降低,所以高山地区的低氧环境使得人的氧气交换效率下降,从而使人处于缺氧状态。轻微缺氧可以通过加快呼吸运动的频率来补偿,但是,如果机体严重缺氧就会出现高原反应,引起全身症状,极端情况会危及生命。然而,长期生活在高海拔环境,机体还可以通过改变血液中血红蛋白的含量以及该蛋白的血氧饱和度变化来提高氧气的交换效率,从而适应高海拔环境,即人体对高海拔的适应。

7.4.3　气体在血液中的运输

O_2 和 CO_2 都以两种形式存在于血液:物理溶解形式和化学结合形式。

物理溶解即气体分子直接溶解于血液中,而化学结合则是气体分子与血液中某一化学物质的结合状态。

温度 38 ℃时,1 个大气压(760 mmHg,101.08 kPa)的 O_2 和 CO_2 在 100 mL 血液中溶解的量分别是 2.36 mL 和 48 mL。氧气进入血液后,一部分以物理状态直接溶解于血液中,被称之为溶解氧。溶解氧在血液中只占很少一部分,常压状态(1 个大气压)下每 100 mL 血液可物理溶解 0.3 mL 的氧,约占氧运输量的 1.5%。进入血液中的氧,除少部分的溶解氧外,绝大部分与血红蛋白结合形成"氧合血红蛋白",被称之为结合氧。虽然溶解形式的 O_2、CO_2 很少,但也很重要。因为在肺或组织进行气体交换时,进入血液的 O_2、CO_2 都是先溶解,提高分压,再出现化学结合;O_2、CO_2 从血液释放时,也是溶解的先逸出,分压下降,结合的再分离出现补充所失去的溶解的气体。物理溶解和化学结合两者之间处于动态平衡。

1. 氧的运输　血液中的 O_2 以物理溶解和化学结合两种形式存在。溶解的量极少,仅约占血液总 O_2 含量的 1.5%,结合的占 98.5%左右。O_2 的结合形式是氧合血红蛋白(HbO_2)。血红蛋白(hemoglobin,Hb)是红细胞内的色素蛋白,它的分子结构特征使之成为极好的运输 O_2 的工具。Hb 还参与 CO_2 的运输,所以在血液气体运输方面 Hb 占极为重要的地位。

一分子 Hb 可以结合四分子 O_2。100 mL 血液中,Hb 所能结合的最大 O_2 量称为 Hb 的氧容量。HbO_2 呈鲜红色,去氧 Hb 呈紫蓝色,当浅表毛细血管床血液中去氧 Hb 含量达 5 g/100 mL 血液以上时,皮肤、黏膜呈浅蓝色,称为发绀。

2. CO_2 的运输 血液中 CO_2 也以物理溶解和化学结合两种形式运输。化学结合的 CO_2 主要是碳酸氢盐和氨基甲酸血红蛋白。表 7-2 所示为血液中各种形式 CO_2 的含量(mL/100 mL 血液)和释出量(%)。物理溶解的 CO_2 约占总运输量的 5%,化学结合的占 95%(碳酸氢盐形式的占 88%,氨基甲酸血红蛋白形式的占7%)。在血浆中溶解的 CO_2 绝大部分扩散进入红细胞内,在红细胞内主要以下述结合形式存在。

表 7-2　血液中各种形式的二氧化碳含量(mL/100 mL 血液)、所占百分比(%)和释出量(%)

项目	动脉血		静脉血		动、静脉血含量差值	释出量
	含量	百分比	含量	百分比		
CO_2 总量	48.5	100	52.5	100	4.0	100
溶解的 CO_2	2.5	5.15	2.8	5.33	0.3	7.50
HCO_3^- 形式的 CO_2	43.0	88.66	46.0	87.62	3.0	75.00
氨基甲酸血红蛋白形式的 CO_2	3.0	6.19	3.7	7.05	0.7	17.50

7.4.4　呼吸运动的调节

呼吸运动是一种节律性的活动,其深度和频率随体内、外环境条件的改变而改变。例如劳动或运动时,代谢增强,呼吸加深加快,肺通气量增大,摄取更多的 O_2,排出更多的 CO_2,以与代谢水平相适应。呼吸为什么能有节律地进行?呼吸的深浅和频率又如何能随内、外环境条件的改变而改变?

呼吸中枢与呼吸节律的形成如下。

呼吸中枢是指中枢神经系统内产生和调节呼吸运动的神经细胞群。多年来,对于这些细胞群在中枢神经系统内的分布和呼吸节律产生和调节中的作用,人们曾用多种方法进行研究。如早期的较为粗糙的切除、横断、破坏、电刺激等方法,和后来发展起来的较为精细的微小电毁损、微小电刺激、可逆性冷冻或化学阻滞、选择性化学刺激或毁损、细胞外和细胞内微电极记录、逆行刺激(电刺激轴突,激起冲动逆行传导至胞体,在胞体记录)、神经元间电活动的相关分析以及组织化学等方法。人们利用这些方法对动物呼吸中枢做了大量的实验性研究,获得了许多宝贵的资料,形成了一些假说或看法。

1. 呼吸中枢 呼吸中枢分布在大脑皮层、间脑、脑桥、延髓和脊髓等部位。脑的各级部位在呼吸节律产生和调节中所起作用不同。正常呼吸运动是在各级呼吸中枢的相互配合下进行的。

(1)脊髓　脊髓中支配呼吸肌的运动神经元位于第 3～5 颈段(支配膈肌)和胸段(支配肋间肌和腹肌等)前角。人们很早就知道在延髓和脊髓间横断脊髓,呼吸就会停止。节律性呼吸运动不是在脊髓产生的。脊髓只是联系上(高)位脑和呼吸肌的中继站和整合某些呼吸反射的初级中枢。

(2)下(低)位脑干　下(低)位脑干指脑桥和延髓。横切脑干的实验表明,呼吸节律产生于下位脑干,呼吸运动的变化因脑干横切的平面高低而异(图 7-9)。

(3)上位脑　呼吸还受脑桥以上部位的影响,如大脑皮层、边缘系统、下丘脑等。

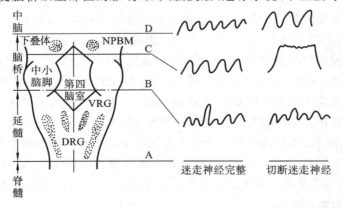

图 7-9　脑干呼吸有关核团(左)和在不同平面横切脑干后呼吸的变化(右)示意图

注:DRG,背侧呼吸组;VRG,腹侧呼吸组;NPBM,臂旁内侧核;A、B、C、D 为横切脑干的不同平面。

　　大脑皮层可以随意控制呼吸,发动说、唱等动作,在一定限度内可以随意屏气或加强、加快呼吸。大脑皮层对呼吸的调节系统是随意呼吸调节系统,下位脑干的呼吸调节系统是自主节律呼吸调节系统。这两个系统的下行通路是分开的。

　　2. 呼吸节律形成的假说　呼吸节律是怎样产生的,尚未完全阐明,已提出多种假说,当前最为流行的是局部神经元回路反馈控制假说(图 7-10)。

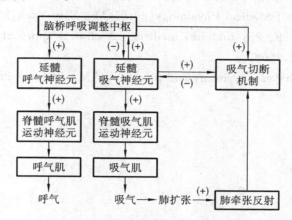

图 7-10　呼吸节律形成机制简化模式图

注:＋,表示兴奋;－,表示抑制。

　　中枢神经系统里有许多神经元没有长突起投射向远处,只有短突起在某一部位内形成局部神经元回路联系。回路内可经正反馈联系募集更多神经元兴奋,以延长兴奋时间或加强兴奋活动;也可以负反馈联系,以限制其活动时间或终止其活动。有人认为在延髓有一个中枢吸气活动发生器,引发吸气神经元呈斜坡样渐增性放电,产生吸气;还有一个吸气切断机制,使吸气切断而发生呼气。在中枢吸气活动发生器作用下,吸气神经元兴奋,其兴奋传至脊髓吸气肌运动神经元,引起吸气,肺扩张;随着吸气相的进行,来自这三方面的冲动均逐渐增强,在吸气切断机制总和达到阈值时,吸气切断机制兴奋,发出冲动到中枢吸气活动发生器或吸气神经元,以负反馈形式终止其活动,吸气停止,转为呼气。切断迷走神经或毁损脑桥臂旁内侧核,吸气切断机制达到阈值所需时间延长,吸气因而延长,呼吸变慢。因此,凡可影响中枢吸气活动发生器、吸气切断机制阈值或达到阈值所需时间的因素,都可影响呼吸过程和节律。

本章小结

　　动物机体的所有细胞都需要由氧化所产生的能量来维持其正常的生理活动,这个氧化过程所需要的氧气和代谢所产生的二氧化碳都必须时刻保持与环境的气体交换,但是构成机体的大多数细胞并不能够直接与外界进行气体交换(呼吸),因此不同的动物采取了不同的呼吸方式。昆虫通过气管系统将气体直接运送到组织,水生鱼类通过鳃实现与水体环境的气体交换,而两栖类则同时兼有皮肤和肺呼吸与水体或空气进行气体交换,鸟类和陆生哺乳动物仅以肺呼吸来实现气体交换。大多数动物是通过血液血红蛋白作为载体与其他细胞的气体相互交换的,即气体交换分别发生在呼吸器官(外呼吸)和组织细胞与血液的交换(内呼吸)两个场所。因此,气体交换的效率不仅与呼吸运动本身的强度相关,而且还与血液循环的速度有关,两个系统在神经和体液代谢等系统的调节下,根据机体的具体需要随时进行精细的调节,昼夜不停地活动以保障动物机体的基本需要。

思考题

扫码答题

参考文献

[1] 王玢,左明雪. 人体及动物生理学[M]. 2 版. 北京:高等教育出版社,2001.

[2] 张建福. 人体生理学[M]. 上海:第二军医大学出版社,2000.

[3] Ganong W F. Review of Medical Physiology(20th)[M]. New York:McGram-Hill,2001.

[4] Lingappa V R,Farey K. Physiological medicine:A clinical approach to basic medical physiology [M]. New York:McGram-Hill,2000.

[5] Beachey W. Respiratory care anatomy and physiology[M]. 2nd ed. Philadelphia:Mosby,2007.

第 **8** 章 血液与循环系统

血液循环（circulation）是指血液在全身心血管系统内周而复始地循环流动。血液只有在全身循环流动才能发挥它的运载作用，进而起到把全身各部分紧密地联系在一起以及保卫机体的作用。因此，血液循环是机体重要的功能之一，血液循环停止就是死亡的先兆。心血管系统疾病是危害人类健康最严重的疾病。

8.1 体液是动物体重要的内环境

各种动物体内都含有大量的水。从生理学看来，成年男性体内含水量为体重的 60% 左右，成年女性体内含水量为体重的 50% 左右。人体内含水最多的时期是出生时，出生一天的新生儿含水量为体重的 79%。各种动物体内的含水量也很多。水对人和动物体至关重要，没有水就没有生命。因为生命活动的许多反应都是在水溶液中进行的。人体内的水大多是包含在食物和饮料中通过进食、饮水进入身体的，也有一小部分水是食物在体内氧化产生的。体内的水主要通过肾脏排出，但出汗与呼气也是排出的途径。在正常情况下，人体水的摄入量与排出量是相等的。体内以水作为基础的液体称为体液（body fluid）。体液内含有各种对身体不可缺少的离子和化合物以及代谢产物。以细胞为节点，体液按所在的位置分为细胞内液（intracellular fluid）和细胞外液（extracellular fluid）。细胞内液是指细胞膜内所包含的体液，约占体重的 40%（男）和 30%（女）。细胞外液包括存在于组织间隙中的组织液（interstitial fluid）和存在于血管、淋巴管等管内的液体物质即血浆（plasma）和淋巴（lymph）等。组织液约占体重的 16%，管内液约占体重的 4%。单细胞的原生动物（如变形虫）和简单的多细胞动物（如水螅）的细胞能直接与外部环境接触，所需的食物和氧直接取自外部环境，代谢产生的废物也直接排到外部环境中去。但在更复杂的多细胞动物中，其多数细胞并不能直接与外部环境接触，它们周围是细胞外液，首先是组织液。组织液充满了细胞与细胞之间的间隙，又称细胞间液。细胞通过细胞膜直接与组织液进行物质交换；而组织液又通过毛细血管壁与血浆进行物质交换。血浆在全身血管中不断流动，再通过胃、肠、肾、肺和皮肤等器官与外界进行物质交换。

8.1.1 心血管系统

鱼类的心脏很简单，静脉、心房、心室及动脉串联在一起，心房与心室顺序收缩产生动力，推动血液向动脉血管流动，血管及心内的瓣膜保证血液单向流动从而完成血液循环（图 8-1）。

而从鱼类到两栖类，再到爬行类和鸟类，血液循环系统不断变得更加复杂和完善，特别是心脏的结构出现了明显的变化，腔体增多，分工更加明确，出现了双循环（体循环与肺循环）。氧合血与非氧合血从混合到分开，使气体交换效率不断提高，从而使动物更加适应各自的环境。

心血管系统是由心脏、动脉、毛细血管和静脉组成的管道系统，以供血液流通。

鸟类与哺乳类动物的心脏为圆锥形、有腔的肌质器官，位于胸腔内、两肺之间，略偏左侧（图 8-2）。心脏内分四个腔，左、右心房和左、右心室分别被房间隔与室间隔隔开，互不相通。心房和心室

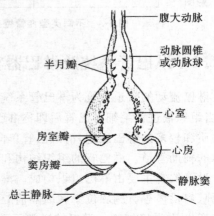

图 8-1 鱼类的心脏结构示意图

之间的开口称房室口,在右房室口周缘附存三片尖瓣,左房室口周缘附有二片尖瓣。瓣膜向下垂入心室,并借腱索连在心室壁上,这样的结构能够防止血液逆流。右心房内的上、下方分别有前腔静脉和后腔静脉的入口。右心室的出口处为动脉圆锥,肺动脉由此发出。左心房的背面有几条肺静脉。左心房的前方为左心室的出口,主动脉弓由此发出。在肺动脉和主动脉起始内面的周缘上各有三个袋状的瓣膜,称为动脉瓣,袋口向着动脉,能防止血流从动脉逆流回心室。

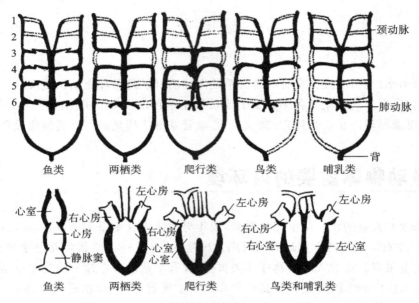

图 8-2　不同动物心脏的基本结构模式图

	平均直径	平均管壁厚度	内皮	弹性组织	平滑肌	纤维组织	
动脉	4.0 mm	1.0 mm					
小动脉	30.0 μm	6.0 μm					
毛细血管	8.0 μm	0.5 μm					
小静脉	20.0 μm	1.0 μm					
静脉	5.0 mm	0.5 mm					

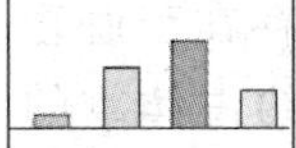

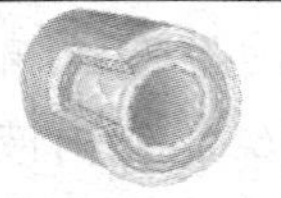

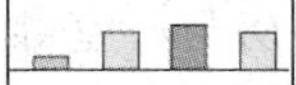

彩图

图 8-3　不同类型血管壁的结构组成及直径

动脉是从心脏发出的血管,它将血液由心脏运送至全身各部。动脉管壁的结构,除内皮和结缔组织外,还有弹性纤维和平滑肌。

毛细血管为小动脉和小静脉之间的微血管,互相吻合成网状。其管径小,仅能容纳 1～2 个红细胞通过,管壁较薄,仅由一层扁平上皮细胞构成。

静脉,起自毛细血管,是由身体各部运送血液返回心脏的血管。静脉常与动脉伴行,其结构与动脉相似,管壁也分三层,区别如下:静脉的管径通常比伴行的动脉大,管壁较薄;弹性纤维和平滑肌较少(图 8-3)。较大的静脉,特别是四肢和颈部,管腔内具有成对的半月形瓣膜,瓣膜顺血流方向开放,有防止血液倒流的作用。

8.1.2　淋巴管系统及淋巴器官

淋巴流动的管道系统为淋巴管系统,顺次包括毛细淋巴管、淋巴管、淋巴干和淋巴导管。淋巴来自组织液,当组织液进入毛细淋巴管后即称淋巴。淋巴是淡黄色透明液体,含有水、蛋白质、葡萄糖、无机物、激素、免疫物质和较多的淋巴细胞,沿淋巴管单向向心流动,最后经右淋巴管和胸导管汇入前腔静脉,故淋巴管系统是静脉的辅助管道。淋巴管的组织结构和静脉管相似,管壁很薄,也有瓣膜。各级淋巴管依据管径大小来区分。

淋巴器官主要由淋巴组织构成。淋巴组织是富含淋巴细胞的网状结缔组织。淋巴器官包括胸腺、淋巴结、脾、扁桃体等。胸腺位于胸纵隔前腔,其大小和结构常随动物年龄而变化,主要功能是能分泌多种胸腺激素和产生 T 淋巴细胞。淋巴结通常呈豆状,常群集于身体的一定部位,如颈部、腋窝、腹股沟等,分布在淋巴循环的通路上。淋巴结最显著的功能是截留淋巴细胞和扫清淋巴中的异物。脾(spleen)是身体内最大的淋巴结,位于腹腔的左上部,是血液循环中重要的过滤器官,不仅能有效地清除侵入血液内未经"处理"的细菌和抗原物质,还能吞噬衰老的红细胞、退化的白细胞和血小板,并将其分解。扁桃体为位于舌根和咽部周围黏膜上皮下的块状淋巴组织。扁桃体对机体有很重要的防御作用,除了产生淋巴细胞外,还能产生抗体。

8.2　血液的组成与功能

　　血液是由血浆混悬着血细胞构成的,它起着多方面的重要作用。人和高等动物的血液存在于心血管系统中,被心脏的搏动所推动,不断地在体内血管系统中循环流动,以细胞间隙中的组织液为中介与细胞进行物质交换。

8.2.1　血液的基本成分

　　在显微镜下可以看到均匀的血液中有许多细胞(红细胞、白细胞等)。通过离心分离,细胞较重沉到下部,血液分成血浆和有形成分(细胞成分)两个部分。

　　1. 血浆(无形成分)　将血液中的有形成分(包括血细胞及血小板等)去除,剩下的液体成分就是血浆。人的血浆是淡黄色的液体,约占血液体积的 53%(男)或 58%(女),其中水分约占 92%,还有溶于水的晶体物质、胶体物质等。血浆中的晶体物质主要是盐类,包括氯化钠、氯化钾、碳酸氢钠、碳酸氢钾、磷酸氢二钠及磷酸二氢钠等。血浆渗透压的绝大部分来自溶解其中的晶体物质,特别是电解质。由血浆中晶体物质形成的渗透压称为晶体渗透压。晶体物质比较容易通过毛细血管壁,因此血浆和组织液之间的晶体渗透压保持动态平衡。血浆中的胶体物质是血浆蛋白,含量为 6%~8%。这些血浆蛋白形成的渗透压很小,只占血浆渗透压的很小一部分,约 3.3 kPa(25 mmHg),称为胶体渗透压。胶体渗透压虽然很小,但由于血浆蛋白不能通过毛细血管壁,因此对于血管内外的水平衡有重要的作用。血浆蛋白中主要有 3 种蛋白质:①清蛋白,相对分子质量约为 67000,血浆中约含 4%。清蛋白在 3 种蛋白质中相对分子质量较小,但分子数目多,而且含量大,80% 的血浆胶体渗透压是由它产生的。②球蛋白,相对分子质量为 50000~3000000,血浆中约含 2%,又分为 α 球蛋白、β 球蛋白与 γ 球蛋白。球蛋白与某些物质的运输及机体的免疫功能有关。③纤维蛋白原,相对分子质量约为 340000,血浆中仅含 0.2%~0.4%。纤维蛋白原主要在血液凝固中起作用。因此,将血浆中的纤维蛋白去除(血液凝固)后,剩下的液体成分就称为血清。

　　2. 血细胞及其衍生物(有形成分)　血液通过离心分离可以分成血浆和有形成分两个部分。有形成分又可分为上层的白细胞(leukocyte)和血小板(platelet),以及下层的红细胞(erythrocyte)(图 8-4)。成年男子的红细胞占 40%~50%,成年女子的红细胞占 35%~45%。低等脊椎动物的红细胞是有细胞核的,但人和哺乳动物的红细胞在成熟的过程中失去了细胞核、高尔基体、中心粒、内质网和大部分线粒体。人的红细胞像一个双凹形的圆饼,周边厚而中间薄,平均直径约为 7 μm。红细胞的特点是含有血红蛋白(hemoglobin, Hb),占细胞全重的 1/30。血红蛋白中含有铁,可与氧结合。红细胞中另一种重要物质是碳酸酐酶,它有助于二氧化碳的运输。红细胞的主要功能是运输氧和二氧化碳。它的形状和大小有利于氧和二氧化碳迅速穿过细胞。

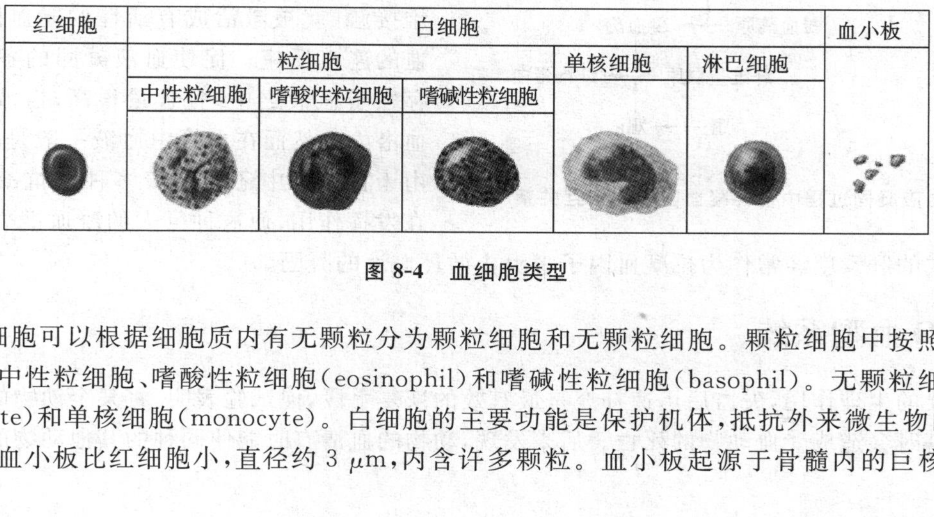

红细胞	白细胞					血小板
	粒细胞			单核细胞	淋巴细胞	
	中性粒细胞	嗜酸性粒细胞	嗜碱性粒细胞			

图 8-4　血细胞类型

　　人体的白细胞可以根据细胞质内有无颗粒分为颗粒细胞和无颗粒细胞。颗粒细胞中按照颗粒对染料的反应,又可分为中性粒细胞、嗜酸性粒细胞(eosinophil)和嗜碱性粒细胞(basophil)。无颗粒细胞可分为淋巴细胞(lymphocyte)和单核细胞(monocyte)。白细胞的主要功能是保护机体,抵抗外来微生物的侵袭(见免疫学相关章节)。血小板比红细胞小,直径约 3 μm,内含许多颗粒。血小板起源于骨髓内的巨核细胞。细胞成熟时,它的细胞质分裂成几千个近似圆盘的血小板,因此血小板没有细胞核,实际上不是完整细胞,而是巨核细胞质的碎片,但它具有独立进行代谢活动的必要结构,所以它有活细胞的特性。血液中血小板主要在凝血中发生作用。

8.2.2 血液有运载物质和联系机体各部分的功能

由于心脏的搏动,血液在心血管系统中循环运行使血液中包含的各种物质也随之流动,分布到全身不同的器官中,有的被吸收,有的被排除。血液运送的各种物质可分为两大类。第一类是从体外吸收到体内的物质,其中有由消化管所吸收的营养素,包括葡萄糖、氨基酸、脂肪、水、无机盐和维生素,以及由肺所吸收的氧,这些物质都是细胞新陈代谢所必需的,通过血液循环运送到全身各部分,分别被各种细胞所吸收。第二类是体内细胞代谢的产物,又可分为两类:一类是代谢所产生的废物,如二氧化碳、尿素等,由血液运送到呼吸器官及排泄器官排出体外;另一类是活性物质(包括激素等),是某些细胞或组织所产生的具有特殊生理作用的物质,由血液运送到它们所作用的组织或器官,使之发生一定的反应。因此,血液在人体中有运载物质和联系机体各部分功能的作用。血液与体内各种组织的代谢和功能都有密切的关系。

8.2.3 血液的生成与再生

人体的血液成分相对稳定,其中血细胞来自骨髓造血干细胞,而血浆蛋白则多来自肝脏。如果失血10%,即400～500 mL,首先引起心脏活动加快加强,血管普遍收缩,肝、肺、腹腔静脉和皮下静脉丛中的大量血液加速回流,因此对循环中的血量没有明显的影响。在失血后1～2 h,血浆中的水分和电解质由组织液渗入血管中来补充,血量得以恢复。经过一天左右,血浆中的蛋白质可以恢复,这是肝在失血后加速合成蛋白质的结果。至于大失血,失血量超过全血量20%,已不能由机体内部的调节和代偿功能来维持正常的血压水平,将会出现一系列的临床症状,必须采取治疗措施,包括输血等。

8.2.4 血液的凝固功能

当组织受到损伤,血液从血管流出后几分钟就由液体变成凝胶状体,这便是血液凝固(blood coagulation)。血液的凝固是一个复杂的过程,许多因素与凝血有关。凝血过程概括如下:纤维蛋白原是一种可溶性的杆状蛋白质,相对分子质量约340000,由肝产生,经常存在于血浆中。在凝血酶的作用下,纤维蛋白原被切掉两端的带负电荷的小分子多肽,成为纤维蛋白单体。血液中原来只含有由肝所产生的凝血酶原。凝血酶原在凝血酶原激活物的作用下变成凝血酶。

凝血酶原激活物是由原来没有活性的凝血酶原激活物被另一种因素所激活的。如此上推,有一连串的这种反应。现在至少已发现12种重要的凝血因子参与凝血过程,这些因子按照发现的先后用罗马数字命名(图8-5)。有关的凝血因子与损伤的血管内皮接触,很可能是与损伤的内皮下的胶原纤维接触,就被激活成有活性的凝血因子,引起了凝血的连锁反应。促使血液凝固的各种凝血因子都存在于血液之中,且含量很高,血液具有很大的凝血潜力。然而在血管中血液一般是不凝固的,这是由于在血浆中还存在着多种对抗凝血的抑制因素在发挥作用,使这种巨大的凝血潜力受到有效的控制。如肝脏生成的肝素就经常作为抗凝血因子来阻止循环血液的凝固。

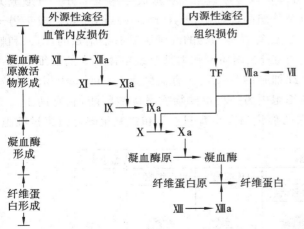

图8-5 血液凝固过程中各种凝血因子的相互关系

8.2.5 ABO血型系统

血液有重要的生理作用,失血后迅速补充是最有效的恢复手段,但试验表明,将某个动物的血液输送给同种的另一动物有时会造成受血动物的死亡。后来发现,动物的血清有时能使同种的其他动物的红细胞凝集并溶血,这就是造成受血动物死亡的原因。在正常情况下红细胞是均匀分布在血液中的。当加入同种其他个体的血清时,有时可使均匀悬浮在血液中的红细胞聚集成团,这便是凝集(agglutination)(图 8-6)。这种红细胞的凝集反应也是一种免疫反应。1901 年兰德施泰纳(Karl Landsteiner,1868—1943)根据人体红细胞与他人的血清混合后有的发生凝集,而有的不发生凝集的现象,发现人类血液中存在着不同的血型(blood group)。这一发现使输血成为安全的医疗措施而被广泛应用。检查血型的方法是将受检者血液分别滴入抗 A 血清、抗 B 血清和抗 Rh 血清中,观察是否出现凝聚现象,可以区分出不同的血型。在人类的红细胞上有凝集原(agglutinogen,本质为抗原),在血清中有凝集素(agglutinin,本质为抗体)。按照红细胞和血清中凝集原与凝集素的不同,将血液分为 4 种主要类型。同血型的人之间由于血液中的凝集原与凝集素相同,可以互相输血。

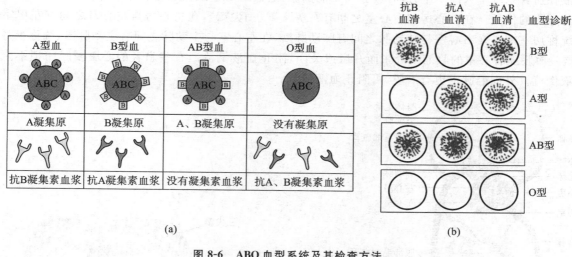

(a)　　　　　　　　　　　　　　　　(b)

图 8-6　ABO 血型系统及其检查方法
(a) ABO 血型系统图解;(b) ABO 血型检查方法

8.2.6　Rh 血型系统

人们发现了 ABO 血型系统(ABO blood group),有效地消除了输血中主要的危险,但后来发现,在正常的红细胞上还有其他的抗原。在白种人中,85% 的人红细胞上存在 Rh 因子,与抗 Rh 血清混合则发生凝集反应,这些人是 Rh 阳性(Rh$^+$)。15% 的人的红细胞与抗 Rh 血清混合不发生凝集反应,这些人是 Rh 阴性(Rh$^-$)。因此,根据 Rh 因子的有无可以区分 Rh 阳性和 Rh 阴性两种血型,这种血型系统称为 Rh 血型系统(Rh blood group system)。除了 ABO 抗原系统和 Rh 系统以外,其他的因子很少引起输血反应,但具有理论上和法医学上的意义。

8.3　哺乳动物的心脏和血管系统

在脊椎动物中,血液循环是在封闭的心血管系统中进行的。这个系统包括一套管道(血管)和一个推动血液流动的血泵(心脏)。

人和哺乳动物有两个循环(体循环和肺循环),都起源于心脏,又回到心脏。人和哺乳动物的心脏是中空的肌肉器官,被纵中隔和横中隔分为四个部分。纵中隔将心脏分为左心、右心,而横中隔又将这两个部分分为心房和心室(图 8-7)。

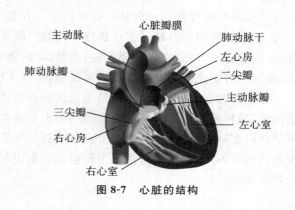

图 8-7　心脏的结构

8.3.1 血液的流动

心脏有节奏地收缩把血液挤出去,血液从右心室流出,经过肺回到左心房,这是肺循环(pulmonary circulation,又称小循环)。血液由左心房进入左心室,再由左心室流出,经过各种器官组织回到右心房,这是体循环(systemic circulation,也称大循环),也是身体中比重最大的部分。在这两个循环中,从心脏输送血液出去的管道称为动脉,从肺或其他组织输送血液回心脏的管道称为静脉。在体循环中,从心脏发出的大动脉称为主动脉,从主动脉再分出动脉到各器官和组织后,动脉再分出微动脉。微动脉再分成大量的很细很薄的管道,称为毛细血管。血液和组织之间的物质交换都是通过毛细血管进行的。毛细血管汇合成微静脉(venule),进一步再汇合成静脉(图8-8)。

血液在血管系统中只向一个方向流动,而不能倒流,这是因为心血管系统中有一套瓣膜,对于保证血液不倒流起着重要的作用。在右心房与右心室之间有右房室瓣(三尖瓣),在左心房与左心室之间有左房室瓣(二尖瓣),统称房室瓣。在右心室与肺动脉之间有肺动脉瓣,在左心室与主动脉之间有主动脉瓣,统称半月瓣(图8-9)。这些瓣膜随着心室的收缩或舒张而开启或关闭,阻止血液倒流。有些患者的心脏瓣膜闭锁不全,会有部分血液倒流。外周静脉中也有瓣膜,可阻止血液倒流。

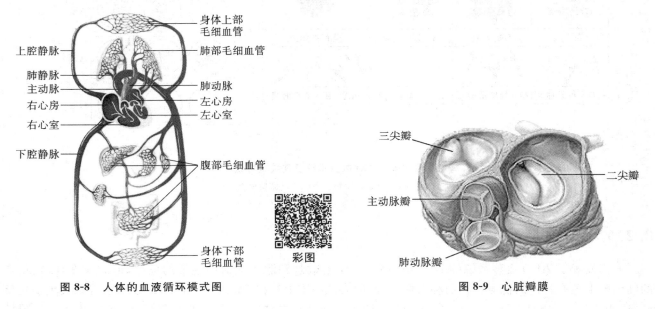

图 8-8　人体的血液循环模式图　　　　　　　　　　　　　　图 8-9　心脏瓣膜

8.3.2 心脏的搏动

血液循环的动力来自心脏的收缩。由心脏收缩产生的压力推动血液流过全身各部分,心脏起着肌肉泵的作用,而心脏和静脉管中的瓣膜则决定血液流动的方向。每次心脏搏动,由收缩到舒张的整个过程称为心动周期(cardiac cycle)。首先两个心房同时收缩,接着心房舒张;然后两个心室同时收缩,接着心室舒张,心脏每分钟大约收缩70次,每次大约0.85 s。一个正常成年人的心率在每分钟60～100次的范围内变动。

在心动周期中,心房和心室内的压力和血流量都在发生变化。当心房收缩时,心房内压力升高,将血液注入心室。接着心房舒张,心室收缩,心室内压力升高,血液向心房方向回流,推动房室瓣关闭。心室内压力继续升高,直到心室内压力超过主动脉(或肺动脉)的压力,血液冲开主动脉瓣(或肺动脉瓣),射入主动脉(或肺动脉)。接着心室舒张,室内压降低,主动脉瓣(或肺动脉瓣)关闭。当心室内压力低于心房内压力时,房室瓣开放,血液从心房流入心室。如此周而复始,循环不已。

心脏被称为血泵,其主要功能是为血液循环提供动力,而心脏每一次收缩所能够输出的血液量被称为每搏输出量(简称搏出量),每分钟所提供的输出量被称为每分输出量,后者等于心率与搏出量之积。心脏可以根据机体的实际需要,通过神经调节和体液调节等多种方式来改变其心率和(或)搏出量,从而调整心输出量。需要指出的是,心率与搏出量这两个影响每分输出量的因素在实际调节过程中是相互影响的,而不是一个简单的数学关系。

8.3.3 心肌的动作电位

人的心脏每分钟大约搏动 70 次,终生不停。如果心脏停止活动就意味着血液不再在血管中流动,全身组织不能得到氧和营养素,代谢废物也不能排出。此时如果不能及时重新启动心脏的搏动,这就意味着死亡的到来。因此,心脏有节奏地不断地搏动是维持我们全身生命活动的必要条件。

1. 心肌的种类和特性 心脏能维持长久的有节奏的搏动是由于心脏所具有的结构上与功能上的特性。心肌具有可兴奋性、收缩性、传导性和自律性四大特点,其前三点与骨骼肌相似,而最后一点自律性则是其与骨骼肌最大的不同。心脏由心肌构成,心肌分为工作细胞和自律细胞,前者对心肌收缩的张力具有绝对的贡献,而后者则对张力没有贡献,仅负责产生自动节律信号并将其传导到所有工作肌细胞。工作肌也属于横纹肌,它的基本结构与骨骼肌相似。不过骨骼肌的肌纤维呈柱状,细长,多细胞核;而心肌细胞较短,单核,肌细胞有分支,可以与其他肌细胞以间隙连接的形式形成闰盘,心肌细胞膜的动作电位可以在不同细胞之间快速传导,导致所有心肌细胞之间形成具有同步功能的"功能合胞体",从而保证心肌细胞共同收缩与舒张。心肌储备能量的肌糖原很少,因此,其能量和营养必须与其他组织一样来自血液供给,心脏有充足的血液供给。最先从主动脉分支出来的动脉就是供给心脏血液的两条冠状动脉(coronary artery),它们给心脏细胞送来氧和营养素。冠状动脉阻塞会给心脏的功能带来严重的影响。

心肌区别于骨骼肌的最明显的特征就是心肌收缩的自动节律性,即心肌细胞能通过自身内在的变化而有节律地兴奋并引起有节律的收缩。心脏的自动性节律起源于心脏的一定部位,这个部位称为起搏点(pacemaker)。由哺乳动物的心肌分化出另一类心肌细胞,构成特殊传导系统(图 8-10)。这类细胞大多具有自动产生节律性兴奋的能力,主要功能是产生和传导兴奋。特殊传导系统包括窦房结(sinoatrial node)、房室结(atrioventricular node)、房室束和浦肯野纤维。兴奋由右心房壁上的窦房结开始,向四周的心房肌传播,引起心房肌收缩,同时传到房室之间的房室结,引起房室结兴奋。现代医疗技术可以使用电子技术制作人工起搏器,从而使心脏搏动有问题患者的心脏正常跳动,该起搏器发出有节律的电脉冲使心脏产生有节律的搏动。

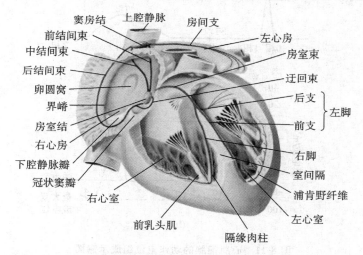

图 8-10 心肌的传导系统示意图

2. 心肌细胞动作电位及其产生机制 心肌细胞动作电位(action potential,AP)是指一个阈上刺激作用于心肌组织可引起一个扩布性的去极化跨膜电位波动。AP 产生的基本原理是心肌组织受到刺激时会引起特定离子通道的开放及带电离子的跨膜运动,从而引起膜电位的波动。不同心肌细胞具有不同种类和特性的离子通道,因而不同部位的心肌 AP 的开关及其他电生理特征不尽相同。

心室肌、心房肌和浦肯野细胞均属于快反应细胞,AP 形态相似。心室肌 AP 复极时间较长(100～300 ms),其特征是存在 2 期平台。AP 分为 0、1、2、3、4 期。

0 期:去极化期,膜电位由 -80～-90 mV 迅速去极化并转为正电位(+40 mV),产生机制是电压门控性钠通道激活,Na^+ 内流产生去极化。

1 期:快速复极早期,膜电位迅速恢复到 +10 mV 左右。其复极的机制是钠通道的失活和瞬间外向钾通道的激活,K^+ 外流。

2 期:平台期,其形成是内向电流与外向电流平衡的结果。平台期的内向电流主要有慢钙及慢钠通道电流。其中最重要的是慢钙通道的失活缓慢,在整个平台期持续存在,一定程度上抵消了钾的外向电流,参与平台期的维持并增加平台的高度。

3期:快速复极末期,慢钙通道失活,钾外向电流成为主导电流。

4期:工作肌细胞由于钠泵启动重新恢复到静息电位,而特殊传导细胞则开始自动去极化,如浦肯野细胞和窦房结细胞。浦肯野细胞4期去极化的最重要的内向电流为 I_f 电流。由于它激活速度较慢,故它的4期去极化速率较慢。当去极化达到阈值时,新一轮的0期(快速去极化)又开始了。

浦肯野细胞属于快反应自律细胞,其AP与心室肌相比的一个显著区别是具有4期自动去极化过程(图8-11)。

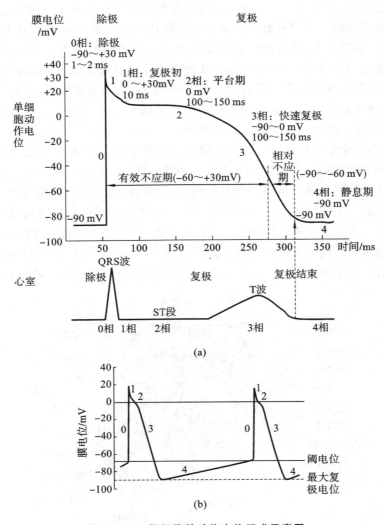

图 8-11　心肌细胞的动作电位组成示意图

(a) 心室肌细胞动作电位;(b) 浦肯野细胞动作电位

3. 心肌兴奋性的周期性变化　心肌细胞与神经细胞相似,兴奋性是可变的。当心肌细胞受到刺激产生一次兴奋时,兴奋性也随之发生一系列周期性变化,这些变化与膜电位的改变、通道功能状态有密切联系(图8-12)。兴奋性的变化可分为以下几个时期。

(1) 绝对不应期与有效不应期(ARP与ERP)　绝对不应期相当于心肌发生一次兴奋时,从动作电位的0期去极化开始至复极3期膜内电位约 $-55\ mV$ 这段时间内,如果再给它刺激,则无论刺激多强,心肌细胞都不会再次兴奋。因此,这一时期称为绝对不应期。此期膜电位很小,Na^+ 通道处于失活状态,心肌细胞兴奋性下降到零。从膜内电位 $-55 \sim -60\ mV$ 这段复极期间,如果给予阈上刺激,肌膜可发生局部除极化(局部兴奋),但仍然不能产生动作电位,从动作电位去极化开始到 $-60\ mV$ 这段时间内,称有效不应期。局部去极化的原因是 Na^+ 通道刚刚开始复活。

(2) 相对不应期(RRP)　有效不应期完毕,从3期膜内电位 $-60\ mV$ 开始到 $-80\ mV$ 这段时期内,用阈

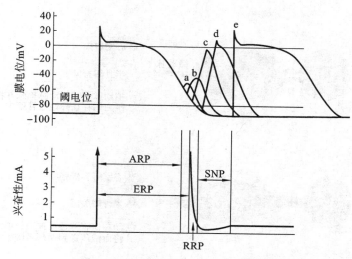

图 8-12　心肌细胞的动作电位与兴奋性变化

上刺激才能引起动作电位,称为相对不应期。此期说明心肌的兴奋性已逐渐恢复,但仍低于正常,原因是 Na^+ 通道部分恢复活性。

（3）超常期（SNP）　从复极 3 期膜内电位 -80 mV 开始至复极 -90 mV 这段时期内,用阈下刺激就能引起心肌产生动作电位,说明心肌的兴奋性超过了正常,故称为超常期。

4. 影响兴奋性的因素　心肌兴奋性的高低除了可以用阈值作为衡量指标外,静息电位和阈电位之间的差距以及离子通道的性状也可影响兴奋性。

（1）静息电位　静息电位绝对值增大时,与阈电位的差距就加大,引起兴奋所需的刺激阈值也增大,兴奋性降低;反之,静息电位绝对值减小时,则兴奋性增高。

（2）阈电位　阈电位水平上移,与静息电位之间差距加大,可使心肌兴奋性降低;反之阈电位水平下移,则兴奋性增高。

（3）Na^+ 通道的状态　指 Na^+ 通道所处的状态,心肌细胞产生兴奋,都是以 Na^+ 通道能被激活为前提的。Na^+ 通道具有三种机能状态,即激活、失活和备用。Na^+ 通道处于哪种状态,取决于当时的膜电位水平和时间进程,亦即 Na^+ 通道的激活、失活和复活是电压依从性和时间依从性的。

8.3.4　血管的结构与功能

心脏每次收缩时将心室中的血液射入与它相连接的动脉（图 8-13）。这些动脉有两个方面的功能:一是把血液从心脏引导到机体的各部分,动脉的管径较粗,对血流的阻力很小;另一方面的功能是作为有弹性的血库调节血量和血压。在心室收缩期,一定量的血液突然射入主动脉和主要的动脉,如果主动脉和大动脉没有弹性,不能膨胀,则这种突然的输入会使整个动脉系统的血压和血量大为增加。由于这些动脉有一厚层弹性组织,当血液射入时可以扩张,容纳心脏射入的血液,使血压不致过高,血液不致突然涌入较小的动脉。在心室舒张期,射血停止,主动脉瓣关闭,被扩张的动脉由于弹性而回缩,把在心室收缩期储存的位能释放出来,维持血压相对的稳定,推动血液继续流向外周。由于主动脉和其他一些主要动脉的弹性血库的作用,心脏的间断性射血转变成动脉中持续不断的血流。动脉管壁的弹性随年龄的增长而减小。

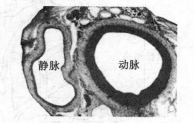

图 8-13　动脉与静脉

微动脉位于动脉与毛细血管之间。微动脉的管壁内肌纤维成分相对较多,大多是环行平滑肌纤维。环行平滑肌纤维长度的变化可以迅速改变这些血管的口径。它的口径的变化一方面可以调节血液从动脉流出的速度,从而调节动脉内的血量和血压（图 8-14）;另一方面又可调节控制进入器官组织的血量,调整血液的分布。在整个血管系统中,主动脉、动脉等部分压力下降很少,而微静脉与右心房之间的压力下降也很少,大部分压力下降发生在微动脉和毛细血管的两端,由此可以推论这一部分血管的阻力必然很大。

静脉首要的功能是从身体各部分的毛细血管将血液引导回心脏。静脉的管壁比动脉的薄得多,弹性也较

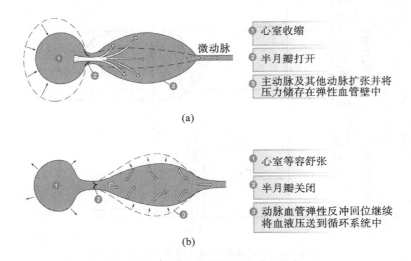

图 8-14　动脉血管的弹性及动力储备

（a）心室收缩期；（b）心室舒张期

低。主要静脉的管内横切面积是相应动脉的 2 倍,从组织接纳血液的小静脉的内横切面积是供应血液的小动脉的 6～7 倍。静脉中的血量约为血液总量的一半,而且血压很少超过 10 mmHg(1.33 kPa)。因此,静脉系统还起着储血的作用。

8.3.5　毛细血管的物质交换

微循环(microcirculation)是指血液循环系统中介于微动脉与微静脉之间的一套微细的血管系统(包括微动脉、毛细血管、微静脉等)中的血液循环(图 8-15)。血液和组织液之间的物质交换是通过微循环中的毛细血管来进行的,可清除新陈代谢所产生的废物。

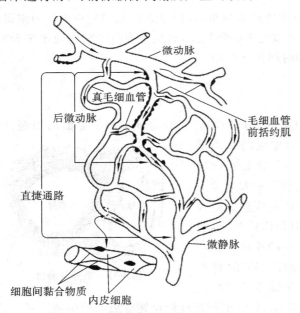

图 8-15　微循环模式图

毛细血管一般长约 1 mm,直径为 7～9 μm,刚刚可使红细胞通过。它遍布全身,伸入每个器官和组织,形成一个非常庞大的毛细血管网,在体内很少有细胞与毛细血管的距离超过 25 μm 的。毛细血管的结构非常适合于在血液和组织液之间交换液体、溶解的气体和小分子的溶质。这些血管的管径很小,因而形成了最大的扩散表面。由于毛细血管数量很大,其总的横截面积也大,使毛细血管中的血流速度变慢,为物质交换提供了足够的时间。此外,毛细血管壁具有很大的通透性。研究脊椎动物的血浆和组织液发现,它们除大分子的蛋白质含量不同外,其他的成分非常相似。人的血浆蛋白含量约为 6.8%,而组织液约含蛋白质 2.6%。各种离子、氨基酸、糖和其他溶质在血浆和组织液中的浓度都相同。所以组织液是血液的超滤液(ultrafiltrate);有些患者的高血压源于微动脉的过度收缩。组织液之间的物质交换绝大部分是通过扩散进行的。组织的生理活动形成了毛细血管内外各种溶质的浓度梯度,顺着浓度梯度产生了有关溶质的净流量。通过毛细血管壁的交换是很迅速的,这是由于内皮细胞之间存在裂隙,毛细血管壁上有孔道,细胞膜的通透性很大和扩散距离很短。通过扩散,循环的血液向细胞供给营养物,同时带走新陈代谢所产生的废物。

8.3.6　血压的形成与调节

血压(blood pressure)是指血液对单位面积血管壁的压力。一般测定的人体血压是肱动脉的血压。血压形成的基本条件是血液在循环系统具有一定的充盈度,其次是心脏收缩形成推动血液循环的动力,然后就是血液在血管中流动的阻力。可见,凡是能够影响以上条件的任何一个因素均能够最终影响到血压的形成和大小。

心室肌收缩释放的能量可分为两个部分,一个部分推动血液在血管中流动(动能),另一部分形成对血管壁的侧压,并使血管壁扩张(势能);当心室舒张时,大动脉依靠其弹性回缩,又将一部分势能转变为推动血液流动的动能,这样就使心室的间断射血变成血管内的连续血流。由于血液从动脉经毛细血管到静脉的流动过程中不断克服阻力而消耗能量,故血压逐渐降低。血液由主动脉流向大静脉末端的整个过程中,血压的下降是不均匀的,这是因为血液在各段血管中流动所遇到的阻力大小不同。血液流经小动脉和毛细血管之间的微动脉时,血压的降落最陡,这是因为血液在微动脉处所遇的阻力最大,因此势能消耗也最多。当人体处于安静状态时,体循环血流的动能在血流总的能耗中只占很小的份额,可以略而不计。但在肌肉运动时,由于血流速度大大加快,血流的动能所占的比例增加。

1. 血压的测量　在人体上一般用间接法测量血压。将血压计的橡皮袖带缠在手臂上部,打气入带,使带内压力升高到 200 mmHg(26.66 kPa)左右,完全阻断血流(图 8-16(a))。将听诊器放在袖带下肱动脉上,逐渐放出带内空气,当袖带压力刚低于心脏收缩压,即动脉压的高峰大于袖带压力时,血液以很高的速度穿过部分阻塞的动脉,高速的血流产生湍流和振动,可以首次听到脉搏声(图 8-16(b)),这时血压计上的压力读数相当于收缩压。继续降低带内的压力,血液流过袖带阻滞区的时间延长,产生的声音增大。当袖带内压力相当于舒张压时,听到的声音低沉,持续时间更长。带内压力下降到刚低于舒张压,则声音全部消失(图 8-16(c))。这是由于血液不断地平静地流过完全开放的血管,没有湍流,也没有噪声(图 8-16)。

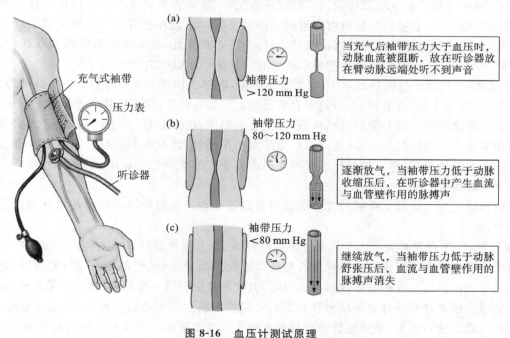

图 8-16　血压计测试原理

2. 血压的稳定调节　在整体情况下,维持机体血压稳定的基本条件是血管中有足够的血液充盈度,即循环血量充分,在此条件下,影响血压的主要因素是心脏提供的血液输出量(即维持血压的动力)和血液在血管中流动过程中所形成的阻力,凡能够影响以上动力和阻力的所有因素均能够影响到血压的稳定。而血压的稳定是在中枢神经系统的整合作用下实现的,另外还受肾上腺、垂体等部位激素的分泌,肾功能状态和体液平衡等因素的影响。动物在多种刺激下都会出现血压的变动,但通过神经体液的调节机制总能保持动脉血压的稳定。按照调节恢复的速度,血压调节机制可分为快速调节机制和缓慢调节机制。

(1)快速调节机制　其特点是作用迅速,在血压突然改变数秒钟后就开始作用,包括:动脉压力感受器反射,即减压反射(见后神经调节);中枢神经系统缺血性升压反射(通过交感缩血管神经的作用);化学感受器引起的反射(血中氧分压降低或二氧化碳分压升高时刺激颈动脉体和主动脉体的化学感受器所引起的加压反射)。

血压变动数分钟后其他调节机制开始活动,包括:肾素-血管紧张素-血管收缩调节机制;血管应力性舒张反应(血压改变后,血管口径也相应改变,以适应血量的变化);从组织间隙进入毛细血管或从毛细血管逸出到组织中的体液转移是保证必要的血量和稳定的血压的重要前提。

(2)缓慢调节机制 动脉血压的神经调节主要是在短时间内血压发生变化的情况下起调节作用的。而当血压在较长时间内(数小时、数天、数月或更长时间)发生变化时,神经反射的效应常不足以将血压调节到正常水平。在动脉血压的长期调节中起重要作用的是肾脏。在血压长期调节中要依靠肾脏-体液-压力调节机制。这种机制包括通过调节血量所产生的血压调节作用以及由肾素-血管紧张素系统和醛固酮对肾功能的调节作用。其中也有负反馈作用,当血压下降时,肾的泌尿量减少,体液得到保存,部分进入循环系统,血量因此而增加,使静脉回心血量和输出量都增加,从而导致血压的回升。在血压过高时,肾脏的泌尿量增加,使体液和血液减少,静脉回心血量和心输出量也随之减少,结果引起血压的下降。

3. 血液循环系统的调节 人体在不同生理状况下,各器官组织的代谢水平不同,对血流量的需求也就不同。人体通过神经和体液的调节机制,可对心脏和各部分血管的活动进行调节,从而满足各器官组织在不同情况下对血流量的需要,协调地进行各器官之间的血量分配。按照调节方式还可以将其分为神经调节和体液调节。

1)神经调节 心肌和血管平滑肌接受交感神经和副交感神经的支配,毛细血管没有平滑肌,无神经支配。机体对心血管活动的神经调节是通过各种心血管反射来实现的。

(1)心脏和血管的神经支配

①心脏的神经支配

a. 迷走神经(第十对脑神经):属于副交感神经。起源于延髓背核和疑核,迷走神经的节后纤维释放乙酰胆碱,故称为胆碱能纤维。它支配窦房结、心房肌、房室交界、房室束及其分支。以往认为迷走神经不支配心室肌,但近来有实验提示,心室肌可能也由少量迷走神经支配。迷走神经兴奋可抑制窦房结过快的自律兴奋的发放。静息时,迷走神经持续地发放兴奋性冲动,称为迷走紧张性,由于迷走紧张性的存在,人安静时心率维持在每分钟60～70次。据研究,迷走神经中还含有一种使心肌收缩力变弱的纤维。

b. 心交感神经:起源于脊髓胸段第1～5节灰质侧角,在链状神经节或颈神经节中交换神经元后,其节后纤维支配窦房结、房室交界、房室束、心房肌和心室肌等心脏所有部分,其末梢释放去甲肾上腺素,故把交感神经纤维称为肾上腺能纤维。当心交感神经兴奋时,使心率加快、收缩加强。一般说来,迷走神经和心交感神经对心脏的作用是相对抗的。但是,当两者同时对心脏发生作用时,其最终的效果并不等于两者分别作用时效果的代数和。在安静情况下,迷走神经比心交感神经占有更大的优势。若在运动情况下,则心交感神经的调节作用占有更大的优势。

②血管的神经支配 血管平滑肌的舒缩活动称为血管运动。支配血管运动的神经有缩血管神经和舒血管神经两大类。

a. 缩血管神经:缩血管神经纤维全部是交感神经纤维(肾上腺素能纤维),人体的许多血管仅接受交感缩血管神经的单一神经支配。交感缩血管神经纤维持续地发放低频率(低于每秒10次)的冲动,称为交感缩血管神经纤维的紧张性活动。这种紧张性活动加强时,血管平滑肌可进一步收缩,而当其紧张性活动减弱时,血管即舒张。交感缩血管神经纤维对各段血管的支配密度是不同的。大动脉分布较少,微动脉处分布最密,在毛细血管前括约肌处分布极少,静脉血管壁上分布也较少。当支配某一器官的交感缩血管神经纤维的紧张性下降时,可引起三种效应:第一,该器官的血流阻力减小,血流量增多;第二,毛细血管前阻力和毛细血管后阻力之比减小,毛细血管平均血压升高,有利于血液渗出进入组织液;第三,容量血管(静脉血管)舒张,有利于毛细血管内血液流入静脉。

b. 舒血管神经:交感神经内除存在大量缩血管神经纤维外,在猫和犬的骨骼肌血管壁上还发现有交感舒血管神经纤维存在。但在人体骨骼肌血管壁上是否有交感舒血管神经纤维支配,尚未得到明确证实。副交感舒血管神经纤维在血管运动的调节中不起重要作用,只在面神经、迷走神经和盆神经中含有一些副交感舒血管神经纤维。

(2)心血管中枢 与调节心血管活动有关的神经元广泛地分布于中枢神经系统,自脊髓至大脑皮层的各级水平,但最基本的调节心血管活动的中枢位于延髓,通常称为心血管中枢,它是延髓生命中枢的重要组成部位。在不同生理情况下,控制心血管活动的各级中枢和控制机体其他功能的各种神经元(中枢)可以发生不同层面的整合,使心血管活动和机体其他功能活动协调一致。一般说来,愈是处于高位的中枢,对机体各种功能的整合调节也愈复杂,但延髓心血管中枢是最基本的心血管中枢。

下丘脑是一个十分重要的整合部位,它对包括心血管活动在内的内脏器官功能进行较高水平的整合,而且在体温调节、摄食、水平衡、睡眠与觉醒、性行为以及防御与攻击中发怒、恐惧等情绪反应中,都起着重要的作用。所有这些反应都包含有相应的心血管活动的改变,例如人在采取攻击之前和攻击行为时,心率加快、心搏加强,皮肤和内脏血管收缩并减少其血流量,骨骼肌血管舒张并使血流量增加的血液重新分配,同时血压也升高,这些心血管活动的改变是与机体当时所处的状态相协调的,有利于攻击行为的进行。

大脑边缘系统也参与心血管活动的调节。大脑新皮层运动区兴奋时,除引起骨骼肌收缩外,还能引起骨骼肌血管的舒张。前文提及的迷走紧张性和交感紧张性,源于心血管中枢神经元的紧张性,而心血管中枢神经元的紧张性活动(持续有序的发放兴奋冲动),一方面是来自外周的传入冲动的影响,例如下面将要讨论的压力感受器的传入冲动;另一方面与心血管神经元的局部环境(如脑脊液)的 PO_2、PCO_2、pH 值有关。

(3)心血管反射　神经系统对心血管活动的调节是通过心血管反射来实现的,人体中重要的心血管反射有如下几种。

①颈动脉窦和主动脉压力感受性反射——减压反射　当动脉血压升高时,颈、主动脉压力感受器受到刺激而产生兴奋,兴奋冲动沿相应的传入神经纤维传到延髓心血管中枢,使心迷走中枢活动加强,而心交感中枢和缩血管中枢活动减弱,结果使心脏活动被抑制,导致血压下降到原来水平;当血压下降到原来水平时,压力感受器的刺激减少,从而呈相反方向的变动,使血压恢复正常。压力感受性反射是人体内一种典型的负反馈调节。它的生理意义在于使动脉血压保持稳态。但必须指出,减压反射只在动脉血压突然的或搏动性的升高时才出现,对高血压患者的血压持续升高不出现减压反射。

②颈动脉体和主动脉体化学感受性反射——加压反射　血浆中 PCO_2 升高或血浆[H^+]升高或 PO_2 降低,都可刺激颈动脉体和主动脉体化学感受器。但这类感受器的传入冲动,首先引起呼吸中枢兴奋,使呼吸加深加快,继而引起心血管中枢活动的改变,使心率加快、血压升高。

③本体感受器反射　当肌肉节律性收缩时,肌肉本体感受器受到刺激,可引起心血管活动的改变,其反射效果取决于刺激强度和频率。

2)体液调节　体液调节是指血液和组织液中一些激素或其他化学物质乃至物理性质(如温度等)对心血管活动的调节。按其作用范围,可分为全身性体液调节和局部性体液调节。

(1)全身性体液调节　有许多激素或体液因子可以在整体水平对血压进行有效的调节,比如肾上腺素和去甲肾上腺素可以通过改变心输出量以及血管阻力等调节血压的高低,血管紧张素也可以通过影响肾素-血管紧张素系统来调节血压,抗利尿激素和心钠素可以通过渗透压等调节机体的电解质平衡来影响血压。

(2)局部性体液调节　心脏和血管在没有神经和体液因素调节时,各器官组织的血流量仍能通过局部血管的舒缩活动得到适当的调节。这种调节机制存在于器官组织或血管本身,故也称为自身调节(autoregulation)。组织细胞活动时所释放的某些物质以及组织细胞代谢过程中一些终产物或中间产物,也能引致局部血管扩张。由于这些物质浓度较低或很快失活,所以一般只在局部发挥调节作用。

8.3.7　高血压与动脉粥样硬化

人体血压超过 140/90 mmHg 就称为高血压(hypertension)。高血压既普遍又具有潜在的危险。

高血压大多起源于微动脉的过度收缩。小部分高血压(器质性高血压)是由于肾上腺肿瘤或肾疾病等引起的,但大多数情况起因不明,被称为原发性高血压。

原发性高血压可能与以下因素有关:高血压家族史、肥胖、高盐饮食、吸烟、情绪障碍和精神压力等。精神高度紧张和情绪障碍在原发性高血压的发病机制中占有重要位置。高血压如不治疗会引起心脏的劳损,因为心脏要加强收缩才能把血液泵入狭窄的血管,长期下去,常引起心脏肥大,有可能引起心力衰竭。此外,持续的高血压会损害微动脉,使肝、肾、脑和心脏等重要器官的血液供应发生障碍。高血压患者主要的病损器官是心、肾、脑。心力衰竭、肾衰竭和脑出血是高血压的三大并发症。早期高血压可以多年内无明显症状,故有“冷静杀手”之称。

动脉粥样硬化(atherosclerosis)是指动脉内膜中沉积含胆固醇的脂肪,形成粥样斑块(图 8-17)。随着斑块的扩大和增多,动脉管径变窄,使血流受阻,甚至堵塞;血管壁弹性降低,使血压升高;血管内膜被破坏,因而引发血栓形成。冠状动脉中的粥样斑块可使管腔变窄,心肌供血不足,因而引发心绞痛。更为严重的是粥样斑块或由其引发的血栓将冠状动脉完全堵塞,就会造成局部心肌梗死。冠状动脉粥样硬化的现代治疗技术有冠状动脉搭桥手术和动脉气囊成形术。动脉粥样硬化也可造成脑梗死,即中风。中风患者的症状是偏瘫、失语、意识障碍等。对付动脉粥样硬化的关键在于预防,包括积极治疗高血压,降低血液黏度、血液中过高的低密度胆固醇含量,抑制血小板的功能,防止血栓形成等。

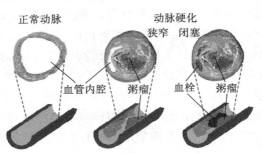

图 8-17　动脉粥样硬化

本章小结

血液是动物体液的重要组成部分,担负着维持机体内环境稳定的功能,因此是动物(尤其是高等动物)体正常代谢的基本要素之一。在复杂的高等动物体中,血液的有形成分由骨髓造血干细胞分化而来,而无形成分则多由肝脏等器官合成分泌。除了作为循环载体外,血液还具有执行免疫、凝血和抗凝血功能;血细胞和血浆中分别存在着特殊的抗原与抗体,从而成为动物体所特有的血型。在整个心血管系统中存在着许多压力和化学传感器,它们负责监视血压的变化并将信号传递到神经中枢,后者通过自主神经系统及时地根据血压变化调控心输出量和血管口径(阻力),从而根据动物机体的需要来调节并稳定血压。作为物质运输的载体,血液在肺脏、皮肤、鳃及肾脏等处与外环境保持联系,同时,也在毛细血管处与机体的组织细胞保持联系,从而保障机体的内环境及时地与外环境发生物质交换,也在外界环境发生变化时通过神经和体液系统的调节维持内环境的相对稳定。

思考题

 扫码答题

参考文献

[1] Davies A,Blakeley A H,Kidd C. Human physiology[M]. Philadelphia:WB saunders Co. ,2001.

[2] Bray J J,Cragg P A,Macknight A D C,et al. Lecture Notes on Human Physiology[M]. 3rd ed. Oxford:Black Well Science,1999.

[3] Opie LH. The Heart Physiology,from cell to circulation[M]. 3rd ed. Philadelphia:Lippincott Williams & Wilkins,1998.

[4] Guyton A C,Hall J E. Textbook of medical physiology[M]. 10th ed. Philadelphia:WB Saunders, 2000.

[5] Berne R M,Levy M N. Principles of physiology[M]. 3rd ed. St. Louis:Mosby,2000.

第9章

内环境的稳态调节

　　动物的细胞与环境需要不断地进行物质与能量的交换,从而保证细胞生长、发育和分裂的生活过程。单细胞动物(图 9-1)通过细胞膜将个体与外部环境分开,个体直接与外部环境进行物质与能量交换(图 9-2)。

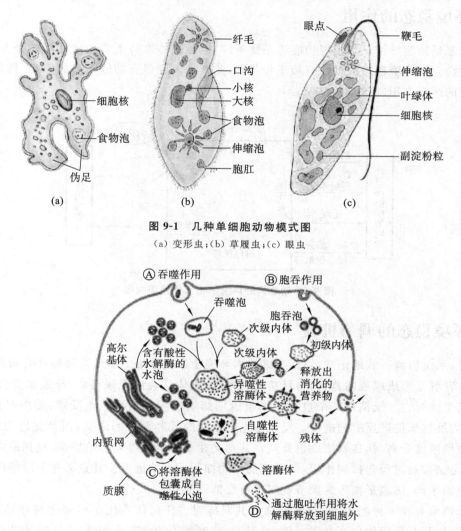

图 9-1　几种单细胞动物模式图

（a）变形虫；（b）草履虫；（c）眼虫

图 9-2　单细胞动物与环境的物质交换

　　其物质交换包括水分、氨基酸、糖分、盐离子以及大分子颗粒物质等,其中小分子物质可直接通过细胞膜来交换(包括主动交换与被动交换),而大分子颗粒物质则需要经过胞吞进入细胞,在胞内消化后的残体再经过胞吐排出体外。

9.1　内环境与外环境

　　与单细胞生物不同,多细胞动物的大多数细胞并不直接与外环境进行物质和能量交换,而是通过体内的体液来间接地与外部环境进行交换,该体液系统与外环境条件剧烈的变化完全不同,它处于一个相对稳定的状态,我们称之为内环境,对于机体的细胞来说,它属于环境,它包括血液、淋巴液及脑脊液等。而对于外部环境来说,它属于机体内的一部分,故称内环境。

正常机体通过调节作用,使各个器官、系统调节活动,共同维持内环境的相对稳定状态称作内环境稳态。内环境的稳态是机体稳态的基础条件,而机体稳态的调节又为内环境稳态提供了保障,因此,这些稳态实际上就是个体生命的表现形式,其中一个系统的变化虽然可能扰动了本系统的稳定,但是其他系统会通过各自的调节活动来纠正该系统的紊乱。然而,一旦该紊乱强大到扰乱了总的机体稳态,并超出了系统的纠偏能力,就会使系统崩溃,进而影响到内环境的稳态,最终导致生命的终结。细胞外液是细胞生存和活动的液体环境,约占体重的20%,其中约3/4为组织液,分布在全身的各种组织间隙中,是血液与细胞进行物质交换的场所。细胞外液的1/4为血浆,分布于心血管系统,血浆与血细胞共同构成血液,在全身循环流动。

9.1.1 内环境稳态的作用

内环境的稳态是细胞维持正常生理功能的必要条件,也是机体维持正常生命活动的必要条件,内环境稳态失衡可导致疾病。内环境稳态的维持有赖于各器官,尤其是内脏器官功能状态的稳定、机体各种调节机制的正常以及血液的纽带作用(图9-3)。

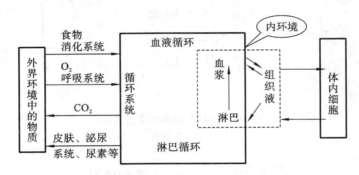

图 9-3 动物内外环境的相互作用模式图

9.1.2 内环境稳态的调节机制

人体各器官、系统协调一致地正常运行,是维持内环境稳态的基础。如果某种器官的功能出现障碍,就会引起稳态失调。肾脏是形成尿液的器官,当肾功能衰竭时,机体就会出现尿毒症,导致水盐代谢紊乱(稳态崩溃),最终会引起个体死亡。反馈是一个过程的结果返回影响过程的情况。正反馈:结果对过程产生促进作用,即反应的产物反过来促进反应的进行。反馈信息不是制约控制部分的活动,而是促进与加强控制部分的活动。类似于血糖浓度升高,胰岛素浓度也升高。其意义在于使生理过程不断加强,直到最终完成生理功能。负反馈:负反馈是结果对过程起抑制作用,即反应的产物抑制反应的进行。其意义在于维持内环境的稳态,水平衡、盐平衡、血糖平衡、体温平衡等的调节就属于负反馈调节。

机体的稳态调节有赖于神经-体液-免疫网络的共同应对。任何体内代谢的变化与外界环境的改变都会影响稳态的调节过程,甚至导致稳态异常。例如:温度、酸碱度等的偏高或偏低,会影响酶的活性,使细胞代谢紊乱。营养不良、缺少蛋白质、淋巴回流受阻、肾炎等都会引起组织水肿。

多细胞生物都涉及细胞间的分工与协调问题,特别是恒温动物需要在机体内营造一个相对稳定的内环境,以便处于该环境的所有细胞都处于一个高效的工作状态。然而,许多内环境的稳态调节都在其自身及相关的系统论述中加以探讨,故不在此赘述,例如血压稳定来保障血液流通速率放在血液循环系统;以消化营养保障所有器官的营养和储存则归入消化系统;以肺通气量调节来保障各器官细胞代谢所必需的氧气放在呼吸系统;以激素调节来稳定机体代谢所必需的血糖波动范围归于体液调节;稳定机体免疫环境的细胞调节仅在免疫系统涉及;神经系统则为统领协调机体的各种内环境稳定的总控系统。

9.2 体温调节

　　尽管恒温动物的体温调节更为精密复杂,但实际上变温动物也具有一定的体温调节能力,它们除了通过代谢来调节外,还可以根据需要通过行为对体温进行一定程度上的调节。

9.2.1 体温与代谢

　　表面上是对体温进行调节,但其背后的实质是能量代谢问题,所有生物的生存都必须面对能量代谢的效率问题,甚至从能量代谢的角度可以把生命定义为一个能量耗散系统,可以熵来度量生命系统,也可以从生物圈的角度把生命看作是能量从一个群体到另一个群体,或者一个个体到另一个个体,甚至环境与生物体之间的流动(转移)过程。在此,我们仅将温度作为人及动物体内部的内环境来考察温度的调节方式与过程。

　　1. 体温　人和高等动物都属于恒温动物,其体核温度通常需要保持在一个非常稳定且狭窄的温度范围,体温就是指机体深部(体核)的平均温度。维持体温是恒温动物机体进行新陈代谢和正常生命活动的必要条件,因此,机体具有体温恒定的精确调节系统和途径。

　　(1) 表层温度和深部温度　人体的外周组织即表层,包括皮肤、皮下组织和肌肉等的温度称为表层温度(shell temperature)。表层温度不稳定,各部位之间的差异也大。皮肤温度与局部血流量有密切关系。凡是能影响皮肤血管舒缩的因素(如环境温度变化或精神紧张等)都能改变皮肤的温度。在寒冷环境中,由于皮肤血管收缩,皮肤血流量减少,皮肤温度随之降低,体热散失因此减少。相反,在炎热环境中,皮肤血管舒张,皮肤血流量增加,皮肤温度因而上升,同时起到了增强发散体热的作用。

　　机体深部(心、肺、脑和腹腔内脏等处)的温度称为深部温度(core temperature)。深部温度比表层温度高,且比较稳定,各部位之间的差异也较小。这里所说的表层与深部,不是指严格的解剖学结构,而是生理功能上所划分的体温分布区域。在不同环境中,深部温度和表层温度的分布会发生相对改变。在较寒冷的环境中,深部温度分布区域缩小,主要集中在头部与胸腹内脏,而且表层与深部之间存在明显的温度梯度。在炎热环境中,深部温度可扩展到四肢(图 9-4)。

　　体温是指机体深部的平均温度。由于体内各器官的代谢水平不同,它们的温度略有差别,但不超过 1 ℃。在安静时,肝脏代谢最活跃,温度最高;其次是心脏和消化腺。在运动时,骨骼肌的温度最高。循环血液是体内传递热量的重要途径。由于血液不断循环,深部各个器官的温度会经常趋于一致。因此,血液的温度可以代表重要器官温度的平均值。

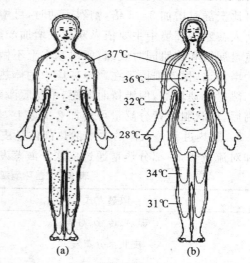

图 9-4　在不同环境温度下人体体温分布图
(a) 环境温度 35 ℃;(b) 环境温度 20 ℃

　　(2) 体温的正常变动　在一昼夜之中,人体体温呈周期性波动。清晨 2—6 时体温最低,午后 1—6 时最高。波动的幅值一般不超过 1 ℃。体温的这种昼夜周期性波动称为昼夜节律(circadian rhythm)或日周期。

　　女性的基础体温可随月经周期而发生变动。在排卵后体温升高,这种体温升高一直持续至下次月经开始(图 9-5)。这种现象很可能同性激素的分泌有关,实验证明,这种变动同血中孕激素及其代谢产物的变化相吻合。

　　体温也与年龄有关。一般来说,儿童的体温较高,新生儿和老年人的体温较低。新生儿,特别是早产儿,由于体温调节机制发育还不完善,调节体温的能力差,所以他们的体温容易受环境温度的影响而变动。因此对新生儿应加强护理。

　　此外,情绪激动、精神紧张、进食等情况对体温都会有影响,环境温度的变化对体温也有影响,在测定体温时,应考虑到这些情况。

　　2. 能量代谢及平衡　如前所述,机体内营养物质代谢释放出来的化学能,其中 50% 以上以热能的形式用

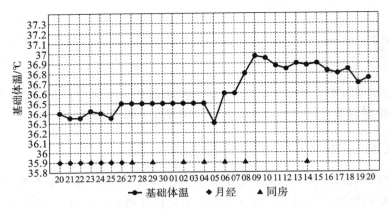

图 9-5　女子的基础体温曲线

于维持体温,其余不足 50% 的化学能则载荷于 ATP,经过能量转化与利用,最终也变成热能,并与维持体温的热量一起,由循环血液传导到机体表层并散发于体外。因此,机体在体温调节机制的调控下,使产热过程和散热过程处于动态平衡,即体热平衡,维持正常的体温。如果机体的产热量大于散热量,体温就会升高;散热量大于产热量则体温就会下降,直至产热量与散热量重新取得平衡时才会使体温稳定在新的水平。

1) 产热过程　机体的总产热量主要包括基础代谢、食物特殊动力作用和肌肉活动所产生的热量。基础代谢是机体产热的基础。基础代谢高,产热量多;基础代谢低,产热量少。在安静状态下,机体产热量一般比基础代谢率增高 25%,这是由维持姿势时肌肉收缩所造成的。食物特殊动力作用可使机体进食后额外产生热量。骨骼肌的产热量则变化很大,在安静时产热量很小,运动时则产热量很大;轻度运动如步行时,其产热量可比安静时增加 3～5 倍,剧烈运动时,可增加 10～20 倍。

人在寒冷环境中主要依靠寒战来增加产热量。寒战是骨骼肌发生不随意的节律性收缩的表现。寒战的特点是屈肌和伸肌同时收缩,所以基本上不做功,但产热量很高。发生寒战时,代谢率可增加 4～5 倍,产热量大大增加,这样就维持了在寒冷环境中的体热平衡。内分泌激素也可影响产热,肾上腺素和去甲肾上腺素可使产热量迅速增加,但维持时间短;甲状腺激素则使产热量缓慢增加,但维持时间长。机体在寒冷环境中度过几周后,甲状腺激素分泌量可增加 2 倍以上,代谢率可增加 20%～30%。

2) 散热过程　人体的主要散热部位是皮肤。当环境温度低于体温时,大部分的体热通过皮肤的辐射、传导和对流散热,一部分热量通过皮肤汗液蒸发来散发,呼吸、排尿和排粪也可散失一小部分热量(表 9-1)。

表 9-1　在环境温度为 21 ℃ 时人体散热方式及其百分数

散热方式	百分数/(%)
辐射、传导、对流	70
皮肤水分蒸发	27
呼吸	2
排尿、排粪	1

(1) 物理散热

辐射(radiation)散热:这是机体以热射线的形式将热量传给外界较冷物质的一种散热形式。辐射散热量同皮肤与环境间的温度差以及机体有效辐射面积等因素有关。皮肤温度稍有变动,辐射散热量就会有很大变化。气温与皮肤的温差越大,或是机体有效辐射面积越大,辐射的散热量就越多。

传导(conduction)散热:机体的热量直接传给同它接触的较冷物体的一种散热方式。机体深部的热量以传导方式传到机体表面的皮肤,再由后者直接传给同它相接触的物体,如床或衣服等。

对流(convection)散热:指通过气体或液体来交换热量的一种方式。人体周围总是绕有一薄层同皮肤接触的空气,人体的热量传给这一层空气,由于空气不断流动(对流),便将体热发散到空间。对流是传导散热的一种特殊形式。通过对流所散失的热量的多少,受风速影响极大。风速越大,对流散热量也越多。

辐射、传导和对流散失的热量取决于皮肤和环境之间的温度差,温度差越大,散热量越多,温度差越小,散热量越少。皮肤温度为皮肤血流量所控制(图 9-6)。皮肤血液循环的特点:分布到皮肤的动脉穿透隔热组织(脂肪组织等),在乳头下层形成动脉网;皮下的毛细血管异常弯曲,进而形成丰富的静脉丛;皮下还有大量的动-静脉吻合支,这些结构特点决定了皮肤的血流量可以在很大范围内变动。机体的体温调节机制通过交感神经系统控制着皮肤血管的口径,增减皮肤血流量以改变皮肤温度,从而使散热量符合当时条件下体热平衡的要求。

(2)蒸发散热(生理散热) 当环境温度升高时,皮肤和环境之间的温度差变小,辐射、传导和对流的散热量减小,而蒸发的散热作用则增强;当环境温度等于或高于皮肤温度时,辐射、传导和对流的散热方式就不起作用,此时蒸发就成为机体唯一的散热方式。

发汗是汗腺分泌汗液活动的总称。发汗是可以意识到的有明显的汗液分泌,因此,汗液的蒸发又称为可感蒸发。人体蒸发有两种形式,即不感蒸发(insensible perspiration,也称隐汗)和发汗(sweating,或称显汗)。人体即使处在低温环境中,没有汗液分泌时,皮肤和呼吸道都不断有水分渗出而被蒸发掉,这种水分蒸发称为不感蒸发,其中皮肤的水分蒸发又称不显汗,即这种水分蒸发不为人们所觉察,并与汗腺的活动无关。

发汗是反射活动。人体汗腺接受交感胆碱能纤维支配,所以乙酰胆碱对小汗腺有促进分泌作用。发汗中枢分布在从脊髓到大脑皮层的中枢神经系统中。在正常情况下,起主要作用的是下丘脑的发汗中枢,它很可能位于体温调节中枢之中或其附近。

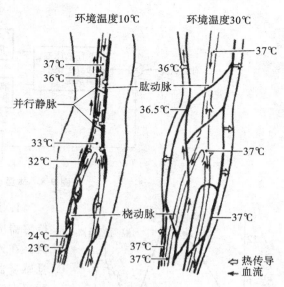

图 9-6 上肢的逆流热量变换

9.2.2 变温动物与恒温动物

地球上气温变化很大,从-70~60 ℃。在这个变化范围内生活的动物按照调节体温的能力可以分为变温动物(poikilotherm)和恒温动物(homeotherm)两类。变温动物又称为冷血动物,在一个小的温度范围内体温随环境温度的改变而改变。当气温过高时它就换个阴凉的地方,当气温过低时就到日光下取暖或钻入洞穴内进入冬眠状态,这种通过改变行为来调节体温的方式称为行为性体温调节(图9-7)。恒温动物又称为温血动物,能在更大的气温变化范围内保持比较恒定的体温(35~42 ℃)。恒温动物主要是通过调节体内生理过程来维持比较稳定的体温,这种调节方式称为生理性体温调节。

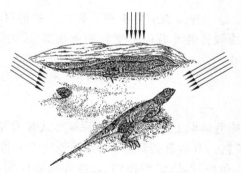

图 9-7 蜥蜴通过行为调节体温

注:早晨阳光先温暖动物头部,身体其余部分还埋藏在沙土中;中午蜥蜴躲在阴凉处;下午则露出全身,与阳光平行。

恒温动物是演化的产物,在广大的动物界仅有鸟类和大多数哺乳类动物是恒温动物,而其余的绝大多数是变温动物。在变温动物与恒温动物之间还有一类为数很少的异温动物,包括很少几种鸟类和一些低等哺乳动物。它们的体温调节机制介乎变温动物与恒温动物之间,例如,其中一些动物(如刺猬)在非冬眠季节能维持相当恒定的体温,和恒温动物一样;在冬眠季节进入冬眠状态,体温维持在环境温度之上约 2 ℃,随着环境的变化而变化。

9.2.3 形态结构和生理适应

体温调节是生物自动控制系统的实例,如图 9-8 所示,下丘脑体温调节中枢,包括调定点(set point)神经元在内,属于控制系统。它的传出信息控制着产热器官(如肝、骨骼肌)以及散热器官(如皮肤血管、汗腺)等受控系统的活动,使受控对象——机体深部温度维持一个稳定水平。而输出变量体温总是会受到内、外环境因素干扰的(譬如机体的运动或外环境气候因素的变化,如气温、湿度、风速等)。此时则通过温度检测器——皮肤及深部温度感受器(包括中枢温度感受器)将干扰信息反馈于调定点,经过体温调节中枢的整合,再调整受控系统的活动,仍可建立起当时条件下的体热平衡,达到稳定体温的效果。

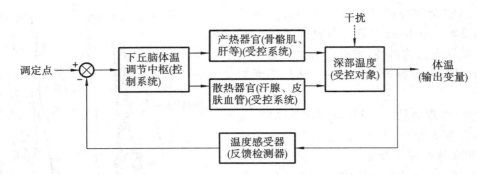

图 9-8　体温调节及运动控制示意图

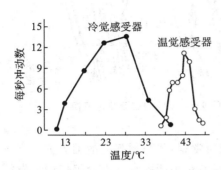

图 9-9　大鼠阴囊皮肤冷觉和温觉感受器

1. 温度感受器　对温度敏感的感受器称为温度感受器（也见传感器部分）。温度感受器分为外周温度感受器和中枢温度感受器。在人体皮肤、黏膜和内脏中，温度感受器分为冷觉感受器和温觉感受器，它们都是游离神经末梢。当皮肤温度升高时，温觉感受器兴奋，而当皮肤温度下降时，则冷觉感受器兴奋。从记录温度感受器发放冲动中可看到，温觉感受器和冷觉感受器各自对一定范围的温度敏感（图 9-9）。

内脏器官也有温度感受器，说明内脏温度升高可引起明显的散热反应。

在腹腔、脊髓、延髓、脑干网状结构及下丘脑中有温度感受器。

2. 体温调节中枢　根据多种恒温动物脑的分段切除实验，切除大脑皮层及部分皮层下结构后，只要保持下丘脑及其以下的神经结构完整，动物虽然在行为方面可能出现一些欠缺，但仍具有维持恒定体温的能力。如进一步破坏下丘脑，则动物不再具有维持体温相对恒定的能力。这些事实说明，调节体温的基本中枢在下丘脑。

体温调节是涉及多方输入温度信息和多系统的传出反应，因此是一种高级的中枢整合作用。视前区-下丘脑前部应是体温调节的基本部位。下丘脑前部的热敏神经元和冷敏神经元既能感受它们所在部位的温度变化，又能对传入的温度信息进行整合。

9.2.4　体温异常

1. 发热是体温过高的一种形式　体温过高（hyperthermia）意味着体温上升，它的一种特殊形式称为发热（fever），即发烧。发热时机体依然能调节体温，只是由于下丘脑温热调节器重新调整，使其处于一个较高的调定点（如 38 ℃）。发热的原因有很多，如感染、肿瘤、内分泌失常、免疫扰乱、组织损伤、毒物和药物作用，其中以感染最为常见。

在感染时，发热往往是逐渐出现的。脑内体温调节的调定点突然上移，人会感到冷，明显地出现了血管收缩反应，接着就寒战，人也蜷缩起来，穿上更多的衣服。这样散热的减少和产热的增加相结合使体温升高到新的调定点，并稳定在新的调定点处，直到体温调节中枢恢复正常，调定点重新下移到原位，体温重新恢复正常（图 9-10）。

体温过高在许多情况下不一定是由于调定点的上升而引起的。正常人体温过高的一个很普遍的原因是

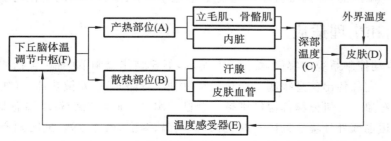

图 9-10　体温调节的稳定机制模式图

运动(exercise)。运动时人体体温可以上升,且持续着直到运动结束。

2. 人体体温低于 36 ℃称体温过低或低体温(hypothermia)　常处在酷冷的环境而当失去抗寒的活动能力时,如年幼或有病时,体温会降低。某些疾病,如甲状腺机能不足,脑血管疾病或麻醉药中毒时体温也会降低。人的体温下降到 20 ℃时,通常不能恢复。人的最低致死体温目前尚未确定。

动物实验和临床观察证明,寒冷对高等动物和人的作用首先是激活体温调节中枢,引起对寒冷的反应(如寒战)。随之出现中枢神经系统高级部位的抑制,从而发生昏迷,亦即进入低温麻醉状态。

9.2.5　恒温动物体温调节的反馈机制

几乎所有的鸟类和哺乳类(包括人类)都是恒温动物,体温是相当稳定的,但并不是全身各部分的体温都相同。身体表层的温度称为体壳温度,身体内部的温度称为体核温度(图 9-4)。人体体壳温度可随环境温度和衣着情况的不同而有所变化,为 32 ℃左右。

此外,人体的体温还有周期性的变化。在一昼夜中,凌晨的温度最低,下午 5—7 时体温最高,以后下降(图 9-11)。

人体在安静时主要由内脏、肌肉、脑等组织的代谢过程提供热量(图 9-12)。人体增加供热量有几个途径,最主要的是增加肌肉活动,骨骼肌收缩时释放大量的热。在体温调节中骨骼肌是主要的供热器官。在寒冷环境中,机体出现战栗,温度越低,战栗越强,供热越多,热量增加几倍,因而可保持体温不变。除肌肉组织以外,在低温、激素的刺激下肝脏也释放大量的热;全身脂肪代谢的酶系统也被激活起来,脂肪被分解、氧化,释放热量。

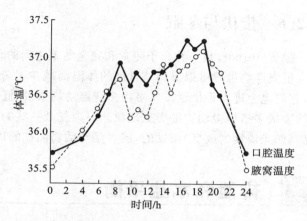

图 9-11　人体体温的昼夜变动

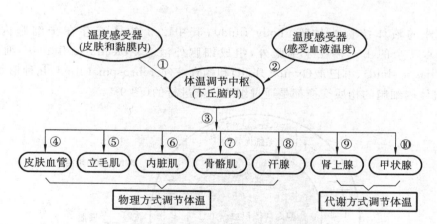

图 9-12　体温调节过程中的产热与散热途径

人体最重要的体温调节中枢位于下丘脑。恒温动物下丘脑中存在调定点机制,即体温调节类似恒温器的调节机制。恒温动物有一确定的调定点的数值(如 37 ℃),如果体温偏离这个数值,则通过反馈系统将信息送回下丘脑体温调节中枢。下丘脑体温调节中枢整合来自外周和体核的温度感受器的信息,将这些信息与调定点比较,相应地调节散热机制或供热机制,维持体温的平衡。

体温调节与环境温度密切相关,机体的产热量及散热量也直接与环境温度有关,图 9-13 显示了它们之间的基本关系。其中,在等热区机体的产热与散热压力最小,也就是在中间部分是机体的舒适区。而人及不同动物的等热区及舒适区也不一样。人类的舒适区在 26 ℃左右,而奶牛则在 5 ℃左右。外界温度过低或过高都会引起机体的产热量增加,为了保证体温的稳定,机体需要更高的代谢才能够维持,因此,动物生产将动物维持在等热区时,其生产效率最高。而当超过机体所能够承受的调节范围后,人及动物体就将无法维持正常体温,从而导致疾病或死亡。

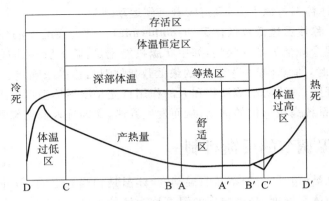

图 9-13　环境温度与机体产热、散热及体温的关系

9.2.6　蛰伏与冬眠

蛰伏(torpor)是一种介于睡觉和完全冬眠之间的状态,在此期间,动物的身体温度明显下降。

恒温动物虽然可以靠调节自己的体温而减少对外界条件的依赖性,但当环境温度超过适温区过多的时候,它们也会进入蛰伏状态。对很多变温动物来说,低温可直接减少其活动性并能诱发滞育形式的休眠。真正的蛰伏多指恒温动物的类似现象。更为复杂一些的冬眠(hibernation)和夏眠(aestivation)现象则是靠中介刺激(如光周期的改变)激发的,或者是与动物内在的周期相关,使动物能提早储备休眠期的食物。

9.3　排泄和水盐平衡

9.3.1　体液

动物细胞内、外的液体统称为体液(body fluid),其中 2/3 的体液存在于细胞内,组成细胞内液(intracellular fluid),其余的 1/3 存在于细胞外,组成细胞外液(extracellular fluid)。细胞外液包括血浆(plasma)、组织液(tissue fluid)、淋巴液(lymph fluid)和脑脊液(cerebrospinal fluid)几种形式。血浆约占细胞外液量的 20%。机体内细胞的物质交换都是通过细胞外液进行的(图 9-14)。

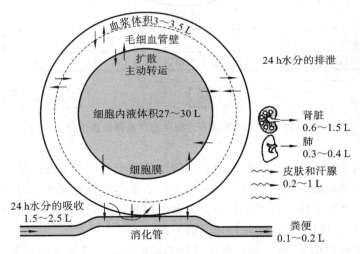

图 9-14　细胞内液和细胞外液的分布及其交换示意图

细胞外液是细胞生存的直接环境。细胞新陈代谢所需的氧气和养料可直接由细胞外液提供,细胞的代谢终产物需要通过细胞外液排出。因此细胞外液构成了机体的内环境(internal environment),以区别于机体生存的外环境(external environment)。内环境的理化性质是相对稳定的,即渗透压、温度、电解质成分、血糖和pH 值等的相对稳定,是机体维持正常生命活动的前提条件。在某些疾病或特殊情况下(如中毒、失血),机体

内环境的理化性质会发生较大的变化,将引起机体功能紊乱,甚至危及生命。

正常机体内环境的理化性质总是在一定生理范围内变动,许多因素能影响内环境理化性质的相对稳定。例如,机体呼吸过程中 O_2 和 CO_2 的交换比率,尿生成过程中物质的滤过和重吸收的程度,消化系统对水、电解质及各种营养物质的吸收等,均能影响内环境的理化特性。此外,外环境的剧烈变化也直接或间接地干扰内环境的相对稳定。机体通过神经和体液对影响内环境相对稳定的各种因素进行调节,从而使内环境的理化性质只能在一定生理机能允许的范围内,发生小幅度的变化,并维持动态平衡。这种内环境相对稳定的状态称为稳态(homeostasis)。

9.3.2 血量

机体中血液的总量称为血量(blood volume)。血量是血浆量和血细胞量的总和。血管中的大部分血液在心血管系统中不断循环,还有一部分血液滞留在肝、肺、腹腔静脉及皮下静脉丛等处,这部分血液流动较慢,称为储备血量。储存这些血液的部位称为储血库。人体在剧烈运动、失血或应激等情况下,储备血量将被释放到血液循环中,以补充循环血量的不足。一个健康成年人的血量占体重的 $7\%\sim8\%$;男性的血量为 $5.0\sim9.0$ L,女性为 $4.5\sim5.5$ L。

血量的相对稳定是机体维持正常生命活动的重要保证。只有血量相对稳定才能使机体的血压维持在正常水平,保证全身器官、组织的血液供应。如果失血量达到全血量的 20%,血压会立即下降,使血流速度减慢,组织细胞不能及时得到代谢所需要的养料和 O_2,将造成严重的损害。失血超过 30% 时,血压将大幅度下降,仅靠机体的调节已不能使血量恢复,可造成大脑、心脏等重要器官的供血不足,出现昏厥或休克症状,如不立即抢救将会危及生命。

9.3.3 血液的主要生理机能

血液沿心血管系统流经机体的每一个角落,通过毛细血管完成与细胞间的物质交换。血液的生理机能主要有以下几个方面。

1. 运输机能 血液的运输是机体转运物质的主要手段。血液所携带的大量营养物质从机体的一个地方转运到另一个地方,以满足组织中细胞代谢的需要,这些物质包括 O_2、CO_2、各种抗体、各种电解质、激素、各种营养物质、色素、矿物质和水等。血液运输的物质可以游离在血浆和血细胞中,也可以与血浆蛋白或其他结合蛋白结合进行转运。如 O_2 的运输:当血液流经肺部毛细血管时,O_2 被摄取,与红细胞中的血红蛋白氧合在一起;在组织毛细血管处,红细胞释放 O_2 供组织代谢利用。

2. 防御机能 在血液中,与机体防御和免疫功能有关的成分包括白细胞、淋巴细胞、巨噬细胞、各种免疫抗体和补体系统。白细胞、巨噬细胞等能直接吞噬病原微生物,阻止它们对机体的危害作用;同时,侵入机体的微生物或病原体能启动血液中的非特异性和特异性免疫系统,最终被彻底清除。此外,机体对某些病原体可以产生一定的免疫记忆力,在一定时间内具有识别同种病原体的能力。

3. 止血机能 血液中存在许多与血凝有关的血浆蛋白,称为凝血因子(blood coagulation factor)。机体损伤出血能激活血浆中复杂的止血机制,阻止血液外流,这是一个正反馈的酶促反应。

4. 维持稳态 血液中含有大量的酸碱缓冲对,对维持机体的酸碱平衡起了重要作用,为细胞功能的实现提供了一个理想的内环境。同时,血液中具有一定数量的各种盐分和血液蛋白质,对于维持血液渗透压具有重要的作用,它们的数量平衡在很大程度上也是由肾脏来调节完成的。当然,还有许多其他相关因素或因子也在血液中保持稳定,比如血液葡萄糖浓度、各种激素、细胞因子等都需要保持相对稳定,从而组成了各种稳定的内环境。

9.3.4 排泄的任务

生物代谢产生的废物必须排出体外,否则将破坏内环境的稳定,导致中毒。如人患肾炎时,排尿发生障碍,就出现尿中毒的症状。排除代谢废物的过程称为排泄(excretion)。排泄的对象是细胞代谢废物,排泄过程一般是耗能的。

1. 转氨和脱氨 动物的代谢废物主要是细胞呼吸产生的 CO_2 和蛋白质等分子分解产生的含氮废物,如

NH_3、尿素、尿酸等。呼吸系统负责排出 CO_2，排泄系统则负责排出含氮废物。

植物没有排泄系统。植物能够利用无机氮，植物分解蛋白质而产生的含氮基团可在合成过程中反复使用。动物和植物不同，动物和人没有氨基酸库，不能储存作为能源之用的蛋白质或氨基酸。人和动物摄入的蛋白质除经消化为氨基酸被吸收，而后合成为身体的组成蛋白质，供生长发育之用外，多余的蛋白质经过代谢必须放出氨基，然后转化为糖原或脂肪，在细胞中储存，或加工后排出。

氨基酸放出氨基的过程包括 2 个步骤，即转氨和脱氨。

（1）转氨（transamination）　人和其他哺乳动物的转氨过程在肝中进行。如天冬氨酸：

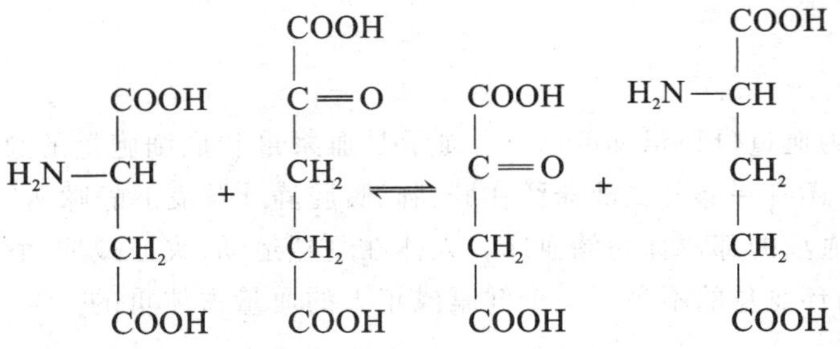

天冬氨酸　　α-酮戊二酸　　草酰乙酸　　谷氨酸

转氨的过程是氨基酸的氨基被转移到一种酮酸，主要是 α-酮戊二酸上，结果 α-酮戊二酸变成谷氨酸，氨基酸则变为酮酸（草酰乙酸）。这一过程需要转氨酶（transaminase）的催化，线粒体和细胞质中都有转氨酶。由于 α-酮戊二酸是氨基的主要受体，因而各种氨基酸转氨的结果，都产生了谷氨酸。

（2）脱氨或氧化脱氨（deamination）　这一过程也是在肝脏中进行。转氨产生的谷氨酸经过线粒体或细胞质中谷氨酸脱氢酶（glutamate dehydrogenase）的作用，脱氢而成 α-酮戊二酸，并放出 NH_3：

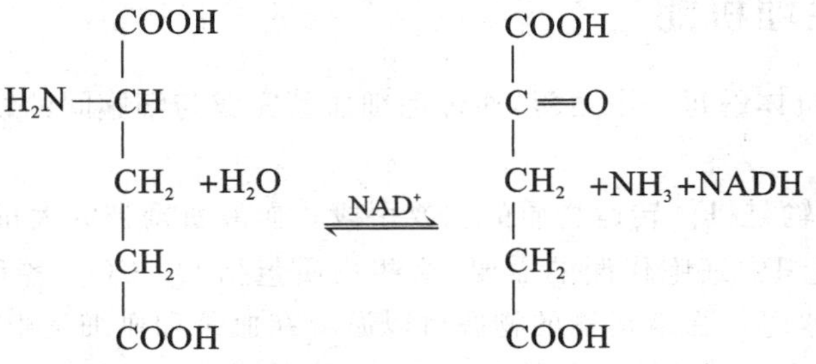

谷氨酸　　　　　　α-酮戊二酸

所以通过转氨和脱氨，氨基酸的氨基经过酮酸（主要是 α-酮戊二酸）的传递，最终变为游离的 NH_3。

2. 氨的排出　植物和动物都有转氨和脱氨 2 个过程，都要产生 NH_3。在植物中，NH_3 可再被利用。在动物中，少量的 NH_3 也可为细胞所利用，但代谢产生的 NH_3 远比所利用的多。水生动物和陆生动物有不同的办法：

（1）水生动物排泄 NH_3　NH_3 是小分子，易透过细胞膜，也易溶于水。水生动物没有缺水问题，其代谢产生的 NH_3 可直接透过体表而溶于外界水中，也可用水稀释 NH_3，减弱 NH_3 的毒性，然后从排泄系统排出。所以水生动物尿中的含氮废物主要是 NH_3。但这不是绝对的，海星排泄的 NH_3 较少，这是因为海星还排泄大量氨基酸（含氨基氮），而氨基酸也是可溶的，也是能透过细胞膜的。

（2）陆生动物必须"节约用水"，陆生动物排泄物主要是尿素或尿酸。

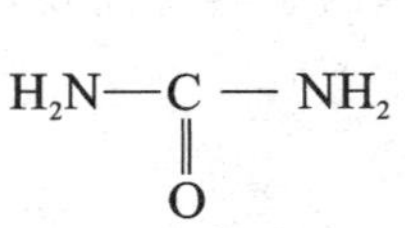

尿素 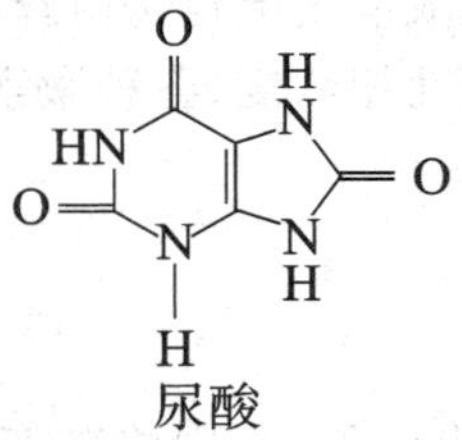　　　　　　　　　尿酸

人和其他陆生哺乳类以及陆生两栖类，如蛙等的排泄废物主要是尿素。氨经氧化生成尿素：

$$2NH_3 + CO_2 \longrightarrow H_2N-\underset{\underset{O}{\|}}{C}-NH_2 + H_2O$$

尿素易溶于水,排泄尿素虽然需要水,但尿素毒性小,可在动物体内停留较长时间而无害,因而可以在体内积累到较高浓度时才被排出,这样就不至于耗水太多。

蛙是从水生到陆生的过渡型动物。蝌蚪是水生的,其单位体表面积大,全部浸在水中,它们的代谢废物主要是氨,可从大面积的体表排入水中。蛙登上陆地,水环境改变成空气环境,此时如仍靠体表排氨,氨就将在体表积累而不能及时移去,身体就会中毒。所以蛙排氨的能力退化,尿中只含少量的氨,大部分是尿素。

尿素虽然毒性小,但易溶于水,在体内停留久了仍将引起中毒,仍须及时排出,而排出尿素则需要水。尿酸不溶于水,排泄物如果是尿酸,更有利于节水。很多陆生动物,如蜗牛等腹足类,昆虫、蜈蚣等节肢动物,以及爬行类、鸟类等都是将氨转化为尿酸而排出的。昆虫的排泄器官是马氏管。马氏管中可较长期地储存尿酸结晶,并能不时地将尿酸结晶排入消化管,使之随粪便排出体外。

排泄尿酸对卵生动物最为有利。卵生动物的胚胎在卵壳内发育,如果代谢废物是氨或尿素,胚胎都将中毒而死,而尿酸以固体沉淀的形式排泄,不影响体液的渗透平衡,对胚胎无害。

一般说来,排泄尿酸是卵生动物的特点,排泄尿素是胎生动物的特点。

值得注意的是,软体动物、昆虫等无脊椎动物和爬行类、鸟类等脊椎动物在演化系统中属于早已分开的 2 个支系,但陆生软体动物和昆虫的含氮废物和爬行类、鸟类一样,主要也是尿酸,这是生物趋同演化的一个实例。水生腹足类动物的含氮废物也有尿酸,但含量一般比陆生腹足类少一些。

除氨、尿素、尿酸外,动物还排泄多种其他含氮化合物。蜘蛛的主要含氮排泄物是鸟嘌呤。很多种鱼排泄含 3 个甲基的氧化胺。

总之,动物排泄的含氮废物种类多,不同类别的动物可排泄不同的含氮废物。这种情况似乎表明,动物的含氮废物本来是多样的,只是在演化过程中,动物适应于所在环境,水生动物大多发展了排泄氨的功能,进入陆地后,卵生动物发展了排泄尿酸的功能,胎生动物发展了排泄尿素的功能。

9.3.5　水盐平衡

组成生物体器官、组织的细胞都是浸浴在体液(细胞外液)中的。体液含有多种无机盐离子。不同的离子有不同的生理作用。体液的渗透压主要取决于体液中各种盐类的总浓度。体液的离子组成和渗透压的稳定保证了内环境的稳定。

1. 海洋动物　海洋无脊椎动物的体液大多和海水等渗,因此,一般说来,它们不存在水盐平衡的问题。海生的变形虫没有伸缩泡,淡水变形虫有伸缩泡,就是因为海生变形虫生活在等渗液中,其代谢废物可从体表排出,不需要伸缩泡来调节细胞的含水量。如果海洋的无脊椎动物进入盐分较低的水域,如河口地区或淡水河流、湖泊中,问题就复杂了。很多海洋无脊椎动物不可能生活在这样的环境中,如果进入这种环境,体液中的盐分逐渐减少,直至体液与外界液体达到平衡,但其细胞不能适应如此大变的液体环境,会很快死亡。

淡水动物大多起源于海洋动物,所以海洋动物对半咸水和淡水环境的适应可以说是进入淡水的基础。

有些海洋动物,如牡蛎、蛤等,当海水变为低渗时,如河口地区,只是被动地关闭外壳,使外界的水不能流入。这虽也是一种适应,不涉及动物结构和生理机能上的变化,和潜水时闭气很相似,是一时权宜的方法,在演化上没有什么意义。

海洋鱼类和海洋无脊椎动物不同。海洋的硬骨鱼来自生活于淡水中的祖先,它们还保留着祖先的一些特征。它们的体液和海水比起来是低渗的,但在海水中生活,随时都在失水,因而随时都在增加体液中盐分的浓度。对于这些困难,它们是如何克服的呢?第一,全身都盖有鳞片,可减少水从体表渗出;第二,不断饮入海水,同时鳃上有一些特化的细胞,能主动排出高浓度的盐分;第三,含氮废物大多以 NH_3 的形式从鳃排出,而肾脏排尿量却很少,这样就防止因排泄废物而失水过多(图 9-15)。因此,鱼肾是没有排浓尿能力的。

鲨和硬骨鱼一样,可能也是从淡水祖先发展来的,它们的水盐平衡机制也很特殊(图 9-15)。其血液中盐类的含量和海洋硬骨鱼相似,但血中尿素含量高。它们把没有什么毒性的尿素保存在血液中,这样就使体液的渗透浓度稍稍高于海水,因而不存在失水的问题。鲨血中还有另一种含氮废物,即氧化三甲胺(TMAO),有减少尿素毒性的作用。此外,它们的直肠还有排除过多盐类的功能。

海产的或在沿海生活的爬行类和鸟类,如企鹅、信天翁等,以海洋动物或海藻为食。这些鸟类不是海洋动物,但靠海生活,食物来自海洋,每天吃盐过多,排盐是这些动物必须解决的问题。它们的解决办法是靠盐腺(salt gland)泌盐。在 2 个眼窝附近各有一个管状腺,通入眼窝或鼻孔,即是盐腺(图 9-15)。盐腺分泌的液体

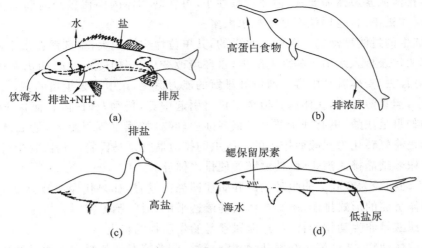

图 9-15　海鱼、海鸟及鲸类的水盐平衡
(a) 海鱼；(b) 海豚、鲸类；(c) 海鸟；(d) 鲨鱼

含有大量 Na^+ 和 Cl^-，渗透压远远超过体液。关于盐腺的分泌机制还不清楚，但盐腺调节水盐平衡的效果却是显著的。

海豹和一些鲸类很少饮水，以海鱼为食，从海鱼取得所需的水。海鱼体液是低渗的，可以作为鲸类的水源。鱼是高蛋白的食物，因而海豹等的尿液含有很高浓度的尿素。有些鲸（须鲸）不吃鱼，而吃海洋中的小无脊椎动物，必然同时吞入很多海水，即吞入更多的盐。鲸类的肾有排浓尿的能力，这是它们对高蛋白和多盐食性的适应（图 9-15）。

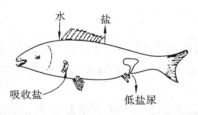

图 9-16　淡水鱼的渗透调节

2. 淡水动物　淡水鱼来自海洋生活的祖先。它们的体液浓度低于海水，高于淡水，和细胞内的渗透压相同，在淡水中生活必须有阻止淡水大量渗入体内和体内盐分大量散失的机制（图 9-16）。淡水鱼的体表有鳞片，可以部分地防止水从体表渗入。和海鱼相反，淡水鱼从不饮水，水只是从口流入，从鳃流出，而不进入消化管，这就有效地防止了过多的水渗入体液。淡水鱼的尿是高度稀释的，其含盐量远低于血液。此外，淡水鱼的鳃上有特化的细胞，它们的功能是通过主动转运从水中吸收盐类。有了这些机制，淡水鱼就完全能适应淡水环境了。

淡水甲壳动物，如螯虾，保持体液稳态的方法和鱼很相似。螯虾的尿是低渗的，它的排泄器官（触角腺）能将尿中的离子回收一部分。另一种淡水甲壳动物——毛蟹，排泄的废液和体液几乎是等渗的。它们在排泄废物的同时把有用的离子也排出，因而必须通过耗能的主动转运从周围水中将离子重新吸收进来。河蚌的体液是低浓度的，比鱼的体液稀释得多，它虽然也要通过主动转运从鳃摄入离子，但它所需摄入离子的量却小得多，因而耗能也少得多。河蚌细胞中氨基酸含量很低，只及海产贻贝的 $1/38 \sim 1/10$。这说明河蚌细胞的渗透压很低，和低浓度的体液是一致的。

3. 陆生动物　陆生动物靠饮水和节水来调节水盐平衡。有些陆生动物还没有完全适应陆生环境，如蚯蚓、蛙等。这些动物要依靠体表进行呼吸，体表要时时保持湿润，使空气溶于体表的薄层液体中，以便实行气体交换。蚯蚓只能生活在潮湿的土壤中或林下腐殖质之下，在这里没有干旱的威胁，不必有隔离装置，如外骨骼等。蚯蚓的尿液很稀薄，含水多，并且尿液中既有氨，又有尿素。这些都说明蚯蚓还没有完全摆脱对水环境的依赖。

完全适应陆地生活的动物，如昆虫、鸟类、哺乳类等，不再用体表呼吸，其体表总是被角质化的死细胞，以及鳞、羽、毛等严密包裹，使水分只能从汗腺排出，而不能从体表蒸发。它们的呼吸系统深藏到身体之内，如昆虫的气管、脊椎动物的肺等，虽然面积很大，耗水却不多。

陆生动物大多是排浓（缩）尿的，含氮废物主要是尿素或尿酸，尿素毒性小，尿酸不溶解，因而虽排浓尿，但不至于中毒。陆生动物的排泄器官有回收水分的功能，也有回收 $NaCl$ 等盐分的功能，这些都有力地保证了体液的水盐平衡。

多种昆虫能生活在十分干燥的环境中。脊椎动物，如袋鼠也是在干旱地带生活的，它们几乎从不饮水，所需的水来自食物的氧化。这些动物必须有能力保存体内的水。事实正是如此：昆虫全身包有外骨骼，排泄物为尿酸；袋鼠在日照强烈的时候不活动，它们不排汗，粪便也十分干燥，肾脏排泄的尿液很浓。

人肾不能排过浓的尿，人尿中所含尿素一般不超过 2%，尿酸只有 0.05%（含氮废物总量一般不超过 3.0%，含盐 1.5%），并且人不同于海鱼和海鸟，除肾和汗腺外再没有其他排盐的装备，所以人如果漂浮于海洋中，无淡水供应，就很危险。喝海水只能提高这种危险性，人如果像海豹一样，靠吃海鱼来获得水，也必须排出更多的水，以便把过多的尿素排出。人肾可以说是不适应海水生活，也不适应过分干旱的地区。

9.3.6　排泄和水盐平衡的器官

排泄器官不仅排出代谢废物，更重要的是维持机体的水盐代谢处于稳定状态。

1. 无脊椎动物排泄系统的器官

（1）原生动物的排泄器官——伸缩泡　变形虫和草履虫是生活在水中的原生动物，它们的细胞表面能直接与外界接触进行物质交换。伸缩泡就是它们用来专门进行排泄和调节渗透势的细胞器。细胞中过多的水分和溶于水中的废物不断地通过伸缩泡的膜进入伸缩泡中，伸缩泡逐渐胀大，最后由伸缩泡将其内容物排出体外。从而使细胞内的水分和盐分保持适当的浓度，维持渗透势的稳定（图 9-17）。

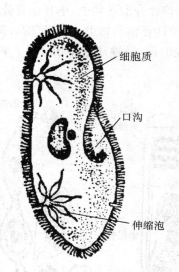

图 9-17　原生动物的伸缩泡

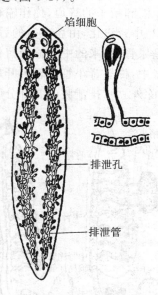

图 9-18　蜗虫的排泄系统

（2）扁形动物的排泄器官——原肾管　从扁形动物起体内出现排泄器官，扁形动物的排泄器官是原肾管。原肾管由焰细胞、排泄管和排泄孔组成。焰细胞（图 9-18）分布于体内细胞外液中，通过扩散作用来收集废物。焰细胞的纤毛不停地颤动（在显微镜下观察，形似火焰，所以称焰细胞），激起滤过的液体向排泄管中流动，再由排泄孔排出体外。环境中盐的浓度降低时，焰细胞数目很快地增多；反之，数目减少。焰细胞的主要作用是调节机体内的水容量，以维持水的平衡。扁形动物的含氮废物是由分支的肠管及表皮渗出的。

（3）环节动物的排泄器官——后肾管　从环节动物开始出现了后肾管，蚯蚓就是一种代表动物。它的每节体腔内都有漏斗状的肾口将体腔液中的废物收集至细肾管，最后由体壁上的肾孔排出体外。液体中的水及葡萄糖等物质在肾管中被重吸收进入毛细血管。蚯蚓每天约排出相当于体重 60% 的很稀的尿（urine）。

（4）昆虫的排泄器官——马氏管　节肢动物如昆虫，适应陆生生活，排泄器官为马氏管（Malpighian tubule）（图 9-19）。管的游离端盲闭，盘旋在血腔的血液里，管壁细胞以扩散或主动运输方式从血液中收集代谢废物。管的另一端通至消化管道，水分可在马氏管中或消化管道中被重吸收。昆虫的含氮废物主要为尿酸，尿酸一般为结晶体，几乎不溶于水，故随干的粪便一起排出。陆地生活的动物，其含氮废物由氨转化成尿酸，防止了水分的丢失，从而能适应陆生环境。

2. 脊椎动物的排泄器官——肾的演化　脊椎动物的排泄器官是肾。肾是在胚胎发育中由中胚层的肾节发育而来的。其特点是和生殖器官系统有着密切的关系，故可把排泄器官和生殖器官合称为泌尿生殖器官。肾可分为前肾、中肾和后肾（图 9-20）。前肾在发生过程中是最早产生的，由许多平行的小管（肾小管）构成。这些肾小管汇集到前肾输管。肾小管的一端（肾口）在体腔开口，有纤毛，一般认为与环节动物的肾管相似，来

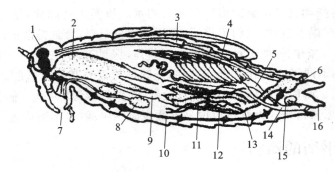

图 9-19 蝗虫的内部构造

1—脑神经节;2—嗉囊;3—心室;4—卵巢;5—输卵管;6—肛门;7—口;8—唾腺;9—胃盲囊;10—腹神经索;11—胃;12—马氏管;13—大肠;14—阴道;15—受精囊;16—产卵器。注意排泄器官——马氏管

源相同。随着发育的进展,前肾退化(圆口类除外),由其后产生的中肾代替。中肾的肾小管中,管的一部分膨大成杯状,与血管组合构成肾小体。在雄性脊椎动物中,来自睾丸的输精小管与几条肾小管连接。先退化的前肾输管照样保留着,纵分为二,一条成为中肾输管,另一条成为缪勒氏管(输卵管)。中肾输管在雄性脊椎动物中是运送尿液和精子的管道,称作输精尿管;鱼类、两栖类终生都以中肾生活(表 9-2)。爬行类以上的动物在发育过程中,中肾退化,由新产生的后肾代替,终生用后肾生活。在雄性脊椎动物中,中肾输管分开,产生后肾输管作为输尿管,原来的中肾输管留作输精管,缪勒氏管退化。在雌性脊椎动物中,输卵管的一部分膨大成子宫。在后肾中,许多肾小管在肾盂开口。肾盂收集在肾小管中产生的尿,经输尿管排出体外。两栖类以上的动物(鸟类除外)中,排泄腔的一部分膨大成膀胱。

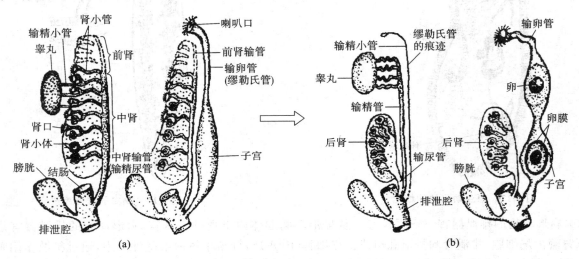

图 9-20 脊椎动物肾的演化

(a) 软骨鱼类、两栖类(中肾);(b) 爬虫类、鸟类(后肾)

注:虚线表示退化;前肾输管纵分为二,构成中肾输管和缪勒氏管(输卵管)。

表 9-2 脊椎动物肾的类型

类别	圆口类		鱼类	两栖类	爬行类	鸟类	哺乳类
	盲鳗	八目鳗					
前肾	成体	胚	胚	胚	胚	胚	胚
中肾		成体	成体	成体	胚	胚	胚
后肾					胚,成体	胚,成体	胚,成体

3. 哺乳动物的排泄器官 哺乳动物和人的排泄器官由肾、输尿管、膀胱及尿道组成(图 9-21)。

1) 肾脏 人的肾脏(kidney)位于脊柱两侧,相当于第 11 胸椎到第 3 腰椎的高度,左肾较右肾略高,同样也是水盐平衡的器官。

(1) 肾脏的结构 肾呈蚕豆状,在其内缘有一凹陷处称肾门,是血管、神经和输尿管等出入的部位。通过肾门将肾纵切,可见肾分内、外两部分。外层颜色较深,富于血管,称皮质;内部色较浅,称髓质(图 9-21)。髓

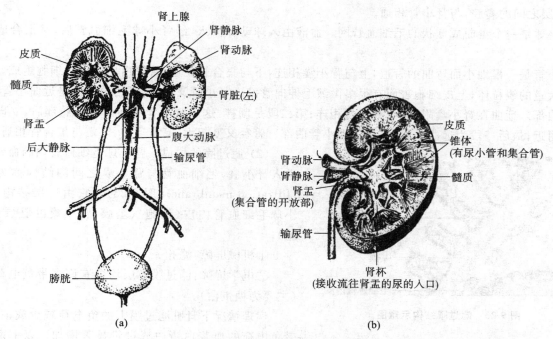

图 9-21　人的排泄系统及肾脏结构

（a）排泄系统；（b）肾脏结构

质由许多三角形锥体构成,锥体尖端开口于漏斗状的肾盂。

（2）肾单位　肾脏主要由肾单位(nephron)、集合管和少量结缔组织组成。每个肾有 100 万个以上的肾单位。肾单位是肾脏的结构与功能单位。每个肾单位由肾小体和与之相连的肾小管(renal tubule)两部分组成(图 9-22)。

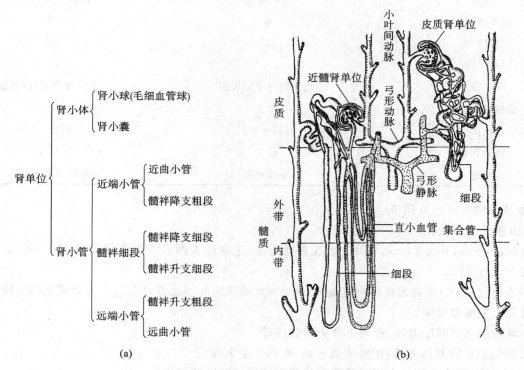

图 9-22　肾单位

肾小体位于皮质内,为肾单位的起始部,由肾小球(renal glomerulus)和肾小囊(Bowman's capsule)组成。肾小球是由一条粗而短的入球小动脉进入肾小囊后,分成许多毛细血管弯曲盘绕而成的球状结构。最后,这些毛细血管又汇成一条出球小动脉离开肾小球,这种结构使肾小球的血压较高,是肾小球具有滤过作用的重要因素。肾小囊是由单层扁平上皮构成的杯状的双层壁的囊,内层紧贴于肾小球,外层构成完整的壁。

内、外两层之间的囊腔,与肾小管相通。

肾小球是一个盘曲成球状的毛细血管网。血液由入球动脉流入,经肾小球毛细血管后,又汇合成出球动脉流出。

肾小管是一根细小而弯曲的管道,上与肾小囊相连,下与集合管相通,管壁由单层上皮细胞组成。上皮细胞内有大量的线粒体,上皮细胞表面有很多微绒毛伸向管腔。肾小管又分成三段:第一段是近曲小管(也称近端小管曲部),迂曲在肾小囊附近,与肾小囊相连;第二段是髓袢,这段肾小管变细下行至髓部后,立即转回至肾小囊附近;最后一段为远曲小管(也称远端小管曲部),管径又变粗大,高度迂曲,末端与集合管相通。

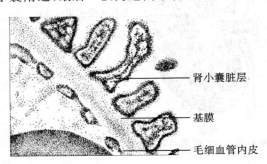

肾小囊脏层

基膜

毛细血管内皮

图 9-23 滤过膜结构示意图

(3)滤过膜的构成 肾小球毛细血管内的血浆经滤过进入肾小囊,毛细血管与肾小囊之间的结构称为滤过膜(filtration membrane)(图 9-23)。它由三层结构组成:肾小球毛细血管内皮(细胞)、基膜、肾小囊的脏层(上皮细胞)。

①机械屏障:滤孔。

②电学屏障:滤过膜各层均含有许多带负电荷的物质(主要为糖蛋白)。

病理情况下肾脏滤过膜上的负电荷减少或消失,可致带负电荷的血浆白蛋白滤过量显著增加。以上两个屏障一般以机械屏障为主。

2)肾单位的分类 肾单位按其所在的部位可分为皮质肾单位和近髓肾单位两类。表 9-3 所示为二者之间的对比。

表 9-3 皮质肾单位与近髓肾单位比较表

内　容	皮质肾单位	近髓肾单位
分布	外、中皮质层	内皮质层(近髓)
肾小球体积	小	大
髓袢长度	短	长
AA/EA	2∶1	1∶1
CaP 分支	皮质部肾小管周围	直小血管、网状血管
交感神经支配	丰富	较少
比例	80%～90%	10%～15%
肾素含量	较多	较少
机能	与钠排泄有关	与尿浓缩和稀释有关

3)肾血流量的特点及其调节

(1)肾血流量的特点

①肾血流量(renal blood flow,RBF)大:安静状态下,正常成人两肾的血流量约为 1200 mL/min,相当于心输出量的 20%～25%。

②分布不均匀:约 94% 的血液供应肾皮质,约 5% 血液供应外髓质部,1% 左右的血液供应内髓质部。

③经过两次毛细血管网。

a.肾小球毛细血管网压力高,有利于肾小球的滤过。

b.管周围毛细血管网压力低,胶体渗透压高,有利于重吸收。

④有直小血管:直小血管的血流对髓质高渗状态的维持起重要作用。

(2)肾血流量的调节

①肾血流量的自身调节:安静状态下,当肾动脉灌注压在一定范围(80～180 mmHg)变动时,肾血流量基本保持相对恒定,这种现象称肾血流量的自身调节。肾血流量自身调节的机制有肌源机制和管-球反馈两种学说。

a.肌源性学说(myogenic mechanism):入球小动脉舒缩与跨壁压变化直接相关。

当小动脉压升高时,引起管壁平滑肌紧张性增强而收缩,导致血流阻力增大,使血流减少,从而保持肾血流量稳定;当小动脉压下降时,则相反。

b. 管-球反馈(tubuloglomerular feedback):小管液流量变化影响肾血流量和肾小球滤过率的现象,也称管-球平衡。

当肾血流量和肾小球滤过率下降时,引起小管液在髓袢的流速降低,使 NaCl 在髓袢升支的重吸收提高,致使流经致密斑处的 NaCl 浓度下降,使入球小动脉的阻力也下降,肾素分泌量提高,从而使肾小球滤过率恢复;当肾血流量和肾小球滤过率提高时,则相反。

其生理意义是使肾血流量与泌尿机能相适应,使肾小球滤过率(GFR)不会因血压波动而改变,有利于维持 GFR 的相对稳定。

②肾血流量的神经和体液调节:肾交感神经兴奋时,肾血管收缩,肾血流量减少;肾交感神经活动减弱时,肾血管舒张,肾血流量增加。

肾上腺素、去甲肾上腺素、血管紧张素Ⅱ、血管升压素也能引起血管收缩,前列腺素、乙酰胆碱、心房利尿钠肽则可舒张肾血管。

一般情况下,肾主要依靠自身调节来维持血流量相对稳定,以保证泌尿功能的正常进行,在异常情况下,如大失血、中毒性休克、缺氧等机体处于应急状态时,通过交感神经和一些体液因素的调节使肾血流量减少,这对维持脑、心等重要器官的血液供应有重要意义。

(3)肾小球旁器　肾小球旁器(juxtaglomerular apparatus,JGA)是肾小管与肾小体血管及其相接触部位的一个具有内分泌和感受器功能的特殊结构,位于入球小动脉、出球小动脉及远曲肾小管之间的区域,由球旁细胞、致密斑、球外系膜细胞组成(图 9-24)。

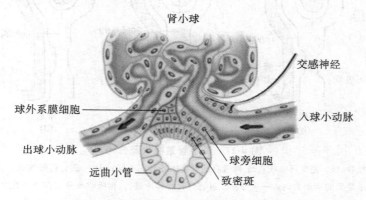

图 9-24　肾小球旁器示意图

①球旁细胞:也称近球细胞(juxtaglomerular cell),位于入球小动脉和出球小动脉管壁中一些特殊分化的平滑肌细胞,内含分泌颗粒,能合成、储存和释放肾素(renin)。

②球外系膜细胞(extraglomerular mesangial cell):其功能尚未明确。

③致密斑(macula densa):位于远曲小管的起始部,可感受小管液中 Na^+ 含量的变化,并将信息传递至球旁细胞,可调节肾素的释放。

当远曲小管内 Na^+ 浓度降低时,可兴奋致密斑内的细胞,由于其位置与入球小动脉相邻,会导致球旁细胞兴奋使之释放肾素,后者激活血液内血管紧张素,结果血内血管紧张素Ⅱ的活性增高,会刺激肾上腺皮质,使之分泌醛固酮激素,从而导致肾小管对 Na^+ 的重吸收能力加强。

4)尿的生成原理　尿的生成是在肾单位和集合管中进行的,要经三个过程:肾小球的滤过作用;肾小管与集合管的重吸收作用;肾小管与集合管的分泌和排泄作用,最后形成尿。

(1)肾小球的滤过作用　肾小球的结构类似滤过器,当血液流过肾小球毛细血管时,血浆中一部分水及一切水溶性物质可以滤过肾小球毛细血管壁而进入肾小囊腔内。

肾小球滤过作用的动力是有效滤过压。由于肾小体也存在着正的有效滤过压,所以肾小球能不断发挥滤过作用而生成原尿,见图 9-25。

肾小球滤液(原尿)的生成取决于肾小球有效滤过压,后者与毛细血管血压、血浆胶体渗透压及肾小囊囊内压有关(图 9-26)。

$$有效滤过压＝肾小球毛细血管血压－(血浆胶体渗透压＋囊内压)$$

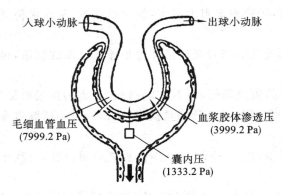

图 9-25　有效滤过压示意图

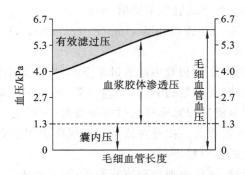

图 9-26　肾小球有效滤过压与毛细血管血压、囊内压及血浆胶体渗透压之间的关系

当有效滤过压降到 0 时,滤过即停止,原尿不能生成。

(2) 肾小管与集合管的重吸收和分泌、排泄作用　从肾小球滤出的滤液,在流经肾小管及集合管后成为终尿。滤液和终尿不论在量上或质上都有显著不同。从量上来看,终尿仅为滤液量的 1%,即每天排出的尿只有 1.5～2 L;从质上看,滤液与去蛋白质的血浆相似,而终尿成分却与血浆有很大差别。这是因为滤液在流经肾小管时,通过被动或主动方式把其中某些物质重吸收回血液,同时又分泌了某些物质进入尿(图 9-27)。

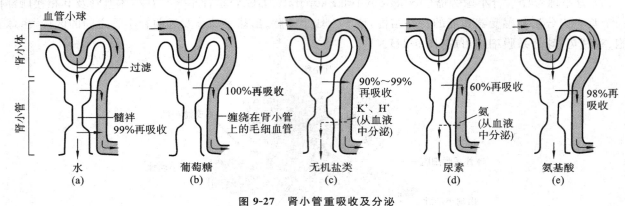

图 9-27　肾小管重吸收及分泌

(a) 几乎全部再吸收;(b) 完全再吸收;(c) 再吸收的程度因场合而不同;(d) 一部分再吸收;(e) 几乎全部再吸收

注:→示物质的运动方向;⇢示分泌。过滤在肾小体中进行,再吸收和分泌在肾小管中进行。

肾小管对各种物质的重吸收能力是不同的,葡萄糖全部被重吸收;水、Na^+、Cl^- 大部分被重吸收;尿素部分被重吸收;肌酐则完全不被重吸收。这表明肾小管的重吸收作用是有选择性的,但是肾小管的重吸收也有一定的限度。例如,当血液中葡萄糖浓度达到 1.6 mg/mL 时就不能全部被重吸收,尿中便出现葡萄糖,称为糖尿。

肾小管上皮细胞还能将新陈代谢产生的物质或将血液中某些物质分泌入肾小管中。由肾小管分泌的物质 NH_3、H^+ 和 K^+,用以置换 Na^+。此外,肾小管还可排泄某些物质,如对氨基马尿酸。酚红或药物(如青霉素)等主要是通过肾小管上皮细胞进入肾小管而排出体外的。

(3) 尿液的浓缩和稀释　原尿在流经肾小管和集合管各段时,在近曲小管和髓袢中,其渗透压是固定的,但在流经远曲小管和集合管时,其渗透压可随体内缺水与否等不同情况出现明显变动(图 9-28)。

在生理学中,尿液的浓缩与稀释是根据尿的渗透浓度(osmolality)与血浆渗透压相比较而确定的。高渗尿,表示尿液浓缩;低渗尿,代表尿液稀释;而与血浆渗透压相等或相近的尿液,则称为等渗尿(isotonic urine)。

① 尿液的稀释机制:尿液稀释主要发生在远曲小管和集合管,与血中 ADH 的含量有关。如大量饮清水后,血浆晶体渗透压降低,ADH 释放减少,水重吸收减少,导致尿量增加,尿液被稀释。

② 尿液的浓缩机制:在失水、禁水等情况下,血浆晶体渗透压升高,可引起尿量减少,尿液浓缩。尿液的浓缩也发生在远曲小管和集合管。

比较解剖学证实并不是所有动物的肾脏都有浓缩尿的能力。肾脏浓缩尿的能力是具有髓质结构的哺乳动物和某些鸟类所特有的。髓质内层愈发达、髓袢越长者,浓缩尿的能力越强。例如:沙鼠髓袢特别长,产生 20 倍于血浆渗透浓度的高渗尿;猪髓袢短,产生 1.5 倍的高渗尿;人髓袢中等长度,最多产生 4 倍尿液。

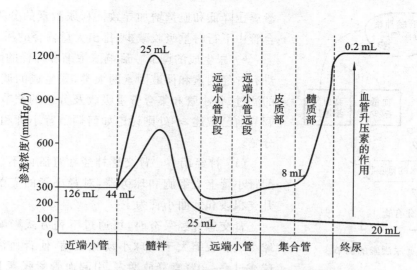

图 9-28　肾小管各段和集合管小管液渗透压和流量的变化

注：图中数字系两肾全部肾小管和集合管每分钟的小管液流量。

采用冰点降低法测定大鼠肾脏组织切片的渗透浓度，观察到肾皮质渗透压与血浆相同，髓质部渗透浓度则逐渐增高，从外髓部向乳头部依次递增，分别为 2.0、3.0、4.0，具有明显的渗透浓度梯度。

在此我们需要解决以下问题：

①髓质的高渗和渗透浓度梯度是怎样形成的？

②髓质的渗透梯度对尿液的浓缩与稀释起何作用？或者说尿液的浓缩与稀释是怎样控制的？

③髓质的高渗状态是如何维持的？

髓质的形态和功能特性是形成肾髓质渗透浓度梯度的重要条件。其一，髓质各段对水和溶质的通透性和重吸收机制不同，使得降支小管内的 Na$^+$ 及尿素逐渐向升支小管移动。其二，髓袢的 U 形结构则使小管液的流动过程中，越向髓质方向增加越大的逆流倍增（counter-current multiplication）现象，最终动态形成了渗透梯度（图 9-29）。

由于肾脏从皮质到髓质所维持的渗透压递增梯度，原尿在穿越其中的集合管内流动时就可以通过 ADH 来调节集合管对水的通透性，通透性高时，水分就向高渗处移动，从而使集合管内的水分被吸收，形成高渗尿，反之亦然。

髓袢的逆流倍增作用使肾髓质高渗梯度得以形成，直小血管的逆流交换作用使肾维持髓质高渗梯度得以实现。任何能影响肾髓质高渗的形成与维持和影响集合管对水通透性的因素，都将影响肾脏对尿液的浓缩过程，使尿量和渗透浓度发生改变。

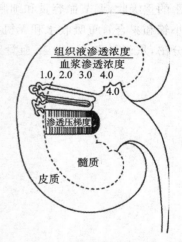

图 9-29　肾髓质渗透浓度梯度示意图

注：线条越密，表示渗透浓度越高。

5）水重吸收的控制——抗利尿激素的作用　水分在集合管中下行时被动吸收的速率取决于集合管壁上皮细胞的水通透性。垂体后叶释放的抗利尿激素（antidiuretic hormone，ADH）增强集合管的水通透性，因此，调节抗利尿激素的释放就能控制排出的尿量。血液中的抗利尿激素水平越高，则集合管上皮细胞的水通透性越大，因此，当尿流经集合管时便会有更多的水被吸走。血液中抗利尿激素的水平取决于血浆渗透压。下丘脑中有对渗透压敏感的神经元，在血浆渗透压升高时发放冲动的频率增加。这些神经元是神经分泌细胞，它们的轴突伸到垂体后叶，在神经冲动的作用下从神经末梢释放抗利尿激素到血液中。这些细胞的发放增加，便会增加抗利尿激素的释放，提高血液中抗利尿激素的水平，使更多的水通过集合管壁回到血液中。血液中水增加，则血浆渗透压降低，逐渐接近渗透压调定点的水平，便会使下丘脑神经分泌细胞减少发放，从而减少神经末梢释放抗利尿激素，这也是一个负反馈过程（图 9-30）。血量增加也会抑制下丘脑神经分泌细胞产生和释放抗利尿激素。左心房以及循环系统其他部分的容量感受器将血量增加的信息传送到中枢神经系统。任何增加血量的因素都会抑制下丘脑细胞释放抗利尿激素，使通过尿排出体外的水量增加。相反，任何减少血量的因素都会反射性地引起抗利尿激素释放，从而保持体内水分。因此，当饮入大量清水时，由于血浆

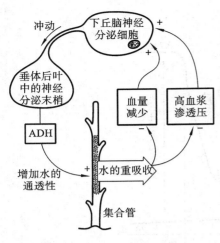

图 9-30 抗利尿激素的调节

渗透压降低和血量增加导致抗利尿激素的分泌受到抑制,水在集合管中下行时重吸收减少,排出大量稀释的尿。

6)尿生成的调节 影响尿浓缩和稀释的因素有许多,概括地讲有神经因素和体液因素两大类,尿生成的调节是通过对肾小球的滤过、肾小管和集合管重吸收及分泌的调节来实现的。滤过的调节前已叙述,本处则讨论如何调节肾小管和集合管的重吸收与分泌。

(1)神经调节 肾交感神经在肾脏内不仅支配肾动脉,还支配肾小管上皮细胞和球旁器,对肾小管的支配以近曲小管、髓袢升支粗段和远曲小管为主。

肾交感神经兴奋时,可通过下列方式影响肾脏的功能:①入球小动脉收缩大于出球小动脉收缩,使肾血流量减少,降低肾小球滤过率;②肾素释放增多,引起血管紧张素Ⅱ和醛固酮增加,导致肾小管对 NaCl 和水的重吸收增加;③增加近曲小管、髓袢升支粗段 NaCl 和水的重吸收。

(2)体液调节

①抗利尿激素:抗利尿激素(ADH)是一种多肽激素,其主要来源于下丘脑的视上核和室旁核神经细胞,该神经细胞合成 ADH 并通过神经轴突运送到神经末梢,其神经末梢延伸至垂体后叶,在相应的刺激作用下分泌 ADH 到血液并循环运送至肾脏。

②醛固酮:醛固酮是肾上腺皮质球状带分泌的一种类固醇激素,能促进肾远曲小管和集合管上皮细胞分泌 H⁺ 与 K⁺,回收 Na⁺。所以,醛固酮的主要生理功能是促进肾排 K⁺、排 H⁺,重吸收 Na⁺,同时也增加 Cl⁻ 和水的重吸收,调节血容量和细胞外液容量。总之,正常人体在抗利尿激素和醛固酮的调节下,通过影响肾远曲小管和集合管重吸收水和无机盐以维持体液容量和渗透压的相对稳定。而血管紧张素也可以促进醛固酮的分泌,从而形成一个肾素-血管紧张素-醛固酮调节系统(图 9-31),保障机体内水盐代谢的平衡状态。

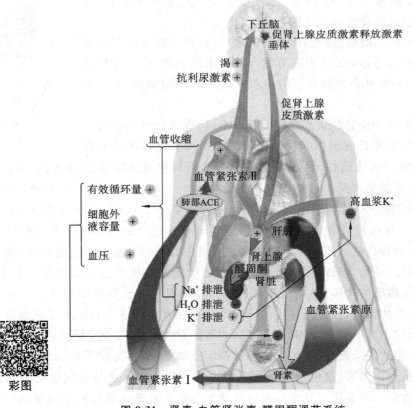

彩图

图 9-31 肾素-血管紧张素-醛固酮调节系统

综上所述,尿液浓缩机制以 NaCl 在髓袢升支粗段的主动重吸收为起点,以肾小管各段对水、溶质通透性不同的特点为基础,通过逆流倍增机制使髓质建立高渗梯度,尿素再循环则使渗透梯度加强。直小血管的作用使该梯度得以维持。在 ADH 的作用下,大量水分进入肾脏间质,而后被直小血管等重吸收,尿液得以浓缩。在这整个过程中,任何一个环节出了问题,都将影响到尿浓缩的程度。

本章小结

　　动物体的形态结构与功能千差万别,但是基本结构都是由细胞所构成的,功能相似的细胞在一起构成基本组织,不同的基本组织又构成器官及系统,它们在体内执行特定的功能,同时又在特定系统(体液和神经)的协调下保持机体特定功能的稳定。多细胞机体在一起所面临的重要问题是如何面对环境的变化,在应对外界环境变化的同时,组成机体的所有细胞都在机体内部处于一个相对稳定的状态(内环境),维持内环境的稳定是多细胞机体的基本功能,以体温和水盐代谢为例,探讨了变温动物与恒温动物在能量代谢过程中应对环境温度变化所采取的不同策略,也论述了水生动物与陆生动物在维持体内水盐环境稳定方面所演化的不同和类似的机制,详细论述了以人为代表的哺乳动物肾脏在维持机体水盐代谢的基本过程,为进一步理解动物机体的内部机理与外部环境的关系提供了多维度的思考方向。

思考题

扫码答题

参考文献

[1] 王玢,左明雪.人体及动物生理学[M].2 版.北京:高等教育出版社,2001.

[2] 张建福.人体生理学[M].上海:第二军医大学出版社,2000.

[3] Ganong W F. Review of Medical Physiology(20th)[M]. New York:McGram-Hill,2000.

[4] Lingappa V R,Farey K. Physiological medicine:A clinical approach to basic medical physiology[M]. New York:McGram-Hill,2000.

[5] Brener B M,Rector F C. The Kidney[M]. 4th ed. Philadelphia:WB Saunders,2007.

第10章 免疫系统

不管是低等动物还是高等动物,都存在着宿主对外来入侵者的防御和修复自身组织损伤的机制。然而,在无脊椎动物的成员中所表现出来的这种机制是非常原始且属于先天的、自然的防御特性。机体对各种外来的侵入物的反应没有特异性。反应的效应大多类似于吞噬作用。例如无体腔动物(Acoelomata)中的吞噬阿米巴细胞(phagocyte)、软体动物(Mollusca)和节肢动物(Arthropoda)的血细胞(hemocyte)、环节动物(Annelida)的体腔细胞(coelomocyte)等都担负着吞噬外来侵入物的功能。此外,它们还可以通过分泌一些可溶性分子来结合或分解入侵物。然而,上述类似免疫方面的反应或机能还不是真正意义上的免疫系统,一直演化到出现脊椎动物后,免疫功能才作为整体在动物中担负了防止外来侵入和监视自身突变等任务,免疫系统也变得更为复杂。它除了具有类似无脊椎动物的初级免疫功能之外,还具有特异性的免疫应答功能。随着脊椎动物的演化,免疫系统中的淋巴细胞(B细胞与T细胞)及专门的淋巴器官等相继出现,最后呈现为一个完整的免疫系统,并具有特异性的体液免疫应答及细胞免疫应答功能。

高等脊椎动物的免疫系统是由分子和细胞水平上的各种各样变异体组成的。在蛋白分子水平上有免疫球蛋白基因家族的Ig、MHC-Ⅰ、MHC-Ⅱ、TCR及其他许多细胞表面分子家族成员。在细胞水平上,则有来自多功能干细胞谱系的一系列细胞及细胞亚系,如B细胞和T细胞及其亚系、粒细胞、单核巨噬细胞及各种辅助细胞等。这些细胞之间大多有着特异的协同及制约关系。

免疫系统由免疫器官所构成,包括中枢免疫器官(如骨髓、胸腺、脾脏等)与外周免疫器官(淋巴系统、扁桃体、黏膜等)。

随着免疫学研究的逐步深入,如前所述,抗原分子进入体内,刺激免疫细胞、免疫分子等,出现一系列复杂的生物学过程,称为免疫应答。免疫应答又分为对机体有利的免疫应答(如抗感染免疫)和对机体不利的免疫应答(如超敏反应)。因此,现代免疫学认为:凡能刺激机体免疫系统产生抗体或致敏淋巴细胞,并能与其相应抗体或致敏淋巴细胞在体内或体外发生特异性反应的物质,统称为抗原。

故此,机体免疫包括非特异性免疫(也称先天性免疫或固有免疫)和特异性免疫(也称后天或获得性免疫)。

10.1 机体的非特异性免疫(固有免疫)

固有免疫(innate immunity)是机体在种系发育和演化过程中形成的天然免疫防御功能,即出生后就已具备的非特异性防御功能,也称为非特异性免疫(non-specific immunity)。它是生物在长期演化过程中形成的一系列防御体系,包括皮肤、黏膜等物理屏障和先天具有的普遍防御机制。天然免疫是机体对多种抗原物质的生理性排斥反应。

10.1.1 非特异性免疫的特点

(1)非特异性免疫应答是先天的、遗传的,只有比较初级的识别功能,它只能识别自身和非自身物质,对异物无特异性区别作用,没有再次反应,没有记忆,只能清除一般异物。

(2)非特异性免疫是特异性免疫的基础,发挥作用快,作用范围广,初次受外来异物刺激时,即可发生反应,起着第一线的防御作用,以后随着特异性免疫的形成,非特异性免疫又与特异性免疫一起协同发挥作用。

(3)非特异性免疫有相对的稳定性,不受抗原性质、抗原刺激强弱或刺激次数的影响,但也不是固定不变的,当机体受到共同抗原的作用时,也可产生获得性特异性免疫,以增强非特异性免疫力。

（4）参与的免疫细胞较多，有吞噬细胞（包括巨噬细胞和中性粒细胞）及自然杀伤（NK）细胞等。

因此，增强固有免疫是提高机体整个免疫力的一个重要方面。

10.1.2　非特异性免疫的构成

动物有多种保护自身免受细菌、病毒等外物入侵的机制，皮肤是第一屏障，免疫系统使机体能抵御侵入身体的异物。免疫是动物机体抵御入侵异物的防护反应，因此，免疫作为机体的一种防护机制，机体的免疫力来自免疫系统，免疫系统可以保证机体免受感染。

1.防御屏障

（1）皮肤和黏膜屏障　皮肤和黏膜是防御异物的第一道防线。完整的皮肤具有对异物机械的阻挡作用，汗腺分泌的乳酸和皮脂腺分泌的不饱和脂肪酸，也有一定的杀菌作用，这是因为大多数细菌、病毒和霉菌对有机酸敏感。皮肤的这种功能，往往被人们忽视，但是当皮肤发生烧伤、机械损伤时，第一道防线出了漏洞，细菌就会乘虚而入，引起感染。气管和支气管上的纤毛层自下而上有规律的摆动，也能把吸入的细菌等异物排除。

动物体内、体表的正常菌群也起一定的屏障作用。新生幼畜皮肤和黏膜基本无菌，出生后很快从母体和周围环境中获得微生物，它们在动物体内某一特定的栖居所（主要是消化道）定居繁殖，种类与数量基本稳定，与宿主保持着相对平衡，称为正常菌群。

（2）血脑屏障　血脑屏障是防止中枢系统发生感染的重要防御结构。血脑屏障是由软脑膜、脑毛细血管壁和星状胶质细胞形成的胶质膜构成的。这些些组织结构致密，能阻止病原体及其他大分子物质由血液进入脑组织和脑脊液。血脑屏障在个体发育过程逐渐形成，婴幼儿易发生脑部感染，仔猪易发生伪狂犬病，与其血脑屏障尚未发育完善有关。

（3）胎盘屏障　胎盘屏障是保护胎儿免受感染的一种防卫结构，能防止母体病原微生物通过。不过这种屏障是不完全的，猪瘟病毒、猪伪狂犬病毒、流行性流产及呼吸综合征 PEARS 病毒等可通过胎盘感染猪。

另外，机体还存在着血肺屏障、血睾屏障和血胸腺屏障，它们都是保护正常生理活动的重要屏障。

2.吞噬作用　体内的非特异性反应是人体对抗病原体的第二道防线，也属于先天性免疫或非特异性免疫，由固有免疫细胞介导，如单核巨噬细胞等，靠表面受体等识别病原生物，固有免疫细胞活化后吞噬、杀灭病原体，不经历克隆增殖，其特点是先天具有、无免疫记忆、无特异性。如果病原体突破体表屏障，某些白细胞和血浆蛋白便会产生反应以对付任何侵犯人体的病原体。由于这种反应不是专门针对某种特定的病原体，因此被称为非特异性反应。

3.体液的抗微生物作用　在血液、淋巴液等体液中含有多种抑菌、杀菌及加强吞噬作用的物质，如补体、溶菌酶、干扰素、血清中的天然抗体（能促进吞噬作用），其中重要的是补体。

4.炎症反应　当病原微生物侵入机体时，被侵害局部往往汇集数量众多的吞噬细胞和体液杀菌物质，其他组织细胞还释放溶菌酶、白细胞介素等抗感染物质。同时炎症局部的糖酵解作用增强，产生大量的乳酸等有机酸。这些有利于杀灭病原微生物。

皮肤破损后往往引起局灶性炎症反应（inflammatory response）。它有 4 种症状：疼痛、发红、肿胀和发热。当皮肤破损时，毛细血管和细胞被破坏，释放血管舒缓激肽。这种物质引发神经冲动，使人产生痛觉，同时还刺激肥大细胞释放组胺。组胺与血管舒缓激肽使受损部位的微动脉和毛细血管舒张，皮肤变红；使毛细血管的通透性升高，蛋白质和液体逸出，局部肿胀；同时局部体温升高，这可以加强白细胞的吞噬作用，减少侵入的微生物。皮肤的任何破损都可能使病原微生物进入体内，引起中性粒细胞和单核细胞迁移到受损伤的部位。中性白细胞和单核细胞都可以做变形运动，从毛细血管壁钻出，进入组织间隙。单核细胞从血管进入组织后便分化成巨噬细胞（macrophage），可以吞噬上百个细菌和病毒。巨噬细胞还可以通过释放一种生长因子进入红骨髓，刺激白细胞的产生和释放。在克服感染时，一些中性粒细胞死亡。这些白细胞和一些坏死组织、坏死细胞、死细菌和活的白细胞结合在一起形成脓液。脓液是一种黄色黏稠的液体。脓液的出现表示身体正在克服感染。局灶性炎症如治疗不当会蔓延到全身，引起血液中白细胞计数增加、发热和全身不适等症状。

10.1.3　非特异性免疫的作用时相

（1）即刻非特异性免疫应答阶段：发生于感染 0～4 h。

（2）早期非特异性免疫应答阶段：发生在感染后 4～96 h。

（3）特异性免疫应答诱导阶段：吞噬细胞加工处理递呈抗原，启动特异性免疫应答。

10.1.4 影响非特异性免疫的因素

1. 遗传因素 草食动物对炭疽杆菌特别敏感，而禽类无感受性，偶蹄动物，如牛、羊、猪对口蹄疫病毒极易敏感，而单蹄动物，如马、骡有天然免疫力，这些取决于动物种的遗传因素。

2. 年龄因素 不同动物对微生物的易感性和免疫性不同。有不少微生物只侵染幼龄动物，如鸡白痢杆菌、小鹅瘟病毒。老龄动物细胞免疫功能趋于低下，因此容易发生肿瘤、结核病等疾病。

3. 环境因素及应激因素 自然环境，如气候、温度和湿度对机体免疫力有一定的影响，如寒冷能使呼吸道黏膜抵抗力下降，呼吸道疾病多发生于冬季及营养不良、管理不善时；应激反应是机体受到强烈刺激（如剧痛、创伤、烧伤、缺氧、过冷、过热、饥饿、疲劳等）时出现的防御反应，引起各种机能和代谢改变。

4. 非特异性免疫的增强 分别有微生物疫苗类增强剂（卡介苗可以广泛用于弗氏完全佐剂）、生物类制剂增强剂（包括胸腺素、转移因子、γ 球蛋白和干扰素等）及化学免疫增强剂（左旋咪唑能加强细胞免疫）。

10.2 机体的特异性免疫（获得性免疫）

特异性免疫是机体的第三道防线，由于以往感染所获得的（或由于疫苗所诱导产生的）免疫反应具有针对诱导抗原的特异性，因此，克服了非特异性免疫的缺陷，补充了非特异性免疫的不足，两者在一起构成了完整的防御系统。

10.2.1 特异性免疫应答的概念

特异性免疫应答（specific immune response）是指机体免疫系统受到抗原刺激后，免疫细胞发生一系列变化，并产生一定免疫效应的过程，主要包括抗原递呈细胞对抗原的加工、处理和递呈，以及抗原特异性淋巴细胞识别抗原分子，发生活化、增殖、分化，成为效应细胞或产生效应分子，进而表现出一定生物学效应的全过程。免疫应答过程实质上是抗原选择性刺激能识别它的特异性淋巴细胞，从而触发一系列变化和产生免疫效应的过程。

10.2.2 特异性免疫应答的类型

1. 正免疫应答 抗原特异性淋巴细胞受抗原刺激后被诱导活化，产生效应分子（如抗体、细胞因子）和效应细胞（如 Tc 细胞），出现排异效应，此过程称正免疫应答。正免疫应答可以针对异己成分，也可以针对自身成分或改变的自身成分。后者称自身免疫，引起组织损伤的则称自身免疫病。

2. 负免疫应答 通常免疫系统对自身抗原表现为负免疫应答（即免疫耐受）。此外，在异常情况下，机体对"非己"抗原可产生过高应答、过低应答，前者可引起超敏反应，后者导致免疫功能低下而致感染扩散或肿瘤发生。

10.2.3 特异性免疫应答的基本过程

免疫应答的全过程是机体在抗原性异物刺激下，由多种免疫细胞和细胞因子相互作用共同完成的复杂过程。目前免疫应答机制的研究，已经从组织器官水平进入了细胞水平和分子水平。它是一个严密控制和精细调节的过程，这对保持机体自身免疫稳定性是十分重要的。这是一个连续的不可分割的过程，但是，为了描述方便，人为地将其划分为相应的三个阶段，即识别阶段→活化、增殖和分化阶段→效应阶段（表 10-1）。

表 10-1　免疫应答的基本过程

识别阶段	活化、增殖和分化阶段	效应阶段
抗原与免疫细胞间的相互作用	免疫细胞间的相互作用	效应细胞和效应分子与靶细胞(或靶分子)间的相互作用
抗原的摄取、处理和加工、递呈及识别	膜受体的交联、膜信号的产生与传递、细胞增殖、活化与分化和生物活性介质的合成与释放	效应细胞和效应分子对靶细胞或靶分子的排异作用、引起组织的损伤作用(炎症)和免疫应答的调节

抗原 → APC、T、B

T细胞与B细胞的增殖与分化
抗体的产生与释放
细胞因子的产生与释放
效应T细胞的产生
免疫记忆细胞的产生

抗体分子、效应T细胞 → 排异或排己 → 免疫保护(抗感染、抗肿瘤)、免疫病理(自身免疫、变态反应、移植排斥、移植物抗宿主反应)

免疫增强系统：补体分子、细胞因子、NK细胞、肥大细胞、巨噬细胞、粒细胞系、红细胞、血小板

10.2.4　免疫细胞与免疫分子

在人和动物的血液中,存在形态不同、功能各异的多种血细胞,它们分别是红细胞、粒细胞、单核细胞、淋巴细胞及血小板等。其生命形态及功能各不相同,但起源于共同的祖先细胞,即造血干细胞。其中的免疫细胞还会分泌或表达一些参与免疫反应的分子及多肽来完成免疫系统的功能。

1. 免疫细胞　免疫细胞(immunocyte)是所有参与免疫反应的细胞及其前身细胞的统称,包括造血干细胞、淋巴细胞、单核巨噬细胞、树突状细胞和粒细胞等。免疫细胞可分为以下几大类:①淋巴细胞,包括 T 细胞、B 细胞、NK 细胞等;②辅佐细胞,包括巨噬细胞、树突状细胞(抗原递呈细胞)等;③其他细胞,包括肥大细胞、有粒白细胞等。

免疫活性细胞是指机体受到抗原物质刺激后能分化增殖,发生特异性免疫应答,产生抗体或淋巴因子的免疫细胞,主要是 T 细胞和 B 细胞。

免疫细胞也可分为两类,即非特异性免疫细胞和特异性免疫细胞。

1) 非特异性免疫细胞　非特异性免疫细胞主要包括中性粒细胞(寿命短,可以吞噬和杀灭细菌,参与急性炎症反应)、单核巨噬细胞(单核细胞具有进一步分化的潜能,而巨噬细胞是终末分化的细胞;单核巨噬细胞发挥两种功能,即吞噬杀菌和抗原的加工递呈)、嗜酸性粒细胞(可抗寄生虫感染、调节Ⅰ型过敏反应)、嗜碱性粒细胞(参与Ⅰ型过敏反应)、肥大细胞(参与Ⅰ型过敏反应)、树突状细胞、自然杀伤细胞(抗感染和抗肿瘤免疫的第一道天然防线)。

2) 特异性免疫细胞　特异性免疫细胞主要是指 T 细胞和 B 细胞。

(1) T 细胞的类群　成熟的 T 细胞是高度不均一的细胞群体,根据其表型和功能特征,可将其分成许多不同的类群。下面仅介绍两种分类。

①根据 T 细胞的分化状态、表达的细胞表面分子以及功能的不同,可将它们分为初始 T 细胞、效应 T 细胞和记忆性 T 细胞。

②根据 T 细胞在免疫应答中的功能不同,可将 T 细胞分为辅助性 T 细胞、细胞毒性 T 细胞和调节性 T 细胞三类。

(2) B 细胞的类群　依照 B 细胞表面是否表达某些分子,可把 B 细胞分为 B_1 细胞和 B_2 细胞。B_1 细胞产生于个体发育的早期。B_2 细胞即通常所指的 B 细胞。B 细胞有三个主要的功能:产生抗体,介导体液免疫;递呈抗原;分泌淋巴因子,参与免疫调节、炎症反应及造血过程。

2. 免疫分子 免疫分子是指由免疫细胞分泌或表达的多肽或蛋白质分子,包括 T 细胞、B 细胞抗原受体、MHC(major histocompatibility complex)分子、免疫球蛋白、补体、分化抗原和细胞因子等。如果入侵者突破了身体的第一、二道防线,第三道防线就会发挥作用。第三道防线是针对特定病原体发生的特异性反应,即免疫应答(immune response)。

10.2.5 抗原及其特性

1. 抗原的概念 抗原是指能够刺激动物机体免疫系统发生免疫应答(图 10-1),产生抗体和(或)致敏淋巴细胞,并能与相应免疫应答产物特异性结合、发生免疫反应的物质。

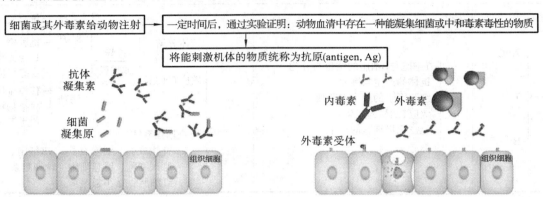

图 10-1 外来异物(如细菌)进入机体并产生免疫应答的示意图

2. 抗原的特性 根据抗原的概念可以看出抗原具有以下特性。

(1) 免疫原性(immunogenicity) 即抗原刺激机体免疫系统产生免疫应答的性能。该过程包括:抗原进入机体后,刺激淋巴细胞活化、增殖、分化,产生抗体或致敏的效应淋巴细胞。

(2) 反应原性(reactogenicity) 即抗原与相应抗体或致敏的效应 T 细胞发生特异性反应的性能,又称免疫反应性(immunoreactivity)。

同时具有这两种性能的物质称为完全抗原(complete antigen),一般说的抗原即完全抗原,如细菌、病毒、异种动物血清和大多数蛋白质等。

在不同情况下常把抗原称为不同名称,如引起凝集反应的抗原称为凝集原,引起沉淀反应的抗原称为沉淀原,引起超敏反应的抗原称为过敏原(又称变应原,即引起变态反应的抗原),引起免疫耐受的抗原又称耐受原。

(3) 抗原的特异性 特异性是指物质之间的相互吻合性或针对性、专一性,如钥匙与锁的关系。抗原特异性是免疫应答最重要的特点,也是免疫学诊断与防治的理论依据。抗原特异性的物质基础是抗原分子中的抗原决定簇。

3. 抗原的类型 抗原(antigen,Ag)的种类很多,因研究工作或理论探讨的需要,根据抗原某方面的特性,采用不同的分类方法加以归类。

(1) 根据抗原颗粒大小和溶解性分类 可以分为颗粒性抗原(包括细菌、支原体、立克次体、衣原体、红细胞等)或可溶性抗原(包括蛋白质、多糖、脂多糖、结合蛋白等)。前者呈颗粒状,当它们与相应抗体发生特异性结合后可出现凝集反应(如红细胞凝集);而后者在水溶液中溶解形成亲水胶体,它们与相应抗体特异性结合后形成抗原抗体复合物,在一定条件下出现可见的沉淀反应。

(2) 根据抗原性能分类 可以分为完全抗原和不完全抗原。

既具有免疫原性又具有反应原性的物质均属完全抗原。完全抗原进入机体后,能诱导机体产生抗体或效应 T 细胞,并能在体内外与相应的抗体或效应 T 细胞结合发生反应。

不完全抗原(incomplete antigen)又称半抗原(hapten),是指只具有免疫反应性而无免疫原性的物质。单独使用不能刺激机体产生免疫应答的物质(即不具有免疫原性),如多糖、类脂、核酸、某些药物等和一些简单的有机分子,它们本身无免疫原性,不能刺激机体产生抗体或效应 T 细胞,但能与已产生的抗体发生特异性反应。

虽然半抗原本身不具免疫原性,但如果与大分子蛋白质载体结合后即可形成完全抗原,具有免疫原性,进入机体后可刺激免疫系统产生免疫应答。

（3）根据抗原与抗原递呈细胞（antigen presenting cell，APC）的关系分类 可分为外源性抗原（自体细胞以外，通过 APC 吞噬、捕获等）与内源性抗原（在自身细胞内合成却不属于自身的蛋白，如按病毒基因产生的蛋白）。

（4）按照抗原的其他性质分类 如根据免疫应答还可分为胸腺依赖性抗原（thymus dependent antigen，TD 抗原）和非胸腺依赖性抗原（thymus independent antigen，TI 抗原）等。当然，也可以依据抗原的来源把它们分别称为天然抗原、自身抗原或人工抗原等。

4. 抗原决定簇 尽管机体的免疫反应是特异性地针对抗原而产生的，但抗原本身可以是一个较大的物质，机体的免疫反应并非将其作为一个整体来对待，而是根据抗原分子上的特定分子基团或结构来识别抗原的，就像我们人类识别其他人主要是根据其面部特征（脸）来进行的。

抗原决定簇（antigenic determinant）就是存在于抗原分子表面的能够决定抗原特异性的特殊化学基团，又称表位。抗原可通过表面抗原决定簇与相应免疫细胞表面抗原受体结合而激发免疫应答，也可通过表面抗原决定簇与相应抗体和（或）致敏淋巴细胞特异性结合而发生免疫反应（图 10-2）。可见抗原的特异性取决于抗原决定簇，即由抗原决定簇的种类、性质、数目和空间构型决定。

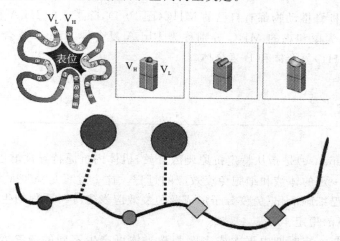

图 10-2 抗原的线性结构与空间结构及其与抗体的互作

抗原抗体反应最重要的特点是具有高度的特异性，而抗原的特异性又是以它本身的分子结构为基础的。

抗原决定簇的空间构型（羧基的邻位、间位和对位）也影响抗原的特异性。由此可以看出，天然蛋白质的抗原决定簇，由于其氨基酸的数目、组成、排列顺序、空间构型的差异，从而引起了抗原特异性的不同。

两种不同的抗原分子上所具有的相同或相似的抗原决定簇称为共同抗原或共有决定簇，因此，其抗体可以与两种不同的抗原发生特异性免疫结合，亦称交叉反应性（图 10-3）。

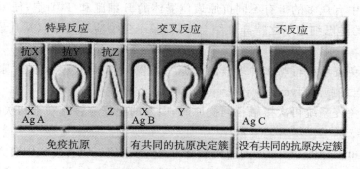

图 10-3 共同抗原表位与交叉反应

10.2.6 主要组织相容性复合体（MHC）

主要组织相容性复合体（major histocompatibility complex，MHC）在不同物种具有不同的名称，比如，在人类被称作人类白细胞抗原（human leucocyte antigen，HLA），而在大鼠和小鼠则分别被称作 H1 和 H2 复合体，等等。它是机体细胞的"身份证"，机体的免疫系统主要以此来识别细胞是自己的还是他人的，并决定后续的免疫反应。

组织相容性抗原包括多种复杂的抗原系统。凡能引起快而强的排斥反应者称为主要组织相容性抗原系统,引起慢而弱的排斥反应者称为次要组织相容性抗原系统。现已证明,MHC 不仅控制着同种移植排斥反应,更重要的是与机体免疫应答、免疫调节及某些病理状态的产生均密切相关。因此,MHC 的完整概念是指脊椎动物某一染色体上编码主要组织相容性抗原、控制细胞间相互识别、调节免疫应答的一组紧密连锁基因群。

小鼠的MHC ———— H2复合体   位于第17号染色体

人的MHC ———— HLA复合体   位于第6号染色体

大鼠的MHC ———— H1复合体

黑猩猩的MHC ———— ChLA复合体

鸡的MHC ———— B复合体

图 10-4　不同脊椎动物的 MHC

关于 MHC 的发现、基因组成和功能的了解,多基于小鼠实验。因此,从 20 世纪 30 年代起已确定小鼠的 MHC 位于第 17 号染色体上,称为 H2 复合体。

1958 年 Dausset 等发现,多次接受输血的患者、经产妇和用同种白细胞免疫的志愿者血清中,存在不同特异性的白细胞抗体,用这些抗体鉴定出许多不同特异性的白细胞抗原,称为人类白细胞抗原。通过家系和人群遗传分析发现,人类 MHC 位于第 6 号染色体

上,称为 HLA 复合体。各种脊椎动物都有自己的MHC(图 10-4),除了人的 HLA 和小鼠的 H2 复合体外,恒河猴、黑猩猩、狗、兔、豚鼠、大鼠和鸡的 MHC 分别称为 RhLA 复合体、ChLA 复合体、DLA 复合体、RLA 复合体、GpLA 复合体、AgB(H1)复合体和 B 复合体。

10.3　免疫应答

免疫应答(immune response)是指从特定抗原刺激开始,机体内抗原特异性淋巴细胞识别抗原后,发生活化、增殖和分化,并表现出一定的体液和细胞免疫效应的过程。这个过程是免疫系统各部分生理功能的综合体现,包括了抗原递呈、淋巴细胞活化、免疫分子形成及免疫效应发生等一系列的生理反应。通过有效的免疫应答,机体得以维护内环境的稳定。

某抗原初次刺激机体与一定时期内再次或多次刺激机体可产生不同的应答效果,据此可分为初次应答(primary response)和再次应答(secondary response)两类。一般地说,不论是细胞免疫还是体液免疫,初次应答都比较缓慢柔和,再次应答则较快速激烈。

10.3.1　特异性免疫应答的特征

生物体免疫系统对抗原性异物产生的免疫应答,不论是体液免疫或是细胞免疫,均具有下列特征。

1. 特异性　生物体中有众多的带有不同抗原表位受体的 B 细胞和 T 细胞,任一抗原表位只能选择其中一个具有相应表位受体的淋巴细胞与之特异性结合,因而整个免疫应答过程以及其最终免疫产物始终保持着配体和受体的对应关系。

2. 多样性　生物体免疫系统可与多种多样的抗原物质发生特异性免疫应答,原因是在生物体出生时已存在数量极为庞大的淋巴细胞库(lymphocyte repertoire)。

3. 记忆性　生物体免疫系统再次接触相同抗原时,引发的免疫应答有别于初次应答,常呈现应答快速和强度增大的特点(图 10-5)。

这种免疫记忆(immunological memory)的机制如下:①初次免疫应答过程中有大量的抗原特异的 B 细胞或 T 细胞扩增,当相同抗原再次进入,就与这些扩增的细胞群迅速结合,导致剧烈应答;②在初次免疫应答中有长寿的特异性记忆细胞形成,它们一旦再次遇到相同的抗原,即能迅速大量扩增,做出反应。

4. 自我调节　由抗原诱发的免疫应答不会无限度地长期延续不止,而是随着时间延长逐渐减弱直至最后消失,从而表现为一定的自限性。

5. 区别"自己"和"非己"　正常情况下,生物体的免疫系统能区别外来抗原和体内潜在的自身抗原。对前者发生免疫应答,将之清除;对后者无反应,称为免疫无应答(immunological unresponsiveness)或免疫耐受(immunological tolerance)。按 Burnet 克隆选择学说,胚胎期未成熟免疫克隆与自身抗原接触后将会使其灭

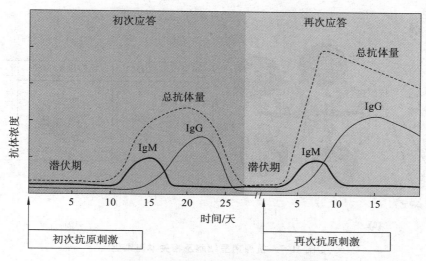

图 10-5 初次应答及再次应答抗体产生的一般规律

活。若该机制失常,则将引起自身免疫性疾病。

10.3.2 抗原的递呈及免疫细胞

细胞在其表面以能被 T 细胞受体(TCR)特异性识别的方式表达抗原的过程称为抗原递呈,也称为抗原提呈。而在该过程中,抗原递呈细胞(antigen-presenting cell,APC)是指具有摄取、处理抗原并将抗原信息递呈给 T 淋巴细胞的一类细胞,又称为辅佐细胞。APC 的抗原递呈作用是一个涉及抗原摄取、处理与递呈的复杂过程。

1. 抗原在体内的分布和定位 抗原递呈细胞(APC)和淋巴细胞的协同作用是特异性免疫应答产生的物质基础,而外周淋巴器官,特别是淋巴结和脾脏则是免疫应答产生的主要场所。进入体内的抗原可经血管和淋巴管迅速地运行到全身,其中绝大部分被吞噬细胞分解清除,只有少部分存留于淋巴组织中诱导免疫应答。

淋巴结中的抗原在两个主要区域被抗原递呈细胞捕获(图 10-6)。

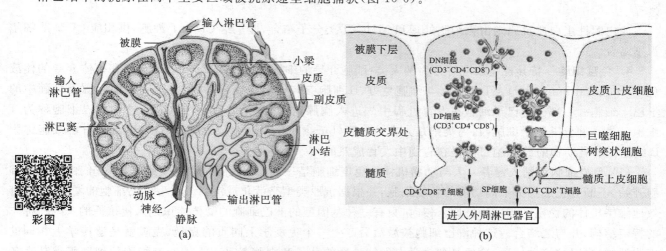

图 10-6 淋巴结结构及其细胞捕获过程示意图

一是在深皮质区(即胸腺依赖区)和淋巴窦壁被巨噬细胞或树突状细胞捕获,二是在浅皮质区淋巴滤泡内。

在脾脏中,抗原从边缘区通过边缘窦而进入白髓,并在淋巴滤泡中被长期存留,这是脾脏中抗原存留的主要部位。

2. 抗原递呈细胞 抗原递呈细胞是指能捕捉、加工、处理抗原,并将抗原递呈给抗原特异性淋巴细胞的一类免疫细胞。它包括树突状细胞(DC)、巨噬细胞和 B 细胞等(图 10-7)。

3. 抗原的摄取、加工和递呈

(1)抗原的摄取 未成熟 DC 通过巨吞饮、内吞和吞噬方式摄取抗原;Mφ 通过吞噬、胞饮和受体介导方

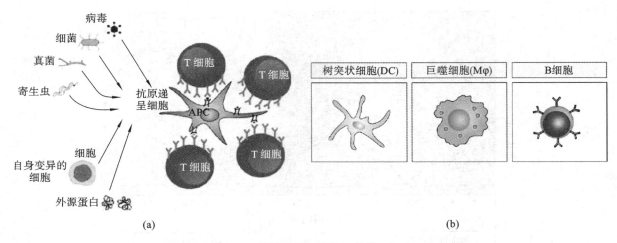

图 10-7　抗原递呈细胞及相关淋巴细胞

式摄取抗原。B 细胞通过胞饮和受体介导方式摄取抗原。

（2）抗原的加工　无论是 APC 摄入的抗原还是在胞内产生的抗原（如病毒感染）都需要在细胞内通过代谢而修饰成能与 MHC 分子结合且具有强免疫原性的肽段，此过程称为抗原的加工。最后 APC 将这段与 MHC 结合的部位表达在细胞表面，供另一类细胞表面具有特定识别受体的淋巴细胞结合，从而决定后面的淋巴细胞是否按照该信息分化增殖。

（3）抗原的递呈（或提呈）　APC 递呈抗原供 TCR 识别并导致 T 细胞激活是一个受到严格调节的复杂过程。其中某些细节还在进一步探讨中。T 细胞是一群不断发育增殖的细胞群，在不同的增殖阶段或途径其细胞表面表达不同的蛋白分子（白细胞分化抗原，CD），免疫学研究者根据其细胞表面表达 CD 分子的有无，用符号表示其为阳性或阴性，如 CD4$^+$ 或 CD4$^-$ 等。

外源性蛋白质抗原是由抗原递呈细胞（如巨噬细胞）加工和 MHC-Ⅱ类分子结合，递呈给 CD4$^+$ T 细胞；供 TCR 识别的先决条件是两种细胞的直接接触并相互作用。这种细胞间的相互作用涉及 APC 与 TH 表面多种分子。除了 TCR 特异性地同时识别多肽-MHC-Ⅱ分子的复合物外，某些黏附分子也参与抗原递呈过程。

而内源性蛋白质抗原则由靶细胞处理和 MHC-Ⅰ类分子结合，递呈给 CD8$^+$ T 细胞，供相应 CD8$^+$ T 细胞识别结合。

4. 免疫细胞　特异性免疫应答分为两大类：细胞介导的细胞免疫（cellular immunity）和抗体介导的体液免疫（humoral immunity）。T 细胞参与细胞免疫，B 细胞参与体液免疫，这两类淋巴细胞都起源于骨髓中的淋巴干细胞。一部分淋巴干细胞在发育过程中先进入胸腺，在此分化增殖，发育成熟，这种淋巴细胞称为 T 细胞。另一部分淋巴干细胞，在鸟类则是先在腔上囊（bursa of fabricius）发育成熟，因此，这类淋巴细胞称为 B 细胞。哺乳动物的 B 细胞可能是在骨髓中发育成熟的。

（1）免疫细胞识别入侵者　人与动物机体的免疫细胞是一群动态发育增殖的复杂群体，它们由骨髓干细胞开始，不断分化成熟为不同功能的免疫细胞，并根据抗原类型来活化或沉默某类型淋巴细胞的增殖，从而有效地维持机体的稳定。当一种抗原入侵时，只有一种基因型的淋巴细胞的受体能识别入侵抗原的"非我"标志的特定结构，并与之结合。这种淋巴细胞被激活后产生一个免疫学上同质的克隆（克隆就是遗传学上相同的细胞群体）来对抗这种抗原，这便是免疫学上的特异性的分子和细胞基础。人体所有细胞的细胞膜上都有各种不同的蛋白质，其中就包括主要组织相容性复合体（MHC）的分子标志。这个标志是每一个人特有的身份标签。这种主要组织相容性复合体在胚胎发育中产生，所有的身体细胞上都存在。当一个入侵者所携带的与被入侵者不同的分子标志，即"非我"标志被识别后，B 细胞和 T 细胞受到刺激，开始反复分裂，形成巨大的数量，同时分化成不同的群体，以不同的方式对入侵者做出反应，一部分成为效应细胞（effector cell）与入侵者作战并歼灭它，另一部分则分化成为记忆细胞（memory cell）进入静止期，留待以后对同一病原体的再次入侵做出快速而猛烈的反应（图 10-8）。

CD4 和 CD8 分子可同时表达于胸腺内早期胸腺细胞，称为双阳性胸腺 T 细胞（CD4$^+$、CD8$^+$）。而在成熟 T 细胞这两种分子是互相排斥的，只能表达一种分子，故可将成熟 T 细胞分为两类，即 CD4$^+$ T 细胞和 CD8$^+$ T 细胞。因此这两种分子具有增强 TCR 与抗原递呈细胞或靶细胞的亲和性，并有助于激活信号的传递。

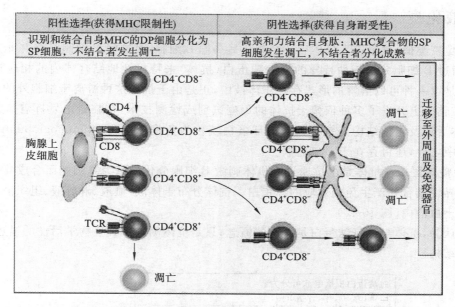

阳性选择(获得MHC限制性)	阴性选择(获得自身耐受性)
识别和结合自身MHC的DP细胞分化为SP细胞，不结合者发生凋亡	高亲和力结合自身肽:MHC复合物的SP细胞发生凋亡，不结合者分化成熟

图 10-8　T 细胞在胸腺中的阳性选择和阴性选择示意图

免疫应答的特殊性与记忆包括三个重要事件:首先,对一个入侵者的标志做特异识别(recognition);其次,细胞反复分裂以产生巨大数量的淋巴细胞群体;再次,淋巴细胞分化成特化的效应细胞群和记忆细胞群。

任何一个引发产生大量淋巴细胞的"非我"标志就是抗原。大多数的抗原是位于病原体或肿瘤细胞上的蛋白质分子,每一种抗原都有独特的三维形式。淋巴细胞则带有能与这种形式的分子相结合的受体分子。这便是淋巴细胞能够识别它们的目标的原因。当病原体侵入体内引起感染时,巨噬细胞便会吞噬入侵的病原体,将它们消化。病原体(如细菌)被消化,其上的抗原分子被降解成为多肽,然后与巨噬细胞的 MHC 蛋白质结合形成抗原-MHC 复合体。这种复合体移动到细胞的表面,递呈出来。这些巨噬细胞膜上的抗原-MHC 复合体一旦与人体中已经存在的淋巴细胞上相应的受体结合便会在其他因素的辅助下促使淋巴细胞分裂,产生大量的淋巴细胞,启动免疫应答。

(2) 细胞介导的免疫应答　免疫细胞包括所有参与固有免疫和获得性免疫的细胞,但两者在功能上往往互有交叉,前者主要包括单核巨噬细胞、树突状细胞、NKT细胞、粒细胞等,后者包括 T 细胞、B 细胞等。

免疫细胞包括淋巴细胞(T 细胞、B 细胞和自然杀伤细胞)、抗原递呈细胞、单核巨噬细胞、粒细胞、肥大细胞、红细胞及造血干细胞等。细胞介导的免疫应答直接对抗被病原体感染的细胞和癌细胞,也对抗移植器官的异体细胞。每一个成熟的 T 细胞只携带着对应于一种抗原的受体。如果没有遇到这种抗原,这个 T 细胞就处于不活动状态。当它遇到与它的受体相适应的抗原,而且是在递呈抗原-MHC 复合体时,这个 T 细胞便会受到刺激,开始分裂,形成一个克隆。这个 T 细胞的后代分化为效应细胞群和记忆细胞群,每一个细胞都具有相对应于这种抗原的受体(图 10-9)。

活化的 T 细胞能够识别具有相应抗原的细胞(包括已被感染的身体细胞或癌细胞)并消灭之。它们首先分泌穿孔蛋白(perforin)在靶细胞膜上形成孔道,还分泌毒素进入细胞扰乱细胞器和 DNA,然后放开这个细胞再攻击另一个细胞。

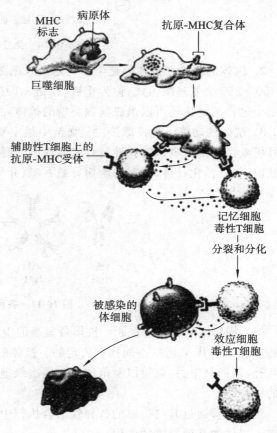

图 10-9　T 细胞介导的免疫应答

10.3.3 体液免疫

与上述细胞免疫类似,抗原进入机体后还会激活另一群 B 细胞,而这些 B 细胞最终并非直接参与对抗抗原的过程,而是通过 B 细胞分泌一种特异的免疫球蛋白(抗体)来特异性地结合体内的相应抗原来发挥免疫作用。抗体一般是以一种可以溶解的形式存在于体液中,正是由于抗体这种游离于细胞外的免疫分子所具有的特异性,人们在临床上开发了多种依赖于抗体的免疫试剂或检测技术,在临床上发挥着广泛的作用。一般来说,将具有抗体活性及化学结构与抗体相似的球蛋白统称为免疫球蛋白(immunoglobulin,Ig)。免疫球蛋白除分布于体液中之外,还可存在于 B 细胞膜上。

1. 抗体与免疫球蛋白　抗体是由抗原进入机体刺激 B 细胞分化增殖为浆细胞而合成并分泌的一类能与相应抗原发生特异性结合并产生免疫效应的球蛋白。抗体分布于体液(血液、淋巴液、组织液及黏膜的外分泌液)中,主要存在于血清内(图 10-10)。

现代免疫学认为,抗体与免疫球蛋白是等同的概念;只是抗体侧重于其生物学活性的描述,而免疫球蛋白侧重强调其化学结构。

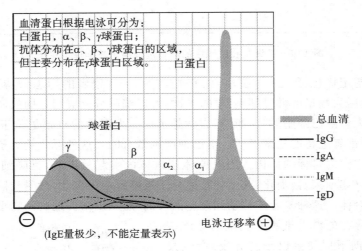

血清蛋白根据电泳可分为:
白蛋白,α、β、γ球蛋白;
抗体分布在α、β、γ球蛋白的区域,
但主要分布在γ球蛋白区域。

(IgE量极少,不能定量表示)

图 10-10　免疫球蛋白在血清蛋白中的分布

2. 抗体的结构　抗体的化学结构是由二硫键以共价和非共价的形式联结组成,呈"Y"形,其中两条长链由 450～550 个氨基酸组成,称为重链(H 链),两条短的称为轻链(L 链),由 214 个左右的氨基酸组成。由于若干个这样的结构还可以组成其他类型的抗体,故该基本结构也被称为单体。

3. 抗体的功能　免疫球蛋白是血清中最主要的特异性的免疫分子(图 10-11),抗体的重要生物学活性是由其可变区与抗原表位特异性结合来实现的,与抗原结合后的抗体可以发生构型变化,从而可介导一系列生物效应,包括活化补体、亲和细胞而导致吞噬、介导 I 型超敏反应、通过胎盘等。

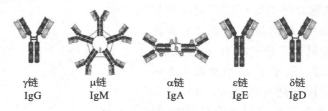

| γ链 | μ链 | α链 | ε链 | δ链 |
| IgG | IgM | IgA | IgE | IgD |

图 10-11　各种免疫球蛋白的结构示意图

(1) 特异性结合相应抗原　抗体最显著的生物学特点就是能够特异性地与抗原结合,这种特异性结合抗原的特性是由其 V 区的空间构型决定的。抗体的抗原结合点由 L 链和 H 链超变区组成,与相应抗原上的表位互补,借助静电力、氢键以及范德华力等次级键相结合,这种结合是可逆的,并受到 pH 值、温度和电解质浓度的影响。

抗体能够通过其与抗原的特异性结合执行中和毒素、中和病毒、阻止细菌黏附以及特异性结合某些药物或侵入机体的其他异物的作用。

(2) 活化补体　抗体与相应抗原结合后其构型会发生变化,从而使其自身的补体结合位点暴露,通过经典途径活化血清中的补体系统,招募其参与攻击靶细胞膜,导致靶细胞解体或受损(图 10-12)。补体是免疫系统的另一类免疫分子,广泛存在于机体的体液循环中,能够有效地对抗外来入侵者(详见后文)。

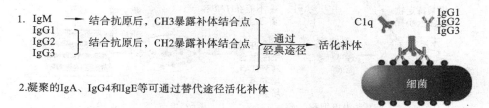

图 10-12　抗原抗体复合物活化补体的示意图

(3) 介导其他免疫过程　当抗体与相应抗原结合后,构型发生改变,其恒定端可与具有相应受体的细胞结合,发生相应的效应,包括介导 Ⅰ 型超敏反应、调理吞噬作用和发挥抗体依赖细胞介导的细胞毒作用(antibody dependent cell-mediated cytotoxicity,ADCC)。

灵长目动物、人类以及家兔的 IgG 是唯一可通过胎盘从母体转移给胎儿的抗体。IgG 通过胎盘的作用是一种重要的天然被动免疫,对新生儿抗感染有重要作用。

4. 克隆选择　在自然界中存在着种类众多的抗原类型,而机体根据抗原的不同也要产生与之相对应的抗体,那么数量极多的抗体又是如何按照抗原的类型来产生的呢?显然,机体事前预留如此众多类型的抗体模板是不可想象的,而克隆选择学说(图 10-13)则强调抗原只是刺激事先已经形成的某些结构,使之产生与此结构相同的抗体。当然该学说在刚提出时尚不完善,但是后续研究又一步步地证实和丰富了该学说,比如,抗体如此丰富的多样性并非开始认为的由突变而获得,而是由基因的重新排列组合而形成。这一理论认为动物体内存在着许多免疫活性细胞克隆(免疫细胞分化时由基因重排而产生),不同克隆的细胞具有不同的表面受体,能与相对应的抗原决定簇发生互补结合。一旦某种抗原与相应克隆的受体发生结合后便选择性地激活(或沉默)了这一克隆,使它扩增并产生大量抗体(即免疫球蛋白),抗体分子的特异性与被选择的细胞的表面受体相同。

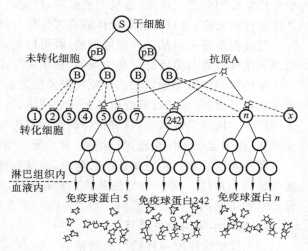

图 10-13　克隆选择学说示意图

5. 单克隆抗体　基于克隆选择学说,每一种抗体都是来自一个特定的免疫细胞克隆,但是,在机体内每一个抗原表面都存在着不止一个抗原决定簇,而在机体受到抗原刺激时,也常常是产生了针对该抗原的多个抗原决定簇而产生了多种抗体,这些抗体都属于可溶性免疫球蛋白,因此,血液中实际存在的抗体属于一个复杂的抗体群,故称为多克隆抗体(polyclonal antibody),而来源于单一免疫细胞克隆的纯抗体(单克隆抗体,mAb)是实验室研究和临床测试所必需的强有力工具。1975 年研制成功的单克隆抗体(monoclonal antibody,McAb 或 mAb)技术是免疫技术发展中的里程碑。

单克隆抗体(mAb)是指只能跟抗原中的某个决定簇(或表位)起反应而获得的抗体。1975 年科勒和 Milstein 首次使用 B 细胞杂交瘤技术生产出均一性的 mAb。所谓杂交瘤技术,就是将具有无限繁殖能力并能分泌抗体的骨髓瘤细胞,与具有分泌抗体能力但不能无限繁殖的 B 细胞,在一定条件下进行细胞融合,使之产生出双功能细胞,即能无限度地繁殖又能无限度地分泌抗体的杂交瘤细胞,然后再经一系列选择培养、克隆化、分离出单个细胞,使其通过分裂增殖而获得遗传特性十分均一的细胞(图 10-14)。

单克隆抗体一般通过杂交瘤技术制备,具有结构高度均一、抗原结合部位完全相同、易于纯化、特异性强和效价高等特点。

10.3.4　免疫应答的调节

免疫应答作为一种生理功能,无论是应答,还是耐受,都是在机体免疫调节机制的控制下进行的。

免疫应答调节主要是指在免疫应答过程中,各种免疫细胞与免疫分子相互促进和抑制,形成正负作用的

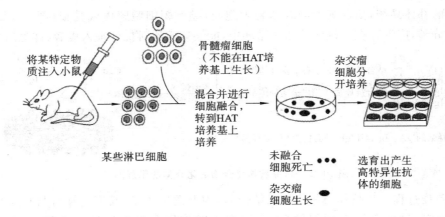

图 10-14　单克隆抗体制备示意图

网络结构,并在基因的控制下,完成免疫系统对抗原的识别和应答。

1. 个体水平的免疫调节　免疫调节机制是维持机体内环境稳定的关键:如果免疫调节功能异常,对自身成分产生强烈的免疫攻击,造成细胞破坏、功能丧失,就会发生自身免疫病;如果对外界病原微生物感染不能产生适度的反应,也可造成对机体的有害作用(反应过低可造成严重感染,反应过强则发生过敏反应)。

免疫调节是可以从多方面进行的,既可以是抗原、抗体及免疫复合物等免疫分子方面的调节,也可以是免疫细胞之间或者与免疫分子间的调节,甚至是免疫器官或系统的调节。

免疫网络调节学说认为在抗原刺激发生之前,机体处于一种相对稳定的免疫状态,当抗原进入机体后打破了这种平衡,导致了特异性抗体分子的产生,当达到一定量时将引起抗 Ig 分子独特型的免疫应答,即抗抗体的产生。网络学说认为:这种抗体的产生在免疫应答的调节中起着重要作用。使受抗原刺激增殖的克隆受到抑制,而不至于无休止地进行增殖,借以维持免疫应答的稳定平衡。

免疫系统在表达免疫功能的过程中,也受到体内有关系统的调节,其中最重要的是神经系统和内分泌系统的影响和调控。神经-内分泌系统主要通过神经纤维、神经递质和激素调节免疫系统功能;免疫系统则通过分泌多种细胞因子反馈信息,调节神经-内分泌系统。

2. 群体水平的免疫调节

(1) 抗原受体库多样性与免疫调节　BCR、TCR 的多样性形成容量极大的受体库和克隆储备,以针对外界各种抗原免疫应答的特异性,而且使不同种群或群体对不同抗原的应答及其强度各异,是群体水平免疫调节的遗传学机制。

(2) MHC 多态性的免疫调控作用　MHC 决定个体对某种抗原是否产生应答及应答的强弱,其多态性向整个群体提供结合任何抗原的能力,以保护群体和物种抵抗任何病原感染而生存。

10.3.5　免疫耐受

1. 免疫耐受的概念与特点

(1) 免疫耐受的概念　免疫耐受(immunological tolerance)是指免疫活性细胞接触抗原性物质后所导致的一种特异性免疫无应答或低应答。

(2) 免疫耐受的特点　它是抗原诱导的活化过程,也是抗原特异性应答的过程,它可以同时或分别发生在 B 细胞或 T 细胞,而在 T 细胞比 B 细胞更容易诱导且持续时间更长。但是,免疫耐受不同于免疫抑制,前者是主动的而后者是被动的过程。

2. 免疫耐受的机制　免疫耐受机制十分复杂,其发生可能涉及免疫应答过程中的任何一个调节系统,因此,各种观点和学说纷纷提出,并有相应的实验证据支持。

(1) 克隆清除　又称克隆缺失(clonal deletion),此学说强调了免疫耐受诱导过程中出现中枢衰竭的机制,即中枢免疫器官中未成熟的 T 细胞和 B 细胞受抗原刺激时,发生某些克隆的凋亡,结果导致完全耐受,此过程又称阴性选择。

(2) 克隆无能　该学说指的是外周淋巴组织中成熟 T 细胞和 B 细胞受抗原刺激时呈无能反应,导致机体不完全耐受。

3. 研究免疫耐受的意义　有关免疫耐受的研究,在理论上和医学实践中都具有重要意义。建立或维持免疫耐受在临床上防治排斥反应和自身免疫病具有重要作用,而终止免疫耐受则可以在治疗肿瘤和慢性病毒感染方面发挥作用。

10.3.6　超敏反应

免疫应答的作用是清除突破身体屏障侵入体内的病原体,然而对外来抗原的异常免疫应答和在特殊情况下对某些自身组织发生的免疫应答都可以引起疾病。

超敏反应(hypersensitivity)是指机体受同一抗原物质再次刺激后产生的一种异常或病理性免疫反应,即机体与抗原性物质在一定条件下相互作用,产生致敏淋巴细胞和(或)特异性抗体,如与再次进入的抗原结合,可导致机体生理功能紊乱和(或)组织损害的免疫病理反应,又称变态反应。超敏反应也是机体对抗原物质的特异性免疫应答,只是表现为异常的或病理性的免疫应答。

超敏反应的发生主要涉及两方面因素:一是抗原物质的刺激,二是机体对抗原的反应性。凡能诱发超敏反应的抗原均称为过敏原(anaphylactogen)或变应原(allergen)。它可以是完全抗原(如微生物、花粉、寄生虫、异种动物血清),也可以是半抗原(如药物和一些化学制剂),有时变性的自身成分也可以成为变应原。

10.4　补体系统

在人体血液中有一个复杂的具有酶活性的血浆蛋白系统,含 20 多种蛋白质,这些蛋白质称为补体蛋白质(complement protein),这个蛋白质系统被称为补体系统,简称补体。如果少数补体蛋白分子被激活,它们又可以去激活其他的补体分子,形成级联反应,激活大量的补体分子。这些已活化的补体分子可以起多方面的作用,某些补体蛋白质聚合在一起形成孔道复合体,嵌入病原体的细胞膜。胞外的离子和水通过孔道进入细胞,使病原体膨胀,破裂而死亡(图 10-15);这些已活化的补体分子,包括已经裂解了的碎片,能吸引巨噬细胞前来吞噬各种入侵的异物;另一些已活化的补体分子还可以直接附着在细菌的细胞壁上,增加细菌被吞噬的概率;已活化的补体分子还可以刺激肥大细胞释放组胺,促进炎症反应。活化的补体分子既可以杀死病原体,也可以破坏自身的正常细胞。但各种补体分子的寿命不长,而且血液中还有各种补体的抑制因子,抑制级联反应的各个环节,所以补体活动的区域一般仅局限在炎症病灶的周围,不会波及全身。

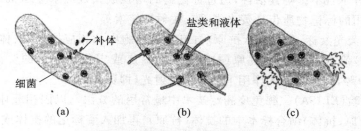

图 10-15　补体系统破坏细菌的过程
(a) 活化的补体嵌入细菌细胞膜;(b) 盐类和液体进入细菌;(c) 细菌膨胀直至破裂

10.5　免疫应用

免疫应用的范围很广,包括免疫测定、免疫标记、免疫分离、免疫治疗、免疫防治等,很难在有限的篇幅内详细阐述,以下仅做简单介绍。

10.5.1　免疫治疗

免疫治疗是指利用免疫学原理,针对疾病的发生、发展机制,应用各种治疗因子调整机体的免疫功能,以达到治疗目的所采取的措施。

根据不同的分类标准免疫治疗可分为:免疫增强和免疫抑制疗法、特异性免疫疗法和非特异性免疫疗法、主动免疫疗法和被动免疫疗法。以上三种分类方法不是完全独立的,而是相互交叉,有些治疗方法可以归在多种类别中,例如特异性免疫疗法和非特异性免疫疗法中都包括主动免疫疗法和被动免疫疗法,反之亦然。

10.5.2 免疫预防

免疫接种(immunization)是以诱发机体免疫应答为目的接种疫苗以预防某种传染性疾病的方法。牛痘病毒能在人体内诱发出抵抗天花病毒的免疫力。19世纪法国科学家巴斯德(1822—1895)证明了微生物能引发疾病,发明了灭活和减毒的疫苗(vaccine)用来预防传染病。他最辉煌的成就是用接种疫苗成功地预防了人的狂犬病。

各种疫苗通过注射或口服进入体内,使体内产生初次免疫应答,再次接种则引发两次免疫应答。两次或更多次数的接种可以使机体产生更多的效应细胞和记忆细胞,提供对人体的长期保护,大大降低了人类得病的风险,极大地提高了人类的健康水平。

10.5.3 免疫诊断

免疫诊断(免疫学检测技术)主要包括两大部分:一是利用抗原与抗体之间的特异性结合反应,检测抗原或抗体,可广泛运用于生物学和医学研究的各个领域,也是临床辅助诊断的重要手段;二是免疫状态的测定,可用于免疫及各种免疫相关疾病的研究和诊断。

根据抗原、抗体结合特异性的原理,可以通过各种方法标记抗原或抗体,从而实现对被探测物的定性和定量测定,也包括根据免疫学原理进行的目标物的免疫分离和鉴定等技术。也有人通过胶体金标记等开发了快速探测试剂盒等,为免疫技术的广泛应用开辟了市场。荧光标记技术结合显微镜和计算机技术显示了其广泛和高精的技术潜力,如共聚焦显微镜技术通过抗体的荧光标记可以探测目标物在细胞水平的空间和动态分布等。

10.5.4 免疫标记技术

免疫标记技术是目前应用最广泛的一类免疫学检测技术,在检测的特异性、敏感性和快速性,以及对抗原、抗体的定量、定性、定位检测方面较经典的血清学反应都有了提高。这类技术以一些易测定的示踪物质标记特异性的抗原或抗体分子且不影响其活性,通过标记物的增强放大效应来显示抗原抗体反应系统中抗原、抗体的性质与含量。常用的标记物质包括荧光素、酶、放射性核素等。

1. 免疫荧光法 用荧光素标记的抗体(抗原)与组织或细胞中的相应抗原(抗体)结合,借助于荧光显微镜、共聚焦显微镜和(或)流式细胞仪对抗原(抗体)进行鉴定或定位。常用的荧光素有异硫氰酸荧光素(FITC)和藻红蛋白(PE)等,在激发光的作用下可产生发射光(即荧光)。

2. 酶联免疫吸附试验(ELISA) 酶免疫测定技术中最常用的方法。以固相载体吸附(称为包被)已知的抗原或抗体,通过这些抗原(抗体)结合标本中的抗体(抗原),再加入酶标记的抗体或二抗,最后通过酶催化底物形成有色产物来检测标本中的抗体或抗原。本方法使抗原抗体反应在固相载体上进行,有利于通过洗涤去除未反应的抗原(抗体)及标本中的干扰物。

3. 放射免疫分析 以放射性核素标记抗原,通过竞争结合的原理,使标本中待检抗原与标记抗原竞争结合有限的抗体,两者比例的差别可造成结合相与游离相中放射性含量的变化。测定结合相中的放射性强度,可推测标本中待检抗原含量。该方法创始人曾经获得了1977年诺贝尔生理学或医学奖,不仅因为其灵敏度高,测定可靠,更因为该方法使人们能够定量地测定血液中的微量物质(包括各种激素),催生了内分泌学科的创立和发展。

4. 免疫分离 利用抗原与抗体的特异性结合原理,针对特定的因子、蛋白、细胞或其他组分,配合特定的仪器(如流式细胞仪、免疫磁珠等)就可以将感兴趣的成分分离出来,并进一步做后续的研究。

本章小结

本章主要介绍了脊椎动物的免疫类型,包括天然免疫系统与获得性免疫系统。分别叙述了各类免疫所涉及的免疫器官、免疫细胞与免疫分子,介绍了免疫原(抗原)的特性、分类及其被机体识别、加工和递呈的基本过程;重点阐述了机体针对抗原免疫刺激的特异性免疫应答,包括正应答、负应答、超敏反应和免疫耐受等。简要地描述了参与免疫应答的细胞和分子及其过程,介绍了抗体产生多样性的克隆选择机制;同时也介绍了补体系统的主要组成,说明了补体在特异性免疫系统中被激活后协助攻击膜结构的重要作用,也可被非特异性免疫系统激活协助其清理异己成分(包括经常性应对的环境微生物侵入);最后扼要地介绍了免疫学应用领域较广泛的几个方面(包括免疫治疗、诊断和测定等)使读者对免疫学在生物学发展的总体上有一个概况的了解(教学过程中可以根据需要绕过扩展内容)。

思考题

 扫码答题

参考文献

[1] Roitt I,Brostoff J,Male D. 免疫学[M]. 6 版. 周光炎,译. 北京:人民卫生出版社,2002.

[2] 孙汶生. 医学免疫学[M]. 北京:高等教育出版社,2010.

[3] 龚非力. 医学免疫学[M]. 2 版. 北京:科学出版社,2004.

[4] 谭锦泉,姚堃. 医学免疫学[M]. 北京:科学出版社,2006.

[5] Abbas A K,Lichtman A H. 细胞和分子免疫学[M]. 5 版. 北京:北京大学医学出版社,2004.

第11章　体液调节——动物的内分泌调节

动物体作为一个整体需要各个器官、系统甚至组织之间相互协调来完成正常的生理机能,除了神经系统以外,机体的某些器官或组织能够通过分泌一些化学信号物质,这些物质通过体液的循环和交流到达其所要调节的器官或组织(靶器官或组织),经过相应受体的介导发挥其调节作用,此类调节被称为体液调节,其化学信号物质被称为激素(hormone),而分泌此类激素的器官或组织被称为内分泌腺或组织。

与植物激素不同,动物激素的种类比植物激素更多,而且由于通过受体介导其特异性也更强,即一般每种激素只作用于特定的靶组织或器官,对其他组织或器官则不发生直接作用,没有植物激素那样作用广泛。虽然内分泌腺体体积不大,激素在体内的含量也很微小,但是激素在动物的生长、代谢及繁殖等方面具有重要的调节作用,甚至从演化角度看比神经系统更早、作用更强大,通常其所调节的功能是动物机体生命所必需的基本功能。在通常情况下,激素通过反馈调节会处于一个相对平衡的状态,然而,一旦该平衡被打破并且没有及时恢复,机体就将出现病态。当然,内分泌系统在有些情况下与神经系统及免疫系统具有一定的联系,甚至有重叠和交叉,比如肾上腺髓质受到交感神经的支配,兴奋时分泌的肾上腺素既是神经系统的递质,也是内分泌系统的激素,可见,内分泌系统与神经系统共同参与了动物机体的调节。

11.1　内分泌(腺)的基本概况

内分泌系统(endocrine system)是动物体内进行体液调节的所有内分泌腺和散在的内分泌细胞的总称。内分泌腺无导管,其分泌的活性物质称激素,直接进入细胞间隙或血管周围结缔组织间隙,从而到达血液和淋巴,传递到全身组织液,作用于其相应的效应器官。

然而,激素传递信息的方式有多种,根据其传播距离及作用形式可归纳为以下 4 种。

(1) 远距分泌(telecrine)　大多数激素通过血液运输到达距离较远的细胞而发挥作用,此种方式称为远距分泌,也是传统概念中的激素传递方式。

(2) 旁分泌(paracrine)　有的激素由组织、细胞分泌后,经组织间液直接弥散于邻近细胞而发挥作用。

(3) 神经分泌(neurocrine)　下丘脑某些核团的神经细胞,不仅具有神经元的结构与功能,还兼有合成与分泌激素的功能,这些神经细胞分泌的激素经神经纤维轴浆流动运送至末梢释放,这类细胞称为神经内分泌细胞,它们产生的激素称为神经激素(neurohormone)。

(4) 自分泌(autocrine)　激素也可以作用于分泌它的自身细胞。

可见,内分泌系统与神经系统有着密切的联系。内分泌系统是受中枢神经系统支配的,神经系统的某些部分也具有内分泌机能。

主要的内分泌腺包括独立的垂体、肾上腺、甲状腺、甲状旁腺和分散在其他器官中的胰岛,以及性腺中的间质细胞、卵泡和黄体等(图 11-1)。

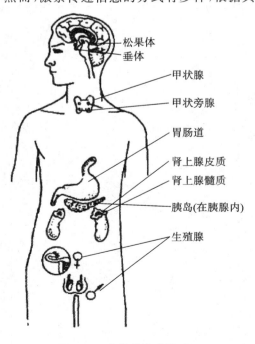

图 11-1　人体的内分泌腺

松果体
垂体
甲状腺
甲状旁腺
胃肠道
肾上腺皮质
肾上腺髓质
胰岛(在胰腺内)
生殖腺

11.2　无脊椎动物的激素

11.2.1　无脊椎动物激素的普遍性

无脊椎动物激素的存在是很普遍的。软体动物、环节动物、节肢动物、棘皮动物都有激素调节活动。例如,软体动物的乌贼和节肢动物的对虾,它们的体色可随环境而变化,这是由于体壁下色素细胞内的色素凝集或扩散形成的,而它则受脑内神经细胞分泌的激素的控制,见图 11-2。

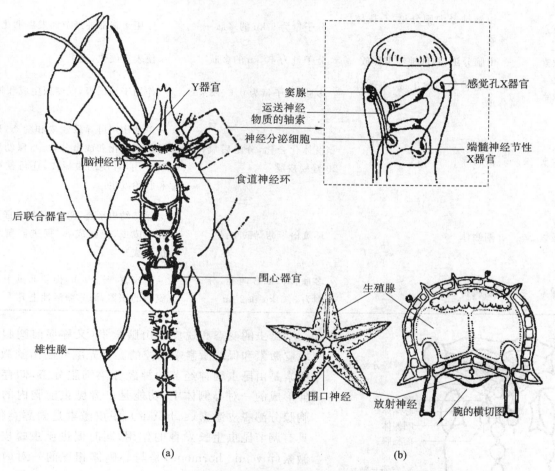

图 11-2　部分无脊椎动物的内分泌腺

(a) 甲壳类雄性的内分泌系统,神经分泌细胞分布于整个中枢神经系统,右上为眼柄部放大图;(b) 海盘车的神经系统和生殖腺

11.2.2　无脊椎动物的生命活动与激素密切相关

许多无脊椎动物(包括昆虫等)的生长发育过程是由脑部、神经及专门腺体分泌的激素来调控的。

11.2.3　昆虫激素

1. 昆虫的内分泌腺　昆虫内分泌腺比较发达而完善,可以分泌多种昆虫激素(表 11-1)。图 11-3 所示为昆虫内分泌系统。

2. 昆虫发育的激素控制　近年来关于昆虫激素的研究十分活跃,一方面是昆虫与人类的生产和生活关系密切,另一方面是由于激素能够活化和控制遗传物质的活动,决定遗传的基本性状和表达顺序。

表 11-1　昆虫部分激素

名　称	分　泌　器　官	化　学　属　性	作　用
促前胸腺激素（PTTH）	脑神经分泌细胞（也可从心侧体、咽侧体或脑本身释放）	多肽，分子量：家蚕为 20 ku 蓖麻蚕为 4 ku	促使前胸腺合成和分泌蜕皮激素
血糖调节激素	心侧体	多肽（类似胰岛素和胰高血糖素）	提高或降低血糖（体液中的海藻糖）
脂肪动用激素	心侧体	含 10 个氨基酸的多肽	使储存脂肪进入体液
促黑激素	脑、心侧体、咽侧体、食道下神经节	分子量为 6.8～8 ku 的多肽	使体色变黑
羽化激素	由脑神经细胞分泌，心侧体释放	分子量为 9 ku 的多肽	作用于腹部神经节而发生羽化
鞣化激素	由脑分泌、腹部神经节释放	分子量为 40 ku 的多肽	使表皮硬化、变黑
利尿激素	在脑神经细胞生成，心侧体分泌	多肽，分子量为 0.6～2 ku	作用于马氏管，促使尿生成和排出
蜕皮激素	前胸腺	甾体化合物，分泌后氧化成 20-羟蜕皮酮	单独作用可导致蜕皮和变态，还可以导致蛹分化和成虫分化，与保幼激素同时作用，可使幼虫蜕皮，还可使卵成熟和胚胎发生
保幼激素	咽侧体	环氧倍半萜烯酸甲酯	保持幼虫形态，阻止成虫器官芽的蛹化为成虫，使卵成熟（促进卵黄生成素的合成）
滞育激素	前胸神经节	多肽，有 A、B 两种，分子量分别为 3.3 ku 和 2 ku	使家蚕产滞育卵，促使卵巢中 3-羟尿氨酸的积累，海藻糖活性上升

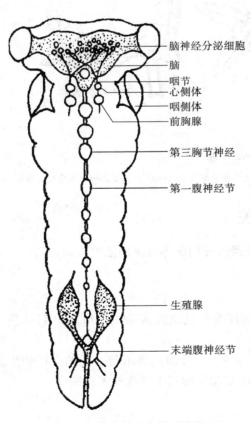

脑神经分泌细胞
脑
咽节
心侧体
咽侧体
前胸腺
第三胸节神经
第一腹神经节
生殖腺
末端腹神经节

图 11-3　昆虫的内分泌系统图

昆虫的变态和蜕皮是由脑激素（又称促前胸腺激素）、蜕皮激素和保幼激素来调控的。首先脑分泌出脑激素。脑激素是由昆虫脑神经节的神经分泌细胞分泌，储存于脑延伸形成的一对心侧体中，功能是刺激昆虫前胸内的一对前胸腺分泌蜕皮激素（ecdysone），蜕皮激素是固醇类化合物，具有调节昆虫生长发育的作用，同时促进昆虫蜕皮。保幼激素（juvenile hormone）是与心侧体相连的一对内分泌腺咽侧体分泌的，低龄幼虫蜕皮时，咽侧体分泌的保幼激素量较多，因此，蜕皮后仍为幼虫。幼虫逐渐发育生长，使保幼激素分泌量越来越少，最终蜕皮后失去保幼激素的庇护而变成成虫。

只有当保幼激素浓度降低时，幼虫方可变为蛹，而蛹期则不需要保幼激素，此时蜕皮激素方能起作用，使幼虫蜕皮成蛹，再使蛹蜕皮成为成虫。假如在昆虫幼虫的早期摘除咽侧体，幼虫蜕皮后变为蛹，蛹再蜕皮为成虫。若在昆虫最后一次蜕皮之前，将另一幼虫的咽侧体摘除后植入该幼虫体内，结果该幼虫蜕皮后不变为成虫，仍为幼虫。同时，由于幼虫的阶段延长，个体长得很大，待保幼激素浓度降低之后，才变为蛹，成为特大成虫。可见脑激素、蜕皮激素和保幼激素三者互相制约，共同作用并控制着昆虫的变态发育（图 11-4）。

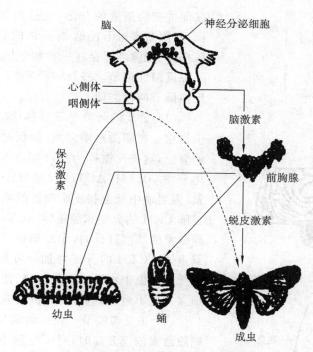

图 11-4 蛾发育过程的神经内分泌调节

11.3 脊椎动物的激素

脊椎动物和人的内分泌系统构成相似,下面以人的内分泌系统为例介绍。人的内分泌系统包括脑垂体(神经垂体和腺垂体)、松果体、甲状腺、甲状旁腺、胸腺、胰岛、肾上腺与性腺,见图 11-1。

脑垂体(pituitary gland)是人体的重要内分泌腺,重 0.5~0.6 g。

1. 脑垂体的结构 脑垂体根据其结构和功能可分为腺垂体(adenohypophysis)和神经垂体(neurohypophysis),见图 11-5。

2. 脑垂体分泌的激素 脑垂体是内分泌系统中的一个重要腺体。其中腺垂体不仅能分泌多种激素,如生长激素(growth hormone,GH)、催乳素(prolactin,PRL)、促黑素细胞激素(melanocyte stimulating hormone,MSH)等,分别调节机体的生长、发育和代谢,还能分泌一些调节其他内分泌腺活动的促激素,如促肾上腺皮质激素(adrenocorticotropic hormone,ACTH)、促甲状腺激素(thyroid stimulating hormone,TSH)、卵泡刺激素(follicle stimulating hormone,FSH)和促黄体素(luteinizing hormone,LH)。它们分别刺激肾上腺皮质、甲状腺和性腺,调节其分泌活动。神经垂体分泌催产素和抗利尿激素。

3. 下丘脑对腺垂体的调节 调节腺垂体的神经激素在下丘脑的结节区神经分泌细胞合成以后,沿结节-垂体束神经轴突的胞浆,运送至位于正中隆起的神经末梢,并释放出来,弥散入垂体门静脉的初级毛细血管网,然后沿垂体门静脉运至腺垂体的二级毛细血管网。下丘脑分泌的神经激素在此弥散至腺垂体细胞,引起后者分泌促激素。

下丘脑(hypothalamus)分泌神经激素的神经元,是特化的神经细胞,由它们构成了脑和内分泌系统联系的中间环节。通过它们的作用,中枢神经系统能够精确地调节内分泌系统的活动。

下丘脑分泌的神经激素都属于多肽类化学物质。有的促进腺垂体对某种促激素或激素的分泌活动,如促甲状腺素释放素(TRF)引起促甲状腺素的释放,此称为"释放激素"或"释放因子";有的抑制其分泌活动,如催乳素释放抑制素(PRIH)抑制催乳素的分泌,此称为"释放抑制激素"或"释放抑制因子"。目前,从下丘脑中已发现 10 种肽类神经激素(对结构已搞清楚的称激素,对结构不清楚的称因子)对腺垂体的分泌具有特异性刺激作用或抑制作用(表 11-2)。

下丘脑对神经垂体同样存在着调节作用。

4. 靶腺激素对下丘脑-腺垂体的分泌调节 前已述及,下丘脑促进腺垂体的分泌,腺垂体分泌的促激素

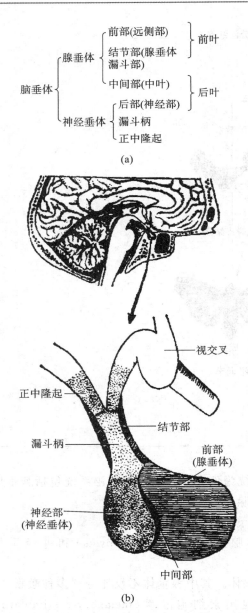

图 11-5　脑垂体的结构

(a) 脑垂体的组成示意图；
(b) 脑垂体的位置与矢状切面模式图

又促进靶腺激素的分泌,这是调节功能的一个方面。另一方面,靶腺激素对下丘脑-腺垂体的分泌也有影响,即在下丘脑、腺垂体、靶腺之间存在一种相互依赖、相互制约的关系。这是一种反馈性调节。按反馈作用性质,可分为负反馈调节与正反馈调节两种类型。

(1) 负反馈调节　下丘脑-腺垂体激素促进靶腺的分泌,但当血中靶腺激素增多时,能反过来抑制下丘脑-腺垂体激素的分泌,这类反馈称为负反馈。例如,下丘脑 CRH 促进腺垂体分泌 ACTH,ACTH 促进肾上腺皮质分泌肾上腺皮质激素,但当血中肾上腺皮质激素的浓度过高时,可反过来抑制下丘脑 CRH 的分泌和腺垂体 ACTH 的分泌。当血中肾上腺皮质激素的浓度过低时,负反馈的作用减弱,使下丘脑 CRH 和腺垂体 ACTH 的分泌增加。负反馈调节的生理意义在于维持激素在血中水平的相对恒定,使之不致过高(过高时负反馈加强),也不致过低(过低时负反馈作用减弱)。

(2) 正反馈调节　正反馈调节作用与负反馈相反,当血中靶腺激素浓度升高时,对下丘脑-腺垂体激素的分泌不是起抑制作用,而是起兴奋作用。例如,性腺激素对下丘脑-腺垂体分泌的影响,在月经周期的卵泡期,由于腺垂体分泌的 FSH 和 LH 的作用,卵巢雌激素分泌增多,当增多到一定程度(接近排卵期),雌激素对腺垂体 LH 的分泌起兴奋作用(正反馈),于是 LH 的分泌剧增,引起排卵。

根据激素反馈作用的路径长短,又有长、短反馈之分(图 11-6)。

5. 脑垂体的特殊血管系统　脑垂体的血管有两个来源:一个是来自颈内动脉的垂体下动脉,主要供给神经部血液;另一个是来自颈内动脉和基底动脉环的垂体上动脉,主要供给垂体前叶血液。垂体上动脉在正中隆起处形成初级毛细血管网(来自下丘脑神经分泌细胞的末梢,止于此处),然后集合成几条小静脉与前叶的血窦相连,形成二级毛细血管网,这套血管系统称为垂体门静脉。垂体门静脉最突出的作用是把下丘脑分泌的神经激素输送至垂体前叶,调节腺垂体的分泌活动。

因此,垂体门静脉系统对下丘脑调节腺垂体的活动起重要作用(图 11-7)。

表 11-2　下丘脑生成的释放激素及释放抑制激素

名　称	缩写	化学本质	对腺垂体的作用
促甲状腺素释放激素	TRH	3 肽	促进 TSH 及 PRL 分泌
促肾上腺皮质激素释放激素	CRH	多肽	促进 ACTH 分泌
促卵泡激素释放素	FRH	10 肽	促进 LH、FSH 分泌
黄体生成素释放激素	LRH	10 肽	促进 LH、FSH 分泌
生长素释放激素	GRH	10 肽	促进 GH 分泌
生长素释放抑制激素	GRIH	14 肽	抑制 GH 及 TSH 的分泌
催乳素释放素	PRH		促进 PRL 分泌
催乳素释放抑制素	PRIH		抑制 PRL 分泌
促黑素释放素	MRH	5 肽	促进 MSH 分泌
促黑素抑制素	MRIH	3 肽	抑制 MSH 分泌

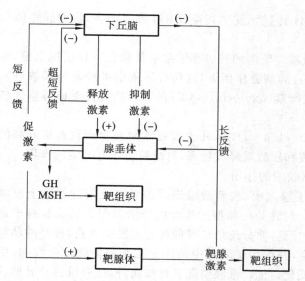

图 11-6　下丘脑-腺垂体-靶腺之间的反馈联系

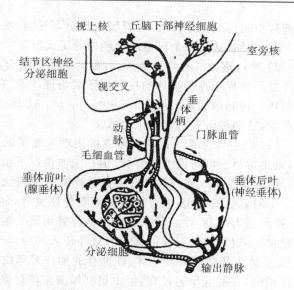

图 11-7　下丘脑-垂体束与垂体门脉

丘脑下部核团和垂体之间的神经、血管连接丘脑下部神经细胞直接通向垂体后叶,其分泌产物(后叶激素)就储存在这里。而垂体前叶则不同,丘脑下部神经细胞的轴突只终止于垂体柄的神经组织,神经激素(释放激素与抑制激素)在此处进入血流中,被门脉血管带到垂体前叶特定的细胞群内。

6. 脑垂体的功能　腺垂体分泌的促激素(TSH、ACTH、LH、FSH)将在有关章节中叙述。

1)腺垂体

(1)生长激素　人生长激素(human growth hormone,hGH)含有 191 个氨基酸,相对分子质量为 22000,其化学结构与催乳素近似,故生长素有弱催乳素作用,而催乳素有弱生长素作用。不同种类动物的生长素,其化学结构与免疫性质等有较大差别,除猴的生长素外,其他动物的生长素对人无效。近年利用 DNA 重组技术可以大量生产 hGH,供临床应用。

生长激素的生理作用是促进物质代谢与生长发育,对机体各个器官与各种组织均有影响,尤其是对骨骼、肌肉及内脏器官的作用更为显著,因此,GH 也称为躯体刺激素(somatotropin)。生长素的作用如下。

①促进生长作用:机体生长受多种激素的影响,而 GH 是起关键作用的调节因素。幼年动物摘除垂体后,生长即停止,如及时补充 GH 则可使其生长恢复。人幼年时期缺乏 GH,将出现生长停滞,身材矮小,称为侏儒症;如 GH 过多则患巨人症。人成年后 GH 过多,由于长骨骺已经钙化,长骨不再生长,只能使软骨成分较多的手脚肢端短骨、面骨及其软组织生长异常,称为肢端肥大症。

②促进代谢作用:GH 可通过生长介素促进氨基酸进入细胞,加速蛋白质合成,包括软骨、骨、肌肉、肝、肾、心、肺、肠、脑及皮肤等组织的蛋白质合成增强;GH 促进脂肪分解,增强脂肪酸氧化,抑制外周组织摄取与利用葡萄糖,减少葡萄糖的消耗,提高血糖水平。GH 对脂肪与糖代谢的作用似乎与生长介素无关,机制尚不清楚。

(2)催乳素　催乳素(PRL)是含 199 个氨基酸并有 3 个二硫键的多肽,相对分子质量为 22000。PRL 的作用极为广泛,下面仅就其主要作用加以扼要说明。

①对乳腺的作用:PRL 引起并维持泌乳,故名催乳素。在女性青春期乳腺的发育中,雌激素、孕激素、生长素、皮质醇、胰岛素、甲状腺激素及 PRL 起着重要的作用。到妊娠期,PRL、雌激素与孕激素分泌增多,使乳腺组织进一步发育,具备泌乳能力却不泌乳,原因是此时血中雌激素与孕激素浓度过高,抑制 PRL 的泌乳作用。分娩后,血中的雌激素和孕激素浓度大大降低,PRL 才能发挥启动和维持泌乳的作用。在妊娠期 PRL 的分泌显著增加,可能与雌激素刺激垂体催乳素细胞的分泌活动有关。妇女授乳时,婴儿吸吮乳头反射性引起 PRL 大量分泌。

②对性腺的作用:在哺乳类动物中,PRL 对卵巢的黄体功能有一定的作用,如啮齿类,PRL 与 LH 配合,促进黄体形成并维持孕激素的分泌,但大剂量的 PRL 又能使黄体溶解。PRL 对人类的卵巢功能也有一定的影响,随着卵泡的发育成熟,卵泡内的 PRL 含量逐渐增加,并在次级卵泡发育成为排卵前卵泡的过程中,在颗粒细胞上出现 PRL 受体,它是在 FSH 的刺激下形成的。PRL 与其受体结合,可刺激 LH 受体生成,LH 与其受体结合后,促进排卵、黄体生成及孕激素与雌激素的分泌。

腺垂体 PRL 的分泌受下丘脑 PRH 与 PIH 的双重控制,前者促进 PRL 分泌,而后者则抑制其分泌。多巴胺通过下丘脑或直接对腺垂体 PRL 分泌产生抑制作用。下丘脑的 TRH 能促进 PRL 的分泌。吸吮乳头的刺激引起传入神经冲动,经脊髓上传至下丘脑,使 PRH 神经元发生兴奋,PRH 释放增多,促使腺垂体分泌的 PRL 增加,这是一个典型的神经内分泌反射。

2) 神经垂体　神经垂体不含腺体细胞,不能合成激素。所谓的神经垂体激素是指在下丘脑视上核、室旁核产生而储存于神经垂体的抗利尿激素与催产素,在适宜的刺激作用下,这两种激素由神经垂体释放进入血液循环。抗利尿激素(antidiuretic hormone,ADH)与催产素(oxytocin,OXT)在下丘脑的视上核与室旁核均可产生,这两种激素已能人工合成。

(1) 抗利尿激素　抗利尿激素的生理浓度很低(1.0～1.5 ng/L),几乎没有收缩血管而致血压升高的作用,对正常血压调节没有重要性,但在失血情况下由于抗利尿激素释放较多,对维持血压有一定的作用。

(2) 催产素　催产素具有促进乳汁排出及刺激子宫收缩的作用。

①对乳腺的作用:哺乳期乳腺不断分泌乳汁,储存于腺泡中,当刺激腺泡周围具有收缩性的肌上皮细胞时,腺泡压力增高,使乳汁从腺泡经输乳管由乳头射出。射乳是一典型的神经内分泌反射。乳头含有丰富的感觉神经末梢,吸吮乳头的感觉信息经传入神经传至下丘脑,使分泌催产素的神经元发生兴奋,神经冲动经下丘脑-垂体束传送到神经垂体,使储存的催产素释放入血,并作用于乳腺中的肌上皮细胞使之产生收缩,引起乳汁排出,在射乳反射过程,血中抗利尿激素浓度毫无变化。催产素除引起乳汁排出外,还有维持哺乳期乳腺不萎缩的作用。

②对子宫的作用:催产素促进子宫肌收缩,但此种信息处理与子宫的功能状态有关。催产素对非孕子宫的作用较弱,而对妊娠子宫的作用较强,雌激素能增加子宫对催产素的敏感性,而孕激素则相反,催产素可使细胞外 Ca^{2+} 进入子宫平滑肌细胞内,提高肌细胞内的 Ca^{2+} 浓度,可能通过钙调蛋白的作用,并在蛋白激酶的参与下,诱发肌细胞收缩。

11.4　激素的作用机制

以 cAMP 为第二信使学说的提出,推动了激素作用机制的研究工作迅速深入发展。近年来的研究资料表明,cAMP 并不是唯一的第二信使,可能作为第二信使的化学物质还有 cGMP、三磷酸肌醇、二酰甘油、Ca^{2+} 等。另外,关于细胞表面受体调节、腺苷酸环化酶活化机制、蛋白激酶 C 的作用等方面的研究都取得了很大进展。

11.4.1　激素与受体的相互作用

激素的膜受体多为糖蛋白,其结构一般分为三部分:细胞膜外区段、质膜部分和细胞膜内区段。细胞膜外区段含有许多糖基,是识别激素并与之结合的部位。激素分子和靶细胞膜受体的表面,均由许多不对称的功能基团构成极为复杂而又可变的立体构型。激素和受体可以相互诱导而改变本身的构型以适应对方的构型,这就为激素与受体发生专一性结合提供了物质基础。

激素与受体的结合力称为亲和力(affinity)。一般来说,由于相互结合是激素作用的第一步,所以亲和力与激素的生物学作用往往一致,但激素的类似物可与受体结合而不表现激素的作用,相反却阻断激素与受体相结合。实验证明,亲和力可以随生理条件的变化而发生改变,如动物性周期的不同阶段,卵巢颗粒细胞上的卵泡刺激素(FSH)受体的亲和力是不相同的。某一激素与受体结合时,其邻近受体的亲和力也可出现增高或降低的现象。

受体除表现亲和力改变外,其数量也可发生变化。有人用人淋巴细胞膜上胰岛素受体进行观察发现,如长期使用大剂量的胰岛素,将出现胰岛素受体数量减少,亲和力也降低;当把胰岛素的量降低后,受体的数量和亲和力可恢复正常。这种激素使其特异性受体数量减少的现象,称为减衰调节或简称下调(down regulation)。下调发生的机制可能与激素-受体复合物入胞有关。相反,有些激素(多在剂量较小时)也可使其特异性受体数量增多,称为上增调节或简称上调(up regulation),如催乳素、卵泡刺激素、血管紧张素等可出现上调现象。下调或上调现象说明受体的合成与降解处于动态平衡之中,其数量是这一平衡的结果,它的多少与激素的量相适应,以调节靶细胞对激素的敏感性与反应强度。

1. G 蛋白在信息传递中的作用　激素受体与腺苷酸环化酶是细胞膜上两类分开的蛋白质。激素受体结合的部分在细胞膜的外表面,而腺苷酸环化酶在膜的内表面,在两者之间存在一种起偶联作用的调节蛋白——鸟苷酸结合蛋白(guanine nucleotide binding regulatory protein),简称 G 蛋白。G 蛋白由 α、β 和 γ 三个亚单位组成,α 亚单位上有鸟苷酸结合位点。当 G 蛋白上结合的鸟苷酸为 GTP 时则激活而发挥作用,但当

G 蛋白上的 GTP 水解为 GDP 时则失去活性。当激素与受体结合时,活化的受体便与 G 蛋白的 α 亚单位结合,并促使其与 β、γ 亚单位脱离,才能对腺苷酸环化酶起激活或抑制作用。

2. 激素的特征和作用

（1）激素共有特征　激素种类虽多,化学结构也各不相同,但它们却有某些共同的特点。

①各种激素对组织细胞的作用有一定的特异性,即激素由内分泌腺（或分泌细胞）分泌出来后,经血液循环分布到全身各处,虽与组织细胞有着广泛的接触,但多数激素只对那些能识别该激素信息的器官或细胞产生作用,这些能被激素作用的器官和细胞称为"靶器官"（target organ）和"靶细胞"（target cell）。

②各种激素对靶器官的作用有一个共同特征,就是只调节靶器官特定生理过程的速率,而不发动一个新的代谢过程,也不向组织提供能量和物质。激素只起把调节组织活动的信息传递给靶器官的作用。

③各种激素在血液中的浓度极微,但对人体新陈代谢与各种生理功能却有着非常重要的调节作用。

（2）激素对机体的一般作用　激素对机体的作用是多种多样的,但归纳起来有以下几方面。

①调节机体的新陈代谢过程。

②调节和控制机体的生长、发育和生殖机能。

③调节细胞外液的成分和量,维持机体内环境的平衡。

④增加机体对有害刺激和环境条件等剧烈变化的抵抗或适应能力。

3. 激素的作用机制

（1）类固醇激素的作用机理　类固醇激素的作用是通过"基因活化"来实现的（图 11-8）。类固醇激素的分子小（相对分子质量仅为 300 左右）、呈脂溶性,因此可透过细胞膜进入细胞。在进入细胞之后,经过两个步骤影响基因表达而发挥作用,故把此种作用机制称为两步作用原理,或称为基因表达学说。

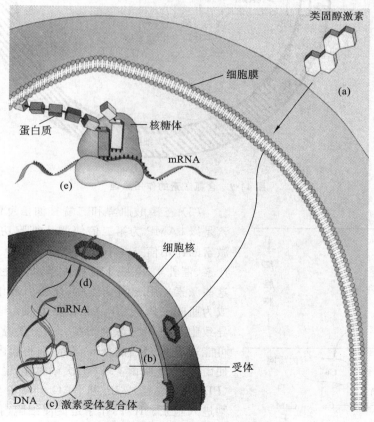

图 11-8　类固醇类激素作用机理

第一步是激素与胞浆受体结合,形成激素-胞浆受体复合物。在靶细胞胞浆中存在着类固醇激素受体,它们是蛋白质,与相应激素结合特点是专一性强、亲和性大。例如,子宫组织胞浆的雌二醇受体能与 17β-雌二醇结合,而不能与 17α-雌二醇结合。激素与受体的亲和性大小与激素的作用强度是平行的,而且胞浆受体的含量也随靶器官的功能状态的变化而发生改变。当激素进入细胞内与胞浆受体结合后,受体蛋白发生构型变化,从而使激素-胞浆受体复合物获得进入核内的能力,由胞浆转移至核内。第二步是与核内受体相互结合,形成激素-核受体复合物,从而激发特定 DNA 的转录过程,生成新的 mRNA,诱导蛋白质合成,引起相应的生物效应。

核受体主要有三个功能结构域:激素结合结构域、DNA 结合结构域和转录增强结构域。一旦激素与受体结合,则受体的分子构象发生改变,暴露出隐蔽于分子内部的 DNA 结合结构域及转录增强结构域,使受体与 DNA 结合,从而产生增强转录的效应。另外,还有实验资料表明,在 DNA 结合结构域可能有一个特异序列的氨基酸片段,它起着介导激素受体复合物与染色质中特定的部位相结合,发挥核定位信号的作用。

(2) 含氮激素的作用机理　含氮激素作用机理是通过第二信使学说来解释的。含氮激素的分子一般较大,大多具有水溶性,经由血液循环到达靶细胞后,不能直接透过细胞膜,而是首先与细胞膜上的特异性受体相结合。这一结合过程便激活了与受体相关联的腺苷酸环化酶。在腺苷酸环化酶和镁离子的作用下,细胞内的三磷酸腺苷转变为环腺苷酸(cyclic adenylic acid,cAMP),后者又进一步促进了蛋白激酶的活化。通过这样逐级的活化作用,影响了细胞内许多重要的酶和蛋白质的活动,从而又引起特定的生理反应(图11-9)。

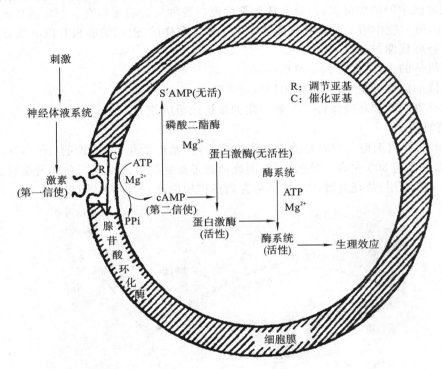

图 11-9　含氮激素的作用原理

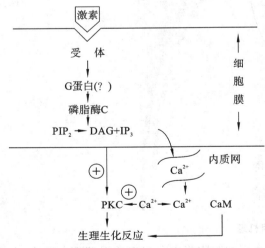

图 11-10　磷脂酰肌醇信息传递系统示意图

注:PIP_2,磷脂酰二磷酸肌醇;DAG,二酰甘油;IP_3,肌醇三磷酸;PKC,蛋白激酶C;CaM,钙调蛋白。

(3) 三磷酸肌醇和二酰甘油信息传递系统　许多含氮激素是以 cAMP 为第二信使调节细胞功能活动的,但有些含氮激素的作用信息并不以 cAMP 为媒介进行传递,如胰岛素、催产素、催乳素、某些下丘脑调节肽和生长因子等。实验表明,这些激素作用于膜受体后,往往引起细胞膜磷脂酰肌醇转变成为肌醇三磷酸(IP_3)和二酰甘油(diacylglycerol,DAG),并导致胞浆中 Ca^{2+} 浓度增高。这一学说认为,在激素的作用下,可能通过 G 蛋白的介导,激活细胞膜内的磷脂酶 C(PLC),它使由磷脂酰肌醇(PI)二次磷酸化生成的磷脂酰二磷酸肌醇(PIP_2)分解,生成 IP_3 和 DAG。DAG 生成后仍留在膜中,IP_3 则进入胞浆。IP_3 的作用是促使细胞内 Ca^{2+} 储存库释放 Ca^{2+} 进入胞浆。Ca^{2+} 与细胞内的钙调蛋白(calmodulin,CaM)结合后,可激活蛋白激酶,促进蛋白质磷酸化,从而调节细胞的功能活动(图 11-10)。

DAG 的作用主要是它能特异性激活蛋白激酶 C(protein kinase C,PKC),PKC 的激活依赖于 Ca^{2+} 的存在。激活的 PKC 与 PKA 一样可使多种蛋白质或酶发生磷酸化反应,进而调节细胞的生物效应。另外,DAG 的降解产物花生四烯酸是合成前列腺素的原料,花生四烯酸与前列腺素的过氧化物又参与鸟苷酸环化酶(cGMP)的激活,促进

cGMP 的生成。cGMP 作为另一种可能的第二信使,通过激活蛋白激酶 G(PKG)而改变细胞的功能。

11.4.2　甲状腺和甲状腺激素

1. 甲状腺　甲状腺(thyroid gland)是人体中最大的内分泌腺,重 20~30 g,位于气管上端甲状软骨两侧,分左、右两叶,呈"H"形(图 11-11)。

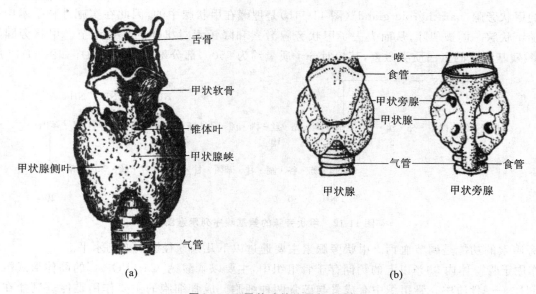

图 11-11　甲状腺的位置与形态

(a) 甲状腺位置;(b) 甲状腺及甲状旁腺形态

2. 甲状腺激素　其包括四碘甲腺原氨酸(T_4)和三碘甲腺原氨酸(T_3),T_4 含量高于 T_3 含量,而 T_3 的生物活性比 T_4 大 5 倍。T_4 和 T_3 的结构式如下:

$$T_4 \qquad\qquad T_3$$

甲状腺激素(thyroid hormone)的生理作用主要是调节机体的物质代谢、生长发育和多种器官、系统的生理功能。

(1) 对代谢的作用　甲状腺激素具有很强的促进物质代谢的功能,能加速多种组织内的糖和脂肪的氧化分解过程,使机体的耗氧量和产热量增加。在休息和禁食条件下,机体总热量的产生有将近一半是甲状腺激素作用的结果。因此,甲状腺功能亢进的患者,基础代谢率增高;甲状腺功能减退的患者,基础代谢率下降。

甲状腺激素的产热效应,对维持人体能量代谢水平,调节人体体温有重要意义。当外界环境温度降低时(如冬天),甲状腺激素分泌增加,产热增多;反之(夏天)气温升高,甲状腺激素分泌减少,机体产热降低。

(2) 对生长发育的影响　在正常生理情况下,甲状腺激素可促进蛋白质的合成,这对幼年时期的生长发育具有重要作用。但是超过正常生理剂量的甲状腺激素反而使机体的蛋白质,特别是骨骼肌的蛋白质大量分解。因此,甲状腺功能亢进的患者,身体消瘦,肌肉萎缩。

甲状腺激素对促进身体的生长发育具有十分重要的作用。在临床中观察到,甲状腺机能减退的婴儿生长显著受阻,如及早补给甲状腺素制剂,可使生长发育状况明显改善。

甲状腺激素对骨骼发育有特别重要的作用。因甲状腺功能减退而导致的呆小病患者,骨化中心出现晚,骨骺闭合推迟或闭合不全,患儿虽到成年,但骨骼结构仍保持儿童的特征。

甲状腺激素促进生长发育的作用是通过对组织的发育、分化起促进作用而实现的。例如,蝌蚪变态期,当缺乏甲状腺激素(如加给少量甲状腺抑制剂硫脲嘧啶)时,蝌蚪不能变态成蛙;当添加适量甲状腺激素时,可加速其变态,但变态后的蛙小如昆虫。

(3) 对中枢神经系统的作用　甲状腺激素对中枢神经系统的发育和功能具有非常重要的影响。特别是在胚胎发育期和出生后早期,甲状腺激素缺乏对脑组织的损害尤为严重。

甲状腺激素不足易患小症和黏液性水肿。甲状腺功能若亢进,则出现眼球突出、多汗、心跳加快、基础代谢率升高、消瘦、神经系统兴奋等临床症状。

11.4.3 甲状旁腺

人类的甲状旁腺(parathyroid gland)(图 11-11b)是埋藏在甲状腺中的,因此在实施外科手术中一不小心就有可能随甲状腺一同被切除,从而失去了甲状旁腺激素和降钙素对机体的生理调节。甲状旁腺激素是由 84 个氨基酸残基组成的蛋白质类激素,其相对分子质量约为 9500,部分氨基酸排列顺序如图 11-12 所示。

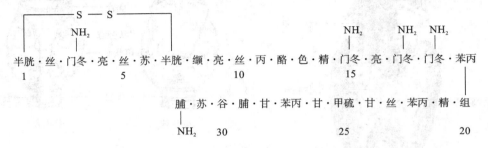

图 11-12 甲状旁腺的氨基酸序列示意图

甲状旁腺素的功能是调节血钙。甲状旁腺素主要通过以下几条途径影响血钙水平。

(1) 作用于骨 体内 99% 以上的钙储存于骨组织中,主要以磷酸钙 $[Ca_3(PO_4)_2]$ 的晶体形式沉淀在骨组织的细胞间质——骨质中。骨组织中有成骨与破骨两种细胞。成骨细胞的主要作用是促进钙盐在基质内沉积形成新骨。破骨细胞的作用则是溶解骨盐。破骨细胞使骨组织不断地被破坏、溶解,甲状旁腺素作用于破骨细胞的腺苷酸环化酶,增加细胞内的 cAMP,增强破骨细胞活性,使溶骨作用加强,释放磷酸钙,最终导致血钙水平升高。

(2) 作用于肾 甲状旁腺素能促进肾小管对钙的重吸收,而抑制对磷的重吸收。

(3) 能促进肠道对钙的吸收 在甲状旁腺内还有一些含有丰富嗜银颗粒的腺细胞,称为甲状腺"C"细胞(滤泡旁细胞)。这些细胞分泌的激素具有降低血钙和血磷的作用,称降钙素(calcitonin)。降钙素能使破骨细胞转入不活动状态,抑制骨的溶解;同时还能加强成骨细胞的活性,促进成骨细胞生成新的骨组织,将血钙储存于骨中,从而使血中的钙浓度降低。

甲状旁腺素有促进骨钙溶解、升高血钙的作用,降钙素有抑制骨钙溶解、降低血钙的作用。两者共同调节血液中钙浓度的相对稳定,它们的分泌都受血钙浓度的影响。

11.4.4 胰岛及其内分泌

胰岛(pancreatic islet)是散布于胰腺中的内分泌组织。因这类分泌细胞聚集成许多小团,散布于分泌胰液的腺泡组织之间,犹如海岛一样,故称胰岛(图 11-13)。

人体胰腺中有 25 万~200 万个胰岛,占胰腺总体积的 1%~3%,总重约 1 g。

人的胰岛主要包括 α、β 和 δ 三种分泌细胞。α 细胞分泌胰高血糖素,β 细胞分泌胰岛素,δ 细胞分泌生长素抑制素。先分泌的是由 84 个氨基酸组成的长链多肽——胰岛素原(proinsulin),后者经专一性蛋白酶——胰岛素原转化酶(PC1 和 PC2)和羧肽酶 E 的作用,将胰岛素原中间部分(C 链)切下,而胰岛素原的羧基端部分(A 链)和氨基端部分(B 链)通过二硫键结合在一起形成具有生物学活性的胰岛素。

胰岛素和胰高血糖素的部分氨基酸排列如图 11-14 所示。

(1) 胰岛素的生理作用 胰岛素是调节体内糖、蛋白质和脂肪代谢,维持血糖正常水平的一个重要激素。胰岛素分泌失调时,将引起机体代谢的严重障碍。

①对糖代谢的影响:胰岛素通过三个途径影响糖代谢。a.胰岛素能促进葡萄糖透过细胞膜进入细胞。b.增加组织中糖的浓度和促进肝脏中糖原的合成。c.具有抑制糖原异生的作用。糖原异生是指非糖物质(蛋白质、脂肪)转变为糖原的过程。

由于胰岛素能促进肝脏、肌肉和脂肪组织对糖的利用,增加组织中糖的储存,其结果是导致血糖下降。当机体胰岛素分泌不足时,则血糖浓度升高而出现高血糖现象。相反,当胰岛素分泌过多时,由于血中葡萄糖大

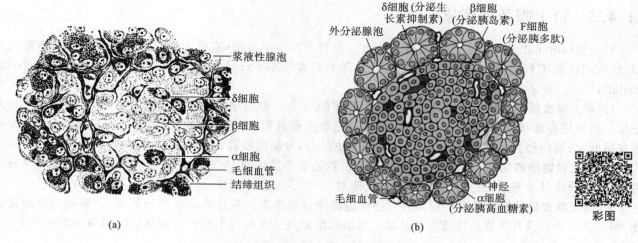

图 11-13　（示胰岛）胰腺切片及胰岛结构

（a）胰腺切片；（b）胰岛及周围腺泡示意图

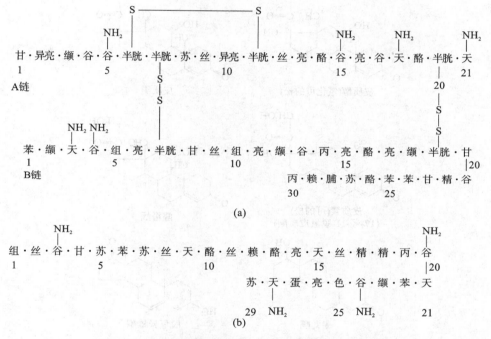

图 11-14　胰岛素和胰高血糖素的氨基酸序列示意图

（a）胰岛素部分氨基酸序列；（b）胰高血糖素部分氨基酸序列

量迅速地进入细胞，可使得血糖浓度很快下降，引起低血糖症。

②对脂肪代谢的影响：胰岛素可以促进脂肪的合成，抑制脂肪的分解，减少脂肪酸从脂肪组织中的释放和酮体的生成。在胰岛素分泌正常的情况下，体内摄入的糖 50％ 被外周组织氧化利用，生成二氧化碳和水，并释放能量，5％ 转变为糖原，30％～40％ 转变为脂肪。

③对蛋白质代谢的影响：胰岛素对促进蛋白质的合成，抑制蛋白质的分解具有重要作用。在正常情况下，几乎全身组织都必须在有胰岛素存在的情况下才能合成蛋白质。胰岛素还可使细胞内核糖核酸的合成增多。胰岛素对于蛋白质的合成是不可缺少的，因而对生长的影响是很重要的。缺乏胰岛素，腺垂体分泌的生长素也不能发挥作用。幼年动物缺乏胰岛素，生长发育则发生障碍，给予胰岛素以后，便可恢复正常生长。

（2）胰高血糖素的作用　胰高血糖素是由胰岛 α 细胞分泌的一种激素。其化学本质为 29 个氨基酸组成的多肽。胰高血糖素最主要的生理作用是促进肝糖原的分解和糖原异生作用，从而使血糖升高。胰高血糖素还有活化脂肪酶，促进脂肪分解的功能。

胰岛素的主要生理作用是促进体内供能物质的储存，胰高血糖素的主要生理作用是动员体内供能物质，促进供能物质的分解，两者相辅相成，共同调节机体的能量平衡。

11.4.5 肾上腺及其激素

肾上腺(adrenal gland)位于左、右肾的上方。左肾上腺呈半月形,右肾上腺呈三角形。每个腺体都由来源、结构和功能不同的内、外两层组成,外层称肾上腺皮质(adrenal cortex),内层称肾上腺髓质(adrenal medulla)。

1. 肾上腺皮质的结构 肾上腺皮质占整个腺体的90%。根据细胞排列和功能的不同,由外向内可分为三层。最外层称球状带,约占全部皮质的15%,分泌盐皮质激素;中间一层称束状带,约占皮质的78%,分泌糖皮质激素;最内层为网状带,此层最薄,约占皮质的7%,分泌性激素。

2. 肾上腺髓质的结构 髓质位于肾上腺中央,约占整个腺体的10%,主要含嗜铬细胞。嗜铬细胞又分为两种:一种分泌肾上腺素,另一种分泌去甲肾上腺素。

3. 肾上腺皮质分泌的激素 皮质的三层细胞都能分泌激素。现已从皮质中分离出50多种类固醇化合物,但是其中多数没有生物活性或活性甚低。类固醇激素是一类带有不同侧链的环戊烷多氢菲的衍生物(图11-15)。

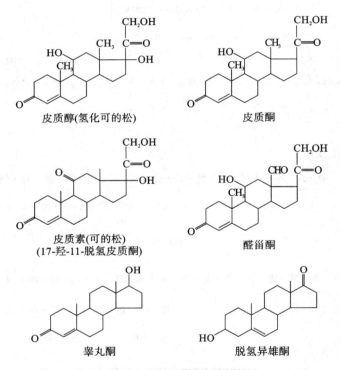

图 11-15 几种皮质激素的结构式

根据其生理功能,可把肾上腺皮质激素分为三类。

(1) 糖皮质激素 包括皮质醇、皮质酮和可的松。在人体内以前二者为主。它们的主要作用是促使氨基酸转化为葡萄糖,升高血糖并促进糖原异生作用。可见,它们与胰岛素的作用是相反的。此外,这类激素还有解除身体"紧张"状态的作用。大剂量的糖皮质激素还有减轻炎症及过敏反应的功能。

(2) 盐皮质激素 主要是醛甾酮。能促进水和电解质在体内存留。

(3) 性激素 如脱氢异雄酮、雄酮、睾酮等。前两者量最大,活性低;后者活性大,但量少。

皮质激素的活动要受促肾上腺皮质激素(ACTH)的控制。ACTH是腺垂体分泌的一种多肽,而ACTH的分泌又受下丘脑分泌的促肾上腺皮质激素释放激素(CRH)的促进。而血浆中的皮质激素对腺垂体也有负反馈的作用。在正常条件下,这一作用是处于平衡状态的。

相反,如果皮质激素分泌过多,则引起高血糖、低血钾性碱中毒、负氮平衡。因此K^+和水潴留,血容量增加,血压上升。此外,患者体内脂肪常出现向心性分布,即四肢因脂肪减少而显得消瘦,而颈面和躯干因脂肪的堆积显得特别肥大,出现"柯兴氏综合征"病态。

4. 肾上腺髓质激素 肾上腺髓质激素有肾上腺素和去甲肾上腺素,其结构式如下:

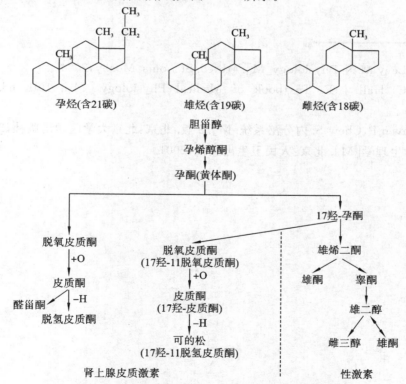

肾上腺素　　　　　　　　　　去甲肾上腺素

肾上腺髓质分泌的激素受交感神经的支配,处于紧张状态时或动物在应急情况下(如恐惧、暴怒、过冷、过热、创伤等)分泌量增大。肾上腺髓质激素引起的各种反应多是动物面临危险时所必需的。肾上腺素和去甲肾上腺素的主要作用如表 11-3 所示。

表 11-3　肾上腺素和去甲肾上腺素的主要作用

生理变化	肾上腺素	去甲肾上腺素
皮肤毛细血管收缩	+	±
内脏和肌肉血液增加	+	±
末梢血管收缩	−	+
心率增加	+	±
血压升高	+	+
瞳孔放大	+	±
竖毛肌收缩	+	+
血糖升高	+	±

注:+,有作用;−,反作用;±,有弱作用。

11.4.6　其他内分泌腺

1. 性腺　男性性腺(gonad)是睾丸内的间质细胞(Leydig cell),女性性腺是卵巢。男性性腺分泌睾酮,女性性腺分泌雌激素和孕激素。性激素的合成路线如图 11-16 所示。

图 11-16　肾上腺皮质激素及性激素的合成路线

2. 松果体　松果体有感光机能,分泌褪黑激素(melatonin),又称 N-乙酰-5-甲氧基色胺,它抑制脑下垂体释放促性腺激素,故与性腺成熟有重要关系。近年有人认为褪黑激素有抗衰老作用。

3. 胸腺　胸腺(thymus)位于胸骨下方,随年龄增长而消退,成年人退化。它与免疫有重要关系,如 T 淋巴细胞依赖胸腺而成熟。

本章小结

内分泌系统由内分泌腺和分布于其他器官的内分泌细胞组成。内分泌腺是人及动物体内一些无输出导管的腺体。内分泌细胞的分泌物统称激素,大多数内分泌细胞分泌的激素通过血液循环作用于远处的特定细胞,少数内分泌细胞的分泌物可直接作用于邻近的细胞,称为旁分泌,甚至可以作用于内分泌细胞自身,称为自分泌。除上述内分泌腺外,机体许多其他器官还存在大量散在的内分泌细胞,这些细胞分泌的多种激素样物质在调节机体生理活动中起十分重要的作用,将这些具有分泌功能的神经元(称分泌性神经元)和摄取胺前体脱羧细胞统称为弥散神经内分泌系统。内分泌细胞分泌的激素,按其化学性质分为含氮激素(包括氨基酸衍生物、胺类、肽类和蛋白质类激素)和类固醇激素两大类。它们的细胞组织学特征、理化特性和作用机制都不相同,每种激素作用于一定器官或器官内的某类细胞,称为激素的靶器官或靶细胞。靶细胞具有与相应激素相结合的受体,受体与相应激素结合后产生效应。含氮激素受体位于靶细胞的质膜上,而类固醇激素受体一般位于靶细胞的胞质内。内分泌系统与神经系统在生理功能上,紧密联系,相辅相成,调节机体的生长发育和代谢等各种功能,维持内环境的相对稳定,以适应机体内外环境的各种变化及需要。同时,内分泌系统还间接地或直接地受到神经系统的调节,甚至可以把内分泌系统看成是神经调节系统的一个延伸,当然,内分泌系统也可以影响到神经系统的活动。

思考题

 扫码答题

参考文献

[1] Berne R M, Levy M N. Physiology[M]. 4th ed. St Louis: Mosby, 2004.

[2] Guyton A C, Hall J E. Textbook of Medical Physiology[M]. 10th ed. Philadelphia: WB Saunders, 2000.

[3] Hinson J, Raven P, Chew S. 内分泌系统[M]. 2版. 北京: 北京大学医学出版社, 2011.

[4] 朱思明. 医学生理学[M]. 北京: 人民卫生出版社, 2001.

第 12 章　从神经元到神经系统

动物机体不仅结构上严整有序,而且生理机能上也完整协调。这种在整体水平上的严整有序性,不仅表现在各种组织、器官和系统的互相补充、互相依赖关系上,而且表现在动物作为一个整体对全身各个器官和系统的调节方面,使生物体对外界的刺激能做出适应性反应,使生物各器官协调一致,保证了生物体内环境的稳定,极大地增强了动物适应复杂环境的能力。动物体各器官系统之间之所以能够紧密配合,相互协调,对环境的变化和外界的刺激做出应答并维持内环境的稳定,主要是因为它们具有内分泌系统和神经系统两套系统的调节作用。作为最先出现且最基本的调节系统,内分泌(或体液调节)系统对生物个体不同组织和器官的调节是不可或缺的。因此,它也是机体最经典、最基本的调节方式,在这一个层面,动物、植物和微生物等是相似的,然而,动物与植物及微生物不同,它们可以快速地变换生活范围,面临着更加复杂且快速变化的生活环境,在适应环境变化过程中还需要一套对外界环境变化迅速反应的调节系统,显然,经典的内分泌调节无法满足这样的要求。为了适应这一要求,机体演化出了神经系统及其基本的特化细胞(神经元),全面负责机体对外界刺激的快速反应与体内各个器官和系统的相应调节。

12.1　神经系统的概述

信息对于生命具有极为重要的意义,感受环境信息并做出响应,是生物体自我调控并适应环境的必要前提。生物感受并传递环境信息,是以细胞为基础的。环境信息被细胞感受并转化为细胞信号在细胞间和细胞内传递,这一过程被称为细胞通信或细胞的信息传递。动物在漫长的演化中,出现了能集中处理信息的特化的组织系统——神经系统。神经系统一方面通过感觉器官接受体内外的刺激并做出反应,直接调节或控制身体各器官、系统的活动;另一方面又通过调节或控制内分泌系统的活动来影响、调节机体各部分的活动。由于神经调节的信息是神经细胞发放的神经冲动,而神经冲动本质上是神经细胞跨膜电位的变化,它能沿着神经系统内的路径快速传递到特定的效应器,做出准确的反应。这样动物才能在快速变化的环境中更好地谋求生存与发展。人和脊椎动物体结构复杂,是由许多器官和系统组成的。神经系统是机体内起主导作用的系统,在大多数情况下,神经系统的调节更加迅速,并往往处于主导地位。越是高级的动物,它们的神经系统越复杂,对整个机体的调节作用也越精密。

单细胞动物和低等多细胞动物(如海绵)没有神经系统,由细胞本身对外界环境的变化直接做出反应。多细胞的腔肠类动物(如水螅)才开始分化出神经细胞,其神经细胞彼此交织成网,形成弥散型的神经组织,当体表任何一处受到刺激,刺激信号会沿着神经网迅速传到各处,引起全身性的收缩反应。在动物演化过程中,神经系统的结构和机能逐渐复杂和完善起来。神经系统(nervous system)是机体内起主导作用的系统,分为中枢神经系统和周围神经系统两大部分。动物体所生活的环境处于经常变化的状态,环境的变化必然随时影响着体内的各种功能,这也需要神经系统对体内各种功能不断地进行迅速而完善的调整,使机体适应体内、外环境的变化。人类的神经系统尤其发达,特别是大脑皮层不仅演化成为调节控制人体活动的最高中枢,而且演化成为能进行思维活动的器官。因此,人类不但能适应环境,还能认识和改造环境。

12.2　神经系统的基本结构与功能

脊椎动物的神经系统是由脑、脊髓、脑神经、脊神经,以及各种神经节组成的,能协调体内各器官、各系统的活动,使之成为完整的一体,并与外界环境发生相互作用。

哺乳动物的神经系统分为中枢神经系统(central nervous system)和周围神经系统(peripheral nervous system)两大部分。中枢神经系统包括脑和脊髓(spinal cord),其结构与归属见表 12-1。周围神经系统包括与脑相连的脑神经(cranial nerve)和与脊髓相连的脊神经(spinal nerve)。若从功能上划分,周围神经系统又可分为传入神经(又称感觉神经,sensory nerve)和传出神经(又称运动神经,motor nerve)。传出神经还可分为支配骨骼肌的躯体神经系统(somatic nervous system)和支配内脏器官的内脏神经系统(visceral nervous system)。内脏神经还可再分为交感神经(sympathetic nerve)和副交感神经(parasympathetic nerve)。

表 12-1　神经系统的结构与归属

中枢神经系统	脑	前脑	大脑		嗅脑,杏仁体,海马体,新皮质,侧脑室
			间脑		上丘脑,视丘,下丘脑,底丘脑,脑下垂体,松果体,第三脑室
	脑干	中脑			中脑顶盖,大脑脚,脑盖前部,大脑导水管
		后脑	后脑		脑桥,小脑
			末脑		延髓
	脊髓				

在神经系统中,虽然细胞数目众多、形态多样,但是主要分为两类细胞,一是神经元,二是神经胶质细胞。神经元是神经组织的结构和功能单位,在神经系统中主要负责信息传递作用;而神经胶质细胞则是神经组织的辅助成分,数量比神经元多数十倍,对神经细胞主要起支持、营养、保护、修复等作用。

神经系统的三个主要功能如下。

①感觉功能:身体的内在感觉,如感受器探测血液酸度、血压等内在刺激。环境刺激引起感觉,感受器传送由皮肤等身体末端所接受到的外来刺激信息。这些信息由感觉神经传递至中枢神经。

②综合及指令功能:对感受器所来的信息进行分析、整理、判断,并做出适当的决定。

③运动功能:将整理之后的信息,经运动神经传递至末梢,并执行决定。

在上述功能当中,中枢神经负责综合及指令功能,周围神经则负责感觉和运动功能。

12.2.1　神经元的结构和功能

神经细胞,又称神经元,是神经系统的基本结构与功能单位,人的神经系统可以说是地球上最复杂的结构。人的神经系统包含几百亿到上千亿个神经细胞(神经元),神经系统的复杂性就在于数量如此庞大的细胞和这些细胞之间的复杂的联系(图 12-1)。

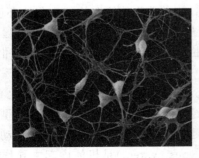

图 12-1　神经细胞的形态结构及其相互联系

神经元(neuron)是一种高度特化的细胞,是神经系统的基本结构和功能单位,它具有感受刺激和传导兴奋的功能。神经元一般包含胞体(cell body)、树突(dendrite)和轴突(axon)三部分,树突是胞体发出的短突起,树突较短但分支较多,它接受冲动,并将冲动传至细胞体,各类神经元树突的数目多少不等,形态各异。轴突是胞体发出的长突起。胞体的中央有细胞核,核的周围为细胞质,胞质内除有一般细胞所具有的细胞器如线粒体、内质网等外,还含有特有的神经原纤维及尼氏体。经典的神经元一般只有一条轴突和若干树突,长短不一,胞体发出的冲动则沿轴突传出到神经末梢。

神经胶质细胞是与神经元共同存在的另一种神经细胞,与神经元不同,它们之间没有生物电通信,数百年来,科学家认为这些细胞虽然在大脑中含量丰富,但仅仅作为支持、营养及诱导神经元发育来发挥大脑的辅助功能,因而其重要性曾被人们忽视。然而,新的发现认为,在记忆和学习等重要的大脑功能中,神经胶质细胞起着关键作用。

1. 神经元的分类

(1)根据神经元突起的数目分类　可将神经元从形态上分为假单极神经元、双极神经元和多极神经元三大类(图 12-2)。

①假单极神经元:胞体在脑神经节或脊神经节内,由胞体先发出一个突起(貌似单极),不远处分两支(实为双极),一支至皮肤、运动系统或内脏等处的感受器,称周围突,另一支进入脑或脊髓,称中枢突。

②双极神经元:由胞体的两端各发出一个突起,其中一个为树突,另一个为轴突。

③多极神经元:有多个树突和一个轴突,胞体主要存在于脑和脊髓内,部分存在于内脏神经节。

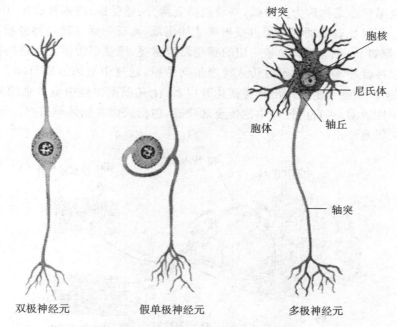

双极神经元　　假单极神经元　　多极神经元

图 12-2　根据神经元形态的分类

(2)根据神经元的功能分类　可分为感觉神经元、运动神经元和联络神经元。

①感觉神经元:又称传入神经元,一般位于外周的感觉神经节内,为假单极或双极神经元,感觉神经元的周围突起接受内、外界环境的各种刺激,经胞体和轴突将冲动传至中枢。

②运动神经元:又名传出神经元,一般位于脑、脊髓的运动核内或周围的自主神经节内,为多极神经元,它将冲动从中枢传至肌肉或腺体等效应器。

③联络神经元:又称中间神经元,是位于感觉神经元和运动神经元之间的神经元,起联络、整合等作用,为多极神经元。

(3)根据神经元末梢所释放的神经递质分类　又可以将其分为以下几种。

①胆碱能神经元:该神经元的末梢能够释放乙酰胆碱,如脊髓前脚运动神经元等。

②单胺能神经元:能释放单胺类神经递质,如肾上腺素、去甲肾上腺素、多巴胺、5-羟色胺、组胺等。

③氨基酸能神经元:能释放谷氨酸、γ-氨基丁酸、天冬氨酸和甘氨酸等,如海马锥体神经元等。

④肽能神经元:能释放多肽的神经元,如下丘脑 GnRH、TRH、CRH 和 VIP 等。

另外,还可以根据神经元受到刺激后的电生理特征,将神经元分为兴奋性神经元或抑制性神经元。

2. 神经元的功能　神经元(图 12-3)的基本功能是接收

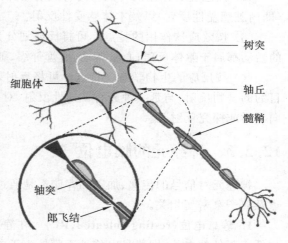

图 12-3　神经元的基本结构示意图

和传递信号,但是信号的整合与调制却是由神经元之间的突触联系来实现的,也就是说,完整的信号反馈是以反射弧为单位进行的。

一般来说,信号总是由神经元的树突或胞体输入,而由轴突输出的,而由于神经元轴突细胞膜上各种离子通道的存在,信号输入是以局部电位形式进行的,而在轴丘起始端生成动作电位(见神经元膜电位)并以不衰减形式传遍整个轴突末梢。

脑的感觉、认知和行为功能是以神经细胞信息储存和编程为基础的。阐明神经细胞信号编程和记忆细胞工作原理是大脑认知科学的基本问题,也是研发拟人智能的基础。

12.2.2 反射弧

执行神经反射的全部神经结构称为反射弧,一般包括五部分:感受器、传入神经元、中间神经元、传出神经元和效应器(图12-4)。任何反射活动都要通过反射弧才能实现,而反射活动就是神经系统的基本活动。

简单地说,反射过程如下:一定的刺激被一定的感受器所感受,感受器发生了兴奋(若受损,机体既无感觉又无效应);兴奋信号以神经冲动的方式经过传入神经传向中枢;通过中枢的分析与综合活动,中枢产生兴奋或抑制;中枢的兴奋或抑制又经一定的传出神经到达效应器,使其根据神经中枢传来的兴奋或抑制信号对外界刺激做出相应的规律性活动;兴奋由神经中枢传至效应器,包括肌肉和腺体等组织。如果中枢发生抑制,则中枢原有的传出冲动减弱或停止。

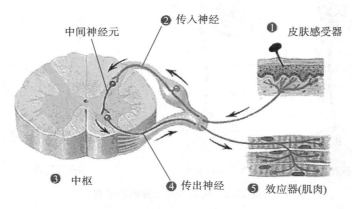

图 12-4 反射弧的基本组成

根据反射的不同特点,将反射分类如下。

(1)按反射形成的特点　将所有的反射划分为非条件反射与条件反射两大类。非条件反射是动物生来就有的,是动物在种族演化过程中建立和巩固下来而又遗传给后代的类型。条件反射不是先天就具有的,是动物个体在生活过程中所获得的,需要在一定的条件下才能发生和存在。所有的条件反射都是在非条件反射的基础上建立起来的。

(2)按感受器作用的特点　可将反射划分为外感受性反射(即由外感受器所引起的反射)、内感受性反射(即内脏感受性反射)以及本体感受性反射。

(3)按效应器作用的特点　可将反射划分为躯体反射和内脏反射两大类。姿势反射、全身各部骨骼肌等的活动都属于躯体反射;心脏搏动、血管舒缩、肺的扩张或缩小、胃肠运动和腺体分泌等都属于内脏反射。

(4)按反应的生物学意义特点　可将反射划分为防御性反射或保护性反射,以获取、摄食与消化食物为目的的食物反射,与延续种族有关的性反射,对新异刺激物所引起的,并表现为警觉和面向该刺激物运动的朝向反射或探究反射等。

12.2.3 神经元的膜电位

神经元对信号的传递、加工和存储都是通过细胞膜电位来实现的,而膜电位的变化与细胞膜上的离子通道及离子泵密切相关。

1. 静息电位(resting potential,RP)　在静息状态下(即神经元没有受到刺激的时候)神经纤维膜内的电位低于膜外的电位,即静息电位处于膜外为正电位,膜内为负电位的状态。也就是说,该细胞膜属于极化状态(有极性的状态),这也是可兴奋细胞的基本特征。

神经细胞膜上出现极化状态离子基础：由于神经细胞膜内、外各种电解质离子浓度不同（钠钾泵通过ATP 将 3 个钠离子转运到膜外，同时将膜外的 2 个钾离子转运到膜内），出现膜外钠离子浓度高，膜内钾离子浓度高的现象，而神经细胞膜对不同离子的通透性各不相同，这是由细胞膜上镶嵌的膜蛋白（离子通道）的特性所决定的。神经细胞膜在静息时对钾离子的通透性大（钾离子通道），对钠离子的通透性小（钠离子通道），膜内的钾离子向外扩散达到平衡时的膜电位，因此，可以说静息电位相当于钾离子的平衡电位。而细胞膜内、外电位差将遵循 Nernst 方程的规律产生电位。

$$E = \frac{RT}{nF} \ln \frac{c_o}{c_i}$$

式中：R 为气体常数，T 为绝对温度，n 为离子价，F 为法拉第常数，c_i 和 c_o 分别为膜内、外离子的物质的量浓度。

虽然说静息电位是神经元细胞膜内、外所有离子流动达到平衡的总体状态，但是，由于其他离子的贡献比例太小而基本可以忽略，因此，可以说静息电位就是细胞膜内、外钾离子的平衡电位。

2. 动作电位（action potential，AP）　在细胞膜上存在着由亲水的蛋白分子构成的物质出入细胞的通道，包括离子特异性的离子通道。这些通道通常是关闭的，只有在接受了一定的刺激时才打开，可称这类通道是离子特异性并具有门控性质的通道。而神经元细胞膜上的许多离子通道是电压依赖性的门控通道，也就是说，电压刺激可以激活这些离子通道，使它们从关闭状态转变为开放状态，之后根据离子通道蛋白的不同而又在不同的时间恢复（关闭状态）。对神经细胞的膜电位来说，最重要的离子通道是 Na^+、K^+、Cl^-、Ca^{2+} 等通道。

一般来说，刺激是能引起或诱导生物体内特异的生命活动增强的外部作用因素。对于可兴奋细胞（如神经元、骨骼肌细胞等）来说，由于其细胞膜上具有电压依赖型的离子通道，因此对电刺激特别敏感，而电刺激又比较容易进行定量和定性的实验研究，故常用电刺激来进行实验操作。刺激作用于可兴奋细胞或组织并不一定都能够引起相应的生物学变化，取决于刺激作用的强度与时间，一般将一定时间能引起组织发生反应（动作电位）的最小刺激强度称为阈强度，而该刺激就称为阈刺激。可见该阈值（threshold）并非固定不变的，在一定范围内，引起组织兴奋的阈强度与刺激的作用时间成反比，机体内外环境因素的变化必须满足强度、时间和强度变化率的条件才能成为刺激，才引起细胞或组织的兴奋。而刺激强度高于阈值的被称为阈上刺激，相反，低于阈值的被称为阈下刺激。

1）阈上刺激的影响　神经细胞在受到刺激后其对外部刺激的反应能力会发生一定的变化。神经元这种接受刺激后具有产生神经信号的能力被称为神经元的兴奋性。而在细胞电生理学中，兴奋就是细胞产生动作电位（AP），产生 AP 的能力就是兴奋性的大小，兴奋性大就意味着容易产生兴奋，反之亦反。而能够产生 AP 的细胞就是可兴奋细胞，如神经元。

（1）动作电位的产生　在神经元静息时，也就是说，在神经细胞膜处于极化状态时（电位差为 -70 mV），Na^+ 通道大多关闭。膜内外的 Na^+ 梯度是靠钠钾泵维持的。神经元轴突受到刺激时，膜上接受刺激的离子通道被激活（即通道打开），引起该点细胞膜的离子通透性发生变化，一些 Na^+ 通道张开，膜外大量的 Na^+ 顺浓度梯度从 Na^+ 通道流入膜内。这就使原来静息状态下细胞膜的极性变小，乃至失去极性，使更多的 Na^+ 通道张开，结果更多的 Na^+ 流入。这是一个正反馈过程，这一过程使膜内外的 Na^+ 流动达到平衡，形成膜的电位从静息时的 -70 mV 转变到 +35 mV，随后，K^+ 通道也打开，并导致 K^+ 外流而使膜电位恢复的电位变化过程。也即由于阈上刺激导致一个迅速上升并迅速下降的可扩布的峰电位变化过程，被称为动作电位。

在膜上某处给予刺激后，该处极化状态迅速消失，称作去极化。甚至在极短时间内，膜内电位会高于膜外电位，即膜内为正电位，膜外为负电位，形成反极化状态（超射）。接着，在短时间内，神经纤维膜又恢复到原来的外正内负状态——极化状态（复极化），从而形成动作电位的峰电位，而后，在离子泵的作用下经过一段相对于峰电位历时较长的后电位（包括负后电位与正后电位），最终恢复到原先的静息状态。去极化、反极化和复极化的整个动态过程被称为动作电位（图 12-5）。而动作电位的形成和恢复的全部过程只需数毫秒的时间。

（2）动作电位产生的离子基础　在神经纤维膜上至少有两种离子通道，一种是 Na^+ 通道，一种是 K^+ 通道，它们都是电压依赖（敏感）型离子通道，但刺激后开通和关闭的速度与状态不同，这是由二者的结构所决定的。当神经某处受到电刺激时会使 Na^+ 通道先开放，于是膜外的 Na^+ 在短期内大量涌入膜内，造成了内正外负的反极化现象。但在很短的时期内钠通道又重新关闭，K^+ 通道随后开放，K^+ 又很快涌出膜外，使得膜电位又恢复到原来外正内负的状态（图 12-6）。

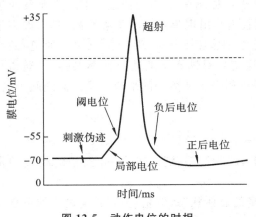

图 12-5　动作电位的时相

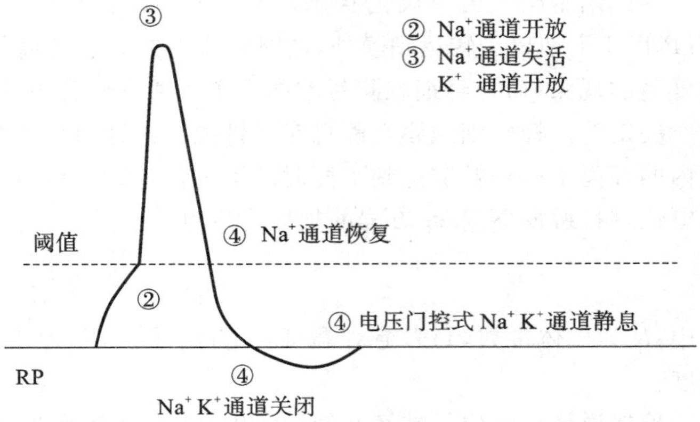

图 12-6　动作电位及其离子通道的变化

神经冲动就是动作电位变化模式的形象描述。神经冲动(nerve impulse)是以全或无方式不衰减地沿着神经纤维传导的。

（3）动作电位的传导　当刺激部位处于内正外负的反极化状态时，邻近未受刺激的部位仍处于外正内负的极化状态，二者之间会产生电位差，从而形成局部电流。这个局部电流又会刺激静息状态下的细胞膜使之去极化，也形成动作电位。这样，不断地以局部电流为前导，将动作电位传播开去，一直传到神经末梢(图12-7)。

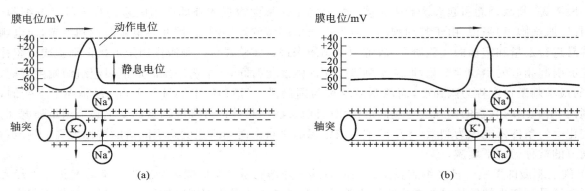

图 12-7　动作电位在无髓神经轴突上的传导

由于动作电位产生时，电位变化的斜率和幅值都很大，而且膜两侧溶液都有良好的导电性，因此局部电流的强度，常可超过引起相邻部分产生兴奋的阈强度数倍；即兴奋一经产生，它在同一细胞内传导有很大的"安全系数"，不易中断。

动作电位的传导速度随动物的种类、神经纤维的类别、粗细与温度等因素而异，一般为 0.5～200 m/s。动作电位是神经系统传递各种信息的重要方式；感受器(如眼、耳等)发出的神经冲动将生物体内、外环境变化的信息传递到中枢神经系统(大脑与脊髓)，沿传入(或感觉)神经纤维传导；中枢神经系统发出的神经冲动将"指令"传达到效应器官(如肌肉、腺体等)，则沿传出(或运动)神经纤维传导。在一般情况下，无论是在外周还是在中枢神经内部，神经冲动都在单一神经元范围内传导。

2）动作电位的特征

（1）"全或无"(all or none)　刺激一旦达到阈值，动作电位就会发生并从刺激点向两边蔓延，其幅度不随刺激强度增加而增大。

（2）可传播性　不衰减传导(幅度波形不变)。

动作电位一旦产生就以最大幅度的形式主动传导到相邻部位，进而传遍整个轴突末梢，因而，也称为不衰减性传导或全幅式传导。

（3）不可叠加性　由于动作电位形成后具有不应期，因而锋电位之间不能发生融合或叠加。

（4）双向传导　神经冲动在神经纤维上是双向传导的。

由于在动物体内，信号的传递需要多个神经元的接力合作完成，因而神经冲动只能朝一个方向传播。在神经纤维连接的地方(即经典突触)，神经冲动是单向传导的，来自相反方向的冲动不能通过，因而神经冲动只能朝一个方向运行。

　　3）神经元的兴奋性变化　　如前所述,神经元这种接受刺激后具有产生神经信号的能力被称为神经元的兴奋性。神经元在受到刺激后其兴奋性也在不断地变化着(图 12-8),在一次动作电位的过程中,神经元的兴奋性经历了非常显著的变化过程,在峰电位的上升支,电压门控 Na^+ 通道处于再生性激活过程中;在超射期和复极化前期,由于 Na^+ 通道失活,所以,这一时期内无论给予多大的刺激,均不能产生新的动作电位,此时,神经元对外界处于无反应阶段,称为绝对不应期,即表明神经元兴奋性降至 0(最低点)。因此,动作电位不能叠加,同时也给出了动作电位的最高频率限制。在峰电位下降支的晚期,由于 Na^+ 通道逐渐从失活状态中恢复,在给予比阈刺激更强的刺激时才能引起新的动作电位,故称为相对不应期,表明神经元的兴奋性正在恢复过程中,但仍低于正常状态。在后电位前段(负后电位),由于 Na^+ 通道已经从失活状态恢复,而膜电位又处于(去极化状态),所以兴奋性稍微高于正常值,被称为超常期。在后电位的后段(正后电位),由于膜电位处在静息电位的下方(超级化状态),兴奋性则稍微低于正常值,故被称为低常期。

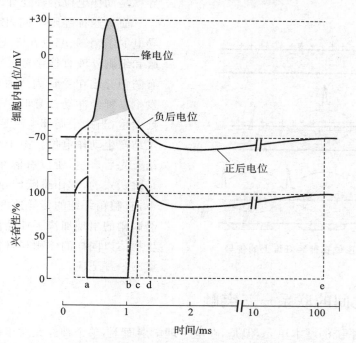

图 12-8　神经元在动作电位过程中膜电位与兴奋性的变化

注:ab,绝对不应期;bc,相对不应期;cd,超常期;de,低常期。

　　3. 局部电位　　阈下刺激虽然不能引起神经元的整体反应,但仍然能够对神经元的局部造成影响,从而形成局部电位,它是可兴奋细胞在受到阈下刺激时,细胞膜两侧产生的微弱电变化,向极性减弱方向被称为去极化,相反为超极化。因此,可以说是细胞受刺激后未达到阈电位的电位变化。其形成机制是细胞受到阈下刺激使膜通道部分开放,产生少量去极化或超极化,故局部电位可以是去极化电位,也可以是超极化电位。其特点如下:①等级性:指局部电位的幅度与刺激强度呈正相关,而与膜两侧离子浓度差无关,因为离子通道仅部分开放无法达到该离子的电平衡电位,因而不是“全或无”式的。②可以总和:局部电位没有不应期,一次阈下刺激引起一个局部反应,虽然不能引发动作电位,但多个阈下刺激引起的多个局部反应如果在时间上(多个刺激在同一部位连续给予)或空间上(多个刺激在相邻部位同时给予)叠加起来(分别称为时间总和、空间总和),就有可能导致膜去极化达到阈电位,从而爆发动作电位(图 12-9)。③衰减性:不能在膜上做远距离的传播,随扩散距离的增加而迅速衰减和消失。局部电位只能沿着膜向临近做短距离的扩布,并随着扩布距离的增加而迅速衰减乃至消失,这种方式称为电紧张性扩布。

　　局部电位虽然不能远距离传播,但是其具有可以总和的特性使其在神经元之间的信息整合过程中具有非常重要的功能。

12.2.4　神经传导的类型

　　神经元按照其轴突外面是否包裹着髓鞘可归纳为有髓神经和无髓神经。对于无髓神经来说,所谓神经传

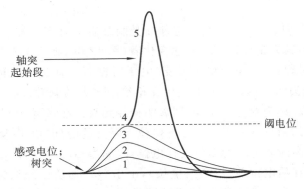

图 12-9　动作电位（粗线）与局部电位（细线）

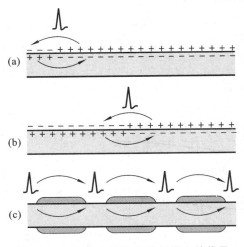

图 12-10　动作电位在神经纤维上的传导

导就是动作电位沿神经纤维的顺序发生（图 12-10）。

而有髓神经则不同，该神经轴突外面包裹着不导电的髓鞘，髓鞘只在郎飞结处中断，此处才有轴突膜和细胞外液直接接触，允许离子的跨膜移动，因此有髓鞘纤维在受到刺激时，动作电位仅在郎飞结处发生。神经冲动传导时，局部电流也只能在郎飞结处发生，当这个局部电流足够大时，就引起临近的郎飞结产生动作电位。由于神经冲动仅在相邻的郎飞结上先后产生，所以有髓鞘纤维的神经冲动的传导是跳跃式的，称作跳跃传导，在其他条件类似的情况下，有髓鞘纤维的传导速度显然比无髓鞘纤维快，神经髓鞘的出现加快了神经传导速度，节约了能量，是生物体以同样的体积与材料来处理大大增长的信息量的一种适应。

12.2.5　神经元之间的联系——突触

虽然神经元是神经系统的基本单元，但是，在电生理学层面上，单个神经元对于神经系统的功能来说并非全部，而由数量巨大的神经元相互连接的神经网络才是神经系统功能的主要体现。

神经元之间的经典联系方式是互相接触，而不是细胞质的互相沟通。接触部位的结构发生特化，被称为突触（synapse），通常是一个神经元的轴突与另一个神经元的树突或胞体借突触发生机能上的联系，神经冲动由一个神经元通过突触传递到另一个神经元。与神经元之间的连接方式相似，神经与肌肉的连接也只是相互接触，并无细胞质的相互沟通。

然而，上述突触只是经典突触，在许多组织中，人们相继发现了新的突触形式，从结构和功能上都突破了上述经典突触，包括：神经元之间通过细胞连接子把相邻细胞质相互连通所形成的电突触（神经冲动可以双向自由传播）；肾上腺素能神经中也发现没有明确靶细胞的曲张体（神经递质弥散作用于许多组织）；以及发现在同一个神经元上同时存在着不同类型的神经突触（混合型神经突触）等。但是，鉴于此类新发现突触的类型和功能还未成为机体信息传递的主要形式，除非在明确指出的情况下，本文所涉及的突触均为传统的经典突触。

突触具有特殊的结构，是神经元之间（或神经元与其他细胞之间）在机能上发生联系的部位，是信息传递和整合的关键部位。

1. 突触的结构与分类

（1）经典神经突触的结构　突触传递是神经系统中信息交流的重要方式。反射弧中神经元与神经元之间、神经元与效应器及感受器细胞之间都通过突触（图 12-11）传递信息。神经元与效应器细胞之间的突触也称接头（junction）。人类中枢神经元的数量十分巨大（10^{11} 个），若按每个神经元轴突末梢平均形成 2000 个突触小体计算，则中枢内约有 2×10^{14} 个突触。神经元之间信息传递的复杂程度可见一斑。

神经末梢多呈膨大泡状结构，其内部有许多突触小泡，每个小泡里面含有几万个化学神经递质分子。当神经冲动传到末梢后，突触小泡中的化学递质（如乙酰胆碱）被释放到突触间隙中，并扩散到突触后膜处。乙

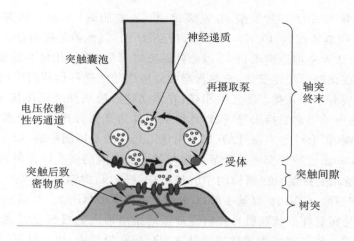

图 12-11　突触的结构模式图

酰胆碱可以和突触后膜上的乙酰胆碱受体结合,结合后的乙酰胆碱-受体复合物将影响突触后膜对离子的通透性,引起突触后膜去极化,形成一个小电位。这种电位只是局部电位,并不能像动作电位那样不衰减地传播。但随着乙酰胆碱-受体复合物的增多,电位可增大,当电位到达一定阈值时,可在突触后膜上引起一个动作电位。突触后膜的动作电位可以传播到其末梢作用于下一个神经元(突触),同样也可以通过运动终板(神经与肌肉的连接)传递到肌纤维内部,引起肌肉收缩。神经细胞与肌肉细胞之间的信号传递也是通过神经末梢释放化学物质(乙酰胆碱)来实现的。这种传递方式称为化学传递,这类突触称为化学突触,所释放的物质称为递质(transmitter)。

(2) 神经突触的类型　经典神经元的结构包括胞体、轴突和树突,两个神经元的突触可以发生在一个神经元的轴突末梢与另一个神经元的胞体或树突之间,按照此类连接方式可以归纳出以下三种形式(图 12-12)。

轴-体连接:一个神经元的轴突与另一个神经元的胞体形成的突触。

轴-树连接:一个神经元的轴突与另一个神经元的树突形成的突触。

轴-轴连接:一个神经元的轴突与另一个神经元的轴突形成的突触。

突触的形式是多样性的,有时候甚至是超出人们想象的,比如非经典的突触(电突触和混合突触等)也随着研究的深入而被逐步发现,对人们揭示神经系统的复杂性具有重要的意义。

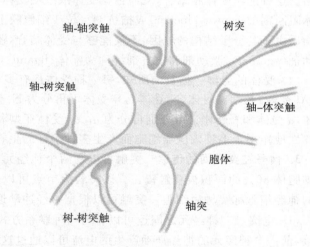

图 12-12　突触连接的类型

2. 神经递质

(1) 神经递质及其作用　随着神经生物学的发展,人们陆续在神经系统中发现了大量神经活性物质。在化学突触传递中,神经递质(neurotransmitter)是指由神经元合成,突触前末梢释放,能特异性作用于突触后膜受体,并产生突触后电位的信息传递物质。

在中枢神经系统(CNS)中,突触传递最重要的方式是神经化学传递。神经递质由突触前膜释放后立即与相应的突触后膜受体结合,使突触后膜局部产生突触去极化电位或超极化电位,导致突触后神经兴奋性升高或降低。神经递质的作用可通过两个途径中止:一是再回收抑制,即通过突触前载体的作用将突触间隙中多余的神经递质回收至突触前神经元并储存于囊泡;另一途径是酶解,如以多巴胺(DA)为例,它由位于线粒体的单胺氧化酶(MAO)和位于细胞质的儿茶酚-O-甲基转移酶(COMT)的作用被代谢和失活。

(2) 神经递质的分类　哺乳动物的神经递质种类很多,已知的达 100 多种,根据其化学结构,可将它们分成若干大类。脑内神经递质分为四类,即生物原胺类、氨基酸类、肽类、其他类。生物原胺类神经递质是最先被发现的一类,包括多巴胺(DA)、去甲肾上腺素(NE)、肾上腺素(E)、5-羟色胺(5-HT,也称血清素)。氨基酸

类神经递质包括 γ-氨基丁酸(GABA)、甘氨酸、谷氨酸、组胺、乙酰胆碱(Ach)。肽类神经递质分为内源性阿片肽、P 物质、神经加压素、胆囊收缩素(CCK)、催产素、神经肽 Y。其他神经递质分为核苷酸类、花生酸碱等。近年来,一氧化氮就被普遍认为是神经递质,它不以胞吐的方式释放,而是凭借其溶脂性穿过细胞膜,通过化学反应发挥作用并灭活。在突触可塑性变化、长时程增强效应中起到逆行信使的作用。

重要的神经递质和调质有以下几类。①乙酰胆碱:脊椎动物骨骼肌神经肌肉接头,某些低等动物如软体动物、环节动物和扁形动物等的运动肌接头等,都以乙酰胆碱作为兴奋性递质。脊椎动物副交感神经与效应器之间的递质也是乙酰胆碱,但有的是兴奋性的(如在消化道),有的是抑制性的(如在心肌)。②儿茶酚胺:包括去甲肾上腺素、肾上腺素和多巴胺。交感神经节细胞与效应器之间的接头以去甲肾上腺素为递质。③5-羟色胺(5-HT):5-羟色胺神经元主要集中在脑桥的中缝核群中,一般是抑制性的,但也有兴奋性的。④氨基酸递质:被确定为递质的有谷氨酸(Glu)、γ-氨基丁酸(GABA)和甘氨酸(Gly)。谷氨酸是甲壳类神经肌肉接头的递质。γ-氨基丁酸首先是在螯虾螯肢开肌与抑制性神经纤维所形成的接头处发现的递质。后来证明 γ-氨基丁酸也是中枢的抑制递质。以甘氨酸为递质的突触主要分布在脊髓中,也是抑制性递质。⑤多肽类神经活性物质:近年来发现多种分子较小的肽具有神经活性,神经元中含有一些小肽,虽然还不能肯定它们是递质。如在消化道中存在的胰岛素、胰高血糖素和胆囊收缩素等都被证明也含于中枢神经元中。

(3)突触受体 受体(receptor)一般是指镶嵌在细胞膜半流体基质内的蛋白质大分子,能识别特定的递质,并与之结合而产生相应的生理效应,改变细胞膜对某些离子的通透性。神经递质必须通过与受体相结合才能发挥作用。受体不仅存在于突触后膜或效应器细胞膜上,而且突触前膜上也存在受体,可对递质的合成、释放等过程起调控作用。此外,某些非递质类的药物,由于其化学结构与递质具有一定的相似性,也能与受体相结合。由于受体的结合部位已被占据,特定的递质就很难再与此受体相结合,而不能发挥递质应有的生理作用。这种能与受体相结合,从而占据受体或改变受体的空间结构形式,使递质不能发挥作用的药物,被称为受体阻断剂(receptor blocker)或拮抗剂。位于细胞膜上的受体称为膜受体,是带有糖链的跨膜蛋白质。而有些物质由于其分子结构的原因,不仅能够与受体结合,还能够引起与递质类似的生理学效应而被称为受体的激动剂(agonist),激动剂和拮抗剂统称为配体(ligand),但在多数情况下配体主要是指激动剂。

(4)受体的亚型 据目前所知,每一种受体都有多种亚型(subtype)。例如,胆碱能受体可分为毒蕈碱受体(M 受体)和烟碱受体(N 受体),N 受体可再分为 N_1 和 N_2 受体亚型;肾上腺素能受体则可分为 α 受体和 β 受体,α 受体和 β 受体又可分别再分为 $α_1$、$α_2$ 受体亚型和 $β_1$、$β_2$ 受体亚型。受体亚型的出现,表明一种递质能选择性地作用于多种效应器细胞而产生多种多样的生物学效应。

3. 信号在突触间的传递 突触可以在两个神经元之间的任何部位形成。中枢神经系统内,甚至有的神经细胞体 80% 的面积被突触覆盖。以突触为节点可以把信号到达的神经细胞称为突触前细胞,而把信号离开的神经细胞称突触后细胞。突触可以根据神经冲动通过方式的不同,分为电突触和化学突触两种。

(1)电突触 神经元之间还可以有另一种联系方式,即通过电流联系。在突触前膜与突触后膜上有缝隙连接,前一个神经元的神经冲动产生的电流可以通过这种缝隙连接传导到后一个神经元,使神经冲动传递下去,这种突触称为电突触。

电突触的特点是神经冲动可以快速直接通过该突触且无化学物质介入,这种传导没有方向性。

(2)化学突触(经典突触) 化学突触的特点是两个神经元之间有 20~50 nm 的间隙。由于突触前膜和突触后膜的间隙比电突触大很多,神经冲动只有在神经递质参与下才能被传导。由于神经递质的参与,化学突触传递神经信号比电突触慢了一些,该现象被称为突触延搁。

前一个神经元的轴突末梢作用于下一个神经元的胞体、树突或轴突处形成突触,不同神经元的轴突末梢可以释放不同的递质。有的化学递质与突触后膜上的受体结合后,引起后膜去极化。当突触后神经元去极化电位足够大并达到阈值后便会在突触后神经元产生新的动作电位。有的递质与突触后膜上受体结合后,使后膜极化作用反而增大,即引起超极化。这类神经元称为抑制性神经元,因为通过它释放的递质作用后,使得后一个神经元更不容易发放神经冲动了。一个神经元上可以同时有几个突触作用在上面,有的引起去极化,有的引起超极化。最后,在这个神经元的轴突上能不能形成新的动作电位,要看全部突触后电位总和的结果。

一般来说,神经冲动在神经元之间的传递过程是电-化学的过程,是在神经轴突上顺序发生的电-化学-电变化。在化学突触中,神经冲动在突触间的传递,是借助神经递质来完成的。当神经冲动到达轴突末梢时,引起末梢钙离子通道的通透性增大,钙离子内流,从而触发末梢内突触小泡向细胞膜移动并与其融合,导致小泡通过突触前端的张口处将储存的神经递质释放出来。当这种神经递质经过突触间隙后,就迅速作用于突触后膜,并激发突触后神经元的分子受体,从而打开或关闭膜上的某些离子通道,改变了膜的通透性,并引起突触后神经元的电位变化,实现神经兴奋的传递。这种以化学物质为媒介的突触传递,是脑内神经元信号的主要方式。神经递质在使用后,并未被完全分解。借助离子泵使其从受体释放,又回到了轴突末梢,重新包装成突触小泡,再重复得到利用。

一般说来,神经递质只能够从突触前膜释放,通过扩散作用于突触后膜的相应受体,因此,该突触的信号传递具有单向性(从突触前向突触后)、延搁性(递质扩散)和饱和性(递质与受体结合)的特点。

(3)突触后电位的类型　通常所说的突触后电位(或突触电位)是指化学突触传递在突触后膜产生的突触反应,表现为膜电位偏离静息电位的变化,根据其变化的方向或对突触后神经元兴奋性的影响,可将突触后电位分为两类:去极化或兴奋性突触后电位(excitatory postsynaptic potential,EPSP)和超极化或抑制性突触后电位(inhibitory postsynaptic potential,IPSP)。

根据突触传递的级数,又可将突触后电位分为单突触、双突触及多突触后电位。本文仅讨论单突触后电位,但其他形式的突触后电位都可以推而言之。

(4)突触整合　在神经系统中,每个神经元都与众多的其他神经元发生联系形成突触,一个神经元上众多的突触中,产生的突触后电位既可以是 EPSP,也可以是 IPSP,而这些突触后电位大多是阈下电位,所以,突触后神经元是否兴奋取决于所有兴奋性神经递质和抑制性递质所产生的膜电位的总和,如果总和超过了阈值,该神经元则产生动作电位,出现兴奋,否则相反,出现抑制。

信号整合主要有时间总和与空间总和。时间总和(temporal summation)是指在同一个突触上连续产生的突触后电位相加,产生比原来单个突触后电位更大的膜电位。

空间总和(spatial summation)是指突触后神经元上有多个突触位点与多个突触前神经末梢相连,突触后电位最终取决于这些位点电位到达时的叠加(包括正负抵消),从而产生比单个位点更大的突触后电位,即使各个位点的强度相同,但距离轴丘的距离不同,对突触后电位的影响也不同。距离轴丘最近的突触则影响最大,因为传播距离越远衰减越大。

因此,突触是神经信号整合的关键部位,即信息处理的基本单位。

12.3　神经系统

神经系统是人体内由神经组织构成的全部装置,主要由神经元组成。神经系统由中枢神经系统和遍布全身各处的周围神经系统两部分组成。中枢神经系统包括脑和脊髓,分别位于颅腔和椎管内,是神经组织最集中、构造最复杂的部位,有控制各种生理机能的中枢。周围神经系统包括各种神经分支和神经节。其中从脑分出的神经被称为脑神经,而从脊髓分出的则为脊神经,各类神经通过其末梢与其他器官系统相联系。

12.3.1　中枢神经

中枢神经主要包括脑与脊髓,而外周神经则是由脑及脊髓发出并支配全身各器官的神经(包括肢体神经与内脏神经)(图 12-13)。

1. 脊髓的内部结构　从大体解剖学上观察脊髓的横切面,可见色泽较深位于中央部的灰质和色泽较浅位于周围部的白质;在脊髓的颈、胸、腰部,其灰质和白质都很发达。

1)解剖结构　灰质,呈蝴蝶形或"H"状,其中心有中央管,中央管前后的横条灰质称灰连合,将左、右两半灰质联在一起。灰质的每一半由前角和后角(也称腹角和背角)组成。前角内含有大型运动神经细胞,其轴突贯穿白质,经前外侧沟走出脊髓,组成前根。

脊髓延伸自脑,由延髓至脊髓圆锥。脊椎圆锥的位置接近腰椎 $L_1 \sim L_2$,由纤维状延伸部分——终丝终结。脊椎会在颈及腰部膨大。在脊椎的外围是神经的白质道,其中有感觉及运动神经。而中间部分是四叶首蓿草形(或蝴蝶形)的灰质,且包围着中央管(第四脑室的延伸部分),其中包含神经细胞体。脊椎被三层脑膜覆盖着,最外层是硬脑膜,中间是蛛网膜,而最内层称为软膜。

白质主要由神经元的轴突和树突集合而构成,是神经系统相互连接的重要通道。脊髓的白质主要由上行

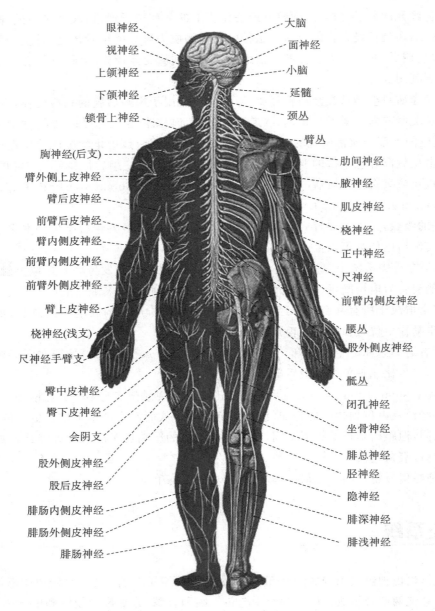

眼神经
视神经
上颌神经
下颌神经
锁骨上神经
胸神经(后支)
臂外侧上皮神经
臂后皮神经
前臂后皮神经
臂内侧皮神经
前臂内侧皮神经
前臂外侧皮神经
臂上皮神经
桡神经(浅支)
尺神经手臂支
臀中皮神经
臀下皮神经
会阴支
股外侧皮神经
股后皮神经
腓肠内侧皮神经
腓肠外侧皮神经
腓肠神经

大脑
面神经
小脑
延髓
颈丛
臂丛
肋间神经
腋神经
肌皮神经
桡神经
正中神经
尺神经
前臂内侧皮神经
腰丛
股外侧皮神经
骶丛
闭孔神经
坐骨神经
腓总神经
胫神经
隐神经
腓深神经
腓浅神经

图 12-13　人体的中枢神经与外周神经的分布图

(感觉)和下行(运动)有髓鞘神经纤维组成(纵行排列),分为前索、侧索和后索三部分(图 12-14)。

2)脊髓的传导结构

(1)躯体感觉传入通路　脊髓是感觉传导通路中的一个重要的神经结构。来自各种感受器的神经冲动,除通过脑神经传入中枢外,大部分经脊神经后根进入脊髓,由脊髓上传到脑高位中枢(图 12-15)。躯体感觉传导途径有以下两类。

①躯体感觉通路:传导的是深部感觉,肌腱、关节等运动器官本身在运动或静止时产生的感觉,包括位置觉、运动觉、震动觉。精细触觉:辨别物体的纹理、粗细、性状和两点间距离等的感觉。

②内脏感觉通路:传导的是皮肤、黏膜等处的痛、温、粗略触、压感受器接受的感觉。

传入纤维由后根进入脊髓,在后角更换神经元后再发出纤维在中央管前交叉到对侧,再向上形成脊髓丘脑前束(传导触-压觉)和脊髓丘脑侧束(传导痛、温觉)抵达丘脑,至丘脑的感觉接替核,之后投射到大脑皮层的特定区域。

体内除了受我们意识支配的神经外,还有一套自动神经调控系统,被称为自主神经系统(也称植物神经)(图 12-16),它们自动调控机体的重要生命活动,包括消化系统、心血管系统、呼吸系统等(详见后文)。

(2)支配躯体的运动信号传出通路

①主要运动区:中央前回和运动前区,相当于 Brodmann 分区的 4 区和 6 区,其功能是控制躯体运动。功能特征:a. 交叉性支配,但头面部除下面肌和舌肌外,其余均为双侧性支配;b. 功能定位精细,运动区大

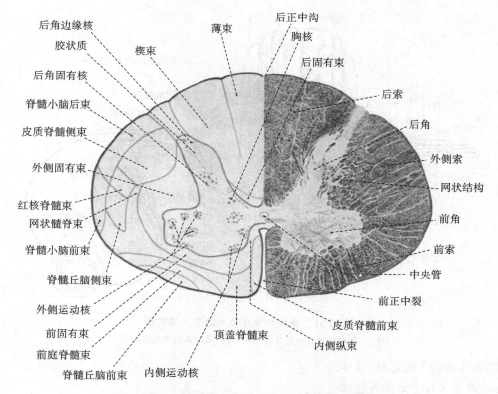

图 12-14　脊髓颈段的横断面结构（左模式图，右组织图）

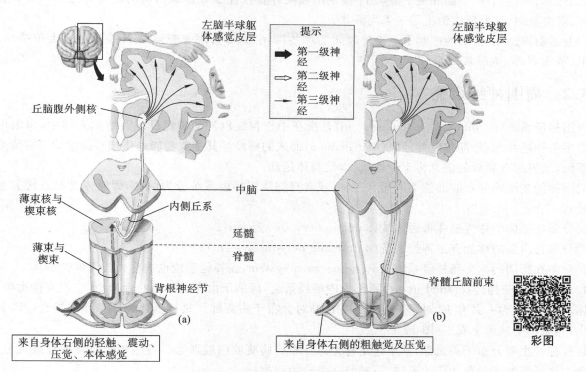

图 12-15　感觉的中枢通路

（a）后索通路；（b）脊髓丘脑前侧通路

小与运动精细复杂程度呈正相关，如手运动灵巧复杂，代表区最大，其中大拇指代表区是大腿代表区的 10 倍左右；大脑皮层运动区具有可塑性。c. 定位呈倒置安排，而头面部代表区的安排是正立的。

②其他运动区：包括运动辅助区、第一感觉区、第二感觉区等。

③运动传出通路：

a. 发生随意运动的下行通路锥体系统：由大脑皮层发出，下行到达脑干和下行经延髓锥体到达脊髓控制运动神经元的传导系统。其作用是发动随意运动。

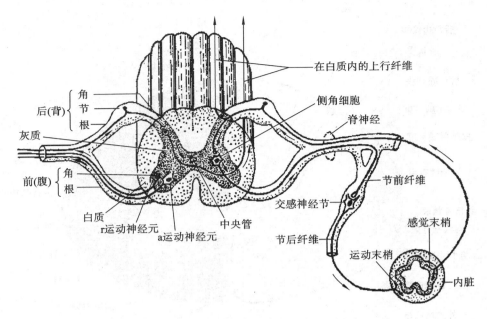

图 12-16　脊髓与外周神经的关系模式图

注:右侧示植物性神经反射路径;左侧示躯体运动反射路径。

　　b. 协调随意运动的下行通路(锥体外系)。

　　(3) 上运动神经元和下运动神经元

　　①下运动神经元:指脊髓和脑干运动 N 核发出轴突并直接控制骨骼肌活动的运动神经元。受损后会出现软瘫、肌肉萎缩、反射反应消失等一系列症状。

　　②上运动神经元:指脑内控制下运动神经元的那些神经元,即管理脊髓运动 N 核的所有上位神经元(包括脑干、基底 N 节、大脑皮层)。

12.3.2　周围神经系统

　　周围神经系统(peripheral nervous system)是指在中枢神经以外的神经纤维。解剖人体中,肉眼可以看到由许多条神经纤维,外部包以神经膜(neurilemma)而成的神经。其主要功能是将感官接受的兴奋传至中枢神经系统,又将来自后者的信息传至骨骼肌,以使身体运动。

　　周围神经系统因分布的部位不同而有三种(或者只把周围神经系统分为两种,即躯体神经系统和自主神经系统):

　　①分布在躯体的称为躯体神经系统(somatic nervous system);

　　②分布在内脏的称为自主神经系统(autonomic nervous system);

　　③分布在肠间的称为肠神经系统(enteric nervous system,肠神经系统也被称为肠间神经丛)。

　　1. 脑神经　脑神经(cranial nerve)属于周围神经系统,区别于由脊髓发出的脊神经,它们直接由脑发出。在人体,传统上认为一共有 12 对脑神经,其中有 10 对分布于头面部。只有嗅神经(Ⅰ)和视神经(Ⅱ)是从大脑发出,其余都是从脑干发出(图 12-17)。

　　这些神经主要分布于头面部,其中迷走神经还分布到胸腹腔内脏器官。各脑神经所含的纤维成分不同。按所含主要纤维的成分和功能的不同,可把脑神经分为三类:

　　①感觉神经,包括嗅神经、视神经和前庭蜗神经;

　　②运动神经,包括动眼神经、滑车神经、展神经、副神经和舌下神经;

　　③混合神经,包括三叉神经、面神经、舌咽神经和迷走神经。

　　研究证明,在一些感觉性神经内,含有传出纤维。在许多运动性神经内,含有传入纤维。

　　2. 脊神经　人的脊神经(spinal nerve)共 31 对,连接于脊髓,分布在躯干、腹侧面和四肢的肌肉中,主管颈部以下的感觉和运动。

　　(1) 脊神经的形态　每对脊神经节由腹根(ventral root)和背根(dorsal root)与脊髓相连。腹、背根均由许多神经纤维束组成的根丝所构成。腹根属运动性,背根属感觉性,背根较腹根略粗,二者在椎间孔处合成一

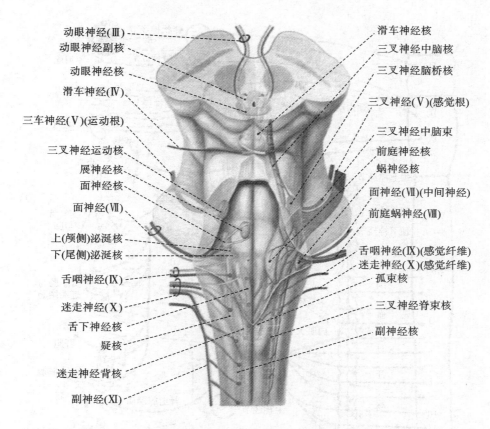

动眼神经(Ⅲ)
动眼神经副核
动眼神经核
滑车神经(Ⅳ)
三车神经(Ⅴ)(运动根)
三叉神经运动核
展神经核
面神经核
面神经(Ⅶ)
上(颅侧)泌涎核
下(尾侧)泌涎核
舌咽神经(Ⅸ)
迷走神经(Ⅹ)
舌下神经核
疑核
迷走神经背核
副神经(Ⅺ)

滑车神经核
三叉神经中脑核
三叉神经脑桥核
三叉神经(Ⅴ)(感觉根)
三叉神经中脑束
前庭神经核
蜗神经核
面神经(Ⅶ)(中间神经)
前庭蜗神经(Ⅷ)
舌咽神经(Ⅸ)(感觉纤维)
迷走神经(Ⅹ)(感觉纤维)
孤束核
三叉神经脊束核
副神经核

图 12-17　脑干神经核及脑神经

条脊神经干,感觉纤维和运动纤维在神经干中混合。

背根在椎间孔附近有椭圆形膨大,称脊神经节(spinal ganglia)。31 对脊神经中包括 8 对颈神经(cervical nerve)、12 对胸神经(thoracic nerve)、5 对腰神经(lumbar nerve)、5 对骶神经(sacral nerve)、1 对尾神经(coccygeal nerve)。颈神经根较短,行程近水平,胸部的斜行向下,而腰骶部的神经根则较长,在椎管内近乎垂直下行,并形成马尾(cauda equina)。在椎间孔内,脊神经有重要的毗邻关系,其前方是椎间盘和椎体,后方是椎间关节及黄韧带。因此脊柱的病变,如椎间盘脱出和椎骨骨折等常可累及脊神经,出现感觉和运动障碍。

（2）脊神经的特征　脊神经是混合性神经,其感觉纤维始于脊神经节的假单极神经元。假单极神经元的中枢突组成背根入脊髓;周围突加入脊神经,分布于皮肤、肌、关节以及内脏的感受器等,将躯体与内脏的感觉冲动传向中枢。运动纤维由脊髓灰质的前角、胸腰部侧角和骶副交感核运动神经元的轴突组成,分布于横纹肌、平滑肌和腺体。因此,根据脊神经的分布和功能,可将其组成的纤维成分分为四类。脊神经干很短,出椎间孔后立即分为前支、后支、脊膜支和交通支。

3. 自主神经系统　自主神经系统是指调节内脏功能的神经装置,也可称为植物性神经系统或内脏神经系统。实际上,自主神经系统还是接受中枢神经系统控制的,并不是完全独立自主的。按一般惯例,自主神经系统仅指支配内脏器官的传出神经,而不包括传入神经,并将其分成交感神经和副交感神经两部分(图 12-18)。

（1）交感神经和副交感神经的特征　从中枢发出的自主神经在抵达效应器官前必须先进入外周神经节,由节内神经元再发出纤维支配效应器官。由中枢发出的纤维称为节前纤维,由节内神经元发出的纤维称为节后纤维。交感神经节距离效应器官较远,因此节前纤维短而节后纤维长;副交感神经节距离效应器官较近,有的神经节就在效应器官壁内,因此节前纤维长而节后纤维短。

交感神经起自脊髓胸腰段的外侧柱。副交感神经的起源比较分散,其一部分起自脑干,另一部分起自脊髓骶部相当于侧角的部位。交感神经在全身分布广泛,几乎所有内脏器官都受它支配,而副交感神经的分布较局限,某些器官不受副交感神经支配。例如,皮肤和肌肉内的血管、一般的汗腺、竖毛肌、肾上腺髓质、肾脏就只受交感神经支配。

刺激交感神经的节前纤维,反应比较弥散;刺激副交感神经的节前纤维,反应比较局限,因为一根交感节

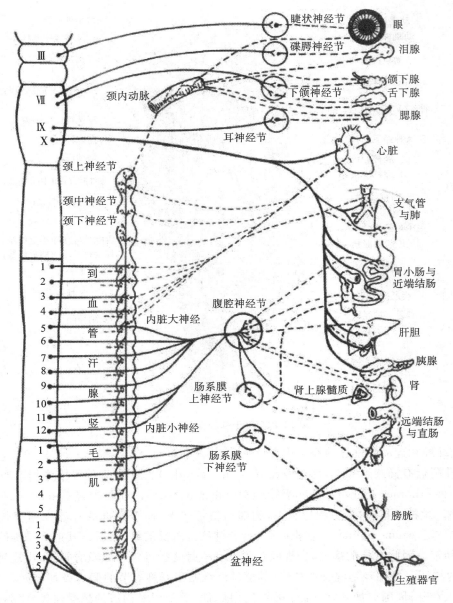

图 12-18　自主神经分布示意图

前纤维往往和多个节内神经元发生突触联系,而副交感神经则不同。

(2)交感神经和副交感神经系统的功能　自主神经系统的功能在于调节心肌、平滑肌和腺体(消化腺、汗腺、部分内分泌腺)的活动(表 12-2)。除少数器官外,一般组织器官都接受交感神经和副交感神经的双重支配。在具有双重支配的器官中,交感神经和副交感神经的作用往往具有拮抗的性质。这种拮抗性使神经系统能够从正、反两个方面调节内脏的活动,拮抗作用的对立统一是神经系统对内脏活动调节的特点。在一般情况下,交感神经中枢的活动和副交感神经中枢的活动是对立的,也就是说当交感神经系统活动相对加强时,副交感神经系统活动就处于相对减退的地位,而在外周作用方面却表现协调一致。

自主神经对效应器的支配,一般具有持久的紧张性作用,例如:切断支配心脏的迷走神经,则心率增加,说明心迷走神经本来有紧张性冲动传出,对心脏具有持久的抑制作用;切断心交感神经,则心率变慢,说明心交感神经也有紧张性冲动传出。自主神经中枢具有紧张性冲动传出的原因是多方面的,其中有反射性和体液性原因。

交感神经系统的活动一般比较广泛,常以整个系统参与反应。例如,当交感神经系统发生反射性兴奋时,除心血管功能亢进外,还伴有瞳孔散大、支气管扩张、胃肠活动抑制等反应。交感神经系统作为一个完整的系统进行活动时,其主要作用在于促使运动机体能适应环境的急剧变化。所以,交感神经系统在环境急剧变化的条件下,可以动员机体许多器官的潜在力量,以适应环境的急变。

表 12-2　自主神经的主要功能

器　官	交　感　神　经	副交感神经
循环器官	心跳加快加强 腹腔内脏血管、皮肤血管以及分布于唾液腺与外生殖器官的血管均收缩，脾包囊收缩，肌肉血管可收缩（肾上腺素能）或舒张（胆碱能）	心跳减慢，心房收缩减弱 部分血管（如软脑膜动脉与分布于外生殖器的血管等）舒张
呼吸器官	支气管平滑肌舒张	支气管平滑肌收缩，促进黏膜腺分泌
消化器官	分泌黏稠唾液，抑制胃肠运动，促进括约肌收缩，抑制胆囊活动	分泌稀薄唾液，促进胃液、胰液分泌，促进胃肠运动和使括约肌舒张，促进胆囊收缩
泌尿生殖器官	促进肾小管的重吸收，使逼尿肌舒张和括约肌收缩，使有孕子宫收缩，无孕子宫舒张	使逼尿肌收缩和括约肌舒张
眼	使虹膜辐射肌收缩，瞳孔扩大使睫状体辐射状肌收缩，睫状体增大 使上眼睑平滑肌收缩	使虹膜环形肌收缩，瞳孔缩小 使眼下状体环形肌收缩，睫状体环缩小 促进泪腺分泌
皮肤	竖毛肌收缩，汗腺分泌	—
代谢	促进糖原分解，促进肾上腺髓质分泌	促进胰岛素分泌

副交感神经系统的活动，不如交感神经系统的活动那样广泛，而是比较局限的。其整个系统的活动主要在于保护机体、休整恢复、促进消化、积蓄能量以及加强排泄和生殖功能等方面。

12.3.3　脑的高级功能及演化

人类的演化始于 600 万年前的类人猿。在演化过程中，人类的 5 个脑泡高度分化，头曲、桥曲和颈曲变化明显。大脑的体积、绝对质量和相对质量都增加明显。人类脑质量的提高表现为新皮层的增加。人类的新皮层占整个皮层的 96%。新皮层中联络皮层高度发达。例如，人脑中与高级思维活动相关的前额叶与语言和感觉整合相关的枕-顶-颞交际区域特别发达。人大脑皮层锥体细胞得到充分发育，各器官系统之间之所以能够紧密配合，相互协调，对环境的变化和外界的刺激做出应答并维持内环境的稳定，主要是因为它们具有内分泌和神经两套系统的调节作用。在大多数情况下，神经系统的调节更加迅速，并往往处于主导地位。越是高级的动物，它们的神经系统越复杂，对整个机体的调节作用也越精密。

人的神经系统包括中枢神经系统和周围神经系统两部分。中枢神经系统是信息集成处理器，由位于颅腔内的脑和脊椎管的脊髓组成。周围神经系统全身分布，包括与脑相连的脑神经和与脊髓相连的脊神经。周围神经系统按机能还可分为感觉神经和运动神经。感觉神经与感受器即感觉器官（如眼睛等）相连，将接收到的信息传递到中枢神经系统，经过中枢神经系统的集成、分析和处理，再由运动神经将指令信号传递到效应器，即人体发生应答反应的器官，包括肌肉和腺体等组织，从而对刺激做出一定的反应。人的神经系统是迄今为止地球上最复杂、最精密的信息处理系统。人脑区域就有几百万个神经细胞，每一个细胞联系着体内神经网络系统中成千上万个其他神经细胞。大脑神经细胞不断接收信息，快速地进行思维分析和判断后发出指令。人的神经系统尤其是大脑具有精细复杂的结构，它们分析处理信息的能力，学习、记忆和思维以及运用知识的能力等使当今任何最先进的计算机和网络系统相形见绌。

1. 脑的结构与功能　脑是由称为神经元的神经细胞所组成的神经系统控制中心。它控制和协调行动、体内稳态（身体功能，例如心跳、血压、体温等）以及精神活动（例如认知、情感、记忆、学习、语言、思维、意识等）。

认识大脑，了解其工作原理和机制，阐明脑和神经系统疾病发病机制，并研发相应的治疗对策，构成了自然科学的一门发展极其迅速的分支——神经科学（脑科学）的基本内涵。脑是一个极复杂的系统，它由千亿（10^{11}）个神经细胞（神经元）组成，而这些细胞又通过百万亿（10^{14}）个特殊的连接点（突触）成群地聚集在一起，形成众多的神经环路（或网络），这是脑行使各项功能的基本单元，行使着感知、运动控制、学习记忆、情绪等各种功能。在这些神经环路之间又有千丝万缕的联系，由此产生认知、思维、推理、归纳等各种更复杂的功能。

进而,这些环路的特性、彼此间的联系,随着神经系统的发育不断发生变化,甚至在神经系统发育成熟后,其特性还可进一步为内外环境的各种因素所修饰、调制(脑的可塑性)。与这样一个庞大无比、极其复杂、又不断变化的系统打交道的艰巨性可想而知! 因此,在科学界,探索脑的奥秘通常被认为是人类认识自然的"最后的疆域(last frontier)"。

1) 脑的结构与组成　在很多动物中,脑位于头部。在脊椎动物中,脑由颅骨保护。脑与脊髓构成中枢神经系统。中枢神经系统的细胞依靠复杂的联系来处理传递信息。在人类,脑是感情、思考、生命得以维持的中枢。

人脑可分为 5 个部分——端脑(指大脑两半球)、间脑、中脑、后脑(由小脑和桥脑或称脑桥组成)、延脑(或称延髓)(图 12-19)。中脑、脑桥与延髓组成脑干,其间有神经细胞团与神经纤维交错组成的脑干网状结构。

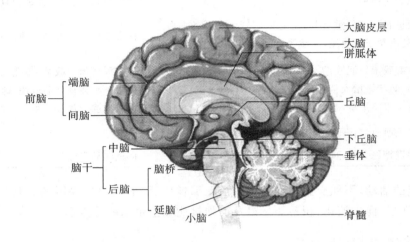

图 12-19　脑的正中矢状面

人脑是从低等动物的原始神经组织经过长期的演化历程发展而来的。人脑达到高度的发展,主要在于大脑两半球的不断扩大和复杂化。大脑两半球的表面积扩大到一定程度,由于颅腔容量的限制而出现沟、回,并逐渐增加其数目(图 12-20)。大脑两半球主要由灰质表层、白质和皮下神经节,即大脑皮质、神经纤维髓质和基底神经节组成。由联合神经纤维(主要是胼胝体)联结在一起的大脑两半球划分为额叶、顶叶、枕叶、颞叶与岛叶,而且它们各有一定的机能分工。

脑的基本构成单位是神经细胞(神经元)和胶质细胞。人脑的神经元数约达 10^{11}。大脑皮质(简称皮层)的神经元约为 140 亿,一般是 6 层的结构模式。其中,感知从外周传来刺激的细胞主要位于第 4 层;实现加工和将兴奋由一个皮质区传递给另一皮质区的细胞,多半在第 2 层和第 3 层;把传出冲动引向外周的细胞主要在第 5 层。神经元与神经元之间以电的和化学的方式相互传递信息。每一个神经元通常拥有几百个以至几千个突触联结,人脑的全部突触数约达 10^{15} 之多。突触的联结形式是复杂多样的,整个脑是通过这种联结而组成的一个巨大的自调控、自组织、自学习的神经网络系统。

粗略的研究发现,人体不同区域的感觉和运动在大脑皮层都有一定的投射区域(图 12-21),因此,大脑皮层的位置对于特定人体活动具有重要的意义。

2) 脑的高级功能　意识的存在决定了人类生命的意义。意识问题是脑科学要回答的一个最重要问题。近年来,随着认知科学、心理科学、神经科学和脑成像技术的发展,人们开始通过实验科学研究意识问题,也在相关研究工作中取得了很多重要进展,然而,从总体上看,人们对脑的认识还不够清晰,尤其是脑的高级功能,包括学习、认知、记忆和意识等方面。

(1) 脑对感觉信号的分析　人体的感受器将体内、外环境各种刺激转变为神经冲动,然后传入各级中枢,进而引起各种反射活动。同时,许多传入冲动最后到达大脑皮层,产生各种特异性感觉。

感觉(sensation)是客观物质世界在脑中的主观反映,是机体赖以生存的重要功能活动之一。人和动物通过对体内外环境变化的感受或感知,可保持机体的内稳态、避免各种危险、寻找食物、求得生存。

① 空间定位:长久以来,科学家们都在苦苦思索人们天生的认路能力的机理是什么,而直到 1971 年,伦敦大学的一位教授的突破性进展使这项研究迈出了跨时代的一步。他在动物的海马体——一个和记忆息息相关的重要大脑区域,发现了所谓"定位细胞",该细胞只有在动物处于某个特定的地点才会产生神经冲动,在其

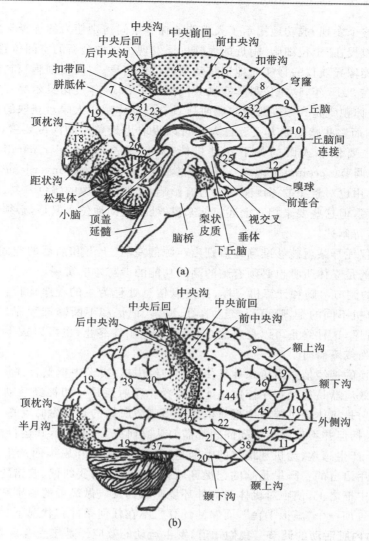

图 12-20 脑的内部结构及表面图

（a）矢状面；（b）右侧面

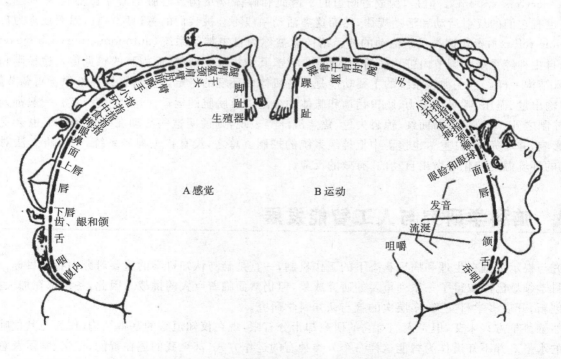

图 12-21 大脑皮层及其躯体感受和控制的投射区域

他的地点就不会。通过这个发现，成功地揭示了人类能够拥有空间辨别能力的神经学原理。而在 2005 年，来自挪威科技大学的两位教授在"定位细胞"附近的大脑皮层发现了一种全新的空间位置细胞——"网格细胞"。这种"网格细胞"使大脑能像导航仪一样实时地追踪动物的位置信息。"网格细胞"和"定位细胞"共同运作，使得动物拥有定位能力。在 2015 年，这三位科学家被共同授予了 2014 年度诺贝尔奖。

②其他高级感觉：立体视觉是人眼在观察事物时所具有的立体感。人眼对获取的景象有相当的深度感知能力（depth perception），而这些感知能力又源自人眼可以提取出景象中的深度要素（depth cue）。人眼之所以可以具备这些能力，主要依靠人眼的如下几种机能：双目视差（binocular parallax）、运动视差（motion parallax）、眼睛的适应性调节（accommodation）、视差图像在人脑的融合（convergence）。除了以上的几种机能外，人的经验和心理作用也对景象的深度感知能力有影响，比如说图像的颜色差异、对比度差异、景物阴影，甚至是观察者所处的环境，但这些要素相对上述机能来讲，处于辅助地位。但是，必须有脑的高级功能的参与是肯定的，尽管尚有细节待阐述。

立体听觉是指人类仅凭耳朵就能够准确地辨别出声源的左右、上下和前后的空间位置，这就是听觉的空间感。与立体视觉类似的是立体听觉也必须有脑的高级功能的参与才能实现。

（2）脑的高级功能的调节　脑和计算机一样，都是以信息处理为主的程序运行，只不过计算机的程序是由人编制的，但脑与计算机不同的是，脑可以自己学习、编排、记忆和不断修饰程序。此外，脑组织还会根据内、外环境的需要终止程序，这种终止可以是自然终止，可以是条件终止，也可以被干扰终止。干扰终止发生在脑组织结构和机能损伤或障碍时。

由感受器将刺激转换的神经信息沿传入神经传入到神经中枢，再经中枢整合并将整合的结果经传出神经将信息传递到效应器。效应器是神经程序控制机能的装置。反射弧是一切神经活动的基础、基本单位，它所表现的活动是反射。反射是机体通过神经中枢对内外环境刺激所做的有规律的应答。然而，人们对于脑的高级功能并未完全了解，包括但并不仅限于下列问题都需要认真研究，才能揭示其运行机理。

脑是如何发起运动，产生感觉、动机和情绪的？脑是如何进行辨认和思维而产生意识的？脑是如何学习和记忆的？脑是如何运用语言的？哪里是脑的记忆区域？脑是如何自我纠偏、改错的？脑中是否有一个更高级的中枢凌驾在诸功能中枢之上，使脑对机体对内外环境刺激的反应做最后的鉴别和判定？正如在计算机最后和最高的运作平台上再加一个"虚拟平台"，而保证计算机不在任何条件和状况下"死机"。

2. 中枢神经系统对内脏活动的调节　我们知道，发生运动的效应器是接受意识支配的骨骼肌，这类反射大多是躯体活动，因此也称躯体反射（somatic reflex）。而参与这类反射的神经结构就被称为躯体神经系统（somatic nervous system）。但是，构成胃肠道的平滑肌和腺体以及构成心脏的心肌虽然也受神经支配和控制，并且也有它们的反射活动和活动规律，然而这类活动一般不会被我们的意识所左右，因而被称为自主反射（autonomic reflex），参与这类反射活动的神经结构遂被称为自主神经系统（autonomic nervous system）。简略地说，自主神经系统是调节内脏功能活动的传出系统，其结构较为特殊，而内脏的感觉传入途径则和躯体感觉的传入结构一样。自主神经系统的主要功能是维持机体内环境的稳定，这包括（但并不限于）：调节体温、心率、心搏输出量、血压、呼吸道阻力、肠胃蠕动和腺体的分泌以及膀胱的运动。这些生理活动，一般都处于意识和意志控制之外。但是，羞惭面红、惊恐失色、焦急流汗等表现，则说明这些活动在一定条件下也会受到心理变化的影响，并非完全"自主"，也接受中枢神经系统的控制。总之，没有自主神经系统，机体将无法对剧烈运动、急剧的环境温度变化等做出自动的、有效的反应。

12.4　脑科学研究与人工智能发展

研究与揭示大脑在生理和病理状态下的工作机制，一直是脑与认知科学的重要研究内容和目标。虽然脑与认知科学领域已经取得了一系列重要的研究成果，但仍然面临着巨大的挑战。因此，各国都在加大投入，推动技术创新，开展多学科交叉、多层次的脑与认知科学研究。

虽然脑科学方兴未艾，但是人们对它的研究却十分有限，现在仅知道脑的基本结构（作为与其他哺乳动物相类似的水平），并不知道作为智能这样一个人类独有的运作方式，甚至我们还在智能、记忆、学习及意识等方面对脑的功能基本上处于"无知"状态。然而，由于计算机技术的进展，人们已经在人工智能方面迈出了坚实的步伐。

人工智能（artificial intelligence）的概念很宽，所以人工智能也分很多种，我们可以按照人工智能的实力将其分成三大类。

弱人工智能（artificial narrow intelligence, ANI）：弱人工智能是擅长于单个方面的人工智能。比如有能战胜象棋世界冠军的人工智能，但是它只会下象棋，你要问它怎样更好地在硬盘上储存数据，它就不知道怎么回答你了。

强人工智能（artificial general intelligence, AGI）：人类级别的人工智能。强人工智能是指在各方面都能和人类比肩的人工智能，人类能干的脑力活它都能干。创造强人工智能比创造弱人工智能难得多，我们现在还做不到。有人把智能定义为"一种宽泛的心理能力，能够进行思考、计划、解决问题、抽象思维、理解复杂理念、快速学习和从经验中学习等操作"。强人工智能在进行这些操作时应该和人类一样得心应手。

超人工智能（artificial super intelligence, ASI）：牛津哲学家、知名人工智能思想家 Nick Bostrom 把超级智能定义为"在几乎所有领域都比最聪明的人类大脑都聪明很多，包括科学创新、通识和社交技能"。超人工智能可以是各方面都比人类强一点，也可以是各方面都比人类强几个数量级。超人工智能也正是人们为什么对人工智能这个话题如此关注的缘故，同样也是人们爱恨交加的痛点。

人工智能与机器人并不是一回事。机器人只是人工智能的容器，机器人有时候是人形，也可能与人形无关，但是人工智能自身只是机器人体内的计算机。人工智能是大脑的话，机器人就是身体——而且这个身体不一定是必需的。

现在，人类已经掌握了弱人工智能。其实弱人工智能无处不在，人工智能革命是从弱人工智能，通过强人工智能，最终到达超人工智能的途径。

现在我们在人工智能发展过程中所处的位置是充满了弱人工智能的世界，弱人工智能是在特定领域等同或者超过人类智能和（或）效率的机器智能，它在效率或智能的某个方面可能超过人类，但是总体水平还是达不到人类的顶峰，所以现在的弱人工智能系统并不惊人。最糟糕的情况，无非是代码没写好，程序出故障，造成了单独的灾难，比如造成停电、核电站故障、金融市场崩盘等。

虽然现在的弱人工智能没有威胁到我们生存的能力，但是人们还是要怀着警惕的观点看待正在变得更加庞大和复杂的弱人工智能的整体生态环境。因为，每一个弱人工智能的创新，都在给通往强人工智能和超人工智能的大厦添砖加瓦。

12.4.1　从弱人工智能到强人工智能

从弱人工智能到强人工智能本身就是一个漫长而艰难的过程，这里面除了后面谈到的计算机发展的问题外，还有一个重要的问题是我们人类对自身脑的认识问题，我们虽然已经大概知道了人脑的基本结构和功能，但是，其中最本质的基本问题我们还不完全清楚，比如记忆的神经过程、学习的能力、意识的产生、睡眠的意义等，甚至有悲观主义者认为由人脑来认识人脑本身就是一个不靠谱的事情。也有人认为，智能虽然是人脑的产物，但应该并不限于人脑，也可能通过不同途径来产生或制造人工智慧（比如通过计算机等）。然而，计算机本身就是一个人造物体，人类在制造计算机的过程也是一个由低级向高级、由简单到复杂的过程，而只有计算机技术强大到可以制造出与人脑相媲美的计算机的时候，人工智能才有可能，而量子计算机的出现可能让人类看到了曙光。

而且创造强人工智能的难处，并不是我们本能认为的那样，制造一个高性能的计算机。实际上制造高性能计算机相对简单，而制造一个能分辨出某动物是猫还是狗的计算机则极端困难；造一个能战胜世界象棋冠军的计算机相对简单（早已成功），但是造一个能够读懂六岁小朋友的图片书中的文字，并且了解那些词汇意思的计算机却很困难（谷歌等公司都在花巨资研制）。这里还涉及一个计算机的运行软件问题，软件是计算机工作的策略和技术，它既有相对的独立性，又必须依赖于计算机本身。

大家应该能很快意识到，那些对我们来说很简单的事情，其实是很复杂的，它们看上去很简单，因为它们已经在动物演化的过程中经历了几亿年的优化了。当你伸手拿一件东西的时候，你肩膀、手肘、手腕里的肌肉、肌腱和骨头，瞬间就进行了一组复杂的物理运作，这一切还配合着你的眼睛的运作，使得你的手能在三维空间中进行直线运作。对你来说这一切轻而易举，因为在你脑中负责处理这些的"软件"已经很完美了。同样的，软件很难识别网站的验证码，不是因为软件太蠢，恰恰相反，是因为能够读懂验证码是件非常了不起的事情。

同样的,大数相乘、下棋等,对于生物来说是很新的技能,我们还没有几亿年的时间来演化这些能力,所以计算机很轻易地就击败了我们。况且,到现在为止我们谈的还是静态不变的信息。要想达到人类级别的智能,计算机必须要理解更高深的东西,比如微小的脸部表情变化,开心、放松、满足、满意、高兴这些类似情绪间的区别,以及什么是好电影或是烂电影。

走向强人工智能的过程应该包括以下几步:

第一步是增加计算机处理速度,要达到强人工智能,肯定要满足的就是计算机硬件的运算能力。如果一个人工智能要像人脑一般聪明,它至少要能达到人脑的运算能力。

第二步是通过软件让计算机变得智能,而这是更关键的步骤,一般来说可以通过模拟人脑、模仿生物演化和以问题为导向让计算机来解决等策略来实现。

预计上述过程都会很快发生,硬件的快速发展和软件的创新是同时发生的,强人工智能可能比我们预期的更早降临,因为指数级增长的开端可能像蜗牛一样缓慢,但是后期会跑得非常快;另外,目前的软件发展可能看起来很缓慢,但是一次顿悟,就能实质性地改变进步的速度,至少理论上的可行性是存在的。由于全人类的不懈努力及行业的规模化增大,总有一天,会造出超越人类智能的强人工智能计算机,即使是一个和人类智能完全一样,运算速度完全一样的强人工智能,在硬件上也比人类有很多优势:一是速度;二是容量和储存空间;三是可靠性和持久性。其次,它在软件上的优势:一是可编辑性、升级性,以及更多的可能性,相当于人类进化的速度大大加快;二是集体能力。人类在集体智能上可以超越所有的物种。考虑到强人工智能相比人脑的种种优势,人工智能的进步只会在"人类水平"这个节点做短暂的停留,然后就会快速地向超人类级别的智能奔跑。

12.4.2　从强人工智能到超级人工智能

超人工智能可能是人类的最后一项发明,当然也是最后一个挑战!

这一切发生的时候我们很可能措手不及,因为从我们的角度来看①虽然动物的智能有区别,但是动物智能的共同特点是比人类低很多;②我们眼中最聪明的人类要比最愚笨的人类要聪明得多。像上面所讨论的,我们当下用来达成强人工智能的模型大多数都依靠人工智能的自我改进(这一点在从 AlphaGO 到 Master 再到 AlphaGO Zero 的过程中表现得尤为明显)。可以预见,随着互联互通技术的进步,将来人们将可能通过高速联网来充分利用全世界的计算机资源来为自己服务,而每个便携设备本身并不需要拥有自身超强的计算机,那时,今天的各种难题将会轻松解决,世界将会是另一幅画面。

12.4.3　超强人工智能的后果

确切地说,人们并不知道超人工智能出现的后果,就像猩猩无法理解人类的活动一样。但是人工智能思想家认为我们会面临两类可能的结果:"永生"或"灭绝"。

从演化历史的角度,我们可以看到大部分的生命经历了这样的历程:物种出现,存在了一段时间,然后不可避免地跌入灭绝的深渊。因此,灭绝比较容易被理解或者接受,但是,"永生"却是大多数人难以理解的。这里所说的"永生"并非传统上所指的个体的"长生不老",而是由于人类的超人工智能已经能够解决"一切"现在看来还无法解决的人体科学问题,比如器官移植(包括换头等)、衰老、生物材料、癌症等,因此,使人类脱离了自然选择压力下的演化路径而进入"永生"状态。

12.4.4　超人工智能对人类的冲击

拥有了超级智能和超级智能所能创造的技术,超人工智能可以解决人类世界的所有问题,包括气候变暖、癌症、长寿、世界饥荒、拯救濒危物种、世界经济和贸易争端、哲学和道德悖论等。那么,超人工智是"天使"还是"魔鬼"? 超人工智能除了可能触发跨物种、跨代(永久伤害)并且有严重后果的生存危机(比如恐怖分子获得强人工智能,制造了可以造成灭绝的武器)外,还包括不经思考就造出比我们聪明很多的(难以驾驭)智能体,因此,人类必须未雨绸缪地对此保持高度而超前的警惕性,这也是了解超人工智能的人把它称作人类的最后一项发明,也是最后一个挑战的原因。

本章小结

神经系统是指由特殊的神经细胞(神经元)构成的一个异常复杂的调节系统,它的演化经历了网状神经系统、链状神经系统、节状神经系统、管状神经系统等几个主要的发展阶段。脑的出现在神经系统的演化史上有着特别重要的意义,脑是神经元高度集中并且结构异常复杂的高效神经调节中枢,它成为调节和支配动物内脏的复杂生命活动和个体及群体行为的关键结构。从低等的脊椎动物(如鱼)到高等脊椎动物(如人类),脑是遵循以下演化方向不断完善的:在脑的相对容量和结构方面,脑容量的大小与动物行为的复杂程度是正相关的;在脑结构方面,新增结构的复杂程度,低等脊椎动物到灵长类及人类不断提高,智力也相应地不断增加。神经系统虽然复杂,但其基本工作方式却是简单的神经反射,完整的神经反射需要包括感受器、传入神经、中间神经、传出神经和效应器。神经元的基本功能是传导和整合神经信号,而神经系统的信号可以是模拟电信号(感受器电位)或数字电信号(动作电位),神经元之间相互联系的特殊结构,被称为突触结构,它是神经信号整合的关键部位,涉及电信号和(或)化学信号的转换及识别,虽然对神经系统的基本运行方式已经基本阐明,也是本章的重点内容,但是,由于神经元数量巨大、相互联系异常复杂、研究方法和手段明显不足等原因,人们对脑的高级功能(包括记忆、思维、睡眠、意识等)仍不是非常清楚,有待于进一步的深入研究。值得提及的是,得益于计算机的迅猛发展,人们正开展人工智能研究,本章末对脑科学研究及人工智能的研究趋势和发展方向进行了探索性描述,阐述人工智能对人类社会发展的作用及挑战。

思考题

扫码答题

参考文献

[1] 寿天德. 神经生物学[M]. 3 版. 北京:高等教育出版社,2013.

[2] Nick Bostrom. Superintelligence:Paths, Dangers, Strategies[M]. New York:Oxford University Press,2014.

[3] Davis E. Ethical guidelines for a superintelligence[J]. Artifical intelligence,2015,220:121-124.

[4] Müller V C,Bostrom N. Future Progress in Artificial Intelligence:A Survey of Expert Opinion[M]. Switzerland:Springer International Publishing,2016.

[5] Bostrom N. How long Before Superintelligence? [J]. Linguistic and philosophical Investigations,2006,5(1):11-30.

[6] 阮迪元. 神经生物学[M]. 合肥:中国科学技术大学出版社,2008.

[7] 莱维坦,卡茨玛克. 神经元:细胞和分子生物学[M]. 舒斯云,包新民,译. 北京:科学出版社,2001.

[8] 尼克尔斯,马丁,华莱士,等. 神经生物学——从神经元到脑[M]. 杨雄里,译. 北京:科学出版社,2003.

第13章 感受器与感觉

神经系统可传导来自外界和体内的各种信息,并将这种信息传送到中枢,即脑和脊髓中,信息在这里经过分析整理后,再由中枢发出"指令",控制效应器(见第14章)使生物机体出现相应的反应。

接受外界和体内刺激的器官称为感受器,接受神经中枢的指令对刺激发出反应的器官称为效应器。神经系统、感受器和效应器,再加上内分泌系统的共同行动保证了生物体高效、准确地调节内环境的稳定状态(稳态)。

单细胞生物的整个身体既是感受器,又是效应器,能接受光、热、电、化学等刺激而发生反应。多细胞动物有专门的感受器细胞和(或)附属细胞构成的各种感觉器官,接收不同的环境刺激。

人体的感受器与感觉器官将体内、外环境各种刺激转变为神经冲动,然后传入各级中枢,引起各种反射活动。同时,许多传入冲动到达大脑皮层,最后产生各种特异性感觉。

感受器的实质是各种换能器,它们将各种环境信号转换为神经系统可以识别的统一电信号并进行加工、整合。

13.1 感受器和感觉器官的定义

感受器(receptor)是指分布于体表或组织内部的一些专门感受机体内、外环境变化的生物结构。如:游离神经末梢、环层小体、肌梭等。

感觉器官(sensory organ)则是某些在结构和功能上都高度特化的感受器及其附属结构一起构成了各种复杂而又相对独立的装置,并高效执行某种特定刺激信号的转换。如眼、耳分别由光和声感受器以及调节光与声的接收方式的眼球和耳蜗等将刺激转换为特定的动作电位传到神经中枢。

感觉器官感受刺激的过程是一个高效换能的过程。接受环境的刺激的实质就是接受环境中少量的能量。感官的特异性就是它接受某种类型的能量的本领远比接受其他类型的能量的本领强。例如,视网膜能接受光能,温度感受器能接受热能,味觉和嗅觉感受器能接受分子撞击的能等。

各种感受器接受的能,无论是哪种形式的,都要转换为电能。感受器电位是局部电位,感受器电位超过一定阈限,就引起动作电位,并沿轴突一直传入中枢。

总之一切刺激,无论是哪个感受器接受,都要经过换能的过程,并以动作电位的形式传入中枢及脑部。

13.1.1 感受器和感觉器官的分类

可以根据各种不同的标准,对感觉进行分类。对感觉进行分类研究,目的是探讨各类感觉的一般规律。

1. 根据感受器的分布部位分类 根据感觉刺激是来自有机体外部还是内部,可把各种感觉分为两大类:外部感觉和内部感觉。外部感觉接受机体外的刺激,反映外界事物的个别属性。属于外部感觉的有视觉、听觉、嗅觉、味觉、皮肤感觉。内部感觉接受机体内的刺激,反映身体的位置、运动和内脏器官的不同状态。属于内部感觉的有本体感觉(包括运动感觉、平衡感觉)和内脏感觉等。

(1)内感受器(interoceptor) 包括本体感受器(proprioceptor)和内脏感受器(visceral receptor)等。

(2)外感受器(exteroceptor) 包括距离感受器(如视觉、听觉、嗅觉)和接触感受器(触觉、压觉、味觉、温度觉)等。

2. 根据感受器接受刺激的性质分类 根据刺激能量的性质,可把感觉分为电磁能的、机械能的、化学能的和热能的四大类。例如,机械感受器(mechanoreceptor)、光感受器(photoreceptor)、化学感受器

（chemoreceptor）和温度感受器（thermoreceptor）等。

目前使用较普遍的分类法是综合考虑刺激物和所引起的感觉和效应，如视觉、听觉、触-压觉、平衡觉、动脉压力感受器。

感受器可分为物理感受器（mechanoreceptor）和化学感受器（chemoreceptor）两大类。凡是感受接触、压力、地心引力、张力、运动、姿势以及光、声、热等的感觉器都是物理感受器。耳、眼、鱼的侧线、动物的平衡器等都是物理感受器。

3. 根据感受器的结构分类　具体分类如图 13-1 所示。

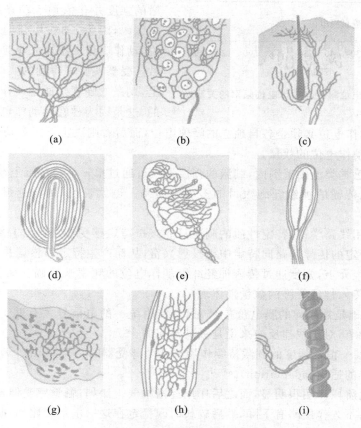

(a)　(b)　(c)

(d)　(e)　(f)

(g)　(h)　(i)

图 13-1　感受器的结构类型

（a）游离型神经末梢（痛）；（b）膨胀小体；（c）触觉毛（触）；（d）Pacinian 环层小体（压）型；（e）Meissner 小体（触）型；（f）Krause 终球（冷）型；（g）Ruffini 小体（热）型；（h）高尔基体（张力）；（i）肌梭（张力及长度）

13.1.2　感受器的一般生理特性

1. 感受过程　一般来说，当适宜刺激达到一定的强度，它所刺激的感受器就会发生反应产生发生器电位（也称感受器电位），该电位达到一定的范围（阈上刺激）就会形成不同频率的动作电位（AP），从而，AP 沿着传入神经元轴突以不衰减的方式向中枢传递，到达各级脑部中枢。

感受器的生理特性如下。

（1）适宜刺激　一种感受器通常只对某种特定形式的能量变化最敏感，这种形式的刺激就称为该感受器的适宜刺激（adequate stimulus）。

感觉阈限（sensory threshold）：刚刚能够引起感觉的最小刺激量就称为绝对感觉阈限；人刚刚能觉察最小刺激量的感觉能力称绝对感受性。

（2）换能作用　各种感受器在功能上的一个共同特点，就是能把作用于它们的各种形式的刺激能量转换为感受器电位，进而成为传入神经的动作电位，这种能量转换称为感受器的换能作用（transducer function）。

感受器电位（receptor potential）：发生于感受器细胞。

发生器电位（generator potential）：发生于神经末梢。

（3）感受器的编码作用　感受器把外界刺激转换为感受器电位（模拟电信号），然后感受器神经元再将其

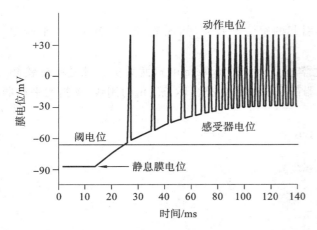

图 13-2　感受器阈上电位幅度与动作电位频率的关系

编码为动作电位,该过程不仅发生了能量的转换,而且把刺激所包含的环境变化的信息也转移到了动作电位的序列之中,起到了信息的转换作用,这就是感受器的编码功能(coding function)(图 13-2)。换能过程中,将刺激的信息(质和量)包含在新的动作电位之中。

在同一感受系统或感觉类型的范围内,外界刺激的强度并非依赖于动作电位的强度(幅度)变化来编码,因为,动作电位是"全或无"式的,也就是说,动作电位的幅度大小是基本一致的。根据在多数感受器实验中得到的实验资料,在单一神经纤维上,刺激的强度是通过动作电位的频率高低来编码的,这是因为神经元动作电位具有绝对和相对不应期的缘故,前者决定了动作电位必须是各自独立的峰值电位,而后者则决定下一个动作电位出现的早晚,也就是单位时间内能够产生动作电位的数量。

在同一感觉系统或感觉类型的范围内,刺激的强度不仅可通过单一神经纤维上动作电位的频率高低来编码,还可通过参与电信息传输的神经纤维数目的多少来编码。也就是说,刺激越强涉及的神经纤维数量也越多。

按照部位学说或专用线路学说,特定性质的刺激只能兴奋特定感受器,特定的感受器只与特定的神经元相联系,而后者仅通过特定的传导通路向特定中枢投射兴奋,从而产生特定的感觉并发生反射活动。

也就是在同一个神经元上,强度通过传入神经纤维动作电位的频率来编码。而在一定生理范围内,强度还通过产生动作电位的传入神经纤维的数量来体现。

CNS 信息处理的基础是神经元的膜电位信号,只有使用统一的电信号才有助于神经系统对机体不同系统、组织间进行协调性调节,对于快速反应来说是极其重要的。

(4) 适应现象　当某一恒定强度的刺激持续作用于一个感受器时,感觉纤维上动作电位的频率会逐渐降低,这一现象称为感受器的适应(adaptation)。

快适应:刺激在初始阶段作用很明显,而之后作用逐渐减弱。比如:触觉感受器及嗅觉感受器等。

慢适应:刺激开始后不久作用略有下降,然后较长时间稳定在这一水平。比如:肌梭、颈动脉窦、主动脉弓压力感受器等。

2. 感觉通路中的信息编码和处理　在感觉通路中,由于神经元之间存在辐散式联系,一个局部刺激常可激活多个神经元,处于中心区的投射纤维直接兴奋下一个神经元,而处于周边区投射纤维则通过抑制性中间神经元而抑制其后续神经元。正是由于神经元之间的这种相互联系,使得感觉信号得以在中枢进行整合并依次做出对外界刺激的反应,从而形成一定的输出信号,也就是说它是 CNS 信息处理的基础。

从感受器发来的冲动,虽然都是动作电位,但在下列各方面可有所不同:①是哪种特定的感觉纤维在传导冲动;②有多少纤维在传导该冲动;③传导的动作电位的总数;④动作电位的频率。有了这些不同,虽然都是动作电位,但各种"文本"都由此而有不同的内容。不同的感受器如何产生不同的"文本"内容,脑如何把"文本"解释成各种感觉,这还是一个有待解决的问题。

13.2　感觉概述

感觉(sensation)是客观事物的个别属性在脑内的主观反映,是这些属性的刺激作用于感受器引起感受器活动而产生的基本主观映像,是机体赖以生存的重要功能活动之一,因而常受到主体高层次的心理活动的制约。人和动物通过对体内外环境变化的感受或感知,可保持机体的内稳态、避免各种危险、寻找食物、求得生存。

由于传递动作电位的感觉神经不同,脑中接受这些信息的神经元的所在区域也不同,产生了不同的感觉(图 13-3)。刺激的性质决定了哪种感受器和哪个神经元接收信息,并把信息传送到脑,而只有脑才能产生感觉。视网膜只能接受光刺激,视网膜本身却没有视觉,只有视网膜和脑的视觉中枢合作,才能从脑的视觉中枢产生视觉。

感觉的性质决定于传入冲动所到达的高级中枢的部位,而不是由于动作电位的波形或序列特性有什么不同;也就是说,不同性质的感觉引起的,首先是由传输某些电信号所使用的通路来决定的,即由某一专用路线(labeled line)传到特定终端部位的电信号,通常就引起某种性质的主观感觉。

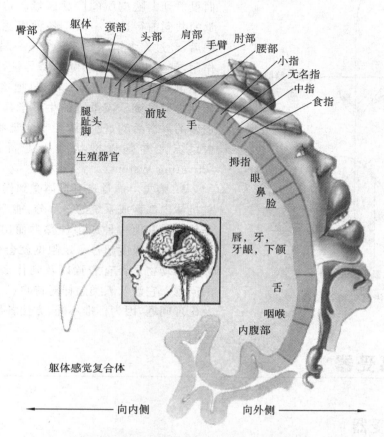

图 13-3　人躯体不同部位的感觉信号投射到大脑皮层的相应区域

感觉有多种类型,按照解剖学位置可以分为躯体感觉和内脏感觉。躯体感觉包括浅感觉和深感觉。浅感觉又有触-压觉、温度觉和痛觉等类型;深感觉也可分为位置觉和运动觉。而内脏感觉主要是痛觉。

1. 躯体感觉传入通路　脊髓是感觉传导通路中的一个重要的神经结构。来自各种感受器的神经冲动,除通过脑神经传入中枢外,大部分经脊神经后根进入脊髓,由脊髓上传到脑高位中枢。躯体感觉传导途径有两类。

(1)浅感觉传导途径　传导的是皮肤、黏膜等处的痛觉、温觉、粗略触觉、压觉感受器接受的感觉。

传入纤维由后根进入脊髓,在后角更换神经元后,再发出纤维在中央管前交叉到对侧,再向上形成脊髓丘脑前束(传导触-压觉)和脊髓丘脑侧束(传导痛觉、温觉)抵达丘脑,至丘脑的感觉接替核再投射到大脑皮层的特定区域(图 13-4)。

(2)深感觉传导途径　传导的是深部感觉,肌腱、关节等运动器官本身在运动或静止时产生的感觉,包括位置觉、运动觉、震动觉。精细触觉:辨别物体的纹理、粗细、性状和两点间距离等的感觉。

本体感觉和精细触觉信号传入纤维由后根进入脊髓后即在同侧后索内上行组成薄束或楔束,抵达延髓下部的薄束核和楔束核更换神经元,再发出纤维交叉到对侧并经内侧丘系到达丘脑的感觉接替核,最后投射到大脑皮层的特定区域。

2. 感觉投射系统及其作用　根据丘脑各核团向大脑皮质投射纤维特征的不同,丘脑的感觉投射系统可分为特异性投射系统和非特异性投射系统。

(1)特异性投射系统(specific projection system)　从机体各种感受器发出的神经冲动,进入中枢神经系统后,由固定的感觉传导路,集中到达丘脑的一定神经核(嗅觉除外),由此发出纤维投射到大脑皮质的各感觉

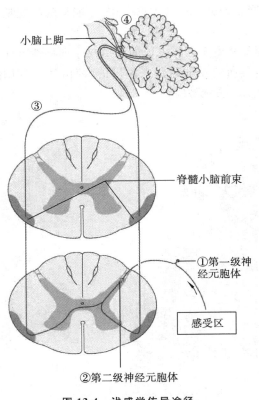

图 13-4 浅感觉传导途径

区,产生特定感觉。这种传导系统称作特异性投射系统。

(2)非特异性投射系统(unspecific projection system)感觉传导向大脑皮质投射时,即特异性投射系统的第二级神经元的纤维通过脑干时,发出侧支与脑干网状结构的神经元发生突触联系,然后在网状结构内通过短轴突多次换元而投射到大脑皮质的广泛区域。这一投射系统是不同感觉的共同前行途径。由于各种感觉冲动进入脑干网状结构后,经过许多错综复杂交织在一起的神经元的彼此相互作用,就失去了各种感觉的特异性,因而投射到大脑皮质就不再产生特定的感觉。所以,把这个传导系统称作非特异性投射系统。该系统的生理学作用之一就是激活大脑皮质的兴奋活动,使机体处于醒觉状态,所以非特异性投射系统又称脑干网状结构上行激活系统(ascending activating system)。

3. 痛觉 痛觉是有机体受到伤害刺激所产生的感觉,是机体内部警戒系统的一部分,能够引起防御反应。它总是伴随着其他一种或多种感觉而出现的,或者说,任何一种刺激若其强度超过一定限度就会引起疼痛。目前,人类以外的动物是否有痛觉以及到什么程度是一个具有争议的问题。它涉及人类怎样对待自己、对待动物和诸多社会及伦理问题,因为标准不同、方法各异,结果也多有冲突。

13.3 物理感受器

13.3.1 本体感受器

本体感受器是有关肌肉、腱和关节的张力和运动的感受器。例如肌梭(muscle spindle),它是一束特化的肌纤维,其中央部分有神经末梢,能感受肌肉的伸展和收缩(图 13-5)。

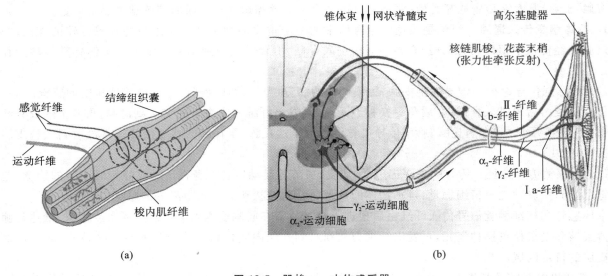

图 13-5 肌梭——本体感受器

腱梭能感受肌肉末端附于骨上的肌腱的伸展。肌梭和腱梭的作用是相辅相成的。肌梭兴奋可引起肌肉收缩,肌肉急剧收缩时又牵引肌腱,于是腱梭受到刺激,将信息传入,经过突触,再从传出神经送到肌肉,抑制肌肉收缩,肌肉恢复原位。各关节处还有关节感受器(joint receptor),能感觉关节韧带的运动。

本体感受器很灵敏,肌肉、关节的稍稍改变都可被感知。一些复杂、细致的动作,如做复杂的外科手术、弹钢琴等,没有本体感受器来感知各块有关肌肉的正确位置是不可能实现的。有时在闭起眼睛时也能完成一些动作,如穿衣、吃饭、结扎绳扣等,这也都是在多个本体感受器的作用下实现的。

13.3.2　触压感受器

昆虫的触毛就是一种简单的触压感受器。人和脊椎动物的表皮下面到处都有感觉神经末梢,能感知接触和疼痛。人体触觉最灵敏的部位是指尖、口唇和乳头等处。这些部分的皮肤中有各种形式的感受器(图 13-6)。

13.3.3　平衡觉和听觉感受器

动物能感知身体在环境中的姿势,能调整姿势以保持身体平衡,这一功能和动物的听觉都是由含有纤毛细胞的物理感受器来承担的。

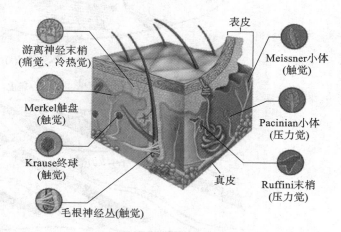

图 13-6　皮肤中的感受器

身体姿势发生的变化,或外界传来的振动,使纤毛弯曲,细胞产生动作电位而发生相应的反应。平衡器官甚至在低等动物——腔肠动物就已存在。听觉则是在进入陆地之后才有了大的发展。

1. 平衡器官

(1)平衡囊　水母、栉水母和甲壳动物都有平衡囊(statocyst)。栉水母的平衡囊位于身体的反口面中央,囊中有石灰质的平衡石。平衡囊与身体上 8 条纤毛栉板相连,有调节身体运动和维持平衡的功能。甲壳动物的平衡囊位于第一触须的基部,囊中有小砂粒,即平衡石(statolith)。身体倾斜时,平衡石的位置发生变化,感觉细胞受刺激,于是动物调整姿势,恢复原位。动物蜕皮时,平衡石随蜕皮而丢失,此时动物可从水中摄取小石粒加以补充。

(2)平衡棍(halter)　双翅目昆虫,如蚊、蝇等只有一对前翅,后翅变异而成棒状的平衡棍。平衡棍的基部多褶皱,构造很复杂,褶皱上面有 400 多个排列整齐的物理感受器。蚊、蝇飞翔时各种姿势的变化都使物理感受器产生信号,通过神经而传到中枢。

(3)侧线器官(lateral line organ)　这是鱼类、水生两栖类和两栖类幼体感受波浪和水流的器官。鱼的侧线位于身体两侧,各成一条从头到尾的长管,管壁内面有感觉细胞,其感觉毛伸入管中。感觉细胞分泌胶状物盖于感觉毛上成"垫"(图 13-7)。

水流冲击使垫改变位置,这样就迫使感觉毛扭曲,感觉细胞兴奋,发生的冲动从侧线神经传入中枢,引起反应。水流遇到障碍物或因鱼或其他动物游泳而发生波动,侧线都能感知。所以侧线的作用是维持身体平衡,并帮助视觉器官,向中枢"汇报"在游泳前进中有无障碍物,包括有无食物等情况。

2. 听觉与前庭器官

(1)听觉和耳　很多动物,甚至像含羞草这样的植物,都能对振动发生反应。在无脊椎动物中,很多昆虫,如蟋蟀、蝉、蚊等,都是靠声音引诱异性实现交配的。雄蚊以触角上的细毛感知雌蚊的嘤嘤声。蟋蟀前肢上有鼓膜,其下为一气室,鼓膜的振动可刺激气室中感觉细胞兴奋而将信息传送入脑。蛾类甚至能感知蝙蝠发出的超声波而脱离被捕的危险。一些蜘蛛也有听觉。

陆生脊椎动物大多有听觉,其中鸟类和哺乳类的听觉器官最发达。脊椎动物的听觉器官为耳,从演化上看,耳的原初功能是保持身体的正常姿势,是一种平衡器官。水生脊椎动物,如圆口类和鱼类只有内耳。内耳不和外界相通,没有听觉功能,主要为 3 个半规管。

水的波动通过骨骼和鳔而传到半规管,使身体保持平衡。动物只是在进入陆地的过程中,内耳才除了平衡功能外,逐渐发展了听觉的功能。与此同时,中耳和外耳也逐步出现。两栖类有了中耳,从爬行类开始有了外耳。人和其他哺乳动物一样,外耳除外耳道外,还有沿外耳道的外缘长出的耳廓(耳朵)(图 13-8)。

耳廓有聚拢声波的作用,这一作用在人类不明显,但兔、狗、马等耳廓能随声音来源而转动,其聚拢声波的功能是很明显的。外耳道终止于鼓膜,其传导方式为气体传导。鼓膜之内到卵圆窗为中耳,中耳有 3 块听小

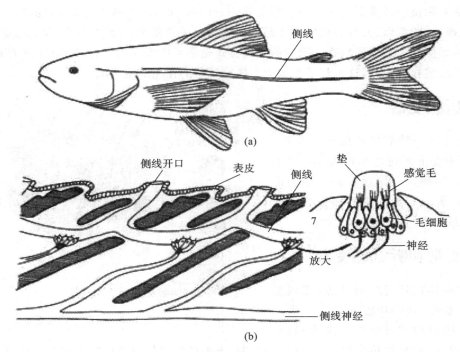

图 13-7　鱼类的侧线

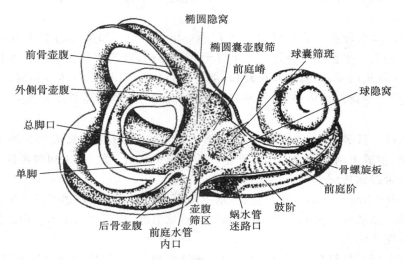

图 13-8　耳前庭结构

骨,从外向内分别称为锤骨(malleus)、砧骨(incus)和镫骨(stapes)(图 13-9)。这 3 块听小骨连成一个杠杆样装置,将振动传递到卵圆窗(oval window)上,其传导属于固体传导。卵圆窗的下面还有一个圆形薄膜,称为圆窗(round window)。卵圆窗和圆窗是中耳的内界,两者的内侧是内耳,内耳是一套充满淋巴液的管路系统,因而振动在内耳的传递方式属于液体传导。

内耳又称迷路(labyrinth),包括前庭器和蜗管两部分。前庭器(vestibule)是感觉身体姿势的平衡器官,由 3 个半规管和前庭组成。前庭内膜迷路为两个膜性小囊,内有 $CaCO_3$ 晶体,称为耳砂(otolith)。3 个半规管内充以内淋巴液,位于 3 个互相垂直的平面上。头部的任何活动,都使管中液体流动,从而刺激前庭蜗神经(脑神经Ⅷ)将信息传入小脑。

蜗管(cochlear duct)是听觉器,是一个螺旋形膜性管道,在横截面上,可看到它是由 3 个并列的管所组成:一个称前庭阶,一个称鼓阶,夹在前庭阶和鼓阶之间的是蜗管(图 13-10)。前庭阶和鼓阶是相通的,两者实际是一个"V"形管的两壁。卵圆窗盖在前庭阶的开口,鼓阶的末端贴在圆窗上。

蜗管中充满内淋巴液。听觉器官,即柯蒂氏(Corti)器,也称螺旋器。蜗管基底膜上有顺序排列的感觉细胞,它们的顶部有纤毛(故称毛细胞),和悬在它们上面的盖膜相接触,感觉细胞之间有支持细胞,这些部分共同组成了柯蒂氏器。鼓膜振动使蜗管中液体从卵圆窗向圆窗方向"搏动",这一刺激由前庭蜗神经传送到脑而

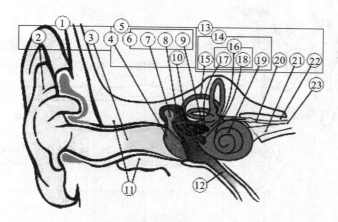

图 13-9　人类耳的解剖构造

①外耳；②耳廓；③耳道；④鼓膜（耳膜）；⑤中耳；⑥听小骨；⑦锤骨；⑧砧骨；⑨镫骨；⑩鼓室；⑪颞骨；⑫耳咽管；⑬内耳；
⑭半规管；⑮内耳；⑯前庭；⑰卵圆囊；⑱圆窗；⑲耳蜗；⑳前庭神经；㉑耳蜗神经；㉒内耳道内部；㉓前庭耳蜗神经

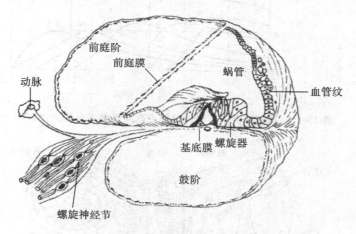

图 13-10　耳蜗管横切面

产生听觉。人耳可以分辨各种声音其关键仍在柯蒂氏器。不同频率和音调（pitch）的声音可引起蜗管不同部位淋巴液产生不同的共振波，导致不同部位的柯蒂氏器中感觉细胞发生反应，从而兴奋相应的听神经，让人听到声音（图 13-11）。然而，人耳能够分辨不同频率的声音则由行波学说来解释。

　　研究人员发现，基底膜不同部位的弹性差别很大，其基底与蜗顶相差约 100 倍。同时，自耳蜗基底到蜗顶基底膜的宽度和硬度也逐渐变化。耳蜗基底膜的这些物理特性，可以完成对声波频率的初步分析。当振动通过听小骨传到内耳时，在基底膜上产生一种行波，它们从比较硬的基底部向比较柔韧的蜗顶运动，该行波的波幅逐渐加大，当达到最大值时便迅速下降。行波在各瞬间的波峰所联成的包络的最大值在基底膜上形成一个区域，这一区域内的基底膜偏转也最大，基底膜的不同区域与不同的声波频率有关。随着外来声波频率的不同，基底膜最大振幅的所在部位也不同。声波频率越低，最大振幅部位越靠近蜗顶；频率越高，最大振幅部位越接近蜗底。耳蜗底部的基底膜对高、低音都能发生振动，而顶端只对低音刺激发生振动。贝克西对此进行了总结提出了听觉的行波学说。这个学说认为，基底膜对不同频率的声音的分析，取决于最大振幅所在的位置。高频位于耳蜗的基底，而低频则位于耳蜗的顶部，这与医学临床观察到的现象相一致，即耳蜗顶部受损的患者会出现低频听力障碍，而耳蜗基底部受损的患者则相反，常出现高频听力的障碍。人工耳蜗研制的许多过程和现象也支持行波学说。

　　（2）听觉中枢及其生物电现象　与听觉中枢有关的结构除螺旋神经节及听神经外，尚包括蜗神经核、上橄榄核、斜方体核、外侧丘系核、下丘、内侧膝状体和听觉皮层等。它们负责将听觉感受器产生的听觉信号传递到听皮层，同时负责两侧听觉信号的分析比较，包括声源定位、立体声和强度及频率的比较分析等。

　　（3）前庭器官　前庭器损伤，身体将失去平衡感觉（图 13-12）。身体的正常姿势取决于多种刺激，如眼、本体感受器、脚掌着地时的压力感受器、前庭器等可接受的刺激。这些刺激，由神经传入中枢，中枢发出各种指令，使身体各部肌肉协同活动而保证身体的平衡。很多人对于上下运动，如飞机起飞、降落，在电梯中直上、直下等，不能适应；船在风浪中颠簸主要也是上下运动，很多人不适应而晕船，这都是因为前庭器受到强烈刺

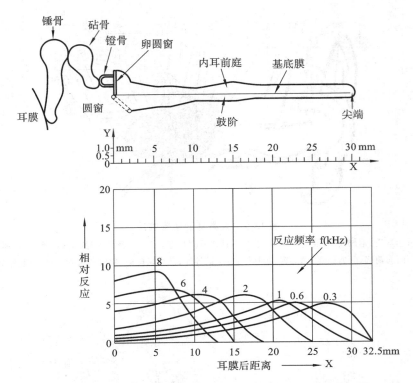

图 13-11 基底膜上的距卵圆窗距离与共振频率之间的关系图

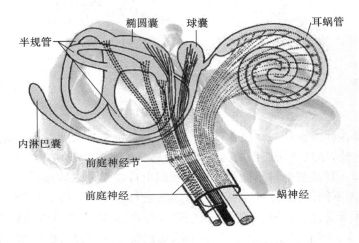

图 13-12 前庭器官与耳蜗的相对位置及其神经支配

激的结果。

哺乳动物的前庭器官包括球囊、椭圆囊和三组相互垂直且连通的半规管（图 13-13），分别负责感受头部的垂直、水平加速度和角加速度状态。由于精细的结构及其解剖上独特的造型，这些前庭器官能准确地测定头部任何时候的空间位置及运动方向。当头部运动时，因旋转及直线加速的改变使前庭器官直接受到刺激。简言之，继前庭器官将头部加速或重力作用转变为生物信息后，中枢神经系统便能向机体提供有关头部运动和头部与其四周环境、空间相对位置的主观感觉，并引起适当的反射动作。前庭器官因此被认为是测定机体平衡及定向的主要器官。

力与加速度成正比。但在正常引力状况下前庭器官受力固定不变。在静息状态中，重力是以静态形式对头部产生引力作用的，因而并不刺激毛细胞，而在头部或机体运动时，相伴的直线及旋转加速却可以刺激前庭器官的毛细胞。因中枢神经系统收到的是加速度信号，它必须根据两侧前庭信号的差别做出准确的运算以求出头部当时的运行速度及位置变化。

前庭器官的感受器细胞与内耳相似，都是毛细胞及其附属结构，感受器的纤毛细胞位于半规管末端膨大部分壶腹内一嵴状组织（壶腹嵴）上。半规管及其壶腹部分充满比重比水大的淋巴液。扁平胶质组织——终帽竖立于纤毛细胞（感觉细胞）上。其比重与淋巴液相等。终帽横贯整个壶腹，形成壶腹内壁的活塞状密封垫,能够随着淋巴液的流动来触动毛细胞的纤毛。

前庭器官的感受细胞都称为毛细胞,具有类似的结构和功能(图 13-14)。这些毛细胞通常在顶部有 60～100 条纤细的毛,按一定的形式排列。其中有一条最长,位于细胞顶端的一侧边缘处,称为动纤毛;其余的毛较短,占据了细胞顶端的大部分区域,称静纤毛。毛细胞顶部的纤毛向动纤毛方向偏转引起神经兴奋,相反,而向静纤毛方向则引起抑制。

在正常情况下,由于各前庭器官中毛细胞的所在位置和附属结构的不同,使得不同形式的变速运动都能以特定的方式改变毛细胞纤毛的偏向,使相应的神经纤维的冲动发放频率发生改变,把机体运动状态和头在空间位置的信息传送到中枢,引起特殊的运动觉和位置觉,并出现各种躯体和内脏功能的反射性改变(图 13-15)。

13.3.4 热感受器

昆虫体表有细毛样的热感受器。蚊、蜱、螨等吸血动物依靠它们对热辐射的敏感性(加上其他感觉,如嗅觉等)而飞临温血的寄生动物。蚊的热辐射感受毛位于触角上。用伊蚊(Aedes vigilax)做实验证明,吸血的雌蚊实际上并不直接对热辐射发生反应,而是对伴随热辐射而出现的热的对流发

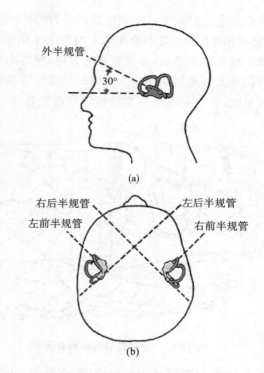

图 13-13 三组互为垂直的半规管在头部的相对位置
(a) 人半规管排列(侧面观);(b) 人半规管排列(顶面观)

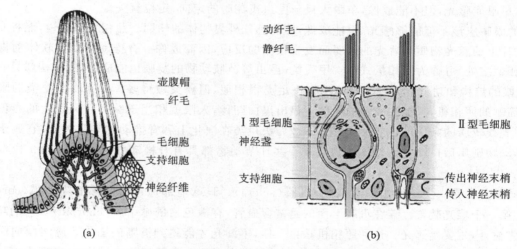

图 13-14 毛细胞及其附属物的结构和类型
(a) 壶腹嵴结构模式图;(b) 平衡觉毛细胞构造模式图

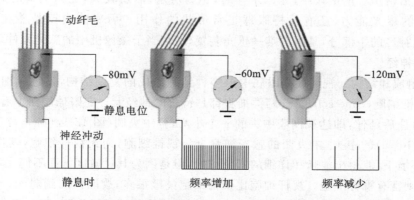

图 13-15 毛细胞顶部纤毛受力方向与神经动作电位频率的关系

生反应。昆虫对温度的变化也能感受,热感受毛遍布全身,而以触角面上为最多。蛇口的两侧,各有一个下凹的颊窝(图 13-16),其中的神经末梢有红外探测器的作用,对温度的变化十分敏感,附近如有小动物,蛇便能感知小动物散发的热,并调整头的方向,使左右两探测器接受等量的热,使头正好对正小动物,然后"突然袭击",即可无误地捕获动物。响尾蛇的红外探测器含约 7000 个神经末梢(属三叉神经),十分敏感,极轻微的温度变化,如升高 0.002 ℃就能导致神经兴奋。

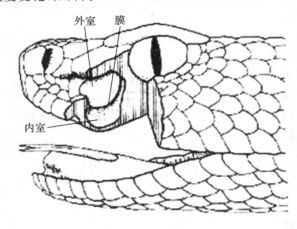

外室　膜

内室

图 13-16　眼镜蛇的崛起热感受器

哺乳动物的皮肤和舌上都有热感受器。下丘脑有热感受中心,接受从皮肤和舌传入的温度信息,也检测内部器官温度的变化。

13.3.5　视觉和光感受器

几乎所有生物都有感光的功能,甚至绿色植物也能随光源方向的改变而调整茎、叶的位置。绿色植物没有特定的感光器官。原生生物,如衣藻、眼虫等虽是单细胞生物,却有特定的光感受器,即眼点。涡虫的光感受器已有"眼"的初步结构,涡虫的眼由许多色素细胞构成"眼杯",神经纤维从杯口进入杯中,末端膨大,并有条纹,形成"杆状缘",有感光的功能。涡虫的眼还没有晶状体,不能成像,仍是单纯的感光器。昆虫的皮肤有感光的能力。例如,白蚁中的工蚁没有眼,它们利用皮肤的感光能力对光做出反应;又如蚜虫,经过一系列的孤雌生殖后就转入有性生殖,这主要也是通过皮肤的感光刺激而发生的转变。昆虫有单眼,由许多小网膜细胞组成,它们的周围有色素细胞,上面盖透明的晶状体和角膜,单眼能感光,但不能成像,单眼大概与昆虫飞翔时的定向、定位有关。

真正的眼睛应该不但能够感光,也能成像,即能感知外界物体的轮廓。照相机有透镜,能将光集中在感光胶片上,胶片上的感光物质随着光的强弱而发生相应的反应,因而成像。脊椎动物以及软体动物的眼和照相机有很多相似之处,可称为照相机式眼。甲壳类、昆虫等节肢动物的复眼也能成像,但结构属另一种类型。

1. 人眼的结构和功能　人眼和软体动物头足类很相似,但要灵敏得多。如果将头足类的眼比作装有黑白底片的简陋的照相机,只能在较强的光照下显出黑白图像,人眼就相当于装有高灵敏度的彩色感光元件的摄像机,在光线较弱的条件下也能形成彩色图像。头足类在演化上和脊椎动物早已分开:它属于原口动物一支,而脊椎动物则属后口动物。软体动物以及一些环节动物都具有脊椎动物式的眼(图 13-17),这是趋同演化的结果。

人眼球最外面是一层结缔组织膜,称为巩膜(sclera)。眼球前部透过光的部分为角膜(cornea),角膜透明,是眼的第一个聚光装置。盖在巩膜上面的是富含血管,有黑色素的脉络膜(choroid)。它的功能除给眼球其他部分供血外,主要是遮光。这和照相机暗箱一样,不漏光才能得到清晰的图像。脉络膜向眼球内部延伸而成一围绕于晶状体四周的环状膜,即虹膜(iris)。虹膜中央的孔洞即瞳孔(pupil)。虹膜收缩,瞳孔变小;虹膜扩张,瞳孔变大。瞳孔后面是晶状体,透明而富有弹性,是比角膜更重要的另一个聚光装置。晶状体的存在,使眼球分隔为前后两房。前房较小,充以水样液,称为房水;后房较大,充以黏稠的透明液,称为玻璃液。这两种液体有一定的聚光能力,还有保持眼球正常形状的作用。后房的内壁是盖在脉络膜上的视网膜(retina)。视网膜是神经的一部分,是眼的唯一感光装置,它相当于摄像机中的感光元件。

2. 视网膜和视神经

(1) 视网膜的组成和结构　视网膜是眼底中由多种细胞组成的复杂结构,其感光细胞只有两类,即视杆细胞(rod cell)和视锥细胞(cone cell)。这两类细胞都是特化的神经元。在眼球层面上看,从角膜中心到晶状体中心连成一直线,往后延伸,即达视网膜中央的一个小窝,称中央凹(图 13-17(b)),位于一个略呈黄色的小区,即黄斑(macula lutea)的中央,中央凹的感光细胞全为视锥细胞,而无视杆细胞,其作用是感知强光和颜色,在光线充足的环境下,能得出清晰和详细的彩色图像,但是因为其灵敏度低而不能在弱光环境下成像。视网膜中央凹的外周则富有视杆细胞。视杆细胞比视锥细胞灵敏很多,故能探测到弱光,却不能清晰成像也不能辨色,辨色的任务完全由视锥细胞承担。猫头鹰只有视杆细胞而无视锥细胞,所以能够在夜间活动,但不能辨色。鸽子只有视锥细胞而无视杆细胞,所以能辨色,但不能在昏暗中飞行。

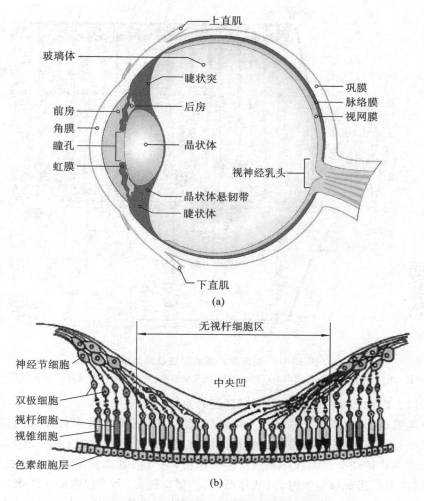

图 13-17　人眼球及视网膜中央凹的基本结构

（a）人眼球基本结构；（b）视杆细胞、视锥细胞在中央凹附近的分布示意图

视网膜中还有多种神经元，其中两极神经元一端以突触的形式与视杆细胞或视锥细胞相连，另一端也以突触形式与中间神经元或与神经节细胞的树突相连。各种神经节细胞的轴突则联合而成视神经，即第二对脑神经，穿过眼球后壁而入脑。在视神经突出处形成一个圆形隆起，无感光能力，故称生理盲点。

（2）视网膜的信息加工　视杆细胞和视锥细胞与神经元网络连成错综复杂的突触，这样，就使来自视杆细胞和视锥细胞的信息在视网膜内就可进行加工、筛选，然后由视神经传入大脑。进入大脑的经过筛选的信息和未经加工筛选的信息是有所不同的。

由视杆细胞和视锥细胞产生的电信号，在视网膜内要经过复杂的细胞网络的传递（图 13-18），最后才能由神经节细胞发出的神经纤维以动作电位的形式传向中枢。也就是说，我们接受的视觉信号在到达大脑皮层之前就已经在视网膜水平进行了前期加工。

值得指出的一个事实是，视神经中纤维的总数（亦即节细胞的总数），只有全部感光细胞的 1％。这一简单事实就足以说明，视神经不可能通过其纤维"点对点"地传递视网膜中各感光细胞被光照的情况（中央凹处少数视锥细胞例外），因而大多数视神经纤维所传递的信号，只能是决定于多个感光细胞，并因而含有较多的信息量。目前已知，在视网膜上存在着许多同心圆结构，它们才是负责感觉光线的基本单元。其中，有些同心圆结构是对中心给光刺激敏感，而另一些则是周围给光刺激敏感，这样的结构对于光线的对比分析可能具有一定的优势，但在色彩分析等方面仍不完全清楚。

3. 眼的调节功能（accommodation）　人的眼睛从明亮环境到昏暗环境时能够很快适应，这是由于两方面的调节。一方面是通过虹膜能够调整瞳孔的大小，从而调整进入眼睛的光通量；另一方面是因为视网膜中有视杆和视锥两种不同的感光细胞。前者对光线具有比较灵敏的反应能力，但视敏度较差，而后者则相反，在明亮环境中具有较高的视敏度（分辨能力强），且能够分辨出颜色，但对弱光反应较差。在灯光忽然熄灭时，视锥细胞立即不再活动，改由视杆细胞接受刺激。由于有了视杆细胞和视锥细胞兴奋和静息的转换，并且由于这

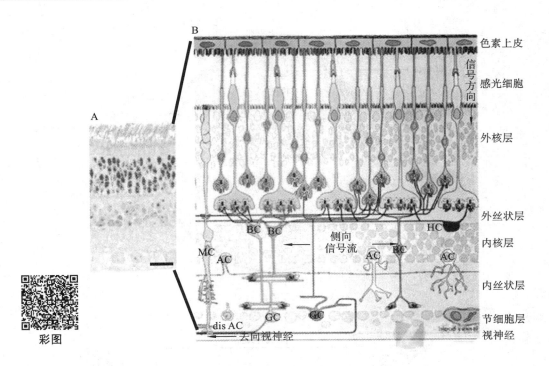

图 13-18　视网膜的细胞组成及网络联系

BC—双极细胞；HC—水平细胞；MC—Müller 细胞；AC—无长突细胞；GC—神经节细胞；dis AC—移动无长突细胞

种转换需时极短,所以人眼能够及时适应各种不同强度的光照。

　　眼能看远物,也能看近物,这是由于眼有一个由角膜、晶状体以及眼球中液体组成的调节系统。观察远物时,入眼的光线近于平行,依靠角膜的调节就可在视网膜上成像。观察近物时,由于光线高度辐散,只靠角膜调节就不够了,必须靠晶状体调节。晶状体相当于一个透镜,它可依靠睫状体和悬韧带的牵引而改变透镜的曲率从而改变透镜的焦点。当观察近物时,晶状体凸出,折射率提高,因而辐散的光能聚焦于视网膜上。眼的这种调节方式比照相机的调焦能力更强,照相机的镜头不能改变形状,只能靠移动镜头,改变镜头与底片的距离来调焦。有趣的是,鱼类是靠移动晶状体来调焦的。而有些软体动物甚至能改变整个眼球的长度,来改变晶状体与视网膜的距离,达到调焦的效果。而在人类,由于各种原因不能够准确地将成像焦点投在视网膜上,被称为屈光不正,表现为近视、远视和散光(图 13-19)。

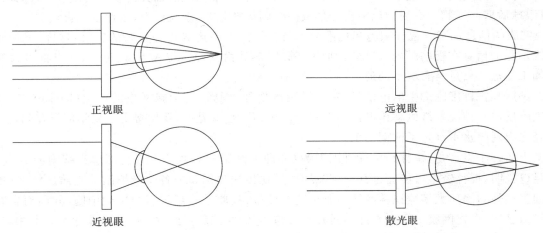

图 13-19　正视眼与屈光不正的类型

　　4. 近视、远视和散光　近视(myopia)是由于眼球的前后径过长,或角膜弯曲度增大,视网膜和晶状体间的距离拉长,光线在视网膜前面聚焦,结果影像模糊。戴上凹透镜(近视镜)可得矫正。

　　远视(hypermetropia)是由于眼球前后径过短,或角膜弯曲度变小,光线聚焦于视网膜的后面,结果影像模糊。戴上凸透镜(远视镜)可得矫正。

　　散光(astigmatism)是由于角膜或晶状体弯曲度不均匀,光不能聚焦所致,可根据角膜不均匀的弯曲度磨制透镜加以补偿。

5. 双目同视功能　人和其他许多脊椎动物的两个眼睛是同时聚焦于同一物体的。这样聚焦的一个好处是使人能准确看出物体的距离(即立体视觉)。举例来说,观察近物时,两个眼球必然向中间移动,这是靠连接眼球的几块肌肉运动来实现的。而肌肉的运动就刺激了肌肉中的本体感受器,使之兴奋而将冲动传入脑中。脑则可根据冲动的强弱来判断物体的距离。两眼之间有一定距离,因此两眼观察同一物体的角度总是不同的,两眼形成的图像总有一定差异。观察远物时,差异小;观察的物体越近,差异越大。脑可根据这种差异而判断物体的距离。失去一个眼睛的人走路不稳,原因之一就是失去了判断物体距离的能力。

6. 视觉的化学　人眼所能感知的光波段只限于 390～770 nm,长于或短于这一波长范围的光(可见光),如紫外光、红外光等都是人眼看不见的,这是因为只有在这一波长范围内的电磁波才能有效刺激感光细胞(视杆细胞和视锥细胞),并为其中感光色素所吸收。

对于动物来说,光主要是信息的载体,动物从光得到信息;通过感光色素来接受光的刺激,经电子激发从低能轨道进入高能轨道。动物的感光色素是含蛋白质的分子,视紫红质(rhodopsin)和视紫蓝质(iodopsin)等,电子激发的结果不是色素的氧化而是色素分子构象的改变。在视杆细胞和视锥细胞中,感光分子密排于它们感光段的膜盘中。大多数脊椎动物视杆细胞中的感光分子为视紫红质,这是由一个色素分子,即视黄醛(retinal,R)和一个蛋白质,即视蛋白(opsin,O)结合而成。视黄醛是维生素 A 氧化而成。视锥细胞所含的感光分子称为视紫蓝质,它是由一个视黄醛和另外一种蛋白质,即光视蛋白(photopsin)所组成。人和猿猴的视网膜中有 3 种视锥细胞,各含有不同的视紫蓝质分子,它们对于不同的波长有不同的反应。可以根据三基色组合成各种不同的颜色。如果缺少了一种或两种视锥细胞,就要发生色盲。缺少红视锥细胞或缺少绿视锥细胞,就出现红-绿色盲,这是一种最常见的色盲。

7. 复眼　甲壳类和昆虫等节肢动物的眼属于另一种类型,称为复眼。复眼是由许多构造相同的小单位,即小眼(ommatidium)所组成(图 13-20)。从表面看,每一复眼表现为许多凸出的小单位,称为小眼面(facet)。每一小眼面加上它下面的结构形成一个小眼。每一复眼是由不同数目的小眼所组成,少者不足 20 个,如某些甲壳类的复眼,多者可达 28000 个,如蜻蜓的复眼,一般多为 2000～2500 个。

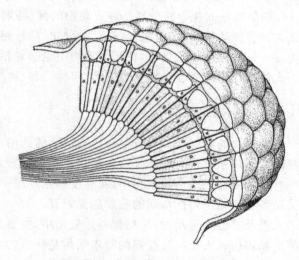

图 13-20　复眼的基本结构示意图

小眼面是小眼的角膜,一般为六角形。角膜之下为晶状体。角膜和晶状体都有折光的功能。晶状体之下为小网膜(retinula),一般由 8 个小网膜细胞组成。小网膜细胞并列成一长束,它们的中央部分形成一透明的柱状体,称为视杆束(rhabdomere);它们的神经延伸到脑两侧的视叶,小眼的四周有色素细胞包围。蜜蜂、蝗虫等的复眼称为并列像眼(apposition eye),视杆束顶端直接和晶状体或晶状体细胞相连,各小眼彼此为色素细胞所隔离,因而每一小眼只能传入与它长轴平行的直射光。这样所成的像是镶嵌像,和铜版制图很相似。

天蛾、萤等喜在傍晚暗处活动的昆虫,其小眼深部彼此不完全隔离,视杆束也较短,不能达到晶体的末端。斜向射入的光线,通过晶状体的折射,可绕射到邻近的视杆,因而可形成"重叠的"光,其光度强,但影像不清晰。这种复眼称为重叠像眼(superposition eye)。围绕各小眼的色素细胞对光的强度是敏感的。光强时,重叠像眼的色素可延伸而完全包围小眼,使小网膜的视杆束只能收到直射的光线,从而形成清晰的镶嵌影像。光弱时,并列像眼(蜜蜂)的色素移向各小眼顶部四周而使各小眼同时能收到直射的和斜射的光,而形成不甚清晰的重叠影像。

复眼对光的闪烁特别敏感。有些昆虫如蝇类能感知每秒 265 次的闪烁,这在人是感觉不到的。只有当闪烁很慢时,即每秒 45～53 次时,人才能感到闪烁。日光灯如果每秒闪 60 次以上,我们就感觉不到闪烁了。正因为如此,我们才能欣赏电影,因为我们看不出电影是单个图片的连续。节肢动物正是由于对闪光敏感,所以才对物体的移动敏感。把手放在苍蝇旁边不动,苍蝇无反应;手轻轻一动,苍蝇就飞走了。复眼的另两个特点:①复眼能感知的电磁光谱的幅度比人的眼睛宽。蜜蜂能感知人所不能感知的紫外光(400 nm)。用能透过紫外光的镜头和对紫外光敏感的胶片照出的相片和用普通照相机照出的相片是不同的,因此可以想象,昆虫的色觉和我们是不同的。并且,由于不同的花反射紫外线程度不同,因此很可能在我们看来是同一颜色的花,到了昆虫眼里却是不同颜色的了;②复眼有分析光的偏振面的能力,人的眼睛没有这个能力。在昆虫的眼里却可能是很不均匀的,因为天空各部分的光偏振面是不一样的。蜜蜂等昆虫依靠分析光的偏振面而能在飞行时辨别方向。

13.4 化学感受器

化学感受器是感受机体内、外环境化学刺激的感受器的总称。化学感受器多分布在鼻腔和口腔黏膜、舌部、眼结合膜、生殖器官黏膜、内脏壁、血管周围以及神经系统某些部位。化学感受器在动物行为中有导向作用,动物的摄食、避害、选择栖境、寻找寄主以及"社会"交往、求偶等活动,一般都借助化学感受器接收的信息。以感受化学刺激作为适宜刺激,并由此产生向中枢传递神经冲动的感受器。虽然味感受器、嗅感受器等均为化学感受器,但在许多情况下很难与人的味觉、嗅觉相对应。严格地说,腔肠动物等整个体表散在的(多是毛性的)初级感觉细胞是化学感受器,但很难一一鉴定。及至蠕虫类,这种感受器聚集形成感觉芽。涡虫类、多毛类,体前端的一对纤毛沟也可看作是同一发展阶段。蜗牛、蛞蝓类的触角和水生腹足类本鳃近旁所见到的外套肥大部(嗅检器)中,化学感受器稠密地分布,似乎至少相当于远觉性化学感受。甲壳类的触角的感觉毛和几丁质圆锥体等也包含在化学感受器中;此外,在口器和口腔中也可见化学感受器。蜘蛛类,对食物先用跗节器官触试,然后用钳角感察,最后啮咬再用口腔内感受器感察;而蜱螨类,前肢胫节的哈勒氏器官(Haller's organ)则是唯一的化学感受器。棘皮动物的棘(特别是叉棘)虽显示对化学刺激感受性,但感受器还不清楚。昆虫类和脊椎动物,伴随着嗅觉、味觉的分化,两种感受器的结构都更加发达。此外,也有特异性较低的化学感受器——共同化学感受器,在高等动物中也起着相当重要的作用。

人体的化学感受器包括味感受器、嗅感受器、动脉及胃肠道等处的化学感受器。

13.4.1 味感受器

各种动物的味感受器因有引导摄食活动的作用,多位于头的前端、口腔及舌部。鱼类除口腔外,口腔周围和身体两侧皮肤中也有味感受器。昆虫由于觅食方式特殊,身体各部有分散的味感受器,口部、触角、腿部等处也有味感受器。在动物演化中,味感受器在环境中的食物和有害物的分辨中起重要作用。高等动物的味感受器是各种消化反射性活动的重要感受装置。

人类及其他高等动物,味感受器比较集中,主要分布在舌的背面和两侧的黏膜中,小部分散在咽部及口腔后部的黏膜中。人类味感受器的基本结构是味蕾,大部集中于舌乳头中。分布在舌前部背侧及两侧缘的味感受器主要接受甜和咸的刺激;分布在舌后部的,主要接受酸和苦的刺激。

13.4.2 嗅感受器

嗅感受器和味感受器一样,对一般动物比对人类更为重要,并且嗅觉比味觉更为重要,因为嗅感受器可以感受到远距离的刺激,也可以感受到一定时间内(可多至若干天)环境中的物质变化,还可以与味感受器同时活动以辨认外界物质的特性。水生动物的嗅感受器,可以感受溶于水的或停留在水面上的气体成分。一般能够引起嗅感受器兴奋的物质,主要是气体,挥发性油类、酸类(如 HCl 等),还有一些物质能成为气体中悬浮物,或蒸汽中的悬浮物(如臭雾中的成分)。大部分能引起嗅感受器兴奋的物质,都必须先溶于嗅黏膜表面的黏液中,或直接溶于构成嗅细胞膜的脂类中。在演化过程中,有些动物的嗅感受器特别发达,嗅黏膜的面积特别大,如狗和鲨鱼就是两个突出的例子。很多嗅觉不发达的高等动物常用力吸气使气流冲向上鼻道才能嗅到气体的味道。

嗅觉对人和动物都是识别环境的重要感觉,特别是群居动物常可用于识别敌我、寻找巢穴、记忆归途、追逐猎物、逃避危害以及寻找配偶等。在辨别食物,探索毒害物质中嗅感受器与味感受器多协同活动。

低等动物,如昆虫的触角端有嗅感受器,对其所飞过或走过的环境中的微量化学物质都很敏感。有的雌性昆虫能分泌一种信息素(或称外激素),可从很远处诱来雄性昆虫。海水中生活的扇贝因逃避敌害如海星而发展出极灵敏的嗅觉。如在其所在的海水中加极微量的海星浸泡液,它会立即出现逃避反应。高等动物或较低级脊椎动物都有极其灵敏的嗅觉功能。如鲨鱼在数公里外就可以嗅到落水人的气味。狗的嗅觉极灵敏,可被人类训练成效能很高的侦察动物。嗅感受器功能对某些动物的性活动有关。金色田鼠的雌鼠发情时,可放出一种特殊的气味,雄鼠嗅到后可激起雄鼠发情期的生理活动。人类的嗅觉经过训练学习后,可以提高辨别能力,如医生凭嗅觉可以诊断某些疾病。

在高等动物包括人类中,嗅感受器主要集中在鼻腔的上后部,称作嗅上皮(嗅黏膜)。

除人类及猴类外,很多哺乳动物在其鼻中隔底部前端有一个囊状结构,囊的壁由软骨与黏膜构成,称犁鼻器,其黏膜结构与嗅上皮相似。犁鼻器腔由几条细管分别与口腔及鼻腔相通,这一器官与中枢神经系统的联系与一般嗅传导途径不同,它并不通过嗅球而是通过副嗅觉系统的副嗅球与大脑皮层直接联系,投射到大脑梨状叶隔区及杏仁核。这个器官可能与动物的紧急防御活动有关。

13.4.3　颈动脉体和主动脉体化学感受器

1. 颈动脉体化学感受器　颈动脉体化学感受器,在呼吸运动的调节中起着重要作用,它能感受血内 CO_2 分压升高,引起呼吸加快,以排出过多的 CO_2。当血内 O_2 分压过低时,通过这种感受器的传入冲动也可以反射性的使呼吸运动加强,以获得更多的 O_2。另外,它还对某些有毒药物(如氰化物)敏感,有感受有害物质刺激的功能,最终导致防御反射的出现。

颈动脉体(图 13-21)位于颈总动脉的分叉处,在人有 3 mm×1.5 mm×1.5 mm,在猫或狗只有 1～2 mm 长的椭圆形小体。颈动脉体的传入神经纤维加入颈动脉窦神经内,进入延髓的孤束核。颈动脉体的各细胞之间有许多小血窦,与直接发自外颈动脉的小动脉管相通,因而当颈动脉血管内的血液成分发生变化时,颈动脉体中的血液也将随之发生变化。

2. 主动脉体化学感受器　在主动脉弓或锁骨下动脉附近也有几个较小的类似颈动脉体的结构称主动脉体,它们的传入神经纤维进入迷走神经干内(图 13-21),其作用也是感受血液成分的化学变化,借以调节呼吸运动。主动脉体的传入冲动还可以对血压起调节作用。

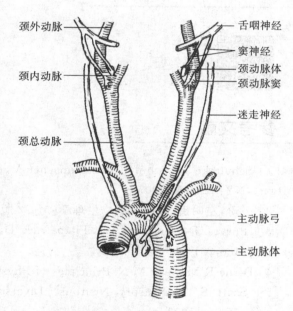

图 13-21　颈动脉体和主动脉体的分布

(图中标注:颈外动脉、颈内动脉、颈总动脉、舌咽神经、窦神经、颈动脉体、颈动脉窦、迷走神经、主动脉弓、主动脉体)

13.4.4　胃肠道的化学感受器

这类感受器都是分布在肌层或黏膜层内的游离神经末梢,当局部发炎时,组织分解产生的肽类或乳酸等增多,将会刺激这些神经末梢而加速其传入冲动的发放,由内脏传入神经纤维传向中枢,可引起疼痛等感觉。

13.4.5　肾球旁器的化学感受器

肾球旁器有一个特殊的结构被称为致密斑。致密斑位于远曲小管的起始部,可感受小管液中 Na^+ 含量的变化,并将信息传递至球旁细胞,可调节肾素的释放(详见 9.3.6 内容及图 9-24)。

13.4.6　中枢神经系统内的化学感受器

中枢神经系统内,除各核团及一定结构的神经元有对不同递质或肽类有感受能力外,还有些部位具有感受器的作用。如延髓的腹外侧部有较大的一个区域对血液成分的变化很敏感,称化学感受区,可以感受血液中 CO_2 分压升高的刺激。在第 3 脑室的前腹侧区内有感受血管紧张素 II 的感受区。在下丘脑前部还有感受血液葡萄糖浓度变化的感受器等。

本章小结

感受器是动物体能接受内、外环境刺激,并将之转换成神经信号的生物结构。感受器的功能是探知各种不同的内、外刺激的质与量并将其转换为不同类型的神经冲动。按感受器在身体分布的部位并结合一般功能特点可分为内感受器和外感受器两大类。感受器把外界刺激转换成神经动作电位时,不仅仅是发生了能量形式的转换,更重要的是把刺激所包含的环境变化的各种信息也转移到了动作电位的序列之中,这就是感受器的编码功能。而感受器连同它们的附属结构,共同完成某些刺激的探知,从而形成各种复杂的感觉器官。刺激经过感受器所形成的神经冲动经过感觉神经和中枢神经系统的传导通路传到大脑皮质,从而产生相应的感觉。感觉是客观刺激作用于感觉器官所产生的对事物个别属性的反映,是更加复杂的生物学过程,有时还包括心理过程,也是研究人类独特性的热点。感觉的性质取决于传入冲动所到达的高级中枢的部位。在正常状况下,感受器只对某一种适宜的刺激特别敏感(特异性),例如,视网膜的适宜刺激是一定波长范围的光线,耳蜗的适宜刺激是一定频率的声波等。高等动物感受器的高度特化,是在长期演化过程中逐渐形成的,它使机体对外界各种不同的影响能做出更精确的分析和反应,从而更完善地适应其生存的环境。所以机体的各类感受器是产生感觉的媒介器官,是机体探索世界,认识世界的基础。

思考题

扫码答题

参考文献

[1] Schuünke M,Schulte E,Schumacher V,et al. Atlas of Anatomy:Head and Neuroanatomy[M]. Stuttgart,NY:Thieme,2007.

[2] 王玢,左明雪.人体及动物生理学[M].2 版.北京:高等教育出版社,2001.

[3] Purves D,Augustine GJ,Fitzpatrick D,et al. Neuroscience[M].5th ed. Sunderland:Sinauer Associates Inc,2011.

[4] Berne R M,Levy M N. Principles of Physiology[M].3rd ed. St. Louis:Mobsy,2000.

[5] Scott S A. Sensory Neurous:Diversity,Development and Plasticity[M]. Oxford:Oxford University Press,1993.

[6] 尼克尔斯,马丁,华莱士,等.神经生物学[M].杨雄里,译.北京:科学出版社,2003.

第**14**章 效应器及运动系统

效应器作为反射弧的执行部分,在机体反射活动中具有重要作用。中枢在对外界信号进行加工、处理后,形成的反应信号由传出神经传给效应器,引起效应器工作,完成机体的各种功能。如机体生理功能的神经调节,就是中枢神经系统通过传入神经,接收感觉器官感受的内、外环境变化,经分析、处理等一系列信息加工过程后,产生一定编码的神经信号,经传出神经,作用于内脏性效应器,也可以作用于骨骼肌等其他效应器引起效应器工作,完成生理功能的调节任务。

反射弧是反射活动的结构基础,但效应器的功能不仅仅是完成反射活动。如随意运动的实现,语言功能都离不开效应器。实际上,效应器是神经系统与机体其他器官系统的连接结构,在这里,神经信号将转变成其他器官的活动,完成机体的各种功能(包括肌肉、腺体及色素等)。为完成信号的转换,效应器应该有两个部分:一是信息接收部分(也是效应器工作的启动部分),二是功能部分。对于躯体性效应器和内脏性效应器来讲,信息接收部分是传出神经的末梢,功能部分是所支配的肌肉或腺体。两者通过神经递质的释放和接收完成信号的转换。

生物对外界刺激的反应是多种多样的,看见美味"馋涎欲滴",这是唾液的分泌反应(图 14-1);受到惊吓,汗流浃背,这是汗腺发生的分泌反应;避役(爬行类)能改变自身的颜色,萤火虫能发光,这都是生物通过效应器对环境因素的反应。

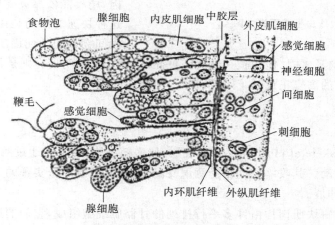

图 14-1　唾液分泌腺

除了上述外分泌腺(包括消化腺、乳腺、汗腺等)和特殊器官(如发光、变色和周期节律等)以外,内分泌腺在体内也可以作为效应器来应对神经系统的控制,比如垂体后叶分泌的激素、肾上腺髓质分泌的激素以及下丘脑分泌的多种激素,只是它们已经在体液调节的相关章节进行了论述,因此,不在本章特别提及。然而,动物与其他生物类群最显著的区别仍然是其运动特征,而运动的原动力就是肌肉的收缩,当然,对于大多数动物来说,肌肉的收缩还离不开其所附着的骨骼,因此,后面还在骨骼肌部分专门把骨骼作为运动系统的组成部分进行了论述。

14.1　肌肉与肌肉收缩

肌肉是动物显著区别于其他生物(如植物)的最重要的效应器,主要包括平滑肌、心肌和骨骼肌三类(前两项分别见第 6 章与第 10 章的内容)。

14.1.1　无脊椎动物

多细胞动物的运动是依靠肌肉的收缩和由肌肉收缩而引起的骨骼的活动而实现的。最早的肌肉出现在腔肠动物。腔肠动物是没有中胚层的动物，它们还没有独立的肌细胞。水螅的体壁只有上皮组织构成的内外两个细胞层。每层细胞的基部有向外延伸的肌纤维。外层细胞的肌纤维一律和身体的长轴平行，形成体壁的纵肌层。内层细胞的肌纤维一律围绕身体长轴环行排列，构成体壁的环肌。纵肌收缩时，环肌松弛，身体变短而粗。环肌收缩时，纵肌松弛，身体变细而长。两层肌肉的协调活动，加上胃管腔的"水力骨骼"（hydrostatic skeleton），使水螅能保持正常的体形，完成各种运动。

其他多细胞动物的肌肉都是来自中胚层的，但上皮细胞的收缩功能甚至在人体也还有所表现，人汗腺上皮细胞就有收缩的能力。

线虫是三胚层动物（图14-2），体壁中肌细胞的分化仍不完整，中胚层每个细胞的一部分分化为肌纤维，有收缩能力，其余部分仍保持未分化的原生质形态。

无脊椎动物的肌肉大多是平滑肌，在显微镜下看不见横纹，但软体动物，特别是节肢动物，有发达的横纹肌（骨骼肌）。一般说来，平滑肌的收缩缓慢，有力而持久，横纹肌反应灵敏，能迅速收缩，但耗能多，易疲劳。节肢动物，如虾和各种昆虫等的迅速活动，如游泳、飞翔等都是靠横纹肌的收缩实现的。软体动物中的瓣鳃类，如扇贝，闭壳肌有横纹肌和平滑肌两种肌肉，扇贝能依靠贝壳的迅速张开和闭合而游泳。这种快速的活动是由横纹肌的收缩舒张和两贝壳间韧带的弹性而实现的。扇贝以及其他贝类

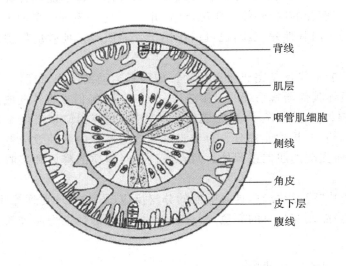

图14-2　线虫横截面模式图

（图中标注：背线、肌层、咽管肌细胞、侧线、角皮、皮下层、腹线）

在环境不良时，如缺水或遇敌害时，能较长久地关闭贝壳，这种长久关闭贝壳则是依靠平滑肌的持久而轮替的收缩实现的。"鹬蚌相争"的寓言正说明了闭壳肌有力而持久的收缩。

14.1.2　脊椎动物

1. 骨骼肌　骨骼肌（skeletal muscle）又称横纹肌，属多核细胞，通常是通过肌腱固定在不同骨骼的两端，其收缩可以带动骨骼的移动。其收缩运动是受意识支配，经躯体神经刺激实现的。骨骼肌负责支配动物的基本活动，其中包括屈曲和伸展。

分布于躯干和四肢的每块肌肉均由许多平行排列的骨骼肌细胞组成，它们的周围包裹着结缔组织。包在整块肌外面的结缔组织为肌外膜（epimysium），它是一层致密结缔组织膜，含有血管和神经。肌外膜的结缔组织以及血管和神经的分支伸入肌内，分隔和包围大小不等的肌束，形成肌束膜（perimysium）。分布在每条肌纤维周围的少量结缔组织为肌内膜（endomysium），肌内膜含有丰富的毛细血管。各层结缔组织膜除有支持、连接、营养和保护肌组织的作用外，对单条肌纤维的活动，乃至对肌束和整块肌肉的肌纤维群体活动也起着调整作用。

2. 平滑肌　平滑肌（smooth muscle）即无纹肌（non-striated muscle）的通称，是被视为比横纹肌原始的一种肌肉。平滑肌除作为无脊椎动物的躯体肌而有广泛分布外，在脊椎动物除心肌之外的大部分内脏肌也是由平滑肌组成的。存在于消化系统、血管、膀胱、呼吸道和雌性的子宫中。平滑肌能够长时间拉紧和维持张力（也见消化系统）。这种肌肉不随意志收缩，意味着神经系统会自动控制它们，而无需人去考虑。例如，胃和肠中的肌肉每天都在执行任务，但人们一般都不会察觉到。

3. 心肌　心肌（cardiac muscle）是由心肌细胞构成的一种肌肉组织。广义的心肌细胞包括组成窦房结、房内束、房室交界部、房室束（即希斯束）和浦肯野纤维等特殊分化了的心肌细胞，以及一般的心房肌和心室肌工作细胞。前5种组成了心脏起搏传导系统，它们所含肌原纤维极少，或根本没有，因此均无收缩功能；但是，

它们具有自律性和传导性，是心脏自律性活动的功能基础；后两种具收缩性，是心脏舒缩活动的功能基础（也见循环系统）。心肌细胞与骨骼肌的结构基本相似，也有横纹结构，却具有自律性，也有自身的独特性，如糖原储备很少等。

14.1.3　肌肉的收缩

下面以骨骼肌为例阐述肌肉收缩的基本原理。骨骼肌是动物体最基本的效应器，而骨骼肌本身的基本组成单位却是肌小节，但肌小节并非一个肉眼能够观察的结构单位，而是只能够在显微镜下才能研究的微观客体，由粗肌丝、细肌丝及附属结构组成，肌细胞就是由多个肌小节串联而形成的细胞结构，因此，理解肌小节的工作原理也是理解肌肉工作原理的核心内容。

1. 肌丝的组成

（1）粗肌丝　粗肌丝主要由肌球蛋白（myosin）组成。一条粗肌丝中约有 200 个肌球蛋白分子。每个肌球蛋白分子呈双头杆状。许多肌球蛋白的杆状部分捆在一起构成粗丝的主干，其头部向外突出，形成横桥，横桥部具有 ATP 酶，可分解 ATP 而获得能量，用于横桥摆动。在一定条件下，头部可与细肌丝上的肌动蛋白发生可逆结合。

（2）细肌丝　如图 14-3 所示，细肌丝由 3 种蛋白质多体构成。①肌动蛋白（actin）：构成细肌丝的主干，主干上有能与横桥结合的位点。②原肌球蛋白：位于肌动蛋白的双螺旋沟中并与其松散结合。在安静状态下，原肌球蛋白分子位于肌动蛋白的活性位点上，把横桥与细肌丝的结合位点隔开。③肌钙蛋白：是钙受体，与钙离子结合后构形改变，能牵动原肌球蛋白使其移位，暴露细肌丝的结合位点，为横桥与细肌丝的结合创造条件。

2. 肌丝滑动学说　在研究肌肉的收缩过程中，观察到在肌小节缩短或被牵张时，肌球蛋白丝和肌动蛋白丝的长度不变，而肌球蛋白丝和肌动蛋白丝重叠的程度发生变化。因此，研究者提出肌肉收缩的肌丝滑行学说（sliding-filament theory of muscle contraction）。这个学说认为在收缩时肌小节的缩短（也就是肌肉的缩短）是细肌丝（肌动蛋白丝）在粗肌丝（肌球蛋白丝）之间主动地相对滑行的结果。肌小节缩短时，粗肌丝、细肌丝的长度都不变，只是细肌丝向粗肌丝中心滑行。由于粗肌丝的长度不变，所以从显微结构上看，A 带的宽度不变。由于肌小节中部两侧的细肌丝向 A 带中间滑行，逐渐接近，直到相遇，甚至重叠起来，因此 H 区的宽度变小，直到消失，甚至出现反映细肌丝重叠的新带区。由于粗肌丝、细肌丝相对运动，粗肌丝的两端向 Z 线靠近，所以 I 带变窄。当肌肉舒张或被牵张时，粗肌丝、细肌丝之间的重叠减少（图 14-4）。

3. 兴奋-收缩偶联　在完整机体内，肌的收缩是由运动神经以动作电位形式传来的冲动所引起的（详见第 12 章）。神经冲动经神经肌肉接头（运动终板）传至肌膜，首先引起肌细胞兴奋，继而触发横桥运动，产生肌肉收缩，因此，从肌细胞兴奋开始，肌肉收缩的过程应包括三个互相衔接的环节：①肌细胞兴奋触发钙离子释放；②横桥运动引起肌丝滑行；③收缩肌肉的舒张。

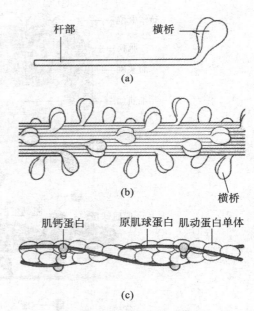

图 14-3　细肌丝与粗肌丝结构示意图
(a) 肌球蛋白分子；(b) 肌球蛋白分子排列而成的粗肌丝；
(c) 细肌丝的分子结构

因为肌细胞的兴奋过程是以肌细胞膜的电变化为特征的，而收缩过程则以肌丝滑行为基础，它们有着不同的生理机制，兴奋-收缩偶联（excitation-contraction coupling）就是将上述两个过程联系起来的中介过程（图 14-5）。

在脊椎动物的骨骼肌上，运动轴突末梢的动作电位引起神经递质乙酰胆碱的释放，这又引起肌肉终板上产生突出后电位，即终板电位。终板电位又相继引起肌纤维膜上"全或无"的肌肉动作电位。动作电位从终板两端传播开，使整个肌纤维膜兴奋。在动作电位达到顶点之后几毫秒肌纤维开始收缩。

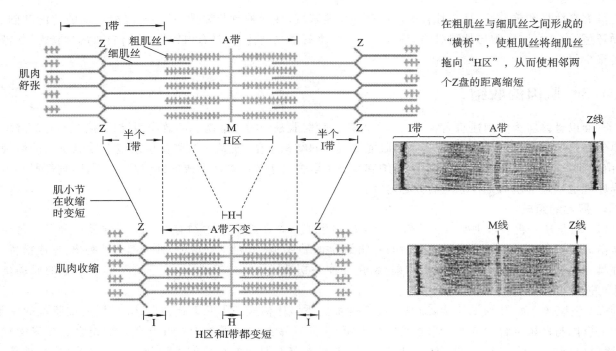

图 14-4　肌肉收缩与舒张时肌小节变化模式图

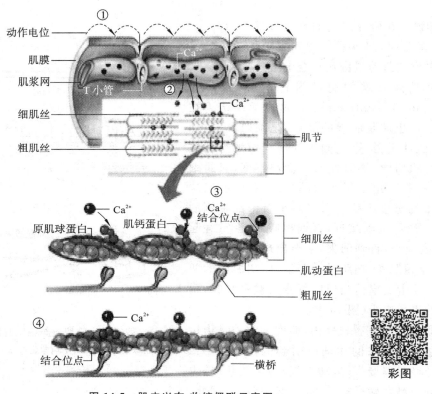

图 14-5　肌肉兴奋-收缩偶联示意图

　　目前认为兴奋-收缩偶联至少包括三个步骤:动作电位通过横管系统传向肌纤维深处;三联管结构传递信息;纵管系统对钙离子的释放和再聚积。即当肌细胞兴奋时,动作电位沿横管系统进入三联管,横管膜去极化并将信息传递给纵管系统,使相邻的终池膜释放钙离子,钙离子触发粗肌丝、细肌丝的相对滑动而引起肌肉收缩,收缩完成后由钙泵将其重新收回终池(也称肌浆网),粗肌丝、细肌丝分离而使肌肉舒张。故钙离子被认为是兴奋-收缩偶联的媒介物。

14.1.4　肌肉收缩的模式、形式与力学特征

前面以肌肉的肌小节为基础从微观角度讨论了肌肉的收缩原理,然而肌肉收缩所产生的机械张力才是推动机体运动的动力,此时我们把肌细胞在一起组成的肌肉作为一个整体来分析其运作模式及力学特征。

1. 肌肉收缩的模式

(1) 单收缩　整块肌肉或单个肌纤维接受一个动作电位的刺激后,所进行的一次机械性收缩,被称为单收缩(single twitch)(图 14-6(b))。单收缩反映了肌肉收缩的最基本特征。在生理实验中,通过记录肌肉单收缩曲线,显示肌肉收缩分为三个时期,即潜伏期、收缩期和舒张期。潜伏期(latent period)从肌肉接受刺激开始,到肌肉开始收缩为止,这一时期肌肉无明显的外部表现,系肌肉接受刺激产生兴奋、兴奋传导以及兴奋-收缩偶联所经历的时间。收缩期与舒张期以肌肉收缩时张力或长度变化达到最大时为界。从肌肉开始收缩到收缩的最高点,这段时间称作收缩期(contraction period)。从收缩的最高点到肌肉恢复静息状态,这段时间称作舒张期(relaxation period)。舒张期的时间要比收缩期时间长得多,单收缩曲线是非对称曲线。

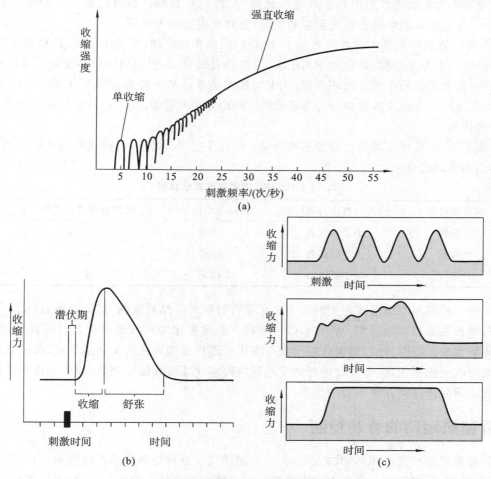

图 14-6　骨骼肌的单收缩曲线与强直收缩曲线
(a) 肌肉收缩的过程;(b) 单收缩曲线;(c) 强直收缩的不同类型的曲线

(2) 强直收缩　在实验中,如果给予肌肉或支配肌肉的神经一连串的刺激,只要每次刺激的间隔时间不短于单收缩所需要的时间,肌肉即出现一连串的单收缩。若增加刺激的频率,使每次刺激的间隔短于单收缩所持续的时间,肌肉的收缩将出现融合现象,即肌肉不能完全舒张,称为强直收缩(图 14-6)。强直收缩有两种。一种在增加刺激频率时,肌肉未完全舒张就产生第二次收缩,肌肉收缩出现部分的融合,称为不完全强直收缩(incomplete tetanus)。不完全强直收缩曲线呈锯齿状。另一种,如果继续增加刺激频率,使肌肉在前一次收缩末期就开始第二次收缩,肌肉收缩反应出现完全的融合,称为完全强直收缩(complete tetanus)。完全强直收缩曲线为一条平整的光滑曲线,其收缩反应远远大于单收缩。人体进行各种运动时,其肌肉收缩都属于完全强直收缩,而强直收缩的持续时间,则受神经传来的冲动所控制。

引起肌肉完全强直收缩所需要的最低刺激频率,称为临界融合频率,它取决于肌肉单收缩时间的长短。临界融合频率与单收缩的收缩时间成反比,收缩时间越短则临界融合频率越高。不同肌肉临界融合频率是不一样的。肌肉的兴奋和收缩是不同的过程,在完全强直收缩中,收缩可以完全融合,但肌肉的动作电位并不融合,而是各自分离的锋电位。值得注意的是以上讨论的都是骨骼肌的情况,而心肌细胞由于其动作电位持续时间很长,导致其兴奋后具有很长的不应期,故心肌收缩只能是独立的单收缩而不会发生融合而出现强直收缩。

2. 肌肉收缩的外部表现形式 肌肉收缩的外部表现有产生张力或(和)长度变化。依肌肉收缩时的张力和长度变化,可将肌肉收缩的形式分为三类:缩短收缩、拉长收缩和等长收缩。

(1)缩短收缩(向心收缩) 缩短收缩是指肌肉收缩所产生的张力大于外加的阻力时,肌肉缩短,并牵引骨杠杆做运动的一种收缩形式。缩短收缩时肌肉起止点靠近,又称向心收缩。做缩短收缩时,因负荷移动方向和肌肉用力的方向一致,肌肉做正功。

(2)拉长收缩(离心收缩) 当肌肉收缩所产生的张力小于外力时,肌肉虽然积极收缩但被拉长,这种收缩形式称拉长收缩。拉长收缩时肌肉起止点逐渐远离,又称离心收缩。肌肉收缩产生的张力方向与阻力相反,肌肉做负功。在人体运动中拉长收缩起着制动、减速和克服重力等作用。

(3)等长收缩 当肌肉收缩产生的张力等于外力时,肌肉积极收缩,但长度不变,这种收缩形式称等长收缩。等长收缩时负荷未发生位移,从物理学角度看,肌肉没有做外功,但仍消耗很多能量。等长收缩是肌肉静力性工作的基础,在人体运动中对运动环节固定、支持和保持身体某种姿势起重要作用。也可以按照肌肉收缩时长度、张力及速度的变化将收缩划分为等长收缩、等张收缩和等动收缩,它们分别是固定长度、张力和速度时的肌肉收缩状态。

三种肌肉收缩形式,反映了肌肉收缩的不同特征(表 14-1)。人体任何一种运动动作的实现,都有赖于三种肌肉收缩形式的协调配合。

表 14-1 三种肌肉收缩形式的比较

工作形式	肌肉长度变化	外力与肌张力的比较	在运动中的功能	肌肉对外所做的功	能量供给率
缩短收缩	缩短	小于肌张力	加速	正	增加
拉长收缩	拉长	大于肌张力	减速	负	减少
等长收缩	不变	等于肌张力	固定	未	小于缩短收缩

另外,有人对三种肌肉收缩形式产生的张力水平进行过研究。结果表明:肌肉收缩力量水平,由大到小依次是拉长收缩、等长收缩和缩短收缩。但拉长收缩时放下负荷要比缩短收缩时举起负荷容易,这是因为拉长收缩耗氧少、耗能也少。同时,比较肌肉收缩形式与发生延迟性肌肉疼痛的关系也表明,拉长收缩诱发肌肉疼痛最显著,而缩短收缩则不明显,等长收缩时诱发的肌肉疼痛比缩短收缩稍明显,但大大低于拉长收缩。有人还报道,等动收缩后肌肉疼痛几乎不会发生。

14.1.5 骨骼肌运动的脊髓控制

如前所述,骨骼肌是动物机体运动的主要动力,它的活动受到神经系统的严格控制,而中枢神经系统对肌肉的控制是分等级的,脊髓是这个等级中层次最低的一个结构。高级运动中枢(大脑皮层运动区)主要给出运动指令,而低级运动中枢——脊髓,主要是执行运动指令,并能够独立地产生一些反射活动。

1. 脊髓运动神经元和运动单位 脊髓运动神经元分为 α 运动神经元和 γ 运动神经元两种。在正常情况下,当 α 运动神经元发生兴奋时,其冲动就沿着轴突末梢传导至所有支配的肌肉细胞,并引起肌肉收缩。由一个 α 运动神经元及其所支配的所有肌细胞就组成了一个完成肌肉收缩活动的基本功能单位,称为运动单位(motor unit)。运动单位的大小,取决于 α 运动神经元轴突末梢分支数目的多寡,通常是分支愈多,肌肉细胞愈多,运动单位也愈大。肌肉收缩就是由多个运动单位共同活动所引起的。γ 运动神经元的轴突的连接与 α 运动神经元类似,所不同的是 γ 运动神经元主要是通过控制梭内肌来调节肌梭的敏感性,而对骨骼肌的收缩张力贡献不大,因为,肌梭本身虽然也能够收缩,但是它在骨骼肌中主要是作为感受器来工作的(详见第 13 章感受器与感觉)。

2. 肌肉运动的反射性调节 在脊髓腹角中,分布了大量的运动神经元,这些神经元支配骨骼肌并引起收缩活动。因此,任何形式的运动,包括脊髓本身能够完成的反射性运动和大脑皮层引起的随意运动都需要通过运动神经元才能够得以实现。此外,骨骼肌中还存在着本体感受器(肌梭和腱器官),这些感受器分别为运动系统提供了有关肌肉收缩长度和张力变化的信息,从而对肌肉的收缩活动进行有效的控制。

在脊髓中,还有大量的中间神经元,这些神经元中的一些起内在的起搏器作用。另一些与运动神经元、感觉神经元一起构成神经环路,这些神经环路可以介导构成运动的一些基本反射活动及复杂的反射活动和节律性活动(如行走等)。因此,脊髓具有引起某些协调性运动的运动程序(motor program),并对协调的肌肉收缩进行控制和纠偏。

当骨骼肌受到外力牵拉而伸长时,能够反射地引起受牵拉的同一块肌肉发生收缩,即牵张反射(stretch reflex)。牵张反射有两种类型,一种是腱反射(tendon reflex),也称为位相性牵张反射;另一种是肌紧张(muscle tonus)。腱反射是指快速牵拉肌腱时发生的牵张反射,它是由于肌腱中含有高尔基腱器官,属于一种本体感受器,效应器为同一肌肉的肌纤维,腱反射为单突触反射,传入神经纤维沿背根进入脊髓灰质后,直达腹角与运动神经元发生突触联系,从而引起同一肌肉的收缩。肌紧张是指缓慢持续牵拉肌肉时而引起的牵张发射,结果阻止肌肉被拉长。它是维持躯体姿势最基本的反射活动,是姿势反射的基础。肌紧张与腱反射的反射弧基本相似,感受器也是肌梭,但中枢的突触后接替不止一个,即为多突触反射,效应器是肌肉内收缩较慢的慢肌纤维成分。

3. 运动单位的脊髓控制　肌梭(muscle spindle)位于骨骼肌的内部,在梭内肌纤维上同时有感觉神经末梢和运动神经末梢的支配,因此,肌梭既是效应器又是感受器。梭内肌纤维的收缩并不能够增大肌肉的收缩张力,但是它的长度变化却可以被感觉神经末梢所探测。这些支配梭内肌纤维中段的感觉神经末梢实际上就是肌梭的感受器——本体感受器。

4. γ 环路　在哺乳类动物中,梭内肌与梭外肌纤维通常是由不同的运动神经元所支配的,前者由 γ 运动神经元支配,而后者则由 α 运动神经元支配。γ 神经元支配梭内肌纤维,并通过 Ia 神经纤维投射到 α 神经元后调节梭外肌纤维,形成 γ 环路:γ 神经元→梭内肌纤维→Ia 神经纤维→α 神经元→梭外肌纤维(图 14-7)。

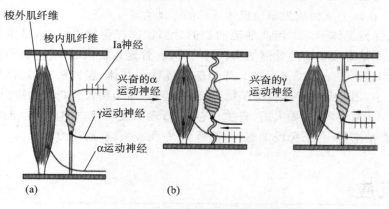

图 14-7　γ 环路调节传入神经的敏感性

这种 γ 环路,可以改变肌梭的敏感性,间接调节肌紧张和肌运动。当脊髓运动神经元接收到高位中枢的指令时,α 运动神经元被激活,导致梭外肌纤维收缩,肌肉长度变短,同时,γ 运动神经元也被来自高位的中枢指令激活,从而造成 α-γ 共激活状态。如果没有 γ 神经元的激活,由于肌肉收缩变短则会使梭内肌失去张力而无法保持紧张性,进而使中枢得不到梭内肌信息输入,影响肌肉收缩的精确调节。

14.1.6　骨骼系统

骨骼是运动系统的重要支撑部分,相邻骨与骨之间的间隙一般称之为关节,除了少部分的不动关节可能以软骨连接之外,大部分是以韧带连接起来的。关节可分成不动关节、可动关节以及难以被归类的中间型(可称为少动关节)。骨骼系统通常包含软骨、硬骨以及联结骨与骨的韧带,甚至包含关节部分(关节液,因为关节是位置不是细胞更不是组织)。所谓的运动系统,应该还包含了前述的肌肉(骨骼肌)系统。骨骼肌是横纹肌,可随意志伸缩,一般一种"动作"是由一对肌肉对两块骨头(一个关节)的拮抗作用,而肌肉末端以肌腱和经过关节的下一个骨头连接。其实韧带、肌腱和骨骼都是结缔组织,所以运动系统仅是肌肉组织与结缔组织,尽管运动系统中也含有感觉神经及控制肌肉的运动神经,属于神经组织。

1. 骨骼的类型 骨骼除了作为运动系统的组成部分外还具有对身体的支持和保护作用。动物演化过程中为了适应所在环境,形成了不同的骨骼系统,脊椎动物主要为内骨骼,而节肢动物则以外骨骼为主,另外也有结构简单的水生动物使用静水压来支撑身体,被称为水骨骼。

骨骼系统通常分三种类型:外骨骼、内骨骼和水骨骼。但是水骨骼在分类时也可以和其他两种分开来,因为其没有坚硬的支持结构。

(1)外骨骼 在骨骼大小相同的情况下,大型的外骨骼结构与内骨骼相比所能支持的重量相对较小,因此,许多大型动物,例如脊椎动物具有内骨骼结构。外骨骼动物例如节肢动物、软体动物和一些昆虫,它们的骨骼是一层保护内部器官的壳。

节肢动物和软体动物都具有外骨骼。由于外骨骼限制了动物的生长,这些外骨骼动物找到了不同的解决办法。大部分软体动物具有石灰质的壳,并且随着生长,壳的直径增大,形状不变。节肢动物在生长的过程中蜕去旧皮,这个过程称为蜕皮。生出新的外骨骼后,外骨骼通过不同的方式硬化(例如石灰质、骨质)。

(2)内骨骼 内骨骼由体内坚硬的组织构成,由肌肉系统提供动力。矿物质化或骨质化的内骨骼被称为骨,例如人类和哺乳动物的骨骼。软骨是骨骼系统中另一重要的组成部分,起支持和补充骨骼的作用。人的耳和鼻由软骨定型。有些动物的骨骼完全由软骨构成而没有骨质化的骨,例如鲨鱼。骨与其他坚硬的结构由韧带相互连接,而与肌肉系统之间由肌腱连接。

较高等的生物,例如哺乳类、爬虫类、鸟类等,才有内骨骼,它们大多数都是脊索动物门的成员。

(3)水骨骼 水骨骼则好像是充满水的气球。腔肠动物(例如水母、珊瑚虫等)和环节动物(例如水蛭)这些具有水骨骼的动物体腔内充满液体,提供静水压支撑身体,能通过收缩液囊周围的肌肉实现移动,例如蚯蚓通过改变身体的形状向前移动。

2. 骨骼与运动 脊椎动物和节肢动物是迄今为止最成功的两个动物类群,它们都演化出了骨骼。尽管前者的内骨骼和后者的外骨骼在起源上没有关系,但它们却具有相似的功能(支撑身体,辅助运动),而且还有相似的化学成分(都含有蛋白质、多糖和丰富的钙质)。可见骨骼对于运动的重要性。绝大多数肌肉都是通过与骨骼的不同连接来产生动力从而成为驱动机体运动的原动力。

因为要支撑体重、保持身体形态。因此陆地动物的骨骼比海洋生物更强壮,是因为水提供了浮力支撑。动物演化迁往陆地,就开始形成坚固的骨骼结构。另一方面,骨骼也提供肌肉连接面,透过关节,协助肌肉产生运动。骨骼也为内部软组织结构提供保护。外骨骼包裹整个身体,容纳所有器官,保护度较高,但行动不便,也限制了生物的大小,因此只见于较低等生物(如昆虫等)。而结构较复杂的生物则具有内骨骼,但它也能通过形成腔体来保护一些重要器官,如大脑、脊髓和心脏,行动方便快速,并且体形较大。哺乳动物的内骨骼更有在红骨髓内产生血液细胞(包括免疫细胞,详见第10章免疫系统)的能力。

14.2 色素反应

很多动物的体色能随环境颜色的改变而改变。非洲爪蟾如果生活在白色搪瓷盛器中,体色变淡,如果生活在暗色的缸中,体色变深。乌贼等头足类动物,以及多种甲壳类动物体色变化的能力更强,乌贼在游泳时,体色可以与背景颜色同步变化,如黑白相间的横条纹使它的身体犹如水的波浪,身体轮廓因此也模糊不清。而当乌贼静息于海藻之间时,黑白横条纹又可变为垂直的条纹,模仿随水波动的海藻形状,这就是乌贼的保护色拟态。

海滩上常可看到一种生活在螺壳内的蟹,称为寄居蟹。这是一种幼时将螺蛳杀死,夺取其壳自己生活于其中的甲壳类动物。如将寄居蟹放在白色缸中,色为浅灰蓝色,转移至黑色缸中,寄居蟹很快变成玫瑰红色。夜间没有光照,寄居蟹无论在黑色缸中或在白色缸中,都变成浅灰色。

避役是产自非洲的有名的变色爬行动物,是一种没有什么防卫能力的动物。它靠身体颜色的改变而隐蔽身体,求得保护。一般说来,动物的色变是动物对环境的适应,既能逃避敌害动物,也便于捕获食物。

14.2.1 色素细胞

皮肤中有形状不规则的色素细胞,其细胞质中有一种特殊的细胞器,即色素体。色素细胞是在胚胎发生时期,由神经脊发展而来的其中一种细胞,首先发育为神经管边缘的两条细胞。之后这些细胞长距离的移动到各处(细胞迁移),使后来的皮肤、眼睛、耳朵与大脑等部位,都有色素细胞的存在。当细胞离开神经脊时,一方面行背外侧路线(dorsolateral route),经基底板进入外胚层;另一方面行腹内侧路线(ventromedial route),穿过中胚叶节与神经管中间。不过视网膜上皮的黑色素细胞是其中的例外,它们并非由神经脊产生,而是在神经管外囊生成的视杯产生。

头足纲里的蛸亚纲动物能够利用复杂的多种细胞组合而成的器官,进行快速的色彩变换,这是许多拥有鲜艳色彩的乌贼、章鱼和墨鱼的主要特色。每一个色素细胞单位含有一个色素细胞,以及许多肌肉、神经、神经胶细胞与神经鞘细胞。在色素细胞里面,色素的颗粒被包围在有弹性的囊中,称为细胞弹性囊(cytoelastic sacculus)。经由肌肉的控制,改变这些囊的形状或大小,使细胞的透明度或是反射能力改变,并造成色彩变化。这种机制与鱼类、两栖类和爬虫类有所不同,是透过囊的变形来改变色彩,而不是色素的传递和移动。

章鱼能够以色彩结构的快速变化来控制色素细胞,使外表显现出复杂的、波纹般的色彩。这些控制色素细胞的神经被认为位于大脑中,且与它们所控制的色素细胞具有相似的次序。也就是说,色素细胞的色彩变化规律与神经细胞的动作电位规律吻合。这样便能够解释为何神经元在正在被活化的同时,色彩也会出现波纹状的变化。与变色龙一样,头足纲会利用生理色彩改变进行社会互动,也有背景适应的能力,能够使自己的花纹与颜色和环境做出准确的适应。

14.2.2　色素

构成动物肤色的色素(pigment)有黑素、眼色素、蝶呤、类胡萝卜素等多种。

1. 黑素(melanin)　这是脊椎动物皮肤中普遍存在的一种色素,是酪氨酸由 3,4-二羟苯丙氨酸(即多巴)及红痣素合成的大分子化合物,当黑色素细胞(黑素细胞)内酪氨酸酶先天性缺乏时,可形成白化病。乌贼喷射的墨汁就是黑素液。黑素是很稳定的化合物,在约 1.5 亿年前的头足类化石中就找到了含有黑素的墨囊。

2. 眼色素(ommochrome)　这是普遍存在于无脊椎动物的黑色、黄色、褐色或红色的色素,因为最初是从昆虫和甲壳类复眼中发现的,所以称为眼色素。在脊椎动物和其他后口类动物中还没有发现过眼色素。眼色素是色氧酸的衍生物。

3. 类胡萝卜素(carotenoid)　海绵、腔肠动物等的红色、褐色主要来自类胡萝卜素。甲壳类、某些鱼类以及鸟类羽毛的鲜艳色彩也与类胡萝卜素有关。眼虫、轮虫等的眼点主要成分也是类胡萝卜素。甲壳类,如龙虾体表从红到黑的各种色彩是类胡萝卜素与眼色素的不同掺和而表现出来的。但到目前为止,没有证据证明动物自身可生物合成类胡萝卜素。所有动物体内的类胡萝卜素均是通过食物链最终来源于植物和微生物。

4. 蝶呤(pterin)　这是在蝴蝶翅中发现的一类色素,最早发现的是黄蝶呤,是用了将近 100 万个蝴蝶翅提取出来的(1960 年)。蝶呤的颜色多种多样,白色、黄色、红色的都有,它们总是和类胡萝卜素一同存在,使动物出现黄、橙、红等色泽。

除上述各种色素外,一些嘌呤类化合物也参与动物的色彩表现。有些嘌呤是动物的排泄物,但沉积下来却能使动物产生鲜艳的色彩,这是动物"废物利用"的一种方式。在缺水的环境,动物把不可溶解的嘌呤类化合物沉积于细胞中,既可节约用水,还借此带有了颜色。例如,凤蝶翅中就沉积有嘌呤类化合物。鱼类有光泽的肤色也是来自嘌呤类沉积物。

动物的很多颜色,如银白色光泽和蓝绿色等都与光的干涉、散射等过程有关。硬骨鱼的蓝色光泽就是由于皮肤中有黑色素细胞和含细微鸟嘌呤颗粒的细胞,光线照射到鸟嘌呤上散射出来,在黑色素细胞的背景下显出了蓝色。

14.2.3　色素流动的调节

色素颗粒在细胞中的流动是受神经或激素调节的,或同时受两者的双重调节。乌贼和枪乌贼等的色变是受神经调节的。神经冲动传到色素细胞外面的肌纤维,肌纤维收缩而使色素粒展开,体色变深。甲壳类和其他节肢动物的色素流动主要是受激素控制的。甲壳类和昆虫的几丁质外骨骼是透明的,皮肤颜色可透过几丁质层而显示出来。将一种褐虾分别饲养在黑色、白色和黄色的背景中,虾的体色逐渐适应,也分别变为深色、淡色和淡黄色。此时如将黑色背景中的褐虾血取出注射给白色背景的褐虾中,后者的黑色素细胞中的色素就扩展而使体色加深。同样,如将黄色背景中的褐虾血注射给白色背景的褐虾,后者的黄色素细胞中的色素就要扩展而布满细胞质中。切割身体某一部分的神经不影响该部分的颜色变化,但如阻断该部分的血液供应,颜色变化就不能发生。这些都证明色素细胞的活动是受激素控制的。而激素来自神经细胞,是由脑中某些神经元分泌出来储藏于眼柄的窦腺中的。所以,神经和激素既有分工也有合作,关系是十分密切的。

脊椎动物中,只有鱼类、两栖类和爬行类能随环境的改变而迅速发生色变。鸟类和哺乳类的皮肤盖有羽和毛,不存在因色素细胞的变化而发生色变。人类的皮肤因日晒而渐渐变黑,是由于色素细胞增多,此种变化是缓慢的,和乌贼、褐虾等的迅速变化不同。

蛙的皮肤很薄,色素细胞的排列很规则。最表面是黄色素细胞,其中有含蝶呤的黄色素体和类胡萝卜素泡。它的下面是有白亮光泽的光色素细胞,其中有由嘌呤构成的小体或小片,有折射的作用,能折射蓝绿光波,再加上黄色素细胞的掺和,就出现绿色。这一层之下是黑色素细胞。3种色素细胞的有规律的排列,加上光的折射和散射,使蛙的皮肤出现多种色泽和斑点。

调节蛙色素活动的激素来自垂体。眼及皮肤接受外界刺激而传达至脑,从脑再通过神经而至垂体,于是垂体发生反应,分泌激素。在暗色背景中,激素分泌多,结果黑色素粒扩展,肤色深。在白色或淡色背景中,激素分泌少或不分泌,于是色素细胞中的黑色素都缩回,而白色素细胞中的嘌呤类色素散开,结果皮肤色淡,呈灰白色或黄色。

避役(俗称变色龙)在白天日光曝晒时体色变深,如以一小板将皮肤与光隔开,皮肤上很快出现和小板同样大小形状的浅色部分。将深色的避役放在绿叶之间,不到 5 min,避役即变为绿色,难与绿叶分辨。避役的色变主要是靠神经调节的。皮肤的感觉细胞和视网膜接受外来刺激,通过脊髓和脑,而使色素细胞发生反应。所以避役色素细胞的变化是一个反射反应,色素细胞就是这个反射弧的最后一站,即效应器。因为是神经调节而不是体液调节,所以反应很快。

14.3　生物发光

生物发光(bioluminescence)是指生物体发光或生物体提取物在实验室中发光的现象。它不依赖于有机体对光的吸收,而是一种特殊类型的化学发光,化学能转变为光能的效率几乎为 100%。其是氧化发光的一种。生物发光的一般机制:由细胞合成的化学物质,在一种特殊酶的作用下,使化学能转化为光能。

自然界具有发光能力的有机体种类繁多。一些细菌和高等真菌有发光现象。从最简单的原生动物到低等脊椎动物中都有发光动物,如鞭毛虫、海绵、水螅、海生蠕虫、海蜘蛛和鱼等。动物的发光,除其自身发光即一次的发光以外,由寄生或共生而产生二次发光的例子也不少。不同生物体的发光颜色不尽相同,多数发射蓝光或绿光,少数发射黄光或红光。节足动物的发光过程包括加氧、激发与转移,如海萤的发光:它在自身分开的腺体中分别合成荧光素和荧光素酶,当把两者同时喷进水里时就会在水中反应而发光。

细菌发光:它的反应机制与前三种不同。底物在催化循环中会形成还原型核黄素磷酸盐和醛化合物,当遇到荧光素酶和氧时,就会形成一种激发的络合物。络合物断裂时生成氧化核黄素磷酸盐、酸、水及一个光子,波长 470～505 nm,光为蓝绿色。

腔肠动物的生物发光:这种类型发光具有各种不同的活化反应。亚门和纲不同,活化反应与激发特性也不同。此类发光还可以从一个发光种传递激发态能量给另一个发光种,即有敏化生物发光现象。这种发光可发出不同颜色的光,较多地偏向红色,波长 480～490 nm。

过氧化氢生物发光:这类发光包括两个过程,虫荧光素与氧或过氧化物单独或两者作用后先生成超氧阴离子(自由基),然后再激发。

生物微弱发光:这是一类低水平的发光,需要用精密测量装置才能测出。这种发光现象往往与迅速生长和呼吸的细胞或组织相联系,如洋葱根尖细胞、分裂的酵母细胞、白细胞、肝脏或脾脏的线粒体或微体等。化学发光在医学上的应用已引起人们广泛的兴趣。现已发现人体的体表也能发光,至于它的机理还不清楚。

14.4　其他效应器

效应器的种类多种多样。各种腺、腔肠动物的刺细胞、原生动物的丝泡、黏液泡等都属效应器。很多原生动物,如草履虫等,皮层内整齐地排列着长 3～4 μm 的小棒状器官,即刺丝泡(trichocyst)。草履虫在遇到某些刺激时(如醋酸),刺丝泡即射出成 25～35 μm 的长线,刺丝泡虽小,构造却甚复杂,它们大概是来自内质网。某些甲藻也有与刺丝泡相似的器官。四膜虫皮下则有另一种器官,称为黏液泡(mucocyst),内装黏液。这些器官都能排放物质,故称为排泡(extrusome)。关于它们的作用说法不一,一般认为是动物的进攻和防卫用的武器。

腔肠动物的刺细胞(sting cell)是腔肠动物所特有的一种细胞,分布在水螅、水母和珊瑚虫的外胚层中,每个刺细胞的外面有一个"探针"(cnidocil),是刺细胞的感觉细胞器。能感知物理刺激(接触),也能感知水中的某些化学物质,如小动物的分泌物等。刺细胞内有一小囊,称为刺丝囊(nematocyst)。其中有一盘绕的空管。如小的甲壳类动物游来时,"探针"受到刺激,刺丝囊内的空管迅猛向外翻出而成长丝。翻出的长丝可直接刺入捕获物体壁,并将毒蛋白注入捕获物体内,或缠绕在捕获物附肢或毛上,使捕获物不能逃脱。刺丝囊射出后不能收回,由体壁上另生新的刺细胞,产生新的刺丝囊加以补充。

本章小结

效应器是神经系统与机体其他器官系统的连接结构,神经信号将转变成其他器官的活动,完成机体的各种生理功能。本章效应器主要集中在平滑肌、心肌、骨骼肌、腺体、色素和发光等方面。其中由神经信号支配的肌肉收缩是动物典型的效应器官。阐述了肌丝滑动学说的基本内容,分析了肌肉收缩后产生张力的基本过程,讨论了兴奋-收缩偶联机制。同时分别阐述了肌肉收缩所产生的外部张力表现,剖析了离心收缩、向心收缩的异同,比较了等长收缩、等张收缩和等动收缩在不同生理状态下的特性。由于动物体的运动需要肌肉与骨骼的配合来完成,本章还就不同动物骨骼组成以及与运动方式进行了比较,以期对动物运动有一个完整清晰的认识。最后还强调了运动受到高级中枢活动的精细调节。尽管动物体内腺体、色素及发光机理尚不完全明确,本章也尽可能地给予了相应的介绍。

思考题

扫码答题

参考文献

[1] 姚泰. 生理学[M]. 6 版. 北京:人民卫生出版社,2003.

[2] 朱大年. 生理学[M]. 7 版. 北京:人民卫生出版社,2008.

[3] Longstaff A. Instant Notes in Neuroscience[M]. Oxford:BIOS Scientific Publishers,2005.

[4] Cordo P, Harnad S. Movement control[M]. Cambridge:Cambridge University Press, 1994.

第15章 生殖与发育

生殖(reproduction)是生命的最基本特征之一,生殖是指生物体生长发育到一定阶段后,生物产生后代和繁衍种族的过程,是生物界普遍存在的一种生命现象。它既是生物群体延续种族,生物体繁殖自身的重要生命活动,也是遗传物质分离、重组、传递和结合的循环过程。生殖分有性生殖和无性生殖两种。动物的有性生殖又分为卵生、胎生和卵胎生,而无性生殖则有出芽生殖和细胞生殖两种。植物的无性生殖分为孢子繁殖和营养繁殖。成熟的生物体能够产生与自己相似的子代个体,这种功能称为生殖。人类和哺乳动物的生殖是由一些的专门器官来完成的,高级动物的生殖系统是指参与和辅助生殖过程及性活动的组织、器官的总称,包括雄性和雌性的性腺及附属性器官。

15.1 生殖系统的构造和机能

地球上大多数动物都以有性生殖方式繁殖后代,但也有一些以孤雌生殖方式繁殖后代,多为卵生,种类和数量最多的应该是昆虫和蜘蛛。它们对陆地的适应性最强,也是形态变化最大的群体,昆虫的绝大多数种类进行两性生殖,也有孤雌生殖和多胚生殖方式。两性生殖需要经过雌雄交配,雄性个体产生的精子与雌性个体产生的卵子结合后,才能正常发育成新个体。昆虫的两性生殖的特点:卵通常必须接受了精子以后,卵核才进行成熟分裂(减数分裂);而雄虫在排精时精子已经减数分裂。这同别的生殖方式的分化有密切关系。在昆虫中,卵不经过受精就能发育成新个体的现象也不少见。这种现象统称为孤雌生殖(parthenogenesis),如蚜虫和蜜蜂。多胚生殖则是指1个卵在发育过程中分裂成2个以上的性别相同的胚胎,而每个胚胎都能够形成新个体的生殖方式,如茧蜂等。

昆虫雌性生殖器官主要包括1对起源于中胚层的卵巢(ovary)、与卵巢相连的2条侧输卵管(lateral oviduct)和下方1条由外胚层内陷形成的中输卵管(median oviduct)(图15-1)。部分昆虫中输卵管的下端常膨大成阴道或生殖腔(genital chamber),上连有接受和储存精子的受精囊。生殖腔末端的开口即为生殖孔,雌性的生殖附腺(accessory gland)连于阴道的背面。鳞翅目昆虫中部分种类还具有单独的交配器官——交配囊(bursa copulatrix),其开口与生殖腔的开口各自独立,交配囊开口于腹部第8节后方,称为交配孔;生殖腔开口于第9节后方,称为产卵孔。

雌性外生殖器着生于第8~9腹节上,是昆虫用以产卵的器官,故称为产卵器。它是由第8~9腹节的生殖肢形成的,生殖孔即位于第8~9节间的节间膜上。产卵器一般为管状构造,通常由3对产卵瓣(valvulae)组成。雄性昆虫的交配器包括将精子输入雌体的阳具(phallus)及交配时挟持雌体的一对抱握器(harpago)(图15-1)。多数有翅亚纲昆虫的交配器都是由这两部分组成,但构造较为复杂而多变化,因此常作为鉴别昆虫某些近缘种的重要依据之一。

蜘蛛是节肢动物门(Arthropoda)蛛形纲(Arachnida)蜘蛛目(Araneida或Araneae)所有种的通称。蜘蛛有5对附肢包括1对触肢和4对步足。一般是卵生,蜘蛛雄性和雌性的外生殖器官分别称作触肢器和外雌器。雄性的触肢膨大,形成跗舟,跗舟上着生生殖球,生殖球上有诸如血囊、中突、顶突、插入器、引导器等结构,这些结构在交配时通过血囊的膨胀(勃起)形成一个统一的形态,犹如喷水枪一样射出精液来。雌蛛的外雌器在腹部腹面靠近腹柄的地方,成体通常可以看到非常明显的不同于周围颜色的骨片结构,外有交配孔,内有纳精囊、受精囊、交配管,交配时,插入器插入交配孔,精子储存在纳精囊,受精时转移到受精囊与排除的卵子结合。雌蛛纺丝形成一个卵袋,内装受精卵,卵袋附在网上(结网蜘蛛),或产在石下、叶面上。有的母蛛守护卵袋,也有随身携带卵袋的。孵出卵壳的幼蛛仍在卵袋内停留数天,并在袋内蜕1~2次皮。蛛丝在蜘蛛的

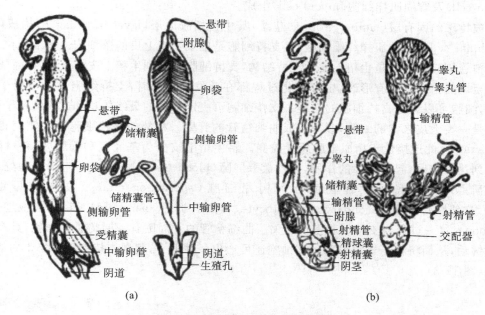

图 15-1　蝗虫的生殖系统组成图
（a）蝗虫雌性生殖器官图；（b）蝗虫雄性生殖器官图

生活中起重要作用。蜘蛛不但雌雄异形，雄小于雌，而且雄性蛛比雌性蛛的性成熟时间早，多数雄蛛在交配时用左须肢插入雌蛛生殖板上的左侧开孔，右肢插入右侧孔。精子入生殖板后，移入与输卵管相通的受精囊，卵通过输卵管至生殖孔排出的过程中即受精。有的雄蛛于交配后将交接器再充以精液，并与同一雌蛛再次交配。交配后，有些种类的雄蛛在雌蛛生殖板上涂一种分泌物（生殖栓），阻止雌蛛再交配。

　　人和高等哺乳类动物的生殖器官按功能可分为主要性器官和附属性器官。前者主要为产生性激素和配子的性腺，后者则是为辅助性活动将配子运送到受精地点以及保障正常发育的各种器官。也可以按解剖位置分为内生殖器和外生殖器，内生殖器官包括性腺及其相关的附属腺体。

15.1.1　雄性生殖系统

　　哺乳动物雄性生殖系统由内生殖器和外生殖器组成，内生殖器有睾丸、附睾、输精管和附属性腺，外生殖器有阴茎和阴囊。在神经和内分泌系统的精密调控下，这些器官协调工作以产生有功能的精子，并通过性交将这些精子输送到雌性生殖道内。单倍体的精细胞在睾丸内生成，并在通过附睾时完成其成熟过程，输精管将附睾的精子运送到壶腹部，它们在此与精囊腺分泌物混合，之后又在射精管与前列腺液混合排入前列腺尿道部（图 15-2）。最后，精子在与来自附属腺体（精囊腺、前列腺、尿道球腺）的射精分泌物混合后经阴茎的尿生殖道排出体外。

1. 内生殖器

1）睾丸（testis）　雄性生殖系统的主要性器官是睾丸，它既是产生精子的场所，也是分泌雄性激素以维系雄性性征的重要器官。

　　胎儿期的睾丸位于腹腔内，大多数雄性动物在出生前后，睾丸才由腹腔通过腹股沟管进入位于腹壁的阴囊内，这一过程称作睾丸下降。

　　睾丸形似卵圆体、表面光滑、左右各一，其外有阴囊包裹。睾丸由数百根紧密堆积在一起的曲精小管组成，其体积为睾丸体积的 85.8%，睾丸间质和睾丸膜分别占总体积的 9.7% 和 9.5%，而睾丸间质细胞只占睾丸总体积的 2.2%。然而，它们却通过激素调控整个生殖系统乃至全身的功能状态。

　　睾丸鞘膜脏层的表面为一层较厚的白膜，白膜在睾丸后缘处增厚，形成睾丸纵隔，从纵隔发生许多结缔组织隔膜，放射状伸入睾丸内部，称睾丸小隔，并将睾丸分隔成 200 个左右的锥形小叶，每个小叶内有 1～4 根弯曲的小管，即曲细精管（又称精曲小管）。曲细精管间的疏松结缔组织构成睾丸间质，其中有间质细胞。曲细精管在近睾丸纵隔处移行为较短的直精小管，在睾丸纵隔汇合成睾丸网（rete testis）（图 15-2）。

　　（1）睾丸曲细精管　精子发生的整个过程均在曲细精管（也称生精小管）内完成。曲细精管总共占睾丸总体积的 60%～80%，曲细精管的直径为 150～250 μm，长度约为 50 cm。其主要由支持细胞（Sertoli cell）、生殖细胞(germ cell)及管周肌样细胞(myoid cell)组成。

曲细精管被特殊的固有层(lamina propria)包绕,其中包括胶原层(layer of collagen)构成的基底膜和管周细胞(peritubular cell)(又称肌样纤维细胞)。支持细胞是位于生精上皮的壁细胞。该细胞位于管壁基底膜并延伸至曲细精管管腔。它既是生精上皮的支持结构,支持细胞延伸到生精上皮的全层,沿着支持细胞胞体,精原细胞发育至成熟精子的所有形态、生理变化过程都在此发生。同时,支持细胞也影响精子发生的过程。另一方面,生精细胞可以调控支持细胞的功能。支持细胞可决定睾丸的最终体积和成人的精子生成数量。

支持细胞是一类上皮来源的细胞,参与构成曲细精管的管壁。相邻的支持细胞基部侧突相接,形成紧密连接(tight junction),此连接位于精原细胞近管腔侧。将生精上皮分为基底区和近腔区,并可阻止淋巴液中的大分子物质到达近腔区,起到屏障的作用,故称血睾屏障(blood-testis barrier)。生精细胞处于连续分裂和分化的不同阶段,自基底面至管腔可分为精原细胞(spermatogonium)、初级精母细胞(primary spermatocyte)、次级精母细胞(secondary spermatocyte)和精子细胞(spermatid)。精子细胞进一步分化成精子(spermatozoon),这一过程与支持细胞密切相关。曲细精管的管周围有一层类肌样细胞,具有收缩功能,使曲细精管收缩蠕动,从而将精子送至附睾。该细胞还可产生一种因子,刺激支持细胞分泌蛋白的合成,调节支持细胞的功能(图15-3)。

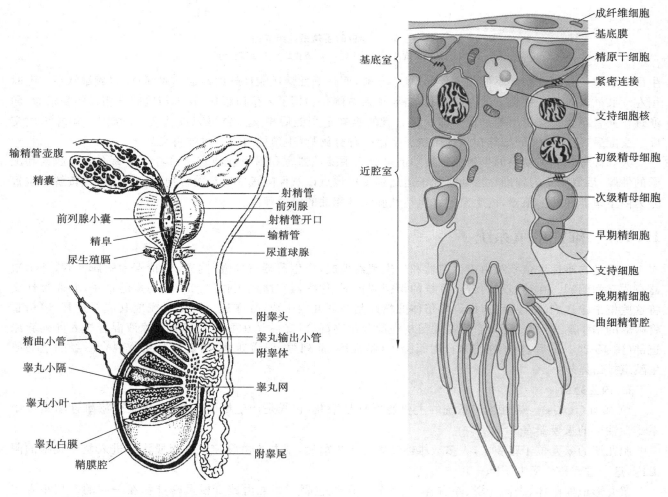

图 15-2　哺乳动物睾丸结构与排精通路

图 15-3　睾丸中支持细胞与生殖细胞的关系

在曲细精管之间存在疏松结缔组织,称间质组织,含有丰富的血管和淋巴管。间质除存在一般的结缔组织细胞外,还存在一种具有内分泌功能的特殊细胞,称睾丸间质细胞(Leydig cell),具有分泌雄激素的功能。

成熟精子形似蝌蚪,全长 60 μm,可分为头部和尾部。头部形态结构因物种而有所不同,精子是一种高度特化的细胞,核内染色质高度缩合、致密,并且其结构非常特异。精子头的前部有一扁平膜性囊泡,称为顶体(acrosome)。精子的尾部又称鞭毛,长约 55 μm,是精子的运动结构,分颈段、中段、主段和末段。构成尾部的轴心是轴丝,其结构与纤毛的结构基本一致,由外周的 9 组双微管及两根中央微管构成(图15-4)。

(2)精子发生　雄性哺乳动物在性成熟时期,睾丸内的精原细胞并非是同步发育为精子的,而是各个曲

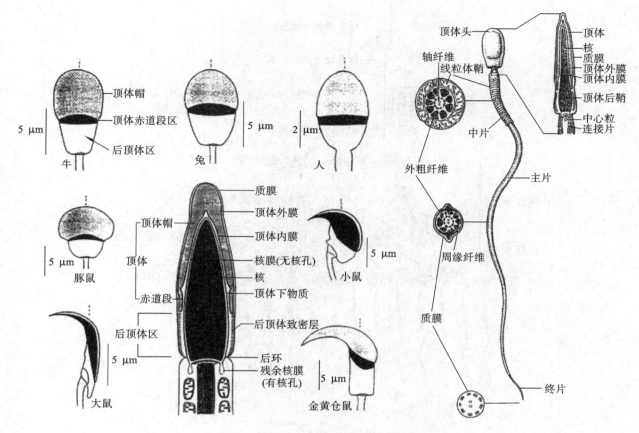

图 15-4　精子的显微结构模式图

细精管各自按照自己的周期由精原细胞增殖分化并发育为精子的(表 15-1),因此,对于整个睾丸来说则是睾丸内不断有精子生成。精子发生(spermatogenesis)包括精原干细胞自身的增殖与分化,由精原细胞分化而来的精母细胞再经过一次复制和两次连续的成熟分裂(减数分裂),形成单倍体的圆形精细胞,后者经过改变形态(变态)形成具有头颈尾特征明显的精子,最后的变态过程又被称为精子形成(spermiogenesis)。

表 15-1　生殖细胞的类型与状态

干细胞	细胞增殖	细胞分化
单个精原细胞($A_{isolated}$ or A_{single})	成对精原细胞(A_{paired})	
	成链(串)精原细胞($A_{alinged}$)	A1,A2,A3,A4
		B 型(B1,B2)
		中间型(intermediate,In)

　　每一个精原细胞都要有序地经历整个精子发生的各个阶段才能最终形成有特定形态的精子,但这并不是说各个阶段的生精细胞最后都能够形成精子,睾丸内可能具有一定的机制来保障精子的质量与数量,虽然其具体细节还不完全清楚,但是在细胞周期的各个检验点存在着一些"关卡",未能顺利通过者将通过细胞凋亡等途径被降解,睾丸中的支持细胞就具有很强的吞噬功能,主要负责清除"不合格"的生殖细胞及其残体。

　　(3) 精子发生过程中的同源群现象　在精子发生过程中从精原干细胞到形成成熟精子需要经过多次细胞分裂,而其中除了在精原细胞早期的几次有丝分裂是能够通过细胞分裂形成独立的子细胞外,剩余的细胞分裂都不完全,在细胞分裂的末期子细胞间并未完全分裂,而是由大约 1 μm 宽的细胞质桥(cytoplasmic bridge)相互连通着,细胞质桥把同一精原细胞分裂而来的同族细胞连成一个细胞群,它们按照精确的秩序严格的同步发育。在同族细胞群之间,小的细胞器、营养物质、信号物质和某些蛋白质、糖及离子可以通过细胞质桥相互连通交换,在整个细胞分裂过程中,随着细胞分裂次数的增加,细胞数量不断翻倍,其在曲细精管的位置也不断向管腔方向移动,最后同族细胞群所形成的成熟精子亦同步释放到管腔中。精原细胞这样同步发育和成熟释放的过程被称为同源群现象(图 15-5)。

　　2) 附睾、输精管的构造　附睾和输精管不仅仅是精子输出的管道,而且还是精子进一步成熟、储存甚至

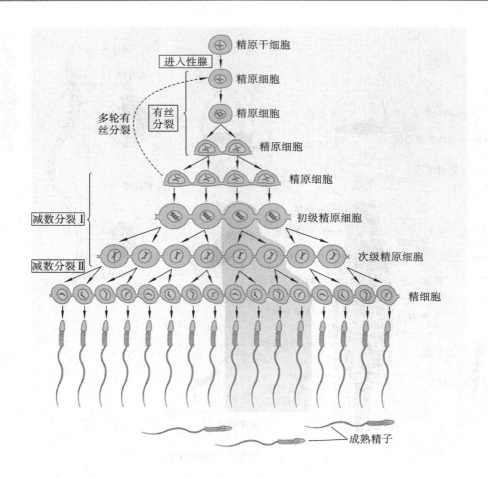

图 15-5　精子细胞的同步发育

失活的重要场所。

附睾位于睾丸的后上外方，为长而粗细不等的圆柱体，分为三个部分：位于睾丸上极的头部膨大而呈钝圆形，睾丸的输出小管由此进入附睾；位于睾丸下极、呈细圆形的部分称附睾尾，转向后上方并连接到输精管。头尾之间为附睾体，借疏松结缔组织与睾丸后缘相连，输精管起于附睾尾部，至射精管全长 30～40 cm。

附睾主要由输出小管及附睾管构成，输出小管有 10～20 条，起于睾丸网，通入附睾管。附睾管为长而弯曲的管道，起始段由输出小管汇入，尾部与输精管相连。输出小管及附睾管上皮外为基底膜，基底膜外为固有膜，内含少量的平滑肌，平滑肌收缩有助于精子的排出。附睾管壁的肌膜上衬以复层柱状纤毛上皮，柱状细胞游离端的纤毛，能帮助精子向附睾尾方向运动。

3）精囊腺、前列腺及尿道球腺的构造　精囊腺、前列腺和尿道球腺（Cowper's gland，库玻氏腺）共同成为附属性腺，它们参与维持精子的生命与活力，并保障其成功地运送到雌性生殖系统内，最终与卵子受精。射精后精液体积的 95% 以上源自附属性腺组织而不是来自睾丸。成年雄性的精液由源自尿道球腺、前列腺和精囊腺分泌的分泌物组成，但各个部分的比例会因物种有较大的差异。

精囊腺为一对长椭圆形囊状腺体，位于膀胱底的后方，输精管壶腹的外侧，左右各一，形状为上宽下窄，上端游离较膨大，为精囊底，下端直细为排泄管。

前列腺是雄性生殖器官中最大的腺体，位于膀胱颈部下方包绕尿道前列腺部。前列腺在幼年时不发达，随着性成熟而迅速生长，在老年人中，常发生病理性肥大，导致排尿困难。

尿道球腺为一对圆形小体，质坚硬，呈黄褐色，位于尿道球部的后上方，开口于尿道的阴茎部。

2. 外生殖器

1）阴茎（penis）　阴茎分为三部：阴茎根、阴茎体及阴茎头，由三个圆柱形海绵体构成，周围有结缔组织被膜包裹（图 15-6）。

阴茎前端膨大部分称阴茎头（龟头），其顶端为尿道外口，后端膨大部分称尿道球部，位于两侧阴茎脚之间。在阴茎头下方正中有包皮皱襞，称为包皮系带。海绵体的内部由许多结缔组织构成的小梁和小梁间的腔隙组成,其中含有大量的胶原纤维、弹性纤维、平滑肌和迂曲行走的螺旋动脉。海绵体的腔隙又称海绵体窦,交互通连并与动静脉直接相通。阴茎的这种结构又称为勃起组织。性兴奋时由于充血可以使阴茎体变硬以利于性交时的插入。

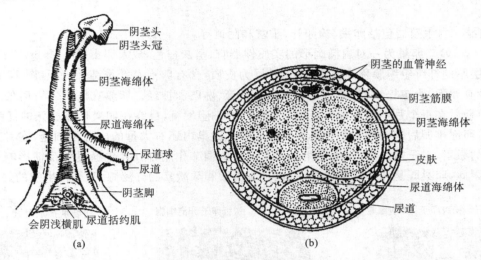

图 15-6　人阴茎的解剖结构示意图

（a）阴茎的构造；（b）阴茎横切面

2）阴囊(scrotum)　哺乳动物的阴囊位于耻骨联合的下方,为阴茎与会阴间的皮肤囊袋,内有睾丸、附睾及精索下部,由阴囊的内膜隔,将阴囊分为左、右两个囊。

阴囊的组织层次由外向内是皮肤、内膜、会阴浅筋膜、精索外筋膜、提睾肌、精索内筋膜及睾丸固有筋膜(图 15-7)。哺乳动物的阴囊不仅是一个体腔,而且还是一个具有保障精子发生的环境调控装置,它通过一系列调控措施使睾丸处于一个比体温稍低的温度环境(约 33 ℃),而精子发生只能够在此条件下进行,如果睾丸在出生后无法下降到阴囊里则形成隐睾(即睾丸隐藏在腹腔内),此时,睾丸在腹腔的体温(37 ℃)下则无法完成精子发生过程,只有通过手术等将其引入温度较低的阴囊中,精子发生才能重新恢复。但是,鸟类没有阴囊,睾丸则直接在腹腔内,其他变温动物没有恒温调节功能。

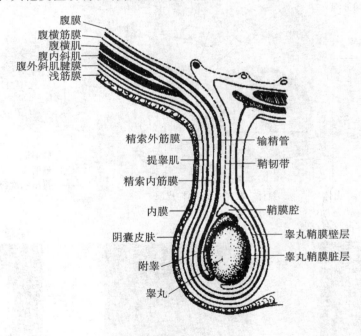

图 15-7　阴囊内睾丸模式图

15.1.2　雌性生殖系统

哺乳动物雌性生殖系统的主要性器官是卵巢,与雄性类似,卵巢也具有双重功能,它既是产生和排放卵子的生殖器官,又是合成和分泌雌性激素的内分泌腺体。大多数脊椎动物有两个卵巢,两侧基本对称分布,而禽类则一般是仅保留左侧卵巢及输卵管,而右侧则退化,卵巢呈葡萄状,均为处于不同发育时期的卵泡,卵泡呈黄色,卵巢表面密布血管,而部分鱼类的两个卵巢融合为单个结构。下面均以人为例阐述雌性生殖系统的基本功能及结构。

1. 内生殖器 内生殖器包括卵巢、输卵管、子宫和阴道等。

(1) 卵巢(ovary) 卵巢为一对扁椭圆形的实质性器官,呈灰白色,成人卵巢重 5~6 g,绝经后逐渐萎缩。卵巢表面有一层厚的纤维组织膜称为白膜,膜下外层为皮质,含有卵泡及纤维结缔组织(图 15-8)。髓质在卵巢中心部位,没有卵泡,为疏松结缔组织,含有丰富的血管、淋巴和神经。卵巢在胚胎发育时便形成了大量的卵原细胞,青春期后在每个月经周期都有一定数量的卵原细胞发育,最终在卵巢形成成熟的优势卵泡,在 LH 高峰的诱发下,卵泡排卵后被输卵管伞收集进入输卵管。卵巢内还有大量的内分泌细胞,在月经周期的不同阶段分泌相应的激素,对子宫内膜、阴道等组织具有一定的调节作用,同时,也通过负反馈影响垂体及下丘脑的激素分泌。因此,卵巢既是卵子发生的场所,也是雌激素和孕激素的分泌腺,是雌性生殖的关键器官。

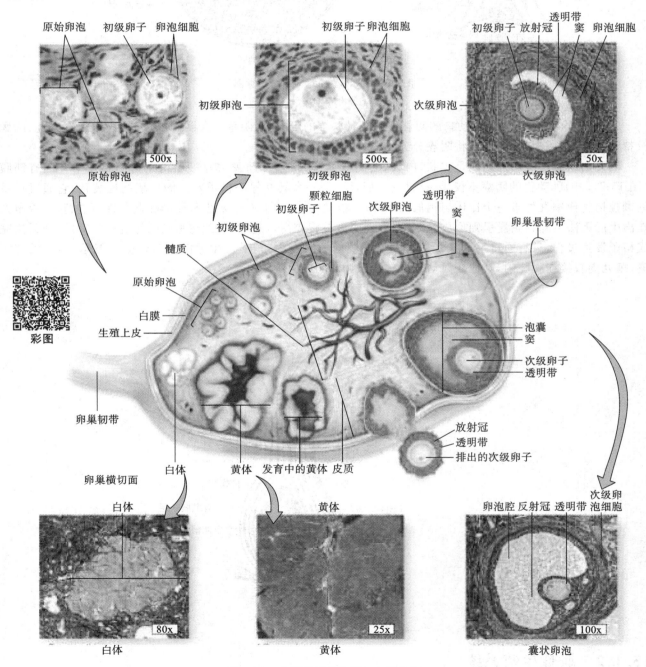

图 15-8 人卵巢及卵泡的组织结构图

（2）输卵管（oviduct）　输卵管是一对细而长的弯曲管道，近端与子宫两角相连，并开口于子宫腔内；远端游离，开口向着腹腔，接近卵巢。它是由子宫部（也称子宫壁间质部，或称子宫-输卵管连接部）、峡部、壶腹部与漏斗部（伞端）组成，其中，子宫部为输卵管位于子宫肌壁内的部分，故子宫部又称壁内部。子宫-输卵管连接部和峡部对通过的精子在数量和活动能力方面具有一定的调控功能，而壶腹部则是精子、卵子结合的受精部位。输卵管壶腹部向外逐渐膨大呈漏斗状，称为漏斗部（infundibulum）。漏斗部中央的开口即输卵管-腹腔口。漏斗周缘有多个放射状的不规则突起，称为输卵管伞（fimbria）。伞内面覆盖有黏膜，其中较大的伞有纵行黏膜襞，与卵巢的输卵管端相接触，称为卵伞（fimbria ovarica），有"拾卵"作用。输卵管管壁的黏膜上皮为单层柱状纤毛上皮，纤毛的摆动以及肌层的平滑肌蠕动可将卵子输送到子宫腔，并有助于精子运动。

（3）子宫与阴道　子宫（uterus）和阴道（vagina）是生殖道的基本组成部分，既是婴儿的产道也是胎儿孕育的必要场所，所以是生殖系统最重要的部分之一。

人的子宫呈倒梨形，当站立时位于骨盆入口平面下，骨棘水平上，稍向前倾。子宫可分子宫底、子宫体与宫颈三部分。子宫颈的一部分称阴道上部，另一部分于阴道内，称阴道部（图 15-9）。子宫底部两侧与输卵管腔贯通，称子宫角；子宫底与子宫颈之间相对膨大部分称子宫体；子宫体与它交界处的狭窄部分称子宫峡部。然而，其他哺乳动物与人类不同，其胎儿孕育的位置不在子宫腔内而在子宫角内，子宫角的结构也各有不同，子宫内膜的结构也不相同（图 15-10）。

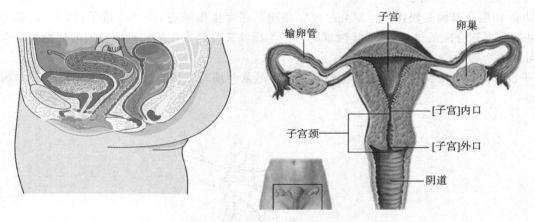

图 15-9　雌性生殖系统解剖示意图

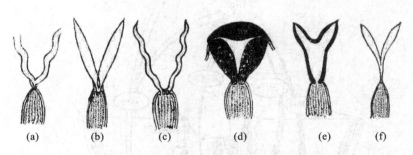

图 15-10　不同动物的子宫结构示意图
（a）猪；（b）豚鼠；（c）兔；（d）猴猿猩猩；（e）马；（f）猫狗牛羊

人类子宫壁由内向外可分黏膜（子宫内膜）、肌层和外膜等三层。子宫内膜由单层柱状上皮和结缔组织构成。成体动物的子宫内膜除子宫颈外，均随月经周期而变化。肌层很厚，由平滑肌纵横交错排列，血管贯穿其间。子宫收缩时血管受压迫，可制止产后出血；妊娠时子宫平滑肌细胞体积增大，数量增多。分娩时子宫平滑肌节律性收缩成为胎儿娩出的动力。外膜由单层扁平上皮和结缔组织组成，覆盖子宫外表面。

阴道开口在前庭，前方有膀胱底与尿道，后面近肛门、直肠。阴道向内到子宫颈，是沟通内外生殖器的管道。人类特有的月经血经此处排出，也是性交的器官，胎儿娩出的正常通道。阴道口位于尿道口下方，边缘有一层较薄的黏膜组织覆盖，中央有孔，该组织称处女膜。阴道上端包绕着子宫颈，在子宫颈旁的阴道部分称为穹隆，按部位分前、后、左、右 4 个部分。后穹隆较深，其顶端与子宫直肠陷凹紧贴。

2. 外生殖器　雌性外生殖器总称外阴，包括阴阜、大阴唇、小阴唇、阴道前庭及前庭大腺。其中，阴阜为耻骨联合前方隆起的脂肪垫，其皮肤上生长有阴毛。大阴唇和小阴唇为阴道和尿道口两侧的皮肤皱襞，前者有脂肪腺与阴毛,而后者则没有,在两小阴唇之间的上端是神经末梢非常丰富的阴蒂,故该处极为敏感。

15.2 生殖机能的调控

人类和哺乳动物的生命必须依靠生殖过程来延续,而生殖过程的实现需要雌雄个体良好的生殖状态来保障,因此,雌雄两性在生理机能上的默契协同对完成生殖任务是至关重要的。

15.2.1 雄性生殖功能

1. 睾丸的生精作用 精子的发生是一个复杂而高度有序的过程,需要新的基因产物,并且这些基因产物的表达程序非常精确而协调。这些基因表达的调节主要在细胞内、细胞间和细胞外三个水平。生精细胞内高度保守的基因序列决定了生精细胞的分化。生精细胞内的特殊基因调控需要来自生精细胞周围细胞提供信息,其中支持细胞在细胞间调控中提供生精细胞必需的营养和调控因子(如生精细胞的增殖以及各个发育阶段)。当然,细胞间的调控也依赖细胞外的影响,主要是睾酮和 FSH 的作用,这两种激素作用于支持细胞和肌样细胞,它们间接作用于生精细胞。

2. 睾丸的功能及其内分泌调节 睾丸的主要功能是产生生殖细胞,即产生精子;然而,正常的生精过程有赖于睾丸间质细胞合成的雄激素,而雄激素的合成与释放又受到下丘脑和垂体释放的促性腺激素释放激素和促性腺激素的精确调控。

1) 精子发生的内分泌调控 睾丸的生精及合成雄激素两项功能都通过负反馈受到下丘脑和脑垂体的调节(图 15-11)。

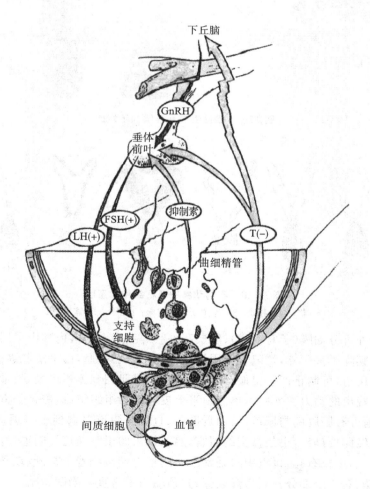

图 15-11 下丘脑-垂体与睾丸细胞间的内分泌调节关系

睾酮可以抑制 LH、FSH 的分泌。对于 FSH,抑制素 B 是更为重要的调节物质。LH 促进睾丸间质细胞合成睾酮,FSH 则控制支持细胞的调节精子生成作用。睾酮在睾丸间质中的作用对于精子发生过程也十分重要。

精子发生的初次生精过程一般在 FSH 和 LH 的影响下完成。但是高浓度的睾酮单一作用也可以诱导精子发生。激素在生精维持、生精再激活中同样有重要作用。

使用抗体免疫中和 FSH 可以明显减少灵长类动物以及人类男子的精子发生。在抑制内生性促性腺激素分泌后,FSH 可以持续地维持生精过程。推测睾酮的作用可能是激活 FSH 受体,使 FSH 与其结合后发挥作用。另外,受到睾丸产生的抑制素(inhibin)的作用,FSH 的分泌可以受到抑制。LH、FSH 以及睾酮的协同作用对维持正常生精和生精再激活必不可少。

(1) 下丘脑促性腺激素释放激素(GnRH)　GnRH 以一系列脉冲的方式释放入垂体门脉循环中,通过细胞膜受体激发 FSH 和 LH 的释放,长时间占据 GnRH 受体会导致垂体细胞 FSH 和 LH 激素减少分泌,即出现促性腺细胞的脱敏现象。GnRH 脉冲的幅度或频率的改变,将导致促性腺细胞对其敏感性以及 LH/FSH 比值的变化。

(2) 腺垂体促性腺激素　垂体促性腺激素(GTH)有两种:一是卵泡刺激素(FSH),二是黄体生成素(LH)。FSH 主要作用于睾丸的曲细精管中的支持细胞,从而促进精子的生成,精子的生成和成熟需要 FSH 及睾酮的共同作用。FSH 还可刺激支持细胞发育,并促进其产生一种能结合雄激素的蛋白质(ABP),ABP 可提高和维持雄激素在曲细精管内的局部浓度,同时支持细胞还能分泌一种被称为抑制素的蛋白质激素,它能反过来抑制垂体细胞分泌 FSH。LH 主要作用于睾丸的间质细胞,促进其合成和分泌睾酮,FSH 还能增强 LH 的这种作用。GTH 分泌的调节一方面来自下丘脑的 GnRH,促进 GTH 的合成和释放,另一方面也接受睾丸雄激素和抑制素的负反馈调节,从而维持机体内分泌环境的相对平衡状态。

雄性性腺轴系的下丘脑、垂体和睾丸的各种细胞均有非常复杂的功能,几乎都涉及内分泌、旁分泌甚至自分泌形式的调节,睾丸的反馈调节主要体现在间质细胞分泌的睾酮、双氢睾酮对下丘脑、垂体的负反馈调节以及支持细胞分泌抑制素和激活素(activin)对垂体分泌 FSH 分别产生负反馈及正反馈调节作用。

2) 雄性生殖过程的神经调节　大量研究表明,雄性动物的生殖过程还直接或间接地受到神经系统的影响,神经系统除了在下丘脑与内分泌系统交叉外,还可以通过直接的神经支配来影响雄性生殖过程。

3. 附属性器官的功能及其调节

(1) 附睾　虽然睾丸中的生精细胞经过精原细胞的增殖、精母细胞的减数分裂和精子细胞的变态(改变形态),形成染色体为单倍体的蝌蚪状的精子,但此时的精子尚未达到功能上的成熟,只有在进入附睾后,在循附睾头、体、尾运行和在附睾的储存过程中,其形态结构、生化代谢和生理功能方面发生深刻的变化,最终获得运动能力、精卵识别能力和受精能力时精子才成熟。

附睾由附睾头、附睾体和附睾尾三部分组成。然而,这三部分之间并非截然不同,只是人们为方便叙述所命名的解剖区域。其头部通过睾丸输出管与睾丸相连,而尾部则通过输精管开口于雄性的尿生殖道,现已表明,正是附睾内的液体微环境促使了精子的成熟,附睾各段上皮呈高度特异的区域化,各段有不同的吸收和分泌功能,创造了有利于精子成熟和储存的微环境。

附睾管细胞能够生成多种因子,参与精子和附睾上皮细胞渗透压的调节,也参与精子和附睾上皮细胞的代谢过程。附睾还具有在管道内运送精子和保护精子免受有害物质影响的作用,所有这些功能都以极其精确的方式相互协调以确保产生完全活跃的精子。

(2) 精囊腺、前列腺及尿道球腺　精囊腺的分泌物是精液的主要成分,约占精液量的 60%,是一种白色或淡黄色,具有弱碱性的黏稠液体。其分泌受雄激素的调节,分泌物中含果糖、前列腺素、凝固因子、去能因子、蛋白酶抑制剂等多种成分,其中果糖含量丰富,可被精子直接代谢,释放供精子运动所需的能量。前列腺素被阴道吸收后能够引起子宫和输卵管平滑肌的收缩,从而有助于精子和卵在雌性生殖道的运输。

前列腺分泌物的量仅次于精囊液,约占精液量的 20%,为乳白色稀薄的液体,弱酸性,内含有丰富的柠檬酸、酸性磷酸酶、纤维蛋白酶等。纤维蛋白酶可使凝固的精液液化,酸性磷酸酶可把磷酸胆碱水解成胆碱,这与精子的营养有关。

尿道球腺的分泌物为清亮的黏性液体,能拉成细长的丝,内含多种半糖、唾液酸、ATP 酶及 5-核苷酸酶。它受神经系统的精细调控,在性兴奋时首先分泌并排出(射精前),有清理和润滑尿生殖道的功能。

（3）阴茎、阴囊　阴茎的主要生理功能是性交时勃起,其功能活动受中枢神经系统的控制。勃起是由于种种刺激而引起的一种神经反射,当性兴奋达到高潮时,则发生射精。阴茎松弛时,海绵体窦内含有少量的血液,当性兴奋时,螺旋动脉及小梁内平滑肌松弛,大量血液注入海绵体窦,阴茎就变大、变硬而勃起。待性兴奋减弱时,平滑肌恢复原有张力,螺旋动脉关闭,进入海绵体的血量减少,原有的血液从静脉徐徐流出,阴茎又恢复松软状态。由于尿道的一部分穿行其内,阴茎还有排尿功能。

阴茎勃起是一系列复杂而又协调的生理学过程,是由神经内分泌调节、血流动力学变化以及心理效应等多种因素相互作用的结果,这种协调性取决于调控阴茎勃起收缩与舒张因素的一致性。

阴囊除保护其内容物外,最主要的功能是调节睾丸的温度,有利于睾丸的生精功能。睾丸的精子发生只能够在阴囊(低于体温的)环境中进行,如果由于隐睾(睾丸留在腹腔内)则精子发生肯定受阻。

15.2.2　雌性生殖功能

哺乳动物雌性个体的生殖过程具有明显的个体周期性变化,即生殖周期。在动物中被称为发情周期,而在人类中则为月经周期。其本质是由于卵巢卵泡周期性发育而引起的个体生理状态的周期性变化。其中的变化包括激素的变化、卵巢卵泡的变化、子宫内膜的变化以及体征的变化等。

1. 生殖细胞的变化　女性在出生前,卵巢中有卵原细胞,它是在卵泡中生长发育的。妊娠3个月时,胎儿卵巢中很多卵原细胞进入减数分裂,成为初级卵母细胞,出生后所有女性生殖细胞都成为初级卵母细胞,含46条染色体,减数分裂停滞在分裂前期,并可长期停滞达50年之久,最后成熟的只有少数,大多数都走向了凋亡。

原始卵泡是由一个初级卵母细胞和包围它的单层卵泡细胞构成。随着卵泡的发育,卵母细胞逐渐增大,卵泡细胞不断增殖,由单层变为多层的颗粒细胞层。

2. 卵泡发育过程的调节　卵泡的发育始于原始卵泡到初级卵泡的转化,当原始卵泡进入生长轨道,其大小、结构及在卵巢皮质中的位置发生显著变化(图15-12)。人类原始卵泡发育远在月经周期起始之前,从原始卵泡至形成窦前卵泡需9个月以上的时间。从窦前卵泡发育到成熟卵泡经历持续生长期(1～4级卵泡)和指数生长期(5～8级卵泡),共需85天时间,实际上跨越了3个月经周期。而卵泡生长的最后阶段约需15天,是月经周期的卵泡期。

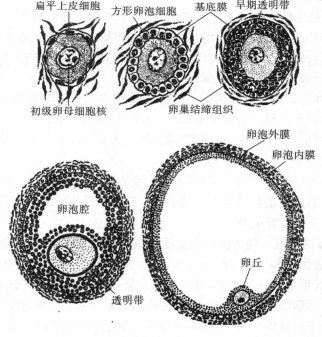

图15-12　人类卵泡发育及结构模式图

根据卵泡的形态、大小、生长速度及组织学特征,可将其生长过程分为以下几个阶段。

（1）窦前卵泡(preantral follicle)　原始细胞的梭形前颗粒细胞分化为单层立方形细胞,成为初级卵泡(primary follicle),同时,颗粒细胞合成和分泌黏多糖,在卵子周围形成一透明环形区,称透明带(zona pellucida）。初级卵泡颗粒细胞的增殖增加了细胞的层数，卵泡增大，形成次级卵泡（secondary follicle）。颗粒细胞内出现卵泡刺激素（FSH），雌激素（E）和雄激素（A）三种受体，具备了对上述激素的反应性。

（2）窦状卵泡（sinusoid follicle）　在雌激素和 FSH 的协同作用下，颗粒细胞间隙集聚的卵泡液增加，最后融合成卵泡腔，卵泡增大直径达 500 μm，称为窦状卵泡。

（3）排卵前卵泡（preovulatory follicle）　为卵泡发育的最后阶段，亦称格拉夫卵泡（Graafian follicle）。卵泡液急剧增加，卵泡腔增大，卵泡体积显著增大，直径可达 18～23 mm，卵泡向卵巢表面突出，其结构从外到内依次为：①卵泡外膜；②卵泡内膜；③颗粒细胞；④卵泡腔；⑤卵丘；⑥放射冠；⑦透明带。

卵泡的发育受到下丘脑及垂体生殖激素的调控，各个卵泡对 FSH 的敏感度不同。对 FSH 作用阈值最低的生长最快。卵泡周期第 9～10 天颗粒细胞也获得 LH 受体而对 LH 敏感。每一个卵泡都有各自的卵泡液激素微环境。在排卵前，卵泡的卵泡液中雌激素和黄体酮（孕酮）（progesterone，P）水平较高，而雄激素水平低；小卵泡的雄激素水平较高，而 E_2 及 P 水平较低。

人类成熟卵泡壁发生破裂，卵细胞、透明带及放射冠同卵泡液冲出卵泡，称为排卵。排卵后，塌陷卵泡内的颗粒细胞与内膜细胞转变为黄体细胞而形成黄体。如卵子未受精，则黄体维持二周后即萎缩，最终形成没有功能的残体，也称白体。如卵子受精，黄体继续长大，则称为妊娠黄体。而成熟卵泡排卵是在垂体 LH 激素高峰的刺激下完成的，因此，抑制该 LH 高峰即可阻断排卵的发生；而且排卵后形成的黄体也受 LH 的调控，LH 可以刺激黄体分泌孕激素。如果卵子受精则胚泡与子宫绒毛膜会分泌一种功能类似于 LH 的激素，被称为人绒毛膜促性腺激素（hCG），黄体及子宫内膜则在该激素的支持下继续发育，进入妊娠阶段。

然而动物的排卵则各有不同，鸟类则不论受精与否都能规律地按时排卵产蛋；猫科动物的排卵则需要交配刺激的神经信号才能完成；而啮齿类的交配刺激则会使雌性的性周期转变为孕周期（假孕）状态。

3. 卵巢的内分泌功能　卵巢是女性类固醇激素分泌的主要来源，分泌的雌激素主要为雌二醇，孕激素主要为孕酮。卵巢也分泌少量的雄激素。肾上腺也能分泌一些雌激素的前身物，在外周皮下脂肪层转化成雌激素与雄激素。

（1）雌激素的生成与调控　卵巢在排卵前由卵泡分泌雌激素，在排卵后由黄体分泌孕激素和雌激素。颗粒细胞是产生雌激素与孕激素的主要场所，在合成雌激素过程中卵泡内膜细胞也起了很大的作用。卵泡内膜细胞在 LH 作用下产生雄激素，通过扩散转运至颗粒细胞；在 FSH 作用下增强颗粒细胞内芳香化酶的活性，从而将雄激素转变为雌激素。排卵后，黄体细胞合成孕激素，也能分泌较多的雌激素。

（2）孕激素的生成与调控　颗粒细胞与卵泡膜间质细胞一样承担了合成孕激素的工作，细胞内的胆固醇是类固醇激素生成的来源，现已知血液循环中的脂蛋白在合成孕激素过程中起重要作用。低密度脂蛋白颗粒可以与细胞膜上的特殊受体结合，结合后的复合物进入细胞内与溶酶体融合，使游离的胆固醇转运至线粒体，然后产生孕酮与雄激素；排卵前卵泡液中不含或仅含少量低密度脂蛋白。当排卵活动开始后，黄体形成，黄体周围血管丰富，颗粒黄体细胞中的低密度脂蛋白增加，开始合成孕酮。

4. 生殖周期　生殖周期（reproductive cycle）是哺乳动物普遍具有的生命现象，表现为雌性生殖能力出现周期性变化。女性从青春期到绝经期出现周期性排卵，而怀孕和哺乳都能造成一段时间内排卵的中断。虽然有些野生动物的雄性由于季节性繁殖的原因，也表现出明显的周期性（如繁殖季节与非繁殖季节），但并非雌性个体的性周期。

月经周期开始于青春发育期，正常成年女性具有规则的月经周期。女性进入更年期后，月经周期的终止意味着生殖能力的丧失。

少女进入青春期的标志是月经初潮，外部表现为阴道出血，其实质是子宫内膜脱落后由阴道排出，称为月经（menses）。青春发育阶段，月经周期通常不规则并且不发生排卵，这是因为此时雌二醇对 LH 的正反馈调节途径还没有真正建立。一般将一次月经开始到下一次月经开始的时间，定为一个月经周期，平均为 28 天，但从 24 天到 35 天均属正常。月经周期可分为卵巢周期和子宫内膜周期。卵巢周期包括颗粒期、排卵期和黄体期；子宫内膜周期包括增殖期、分泌期和月经期。以月经周期 28 天为例，对于绝大多数女性而言，黄体期（卵巢）或分泌期（子宫），即从排卵到下次月经开始的时间，相对比较稳定，平均为 14.2 天。这主要是由于卵巢从黄体形成到退化为白体的过程，具有较固定的活动期。与此相反，颗粒期（卵巢）或月经期和增殖期（子宫），即从月经开始到排卵的时间是极不稳定的。这是造成月经周期不稳定的因素之一，随着年龄增长月经周期缩短的原因也在于此。

月经周期受下丘脑-腺垂体-卵巢轴调节,其中下丘脑分泌 GnRH,腺垂体分泌 FSH 和 LH,卵巢分泌雌二醇和孕酮。它们在月经周期中分别呈现出紧张性和脉冲性分泌模式,这是形成卵巢周期和子宫内膜周期的前提条件。卵巢周期和子宫内膜周期在月经周期中同步出现。子宫内膜周期的形成直接受卵巢激素的调节,卵巢周期的形成受腺垂体激素的调节,而腺垂体的功能受下丘脑激素的调节。因此,下丘脑-腺垂体-卵巢轴中各种激素的周期变化,最终决定了月经周期中各个时期的形成。图 15-13 分别表示月经周期中激素的变化、卵巢的变化和子宫内膜的变化及其相互关系。

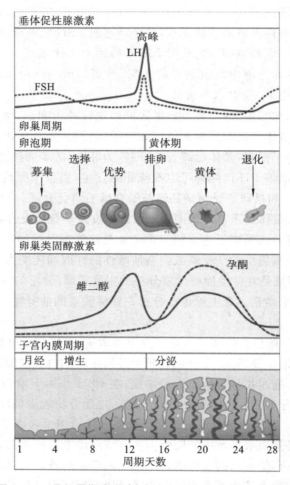

图 15-13 月经周期中激素、卵泡和子宫内膜的变化示意图

15.3 有性生殖过程

受精是由成熟雌雄个体产生的单倍体配子相结合,使双亲遗传物质重新组合,恢复为二倍体的合子,并决定个体性别的过程。它标志着新生命的开始,是有性生殖个体发育的起点。在人类和哺乳动物中,雌性配子为卵子而雄性配子则为精子,它们各为合子(受精卵)提供一套染色体,卵子中的这套染色体被称为母本染色体,精子中的那套染色体被称作父本染色体,精子、卵子融合为以后的胚胎提供了两个完整的基因组(二倍体染色体),这就是构建新生命的所有遗传信息。

受精之后的合子(zygote)通过连续的有丝分裂产生大量的细胞,所产生的细胞聚集在一起,共同构建新生命所有必需的器官。受精的实质是把父本精子的遗传物质引入母本的卵子内,使双方的遗传性状在新的生命中得以表现,促进物种的演化和遗传品质的提高。同时,也是配子和胚胎生物学研究的重要内容之一。

15.3.1 受精过程

受精是雌雄配子结合形成合子的过程,在自然繁殖情况下,两性配子虽然各自在雄性和雌性个体中发育,雌雄配子各自必须处于相应的发育阶段并有机会相遇,而受精的部位既不在卵巢也不在睾丸,因此,雌雄动物个体不仅要有确切的空间相遇以完成交配,而且,还要有精确的生理机制确保它们在生殖道正确的运行,在时间上保障其配子同时到达受精目的地以完成受精过程,同时还需要及时将受精卵运送到子宫的适当部位以便与母体建立联系,从而继续完成体内胚胎发育(怀孕)过程。

1. 配子的运行　配子的运行(transport of gametes)是指精子由射精部位(或输精部位)、卵子由排出的部位到达受精部位(输卵管壶腹部)的过程(图 15-14)。卵子的运行是依赖生殖道内纤毛摆动或收缩而被动实现的,与卵子相比,精子运行的路径更长、更复杂,除了被动运输外还包括自身运动。

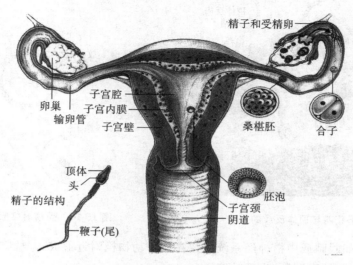

图 15-14　精子和卵子在雌性生殖道的运行

大多数哺乳动物(如牛、羊、兔及灵长类)在交配期间精液大多聚集在阴道前庭部位(阴道射精型),而另一些动物(如猪、马、狗及啮齿类)在交配时大部分精液直接进入子宫腔(宫腔射精型),或通过宫颈管进入宫腔。只有一小部分精子能够成功地运行到受精部位(壶腹部),雌性生殖道在控制精子运行方面具有重要的作用。对于宫腔射精型动物的精子,子宫-输卵管连接部是其运行至受精部位的主要调控部位。而对于阴道射精型动物,其精子在进入子宫之前必须穿越具有高度褶皱及充满黏液的子宫颈,换言之,在此类动物中子宫颈而不是子宫-输卵管结合部成为精子运行的主要调控部位。

2. 配子的变化　精子只有接受雌性生殖道的分泌物(获能因子)的作用后,才具有受精能力,这种现象称为精子获能,意即获得受精的能力,已知在哺乳动物是必需的。

顶体反应是指获能精子受到诱导物的刺激,其质膜与顶体外膜发生融合并释放出顶体内容物的过程。顶体是哺乳动物精子头部的一个帽状结构,它覆盖在精子核的前面,是精细胞的高尔基体衍化的囊性帽状结构,其内充满各种水解酶类,当获能的精子接近卵子透明带时被激活,其头部发生胞吐(exocytosis),释放其内的水解酶帮助精子穿过透明带,顶体反应发生是一个连续的过程,顶体帽部分质膜与顶体外膜在多处发生融合,使顶体内的物质从融合处释放出来(图 15-15)。一般认为,只有获能的精子才能发生顶体反应,而经过体顶体反应的精子才能通过透明带并与卵质膜融合,因此,顶体反应至少具有双重功能:一是释放水解酶使精子穿过透明带,二是暴露精子内膜可以与卵子质膜相识别的配体和受体,从而促进配子细胞融合。

关于顶体发生的时间和部位目前尚有不同的看法,且不同动物差异较大。

精子与卵子的结合都必须首先完成同物种的精卵识别,即精子顶体内膜暴露出的特异性蛋白与卵子透明带上的受体发生特异性的结合,否则精卵融合则不会发生,说明受精是一个以精卵识别为前提的配子结合过程,对于保持物种生殖隔离具有重要的生物学意义(图 15-16)。

15.3.2　受精卵发育及性别分化

即使是圆形的卵子(昆虫的卵是椭圆形的),其内部结构也是不对称的,也就是说,卵子具有极性结构。卵母细胞(二倍体前体细胞)的核通常并不位于中心,而是在细胞外周靠近表面的部分,减数分裂产生卵子的过程中,极体就从这里形成。

极体释放的位点通常称作动物极(animal pole),相应的另一极称作植物极(vegetal pole)(图 15-17)。母体物质一般储存于植物极,在发育后期形成原肠,或者掺入原肠腔中。在这里"动物"(animal)一词指的是之

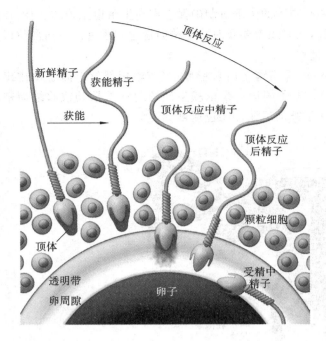

图 15-15 精子获能与顶体反应的发生

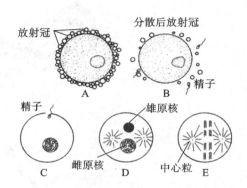

图 15-16 受精时雄原核与雌原核的形成示意图

后形成的典型动物器官,如眼睛或中枢神经系统往往在卵子动物极附近形成。"植物"是指源于原肠的营养器官,它们执行食物处理等相对"次要"的生理功能。

卵子受精和激活之后发生卵裂。精卵融合后,受精的卵子仍然是单个细胞,其任务是产生含有数以百万计细胞的多细胞有机体,因此,细胞必须发生迅速分裂。发育的这一时期称作卵裂。

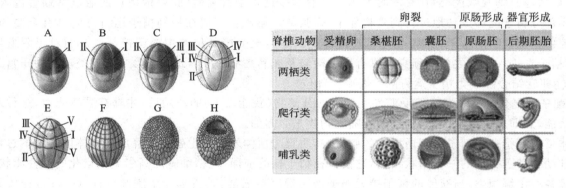

图 15-17 受精卵的极性

人的性别是由受精卵(合子)所含的性染色体来决定的。精子所含染色体为 23,X 和 23,Y 两种,卵子所含染色体为 23,X。含 Y 的精子与卵子受精,合子染色体为 46,XY,发育成男性,原始性腺发育为睾丸;含 X 的精子与卵子受精,合子染色体为 46,XX,发育成女性,性腺为卵巢。

在人类受精后第 19～21 天,位于卵黄囊后壁近尿囊处出现来源于内胚层的大而圆的原始生殖细胞(primordial germ cell,PGC)。PGC 沿着背侧肠系膜向生殖腺嵴迁移,PGC 的定向迁移与生殖腺嵴的吸引力、迁移路径周围的细胞外基质和细胞生长因子的合成在时间和空间上密切相关。

卵裂(cleavage)是指受精卵经过分裂,将卵质分配到子细胞的过程,分裂产生的细胞称作分裂球(blastomere)(图 15-18)。卵裂和一般有丝分裂相似,但不经过间期,所以卵裂期间仅仅是细胞数目的增加,不伴随着细胞生长。随着细胞数量增加,子细胞的核质比逐渐增大,直到接近正常核质比时,分裂球才开始生长,进入到一般的有丝分裂过程。

两栖类的卵受精后 2 h 就开始卵裂,第 1～2 次为经裂,第 3 次为纬裂,不对称,在动物极形成 4 个较小的细胞,在植物极形成 4 个较大的细胞。

哺乳动物的卵裂较慢,受精 1 天后才开始卵裂,8 细胞之前,分裂球之间结合比较松散,8 细胞之后突然紧密化(compaction),即通过细胞连接形成致密的球体。16 细胞期,内部 1～2 个细胞属于内细胞团,将来发育

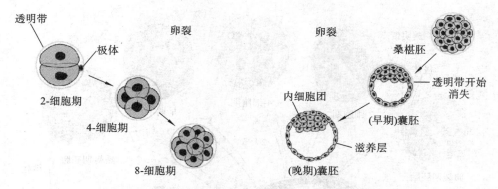

图 15-18　受精卵的卵裂(左)及囊胚(右)的形成示意图

为胚胎,而其外周细胞变为滋养细胞,不参与组成胚胎结构,而是参与形成绒毛膜。

通常动物的胚胎在 64 细胞以前为实心体,称为桑椹胚;在 128 细胞阶段,细胞团内部空隙扩大,成为充满液体的囊胚腔(blastocoel),此时的胚胎称为囊胚(图 15-18)。

囊胚继续发育,部分位于外表面的细胞通过各种细胞运动方式(如:移入、内卷、内陷)进入内部从而形成一个二层或三层的原肠胚。这种细胞迁移运动过程称为原肠胚形成(gastrulation)。留在外面的称为外胚层(ectoderm),迁移到里面的称为内胚层(endoderm)或中胚层(mesoderm)。原来的囊胚腔亦随原肠腔的形成而逐渐消失。

三胚层形成的组织和器官:外胚层形成神经系统、表皮、皮肤腺、毛发、指甲、爪和牙齿等;中胚层形成骨骼、肌肉、泌尿生殖系统、淋巴组织、结缔组织、血液;内胚层形成呼吸系统、消化道、肝、胰等。

15.4　着床、妊娠与授乳

精子和卵子的结合标志着妊娠的开始。精子的生命周期相当短暂,必须迅速被转运到输卵管壶腹部受精。受精之后,受精卵立即开始卵裂。由于受精卵的能量供应很有限,胚胎必须在相当短的时间内植入子宫,才能保障其胚胎发育的正常进行,同时,乳房在妊娠期做必要的同步发育是子代出生后成长的基本需要。

卵子由卵巢排出后,从输卵管伞向输卵管壶腹部运动,这一过程不仅依赖于输卵管伞的收缩及其上皮细胞纤毛的协调运动,还依赖于卵子放射冠中颗粒细胞的功能,并且受排卵期血浆雌二醇水平的影响。由于输卵管伞直接开口于腹腔中,若卵子在进入输卵管之前发生受精,则受精卵不能正常进入子宫,可能造成不育(sterility)或宫外孕(ectopic pregnancy)。

15.4.1　着床

着床(nidation)也称植入,是胚胎经过与子宫内膜相互作用最终在子宫内膜发生细胞和组织联系的过程,它涉及子宫内膜和胚胎间的相互识别等复杂的分子对话(图 15-19)。它包括受精卵的生长、卵裂、胚泡的形成和脱透明带,还涉及子宫内膜容受性(endometrial receptivity)的建立,胚泡在子宫内膜的定位、黏附、侵入等环节。着床的必要条件是胚泡脱去透明带,子宫内膜由非容受状态转变为容受状态,而且胚胎和子宫内膜的发育要同步化。胚泡着床是妊娠的第一步,也是妊娠成功的关键,哺乳动物的受精卵只有在子宫内膜植入以后,才能从母体获取营养物质,逐步发育、分化、生长,并通过胎盘排泄代谢产物,最终发育为一个完整的新个体。

胚泡的一端有一团细胞聚集称内细胞体(团),是将来发育成胚胎的部分。胚泡周围有一层细胞称滋养层,是受精卵接触母体的部分,日后形成胎盘和胎膜。滋养层由单层具有紧密连接的脂肪细胞构成。滋养层参与了胚胎着床,还能分泌 hCG。随着颗粒的发育,滋养层最终分化为两层:内层为细胞滋养层,由较大的多边形细胞构成;外层为合胞体滋养层,由大量的多核巨细胞构成,在合胞体滋养层细胞间存在大量的血窦。

胚胎从原来受精卵的大小,逐渐长大,从透明带中孵出。胚胎能否着床要看胚胎的质量及子宫的容受性及二者(胚胎和子宫内膜)是否同步。着床发生于排卵后第 7~8 天,要经历几个过程:①透明带脱落,随着胚

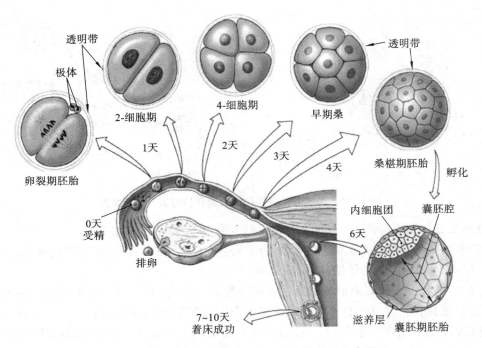

图 15-19　不同时段受精卵及其与子宫的关系示意图

泡的膨胀,子宫液蛋白水解酶消化透明带,暴露出滋养层。②胚泡和内膜接触前的定向,即内细胞体部位在着床部位的对面。③胚胎和内膜的对位及细胞接触。④胚胎绒毛和内膜黏附,在细胞表面糖蛋白的识别作用下,受精卵被黏附到子宫内膜上。⑤胚囊侵入内膜,胚泡的植入刺激了子宫内膜的蜕膜反应(decidual reaction),此过程包括子宫内膜血管舒张,毛细血管通透性增大,内膜出现水肿,以及内膜腺体和细胞增生。蜕膜反应的确切机制目前尚不清楚,推测 CO_2、组胺、类固醇激素、前列腺素以及与怀孕相关的蛋白都参与了这个过程。(图 15-20)。

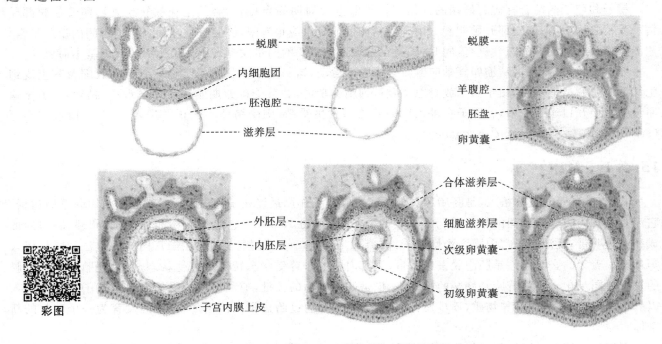

图 15-20　胚胎植入过程示意图

在整个月经周期中,子宫内膜只有在特定的时期才对胚胎具有接纳能力,被称为子宫内膜的容受性。人的子宫内膜只有在月经周期的第 20～24 天才具备这样的容受性,又被称为子宫内膜的"着床窗"。在此之前或一旦超过了该时期,子宫内膜的"着床窗"就关闭了对胚胎的容受性,不论胚胎发育的如何都无法发生植入过程了。

15.4.2　妊娠

受精卵着床成功就意味着胎儿与母体间已经建立了实质性的联系结构,而这种关系的维系就是由妊娠期的临时性器官——胎盘来实现的,因此,胎盘的结构和功能对于妊娠中的母体状态和胎儿发育都是至关重要的。

囊胚植入子宫,并重塑子宫血管,使胎儿血管浸泡在母体血管中。合胞体滋养层组织使胚胎和子宫联系更进一步。接着,子宫向合胞体滋养层发出血管,并最终与合胞体滋养层接触。胚外中胚层和滋养层上的突起相连,产生血管,把营养由母体输送给胎儿。胚胎和滋养层相连的胚外中胚层狭窄的基柄最终形成脐带(umbilical cord)。合胞体滋养层充分发育后,形成由滋养层组织和富含血管的中胚层构成的器官——绒毛膜(chorion)。绒毛膜和子宫壁融合形成胎盘。因此,胎盘既含有母体成分(子宫内壁),又含有胎儿成分(绒毛膜)(图 15-21)。绒毛膜和母体组织在有些物种中可能紧密接触,以至于不损伤母体和胎儿不能将两者分开,如包括人在内的多数哺乳类的脱膜胎盘(deciduous placenta),但另一些物种中又很容易分开,如猪的胎盘。

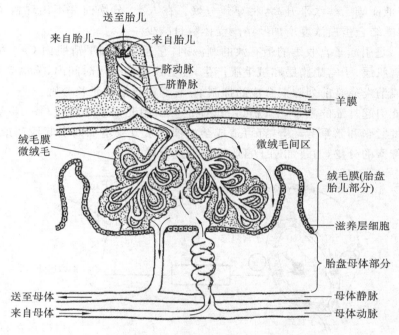

图 15-21　胎儿与母体在胎盘的结构示意图

胎盘不仅是母体与胎儿之间物质和能量的交换器官,而且还是一个重要的内分泌器官,即信息交换单位,它能合成多种生物活性物质。胎盘的内分泌功能弥补了妊娠期下丘脑-腺垂体-卵巢轴功能的减弱,对维持正常妊娠起了重要作用。在妊娠早期,胎盘分泌的人绒毛膜促性腺激素(hCG)有效地延长了卵巢的黄体功能;在妊娠晚期,胎盘分泌的孕酮和雌激素替代了卵巢功能,使子宫内膜的结构能长时间维持,以适应胚胎发育的需要(图 15-22)。此外,胎盘还能产生 GnRH、人胎盘催乳素(human placental lactogen,hPL)、促肾上腺皮质激素释放激素(CRH)和胰岛素样生长因子等。

15.4.3　分娩

分娩(delivery)是成熟的胎儿从子宫经阴道排出体外的过程,通常分为三个时期,即子宫颈扩张、娩出胎儿,最后娩出胎盘。整个过程是通过胎儿和母体间的相互作用,调节子宫肌的收缩而完成的。人类的妊娠期为 270±14 天,一般是从最末次月经的第一天开始计算,严格说应该从受精那一刻开始计算。不协调的宫缩开始于妊娠期的最后一个月,分娩是由强烈而有节律的宫缩引起的,一般可持续几个小时,最终将产生足够的力量使胎儿娩出。分娩过程受多种因素的影响,包括孕酮、雌激素、前列腺素、催产素和松弛素等激素的调节;还包括子宫肌和子宫颈壁中的牵张感受器的作用。

孕酮的主要作用是降低子宫肌的兴奋性和收缩性,并通过抑制磷脂酶 A_2 的活性而抑制前列腺素的合成。雌二醇对子宫的作用与孕酮相反。因此孕酮是防止早产的主要激素,此作用称为孕酮阻断。在多数动物类群

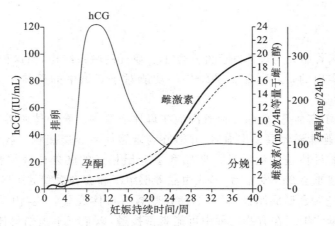

图 15-22　妊娠期间性激素的变化趋势

中,若血浆孕酮水平降低而雌二醇水平升高,将导致分娩。在人类,分娩前并不出现血浆孕酮水平的明显降低,而表现为胎盘中孕酮结合蛋白浓度增加及孕酮受体数目减少。

前列腺素 $F_{2\alpha}$ 和 E_2 是引起子宫收缩的最有效的刺激剂,它通过增加平滑肌内 Ca^{2+} 浓度而激活了收缩机制。前列腺素可由子宫肌层、子宫蜕膜层和绒毛膜产生,在分娩前的很短时间内,羊水中前列腺素的浓度出现急剧增加。阿司匹林或消炎痛是前列腺素合成的抑制剂,它们能延迟或延长分娩。

催产素是另一个能引起宫缩的激素,它既可由母体也可由胎儿的垂体产生(图 15-23)。任何应激刺激,如疼痛、恶劣气候、极度紧张和繁重劳动等,都可造成孕妇催产素分泌增加而引起流产或先兆流产。同样,分娩时的阵痛将刺激催产素的分泌,通过加剧子宫收缩而促进分娩。

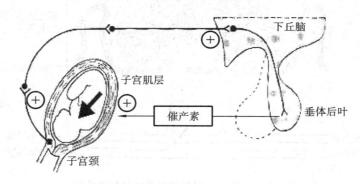

图 15-23　分娩时子宫收缩与垂体后叶激素的反馈调节

松弛素对分娩具有辅助作用。松弛素能使宫颈口松弛以利于胎儿通过,还能增加子宫肌层催产素受体的数目而加强宫缩。然而在人类妊娠末期,并不出现松弛素浓度的升高,因此,它对人类妊娠的作用还不清楚。

分娩首先是由胎儿启动的,具体过程:胎儿垂体分泌的催产素作用于子宫内膜受体,引起子宫内膜分泌前列腺素,前列腺素刺激子宫肌收缩,子宫的收缩又刺激了子宫肌层的牵张感受器,牵张感受器的兴奋经传入神经到达母体的下丘脑,引起母体催产素的分泌。催产素进一步加剧了子宫肌的收缩,强烈的宫缩又进一步增强了对牵张感受器的刺激,引起更多催产素的分泌,直到最后胎儿和胎盘一并被排出母体。因此,分娩过程属于一个正反馈的调节环路。

15.4.4　泌乳

泌乳(lactation)虽然是生殖的最后阶段,却是新生命诞生后的最先需要的物质基础,对个体发育的质量具有重要的作用。

1. 乳腺的基本结构和功能　成年女性的乳腺由 15～25 条输乳管构成,每条输乳管都独立地汇集到乳头上,而另一端与丰富的乳腺腺泡连接,乳腺腺泡由形态和功能高度特化的乳腺细胞构成。腺泡细胞的顶部有丰富的纤毛,基部被具有收缩能力的肌样上皮细胞所包绕。腺泡细胞内含有发达的内质网、高尔基体、线粒体和脂滴。腺泡细胞膜上存在催乳素受体,催乳素能刺激腺泡细胞的分裂和分化,并增加乳汁的合成,它还能通过 mRNA 的表达刺激酪蛋白的分泌。动物的乳腺结构如图 15-24 所示。

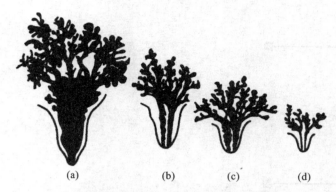

图 15-24　各种动物的乳腺结构示意图
(a) 牛；(b) 马；(c) 猪；(d) 大白鼠

　　虽然乳腺原基质的发育在出生前的胎儿时期就形成了，但是最显著的发育是从青春期才开始的，而其腺体的实质发育则只在妊娠期间进行。多种激素参与了乳腺的生长、分化以及乳汁的产生和释放。在妊娠期，由于大量雌激素的作用，以及生长素、甲状腺素、胰岛素、皮质醇等的刺激，再加上胎盘分泌的多种激素，乳房的体积可增长约一倍，尤其腺泡的生长最为显著。在人类妊娠 4～6 个月时，乳腺终末腺泡取代了大部分结缔组织，分化成为分泌细胞。乳腺泌乳能力的提高需要以上激素的协同作用。妊娠期间高浓度的孕酮抑制了催乳素的活动，乳房发育但并不泌乳。卵巢类固醇激素表现为与催乳素协同刺激乳腺增生，但却拮抗催乳素的泌乳作用。分娩后，由于胎盘类固醇激素水平下降，才启动了泌乳功能。

　　2. 泌乳及其调节　婴儿吸吮乳头能刺激乳房中的感觉神经引起射乳反射(milk ejection reflex)。与其他普通的神经反射不同的是，射乳反射弧的传入通路是神经性的，而传出通路却是体液(激素)性的。吸吮刺激能引起催产素、催乳素和 ACTH 的释放，并抑制促性腺激素的释放。乳头上存在大量的感觉神经末梢，当乳头受到刺激时，传入冲动经脊髓和中脑到达下丘脑，引起视上核和室旁核分泌催产素，并从神经垂体释放入血液；同时下丘脑神经元通过垂体门脉系统，作用于腺垂体促乳细胞，引起催乳素的分泌并释放进入血液循环。当催产素和催乳素到达乳腺时，引起肌样上皮细胞收缩，使乳汁进入乳腺导管中。

本章小结

　　生物体生长发育到一定阶段后，能产生与自己相似的子代个体，这种功能称为生殖。它是物种绵延的重要生命活动。动物基本上都是营有性生殖，其生殖过程是通过两性器官活动实现的，包括生殖细胞的形成，交配和受精以及胚胎的发育等重要环节，只是有些体外受精的动物的这些活动是在体外完成而已。当哺乳动物的雄性配子和雌性配子结合形成合子(受精卵)之后，该受精卵就开始进行卵裂活动，细胞经过一系列的增殖和分化最后形成一个具有雄性或雌性生殖器官的个体。雄性生殖器官由睾丸和附属性器官组成，其中，睾丸具有生成精子和分泌激素的双重功能。雌性生殖器官主要由卵巢及其附属性器官组成，卵巢具有产生、排放卵子和分泌多种激素的双重功能，协调着雌性特有的生殖周期现象(如发情周期)，哺乳动物的卵巢在一个生殖周期内通常仅形成一个到数个成熟卵泡。雌雄生殖器官和生殖激素都受到下丘脑-垂体-性腺轴的调节，同时也反馈调节下丘脑和垂体的功能。成熟卵子在一定的时间与精子在输卵管壶腹部相遇而受精，受精后的卵子依赖自身的营养物质经过卵裂形成胚泡，胚泡进一步发育则需要植入子宫内膜与母体建立紧密联系(着床)。胎盘是胎儿从母体获得必需的营养物质的重要交换器官，胎盘还能分泌大量类固醇激素、肽类激素和蛋白质激素，其重要作用是维持妊娠和促进胎儿生长发育。哺乳动物以胎生为主，鸟类和爬行动物则多为卵生，但也有卵胎生形式等。哺乳动物的胎儿发育足月后，会通过某种途径与母体交换信号，从而发动分娩，分娩是胎儿及其附属物从母体排出的过程，这一过程不仅使胎儿从胎盘呼吸转换为肺呼吸，同时也触发了母体的泌乳机制，使母体乳腺分泌激活，母体通过排乳反射为新生儿提供体外生活的基本营养食物，其反射包括婴儿对乳头的吸吮刺激和下丘脑-垂体的内分泌协调作用，为新生儿发育奠定物质基础。

思考题

 扫码答题

参考文献

[1] 王一飞.人类生殖生物学[M].上海:上海科学技术文献出版社,2005.

[2] 张丽珠.临床生殖内分泌与不育症[M].北京:科学出版社,2001.

[3] Jones R E,Lopez K H. Human Reproductive Biology[M]. 3rd ed. Boston:Elsevier Academic Press, 2006.

[4] Avella M A,Dean J. Fertilization with acrosome-reacted mouse sperm:Implications for the site of exocytosis[J]. PNAS,2011,108:19843-19844.

[5] Ikawa M,Inoue N,Benham A M,et al. Fertilization:a sperm's journey to and interaction with the oocyte[J]. J Clin Invest,2010,120(4):984-994.

[6] Dean R C,Lue T F. Physiology of penile erection and pathophysiology of erectile dysfunction[J]. Urol Clin North Am,2005,32(4):379-395.

[7] Brehm R,Steger K. Regulation of Sertoli cell and germ cell differentation[J]. Adv Anat Embryol Cell Biol,2005,181:1-93.

[8] Dadoune J P. New insights into male gametogenesis:what about the spermatogonial stem cell niche? [J]. Folia Histochem Cytobiol,2007,45(3):141-147.

[9] Neil J D. Knobil and Neill's physiology of Reproduction[M]. 4th ed. New York:Elsevier,2015.

第三篇

植物的形态、结构与功能

ZHIWUDEXINGTAI JIEGOUYUGONGNENG

目　　录

第**16**章　植物的组织、器官与系统

植物是由细胞构成的有机体,细胞既是植物的结构单位也是植物的功能单位。植物的受精卵经过细胞生长和细胞分化就产生了形态结构和生理功能上不完全相同的细胞群,这些细胞群就被称为组织。组织(tissue)是指来源相同、形态相似、生理功能相同的细胞群,如植物的各种分生组织和成熟组织。几种不同类型的组织在机体内有机地组合在一起,具有一定的形态特征并执行特定的生理功能,这就组成了器官(organ),如被子植物的根、茎、叶、花、果实和种子等都是器官,它们均由多种组织有机地结合在一起,有特定的形态特征,并执行着一定的生理功能。在植物体内功能上有密切联系的各个器官互相配合,从而完成某种基本生理功能,这样的器官集合就是系统(system)。

16.1　植物的组织

根据植物细胞的形态结构和行使的主要功能,可以将植物的组织划分为分生组织和成熟组织。

16.1.1　植物的分生组织

植物的分生组织(meristem)是植物体内那些具有持续性和周期性分裂能力的细胞群。如顶端分生组织即具有持续性的分裂能力,年周期内除了具有休眠特性的植物,在休眠期内其分生组织的分裂能力较弱外,其他时间分裂能力均较为旺盛;侧生分生组织的分裂能力则是周期性的,与环境条件有关。植物的分生组织位于植物的生长部位,这类组织的细胞具有如下特征:细胞体积小;排列紧密,无细胞间隙;细胞壁薄;细胞质浓厚;一般无液泡或仅有分散的小液泡;细胞核相对较大并位于细胞的中央(图 16-1)。

按在植物体上的位置可将植物的分生组织划分为三种类型(图 16-2)。

(1)顶端分生组织(apical meristem)　位于形态学顶端(根尖和茎尖的分生区),其功能与根、茎的伸长以及茎的分支、长叶有关,也是花和花序的产生者。

(2)侧生分生组织(lateral meristem)　位于根和茎侧方的周围部分(维管形成层和木栓形成层),侧生分生组织向内侧和外侧增殖细胞,维管形成层使根、茎不断加粗,木栓形成层则产生周皮,既能起保护作用,又可使根和茎有一定程度加粗。

(3)居间分生组织(intercalary meristem)　是指那些分布在成熟组织之间的分生组织。实质是顶端分生组织在某些区域的保留。它不同于其他分生组织的特点是细胞进行一段时间的细胞分裂活动之后便失去分裂能力,转化为成熟组织。如水稻、小麦、竹子的节间基部,韭菜、葱叶的基部都有居间分生组织。水稻、小麦、竹子的拔节现象,韭菜、葱叶割后仍能继续生长,花生开花后子房入土生长,都是居间分生组织活动的结果。

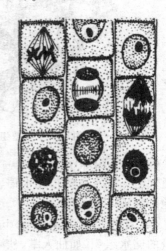

图 16-1　分生组织细胞

按性质和来源不同,又可将植物的分生组织划分为三种类型。

(1)原(生)分生组织(promeristem)　位于根、茎的先端,来源于胚性细胞,具有持久而旺盛的分裂能力。

(2)初生分生组织(primary meristem)　位置上紧接原(生)分生组织的后方,由原(生)分生组织衍生而来的细胞群。初生分生组织的特点是细胞在形态上已有初步分化,出现了小液泡,细胞体积增大,细胞边分裂

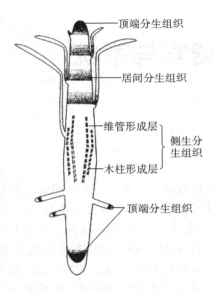

图 16-2　不同位置的分生组织

边分化,能形成各种成熟组织。

（3）次生分生组织（secondary meristem）　某些成熟的薄壁组织脱分化形成次生分生组织。它们与根、茎加粗和重新形成保护组织有关。

16.1.2　植物的成熟组织

由植物分生组织的细胞,经过分化、生长而形成具有特定形态结构和稳定生理功能的组织称作成熟组织（mature tissue）,或称永久组织（permanent tissue）。

在整个植物体中,绝大部分组织属于成熟组织,但不同的成熟组织又具有不同的功能,由此可将植物的成熟组织划分为以下五种类型。

1. 薄壁组织（parenchyma）　广泛分布于植物体内,占植物体的大部分,如皮层、叶肉细胞、花、果实、种子等。特点:细胞比较大,排列疏松,细胞之间具有明显的间隙,细胞壁薄,由纤维素组成,细胞质中含有叶绿体或质体,有大的液泡（图 16-3）;细胞的分化程度较浅,具有脱分化的潜能,极易转化为次生分生组织而形成次生结构。

不同的薄壁组织具有不同的生理功能,据此又可将薄壁组织分为以下几种。

（1）同化组织（assimilation tissue）　该组织的特点是细胞中含有大量的叶绿素,能进行光合作用,制造光合产物和氧气。植物的所有绿色部位均含有叶绿素,但以叶片中的叶肉细胞里含量最多。

（2）储藏组织（storage tissue）　植物的很多器官中含有储藏组织,如根、茎、果实及种子。植物的储藏组织中储藏有大量的营养物质,如糖类、脂类、蛋白质等（图 16-4）。

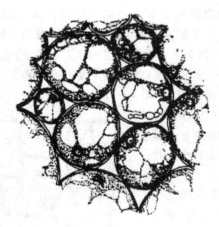

图 16-3　薄壁组织细胞

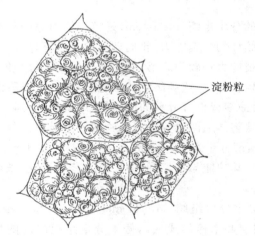

淀粉粒

图 16-4　马铃薯块茎的储藏组织

（3）通气组织（aerenchyma）　该组织中细胞之间具有发达的细胞间隙,还常常有一些细胞解体形成气腔和通气道。在水生植物如水稻、莲的根、茎中就存在着大量的通气组织,其中储藏着大量的气体,有利于植物细胞的呼吸（图 16-5）。

（4）储水组织（water-storing tissue）　该组织储存有丰富的水分。在一些耐旱多浆的植物体内,存在着大量的储水组织,如仙人掌、秋海棠、景天等植物。

（5）吸收组织（absorptive tissue）　该组织的细胞可吸收水分和矿物质,如根毛等,该组织从外界吸收营养物质和水分后,可将这些物质运输到输导组织中。

2. 保护组织（protective tissue）　位于植物体的表面,由一层至数层细胞组成,具有保护内部组织的作用,可防止水分散失、病虫侵袭、机械损伤等。依来源和形态结构的不同,保护组织可分为初生保护组织（表皮）和次生保护组织（周皮）。

（1）表皮（epidermis）　覆盖于幼嫩植物体的外表,由初生分生组织的原表皮发育而来,通常由一层细胞组成,排列紧密,无细胞间隙,无叶绿素,与空气接触的细胞壁上有角质层或蜡。表皮上还有表皮毛、腺毛和气孔。少数植物的表皮由多层细胞组成,称为复表皮(multiple epidermis),如夹竹桃植物的叶片,其上表皮就属于复表皮。

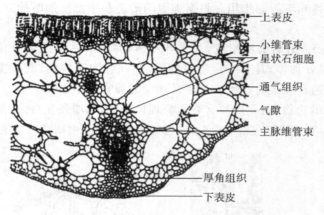

图 16-5　睡莲叶片部分横切面(示通气组织)

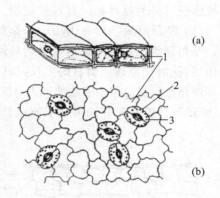

图 16-6　双子叶植物的叶表皮
(a) 表皮细胞立体图;(b) 表皮俯视图;
1—表皮细胞;2—气孔器;3—保卫细胞

在植物叶片的表皮上,还存在有气孔(stoma),它是由一对肾形的保卫细胞(guard cell)构成,在两个保卫细胞之间留有的空隙,即为气孔。保卫细胞的细胞壁是不均等加厚的,靠近气孔处两个保卫细胞的壁比较厚,而远离气孔处的壁则比较薄。气孔是植物内部与外界进行气体交换的通道。双子叶植物的一对保卫细胞加上两个保卫细胞之间的气孔合称为气孔器(stomatal apparatus)(图 16-6)。禾本科植物的气孔是由哑铃形的保卫细胞组成的,两个保卫细胞之间的空隙即气孔,保卫细胞的外侧还有一对菱形的副卫细胞(subsidiary cell)(图 16-7)。有的双子叶植物的气孔器也有副卫细胞。

植物的表皮细胞上还有多种表皮附属物,如表皮毛、腺毛、排水器等(图 16-8)。

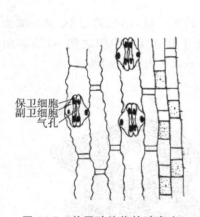

图 16-7　单子叶植物的叶表皮

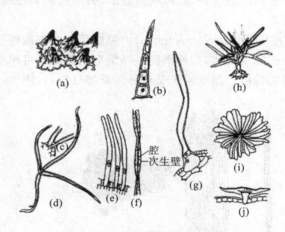

图 16-8　表皮上的各种毛状体
(a) 三色堇花瓣上的乳头状毛;(b) 南瓜的多细胞表皮毛;(c)(d) 棉属叶上的簇生毛;(e)(f) 棉属种子上的表皮毛;(g) 大豆叶上的表皮毛;(h) 薰衣草属叶上的分枝毛;(i)(j) 橄榄的盾状毛(i. 顶面观;j. 侧面观)

(2) 周皮(periderm)　多年生根、茎不断加粗,致使表皮遭到破坏,于是,在表皮内又形成新的复合组织,称周皮。它是由侧生分生组织——木栓形成层形成的,木栓形成层向外分裂形成木栓层,向内分裂形成栓内层,二者与木栓形成层共同组成次生保护组织周皮(图 16-9),木栓层细胞扁平、排列紧密整齐,细胞壁高度栓化,最后细胞的内含物消失而成为死细胞。周皮具有抗压、隔热和绝缘的特性,起保护作用。

根的周皮源于中柱鞘细胞的脱分化形成的木栓形成层,茎的周皮源于靠近表皮的内皮层细胞的脱分化形成的木栓形成层。早先形成的周皮因根与茎的加粗受到破坏,新的周皮又产生出来,新旧周皮之间夹杂着死亡的皮层和韧皮部组织,共同组成树皮(bark)。

植物的老根或老茎在形成周皮时,常常在其上出现一些突起的孔状结构,被称为皮孔(lenticle)。它是根和茎的内部组织与外界进行气体交换的通道。

3. 机械组织（mechanical tissue） 幼苗或植物的幼嫩部位，由于没有机械组织或该组织很不发达，只能依靠细胞的膨压来维持其直立伸展的形态。随着植物的生长，才在器官内分化出机械组织。机械组织的细胞壁均有一定程度的加厚。机械组织在植物体中起着支持和巩固的作用。根据细胞的形态和细胞壁加厚的方式，机械组织可分为厚角组织和厚壁组织。

（1）厚角组织（collenchyma） 是初生的机械组织，由活细胞组成，常含叶绿体，并具有一定的脱分化潜能。厚角组织的特点是细胞壁不均等加厚，常在角隅处加厚，具有一定的可塑性、坚韧性和延伸性，既有支持的作用，同时又能适应器官的生长，所以厚角组织普遍存在于尚在生长或经常摆动的器官之中。

厚角组织有时以条索状的形式出现，集中在器官的边缘，由此使器官表面呈现棱角状，以增强支持力，如芹菜、南瓜等具棱的茎中、叶柄中具有成群的厚角组织。厚角组织在根中很少见，但如果暴露在空中则常可发生。

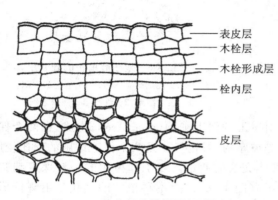

图 16-9　棉茎部分横切面（示周皮）

表皮层
木栓层
木栓形成层
栓内层

皮层

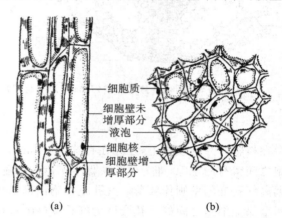

细胞质
细胞壁未
增厚部分
液泡
细胞核
细胞壁增
厚部分

(a)　　　　　　(b)

图 16-10　厚角组织

（a）纵切面；（b）横切面

厚角组织的细胞狭长，两端呈方形、尖形或偏斜，细胞重叠连接成束（图 16-10）。该组织细胞壁的主要成分是纤维素。

（2）厚壁组织（sclerenchyma） 厚壁组织的细胞壁显著木质化加厚且均匀一致，细胞腔很小，成熟细胞一般无生活的原生质体，为死细胞。厚壁组织细胞既可单个也可成群或成束分布于其他组织之间，以提高组织器官的坚实程度。厚壁组织又可分为纤维（fiber）（图 16-11）和石细胞（sclereid）（图 16-12）两类。

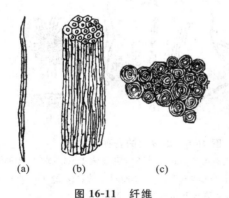

(a)　　(b)　　　(c)

图 16-11　纤维

（a）一个纤维细胞；（b）纤维束；（c）韧皮纤维横切面

图 16-12　梨果肉石细胞

①纤维：两头细长的细胞，常成束存在，互相以尖端穿插连接，形成器官的坚强支柱。根据纤维存在部位的不同，纤维又分为韧皮纤维和木纤维。

韧皮纤维主要是指发生于韧皮部内的纤维，有时也将发生在皮层、维管束鞘之内的纤维统称为韧皮纤维。韧皮纤维的长度在不同植物之间是不同的，有时相差很大，通常为 1～2 mm，麻类植物的韧皮纤维通常较长，如黄麻的可达 8～40 mm，大麻的可达 10～100 mm，苎麻的韧皮纤维最长的可达 500 mm。植物的韧皮纤维细胞壁很厚，含有大量的纤维素，故既坚硬又富有弹性，具有很强的支持作用。

木纤维是指发生在被子植物木质部的纤维，它是木质部的主要成分之一。木纤维较韧皮纤维要短，通常为 1 mm 左右,细胞壁木化增厚,失去弹性。

②石细胞:该种细胞的细胞壁极度增厚、木化,有时也可栓化或角质化。通常原生质体解体,成为仅具有细胞壁的死细胞。石细胞为近乎等茎的细胞,常成群存在,如梨果肉中的沙粒物、核桃坚硬的核、水稻的谷壳、花生的外壳等都是由石细胞构成。

4. 输导组织(conducting tissue)　输导组织是植物体中负担水分、无机盐、光合产物长途运输的主要组织。输导组织将根系从土壤中吸收的水和无机盐运输到地上部分,将叶片形成的光合产物运送到植物体的其他部位,同时也担负着植物体各部分之间物质重新分配与转移的任务。根据结构和运输物质的不同,输导组织可分为木质部和韧皮部。

(1) 木质部　植物的木质部是由几种不同的细胞组成的复合组织,由导管分子(或称导管)、管胞、木纤维和薄壁细胞组成。其中,管胞和导管是木质部的主要成员,无机盐和水分的运输通过它们来实现。

导管分子(vessel member):普遍存在于被子植物的木质部,是一连串纵向连接的长柱形细胞的总称。这些细胞幼时是活细胞,成熟过程中,原生质体解体,细胞壁木质化,并不均匀地加厚,成为死细胞。细胞间的横壁(端壁)解体,导管分子之间连通,成为一个管道(图 16-13)。细胞壁加厚时,因加厚的程度和方式的不同,形成了多种类型的导管分子,如螺纹导管、环纹导管、网纹导管、孔纹导管、梯纹导管等(图 16-14)。

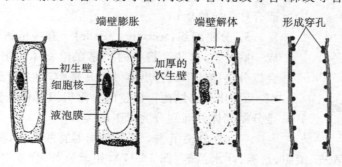

图 16-13　导管分子发育过程示意图

管胞(tracheid):为单个细胞,末端楔形,在木质部中纵向连接,上、下两细胞的端部紧密重叠。水分子通过管胞壁上的纹孔,由一个细胞流向另一个细胞。根据发育的顺序和侧壁加厚方式的差异,管胞可分为螺纹管胞、梯纹管胞、环纹管胞和孔纹管胞(图 16-15)。

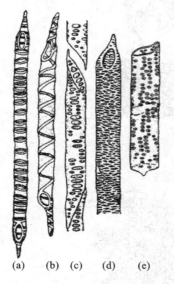

图 16-14　导管的种类

(a) 环纹导管;(b) 螺纹导管;(c) 梯纹导管;

(d) 网纹导管;(e) 孔纹导管

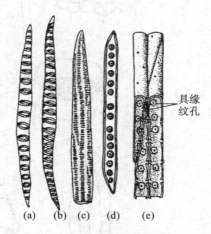

图 16-15　管胞的类型

(a) 环纹管胞;(b) 螺纹管胞;(c) 梯纹管胞;(d) 孔纹管胞;

(e) 4 个毗邻孔纹管胞的一部分,示纹孔的分布

木纤维:末端尖锐的伸长细胞,细胞壁较管胞的厚且高度木质化。木纤维使木质部兼有支持的功能。

薄壁细胞:又称木薄壁细胞。在发育的后期,这些薄壁细胞的细胞壁也木质化。薄壁细胞中常含有淀粉和结晶,具有储藏的功能。

（2）韧皮部　是由筛管分子（或称筛管）、伴胞、薄壁细胞和纤维组成的复合组织，其中，筛管分子起着主要作用，它与有机物质的运输有直接的关系。

筛管分子（sieve-tube element）：普遍存在于被子植物的韧皮部，由管状的生活细胞纵向连接而成。成熟后，细胞核消失，液胞膜也解体。纵向连接的横壁不解体，其上有许多小孔，称作筛孔，筛孔之间有原生质丝相连，运输养分。

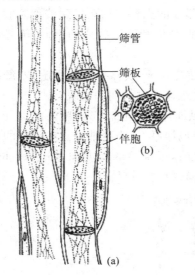

图 16-16　筛管与伴胞
（a）纵切面；（b）横切面

筛管旁边有一个薄壁细胞——伴胞（companion cell），两者源于同一个原始细胞的薄壁细胞（图 16-16）。伴胞具有细胞核和各种细胞器，与筛管关系密切，彼此有发达的胞间连丝相连。伴胞对筛管有调控作用。

韧皮部的纤维，又称韧皮纤维，其木质化程度低或不木质化，故韧皮纤维质地坚韧，抗曲挠的能力较强。

韧皮部的薄壁细胞，也称韧皮薄壁细胞，常含有结晶和各种储藏物质，主要起储藏和横向运输的作用。

由上可知，木质部和韧皮部主要是由具有输导功能的管状分子——导管分子、管胞、筛管分子或筛胞组成，因此，在形态学上，又将两者分别或合称为维管组织。

5. 分泌组织（secretory tissue）　有些植物在其新陈代谢的过程中形成一些产物，这些产物有的积累在植物体的细胞内或细胞间隙中，有的会以分泌物的形式排出体外。凡是能产生分泌物质的细胞，称作分泌组织，又称作分泌结构。植物的分泌组织可依据其分泌物是保留在体内还是分泌到体外而划分为以下两类：

（1）外分泌组织　位于植物器官的外表，其分泌物直接分泌到体外。常见类型有腺毛、鳞腺、腺表皮、蜜腺、盐腺、吐水器等（图 16-17），如紫云英、洋槐等植物是良好的蜜源植物；矶松属等植物，其茎、叶外表具有排盐的分泌腺；排水器将多余的水分排出体外，它的排水过程称作吐水。水孔、通气组织、维管束组成了排水器，水孔多位于叶片的尖端和边缘，实质上属于变态的气孔，其保卫细胞失去了关闭气孔的能力。

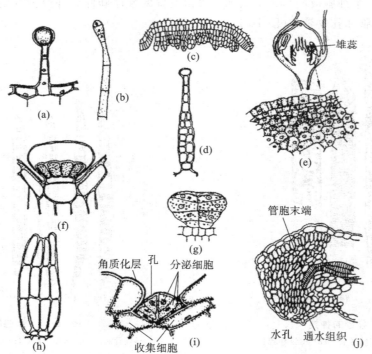

图 16-17　植物的外分泌结构

（a）天竺葵属茎上的腺毛；（b）烟草具多细胞头部的腺毛；（c）棉叶主脉处的蜜腺；（d）苘麻属花萼的蜜腺毛；（e）草莓的花蜜腺；（f）百里香叶表皮上的腺鳞；（g）薄荷属的腺鳞；（h）大酸模的黏液分泌毛；（i）柽柳属叶上的盐腺；（j）番茄叶缘上的吐水器

（2）内分泌组织　该组织埋藏在植物体内,其分泌物不直接排到体外。常见的有分泌细胞、分泌腔、分泌道和乳汁管(图 16-18)。这些分泌物,许多是重要的药物和香料,如桉树、薄荷、蔷薇的挥发油等,此外,三叶橡胶、橡胶草所分泌的乳汁还是橡胶工业的重要植物资源。

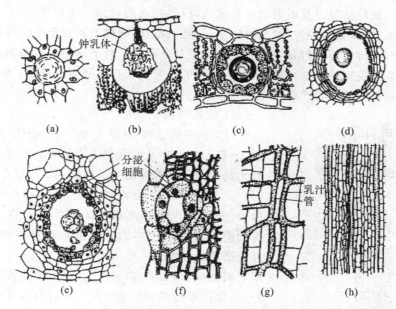

图 16-18　植物的内分泌结构

(a)鹅掌楸芽鳞中的分泌细胞;(b)三叶橡胶中的含钟乳体的细胞;(c)金丝桃叶中的裂生分泌细胞;(d)柑橘属果皮中的分泌腔;(e)漆树的漆汁道;(f)松树的树脂道;(g)蒲公英的乳汁道;(h)大蒜中的有节乳汁管

16.2　植物的器官

植物的多种组织有机地组合在一起就构成了植物的各种器官。被子植物的器官共有六种,即根、茎、叶、花、果实和种子。根据结构与功能的不同,可将这六种器官划分为两大类,即营养器官和繁殖器官。营养器官包括根、茎和叶,它们主要负责营养的制造与运输。繁殖器官包括花、果实和种子,它们主要负责后代的繁衍,维护种族的繁荣。

16.2.1　植物营养器官的结构与功能

1. 根的形态结构与功能

1) 根的形态　一株植物地下所有根(root)的总体称作根系(root system)。由种子繁殖的植物其根是由胚根发育而来,这样的根称作主根(main root)。主根一般垂直向地下生长,并陆续产生各级侧根(lateral root)。主根和侧根统称为定根。由茎、叶、胚轴等胚根以外的组织和器官产生的根称作不定根(adventitious root),不定根也可以组成根系。主根始终保持着旺盛的垂直生长,与其上的分支区别明显,这种由明显而发达的主根和各级侧根组成的根系称为直根系(taproot system),如棉花、花生、油菜、大豆、黄麻等,这是双子叶植物根系的特征。凡是主根生长缓慢或停止,主要由不定根组成的根系,称作须根系(fibrous root system)。在须根系中,各条根的粗细相差不多,呈丛生状态,如水稻、小麦等禾本科植物和多数单子叶植物的根系(图 16-19)。

根系在土壤中分布状况有深根系和浅根系两种,深根系是主根发达,向下垂直生长,深入土层中可达 3～5 m,甚至 10 m 以上,如大豆、蓖麻、马尾松等;浅根系是侧根或不定根比主根发达,

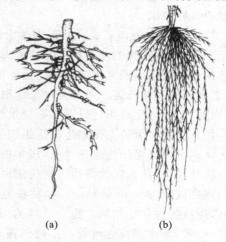

图 16-19　直根系与须根系

(a)直根系;(b)须根系

并向四周扩展,因此,根系多分布在土壤表层,如车前、悬铃木、玉米、水稻等。

一般来说,直根系多为深根系,须根系多为浅根系。其实,根系的深根性与浅根性是相对的,外界环境条件也能影响植物根系的深浅性。同种植物,如果其生长的条件是地下水位较低,雨水较少,土壤通气排水良好,土壤肥沃,光照充足,此种情况下其根系就比较发达,可以深入到较深的土层中;反之,其生长的环境条件刚好相反,地下水位较高,土壤肥力较差,通气排水不畅,光照不良,则根系多分布在较浅的土层。

在农、林、园艺工作中,应掌握各种植物根系的特性,为稳产高产打下基础。开展深耕改土,结合合理施肥,可以为根系的生长创造良好的外界环境条件,为根系的良好生长打下坚实的基础,"根深才能叶茂",地上、地下生长良好,这是作物栽培丰产稳产的基础。

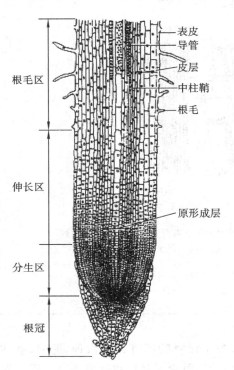

图 16-20　根尖的纵切面(示根尖的结构)

2) 根的结构

(1) 根尖的结构:从形态学来看,根尖(root tip)位于根最前端 4~6 cm 处,它是根生命活动最活跃的部分,根的伸长、对水分和无机盐的吸收以及初生结构的生长与发育,都在这里进行。依据根尖各部分形态、结构和功能,从其形态学顶端起依次区分为根冠、分生区、伸长区和成熟区四个部分(图 16-20)。各部分的生理功能不同,并具有各自相应的细胞形态和结构,但各部分之间并无严格的界线。

根冠(root cap):位于根尖的最前端,覆盖在根尖的分生区的外层,保护幼嫩的分生组织。根冠是由多层疏松的薄壁细胞构成的。根冠的外层细胞能产生多糖黏液,这些黏液润滑了土壤颗粒表面,有利于植物根系向土壤深处扩展。根冠还决定着根的向地性,在不损伤其他部位的前提下,如果去掉根冠,根虽然可以生长,但已失去了对重力的反应,即丧失了其向地性。根冠细胞的原生质中含有较多的淀粉粒,这些淀粉粒大多分布于细胞的下侧,有实验表明,这些淀粉粒与植物根系的向地性有密切关系,在一些对重力不很敏感的植物根系中,根冠细胞中往往缺乏淀粉粒。

在根系向前生长时,根冠的外层细胞常因与土壤摩擦破裂而脱落,后部分生区细胞不断地分裂来补充这部分脱落的根冠细胞,使根冠得以维持一定的形状和功能。

分生区(meristem zone):又称生长点、生长锥。分生区位于根冠内方或后方,长 1~2 mm,由分生组织的细胞组成,是典型的顶端分生组织,是产生新细胞的部位,具有分生组织细胞的一切特征,其细胞排列紧密,细胞核占比大,约占整个细胞体积的 2/3,细胞质浓密,有强烈的分裂能力。分生区分裂出的细胞,除少部分向前分化形成根冠,以补偿根冠与土壤摩擦受损而脱落的细胞外,大部分向后方发展,不断地分裂分化,最后形成根的各种组织。

伸长区(elongation zone):形态学上伸长区位于分生区后部,长 2~5 mm。分生区的细胞通过有丝分裂不断产生新细胞,其中接近根尖顶端的那部分分生区细胞经过分裂间期后,又继续进行分裂,由此保持分生区的结构与功能。而距离根尖顶部较远的那部分分生区的细胞,分裂能力越来越弱,而开始了伸长、生长和分化,逐渐转变为伸长区。大部分伸长区细胞为初生分生组织细胞,这些细胞经过分裂和分化,逐渐形成成熟组织,因此,初生分生组织可以看作原分生组织分化为成熟组织的过渡形式。

伸长区的显著特点是初生分生组织的细胞逐渐分化并纵向伸长,最早的筛管和环纹导管,往往出现在伸长区。该区域许多细胞迅速伸长,成为根尖深入土层的主要推动力。

在外观上,伸长区比分生区更为洁白透明而易于区别。

成熟区(maturation zone):亦称根毛区(root-hair zone),位于伸长区之后。细胞已停止伸长,并且已分化成熟,形成各种初生结构。这一区域的明显标志是表皮上密被根毛(root hair),故称根毛区。根毛的长度为 0.5~1 cm,是由表皮细胞外凸形成的顶端封闭的管状结构,它的原生质体与表皮细胞相连通,根毛的作用是扩大根的吸收面积。根毛数目多,每平方毫米根毛区表皮,根毛的数量可达数百条。根毛生长速度快,但寿命短,一般只有几天或几周。老根毛死亡后,随着根尖的不断生长,其后部又产生出新的根毛。失去根毛的成熟

图中标注:表皮、导管、皮层、中柱鞘、根毛、原形成层;根毛区、伸长区、分生区、根冠

区,逐渐分化形成根的次生结构。

（2）双子叶植物根的初生结构:在显微镜下对根的成熟区横切面进行观察,由外向内分别是表皮、皮层和中柱（图 16-21）。上述结构均是由根的初生分生组织经过分裂分化所形成,故称之为根的初生结构（primary structure）。

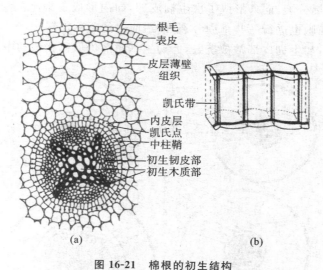

图 16-21　棉根的初生结构
（a）横切面;（b）内皮层细胞立体图（示凯氏带）

表皮:包围在根的成熟区的最外面,由单层细胞组成,每个表皮细胞略呈长方体形,其长轴与根的纵轴平行。表皮细胞的细胞壁和角质膜均很薄,利于水和溶质渗透通过。表皮上无气孔,但有许多根毛。

皮层（cortex）:位于表皮和中柱之间,由多层大型薄壁细胞组成,在根中占较大的比例。皮层细胞为薄壁细胞,体积较大,排列疏松,有明显的细胞间隙。由外至内可以将皮层细分为三部分,即外皮层、中皮层和内皮层。紧靠表皮的一层或几层细胞为外皮层（exodermis）,外皮层细胞较小,排列紧密;皮层最靠近中柱的一层细胞称内皮层（endodermis）,内皮层细胞的细胞壁常以特殊方式增厚,在细胞的侧壁（径向壁）和横向壁（与根的横剖面平行）上形成一环木栓化的带状增厚,这一结构称作凯氏带（casparian strip）。凯氏带对根内水分和物质起着定向运输的作用。位于内、外层之间的部分即为中皮层,该层细胞较大,排列疏松,其功能主要是储藏和通气。

中柱（stele）:根的中柱是指内皮层以内的中轴部分,中柱亦称维管柱（vascular cylinder）。它由中柱鞘、初生木质部、初生韧皮部和薄壁细胞四个部分组成。中柱的细胞一般较小且密集,易与皮层区别。

中柱鞘（pericycle）是中柱最外围的组织,紧贴着内皮层,由一层或几层薄壁细胞组成。这些细胞具有潜在的脱分化能力,可以形成侧根、不定根、不定芽以及一部分维管形成层和木栓形成层细胞。

初生木质部（primary xylem）一般呈辐射状,位于根的中央,并具有几个放射角。在被子植物中,根的初生木质部由导管、管胞、木纤维和木薄壁细胞组成。有些植物的初生木质部一直延伸到中柱的中央,这类植物的根没有髓（大的薄壁细胞,具有储藏功能）,有些植物的初生木质部没有延伸到中柱的中央,这类植物的根有髓。木质部是运输水分和无机盐的组织。

初生韧皮部（primary phloem）位于初生木质部的放射角之间,并与之相间排列,两者之间则为薄壁组织所隔开。在被子植物中,根的初生韧皮部由筛管、伴胞、韧皮纤维和韧皮薄壁细胞组成。韧皮部是运输同化产物的组织。

初生木质部与初生韧皮部合称为初生维管组织。

（3）双子叶植物根的次生结构:大多数双子叶植物,特别是多年生木本植物的根,其初生结构内的维管形成层使根逐年加粗,木栓形成层形成周皮。以上由维管形成层和木栓形成层形成的生长,称作次生生长（secondary growth）,由此产生的结构称作次生结构（secondary structure）。次生结构主要包括次生木质部、次生韧皮部和周皮。少数双子叶植物的根无次生生长。

双子叶植物根的次生结构的形成过程:首先是位于初生韧皮部内方的薄壁细胞脱分化恢复分生能力,形成片段的维管形成层（vascular cambium）（简称"形成层"（cambium））,并向两侧扩展,一直推移至初生木质部的放射角端。接着,正对着初生木质部放射端的中柱鞘细胞也出现分裂活动,最后这些片段的维管形成层连成一环完整的波浪状的维管形成层。以后,波浪状的维管形成层进行着不均等的分裂,在初生韧皮部内方形成层的细胞分裂速度快,形成层细胞分裂速度较快,导致原来为凹陷部分的形成层向外推移凸起,而由部分中柱鞘细胞发育而来的形成层细胞分裂速度较慢,最后发育为一个圆环状的形成层后,整个形成层细胞的分裂速度才基本一致。

维管形成层主要进行平周分裂,向外形成了次生韧皮部,向内形成了细胞数量较多的次生木质部。随着根直径的扩大,维管形成层细胞也进行一些垂周分裂,以适应根的不断加粗。

植物根系在加粗过程中,初生韧皮部常被挤毁,但初生木质部仍保留在根的中央(图16-22)。

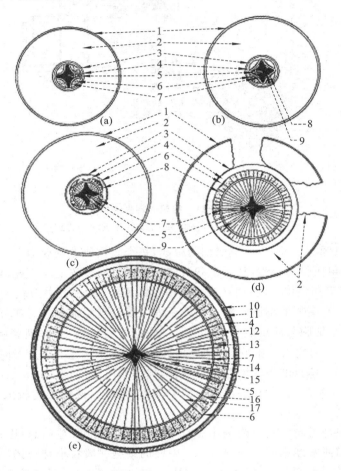

图 16-22 双子叶植物根的次生结构

1—表皮;2—皮层薄壁细胞;3—内皮层;4—中柱鞘;5—初生木质部;6—初生韧皮部;7—形成层;8—次生韧皮部;9—次生木质部;
10—木栓层;11—木栓形成层;12—第1年形成的次生韧皮部;13—第2年形成的次生韧皮部;14—第2年形成的次生木皮部;
15—第1年形成的次生木质部;16—韧皮射线;17—木射线

在维管形成层进行次生生长的过程中,其余的绝大多数中柱鞘细胞也脱分化恢复分生能力,形成木栓形成层(cork cambium)。然后木栓形成层进行平周分裂,向外形成木栓层(cork),向内形成栓内层(phelloderm)。木栓层、木栓形成层和栓内层共同组成了周皮。由于木栓层细胞不透水、不透气,而且排列紧密,因而木栓层外的组织由于给养断绝而死亡。

源于中柱鞘的形成层段,除了形成次生韧皮部和次生木质部外,还形成径向排列的薄壁细胞群。这些薄壁细胞群在根的横切面上表现为放射状排列,被称作维管射线(vascular ray);其中位于次生木质部的维管射线称作木射线(xylem ray),位于次生韧皮部中的维管射线称作韧皮射线或韧射线(phloem ray)。维管射线的功能是储藏养料和横向运输。

(4)单子叶植物根的结构:单子叶植物根的解剖结构同样也可分为表皮、皮层、中柱三个基本部分。但各部分结构有其各自的特点,特别是没有形成层和木栓形成层的产生,故单子叶植物的根不能进行次生生长。

表皮:单子叶植物根的最外一层细胞,寿命一般较短,在根毛枯死后,往往解体脱落。

皮层:靠近表皮的一至数层皮层细胞在根的发育后期,一般转变成厚壁的机械组织,起支持和保护作用。在机械组织的里面是细胞数量较多的薄壁组织。单子叶植物根的发育后期,其内皮层细胞的细胞壁表现为五面木栓化加厚,只有外切向壁未加厚,呈"马蹄铁形"加厚。在木质部放射角处的少数内皮层细胞保留薄壁状态,成为水分、养分进出的通道细胞。

中柱:其最外的一层薄壁细胞形成中柱鞘,中柱鞘也是侧根发生之处。初生韧皮部与初生木质部相间排列,两者之间的薄壁细胞不能恢复分裂能力,没有形成层产生(图 16-23)。

(5)侧根的发生:能够产生侧根的根称作母根。母根既可以是定根也可以是不定根。种子植物的侧根来源于中柱鞘的一部分。中柱鞘细胞恢复分裂能力,形成侧根原基,侧根原基顶端逐渐分化出侧根的生长点和根冠,侧根分化出的输导组织与母根的输导组织相贯通。最终,侧根原基的生长点细胞不断地分裂、生长和分化,穿透母根的皮层和表皮,露出母根外,成为侧根(图 16-24)。侧根产生的快慢与多少与植物的水、肥吸收关系密切。中耕、施肥等措施都可促进侧根的发生。

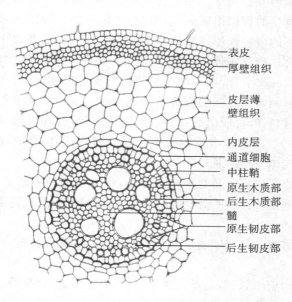

图 16-23　小麦老根横切面

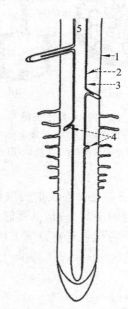

图 16-24　侧根的发生
1—表皮;2—皮层;3—中柱鞘;4—侧根;5—中柱

(6)根瘤与菌根:高等植物根系和土壤微生物之间形成的两种共生结构。

根瘤(root nodule):由固氮菌(一种杆菌)侵染宿主根部细胞而形成的瘤状共生结构。土壤中的固氮菌从根毛侵入根的皮层细胞并大量增殖,同时产生一些刺激物质使皮层细胞数目大量增加,于是使根形成瘤状突起,这就是根瘤(图 16-25)。固氮菌能把游离氮(N_2)转变为氨(NH_3),供给植物利用。根瘤在豆科植物中比较多见,有些非豆科植物也有根瘤存在,自然界中有数百种植物能形成根瘤。

油菜、玉米、柑橘等农作物和果树的幼根表面常覆盖着一些白色的丝状物,这就是植物根系与真菌建立的共生体,成为菌根。有些真菌的菌丝大部分侵入到幼根的活细胞内,称作内生菌根;另一些真菌的菌丝则主要生活在幼根的外表,少数菌丝侵入到根皮层的细胞间隙中,称为外生菌根。这种生长着真菌的幼根共生体称为菌根(mycorrhiza)(图 16-26)。菌根对根和真菌都有益处,二者互惠互利,真菌能从根细胞内吸收所需的有机营养物质,同时真菌能加强根的吸收能力,有的菌根也有固氮能力。

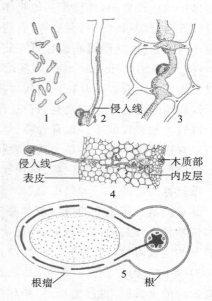

图 16-25　根瘤的形成过程

3)根的生理功能　根是高等植物在长期进化中逐渐适应陆地生活而形成的营养器官。根主要的生理功能包括吸收土壤中的水分和溶于水的无机盐并输送给茎、叶等地上部分;根系还具有支持和固着地上部分的功能,使茎叶系统能立于地表之上;根还具有合成功能,如根系可以合成植物激素、氨基酸等一些小分子有机物;根还具有储藏营养物质的功能;此外,根系还可以通过产生不定芽实现营养繁殖的功能。

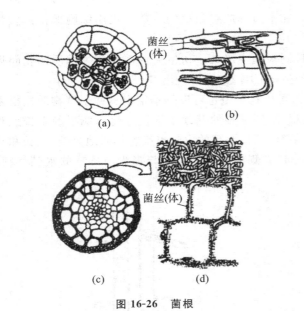

图 16-26　菌根

(a)小麦内生菌根横切面；(b)芳香豌豆内生菌根横切面；
(c)松外生菌根横切面；(d)(c)图的部分放大

2. 茎的形态结构与功能　种子植物的茎(stem)，亦称枝条(shoot)，主要源于胚芽和上胚轴，有时还包括部分下胚轴，顶芽和侧芽萌发形成分枝。多数茎的顶端可以无限向上生长，连同着生的叶片形成了繁茂的植物地上部分。

1) 茎的基本形态　植物生长的不同阶段，茎的名称也不相同，生长期的茎称作梢或嫩梢，落叶后休眠期的茎也称枝或枝条。从茎的横切面观察，大多数植物的茎是辐射对称的圆柱体。从外形上看，有些植物的茎为四棱形或三棱形。茎上着生叶(leaf)和芽(bud)，茎顶端着生的芽称作顶芽，顶芽萌发后，芽鳞片脱落在茎上留下的痕迹称作芽鳞痕(bud scale scar)。顶芽以下的芽称作侧芽或腋芽，侧芽着生于叶腋中。茎上着生叶的部位称作节(node)，有些植物的节非常明显，如竹子的节。相邻节之间的部分称节间(internode)。木本植物的枝条，叶片脱落后在茎上留下的痕迹，称作叶痕(leaf scar)。多数木本植物枝条上还分布有皮孔，是枝条内外气体交换的通道(图 16-27)。

2) 茎的生长习性　在长期的进化过程中，不同植物的茎形成了各自的生长习性，以便适应外界环境，使其叶片形成合理的空间分布，尽可能多地接受光照，高效地生产自己所需要的营养物质，完成繁殖后代的生理功能。茎的生长习性主要有以下五种。

(1) 直立茎(erect stem)：茎向上直立而生。大多数植物的茎属于直立茎，如苹果、梨、樱桃、桃、杨、向日葵等。

(2) 平卧茎(prostrate stem)：茎细长柔弱，平卧地面向前生长，节上不产生不定根，如蒺藜、地锦草等。

(3) 匍匐茎(stolon)：茎细长柔弱，平卧地面向前生长，在节的部位产生不定根和不定芽，如草莓、甘薯、虎耳草等。

(4) 缠绕茎(twining stem)：茎幼时较柔软，不能直立。在生长过程中通过改变自身的生长方向，缠绕于其他物体上。有些植物茎的缠绕方式是左旋的，即逆时针方向缠绕，如牵牛、菜豆等；有些是右旋的，即顺时针方向缠绕，如忍冬、葎草等；有些植物的茎既可右旋也可左旋，如何首乌的茎。

(5) 攀援茎(climbing stem)：茎幼时较柔软，不能直立。茎上形成特殊结构借以攀援它物上升。依其特殊结构可将攀援茎分为以下五种：

以卷须攀援的茎。如葡萄、黄瓜、南瓜、豌豆等。

以气生根攀援的茎。如常春藤、络石、薜荔等。

以叶柄攀援的茎。如旱金莲、铁线莲等。

以钩刺攀援的茎。如白藤、猪殃殃等。

以吸盘攀援的茎。如爬山虎(地锦，*Parthenocissus tricuspidata*)等。

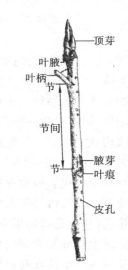

图 16-27　休眠期枝条的外形

具攀援茎和缠绕茎的植物统称藤本植物，二者均有木本和草本之分。有些藤本植物具有较高的经济价值，如葡萄、豆类及一些瓜类，在实际生产中，要根据它们茎的生长习性，适时搭好棚架，使其枝叶生长良好，提高经济产量和经济效益。

3) 芽的结构和类型　芽(bud)是处于幼态而未伸展的枝、花和花序。从叶芽的纵剖面观察可以发现，最中央为芽的生长锥，也称生长点，是芽中的分生组织所在。侧面是叶原基和叶腋原基，将来叶芽萌发后，生长锥细胞不断分裂，茎不断伸长，并逐渐形成下面的初生结构。叶原基形成叶，腋芽原基形成侧芽(图 16-28)。

根据芽的结构与特点，可将其分为以下几种类型(图 16-29)。

(1) 定芽与不定芽：定芽(normal bud)即位置固定的芽，不定芽(adventitious bud)即位置不确定的芽。着生于茎的顶端及叶腋内的芽称作定芽，即茎上的顶芽(terminal bud)和侧芽(lateral bud)或腋芽(axillary

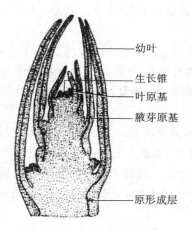

图 16-28　忍冬芽纵剖面

（幼叶、生长锥、叶原基、腋芽原基、原形成层）

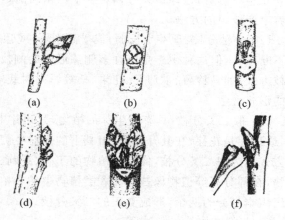

图 16-29　芽的类型
（a）毛白杨的鳞芽；（b）丁香的鳞芽；（c）枫杨的裸芽；
（d）紫穗槐的叠生副芽；（e）桃的并生副芽；（f）悬铃木的柄下芽

bud)是定芽,其余位置上着生的芽都是不定芽。在植物生产上,可以用不定芽进行营养繁殖,在农、林及园艺生产上很有意义。

（2）叶芽、花芽与混合芽:萌发后只能抽生枝梢和叶,而不形成花和果实的芽称作叶芽(leaf bud)或枝芽(branch bud);萌发后只能形成花和花序的芽称作花芽(flower bud)或纯花芽;混合芽(mixed bud)是指萌发后既能抽生枝梢和叶,又能产生花和花序的芽,也称作混合花芽。

（3）鳞芽与裸芽:芽外面包裹有鳞片的芽称作鳞芽(scaly bud);芽外面没有鳞片包裹的芽称作裸芽(naked bud)。

（4）活动芽与休眠芽:有些植物,特别是多年生木本植物,茎上只有顶芽和部分侧芽在生长季里萌发生长,而有部分侧芽在生长季不萌发,保持休眠状态,称作休眠芽(dormant bud)或潜伏芽(latent bud)。在生长季正常萌发的芽称作活动芽(active bud)。休眠芽的存在对于多年生木本植物来说,有很多益处,其一是,可以集中使用有限的营养物质,使萌发的芽生长得更好。其二是,使枝叶在空间上合理的安排,也更有利于改善植物整体的光照。其三是,潜伏芽可以作为植物生长的后备芽,如果活动芽一旦受害,潜伏芽即可萌发生长,使损失减低到最小。此外,在农、林及园艺作物生产中,潜伏芽还可被用来进行树体的更新复壮之用。

另外,依芽的位置还可以把芽分为并生芽、叠生芽、正芽和副芽及柄下芽等。

一个具体的芽,由于分类方式的不同,可以有不同的名称。

4）茎的分枝方式　茎的分枝是植物生长的普遍现象。茎的分枝是有其规律性的,种子植物茎的分枝方式有单轴分枝(monopodial branching)、合轴分枝(sympodial branching)和假二叉分枝(false dichotomous branching)(图 16-30)。禾本科植物的分枝方式称作分蘖。

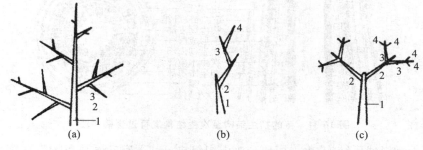

图 16-30　茎的分枝类型示意图(同级分枝以相同数字表示)
（a）单轴分枝；（b）合轴分枝；（c）假二叉分枝

（1）单轴分枝:顶芽发达,占优势,一年一年不断地向前延伸,形成一个直立的主轴,即主干,侧枝不发达,这种分枝方式称作单轴分枝,也称总状分枝。该种分枝方式的主干十分显著,即干性强,一些被子植物如杨树、柳树、核桃树等,多数裸子植物如落叶松、水杉等。这类分枝的植物木材往往高大挺直,适合建筑、造船等用。果树栽培上,有一种培养枝组的方法就是采用单轴延伸的方式进行的,其做法是:对生长比较中庸的枝条连续几年不修剪,这样顶芽带领着整个枝条向前延伸,形成单轴延伸,下部长出的枝容易形成花芽,这是一种培养丰产枝组的方法。

(2)合轴分枝:顶芽生长弱,或受到削弱,或顶芽为花芽,下部侧芽代替其生长,每年同样地交替生长,主干不断延伸,但这种主干是由许多侧芽形成的侧枝共同组成的,故称为合轴分枝。大多数被子植物属于这种分枝方式,如马铃薯、番茄、无花果、桑等。果树栽培上,对一些枝每年都进行短截,年复一年,就形成了合轴分枝的形式。

(3)假二叉分枝:具有对生芽的植物,其顶芽生长一段时间后停止生长,其下方的一对侧芽代替其进行生长,或顶芽是花芽,在其开花后,由其下的一对生侧芽代其生长,长出一对新梢,如此年复一年生长。这样的分枝方式称为假二叉分枝,像被子植物的丁香、茉莉、接骨木等就属于假二叉分枝。而真的二叉分枝常见于低等植物,在部分高等植物像苔藓和蕨类植物中的卷柏、石松等分枝方式就属于二叉分枝,这类植物它们顶端的分生组织本身分为两个,形成真正的二叉分枝。

5)茎的结构

(1)茎尖的结构:茎的顶端称为茎尖(stem tip),茎尖的结构与根尖的基本相似,茎尖也可分为分生区、伸长区和成熟区等部分,但茎尖没有类似于根冠的结构,而且各区也有不同的特点(图16-31)。

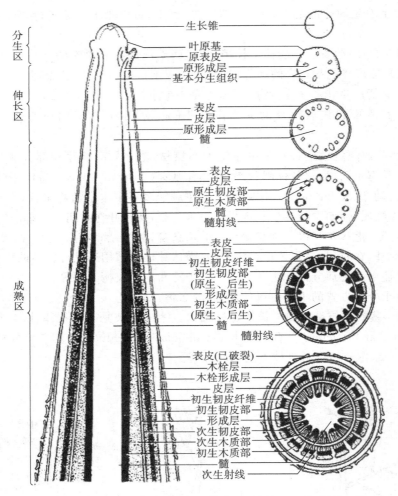

图16-31 茎的初生结构至次生结构发育过程模式图

分生区:茎的顶端为半球形结构,由一团原分生组织组成。其下有叶原基和腋芽原基。

伸长区:旺盛生长着的茎尖,其长度为2～10 cm,但在生长季末期,伸长区则较短,因为此时分生区转变为伸长区的速度减缓,而转化为成熟区的伸长区则多了起来。茎的伸长区与茎的向性生长,如向光性、负向地性等有关,原因是环境条件(如光源、地心引力等)的刺激引起伸长区细胞生长的不平衡,从而使茎发生弯曲。

伸长区的内部,已出现由分生区的原分生组织衍生来的初生分生组织。伸长区可被看作顶端分生组织转变为成熟组织的过渡区域。

成熟区:从外表上看,枝条的节间的长度已趋于固定。从解剖结构来看,各种成熟组织的分化已经完成,具备了茎的初生结构。

（2）双子叶植物茎的初生结构：在茎尖成熟区做一横切面，可观察到茎的初生结构，包括表皮、皮层、中柱三个部分（图 16-32）。

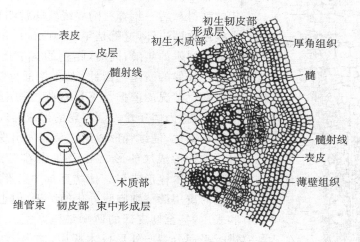

图 16-32　双子叶植物茎的初生结构

表皮：茎的最外一层。大多数植物表皮细胞外壁角质化，由此能增强对茎内部组织的保护，也可避免水分散失。表皮上还分布有气孔器。此外，有的表皮上还有表皮毛、腺毛或蜡被。

皮层：位于表皮与中柱之间，茎的皮层厚度要窄于根的。薄壁细胞是皮层的主要组成部分。紧靠表皮的几层细胞常有厚角组织分布，对幼茎有支持作用。在薄壁细胞和厚角组织中常含有叶绿体，因此幼茎常呈现绿色。另外，靠近外侧的几层皮层细胞具有脱分化的潜能，将来能形成木栓形成层，是构成茎的次生结构的引发者之一。

中柱：亦称维管柱，位于皮层以内，茎的中央。中柱包括维管束（vascular bundle）、髓（pith）和髓射线（medullary ray）。

维管束是中柱中最主要，也是最重要的部分。在茎的横切面上，维管束常成束存在，排列成环状。维管束的组成包括初生韧皮部、初生木质部和束中形成层（fascicular cambium），三者在中柱中的排列位置是初生韧皮部在维管束的最外面，束中形成层在中间，初生木质部在最里面。

髓居于茎的中心，由薄壁细胞构成。髓的主要功能是储藏营养物质。有些植物，在茎的生长过程中，髓部中央细胞解体成为髓腔，如芹菜。

从茎的横切面上观察，髓射线位于维管束之间，由薄壁细胞组成，并呈放射状排列，是髓部的延伸，故名髓射线。髓射线的主要功能是横向运输，也有部分髓射线细胞会恢复分生能力，形成束间形成层（interfascicular cambium），这部分髓射线细胞位于两个束中形成层之间。

（3）双子叶植物茎的次生结构：大多数双子叶植物的茎在初生结构的基础上，形成了次生生长的基础，即次生分生组织的形成。同根的次生分生组织一样，茎的次生分生组织——维管形成层和木栓形成层也同样引起茎的次生生长，从而产生次生结构。双子叶植物茎的次生结构的产生与维管形成层和木栓形成层密切相关，因此，以下从维管形成层和木栓形成层的形成与活动阐述双子叶植物茎的次生结构的形成过程。

维管形成层的形成与活动：位于两个束中形成层之间的那部分髓射线细胞脱分化形成束间形成层，束间形成层与茎初生结构中的束中形成层相连成圆环状的维管形成层，随后维管形成层即开始活动。维管形成层细胞主要进行平周分裂（亦称切向分裂），分裂的结果是向内产生次生木质部并加在初生木质部的外方，向外产生次生韧皮部，并加在初生韧皮部的内方。维管形成层在不断进行平周分裂形成次生结构的同时，也进行垂周分裂（亦称径向分裂），以扩大周径，适应茎的加粗（图 16-33）。

维管形成层所产生的次生木质部的体积（或厚度）远大于次生韧皮部的。在多年生木本植物的次生木质部的横剖面上，还能观察到同心环，称为年轮，见图 16-33。图上展示出了多年生茎（枝条）上的年轮，其形成与维管形成层的活动有密切关系。在温带地区的春季，雨量充沛，气候温和，维管形成层活动比较旺盛，此期所形成的细胞数量多，导管和管胞较大，木纤维较少，因此，这部分木材质地疏松而且颜色较浅，称为春材（spring wood）或早材（early wood）。到了夏末秋初（生长季的晚期），水分和气温等环境条件逐渐不适于树木的生长，维管形成层的活动也逐渐减弱，此期所形成的木材数量较少，其中的导管和管胞小而且壁厚，木纤维

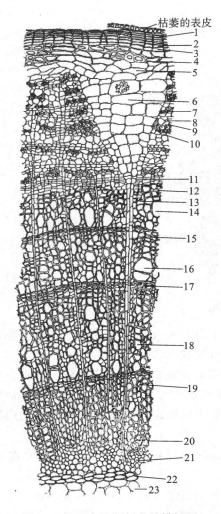

图 16-33　四年生椴树茎的横切面

1—木栓层；2—木栓形成层；3—栓内层；4—皮层厚角组织；5—皮层薄壁组织；6—扩张的韧皮射线；7—韧皮纤维；8—伴胞；9—筛管；10—韧皮薄壁细胞；11—形成层；12—木薄壁组织；13—木纤维；14—导管；15—第 3 年的晚材；16—第 3 年的早材；17—第 2 年的晚材；18—第 2 年的早材；19—次生木质部；20—后生木质部；21—原生木质部；22—环髓带（髓）；23—薄壁组织（髓）

较多，因此，这部分木材质地坚实而且颜色较深，称为秋材（autumn wood）或晚材（late wood）。同一年内春材和秋材之间的细胞结构和材质颜色是逐渐变化的，没有明显的界线，但前一年的秋材和后一年春材的界线就非常明显，由此出现了明显的分界线或称同心环，这就是年轮（annual ring）。根据年轮的数目可推算出树木的年龄；同时，年轮的宽窄还在一定程度上反映了外界历年气候的变化。因此，对年轮的分析，可作为研究某一地区气候变化情况的依据。不过有些植物一年可能产生几个年轮或同心环，称为假年轮。假年轮的形成与气候的特殊变化或病虫害的影响有关，使维管形成层在一年内出现了几次活动高峰。

木栓形成层的形成与活动：与维管形成层的活动相适应，外周出现了木栓形成层。植物茎的木栓形成层的产生多数源于近表皮的皮层薄壁细胞脱分化的结果，但也有少数直接从厚角组织和表皮，甚至韧皮部的薄壁细胞产生。木栓形成层形成后，随即进行平周分裂向外形成木栓层，向内形成栓内层。栓内层、木栓形成层和木栓层三者共同组成了周皮。

以上经过维管形成层和木栓形成层的活动，产生了次生木质部、次生韧皮部和周皮，加之维管形成层本身（严格地讲），就组成了双子叶植物茎的次生结构。

维管形成层年复一年在生长季的周期性分裂活动，使得木本植物的茎每年都在加粗，原来茎的表皮被撑破、死亡和脱落，由木栓形成层产生的周皮代替原来表皮的保护功能。

在周皮形成的过程中，茎的外表会产生皮孔（图 16-34）。皮孔大多产生在气孔器所在的部位。木栓形成层在这些部位形成许多球形、排列疏松的薄壁细胞（补充细胞）。补充细胞数量很多而且向外突出，最后在树皮上形成不同颜色、不同形状的空隙，即皮孔。皮孔是植物茎内部与外界环境之间气体交换的孔道，有时也成为某些细菌入侵的门户。

以上，学习了植物茎的初生结构与次生结构，了解了维管形成层在茎中所处的位置，这对于植物嫁接时有重要意义。维管形成层细胞的旺盛活动，才使得嫁接时造成的伤口易于愈合。所以，嫁接时一定要尽量使砧木和接穗二者的维管形成层吻合，如此才能保证嫁接成活。

(a)

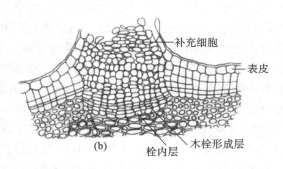

(b)

图 16-34　接骨木植物皮孔的结构

（a）接骨木茎外形（示皮孔）；（b）皮孔的解剖结构

（4）单子叶植物茎的结构：单子叶植物茎没有类似维管形成层的结构，不能形成次生分生组织，因此，其只有初生结构，而无次生生长和次生结构。单子叶植物茎的初生结构比较简单，初生结构的最外面是表皮，表皮以内是基本组织，维管束散生于基本组织中。在表皮以内没有皮层、髓和髓射线的界线。

单子叶植物茎的表皮细胞壁可发生角质化、栓质化或硅质化。表皮内的一至数层薄壁细胞常发育为厚壁组织，加强了对茎的支持能力。高粱、玉米、甘蔗等单子叶植物茎的中央充满薄壁细胞，为实心结构；小麦、水稻、竹等的茎，中央薄壁细胞解体，形成髓腔。单子叶植物的维管束有两种分布类型：一类是高粱、玉米等的实心茎中，维管束散布于基本组织内；另一类是水稻、小麦等具髓腔的茎，维管束一般排列为内、外两轮。内轮维管束较大，分布于基本组织中，外轮维管束小些，贴近机械组织或嵌入其中。这两种维管束的外围均为厚壁机械组织构成的维管束鞘所包围。维管束鞘以内为初生韧皮部和初生木质部，无束内形成层（图 16-35）。

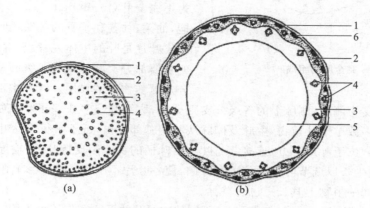

图 16-35　单子叶植物茎的基本结构
（a）玉米茎横切面；（b）小麦茎横切面
1—表皮；2—机械组织；3—基本组织；4—维管组织；5—髓腔；6—同化组织

（5）裸子植物茎的结构：裸子植物的茎都是木本的，茎的初生结构与双子叶植物的大致相同，也是由表皮、皮层和中柱三部分组成，裸子植物的茎中长期存在着形成层，能形成次生结构，使茎逐年加粗，也具有明显的年轮。裸子植物与双子叶植物茎的不同之处是维管组织的组成成分有以下特点。

裸子植物的次生木质部和次生韧皮部都比较简单。多数裸子植物茎的次生木质部没有导管，主要由管胞、射线和木薄壁组织组成，无典型的木纤维，少数裸子植物如买麻藤目的木质部有导管。与双子叶植物茎中的木质部相比，裸子植物的管胞显得简单和原始，它兼具水分运输和支持的双重作用。裸子植物的次生木质部中也有边材和心材、早材和晚材之分，这一点与双子叶植物次生木质部的相同。裸子植物的次生韧皮部有筛管、射线和韧皮薄壁组织组成，通常无伴胞和韧皮纤维。有些裸子植物，特别是松柏类植物茎的皮层、中柱（木质部、韧皮部、髓、髓射线）内，常有许多管状的树脂道（属于内分泌结构），分泌树脂，双子叶植物木本茎中是没有的。

（6）草质茎和木质茎：木质茎的木质化组织发达，占整个组织的70%以上，而草质茎的木质化组织占比不会超过40%。具有木质茎的植物称作木本植物，相应的具草质茎的植物称作草本植物。在植物的进化中，木质茎出现的比较早，裸子植物只有木质茎，它比双子叶植物出现得早，木本植物的寿命都较长，一般几十年或上百年，有的甚至达千年以上。

草质茎是由木质茎进化而来的。草质茎一般质地柔软，颜色上呈绿色，长得也不是很粗，往往只有初生结构，大多数单子叶植物具草质茎。具草质茎的植物寿命较短，一年生、两年生或几年生。有的草本植物茎是一年生的，但根确是多年生的，能活多年，如飞燕草、蜀葵、楼斗菜。

植物茎的类型也是可以变化的，例如：蓖麻和番茄在热带地区为多年生木质茎，而在温带较冷的地区却成了一年生的草质茎。

6）茎的生理功能　茎的主要功能包括支持地上部分，输导营养物质，使整个植物发挥正常功能，除此之外，茎还具有储藏和繁殖的功能。

3. 叶的形态、结构与功能　当芽形成时，在茎的顶端分生组织外层中，一些细胞膨大、分裂而形成侧生突起，称作叶原基（leaf primordium）。叶原基形成叶的过程：顶端生长和边缘生长形成整个叶的雏形，并分化出叶片、叶柄和托叶，除早期外，叶的伸长主要依靠居间生长。叶的生长期比较有限，当叶达到一定大小后，就停止生长，但某些单子叶植物的叶基部一直保留有居间分生组织，故生长期比较长。

叶（leaf）是植物光合作用、蒸腾作用的主要场所，也是植物制造有机营养的主要器官。要了解叶的功能，就要充分认识叶的结构。

1) 叶的形态　叶是由茎尖周围的叶原基发育而来的营养器官,一个成熟的叶是由叶原基通过顶端生长、边缘生长和居间生长发育而成的。

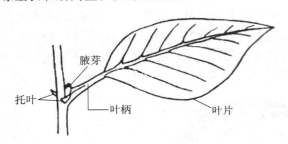

图 16-36　完全叶的组成

（1）叶的组成:一般一个发育成熟的叶由三部分构成,即叶片(blade)、叶柄(petiole)和托叶(stipule)。具备以上三个部分的叶被称为完全叶(complete leaf)(图16-36),如棉花、桃和梨的叶;缺少其中任一部分的叶即为不完全叶(incomplete leaf),如烟草的叶缺托叶和叶柄,油菜、甘薯和丁香的叶缺托叶。

叶片是叶的主体,一般呈绿色,扁平,是行使叶功能的主要部分。叶片内有各级叶脉,起支持伸展和输导水分及营养物质的作用。叶片中部的叶脉较为粗大,称为主脉或中脉,主脉的分支为侧脉,侧脉上的各级分支则更小,称细脉。多数双子叶植物的叶脉纵横交错,连接成网状,称为网状脉。多数单子叶植物,主脉及侧脉从叶的基部发出,近于平行到达叶尖,称作平行脉。

叶柄通常为细长形,位于叶片下方,连接茎与叶片。叶柄的功能是支持叶片,输导茎与叶片间水分及营养物质。有的叶柄能扭曲生长以调节叶片的位置和方向,使各叶片不至于重叠而影响阳光。不同植物的叶柄长短是不一样的,即使在同一植物上其长短也有差异。

托叶是叶柄基部的小型叶片,通常成对而生。不同植物托叶的形状和作用也不同,如棉花的托叶为三角形,芝麻的托叶为薄膜状,托叶对幼叶具有保护作用;有的植物的托叶较大且呈绿色,故可进行光合作用,如豌豆。

（2）叶片的形态:植物的叶片大小不同,有的甚至差别极大,柏的叶细小,呈鳞片状,长为几个毫米,芭蕉的叶片长可达 1～2 m,南美酒椰(*Raphia taedigera*)其叶片可长达 22 m,宽可达 12 m。

不同植物间,叶片的形状有很大不同,即使同一植物,甚至同一株树,叶片的形状也会有所差异。就整个叶片的形状来讲,常见的叶形有针形、线形、披针形、椭圆形、卵形、菱形、心形、肾形、圆形、扇形、三角形、剑形、盾形。有时为了区别叶片的形状,还可在上述叶形前冠以"广""长""倒"等形容词,如广卵形叶片、长椭圆形叶片、倒披针形叶片等(图 16-37)。就叶尖而言,有这样一些形状:渐尖、急尖、钝形、截形、具短尖、具骤尖、倒心形、微缺(图 16-38)。就叶基而言,主要的形状有渐尖、急尖、心形、截形、钝形等,与叶尖的形状相似,但其在叶基部出现,此外,还有箭形、耳形、戟形、匙形、偏斜形等(图 16-39)。就叶缘来说,有以下一些形状:全缘、波状、皱缩状、齿状、缺刻等(图 16-40)。

叶脉是由贯穿于叶肉中的维管束和其他组织组成的,属于输导和支持结构。脉序是指叶脉的脉纹在叶片上的分布。脉序主要有平行脉和网状脉两种类型,平行脉又可分为弧形平行脉、射出平行脉、横出平行脉、分叉状脉等,网状脉又有羽状网脉、掌状网脉等(图 16-41)。

单叶和复叶。叶柄上着生叶片的数目,一般有两种情况,一是一个叶柄上只着生一片叶的,称作单叶(simple leaf);还有一种是一个叶柄上着生许多小叶,称作复叶(compound leaf)。复叶的叶柄称作叶轴(rachis)或总叶柄(common petiole),叶轴上着生的叶片,称作小叶(leaflet),小叶的叶柄称作小叶柄(petiolule)。

依小叶排列方式的不同,将复叶分为羽状复叶(pinnately compound leaf)、掌状复叶(palmately compound leaf)和三出复叶(ternately compound leaf),其中三出复叶又分为羽状三出复叶(ternate pinnate leaf)和掌状三出复叶(ternate palmate leaf)(图 16-42)。小叶排列在叶轴左右两侧的称作羽状复叶,如紫藤、槐、月季等;小叶都着生在叶轴的顶端,如掌状般排列,称作掌状复叶,如牡荆、七叶树等;如果叶轴上生出的三个小叶的叶柄是等长的,称作掌状三出复叶,如橡胶树等;如果所生的顶端小叶叶柄较另外两个小叶的叶柄长些,则称作羽状三出复叶,如苜蓿等。

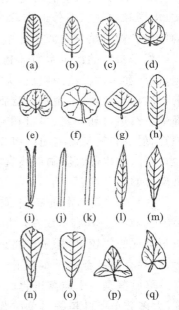

图 16-37　叶形的类型

(a) 椭圆形；(b) 卵形；(c) 倒卵形；(d) 心形；(e) 肾形；(f) 圆形(盾形)；(g) 菱形；(h) 长椭圆形；(i) 针形；(j) 线性；(k) 剑形；(l) 披针形；(m) 倒披针形；(n) 匙形；(o) 楔形；(p) 三角形；(q) 斜形

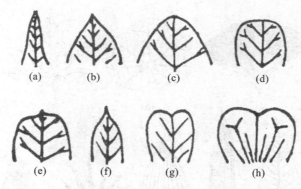

图 16-38　叶尖的类型

（a）渐尖；（b）急尖；（c）钝形；（d）截形；（e）具短尖；（f）具骤尖；（g）微缺；（h）倒心形

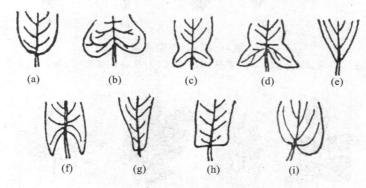

图 16-39　叶基的类型

（a）钝形；（b）心形；（c）耳形；（d）戟形；（e）渐尖；（f）箭形；（g）匙形；（h）截形；（i）偏斜形

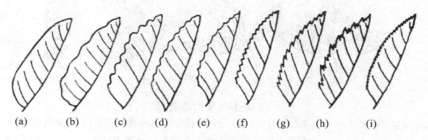

图 16-40　叶缘的类型

（a）全缘；（b）波状缘；（c）皱缩状缘；（d）圆齿状；（e）圆缺；（f）牙齿状；（g）锯齿；（h）重锯齿；（i）细锯齿

　　根据羽状复叶上小叶数目的不同,可将其分为奇数羽状复叶(odd-pinnately compound leaf)和偶数羽状复叶(even-pinnately compound leaf)。前者是复叶上的小叶数量为单数,如蚕豆、月季、刺槐等;后者是指复叶上小叶的数量为偶数的,如皂荚、落花生等。羽状复叶还可根据叶轴是否分枝及分枝的多少,划分为一回、二回、三回和多回(数回)羽状复叶。掌状复叶也可因此划分为一回、二回等掌状复叶。

　　叶轴上只具有一个叶片的复叶称作单身复叶(unifoliate compound leaf),如香橼、橙等。单身复叶可能是由三出复叶退化而来。

　　叶序和叶镶嵌。叶在茎上的排列方式称作叶序。常见的叶序有三种,即对生(opposite)、互生(alternate)和轮生(verticillate)(图 16-43)。每节上着生两个相对排列的叶,此为对生叶序。如薄荷、丁香、女贞、石竹等。对生叶序中,上下相邻两节的对生叶呈十字交叉的称作交互对生(decussate)。茎的每节上只生一叶称作叶互生,如苹果、梨、樱桃、白杨、悬铃木(法国梧桐)等的叶序。茎的每节上着生三个及以上的叶片,称作轮生叶序,如百合、夹竹桃、梓等的叶序。此外,有的植物节间缩短,叶在短枝上成簇状着生,称作簇生叶序,如枸杞、银杏、落叶松等的叶序。

　　同一个枝条上叶,总是不相重叠,而是呈镶嵌状态排列,这种现象称作叶镶嵌(leaf mosaic)。这种现象的出现,是由叶柄的长短不同、叶柄的扭曲以及叶片的各种排列角度造成的,若俯视之,叶镶嵌的现象格外明显。叶镶嵌有利于植物的光合作用,同时使得茎上各侧的载荷相平衡。

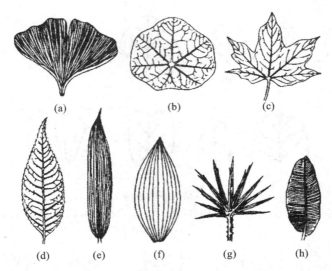

图 16-41　叶脉的类型

（a）分叉状脉；（b）掌状网脉；（c）掌状网脉；（d）羽状网脉；（e）直出平行脉；（f）弧形平行脉；（g）射出平行脉；（h）横出平行脉

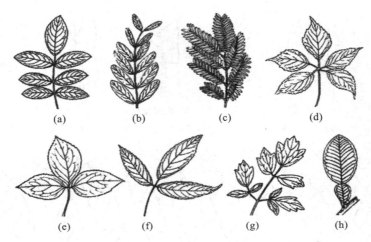

图 16-42　复叶的类型

（a）奇数羽状复叶；（b）偶数羽状复叶；（c）二回羽状复叶；（d）掌状复叶；（e）掌状三出复叶；
（f）羽状三出复叶；（g）羽状三出复叶；（h）单身复叶

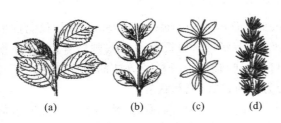

图 16-43　叶序的类型

（a）互生；（b）对生；（c）轮生；（d）簇生

异形叶性。同一株植物上叶的形状不完全相同,这种现象称作异形叶性(heterophylly)。异形叶的出现有两种情况,一是因枝的老幼不同,如金钟柏幼枝上的叶表现为针形,老枝上的叶则为鳞片形。另一种是受到外界的影响而引起的,如慈姑的三种叶形,气生叶,为箭形;漂浮叶,为椭圆形;沉水叶,为带状(图 16-44)。

禾本科植物的叶是单叶,分叶片和叶鞘两部分。叶鞘(leaf sheath)狭长而抱茎,具有保护、输导和支持叶片的作用。叶片扁平狭长呈线性或狭带形,具有纵列的平行叶脉。禾本科植物叶还常具有叶枕(pad)或叶环、叶舌(ligule)、叶耳(auricle)等组成成分(图 16-45)。

2)叶的结构

(1)双子叶植物叶片的结构:典型的双子叶植物的叶片由表皮、叶肉和叶脉三部分组成(图 16-46)。

表皮:包括上表皮(叶片腹面)和下表皮(叶片背面),由排列紧密的单层扁平细胞组成,是覆盖在叶片表面的初生保护组织。从外表观察,表皮细胞形状不规则,彼此镶嵌,紧密相连。从横剖面上看,表皮细胞呈长方形,外壁通常角质化,可以起到减少蒸腾、对叶片内部加强保护的作用。叶的上、下表皮都有气孔器的分布,一般来说,下表皮上的气孔器较多。气孔器由两个肾形的保卫细胞和它们之间的气孔组成。保卫细胞是活细胞,含叶绿体。气孔器的细胞壁增厚情况比较特殊,远离气孔的细胞壁较薄,靠近气孔处较厚。当植物进行光合作用时,保卫细胞的细胞液浓度提高,于是从周围的表皮细胞吸水,细胞膨压增大,气孔张开。当保卫细胞失水、膨压降低时,气孔的开度缩小甚至关闭。气孔的开启与关闭在植物体调控其自身与外界之间的气体交换、水分蒸腾中发挥着重要作用。气孔器下方的细胞间隙称为孔下室。

　　叶肉(mesophyll):叶片上、下表皮之间的部分称作叶肉。叶肉又可分为栅栏组织(palisade tissue)和海绵组织(spongy tissue),这种类型的叶称作异面叶(背腹叶)(bifacial leaf);而把无栅栏组织和海绵组织之分的叶称作等面叶(isobilateral leaf)。

　　栅栏组织由一至数层长筒形细胞组成,细胞间隙较小,紧接上表皮。细胞内含有大量沿着细胞表面排列的叶绿体,该组织的主要功能是光合作用。海绵组织位于栅栏组织下方,与下表皮相连,它的主要功能是进行气体交换,也可进行光合作用。海绵组织的细胞排列比较疏松、形状不甚规则,细胞间隙发达。与孔下室相连通,形成叶片内的通气系统,由此扩大了叶肉细胞与空气的接触,利于光合作用的进行。

　　双子叶植物叶肉中出现栅栏组织和海绵组织的分化,是

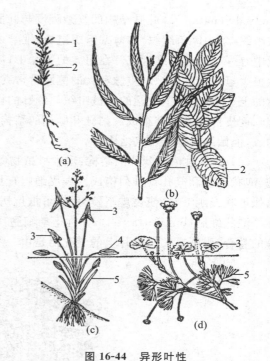

图 16-44　异形叶性

(a)金钟柏;(b)蓝桉;(c)慈姑;(d)水毛莨
1—次生叶;2—初生叶;3—气生叶;4—漂浮叶;5—沉水叶

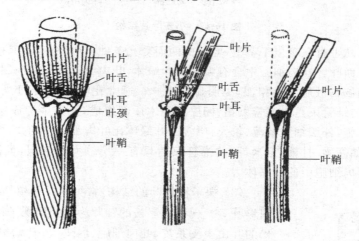

图 16-45　禾本科植物叶的形态

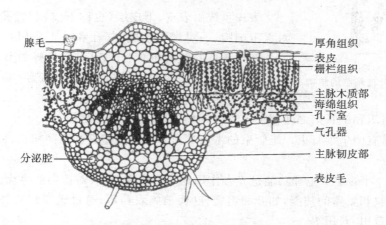

图 16-46　棉花叶片纵剖面(部分)

该种植物对光合作用、蒸腾作用的高度适应,是长期进化的结果。

　　叶脉(vein):分布于叶肉组织中,具有输导营养物质和支持叶片的作用。大部分双子叶植物为网状脉序

(netted venation)。叶脉结构的复杂程度与叶脉的大小有关,主脉(或中脉)和较大的侧脉通常由维管束、机械组织(多为厚角组织)和薄壁组织组成,维管束内木质部在上(靠近上表皮),韧皮部在下(靠近下表皮)。中脉中有一个或几个维管束。在粗大的主脉中,韧皮部和木质部之间还发现有形成层,但其活动时间很短,只产生极少量的次生组织。主脉和大的侧脉常常突出在叶片的背面,是由于维管束的周围有一些薄壁组织或在叶脉的上、下方形成了发达的机械组织。侧脉的构成比主脉简单,一般是由维管束鞘(包围维管束的一层特殊细胞)、韧皮部和木质部组成。细脉和脉梢的结构更简单,最简单的细脉和脉梢则由几个导管、几个筛管和伴胞构成,但始终贯穿于叶肉之中。

(2)禾本科植物叶片的结构:禾本科植物叶片由表皮、叶肉和叶脉三部分组成(图16-47)。表皮由表皮细胞、泡状细胞和气孔器排列构成。表皮细胞有长、短细胞之别,短细胞又分为硅细胞和栓细胞,硅细胞向外突出似齿状或刚毛状,使表皮坚硬粗糙,可抵抗病虫害的侵袭。上表皮上还有一些大型薄壁细胞,具大的液泡,称作泡状细胞(bulliform cell),亦称运动细胞。泡状细胞能控制水分的吸收或散失(因有大的液泡),故与叶片的卷合、张开有关。叶片上的气孔器是由一对哑铃形保卫细胞、一对菱形副卫细胞和气孔构成的。

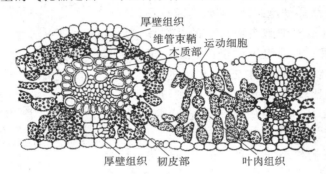

图 16-47　小麦叶片结构

禾本科植物的叶片,几乎直立着生于茎上,叶片的两面受光条件相似,故禾本科植物的叶肉无栅栏组织和海绵组织之别,称之为等面叶。叶肉细胞中含有大量的叶绿体,叶肉细胞表面向内凹陷形成"峰、谷、腰、环"结构(图16-48)。禾本科植物的叶脉大小相似,无明显的中脉。通常在叶脉的上、下方都有成片的厚壁组织与表皮连接。禾本科植物的维管束是由维管束鞘、韧皮部和木质部组成,无束中形成层。三碳植物(如大麦、小麦)的维管束鞘有两层细胞,外层细胞壁薄、较大,所含的叶绿体比叶肉细胞中的少,内层细胞壁厚、较小,几乎不含叶绿体;四碳植物(如高粱、甘蔗、玉米等)的维管束鞘只有一层较大的细胞,且排列整齐,细胞壁稍有增厚,细胞中的叶绿体比叶肉细胞中的叶绿体大。

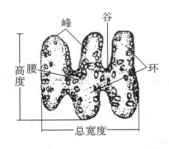

图 16-48　禾本科植物叶肉细胞的结构

(3)裸子植物叶的结构:常见的裸子植物叶有针叶、鳞叶、羽状叶、扇形叶等。现以马尾松的针叶为例介绍裸子植物叶的内部结构。马尾松的叶由表皮系统、叶肉细胞、内皮层、转输组织和维管束构成(图16-49)。

表皮系统由表皮、下皮层(也称下皮)和气孔器组成。气孔器由一对保卫细胞、一对副卫细胞、气孔和孔下室组成。气孔器下陷到下皮层。在松属针叶的横切面上,气孔器像鸟喙的形状。

叶肉细胞位于下皮层以内,由薄壁细胞组成,薄壁细胞内含有大量叶绿体。叶肉组织内分布有树脂道。

叶肉细胞与转输组织和维管束之间存在内皮层,内皮层具有凯氏带结构。

一枚马尾松的针叶有两个维管束。维管束的木质部由管胞和薄壁细胞相间构成;韧皮部由筛胞和韧皮薄壁细胞组成。

3)叶的生理功能　叶的主要生理功能是光合作用和蒸腾作用,二者对植物的生命活动具有重要的意义。除此之外,叶还具有吸收和繁殖的功能,如叶面追肥,叶面喷施农药等;通过组织培养技术可再生植株。叶还具有很多经济价值,如食用、药用等。

4)离层与落叶　各种植物叶的生活期是不同的,一般植物的叶生活期几个月,但也有生活期一年以上或多年生的。常绿植物的叶生活期较长,如松叶可活3～5年,紫杉叶可活3～10年。

叶自然枯死后,或残留在植株上,或随即脱落,称为落叶。树木的落叶有两种情况,一种是当寒冷或干旱

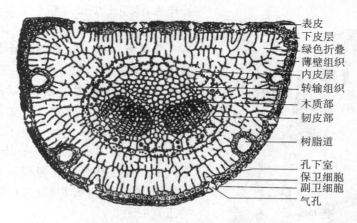

图 16-49　马尾松叶的横切面

季节到来时,整株树的叶子全部枯死脱落,此为落叶树,如桃、樱桃、柳树、水杉等;另一种是春、夏季时,当新叶发出后,老叶才开始枯落,这种树就全树看,终年常绿,此为常绿树,如黄杨、茶树、松树、广玉兰等。常绿树和落叶树都要落叶,只是具体情况不同罢了。

　　植物的叶为什么会脱落?为什么落叶后形成的叶痕又很光滑呢?这是因为在叶柄的基部或靠近叶柄的基部,产生了离区(abscission zone)(图 16-50),离区包括离层(abscission layer)又称分离层(separation layer)和保护层(protective layer)。在叶子将落时,离层内产生一些小细胞,它们的壁胶化,细胞成为游离的状态,支持力大大下降,由于叶本身的重量,再加上风的摇曳,叶就从离层处脱落了。离层形成与脱落酸有关。

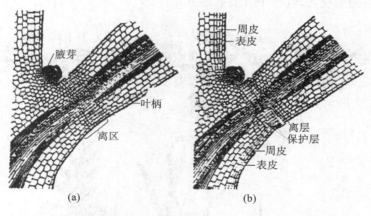

图 16-50　叶柄基部纵剖面(示离区)
(a) 离区形成；(b) 离区处分离,保护层出现

　　4. 植物营养器官的变态　上面我们介绍了植物营养器官的形态结构与功能,可以看到植物的营养器官都有与功能相适应的形态和结构。然而在植物的进化过程中,植物的某些器官为了适应环境而改变了其原有的功能,相应的其形态和结构也做出了适应性的改变。经过长期的自然选择,这种改变已经被保留下来,成为某些植物的特征。植物体营养器官形态、结构和功能的显著变化称为营养器官的变态。这种变态与病理或偶然的变化是不同的,是健康的,其特性一经形成,还可以遗传给后代。变态后的器官称作变态器官(abnormal organ),常见的营养器官变态类型主要有以下几种。

　　1) 变态根　根据其形态结构及功能的不同,可将变态根划分为储藏根、气生根和寄生根三种(图 16-51)。

　　(1) 储藏根:根体肥厚多汁,薄壁组织发达,内储有大量营养物质。根据来源不同,储藏根可分为肉质直根和块根。

　　肉质直根(fleshy taproot):由主根和下胚轴发育而成,因此在一株上只有一个肉质直根。外观形态为圆锥形、纺锤形或球形,萝卜、胡萝卜、甜菜、芜菁等肥大的根属于这一类。

　　块根(root tuber):主要由不定根或侧根发育而成,因此在一株上可形成多个块根,如甘薯、木薯、大丽花等。

　　(2) 气生根:生长于地面暴露在空气中的根统称气生根。依功能不同,有下列三类。

　　支持根(prop root):又称支柱根。一些浅根系植物在其近地面的节上产生的不定根,如甘蔗、玉米、高粱

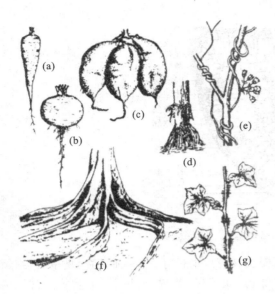

图 16-51　变态根

（a）胡萝卜的肉质直根；（b）芜菁的肉质直根；（c）甘薯的块根；（d）玉米的支持根；（e）菟丝子的寄生根；（f）*Eridendron aufractuosum* 的板根；（g）常春藤的攀援根

等作物，茎节上生出一些不定根，形成较粗大并具有支持作用的辅助根系。

攀援根（climbing root）：是春藤、络石、凌霄等藤本植物细长、柔弱的茎上生有的不定根。这些不定根的顶端扁平，有的甚至成为吸盘状，以固着于树干、山石或墙壁等的表面而攀援上升，称为攀援根。

呼吸根（respiratory root）：生长在海岸腐泥中的红树、木榄，池边的水松等，有一部分根系向上生长，伸出地面或水面进行呼吸。这些根外具呼吸孔，内具发达的通气组织，有利于通气和储存气体，以适应缺氧的环境，维持正常的生长。

（3）寄生根（parasitic root）：是由寄生植物或半寄生植物形成的一种从寄主体内吸收营养物质的变态根，称为寄生根，也称吸器（haustorium）。寄生植物菟丝子苗期产生的根，生长不久即枯萎，于是以其茎紧密地回旋缠绕在寄主茎上，叶退化成鳞片状，由不定根变态而形成吸器侵入寄主体内，水分和养料全部依赖寄主。

2）变态茎　根据变态茎的分布位置，可将变态茎划分为两种类型，即地上变态茎和地下变态茎。

（1）地上茎的变态。地上变态茎（图 16-52）有如下几种。

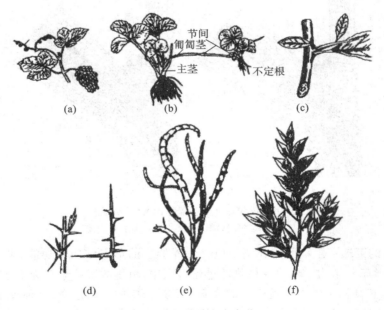

图 16-52　几种地上变态茎

（a）葡萄的茎卷须；（b）草莓的匍匐茎；（c）山楂的茎刺；（d）小檗（左）、皂荚（右）的茎刺；（e）竹节蓼的叶状枝；（f）假叶树的叶状枝

茎卷须（stem tendril）：许多攀援植物的茎细长，无法直立，变成卷须，如黄瓜、南瓜、葡萄的茎。

茎刺（stem thorn）：茎转变为刺，称作茎刺或枝刺，如山楂、皂荚、酸橙和柑橘的茎。

叶状茎（phylloid）：也称叶状枝。茎转变为叶状，扁平，绿色，可进行光合作用，如假叶树、竹节蓼、昙花和文竹的茎。

小鳞茎（bulblet）：蒜的花间，常常着生一些具肥厚小鳞片的小球体，称作小鳞茎，或称珠芽（bulbil）。小鳞茎将来长大脱落后可发育成一新植株。百合的叶腋内也常形成紫色的小鳞茎。

小块茎（tubercle）：有些植物的腋芽中，常形成肉质小球，但无鳞片，类似块茎，称为小块茎，如薯蓣（山药）、秋海棠等。

肉质茎：如仙人掌科植物、莴笋的茎等。

匍匐茎:如草莓、蛇莓的茎。

(2)地下茎的变态。茎一般都生于地面上,生在地下的茎与根相似,但仍具茎的特征。常见的地下变态茎有四种:

根状茎(rhizome):简称根茎(图16-53)。该种茎横卧地下,似根,如姜、莲藕、竹、芦苇以及许多杂草的茎。根状茎中储藏着丰富的营养物质。

块茎(tuber):块茎中最常见的是马铃薯(图16-54),其块茎是由根状茎的先端膨大而来,其中积累了很多营养物质。菊芋,俗称洋姜,也具块茎,可用来制糖或糖浆。甘露子的串珠状块茎可用来食用,也就是酱菜中的"螺丝菜",也称作宝塔菜。

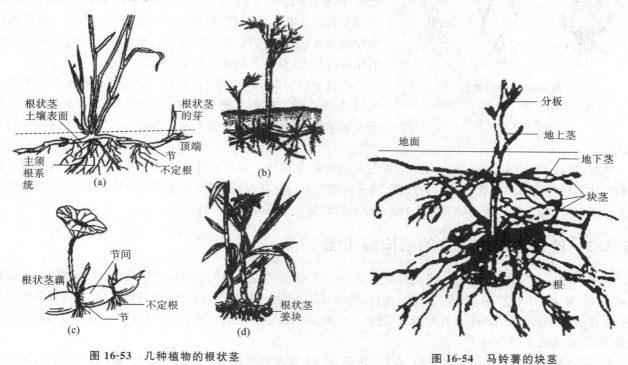

图 16-53　几种植物的根状茎
(a)禾本科杂草;(b)竹;(c)莲;(d)姜

图 16-54　马铃薯的块茎

鳞茎(bulb):由许多肉质肥厚的鳞片包围而成的圆盘状或扁平状的地下茎,称作鳞茎,如洋葱、百合、蒜等的地下茎(图16-55)。

球茎(corm):球状的地下茎,常见于荸荠、慈姑、芋等(图16-55)。

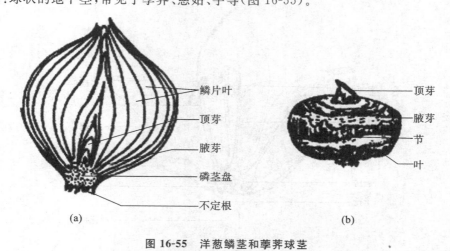

图 16-55　洋葱鳞茎和荸荠球茎
(a)洋葱鳞茎;(b)荸荠球茎

3)变态叶　叶的变态主要有六种(图16-56)。

叶卷须(leaf tendril):由叶的一部分变成卷须,称作叶卷须,具有攀援的作用。如豌豆的叶卷须,由羽状复叶前端的几对小叶变成。菝葜的托叶变成卷须。

叶刺(leaf thorn):由叶或叶的一部分转变成的刺状物,称为叶刺。如刺槐总叶柄基部两侧的托叶变成硬

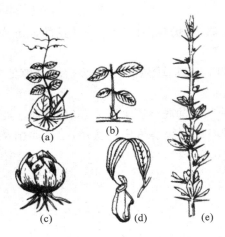

图 16-56 叶的变态
(a) 叶卷须；(b) 托叶刺；(c) 鳞叶；
(d) 捕虫叶；(e) 叶刺

刺；仙人掌整个叶变成刺；小檗长枝上的叶变成刺。叶刺可以减少蒸腾并起保护作用。

鳞叶(scale leaf)：叶特化或退化成鳞片状，称作鳞叶。有肉质和膜质两种，如洋葱鳞茎上的肉质鳞叶和外面几层干膜质鳞叶；慈姑、荸荠球茎上的膜质鳞叶；藕、竹鞭根茎上的膜质鳞叶。肉质鳞叶储藏营养物质，并起保护作用。

捕虫叶(insect-catching leaf)：有些植物具有能够捕捉昆虫的变态叶，称作捕虫叶。这类植物也被称作食虫植物或食肉植物。这些变态叶具有各种形状，如猪笼草的捕虫叶呈瓶状；狸藻的捕虫叶呈囊状；茅膏菜的捕虫叶呈盘状。捕虫叶上具有分泌黏液和消化液的腺毛，将落入的昆虫消化吸收。

叶状柄(phyllode)：有些植物叶片退化，叶柄转变为扁平的片状，行使叶的功能。如台湾相思树，澳大利亚干旱地区的一些金合欢属植物，初生的叶是正常的羽状复叶，后来长出的叶，一般就仅具叶状柄。

苞片(bract)和总苞(involucre)：生在花下面的叶称为苞片。多数苞片聚生在花序外围的称为总苞。苞片和总苞有保护花和果实之作用。鱼腥草、鸽子树都生有白色花瓣状总苞，有吸引昆虫传粉的作用；苍耳的总苞上生有细刺，易于附着于动物身体上，便于种子的传播。

16.2.2 植物的繁殖器官的结构与功能

被子植物从种子萌发，经过一系列的生长发育后，即由营养生长进入生殖生长阶段，在植物体的一定部位形成花芽，花芽发育成熟后，即进入开花、传粉、受精、果实和种子的发育以及种子的传播一系列发育阶段。完成一个生长周期后，新的种子又开始萌发，进入一个新的生长发育周期。花、果实及种子与被子植物的繁殖有直接关系，故称为繁殖器官。

1. 花 被子植物典型的花由花柄、花托、花萼、花瓣、雄蕊和雌蕊构成(图 16-57)。花梗也称花柄，是枝条的一部分。花托是花柄顶端膨大的部分，花萼、花瓣、雄蕊和雌蕊着生在花托上。花萼、花瓣、雄蕊和心皮都属于变态叶。花是被子植物特有的繁殖器官，是产生精细胞和卵细胞，进行有性生殖的部位。花是由花芽发育而来的，从植物形态学和解剖学的角度看，花是适应于生殖的变态短枝。

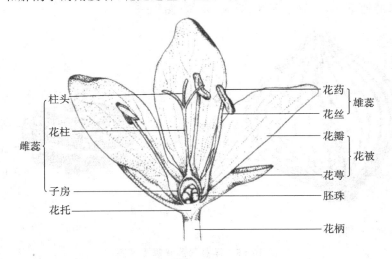

图 16-57 花的结构

(1) 花的组成 典型的花包括花柄、花托、花萼、花冠、雄蕊和雌蕊。

①花梗(pedicel)与花托(receptacle)。花梗也称花柄，是着生花的小枝。花梗的作用主要有两方面，一是支持着花的其他部分，二是将营养物质从茎运输到花。花梗的长短因植物不同而不同，有的花梗较长，有的较短，甚至没有花梗。花托是花柄顶端略呈膨大的部分。它的节间很短，很多节密集在一起，花的其他部分着生

在其上。花托有各种类型(图 16-58)。

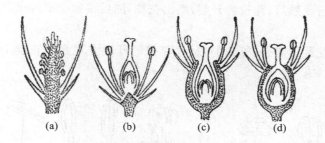

图 16-58　花托的类型

(a) 花托凸出呈圆柱状；(b) 花托凸出呈覆碗状；(c)(d)花托凹陷似碗状

花柄的长短、花托的类型是植物分类的形态学标准之一。

②花萼(calyx)与花冠(corolla)。二者统称为花被，当二者不易区分时，也可合称为花被，如洋葱、百合的花被。

花萼由若干萼片(sepal)组成，排列在花的最外围，一般为绿色，可进行光合作用，另外，萼片对幼花具有保护作用。萼片各自分离的称作离萼(chorisepal)，如油菜、桑及茶等，连合在一起的称作合萼(gamosepal)，如棉花、烟草等。萼片在果实成熟时不脱落的称为宿存萼或萼片宿存。有的植物萼片大并呈现各种颜色，形似花冠，有招引昆虫授粉的作用，如绣球花和铁线莲的萼片。还有的植物萼片变成了冠毛，有助于将来其果实的散布，如蒲公英的萼片。

花冠由若干片花瓣(petal)组成。因含花青素类物质或有色体而呈现各种颜色。花瓣中还常含有各种挥发油类，故花冠除具有保护作用外，还具有招引昆虫传送花粉的功能。与花萼类似，花瓣亦有离合之分，花瓣互相分离的称为离瓣花(choripetalous flower)，如油菜、棉花、桃等；花瓣连合或部分连合的称作合瓣花(synpetalous flower)，如南瓜、马铃薯、牵牛花、烟草、番茄等。花冠的形状多种多样(图 16-59)。

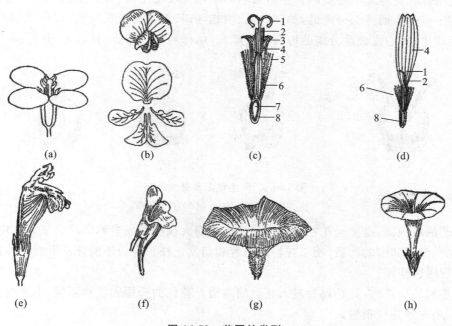

图 16-59　花冠的类型

(a) 十字形花冠；(b) 蝶形花冠；(c) 筒状花冠；(d) 舌状花冠；(e) 唇形花冠；(f) 有距花冠；
(g) 喇叭状花冠；(h) 漏斗状花冠(其中(a)和(b)为离瓣花，(c)～(h)为合瓣花)
1—柱头；2—花柱；3—花药；4—花冠；5—花丝；6—花萼；7—胚珠；8—子房

萼片、花瓣的数目及其形状，离萼或合萼，离瓣或合瓣是植物分类的形态学标准之一。

③雄蕊群(androecium)和雌蕊群(gynoecium)。雄蕊群是一朵花中雄蕊(stamen)的总称，它位于花被的内侧，是花的重要组成部分。雄蕊由花丝(filament)和花药(anther)组成。通常花丝细长，其基部着生在花托或花冠上，顶部连着花药，使得花药能够伸展到一定的空间位置，便于散播花粉。花药是花丝顶端膨大成囊状

的部分,即花粉囊(pollen sac),花药通常由 2 个或 4 个花粉囊组成,分为两半,中间由药隔相连。花粉囊产生花粉粒(精细胞)的地方,花粉成熟后,花粉囊开裂,散出花粉,随后参加受精过程。雄蕊有不同的组合,常见的是离生雄蕊。

花丝的长短、离合以及花药的离合、雄蕊的数目、花药的开裂方式和在花丝上着生的位置(图 16-60)等,是植物分类的形态学标准之一。

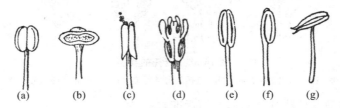

图 16-60　花药的开裂方式和在花丝上着生的位置

(a) 纵裂;(b) 横裂;(c) 孔裂;(d) 瓣裂;(e) 底着药;(f) 贴着药;(g) 丁字着药

((a)~(d)为花药的开裂方式;(e)~(g)为花药在花丝上着生的位置)

雌蕊群是一朵花中雌蕊(pistil)的总称,它位于花的中央,是花的另一个重要组成部分。从植物系统进化方面来看,雌蕊是由心皮演化而来的。心皮(carpel)属于变态叶,是组成雌蕊的基本单位。组成雌蕊的心皮可有一个至多个。雌蕊由柱头(stigma)、花柱(style)和子房(ovary)三部分共同组成。在形态和结构上,心皮与叶极为相似,心皮中央相当于叶片主脉,称作背缝线(dorsal suture)。心皮边缘卷合而成的部位,称为腹缝线(ventral suture)。背缝线和腹缝线在真果类植物的果实上有比较明显的体现。胚珠通常着生在腹缝线上,且有维管束进入到胚珠中,为胚珠输送所需的营养物质。

依组成雌蕊的心皮数及心皮结合的情况不同,可将雌蕊分为单雌蕊、离心皮雌蕊和复雌蕊(图 16-61)。雌蕊由一个心皮构成的为单雌蕊,如桃、李、豆类、水稻、小麦等;由两个或以上心皮构成的雌蕊称作复雌蕊,又称合生心皮、合生雌蕊。复雌蕊中心皮的合生结果不一样,子房、花柱、柱头都合在一起的,如番茄、柑橘、油菜等;子房、花柱合在一起的,而柱头分离的,如向日葵、棉花等;只有子房合在一起,而柱头和花柱分开的,如石竹、梨树等。一朵花中,各心皮彼此分离的称离心皮雌蕊,也称离生单雌蕊,如草莓、毛茛、木兰、芍药等。

图 16-61　离生雌蕊和合生雌蕊

(a) 为离生雌蕊;(b)~(d) 为合生雌蕊

柱头位于雌蕊的最顶部,是接受花粉的部位。柱头常膨大或扩展成多种形状。多数植物的柱头能分泌一些糖类、脂类、酚类、激素和酶的物质,便于花粉的附着和萌发。柱头表面还能分泌形成一种蛋白质薄膜,其在与花粉的相互识别时起作用。

花柱位于子房与柱头之间,是花粉管进入胚囊的通道。花柱的长短因植物而异,玉米的花柱(玉米穗上的须子)很长,水稻、小麦的花柱很短。

子房位于雌蕊的基部,由子房壁(外、中、内三层)、子房室(一至数个)、胎座和胚珠组成,是雌蕊最重要的部分。子房着生在花托上,根据子房在花托上出现的位置,可以将其划分为上位子房、下位子房和半下位子房三种类型(图 16-62)。子房内着生有胚珠(ovule),其着生的位置称胎座(placenta),胎座可分为侧膜胎座、边缘胎座、特立中央胎座、中轴胎座、顶生胎座、基生胎座和片状胎座(图 16-63)。

胚珠是种子的前身,雌蕊的核心。胚珠包括珠柄、珠被、珠孔、珠心和合点共五个部分,以珠柄着生在胎座上。子房内胚珠的数目因植物的不同而不同。成熟胚珠的构造:最外面是珠被,通常为内外两层,有的植物也有一层珠被。珠被的顶端有一小孔称为珠孔。珠被里面是珠心(或称珠心组织),胚囊位于珠心的中央部位。珠心的基部和珠被汇合在一起称作合点。子房内的维管束从胎座通过珠柄、合点,进入胚珠内,为胚珠的生长

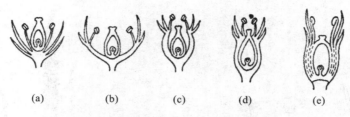

图 16-62　子房的位置

(a) 子房上位(下位花)；(b)(c) 子房上位(周位花)；(d) 子房下位(上位花)；(e) 子房半下位(周位花)

和发育运送所需的营养物质。

胚珠形成时,由于其各部分生长速度不同,使其珠孔、合点与珠柄的相互位置有所变化而形成了倒生胚珠、直生胚珠、横生胚珠和弯生胚珠等类型(图 16-64)。

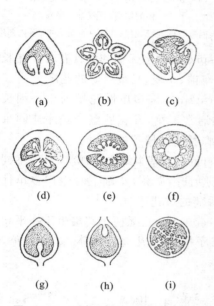

图 16-63　几种不同的子房和胎座

(a) 单雌蕊,单子房,边缘胎座；(b) 离生雌蕊,单子房,边缘胎座；(c) 合生雌蕊,单室复子房,侧膜胎座；(d)(e) 合生雌蕊,多室复子房,中轴胎座；(f) 合生雌蕊,子房一室,特立中央胎座；(g) 单雌蕊,子房一室,基生胎座；(h) 单雌蕊,子房一室,顶生胎座；(i) 合生雌蕊,子房多室,片状胎座(其中(a)~(f)、(i)为子房横切面观；(g)、(h)为子房纵切面观)

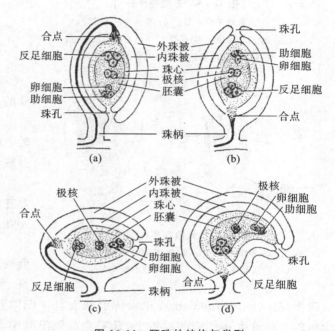

图 16-64　胚珠的结构与类型

(a) 倒生胚珠；(b) 直生胚珠；(c) 横生胚珠；(d) 弯生胚珠

(2) 花序及类型　大多数被子植物的花总是按照一定的规律排列在总花柄上,由此形成花序(inflorescence)。花序的形式很多,但归纳起来有两大类,即无限花序(indefinite inflorescence)和有限花序(definite inflorescence)。

①无限花序:又称向心花序。该花序的特点是花序的主轴在开花期间可以不断向上生长,产生苞片和花芽,似单轴分枝,故此也称单轴花序。花的开放顺序由下向上。如果花序轴缩短,花则密集成一片或球面,此时的开花顺序由边缘向中心依次开放。无限花序有以下几种类型(图 16-65 至图 16-67)。

总状花序(raceme):以花梗基部着生排列在一个无分枝且较长的花轴上,花轴还可以向前生长,如紫藤、荠菜、油菜、白菜等的花序。

伞房花序(corymb):也称平顶总状花序,是总状花序的变形。花排列在不分枝的花轴的近顶部,下部的花梗长些,向上渐短,花基本位于一个平面上,如山楂、麻叶绣球、苹果、梨、樱花等的花序。

伞形花序(umbel):大多数花着生在较短的花轴的顶端,每朵花的花柄基本等长,故各花排列成近圆顶形。开花的顺序由外向内,如五加、山茱萸、人参、常春藤等的花序。

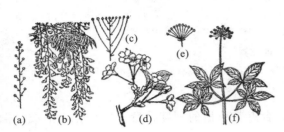

图 16-65　无限花序（一）

（a）总状花序模式图；（b）紫藤的总状花序；
（c）伞房花序模式图；（d）日本樱花的伞房花序；
（e）伞形花序模式图；（f）人参的伞形花序

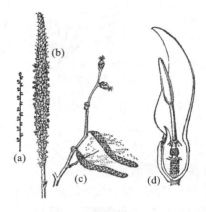

图 16-66　无限花序（二）

（a）穗状花序模式图；（b）车前的穗状花序；
（c）榛的柔荑花序（雄花序）；
（d）天南星科的肉穗花序（切除一部分苞叶，示内部结构）

穗状花序（spike）：许多无柄的两性花着生在长而直立的花轴上，如车前、小麦、马鞭草等的花序。

柔荑花序（catkin）：许多单性花排列于一细长的花轴上，整个花轴通常下垂，开花后整个花序连同果实一并脱落，如杨、柳、桑、栎、榛等的花序。

肉穗花序（spadix）：基本结构同穗状花序，不同之处是花轴较短，肥厚且肉质化，花轴上着生许多单性无柄小花，如玉米、香蒲的雌花序。

头状花序（capitulum）：无梗小花集生于一平坦或隆起的总花托（花序托）上，成一头状体，如蒲公英、向日葵、菊等的花序。

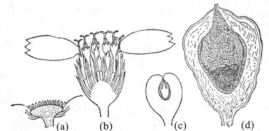

图 16-67　无限花序（三）

（a）头状花序模式图；（b）蓍（锯草）的头状花序剖面；
（c）隐头花序模式图；（d）无花果的隐头花序

隐头花序（hypanthodium）：花轴特别肥大且呈凹陷状，许多无柄的小花着生在凹陷的腔壁上，几乎全部隐没其中，仅留一小孔与外面相通，如榕树、无花果等的花序。

②有限花序　又称离心花序，也称聚伞类花序（图 16-68）。该花序的特点与无限花序恰好相反，由于花序轴的顶花先开放，故限制了花序轴的进一步生长。开花顺序是从上到下，或从里至外。其又分为几种类型：单歧聚伞花序（monochasium），如萱草、附地菜、委陵菜、唐菖蒲、勿忘草等的花序；二歧聚伞花序（dichasium），如冬青卫矛、大叶黄杨、卷耳、繁缕等的花序；多歧聚伞花序（pleiochasium），如泽漆、益母草等的花序。

2. 种子　种子是种子植物特有的繁殖器官，由受精后的胚珠发育而来。种子生长在果实内。在形状、大小、颜色、质地等方面不同植物的种子有较大差异，但一般由胚（embryo）、胚乳（endosperm）（有的种子无胚乳）和种皮（seed coat）三个主要部分构成（图 16-69）。少数植物的种子还具有外胚乳（perisperm）。

（1）胚　胚是构成种子的最重要部分。胚由受精卵发育而成，是存在于种子内的植物新个体的原始体，它是由胚芽、胚根、胚轴和子叶四个部分组成。单子叶植物的胚还有胚根鞘和胚芽鞘。胚芽由生长点和幼叶组成，萌发后形成植物的地上部分。胚根为圆锥形，萌发后形成植物的根系。种子内胚芽与胚根之间的那部分称作胚轴，子叶着生于胚轴上的位置称作子叶节，子叶节

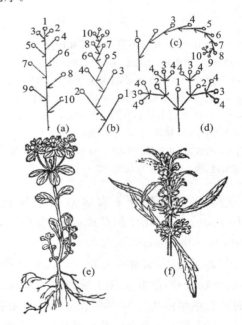

图 16-68　有限花序

（a）单歧聚伞花序；（b）蝎尾状聚伞花序；
（c）螺状聚伞花序；（d）二歧聚伞花序；
（（a）～（d）均为模式图，小花序号为开花顺序）
（e）泽漆的密伞花序；（f）益母草的轮伞花序；
（（a）、（b）、（c）为单歧有限花序，（e）、（f）为多歧聚伞花序）

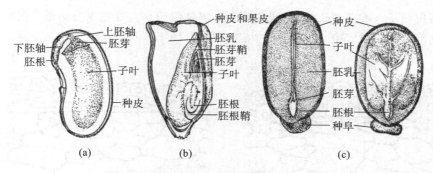

图 16-69　种子的结构

（a）菜豆；（b）玉米；（c）蓖麻

到第一真叶原基之间的那段胚轴,称上胚轴,子叶节到胚根上第一侧根原基之间的那段胚轴,称下胚轴。被子植物种子的子叶一般1～2片,胚内有两片子叶的被子植物,称双子叶植物,如豆类、瓜类、棉花、油菜等;胚内只有一片子叶的,称单子叶植物,如水稻、玉米、小麦、洋葱等;裸子植物的子叶有两片的,如银杏、桧柏等,也有多片的,如云杉、冷杉、松等。发育肥大的子叶储藏大量的营养物质,供种子萌发和幼苗成长时需要;不肥厚的子叶,在种子萌发时被吸收。有的植物其子叶在种子萌发时钻出地面,变绿,可进行一段时间的光合作用。

（2）胚乳　根据成熟的种子中是否有胚乳,可将植物种子分为有胚乳种子和无胚乳种子两类。胚乳位于种皮的内方和胚紧密结合,是种子中集中储藏营养物质(淀粉、蛋白质和脂肪等)的地方。无胚乳的种子中胚乳不再存在或只残留一些痕迹,这是因为在种子发育时,胚乳的营养物质被胚吸收,转入子叶中储存。双子叶植物和单子叶植物均存在有胚乳和无胚乳的种子。

（3）种皮　种皮是种子外面的保护层,由珠被发育而来,种皮有一层或两层。成熟种子种皮上常有种孔、种脐(hilum)、种脊(raphe)和种阜(caruncle)等结构。种孔是胚珠的珠孔遗留的痕迹,其位置处于种脐一端,很小,往往不易觉察;种脐是种子脱离果实后留下的痕迹,如蚕豆种子较宽一端的种皮上,有一条黑色的眉状条纹,即为种脐;种脊是倒生胚珠的外珠被与珠柄愈合形成的纵脊留下的痕迹,其内有维管束穿过,故隆起成种脊,种脊位于种脐这一侧;种阜是由外种皮延伸的海绵状隆起物,如蓖麻。种孔、种脐往往被种阜所覆盖,只有剥去种阜才能见到。幼嫩的种皮由薄壁细胞构成,成熟种皮的厚薄、层数、颜色因植物种类不同而不同。茶、西瓜等的种皮厚且坚硬,桃、花生等的种皮较薄。蓖麻、油菜等具内、外两层种皮。有些植物如水稻、蚕豆、大豆、小麦等,在种子发育过程中,内珠被或外珠被被吸收而消失,种皮仅由其中的一层珠被发育而来。种子表皮细胞中含有一些有色物质,而使种皮形成了不同的颜色。

3. 果实

（1）果实的发育与结构　受精后,胚珠发育成种子,然后产生生长素等植物激素,于是子房内的代谢活动旺盛,整个子房快速生长,发育为果实(fruit)。这类单纯由子房发育而来的果实称作真果(true fruit),如桃、李、杏、樱桃、柑橘、茶、小麦、玉米、棉花、花生等属于真果。但有些植物的果实,并不是单纯由子房发育而成,花托、花萼、花冠,甚至是整个花序都参与了它的形成,如苹果、梨、山楂、桑椹、菠萝、瓜类等,这类果实称作假果(false fruit)。

真果的结构比较简单,外为果皮(pericarp),内含种子。果皮由子房壁发育而来,分为外果皮(exocarp)、中果皮(mesocarp)、内果皮(endocarp)共三层。外果皮相对较为简单,其上有气孔、蜡质、角质、表皮毛等附属物。幼果果皮上多含有叶绿体,故幼果大多呈现出绿色。根据果实类型的不同,中果皮和内果皮变化较大。果实成熟后,由于果皮细胞中含有花青素或有色体而呈现出各种颜色。

为明确真果的结构,现以桃、大豆荚果和小麦颖果为代表简介如下。

①桃果实的结构:桃果实由一个心皮发育而来。果皮由外果皮、中果皮和内果皮组成。外果皮由一层表皮细胞和几层厚角组织组成,表皮上生有很多短毛;中果皮构成了主要的可食部分,它是由大型的薄壁细胞以及维管束组成;内果皮由很多木栓化的石细胞组成,比较坚硬。内果皮之内便是种子（图16-70）。

②大豆荚果的结构:大豆果实的外果皮由表皮及以下的

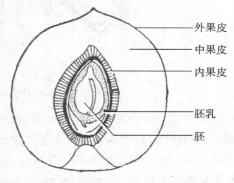

图 16-70　桃果实的纵剖面

厚壁细胞组成;中果皮属于一些薄壁组织;内果皮是一些厚壁组织。大豆荚果有两条开裂线,一条在心皮边缘连合处,而另一条则沿着中央维管束。内果皮之内含有种子(图 16-71)。

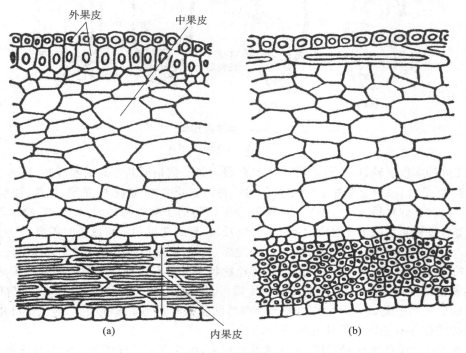

图 16-71　荚果的果皮

(a) 横剖面;(b)纵剖面

③小麦颖果的结构:小麦颖果的果皮较薄且与种皮合并在一起,是含有单粒种子的果实,故不可把颖果与种子混为一谈(图 16-72)。

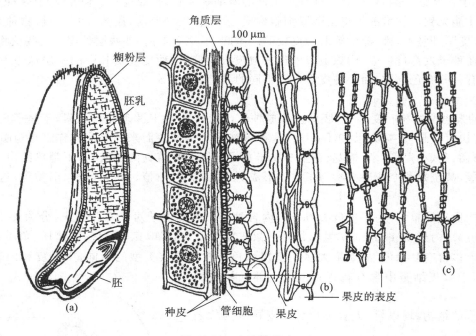

图 16-72　小麦的果皮

(a) 小麦的颖果;(b) 果皮的纵剖面;(c)果皮的表皮

假果的结构比较复杂,如苹果、梨、山楂等的可食部分,主要由花筒(萼筒)发育而来,外层有一些花托组织,由子房发育而来的部分位于果实的中央,所占的比例很小,但外、中、内三层果皮仍能区分(图 16-73)。

(2)单性结实和无籽果实　受精后产生果实,这是正常现象。有些植物可以不经过受精也能形成果实,这种现象称作单性结实(parthenocarpy)。单性结实的果实中没有种子,这类果实被称为无籽果实。单性结实有两种情况,一是自发性单性结实(autonomous parthenocarpy),即子房不经过受精或其他任何刺激就能形

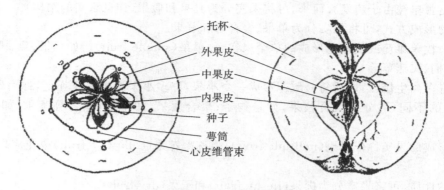

图 16-73　苹果果实的纵剖面和横剖面

成无籽果实,也称营养单性结实。香蕉即是典型的单性结实,葡萄、柠檬和柑橘的某些品种、柿子、瓜类等都有单性结实的现象存在。二是刺激性单性结实,亦称诱导性单性结实(induced parthenocarpy),即子房必须经过一定的诱导或刺激作用才能形成单性结实。如用马铃薯的花粉刺激番茄的柱头,用爬山虎的花粉刺激葡萄的柱头,用苹果的花粉刺激梨的柱头,都可得到无籽果实。生产上有用 30～100 mg/L 的生长素(IAA)和 2,4-二氯苯氧乙酸喷施到辣椒、西瓜、番茄等即将开花的花蕾上,或用 10 mg/L 的萘乙酸(NAA)喷施到葡萄花序上,皆可得到无籽果实。

并非全部的无籽果实都来自单性结实,有些植物种子在发育过程中受到阻碍,亦可形成无籽果实。

(3)果实的类型　植物的果实类型多种多样(图 16-74)。

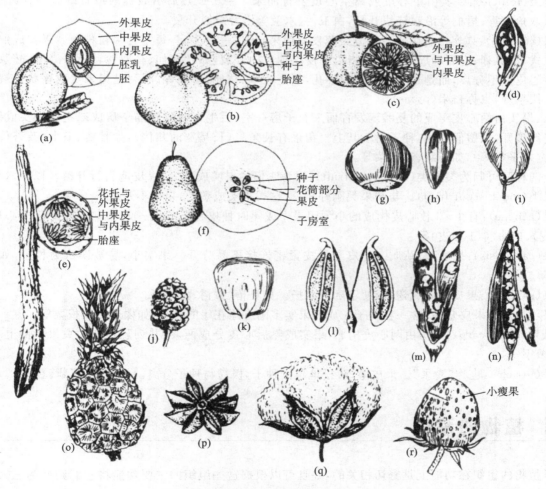

图 16-74　果实的类型

(a)核果(桃);(b)浆果(番茄);(c)柑果(柑橘);(d)蓇葖果(飞燕草);(e)瓠果(黄瓜);(f)梨果(梨);(g)坚果(板栗);(h)瘦果(向日葵);(i)翅果(槭树);(j)聚花果(桑椹);(k)颖果(玉米);(l)双悬果(伞形科);(m)荚果(豌豆);(n)长角果(芸薹属);(o)聚花果(凤梨);(p)聚合蓇葖果(八角茴香);(q)蒴果(棉花);(r)聚合果(草莓)

①根据果实是否单纯由子房发育而来,可将果实分为真果和假果(详见果实的结构)。

②根据果实的形成方式,可将果实分为单果、聚合果和复果。

一朵花中仅一枚单雌蕊或复雌蕊形成的单个果实,称单果(simple fruit)。如苹果、梨、桃、李、杏、樱桃、葡萄、番茄、柑橘、梧桐、飞燕草等。

一朵花中具许多离生雌蕊,以后每一雌蕊形成一个小果,许多小果聚生在花托上,称为聚合果(aggregate fruit)。根据小果的不同,可分为聚合核果,如悬钩子;聚合瘦果,如草莓;聚合蓇葖果,如八角;聚合坚果,如莲。

由整个花序形成的果实称作复果(multiple fruit),也称聚花果(collective fruit)或花序果。如桑椹、菠萝、无花果等。

③根据果皮的性质,可将果实分为肉果(fleshy fruit)和干果(dry fruit)。

肉果是指果皮肥厚呈肉质状的果实。包括以下几种。

浆果(berry):柔嫩,肉质而多汁,内含多枚种子,是肉果中最常见的一种。如葡萄、番茄、柿子等。

核果(drupe):由单雌蕊发育而来,内含一枚种子,居于果实中心。外果皮极薄,中果皮很发达,是肉质可食的部分,内果皮木质化为坚硬的核,包在种子外。如桃、李、杏、樱桃、梅等。

梨果(pome):果实由花筒和心皮部分愈合后共同形成的。可食部分主要由花筒发育而来,外层有一些花托组织。肉质部分以内才是果皮部分。苹果、梨是这类果实的典型代表。

干果是指果实成熟后,果皮干燥无汁的果实。包括以下几种。

荚果(legume):果实由单心皮发育而来。果实成熟后沿腹缝线和背缝线两面开裂,如蚕豆、豌豆、大豆等。果实成熟后也有不开裂的,如合欢、皂荚等。

蓇葖果(follicle):果实由单心皮或离生心皮发育而来。果实成熟后沿腹缝线或背缝线一面开裂。如牡丹、芍药、八角茴香、梧桐等沿腹缝线开裂,白玉兰、木兰等沿背缝线开裂。

蒴果(capsule):果实由合生心皮的复雌蕊发育而来,子房一至多室,每室含多粒种子。果实成熟时,有三种开裂方式,即纵列、空裂和周裂。纵列指沿心皮纵轴方向开裂,如秋水仙、马兜铃、薯蓣、鸢尾、酢浆草等;空裂是指各心皮并不分离,而是子房上方裂成小孔,如金鱼草、桔梗、罂粟等;周裂是指果实成盖状开裂,如马齿苋、车前、樱草等,也称盖果(pyxis)。

角果:果实由两心皮组成的复雌蕊发育而来。子房一室,后生一假隔膜隔子房成二室。果实成熟时果实沿两腹缝线裂开,只留假隔膜,种子附于其上。角果有长角果(长是宽的几倍),如甘蓝、萝卜、芸苔等,也有短角果(长宽几乎相等),如芥菜、遏蓝菜等。

以上四种又可归为裂果类(dehiscent fruit),因为它们的果实成熟后,果皮能自行开裂。以下六种果实可归为闭果类(indehiscent fruit)。与裂果类刚好相反,这类果实成熟后,果皮不开裂。

瘦果(achene):有1～3枚心皮构成的小型闭果。成熟时种皮与果皮仅一处相连。如荞麦(3心皮)、向日葵(2心皮)、白头翁(1心皮)等。

颖果(caryopsis):果皮薄,革质。种皮与果皮紧密连接不易分开。果实小,易被误认为种子,如小麦、水稻、玉米等。

翅果(samara):果皮延展成翅状,便于随风飘扬。如臭椿、槭树、榆树等。

坚果(nut):外果皮坚硬,含一粒种子。成熟果实多附有原花序的总苞,如榛子、栎、板栗等。

双悬果(cremocarp):子房由两心皮构成,果实成熟后心皮分成两瓣,并列悬挂在中央果柄的上端。如小茴香、胡萝卜等。

胞果(utricle):也称"囊果"。果皮薄,疏松地包围种子,极易与种子分离。如地肤、滨藜、藜等。

16.3 植物的系统

被子植物的组织在功能上是密切相关的,并且可以根据这些组织的主要功能将它们归并为三大系统,即皮系统、基本系统和维管系统。

1. 皮系统

皮系统包括表皮和周皮,为覆盖于植物各器官、组织表面的一个连续的保护层,对这些组织和器官起保护作用,如防止病虫危害、机械损伤等。

2. 基本系统

基本系统主要包括各类薄壁组织、机械组织,它们是植物体各器官的基本组成,在植物体中占较大的部分。

3. 维管系统

一株植物体或某一器官的全部维管组织称作维管系统。维管系统主要包括木质部和韧皮部,木质部负责水分和无机盐的输导,韧皮部负责光合产物等有机营养的输导。维管系统贯穿于整个植物体内,并相互连接、密切联系,组成一个完整体系,形成了一定的结构,行使一定的功能。

这三大系统的相关性:维管系统包埋在基本系统之中,而其外表又覆盖着皮系统。

本章小结

植物组织依形态和功能可划分为分生组织和成熟组织,成熟组织是由分生组织分裂、分化而来的。分生组织最显著的特点是细胞具有持续性和周期性的分裂能力;成熟组织根据其结构和执行的生理功能的不同可划分为五种组织,即薄壁组织、保护组织、机械组织、输导组织和分泌组织,它们分别执行着同化、通气、储水、吸收和储藏营养物质,保护内部组织,防止水分散失、病虫侵袭、机械损伤,支持和巩固,物质运输等生理功能。这些组织在功能上是密切相关的,组成一个完整体系,形成了一定的结构,行使一定的功能,这一完整的体系就是系统。植物系统包括皮系统、基本系统和维管系统。这三大系统的相关性为维管系统包埋在基本系统之中,而其外表又覆盖着皮系统。

植物地下部分被称为根系,根系可分为直根系和须根系。根可以划分为主根、侧根和不定根三类。根尖可区分为根冠、分生区、伸长区和根毛区。在根毛区的内部形成了初生结构,其由表皮、皮层和中柱构成。双子叶植物的根由于能产生维管形成层和木栓形成层,故能进行次生生长并由此形成次生结构,次生结构包括次生木质部、次生韧皮部和周皮,次生结构的产生使根逐年加粗;单子叶植物的根只有初生结构而无次生结构。

植物的茎有多种形态特征、生长习性和分枝方式等。茎尖的结构包括分生区、伸长区和成熟区。在茎的成熟区分化形成了茎的初生结构;与根类似,双子叶植物茎由于维管形成层和木栓形成层的活动产生了次生结构,使茎加粗;而单子叶植物的茎也只有初生结构。

完整的双子叶植物的叶由叶片、叶柄和托叶三部分组成。叶片是叶的主体,包括上表皮、下表皮、叶肉和叶脉。叶肉又可划分为栅栏组织和海绵组织,故此也被称为异面叶;而单子叶植物的叶为等面叶,即叶肉没有栅栏组织和海绵组织之分。被子植物的花由花柄、花托、花萼、花冠、雄蕊群和雌蕊群构成。根据果实的来源,可将果实分为真果和假果,真果是指完全由子房发育而来的果实;假果则是指除了子房外,花的其他部分也参与了果实的形成。种子由种皮、胚和胚乳(或没有)构成。根据果实形成的方式,果实又可分为单果、聚合果和聚花果(也作复果);根据果皮的性质,又可将果实分为肉果和干果。

思考题

扫码答题

参考文献

[1] 吴湘钰.陈阅增普通生物学[M].2 版.北京:高等教育出版社,2005.

[2] 顾德兴.普通生物学[M].北京:高等教育出版社,2000.

[3] 魏道智.普通生物学[M].2 版.北京:高等教育出版社,2012.

[4] 陆时万,徐祥生,沈敏健.植物学[M].2 版.北京:高等教育出版社,2011.

[5] 吴庆余.基础生命科学[M].2 版.北京:高等教育出版社,2006.

[6] 靳德明.现代生物学基础[M].2 版.北京:高等教育出版社,2009.

[7] 李宪民.生命科学导论[M].郑州:郑州大学出版社,2004.

第**17**章　植物的营养与代谢

植物的存在是整个生物界的一大幸事,植物是其他生物存在的基础。植物自身的生存也需要不断从外界摄取各种营养物质并利用这些营养物质进行自身正常的生命活动。植物有机体吸收和利用营养物质的过程就称为营养(nutrition)。

新陈代谢(metabolism),简称代谢,是生命活动的主要特征之一,它包括物质代谢和能量代谢两部分,由两个既矛盾又统一的过程,即同化作用(assimilation)或合成代谢(anabolism)和异化作用(dissimilation)或分解代谢(catabolism)组成。同化作用是指生物体把从环境中吸收的营养物质转变成自身的组成物质,并储存能量的过程;异化作用是指生物体将自身的一部分组成物质进行分解,释放能量,并把代谢废物排出体外的过程。植物的光合作用可以为其他生物制造光合产物,同时,光合作用作为重要的合成代谢,也为其他生物提供了能量。

17.1　植物的营养

植物的营养方式为自养,即植物从外界环境中吸收简单的无机物(二氧化碳和水),通过自身的光合作用将二氧化碳和水转化为复杂的有机物,同时产生氧气,并将太阳能转化为稳定的化学能储存起来。在这个过程中植物还需吸收多种矿质元素(无机盐)参与代谢。

17.1.1　植物对二氧化碳的吸收

植物所摄取的二氧化碳,主要是从大气中来。空气中的二氧化碳主要是通过叶片表面的气孔进入到植物的叶肉细胞内,在植物的叶绿体内,和水一起参与光合作用,被还原成复杂的有机物,同时释放出氧气。叶片上的气孔是植物吸收二氧化碳的首要通道。气孔器在叶片中的分布是有一定规律的。双子叶植物的叶片基本上呈水平状生长,气孔器大多数位于不直接接受直射光的叶片下表面上;单子叶植物狭长直立的叶片两面的气孔数目差不多。植物体的绿色幼茎、花萼及幼果上也有气孔器分布,它们是吸收二氧化碳的孔道。陆生植物通过叶片角质膜吸收二氧化碳是很少的。

气孔器最突出的特性是能开闭。由气孔器的结构可以看出,双子叶植物的气孔是由两个肾形保卫细胞围成的,靠近气孔一侧的细胞壁加厚,而远离气孔一侧的细胞壁较薄,加厚的细胞壁上有许多从气孔一侧向外、呈辐射状的微纤丝。因此,当两个保卫细胞吸水膨胀时,因为保卫细胞的细胞壁外侧较薄,细胞就向外侧膨胀,同时带动着微纤丝向外侧运动,于是微纤丝拉动内侧细胞向外运动,故使气孔张大。保卫细胞失水时,气孔则变小甚至关闭。单子叶植物的气孔是由两个哑铃形保卫细胞围成的,其细胞纵轴的中央部分细胞壁很厚,两端壁则较薄,细胞壁纵向排列有微纤丝。因此,当两个保卫细胞吸水时,两端薄壁膨胀,但由于纵向微纤丝的拉动,细胞只能横向膨胀,使保卫细胞中央部分出现空隙,气孔张大。当保卫细胞失水时,由于保卫细胞的膨压消失,两端薄壁部分体积变小,气孔关闭。

气孔的启闭受植物内外环境的影响,影响因子包括以下五种。

1. 光照　有光时气孔张开,黑暗时关闭。这与光强和光质都有关。不同植物气孔张开所需光照强度是不同的,如烟草只要光照强度达到全日照的1/4,气孔就可以完全张开,而大多数植物则要求光照强度接近全日照时才能充分张开。当光强在光补偿点以下时,通常气孔就关闭。从光质来看,蓝光和红光都可引起气孔张开,但蓝光的作用是红光的10倍,通常认为红光的作用是间接的,而蓝光是直接对气孔开启起作用。

景天酸代谢植物气孔的开闭情况比较特殊,它们的气孔是白天关闭,夜晚张开,吸收二氧化碳,通过 C_4 途径暂时将二氧化碳储存起来。白天光照时,再从草酰乙酸、苹果酸、异柠檬酸放出二氧化碳,进行碳的同化。

2. 二氧化碳　二氧化碳浓度低时可促进气孔关闭,二氧化碳浓度高时使气孔关闭。

3. 温度　气孔开张程度一般随温度的上升而增大。在气温 30 ℃ 左右时气孔开张程度最大;低于 10 ℃时,即使延长光照时间,气孔也不能很好张开。

4. 水分　土壤干旱,气孔开张程度减小,以减少水分的丢失,如果植物高度缺水,保卫细胞会严重失水,为了保持体内水分,植物也会关闭气孔而放弃对二氧化碳的吸收;如果久雨,叶片的表皮细胞中水呈饱和状态,并挤压保卫细胞,即使在白天气孔也会关闭。

5. 植物激素　一些植物激素如细胞分裂素、生长素都能促进气孔开张,而脱落酸会使气孔关闭。

17.1.2　植物对水和矿质元素的吸收

1. 植物对水的吸收　根系是陆生植物主要的吸水部位,虽然叶片也能吸水,但数量很少。根系的吸水部位主要在根尖的根毛区,根毛区有较多的根毛,加大了吸收水分的面积。在栽植植物时一定要注意保护植物的细根,避免损伤而影响成活。

在植物生长发育过程中,其根系不断向土壤中扩展,老根毛失去作用,新根毛不断形成,因此根系在土壤中的位置能经常更新。根的生长还具有向水性,即根系能主动伸向含水量较多的土壤中,有利于水分的吸收。

(1) 根系吸水的途径　根系吸水的途径有三条,一是质外体途径(apoplast pathway),该途经是指水分通过细胞壁、细胞间隙等没有原生质的部分以液流方式进行移动,这种方式移动速度快;二是跨膜途径(transmembrane pathway),它是指水分从一个细胞运动到另一个细胞,需要两次跨越质膜,该途经只经过细胞膜而不经过细胞质;三是共质体途径(symplast pathway),该途经是指水分通过胞间连丝从一个细胞的原生质移动到另一个细胞的原生质,此时水分以渗透方式进行移动,速度较慢。跨膜途径和共质体途径统称为细胞途径(cellular pathway)(图 17-1)。

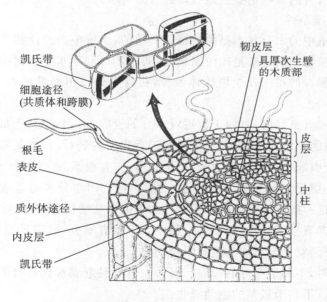

图 17-1　根部吸水的途径

值得指出的是,水分不论经过哪个途径进入中柱以内时,都要经过木栓化和木质化的内皮层,这样,内皮层就对水分的进入起着阻碍的作用,此时水分可以经过共质体途径进入中柱,也可经过凯氏带破裂的地方进入其中。

(2) 根系吸水的动力　根系吸水的动力有两种,即根压和蒸腾拉力,以蒸腾拉力为主。

①根压:根压(root pressure)是指由于根系生理活动产生的能量使液流从根部上升的压力。根压可以将土壤中的水分压到地上部的组织和器官当中,供其生命活动之需,然后土壤中的水分不断地补充到植物的根系,于是形成了根系的吸水过程。

根压是植物主动吸水的动力,各种植物的根压大小不一,一般植物的根压为 0.05~0.5 MPa。

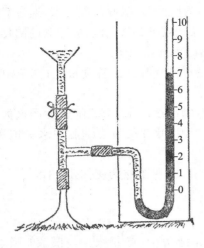

图 17-2　测定根压的装置

如果将一株生长健壮、土壤水分充足的作物,如玉米或水稻,从靠近地面的茎部切断,然后在断茎切口处套上一段橡皮管,其上再连接一段玻璃管,不久发现有液体从茎部的伤口流出,这种液体自断茎伤口流出的现象称作伤流,流出的液体称作伤流液。分析伤流液可以了解植物根系吸收矿物质以及矿物质运输到地上部分的情况,另外对伤流液中有机物的分析,也可以知道根系合成有机物的能力,表明根系具有代谢能力,故伤流液的量和成分也能说明根系的活动能力的强弱。伤流是植物普遍具有的现象,只是程度不同而已。如果用压力计来测定伤流液的压力,可以看到伤流液能产生一定的压力(图 17-2)。

一株完整的植株在土壤灌水充足、土温较高、空气湿度较大的情况中,早晨或傍晚时可以看到在叶尖或叶缘的水孔处有水珠吐出,这种现象称作吐水。吐水现象在禾本科植物中最常见。

以上的伤流和吐水现象都是植物根系对水分主动吸收的例证,伤流和吐水的动力就是根压。

②蒸腾拉力:当叶片蒸腾时,叶片表皮的水分散失,其细胞的水势(指水的化学势,纯水的水势最大,水溶液浓度越大水势越低,水分从水势高处流向水势低处)降低,于是就从水势比其高的叶肉细胞中吸水,再从水势更大的叶脉当中吸水,这种吸水状况一直传导到根系细胞中,根系细胞再向水势大的土壤中吸水,形成了水的吸收过程。这种吸收水分的过程完全是由于蒸腾失水产生的蒸腾拉力(transpirational pull)引起,因此属于植物对水分的被动吸收。

在植物整个的年生长周期中,根压和蒸腾拉力引起的主动吸水和被动吸水所占比重是不同的,主动吸水一般所占比重较小,只有在春季叶片较小前,蒸腾速率很低,这时水分的吸收的主要动力来自根压,叶片展开后的很长时间的生长季里,水分的吸收主要还是以蒸腾拉力为动力的。

(3)影响根系吸水的土壤条件

①土壤中可用水分:土壤中的水分并不是植物都能利用的,土壤中的胶体物质和土壤颗粒的表面都能吸附一部分水分,这部分水分植物利用起来是比较困难的,属于不可利用水。土壤中可用水的多少与土壤种类有关,土壤种类关系到土壤颗粒的粗细及土壤胶体数量,粗砂中的可用水量最大,依次为细沙、砂壤、壤土和黏土。

②土壤通气状况:土壤通气良好时,有利于根系对水分的吸收,否则,不利于根系对水分的吸收。原因在于,土壤通气状况好时,土壤的氧气充足,有利于根系的呼吸代谢的进行,产生足够的能量用于根系的主动吸收;土壤通气不良时,甚至会引起根系的无氧呼吸,产生酒精,伤害根系,自然不利于对水分的吸收。

土壤中可利用水分与土壤通气状况是一对矛盾,土壤中可利用水分多时造成通气不良,相反,通气良好时,可利用水分减少。解决这一问题的最好办法是增加土壤的团粒结构,因为团粒结构具有大小两种空隙,大空隙除了正在下雨或浇水,都有空气存在,较小的空隙中大多都有水分,可满足根系的需要。因此,在生产实践中,土壤改良十分重要,目的就是要增加土壤的团粒结构。

③土壤温度:温度过低时,不利于水分的吸收。因为一来低温造成水分自身的黏性增大,运动阻力增加,二来低温导致呼吸作用降低,不利于根系的主动吸收。

温度过高时,也不利于对水分的吸收。因为高温会加速根系的老化,使得根系的木质化几乎能达到根尖,造成根系的吸收面积大大减少。

④土壤溶液浓度:土壤溶液浓度太大,使得土壤的水势很低,这样土壤水分向根系流动很困难,甚至造成根系的水分流出,导致生理干旱。在生产上,对于溶液浓度较大的土壤,要及时进行改土,如盐碱土,否则,不能用于作物的栽植;此外,施用化学肥料时不能过量,或者直接施到了根系上,这样都会造成局部土壤浓度过大,对根系造成伤害,即俗称的"烧根"。

(4)蒸腾作用及其生理意义　蒸腾作用(transpiration)是指水分以气体状态,通过植物体的表面,从体内散失到体外的现象。蒸腾作用对植物有重要的生理意义。

①蒸腾作用是植物水分吸收和运输的主要动力。蒸腾产生了蒸腾拉力,它是水分运输的主要动力,在蒸

腾拉力的拉动下,水分沿着输导组织从根系直达叶片。

②蒸腾作用有利于营养物质的运输。因为营养物质都是溶解在水中进行运输的,随着水分的吸收和流动,溶解于其中的矿物质和有机物等营养物质就运输到植物的各个部分,供植物生长发育之需。

③蒸腾作用可以降低植物体的体温。植物调节自己的体温是通过水分蒸发来实现的,通过水分的蒸发,热量被带走,植物体的温度得到调节,否则,过高的体温可灼伤植物体的组织和器官。

植物的蒸腾方式有两种,一为角质蒸腾(cuticular transpiration),即通过叶片的角质层进行蒸腾;二为气孔蒸腾(stomatal transpiration),水分通过叶片的气孔向外散发。这两种方式中以气孔蒸腾为主,一般植物成熟的叶片角质蒸腾只占总蒸腾量的 $5\%\sim10\%$。

2. 植物对矿质元素的吸收

(1) 植物对矿质元素吸收的方式　根据吸收过程中吸收动力的不同,可以将植物吸收矿质元素划分为两种方式。

①主动吸收:许多试验研究已经证明,根系能够逆着浓度梯度吸收矿质元素,而且这种吸收必须有呼吸作用提供的能量来支持,如果使用呼吸抑制剂,这种主动逆浓度梯度吸收的现象就不存在。所谓根系对矿物质的主动吸收是指根系消耗能量,在细胞膜上载体的运载下,将矿物质由低浓度一侧吸收到高浓度一侧。土壤中 K^+ 的含量比细胞中低,但 K^+ 能逆浓度梯度进入细胞,这是因为根毛细胞依靠 ATP 供能,将 H^+ 和 Na^+ 泵出细胞之外,而使 K^+ 进入细胞,这是根系主动吸收矿物质的例证。

根系对矿物质的主动吸收还具有选择性,即根系吸收的矿物质与土壤溶液中的矿物质离子不成正比。这种选择性吸收(selective absorption)与不同载体和通道的数量多少有关。

离子的选择性吸收还表现在对同一种盐的阴离子和阳离子吸收数量的不同上。如,土壤施入 $(NH_4)_2SO_4$ 时,由于根系对 NH_4^+ 的吸收多于 SO_4^{2-},而且在根部细胞吸收 NH_4^+ 的同时还向外分泌 H^+,使土壤溶液中 H^+ 的浓度增大,此种盐类称作生理酸性盐(physiologically acid salt)。大多数铵盐属于这一类。当土壤中施入 $NaNO_3$ 和 $Ca(NO_3)_2$ 时,由于根系对 NO_3^- 的吸收多于 Na^+ 和 Ca^{2+},而且在根部细胞吸收 NO_3^- 的同时还向外分泌 HCO_3^-,HCO_3^- 与 H_2O 结合形成 H_2CO_3 和 OH^-,于是使土壤溶液呈碱性,这类盐属于生理碱性盐(physiologically alkaline salt)。此外还有一类盐,植物根系对其阴、阳离子的吸收几乎是相等的,使土壤溶液的酸碱度不发生变化,这类盐称作生理中性盐(physiologically neutral salt),如 NH_4NO_3。

②被动吸收:矿物质由高浓度一侧自然地向低浓度一侧扩散的现象称作矿物质的被动吸收。土壤溶液中的矿物质扩散速度受温度、浓度、矿物质的大小和重量影响,温度升高、浓度差加大、矿物质小且轻的,扩散就快些,相反就慢些。

任何离子进出细胞膜都和膜内外的离子浓度以及膜的电位差有关。和其他细胞一样,根毛细胞的细胞膜带有负电荷,因此阳离子可以比较容易地进入,阴离子则受排斥。如土壤中 Ca^{2+} 的浓度高于根毛细胞中 Ca^{2+} 的浓度,而 Ca^{2+} 又是阳离子,所以 Ca^{2+} 进入根毛就很容易。SO_4^{2-} 是阴离子,本不易进入根毛,但由于土壤中 SO_4^{2-} 的浓度远远大于根毛细胞中 SO_4^{2-} 的浓度,这一浓度梯度足以克服细胞膜的阻力,使 SO_4^{2-} 依浓度梯度进入根毛。

从上可见,根系吸收矿质元素和吸收水分是相互独立的。根系对矿质元素的吸收形式主要是需要消耗能量的主动吸收和需要载体的选择性吸收,而根系吸收水分主要是因蒸腾引起的被动吸水,所以根系吸收水分与吸收矿质元素是相互独立的两个过程。但吸收水分和吸收矿物质又有密切的联系,因为矿物质的吸收必须伴随着水分的吸收。

(2) 植物对矿质元素吸收的过程　根部吸收矿物质的部位主要是根尖,其吸收矿物质的过程如下。

①离子吸附在根部细胞表面:根部细胞吸附离子属于交换吸附(exchange absorption)。根部细胞的质膜表面有阴、阳离子,主要是 H^+ 和 HCO_3^-,二者源于呼吸作用放出的 H^+ 和 H_2O 生成的 H_2CO_3 的解离。H^+ 和 H_2O 与周围土壤溶液中的阴、阳离子进行交换吸附,矿物质离子则被吸附在细胞表面。这种吸附是不需要能量的,且速度很快(几分之一秒)。

②离子进入根系内部:离子由细胞膜表面进入根系内部,既可以通过共质体途径,也可以通过质外体途径。由于导管和管胞都是死细胞,离子如何从木质部的薄壁细胞进入到导管和管胞呢? 有两种意见,一是被动扩散,二是主动过程,而且两种意见均有实验结果支持。

（3）植物地上部分对矿质元素的吸收　植物的地上部分也可以吸收矿物质，这称为根外营养。由于地上部分吸收矿物质的主要部位是叶片，故亦称之为叶面营养或叶片营养（foliar nutrition）。营养物质可以通过气孔进入叶片内，也可通过角质层的裂缝进入。

要使叶片很好地吸收矿物质，必须保证矿物质溶液很好地附着在叶片上。对于那些不易附着在叶片上的矿物质溶液，可以在矿物质溶液中添加一些降低表面张力的物质，如吐温等表面活性剂或黏着剂，也可以用较稀的洗净剂代替。

矿物质元素进入叶内的多少与叶片本身以及环境因素有关。一般来说，嫩叶吸收矿质元素比成熟叶片的要快，这是由于嫩叶的角质层较薄以及生理活性较强的缘故。凡是影响矿质元素溶液蒸发的环境因素都能影响叶片对矿质元素的吸收量，如气温、风、大气湿度等。故叶面追肥的时间以傍晚或下午 4—5 时以后为好，阴天时则可全天进行，当然，风太大、气温太高时也不宜进行，因为此时都会影响叶片对矿质元素的吸收，甚至会"烧伤"叶片。

叶面施肥有很多优点，吸收快、见效快、用量省，避免某些肥料被土壤固定。根据叶面施肥的原理，还可以通过叶片喷施杀菌剂、杀虫剂、植物激素和植物生长调节剂、除草剂和抗蒸腾剂等。

（4）影响植物吸收矿质元素的因素

①温度：在一定范围内根系吸收矿质元素的速率与土壤温度成正比，因为土壤温度的提高促进呼吸速率的提高，形成了更多的能量，促进根系对矿质元素的主动吸收。温度过高，根系吸收矿质元素的速率下降，这是因为高温破坏了呼吸作用的酶类，根系的主动吸收能力降低；温度过低时，代谢减弱，矿质元素的吸收速率也降低。

②通气状况：在一定范围内，随着土壤通气改善，根系对矿质元素的主动吸收速率加大，二者成正比；通气状况不良时，根系对矿质元素的吸收速率下降。

③土壤溶液浓度：在土壤溶液浓度较低的情况下，随着浓度的提高，根部吸附离子的数量也加大，此时二者成正比。土壤溶液的浓度增大到一定程度时，离子吸附速率则与土壤溶液浓度无关，即出现饱和现象，一般认为是离子载体和通道数量所限。农业生产上，过多地施用化肥，不仅烧伤作物的根系，而且根系也吸收不了，造成浪费。

④土壤溶液的 pH 值：在土壤的碱性逐渐变大时，Fe、Ca、Mg、Cu、Zn 以及 PO_4^{3-} 等逐渐形成不溶解状态，植物对这些矿物质的吸收则比较困难；在酸性环境中，K、Ca、Mg 和 PO_4^{3-} 等易溶解，但又很容易被雨水冲洗掉，也不便于植物的吸收，因此，酸性较大的土壤（如红壤）中，往往缺乏这四种矿质元素，另外在酸性较大的土壤中，Al、Fe、Mn 的溶解度加大，植物容易受害。

土壤溶液的 pH 值的改变，也会影响到土壤微生物的活动，在酸性土壤中，根瘤菌死亡，固氮菌失去固氮能力；在碱性土壤中，一些对农业有害的细菌如反硝化细菌等反而繁育良好，这些都不利于土壤中的氮素营养。

一般作物生长发育最适宜的土壤酸碱度是 pH 值为 6～7，但有些植物比较适合更酸性的环境，如蓝莓、茶、烟草、马铃薯等；而有些植物较适合碱性的环境，如甘蔗、甜菜等。

17.1.3　植物必需的矿质元素的生理作用及其缺素症

植物生长于土壤中，从土壤中吸收营养物质，主要是吸收离子状态的矿质元素（也称无机盐）。植物必需的矿质元素的生理功能归纳起来有三方面，一是植物细胞结构的组成成分；二是植物生命活动的调解者，参与酶的活动；三是在植物体内起电化学作用，即电荷中和、胶体的稳定和离子浓度的平衡。借助于溶液培养法和砂基培养法，目前已知，碳、氢、氧、氮、磷、钾、钙、镁、硫、硅、铁、锰、铜、锌、硼、钼、氯、镍、钠 19 种元素是大多数高等植物正常生长发育所必需的，因此称为必需元素（essential element），除碳、氢、氧外，其余 16 种为植物所必需的矿质元素。植物对碳、氢、氧、氮、磷、钾、钙、镁、硫和硅等 10 种矿质元素的需要量较大，称为大量元素（macroelement）或大量营养（macronutrient）；其余 9 种矿质元素植物的需要量极微，稍多即可发生毒害，称其为微量元素（microelement）或微量营养素（micronutrient）（表 17-1）。

上述所说的 16 种矿质元素，是植物一生中不可缺少的营养物质，在植物的生长发育过程中有着重要的生理作用（表 17-2）。如果缺少这些矿质元素，植物的生长发育即会出现异常，导致生理病害，不利于植物的生长发育，影响作物的生产。

表 17-1 高等植物的必需元素

大量元素	符号	植物利用形式	含量（μmol/g 干重）	微量元素	符号	植物利用形式	含量（μmol/g 干重）
碳	C	CO_2	40 000	铁	Fe	Fe^{3+}、Fe^{2+}	2.0
氢	H	H_2O	60 000	锰	Mn	Mn^{2+}	1.0
氧	O	H_2O、O_2、CO_2	30 000	铜	Cu	Cu^{2+}	0.1
氮	N	NO_3^-、NH_4^+	1 000	锌	Zn	Zn^{2+}	0.3
磷	P	$H_2PO_4^-$、HPO_4^{2-}	60	硼	B	H_3BO_3	2.0
钾	K	K^+	250	钼	Mo	MoO_4^{2-}	0.001
钙	Ca	Ca^{2+}	125	氯	Cl	Cl^-	3.0
镁	Mg	Mg^{2+}	80	镍	Ni	Ni^{2+}	0.002
硫	S	SO_4^{2-}	30	钠	Na	Na^+	0.4
硅	Si	H_4SiO_4	30				

表 17-2 矿质元素的生理功能与缺素症

元素符号	生 理 作 用	缺 素 症
N	氨基酸、核苷酸、磷脂、叶绿素、某些植物激素、维生素、生物素等的重要组成元素	植株矮小，叶小色淡，基部叶片黄色；籽粒不饱满
P	磷脂、核酸、核蛋白、ATP、NADP、NAD、FAD、FMN、CoA 的组成成分；促进有机物向种子和果实的运输	植株矮小，分枝、分蘖减少；叶色暗绿，叶上出现红色；花小，果小
K	是 40 多种酶的辅酶；为细胞和组织建立必要的渗透势；促进糖分运输和储藏；使植物抗倒伏	叶片呈现赤褐色斑点，继而叶缘和叶尖焦枯坏死；有时叶卷曲皱缩；茎易倒伏
Ca	细胞壁的组成成分，增加膜结构的稳定性；钙调蛋白的组分，对代谢起调节作用	顶芽死亡，嫩叶初呈钩状，后从叶尖和叶缘向内死亡
Mg	叶绿素的组成成分；多种酶的辅酶；稳定核糖体结构	老叶叶脉仍绿而叶脉之间变黄色，严重时形成褐斑坏死
S	蛋白质、硫胺素、CoA 的组分；参与氨基酸、脂肪和碳水化合物的合成和进一步转化	嫩叶叶脉失绿
Si	参与细胞壁的加厚；促进作物生长，增加籽粒产量	植物蒸腾加快，生长受阻，易感染真菌，易倒伏
Fe	许多氧化还原酶和固氮酶的组分；与叶绿素合成有关	嫩叶的叶脉间首先失绿
Mn	多种辅酶的活化剂；光合作用时参与水的裂解	叶色黄，叶脉仍绿。黄化区域杂有斑点
Cu	某些氧化酶的辅酶；质体蓝素的组分，参与光合作用	嫩叶萎蔫，茎尖弱
Zn	与生长素和叶绿素的合成有关	叶小，丛生；叶缺绿
B	促进花粉萌发和花粉管的生长；促进糖的运输；抑制有毒酚类物质的形成	花药、花丝萎缩，花粉发育不良；嫩芽和顶芽坏死
Mo	参与氮素代谢；与抗坏血酸和磷代谢密切相关	固氮菌生长不良，土壤贫瘠
Cl	参与水的光解；参与根和叶细胞分裂	叶小，叶尖黄化、干枯；根生长慢，根尖粗
Ni	脲酶、氢酶的金属辅基，可激活 α-淀粉酶的活性	叶尖坏死
Na	在 C_4 和 CAM 途径中，催化 PEP 的再生	黄化和坏死

17.2 植物的代谢

植物的代谢包括物质代谢和能量代谢两部分,植物的光合作用和呼吸作用是植物代谢的重要形式。

17.2.1 植物的光合作用

1. 光合作用的重要性

光合作用(photosynthesis)是绿色植物利用太阳能将其吸收的二氧化碳和水分合成为碳水化合物(或称光合产物、有机物等)并释放出氧气的过程。光合作用的过程可用下式表示:

$$C_2O + H_2O \xrightarrow[\text{绿色细胞}]{\text{光能}} (CH_2O) + O_2$$

光合作用对于整个生物界都是十分重要的,表现在以下四个方面。

第一,光合作用可以把无机物转化为有机物,而且规模巨大。据估计,每年地球上的陆生植物和浮游植物(二者统称自养植物)同化的碳素可达 2×10^{11} t,其中,60%由前者同化,40%由后者同化。如果按葡萄糖计算,上述同化碳素相当于四五千亿吨有机物,这些有机物可直接或间接地成为动物界(包括人类)的食物,也可作为某些工业原料。换言之,人类今天所有的食物和某些工业原料都直接或间接的源于光合作用,所以,绿色植物被誉为绿色工厂。

第二,光合作用可以积蓄太阳能。植物在将无机物转化为有机物的同时,又将太阳能以稳定的化学能的形式储存在有机物中。因此,绿色植物又为我们提供了大量的能源。今天我们所使用的能源,如煤、石油、天然气、木材等,都是过去和现在的植物光合作用形成的。按 2×10^{11} t 碳素来算的话,相当于 3×10^{21} J 的能量,这一巨大的数字是全世界人类年耗能量的十倍。此外,有些绿色植物和蓝藻还能通过光合作用放出氢气,氢气既是重要的工业原料,也可以作为能源。因此,绿色植物又是一个巨大的能量转换站。

第三,绿色植物的光合作用有利于保护环境。地球上的很多生物以及生产活动时刻在消耗着氧气并放出二氧化碳。据估计,地球上生物和生产活动消耗的氧气可达 10 000 t/s,但整个地球的大气中氧气和二氧化碳基本处于动态平衡之中,原因在于,地球上广泛分布的绿色植物不断地进行着光合作用,吸收二氧化碳并放出氧气。据估计,地球上的绿色植物每年放出的氧气可达 5.35×10^{11} t,这样巨大的产氧量,完全可以平衡所消耗掉的氧气。因此,绿色植物也被认为自然的空气净化器。此外,大气中一部分氧气转化成臭氧(O_3),并在大气上层形成臭氧层,该臭氧层能滤去太阳光中对生物有破坏作用的紫外线,对地球上的生物起到了良好的保护作用。

第四,光合作用对生物进化具有重要作用。绿色植物出现以前,地球大气中并不存在氧气。只是在 20 亿～30 亿年以前,绿色植物在地球上出现并逐渐占有优势以后,地球的大气中才逐渐出现氧气,从而使地球上其他进行有氧呼吸的生物得以发生和发展。

2. 叶绿体及叶绿体色素

(1)叶绿体的结构和组成成分

①叶绿体的结构:在显微镜下可以看到,高等植物的叶绿体大多呈椭圆形,直径为 3～6 μm,厚度为 2～3 μm。在电子显微镜下,叶绿体呈双层膜结构,即内膜(inner membrane)和外膜(outer membrane),内膜具有控制代谢物质进出叶绿体的功能,内膜之内为基质(stroma)。基质的主要成分是可溶性蛋白质、酶类及代谢活跃物质,呈高度流动态,具有固定二氧化碳的能力。基质中有很多浓绿色的颗粒,称为基粒(grana),呈圆饼状。叶绿体的光合色素主要存在于基粒之中,故太阳能转化为化学能的过程主要在基粒中进行。两个以上的类囊体堆叠在一起组成基粒,这些类囊体称作基粒类囊体(granum thylakoid)。还有一些较大的类囊体贯穿于两个基粒类囊体之间的基质之中,这些类囊体称作基质类囊体(stroma thylakoid)(图 17-3)。光合作用的能量转化是在类囊体膜上进行的,故类囊体膜亦称为光合膜(photosynthetic membrane)。

值得指出的是,光合膜的堆叠使得捕获光能的机构高度密集,更加利于对光能的收集,也有利于代谢的进行。因此,从进化的角度看,高等植物叶绿体中类囊体的堆叠是进化上的一个优点。

②叶绿体的组成成分:叶绿体主要由水分和干物质组成。水分约占叶绿体的75%,蛋白质是叶绿体的结

构基础和功能物质(如酶类),一般占叶绿体干重的 30%～45%;脂类占干重的 20%～40%,其是叶绿体的膜的主要成分;储藏物质(淀粉等)占叶绿体干重的 10%～20%;矿质(灰分)元素(铜、铁、锌、磷、钾、钙、镁等)即无机盐占叶绿体干重的 10%左右;叶绿体的色素占干重的 8%左右;此外,还有少量的核苷酸(如 NAD^+、$NADP^+$)及醌类物质(如质体醌,plastoquinone)。

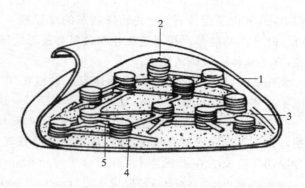

图 17-3　叶绿体结构示意图
1—叶绿体膜;2—基粒;3—基质;
4—基粒类囊体;5—基质类囊体

(2) 叶绿体的色素　亦称光合色素,有三类。

①叶绿素:叶绿素(chlorophyll)主要有叶绿素 a 和叶绿素 b。二者的特点:均不溶于水,可溶于酒精、丙酮和石油醚等有机溶剂。叶绿素 a 呈蓝绿色,叶绿素 b 呈黄绿色。二者的化学组成:叶绿素 a 为 $C_{55}H_{72}O_5N_4Mg$,叶绿素 b 为 $C_{55}H_{70}O_6N_4Mg$。二者的功能:绝大部分的叶绿素 a 和全部的叶绿素 b 具有吸收光能的作用,少数叶绿素 a 可将光能转化为电能,这是光合作用的核心问题。

②类胡萝卜素:类胡萝卜素(carotenoid)主要有胡萝卜素(carotene)和叶黄素(xanthophyll)。二者特点:均不溶于水而溶于有机溶剂。胡萝卜素为橙黄色,叶黄素为黄色。二者的化学组成:胡萝卜素为 $C_{40}H_{56}$;叶黄素为 $C_{40}H_{56}O_2$。它们的功能:胡萝卜素和叶黄素都有收集光能的功能;二者还可防止多余的光照伤害叶绿素。

③藻胆素:藻胆素(phycobilin)是某些藻类的主要光合色素。常与蛋白质结合为藻胆蛋白(phycobiliprotein),分为藻红蛋白(phycoerythrin)和藻蓝蛋白(phycocyanin)。二者的功能是吸收和传递光能。

3. 光合作用机理　光合作用是一个形成有机物和能量转化的过程,该过程首先是聚光色素吸收光量子并将其转化为电能,进一步转化为活跃的化学能,最后转化为稳定的化学能,并将该能量储存在光合产物中。

光合作用的机理包含着三大步骤:①光合原初反应;②电子传递和光合磷酸化;③CO_2 的固定和还原。根据需光情况,光合作用可分为光反应和暗反应,光反应是指由光引起的化学反应,该反应在叶绿体基粒类囊体上进行。暗反应是指在暗中和光下均可进行的生物化学反应,属酶促反应,暗反应在叶绿体基质中进行(表 17-3)。

表 17-3　光合作用各种能量转化概况表

能量转化	光能	→	电能	→	活跃的化学能	→	稳定的化学能
储存能量的物质	量子		电子		质子、ATP、NADPH		光合产物(糖类等)
光合作用的阶段			原初反应		电子传递和光和磷酸化		碳同化
转化进行的部位			基粒类囊体		基粒类囊体		基质
反应类型			光反应		光反应		暗反应

(1) 光合色素系统　现在较为一致的看法认为,植物光合作用中包括两个光合色素系统,或称色素系统、光系统。其一是与具有高还原能力的物质形成有关,称作光系统 I;其二是与光合放氧有关,称作光系统 II。光合作用的光反应就是在这两个光系统中进行的。

①光系统 I:光系统 I(photosystem I,PS I)由 P700、电子受体和 PS I 捕光复合体(PS I light-harvesting complex,LHC I)组成。P700 是 PS I 的反应中心,因此又称为反应中心色素(reaction center pigment),它是特殊状态的叶绿素 a 分子,其红光区吸收高峰位于 700 nm,略高于一般叶绿素 a 分子的吸收高峰,其余的叶绿素分子(包括绝大部分叶绿素 a 和全部的叶绿素 b)、胡萝卜素、叶黄素等,则称为天线色素(antenna pigment)或聚光色素(light-harvesting pigment),它们的作用是吸收太阳光能并传递给 P700 分子。PS I 的功能是传递电子并产生能量(ATP 和 $NADPH+H^+$)。

②光系统 II:光系统 II(photosystem II,PS II)由核心复合体(core complex)、PS II 捕光复合体(PS II light-harvesting complex,LHC II)和放氧复合体(oxygen-evolving complex,OEC)等亚单位组成。核心复合

体即 P680 和电子受体,P680 是特殊状态的叶绿素 a 分子,是 PSⅡ 的反应中心。PSⅡ 夺取水中的电子供给 PSⅠ。PSⅡ 的功能是利用光能氧化水放氧和还原质体醌,这两个反应发生在类囊体膜的两侧,在基质一侧还原醌,在类囊体腔一侧氧化水。

现在认为,PSⅠ和 PSⅡ 在类囊体膜上是相互"串联"的。PSⅡ 的反应中心色素其电子被激发后,传给原初电子受体 PQ(plastoquinone,质体醌),PQ 经过一系列传递体而将电子传给 P700,最后传给 NADP$^+$。

（2）光合原初反应　光合原初反应(primary reaction)是光合作用的第一步,它包括光能的吸收、传递与转换过程。当光线照射在植物上时,聚光色素吸收光量子并传递到反应中心色素分子,引起光合原初反应。光合原初反应发生在类囊体上,由光合单位(photosynthetic unit)完成。光合单位由聚光色素系统(light-harvesting pigment system)和反应中心(reaction centre)组成。聚光色素系统包括大部分叶绿素 a 分子、全部的叶绿素 b 分子、胡萝卜素及叶黄素。反应中心是进行原初反应的最基本的色素蛋白复合体,它至少包括光能转换色素分子、原初电子受体(primary electron acceptor)和原初电子供体(primary electron donor),才能导致电荷分离,将光能转换为电能,并且积累起来。原初电子受体是指直接接受反应中心色素分子传来电子的物体,而电子供体则是直接为反应中心色素分子提供电子的物体。光合作用的原初反应是连续不断地进行的,因此,电子必须通过一系列电子传递体连续不断地进行传递,从最终电子供体到最终电子受体,形成电子的"源"与"流"。高等植物的最终电子供体是水,而最终电子受体是 NADP$^+$。

聚光色素吸收光量子后,光量子在聚光色素间以诱导共振的方式进行传递,将光能传递给反应中心色素分子后,使反应中心色素分子(P)的电子被激发出来形成激发态(P*),激发出的电子给了原初电子受体(A),于是反应中心色素分子被氧化,带正电荷(P$^+$),原初电子受体被还原,带负电荷(A$^-$)。被氧化的反应中心色素分子可以从原初电子供体那里得到电子恢复原态,而原初电子供体被氧化(D$^+$)。这样,不断地进行氧化还原(电荷分离),就连续不断地将电子从原初电子供体传递到了原初电子受体,实现了光能转化为电能的过程。

$$D \cdot P \cdot A \longrightarrow D \cdot P^* \cdot A \longrightarrow D \cdot P^+ \cdot A^- \longrightarrow D^+ \cdot P \cdot A^-$$

图 17-4 反映了光合原初反应中能量吸收、传递及转换的关系。

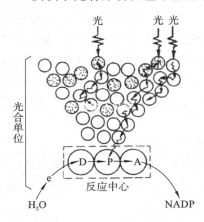

图 17-4　光合原初反应的能量吸收、传递与转换

注:粗的波浪箭头代表光能的吸收;细的波浪箭头代表能量的传递;直线箭头代表电子传递。空心圆圈代表聚光叶绿素分子;黑点圆圈代表类胡萝卜素等辅助色素分子。P 为反应中心色素分子;D 为原初电子供体;A 为原初电子受体;e 为电子

（3）电子传递和光合磷酸化　PSⅠ核心复合体周围的捕光复合体吸收光能,传给 P700,P700 将电子传至原初电子受体 A$_0$(Chla)、次级电子受体 A$_1$(可能是叶醌),通过铁硫中心(Fe-S)将电子交给铁氧还蛋白(ferredoxin,Fd)。Fd 再将电子传给 NADP$^+$,完成非循环式电子传递。P700 失去电子后,可从其附近的质蓝素(plastocyanin,PC)获得电子。PC 是一种含铜蛋白,它失去电子后,又可从另外的电子供体获得电子,P680 也参与电子的传递,水为最终的电子供体。水给出电子,便发生了离解,结果形成了 H$^+$,释放出氧气。这一过程称作水的光解,已知在水的光解中需要 Cl$^-$ 和 Mn^{2+} 的参与。上述水光解后产生的电子,经 PSⅡ 和 PSⅠ,最后抵达 NADP$^+$ 的过程称作非环式光和磷酸化。该过程在光合磷酸化中占主要地位,既形成 ATP 又形成 NADPH 和 H$^+$。

当 NADP$^+$ 较少时,P700 失去的电子不经过上述的非循环式途径,而是经过 Fd、Cytb/f、PC 循环式途径,又回到 P700。这一途径中,不形成 NADPH,也不发生氧气的释放,可有 ATP 的形成,这一过程称作环式光和磷酸化(cyclic photophosphorylation)(图 17-5)。

（4）CO$_2$ 的固定与还原　CO$_2$ 的固定与还原也称碳同化(carbon assimilation),是光合作用一个重要方面。从能量转换方面看,是将光合磷酸化形成的 ATP 和 NADPH 转化为储存在光合产物中稳定的化学能,在以后较长的时间内供给生命活动所需。从物质生产方面看,占植物体干重的 90% 以上的有机物,都是通过碳同化形成并转化而来。碳同化的位置是在叶绿体的基质中进行的,属于酶促反应。高等植物固定二氧化碳有三种途径,即 C$_3$ 途径、C$_4$ 途径和景天酸代谢途径,其中 C$_3$ 途径是主要的途径,并且只有该途径既能固定也能还原二氧化碳,C$_4$ 途径和景天酸代谢途径不普遍,尤其是景天酸代谢途径更不普遍,而且 C$_4$ 途径和景天酸代谢途径只能起到固定和运转二氧化碳的作用。

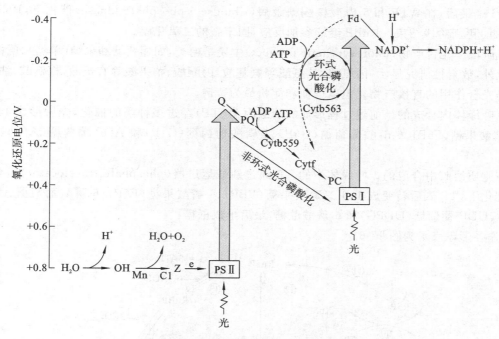

图 17-5　电子传递和光合磷酸化

①C₃ 途径：CO_2 的固定与还原是十分复杂的。美国科学家卡尔文等利用放射性同位素和纸层析等方法，经过 10 年的系统研究，提出了碳同化的循环途径，被称为卡尔文循环（Calvin cycle）或称光合环（photosynthetic cycle），还称还原戊糖磷酸途径（reductive pentose phosphate pathway，简称 RPPP），是因为卡尔文循环的二氧化碳受体是一种戊糖（核酮糖二磷酸）。该循环的最初产物是一种三碳化合物，故又称之为 C₃ 途径（C₃ pathway）。由于 CO_2 的固定与还原是在叶绿体的基质中进行的，并且不需要光照条件，故又称作暗反应（dark reaction）。C₃ 途径可分为 4 个阶段，即羧化阶段（carboxylation phase）、还原阶段（reduction phase）、更新阶段（regeneration phase）和产物合成阶段（product synthesis phase）。

羧化阶段　在 1,5-二磷酸核酮糖羧化酶（ribulose-1,5-bisphosphate carboxylase，RuBPC）的催化下，原先存在于叶绿体基质中的 1,5-二磷酸核酮糖（ribulose-1,5-bisphosphate）和 CO_2 反应形成 2 分子的 3-磷酸甘油酸（3-phosphoglyceric acid，PGA）。

还原阶段　羧化阶段形成的 3-磷酸甘油酸在 3-磷酸甘油酸激酶（3-phosphoglycerate kinase）的催化下，被 ATP 磷酸化，生成 1,3-二磷酸甘油酸（1,3-diphosphoglyceric acid，DPGA），DPGA 在 3-磷酸甘油醛脱氢酶（glyceraldehyde-3-phosphate dehydrogenase）催化下被 NADPH 还原，生成 3-磷酸甘油醛（3-phosphoglyceraldehyde，PGAld）。还原阶段结束，至此，光反应阶段形成的 ATP 和 NADPH 均被利用，光合作用的贮能过程完成。3-磷酸甘油醛等三碳糖可进一步转化，形成淀粉、蔗糖等。

更新阶段　又称再生阶段。3-磷酸甘油醛在磷酸丙糖异构酶（triose phosphate isomerase）催化下，转变为磷酸二羟丙酮（dihydroxyacetone phosphate，DHAP）。它们在二磷酸果糖醛缩酶（fructose diphosphate aldolase）作用下，生成 1,6-二磷酸果糖（fructose-1,6-bisphosphate，FBP），FBP 再由 1,6-二磷酸果糖磷酸酶（fructose-1,6-bisphosphate phosphatase）催化放出磷酸，生成 6-磷酸果糖（fructose-6-phosphate，F6P）。

6-磷酸果糖中的一部分转变为 6-磷酸葡萄糖（glucose-6-phosphate，G6P），以后在叶绿体内形成淀粉，另一部分 6-磷酸果糖则继续转变下去。

6-磷酸果糖与 3-磷酸甘油醛在转酮酶（transketolase）的催化下，生成 4-磷酸赤藓糖（erythrose-4-phosphate，E4P）和 5-磷酸木酮糖（xylulose-5-phosphate，Xu5P）。E4P 和 Xu5P 在二磷酸果糖醛缩酶的催化下，生成 1,7-二磷酸景天庚酮糖（sedoheptulose-1,7-bisphosphate，SBP），SBP 在 1,7-二磷酸景天庚酮糖酶（sedoheptulose-1,7-bisphosphatase）的作用下进一步脱掉一个磷酸成为 7-磷酸景天庚酮糖（sedoheptulose-7-phosphate，S7P）。

7-磷酸景天庚酮糖又与 3-磷酸甘油醛在转酮酶的催化下，生成 5-磷酸核酮糖（ribose-5-phosphate，R5P）和 5-磷酸木酮糖。5-磷酸核酮糖被核糖磷酸异构酶（ribose phosphate isomerase）催化形成 5-磷酸核酮糖（ribulose-5-phosphate，Ru5P）。5-磷酸木酮糖被 5-磷酸核酮糖差向异构酶（ribulose-5-phosphate epimerase）

作用生成 Ru5P。最后，在 ATP 和 5-磷酸核酮糖激酶（ribulose-5-phosphate kinase）催化下，Ru5P 磷酸化生成 RuBP。至此，更新阶段结束。RuBP 继续参加反应，固定新的二氧化碳。

产物合成阶段　光合产物（photosynthetic product）主要是糖类，如葡萄糖和果糖（单糖）、蔗糖（双糖）、淀粉（多糖）。此外，放射性研究显示，丙氨酸、甘氨酸等氨基酸，丙酮酸、苹果酸等有机酸，棕榈酸、油酸和亚油酸等脂肪酸也是光合作用的直接产物。但以蔗糖和淀粉最为普遍。

淀粉是在叶绿体内合成的。前述过程形成的磷酸丙糖（TP）经过多种酶的催化，先后形成 1,6-二磷酸果糖（FBP）、6-磷酸果糖（F6P）、6-磷酸葡萄糖（G6P）、1-磷酸葡萄糖（G1P）和 ADP-葡萄糖（ADPG），最后形成淀粉。

蔗糖是在胞质溶胶中合成的。叶绿体中的 TP 通过磷酸运送器（phosphate translocator）运至胞质溶胶。在多种酶的催化下，TP 先后转变成 1,6-二磷酸果糖（FBP）、6-磷酸果糖（F6P）、6-磷酸葡萄糖（G6P）、1-磷酸葡萄糖（G1P）、UDP-葡萄糖（UDPG）和 6-磷酸蔗糖，最后形成蔗糖。

现将 C_3 途径形象表示为图 17-6。

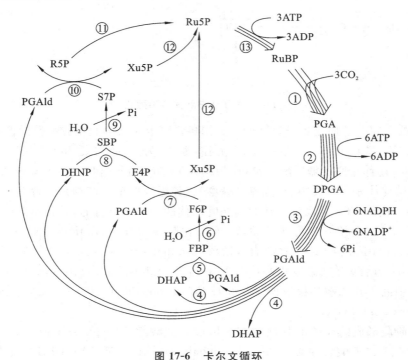

图 17-6　卡尔文循环

注：每一线条代表 1 mol 代谢物的转变。①羧化阶段；②③还原阶段；④⑤⑥⑦⑧⑨⑩⑪⑫更新阶段。

C_3 途径的总反应式可以表示如下：

$$3CO_2 + 3H_2O + 3RuBP + 9ATP + 6NADPH \longrightarrow PGAld + 6NADP^+ + 9ADP + 9Pi$$

由此式可见，同化 3 个 CO_2 分子生成 1 个 PGAld（即 1 个磷酸丙糖分子），需要 9 个 ATP 分子和 6 个 NADPH 分子。

②C_4 途径：20 世纪 60 年代，澳大利亚科学家 M. D. Hatch 和 C. R. Slack 发现，一些起源于热带的植物如玉米、甘蔗等除了具有 C_3 途径外，还有另外一条固定 CO_2 的方式，即 C_4 途径（C_4 pathway），它是和 C_3 途径联系在一起的。C_4 途径的基本过程如下。

叶肉细胞质中的磷酸烯醇式丙酮酸（phosphoenol pyruvate，PEP）在磷酸烯醇式丙酮酸羧化酶（PEPC）的催化下，与 HCO_3^-（CO_2 溶于水）反应生成含有四个碳的二羧酸——草酰乙酸（OAA）。故 C_4 途径也称四碳双羧酸途径或 Hatch-Slack 途径，或称 C_4 光合碳同化环。具有 C_4 途径的植物称作 C_4 植物，后来发现高粱、一些莎草科植物都有这种途径。

OAA 在天冬氨酸转氨酶催化下，与谷氨酸生成天冬氨酸和 α-酮戊二酸。在有些植物的叶肉细胞的叶绿体中，OAA 在苹果酸脱氢酶的催化下，被还原成苹果酸。接着苹果酸或天冬氨酸被运到维管束鞘细胞中，脱羧后形成 CO_2 和丙酮酸，CO_2 进入 C_3 途径被还原，丙酮酸再从维管束鞘细胞运回到叶肉细胞，被丙酮酸磷酸二激酶催化生成 PEP，继续接受 CO_2，使反应循环进行（图 17-7）。

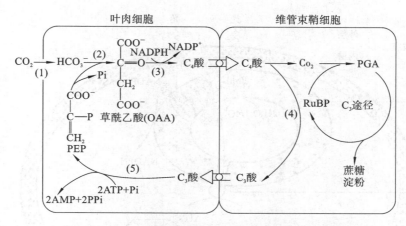

图 17-7　C₄ 途径的基本反应在各部位进行的示意图
注:(1)为碳酸酐酶;(2)为 PEPC;(3)为苹果酸脱氢酶;(4)为苹果酸酶;(5)为二磷酸丙酮酸激酶。

一般来说,C_4 植物比 C_3 植物有更强的光合作用,这与二者的解剖结构和生理功能有关。C_4 植物维管束鞘周围密接一层叶肉细胞,组成花环状(Kranz type)结构,而 C_3 植物无此结构。C_4 植物维管束鞘薄壁细胞较大,含有许多较大的叶绿体,光照后很快积累光合产物,而且 C_4 植物的维管束鞘细胞与叶肉细胞间有大量的胞间连丝相连,光合产物易于转移,有利于提高光合效率。另外,C_4 植物的 PEPC 的活性较强以及光呼吸很弱,这样都使得 C_4 植物具有较高的光合效率。C_4 植物为高产型植物。

除了绿色植物能进行光合作用外,原核生物中的蓝藻和一些细菌也可进行光合作用。蓝藻的光合作用机理基本与高等植物的相同,以水作为供氢体,产生氧气。细菌的光合作用不产生氧气,因为它的供氢体不是水,而是一氧化碳、甲烷或硫化氢等。

(5)光呼吸　绿色植物的细胞在光下吸收 O_2 并放出 CO_2 的过程称作光呼吸(photorespiration)。一般生物细胞的呼吸在光下和暗中均可进行,对光照没有要求,这种呼吸被称作暗呼吸(dark respiration)。通常所说的呼吸即指暗呼吸。

光呼吸的起始酶是 1,5-二磷酸核酮糖加氧酶(Rubisco),全部过程发生在 3 个细胞器内(叶绿体、过氧化物酶体、线粒体)。光呼吸是光合产物分解为 CO_2,这对光合产物的积累是不利的。光呼吸有何生理意义?现在尚未清楚。目前有两种观点,一种比较流行的观点认为,在干旱和光照强度较高时,气孔会关闭,CO_2 无法进入,会出现光抑制。此时光呼吸放出 CO_2,会消耗多余能量,保护光合器官,避免产生光抑制;另一种观点是,Rubisco 既有羧化又有加氧的功能,在氧分压较大的情况下,光呼吸损失了一些有机碳,但还可以收回 75% 的碳,可避免损失过多。C_3 植物的光呼吸明显高于 C_4 植物,故称其为光呼吸植物或高光呼吸植物,这类植物通过光呼吸能消耗新合成有机物的 25%。C_4 植物被称作非光呼吸植物或低光呼吸植物,它们的光呼吸消耗很少,只占新合成有机物的 2%～5%,甚至更少。如何降低 C_3 植物的光呼吸消耗,增强光合效率,提高作物产量和品质,成为今后研究的课题。

图 17-8 展示了光合作用各主要环节的变化及其进行部位,以便获得光合作用的整体概况。

4. 影响光合作用的因素

(1)外界环境对光合作用的影响

①光照:光是光合作用的直接动力,光反应中形成的 ATP 和 NADPH 为 CO_2 的固定和还原提供同化力。在一定范围内,随着光照强度的增加,光合速率不断增强,有机物的积累增多。光合速率(photosynthetic rate)是光合作用的重要指标,它是指单位时间内单位叶面积吸收二氧化碳的量。当光照增加到某一强度时,光合速率就不再增加,这一现象称作光饱和(light saturation)。而当光照强度下降时,光合速率也随之下降,当光照强度下降到某一数值时,植物的净光合速率为零,此时的光照强度称作植物的光补偿点(light compensation point)。

了解植物的光补偿点有重要的实践意义。作物栽培时,如果密度过大或肥水过多造成徒长,封行过早,中下层或内部叶片所受的光照降到了光补偿点以下,此时这些叶片不但不能为植物生产有机物,反而成为营养的消耗者,变成了"寄生叶"。因此,生产上必须注意合理密植,肥水管理适当,保证透光良好。

根据植物对光照强度要求的差异,可将植物划分为阴性植物(shade plant)和阳性植物(sun plant)。阴性植物对光照强度要求低,比较适宜生长在荫蔽的环境中,在完全日照下反而生长不良或不能生长,如醡浆草

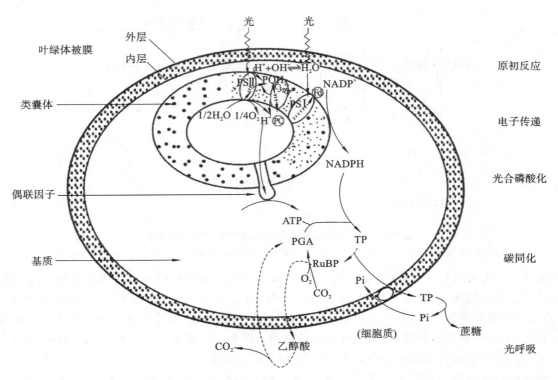

图 17-8 光合作用主要过程及其进行部位

（*Oxalis corniculata*）和胡椒（*Piper nigrum*）。阳性植物适宜生长于阳光充足的地方,若光照不足则生长不良,如白桦（*Betula platyphylla*）和马尾松（*Pinus massoniana*）。

②二氧化碳:CO_2 是植物光合作用的原料,对光合速率必然有影响。在一定范围内,随着 CO_2 浓度的增大,光合速率也不断增大,当达到一定浓度时,光合速率就不再增加,这一浓度称作 CO_2 饱和点（CO_2 saturation point）。而当 CO_2 浓度下降时,光合速率也随之下降,当 CO_2 浓度下降到某一数值时,植物的净光合速率为零,此时的 CO_2 浓度称作植物的 CO_2 补偿点（CO_2 compensation point）。

③温度:光合作用中的暗反应是酶促反应,有很多酶参与暗反应的催化过程。温度的不同对酶的活性有影响,植物在 10～35 ℃时能正常进行光合作用,比较适宜的温度是 25～30 ℃;当环境温度达到 35 ℃以上时,植物的光合作用就开始下降,40～50 ℃时,光合作用完全停止;温度过低,光合效率也下降,因为低温抑制了酶的活性。

④矿质元素:矿质元素可以直接或间接地影响植物的光合作用。镁和氮是叶绿素的组成成分;铁和锰参与叶绿素的形成,锰还参与水的光解;铜、铁、硫是光反应电子传递体的组分;氯参与水的光解;磷、钾参与糖类物质的转运,磷也参与光合产物的转变和能量传递。因此,这些矿质元素都对光合作用有影响。

⑤水分:水分是光合作用的原料之一,缺水能直接影响光合作用。此外,水分不足还会影响到叶片气孔的开张程度,影响 CO_2 的吸收,故缺水还可间接地影响光合作用。

（2）内部因素对光合作用的影响

①植物的不同部位:对于植物群体或较大的个体而言,下部叶片的光合效率一般低于上部的,外围叶片的光合速率要高于内部叶片的。

②植物的不同生育期:对于一株植物来说,在生长期的前期,由于叶片较小,光合能力较低,随着叶片的不断长大,光合能力逐渐增强,到了生长期的末期,光合能力开始下降。对植物群体来说,群体的光合能力很大程度上受总叶面积和群体结构的影响。

总之,影响光合作用的内、外因素之间有着密切的联系,并且相互制约,它们除了对光合作用有直接影响外,对光合作用也有间接的影响。

5. 提高光能利用率的途径　主要措施有延长光照时间、增加光合面积、提高光合效率等。

（1）延长光照时间

①提高复种指数:全年内农作物的收获面积与耕地面积之比称作复种指数。提高复种指数的措施是指通过间种、套种、轮种等,一年内巧妙地配置各种农作物,最大限度地减少土地闲置时间,减少漏光率,更好地利

用光能。

②补充人工光照：在小面积的栽培中，如保护地栽培，当自然光照不足时，可人工补充光照。比较适宜的人工光源是日光灯，因其光谱与自然光近似，且发热微弱。人工补充光照会增加生产成本。

（2）增加光合面积　光合面积指植物的绿色面积，主要是叶面积。叶面积太小漏光太多，叶面积太大又会影响群体的通风透光，形成很多的"寄生叶"。通过合理密植，可以使光能得到充分地利用。合适的叶面积指数是合理密植的依据。所谓叶面积指数是指总叶面积与所占土地面积之比，不同植物合适的叶面积指数是不一样的。对于多年生植物，合理密植的做法还可以采取先密后稀的方式，即在栽培的前几年栽植密度较大，以便充分地利用光能，待植物长大后，再进行间伐，以防过密造成无效枝叶的形成。

（3）提高光合效率

①增加二氧化碳浓度：大气中 CO_2 浓度为 360 mg/L（占空气体积的 0.036％）左右，远远满足不了植物对 CO_2 的需要（植物最适的 CO_2 浓度应为 1000 mg/L）。因此，需要田间通风良好，大量空气通过叶表面，使得光合作用比较正常的进行。目前小范围内增加 CO_2 浓度还是容易做到的，如使用二氧化碳发生器、干冰、燃烧液化石油气等方法。但如何提高田间的 CO_2 浓度，确实难度很大，但也可以试用以下方法：a. 控制肥水和栽培方式，选好行向，使作物的生长后期通风良好；b. 增施有机肥，加强土壤微生物的活动，分解有机物放出 CO_2；c. 施用碳酸氢铵肥料，其挥发后可以放出 CO_2。

②降低光呼吸：目前有两种方法可以降低光呼吸，一是增加 CO_2 浓度，使 RuBP 羧化酶/加氧酶的羧化反应占优势，有利于固定 CO_2，减少光呼吸，提高光合效率。二是使用光呼吸抑制剂抑制光呼吸，达到提高光合效率的目的，如使用 α-羟基-2-吡啶甲烷磺酸及 α-羟基丁炔酸或其丁酯等，均可对光呼吸有一定的抑制效果。

17.2.2　植物体内有机物质的运输与分配特点

1. 植物体内有机物质的运输

（1）运输的途径　许多研究表明，植物有机物的运输主要在韧皮部进行。为了证明这一点，可采取环剥法和同位素示踪法。前者提供的是间接证据，后者则是直接证据。

环剥（girdling）法的具体做法：于生长季在茎上环剥掉一圈树皮，深度以达形成层为准，过一段时间后在环剥口的上方长出很多愈伤组织。这是因为，叶片制造的光合产物沿着韧皮部向下运输，在环剥口处遇阻，于是环剥口处聚集了很多有机物，引起环剥口的上方形成粗大的愈伤组织，甚至瘤状物。这就间接地证明有机物主要是在韧皮部运输的。

更准确的方法是放射性同位素示踪法，具体做法：把叶片密封在一个人工制成的光合作用气室当中，气室当中通入 $^{14}CO_2$，通过光合作用，放射性的碳就被植物的光合作用所吸收、固定和还原。然后取叶柄的一部分，进行同位素放射自显影，图 17-9 是甜菜饲喂 $^{14}CO_2$ 进行光合作用后，叶柄切片的放射自显影像。由图发现，叶柄当中的维管束韧皮部都是黑色的，这说明韧皮部有光合产物。这个结果就直接说明了有机物是在韧皮部运输的。

放射性同位素示踪的结果还表明，有机物既可以向上运输，也可以向下运输，还可以横向运输，但是正常情况下其量甚微，只有当纵向运输受阻时，横向运输才加强。

（2）运输的速度　有机物运输的速度有以下几个特点。

①不同植物的运输速度不同。如葡萄，其溶质的运输速度可达 60 cm/h，柳树能达到 100 cm/h。

②同一作物不同生育期的运输速度不同。从萌芽到秋天，幼小的时候和成熟的时候，韧皮部当中溶质的运输速度是不一样的，如南瓜幼苗韧皮部中有机物运输的速度能达到 72 cm/h，待其进入老龄时，运输速度只能达到 30～35 cm/h。

③运输的物质不同速度不同。生长 12 天的菜豆叶片中，蔗糖的运输速度是 107 cm/h，而 ^{32}P 和重水的运输速度为 87 cm/h。

④代谢过程旺盛时运输速度快，反之则慢。比如，春天时植物开始萌芽、抽枝、展叶、开花、结果，这个时候它的代谢过程是十分旺盛的，溶质的运输速度也就相对的加快，到了秋天尤其到了秋末，慢慢开始衰老，代谢过程变得比较缓慢，运输速度则下降。

（3）溶质种类　有机物中溶质的种类有碳水化合物、氨基酸、核苷酸、蛋白质、激素、无机离子等。以碳水化合物为主，碳水化合物中又以蔗糖为主。因此，蔗糖是有机物运输的主要形式。

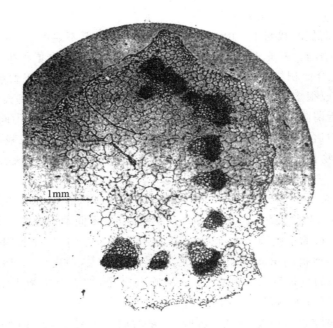

图 17-9　甜菜叶片饲喂$^{14}CO_2$进行光合作用后,叶柄切片的放射自显影

　　研究溶质种类的理想方法是蚜虫吻刺法结合同位素示踪法。蚜虫在吸食植物的汁液时,可以把它的吻刺准确地刺入植物的韧皮部当中,然后吸食汁液(图 17-10)。利用蚜虫这个特点,当蚜虫把吻刺刺入韧皮部之后,用 CO_2 瞬间将蚜虫麻醉,然后切断吻刺,植物的溶液流出,即可取溶液来研究溶质的种类。该法虽巧妙,仍有其不足,如蚜虫取食汁液时,分泌的唾液会引起植物的反应;蚜虫取食部位不是理想的茎叶部位;操作时易将口器损伤。

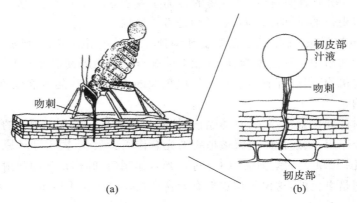

(a)　　　　　　　　　　　　　　　　(b)

图 17-10　用蚜虫吻刺法吸取韧皮部内汁液

　　2. 同化产物的分配特点　　光合产物的分配是由植物的生长中心来决定。生长中心是指生长和代谢旺盛的部分,比如生产实践当中,植物在萌芽开花之后,抽枝、展叶等,这时它的生长是很旺盛的,枝条的生长、果实的生长等都需要营养物质,它们都是生长中心,既然都是生长中心它就出现了竞争。营养物质是有限的,向枝条调配得多,往果实调配的必然要少,必然要影响到果实的生长发育,比如果树上,栽培果树是为了高产、稳产、优质,如果枝条和叶片生长得太旺,营养调配得比较多的话,势必影响果实的生长,影响丰产、稳产,故在果树的栽培实践中,有很多抑制枝条生长的技术措施,关键是让果实成为生长中心。生产上采用扭梢、摘心的措施,抑制枝条生长。

　　光合产物的分配有就近供应、同侧运输的特点。果实周围的叶片产生的营养就近供应给它附近的果实,离它比较远的果实得到营养物质的机会就减少了,所以在栽培管理上一定要重视在果实周围一定要保证足够量的叶片。生产上有些指标,比如叶果比,即根据果实的重量为其配备一定数量的叶片,这样能保证果实充足的营养供应。另外从叶片当中输出的光合产物沿着同侧的韧皮部运输,很少运输到对侧去,这与维管束的分布有关。

　　光合产物在分配上的供需关系是相互转化的。如叶片在幼小的时候,需要向其调配营养物质,随着生长,它的光合能力也加强,逐渐有富余的光合产物向外运输,为其他的器官所使用,这个时候它又变成了营养物质的供应方。因此,营养物质的供需关系不是一成不变的,随着植物的生长发育是在不断地变化的。

17.2.3　植物的呼吸作用

前面所介绍的植物的光合作用,植物对水分、矿物质和二氧化碳的吸收,是植物将环境中的物质同化为自身所用,属于新陈代谢的同化作用方面,而植物的呼吸作用(respiration)是植物将其体内的物质不断分解的过程,属于新陈代谢的异化作用方面。植物的呼吸作用所释放的能量供给其生长发育所需,其各种中间产物在植物体内主要物质的转化方面起着重要的枢纽作用。呼吸作用在植物的代谢方面有着十分重要的地位。

1. 呼吸作用及其生理意义　植物的呼吸作用包括无氧呼吸(anaerobic respiration)和有氧呼吸(aerobic respiration)两种类型。

无氧呼吸是指在无氧参与的条件下,生活细胞对某些有机物进行不彻底的氧化,同时释放能量的过程。该过程若在微生物上则称作发酵(fermentation)。高等植物的无氧呼吸可产生乙醇,还可以产生乳酸。

有氧呼吸是指在有氧的条件下,生活细胞将某些有机物彻底地氧化分解,并放出二氧化碳和水。葡萄糖通常是植物有氧呼吸的底物。有氧呼吸是高等植物进行呼吸的主要方式,故一般所说的植物呼吸即指有氧呼吸。

从进化的观点看,无氧呼吸属于原始类型,有氧呼吸为进化类型。远古时大气中没有氧气,微生物生活在无氧条件下并已适应。随着绿色植物的出现,空气中出现了氧气,于是产生了好养微生物,能够利用分子氧,能量代谢效率高,是生物代谢类型上一种进化形式。目前的高等植物以有氧呼吸为主,但仍然保存着无氧呼吸的能力,以适应逆境。

呼吸作用对植物有重要的意义,表现在以下两方面。

(1)植物的呼吸作用可为生命活动提供能量。呼吸作用释放的能量是逐步的、缓慢的,非常适应细胞的利用。植物释放出的能量一部分以热能的形式散失掉,一部分以 ATP 的形式保存下来,供植物需要时缓慢的释放。植物的各种生命活动都离不开能量的供应,如植物对矿物质、水分的吸收和运输,有机物的合成与运输,细胞的分裂、生长等,都离不开对能量的需要。

(2)植物的呼吸作用可为其他物质的合成提供原料。植物的呼吸作用产生的中间产物,是植物体内其他各种化合物合成的原料,在植物体内主要物质的转化方面起着重要的枢纽作用。

植物的各种呼吸过程的场所不同。糖酵解和戊糖磷酸途径在细胞质的基质中进行,三羧酸循环和生物氧化发生在线粒体内,这些反应在细胞内是严格有序进行着的。

2. 植物的呼吸代谢途径　植物没有高等动物调节体温和趋利避害的运动能力,它是通过多种代谢途径的调控,适应着环境的变化,这也反映在呼吸类型的多样化方面。高等植物既可进行有氧呼吸,也可进行无氧呼吸,特殊情况下还有其他呼吸类型。

通常所说的呼吸即指有氧呼吸。有氧呼吸的全部过程包括几个阶段,首先是从葡萄糖分解为丙酮酸的糖酵解开始。其次是糖酵解的最终产物丙酮酸进入三羧酸循环产生二氧化碳,同时形成 NADH。最后阶段是 NADH 经过呼吸链的氧化形成 NAD^+,同时产生 ATP。此外,在高等植物中还存在着葡萄糖可以不经过无氧呼吸形成丙酮酸而进行有氧呼吸的途径,即戊糖磷酸途径(pentose phosphate pathway,PPP),也称己糖-磷酸支路(hexose monophosphate pathway,HMP)。三者之间相互密切联系(图 17-11)。

呼吸底物由其他细胞步骤产生后进入呼吸途径。胞质溶胶和质体的糖酵解和戊糖磷酸途径经过己糖磷酸和丙糖磷酸,将糖类转变为有机酸,产生 NADH 或 NADPH 和 ATP。有机酸在无氧条件下进行发酵作用。有机酸在线粒体三羧酸循环中被氧化,产生的 NADH 和 $FADH_2$ 由于氧化磷酸化中电子传递链和 ATP 合酶的作用,提供 ATP 合成的能量。

(1)糖酵解途径　淀粉、葡萄糖或其他六碳糖在无氧条件下被降解成丙酮酸的过程称作糖酵解(glycolysis),也称作 EMP 途径,以此纪念发现该过程并做出伟大贡献的三位德国生物化学家 G. Embden、O. Meyerhof 和 J. K. Parnas。淀粉在淀粉磷酸化酶催化下转化为 G1P,再转化为 G6P,进入糖酵解;如果底物是果糖,需先磷酸化为 F6P,然后进入糖酵解;如果底物是蔗糖,则先分解为葡萄糖和果糖。

糖酵解发生在细胞质中,该途经的各种酶都存在于细胞质中。由图 17-12 可看出,在一系列酶的参与下,底物淀粉或葡萄糖或果糖最终形成 2 分子丙酮酸,并形成 NADH。在缺氧情况下,NADH 辅助还原乙醛为

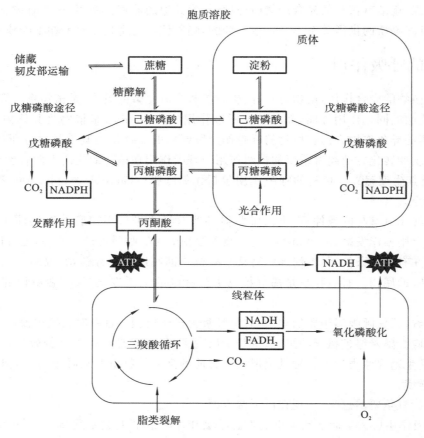

图 17-11　呼吸作用的全貌

乙醇,或将丙酮酸还原为乳酸。如果氧气充足,则丙酮酸可被彻底氧化形成二氧化碳和水。所以,对于高等植物而言,不论是有氧呼吸还是无氧呼吸,糖的分解一定要经过 EMP 途径,形成丙酮酸,然后才分道扬镳。

（2）三羧酸循环　从丙酮酸开始经过一系列酶促反应,形成二氧化碳和水,这一过程称作三羧酸循环（tricarboxylic acid cycle,简称 TCA 环）。为纪念其发现者,英国的生化学家 H. Krebs,又称该过程为 Krebs 循环（Krebs cycle）。三羧酸循环是在线粒体中进行的,该循环的所有酶类均存在于线粒体内（图 17-13）。

三羧酸循环有以下几方面值得关注。

①TCA 环中一系列脱羧过程是呼吸作用中二氧化碳的来源。EMP 途径不形成二氧化碳,只有 TCA 环才能形成二氧化碳。此外,TCA 环释放的二氧化碳,不是碳被大气中的分子氧直接氧化,而是靠氧化水分子中的氧和底物中的氧实现的。

②TCA 环是糖类、脂类、蛋白质和核酸及其他物质的共同代谢过程。这些物质可以通过 TCA 环发生代谢上的联系。如果再加上 EMP 途径,则联系更为广泛。正是依靠 TCA 环和 EMP 途径,呼吸作用才成为植物体内物质转化的枢纽。

③在 TCA 环中有 5 次脱氢反应,经过呼吸链的传递,最后与氧结合形成水,同时释放出能量。故氢的氧化过程实际是放能过程。

（3）电子传递与氧化磷酸化

①呼吸链:呼吸链（respiratory chain）即电子传递链（electron transport chain）,是指一系列排列有序的传递体将呼吸作用中间产物的电子和质子传递到分子氧的过程。因此,呼吸链的传递体可分为电子传递体和氢传递体。电子传递体是指细胞色素和铁硫蛋白,它们只传递电子,而氢传递体既传递电子也传递氢,它们作为脱氢酶的辅酶,包括 NAD（辅酶Ⅰ）、NADP（辅酶Ⅱ）、FMN（黄素腺嘌呤单核苷酸）和 FAD（黄素腺嘌呤二核苷酸）,传递体均能进行氧化还原反应,由此,进行电子传递。

呼吸链位于线粒体的内膜上,由五种蛋白复合体（protein complex）组成,各种传递体按照一定的顺序排列其上。电子在呼吸链上传递的动力是电势梯度,电子由低电位向高电位传递,见图 17-14 和图 17-15。

②氧化磷酸化:葡萄糖经过 EMP 途径和三羧酸循环被氧化分解为二氧化碳,同时产生能量,这些能量一部分形成了 ATP,一部分保留在 NADH 和 FDAH 中。如果 NADH 和 FDAH 不经过电子传递链直接被氧

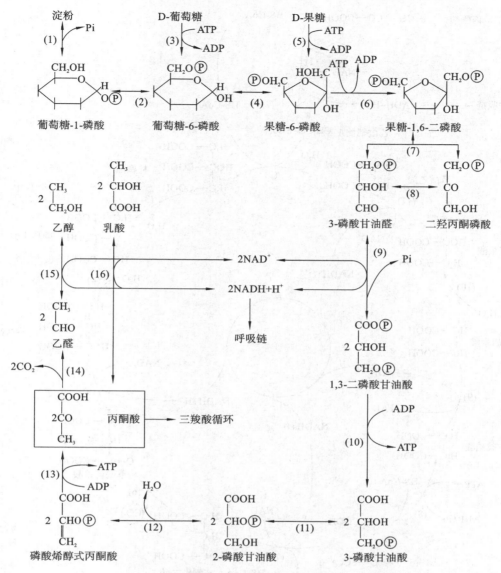

图 17-12　糖酵解和发酵的途径

注：参加各反应的酶：(1)淀粉磷酸化酶；(2)磷酸葡萄糖变位酶；(3)己糖激酶；(4)磷酸葡萄糖异构酶；(5)果糖激酶；(6)磷酸果糖激酶；(7)醛缩酶；(8)磷酸丙糖异构酶；(9)磷酸甘油醛脱氢酶；(10)磷酸甘油激酶；(11)磷酸甘油酸变位酶；(12)烯醇酶；(13)丙酮酸激酶；(14)丙酮酸脱羧酶；(15)乙醇脱氢酶；(16)乳酸脱氢酶。

化，它们所释放的能量就不能被生物所利用。储存在 NADH 和 FDAH 中的高能电子经过电子传递链最终传给 O_2，于是 O_2 结合周围溶液中的 2 个 H^+ 形成呼吸作用的最终产物 H_2O。高能电子在传递过程中所释放的能量通过磷酸化形式转化为 ATP，将能量储存在 ATP 中，供生物利用(图 17-14、图 17-15)。

上述过程发生在线粒体内膜上。由于产生 ATP 的磷酸化过程与电子传递的氧化过程密切偶联，故该过程又称氧化磷酸化(oxidative phosphorylation)。

上面介绍的呼吸代谢电子传递的途径主要是包含细胞色素氧化酶末端氧化系统的体系，生活细胞消费氧气主要是通过细胞色素氧化酶的催化来实现的，但植物体内还存在着另外一些氧化酶，它们也能催化氧气的消费，这表明植物体内存在着不止一条电子传递路线。1956 年和 1965 年我国植物生理学家汤佩松就提出高等植物的电子传递有多条路线，后来越来越多的研究结果发现，植物体内还存在着以下电子传递支路，包括交替氧化酶、酚氧化酶、抗坏血酸氧化酶、黄素氧化酶、乙醇酸氧化酶等支路(图 17-16)。这些呼吸代谢路线的存在也是植物长期适应外界环境的结果，呼吸代谢路线的多样性也为植物更好地适应环境创造了条件。

(4)戊糖磷酸途径　EMP-TCA 环是动植物有氧呼吸的主要途径。经对高等植物呼吸代谢过程的研究发现，其细胞内还存在一种不经过 EMP 而进行有氧呼吸的途径，即戊糖磷酸途径。该途经可分为两个阶段，一是氧化阶段，即由 G6P 转化为 Ru5P，释放 1 分子 CO_2 和 2 分子 NADPH(不是 NADH)。二是葡萄糖再生阶段，即由 Ru5P 经一系列变化，形成 PGAld 和 F6P，最后又转变为 G6P(图 17-17)。

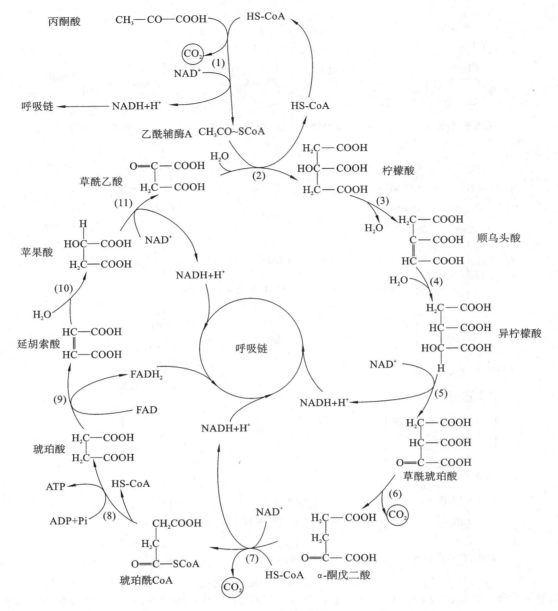

图 17-13 三羧酸循环

注:除了(1)(2)(7)(8)反应外,其他反应是可逆的。参加各反应的酶:(1)丙酮酸脱氢酶(多酶复合体);(2)柠檬酸合成酶;(3)(4)顺乌头酸酶;(5)异柠檬酸脱氢酶;(6)脱羧酶;(7)α-酮戊二酸脱氢酶(多酶复合体);(8)琥珀酸硫激酶;(9)琥珀酸脱氢酶;(10)延胡索酸酶;(11)苹果酸脱氢酶。

3. 呼吸作用与光合作用的关系 二者既有区别又有密切的联系,光合作用为制造有机物、储存能量的过程,而呼吸作用是消耗有机物、放出能量的过程,两个过程的区别见表 17-4。

光合作用与呼吸作用之间又有密切的联系,表现为:

(1) 光合作用需要 ADP 供光合磷酸化形成 ATP,同时还需要 $NADP^+$,供其形成 NADPH 和 H^+,呼吸作用也需 ADP 和 $NADP^+$。这两种物质在光合作用和呼吸作用中可共用。

(2) 光合作用的碳循环与呼吸作用的 PPP 途径基本上为正逆反应的关系,光合作用与呼吸作用的许多中间产物是可以交替使用的。如光合作用与呼吸作用的中间产物都有三碳糖(磷酸甘油醛)、四碳糖(磷酸赤藓糖)、五碳糖(磷酸核酮糖、磷酸木酮糖、磷酸核糖)、六碳糖(磷酸葡萄糖、磷酸果糖)和七碳糖(磷酸景天庚酮糖)。

(3) 光合作用产生的氧气可供呼吸作用利用,而呼吸作用所形成的二氧化碳正是光合作用的原料。

4. 影响呼吸作用的因素 呼吸速率是常用来衡量呼吸作用大小的生理指标。呼吸速率是指单位重量的植物组织或器官在单位时间内吸收的氧气或放出的二氧化碳量,表示为 $mgCO_2$(或 mgO_2)/(h・g)。影响植物呼吸作用的因素很多,既有内部因素也有外部因素。

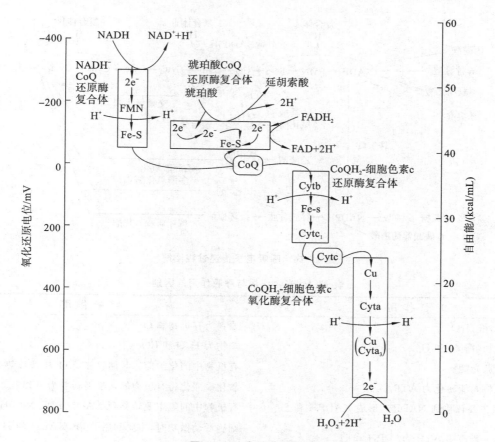

图 17-14　电子传递链

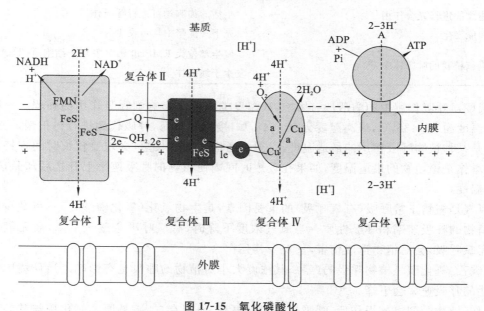

图 17-15　氧化磷酸化

（1）内部因素　植物不同呼吸速率不同。如高等植物中小麦的呼吸速率比仙人掌快得多。凡是生长快的植物呼吸速率也大。

同一植物的不同器官或组织呼吸速率也不同。凡生长旺盛、幼嫩的器官或组织呼吸速率均高于生长缓慢、年老的器官或组织。生殖器官的呼吸速率一般比营养器官的呼吸速率高。

同一器官或组织在不同的生长时期呼吸速率也不同。如幼果呼吸最强，随着成熟度加大呼吸反而下降，但在成熟的后期出现呼吸突然增高的现象，称作"呼吸跃迁"，原因是果实此时产生了乙烯，而乙烯促使果实的呼吸加强。

（2）外部因素　外界环境对呼吸作用的影响可分为最低、最适和最高三基点，能使呼吸作用持续地最快进行，即为最适点，而使呼吸作用能够进行的最低和最高的限度就是最低点和最高点。

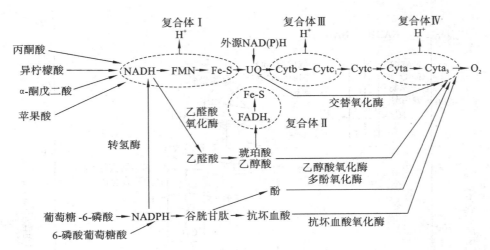

图 17-16　呼吸电子传递过程图解

表 17-4　光合作用与呼吸作用的区别

光 合 作 用	呼 吸 作 用
原料为 CO_2 和 H_2O	原料为有机物和 O_2
产物为有机物(糖类)和 O_2	产物为 H_2O 和 CO_2
叶绿素等捕获光能	有机物中的化学能暂时储存在 ATP 中或以热能的形式散失
光合磷酸化将光能转化为 ATP	氧化磷酸化将有机物的化学能转变为 ATP
H_2O 中的氢主要转移到 $NADP^+$,形成 NADPH 和 H^+	有机物中的氢主要转移到 NAD^+,形成 NADH 和 H^+
糖合成过程主要使用 ATP、NADPH 和 H^+	细胞活动做功时,主要利用 ATP、NADH 和 H^+(或 NADPH $+H^+$)
只有绿色细胞才能进行光合作用	生活的细胞均可进行呼吸作用
只有在光下才能发生	光下和黑暗中均可发生
发生部位为真核植物的叶绿体中	发生部位为 EMP 和 PPP 发生于细胞质;TCA 环和生物氧化发生于线粒体

①温度:温度对呼吸作用中的酶活性有影响,故温度的高低会影响到呼吸作用的强弱。一般来说植物呼吸作用的最适温度为 25~35 ℃,最高温度为 35~45 ℃,接近 0 ℃时,呼吸代谢进行得很慢。必须明确的是,某个温度是否是某种植物呼吸作用的最适温度,必须要考虑时间的长短,必须要较长时间维持该植物最快的呼吸作用才能看作是该植物的最适温度,如果在较短时间内使植物的呼吸速率上升之后却急速下降的温度,不能算作最适温度。

②氧气:氧气是植物正常呼吸(有氧呼吸)的重要因素,是生物氧化(氧化磷酸化)不可缺少的。氧气不足时,直接影响植物的呼吸速率和呼吸性质。当氧气浓度下降时,有氧呼吸会逐步下降,而无氧呼吸则逐步加强,长时间的无氧呼吸,会对植物造成伤害,甚至令其死亡。

③二氧化碳:二氧化碳是植物呼吸的产物,其浓度大小对植物的呼吸也有影响。当环境中的二氧化碳浓度增加时,植物的呼吸速率会下降。

④机械损伤:植物受到机械损伤后,呼吸速率明显提高,原因有二,一是原本氧化酶与其底物在空间上是隔开的,机械损伤使这种间隔被打破,酚类被迅速氧化;二是植物受伤后,为了修补创伤,成熟组织会脱分化转变为分生组织,从而分生组织的细胞进行旺盛的分裂与生长,使呼吸速率明显提高。

了解影响呼吸作用的因素对实际生产具有重要的指导意义。

在作物栽培方面。生产上的低温造成烂秧,其原因是低温破坏了线粒体的结构,使得呼吸"空转"(即呼吸链中电子传递正常进行,而磷酸化异常),植物因缺乏能量而代谢紊乱。早稻浸种催芽时,用温水淋洗和经常翻种,目的就是控制种子的温度和通气,使呼吸顺利进行,以便正常发芽。

在粮食和果蔬等储藏方面。影响植物种子萌芽的三项关键环境条件是温度、通气和水分,温度对种子呼吸作用的酶有影响;通气良好与否决定着氧气的多少,种子萌发时需要大量的能量和物质,因此需要强烈的有氧呼吸来保障;水分可使种皮的膨胀软化,氧气容易进入,此外,水分还可以使原生质由凝胶态转变为溶胶态,

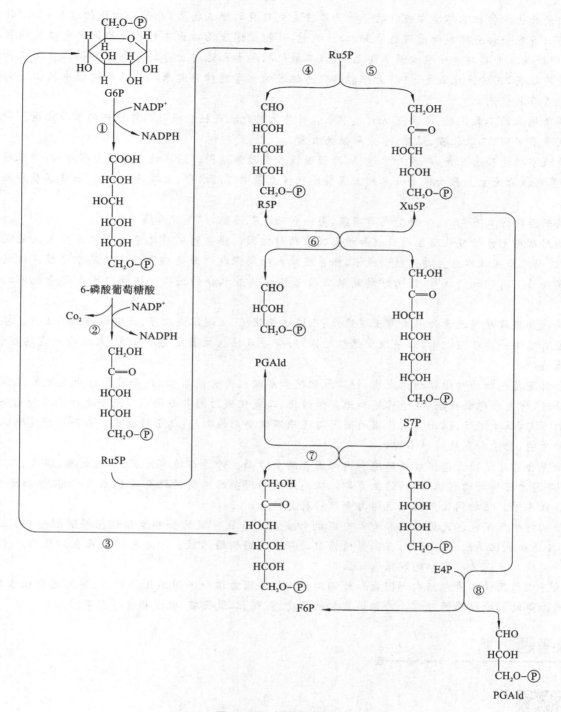

图 17-17　戊糖磷酸途径

注：①6-磷酸葡萄糖脱氢酶；②6-磷酸葡萄糖酸脱氢酶；③磷酸己糖异构酶；④磷酸戊糖异构酶；⑤磷酸戊糖表异构酶；⑥转酮醇酶；⑦转醛酶；⑧转酮醇酶。

使呼吸代谢等各种代谢加强，提供给种子萌发所需要的各种物质与能量。因此，生产上为了延长粮食的储藏期，必须晒干粮食，减少种子当中的水分，降低储藏环境的温度，保持适当的通气，以抑制种子的呼吸作用，防止其萌发。果蔬储藏不能干燥，否则会使其皱缩，失去新鲜状态。果蔬在储藏时，可通过降低氧气含量（氧分压），增加二氧化碳含量（CO_2 分压）来实现长期储存的目的，如生产上有采用气调储藏、自体保藏等方法，其核心思想也是通过降低果蔬的有氧呼吸，延长储藏时间。

本章小结

新陈代谢是生命活动的主要特征之一，它包括物质代谢和能量代谢两部分，由同化作用和异化作用组成，同化作用是指生物体把从环境中吸收的营养物质转变成自身的组成物质,并储存能量的过程;异化作用是指生物体将自身的一部分组成物质进行分解,释放能量,并把代谢废物排出体外的过程。绿色植物的营养方式为自养,即植物从外界环境中吸收简单的无机物(二氧化碳和水),通过自身的光合作用将二氧化碳和水转化为复杂的有机物,同时产生氧气,并将太阳能转化为稳定的化学能储存起来。在这个过程中植物还需吸收多种矿质元素参与代谢。

植物所摄取的二氧化碳,主要是从大气中来。叶片上的气孔是植物吸收二氧化碳的首要通道。影响气孔启闭的因子有光照、二氧化碳、温度、水分和植物激素。

根系吸水的途径有三条,即质外体途径、跨膜途径和共质体途径。根系吸水的动力有两种,即根压和蒸腾拉力,以蒸腾拉力为主。影响根系吸水的土壤条件包括土壤中可用水分、土壤通气状况、土壤温度和土壤溶液浓度等。

植物的蒸腾方式有两种,一种为角质蒸腾,另一种为气孔蒸腾,以气孔蒸腾为主。

植物对矿质元素的吸收有主动吸收和被动吸收两种方式。根系对矿质元素的吸收主要是主动吸收和选择性吸收,而根系吸收水分主要是被动吸水,根系吸收水分与吸收矿质是相互独立的两个过程。但吸收水分和吸收矿物质又有密切的联系,因为矿物质的吸收必须伴随着水分的吸收。植物的地上部分也可以吸收矿物质。

影响植物吸收矿质元素的因素有土壤温度、土壤通气状况、土壤溶液浓度、土壤溶液的 pH 值。植物正常的生长发育需要一些矿质元素,如果缺少这些元素,则会导致植物生长发育不正常,表现出一定的症状,即植物的缺素症。

光合作用是植物的叶绿体利用光能,把二氧化碳和水转化为含能有机物,并且释放出氧气的过程。可分为三个阶段,即光合原初反应、电子传递和光合磷酸化、二氧化碳的固定与还原。光合原初反应和光合磷酸化需要光的参与,属于光反应,而二氧化碳的固定与还原不需要光的参与,属于暗反应。光合作用是地球上几乎一切生物生存、繁荣和发展的根本源泉。

影响光合作用的因素包括外界环境和内部因素两个方面。外界环境有光照、二氧化碳、温度、矿质元素、水分;内部因素有植物的部位、植物的生育期。提高光能利用率的主要措施有延长光照时间、增加光合面积、提高光合效率等。植物同化产物的运输与分配均有其特点。

植物的呼吸作用包括无氧呼吸和有氧呼吸两种类型。有氧呼吸的全部过程包括糖酵解途径、三羧酸循环、电子传递和氧化磷酸化。此外,在高等植物中还存在戊糖磷酸途径。三者之间相互密切联系。光合作用与呼吸作用既有区别又有密切的联系。

影响呼吸作用的因素包括内部因素和外部因素。外部因素诸如不同的植物种类、不同的组织或器官、不同的生长期等均影响植物的呼吸。外部因素包括温度、氧气、二氧化碳、机械损伤等因素。

思考题

扫码答题

参考文献

[1] 潘瑞炽.植物生理学[M].7 版.北京:高等教育出版社,2012.

[2] 靳德明.现代生物学基础[M].3 版.北京:高等教育出版社,2017.

[3] 黄诗笺.现代生命科学概论[M].北京:高等教育出版社,2001.

[4] 王忠.植物生理学[M].北京:中国农业出版社,2000.

[5] 沈同,王镜岩.生物化学[M].2 版.北京:高等教育出版社,1998.

[6] Brum G,McKane L,Karp G. Biology Fundamentals[M]. New York:John Wiley & Son,Inc 1995.

第18章 植物生命活动的调控

植物在生长发育过程中,不断受到内外环境因素的影响。为了保持内环境的相对稳定,保证机体营养及新陈代谢的正常进行,植物对其自身的水分平衡、体温等生理状况都有一定的自我调节能力。植物体还会产生一些微量有机物(激素)对自身进行调节,以适应各种环境条件的变化。植物对外界的物理刺激有多种响应。植物的很多生理活动具有周期性或节奏性。此外,植物对外界的伤害具有一定的抵抗能力。

18.1 植物激素

植物激素是指一些在植物体内特定部位合成,并从产生之处运送到别处,对植物的生长发育产生显著作用的微量有机物。目前,被公认的植物激素有五类,即生长素类、赤霉素类、细胞分裂素类、脱落酸和乙烯,一般来说,前三类属于促进生长发育的激素,脱落酸是一种抑制生长发育的激素,乙烯是一种促进植物组织和器官成熟的激素。

多年来人们模拟这些天然的植物激素的分子结构,人工合成了一些生理功能与天然的植物激素类似的有机物,如吲哚丙酸、三碘苯甲酸、矮壮素等,这些人工合成的激素类似物有的生理效果甚至优于天然的植物激素。这些人工合成的植物激素类物质称作植物生长调节剂。

18.1.1 生长素类

1. 生长素的发现 生长素(auxin)是最早发现的植物激素。1880 年,英国的 C. Darwin 发现植物有向光性。1928 年,荷兰的 F. W. Went 发现促进植物生长的因子是化学物质,并称之为生长素。1934 年,荷兰的 F. Kogl 纯化了生长素,经鉴定是吲哚乙酸(Indole-3-acetic acid,IAA)。因此,IAA 用来泛指生长素类激素。

现在已知,植物体内的生长素类物质以吲哚乙酸最为普遍,此外,植物体内还存在着其他种类的生长素类物质,如吲哚丁酸(Indole butyric acid,IBA)、苯乙酸(phenylacetic acid,PAA)、4-氯-3-吲哚乙酸等。

2. 生长素在植物体内的分布与运输 植物的根、茎、叶、花、果实、种子及胚芽鞘中都分布有生长素。生长旺盛的组织和器官中分布得多(如胚芽鞘、芽和根尖的分生组织、形成层、受精后的子房、幼嫩种子等)。

在高等植物中,生长素在体内的运输方式有两种,一种是韧皮部长距离运输;另一种是短距离、单方向的极性运输(polar transport),仅局限于胚芽鞘、幼茎、幼根的薄壁细胞之间。

生长素在植物体内的含量甚微,一般为 $10\sim100$ ng/g 鲜重。

3. 生长素的生理作用及在生产上的应用 促进作用。生长素能够促进形成层活性、伤口愈合、不定根形成、侧根形成、种子和果实生长、根瘤形成、坐果、顶端优势、维管束分化、光合产物分配、雌花增加、单性结实、子房壁生长、细胞分裂、叶片扩大、茎伸长。

在生产上使用生长素可以促进插条生根,组培时诱导愈伤组织生根;促进坐果和果实生长,且可形成无籽果实;促进开花。

生长素浓度大时对植物也有抑制作用。

18.1.2 赤霉素类

1. 赤霉素的发现 赤霉素(gibberellin)是 1926 年从水稻恶苗病的病菌中发现并分离到的,这种病菌的分泌物能造成水稻徒长。这种病菌称作赤霉菌,赤霉素因而得名。1938 年分离得到赤霉素的结晶,1959 年确定其化学结构。

所有的赤霉素均含羧酸,故赤霉素为有机酸,简称 GA。现已经发现 126 种赤霉素,生理活性强的有 GA_1、GA_3、GA_7、GA_{30}、GA_{32}、GA_{38},生理活性弱的有 GA_{13}、GA_{17}、GA_{25}、GA_{28}、GA_{39}。市售的赤霉素主要为 GA_3。

2. 赤霉素的分布和运输　GA 存在于各种植物中。种子中的 GA 含量最高(比营养器官高 100 倍左右),其次为果实中,根尖、顶芽的幼叶也可合成。

根尖合成的 GA 沿木质部的导管向上运输,而嫩梢产生的 GA 则沿韧皮部的筛管向下运输。

赤霉素在植物体内的含量为 1~1 000 ng/g 鲜重。

3. 赤霉素的生理作用及在生产上的应用　促进作用。赤霉素促进细胞分裂、叶片扩大、茎伸长、侧枝生长、抽薹、某些植物开花和坐果、果实生长、单性结实、种子发芽、两性花的雄花形成等。

在生产上使用赤霉素促进营养生长,防止花果脱落,打破植物休眠,促进某些植物开花,促进麦芽糖化。

抑制作用。抑制成熟、侧芽休眠、衰老、块茎形成。

18.1.3　细胞分裂素类

1. 细胞分裂素的发现　1955 年 F. Skoog 等在烟草组织培养时,发现了一种能促进细胞分裂的物质,该物质的化学成分为 6-呋喃氨基嘌呤,即激动素(kinetin,KT),是最早发现的细胞分裂素。以后,又发现了多种天然的和人工合成的、具有促进细胞分裂活性的化合物,于是就将这一类化合物统称为细胞分裂素(cytokinin,CK)。

2. CK 在植物体内的分布与运输　高等植物中 CK 主要存在于细胞分裂旺盛部位,幼果、未成熟的种子是合成最多的部位,幼根也可合成。

根部合成的 CK 通过导管运到地上部分,地上部合成的 CK 从筛管运走。

细胞分裂素在植物体内的含量为 1~1 000 ng/g 鲜重。

3. 细胞分裂素的生理作用及在生产上的应用　促进作用。促进细胞分裂、侧芽生长、气孔开张、叶片扩大、地上部分生长、种子萌发、伤口愈合、形成层活动、根瘤形成、某些植物坐果、果实生长。

在生产上使用细胞分裂素类激素时:①可促进细胞分裂和膨大。生长素促进核的有丝分裂,细胞分裂素则调控细胞质的分裂。②诱导芽的分化。植物组织培养时,当 CK/IAA 低时,诱导根,当 CK/IAA 高时,诱导芽。③打破顶端优势,促进侧芽生长。在烟草侧芽上涂抹玉米素,可诱导侧芽萌发;果树上喷整形素,促进侧芽萌发。④具有保绿作用。CK 可以抑制叶绿素的降解,推迟叶片的衰老。

18.1.4　脱落酸

1. 脱落酸的发现　1963 年,英国植物生理学家 P. F. Wareing 等从槭树即将脱落的叶片中提取出一种促进芽休眠的物质,称其为休眠素(dormin)。1964 年,美国人 F. T. Addicott 等从将要脱落的棉桃中提取出一种促进棉桃脱落的物质,称其为脱落素Ⅱ(abscisin Ⅱ)。后来证实,二者是同一物质。1965 年,确定了该物质的化学结构。1967 年,在第六届国际生长物质会议上统一命名为脱落酸(abscisic acid,ABA)。ABA 是一种以异戊二烯为单位的含 15 个碳的倍半萜羧酸。

2. 脱落酸的分布与运输　高等植物的叶、芽、果实、种子、块茎中都有脱落酸的分布,以将要脱落和进入休眠的器官及组织中为多。在逆境条件下,含量迅速增加。

ABA 的运输不存在极性,上下均可运输。ABA 主要以游离态的形式运输,也有部分以脱落酸糖苷的形式运输。

脱落酸在植物中的含量为 10~50 ng/g 鲜重。

3. 脱落酸的生理作用　促进作用。促进花、果实和叶片脱落,促进侧芽、块茎休眠,促进气孔关闭、叶片衰老,促进光合产物向发育着的种子运输,促进果实产生乙烯(果实成熟),促进休眠,提高抗逆性。

抑制作用。抑制 IAA 运输、种子发芽、植株生长。

ABA 能够提高植物的抗逆性,促进休眠,对于农业生产十分有益。但目前脱落酸的价格昂贵,很难大规模应用,将来如果有能够替代脱落酸的类似物,或能够生产出大量的、价格低廉的脱落酸,一定会在农业生产上发挥重要作用的。

18.1.5　乙烯

1. 乙烯的发现　1934 年,R. Gane 首先证明乙烯是植物的天然产物。1935 年,W. Crocker 等认为乙烯是果实催熟激素,并且还具有调控营养器官生长的作用。后来,随着气相色谱技术的不断发展,极大地推动了对乙烯的研究。1965 年 Burg 提出乙烯是一种植物激素,后来在世界范围内被公认是一种植物激素。

2. 乙烯的分布　高等植物各部分均能产生乙烯,含量极少。

3. 乙烯的生理作用及其在生产上的应用　促进作用。促进地上部和根的生长和分化,促进不定根形成,促进解除休眠、器官脱落、两性花中雌花的形成、开花、花和果实衰老、果实成熟,诱导某些植物成花,促进茎增粗。

抑制作用。抑制生长素的运转,抑制茎、根和侧芽的伸长生长,抑制某些植物开花。

实际生产中常使用乙烯利(ethrel)来代替乙烯的作用。如已在香蕉、苹果、番茄、柑橘、葡萄等的生产上使用乙烯利催熟果实和改善品质;我国南方的橡胶园使用乙烯利促进橡胶树乳胶的排泌;乙烯利还可以促进菠萝开花,且使花期一致。

18.1.6　其他天然的植物生长物质

随着研究的深入,人们发现除了以上五类植物激素外,植物体内还存在着其他生长物质。

1. 油菜素内酯　在油菜的花粉中发现了油菜素内酯(brassinolide,BL)。它是一种甾醇内酯化合物。其主要生理作用是促进细胞伸长和分裂。

2. 多胺　多胺(polyamine)是一类脂肪族含氮碱,广泛存在于高等植物中。其主要生理作用:促进生长,延迟衰老,使植物适应逆境条件。

3. 茉莉酸　茉莉酸(jasmonic acid,JA)的主要生理作用如下。

促进作用。促进乙烯合成、叶片脱落、叶片衰老、气孔关闭;对呼吸作用、蛋白质合成、块茎形成均有促进作用。

抑制作用。抑制种子萌发、花芽形成、叶绿素形成、光合作用、营养生长。

茉莉酸还能提高植物的抗逆性,增强对病虫及机械损伤的防卫能力。

4. 水杨酸　水杨酸(salicylic acid,SA)最初是在柳树皮中发现。其主要生理作用:增强植物的抗病性,诱导某些植物开花,抑制 ACC 转化为乙烯。

18.2　植物体内的水分平衡及其调节

植物体内水分的吸收与消耗之间的平衡关系称为水分平衡(water balance)。植物在长期的进化过程中形成了自我调节水分吸收和水分消耗的平衡能力,也是植物生长发育的必要条件。植物调节其自身的水分平衡措施有以下两方面。

1. 形态结构方面

(1)角质层和木栓层。枝条上覆盖一层较厚的木栓层,细胞壁加厚形成木栓层,叶片表皮还有一层不透水角质层,防止水分丢失。

(2)形成气孔。叶片的上下表皮都有气孔,气孔是调节水分平衡的主要部位,它既能避免水分过多地蒸腾,天气如果过于旱的时候,阳光过于足的时候,气孔可以适当关闭一些,开度减小,同时它又能保证吸收二氧化碳,保证植物正常的光合作用。

(3)植物还可以通过器官的变态来适应,比如一些沙漠植物,部分器官形态发生了变化,叶片变成了针状,茎加粗甚至变成了球状来储存水分,适应沙漠环境。

(4)有的植物形成保护组织,茎表皮外方有较厚的角质层,这样可以减少内部水分的散失。

2. 生理方面

(1)通过脱落酸进行调节。缺水时,根系合成的 ABA 显著增加,运输到叶片引发气孔关闭,减少水分消耗。

（2）大多数北方植物冬天进入休眠,生理活动减弱,以度过寒冷的冬天。

（3）许多植物都有储藏水分的功能,可在丧失水分时维持水分平衡,不至于对它造成很大的影响。

（4）有的植物通过减少蒸腾来适应,一方面气孔数量减少了,在减少的同时,剩下那些气孔深埋于凹陷处,降低蒸腾作用。景天科的一些植物气孔白天关,晚上开,降低水分蒸腾,减少失水。

（5）通过提高细胞液浓度,提高原生质液的浓度保住水分。

18.3 植物体对温度的适应

植物属于变温类型,其体温变化直接或间接受到太阳辐射的影响,体温过高或过低均会影响植物正常的生长发育。植物在长期的进化过程中形成了对环境中低温和高温的适应性。

1. 植物对低温的适应

（1）结构上的适应 包括:①植物长期受低温影响后,芽和叶片常有油脂类保护物质;②芽外具有鳞片覆盖;③器官表面覆盖有蜡粉和密毛;④树皮有发达的木栓组织;⑤有的植株矮小,呈匍匐状或莲座状等。

（2）生理上的适应 包括:①细胞液浓度加大,能降低植物的冰点,防止原生质萎缩和蛋白质凝固;②低温季节来临时,植物及时转入休眠。休眠状态下植物体内不易形成冰晶而使细胞避免损伤。

由此增加了植物抗低温的能力。

2. 植物对高温的适应

（1）结构上的适应 包括:①有些植物表面密生茸毛、鳞片,可滤过一部分阳光;②有些植物体呈白色或银白色,叶片革质发亮,可反射大部分光线,防止温度过高;③有些植物叶片垂直排列,或叶片折叠,这样可以减少受光面积,避免伤害;④有些植物树干、根茎的木栓层很厚,起到隔离高温,保护植物体的作用。

（2）生理上的适应 包括:①细胞中糖或盐的浓度增加,同时含水量降低,从而使原生质浓度提高,增强了原生质抗凝结的能力;②细胞中水分减少,使代谢减慢,也可增强抗高温的能力;③植物的蒸腾旺盛,由此降低其体温;④某些植物有反射红外线的能力,由此降低体温。

18.4 植物的运动和生物钟

植物不能像动物那样自由的移动,但植物的器官可以在空间产生一定程度的移动,即为植物的运动。高等植物的运动分为感性运动(nastic movement)和向性运动(tropic movement)。前者是由外界刺激如触摸、光暗转变等或内部时间机制引起的,运动方向不受外界刺激影响;后者是由光、重力等外界刺激引起,其运动方向由外界刺激的方向决定。

1. 感性运动 这种运动是由生长着的器官两侧或上下面生长不均匀引起的,包括以下几种。

（1）偏上性和偏下性 植物器官的上部生长比下部快,产生向下弯曲生长,此为偏上性(epinasty);如果下部生长比上部快,则植物器官向上弯曲生成,称作偏下性(hyponasty)。乙烯和生长素能引起番茄的叶柄下垂,即叶片的偏上性生长。

（2）感夜性 有些植物的叶子或小叶白天开张,晚上闭合或下垂,如花生、大豆、含羞草、合欢、木瓜等;还有的植物如蒲公英,其花序白天开放,晚上闭合,而紫茉莉、烟草的花白天闭合,晚上开放。这些由于光暗变化引起的植物器官的运动称作感夜性(nyctinasty)。植物的感夜性可能是生长素含量变化引起的。

（3）感热性 有些植物的器官对温度的变化比较敏感,如番红花和郁金香,当将它们从冷处移到温暖处,很快就开花,它们对温度很敏感,温度上升不到1℃它们就能开花,植物这种对温度变化的感性运动称作感热性(thermonasty)。番红花和郁金香的这种感热性是由花瓣上下组织生长速率不同所致。

（4）感震性 某些植物对外界震动的刺激反应敏感,如含羞草,当个别小叶遭受震动时,小叶会成对地合拢,如果刺激再强烈些,其邻近的小叶甚至整个植株的小叶都会合拢,但经过一定时间后植株又恢复原样。这种由震动引起的感性运动称作感震性(seismonasty)。

震动刺激如何在植物中传递?许多学者认为是电传递。外界震动会使植物产生动作电位,形成有一个特征高峰(图18-1)。此外,震动刺激的传递机制也包括化学传递。

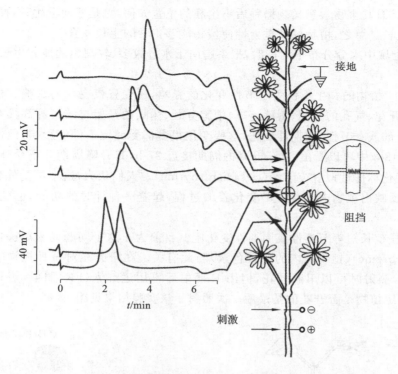

图 18-1　测定狭叶羽扇豆(*Lupinus angustifolinus*)动作电位的实验与结果

2. 向性运动　向性运动由感受、传导和反应三个步骤组成，即植物感受到外界刺激，并将感受到的信息传导到向性发生的细胞，细胞接收到信息后弯曲生长。向性运动是由生长引起的、不可逆的运动，可分为向光性、向化性、向重力性和向水性等。

（1）向光性　植物能随着光的方向而弯曲生长的现象称作向光性(phototropism)。植物的向光性分为正向光性、负向光性和横向光性。植物的上部分一般具有正向光性(positive phototropism)，地下部分具有负向光性(negative phototropism)，有的植物叶片与光垂直，即具有横向光性(diaphototropism)，如向日葵、棉花、花生等植物，在一天中随阳光而转动。植物感受光的部位是茎尖、根尖、芽鞘尖端、生长中的茎或某些叶片。

植物的向光性是由组织不均等生长造成的，关于其原因有两种对立的看法，即生长素分布不均匀和抑制物质分布不均匀。

叶片的镶嵌现象也是向光性的结果。

（2）向化性　某些化学物质在植物的周围分布不均匀引起的生长称作植物的向化性(chemotropism)。如植物的根系朝向肥量较多的方向生长，即为向化性。向化性在农业生产上也有重要的应用价值。

（3）向重力性　植物在重力的作用下，保持着向一定方向生长的特性称作向重力性(gravitropism)。根系沿着重力方向向下生长称作正向重力性(positive gravitropism)，茎逆着重力方向向上生长称作负向重力性(negative gravitropism)，而地下茎沿着水平方向生长称作横向重力性(dia-gravitropism)。

目前认为植物细胞感受重力的细胞器是造粉体(amyloplast)，根部的造粉体在根冠中，茎部的造粉体在维管束周围的 1～2 层细胞(也称淀粉鞘)中。造粉体在重力的作用下，下沉到细胞的底部(图 18-2)。

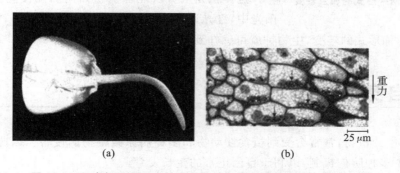

(a)　　　　　　　　　　　(b)

图 18-2　玉米根正向重力性生长和造粉体在根尖细胞中的分布图

植物的向重力性具有其生物学意义。播种后不论胚的位置如何,总是茎向上生长,而根向下生长;作物倒伏后,茎节向上弯曲生长。总之,植物的向重力性使植物能够正常的生长发育。

(4)**向水性** 当土壤中水分分布不均衡时,根系趋向于水分较多、较潮湿的地方生长,即为植物的向水性(hydrotropism)。

3. 植物的生物钟 植物的一生不仅受季节性变化的影响,还受昼夜变化的影响。植物的很多生理现象和生理活动,如萌芽、开花、气孔的开闭、蒸腾速率、细胞分裂、休眠的开始与结束等都具有节奏性或周期性变化,或者说存在着昼夜的或季节性、周期性变化,这些变化很多都受环境条件的影响,但也有一些变化不受环境条件的决定。从图 18-3 中可以看出,叶子升降的周期接近 27 h,其升降周期并不受外界环境的影响,基本稳定,这样的周期性变化称作近似昼夜节奏(circadian rhythm)。人们认为,这个不受外界环境条件变化的影响、自由运行的节奏,反映出植物内部有一个变化着的过程,起着一种计时的功能,也就是生物钟(biological clock)。

植物是如何感知昼夜长短等节奏性或周期性变化呢?目前为止这个问题尚未解决,但有一点可以肯定,即植物光敏素(phytochrome)(植物体内的一种色素)与此有关。在研究光对短日植物的开花影响时发现了光敏素。当用红光(R)照射时可以阻断开花,但用 R 照射后再用远红光(FR)照射,短日植物又能开花。用 FR 和 R 反复照射,决定植物是否开花的是最后一次照射。该实验结果见图 18-4。

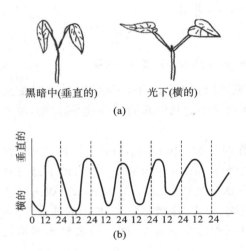

图 18-3　菜豆叶在不变条件(微弱光及 20 ℃)下的运动
(a) 菜豆叶子的位置;(b) 测定时刻
注:图中高点代表垂直的叶(左上);低点代表横的叶(右上)。

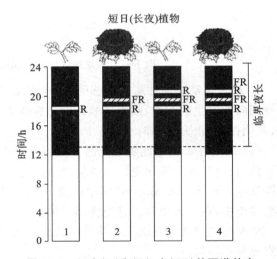

图 18-4　红光(R)和远红光(FR)的可逆效应

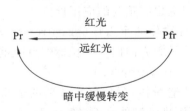

图 18-5　植物光敏素两种形式的相互转变

远红光和红光照射为什么表现出这种可逆的结果呢?原因就在光敏素。光敏素属于蛋白质,有两种形式,两种结构稍有差异。一种吸收远红光,称作 Pfr,另一种吸收红光,称作 Pr。Pfr 吸收远红光后转化为 Pr,而 Pr 吸收红光后又变回 Pfr,Pfr 在黑暗中也会慢慢转化为 Pr(图 18-5)。

这样就完全可以理解植物如何测知夜间的长短了。白天的太阳光中,红光远多于远红光,Pr 都转化为 Pfr;而在夜间 Pfr 都转变为 Pr。通过光敏素两种形式的转变,生物钟就可感知到昼夜变化的时间。

18.5　植物自身的防御

生活在自然环境中的植物,常常会受到植食性动物和多种病原微生物的侵害。因此,在植物漫长的进化过程中,植物发展出了多种防御机制,以利于自己正常的生长发育。

1. 植物对植食性动物的防御 植物防御植食性动物的方式有两种,一种是物理的方式,另一种是化学的方式。物理的方式如长刺等;化学的方式如合成有恶毒或恶臭的化学物质,有的植物产生一种异常的氨基酸如刀豆氨酸(canavanine),该氨基酸与精氨酸的结构类似,因此,动物吃了刀豆氨酸后,蛋白质出现异常而引起死亡。有的植物遭受动物侵害后,会产生一种信号物质而引来该种动物的天敌,从而将其杀死,如当毛毛虫咬食植物时,该伤害及毛毛虫唾液中的化学物质引发植物细胞内的信号转导过程,由此产生了一种挥发性物质,这种挥发性物质会引诱毛毛虫的天敌——胡蜂的到来,于是毛毛虫被杀死(图 18-6)。

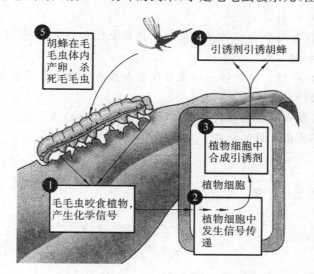

图 18-6　植物引诱一种昆虫帮助杀死另一种植食性昆虫

2. 植物对病原微生物的抵抗　植物抗病的生理基础主要有三方面。

(1)氧化酶的活性加强　氧化酶的活性越强,植物的抗病能力就越强,植物的呼吸作用与抗病能力成正相关,这是因为:

①植物的呼吸作用可以将病原菌产生的毒素降解为 CO_2 和 H_2O,转化为无毒物质。呼吸作用越强,就能很快地将病原菌分泌的毒素降解掉。

②呼吸作用的加强,有助于伤口处木栓层的形成,呼吸作用越强则伤口愈得越快。

③病原菌依靠自身分泌的水解酶降解寄主的有机物,来供自己生活,如果寄主呼吸作用旺盛,就会抑制病原菌的水解酶,从而抑制病原菌的生长发育,于是就可控制病情。

(2)加快组织坏死　有的病原菌在活的寄主细胞中才能生存。植物细胞与这类病原菌接触后细胞或组织快速坏死,从而使病原菌得不到适宜的生长环境而死亡。

(3)产生抑制物质　植物对病原菌有防御作用的物质很多,主要有以下三种。

①植物防御素:植物防御素(phytoalexin),也称植物抗毒素,是植物受病原菌感染后产生的一类小分子量的抵抗病原物的化合物。植物防御素是在植物受感染后才产生的,迄今为止已发现 200 多种植物防御素,其中研究最多的是异黄酮类植物防御素和对萜类植物防御素,前者如豌豆素、大豆抗毒素(glyceollin)、菜豆抗毒素,后者如甘薯酮(甘薯黑疤酮)、辣椒素(capsaicin)等。

②木质素:植物感染病原菌后,木质化加强,以阻止病原菌的进一步扩展。研究表明,植物感染病原菌后,木质素不仅在量上增加了,且质的方面也有加强。由于木质素与异黄酮类植物防御素的生物合成都要经过苯丙氨酸解氨酶(PAL)的催化,故 PAL 的活性与植物的抗病性密切相关。

③抗病蛋白:感染病原菌后,植物体内能合成一些抗病蛋白和酶类,如 β-1,3-葡聚糖酶(β-1,3-glucanase)、几丁质酶(chitinase)、植物凝集素(lectin)和病原相关蛋白(pathogenesis-related protein,PR)等。

β-1,3-葡聚糖酶能水解病原菌细胞壁中的 1,3-葡聚糖。该酶常与几丁质酶一起经诱导形成,协同抗病。

几丁质酶能降解很多病原菌细胞壁的几丁质。植物感染病原菌后,几丁质酶的活性大大增强。

植物凝集素多为糖蛋白,它能与糖结合使细胞凝集,如水稻胚的凝集素可使稻瘟病的病菌孢子凝集成团,甚至破裂。花生、大豆、小麦等的凝集素能抑制病原菌菌丝的生长和孢子的萌发。

植物感染病原菌后还能产生一种或多种蛋白质,这些蛋白质的产生与植物的抗病性密切相关。

本章小结

目前,被公认的植物激素有五类,即生长素类、赤霉素类、细胞分裂素类、脱落酸和乙烯,前三类属于促进生长发育的激素,脱落酸是一种抑制生长发育的激素,乙烯是一种促进植物组织和器官成熟的激素。还有一些人工合成的植物激素类物质称作植物生长调节剂。

植物在长期的进化过程中形成了自我调节水分吸收和水分消耗的平衡能力,也是植物生长发育的必要条件。植物调节其自身的水分平衡措施包括形态结构方面和生理方面。植物体对温度的适应包括从结构和生理上对低温的适应和对高温的适应。

高等植物的运动分为感性运动和向性运动。前者包括偏上性和偏下性、感夜性、感热性和感震性;后者包括向光性、向化性、向重力性和向水性。

植物还具有类似生物钟的特性。植物的一些生理现象和生理活动不受外界环境条件变化的影响,表现出自由运行的节奏,这就是生物钟。

植物在其进化过程中,发展出了多种防御机制,以利于自己正常的生长发育。这些防御机制包括植物对植食性动物的防御、植物对病原微生物的抵抗。

思考题

 扫码答题

参考文献

[1] 魏道智.普通生物学[M].2版.北京:高等教育出版社,2012.

[2] 靳德明.现代生物学基础[M].3版.北京:高等教育出版社,2017.

[3] 吴相钰.陈阅增普通生物学[M].2版.北京:高等教育出版社,2005.

[4] 顾德兴.普通生物学[M].北京:高等教育出版社,2000.

[5] 黄诗笺.现代生命科学概论[M].北京:高等教育出版社,2001.

[6] 潘瑞炽.植物生理学[M].7版.北京:高等教育出版社,2012.

第**19**章
植物的繁殖与发育

所有的植物,不论高等还是低等,简单还是复杂,它们的全部生命活动周期都包含着两个相互依存的方面,一是维持其自我的生存,二是保持种族的延续和繁荣。植物生长发育到一定阶段,必然通过一定的方式,从它本身产生新的个体来延续后代,这一现象称作植物的繁殖(reproduction)。

19.1 植物繁殖的基本类型

植物的繁殖有三种方式,一是不经过生殖细胞的融合,由母体直接产生出能独立生活的新个体(子代)的繁殖方式,即无性繁殖(asexual reproduction);二是由亲本产生性细胞(配子),通过两性细胞结合成为合子,进而发育成新个体的繁殖方式,即有性繁殖(sexual reproduction);还有一种是单性繁殖(parthenogenesis),即植物的卵或精子,未经受精而直接发育成新个体。

19.1.1 无性繁殖

1. 出芽繁殖 又称芽殖(budding)。从母体长出小芽体,其长大后脱离母体成为独立生活的个体(子代)。如被子植物的蓟、小旋花、甘薯等的根,竹、芦苇、狗牙根的根状茎,海棠的叶都可以产生根和芽,进行芽殖。

2. 孢子繁殖 由母体先形成专管生殖的特定部分,然后产生许多孢子,孢子脱离母体独立生活,这种繁殖方式称作孢子繁殖(spore reproduction)。如多细胞藻类植物、苔藓植物和蕨类植物等均可通过产生孢子进行繁殖。

3. 断裂繁殖 由一个生物体自身断裂成两段或多段,每一段又可发育成独立生活的新个体的繁殖方式称作断裂繁殖(fragmentation)。断裂繁殖往往依赖外力,如生活在海边的褐藻和绿藻受到海水的冲击断裂成碎片,这些碎块的细胞会通过分裂很快地长成原样。

4. 营养繁殖 由生物的营养器官发育成能独立生活的新个体(或子代)的繁殖方式称作营养繁殖(vegetative reproduction)。如草莓的匍匐茎繁殖、马铃薯的块茎繁殖等都属于营养繁殖。被子植物的营养繁殖又可分为两种形式。

(1)自然营养繁殖 这是指在自然情况下就能产生新的植株。这种方式主要是借助块茎、球茎、鳞茎、块根、根状茎等变态器官来进行。蒜、百合、水仙、风信子等借助鳞茎繁殖,如蒜的鳞茎由数个小鳞茎(蒜瓣)组成,每个小鳞茎脱离母体后都能长成一个独立的小植株,同时一部分花朵转变为珠芽,起到繁殖的作用(图19-1);马铃薯、菊芋、五彩芋属(*Caladium*)等借助块茎繁殖,如马铃薯块茎上的顶芽和芽眼内的腋芽可萌发长成新植株(图19-2);姜、藕、竹借助根状茎繁殖,根状茎的节上有不定芽,可向上发出茎,节上还可丛生不定根(图19-3);甘薯、大丽菊等借助块根繁殖,它们常在块根的近茎端长出不定芽,在块根的尾端形成不定根(图19-4);唐菖蒲、魔芋、慈姑等利用球茎进行繁殖(图19-5)。

(2)人工营养繁殖 在人工辅助的条件下产生新的植株。在生产实践中经常采用分株、扦插、压条、嫁接的方式进行繁殖。

①分株繁殖 根蘖分株法:适用于根系容易发生大量不定芽而长成根蘖苗的植物,如樱桃、李、枣、树莓、榛子、石榴、山定子等(图19-6)。

吸芽分株法:有的植物能从母株的地下茎抽生吸芽并发根,与母株分开后可独立生活。菠萝、香蕉常用此法繁殖。

图 19-1　大蒜的珠芽繁殖

1—正常的花朵；2—珠芽

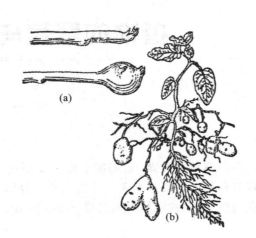

图 19-2　马铃薯块茎的形成

（a）地下茎顶端积累营养后膨大成块茎；

（b）马铃薯植株，示地下块茎

图 19-3　姜的根状茎繁殖

注：从姜的根状茎上长成不定根和地上枝。

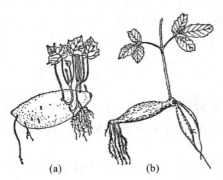

图 19-4　甘薯和大丽菊的块根

（a）由甘薯的块根上长成不定根和地上枝；

（b）由大丽菊的块根上长成新的块根和地上枝

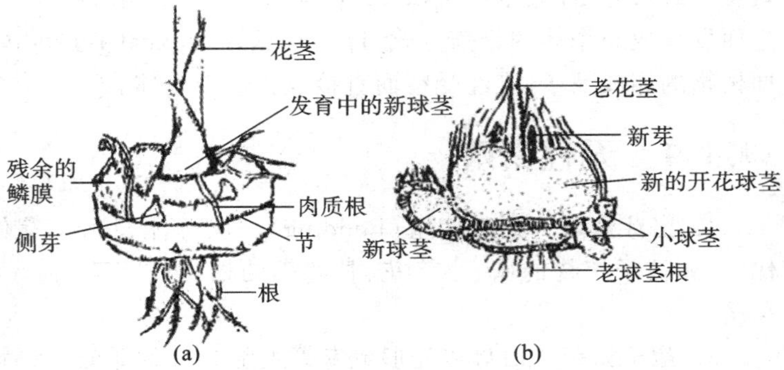

花茎
发育中的新球茎
残余的鳞膜
侧芽
肉质根
节
根
（a）

老花茎
新芽
新的开花球茎
小球茎
老球茎根
新球茎
（b）

图 19-5　唐菖蒲球茎

（a）外貌；（b）纵切面

匍匐茎分株法：草莓植株上可以长出匍匐茎，在匍匐茎的节上可以长出芽和根，形成匍匐茎苗，是草莓苗的主要来源（图 19-7）。

根状茎分株法：草莓的根状茎长芽和生根的能力都比较强，也可用于草莓苗的繁育。

②扦插繁殖：将枝段或根段插入土壤中，在适宜的条件下，可以从枝段上长出不定根，从根段上长出不定芽，形成一株完整的植株（图 19-8）。

③压条繁殖：又分地面压条和空中压条。地面压条是在地面将植物的枝条埋入到土壤中，浇水、保湿，一段时间后，可长出不定根，分开后即可成为一株独立生活的苗木（图 19-9）。空中压条一般选用 2～3 年生的枝条，在枝条下部进行环剥，并于环剥口的上方包上保湿生根材料，一段时间后即可生根（图 19-10）。

④嫁接繁殖：在砧木上嫁接接穗形成一株完整的植株。嫁接又可分为枝接和芽接，即在砧木上嫁接上优良品种的枝条或叶芽（图 19-11）。嫁接成活的基本原理：接穗和砧木的形成层能够密切结合，使两个部分的输导组织生长在一起，形成完整的植株。

生产上很多植物采用嫁接方法繁殖苗木，因为嫁接育苗有其优势，采用该种方法繁殖，可以将砧木的抗逆性强与接穗高产优质的特点结合在一起，发挥双方的优势，获得最佳的生产效果。

无性繁殖的特点：生殖过程相对简单，繁殖比较迅速，且可保持母本（代）的性状不变，但后代的生活力、对外界环境的适应能力都逐渐衰退。

无性繁殖的应用：农、林、园艺等生产实践中的分根繁殖（红薯），分芽繁殖（马铃薯），花卉、果树的扦插、压条、嫁接、组织培养，生物技术上的克隆等都属于无性繁殖的形式。

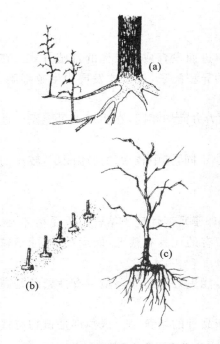

图 19-6　枣树根蘖苗与归圃育苗
（a）枣树根蘖苗；（b）根蘖苗剪截及栽入苗圃；
（c）苗木生根及生长情况

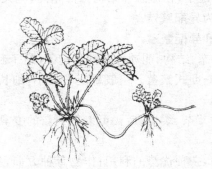

图 19-7　草莓的匍匐茎

图 19-8　绿枝扦插

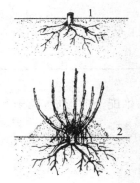

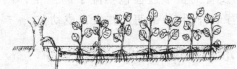

图 19-9　地面压条

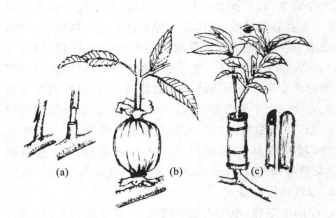

图 19-10　空中压条
（a）压条前枝条处理；（b）塑料薄膜包扎；（c）用竹筒包扎

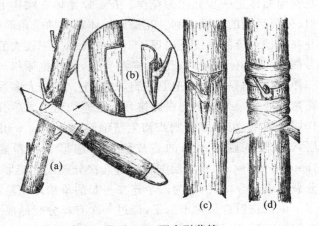

图 19-11　丁字形芽接
（a）削取芽片；（b）取下的芽片；（c）插入芽片；（d）绑缚

19.1.2 有性繁殖

有性繁殖指由亲本产生性细胞(配子),通过两性细胞结合形成合子,进而发育成新个体的繁殖方式。在进化过程中,开始时没有雌雄分化的同型配子,而后才进化出雌雄不同的异型配子,最后才发展为生殖细胞。根据雌、雄配子的差异程度,植物的有性繁殖可分为以下几种。

1. 同配繁殖 两种相互结合的配子,在形态、结构、大小以及运动能力方面均相同,在生理上可能发生性的差别的繁殖。

2. 异配繁殖 两种相互融合的配子,在形态和结构方面相同,但大小不同,其中较大的为雌配子,较小的为雄配子。这样两个配子的融合称为异配繁殖。

多细胞藻类植物可行同配繁殖和异配繁殖。

3. 卵式繁殖 亲本双方产生形态、结构、能动性不同的配子(精子和卵子),两性配子结合形成受精卵,由受精卵发育成个体。这样的繁殖称作卵式繁殖。一般雄配子较小,细长,有的还具有鞭毛,能运动;雌配子较大,不具鞭毛,不能移动,多呈卵球形。

有性繁殖的特点:生殖过程相对复杂、缓慢;后代可以得到新的变异,能更好地适应环境。有性繁殖是高等植物主要的生殖方式。

有性繁殖的应用:作物栽培方面,杂种优势的利用;作物育种方面,新品种的培育等。这些都是植物有性繁殖在农业生产上的应用。

19.1.3 单性繁殖

配子不经过受精而直接发育成新个体的繁殖方式称为单性繁殖。如植物中的孤雌繁殖即为单性繁殖,果树中的湖北海棠和一部分核桃品种都是孤雌繁殖。

19.2 被子植物的有性繁殖与发育

被子植物有性繁殖与发育的整个过程包括配子的发生,雌、雄配子的形成,配子互相接近并融合成合子(性细胞的融合),合子发育成种子,种子萌发并发育成幼苗。

19.2.1 花粉粒的形成和发育

被子植物已经进入成花阶段。在花托上产生雄蕊原基,进而由雄蕊原基生成花药原始体和花丝原始体,花丝原始体进一步分化为花丝。花药原始体在结构上十分简单,最外面是一层表皮细胞,其内是一群形状相似、分裂活跃的柔嫩细胞。花药原始体在其四个角隅处的细胞分裂较快,使得花药原始体呈现出四棱的结构,并在每棱对应的表皮下出现了一个或几个体积较大的细胞,这些细胞的特点是细胞核大、细胞质浓厚、分裂能力很强,具有分生组织细胞的典型特征,称作孢原细胞(archesporial cell)。孢原细胞数目在不同植物中是不一样的,有的只有一个孢原细胞,如棉花、小麦;大多数植物具有多个孢原细胞。从横切面上看,这些孢原细胞在角隅处呈一列或多列纵向排列。孢原细胞形成后首先进行一次平周分裂,形成内、外两层细胞,外层细胞称作周缘细胞,也称壁细胞或初生壁细胞(primary wall cell),该层细胞经过几次分裂形成纤维层、中层和绒毡层,这几层细胞与原来的表皮细胞一起形成花粉囊壁,对花粉具有保护作用。内层细胞称作造孢细胞(sporogenous cell),这层细胞经过几次分裂或直接形成花粉母细胞(pollen mother cell)。花粉母细胞经减数分裂形成四分体,初期为四个连在一起的单倍体花粉粒,很快就彼此分开。

单核花粉粒又称小孢子,经过一次有丝分裂形成大、小两个细胞,小的为生殖细胞,一般呈纺锤形,周围有少量细胞质;大的细胞称作营养细胞,内含大量淀粉、脂肪。大多数被子植物花粉粒的形成和发育到此就结束了,因而成熟花粉内只有两个细胞,称作2-细胞型花粉粒。有些被子植物如水稻、小麦,其生殖细胞再进行一次有丝分裂形成两个精子,亦称雄配子,这样成熟花粉有三个细胞,故称3-细胞型花粉粒(图19-12)。

花粉粒的形成和发育见图19-13。

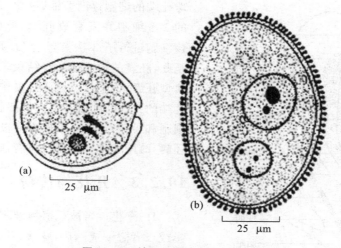

图 19-12　被子植物成熟的花粉粒
（a）3-细胞型花粉粒（小麦）；（b）2-细胞型花粉粒（百合）

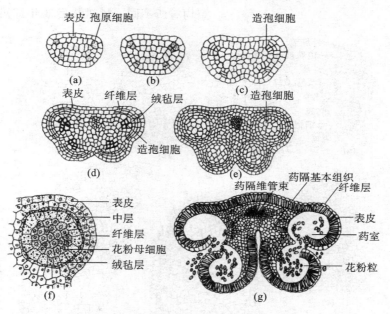

图 19-13　花药的发育与构造
（a）～（e）幼嫩花药的发育过程；（f）一个花粉囊放大，示花粉母细胞；（g）已开裂的成熟花药，示花药的构造

19.2.2　胚囊的形成与发育

成熟的胚珠由珠心、珠被、珠孔、珠柄和合点组成（图 19-14）。

被子植物进入成花阶段后，在花托上产生雌蕊原基，进而由雌蕊原基发育成心皮。在心皮的腹缝线处形成胎座，然后胎座上产生一团突起，即珠心（nucellus）组织，珠心组织是一团相似的薄壁细胞。由于珠心组织基部细胞分裂加快，又形成小突起并逐渐向上扩展，最后将珠心围在中间，形成珠被（integument），有的植物仅有一层珠被，如向日葵、胡桃、银莲花等，但多数植物的珠被分内、外两层，即外珠被（outer integument）和内珠被（inner integument），如水稻、小麦、百合、棉花、油菜等。仅在珠被顶部留下一小孔，称作珠孔（micropyle）。在珠心组织的基部，珠被与珠心组织联合的部位称作合点（chalaza）。胚珠基部通过一个短柄与胎座相连，该短柄即为珠柄。

在珠被开始形成前或在它形成的同时，珠心组织的内部也发生了变化。在靠近珠孔端的表皮下方出现了一个细胞，该细胞的特点是体积较大、细胞质浓厚、细胞核大而明显，该细胞称作孢原细胞。孢原细胞的发育方式因植物不同而不同。棉花等作物的孢原细胞进行一次平周分裂，形成内、外两个细胞。外方的称作周缘细胞，也称覆盖细胞，内方的称作造孢细胞。造孢细胞长大成为胚囊母细胞。小麦、水稻等作物的孢原细胞不经过分裂而直接形成胚囊母细胞。胚囊母细胞经过减数分裂形成四分体，4 个细胞排成纵列，其中 3 个靠近

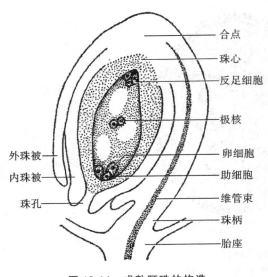

图 19-14　成熟胚珠的构造

珠孔端的细胞逐渐萎缩、退化，最后只留下离珠孔端最远的 1 个细胞并发育成胚囊，此时的胚囊称作单核胚囊。该细胞进行了 3 次有丝分裂，形成 8 核、7 细胞的胚囊。至此，胚囊的形成与发育结束，这种胚囊发育类型被称作蓼型胚囊。此时，成熟的胚囊中具有 7 个细胞，即位于珠孔端的 2 个助细胞和 1 个卵细胞，靠近合点端的 3 个反足细胞和位于中央的含有 2 个极核的中央细胞，亦称 8 核胚囊，雌配子即卵细胞也发育成熟(图 19-15)。

19.2.3　开花与传粉

1. 开花　当被子植物雄蕊中的花粉粒和雌蕊中的胚囊或二者之一成熟后，花萼、花冠展开，雌蕊、雄蕊显露出来，这种现象称作开花(anthesis)。开花是被子植物一个重要的物候期，各种植物的开花年龄、开花季节、花期长短均有所不同。桃树栽后 3 年即可开花结果，柑橘 6～8

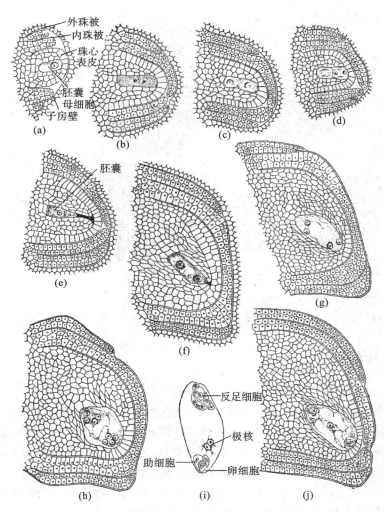

图 19-15　水稻胚珠及胚囊的发育

(a) 胚囊母细胞的形成，内、外珠被的发育；(b)(c) 胚囊母细胞减数分裂的第一次分裂；(d) 减数分裂的第二次分裂，形成四分体；(e) 四分体上近珠孔端的 3 个细胞退化，1 个发育成胚囊；(f)～(h) 8 核胚囊的形成；(i) 8 核胚囊，珠孔端有 1 核向胚囊中央移动，成为极核；(j) 成熟的胚囊，示卵细胞、助细胞、反足细胞和极核

年后才开花，而棉花、水稻等生长几个月后就可以开花。开花季节在不同植物之间也是不一样的，梅花冬季可以开花，菊花夏、秋、冬季都可以开花；荷花 6—9 月开花，单花可以开几天至十几天；桂花主要在秋季开花；郁

金香一般在 3、4 月份开花,花期可以长达 3~5 个月;昙花在晚上开花,仅几个小时就凋谢了。各种植物的开花时期及其开花特性均有其规律性,在农业生产上,研究和掌握主要作物的开花期及其开花特性,不仅有利于栽培上采取相应的技术措施,提高产量和品质,丰产稳产,而且也有利于人工杂交,培育作物新品种。随着科学技术的进步,植物的开花年龄、开花季节、花期长短等开花特性都可以进行人工调控。

2. 传粉　成熟的花粉粒借助外力传播到雌蕊柱头上的过程即称为传粉(pollination)。传粉是受精的前提,是被子植物有性繁殖的重要环节。被子植物的传粉方式有自花传粉与异花传粉两种。

(1) 自花传粉　花粉从花粉囊散出后,落到同一朵花的柱头上,这一现象称作自花传粉(self-pollination)。如番茄、桃、柑橘、豆类植物都是自花传粉。在生产实践中,自花传粉还指果树上相同品种内的传粉和作物栽培上同株异花间的传粉。自花传粉的花有其特点:一定是两性花;花粉囊和胚囊一定是同时发育成熟的;柱头对于本花花粉的萌发以及花粉管中雄配子的生长发育无任何生理障碍。有些植物具有闭花传粉和闭花受精的特点,这属于典型的自花传粉。这类植物的花不等花朵开放就已经完成了受精过程。它们的花粉在花粉囊里就直接萌发,然后花粉管穿过花粉囊壁向柱头生长,进入胚囊,完成受精。如豌豆、落花生等就属于闭花传粉和闭花受精。严格意义上讲,它们不存在传粉过程。

(2) 异花传粉　一朵花上的花粉传到另一朵花的柱头上的现象称作异花传粉(cross-pollination)。生产实践中,果树栽培上不同品种间的传粉以及作物栽培上不同植株间的传粉都称作异花传粉。异花传粉的植物和花有其特点:单性花,且是雌雄异株植物;虽为两性花,但雌、雄蕊异熟,如莴苣、玉米等的雄蕊先成熟,雌蕊后成熟,甜菜、木兰等却是雌蕊先成熟,雄蕊后成熟;雌雄蕊异位或异长,也无法进行自花传粉,如报春花;花粉落在本花的柱头上不能萌发,或虽能萌发但无法正常发育而无法实现正常受精,如苹果、梨、亚麻、荞麦等。

(3) 自花传粉和异花传粉的生物学意义　异花传粉在植物界普遍存在。与自花传粉相比,异花传粉是一种更进化的类型。在农业生产上,尽管自花传粉有保持原品种特性的优点,但连续多代的自花传粉对植物是不利的,可造成后代生活力逐渐退化,抗逆性降低,产量、质量都明显下降,农业的生产实践已经证明了这一点。如小麦是自花传粉的植物,经过 30~40 年的自花传粉后,后代的生活力会逐渐衰退到失去栽培价值(产量低、品质差);大豆在连续 10~15 年的自花传粉后,也会出现与小麦同样的不良后果。因为自花传粉植物所产生的雌、雄配子,处在相同的环境条件下,遗传性缺乏分化作用,差异很小,所以雌、雄配子融合后产生的后代生活能力较差、适应性也差。为了避免长期自花传粉带来的弊端,对自花传粉的作物,经过一段时间栽培后,要采用人工杂交的办法恢复原品种特性,提高产量和品质。而异花传粉的后代抗逆性强,生活力强,能获得高产优质。这是因为雌、雄配子是在彼此差异较大的环境中形成的,具有较大的遗传差异,它们融合后产生的后代生活力和适应性都很强。但是异花传粉也容易造成品种混杂,丧失原有的优良特性。

自花传粉在自然界能保存下来也有其合理性,这是因为自花传粉对某些植物还是有利的。在异花传粉缺乏媒介力量,如风、昆虫等外力的情况下,自花传粉弥补了这一不足。对植物来说,自花传粉产生种子总比不能产生种子或产生很少种子要好很多,更何况在自然界还没有一种植物是绝对自花传粉的。因此,长期以来自花传粉的植物仍能存在。

(4) 传粉媒介　异花传粉的植物,其花粉的传播需要外力。那些能够传播花粉的外力就称作传粉媒介。传播花粉的外力包括昆虫、风、水、鸟等,昆虫和风是传播花粉的主要外力。依据传粉媒介的不同将被子植物的花分为风媒花和虫媒花。

①风媒花:依靠风传播花粉的花称作风媒花(anemophilous flower),这种传粉方式为风媒(anemophily)。据估计,约有十分之一的被子植物属于风媒花,大部分禾本科植物和木本植物中的杨、栎、桦木等属于风媒花。

长期以来为了适应风媒传粉的方式,风媒花具备了风媒传粉的特点:花被小或者退化,没有鲜艳的颜色和芳香的气味,也不具有蜜腺;其花朵的柱头常呈羽毛状并有黏性,以利于柱头捕捉花粉;风媒花的花粉多,花粉光滑、干燥、小而轻,便于被风吹送。

②虫媒花:为了适应昆虫传粉的方式,虫媒花也具备了虫媒传粉的特点,与风媒花形成了鲜明的对照,以引诱昆虫,表现如下:花大而明显,花被鲜艳且具有香气和蜜腺;花粉体积大,表面粗糙且具有花纹突起或刺,便于附着于昆虫身上而被传送。

虫媒和风媒传粉是大多数被子植物的传粉方式,少数被子植物可以通过水、鸟等媒介进行传粉,如水鳖、金鱼藻、黑藻等可借助水力传播其花粉,这种媒介称作水媒(hydrophily)。个别植物借助蜂鸟传粉,称作鸟媒(ornithophily)。

(5) 传粉方式在农业生产上的利用　在生产实际中,利用被子植物的传粉方式,不仅可以提高经济作物的产量和品质,还可以培育出新的作物品种。

①人工辅助授粉:利用了被子植物异花传粉的方式。对于异花传粉的作物,如果环境条件受到限制,如虫媒花植物花期遇到大风或低气温,影响昆虫活动,风媒花植物花期没有风,这些都会影响传粉效果和受精的机会,进而影响到产量和品质。农业生产上会采取人工辅助授粉的方式克服传粉媒介的不足以达到预期的产量和品质。有些农作物的花期管理方面,人工辅助授粉已经成为常规的管理措施之一。

②农作物品种提纯:利用了被子植物自花传粉的方式,达到提纯作物品种的目的。生产上,玉米(异花传粉作物)培育自交系是其杂交育种中重要的一环。根据玉米的育种目标,从玉米的优良品种中选择具有优良性状的单株,进行人工自花传粉,即自交。经过连续4~5代的严格自交和选择后,虽然后代的生活力有所衰退,但在株型、叶型、穗型、苗色、穗粒、生育期等诸多性状上达到了整齐一致,形成了一个稳定的自交系。利用两个这样纯化的自交系进行杂交获得的杂交种,可以显著提高产量和品质。

19.2.4 花粉萌发和双受精作用

1. 花粉萌发和花粉管生长 被子植物的花粉经过传粉过程落到了雌蕊的柱头上,通过花粉粒和柱头的相互"识别"或选择,同种或亲缘关系很近的花粉粒才能萌发,这时花粉粒的内壁穿过外壁的萌发孔,向外凸出,形成花粉管(pollen tube),这一现象称作花粉萌发。而亲缘关系较远的异种花粉粒往往不能萌发,或在异花传粉的植物中,自花传粉的花粉粒由于受到抑制也不能萌发。

经过相互"识别"或选择,亲和的花粉粒开始在柱头上吸水,随后发生一系列的生理生化的变化,最后花粉粒的内壁向外凸出,形成花粉管,在果胶酶、角质酶的催化下,花粉管穿过柱头上乳头状凸起的角质层和细胞壁已经被局部溶解的胞间层,穿过柱头细胞或经由细胞间隙,伸向花柱(图19-16)。

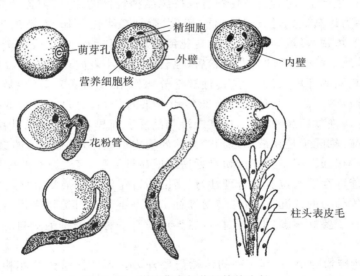

图 19-16 花粉萌发与花粉管的生长

花粉管进入花柱后,如果在实心的花柱中,花粉管会穿过充满分泌物的薄壁细胞间隙向前生长(如番茄等),或在薄壁细胞厚而疏松的、含果胶质丰富的细胞壁中生长(如棉花)。如果在空心的花柱中,花粉管会沿着花柱沟表面的黏性分泌物向前生长。

花粉管穿过花柱,到达子房后,主要是从珠孔穿过珠心进入胚囊,称作珠孔受精。有的植物的花粉管是从合点进入胚囊的,称作合点受精;有的植物的花粉管是穿破珠被进入胚囊的,称作珠被受精。

助细胞与花粉管在雌蕊中的定向生长或单向生长有密切关系,它分泌趋化物质,特别是丝状器具有分泌细胞的结构和功能,能够诱导花粉管向着胚囊生长,而且花粉管多在助细胞或其附近进入胚囊。

2. 影响花粉管生长的因素 花粉管在柱头上的萌发、在花柱中的生长以及进入胚囊所需要的时间,受到内外因素的影响。

(1)植物种类 正常情况下,多数植物花粉管的生长时间为12~48 h,但也有植物需时较短,如水稻的花粉落到柱头上2~3 min即开始萌发,20~30 min即进入胚囊;小麦的花粉管也在20~30 min进入胚囊;棉花需要8~10 h才有些花粉到达子房顶部。有些植物需时较长,如柑橘约需30 h,花粉管才到达胚珠。

(2)温度 苹果、梨、小麦等在气温达10 ℃以上就可萌发,20~26 ℃时萌发最快;番茄、小麦的花粉管在

20 ℃左右生长最快。

（3）花粉量　花粉量大时花粉管的生长速度比花粉量少时要快,结实率也高,如小麦用大量花粉授粉,其结实率达到 66.85%,而少量花粉授粉时,结实率仅为 18.90%。

此外,糖类、激素、水分和盐类等都能影响花粉管的萌发与生长。

3. 双受精过程及其生物学意义　花粉管到达子房后,主要是从珠孔进入胚囊(图 19-17)。

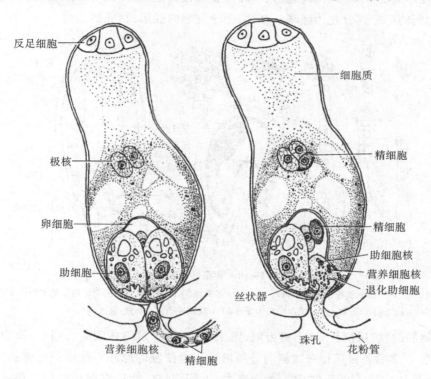

图 19-17　棉花的双受精

花粉管穿过胚囊的壁进入胚囊后,花粉管顶端的壁破裂,2 个精子、营养细胞、淀粉粒、脂类和许多参与形成花粉管壁的多糖体,从花粉管顶端破裂处喷泻而出,形成一股细胞质流,将精细胞带到中央细胞和卵细胞之间的位置。其中一个精细胞与卵细胞结合,形成二倍体的受精卵(合子),以后发育成胚。另一个精细胞与中央细胞的 2 个极核融合,形成三倍体的受精极核,将来发育成胚乳。上面这种 2 个精子分别与卵细胞和极核融合的现象称作双受精(double fertilization)。

双受精现象不仅是被子植物所特有的重要特征,也是其进化的重要标志,具有重要的生物学意义。父母本双方单倍体雌、雄配子通过受精作用融合在一起,形成了二倍体合子,由此恢复了植物原有的染色体数目,保持了物种相对稳定性。通过父母本双方遗传物质的重组,其后代具有了更强的生活力和适应性,同时,其后代也出现了新的遗传性状,为植物的进化和新品种的选育奠定了基础。由精子和极核经过受精形成的初生胚乳核,以后发育成胚乳,作为营养物质在胚的发育过程中被吸收。此外,胚乳也可作为植物育种的原始材料。因此,被子植物的双受精是植物界最高级、进化程度最高的有性繁殖的形式,也是被子植物在植物界最为繁荣的重要原因之一。

19.2.5　种子的发育

被子植物经过双受精后形成受精卵和初生胚乳核,随后受精卵和初生胚乳核分别发育成胚和胚乳,同时珠被形成种皮。大多数植物的珠心被吸收而消失,少数植物的珠心组织继续发育,形成外胚乳。

1. 胚的发育　当卵细胞受精后,随即产生一层纤维素的细胞壁,进入休眠状态,休眠时间的长短因植物而异,如水稻为 4~6 h,苹果为 5~6 h,小麦为 16~18 h,棉花为 2~3 天,秋水仙和茶则长达几个月。解除休眠后,合子便开始分裂。合子第一次分裂通常为横(或斜)向分裂,形成一个顶细胞(靠近合点端)和一个基细胞(靠近珠孔端)。顶细胞经过多次分裂形成胚体(原胚,proembryo),而基细胞只具营养性,不具胚性,以后形成胚柄,并随着胚的发育而被吸收。原胚经过发育成为胚,这个过程在单子叶植物和双子叶植物上是有区别的。

(1) 双子叶植物胚的发育过程　以荠菜胚的发育为例(图19-18)：合子解除休眠后,进行一次不均等的横向分裂,形成一个大的基细胞(胚柄细胞)和一个小的顶细胞(胚细胞)。顶细胞经2次纵向分裂和1次横向分裂形成8个细胞的原胚,原胚随后继续分裂形成多细胞的球形胚体。球形胚后期,胚开始分化。球形胚顶端两侧分裂速度很快,产生两个凸起,即为2个子叶原基,该原基迅速发育成两片形状、大小相似的子叶,两子叶原基之间凹陷的部位形成胚芽,与此同时,胚柄和球形胚连接的细胞(即胚根原细胞)也不断分裂、分化形成胚根,而胚根与子叶之间的部分则分化为胚轴。至此,一个完整的胚形成,胚柄已消失。

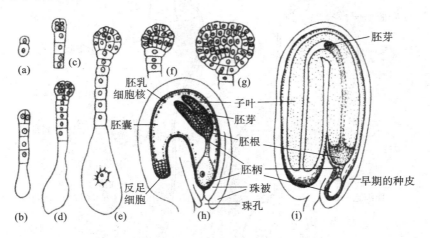

图 19-18　荠菜胚的发育

(a) 合子分裂,形成一个顶细胞和一个基细胞;(b)～(e) 基细胞发育成胚柄(包括一列细胞),顶细胞经多次分裂,形成球形胚体;(f)～(g) 胚继续发育;(h) 胚在胚珠中发育;(i) 胚和种子初步形成,胚乳消失

(2) 单子叶植物胚的发育过程　以小麦为例(图19-19)：合子解除休眠后,进行一次斜向分裂,形成一个基细胞和一个顶细胞。然后各自进行一次斜向分裂形成4个细胞的原胚。此后原胚细胞继续分裂扩大成为棍棒状胚(或梨形胚)(16～32个细胞时期),上部膨大,下部细长。此后在棍棒状胚上部一侧出现一个凹沟,使胚的两侧出现不对称状态。此时胚发育进入新的时期,在形态上分出三个区域,即顶端区、器官形成区、胚柄细胞区。顶端区的一部分胚体将来发展为子叶(盾片)的上半部和一部分胚芽鞘;器官形成区的细胞比其他二区的要小一些,该区形成胚芽鞘的其余部分、胚芽、胚轴、胚根、胚根鞘和外胚叶;胚柄细胞区形成子叶(盾片)的下半部和胚柄。至此,小麦的胚发育结束。

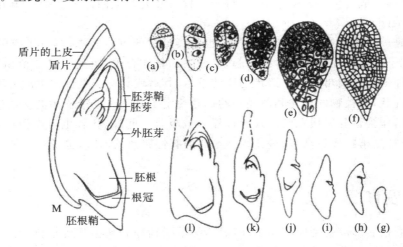

图 19-19　小麦胚的发育

(a)～(d) 二细胞、四细胞、多细胞的原胚(授粉后1、2、3、4天);(e)～(g) 梨形胚,盾片刚微现(授粉后5～7天);(h)～(k) 胚芽、胚芽鞘、胚根、胚根鞘和外胚叶逐渐分化形成(授粉后10～15天);(l) 胚发育比较完全(授粉后20天);(m) 胚发育完全(授粉后25天)

2. 胚乳的发育　极核受精形成初生胚乳核后,不经过休眠或经过短暂的休眠,即开始分裂,最后形成的胚乳细胞充满整个胚囊。因此,胚乳的发育早于胚。胚乳的发育主要分为核型和细胞型两种。

(1) 核型胚乳　初生胚乳核刚开始分裂的一段时间内,只进行核的分裂,而无细胞质的分裂,直至游离核将整个胚囊充满,这时通常从胚囊周围及珠孔端的胚乳游离核之间开始进行细胞质的分裂,并产生细胞壁,最后形成胚乳细胞(图 19-20)。胚乳形成后,助细胞和反足细胞消失。单子叶植物和双子叶植物中的离瓣花种类属于核型胚乳。

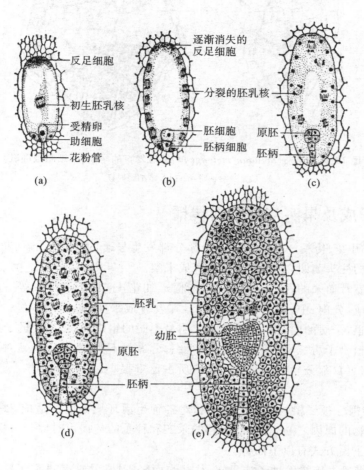

图 19-20　双子叶植物核型胚乳发育过程模式图

(a) 初生胚乳核开始发育;(b) 继续分裂,在胚囊周边产生许多游离核,同时受精卵开始发育;(c) 游离核更多,由边缘逐渐向中央分布;(d) 由边缘向中央逐渐产生胚乳细胞;(e) 胚乳发育完成,胚仍在继续发育中

(2) 细胞型胚乳　初生胚乳核在核分裂后,立刻进行细胞质的分裂,并产生新的细胞壁,成为多细胞结构,胚乳发育过程中不存在游离核时期,故称作细胞型胚乳(图 19-21)。双子叶植物中的大多数合瓣花种类属于细胞型胚乳。

在胚和胚乳发育的时候,胚囊外面的珠心组织作为营养物质被吸收。但也有些植物,其珠心组织始终存在,并随种子的发育而增大,形成类似胚乳结构的组织,称作外胚乳。与胚乳一样,外胚乳的细胞里面储藏着大量的营养物质。外胚乳的染色体为二倍体。

3. 种皮的发育　在胚和胚乳发育的同时,胚珠的珠被形成了种皮,包在种子外面,起保护作用。胚珠的珠被发育成种皮的形式有两种,一种是形成两层种皮,外珠被发育成外种皮,内珠被发育成内种皮,如油菜、蓖麻等;另一种是形成一层种皮,有的植物一层珠被被吸收而消失,另一层发育为种皮,如蚕豆的种皮由外珠被发育而来,水稻的种皮由内珠被发育而来。有的植物只有一层珠被,故只形成一层种皮,如向日葵、胡桃等。

成熟种子的外种皮一般由薄壁组织组成,有各种颜色、花纹及某些附属物,如棉花种子的外种皮上的表皮毛,即棉纤维,是由外珠被的表皮细胞向外凸出而成的。石榴外种皮的表皮细胞发育成肉质可食部分。内种皮往往薄而软,水稻只有一层内种皮,其细胞内含有色素而表现为黑米或红米。

有些植物的种皮外面还有假种皮,假种皮是由胎座或珠柄发育而成,如荔枝、龙眼的肉质可食用部分就是由珠柄发育而来的假种皮。

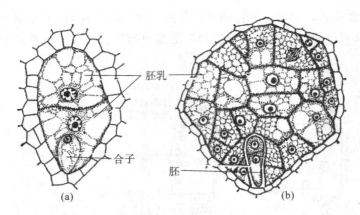

图 19-21　矮茄(*Solanum melongena*)胚乳发育的早期(示细胞型胚乳)

(a)二细胞时期；(b)多细胞时期

19.2.6　果实的形成及果实与种子的传播

1. 果实的形成　经开花、传粉、受精后,花的各部分都发生显著的变化,花冠、花萼往往枯萎、凋谢(花萼有宿存的),雄蕊和雌蕊的柱头萎谢,主要由子房发育成果实。

果实有单纯由子房发育而来的,也有由花的其他部分,如花托、花萼、花序轴等一起参与组成的。

子房由薄壁细胞构成,分内、中、外三层(三个壁),在发育成果实的过程中,进一步分化成各种不同的组织。在有些植物的果实里,子房的内、中、外壁发育成明显不同的组织,如核果类的子房分别发育成果皮、果肉和果核(种壳)。也有的植物子房三层细胞发育成的组织,分界很不明显,难以一一对应起来。苹果、梨、山楂、草莓等果实的果肉部分(可食部分)主要为花托,子房所占比重很小,且不可食用。菠萝果实的可食用部分主要为花序轴。

2. 果实与种子的传播　被子植物完善的结构和对各种生活环境高度的适应,是被子植物能在地球上广泛分布成为现代优势植物的原因之一。此外,成熟的果实和种子的传播也对被子植物的广泛分布起了重要作用。果实和种子传播的主要方式有以下四种。

(1)借风力传播　借风力传播的种子或果实,往往小而轻,且常常具有翅或毛等附属物,增加种子和果实在空气中的浮力,使种子或果实借风力传向远方(图 19-22)。如棉花、柳树、蒲公英、榆树、白蜡、白头翁、风滚草等。

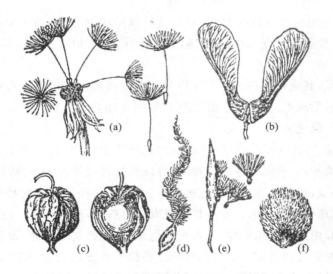

图 19-22　借风力传播的果实和种子

(a)蒲公英的果实,花萼变为冠毛;(b)槭的果实,果皮展开成翅状;(c)酸浆的果实,外面包有花萼所形成的气囊;(d)铁线莲的果实,花柱残留成羽状;(e)马利筋种子的纤毛;(f)棉花的种子,表面细胞凸出成茸毛

(2)借水力传播　水生和沼泽地生长的植物,其果实和种子往往形成适应水力传播的结构,即果实或种子的内部形成中空的疏松结构以增加果实或种子的浮力,便于它们漂浮在水面并被水流带向远方。另外,借

水力传播的果实或种子的果皮或种皮往往比较坚硬,可以防止水对它们的侵蚀(图 19-23),如椰子和莲。

（3）借人类和动物的活动传播　这类植物的果实和种子往往在表面形成刺毛、倒钩或有黏液分布,用于钩挂或黏附在人的衣裤和动物的皮毛上,通过人和动物的活动传播果实和种子(图 19-24)。也有的植物的果实和种子成为动物的食物,由于果实内的种子的种皮不易被消化,种子随动物的粪便排出体外得以传播,如苍耳、蒺藜、猪殃殃、窃衣、鬼针草等。

（4）借果实弹力传播　有些植物的果实,由于各层果皮细胞含水量不同,当果实成熟干燥时,各层果皮收缩程度也不相同,因此出现果实爆裂而将种子弹出的现象(图 19-25)。大豆、绿豆、蚕豆、凤仙花等的果实的传播有此现象。

图 19-23　莲的果实和种子借助水力的漂流远传它处

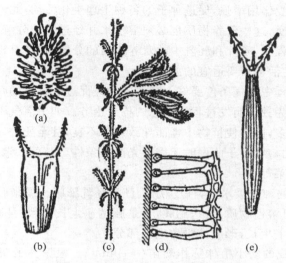

图 19-24　借助人和动物传播的种子

(a) 苍耳的果实;(b) 鬼针草的果实,顶端有 2 枚具倒毛的硬针刺;(c) 鼠尾草属的一种,在萼片上布有极多黏液腺,能黏附于人和动物身体上;(d) (c)中黏液腺一部分放大;(e) 鬼针草的另一种,果实顶端有 3 枚具倒毛的硬针刺

图 19-25　依靠果实本身的机械力量散播种子

(a) 凤仙花的果实靠自动开裂,散出种子;(b) 喷瓜果实成熟后,内部浆液和种子在果实脱离果柄时,由断口处一起喷散开

19.2.7　种子萌发与幼苗形成

1. 种子的休眠与寿命　有些植物,胚已经得到充分成熟的种子,在适宜的条件下,种子就能萌发,如小麦、玉米、水稻、油菜等。但有些植物的种子,即使环境条件适宜,也不能很快萌发,需要一定时间才能萌发,种子的这一特性称作种子的休眠(dormancy),如大部分的果树种子、林木种子。处于休眠期的种子,生命活动处于停滞状态,代谢能力极低,但抗逆性明显提高。种子的休眠是植物一种适应性保护机制。

不同植物的生活力是不同的。种子的生活力指种子能萌发形成幼苗的能力。种子的寿命是指种子维持其生活力的最长期限。种子的寿命长短与植物种类有关,是受植物的遗传特性所决定的。如橡胶树和柳树的种子成熟 20 天后,其发芽率大大降低;水稻、小麦、油菜、玉米种子的寿命为 2~3 年;南瓜、豇豆、蚕豆等种子寿命为 4~5 年;莲子寿命可达几百年。

了解种子的寿命有利于农业生产。

2. 种子萌发及其条件　种子成熟后,在适当的条件下经过一系列的生理生化变化,胚开始生长,逐渐形成幼苗。这个生长过程称作种子萌发(germination)。

(1)种子萌发的条件

①内部条件:种子结构健全;具有较强的生活力;需要休眠的种子已经通过了休眠。

②外部条件:影响正常种子萌发的外部条件包括以下几个。

水分要充足。干燥的种子中,原生质呈凝胶状,种子吸收充足的水分后,才可使种皮膨胀软化,氧气才易进入,原生质转变为溶胶状,呼吸作用增强,促进种子的各种生理生化活动;此外,种子萌发时所需的营养都来自胚乳或子叶中储藏的营养物质,这些营养物质也必须溶于水并经过酶的分解,才能为胚吸收利用。

温度要适宜。种子萌发过程中,子叶和胚乳中的营养物质的分解,以及有机物和无机物同化为原生质,都是在酶的作用下完成的,而酶的活动需要适宜的温度。

氧气要充足。种子萌发过程中通气条件要好。氧气的供应促进了种子的呼吸作用,有利于营养物质的分解,从而产生能量及中间产物,为种子萌发过程中形态的构建服务。如果氧气不足(通气不良),植物就进行无氧呼吸,时间长了,积累酒精过多,则会使植物中毒而导致发育不良,甚至死亡。

除了上述主要条件外,有的植物种子萌发时还需要光照等条件,如莴苣、烟草、胡萝卜等,而有的植物萌发时需要黑暗的条件,如西瓜、苋菜等。

(2)种子萌发过程　干燥的种子吸水后,种皮软化,胚和胚乳膨胀。吸胀后的种子酶的活性加强,呼吸强度增大,储藏物质不断转化为可溶性物质,输送到胚,于是胚迅速生长,常常是胚根先突破种皮,向下生长,形成主根,随后胚芽伸出种皮,向上生长,形成植物的地上部分。

(3)幼苗的形成　由胚长成的幼小植株称作幼苗(seedling)。根据种子萌发时子叶是否出土,可把植物的幼苗分为两大类,即子叶出土幼苗和子叶留土幼苗(图 19-26)。

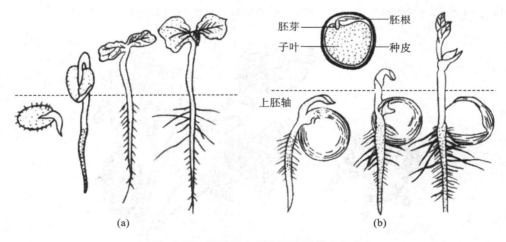

图 19-26　子叶出土幼苗和子叶留土幼苗

子叶出土幼苗的形成过程:种子萌发时,胚根先伸入土壤中形成主根,接着下胚轴迅速伸长,将子叶和胚芽推出土面,如棉花、油菜、大豆、蓖麻、菜豆等。子叶出土后,肥厚的子叶可作为营养源将其储藏的营养物质继续供给幼苗生长,直到储藏养料消耗完毕,子叶才枯萎脱落;也有的子叶既可提供储藏的营养,又可转绿来制造营养,待幼苗形成数片真叶后,子叶才枯萎脱落。

子叶留土幼苗的形成过程:种子萌发时,下胚轴不伸长,而是上胚轴和胚芽迅速伸长,露出地面,把子叶留在土壤中。子叶将其储藏营养供给幼苗生长之用,待营养消耗完毕后,再由真叶供给。此类幼苗包括双子叶植物的蚕豆、豌豆等以及单子叶植物的小麦、玉米等。

了解幼苗的形成对农业生产有一定意义。

19.3 被子植物的生活史

　　被子植物的生活史一般从种子开始。种子不经过或经过休眠后,在适宜的外界环境条件下,萌发形成幼苗,逐渐发育为具有完整结构的植物体。经过一个时期的生长发育后,产生了花芽,形成花朵并发育形成雌、雄配子,即卵细胞和精细胞。经过开花、传粉和双受精,形成了二倍体的胚和三倍体的胚乳,最后形成果实和种子。因此,通常把从种子开始,由种子萌发形成幼苗,经过生长发育后又产生新一代果实和种子的过程视作被子植物的生活史(life history)或生活周期(life cycle)。被子植物生活史中的突出特点是双受精过程,这是其他植物所没有的。

　　被子植物生活史中存在着二倍体($2n$)阶段和单倍体(n)阶段。二倍体阶段又称作无性阶段或孢子体阶段,即具有根、茎、叶的营养体植株。此期从受精卵开始,延续到胚囊母细胞(大孢子母细胞)和花粉母细胞(小孢子母细胞)减数分裂前为止。该阶段在被子植物的生活周期中占绝大部分时间。单倍体阶段又称作有性阶段或配子体阶段。此期从胚囊母细胞减数分裂形成单核胚囊、花粉母细胞减数分裂形成单核花粉粒开始,延续到双受精为止。被子植物的单倍体阶段在其生活史中时间极短,并且该阶段不能脱离二倍体植株而生存。

　　被子植物生活史具有如下特点:在被子植物的生活史中,包括两个性质不同的世代(或阶段),一个为无性世代,另一个为有性世代。二倍体阶段在植物的生活周期中占绝大部分时间,优势很强;而单倍体阶段极短,只能依附于二倍体的孢子体上,藏在花器官内生存。被子植物生活史具有世代交替现象,即二倍体阶段和单倍体阶段在被子植物的生活史中有规律地交替出现的现象。

　　被子植物生活史中交替出现的减数分裂和双受精作用是整个生活史的关键,是两个世代交替的转折点。被子植物生活史和世代交替情况见图 19-27。

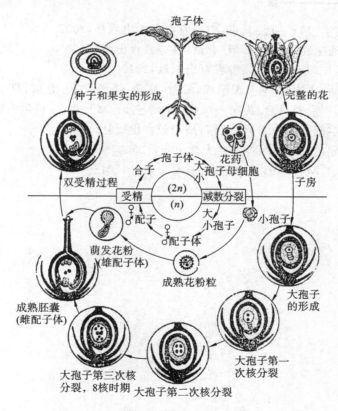

图 19-27　被子植物生活史图解

本章小结

　　植物的繁殖有无性繁殖、有性繁殖和单性繁殖三种方式。

被子植物有性繁殖与发育的整个过程包括配子的发生,雌、雄配子的形成,配子互相接近并融合成合子(性细胞的融合),合子发育成种子,种子萌发并发育成幼苗。

花粉粒的形成和发育最终形成了 2-细胞型花粉粒和 3-细胞型花粉粒,其中包含有雄配子,而胚囊的形成与发育则导致成熟胚囊的形成,成熟的胚囊包括 7 细胞或 8 核,即靠近珠孔端的 2 个助细胞和 1 个卵细胞(即雌配子),靠近合点端的 3 个反足细胞以及胚囊中间的含 2 个极核的中央细胞。雌、雄配子准备好之后,被子植物即进入开花阶段。被子植物的开花有其特性,不同植物的特性不同,在生产上有其重要的应用价值。

植物开花后,花粉借助媒介传粉。落在柱头上的花粉,如果与柱头相互识别并通过了识别,花粉就开始萌发长出花粉管,花粉中的营养细胞和生殖细胞(或 2 个精细胞)进入花粉管。花粉管进入胚囊后,一个精子与卵融合形成合子,另一个精子与中央细胞融合形成初生胚乳核,即被子植物特有的双受精现象。以后,由合子发育来的胚、由初生胚乳核发育来的胚乳和由珠被发育而来的种皮构成了种子,而子房或子房与花的其他部分发育为果实。之后种子遇到合适的环境又开始萌发,开始新的生长周期。从种子萌发形成幼苗到开花、传粉、受精后形成新的种子的过程被称为被子植物的生活史。

思考题

 扫码答题

参考文献

[1] 郑湘如,王丽.植物学[M].2 版.北京:中国农业大学出版社,2007.

[2] 吴湘钰.陈阅增普通生物学[M].2 版.北京:高等教育出版社,2005.

[3] 贺学礼.植物学[M].2 版.北京:高等教育出版社,2010.

[4] 弗里德,黑德莫诺斯.生物学[M].田清涞,殷莹,马洌,等译.2 版.北京:科学出版社,2002.

[5] 全国科学技术名词审定委员会.英汉·汉英生物学名词[M].北京:科学出版社,2002.

[6] 靳德明.现代生物学基础[M].3 版.北京:高等教育出版社,2017.

[7] 李宪民.生命科学导论[M].郑州:郑州大学出版社,2004.

[8] 张红卫.发育生物学[M].4 版.北京:高等教育出版社,2018.

第四篇

遗传与变异
YICHUANYUBIANYI

本篇引言

目　录

第20章　遗传的物质基础及遗传信息传递

20.1　概述

早在 1865 年,奥地利现代遗传学奠基人孟德尔(Gregor Johann Mendel,1822—1884)通过豌豆杂交分析,发现了性状遗传的规律,但由于受当时科学发展水平的限制,孟德尔遗传理论并没有被认可,就连孟德尔本人也不清楚控制性状的"遗传因子"(genetic factor)到底是什么,位于何处。直到 1933 年,细胞遗传学奠基人,美国遗传学家摩尔根(Thomas Hunt Morgan,1866—1945)才确定了染色体在遗传中的作用,认为控制性状的基因(即孟德尔所说的遗传因子)存在于染色体中,并呈线性分布。

染色体(染色质)的主要成分是蛋白质和 DNA,决定性状的遗传信息储存在 DNA 中(当然有些生物保存于 RNA 中,有些生物甚至可能保存于蛋白质中)。DNA 通过复制(replication)将遗传信息传递给子细胞或子代,通过转录(transcription)和翻译(translation)将遗传信息传递到蛋白质,从而决定生物的性状,RNA 包含的遗传信息通过反转录(reverse transcription)可以转移到 DNA 中。这些过程构成了生物的遗传信息传递。

20.2　遗传的染色体基础

除少数 RNA 病毒外,绝大多数生物是以 DNA 作为遗传物质的载体,复杂性不同的生物遗传物质组成和状态存在差别。病毒和原核生物遗传物质主要为 DNA,极少数存在结构蛋白,只在 DNA 复制和转录过程中相关功能蛋白才结合到 DNA 分子中,而真核生物遗传物质结合有大量的结构蛋白,由组蛋白 H1 和 H2A、H2B、H3、H4 构成八聚体,再与 DNA 形成高级空间结构。在此,先明确两个概念:染色质(chromatin)和染色体(chromosome),细胞分裂间期核内遗传物质呈细丝状,可被碱性染料着色,此时称为染色质(图 20-1);处于分裂期的细胞,从前期开始染色质螺旋化、变粗、变短,经过一系列折叠形成复杂的空间结构,用染料染色时着色很深,在光学显微镜下可观察到一定的形态和结构特征,这种状态称为染色体。实际上,染色质和染色体是同一种物质在不同时期呈现的两种形态。还应该注意的是:原核生物结合到 DNA 中的结构蛋白很少(只有少数存在组蛋白 H1),因此并不呈现染色体状态,出于习惯很多人也称其为染色体,严格意义上这是不准确的。

染色质由德国学者华尔瑟·弗莱明(1843—1905)(图 20-2)于 1879 年提出。到了 1888 年,德国解剖学家海因里希·沃德耶(1836—1921)(图 20-3)提出染色体的概念。

根据螺旋状态和染色时着色程度,染色质可分为两种:①常染色质(euchromatin),细胞分裂间期染色浅、螺旋化程度低、处于较为伸展状态的染色质;②异染色质(heterochromatin),细胞分裂间期染色深、螺旋化程度较高、处于凝集状态的染色质(表 20-1)。一般而言,异染色质由小片段重复序列组成,不含结构(功能)基因,对于维持染色体稳定具有重要作用,并与细胞分裂时染色体的行为有关(着丝粒区域)。异染色质又分为组成性异染色质(constitutive heterochromatin)和兼性异染色质(facultative heterochromatin),前者始终处于异染色质状态,后者可在常染色质和异染色质间转换。有些染色质通过甲基化或去甲基化等过程改变螺旋化程度,实现常染色质和异染色质的转换,异染色质区含有的基因往往处于关闭状态,因此这种转换是基因表达调控的方式之一。

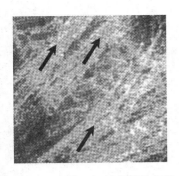

图 20-1　电镜下细丝状的染色质

图 20-2　华尔瑟·弗莱明

图 20-3　海因里希·沃德耶

表 20-1　常染色质和异染色质的主要区别

常　染　色　质	异　染　色　质
间期染色淡	间期染色深
中期染色深	中期染色淡
分布于染色体大部分区域	大多集中于着丝粒附近
含有基因	大多不含基因
复制早,可转录	复制晚,不转录
收缩程度大	收缩程度小

　　1902 年,美国学者威尔逊(1856—1939)在《发育和遗传中的细胞》(第 2 版)中,将人们对染色体的认识与孟德尔遗传规律联系起来,推进了染色体在遗传中作用的认识,同年,德国胚胎学家博韦里(1862—1915)在关于马蛔虫和海胆染色体实验研究中,证明了细胞核中的染色体是决定性状的遗传物质载体。1903 年,美国细胞学家萨顿(1877—1916)通过对笨蝗(*Haplotropis brunneriana*)精子发生过程中染色体行为的研究,在其论著《染色体的遗传》中提出减数分裂时染色体的行为是孟德尔遗传定律的物质基础。萨顿和博韦里关于染色体遗传功能的理论被称为萨顿-博韦里假说(Sutton-Boveri hypothesis),它非常完美地解释了孟德尔遗传规律,使人们认识到染色体是遗传物质的载体。

　　二十世纪初,美国实验胚胎学家、遗传学家摩尔根及其研究小组对黑腹果蝇(*Drosophila melanogaster*)进行了一系列杂交研究,以充分的实验结果明确了染色体是遗传物质的载体,并将具体基因(如白眼基因 w)定位于染色体上。1926 年,摩尔根出版了著名的《基因论》(*The Theory of the Gene*),开创了细胞遗传学时代。

20.2.1　染色体结构

　　染色体是由染色质螺旋化而成,细胞分裂过程中不同时期染色体螺旋化程度不同,因此其形态、大小差别较大,一般以细胞分裂中期的染色体为典型代表。

　　即便是同一物种,不同分裂时期同一染色体形态、大小差别也会很大,并不是固定不变的(螺旋化程度不同所致)。因此,单纯讨论染色体绝对尺度的大小并无多大意义,一般所说染色体大小是指构成染色体的 DNA 片段长短,光学显微镜下大多数染色体长度为 $0.2\sim50\ \mu m$,宽度为 $0.2\sim20\ \mu m$。染色体的大小也有规律可循,高等植物中单子叶植物染色体一般大于双子叶植物染色体(芍药属除外),禾本科中玉米、小麦、大麦和黑麦的染色体大于水稻染色体。目前,发现了两种巨型染色体——灯刷染色体(lampbrush chromosome)和多线染色体(polytene chromosome),明显较同物种其他细胞染色体大很多。染色体大小与其所含基因数目并无线性关系,如目前发现的人类基因,19 号染色体中最多,比 19 号染色体要大的 13 号染色体却最少。

　　光学显微镜下,每条染色体都有一个主缢痕(primary constriction),也称初级缢痕(图 20-4、图 20-5),是中期染色体着色较浅且缢缩的部位,该处存在着丝粒(centromere)结构,所以有时也称为着丝粒区,该区域 DNA 含量少且螺旋化程度较低,含有大量的蛋白质,所以染色很浅或不着色。着丝粒两侧各有一个蛋白质构成的 3 层盘状结构(图 20-6),是纺锤丝的微管蛋白结合部位,纺锤丝(或星射线)与着丝粒的结合处称着丝点

(kinetochore),细胞分裂时拉动染色体发生迁移,因此着丝点和着丝粒是不同的结构。一般情况下每条染色体只有一个着丝粒,而且位置是固定的,但有些生物(如蛔虫和线虫)染色体含有多个着丝粒,还有一些生物(如某些半翅目、同翅目昆虫和地杨梅属植物)染色体每个位点都可表现出着丝粒活性(称为扩散型着丝粒)。

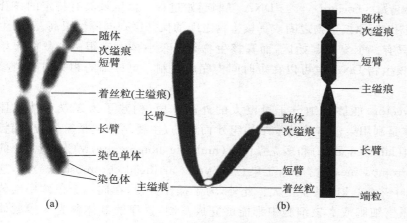

图 20-4　蚕豆 1 号染色体结构及模式图
(a) 光学显微图；(b) 结构模式图

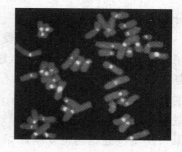

图 20-5　荧光杂交显示的着丝粒

某些染色体的一个或两个臂上会出现主缢痕以外的缢缩,染色时着色较浅,该缢缩称为次缢痕(secondary constriction)或称副缢痕,其位置是固定的,通常出现在短臂。次缢痕中有的与核仁及核糖体 RNA(rRNA)形成有关,称核仁缢痕(nucleolar constriction);有些次缢痕则称为伸缩性缢痕(elastic constriction)、小缢痕(small constriction)或间隙(gap)等,这些结构主要出现在前期至前中期,通常认为是染色质凝缩速度较慢的区域。

存在次缢痕的染色体,从次缢痕处至染色体该臂末端的区域称为随体(satellite),呈球形或椭球形,是识别一些特定染色体的重要标志,在核型分析中具有重要作用。

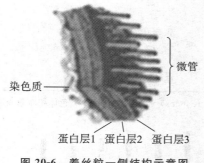

图 20-6　着丝粒一侧结构示意图

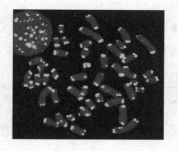

彩图

图 20-7　荧光杂交显示的端粒

染色体最末端是称为端粒(telomere)的结构(图 20-7),具有极为重要的作用,主要体现在两个方面:保护染色体、具有细胞寿命的分子钟作用。DNA 重组机制告诉我们,只要 DNA 暴露出有活性的 5′和 3′端,在 DNA 连接酶作用下两条 DNA 即被连接成一条,对于染色体而言,如果发生上述过程,两条染色体出现融合,染色体将处于不稳定状态,其后果极为严重。端粒可以封闭染色体中 DNA 的末端,使之处于稳定状态,避免了随时可能发生的染色体融合,保证遗传物质结构的稳定。另外一方面,组成染色体的 DNA 是线性结构,在 DNA 复制过程中,由于引发复制需要 RNA 引物,因此,滞后链每复制一次就要缩短 50～100 bp,当 DNA 缩短到一定程度不能维持染色体稳定时便引起细胞凋亡,可是由于端粒的存在,缩短的 DNA 被补平,很大程度上解决了这个问题。不同细胞中端粒酶的活性差别很大,原始生殖细胞、干细胞、肿瘤细胞的端粒酶活性很强,因此这类细胞寿命很长,而一般体细胞的端粒酶活性较弱,这些细胞分裂若干代后不可避免地进入凋亡。端粒的成分复杂,主要包含高度重复的保守短序列和端粒酶,保守核苷酸序列通常为 5′-TTGGGG-3′,端粒酶则由 RNA(hTR)、催化亚单位(hTRT/hEST2,RNA 依赖的 DNA 聚合酶)和端粒酶相关蛋白 1(TEP1)组成,能以所含的 RNA 为模板反转录合成 DNA,弥补 DNA 复制产生的缺失部分,这个过程较为复杂,请阅读相关资料,在此不加赘述。

如果主缢痕将染色体分为一长、一短两部分,那么长的部分称为染色体长臂(long arm of chromosome,q),短的部分称染色体短臂(short arm of chromosome,p)(图 20-4)。很多人不清楚为什么长臂用"q"而短臂用"p"表示,"p"表示短臂是源于法语单词"petit"(小)的缩写,与此相对应长臂就用"q"表示了,正如核酸分子杂交中 DNA 印迹分析用"Southern blotting"表示,因其是由英国科学家埃德温·迈勒·萨瑟恩(Edwin Mellor Southern)所创建,与 DNA 印迹分析相对应的 RNA 印迹分析就用"Northern blotting"表示了。

染色体中还有一个重要结构,即复制起始区(origin),参与 DNA 复制起始过程。该区域具有特定的核苷酸保守序列,原核生物与真核生物不能通用,但原核生物之间或真核生物之间的保守序列同源性很高,不同生物相互间可以通用。原核生物染色质中只有一个复制起始区,而真核生物每条染色体上有很多个复制起始区,复制时同时启动,因此长度很大的真核生物 DNA 也可以在短时间内完成复制。更详细的相关内容请参阅分子生物学部分。

在基因工程研究中,为了使载体(vector)能够容纳分子量巨大的外源片段,构建了人工染色体载体(artificial chromosome vector),这些载体是利用染色体的基本结构组建而成的,主要结构包括着丝粒、端粒和复制起始区,当然还需要附加标记基因(labelled gene)和多克隆位点(multiple cloning site,MCS)。常见的有细菌人工染色体(bacterial artificial chromosomes)、酵母人工染色体(yeast artificial chromosomes)等,这些载体对外源 DNA 的容量可以达到 1000～3000 kb,甚至更大。此外,为了操作方便,在同一个载体中组装有原核及真核细胞两种复制起始区,在原核细胞或真核细胞中都能够完成复制,这样的载体称为穿梭载体(shuttle vector)。

20.2.2　染色体形态及类型

细胞分裂时,染色体处于动态变化中,为了描述方便,一般以分裂中期处于赤道面上的染色体为准。着丝粒位置相对固定,在每条染色体中的部位不同,根据着丝粒位置染色体可分为以下类型(表 20-2,图 20-8)。

表 20-2　染色体形态类型

染色体类型	符号	臂比	着丝粒指数	后期形态
正中部着丝粒	M	1.00	0.500	V
中部着丝粒	m	1.01～1.67	0.375～0.499	V
近中部着丝粒	sm	1.68～3.00	0.250～0.374	L
近端部着丝粒	st	3.01～7.00	0.125～0.249	I
端部着丝粒	T	7.01～∞	0.000～0.124	I

注:臂比(arm ratio)=长臂相对长度/短臂相对长度;着丝粒指数(centromere index)=短臂相对长度/染色体相对总长度。

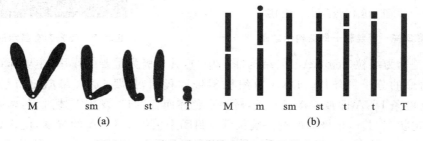

M　sm　st　T　　　　M　m　sm　st　t　t　T
(a)　　　　　　　　　　(b)

图 20-8　细胞分裂后期染色体形态及模式图
(a)染色体形态;(b)染色体形态模式图

细胞分裂后期,纺锤丝牵引着丝粒使染色体向细胞两极运动,此时中部着丝粒染色体呈现"V"形,近中部着丝粒染色体呈现"L"形,近端部和端部着丝粒染色体呈现"I"形(棒状),臂极短粗的染色体呈颗粒状(或称点状)(图 20-8)。

原核细胞及病毒染色质中少有结构蛋白,因此不呈现染色体形态,这些生物的遗传物质既有 DNA 也有 RNA,既有线状的也有环状的。以大肠杆菌(Escherichia coli)为例,遗传物质 DNA 是共价、闭合环状的,长度为 4.6 Mb,分布于拟核(nucleoid)区,由 50～100 个环(或称结构域)组成,环的末端被膜结合蛋白固定,形成特定的花式结构(图 20-9)。与染色质结构相关的常见蛋白:①HU 蛋白(组蛋白样蛋白),使 DNA 压缩、类核凝聚;②H-NS(H1)蛋白,类组蛋白(histone-like protein),具有压缩 DNA 的作用,使其包装进入拟核。

根据大小染色体可分为大型染色体（mega chromosome）和小型染色体（microchromosome）；按功能可分为常染色体（autosome）和性染色体（sex chromosome）。有些动植物细胞中会出现额外染色体（extra chromosome），也称为超数染色体（supernumerary chromosome）或 B 染色体，由伦道夫（Randolph）于 1928 年首次发现，对于物种而言这是一些可有可无的染色体，存在与否并不影响物种的稳定。与额外染色体相对应，必须存在，否则将影响物种稳定的染色体称为正常染色体（A-chromosome）。例如湖北贝母（*Fritillaria hupehensis*）二倍体细胞正常染色体为 24 条，除这些染色体外经常出现 1～12 条的额外染色体（图 20-10）。额外染色体数目不稳定，一般小于 A 染色体，且绝大部分为异染色质，不遵循孟德尔遗传规律，减数分裂时不分离，具有积累或消减现象，当额外染色体积累到一定数目时将影响个体生存，目前已在 1000 多种植物、300 多种动物中发现了 B 染色体，其生物学意义尚不是十分清楚。

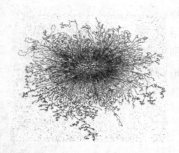

图 20-9　大肠杆菌染色质结构

有两种较为特殊的染色体——多线染色体和灯刷染色体，有人将其称为巨型染色体（giant chromosome），是某些特殊细胞或特殊发育时期形成的体积巨大的染色体。

图 20-10　湖北贝母的 B 染色体（箭头所指）

1881 年，意大利学者 E G Balbiani 首次在摇蚊唾液腺细胞中发现了一种巨型染色体，称为唾腺染色体（salivary gland chromosome），即多线染色体。1933 年，E. Heitz、H. Bauer 和 T. S. Parnter 明确了唾腺染色体的形成机制。多线染色体主要存在于双翅目及少数脉翅目昆虫幼虫唾液腺、肠细胞、马氏管和神经细胞中，后来又在玉米、普通小麦、虞美人（*Papaver rhoeas*）、熊葱（*Allium ursinum*）等多种植物胚珠细胞中发现了多线染色体的存在。以黑腹果蝇唾液腺为例，染色质经多次复制（可多达 $2^{10}～2^{15}$ 次），复制产物不分开，细胞核及细胞也不分裂，形成 1000～4000 条 DNA 拷贝组成的宽而长的巨大带状染色体（图 20-11），其长度较普通细胞中期染色体大 100～200 倍（可达 2000 μm），宽度较普通细胞中期染色体大 1000～2000 倍（可达 5 μm）。

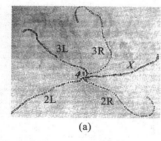
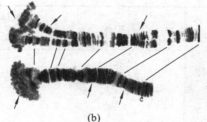
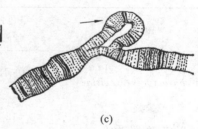

(a)　　　　　　　　(b)　　　　　　　　(c)

图 20-11　果蝇唾液腺细胞染色体形态

（a）多线染色体形态；（b）多线染色体的带纹及膨突（箭头所指处）；（c）多线染色体的环（箭头所指处）

果蝇唾液腺染色体形成后始终处于前期状态，同源染色体配对（体细胞联会），染色体着丝粒附近异染色质区相互结合，形成染色很深的染色中心，第 Ⅱ、Ⅲ 对染色体呈"V"形（中部着丝粒），各有两个臂，X 染色体呈棒状，第 Ⅳ 对染色体呈粒状，因此观察时可见五条长臂和一条紧靠染色中心很短的臂，这些结构由染色中心向外蜿蜒伸展（图 20-11）。

多线染色体即使不染色，也可以观察到染色体上有横纹（带）的分布（通常被认为是基因所在部位），有时还出现膨突（balbiani 环，正在转录的部位）和环（大片段重复或缺失所致）等特征，是分析染色体结构及功能状态极好的材料。

另一种巨型染色体是灯刷染色体，1882 年由 W. Flemming 研究美西螈卵巢切片时首次报道，但当时并未肯定是一种染色体。1892 年 J. Rukert 对鲨鱼卵母细胞中的这种结构进行了详细研究，因其酷似当时欧洲擦洗煤油灯罩的灯刷（lamp brush），故而取名灯刷染色体（图 20-12）。卵母细胞成熟过程中，染色体首次停顿于第一次减数分裂前期的双线期，此时染色体主轴两侧出现环状结构，共同构成了"灯刷"，是 RNA 转录的区域，由于 rDNA 大量扩增和 RNA 活跃转录（一套灯刷染色体约有 10000 个侧环），这个时期出现的大量灯刷结构,是为了适应卵子发育储备大量营养物质所需。灯刷染色体普遍存在于鱼类、两栖类和爬行类动物卵母细胞中,果蝇精母细胞成熟时 Y 染色体也会出现较为典型的灯刷结构,植物中的垂花葱和玉米出现不典型的灯刷染色体,而地中海伞藻则具有典型的灯刷染色体。由于每条灯刷染色体的形态、侧环在卵母细胞的发育期是特定的,因此这些特征可作为染色体编号的标志,也是研究染色体结构、功能及基因表达非常好的材料。

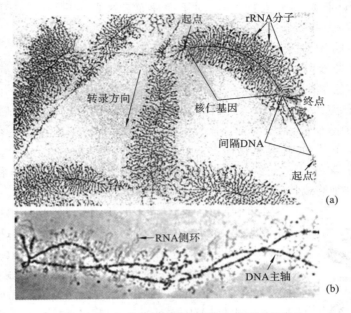

图 20-12　两栖类卵母细胞灯刷染色体形态及结构

20.2.3　染色体的数目

每种生物都具有形态、结构相对稳定且数目恒定的染色体(一些常见生物的染色体数目见表 20-3)。二倍体生物成熟生殖细胞中所含的一套染色体称为染色体组或基因组(genome),含有一套完整的遗传信息。

表 20-3　一些常见生物染色体数目

物种	染色体 (2x)	物种	染色体 (2x)	物种	染色体 (2x)
酵母 Saccharomyces cerevisiae	10、12	衣藻 Chlamydomonas	16	马蛔虫 Ascaris megalocephalus	2、4
家蝇 Musca domestica	12	果蝇 Drosophila melanogaster	8	库蚊 Culex	6
七星瓢虫 Coccinella septempunctata	♀36、♂18	蜜蜂 Apis cerana	♀32、♂16	蟿螽 Trixalis nasuta	♂23、♀24
佛蝗 Phlaeoba infumata	♂23、♀24	家蚕 Bombyx mori	56	柞蚕 Antherea pernyi	98
文昌鱼 Amphioxus lanceolatus	24	鲤鱼 Cyprinus carpio	100、104	黑斑蛙 Rana nigromaculata	26
蟾蜍 Bufo bufo gargarizans	22	爪蟾 Xenopus laevis	36	蝾螈 Salamandra salamandra	24
家鸡 Gallus domesticus	78	鸭 Anas platyrhyrchos	80	大熊猫 Ailuropoda melanoleuca	42
小熊猫 Ailurus fulgens	36	小白鼠 Mus musculus	40	大白鼠 Rattus norvegicus	42

续表

物种	染色体 (2x)	物种	染色体 (2x)	物种	染色体 (2x)
豚鼠 *Cavia cobaya*	64	家兔 *Oryctolagus cuniculus*	44	马 *Equus caballus*	64
驴 *Equus asinus*	62	黄牛 *Bos taurus*	60	水牛 *Bubalus buffelus*	48
绵羊 *Ovis aries*	54	猪 *Sus scrofa*	38、40	狗 *Canis familiaris*	52、78
猫 *Felis catus*	38	猕猴 *Macaca mulatta*	42	猩猩 *Pongo pygmaeus*	48
大猩猩 *Gorilla gorilla*	48	黑猩猩 *Pan troglodytes*	48	人 *Homo sapiens*	46
海带 *Laminaria japonica*	44	蕨 *Pteridium aquilinum*	104	银杏 *Ginkgo biloba*	16、24
苏铁 *Cycas revoluta*	22	黑松 *Pinus thunbergii*	24	落叶松 *Larix gmelinii*	24
白杨 *Populus alba*	38、57	黑杨 *Populus nigra*	38、57	河柳 *Salix matsudana*	38
桑 *Morus alba*	28、42	山茶 *Camellia*	30	咖啡 *Coffea arabica*	12、88
棕榈 *Trachycarpus fortunei*	36	梨 *Pyrus pyrifolia*	34	苹果 *Malus domestica*	34、68
橘子 *Citrus sinensis*	18、17、36、54	香蕉 *Musa sapientum*	22、23	中华猕猴桃 *Actinidia chinensis*	116、160
亚洲棉 *Gossypium arboreum*	26	非洲棉 *Gossypium herbaceum*	26	陆地棉 *Gossypium hirsutum*	52
海岛棉 *Gossypium barbadense* var. *acuminatum*	52	大麻 *Cannabis sativa*	20	水稻 *Oryza sativa*	24
玉米 *Zea mays*	20	一粒小麦 *Triticum monococcum*	14	硬粒小麦 *T. turgidum* var. *durum*	28
提莫菲小麦 *T. timopheevi*	28	普通小麦 *T. aestivum*	42	大麦 *Hordeum*	14
黑麦 *Secale cereale*	14	燕麦 *Avena sativa*	42	小黑麦 *Triticale hexaploide*	56
荞麦 *Fagopyrum esculentum*	16	花生 *Arachis hypogaea*	40	大豆 *Glycine soja*	40
蚕豆 *Vicia faba*	12	豌豆 *Pisum sativum*	14	芝麻 *Sesamum indicum*	26、52
番茄 *Lycopersicum esculentum*	24	马铃薯 *Solanum tuberosum*	48	西瓜 *Citrullus vulgaris*	22
黄瓜 *Cucumis sativus*	14	洋葱 *Allium cepa*	16、24、32	大白菜 *Brassica pekinensis*	20

物种	染色体 (2x)	物种	染色体 (2x)	物种	染色体 (2x)
油菜 *B. campestris* var. *amplexicaulis*	20	甘蓝 *B. olericea* var. *capitata*	18	芥菜 *B. juncea*	16
荠菜 *Capsella bursa-pastoris*	16	萝卜 *Raphanus sativus*	18	胡萝卜 *Daucus carota*	18
大葱 *Allium fistulosum* var. *giganteum*	16	大蒜 *Allium sativum*	16	辣椒 *Capsicum annuum*	24
菜豆 *Phaseolus vulgaris*	22	刀豆 *Canavalia gladiata*	22	人参 *Panax ginseng*	44
甘薯 *Dioscorea esculenta*	90	菊芋 *Helianthus tuberosus*	102	甘蔗 *Saccharum officinarum*	80、126
啤酒花 *Humulus lupulus*	20	紫花苜蓿 *Medicago sativa*	30、38	金鱼草 *Antirrhinum majus*	16
甜菜 *Beta vulgaris*	18	曼陀罗 *Datura stramonium*	24	拟南芥 *Arabidopsis thaliana*	10
鸭跖草 *Commelina communis*	24	烟草 *Nicotiana tabacum*	24、48		

由正常受精卵发育而成的个体,体细胞中含有两套染色体,即每种染色体都有 2 条,这 2 条同种类型的染色体(大小、形态以及所含基因类型、数目完全相同)互称为同源染色体(homologous chromosome),不同类型的染色体间称为非同源染色体(non-homologous chromosome)。遗传学中通常用 $2x$ 表示体细胞的染色体数目,x 表示精子或卵子的染色体数目,有些人经常将 $2n$ 与 $2x$ 混淆,实际上 $2n$ 是发育生物学的概念,表示受精卵的染色体组成,而 $2x$ 是遗传学概念,表示二倍体染色体组成。人类正常二倍体细胞染色体组成是 $2x=46$,含有 22 对常染色体,2 条性染色体(XX 或 XY)。

不同物种间染色体数目、形态和结构差异很大。染色体数目、形态及结构特征对于物种鉴定、亲缘分析、系统演化研究具有重要意义,是细胞分类学研究的重要内容。应该明确的是染色体数目与进化程度并无对应关系。

再介绍几种染色体方面很有趣的生物:①蓖麻($2x=20$)、翠菊($2x=18$)、伏尔加草木樨($2x=16$)所有染色体均为中部着丝粒,石蒜($2x=33$)、矮石蒜($2x=22$)、小花紫露草($2x=14$)所有染色体均为端部着丝粒,岷江百合($2x=24=2m+2sm+6st+12t+2T$)细胞中具有各种类型着丝粒;②囊果苔($2x=14+XY$)、大麻($2x=18+XY$ 或 XX)、忽布($2x=18+XY$ 或 XX)、葎草($2x=14+XY1Y2$ 或 XX)、酸模($2x=12+XY1Y2$ 或 XX)、女娄菜($2x=22+XY$ 或 XX)有性染色体分化;③马蛔虫($2x=2$)和单冠毛菊($2x=4$)分别是动、植物中染色体数最少的物种,蝶类(*Lysandra nivescens*,$2x=190$)、昆明的一种有梗瓶尔小草(*Ophioglossum petiolatum*,$2x=960$)、印度一种瓶尔小草(*O. reticulatum*,$2x=1260$)具有数量超多的染色体。

原核生物及病毒、类病毒等,遗传物质集中在一条染色质中,是裸露的 DNA 或 RNA 分子,有些呈环状,有些呈线状,形态和结构较真核生物简单得多。

由于每种生物染色体数目恒定,形态、结构各有不同特征,因此染色体及染色体组分析是物种学研究的重要内容。对特定物种细胞内所有染色体形态特征、数目等进行的分析称为染色体分析,常见的分析方法有核型分析、染色体分带分析。

核型(karyotype),即染色体组型。生物体具有的一组特定数目、大小及形态特征的染色体总和,一般情况下,以细胞分裂中期的染色体为分析对象。核型分析(karyotype analysis)是按染色体特征(数目、大小、着丝粒位置、臂比、次缢痕、随体等)对细胞内染色体进行配对、分组、归类、编号、分析的过程。核型模式图

(idiogram)是通过核型分析得到的染色体特征图(图 20-13)。核型分析具有广泛的应用价值,可用于染色体异常检测、动植物育种、物种间亲缘关系分析、物种进化机制研究、远缘杂种鉴定、外源染色体(片段)追踪等方面的研究。

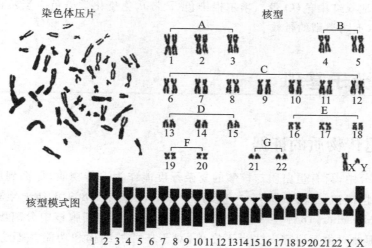

图 20-13　人类核型及模式图

染色体分带技术(chromosome banding technique)是 1968 年瑞典学者 T. Caspersson 所创立的染色体分析方法,当时采用荧光染料芥子喹吖因(quinacrine)对中国大鼠和蚕豆染色体处理后,荧光显微镜下染色体不同部位显示出强弱不同的清晰带纹,于是将这些带纹称为 Q 带(quinacrine band)。以后又陆续出现了 G 带、R 带、N 带、T 带、C 带等染色体分析技术。染色体分带处理后,带纹数目、位置、宽度及深浅在不同物种中具有相对恒定的特性,是染色体的重要特征,可用于染色体(或较大的染色体片段)鉴定、外源染色体追踪、染色体结构及功能分析等方面的研究。

染色体分带原理:细胞经特定物理、化学等条件(如温度、酸碱等)处理后再用染料染色,或直接用某些荧光染料染色,染色体被分化染色,出现深浅不同的带纹,不同染色体或同一染色体不同时期带纹不同,是染色体结构的反映。常见的带型有广泛分布型(如 Q 带、G 带、R 带)和局部分布型(如 N 带、T 带、C 带)。

Q 带(quinacrine band):用荧光染料芥子喹吖因染色所获得的带纹。

G 带(Giemsa band):染色体经盐溶液、胰蛋白酶或碱处理后,用吉姆萨染色所形成的光学显微镜下可见的带纹。多认为是常染色质构成(图 20-14)。

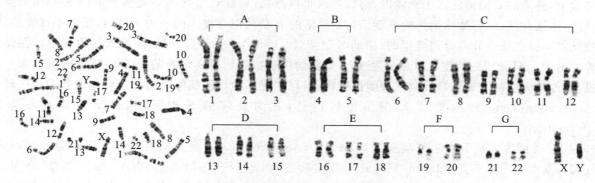

图 20-14　人类染色体 G 带分析(男性)

R 带(reverse band):染色体用磷酸盐溶液高温处理,再用吖啶橙或吉姆萨染色所获得的带纹,所显示的带纹与 G 带相反,因此有人称其为反带。

N 带(N-band):即 Ag-As 染色法,主要用于 NOR(nucleolus organizer region)区染色。用三氯醋酸和盐酸先后处理,再用吉姆萨染色获得条斑。方法简便,结果稳定,在植物染色体研究中有较为广泛的应用。

T 带(T-band):细胞分裂中期,染色体端粒部位经吖啶橙染色后所显现的带纹。

C 带(C-band):染色体用酸(HCl)及碱[Ba(OH)$_2$]变性处理后,经 2×SSC(一种盐缓冲液)在 60 ℃中孵育 30~120 min,再用吉姆萨染色所显示的带纹。其主要显示着丝粒结构(故称着丝粒带,简称 C 带)及其他区段的异染色质部分,对识别 Y 染色体非常有用。

随着技术的发展，又出现了很多染色体分带方法：①利用荧光染料染色的 H 带、AO 带、DAPI 带分带方法，这类方法的优点是材料处理简单、重复性好，虽然容易褪色但可以重新染色，不足之处是分带所制标本不能保存，且需要荧光显微镜等特殊设备；②吉姆萨染色的 F-BSG 带、Cd 带等；③其他染料分带方法，如银染、醋酸洋红染色（Hy 带）、地衣红染色（O 带）、孚尔根染色（F 带）、免疫化学染色。当然也有利用几种方法组合染色的技术，可同时显示不同类型的带纹。

20.3　遗传的分子基础

20.3.1　核酸是遗传物质的证据

构成生物的化学组分中，只有蛋白质与核酸的复杂程度能作为遗传物质，那么到底哪种成分是遗传物质呢？十九世纪末至二十世纪初，蛋白质研究一直领先于核酸，虽然在 1869 年瑞士年轻的生物学家弗雷德里希·米歇尔（Friedrich Miescher，1844—1895）从外科绷带上脓细胞的细胞核中分离出核酸（nucleic acid）（当时称为核素，nuclein），但此时由于研究方法尚不完善，对于核酸的结构和功能并不清晰，即便遗传学家们已经证明染色质（染色体）上携带有决定性状的基因，可是当时并没有将核酸与染色质对应起来，况且染色质中也含有蛋白质，因此这个阶段普遍认为蛋白质应该是生物的遗传物质，然而蛋白质的组成及结构一直是阻挠人们将其视为遗传物质的问题。

遗传物质必须具备的条件：①具有相对稳定的分子结构，以便储存遗传信息；②能够产生可遗传的变异，改变遗传信息，从而推动生物进化；③能够复制，保持上下代的连续性，完成遗传信息传递；④能够将遗传信息传递给性状的体现者，控制生物性状和代谢过程，实现遗传信息表达。

二十世纪上半叶，有三个经典实验充分证明了核酸是生物的遗传物质。

证据一　肺炎链球菌转化实验：1928 年英国微生物学家弗雷德里克·格里菲斯（Frederick Griffith，1879—1941）对肺炎链球菌（*Streptococcus pneumoniae*）进行了著名的"转化"实验，肺炎链球菌以前被称为肺炎双球菌（*Diplococcus pneumoniae*），至今美国仍然在沿用。肺炎链球菌中有一种为光滑型（smooth，S），细胞壁外有一层多糖构成的荚膜，用固体培养基培养时形成的菌落表面明亮光滑，具有致病能力，引起人肺炎和小鼠败血症（septicemia），对小鼠有致死性；另一种是粗糙型（rough，R），细胞壁外无荚膜，菌落表面粗糙，无毒性，对小鼠不具致死能力。

实验中，将活的 S 型菌注入小鼠体内，结果导致小鼠死亡，将加热杀死的 S 型菌和活的 R 型菌分别注入小鼠体内，小鼠存活，而将加热杀死的 S 型菌与少量活的 R 型菌混合注入同一小鼠体内，很多小鼠发病致死，从这些死亡小鼠血液中分离得到典型的、活的 S 型菌（图 20-15）。三年后发现，加热灭活的 S 型菌在体外可将培养的 R 型菌转化成致病型。其后又发现，S 型菌的细胞抽提物可将培养的 R 型菌转化成 S 型菌。据此人们推测：加热灭活的 S 型菌培养物或细胞抽提物中，存在着某种导致细菌类型发生转化的物质——转化因子（transforming factor），改变了 R 型菌遗传特性，成为致病的 S 型菌，该转变过程被称为转化（transformation）。

1944 年，美国著名微生物学家埃弗里（Oswald Theodore Avery）及其同事柯林·麦克劳德（Colin M. MacLeod）、麦克林·麦卡提（Maclyn McCarty）用实验证明引发转化的物质是 DNA。如图 20-16 所示，分离提取 S 型灭活菌的多糖、脂类、蛋白质、RNA 和 DNA 组分，分别与 R 型活菌混合，体外悬浮培养，将所获培养物注入小鼠体内，只有 DNA 可以使 R 型菌转化为致死的 S 型菌，从致死的小鼠组织中分离得到 R 型菌和 S 型菌，如果用 DNA 酶（DNase）处理提取的 DNA 样品，再重复上述过程，则不发生转化。结果表明引起 R 型菌遗传转化的是 DNA，而非其他成分。为了进一步证实 DNA 是引起转化的因子，选用具有青霉素抗性（Amp^R）的 S 型突变肺炎链球菌和 R 型青霉素敏感（Amp^S）菌，Amp^R 菌体 DNA 同样可使敏感菌发生转化，出现抗青霉素的菌体。至此，排除了一切疑问，充分证明了 DNA 分子是引起转化的因子，是控制性状的遗传物质。

证据二　T2 噬菌体侵染实验：噬菌体（bacteriophage）是以细菌为宿主的病毒，有头部、尾部等简单结构，由蛋白质、核酸和少量多糖组成。

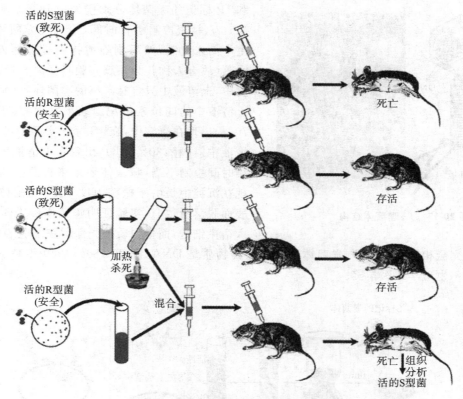

图 20-15　肺炎链球菌转化实验

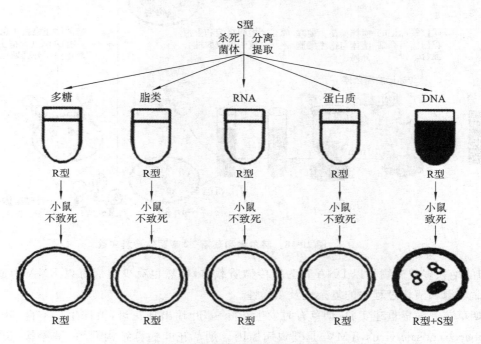

图 20-16　埃弗里肺炎链球菌体外转化实验

　　T2 噬菌体具有二十面体头部和尾部(图 20-17),外形呈蝌蚪状,头部由蛋白质构成外壳,内含 DNA,组成上 60%是蛋白质、40%是 DNA,而且仅在蛋白质分子中含有硫,磷只存在于 DNA 分子中。

　　T2 噬菌体侵染宿主时,尾鞘收缩,将头部的 DNA 通过中空的尾部注入宿主细胞内,利用宿主细胞的结构和成分合成子代噬菌体。

　　1952 年,美国生物学家阿弗雷德·赫尔希(Alfred Day Hershey,1908—1997)和玛莎·蔡斯(Martha Cowles Chase,1927—2003)进行了 T2 噬菌体的侵染实验。宿主细胞 E.coli 在含有 ^{35}S 的培养基中培养,T2 噬菌体侵染 E.coli 进行复制、装配,得到的子代噬菌体中蛋白质被 ^{35}S 标记,而 DNA 中不含放射性;同样在培养基中添加发磷光的同位素 ^{32}P,噬菌体在增殖过程中 DNA 被 ^{32}P 标记,而蛋白质不含放射性。利用这种 ^{35}S

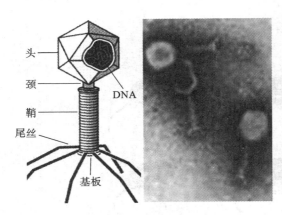

图 20-17　T2 噬菌体结构

和 ^{32}P 标记的噬菌体分别侵染一般液体培养基中的普通 E.coli，精密控制孵育时间，恰好使噬菌体 DNA 注入宿主中而未复制，然后剧烈搅拌使噬菌体外壳从 E.coli 上脱落（故有人称其为渗震实验），经离心处理，宿主菌在沉淀中，上清液中只含有游离的噬菌体，分别测定沉淀物和上清液中的同位素标记。结果发现：几乎全部的 ^{32}P（占 70%）出现在沉淀中，在 ^{35}S 标记实验中 80% 放射性在上清液中［注释：30% 的 ^{32}P 出现在上清液中可能是因为侵染时间控制不当，噬菌体还未来得及注入，20% 的 ^{35}S 出现在沉淀中是由于振荡力度不足，噬菌体未能从 E.coli 表面脱落所致］。实验证明噬菌体侵染时，仅有 DNA 进入宿主细胞，而蛋白质外壳保留在细胞表面，由于子代噬菌体性状与亲代完全相同，因此控制噬菌体性状的遗传物质是 DNA（图 20-18）。1969 年赫尔希因此项研究成果获得了诺贝尔生理学或医学奖。

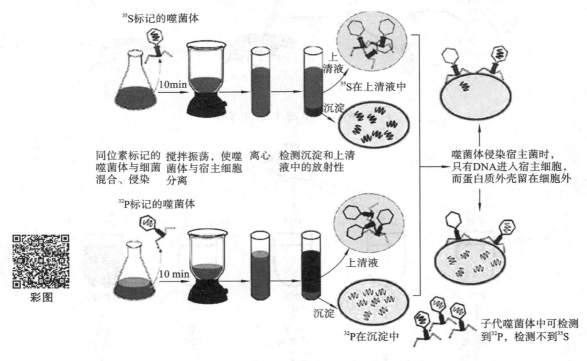

图 20-18　赫尔希和蔡斯 T2 噬菌体渗震实验

目前，已知的绝大多数生物是以 DNA 作为遗传物质载体，当然也有少数病毒以 RNA 为遗传物质，这种现象反映了生命起源和演化过程中的复杂性及多样性。

证据三　烟草花叶病毒重建实验：烟草有时发生花叶病，叶片出现花斑，植株生长不良，叶多呈畸形。烟草花叶病毒（tobacco mosaic virus，TMV）是其致病原因。烟草花叶病毒结构简单，呈棒状（长 300 nm，直径 15 nm），中央为 2×10^6 Da 的单链 RNA，被 2130 个 17530 Da 的蛋白质亚基所包裹（图 20-19）。烟草花叶病毒宿主范围很广，现已知单子叶植物 22 科中的 198 种可被感染。

烟草花叶病毒组分中有 RNA 而没有 DNA，那么 RNA 是其遗传物质吗？1956 年，美国学者弗伦克尔·库兰特（Fraenkel Conrat）利用烟草花叶病毒进行了分离与重建实验，其原理见图 20-20。将 TMV A 型和 TMV B 型病毒在水和苯酚中振荡，使其 RNA 与蛋白质分开，分别用两种组分感染烟草：蛋白质组分不能感染烟草；RNA 组分可以感染烟草，但感染效率很低，可能是由于裸露的 RNA 容易被降解，如果用 RNA 酶处理 RNA 组分，则失去感染能力。单独的 RNA 组分感染后，得到的子代病毒性状与亲代相同。由于分开的 TMV 蛋白质和 RNA 很容易组装成病毒，因此可以进行重建实验：将 TMV A 型蛋白与 TMV B 型 RNA（A 组）、TMV B 型蛋白与 TMV A 型 RNA（B 组）重建，再分别感染烟草，A 组得到的子代病毒与 TMV B 型相

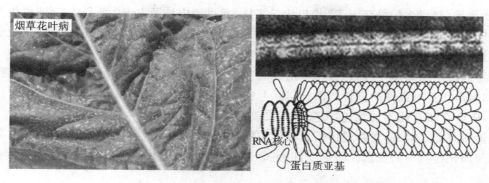

RNA核心
蛋白质亚基

图 20-19　烟草花叶病及烟草花叶病毒结构

同,B 组得到的子代病毒与 TMV A 型相同,也就是子代病毒特性取决于 RNA,与蛋白质类型无关。显而易见 TMV 的遗传物质是 RNA。

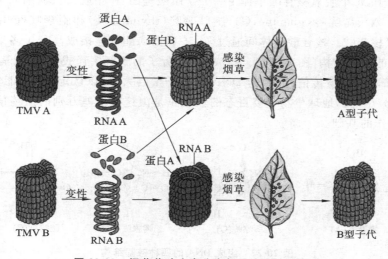

图 20-20　烟草花叶病毒分离与重建实验示意图

至此,由于上述三个经典实验,人们普遍接受了生物遗传物质是核酸的结论。然而,事实如此简单吗?另一种大分子量复杂组分——蛋白质,也就是最初人们认定的遗传物质,到底是不是遗传物质的载体呢?

三百多年前,人们发现绵羊和山羊会患一种奇怪的疾病:患病动物奇痒难耐,经常在粗糙的物体上不停地摩擦身体,导致毛大量脱落,当时将其称为“羊瘙痒症”,此种疾病广泛出现于欧洲和澳洲,除瘙痒外还表现为兴奋、协调丧失、站立不稳,严重的瘫痪,直至死亡。以后又陆续发现了水貂脑软化病、鹿慢性消瘦病、猫海绵状脑病等传染性疾病,研究表明此类疾病都是由病毒所致。最为著名的是 1996 年春天英国爆发的“疯牛病”(mad cow disease),波及欧美,并在全世界引起巨大恐慌,甚至导致政治、经济的动荡。人类也会患上类似的疾病,即克罗伊茨菲尔德-雅各布氏症(克雅综合征),时至今日人们仍然是“谈牛色变”。

20 世纪 60 年代,英国生物学家 T. Alper 用放射线处理引起羊瘙痒症的致病因子时,发现核酸被破坏后仍然具有感染能力,因此认为致病因子并非核酸而是蛋白质,这个结论受到广泛质疑。其后又证实,感染因子经核酸酶处理后仍具有感染活性,但对蛋白质灭活因素敏感,对所有杀灭病毒的理化因素均有抵抗力,只有 136 ℃、2 h 高压下才被灭活。这种奇怪现象引起人们广泛关注。1982 年,美国生物化学家斯坦利·普鲁辛纳(Stanley Prusiner)发现导致该疾病的因素——朊病毒(prion)(图 20-21),其因杰出的工作,于 1997 年获诺贝尔生理学或医学奖。

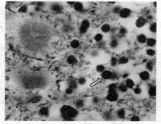

彩图

图 20-21　朊病毒颗粒

朊病毒几乎仅由蛋白质组成,此外含有极少量的脂类和多糖,不存在 DNA 或 RNA 成分。研究表明,哺乳动物和人的 PrP 基因(人位于 20 号染色体短臂,小鼠位于 2 号染色体,牛位于 13 号染色体)编码正常糖蛋白 PrP^C(结构以 α 螺旋为主),但 PrP^C 构象改变后转变为有感染能力的病原体 PrP^{SC}(多为 β 片层结构)。PrP^{SC} 本身不能复制,当 PrP^{SC} 进入细胞与 PrP^C 结合形成 PrP^{SC}-PrP^C 复合体后,使 PrP^C 构象改变成为 PrP^{SC},

这样 PrP^{SC} 开始增殖，经过多轮循环 PrP^{SC} 得以大量扩增，此过程中外源 PrP^{SC} 似乎是一种"模板"，能使朊病毒得到增殖。PrP^{SC} 在神经细胞中逐渐积累，最终引起神经退行性病变。该病潜伏期很长，从感染到发病平均潜伏期约 28 年，最长可达 40 年，一旦出现症状，患者半年至一年内 100% 死亡。

关于朊病毒遗传信息载体，目前仍存在争论。但现在看来，其遗传信息（空间构型）只能由蛋白质储存，从这个意义上讲，蛋白质也可以作为遗传物质。实际上这个问题比较复杂，朊病毒的遗传信息传递并不是传统意义上的方式，限于篇幅在此不加细述，可参看相关资料。

通过上述资料我们了解到，生物遗传信息载体主要是核酸，极个别生物是蛋白质。这种现象可能恰恰反映了生命起源与演化过程中的状态。时至今日，生命起源与演化问题仍然吸引着众多学者继续探索。

20.3.2　DNA 的分子结构

DNA 一级结构（化学组成及碱基排列顺序）简单，早在二十世纪初就已经清楚是由脱氧核苷酸（deoxy nucleotide）组成的大分子，每个脱氧核苷酸单体由一分子磷酸基团、一个脱氧核糖和一个碱基构成。DNA 中碱基有腺嘌呤（adenine，A）、鸟嘌呤（guanine，G）、胸腺嘧啶（thymine，T）和胞嘧啶（cytosine，C）四种（图 20-22），分别组成四种脱氧核苷酸。核苷酸单体间通过 $3', 5'$-磷酸二酯键连接成高分子多聚体长链，这种多聚核苷酸链即为 DNA 分子的一级结构（图 20-23）。组成 DNA 分子的脱氧核苷酸数量、碱基类型及排列顺序可以不同，于是 DNA 包含着不同的遗传信息，因为 DNA 的分子量巨大，可以认定 DNA 能储藏的遗传信息是极其巨大的（理论上是无穷尽的），地球生物千姿百态的性状正是由这些千差万别的遗传信息所控制的，这也正是当代 DNA 计算机工作的基础。

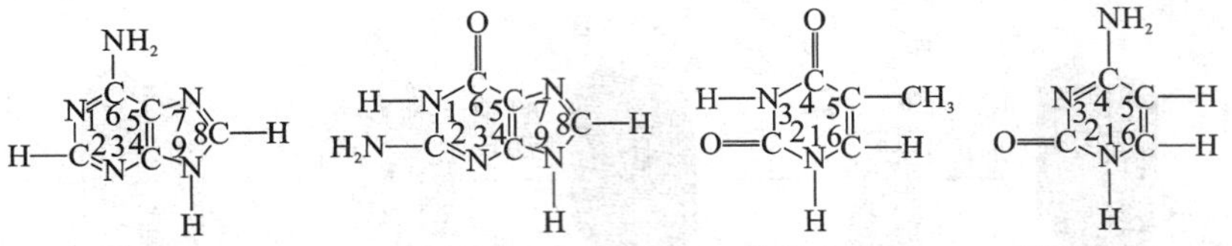

腺嘌呤(A)　　鸟嘌呤(G)　　胸腺嘧啶(T)　　胞嘧啶(C)

图 20-22　组成 DNA 的四种碱基结构

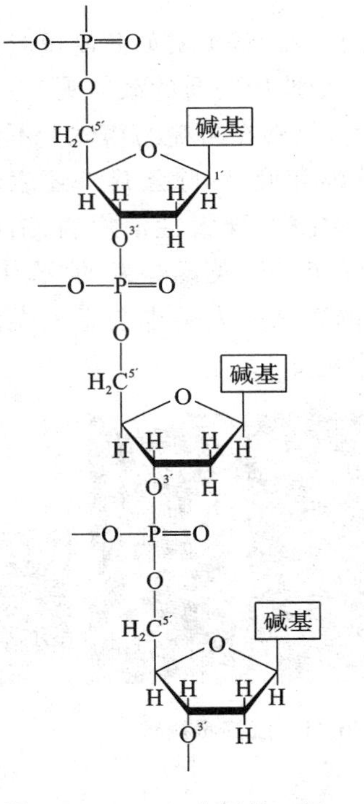

图 20-23　DNA 分子的一级
结构（片段）

DNA 还有二级、三级等高级空间结构。关于 DNA 的二级结构，直到二十世纪中叶才被揭示清楚。1953 年 4 月 25 日，美国生物学家詹姆斯·杜威·沃森（James Dewey Watson，1928—）和英国物理学家弗朗西斯·哈里·康普顿·克里克（Francis Harry Compton Crick，1916—2004）在 *Nature* 杂志上发表了影响后世的著名文章"Molecular Structure of Nucleic Acids"，提出了 DNA 分子结构的双螺旋模型（double helix model），这一里程碑式的成果标志着"分子生物学"的诞生。1962 年，这两位科学家和另一位对此做出贡献的英国生物学家莫里斯·威尔金斯（Maurice Hugh Frederick Wilkins）获得了诺贝尔生理学或医学奖（图 20-24）。实际上，还有一位英国生物化学和生物物理学家罗莎琳德·富兰克林（Rosalind Elsie Franklin，1920—1958）对 DNA 二级结构的解析做出了至关重要的贡献，正是她发表的结晶 DNA X 射线衍射图（图 20-25）使 Watson 和 Crick 计算出了 DNA 双螺旋结构，遗憾的是这位女科学家因病英年早逝，由于诺贝尔奖的特殊规定，罗莎琳德·富兰克林未能获此殊荣。

时至今日，有人说无论给予 DNA 双螺旋模型多高的荣誉也不为过，可见该理论对生命科学研究的深刻影响。

DNA 二级结构是指两条多核苷酸链反向平行盘绕而成的双螺旋结构，目前已知有 A 型、B 型、C 型、D 型、E 型、T 型和 Z 型（左手螺旋）七种，其中 B-DNA 是我们熟知的 Watson-Crick 结构，来自相对湿度为 95% 时得到的 DNA 钠盐结构，是细胞中最为常见的一种构象。活细胞中 DNA 二级结构及高级结构时刻在发生变化，二级结构各构象间、二级结构与高级结构的各种构象间存在一个动力平衡。

图 20-24　1962 年获诺贝尔生理学或医学奖后的 Watson(34 岁)和 Crick(46 岁)

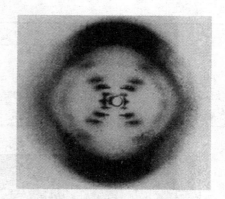

图 20-25　Franklin 拍摄的 B 型 DNA X 射线衍射图(*Nature*,1953)

Watson-Crick DNA 双螺旋结构的主要特征:①DNA 分子是由两条反向平行的脱氧核苷酸链围绕同一中心轴相互盘绕而成,形成双螺旋结构,主链位于螺旋的外侧,两条链的 5′ 和 3′ 方向相反,即一条链是 5′→3′ 延伸,配对的另一条链是 3′→5′ 延伸;②脱氧核糖与磷酸通过 3′,5′-磷酸二酯键交替连接,排在外侧,构成基本骨架;③碱基平面向内延伸,碱基对平面与轴线垂直,两条链的碱基以 A/T、G/C 方式互补配对,A/T 间形成两个氢键、G/C 间形成三个氢键,使两条链连在一起;④双螺旋平均直径为 2 nm,螺距为 3.4 nm,上下相邻碱基之间的垂直距离为 0.34 nm,两个相邻碱基对之间绕螺旋轴旋转的角度为 36°,每个螺旋含 10 个碱基对(图 20-26)。

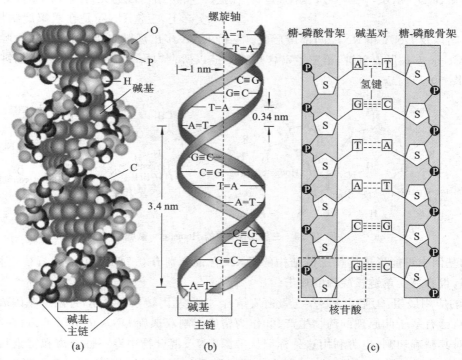

图 20-26　B-DNA 结构

(a)分子模型;(b)模式图;(c)平面图

DNA 这种独特的二级结构是其准确复制的基础,也使人们对其作为遗传物质的疑问得到完美解释,为生命现象深入研究提供了牢固的基石。

DNA 二级结构有七种,最常见的是 A、B、Z 三种类型(表 20-4、图 20-27)。

表 20-4　三种常见 DNA 二级结构比较

DNA 类型	A-DNA	B-DNA	Z-DNA
结晶状态	钠盐,相对湿度 75%	钠盐,相对湿度 95%	锂盐,相对湿度 66%
螺旋方向	右旋	右旋	左旋
螺旋直径/nm	2.6	2.0	1.8

续表

DNA 类型	A-DNA	B-DNA	Z-DNA
螺距/nm	2.8	3.4	4.5
每匝碱基对数	11	10	12
碱基对间垂直距离/nm	0.255	0.34	0.27
碱基对与水平面倾角	13°	0°	7°

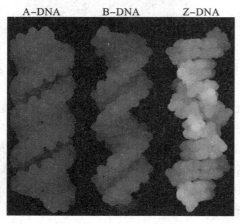

图 20-27　A、B、Z 三种 DNA 结构模型

DNA 二级结构基本为双链,但还有一种极特殊的三链 DNA(triple-strand DNA,T-DNA)。20 世纪 50 年代,莫里斯·威尔金斯根据 DNA 晶体 X 射线衍射图就曾设想过三链结构,很多学者也有类似的想法,但是都因为无法解释已有的实验现象而放弃,尤其是双螺旋模型提出后,这种设想更是被淹没在洪流中。后续研究中,利用不同技术在天然 DNA 及人工合成 DNA 中都发现了 T-DNA 的存在,值得一提的是,中国科学家白春礼院士于 1990 年利用扫描隧道电子显微镜(scanning tunnel electron microscope,STM),在 λ 噬菌体 DNA HindⅢ酶切片段中,直接观察到了三链 DNA,使 DNA 的这一特殊结构成为无可争议的事实。

实际上,三链 DNA 是在双螺旋结构基础上形成的特殊区域,DNA 间以及 DNA 和 RNA 间都可形成。三链 DNA 多出现于双螺旋 DNA 富含嘌呤的区域,有两条链以 Watson-Crick 方式形成氢键,第三条富含嘧啶的链以所谓"Hoogsteen"方式形成氢键,从而构成三链 DNA(图 20-28、图 20-29)。

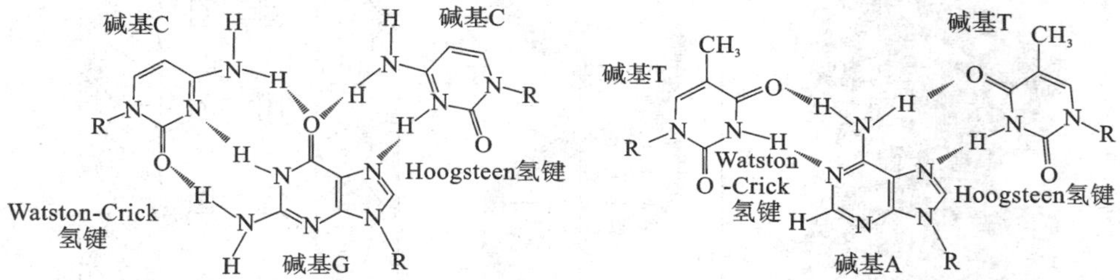

图 20-28　三链 DNA 中的 Hoogsteen 氢键

在人和猴的基因中可能形成这种三链结构的 DNA 含量分别有 0.7% 和 0.5%,真核生物基因调控区也富含这样的区域,很容易受单链核酸酶的攻击。

三链 DNA 的应用展望:①阻止 DNA 与蛋白质结合,抑制基因转录和复制,可阻遏基因表达,在核酸药物设计中非常有用,已有基于此原理的药物生产;②作为精确切割双螺旋 DNA 的分子剪刀,在特定区域形成三链进行标记,再对其精确切割,也可利用这种标记从异源 DNA 混合物中专一性分离和富集目标分子;③可能与染色体凝缩有关,在细胞分裂过程中,三链 DNA 发生数量的变化,提示可能与染色质凝聚有关。

B 型 DNA 双螺旋结构中,每个螺旋有 10 个核苷酸对,处于能量最低状态。如果每个螺旋核苷酸对多于或少于 10,则引起双螺旋空间结构改变,在 DNA 分子中产生额外张力。如果 DNA 分子是开放的(线性结构),所产生的这种张力可以通过链的转动而释放,DNA 恢复正常双螺旋状态。但是在共价闭合环状 DNA 或与蛋白质结合的 DNA 分子中,DNA 两条链不能自由转动,这些额外张力得不到释放,便由与之拮抗的张力来应对这种结构变化,这种张力所导致的 DNA 分子扭曲称为超螺旋(superhelix)(图 20-30),于是形成了 DNA 的三级结构。这种现象与疏于整理的电话线非常相似(图 20-31)。

超螺旋有正超螺旋、负超螺旋之分。右旋 DNA 如果每匝碱基对少于 10,则二级结构处于紧缠状态,需要产生正超螺旋(左手螺旋)以维持 DNA 结构;右旋 DNA 如果每匝碱基对大于 10,则二级结构处于松散状态,需要产生负超螺旋(右手螺旋)以维持 DNA 结构。超螺旋总是向着抵消初级螺旋改变的方向发展。DNA 拓扑异构酶(topoisomerase)可在 DNA 分子中引入或消除超螺旋,在实践中有非常大的用途。

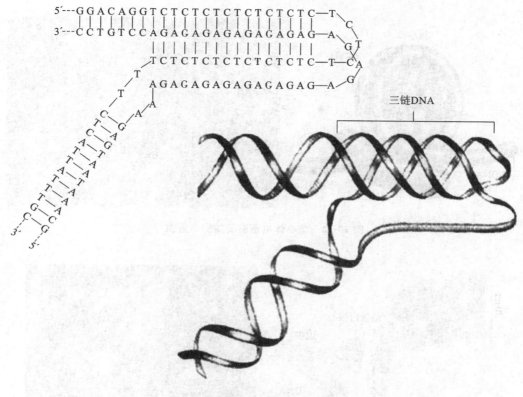

图 20-29　三链 DNA 的形成

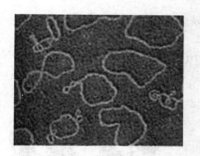

图 20-30　质粒的超螺旋结构

图 20-31　电话线产生的额外应力

20.3.3　DNA 的组装及压缩

生物基因组 DNA 的分子量巨大,远比细胞直径大得多,如大肠杆菌有 1 条长约 1 mm 的闭合环状双链 DNA,人类每条染色质 DNA 平均长约 5 cm(全部 DNA 合计总长 1.7～2 m),而细胞直径只有几十至几百微米,因此,DNA 分子只有通过缠绕、折叠等方式进一步压缩,才能容纳于细胞中。

原核生物及病毒基因组 DNA 相对较小,通过形成超螺旋结构或与 DNA 结合蛋白(DNA-binding protein)结合,可使 DNA 体积压缩约 1000 倍,从而容纳于细胞或外壳中。真核生物基因组很大,一般由多条非常长的线状 DNA 分子组成,细胞分裂过程中 DNA 只有压缩成染色体,才能避免相互缠绕并分配到子细胞中。

真核生物染色质中含有大量的组蛋白(histone),包括 H1、H2A、H2B、H3、H4,其中 H2A、H2B、H3 和 H4 组蛋白各 2 分子构成八聚体小体,与 200 bp 左右的 DNA 结合,再加上一分子的 H1 组蛋白,构成了核小体(nucleosome)。每个核小体中 DNA 在八聚体上缠绕 1.75 周(146 bp),余下的 DNA 构成核小体间连接,直径 2 nm 的 DNA 形成 10 nm 的核小体,被压缩了 6～7 倍(图 20-32)。

10 nm 的染色质纤丝螺旋缠绕成直径 30 nm 的螺线管(solenoid),内径为 10 nm,螺距 11 nm,螺旋的每一周由 6 个核小体组成,由此体积又压缩了 6 倍(图 20-33)。

30 nm 的染色质纤维进一步环化,形成一系列的环(loop),这些环附着在由非组蛋白构成的染色体骨架

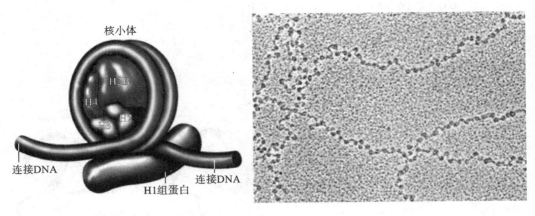

图 20-32　核小体电镜图及结构示意图

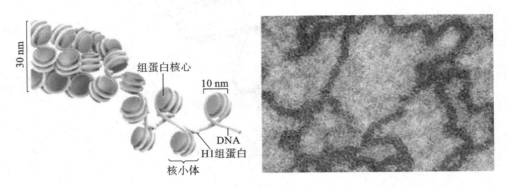

图 20-33　螺线管电镜图及结构示意图

上,成为直径 300 nm 的超螺线管(super solenoid),每个侧环长 10～90 kb(15～30 μm),DNA 体积再压缩约 40 倍,这是间期细胞核中染色质的基本结构(图 20-34)。

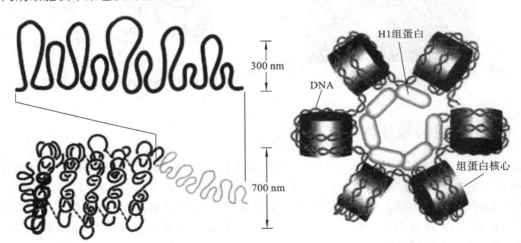

图 20-34　超螺线管结构示意图

细胞分裂期,染色质进一步螺旋化、折叠压缩,形成直径为 700 nm 的螺旋,即染色体,在此过程中 DNA 又被压缩了 5 倍。由两条姐妹染色单体组成的中期染色体直径约 1400 nm。从 DNA 到染色体的压缩形成过程如图 20-35 所示。

染色质组装成染色体的过程是在一种蛋白质激酶复合体(Cdc2-cyclinB)作用下进行的,需要 ATP 提供能量。

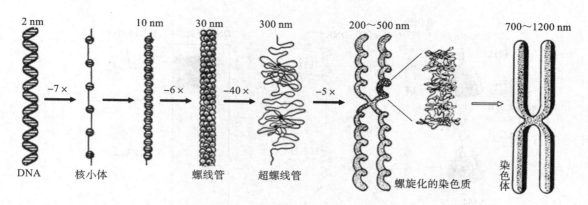

图 20-35　从 DNA 到染色体的形成过程

20.4　DNA 的半保留复制

　　DNA 是生物遗传信息的主要载体，为保证上下代个体（细胞）性状的稳定遗传，DNA 复制（replication）时必须确保其"忠实"性，以便使遗传信息能够准确地代代相传。

　　DNA 复制，实际上是以亲代 DNA 双链为模板合成子代 DNA 的过程。这个过程是在细胞分裂周期的 S 期（synthesis phase，DNA 复制期）完成的，所需时间相对较长，在细胞分裂周期中所占比例接近 50%。

　　关于 DNA 复制曾提出过两种方式：①全保留复制模型（conservative model），复制完成后，两条模板链彼此结合恢复原状，新合成的两条子链彼此互补结合形成一条新的 DNA 子链；②分散复制模型（dispersive model），复制时随机交替地以母链为模板，结果是模板链仍结合在一起，新合成子链的每条单核苷酸链都存在来自两条模板链的片段。这两种 DNA 复制模式被实验所否定。

　　根据沃森-克里克 DNA 双螺旋结构模型以及实验结果证明，DNA 复制的模式是半保留复制（semi-conservative replication）。

20.4.1　半保留复制的证明

　　实验一　Meselson-Stahl 氯化铯密度梯度离心实验：1958 年，美国生物学家马修·梅塞尔森（Matthew Stanley Meselson）和福兰克林·斯塔尔（Franklin William Stahl）首次用氯化铯密度梯度离心法证明了 DNA 的半保留复制。在 E. coli 培养基中添加含有同位素 ^{15}N 的组分，若干世代后菌体 DNA 中都含有 ^{15}N 标记的重链（H 链），将这种菌接种到只含 ^{14}N 的培养基中培养，逐代提取菌体 DNA，对 DNA 进行氯化铯（CsCl）密度梯度离心。结果是：^{15}N 标记菌接种到 ^{14}N 培养基的当代，菌体 DNA 两条链都是含有 ^{15}N 的重链（HH）[实际上，有一部分菌体 DNA 一条链为 H，另一条链为 L（不含同位素的轻链），但这种菌数量极少，可忽略不计]，在密度梯度离心时，离心管中的沉降带位于最远端（以离心轴计，下同）；子一代菌体 DNA 为 L/H，沉降带在中间位置；子二代菌体 DNA 为 L/H 和 L/L，L/L 位于最近端；子三代与子二代结果相似，区别在于 L/L 条带比例明显增加。该实验现象完全符合 DNA 的半保留复制方式（图 20-36）。

　　实验二　Herbert Taylar 实验：在梅塞尔森-斯塔尔进行氯化铯密度梯度离心实验的同一年，赫伯特·泰拉（Herbert Taylar）对蚕豆进行了相关实验。用 ^{3}H 标记的胸腺嘧啶核苷酸处理蚕豆根尖，再转移到不含同位素的秋水仙素溶液中处理，而后对根尖细胞进行染色体分析。放射自显影结果表明，标记处理后第一次细胞分裂中期染色体均有放射性信号，第二次细胞分裂中期的染色体只有一条染色单体带有放射性标记，第三次分裂时染色体有两种类型（一类不含标记，另一类染色体中只有一条染色单体含有标记，这两类染色体比例相等）。这一实验结果与预期完全相符，证明真核生物 DNA 也是半保留复制。

　　当然，后续很多实验进一步证实了 DNA 的半保留复制方式。

20.4.2　DNA 复制相关结构及问题

　　DNA 复制（DNA replication）：亲代双链 DNA 分子在 DNA 聚合酶作用下，分别以每条单链为模板，聚合

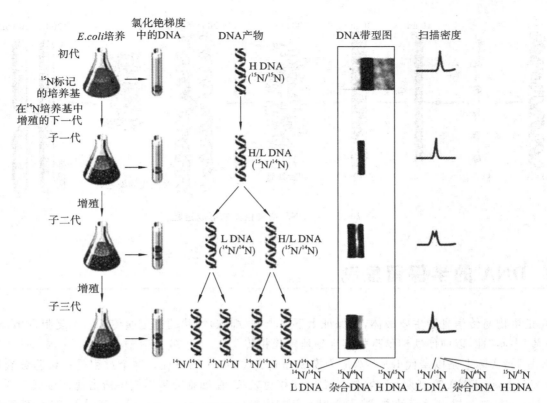

图 20-36 Meselson-Stahl 氯化铯密度梯度离心实验

与自身碱基互补配对的游离 dNTP,合成两条与亲代 DNA 分子完全相同的子代 DNA 的过程(前提:不发生突变)。

复制起点(origin,ori):DNA 复制的启动区域。复制起始不是从 DNA 的随机位置开始的,具有特定的起始部位,原核生物及病毒一般只有一个复制起始点,真核生物一条染色质中含有很多起始点(如哺乳动物多达50000~100000 个)。复制起始区具有保守性的碱基特征序列(使启动复制的相关蛋白因子能够识别和结合),通常 A/T 含量较高(有利于打开 DNA 双链),新合成的核苷酸子链该区域 DNA 只有经过特定的甲基化才能有效启动下一轮复制。

复制子(replicon):从复制起始点到复制终点所组成的一个复制单位。每个复制子只含一个复制起点。

复制叉(replication fork):DNA 复制时解开双链,因此在复制的区域形成"Y"形结构,称为复制叉。

复制体(replisome):复制叉处的酶和蛋白质组成的复合体,协同作用完成 DNA 合成。

复制方向(replication direction):对于复制子而言,复制可以从起始点向一个方向进行(极少数生物),也可以同时向两个方向进行(绝大多数生物)。对于新合成的单核苷酸链而言复制总是沿 $5'→3'$ 方向进行(由 DNA 聚合酶特性决定)。

复制速度(replication speed):单核苷酸链新合成速度取决于 DNA 聚合酶(DNA polymerase)聚合能力,每秒钟可聚合几百个核苷酸(如原核生物 900 bp/s),因此复制子每秒的移动速度在几百至几千个核苷酸,如大肠杆菌可以在 30 min 完成基因组 4.64 Mb DNA 的复制。真核生物复制速度相对较慢(50 bp/s),但由于每条染色质有数量巨大的复制子,虽然 DNA 分子极长,也可以在几个小时内完成基因组 DNA 的复制。

复制眼(replication eye):DNA 正在复制的区域所呈现的眼睛状结构。

前导链(leading strand):也称先导链。以复制叉移动方向为准,一条模板链是 $3'→5'$ 走向,以其为模板,子链是连续合成的,与复制叉移动方向相同,因此该模板链称为前导链。

后随链(lagging strand):也称滞后链。与前导链互补配对的模板链,与复制叉移动方向相反,是 $5'→3'$ 走向,由于 DNA 聚合酶只能按 $5'→3'$ 方向合成,因此该模板链只能先小段合成许多不连续的 DNA 片段,再连接成完整的单核苷酸链,将该模板链称为后随链。

DNA 半不连续复制(semi-discontinuous replication):前导链连续合成,而滞后链是不连续合成。

冈崎片段(Okazaki fragment):DNA 复制过程中,滞后链上所合成的一系列不连续的短片段,称冈崎片段。原核生物冈崎片段长 1000~2000 bp,真核生物长 100~200 bp。

20.4.3　DNA 复制的基本过程

简单地讲，DNA 复制过程包括起始、延伸和终止三个阶段。以原核生物大肠杆菌为例，其复制过程如下。

复制起始：在拓扑异构酶（topoisomerase）作用下解螺旋（打开负超螺旋），与解链酶（helicase）共同作用，消耗 ATP，在复制起点处解开双链，此时需要有单链结合蛋白（SSB 蛋白）结合到所形成的单链上，以避免单链重新恢复成双链结构。由引发酶（primase）等组成的引发体（primosome）迅速作用于两条单链 DNA 上，合成一小段 RNA（10～60 bp），作为引物引发子链 DNA 的合成。复制起始过程有 20 种左右的蛋白因子和酶参与，除前文所述外，重要的因子如下所示：①DnaA 蛋白，与 oriC 中的 4 个 9 bp 及 3 个 13 bp 重复区结合，完成复制起始区的识别，在特异位点形成复制叉；②Hu 蛋白（组蛋白样蛋白），使 DNA 弯曲，促进 DNA 复制起始；③DnaB 蛋白，在 DnaC 的协助下与未解链序列结合，可在不同方向同时启动 DNA 的复制；④Dam 甲基化酶，使 oriC GATC 甲基化，使合成的子链可以进行下一轮复制；⑤RNA 聚合酶，促进 DnaA 的功能，合成 RNA 引物。合成过程中还需要：①DNA 聚合酶，合成子代核苷酸链，切除 RNA 引物；②DNA 连接酶（DNA ligase），在有缺口（gap）的相邻核苷酸片段间形成磷酸二酯键，完成连接。

复制延伸：主要包括两个不同但相互联系的事件，即前导链和滞后链的合成。①前导链合成中，在引物、DNA 聚合酶等作用下，以母链为模板，按照碱基互补配对原则，将游离的 dNTP 逐一连接，使新合成的单核苷酸链不断延长，直至复制终点；②滞后链合成时，与前导链相同，差别在于先合成冈崎片段，然后降解 RNA 引物，并由 DNA 聚合酶 I 填补 RNA 引物所占有的区域，再由 DNA 连接酶连接冈崎片段，完成子链 DNA 合成。

复制终止：当 DNA 复制延伸到终止区（terminus region，Ter，约 20 bp）时，由终止蛋白识别此序列，在辅助蛋白作用下，终止子链延伸，完成复制。复制过程原理见图 20-37。

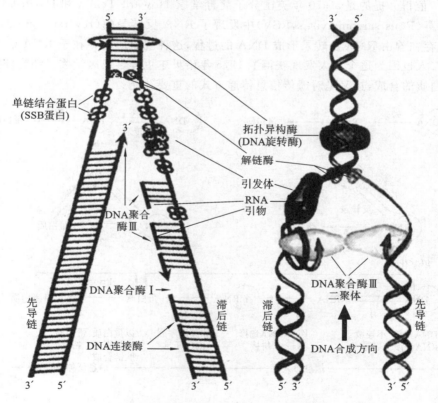

图 20-37　*E.coli* DNA 复制过程示意图

DNA 复制起始和终止过程复杂，延伸相对简单，但无论哪个阶段都需要大量的蛋白因子和酶系统参与。

其他原核生物、病毒和细胞器 DNA 存在一些特殊的复制方式，如线粒体的 D-loop 方式、λ噬菌体的环状复制、T7 噬菌体连环分子复制、θ 型复制、滚环型复制等，在此不做介绍。真核生物染色质组成及结构复杂，因此 DNA 复制过程较原核生物远为复杂，需要很多蛋白及辅助因子的参与，但其基本过程与原核生物类似，具体细节请参看相关课程。

DNA 通过半保留复制,实现了遗传信息向子代的"忠实"传递,保证了物种及性状的稳定。然而,由于复制过程中细胞内外环境的变化、反应体系和反应条件的波动,尤其是 DNA 聚合酶纠错功能的问题,使得 DNA 序列出现一些"错误",发生突变(mutation),正是这些微小突变的积累,出现了基因突变,并可能导致性状变异,最终成为推动生物进化的根本性内在动力。

20.5 遗传信息的传递——中心法则

所谓中心法则(central dogma)是揭示遗传信息传递和表达过程,反映遗传信息复制、转录和翻译过程的规律,是现代生命科学中最基本、最重要的规律之一。遗传信息仅仅为生物的发育和性状形成提供了一个"蓝图",自身并不能体现所包含的信息,遗传信息的体现者是蛋白质,通过蛋白质结构和功能决定生物的性状。从 DNA 到蛋白质是一个极其复杂而漫长的过程,同时 DNA 以外的一些物质和条件也影响蛋白质的结构和功能(表观遗传),遗传信息传递和表现是极其复杂的。这个过程就像影视制作,有了剧本却无法看到作品(即便剧本中以文字等形式包含着未来的作品),只有通过导演、演员和表现载体(存储介质、放映设备等)才能使观众看到最终的结果(作品)。当然大家也知道,同样一个剧本,不同的导演和演员演绎的作品不同,遗传信息的传递和表达也存在类似的差别。

1957 年,弗朗西斯·克里克最先提出了关于遗传信息传递的中心法则,指出其过程是 DNA→RNA→蛋白质。实际上中心法则包含两个方面,其一是 DNA 通过复制将遗传信息传递给下一代,其二是 DNA 通过转录和翻译将遗传信息传递给蛋白质,通过蛋白质表现遗传信息(参看蛋白质生物合成部分)。

不同年代,生命科学发展水平不同,人们对中心法则的认识也逐渐深入,因此不同时期的中心法则表现形式不同(图 20-38)。值得一提的是,1970 年美国分子病毒学家 Howard Temin 和 David Baltimore 各自独立地从鸡劳斯肉瘤病毒(Rous sarcoma virus,RSV)中发现了 RNA 反转录酶(reverse transcriptase),揭示了生物遗传信息传递中存在着由 RNA 反转录形成 DNA 的过程,这种现象广泛存在于 RNA 病毒中,由此发展和完善了中心法则,二人也因为这个重大发现获得了 1975 年诺贝尔生理学或医学奖。细胞外实验中,可以利用 DNA 直接指导蛋白质的合成,这又是对遗传信息传递方式的重要补充。

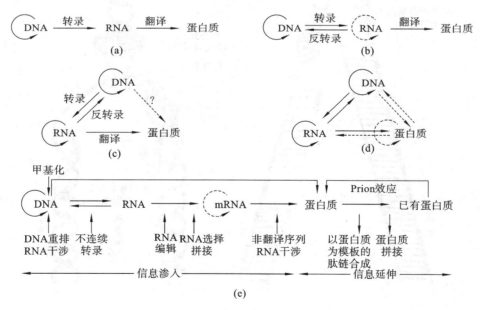

图 20-38 不同时期中心法则的表现形式
(a)中心法则的基本形式;(b)修正后的中心法则;(c)丰富后的中心法则;(d)预测的中心法则;(e)现代中心法则

中心法则反映了生物遗传信息传递的多样化。所有方式中,"遗传信息由 DNA→DNA、DNA→RNA→蛋白质"这种基本形式是主流,"遗传信息由 RNA→RNA(或 DNA)"的形式是支流,至于其他方式,则是生命活动中的补充,是生命现象复杂性的体现,也可能是生命出现早期遗传信息储存、传递、代谢多元化的残留。

本章小结

　　这一章介绍了遗传的物质基础和遗传信息传递两个问题。从染色体和分子水平讲述了生物遗传物质的载体,又对 DNA 的半保留复制做了简要概述。最后部分介绍了生物遗传信息的传递方式。

思考题

扫码答题

参考文献

[1] 刘祖洞,乔守怡,吴燕华,等.遗传学[M].3 版.北京:高等教育出版社,2013.

[2] 朱玉贤,李毅,郑晓峰,等.现代分子生物学[M].5 版.北京:高等教育出版社,2019.

[3] 吴相钰,陈守良,葛明德.陈阅增普通生物学[M].4 版.北京:高等教育出版社,2014.

第21章 遗传和变异的基本规律

21.1 概述

　　遗传物质的载体是染色质(染色体),细胞分裂时染色质(染色体)有规律地传递到子细胞中,基因及其所控制的性状随之表现出特定的模式,即遗传规律。变异源于遗传物质改变,或因内外环境所致,只有遗传物质改变产生的变异才可遗传,因此变异也有规律可循。

　　关于遗传和变异,早在远古时期人类已经积累了丰富的经验,通过所获得的感性认识指导实践,但并未形成科学的理论体系。早期学者如希波克拉底(Hippocrates)、亚里士多德(Aristotle)等人提出了一些观点试图解释生物的遗传和变异现象。欧洲文艺复兴后,很多著名学者开始用实验揭示这一现象,并提出了一些理论,如英国学者法兰西斯·高尔顿(Francis Galton,1822—1911)的"融合遗传论"(blending inheritance)、德国生物学家奥古斯特·魏斯曼(August Weismann,1834—1914)的"种质论"(germplasm theory)。从本质上认识生物遗传规律的当属孟德尔(1865年)和摩尔根(1910年)两位科学家,孟德尔发现的分离规律、独立分配定律(后称自由组合规律)与摩尔根等人确立的连锁交换规律被后人称为经典遗传学的三大基本定律。

21.2 遗传第一定律——分离规律

　　戈里高利·约翰·孟德尔(Gregor Johann Mendel,1822—1884)(图21-1),遗传学家,经典遗传学奠基人。出生于当时奥地利西里西亚的海因策道夫村(现属捷克共和国)。因家境贫寒未完成中学学业,1843年成为布隆(Brunn)城奥古斯汀修道院的修道士,并兼任中学教师。1851—1853年在维也纳大学进修,受到物理学家Doppler、植物学家Unger影响,建立了重视实验的科学思想,并利用数学方法解释实验结果。1856年,在修道院的一小块花园中开始豌豆杂交实验,至1864年的八年中,在遭受极大压力的情况下,从事着豌豆杂交研究。1865年发表了划时代的论文"Experiments in Plant Hybridization",提出"遗传因子"概念,并得出三条规律——显性规律、分离规律(law of segregation)和自由组合规律。遗憾的是,超越时代的成果在此后三十年里并没有被接受,以至于孟德尔在去世前发出了无奈的哀叹:"等着瞧吧,我的时代总有一天要来临!"一直到1900年三位科学家De Vries、Correns、Tschermak通过不同植物的杂交得出相同结论,孟德尔遗传定律

图21-1　戈里高利·约翰·孟德尔

才得到验证和承认(孟德尔定律的重新发现)。因此,孟德尔被视为经典遗传学奠基人,其研究成果为现代遗传学奠定了基础。

　　孟德尔之前,已有学者对豌豆进行了杂交实验。1797年,奈特(T. Knight)将灰色种皮豌豆与白色种皮豌豆杂交,得到子一代种皮全部为灰色,F1代自交后,F2代中既有灰色种皮也有白色种皮,但并没有进行统计分析,只是发现了这一现象;1822年,Gass也进行了类似的实验(图21-2),同样没有对杂种子代不同类型植株进行统计,也未按不同世代将各种类型归类,没有确定每一世代中不同类型植株数量间的统计关系,因此并没有观察到性状遗传的有关规律。

　　孟德尔从1856年开始进行豌豆杂交实验。选择豌豆作为实验材料是因为:①由于长期栽培,选育出了数

量很多的品系,并且具有稳定、可区分的性状;②生长周期短,易于栽培,后代完全可育;③严格的自花授粉植物(并且是闭花授粉),人工授粉也相对容易;④种子成熟后保存于豆荚中,不发生丢失,为后续分析的真实性提供了保障;⑤结实率较高,有利于统计分析。当时孟德尔选择了 7 对差异明显的性状(character)(图 21-3):①成熟种子圆形或皱缩;②种子胚乳(即子叶)黄色或绿色;③种皮褐色或白色(褐色种皮开紫花,白色种皮开白花);④成熟豆荚饱满(膨大)或皱缩(缢缩);⑤未成熟豆荚绿色或黄色;⑥花着生位置腋生或顶生;⑦植株高矮(高茎或矮茎)。孟德尔对豌豆杂交实验进行了精密的设计,采用了科学的方法进行统计和分析,并对实验结果和结论进行了验证,提出了科学的概念和理论,得到了影响后世的经典遗传学规律。

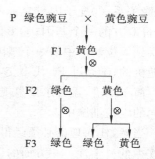

图 21-2　Gass 豌豆杂交实验

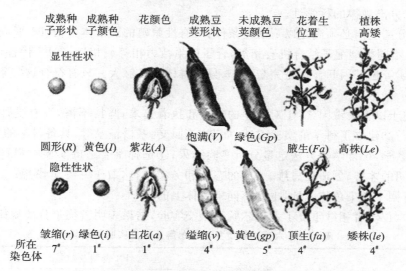

图 21-3　孟德尔豌豆杂交实验选用的 7 对性状

　　通过豌豆 7 对性状的杂交、统计和分析发现(表 21-1):①只有一对相对性状(relative character)差异的亲本杂交(parental cross)后,杂种一代(子一代,first filial generation,F1)只表现一个亲本的性状(表型,phenotype);②F1 自交所得 F2 代性状出现分离,显性(dominance)与隐性(recessive)个体比例为 3∶1;③正交(direct cross)与反交(back cross,也称回交)结果相同;④F2 代群体中两种类型性状区别明显,无过渡类型。孟德尔根据实验现象提出:控制性状的是遗传因子(hereditary determinant 或 hereditary factor);遗传因子在体细胞中成对存在(分别来自父本和母本);一对遗传因子间存在显、隐关系;形成生殖细胞时成对因子互不影响、彼此分离;杂种产生的不同类型配子(gamete)数量相等,比例为 1∶1,不同类型配子结合是随机的。以 A 代表显性性状、a 代表隐性性状、Aa 表示杂合类型,那么只有一对性状差别的纯合体(homozygote)亲本杂交产生 F1 代,F1 代自交产生的 F2 代的构成可用公式"1A＋2Aa＋1a"表示,反映了各种类型的基因型(genotype)及其比例。

表 21-1　孟德尔豌豆杂交实验 7 对性状的统计结果

亲代表型	F1 性状	F2 性状及数量		F2 比例
圆形×皱缩(种子)	圆形	圆形 5474	皱缩 1850	2.96∶1
黄色×绿色(子叶)	黄色	黄色 6022	绿色 2001	3.01∶1
紫花×白花(花色)	紫花	紫花 705	白花 224	3.15∶1
膨大×缢缩(豆荚)	膨大	膨大 882	缢缩 299	2.95∶1
绿色×黄色(豆荚)	绿色	绿色 428	黄色 152	2.82∶1
腋生×顶生(花位)	腋生	腋生 651	顶生 207	3.14∶1
高株×矮株(株高)	高株	高株 787	矮株 277	2.84∶1

　　上述结论被称为性状的分离规律(即遗传第一定律),归纳起来包括如下要点:①遗传性状由遗传因子(后来被"基因"所替代)控制,为颗粒遗传(particulate inheritance);②一对性状由一对遗传因子控制,相互间存在

显、隐关系;③配子内只含有一对遗传因子中的一个(减数分裂产生);④合子(zygote)(受精卵)含有分别来自父、母双方的一个基因;⑤形成生殖细胞时,等位基因(allele)彼此分开,分别进入生殖细胞中,每个生殖细胞只得到等位基因中的一个基因,即基因的分离(segregation);⑥形成受精卵时,含有不同基因的生殖细胞结合是随机的;⑦杂种 F1 代自交,F2 代显、隐性状比例为 3:1。

简单地讲,孟德尔分离规律的实质是控制性状的一对等位基因在产生配子时彼此分离,并独立地分配到不同的生殖细胞中。

当然,任何理论必须经得住考验,分离规律也不例外。因此,孟德尔设计了相关验证实验,以证明性状分离规律的科学性。一方面的证据来自自交实验,在前期工作基础上,所获 F2 代进行自交,统计、分析结果表明 F3 代中性状和比例与预期完全相符,直至第六代也是如此;另一方面,孟德尔创建了测交(test cross)实验(实际上是一种回交),即将杂种 F1 与隐性亲本杂交,所得后代表型及比例也如所料。这两方面的证据无可辩驳地证实了孟德尔分离规律的科学性。

实际上,孟德尔分离规律必须满足以下前提条件:①有性繁殖的二倍体生物,F1 形成两种配子数目相等,且生活力相同;②F1 不同类型配子结合机会相等,合子的生活力相等或相近;③F2 代各种基因型个体存活力至少到观察时相等;④等位基因间显性是完全的;⑤分析群体要足够大。只有符合这些条件,才能表现出预期的遗传规律。

孟德尔成功得益于以下关键因素:①对科学的热爱和执着追求,坚持不懈,没有受外界压力影响,善于吸取前人的经验和教训;②建立了科学的实验方法,如杂交、回交、系谱记录等,具备科学的思维方法和卓越的洞察力;③巧妙运用了数学、统计学等方法定量分析实验结果;④选择了合适的实验材料,实验设计科学、严密、层次分明;⑤具有聪明的才智、创造性思维、严谨的态度和务实精神,敢于并善于设想;⑥一定的好运气(所选控制性状的基因既有同一条染色体上的,也有不同染色体上的)。

二十世纪初,有六位学者相继重复了孟德尔豌豆杂交实验,结果表明孟德尔分离规律令人信服(表21-2)。

表 21-2 六位学者重复孟德尔豌豆杂交实验的结果

实验者	亲代	F2 表型及数量		F2 比例
		黄色	绿色	
①Correns,1900 年	黄色×绿色(子叶)	1394	453	3.08:1
②Tschermak,1900 年	黄色×绿色(子叶)	3580	1190	3.01:1
③Hurst,1904 年	黄色×绿色(子叶)	1310	445	2.94:1
④Bateson,1905 年	黄色×绿色(子叶)	11903	3903	3.05:1
⑤Lock,1905 年	黄色×绿色(子叶)	1438	514	2.80:1
⑥Darbishire,1909 年	黄色×绿色(子叶)	109090	36186	3.01:1
孟德尔,1865 年	黄色×绿色(子叶)	6022	2001	3.01:1

孟德尔分离规律具有普遍适用的特点。这一规律提示我们,杂合体产生后代时将发生基因和性状分离,因此农作物杂交种子后代不能留种用于以后的生产,如杂交玉米当代高产,下一代因发生分离而不能继续保持高产特性。

在此,给大家介绍一下颗粒遗传,这是孟德尔学说的核心之一,颗粒遗传是与融合遗传(blending inheritance)相对应的概念。融合遗传认为后代与双亲相似是源于双亲"血液"混合的结果,就像水和无水乙醇混合而成为"新的物质",两者一旦混合便分不开,实际上是一种取消遗传、否定遗传因子(基因)的观点。而颗粒遗传就像不同颜色的沙粒混合,虽然整体发生改变(颜色),但每个沙粒仍独立存在,彼此很容易分开。孟德尔是最先用豌豆杂交证明颗粒遗传的科学家,其理论精髓就是颗粒遗传思想。

孟德尔遗传规律指明,具有一对性状差异的亲本杂交后,控制隐性性状的遗传因子在杂交子一代中并不消失(没有被湮灭),自交后子二代中将按特定比例再分离出来,因此遗传因子在杂合状态下互不混淆,彼此独立存在,只是由于显隐关系杂种一代中隐性性状没有表现出来。颗粒遗传理论认为:每个遗传因子是相对独立的功能单位,在有性生殖的二倍体生物中,控制同一性状的遗传因子是成对的,在形成配子时才相互分离。现代遗传学发展深化了对基因颗粒性的认识,分子生物学等学科也从根本上证实了基因的颗粒性。

21.3　遗传第二定律——自由组合规律

孟德尔分离规律揭示的是同源染色体上一对相对性状的遗传,两对或多对非同源染色体上不同的基因间则以自由组合方式遗传,遵循孟德尔遗传第二定律,即自由组合规律(law of independent assortment),或者称独立分配定律。

孟德尔选用纯种黄色(子叶)圆粒植株与纯种绿色皱粒植株杂交(图 21-4),F1 代全部为黄色圆粒,F1 代自交产生的 F2 代中出现 4 种表型:黄色圆粒、黄色皱粒、绿色圆粒、绿色皱粒,比例为 9∶3∶3∶1,黄色圆粒和绿色皱粒是亲本类型的性状,为亲本组合(parental combination),黄色皱粒和绿色圆粒是亲本中没有的"新的"性状组合,称为重组合(recombination)。

如果分别考察成熟种子颜色和成熟种子形状两个性状,F2 代中黄色(416)∶绿色(140)=3∶1,圆粒(423)∶皱粒(133)=3∶1,符合孟德尔分离规律。

由于控制成熟种子颜色(子叶)的基因(Y/y)位于 1 号染色体上、控制成熟种子形状的基因(R/r)位于 7 号染色体上,减数分裂形成配子时,后期 I 同源染色体彼此分离的同时(表现为分离规律),非同源染色体间随机组合(自由组合规律)而分向两极,这就是基因自由组合规律的实质。

如此,两对相对性状的豌豆杂交,F2 代中表型比例是二项式$(3+1)^2$展开式的系数。

在分析两对或两对以上相对性状自由组合遗传时,可采用棋盘法(Punnett square method)(图 21-5)或分枝法(branching process)(图 21-6)。棋盘法也称为庞纳特方格法,适用于较少的基因,而分枝法适用于较多的基因。

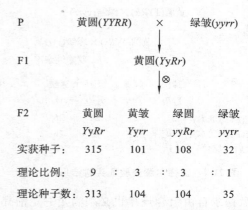

P	黄圆($YYRR$)	×	绿皱($yyrr$)	
F1		黄圆($YyRr$)		
		⊗		
F2	黄圆	黄皱	绿圆	绿皱
	$YyRr$	$Yyrr$	$yyRr$	$yyrr$
实获种子:	315	101	108	32
理论比例:	9 ∶	3 ∶	3 ∶	1
理论种子数:	313	104	104	35

图 21-4　孟德尔关于豌豆两对性状遗传的杂交实验

黄圆($YYRR$)×绿皱($yyrr$)——F1 黄圆($YyRr$),自交——

	♂配子			
	RY(1/4)	Ry(1/4)	ry(1/4)	rY(1/4)
RY(1/4)	$RRYY$(1/16)黄圆	$RRYy$(1/16)黄圆	$RrYy$(1/16)黄圆	$RrYY$(1/16)黄圆
Ry(1/4)	$RRYy$(1/16)黄圆	$RRyy$(1/16)绿圆	$Rryy$(1/16)绿圆	$RrYy$(1/16)黄圆
ry(1/4)	$RrYy$(1/16)黄圆	$Rryy$(1/16)绿圆	$rryy$(1/16)绿皱	$rrYy$(1/16)黄皱
rY(1/4)	$RrYY$(1/16)黄圆	$RrYy$(1/16)黄圆	$rrYy$(1/16)黄皱	$rrYY$(1/16)黄皱
比例	黄圆9	黄皱3	绿圆3	绿皱1

图 21-5　庞纳特方格法

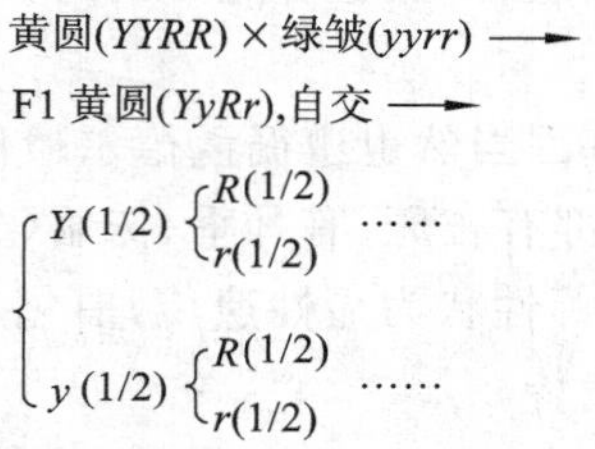

黄圆($YYRR$)×绿皱($yyrr$)——
F1 黄圆($YyRr$),自交——

$$\begin{cases} Y(1/2)\begin{cases} R(1/2) \cdots\cdots \\ r(1/2) \end{cases} \\ y(1/2)\begin{cases} R(1/2) \cdots\cdots \\ r(1/2) \end{cases} \end{cases}$$

图 21-6　分枝法

当分析的基因数量较多时,可采用适当的数学公式进行计算。表 21-3 是杂合体自交或互交时产生的各种基因型、表型数量及分离比例。

表 21-3　多对基因个体产生后代类型的计算(自由组合方式)

基因对数	F1 配子类型	F1 配子组合	F2 基因型	F2 表型	分离比
1	2	4	3	2	$(3+1)^1$
2	4	16	9	4	$(3+1)^2$
3	8	64	27	8	$(3+1)^3$
4	16	256	81	16	$(3+1)^4$
N	2^n	4^n	3^n	2^n	$(3+1)^n$

自由组合规律可表述为位于不同染色体上的性状(基因)(两对或两对以上的非等位基因),处于杂合状态时彼此保持独立,互不混淆,减数分裂形成配子时,等位基因彼此分离的同时,非等位基因间进行独立的自由组合。

孟德尔仍然采用测交(图 21-7)和自交(图 21-8)的方法证明自由组合规律,所获结果与预期完全相符。

P　　　　　黄圆(YYRR)×绿皱(yyrr)

F1　　　　　　黄圆(YyRr)×绿皱(yyrr)

　　　　　　　　↓双隐性亲本

	黄圆	黄皱	绿圆	绿皱
	YyRr	Yyrr	yyRr	yyrr
正交(F1为母本):	31	27	26	26
反交(F1为父本):	24	22	25	26
杂交后代比例:	1 :	1 :	1 :	1

图 21-7　孟德尔测交验证实验结果

F2种子表现型	F2植株数目及表型比例		F3种子的表型	从F3表型推知F2的基因型
黄圆	38		全部黄圆	RRYY
黄圆	65	9/16	黄圆3：绿圆1	RRYy
黄圆	60		黄圆3：黄皱1	RrYY
黄圆	138		黄圆9：黄皱3：绿圆3：绿皱1	RrYy
绿圆	35	3/16	全部绿圆	RRyy
绿圆	67		绿圆3：绿皱1	Rryy
黄皱	28	3/16	全部黄皱	rrYY
黄皱	68		黄皱3：绿皱1	rrYy
绿皱	30	1/16	全部绿皱	rryy

注：F2种子共556粒,黄圆种子11粒未长成植物、3粒未结实。

图 21-8　孟德尔自交验证实验结果

孟德尔自由组合规律也必须满足一定前提条件才能实现,这些条件要求与分离规律相同。

孟德尔自由组合规律具有普遍性,广泛适用于具有多条染色体的二倍体或多倍体生物。自由组合规律可以帮助我们理解生物多样性产生的遗传机制,基因间的自由组合是产生性状多样性的一种方式,在生物演化过程中具有重要意义。在生产实践中,可以利用自由组合规律将目标性状集中到同一个体,获得优良品种(或品系)。

孟德尔对遗传学的主要贡献:①利用豌豆 32 个品种,观察了 7 对性状,经过 8 年的研究,发现了两个定律——分离规律和自由组合规律;②创立了遗传学。

孟德尔学说的重要意义:①首次明确提出"遗传因子",确定了性状及其显、隐性,提出遗传的两个基本规律,解释了生物遗传的本质;②从理论上解释了生物多样性及进化的原因;③建立了经典的遗传学研究手段,如杂交、自交、回交等方法,其中很多技术至今仍在沿用。

孟德尔学说要点:①一对相对性状是由一对遗传因子控制,有显、隐性之分;②产生后代时遗传因子相互独立地遗传给后代,即"颗粒式"遗传;③减数分裂时,控制同一性状的遗传因子彼此分离,控制不同性状的遗传因子发生组合,且组合是随机的;④个体中控制性状的遗传因子均为隐性时,才表现出隐性性状,否则为显性性状。

人类基因当然也遵循孟德尔遗传规律,已发现有六千多种单基因遗传疾病,"V"字形前额发际、手指背面有长毛、面部有雀斑、有耳垂、侏儒(先天性软骨发育不全)(图 21-9)、裂手裂足、亨廷顿病、A1 型短指(趾)症(图 21-10)等性状为显性遗传,白化病、全色盲、红绿色盲、半乳糖血症、苯丙酮尿症、早老症、自毁容貌综合征等为隐性遗传。

图 21-9　人先天性软骨发育不全

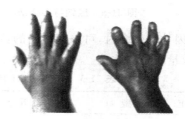

图 21-10　人类 A1 型短指症

由于人类的特殊性,分析其性状遗传时只能采用系谱分析(pedigree analysis)(图 21-11),这是一种通过性状在有血缘关系或婚配关系的家族中进行遗传情况分析的方法。

系谱分析中常用符号如图 21-12 所示。先证者(proband)是指确诊的第一个个体(即病员系谱中疾病最先证实者),携带者(carrier)即杂合体。

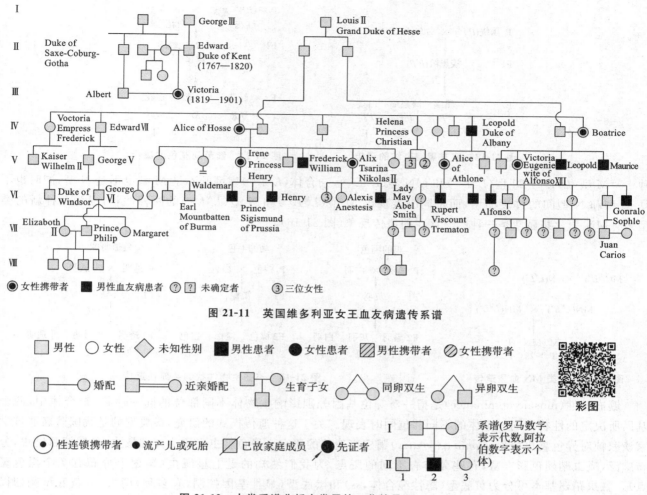

图 21-11 英国维多利亚女王血友病遗传系谱

⊙女性携带者　■男性血友病患者　⑦ ⑦ 未确定者　③三位女性

□男性　○女性　◇未知性别　■男性患者　●女性患者　▨男性携带者　▨女性携带者

□—○婚配　□═○近亲婚配　生育子女　同卵双生　异卵双生

⊙性连锁携带者　●流产儿或死胎　▨已故家庭成员　●先证者

系谱(罗马数字表示代数,阿拉伯数字表示个体)

图 21-12 人类系谱分析中常用的一些符号

21.4 孟德尔遗传规律的拓展

孟德尔遗传规律是在等位基因间显性完全条件下实现的。基因含有遗传信息,从遗传信息到蛋白质(遗传信息的体现者)需要经历极其复杂的过程,遗传信息表达受细胞内外环境影响,当然也涉及等位基因间、非等位基因(指两类基因:拟等位基因(pseudoallele),位于同一染色体上不同座位,控制同一性状的基因;异位同效基因(polymeric gene),位于非同源染色体上,控制同一性状的基因)间作用,也与基因的调控序列有关。因此,基因与性状并非完全对应,是由等位基因显隐性、非等位基因间相互作用、基因与环境间相互作用所决定。

21.4.1 等位基因显隐性的相对性

完全显性(complete dominance),相对性状具有差异的一对亲本杂交,F1 代只表现某个亲本性状的现象。不完全显性(incomplete dominance),单位性状具有相对差异的两个亲本杂交,F1 代表现为双亲性状的中间类型。

对于一对性状而言,孟德尔豌豆杂交实验中,所选性状显性是完全的,因此 F1 代只表现出一种亲本类型的性状。如果等位基因间显性不完全,那么 F1 代性状表现为两个亲本的中间类型。如家蚕黑缟斑纹(图 21-13)和紫茉莉花色(图 21-14)的遗传,表现为不完全显性现象。等位基因不完全显性现象广泛存在,使孟德尔 3:1 比例被修饰为 1:2:1,在这种遗传模式中,杂合子表型有别于纯合亲本表型,是一种中间的过渡类型。

共显性(codominance)是单位性状具有相对差异的两个亲本杂交,F1 代同时表现双亲性状的现象,也称为并显性,此时等位基因间不存在显隐性关系。如人类 MN 血型遗传(图 21-15),人类 MN 血型可分为三

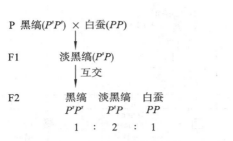

图 21-13 家蚕黑缟斑纹的遗传

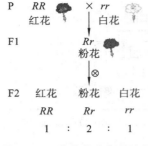

图 21-14 紫茉莉花色的遗传

种——M 型($L^M L^M$)、N 型($L^N L^N$)和 MN 型($L^M L^N$),杂合体($L^M L^N$)表型既不是 M 型也不是 N 型,同时也不是 M 型和 N 型间的过渡类型,而是同时表现出 M 型($L^M L^M$)和 N 型($L^N L^N$)的两种性状,成为一种新的类型——MN 型。共显性是一种广泛存在的遗传现象(图 21-16)。

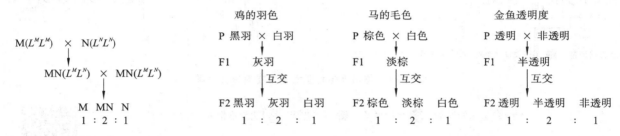

图 21-15 人类 MN 血型遗传   图 21-16 一些生物性状的共显性遗传

镶嵌显性(mosaic dominance)是指一对等位基因分别影响生物体不同部位的同一性状,杂合体中,两个基因所决定的性状在同一个体的不同部位同时表现。关于这种遗传模式的研究,最典型的是我国著名遗传学家谈家桢对异色瓢虫(*Harmonia axyridis*)鞘翅斑遗传的研究。异色瓢虫又称为亚洲瓢虫,是鞘翅目昆虫,分布广泛,成虫鞘翅色彩丰富,有些分布有不同的斑点,为我们熟知的是七星瓢虫(鞘翅上分布有 7 个黑色斑点)。瓢虫鞘翅基本可分为黄底型(隐性纯合体,*ss*)和黑底型(显性基因控制,有多种)两大类:黄底型鞘翅以黄色为底色,分布有 0~19 个黑色斑点;黑底型鞘翅以黑色为底色,分布有大小、位置和数目不等的橙色斑点。至少有 19 种基因与瓢虫鞘翅斑有关,这些基因形成了复等位基因(multiple allele),所控制的性状表现为镶嵌显性(图 21-17)。均色型($S^E S^E$)与黄底型(*ss*)交配,F1 代杂合体($S^E s$)鞘翅后缘与均色型相同,其他部分与黄底型相同,亲本性状在后代中不同部位同时表现出来,产生一种新的类型。F2 代基因型及比例符合孟德尔分离规律(变形比例)。其他类型的鞘翅斑遗传表现出与此相似的现象。

超显性(overdominance)是指杂合子性状表现超过显性纯合子的现象。如 W^+w 红眼果蝇的荧光素含量超过白眼纯合体 ww 和红眼纯合体 W^+W^+。

完全显性与不完全显性的主要差异:①等位基因间为完全显性时,显性杂合体与显性纯合体表型一致,无法根据表型区别基因型,显性杂合体自交后代比例为 3:1;②等位基因间为不完全显性时,显性杂合体与显性纯合体表型不同,根据表型可以确定基因型,显性杂合体自交后代比例为 1:2:1。

另外,等位基因间显隐性关系还可能因为分析方法、检测水平不同而发生变化。根据前文所述已经了解,圆粒豌豆(*RR*)与皱粒豌豆(*rr*)杂交 F1 籽粒为圆粒(*Rr*),这是大体性状。*R* 基因对 *r* 基因表现为完全显性,但显微观察发现,圆粒豌豆(*RR*)籽粒所含淀粉颗粒数量多、呈球形或卵圆形;皱粒豌豆(*rr*)籽粒所含淀粉颗粒数量少、呈多角形且有放射状裂纹;圆粒豌豆(*Rr*)籽粒中的淀粉粒情况介于 *RR* 和 *rr* 之间(图 21-18)。这种现象表明在微观水平 *R* 基因对 *r* 基因表现为不完全显性。

人类镰刀形贫血症(sickle cell anemia)患者红细胞呈镰刀状(图 21-19),其携氧能力下降,临床表现有慢性溶血性贫血、易感染及再发性疼痛等症状。该性状受一对基因 Hb^A 和 Hb^S 控制,不同基因型个体性状表现如表 21-4 所示。从临床表现是否贫血考察,Hb^A 对 Hb^S 是完全显性;从临床是否有镰刀形红细胞考察,Hb^S 对 Hb^A 是完全显性,这时出现了显性转换(reversal of dominance,生物显性性状在不同条件下发生转换的现象);从镰刀形红细胞数量来看,由于 $Hb^A Hb^S$ 杂合体红细胞只有约 1/3 为镰刀形,因此 Hb^S 对 Hb^A 是不完全显性;从 Hb^S 蛋白含量考察,Hb^S 对 Hb^A 是不完全显性;从 Hb^A 和 Hb^S 蛋白电泳结果分析来看,Hb^A 和 Hb^S 两者间的关系又属于共显性。

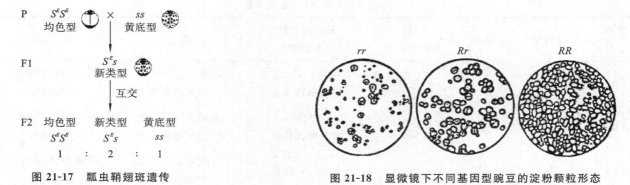

<table>
<tr><td>P</td><td>$S^E S^E$</td><td>×</td><td>ss</td></tr>
<tr><td></td><td>均色型</td><td></td><td>黄底型</td></tr>
<tr><td>F1</td><td colspan="4">$S^E s$
新类型</td></tr>
<tr><td></td><td colspan="4">互交</td></tr>
<tr><td>F2</td><td>均色型</td><td>新类型</td><td>黄底型</td></tr>
<tr><td></td><td>$S^E S^E$</td><td>$S^E s$</td><td>ss</td></tr>
<tr><td></td><td>1 :</td><td>2 :</td><td>1</td></tr>
</table>

图 21-17 瓢虫鞘翅斑遗传

图 21-18 显微镜下不同基因型豌豆的淀粉颗粒形态

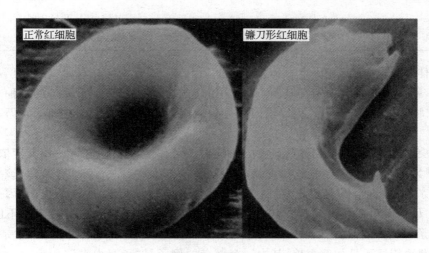

图 21-19 人类正常红细胞与镰刀形红细胞

表 21-4 人类镰刀形贫血症不同基因型个体的性状表现

基因型	临床表现	镰刀形红细胞	镰刀形红细胞数	含 Hb^S 蛋白含量	电泳
$Hb^A Hb^A$	正常	无	无	0	Hb^A 一条带
$Hb^A Hb^S$	正常	有	1/3	20%~40%	Hb^A、Hb^S 两条带
$Hb^S Hb^S$	贫血	有	绝大多数	90%	Hb^S 一条带
遗传规律	隐性	显性	不完全显性	不完全显性	共显性

一个非常有趣的现象是,镰刀形红细胞携氧能力低,导致个体出现一系列病症,但寄生于红细胞中的疟原虫(引发疟疾的病原微生物)存活力也因此下降,个体表现出对疟疾有很强的抵抗力,在非洲这种现象非常明显(非洲黑人该基因的杂合子占人群的 20%)。这种现象也表明,基因突变的有利性和有害性是相对的。

从上面的例子可以看出,等位基因间的作用是非常复杂的。

21.4.2 复等位基因

此前,我们讨论了等位基因和不同染色体上非等位基因的遗传,了解到等位基因在二倍体细胞中成对存在,但这并不意味着染色体上某一座位(locus)的基因只有两种形式,由于基因突变,同一座位的基因可能存在多种,每种被称为等位形式(allelic form)或相(phase),如某一基因有 a_1、a_2、a_3、……、a_n 等多种,这种某一基因存在多种等位形式的现象称为复等位现象(multiple allelism),基因间互称复等位基因。

基因的复等位现象广泛存在。对于每个二倍体细胞而言,最多只能拥有复等位基因中的任意两个,并且遵守孟德尔分离规律;对于物种来说,则包含了复等位基因中的所有形式。

21.4.1 节中所述决定瓢虫鞘翅斑的 19 种基因即为复等位基因。此外,决定人类 ABO 血型的基因也属于复等位基因(表 21-5)。

表 21-5　人类 ABO 血型系统

表型 （血型）	基因型	抗原	抗体 （细胞膜）	基因及产物 （血清中）	血清	红细胞
A	$I^A I^A$，$I^A i$	A	β（抗 B）	I^A（9q34），N-乙酰 半乳糖转移酶	可使 B 及 AB 型 红细胞凝集	可被 O 及 B 型 血清凝集
B	$I^B I^B$，$I^B i$	B	α（抗 A）	I^B（9q34）， 半乳糖转移酶	可使 A 及 AB 型 红细胞凝集	可被 O 及 A 型 血清凝集
AB	$I^A I^B$	AB	—	上述二者兼有	不能使任何类型 红细胞凝集	可被 O、A 及 B 型 血清凝集
O	ii	—	α、β （抗 A 及 B）	i（9q34），基因无 相应产物	可使 A、B 及 AB 型 红细胞凝集	不被任何类型 血清凝集

　　人类 9 号染色体长臂 34 区存在决定 ABO 血型的基因，有 I^A、I^B 和 i 三种形式，是复等位基因，决定红细胞表面抗原的类型，每个人含有其中两种基因，表现为特定的血型。ABO 血型系统的 4 种表型及可能的基因型如表 21-5 所示。临床中如果输全血，应以输同型血为原则，若输血浆则要求略低（但仍以输同型血较为安全）。

　　在不发生基因突变的情况下，根据遗传规律，ABO 血型可作为亲子鉴定的一种参考依据。例如，某小孩是 AB 型血（基因型为 $I^A I^B$），而某男子是 O 型血（基因型 ii），根据 ABO 血型遗传规律，该男子绝不可能是这个孩子的生物学父亲；如果这个男子是 B 型血（基因型为 $I^B I^B$ 或 $I^B i$）或者是 A 型血（基因型为 $I^A I^A$ 或 $I^A i$）、AB 型血（基因型为 $I^A I^B$），则有可能是这个小孩的生物学父亲；但是仅依靠血型鉴定还不能充分判定男子一定是小孩的亲生父亲，只有综合运用 DNA 指纹等现代分子遗传学技术进行亲子鉴定，才是最为可靠的方法。

　　然而，ABO 血型遗传远不是如此简单，其中一个著名的例子是"孟买血型"（Bombay antigen system），由 Y. M. Bhende 于 1952 年在印度孟买首次发现：一位 O 型血女子与 B 型血男子婚配，子女中出现了 A、B、O 及 AB 四种血型，其中 O 型与 B 型血子女不难理解，为什么会出现 A 型及 AB 型血子女呢？基因突变的频率很低（一般在 10^{-5} 以下），可排除这一因素。孟买血型的现象实在不可思议，引起了人们的困惑，甚至是对 ABO 血型遗传的怀疑。深入研究后发现，ABO 血型除了与 I^A、I^B 和 i 三种基因有关外，还与一个非常重要的基因（FUT1 基因）相关，该基因位于 19 号染色体上，编码岩藻糖转移酶，使岩藻糖与半乳糖相连，产生 H 抗原（糖脂，基本结构是以糖苷键与多肽链骨架结合的四糖链，包括 β-D-半乳糖、β-D-N-乙酰葡萄糖胺、β-D-半乳糖以及在 β-D-半乳糖 2-位连接的抗原决定簇 α-L-岩藻糖），H 抗原在 I^A 或 I^B 基因产物作用下分别转化成 A 抗原或 B 抗原（i 基因产物无转化功能）（因此产生 H 抗原的 H 基因为 I^A、I^B 和 i 基因的上位基因，见本节后续内容），FUT1 基因有两个等位基因 H 和 h（H 对 h 是完全显性），h 基因无法编码具有活性的岩藻糖转移酶，hh 纯合子个体在人类中极其罕见。这些基因的作用方式见图 21-20。此例中的女子基因型为 $I^A i$（hh），表型为 O 型，与之婚配的男子基因型为 $I^B i$（Hh 或 HH），表型为 B 型。由此产生 A、B、O 及 AB 四种血型的子女就不难理解了。

　　孟买血型系统又称为 Hh 血型系统或 Hh 抗原系统，是根据红细胞表面是否存在 H 抗原而对血液分型的人类血型系统。Hh 血型系统是人类最重要的血型系统——ABO 血型系统的基础。孟买血型在世界各地十分罕见，在印度约为万分之一，在欧洲约为百万分之一，在某些孤立地区，如法属留尼旺，H 抗原缺陷个体的比例高达约千分之一。孟买血型在中国所占的比例仅为十几万分之一，已有约 30 例的报道。

21.4.3　非等位基因间的作用

　　生物有很多性状是由多对基因相互作用而决定的。几对基因相互作用决定一个单位性状的现象称为基因互作（gene interaction）。非等位基因间的互作主要有互补作用、积加作用、重叠作用、上位作用等类型。

　　1. 互补作用（complementary effect）　两对独立遗传的等位基因控制一对相对性状，当两对基因中都有显性基因存在时表现出一种性状，而两对基因中只有一对为显性或两对基因都为隐性纯合时表现出另外的性状，基因间的这种作用称为互补作用。

　　香豌豆（*Lathyrus odoratus*）花色遗传表现为基因互补（图 21-21）。香豌豆花色由 C 和 P 两对基因控制，

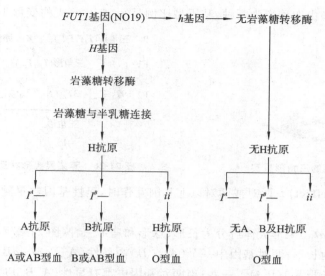

图 21-20　人类孟买血型的遗传机制

两对基因只有一对为显性或全部为隐性时开白花,但两对基因都有显性基因存在时则开紫花,这是 C 和 P 两个显性基因互作的结果,称为显性互补(dominant complementation)。实际上开什么颜色的花由合成的色素种类决定,C 和 P 基因在色素合成中不同阶段发挥作用,从而使不同基因型的个体开出不同颜色的花(图21-22)。两对基因的遗传方式符合孟德尔自由组合规律,只是 F2 代表型由四种变形为两种,基因型比例由 9∶3∶3∶1 变形为 9∶7[9∶(3∶3∶1)]。

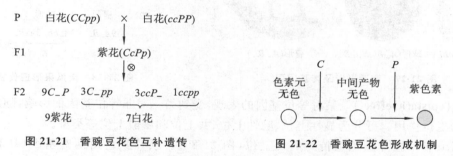

图 21-21　香豌豆花色互补遗传　　　　**图 21-22　香豌豆花色形成机制**

鸡(*Gallus domestiaus*)冠的形状也由两对基因(R 和 P)控制,常见有四种类型(图 21-23)。两对基因中有一对为隐性纯合时表现为玫瑰冠(R_pp)或豌豆冠(rrP_),两对基因都有显性基因存在时(R_P_)产生"新"性状——胡桃冠,这是基因 R 和 P 互补作用的结果;两对基因都为隐性纯合时出现另一种"新"性状——单冠,是基因 r 和 p 互补作用的结果,此时称为隐性互补(recessive complementation)(图 21-24)。两对基因遗传方式完全符合典型的孟德尔自由组合规律。

图 21-23　常见鸡冠的类型

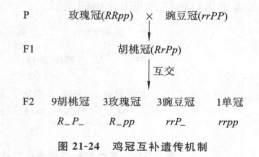

图 21-24　鸡冠互补遗传机制

2. 重叠作用(duplicate effect)　两对或两对以上基因控制同一性状,只要其中一对基因存在显性基因便表现出显性性状,只有隐性纯合才能表现出隐性性状的现象。

荠菜(*Capsella bursa-pastoris*)为十字花科植物,不同种类果实形状存在差别,常见有三角形和卵圆形(图 21-25),受两对基因控制(T_1 和 T_2),三角形果实纯合体基因型为 $T_1T_1T_2T_2$,卵圆形纯合体基因型为 $t_1t_1t_2t_2$。将果实三角形与卵圆形纯合体杂交,F1 代自交,F2 代果实有三角形与卵圆形两种类型,比例为 15∶1(图 21-26),可以看出杂合体中只要 T_1 或 T_2 存在显性基因,果实即为三角形。两对基因遗传符合孟德尔自由组合规律,只是 F2 代表型由四种变为两种,基因型比例是 9∶3∶3∶1 的变形 15∶1[(9∶3∶3)∶1]。

P　三角形($T_1T_1T_2T_2$)　×　卵圆形($t_1t_1t_2t_2$)

F1　　　三角形($T_1t_1T_2t_2$)

　　　　　　⊗

F2　9T_T_　3T_t_2t_2　3t_1t_1T_　1$t_1t_1t_2t_2$

　　　　　三角形　　　　　　　卵圆形

　　　　　　15　　　∶　　　　1

图 21-25　荠菜的三角形果实

图 21-26　荠菜果实形状遗传机制

3. 积加作用(additive effect)　两对或两对以上基因互作时,显性基因数量越多,所控制性状表现越明显的现象。

南瓜(*Cucurbita moschata*)果形大体可分为长形、球形和扁形三种(图 21-27),由两对基因(*A* 和 *B*)控制。隐性纯合体(*aabb*)的果形为长形;两对基因中一个(*A* 或 *B*)为显性(*A_bb* 或 *aaB_*)时果实为球形,似乎是由于一个显性基因的存在将长形果实压扁了一些;当两对基因中都有显性(*A_B_*)时果实为扁形,两个显性基因的存在又将球形果实进一步压扁了一些。这两对基因的遗传方式符合孟德尔自由组合规律,只是 F2 代表型由四种变形为三种,基因型比例由 9∶3∶3∶1 变形为 9∶6∶1[9∶(3∶3)∶1](图 21-28)。

长形(*aabb*)　球形(*A_bb* 或 *aaB_*)　扁形(*A_B_*)

图 21-27　南瓜果形及其基因型

P　扁形(*AABB*)　×　长形(*aabb*)

F1　　　扁形(*AaBb*)

　　　　　互交

F2　扁形　　　球形　　　长形

　9A_B_　3A_bb　3aaB_　1$aabb$

　9　　∶　　6　　∶　　1

图 21-28　南瓜果形遗传机制

4. 上位作用(epistatic effect)　某对等位基因的表现,受到另一对非等位基因的影响,随后者的不同而不同,这种现象称为上位作用。可分为显性上位、隐性上位、共上位和镶嵌上位等类型。

燕麦(*Avena sativa*)颖片颜色遗传为显性上位(图 21-29)。颖片颜色由两对基因(*B* 和 *Y*)控制,黑颖(*BByy*)与黄颖(*bbYY*)纯合体杂交,F1 代为黑颖(*BbYy*),F1 代自交产生的 F2 代有三种表型:黑颖、黄颖和白颖,比例为 12∶3∶1。颖片颜色由色素决定,色素合成机制如图 21-30 所示,*B/b* 基因控制黑颖与白颖,*Y/y* 基因控制黄颖与白颖。当 *B* 和 *Y* 基因同时存在时,虽然 *Y* 基因合成黄色素,但 *B* 基因合成的黑色素掩盖了黄色素的存在,抑制了黄色素表现,因此说 *B* 基因是 *Y* 基因的显性上位基因。这两对基因的遗传符合孟德尔自由组合规律,只是 F2 代表型由四种变形为三种,基因型比例由 9∶3∶3∶1 变为 12∶3∶1[(9∶3)∶3∶1],是孟德尔自由组合基因比例的变形。

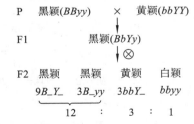

P　黑颖(*BByy*)　×　黄颖(*bbYY*)

F1　　　黑颖(*BbYy*)

　　　　　⊗

F2　黑颖　　黑颖　　黄颖　　白颖

　9B_Y_　3B_yy　3bbY_　*bbyy*

　　12　∶　　3　　∶　　1

图 21-29　燕麦颖片颜色遗传方式(显性上位)

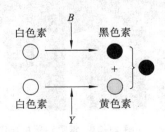

图 21-30　燕麦颖片颜色形成机制

家兔(*Oryctolagus cuniculus*)毛色由两对基因(*C* 和 *G*)控制。*C/c* 基因决定色素的有无,*G/g* 基因决定色素分布方式。含 *C* 基因个体有色素合成,此时 *G/g* 基因决定毛色,如果同时含有 *G* 基因表现为灰色,若含有 *g* 基因则表现为黑色。但对于 *cc* 个体而言,无论 *G/g* 这对基因是显性还是隐性,纯合体都表现为白色毛,也就是说 *cc* 基因掩盖了 *G/g* 基因的表现,因此 *cc* 基因是 *G/g* 基因的隐性上位基因(图 21-31)。这两对基因的遗传符合孟德尔自由组合规律,只是 F2 代表型由四种变形为三种,基因型比例由 9∶3∶3∶1 变为 9∶3∶4[9∶3∶(3∶1)],是孟德尔自由组合基因比例的变形。

虎皮鹦鹉(*Melopsittacus undulatus*)常见毛色有四种(图 21-32),由两对基因(*A* 和 *B*)控制。*A*_*B*_基因型个体表现为绿色毛,*A*_*bb* 基因型个体表现为蓝色毛,*aaB*_基因型个体表现为黄色毛,*aabb* 基因型个体表现为白色毛。其毛色形成机制见图 21-33。

P　灰色(*CCGG*) × 白色(*ccgg*)

F1　灰色(*CcGg*)

互交

F2　灰色　黑色　白色　白色

9*C*_*G*_　3*C*_*gg*　3*ccG*_　1*ccgg*

9 : 3 : 4

图 21-31　家兔毛色遗传方式(隐性上位)

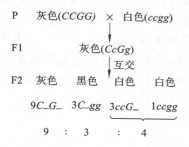

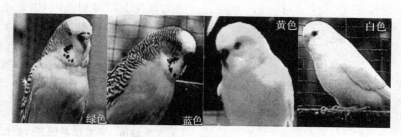

图 21-32　虎皮鹦鹉常见毛色类型

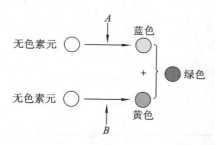

图 21-33　虎皮鹦鹉毛色形成机制

当 *A* 基因存在时可以合成蓝色素,因此毛为蓝色毛;当 *B* 基因存在时可以合成黄色素,因此毛为黄色毛;*aabb* 纯合体没有合成有颜色的色素,因此毛为白色毛;当 *A* 和 *B* 基因同时存在时,合成了蓝色素和黄色素,细胞内色素可以混合,因蓝加黄为绿,所以 *A*_*B*_基因型的个体也就表现为绿色毛。对于 *A*_*B*_基因型个体而言,同时表现了 *A*_*bb* 型和 *aaB*_型性状,基因 *A* 与基因 *B* 互为上位基因,因此称共上位。*A*、*B* 两对基因的遗传完全符合常规孟德尔自由组合规律。

刺鼠(*Niviventer coxingi*)毛色由两对基因(*A* 和 *C*)控制,常见有三种类型毛色(图 21-34)。*C* 基因合成黑色素且均匀分布,*A* 基因合成黄色素呈条带型分布。*aacc* 型个体为棕色毛;*aaC*_型个体由于 *C* 基因作用而合成黑色素并且色素均匀分布,因此呈黑色毛;*A*_*cc* 型个体无黑色素,由于 *A* 基因存在使棕色毛上带有黄色条带,外观表现为黄色毛;*A*_*C*_型个体含有黑色素,并且带有黄色条纹,外观表现为灰色毛(图 21-35、图 21-36)。*A*、*C* 基因在一根毛的不同部位同时表现,因此称为镶嵌上位。这两对基因是典型的孟德尔式遗传。

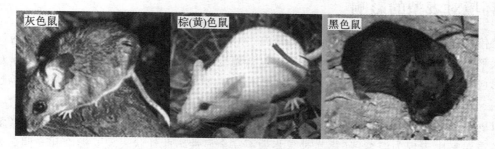

图 21-34　刺鼠毛色类型

P　灰色鼠 × 棕色鼠　　黄色鼠 × 黑色鼠

(*AACC*)　(*aacc*)　　(*AAcc*)　(*aaCC*)

F1　灰色鼠(*AaCc*)　　灰色鼠(*AaCc*)

互交

F2　灰色鼠　黄色鼠　黑色鼠　棕色鼠

9*A*_*C*_　3*A*_*cc*　3aa*C*_　1*aacc*

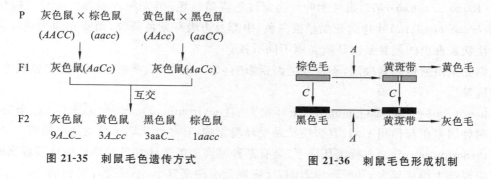

图 21-35　刺鼠毛色遗传方式

图 21-36　刺鼠毛色形成机制

在基因上位作用中,还有一种类型,称为修饰作用(modification),即一对基因影响另一对非等位基因的表现,包括强化作用(reinforcement,加强非等位基因表达)、限制作用(restriction,减弱非等位基因表达)和抑制作用(inhibition,抑制非等位基因表达)。

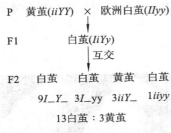

P　黄茧(iiYY) × 欧洲白茧(IIyy)

F1　　　白茧(IiYy)
　　　　　│互交

F2　白茧　　白茧　　黄茧　　白茧
　　9I_Y_　3I_yy　3iiY_　1iiyy
　　　　13白茧∶3黄茧

图 21-37　桑蚕茧颜色遗传方式

桑蚕(*Bombyx mori*)所吐茧丝有黄色和白色,由 Y/y 基因决定,含有 Y 基因个体所结茧为黄色,yy 基因型个体结白色茧。另一对基因 I/i 对 Y/y 表现可产生影响,I 基因对 Y 基因表现具有抑制作用,为 Y 基因的显性上位抑制基因,因此 $I\_Y\_$ 基因型个体所结茧为白色;由于 i 基因对 Y 基因没有抑制,于是 $iiY\_$ 基因型个体为黄色茧(图 21-37)。这两对基因的遗传亦符合孟德尔自由组合规律,只是 F2 代表型由四种变形为两种,基因型比例由 9∶3∶3∶1 变为 13∶3[(9∶3∶1)∶3],是孟德尔自由组合基因比例的变形。

常见非等位基因互作类型及遗传方式如表 21-6 所示。

表 21-6　非等位基因互作类型比较

互 作 类 型	F2 代表型比例	与 9∶3∶3∶1 比例比较
互补作用	9∶7	9∶(3∶3∶1)
重叠作用	15∶1	(9∶3∶3)∶1
积加作用	9∶6∶1	9∶(3∶3)∶1
显性上位	12∶3∶1	(9∶3)∶3∶1
隐性上位	9∶3∶4	9∶3∶(3∶1)
抑制作用	13∶3	(9∶3∶1)∶3

基因互作实质:基因含有遗传信息,遗传信息的体现者是基因产物——蛋白质。蛋白质结构和功能表现为生物的性状,性状包括形态特征和生理、生化等特性,是发育的结果,一定条件下,遗传物质控制着所有的生化过程和发育模式。从基因到蛋白质(基因表达)是复杂的生理过程,受细胞内、外环境因素影响,有些性状的形成需要经历一系列复杂的生化过程,每个生化及发育过程都与其他过程密切相关,在此过程中不可避免地受到等位基因或非等位基因的作用,当然也包括细胞内、外环境因素的影响,这些相互作用就是基因互作的实质。

21.4.4　环境对表型的影响

性状由遗传信息决定(主要是基因),同时也受内、外环境因素影响。内部环境主要是体内(细胞内)生理环境及生化水平(表现出基因互作);外部环境主要包括温度、光照、水分、营养等因素。性状只有在一定环境条件下才能形成,不同环境条件可使同一性状出现差异,有些情况下与不同基因型表现出的性状差异相似(称为表型模写)。

曼陀罗(*Datura stramonium*)茎有紫色和绿色,紫茎与绿茎杂交子代,在夏季田间为紫茎(紫茎表现为完全显性),而冬季温室中表现为淡紫茎(紫茎对绿茎为不完全显性),此性状表现受温度和光照影响。人类早秃(秃顶)受一对基因 Pi/pi 控制,Pi 基因在男性中为显性,在女性中却为隐性,是体内性激素影响的结果。

紫叶小檗(*Berberis thunbergii*)嫩枝和叶片为紫红色或暗红色,但光照较弱部位叶片呈绿色(图 21-38);斑叶鸭跖草(*Zebrina pendula*)叶片向光面呈银白色、中部及边缘有紫色条纹,而背光面为紫红色(图 21-39)。同一植株叶片性状表现出的差异是由环境光照不同所致。

有些性状则完全由遗传因素决定,不受环境因素影响,如人的指纹、掌纹、血型、植物分枝方式、果实和种子的形状及结构等。

表现型(phenotype)＝基因型(genotype)＋环境影响(environment),即 P＝G＋E。这个公式普遍适用,对于不同性状两种因素所起作用不同,有些性状易受环境影响,有些性状则不易受环境影响。

反应规范(reaction norm)是在特定环境下,具有某种基因型的个体在各种环境中所表现出的所有生物性状的总和。反应规范大则变异大、易受环境影响,反应规范小则变异小、不易受环境影响。

表型模写(phenocopy)是环境变化导致的表型改变,与基因变化引起的表型改变相似的现象。这种表型改变是不能稳定遗传的。

图 21-38 紫叶小檗不同部位叶片颜色

图 21-39 斑叶鸭跖草叶片颜色

21.4.5 基因的多效性

基因的产物——蛋白质,如果以酶的形式行使功能,首先是影响细胞的生化过程,一个基因主要影响一个生化过程,但细胞内的生化、发育过程与其他过程都是相互联系、相互制约的,因此一个基因往往也会影响其他生化过程(性状),由此产生一因多效现象。

一因多效(pleiotropism)指的是一个基因影响多个性状发育的现象,也就是单一基因的多种表型效应。这种现象非常普遍。

例如,水稻的矮化基因除控制植株高度外,还具有提高分蘖力、增加叶绿素含量和扩大栅栏细胞直径等作用。家鸡中有一种羽毛反卷的翻毛鸡(基因型为 $F\_$),非翻毛鸡(正常羽毛)基因型为 ff,F/f 基因除决定羽毛翻卷与否外,还影响很多其他性状:翻毛鸡羽毛保温能力不如正常鸡,身体热量散失较多,体温较正常鸡低,需要通过促进代谢作用补偿消耗,从而使心跳加快、心脏逐渐扩大,心脏形状也发生改变,与血液有重要关系的脾也因此逐渐扩大,代谢增强导致进食量加大,消化器官、消化腺和排泄器官等相关器官都发生了变化,同时会使生殖能力降低,这些异常表型是由一对基因的作用引发的。

21.4.6 性状的多基因决定

生物性状一般可分为两种类型——质量性状和数量性状。

质量性状(qualitative character)是由一对或两对等位基因所决定的性状。这些性状在个体间能明确分组且可定性描述,具有不连续变异的特点。如孟德尔豌豆杂交实验中所选择的籽粒形状和颜色、株高等。

数量性状(quantitative character)是由多对等位基因所决定的性状。表型为连续变异,难以明确分组,需要用度量等方式描述。控制数量性状的每对基因只有微小的表型效应,因此这些基因被称为微效基因(minorgene)。数量性状是很多对微效基因效应累加的结果,这类性状的遗传又称为多基因遗传(polygenic inheritance)。

多因一效(multigenic effect)是多个基因共同影响同一性状表现的现象。生物大部分性状受多个基因的作用,为数量性状。如人类肤色(身高、体重等)、农作物株高和产量、奶牛的产奶量、家禽产蛋量、羊的产毛量及毛长度等都为数量性状,玉米叶绿素形成就与 50 多对不同的基因有关。

不同数量性状产生的表型中,基因决定与环境影响所占比重不同。人类眼睛颜色取决于虹膜所含色素,基本由遗传决定;人的身高受环境影响较大,有人认为环境因素(健康状况、营养条件等)对身高的影响作用可达 50%;有些特征则与遗传无关,是环境中许多因素的综合影响,如对音乐的喜好、指甲长短、胸大肌发达程度等。

21.4.7 表现度和外显率

基因与性状间关系非常复杂,有时具有某种基因型的个体所表现出的性状在程度上存在差别,或者表现该性状的个体在群体中所占比例不同。

表现度(expressivity)是指具有特定基因型且表现其所决定性状的个体中,该性状所显现的程度。如黑腹果蝇眼睛颜色相关基因有20多个,具有特定基因型的个体眼睛颜色会随着年龄增加而加深,即该性状表现度增加。这种现象是由于相同基因型的个体在不同遗传背景和环境因素影响下,或者是其他一些未知原因,导致基因表达程度有所不同。人类多指是简单的显性遗传,由 A 基因控制,然而具有相同基因型 Aa 的人,多出的手指在大小、长短上有很大差别,从很大、很长到很小、很短各不相同(图 21-40)。

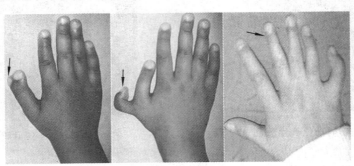

图 21-40　人类多指症的不同表现程度

外显率(penetrance)是指具有特定基因的群体中,表现该基因决定性状的个体所占的比例。100%外显率为完全外显率(complete penetrance),低于 100%则为不完全外显率(incomplete penetrance)。例如黑腹果蝇间断翅脉由基因 i 决定,ii 型个体中有 90%为间断翅脉、10%为野生型,该性状外显率为 90%;又如玉米形成叶绿素的基因型 A_,有光照条件下 100%形成叶绿素,A 基因的外显率为 100%,无光照条件下不能合成叶绿素,此时 A 基因的外显率为 0。

21.5　遗传第三定律——连锁交换规律

基因分离规律揭示的是位于一对同源染色体上的一对等位基因的遗传,自由组合规律反映的是位于多对非同源染色体上的多对非等位基因的遗传。那么,位于一对同源染色体上的非等位基因是如何遗传的呢？这些基因的遗传表现为连锁-交换方式。

基因连锁(linkage)指的是一条染色体上的基因(来源于同一亲本,非等位基因)在绝大多数情况下连在一起,共同遗传给同一子代(细胞)的现象,由贝特逊(W. Bateson)和庞尼特(R. C. Punnet)于 1906 年通过香豌豆杂交实验而发现。揭示基因连锁机制的是美国著名遗传学家摩尔根。

图 21-41　托马斯·亨特·
摩尔根

托马斯·亨特·摩尔根(Thomas Hunt Morgan,1866—1945)(图 21-41),美国遗传学家、实验胚胎学家,建立了染色体遗传理论,将基因定位于染色体上,创立了细胞遗传学,是现代遗传学奠基人。摩尔根出生于美国肯塔基州列克星敦,自幼喜欢采集动植物标本和收集化石。1880 年进入肯塔基州立学院,1886 年获动物学学士学位,一年后转入约翰-霍普金斯大学从事形态学和胚胎学研究,1890 年获哲学博士学位,1892 年开始在布林马尔学院任教,并从事实验胚胎学研究。1910 年开始进行白眼果蝇的杂交实验,发现了伴性遗传现象及基因的连锁交换规律,证明了基因在染色体上呈直线排列。1926 年出版了遗传学经典著作——《基因论》。摩尔根一生为后人留下了 21 本专著和 370 篇论文,并于 1933 年获诺贝尔生理学或医学奖。

1908 年,摩尔根发现黑腹果蝇(Drosophila melanogaster)(俗称果蝇,果蝇的一种)是十分理想的遗传学研究材料:①体形小(3～4 mm),生命力强,易于繁殖且繁殖能力强,每只雌蝇可产 80 余枚卵;②易饲养、无危害,能发酵的原料都可成为良好的培养基;③生活周期短,20 ℃时约 15 天完成一个世代,25 ℃时约 10 天即可完成一个世代;④染色体数量少(2x＝8),便于分析;⑤有很多区分明显、便于分析的性状;⑥个体间交配容易控制;⑦通过人工诱变的方法,获了很多突变品系,为遗传分析提供了极好的材料。

摩尔根实验室研究人员利用黑腹果蝇进行了大量的杂交实验,所提出的基因连锁交换规律(law of linkage and crossing over),被后人誉为遗传第三定律。

现选择果蝇几个性状来说明连锁交换规律。控制果蝇眼睛颜色的基因有很多,分布于 X 染色体和 2 号、

3 号染色体上(图 21-42),其中 2 号染色体 54.5 cM 座位上有一对控制眼睛颜色的基因,野生型为 Pr^+(表型为红眼),突变型为 Pr(表型为紫眼)。2 号染色体 67.0 cM 座位上有一对控制翅大小的基因,野生型为 Vg^+(长翅),突变型为 Vg(残翅)。

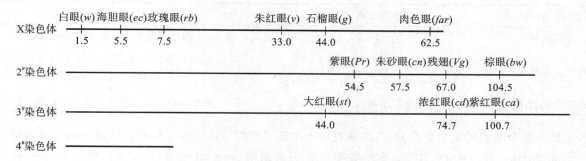

图 21-42　果蝇一些基因在染色体上的座位

如图 21-43 所示,亲代红眼长翅($Pr^+Pr^+Vg^+Vg^+$)果蝇与紫眼残翅($PrPrVgVg$)果蝇杂交,F1 代为红眼长翅(Pr^+PrVg^+Vg),F1 个体与紫眼残翅($PrPrVgVg$)杂交得到 F2 代。F2 代中,两对基因如果按照自由组合遗传,四种表型比例应为 1∶1∶1∶1,但实得个体中红眼长翅和紫眼残翅占绝大多数(两者合计约 89%),红眼残翅与紫眼长翅所占比例较小(两者合计约 10%),结果显然与孟德尔自由组合规律不相符。

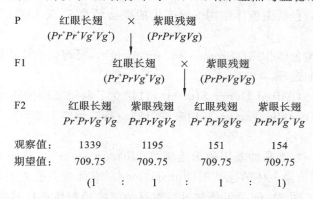

P	红眼长翅	×	紫眼残翅	
	($Pr^+Pr^+Vg^+Vg^+$)		($PrPrVgVg$)	
F1	红眼长翅	×	紫眼残翅	
	(Pr^+PrVg^+Vg)		($PrPrVgVg$)	
F2	红眼长翅	紫眼残翅	红眼残翅	紫眼长翅
	Pr^+PrVg^+Vg	$PrPrVgVg$	$Pr^+PrVgVg$	$PrPrVg^+Vg$
观察值:	1339	1195	151	154
期望值:	709.75	709.75	709.75	709.75
	(1　：ᅵ	1　：	1　：	1)

图 21-43　果蝇 2 号染色体中眼睛颜色与翅大小基因的遗传

1910 年,根据果蝇杂交实验结果,摩尔根和布里吉斯(C. B. Bridges)提出了基因连锁法则(law of linkage),指出:来源于同一亲本同一染色体上的非等位基因常联系在一起共同遗传给下一代,并将这种倾向称为连锁遗传。同一染色体上非等位基因的连锁遗传与减数分裂过程中染色体行为一致:一条染色体上的所有基因在减数分裂时,绝大多数情况下随该染色体共同分配到同一个子细胞中。

由于基因的连锁遗传,亲本型配子比例高于重组型配子,因此后代中亲本组合个体远比重组合个体数量多。如果同一染色体上非等位基因不发生分离,共同遗传到下一代称为完全连锁(complete linkage);减数分裂时由于交叉、互换,同源染色体上的非等位基因间形成新的基因分布形式,这种现象称为不完全连锁(incomplete linkage),即基因的交换(crossing over),同源染色体发生交换的频率一般较低,因此重组型配子比亲本型配子少很多。位于同一条染色体上,完全连锁、控制同一性状的非等位基因被称为拟等位基因(pseudoalleles)。

摩尔根连锁交换规律揭示的是同一条染色体上非等位基因遗传方式,这些基因更倾向连锁遗传,偶尔会发生交换,出现"新的"基因分布方式。

同源染色体间交换产生基因重组,称为染色体内重组,所产生的配子比例不同,重组型配子比例多小于 50%;非同源染色体间的基因自由组合,被称为染色体间重组,所产生的各种类型配子比例相同。但是,当同一条染色体上的两个非等位基因距离较远时,染色体内重组产生的各种类型配子比例非常接近,与染色体间重组区别不明显,类似基因的自由组合,此时可采用标记基因等手段加以区分。

基因连锁交换规律经自交、测交、Tease-Jones 花斑实验及减数分裂染色体行为观察等实验被证明是正确的,而且是普遍存在的遗传规律。

连锁交换规律的基本内容:同一条染色体上的两对或多对非等位基因遗传时,连锁在一起共同遗传给后代的频率大于重新组合的频率,重组类型的产生是减数分裂过程中,同源染色体的非姐妹染色单体间发生局部交换的结果。

基因三个经典遗传规律的比较如表 21-7 所示。

表 21-7 基因三个经典遗传规律比较

遗传规律	F2 代分离比例	本　　质
分离规律	3∶1	同源染色体上 1 对等位基因分离
自由组合规律	9∶3∶3∶1;9∶7;12∶3∶1; 13∶3;9∶6∶1;15∶1;9∶3∶4,等	非同源染色体上 2 对(或 2 对以上) 基因分离、组合
连锁交换规律	没有特定比例,x∶y∶y∶x	同源染色体上 1 对以上基因的连锁、分离

当连锁的两个基因间发生交换时,可以通过所产生的重组配子或重组个体数量计算出两个基因间的重组频率(recombination frequency,RF)。重组频率也称为重组值(recombination value)、重组率(percentage of recombination),是重组型配子(个体)占总配子(个体)数量的百分比,计算公式:RF=重组型配子(个体)数/总配子(个体)数×100%。图 21-43 所示杂交中,RF=(151+154)/(1339+1195+151+154)×100%=10.7%,表明在这个杂交中,眼睛颜色与翅大小两个基因间的重组频率为 10.7%。

通常情况下,两个基因间的重组频率是恒定的,只与两个基因间距离远近有关,但重组频率也受内、外因素影响,测定结果会有所不同,主要影响因素:①受重组配子传递率、生活力影响;②计算方法不同会产生误差;③同源染色体配对的影响,包括染色体结构变异产生的联会异常等;④外界因素的影响,包括激素、温度、辐射、离子强度、年龄等。

基因间重组频率可用于染色体作图(chromosome mapping)。所谓染色体作图是确定连锁基因在染色体上的位置及相互间遗传图距的过程。

摩尔根的学生斯特蒂文特(Alfred Henry Sturtevant)建立了利用基因间重组频率进行染色体作图的方法。RF×100 称为遗传图距(genetic distance),用来衡量同一条染色体上基因间的距离,遗传图距单位用 cM (centimorgan,厘摩)或 m. u. 表示。

同一条染色体上连锁在一起遗传的基因称为连锁群(linkage group)。将一条染色体上所有基因进行定位并测定其遗传图距,即得到该染色体的连锁图(linkage map)(或称为染色体图),完成细胞内所有染色体的连锁图即实现了基因组作图。图 21-44 是孟德尔进行豌豆杂交实验时所选性状的连锁图,图 21-45 是摩尔根实验室早期做出的黑腹果蝇一些基因连锁图。

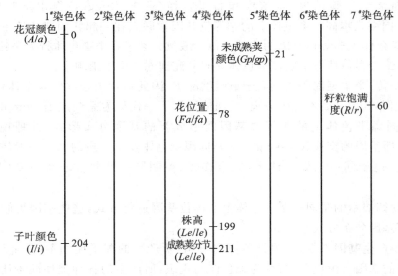

图 21-44 孟德尔豌豆杂交实验时所选性状连锁图

对于遗传学已充分研究的生物,连锁群数目与该物种单倍体染色体数相等。如果某些染色体上的基因一个都未被发现,则可能导致连锁群数少于染色体数。另外,不同年代研究水平不同,某一生物的连锁图会发生一些变动,例如 2000 年果蝇被发现的基因有 13601 个(远多于摩尔根时代),分别位于 4 个连锁群中。

染色体作图具有重要的生物学意义,可以使我们了解生命的本质及其遗传特性。例如我们熟知的人类基因组测序计划中,第一阶段要完成的任务就是绘制人类基因组的四张图谱,包括核苷酸序列图谱、遗传图谱、

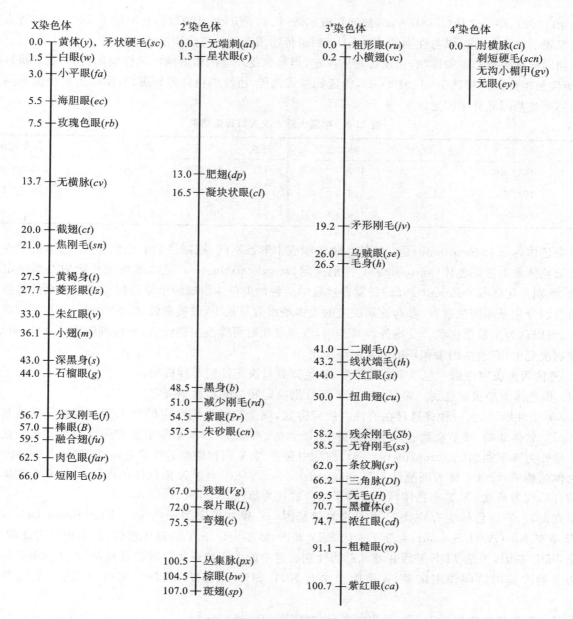

图 21-45　果蝇一些基因连锁图

物理图谱和表达图谱。

二十一世纪，生命科学产生了更多的方法，用以解析基因的结构和功能，但是基因重组作图仍然是一种最经典、最基本的技术。

21.6　性别决定与伴性遗传

21.6.1　生物的性别决定

性别分化是高等生物普遍存在的现象，很久以前人们就开始探索性别形成的机制。公元前 335 年古希腊著名哲学家、科学家和教育家亚里士多德(Αριστοτελης，Aristotle，公元前 384—公元前 322 年)指出性别决定于热(heat)；十九世纪末以前，人们认为温度、营养、年龄等环境因素决定了性别，有利于能量和营养储存的因子使一个人产生女婴，而有利于能量和营养利用的因子使人产生男婴；二十世纪初，孟德尔遗传定律被重新发现，使人们意识到生物的性状由遗传因素决定；1891 年德国科学家亨金(H. Henking)发现雄蝽(Pentatomidae)$(2x=10+1)$有条不配对的染色体无法命名，于是将其称为"x"染色体；其后，麦克朗(C. E.

McClung,1902)、斯蒂文斯(N. Stevens,1905)、威尔逊(E. B. Wilson,1906)和塞勒(J. Seiler,1914)等人先后在昆虫中发现了性染色体组成与性别的关系,认识到遗传物质在性别决定中的作用。

性别同样是生物的一种性状,由遗传物质决定,当然也受环境因素影响。从性别表现看,在雌雄异体的生物中,雌性与雄性比例接近1:1(表21-8),为孟德尔式遗传,由性染色体差异决定,实际上也是由不同类型的性染色体所含基因差异来决定。

表 21-8　中国大陆六次人口普查结果

序次	年度	总人口/亿	男女比例	序次	年度	总人口/亿	男女比例
1	1953 年	5.82	107.6:100	2	1964 年	6.95	105.5:100
3	1982 年	10.08	106.3:100	4	1990 年	11.34	106.6:100
5	2000 年	12.66	106.7:100	6	2010 年	13.40	105.2:100

性染色体(sex chromosome)是二倍体生物体细胞中形态不同、控制性别的染色体,染色体组中性染色体以外的染色体称为常染色体(autosome)。性别决定(sex determination)是细胞内遗传物质类型决定了性别的现象,性别分化(sex differentiation)是发育过程中某种性染色体组成的个体分化成特定性别的过程。性别决定与性别分化是不同的过程,参与性别决定的关键基因数量较少,属质量性状,而性别分化过程中涉及的基因很多,可以认为是数量性状。受内外因素作用,性别分化时可能发生错误,出现性别畸形(sex deformity)。

性别决定中,有遗传因素和环境因素两种作用。

1. 遗传因素决定性别　包括染色体类型、染色体数量决定性别两种机制。

(1) 染色体类型决定性别　常见的有 XY 型性别决定和 ZW 型性别决定。

①XY 型性别决定:一种普遍存在的性别决定方式,属于这种性别决定的有大部分雌雄异株植物、昆虫、圆虫、海胆、软体动物、环节动物、多足类、蜘蛛类、硬骨鱼、两栖类,以及某些甲虫和所有哺乳动物。这种性别决定中雄性为异配性别(heterogametic sex),细胞中含有 X、Y 两种类型的性染色体,减数分裂后形成含 X 或 Y 染色体的精子;雌性个体为同配性别(homogametic sex),只产生含 X 染色体的卵子。含 X 染色体精子与卵子结合后代为雌性,含 Y 染色体精子与卵子结合后代为雄性。

研究发现,Y 染色体上存在决定性别的关键基因——睾丸决定因子(testis determining factor,TDF)。1990 年辛克莱尔(A. H. Sinclair)克隆了人的 SRY 基因,该基因位于 Y 染色体短臂,转基因研究证明 SRY 基因就是 TDF 基因,于是 TDF 基因在哺乳动物性别决定中的作用被证实。后续研究表明,性别决定是以 SRY 基因为主的多基因协同作用结果,人类中至少有 SRY、SOX9、AMH、WT-1、SF-1、DAX-1 基因参与性别决定。

很多雌雄异体植物也属于 XY 型性别决定,如棕榈(Trachycarpus fortunei)、菠菜(Spinacia oleracea)、女娄菜(Silene aprica)、大麻(Cannabis sativa)、蛇麻草(Humulus lupulus)、段模草(Rumex angiocarpus)等,雄株为异配性别(XY),产生两种类型的配子。有些雌雄异株植物无明显的异型染色体,也有一些雌雄异株植物具有决定性别的异型染色体,但性别决定方式较为复杂。

②ZW 型性别决定:也是广泛存在的性别决定方式,属于这种性别决定的生物有鳞翅目昆虫、某些两栖类、鱼类、爬行类和鸟类。这种性别决定方式中雌性为异配性别,细胞中含有 Z 和 W 两种类型的性染色体,减数分裂后形成含 Z 或 W 染色体的卵子;雄性个体为同配性别,只产生含 Z 染色体的精子。含 W 染色体卵子与精子结合为雌性,含 Z 染色体卵子与精子结合为雄性。

极少数动物存在性染色体多态,即存在两种以上类型的性染色体。

(2) 染色体数量决定性别　一些生物因发生染色体消减(chromosomal elimination)而导致性别差异,这种雌雄个体性染色体数目不同的现象称为性染色体异数。如雄性佛蝗(Phlaeoba infumata)含 23 条染色体(XO),雌性则含 24 条染色体(XX);秀丽隐杆线虫(Caenorhabditis elegans)雄性含有 11 条染色体(XO),雌性含 12 条染色体(XX)。很多生物通过性染色体异数决定性别。

有些生物通过染色体组消减决定性别。如蚂蚁、蜜蜂、小茧蜂等,受精卵发育为二倍体雌性,未受精卵成为单倍体雄性。

(3) 性染色体与遗传背景互作决定性别　果蝇属于 XY 型性别决定,但 XXY 性染色体组成的二倍体表型为雌性,XO 性染色体组成的二倍体(只有一条 X 染色体)表型为雄性。Y 染色体并没有表现出强烈的雄性化作用。根据这种现象,1932 年布里奇斯(C. B. Bridges)提出遗传平衡与性别决定学说,认为果蝇性别由性指数(sex index)决定,所谓性指数是 X 染色体数与常染色体组数之比,即 X/A。$X/A=1$ 为正常雌性,$X/A=0.5$ 为正常雄性,$0.5<X/A<1$ 为中性,$X/A>1$ 为超雌性,$X/A<0.5$ 为超雄性。XXY 二倍体 $X/A=2/2=1$,因此为雌性;XO 二倍体 $X/A=1/2=0.5$,表现为雄性。这种现象表明果蝇雄性基因存在于常染色体和 Y 染色体上,雌性基因主要存在于 X 染色体中,个体性别由性染色体与基因组背景相互作用决定。

舞毒蛾(*Lymantria dispar*)为 ZW 型性别决定,由性染色体决定性别,也与细胞质因子有关,取决于细胞质因子与性染色体的平衡。细胞质中存在雌性因子 F,Z 染色体上存在雄性因子 M,$F/M(F>M)$ 为雌性,$F/MM(MM>F)$ 为雄性。其他一些生物也存在类似现象,只是不同物种 F、M 作用强度不同。

酸模(*Rumex acetosa*)有雌雄同株($18A+XX+YY$,$X:Y=1:1$),也有雌雄异株,为 XY 型性别决定,雌株为 $18A+XX+Y$($X:Y=2:1$),雄性为 $18A+X+YY$($X:Y=1:2$)。

（4）多对基因决定性别

①玉米由两对基因决定性别:玉米(*Zea mays*)常见植株绝大多数为雌雄同株,但也有雌雄异株分化。玉米性别由两对基因控制,位于 2 号染色体上的 Ts 基因决定雄花序,3 号染色体上的 Ba 基因决定雌花序。$Ba\_Ts\_$ 基因型个体雌雄同体,植株顶端长雄花序,中部叶腋长雌花序、结穗;$babaTs\_$ 基因型为雄性植株,顶端长雄花序,叶腋无雌花序;Ba_tsts 基因型为雌性植株,顶端和叶腋都长雌花序、结穗;$babatsts$ 基因型亦为雌性植株,但是在顶端长雌花序、结穗,而叶腋则不长雌花序(图 21-46)。玉米的这些单性植株在大田中时有出现。

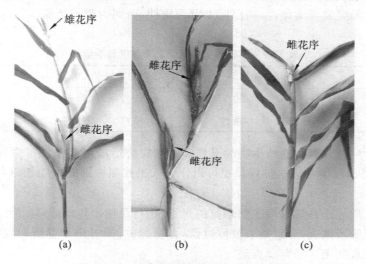

图 21-46　玉米不同性别植株及其基因型
(a) 正常株($Ba\_Ts\_$);(b) 雌株(Ba_tsts);(c) 雌株($babatsts$)

②复等位基因决定性别:有些生物是由多对基因决定性别。如喷瓜(*Ecballium elaterium*)由 a^D、a^d 和 a^+ 决定性别,$a^D\_$ 为雄性,a^da^d 为雌性,a^+a^+ 和 a^+a^d 为两性。

2. 环境因素影响性别　环境因素对性别的作用远达不到决定水平,是在性别决定基础上,性别分化过程中产生不同程度的影响。这些影响因素包括体内、外的各种环境条件。

（1）激素对性别的影响　性别分化过程中,性腺发育受激素影响,并且可能影响到性器官的形成。

自由马丁(freemartin)牛:一般情况下牛为单胎,少数会出现异卵双生,此时如果胚胎为一雌、一雄且共用胎盘,出生的雌性小牛外生殖器官类似雌性,性腺像睾丸,但无生殖能力,而雄性个体正常。原因是两个胚胎共用胎盘,绒毛膜血管相通,雄性胎儿睾丸先发育,分泌雄性激素,通过绒毛膜血管流向雌性胎儿(XY 细胞也可进入雌性胚胎),雌性胎儿雌性激素分泌晚,受雄性激素影响,雌性胎儿发育趋向中性,丧失生育能力,这种像雄性的雌牛被称为自由马丁牛。

鸡的性反转(sex reversal):经常会听到"牝鸡司晨、公鸡下蛋"的说法,实际上出现这种现象的个体有雌雄两套生殖系统共存(性别畸形),在某一阶段受激素作用表现为雌性或雄性,可以正常产蛋、啼鸣甚至交配,但是当体内激素发生变化时,导致性别出现转换,母鸡停止产卵成为公鸡,啼鸣,部分个体可以交配生育,不过后代性别比例表现为非正常的 ♀：♂ ＝2：1;而公鸡则转变为母鸡,可以正常产蛋,成为"公鸡中的战斗鸡"。当然,性反转现象广为人知的要算是黄鳝(*Monopterus albus*)了,所有黄鳝出生时全部为雌性,生殖一次后才转变为雄性。

低等脊椎动物性别分化受激素影响较为明显。例如,有人为了提高中国林蛙(*Rana chensinensis*)群体中雌性个体比例(只有雌性个体产"哈士蟆油"),蝌蚪期用雌性激素处理后,幼蛙中雌性个体比例可达80%以上。

(2)外界环境条件的影响

①蜜蜂类:蜜蜂未受精卵发育为雄性,受精卵则形成两种个体——蜂皇或工蜂,两者差异巨大,蜂皇可以交配产卵,而工蜂则是发育缺陷的雌性,没有生育能力。产生这种差异的原因是受精卵形成的幼虫,未来蜂皇进食5天蜂王浆,而未来工蜂只得到2~3天的蜂王浆,于是产生的个体生殖系统出现差异。然而,当蜂群失去蜂皇时,有些工蜂变为蜂皇并产卵,以维持种群生存,由此看来还受其他外界因素的影响,比较复杂。

②后螠(*Bonellia viridis*):一种海产螠虫动物门穴居蠕虫,有人称其为绿螠虫,成体雌虫异常艳丽(产生艳绿色毒性色素bonellin所致),长约15 cm,吻完全伸出有时可达1 m,体重是雄虫的1亿倍左右;雄虫扁平无色,长约3 mm,除性器官外其他结构退化,寄生于雌虫体内。这种生物引人注目的是其性别决定方式,幼虫期没有性别差异,在成熟前出现变态发育,如果虫体落到海床上,成为雌性个体;如果落到雌性的吻部,则发育为雄性,进入并寄生在雌性体内,行使生殖使命。由此看来,后螠性别取决于生存环境,实际上雄性个体的形成是由雌虫吻部分泌的物质所决定。

③温度对性别的影响:低等脊椎动物受精卵在体外发育,受环境影响较大。性别分化过程对温度变化非常敏感,如表21-9所示,两栖类的蛙卵20 ℃时发育,群体中雌雄比例接近1∶1,当温度达到30 ℃时全部为雄性;爬行类的蜥蜴和鳄鱼低温发育为雌性,高温时发育为雄性,而同为爬行类的乌龟则相反,低温为雄性,高温为雌性。

表21-9　几种动物性别受发育温度影响情况

蛙		蜥蜴		鳄鱼		乌龟	
20 ℃	30 ℃	26~27 ℃	29 ℃	31 ℃	33 ℃	23~27 ℃	32~33 ℃
1∶1	雄性	雌性	雄性	雌性	雄性	雄性	雌性

由于性别分化的这种特殊现象,这些生物的受精卵必须在合适的温度条件下发育,才能保证群体中的性别比例接近1∶1,否则将出现异常。这种现象也可以作为人工控制性别的措施加以利用,从而改变某些低等脊椎动物的性别比例。

非常有趣的是,有人通过这种现象联想到恐龙的灭绝:小行星撞击地球后,除了引发地震、海啸、火灾等灾难外,扬起的烟尘长时间笼罩地表,导致地表温度过低,食物减少,同时恐龙受精卵发育时受温度影响出现性别比例异常,时间一长导致其无法繁育而灭绝。

鸟类受精卵在体外发育,性别分化也受温度影响。以往中国的农村,家庭人工孵化鸡、鸭和鹅等家禽时,有时会出现一窝中的幼雏雌性或雄性偏多现象,这是由于孵化时温度控制不准确,性别分化关键阶段温度偏低或偏高所致。因此,现代化养殖场在人工孵化这些家禽时必须严格控制温度,避免发生上述问题。

应该明确,温度对性别的作用只是影响其分化,性别决定最终取决于遗传因素,因温度引发的性别转化可能导致性别畸形,这可能是出现"牝鸡司晨、公鸡下蛋"的原因之一。

④日照时间对性别的影响:光周期会影响很多植物的性别分化。比如大麻为XY型性别决定,夏季播种时为长日照,雌株和雄株比例正常,如果是秋季至春季播种,受短日照影响,50%~90%的雌株转变为雄株。

葫芦科植物黄瓜(*Cucumis sativus*)雌雄同株、单性花,连续长日照时雌花很少,几乎全是雄花,缩短光照时间则雌花增多。

⑤栽培条件对性别的影响:栽培早期给黄瓜大量施用氮肥,雌花形成率大为提高,结瓜多,干旱条件下雌花形成少,黄瓜产量低。南瓜种植时,夜晚温度10 ℃左右雌花多,低温且8 h日照雌花占绝对优势。

3. 性别畸形　性别分化时发生错误会导致性别畸形。如前文所述自由马丁牛、司晨母鸡、下蛋公鸡等。性别畸形是由遗传因素和环境因素所致。

人类也会出现性别畸形,包括假两性畸形和真两性畸形。

假两性畸形患者性染色体组成正常,但染色体结构异常(SRY基因易位至X染色体)或基因突变引起性器官发育异常,有时这种同时具有两性特征的个体被称为"阴阳人"。

(1)男性阴阳人(睾丸女性化,testicular feminization)　性染色体组成为XY型,体内有睾丸,可产生精子,雄性激素分泌正常。外观有丰满的乳房和女性外生殖器(假阴道、会阴阴囊性尿道下裂,为隐性遗传),经常出现闭经和不育。这种现象是由于 X 染色体上雄性激素受体基因 Tfm 突变为 tfm，由于缺乏雄性激素受体，雄性激素便不能发挥其作用，依赖雄性激素分化的性器官不能正常形成，从而朝女性方向发育。此外，5α-还原酶基因突变也形成男性阴阳人。

（2）女性阴阳人（XX 男性综合征）　性染色体组成为 XX 型，外观有男性第二性征，外生殖器畸形，女性生殖器官发育不良，不育。其原因是 21-羟化酶或 11-β-羟化酶基因突变，激素代谢途径发生改变，产生雄性激素，从而导致个体性别畸形。

真两性畸形是性染色体组成异常，亲本减数分裂时性染色体不分离或性染色体丢失所致。人类常见性别畸形如表 21-10 所示。

表 21-10　人类常见的性别畸形及其机制

综合征	性染色体	外貌	生殖器官	智力
Klinefelter 综合征（原发性小睾丸症）	XXY	男性，身材高，女性乳房，无精子	睾丸发育不全，无生育能力	差
Turner 综合征（卵巢退化症）	XO	女性，较矮，婴儿时颈部皮肤松弛，成年后蹼颈，肘外翻，多先天性心脏病	第二性征发育不良，无卵巢	低下或正常
XYY 综合征（超雄，supermale）	XYY	男性，身高多超过 180 cm，智力低者多有反社会倾向	有生育能力	稍差，少数高智力
多 X 综合征（超雌，superfemale）	XXX 或 XXXX	体型正常，可能心理变态	有生育能力	较差
多 X 男性	XXXY 或 XXXXY	男性，眼距宽、斜视，有先天性心脏病	发育不良，无生育能力	不良

21.6.2　伴性遗传

性染色体上除含有性别决定基因外，还有决定其他性状的基因，这些基因的遗传往往与性别有关，因此被称为性连锁基因（sex-linked gene），所控制的性状称伴性性状（sex-linked character），其遗传方式为伴性遗传（sex-linked inheritance）。目前所了解的性连锁基因绝大多数位于 X 染色体或 Z 染色体上，少数基因位于 Y 染色体或 W 染色体中。

1906 年，唐卡斯特（L. Doncaster）和雷纳（G. H. Raynor）首次发现性连锁遗传：两种不同品系的鹊蛾（$Abraxas$）正交和反交结果不同，后代性状表现与性别有关，上、下代表现为交叉遗传（criss-cross inheritance）（伴性遗传特点）。

1910 年，摩尔根在培养的果蝇中发现一只雄性白眼突变个体，将这只白眼雄蝇与野生雌蝇杂交，F1 代全部为野生型。再将 F1 代雌蝇与雄蝇杂交，F2 代中又出现了白眼雄蝇，其数量占雄性个体的 1/2（图 21-47），红眼与白眼的比例为 3：1（孟德尔式单基因遗传），雌性与雄性比例为 1：1，白眼只出现在雄性个体中。对此摩尔根提出假设：控制白眼的 W 基因位于 X 染色体上，为隐性，X 染色体上的 W 基因决定野生型红眼，Y 染色体上无该基因的等位基因；突变型白眼雄蝇的基因型为 X^WY，与之交配的红眼雌蝇基因型为 X^+X^+，于是便出现了上述杂交结果。这种假设经回交和其他方式杂交得到了验证。

图 21-47　白眼果蝇杂交

通过这个杂交实验，摩尔根发现了伴性遗传机制及其特点，并首次将特定基因与一条特定染色体联系起来，为遗传的染色体学说提供了无可辩驳的实验证据。

伴性遗传之所以表现出这样的特点，是由于性染色体结构所致，X(Z)染色体有很大的片段在 Y(W)染色体中没有同源区域，这部分染色体含有的基因没有等位基因，对于二倍体细胞而言，成为半合子基因（hemizygous gene），而二倍体细胞在这部分区域为半合子（hemizygote），于是半合子基因表现出这种伴性遗传的特点。

只要有性别分化的生物都存在伴性遗传。人类中一些性状即为伴性遗传,如红绿色盲、血友病、6-磷酸葡萄糖脱氢酶缺乏症、进行性肌营养不良、睾丸女性化、自毁容貌综合征等为 X 连锁隐性遗传(X-linked recessive inheritance),这些疾病男性患者数量高于女性患者数量;抗维生素 D 佝偻病等遗传性疾病则为 X 连锁显性遗传(X-linked dominant inheritance),其特点是女性患者多于男性患者。

图 21-11 所示为 X 连锁隐性遗传的著名事例,英国维多利亚女王(1819—1901 年)是血友病患者,她的患病女儿及后代通过婚姻关系将致病基因传递给普鲁士皇室、俄罗斯皇室和西班牙皇室,在三个家系中都有血友病患者出现,且男性患者多于女性。

有些动物也会患血友病,如犬和马等,其遗传方式与人类相同。

图 21-48 人类毛耳

色盲是人类一种 X 连锁隐性遗传病,常见有全色盲、红绿色盲、红色盲和绿色盲等类型,其中红绿色盲最为多见。我国色盲发生率男性为 5%~8%、女性为 0.5%~1%,日本男性为 4%~5%、女性为 0.5%,欧美男性约为 8%、女性约为 0.4%。

Y 染色体为男性特有,所含基因只传递给儿子、不传给女儿,表现为一种限雄遗传(holandric inheritance)现象,也可称为 Y 连锁遗传(Y-linked inheritance)或全雄遗传。人类毛耳(hairy ears)即为 Y 连锁遗传。

人类毛耳也称外耳道多毛症(hypertrichosis of external auditory meatus),只限于男性,这些人的外耳道生有很多黑色硬毛,长 2~3 cm(甚至更长)且露出耳孔,成丛生长(图 21-48),该症状在印第安人、高加索人、澳大利亚土著人中较为常见,其他地区的人群中极其罕见。

芦花鸡羽毛颜色也是伴性遗传(图 21-49)。剪秋罗(*Lychnis fulgens*)为 XY 型性别决定,叶的宽窄由 X 染色体上的基因 *B/b* 控制,表现为伴性遗传(图 21-50)。

P 芦花(♀) × 非芦花(♂)
Z^BW Z^bZ^b

F1 非芦花 × 芦花
Z^bW Z^BZ^b

F2 芦花 非芦花 芦花 非芦花
Z^BZ^b Z^bZ^b Z^BW Z^bW
1 : 1 : 1 : 1

图 21-49 芦花鸡及其遗传方式

P 宽叶(♀) × 窄叶(♂)
X^BX^B X^bY

F1 宽叶 × 宽叶
X^BX^b X^BY

F2 宽叶 宽叶 宽叶 窄叶
X^BX^B X^BX^b X^BY X^bY
1 : 1 : 1 : 1

图 21-50 剪秋罗及其叶形遗传方式

21.6.3 从性遗传和限性遗传

1. 从性遗传(sex-influenced inheritance) 基因位于常染色体上,受性激素影响,相同基因型在不同性别个体中表型不同,这种现象称为从性遗传,也称为性控遗传。如人类早秃(baldness)、人类骨干骺端发育不良(metaphyseal chondrodysplasia)、绵羊角、鸡雄羽和雌羽形态等性状均为从性遗传。

有人在年轻时就开始秃顶(一般从 35 岁开始),这种现象被称为早秃,该性状受常染色体上的一对基因 Pi/pi 控制,为显性遗传,受体内性激素影响,杂合体($Pipi$)男性早秃而女性正常,女性只有在基因型为 $PiPi$ 时才表现为早秃,因此这种性状表现与性别有关,男性患者数量总是多于女性(女性外显率低于男性)。人类遗传性草酸尿石症、先天性幽门狭窄、痛风等疾病遗传与早秃相似,男性患者多于女性,其他一些疾病,如甲状腺功能亢进症、遗传性肾炎、色素失调症等,也表现出从性遗传现象,只不过是女性患者多于男性患者。

鸡羽毛形态在不同性别个体中存在差异(图 21-51)。由常染色体上的一对基因 H/h 控制,H 基因决定雌羽,雄羽由 h 基因决定。$H\_$ 基因型个体无论雌雄都表现为雌羽;hh 型雄性表现为雄羽,而雌性则表现为雌羽,这种现象与体内性激素种类及水平相关。

公鸡(雄羽)　母鸡(雌羽)　公鸡(雌羽)

图 21-51　鸡羽毛形态

2. 限性遗传(sex-limited inheritance)　决定限性遗传的基因既可以在常染色体上,也可以位于性染色体上(一般多位于常染色体上),但是所控制性状只在一种性别的个体中出现。如毛耳、睾丸女性化、子宫阴道积水等,这些性状表现多与第二性征或性激素有关。单睾及隐睾是单基因控制的限性遗传,只与雄性有关,而泌乳量、产蛋量、产仔数是由多基因控制的限性遗传,仅与雌性有关。

21.7　细胞质遗传

遗传物质主要存在于真核生物的细胞核,或者原核生物的拟核(nucleoid)中。但是,细胞质中也有遗传物质,真核生物线粒体、质体(plastid)等细胞器中存在 DNA,原核生物细胞质中含有共生体(symbiont)、质粒(plasmid)、F 因子(F factor)、R 因子(R factor)等遗传成分,部分真核细胞也存在质粒(如酵母的 2-μ 质粒,红色面包霉的 Kalilo 质粒等)。这些细胞核外遗传物质所含基因遗传方式不同于核基因遗传,不遵守经典的核基因遗传规律,属于细胞质遗传。

细胞质遗传(cytoplasmic inheritance)是染色体外遗传物质所决定的遗传现象,也可以称为母系遗传,在真核生物中则可以称为核外遗传(extranuclear inheritance)。细胞质中的遗传物质能够自主复制,并在上下代间传递,但基因遗传时并不出现特定的分离比例,因此为非孟德尔式遗传。

细胞质遗传的主要特点:①后代性状由母本决定;②后代表型没有特定的分离比例,为非孟德尔式遗传;③正反交结果不同,F1 代表型与母本相同;④通常不能采用常规方法(如基因重组)进行遗传作图。

细胞质遗传主要有母性影响、叶绿体和线粒体遗传、其他细胞质因子遗传。

21.7.1　母性影响

母性影响(maternal influence)也称为母性效应(maternal effect),是指子代性状由母体核基因决定,表型与母本相同的遗传现象。其特点是子代表型受上一代母体基因(母体效应基因)的影响。可分为短暂母性影响和持久母性影响。

1. 短暂母性影响　麦粉蛾($Ephestia\ kuehniella$),又称面粉蛾(图 21-52),为鳞翅目昆虫。野生型(A 基因)幼虫皮肤有颜色、成虫复眼棕褐色,突变型(a 基因)幼虫皮肤无颜色、成虫复眼红色。

AA 基因型个体与 aa 基因型个体杂交,杂合体后代(Aa)幼虫有颜色、成虫为褐眼。Aa 型个体与 aa 型个体的正、反交结果不同(图 21-53):正交后代有两种基因型和表型,比例为 1∶1,表现出典型的孟德尔式遗传;反交中也有两种基因型和表型,比例为 1∶1,似乎为孟德尔式遗传,但是 aa 型个体表现出异常的性状,幼虫皮肤有颜色而成虫眼睛为红色,aa 基因型个体幼虫皮肤本应该无颜色,为什么表现出有颜色的性状呢?

正交   反交

$Aa(♂)$ × $aa(♀)$ $Aa(♀)$ × $aa(♂)$
有色褐眼 ↓ 无色红眼   有色褐眼 ↓ 无色红眼

$1Aa$: $1aa$ $1Aa$: $1aa$
有色褐眼   无色红眼   有色褐眼   有色红眼

图 21-52 麦粉蛾成虫   图 21-53 麦粉蛾正反交结果

原因是幼虫皮肤颜色与体内色素有关,相关色素合成的大致途径是色氨酸→犬尿氨酸→犬尿素,犬尿素导致幼虫皮肤表现出颜色。在反交中,由于母本是 Aa 基因型,体细胞中存在 A 基因,卵母细胞减数分裂前,细胞质内合成并积累了犬尿素,于是所产生的 A 基因型和 a 基因型卵细胞内存在大量的犬尿素,正是这些色素的存在,使 aa 型受精卵发育早期皮肤表现出褐色,然而 aa 型个体随着色素的消耗以及自身无法合成色素,到了成虫阶段眼睛便表现为红眼。由于影响后代性状的物质来自母体,且影响的时间较短,故这种现象被称为短暂母性影响。

由母体细胞合成后运输到成熟卵子中,对受精卵早期发育产生影响(甚至决定)的这些基因被称为母体效应基因(maternal effect gene)。母体效应基因广泛存在,在个体发育中具有极为重要的作用(可参见发育生物学相关内容)。

2. 持久母性影响 椎实螺(*Limnaea peregra*)属软体动物门腹足纲椎实螺科,广泛分布于世界各地的淡水环境中。椎实螺的螺壳旋转方向有左旋和右旋之分,受一对基因 D/d 控制,$D\_$ 基因型为右旋,dd 基因型为左旋(图 21-54)。

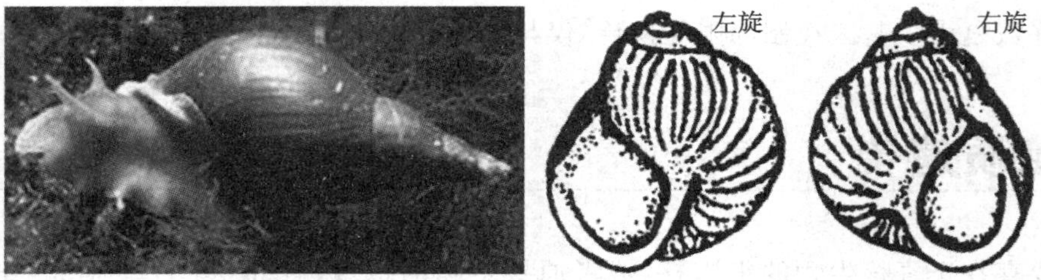

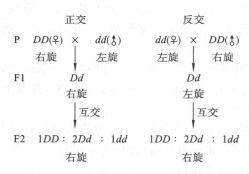

左旋   右旋

图 21-54 椎实螺及其螺壳旋转方式

正交   反交

P $DD(♀)$ × $dd(♂)$ $dd(♀)$ × $DD(♂)$
右旋 ↓ 左旋   左旋 ↓ 右旋

F1 Dd Dd
右旋   左旋
↓互交   ↓互交

F2 $1DD:2Dd:1dd$ $1DD:2Dd:1dd$
右旋   右旋

图 21-55 椎实螺螺壳旋转方式的遗传机制

椎实螺杂交时,由于母本不同,后代螺壳旋转方向也表现出母性影响。右旋的 DD 型雌性与左旋 dd 型雄性杂交(正交),F1代杂合体(Dd)表现为右旋,F1代互交产生的F2代全部为右旋(其中 dd 型个体也为右旋),三种基因型比例为$1:2:1$(孟德尔式遗传);反交中 F1 代基因型为 Dd,但表现型却为左旋,F1代互交产生的F2代全部为右旋(包括 dd 型个体),有三种基因型,其比例为 $1:2:1$,按孟德尔分离规律遗传(图 21-55)。

为什么正交 F2 代 dd 型个体表现为右旋,反交 F1 代 Dd 型个体为左旋,而 F2 代 dd 型个体为右旋呢?

螺壳旋转方式由受精卵最初两次分裂时纺锤体方向决定,椎实螺受精卵为螺旋式卵裂,第二次卵裂时卵裂面向左或向右偏移了 45°,$D\_$ 型向右偏移形成右旋螺,dd 型向左偏移形成左旋螺(图 21-56)。

D/d 基因也是母体效应基因,基因产物由母体细胞合成后进入卵子,决定受精卵早期分裂方式,虽然母体基因产物很快消耗殆尽,但是卵裂旋转方向一旦形成难以改变,产生的螺壳保持终生,因此受精卵细胞质中存在的母体基因产物对后代性状的作用表现为持久的影响,也就是说后代螺壳旋转方向取决于母体基因型:正交时 F1 代为右旋,所以 F2 代 dd 型个体表现为右旋;反交 F1 代(Dd)虽然为左旋,但是由于含有 D 基因,其产物进入所形成的卵子中,使得 F2 代中 dd 型个体表现为右旋。这种现象在腹足纲动物中普遍存在。

21.7.2 叶绿体和线粒体遗传

1. 叶绿体遗传 1909 年,Carl Corrans 在紫茉莉中首次发现了非孟德尔式遗传,研究表明紫茉莉的花斑

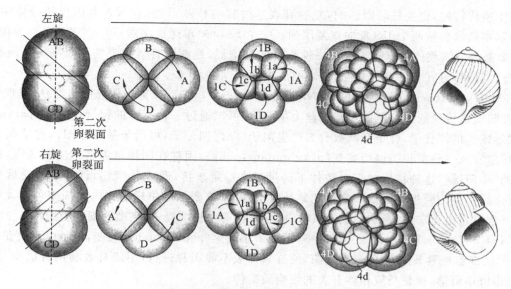

图 21-56　椎实螺螺壳旋转方式形成的机制

为细胞质遗传。

紫茉莉（*Mirabilis jalapa*）是紫茉莉科、紫茉莉属草本植物，别名粉豆花、夜饭花、状元花、夜来香等。原产热带美洲地区，在中国是外来入侵物种，经常作为观赏花卉栽培（图 21-57），花色繁多。

科伦斯发现：有些紫茉莉茎、叶全是绿色，有些全是白色，还有一些在绿色茎、叶上出现白色斑块。选用不同性状个体杂交，结果表明：正、反交后代性状表现不同，子代性状由母本决定，与父本无关，是一种细胞质遗传（表 21-11）。

图 21-57　栽培的一种紫茉莉

表 21-11　紫茉莉花斑的遗传表型

正交			反交		
母本表型	父本表型	F1 代表型	母本表型	父本表型	F1 代表型
绿色	白色	绿色	白色	花斑	白色
绿色	绿色	绿色	花斑	白色	花斑、绿色或白色
绿色	花斑	绿色	花斑	绿色	花斑、绿色或白色
白色	白色	白色	花斑	花斑	花斑、绿色或白色
白色	绿色	白色			

质体是植物特有的细胞器，与碳水化合物合成、储藏有关，由前质体分化而成。根据所含色素种类，质体可分为叶绿体、有色体和白色体（包括造粉体、造蛋白体、造油体）。植物所呈现的绿色是由叶绿体中的叶绿素所致。

显微观察不同性状的紫茉莉发现：绿色部分细胞中含有正常的叶绿体，白色部分细胞中缺乏正常的叶绿体，是一些败育的无色颗粒（前质体未能形成叶绿体）。由于植物受精卵细胞质几乎全部来源于雌配子，雄配子没有提供质体，因此后代质体涉及的性状完全由母本决定，为细胞质遗传。质体在细胞有丝分裂时随细胞质随机分配，所以花斑型母本后代性状会发生分离，出现绿色、白色或花斑型个体，但这些个体没有固定的比例。

科伦斯之后又陆续在天竺葵、玉米、衣藻、藏报春、月见草、菜豆、假荆芥、柳叶菜属等植物中发现了细胞质遗传。包括叶绿体在内的质体相关细胞质遗传普遍存在于植物中。

叶绿体中含有相对独立的遗传物质，为共价闭合环状裸露的 DNA，其结构、组成等特性与原核生物基因组相似（如启动子与原核生物相似等），每个叶绿体含 30～60 个 DNA 拷贝，有些超过 100 个（如藻类）。叶绿体 DNA 大小差别较大，120～160 kb，多数为 150 kb（高等植物及部分藻类），少数藻类可达 2000 kb。叶绿体 DNA 与核 DNA 约有 15% 同源，不同生物 G/C 含量差别较大，存在一些有别于核基因组的密码子。叶绿体

DNA 具有自主遗传特性,也受核基因影响,复制和表达过程与核基因相似,所含基因与叶绿体结构、功能相关。DNA 的基本结构包括两个 IR(反向重复序列)、一个 SSC(短单拷贝序列)和一个 LSC(长单拷贝序列)。

2. 线粒体遗传　线粒体是真核细胞中一种重要的细胞器,是细胞有氧呼吸的主要场所。线粒体含有独立的遗传成分,其遗传方式与叶绿体相同,属细胞质遗传。

1952 年,Marry Mitchell 在红色面包霉(*Neurospore crassa*,$x=7$,又称为粗糙链孢霉)中发现了细胞色素基因突变的细胞质遗传现象。红色面包霉菌丝为单倍体,可以通过一种特殊的拟有性生殖(parasexuality,准性生殖)方式形成二倍体合子,合子经减数分裂产生孢子(顺序四分子,可用于基因作图),孢子萌发生成单倍体菌丝。米切尔发现一种生长缓慢型突变(poky mutant,poky),菌株在固体培养基中生长缓慢,形成较正常菌株小很多的"小菌落",这种特性在正常条件下通过母本稳定遗传,即 poky 型为母本的杂交后代全部表现为小菌落,反交后代则为野生型菌落。这种现象是由于 poky 突变细胞中线粒体内无细胞色素 a 和细胞色素 b,细胞色素 c 含量超出正常值,影响细胞有氧呼吸,导致菌落生长缓慢,是典型的细胞质遗传。

实际上,1940 年 Boris Ephrnssi 在酵母中就发现了小菌落(petite colony)突变,也是由于突变细胞线粒体缺乏细胞色素 a、细胞色素 b、细胞色素氧化酶,使有氧呼吸不能正常进行,不能有效利用有机物,无蛋白质合成功能,于是形成小菌落,这是与线粒体有关的细胞质遗传。

线粒体 DNA 为共价闭合环状,其结构、组成等特性与原核生物基因组相似,每个线粒体有一至几个拷贝的 DNA,哺乳动物线粒体 DNA 为 15~18 kb,一般含有 40 个左右的基因。线粒体 DNA 具有相对独立性,可独立复制、转录,基因间隔序列较少,存在基因重叠、操纵子,有不同于核基因组的密码子。线粒体 DNA 主要编码线粒体结构、功能相关产物,但仍需核基因共同作用。线粒体的相关遗传为细胞质遗传。

由于细胞内叶绿体 DNA 和线粒体 DNA 存在多个拷贝,同时细胞内含有数量较多的叶绿体和线粒体,因此所含基因表现出群体遗传现象,不同于核基因遗传,DNA 的基因作图通常不采用重组作图方式,一般以缺失作图手段进行。

21.7.3　其他细胞质因子遗传

很多生物细胞内存在共生体,这些物质并非细胞生存所必需的组分,而是以共生的形式存在于细胞中,其遗传物质能够完成自我复制,或在核基因作用下进行复制,对宿主表型产生一些影响,这些成分属于细胞质遗传。

1. 草履虫放毒型遗传　草履虫(*Paramecium aurelia*)是原生动物门的单细胞真核生物,以无性和有性两种方式繁殖。细胞内有一个大核及两个(或一个)小核:大核为多倍体,主要负责营养;小核为二倍体,主要负责遗传。放毒型草履虫细胞质中含有一种共生体——κ 粒(卡巴粒),可以合成并释放草履虫素(paramecin),这种毒素能杀死敏感型草履虫个体。

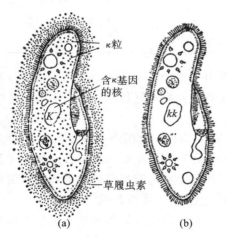

图 21-58　两种类型的草履虫
(a)放毒型;(b)敏感型

κ 粒直径 0.2~0.8 μm,属 *Caedobacter taeniospirali* 共生菌(其中可能含有温和型噬菌体),能稳定分泌草履虫素。每个放毒型草履虫细胞含 200~1600 个 κ 粒,自身对草履虫素具有免疫能力。κ 粒稳定遗传需要细胞核中存在 K 基因,否则在传代过程中逐渐丢失。敏感型草履虫细胞质内无 κ 粒,也不产生草履虫素,对草履虫素敏感(图 21-58)。

草履虫无性繁殖时,细胞以有丝分裂方式进行,细胞质随机分配到子细胞中(包括 κ 粒)。因此,后代类型与亲代完全相同:放毒型仍为放毒型,敏感型还是敏感型。由 κ 粒决定的放毒型表现为典型的细胞质遗传。

有性繁殖时,发生细胞接合,两个细胞交换单倍体小核,因此出现核基因重组。如果接合时间短,两个细胞没有细胞质交流,κ 粒不发生转移,敏感型后代为敏感型,放毒型后代由于核基因重组,可产生核基因为 Kk 型个体,这样的个体在以后的繁殖过程中,分离出 kk 型细胞,由于 kk 基因不能维持 κ 粒稳定遗传,κ 粒丢失后产生敏感型细胞,因此 Kk 型放毒型后代既有放毒型,也有敏感型。如果细胞接合时间较长,发生小核交换的同时,细胞质也出现交流,放毒型

细胞中的 κ 粒可以随细胞质转移到敏感型细胞中,接合产生的后代全部为放毒型,但是由于核基因为 Kk 型,在其后的细胞分裂中核基因出现 kk 型,导致 κ 粒丢失,从而转变为敏感型,经过多次无性繁殖后会有敏感型出现。放毒型草履虫有性繁殖过程中,后代性状由核基因与细胞质基因共同决定(图 21-59)。

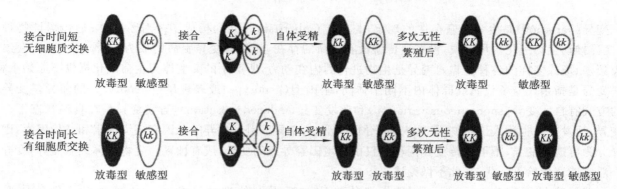

图 21-59　草履虫放毒型遗传方式

注:涂黑表示细胞质含 κ 粒,空白表示无 κ 粒。

草履虫细胞质中除 κ 粒外,还有一些其他共生粒子,如 σ、μ(放毒),δ、α(非放毒)及 λ、π、γ 等粒子,这些成分均为细胞质遗传。

2. 质粒遗传　原核生物细胞质中大多存在质粒(plasmid),这是能够独立自主复制的染色体外遗传物质。质粒广泛存在于革兰氏阳性和阴性菌中,其中革兰氏阴性菌质粒研究得较为透彻,种类较多。F 因子、R 因子和 Col 质粒是大肠杆菌中常见的质粒。

真核生物细胞质中也存在质粒,但不如原核生物普遍,遗传方式与细胞器相似,且大多无表型效应。如酵母核质中的 2-μ 环状质粒、玉米雄性不育相关质粒(与线粒体内两个线性质粒 S1 和 S2 有关)、红色面包霉的 Kalilo 质粒(决定衰老)、果蝇感染因子(寄生性病毒、细菌等粒子)等。

这些染色体外的遗传成分能够独立完成复制,与细胞质一起随机分配到子细胞中,表现为非孟德尔式细胞质遗传。有些质粒会给宿主细胞带来额外的性状,表现出耐药性(如 R 因子)、分泌细胞毒素(如 Col)等,F 因子则决定宿主细胞的交配型,细胞内的 σ 病毒可使果蝇对 CO_2 敏感。

很多野生型质粒经过改造后成为载体(vector),用于外源 DNA 的扩增或表达,是生命科学研究中非常重要的一种工具。

21.7.4　植物不育

不育(sterility)是指个体不能产生有功能的配子(gamete)或不能产生在一定条件下可存活合子(zygote)的现象,主要表现为雄性不育(male sterility),即不能产生正常的花药、花粉或雄配子。不育现象广泛存在,玉米、高粱、水稻、小麦、大麦、谷子、甜菜、洋葱等(包括 43 科、162 属 300 余种)植物都有雄性不育现象。雄性不育机制复杂,有核不育、细胞质不育及核质互作不育类型:①核不育,由核基因决定,多数是自然突变产生,一般由隐性不育基因 ms 控制,也发现了显性不育基因,这种不育类型恢复系(restorer line)多,但保持系(maintainer line)很少;②细胞质不育,由细胞质基因控制,保持系较多,但恢复系少;③核质互作不育,由细胞核与细胞质基因相互作用产生,机制复杂,保持系和恢复系都容易找到,在育种和生产中具有重要的应用价值。

利用植物不育进行品种选育或繁种,一般需要三系配套,包括不育系(sterility line)、保持系和恢复系。我国杂交水稻研制过程中,发现了水稻光敏核不育 s 基因,由于表现出"育性转换"现象,不育系和保持系可以合二为一,由一个品系充当不育系和保持系,从而建立了"二系"法杂交,为杂交水稻研究提供了极大的便利。

21.7.5　核遗传与细胞质遗传的关系

细胞的两种遗传体系中,核基因占主导地位,既受细胞质影响,也受其他核基因的作用。细胞质基因虽然具有自主复制和传递功能,控制某些性状,或产生一些额外性状,在个体发育中起调节核基因的作用,但其独立性是相对的,两个系统担负不同功能,既相互联系又相互制约,只有成为协调统一的整体,生命活动才能正常运转。

21.8 染色体畸变

变异(variation)是生命普遍存在的现象,与遗传(inheritance)共同构成了一对矛盾体:遗传保证物种稳定,变异推动生物进化。可以说,没有遗传就没有生命的存在,而没有变异生命则成为"一潭静水",不会出现种类繁多、形式多样的各种生物。变异是生物进化的内在动力,所产生的突变体为生命演化提供了原始素材。

变异是指亲代与子代间或群体内不同个体间,基因型(genotype)或表现型(phenotype)的差异。变异产生的方式有自发变异(spontaneous variation)和诱发变异(induced variation),自发变异是在自然状态下产生的变异,诱发变异也称人工诱变,是在人为干预下产生的变异。引发变异的原因有环境因素和遗传因素,因此变异分为可遗传变异、不可遗传变异两种。仅由环境因素导致的变异,或有性繁殖生物的体细胞变异,变异性状一般不能遗传给下一代,在此不做论述。

可遗传变异即突变(mutation),是指遗传物质改变引发的性状变化。广义突变包括染色体变异(chromosomal variation)和基因突变(gene mutation)。狭义突变一般指基因突变,基因突变是生物产生新基因和新性状的基本机制,也是生物进化最根本的内在动力。

染色体变异即染色体畸变(chromosome aberration),是染色体结构或数目发生的改变。营养、温度、生理代谢等因素异常,或受物理因素(如紫外线、X射线、γ射线、中子等)、化学试剂(诱变剂)及生物因素(如外源DNA侵入)作用,都可发生染色体畸变。

21.8.1 染色体结构变异

染色体结构变异与染色体断裂、重接有关。染色体DNA发生断裂后,其可能结果:①断裂片段不愈合,没有着丝粒的片段最终丢失;②断裂片段重建(restitution),恢复为原初结构,但断裂片段发生异常连接时(不同断裂染色单体间连接),导致染色体畸变。

染色体结构变异包括结构杂合体(structural heterozygote)和结构纯合体(structural homozygote)。变异杂合体是同源染色体中只有一条发生改变,或两条同源染色体发生了不同类型的变化;变异纯合体是两条同源染色体发生了相同的改变。

染色体结构变异产生的主要遗传效应:①染色体重排(chromosomal rearrangement),形成新的连锁群;②减少或增加染色体上的遗传物质含量;③核型发生改变。

染色体结构变异类型有缺失、重复、倒位和易位四种。

1. 缺失(deletion,del) 缺失是染色体丢失部分片段的现象(图21-60),于1917年由摩尔根的学生美国遗传学家C. Bridges在黑腹果蝇中首次发现。

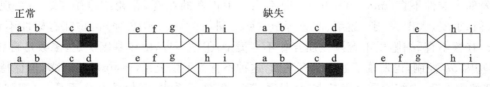

图 21-60 染色体结构缺失示意图

缺失包括染色体末端缺失和中间缺失两种类型,主要形成机制:①染色体损伤后产生断裂(末端缺失),或非重建性愈合(中间缺失),直接产生缺失,或形成环状染色体,经断裂-融合-桥产生缺失;②染色体纽结、断裂;③不等交换(unequal crossover);④转座(transposition)导致染色体结构缺失。

缺失产生的遗传效应:①致死或异常,缺失片段过长引起致死,而且缺失纯合体较杂合体影响大,雄配子较雌配子易受影响,缺失片段较小时会引起对应性状异常;②拟显性(pseudodominance),杂合体中,由于染色体发生缺失,丧失显性基因,隐性基因控制的性状得以表现的现象。

人类猫叫综合征(cri du chat syndrome)是由于5号染色体短臂发生缺失所致;慢性粒细胞白血病(chronic myelocytic leukemia,CML)是22号染色体长臂发生缺失(易位到9号染色体长臂中),形成所谓费城染色体(Philadelphia chromosome,Ph)而导致的遗传性疾病。

染色体缺失可用于基因定位等研究。

2. 重复(duplication,dup)　重复是染色体增加了部分片段的现象(图 21-61)。

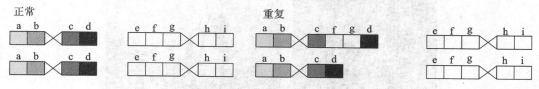

图 21-61　染色体结构重复示意图

染色体重复类型:①同向/反向重复,重复片段方向相同称为同向重复,方向相反为反向重复;②臂内/臂间重复,重复片段位于一条染色体同一臂内为臂内重复,位于不同的臂中为臂间重复;③重复纯合体/杂合体,同源染色体发生相同类型重复为重复纯合体,出现不同类型重复或只有一条染色体重复为重复杂合体。

产生重复的原因有断裂-融合-桥的形成、染色体纽结、不等交换、非同源性重组、易位、转座等。

重复的遗传学效应:所产生的负面效应相对小于缺失。对表型的主要影响:①剂量效应(dosage effect),同一种基因对表型作用随基因数量增多而呈一定的累加增长的现象;②位置效应(position effect),指重复区段所处位置不同,表型效应也不同的现象。

果蝇每只复眼由 780 只左右的小眼组成,当 1 号染色体(即 X 染色体)16 区 A 段因不等交换发生重复时,会影响小眼的数量,产生棒眼(bar eye),重复片段数目及位置不同其复眼表型也不相同(图 21-62)。

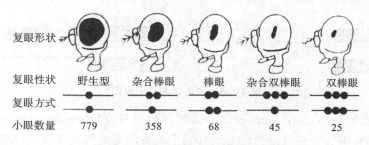

图 21-62　果蝇棒眼类型及形成机制

染色体重复也可用于基因定位研究,或用于性状改良。

3. 倒位(inversion,inv)　倒位是染色体断片倒转 180°后重新连接的现象(图 21-63)。倒位可造成染色体内部重新排列,基因间连锁关系也随之发生改变。

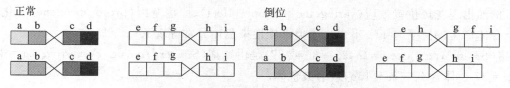

图 21-63　染色体倒位示意图

染色体倒位可分为臂内倒位(paracentric inversion)和臂间倒位(pericentric inversion)。臂内倒位是在染色体同一臂内发生的倒位,臂间倒位则涉及染色体的两个臂。染色体倒位也有纯合体和杂合体之分。

引发染色体倒位的原因:①染色体纽结、断裂和重接;②转座引起染色体倒位;③自发倒位,如沙门菌的相转变、Mu 噬菌体的 G 片段倒位。

倒位的遗传效应:①涉及区段较长的倒位杂合体在联会时产生倒位环,能够抑制倒位区内基因重组,从而形成假连锁,有些倒位环内发生的交换引起子细胞遗传物质不平衡,出现不育或败育;②引起基因重排、连锁关系改变;③物种发生改变。

汉森百合(Lilium hansonii)又名竹叶百合,$2x=24$,M1 和 M2 为两组大的染色体,S1~S10 为 10 组小染色体;欧洲百合(Lilium martagon),又名头巾百合,$2x=24$,也分为大染色体(M1、M2)和小染色体(S1~S10),与汉森百合的差别在于 M1、M2 和 S1~S4 发生了臂内倒位,由此形成了新的物种(图 21-64)。

染色体倒位可用于基因作图、抑制倒位环内基因重组(如平衡致死系)等研究。

4. 易位(translocation,t)　同源染色体或非同源染色体间发生片段转移的现象(图 21-65)。易位可引起染色体间基因重新排列,形成新的连锁群。1923 年,Bridges 在果蝇中首先发现了染色体易位现象。

易位有三种类型:①相互易位(reciprocal translocation),包括对称型和非对称型;②单向易位(simple

图 21-64　汉森百合与欧洲百合

(a) 汉森百合；(b) 欧洲百合

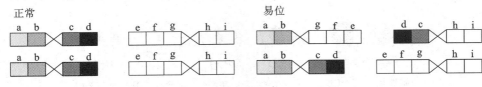

图 21-65　染色体易位示意图

translocation)，也可以称为移位(shift translocation)；③罗伯逊易位(Robertsonian translocation)，是一种较为特殊的方式，发生着丝粒融合或整臂融合(whole-arm fusion)，两条近端部或端部着丝粒染色体，在近着丝粒处断裂，而后两个大的片段连接形成一条大染色体，小片段连接成小的染色体。

易位一般由染色体断裂非重建性连接或转座产生。

易位产生的遗传效应：①降低连锁基因间的重组率，这与基因间距离及联会时同源染色体配对程度有关；②改变基因间连锁关系，连锁群发生变化；③造成染色体"融合"，导致染色体数目发生改变；④易位基因表现出位置效应，例如出现花斑位置效应(variegated position effect)、原癌基因(proto-oncogene)活化、假连锁、半不育(易位杂合体产生的配子有 1/2 不育)、人类家族性染色体异常等现象。

欧洲野猪(*Sus scrofa* var. *scrofa*，$2x=36$ 或 37)是由家猪(*Sus scrofa* var. *domestica*，$2x=38$)经罗伯逊易位形成，$2x=37$ 个体含有一条 t(15q;17q)染色体。

许多生物的变种就是由染色体在物种演化过程中不断发生易位形成的。易位可用于基因作图、性状改良等方面的研究。

5. 染色体结构变异的诱发　染色体结构变异一般以 DNA 断裂为前提，因此在人工诱变时，通过物理因素(电磁辐射、高能粒子等)、化学试剂(诱变剂)和生物因素(如转座、转基因等)作用于敏感细胞，可诱发染色体结构发生变异。

21.8.2　染色体数目变异

1901 年，德·弗里斯(De Vries)在普通月见草(*Oenothera lamarkiana*，$2x=14$)中发现巨型月见草(*O. gigas*，$2x=28$)，核型分析表明巨型月见草是由普通月见草染色体加倍形成。1916 年，Bridges 在果蝇中发现 X 染色体增加或减少一条的现象。1920 年，美国遗传学家 A. Blakeslee 在曼陀罗(*Datura stramonium*，$2x=12$)的研究中发现比正常植株多一个染色体的突变体。1959 年，法国医生 J. Lejeune 报道了人 21 号染色体三体变异(Down's 综合征)。

染色体数目变异包括两大类，一类是以染色体组为单位的变化(整倍体)，另一类是部分染色体的增加或减少(非整倍体)。

1. 整倍体(euploid)　以染色体组为单位呈倍数性的增加或减少。有性繁殖的生物，成熟配子中含一套染色体(染色体组),受精后的合子中含有两套染色体,为二倍体(diploid,$2n=2x$)。体细胞中只有一套染色体组的为单倍体(haploid),含有两套以上染色体组的为多倍体(polyploid)。多倍体又包括以下几种:①同源多倍体(autopolyploid),染色体组来源于同种生物;②异源多倍体(allopolyploid),染色体组源于不同种生物;③同源异源多倍体,染色体组同时来源于相同及不同物种,并且至少有一组染色体数目在 3 个或 3 个以上;④节段异源多倍体(segmental allo polyploid),多倍体不同染色体组间具有较高程度的部分同源关系。

(1) 单倍体　也称一倍体,体细胞中含有一套完整染色体组(X)。极少数孤雌生殖的动物为单倍体,如一些膜翅目(蜂、蚁)和同翅目(白蚁)昆虫的雄性个体为单倍体;低等植物的配子体世代为单倍体,高等植物也存在单倍体,但植株弱小且大多不育。

单倍体可分为以下几种:①单元单倍体,只含一个染色体组,如玉米($2n=2x=20$),$n=x=10$,单倍体中含有一个染色体组(10 条染色体),产生单元单倍体的个体为二倍体;②多元单倍体,含有两个或两个以上染色体组,如普通小麦($2n=6x=42$),$n=3x=21$,单倍体中含有三个染色体组(21 条染色体),产生多元单倍体的个体为双倍体(amphiploid)。

根据形成方式,单倍体分为以下几种:①天然单倍体,自然状态下产生的单倍体,如低等植物配子体、一些昆虫的雄性个体;②人工单倍体,人工诱发形成的单倍体,如植物花药培养或染色体排除法得到的单倍体。

一般情况下,天然单倍体可育,而人工单倍体高度不育[形成可育配子概率为$(1/2)^n$,n 为染色体数目]。

单倍体产生方式:①天然单倍体,自然条件下形成;②人工单倍体,植物远缘杂交时,少数情况下通过孤雌生殖发育为单倍体;品种间杂交时由于花期不遇,偶尔由孤雌或孤雄生殖产生单倍体;花药离体培养或未授粉子房培养也可诱导产生单倍体。

单倍体主要特点:①有些单倍体在适当条件下能够正常生长,但由于少一套染色体组,因此较一般二倍体植株弱小、叶片较薄、花器较小,有时出现一些新的性状(如隐性性状的表现);②高度不育(指二倍体产生的单倍体),结实率极低,一般不能产生正常的种子;③有些单倍体表现正常,而且可以正常繁殖后代,如雄蜂(以假减数分裂产生精子)。

单倍体应用:①单倍体只含一套染色体组,基因大多没有显隐关系,是研究基因功能、表达、调控的好材料;②可以分析染色体间的同源关系;③单倍体加倍后,可在很短时间内获得高度纯合的二倍体,极大地缩短了育种周期。

植物单倍体育种存在的问题:①诱发频率低,原因较为复杂,内、外因素均存在;②白化苗多,原因是相应的培养基或其他条件不合适;③生活力很低,适应性差,原因是基因处于纯合状态,而生物的杂合性是生活力的基础。

(2) 同源多倍体　1926 年,日本遗传学家木原均(Kihara Hitoshi)和小野在分析普通小麦起源时,首次提出同源多倍体和异源多倍体概念。同源多倍体含有两套以上的染色体组,而且染色体组来源于同种生物。同源多倍体一般是由于减数分裂过程中染色体复制但不减半,配子中染色体组成套增加,受精后形成。同源多倍体可以在自然状态下产生,也可以通过人工杂交或诱导获得。

同源多倍体的特征:①表现出巨大性,细胞及核体积增大,个体表现出茎粗、叶大、花大、果实大;②生理代谢改变,由于基因数量增加代谢也随之改变,一些产物如 Vc、籽粒蛋白等合成量增加,而生长素含量低,生长缓慢、植株矮、花期推迟、成熟晚、分蘖或分枝少;③一般育性不高,少数正常。

同源多倍体减数分裂时,同源染色体联会可出现多价体或多价体、二价体、单价体并存的现象,染色体局部联会、交换受到影响,交叉减少,联会复合体提前解离,后期常发生不均衡分离、分配,所产生的配子多数不育。

同源多倍体由于染色体联会问题,基因的遗传复杂且无明显规律,但仍然遵循遗传的三个基本规律。三倍体表现出高度不育,基因及性状遗传无规律;四倍体育性较二倍体低,比三倍体高,基因遗传比三倍体有规律(同源染色体的配对及分配按组合方式进行)。

同源多倍体有较高的应用价值,例如三倍体香蕉(*Musa paradisiaca*,$3x=33$)、无籽西瓜和葡萄,因不育而不结实,食用时非常方便;三倍体甜菜(*Beta vulgaris*)含糖量远高于二倍体;同源四倍体花生($2n=4x=40$)及马铃薯($2n=4x=48$)已用于生产等。

动物中的多倍体十分少见。

(3) 异源多倍体　异源多倍体可由种、属间杂交,染色体加倍后产生。其包括偶数倍异源多倍体(体细胞染色体组为偶数)和奇数倍异源多倍体(体细胞染色体组为奇数)。异源多倍体分布广泛,30%～35%的被子植物为异源多倍体,禾本科中异源多倍体高达70%。

　　天然的偶数倍异源多倍体一般为四倍体或六倍体。异源多倍体可由自然杂交产生,也可经人工杂交形成。如普通小麦(*Triticum aestivum*,$2n=6x=42=14A+14B+14D$)为六倍体,是近缘种天然杂交后再经人工选育而成;白芥菜($2n=4x=36=8Ⅱ+10Ⅱ$)为四倍体,是白菜(*Brassica pekinensis*,$2n=2x=20$)和芥菜(*Brassica juncea*,$2n=2x=16$)人工杂交后,染色体加倍形成的多倍体。

　　小麦是人类早期栽培的粮食作物之一,约在一万年前就开始种植,不过最初种植的是一粒小麦(*Triticum monococcum*,$2n=2x=14=AA$),后来改为种植二粒小麦(*Triticum turgidum*,$2n=4x=28=AABB$),最后经过选育种植的是现在的普通小麦(*Triticum aestivum*)。普通小麦是世界上种植面积最大、范围最广的粮食作物,总产量占粮食作物的1/3左右,占主要粮食作物的50%以上,在我们国家,小麦是种植面积和产量仅次于水稻的主要粮食作物。

　　有很长一段时间,普通小麦是如何产生的问题一直困扰着人们。日本著名遗传学家木原均(图21-66)通过20年的杂交分析,推测了小麦的形成过程:小麦属(*Triticum*)植物与近缘种山羊草属(*Aegilops*)植物杂交,染色体加倍后形成多倍体,再经人工选育形成了普通小麦(图21-67)。木原均等人通过野外调查后认为,小麦的起源地应该是在里海以西的阿塞拜疆及其周边地区。

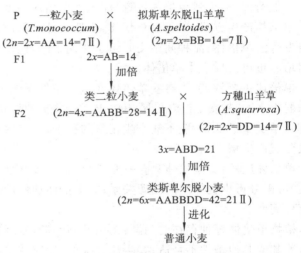

P　　一粒小麦　　×　　拟斯卑尔脱山羊草
　　　(*T.monococcum*)　　　　(*A.speltoides*)
　　　($2n=2x=AA=14=7Ⅱ$)　　($2n=2x=BB=14=7Ⅱ$)
F1　　　　　　$2x=AB=14$
　　　　　　　↓加倍
　　　　　类二粒小麦　　×　　方穗山羊草
F2　　($2n=4x=AABB=28=14Ⅱ$)　　(*A.squarrosa*)
　　　　　　　　　　　　　　　　($2n=2x=DD=14=7Ⅱ$)
　　　　　　　　↓
　　　　　$3x=ABD=21$
　　　　　　↓加倍
　　　　类斯卑尔脱小麦
　　($2n=6x=AABBDD=42=21Ⅱ$)
　　　　　　↓进化
　　　　　普通小麦

图21-66　木原均(1893—1986)　　　　　图21-67　推测的小麦形成过程

　　木原均在细胞遗传学方面做出了很多杰出的贡献,例如关于细胞质遗传的研究、酸模属(*Rumex*)植物性染色体的发现等。在生产中,有一个广为人知的事例,就是三倍体无籽西瓜,这是木原均在1951年根据三倍体高度不育现象创建的新品种,现已广泛栽培和生产,相信很多人都享受过这一科技成果,这在人工育种中堪称一绝,将"开玩笑"一样的事情变成了现实,充分展示了科技的巨大力量。

　　异源多倍体中,不同染色体组中的染色体经常出现部分同源(partial homology)现象,如小麦的1A、1B和1D染色体存在部分同源片段,这样的染色体在减数分裂时发生异源联会(allosynapsis),有时将不同染色体组间部分同源程度很高的异源多倍体称为节段异源多倍体,这样的多倍体减数分裂时可形成三价或四价体,并引起不育。

　　奇数倍异源多倍体一般由偶数倍异源多倍体杂交形成,减数分裂时出现单价体且随机分配,导致配子不育,因此奇数倍异源多倍体育性不高,存在的单价体越多育性越低。自然界只有少数无性繁殖的植物为奇数倍异源多倍体。

　　多倍体在育种中,可用于染色体或染色体组的替换,或作为桥梁品种用于杂交,也可用于基因功能等研究。

　　1928年,苏联学者卡贝钦科(G. Karpechenko)完成了一个著名的远缘杂交实验,将十字花科的萝卜(*Raphanus sativus*,$2n=2x=18=RR$)和甘蓝(*Brassica oleracea* var. *capitata*,$2n=2x=18=BB$)杂交。我们知道,萝卜和甘蓝是常见的两种蔬菜,萝卜食用部分是地下根(地上茎叶多不食用),而甘蓝食用部分是地上球茎(地下根不能食用),那么能不能培育一个新的物种,使之地下结萝卜、地上长球茎呢?基于这样的想法,卡贝钦科将两个物种进行了远缘杂交,得到的杂种F1($2n=2x=18=RB$)高度不育,共种植了90株只得到821粒种子,其中有些未减数配子形成了异源四倍体,成为稳定遗传的双二倍体(amphidiploid),定名为新属——萝卜甘蓝($Raphanobrassica$,$2n=4x=36=$RRBB),遗憾的是与预期相反,新种(萝卜甘蓝)根像甘蓝、叶像萝卜,没有经济价值。但是这个实验却提供了种间(或属间)杂交短期内(两代)创造新种的方法,为育种提供了很好的思路。直到现在,有很多人仍在从事这方面的研究,因此现在的萝卜甘蓝泛指萝卜属与芸薹属稳定遗传的属间杂种。

与此类似,马铃薯($Solanum\ tuberosum$)和番茄($Lycopersicon\ esculentum$)为茄科(Solanaceae)的两种作物,具有很高的经济价值。能否利用远缘杂交方式产生合二为一的"番土豆"?这还有待于科学家和各位读者的共同努力。

远缘杂交另一个不能不提的例子是八倍体小黑麦($Triticale\ hexaploide$,$2n=8x=56=$AABBDDRR)。我国著名作物遗传育种学家鲍文奎(1916—1995)将小麦与黑麦($Secale\ cereale$,$2n=2x=14=$RR)进行远缘杂交、选育,1964 年得到结实率 80% 左右、种子饱满度 3 级的品系,1973 年试种成功,得到产量高、抗逆性好、赖氨酸含量高的异源八倍体小黑麦,并首次用于生产,在我国西南山区一带推广。

2. 非整倍体(aneuploid)　非整倍体是染色体组中部分染色体的增加或减少,包括亚倍体和超倍体。一般是由异常减数分裂配子形成。有天然产生的非整倍体,也有人工杂交获得的非整倍体。非整倍体在染色体工程及基因定位研究中具有重要意义。

(1) 亚倍体(hypoploid)　亚倍体是染色体数量少于 $2x$ 的非整倍体。根据染色体缺失数量分为多种,如单体($2x-1$)、双单体(dimonosomic,$2x-1-1$,缺失两条非同源染色体)、缺体($2x-2$)等。

①单体(monosome):染色体组中缺失了一条染色体($2x-1$)。

自然界许多生物存在单体,一般常见于多倍体生物中。有些昆虫(蝗虫、蟋蟀、某些甲虫)及个别鸟类,雄性是 XO($2x-1$);果蝇中曾发现有第 4 染色体单数的类型,也发现 Y 染色体丢失的 XO 雄蝇;人类 XO 的不育女性(Turner 综合征)也缺失了一条 X 染色体。

由于缺失一条染色体,遗传物质失去平衡,因此大多数动、植物单体不能存活,尤其是二倍体植物。从遗传学效应看,缺少一条染色体要比缺少一套染色体的影响大,在某种程度上单体类似于"缺失"。

细胞中分别缺少染色体组中的一条染色体,所形成的一系列单体集合构成单体系。如普通小麦分别缺失A、B、D 组中的一条染色体,形成了 21 种单体类型,构成一个小麦单体系。最早建立单体系的是普通烟草($Nicotiana\ tabacum$),美国密苏里大学小麦育种学家西尔斯(R. Sears)经 15 年研究于 1979 年育成了"中国春"小麦 21 个单体,中国农业科学院李竞雄教授于 1983 年育成小麦"京红 1 号"单体系。目前,很多植物(主要是农作物)都有单体系的建立,有些单体系的单体间形态差异明显,也有一些差异很小、难以目测。

单体减数分裂后可产生 n、$n-1$ 配子,自交后代表现出二倍体∶单体∶缺体=1∶2∶1,但受染色体遗弃程度、配子受精率及胚胎存活力影响,实际上可能并不表现出这个比例。

单体可用于基因定位、染色体置换等研究。

②缺体(nullisomic):染色体组中缺失了两条同源染色体($2x-2$),又称为零体。缺体只存在于多倍体中,二倍体如果出现缺体则不能存活,动物没有多倍体,因此也不会出现缺体。

缺体也可以育成缺体系,如普通小麦有 21 种缺体,这些缺体表现为生活力差、育性低、各自具有特定的形态。

缺体一般可由单体自交产生,但得率很低。如"中国春"小麦单体自交产生缺体的比例为 0.9%~7.6%。
缺体可用于基因定位、染色体替换等方面。

(2) 超倍体(hyperploid)　超倍体是染色体数量多于 $2x$ 的非整倍体。根据染色体增加数量,有三体($2x+1$)、双三体(ditrisomic,$2x+1+1$,增加了两条非同源染色体)、四体($2x+2$)等类型。

三体(trisomic):染色体组中增加了一条染色体($2x+1$)。如人类 Down's 综合征(21 三体)、Edwards 综合征(18 三体)、Patau 综合征(13 三体)和 Klinefelter 综合征(XXY)都为三体型畸变。

三体主要由三倍体自交或同源三倍体与二倍体杂交产生,一般由 $n+1$ 雌配子和 n 雄配子结合形成,也可由异常减数分裂形成的 $n+1$ 配子产生。

三体减数分裂时,同源染色体联会可形成Ⅲ价体或一个Ⅱ价体、一个单价体,增加的染色体经常形成落后染色体而丢失。减数分裂后可产生 n、$n+1$ 配子,其比例和受精能力不同,n 型配子要比 $n+1$ 配子多,$n+1$ 配子活力低于 n 配子,$n+1$ 配子大都是通过卵细胞传递的,$2n+1$ 胚存活率低于 $2n$ 胚。例如普通小麦三体自交后代中,$2x$ 为 54.1%,$2x+1$ 为 45%,$2x+2$ 为 1%。

三体中,因基因的剂量效应可能导致性状发生改变。有些物种的三体形态变化很大,如直果曼陀罗

（*Datura stramonium*）、水稻、番茄等植物的三体，而有些物种三体间形态差异不大，如玉米的 10 种三体。

有些植物建立了三体系，如水稻、谷子已形成完整的三体系。三体可用于基因定位、品种培育等研究。

染色体畸变研究可用于揭示染色体结构、数量改变的规律及机制，分析遗传物质改变在物种形成中的作用，培育优良品种用于生产，也可作为检测环境中诱变剂和致癌物质的指示，或作为人类染色体疾病诊断和预防的依据。

21.9 基因突变与 DNA 修复

21.9.1 基因突变

基因突变（gene mutation）是基因分子结构或碱基对发生改变，即基因编码序列或调控序列的改变，突变发生于基因水平，有时也指点突变（point mutation，碱基改变引起的基因突变）。由摩尔根于 1910 年在果蝇中首次确认（白眼突变）。

基因突变经常导致基因产物的改变或基因表达异常，使性状发生变异。具有突变性状的细胞或个体称为突变体（mutant）。自然发生的突变称为自发突变（spontaneous mutation），用物理或化学方法导致的突变称为诱发突变（induced mutation，即人工诱变）（图 21-68）。基因突变是产生新基因的主要方式，是推动生物演化的内在动力。

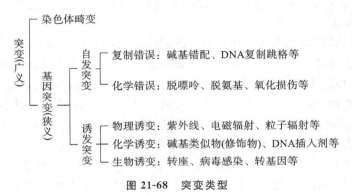

图 21-68　突变类型

1. 基因突变的一般特征

（1）稀有性　自然状态下基因的突变频率通常很低，一般为 $10^{-5} \sim 10^{-10}$。突变率（mutation rate）是单位时间内某种突变发生的概率，或指特定条件下一个世代中（或其他规定的单位时间内），一个细胞发生某一突变事件的概率，突变率用来衡量基因突变频率的高低。对于有性繁殖的生物，突变率通常用一定数目的配子中突变型配子的比例表示，高等生物基因突变率一般为 $10^{-5} \sim 10^{-10}$，即 10 万～1 亿个配子中可能有一个突变发生。无性繁殖的生物，用一定数目个体在分裂一次过程中发生突变的次数表示，如大肠杆菌（*E. coli*）一个世代中一个细胞发生的突变率（链霉素抗性基因 *str*^r^ 突变率为 4×10^{-10}，乳糖发酵 *lac* 基因为 2×10^{-7}），细菌基因突变率一般为 $10^{-4} \sim 10^{-10}$，变异幅度很大。有些基因要比一般基因容易发生突变，这样的基因被称为易变基因（mutable gene）。

（2）可逆性　发生突变的基因，通过再次突变可以恢复成原基因，这种现象称为基因突变的可逆性。

正向突变（forward mutation）是指第一次偏离正常的突变，野生型变为突变型，$A \to a$。反向突变（reverse mutation）又称为回复突变（back mutation），是与正向突变相反的突变，突变型变为野生型，$a \to A$。由于基因突变具有多方向性（见下文），因此回复突变的频率低于正向突变。利用回复突变可以将基因突变与染色体大片段变异区分开来。

还有一种突变称为抑制突变（suppressor mutation），是发生在另一个座位的基因突变掩盖了某个基因的突变。有时抑制突变引起的表型变化与回复突变很相似，通过突变品系与野生品系杂交，利用基因间重组现象可以区分抑制突变和回复突变。

（3）多方向性　突变可以发生在基因的任何一个位点，并产生不同类型的突变，因此基因突变可以朝多个方向发生,即可以突变为一种以上的形式。如 B 基因可以突变为 b1、b2、b3……这种现象是复等位基因(multiple allele)产生的机制之一。当然,突变的多向性是相对的,因为突变受很多因素制约,并不是"随心所欲"的。

(4)有害性和有利性　基因突变的利害是指其产物与功能的相适性,或者是所控制性状与环境的相适性,如果突变型提高了基因产物功能或适应环境能力,则视为有利的,反之为有害的。但有害性和有利性是相对的。

基因突变的有害性:野生型基因多是正常、有功能的,通过自然选择基因间处于相对平衡与协调状态(不利基因被淘汰)。因此,多数基因突变是有害的,可能导致基因原有功能降低、丧失或基因间与相关代谢协调关系被破坏,性状发生变异、发育异常、生存竞争与生殖能力下降,甚至死亡(致死突变)。

基因突变的有利性:某些情况下基因突变可能是有利的,比如对生存有利(如抗逆性、抗药性等)。利害相对性还表现为对谁而言,例如雄鼠不育突变对其自身来说是有害的,但对人类而言是有利的;作物成熟后籽粒不脱落突变对作物而言是有害的(自然条件下将影响来年种子萌发),对人类粮食生产却是有利的(籽粒脱落会导致作物减产)。

一般情况下,基因发生的突变都为中性突变(neutral mutation),也就是说突变性状对生物体生活力或繁殖力没有明显影响(或者性状没有发生明显变化),自然条件下不具有选择差异。生物演化过程中,自然环境对生物的选择主要是通过竞争条件下,个体生活力与繁殖力的差异实现的,特定环境下生活力与繁殖力相对较高的类型(各种突变型)被保存下来,反之被淘汰,没有生活力与繁殖力差异的各种突变类型被随机保留下来,因此某些性状在生物群体内,表现为多种突变型与突变基因共同存在(中性漂变学说,参见相关内容)。

(5)平行性　基因突变平行性是指亲缘关系较近的物种,因遗传物质相近,基因突变表现出相似的现象。如小麦有早熟、晚熟的变异类型,禾本科中其他物种如大麦、黑麦、燕麦、水稻、玉米、冰草等同样存在这样的变异,在籽粒的若干性状中,这些物种也具有相似的变异类型(表 21-12)。再如甘薯(*Dioscorea esculenta*)块根有白色、黄色和紫色等类型,胡萝卜(*Daucus carota*)根也有这些变异类型(图 21-69)。

表 21-12　一些禾本科植物籽粒性状

性状		黑麦	小麦	大麦	燕麦	冰草	黍	高粱	玉米	水稻
籽粒颜色	白色	+	+	+	+	+	+	+	+	+
	红色	+	+	+	−	+	+	+	+	+
	绿色	+	+	+	+	+	+	+	+	+
	黑色	+	+	+	−	−	−	+	+	+
	紫色	+	+	+	+	−	+	+	+	+
粒形	圆形	+	+	+	+	+	+	+	+	−
	长形	+	+	+	+	+	+	+	+	−
粒质	角质	+	+	+	+	+	+	+	+	+
	粉质	−	−	+	+	+	+	+	+	+
	蜡质	+	+	+	+	+	+	+	+	+
成熟	早熟	+	+	+	+	+	+	+	+	+
	晚熟	+	+	+	+	+	+	+	+	+
芒	长芒	+	+	+	+	+	−	+	+	+
	无芒	+	+	+	+	+	+	+	+	+

注:"+"表示具有该种性状,"−"表示没有或未发现。

根据这一特性,了解一个物种或属内具有哪些突变类型时,即可预见近缘的其他物种或属也同样存在相似的变异类型。

(6)独立性　某个座位上的基因发生突变时,不影响该座位其他等位基因发生突变,这种现象称为基因突变的独立性。例如一对显性基因 AA 中的一个 A 突变为 a,另一个 A 基因仍可保持显性或发生其他类型突变而不受影响。

(7)随机性　随机性是指基因突变的方向与生物体所处的环境没有对应关系,突变可发生在任何时间、

图 21-69　不同颜色的甘薯和胡萝卜

任何个体、任何基因位点上。基因突变既可以发生于体细胞,也可发生于生殖细胞。单细胞生物发生体细胞突变(somatic mutation)时,单倍体表现出突变性状,二倍体或多倍体只有显性突变才表现出突变性状,多细胞生物在当代一般无法表现突变性状;减数分裂时细胞非常敏感,故生殖细胞突变(germ-line mutation)频率比体细胞高(性状较体细胞突变容易表现)。

(8)重演性　同种生物不同个体间可以发生相同的基因突变,不受时间、地点限制。非常有名的安康羊(Ancon sheep)(图 21-70)是美国新英格兰农民赛斯·怀特(Seth Wright)于 1791 年首次发现,1920 年左右挪威又发现了一种相同类型的变异,后证实是由于生殖细胞中一个显性基因的一个碱基对变化所致。这种羊背长、腿短,跳跃能力差,易圈养,已育成一个新品种。

图 21-70　安康羊

2. 基因突变与性状表现　基因突变能否表现为突变性状,取决于突变的程度、类型、发生突变的细胞及生物体结构等特性(表 21-13)。

表 21-13　不同生物基因突变与性状表现

生物类型	突变对象	显性突变	隐性突变
高等生物	性细胞	突变当代表现突变性状	突变当代无表现,其自交后代出现突变性状
	体细胞	突变当代为嵌合体,嵌合程度取决于突变发生的时期	突变当代无表现,往往不被发现或保留
低等生物(单倍体)	有性繁殖	表现突变性状	表现突变性状
	无性繁殖	表现突变性状	表现突变性状

嵌合体(chimera)是同一个体由不同基因型细胞所组成的现象。除基因突变可以形成嵌合体外,染色体畸变也可以形成嵌合体。嵌合体广泛存在于动植物中,可用于基因功能等研究,如金银眼猫等(图 21-71)。

(1)形态突变(morphological mutation)　即可见突变(visible mutation),所发生的基因突变影响形态、

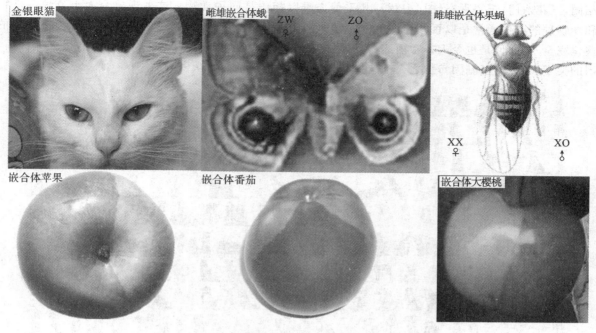

图 21-71 一些嵌合体

结构,导致生物的形状、大小、色泽等性状发生变化。如安康羊的四肢要比普通绵羊短等。

(2) 生化突变(biochemical mutation) 基因突变并不影响生物可见的大体性状,主要对代谢过程产生影响,导致特定生化功能的改变或丧失。如微生物各种营养缺陷型突变等。

(3) 致死突变(lethal mutation) 所发生的基因突变主要影响生活力,甚至导致个体死亡,有显性致死和隐性致死两种。致死作用可以发生在配子(如女娄菜细叶基因 b)、合子(小鼠的黄鼠基因 A^Y)、胚胎、幼年或成年期等各个阶段。从致死程度区分,包括全致死(90%以上个体死亡)、半致死(50%～90%个体死亡)和低活性(10%～50%个体死亡)。有些致死突变只在特定条件下表现,称为条件致死突变(conditional lethal mutation),如 T4 噬菌体温度敏感型突变在 25 ℃条件下表现正常,而 42 ℃时致死。

(4) 失去功能的突变(loss of function mutation) 有些基因突变导致其产物的功能发生变化。产物功能完全丧失的突变称为无效突变(null mutation);部分失去活性,突变基因处于杂合状态时不能产生足够的野生型,这种现象称为渗漏突变(leaky mutation)。

(5) 获得功能的突变(gain of function mutation) 突变改变了基因原有功能,表现为另一种新的活性,由此产生了新的基因。

(6) 大突变和微突变的表现 大突变是指控制性状的主效基因突变,突变效应表现明显,易识别,质量性状(qualitative character)突变大都属于此类;微突变是指控制性状的微效基因突变,效应表现微小,较难察觉,数量性状(quantitative character)突变属此类。微突变积累可以形成大突变,微突变中出现的有利突变一般多于大突变。生产中的经济性状一般都受微效基因控制和影响,所以微突变对育种很有价值,育种中应重视对微突变的研究和选择。

3. 突变热点 通过对基因突变位点的分析发现,突变位点不是随机分布的,某些位点表现出很高的突变频率,远超过其他位点,这些高频突变位点被称为突变热点(mutation hotspot)。

产生突变热点的原因:①该位点碱基较为敏感,容易受到攻击,比如 5-溴尿嘧啶处理 λ 噬菌体的 cI 基因,容易引发 ACGC 序列中的碱基 A 转换为碱基 G;②序列特异性,如转座子、紫外线等,对特定序列作用显著,有些序列更容易在 SOS 修复过程中产生错误;③碱基特异性,由于某些碱基结构改变,碱基间配对关系变化,从而使基因发生突变,如胞嘧啶脱氨氧化形成尿嘧啶,而尿嘧啶可以与腺嘌呤配对出现碱基转换,5-甲基胞嘧啶(^{Me}C)脱氨氧化形成胸腺嘧啶,胸腺嘧啶与腺嘌呤配对发生碱基转换。

4. 增变基因 基因组中某些基因的突变,可使整个基因组的突变频率明显上升,这些可以提高其他基因突变频率的基因称为增变基因(mutator gene)。

已发现的狗化石最早出现在约一万五千年前,随后的一万多年中,在人工选择培育下出现了一千余种类型,其中定类的有 500 多种(现存有 450 种左右),不同品种体形差异巨大(大的似狼,小者如猫),面貌和毛色各不相同,五花八门,千姿百态(图21-72),几乎使人难以相信是同种动物。这种现象令人十分惊奇,因为新基因和新物种的产生通常是以百万年为单位的,虽然狗的品种达不到种的级别,也是在人工干预下形成的,与自然演化完全不同,但是也令人非常困惑,其原因何在?研究发现,狗发生了一种基因突变,极大地提高了其他基因的突变频率(增变基因),加之人工选择和培育,于是出现了如此众多的品种。

图 21-72　形形色色的狗

目前已知的增变基因主要有两类。

(1) DNA 聚合酶基因　DNA 聚合酶有三种活性,$5'→3'$ 聚合活性负责 DNA 复制,两种外切活性可以降解 DNA,其中 $3'→5'$ 外切活性切除错配碱基,具有"纠错"功能。如果 DNA 聚合酶基因发生突变,使其校正功能丧失或降低,DNA 复制时很容易发生错误,从而使基因的突变频率上升,这种影响没有特异性。

(2) *dam* 基因和 *mut* 基因　*dam* 基因产物负责 DNA 甲基化,*mut* 基因编码错配矫正酶。这两个基因发生突变时错配修复功能丧失,引起基因突变频率升高。

5. 基因突变的分子基础　所有引起遗传物质发生变化的因素都可以导致基因突变。外部因素有辐射(宇宙射线、放射性同位素等)、极端温度、化学试剂、转座、病毒侵染等,内部因素有细胞代谢产物的副作用(对DNA 结构的损伤)、细胞渗透压(高渗透压可提高突变频率)、增变基因等。

(1) 点突变(point mutation)　点突变一般是指基因中某个碱基位点的变化。多发生碱基替换(base substitution),是指 DNA 分子中一个碱基对被另一个碱基对所代替,包括:①转换(transition),同种类碱基间的替换(嘌呤与嘌呤、嘧啶与嘧啶间),一般较常见;②颠换(transversion),不同种类碱基间的替换(嘌呤与嘧啶间),比较少见。

DNA 复制时,如果错配碱基没有得到校正,将引发碱基替换。

亚硝酸盐、羟胺、烷化剂等修饰试剂可使碱基结构发生变化,出现脱嘌呤(depurination)、脱氨基(deamination)或氧化损伤(oxidative damage),碱基间配对关系随之发生变化,引发碱基替换。

碱基类似物与生物体内碱基结构相似,DNA 复制时可替代天然碱基,导致配对错误,造成突变。如 5-溴尿嘧啶(5-BU)与胸腺嘧啶(T)很相似,5-BU 有酮式、烯醇式两种异构体,酮式 5-BU 与碱基 A 配对,烯醇式 5-BU 与碱基 G 配对,而 5-BU 的酮式和烯醇式处于动态的转换平衡状态,因此在 DNA 复制时很容易引起碱基颠换。

(2)移码突变(frameshift mutation) 移码突变是 DNA 序列中增加(减少)1 或 2 个碱基对,使转录的 mRNA 翻译时密码子阅读方式发生改变。增加或减少 3(或 3 的倍数)个碱基对不会发生移码突变,但导致基因读码框(reading frame)被破坏。移码突变经常导致基因功能丧失,其所控制性状发生变化。

转座时由于大片段 DNA 插入经常引起移码突变。吖啶类染料、溴化乙锭(ethidium bromide,EB)等 DNA 插入剂,可插入相邻碱基间,DNA 双链出现歪斜,重组时出现不等交换(DNA 复制时也会发生错误,见下文),进而引起移码突变。

(3)碱基缺失(添加)突变 碱基数量的改变,少的几个至十几个碱基,多的几百至上千个碱基。数量变化较大时发生染色体结构变异。

DNA 复制时,如果模板链或新合成子链环出(annular protrusion),可导致基因发生碱基缺失或添加。模板链环出引发子链缺失,新合成子链环出则产生碱基添加。DNA 插入剂可导致复制时发生碱基缺失或增加。

6. 基因突变对蛋白质的影响 基因突变后,蛋白质产物可能发生不同程度的改变。

(1)中性突变(neutral mutation) 突变基因合成的蛋白质多肽链中,相应位点发生的氨基酸取代不影响蛋白质的空间结构,也不位于蛋白质的功能位点,因此不影响蛋白质的功能。

(2)沉默突变(silent mutation) 突变基因的蛋白质产物中,相应位点发生了相同氨基酸的取代,对蛋白质的结构和功能没有影响,性状也不发生变化。这是产生基因多态性(polymorphism)的方式之一。

(3)同义突变(samesense mutation) 由于密码子存在简并性,当密码子突变为同义密码时,并不改变该位点的氨基酸种类,因此对蛋白质的结构和功能没有影响。

(4)移码突变 出现移码突变时,由于读码改变,多肽链中氨基酸种类、顺序发生变化,可能导致蛋白质结构、功能改变,甚至完全失去功能(或许出现完全不同的新功能),也可能在基因内部出现终止密码,使蛋白质翻译提前终止,产生没有活性(或部分活性)的多肽片段。

(5)错义突变(missense mutation) 错义突变产生的密码子使氨基酸种类发生改变,蛋白质结构、功能都可能受到影响,如果突变氨基酸位于非功能区,对蛋白质功能影响较小(或没有影响),如果在关键的功能位点,则蛋白质功能改变,甚至失去功能,性状也随之发生变化。

(6)无义突变(nonsense mutation) 密码子突变后成为终止密码,失去编码氨基酸功能。突变为 UAG 的无义突变称为琥珀突变(amber mutant),突变为 UAA 的无义突变称为赭石突变(ochre mutation)。基因内部出现无义突变后,蛋白质翻译至突变密码处提前终止,只合成蛋白质的部分肽链,一般不具备完整蛋白质的结构和功能,基因功能丧失,性状发生改变。

7. 基因突变的诱发 人工诱变是美国遗传学家赫尔曼·约瑟夫·穆勒(Hermann Joseph Muller,1890—1967)于 1927 年创立的技术,在很大程度上提高了基因突变的频率。目前,诱变可分为两大类:①细胞内(或个体)诱变,利用物理、化学或生物的手段处理细胞或生物体,从而获得突变基因;②体外基因诱变(in vitro gene mutagenesis),采用基因工程技术在细胞外对 DNA(或基因组)进行处理,提高突变频率的同时,也使基因突变具有很高的特异性和靶向性,是目前基因诱变广泛应用的方法,这部分内容较多,在此不做阐述,详细内容可参见文献[4]相关章节。

(1)物理诱变(physical mutagenesis) 引发基因突变的物理因素主要包括电离辐射和非电离辐射。紫外线属于非电离辐射;电离辐射有电磁辐射(如 X 射线、γ 射线等)和粒子辐射(如不带电的中子,带电的 α 射线、β 射线和质子)。此外,极端温度等物理因素也可导致基因发生突变。

紫外线能使 DNA 中相邻的胸腺嘧啶形成二聚体,在 DNA 复制和转录时发生错误,产生突变。电离辐射类的高能粒子或射线直接作用于 DNA,导致其断裂而发生突变;或者是通过电离,使细胞内分子发生化学变化,进而在 DNA 复制时出现异常(临床上利用这一特性,用放射线作用于更加敏感的肿瘤细胞,使肿瘤细胞出现高频突变而无法存活,达到杀死肿瘤细胞的目的——放疗)。

另外,利用物理因素诱变还有一种比较特殊的方式——综合效应诱变,是利用太空中存在的大量各种射线,以及太空环境中失重、真空、超净、无地球磁场影响等特殊条件,甚至发射和返回时的剧烈震动等因素,对生物进行诱变的空间诱变技术。这种诱变方式在国内外都有广泛的研究和应用,尤其是随着我国航天技术的发展,这方面研究也越来越广泛、深入。利用这种技术,可以分析突变体的生理生化和诱变机理,进行新品种选育,现已获得了丰硕的成果,并用于生产。

物理诱变因素对 DNA 分子及核苷酸残基没有选择性,因此所诱发的突变没有专一性和特异性,更多地表现出随机的特点。

（2）化学诱变（chemical mutagenesis） 大量的化学试剂可作为诱变剂（mutagen）,诱发基因产生突变（表21-14）。

表 21-14 一些化学试剂的诱变作用

试　剂	主　要　用　途	有　害　效　应
乙酰亚胺及其衍生物	染色、防皱、防水、杀虫等	致癌、染色体畸变等
三乙撑硫代磷酰胺	染色、防火、防水	染色体畸变等
芥子气	塑料工业	畸胎、致癌、诱变等
亚硝胺	线虫防治,增塑剂,存在于食品和烟草中	果蝇中致癌、诱变,细菌中无此作用
EDTA	促进色香的保持,广泛用于食品工业	高等生物中导致染色体畸变
Captan	杀真菌剂	畸胎,大肠杆菌诱变剂
链霉黑素	抗生素,癌症化疗剂	致癌、诱变,染色体畸变
呋喃糠酰胺	食品添加剂	致癌、诱变,染色体畸变

①碱基类似物:复制时可取代碱基掺入 DNA 分子,改变碱基配对关系,导致基因突变。如 5-溴尿嘧啶（5-BU）、氨基嘌呤（2-AP）、叠氮胸苷（AZT）等。

②碱基修饰剂:改变 DNA 结构,引发变异。如亚硝酸、羟胺、烷化剂等。

③DNA 插入剂:分子结构大多呈扁平形,可插入相邻碱基间,在 DNA 复制和转录时导致错误,从而使基因发生突变。如原黄素、吖啶橙（黄）、溴化乙锭等。

④抗生素:可阻碍碱基合成或破坏 DNA 分子结构,引发基因突变。

化学诱变具有与物理诱变相似的特性,表现出诱变的随机性,可在不同时期作用于不同染色体或基因座位,产生不同形式的突变。但是其与物理诱变也有区别,某些诱变剂表现出一定的倾向性,如咖啡因导致染色体断裂、重组,核苷类似物较为集中地作用于某些区域。

（3）生物诱变（biological mutagenesis） 转座子可以整合到受体 DNA 中,导致 DNA 出现缺失、移码等突变;有些病毒也能将其遗传物质插入宿主基因组中,导致基因突变。在转基因技术中,为了维持外源 DNA 的稳定遗传,经常将外源 DNA 重组到受体染色体上,由于外源 DNA 插入位点经常是随机的,因此可能导致宿主基因被破坏,发生基因突变。

人工诱变可用于基因结构及功能研究,也可获得大量的突变体,丰富基因资源,改良生物的性状。

8. 基因突变的意义 基因突变推动着生物的进化（evolution）。基因突变产生的突变体对其生存表现出有利、有害或者是中性的特性,在环境选择压力作用下,不利于生存的有害突变被淘汰,有利或中性突变被保留、固定下来,并改变着群体中的遗传组成。基因突变时刻发生,环境条件也不断变化,两者相互作用,不停地改变着生物的遗传物质及其对环境的适应性（adaptability）,由此也不断地推动着生物的发展和演变,这是生命进化最基本的机制。

对于人类而言,可利用突变进行新品种培育,满足生活中的各项需求。

21.9.2　DNA 修复

细胞对基因变异具有一定的修复能力,针对不同类型的变化,修复主要包括两大类型。

1. 复制错误的校正修复 DNA 复制具有高度的精确性（保守性）,复制后新合成的子链碱基序列与模板链的互补链完全相同,但偶尔也会发生碱基错配,只不过错配率极低。如 *E.coli* 复制错误发生率约为百亿分之一,哺乳动物等真核生物复制错误发生率约为十亿分之一,人类正常情况下,每个卵子或精子形成时复制错误仅涉及约 3 个碱基对（基因组含有 30 亿个碱基对）。如果复制错误发生在基因以外的序列中,一般不会产生影响,但发生于基因中的错误有时是致命的。对于复制过程中发生的碱基错配,进化形成的机制是利用 DNA 聚合酶即刻识别并校正,以保证遗传物质的稳定。

DNA 聚合酶有三种活性:$5' \rightarrow 3'$ 聚合活性、$5' \rightarrow 3'$ 和 $3' \rightarrow 5'$ 外切活性。复制时利用 $5' \rightarrow 3'$ 聚合活性合成核苷酸子链,同时进行校对(proofreading),如果发生碱基错配,利用 DNA 聚合酶 $3' \rightarrow 5'$ 外切活性切除错配碱基,重新合成。因此,DNA 复制具有高度的保守性。但这种校正受 DNA 聚合酶纠错能力影响,有时也出现遗漏。由此产生的错误再由其他方式(见下文)进行修复。

2. DNA 损伤修复　DNA 损伤是指 DNA 分子结构受到的破坏,如断裂、碱基转换或颠换等。针对不同类型的损伤,采用不同方式进行修复。

(1)紫外线损伤修复　紫外线作用于 DNA,可使相邻的胸腺嘧啶形成二聚体,引发突变。对于胸腺嘧啶二聚体可采用直接修复(direct repair)方式进行校正。

方式一:通过 DNA 聚合酶 $3' \rightarrow 5'$ 外切活性直接进行校正修复。

方式二:光复活(photoreactivation),即光修复(light repair)。这是一种普遍存在的修复方式,主要存在于低等生物中。光复活酶(photolyase,或称光裂合酶)识别并结合到胸腺嘧啶二聚体部位,在 310~440 nm 光作用下解开二聚体,完成修复。

(2)切除修复(excision repair)　广泛存在的修复方式。在多种酶系统的作用下,切除错配碱基,重新聚合、连接。如一般修复(UvrABC 系统)、特殊切除修复(AP 内切酶、糖基酶、GO 系统)。

(3)错配修复(mismatch repair)　复制渗漏的错配碱基,利用模板链与新合成子链碱基甲基化信息的不同,在酶系统(如 Dam、MutL、MutH、UvrD 等酶)作用下,识别并切除错配碱基,重新合成以完成修复。

(4)重组修复(recombination repair)　识别并切除 DNA 损伤区段,通过 DNA 重组机制完成修复。

(5)SOS 修复(SOS repair)　也称差错倾向修复(error prone repair),是在多种酶(如 RecA、LexA、UvrAB、UmuC、HimA 等)参与下,对严重损伤的 DNA 进行的复杂应急修复。如严重辐射损伤造成 DNA 同一区段两条单核苷酸链同时断裂损伤,DNA 无法复制时,通过 SOS 修复将断裂的 DNA 片段重新连接,以保证 DNA 复制的进行(这是此时需要解决的重点问题),但是由于缺乏完好模板,只能随机掺入一些碱基,还是会造成 DNA 序列的改变。

总之,细胞具有相对强大的修复机制,以保证遗传物质的稳定,当然,这也是自发突变频率较低的原因(实质上是突变后被修复)。

21.9.3　转座及转座子

1951 年,在冷泉港学术研究会上,美国著名遗传学家芭芭拉·麦克林托克(Barbara McClintock,1902—1992)(图 21-73)通过对玉米籽粒颜色遗传的研究,提出了转座(transposition)和跳跃基因(jumping gene)概念,然而受当时科学发展水平的影响,这一超越时代的理论遭到了冷遇。随着大肠杆菌、酵母、果蝇及哺乳动物等生物类似现象的发现,转座理论终于被接受。麦克林托克在有生之年看到了自己的学术成果被普遍认可,并于 1983 年获诺贝尔生理学或医学奖。

玉米籽粒常见颜色有黄色、白色、紫色及红色等(图 21-74),颜色取决于胚乳外表层(糊粉层)色素类型,由 9 号染色体短臂(近结节处)上的基因决定,共有 5 个基因与籽粒颜色有关:①A 基因控制花色素合成;②C 基因控制红色和紫色的形成;③R 基因控制红色的形成;④Pr 基因控制紫色的形成;⑤I 基因(即 Ds)为抑制基因,存在于上述 4 个基因附近时,导致这 4 个基因不表达。A、C、R、Pr 4 个基因通过互作决定颜色,例如:有 R、无 A 和 C 时,为白色,不能形成红色;有 Pr、无 A 和 C 时,也为白色,不能形成紫色。

籽粒颜色均一好理解,受精极核基因型决定了不同颜色的籽粒。麦克林托克发现有些籽粒出现花斑,斑点颜色还深浅不一,这种现象是不符合已知遗传规律的,由一个受精极核产生的体细胞为什么性状不同?基因突变是无法合理解释这种现象的,因为一般的基因突变频率很低,而玉米籽粒花斑出现频率很高,且回复突变频率也很高。这种现象是如何产生的呢?麦克林托克从 1944 年发现最初的"奇怪变异"起,经历 6 年时间建立

图 21-73　芭芭拉·麦克林托克

图 21-74　玉米籽粒的颜色

了转座理论,提出玉米的 *Ac-Ds* 模型(图 21-75),用转座来解释这种现象。

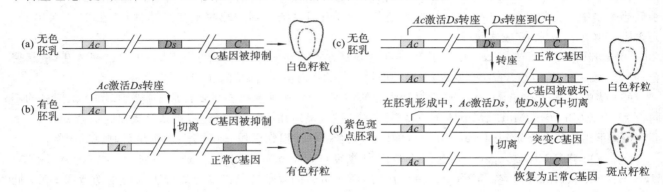

图 21-75　玉米 *Ac-Ds* 转座系统

Ac-Ds 系统主要由三部分构成。①控制糊粉层颜色的"基因 *C*"(如 *A/Pr* 或 *A/C*);②激活因子 *Ac*(activator),自主性基因,含有 IR(insert repeat)和转座酶(transposase)基因,能自由转座;③解离因子 *Ds*(dissociator),非自主性基因,含有 IR,不含转座酶基因(可能由缺失所致),转座依赖于 *Ac*,只有邻近 *Ac* 时才能发生转座,解除对 *A*、*C*、*R*、*Pr* 四个基因的抑制。转座发生越早颜色越趋近于均一,发生次数越多斑纹越显著。

转座子(transposon),或称为跳跃基因,是细胞中能改变自身位置的一段 DNA 序列。转座及转座子广泛存在于多种生物中,是一种普遍现象。原核生物转座子相对简单,而真核生物要复杂得多。转座现象的发现,加深了人们对基因本质的认识。

转座的遗传学效应及应用如下。

①转座可引起插入突变。如果插入位置是一个操纵子的上游基因,那么将造成极性突变(下游基因表达降低或关闭);插入结构基因内部导致基因功能丧失。

②插入位置上出现新基因,主要是由发生转移的片段给受体位点带来的。如 Tn 带有抗药性基因,转座时不但造成插入突变,同时在插入位点出现一个新的抗药性基因。

③原位置仍保留原有转座单元(复制型转座)。转座是将复制品转移到另一位置,原位置上仍然保留转座元。

④切离(excision),转座单元从原位置上消失(非复制型转座)。准确的切离使插入失活的基因发生回复突变,不准确的切离带来染色体的重复、缺失等。

⑤改变染色体结构,主要是引起染色体缺失、倒位等。

⑥产生新的变异,有利于进化。转座单元可携带其他基因进行转座,形成重新组合的基因组,或通过转座形成大片段插入,引起缺失、倒位等,均会产生新的变异,有些变异有利于生物进化。

⑦调节基因活动的开关。如啤酒酵母两种接合类型的相互转化;玉米籽粒各种花斑类型是 *Ac-Ds* 与 4 种基因相互作用的结果。

⑧转座成为遗传学研究中的一个有用的工具,可作为基因转移供体、基因定位标记、筛选插入突变、菌株构建、基因克隆等;也可利用转座子元件构建转基因载体,实现外源基因一定程度上的靶向插入。

21.10　表观遗传学及其研究进展

表观遗传（epigenetics），即后成遗传学（eigenetic genetics），也有人称之为"表现遗传学""表遗传学""外因遗传学""外区遗传学"等，是研究 DNA 序列没有改变时，基因功能发生的可遗传改变。它实质上是研究发育过程中，基因表达所发生的可遗传调控现象，即 DNA 序列中未包含的遗传信息如何传递到下一代的问题。

表观遗传学首先由遗传学家沃丁顿（C. H. Waddington）于 1942 年提出，但是在很长一段时间内相关阐述比较混乱，20 世纪 90 年代中期，Robin Holliday 表述了广为接受的表观遗传学含义，至 2008 年美国冷泉港会议关于表观遗传学的概念达成了共识。表观遗传学兴起于 20 世纪 80 年代，现已成为当代遗传学研究的重要分支。

已知的表观遗传现象涉及内容极其广泛，主要包括 DNA 甲基化（DNA methylation）、组蛋白修饰（histone modification）、基因组印记（genomic imprinting）、RNA 编辑（RNA editing）、RNA 干扰（RNA interference）等。这些现象可分为两大类：①基因选择性表达调控，如 DNA 甲基化、基因印记、组蛋白修饰及染色质重塑（chromatin remodeling）等；②基因转录后调控，如 RNA 编辑、RNA 干扰、反义 RNA（antisense RNA）、内含子及核糖开关（riboswitch）等。

这些基因表达调控模式易受环境影响，可以说表观遗传学更关注环境诱导的遗传改变，更为重要的是表观遗传学揭示了 DNA 序列不能解释的生物学现象。有很多表观遗传发生的变异是可逆的，因此调控相对容易，对于人类而言，表观遗传引起的疾病治疗上相对容易，现已成为生物医学领域研究的热点。

由于涉及内容过于广泛，可单独成书，所以在此仅就几个常见的重要问题及其进展加以阐述，更多知识请参考其他文献。

21.10.1　DNA 甲基化

DNA 甲基化是目前研究最多、机制最为清楚的表观遗传方式。所谓 DNA 甲基化是指在甲基转移酶（methyltransferase）作用下，DNA 中的碱基被甲基化修饰的现象。胞嘧啶是最主要的被修饰碱基，其次是腺嘌呤和鸟嘌呤。胞嘧啶甲基化后形成 5-甲基胞嘧啶，常被修饰的是 CpG 二核苷酸中的胞嘧啶。基因组中，CpG 常成簇存在，这些长度为 0.5～2 kb 富含 CpG 的 DNA 区段被称为 CpG 岛（CpG island），主要存在于基因 5′端区域（启动子或第一外显子中）。

DNA 甲基化是一种常见且主要的表观遗传修饰方式，修饰后能改变 DNA 大沟（major groove）（调控蛋白结合的主要区域）的三维结构，阻滞甲基化敏感的转录因子（transcription factor，TF）与 DNA 结合，而对甲基化不敏感的蛋白（如 Sp1、CTF 等）可以结合，这些甲基化不敏感蛋白通常是转录抑制因子，通过这两种作用 DNA 甲基化影响着基因的转录和表达。基因沉默一般与 DNA 甲基化有关，去甲基化基因则活化，DNA 甲基化和去甲基化由不同的酶催化完成。哺乳动物甲基转移酶主要有四种，分为两个家族；植物 DNA 甲基化有两种方式（从头甲基化和保留甲基化），主要涉及四种甲基转移酶。一般情况下，DNA 甲基化对基因表达的调控与组蛋白去乙酰化密切相关。

基因上游 5′端启动子内 CpG 岛的未甲基化是基因转录所必需的，甲基化导致基因转录被抑制。例如，正常人类基因组中 CpG 岛数量约有 28890 个，大部分染色体 CpG 岛平均数量为 10.5 个/Mb（5～15 个），其数量与基因密度有良好的对应关系，而"垃圾"DNA（rubbish DNA）的 CpG 含量相对稀少，并处于甲基化状态，其他区域的 CpG 岛处于未甲基化状态，与一半以上的编码基因相关。

真核生物 DNA 甲基化有三种状态——持续低甲基化状态（如管家基因的甲基化）、高度甲基化状态（如巴尔小体的甲基化修饰）和诱导的去甲基化状态（如不同发育阶段特定基因的修饰）。①低甲基化，机体正常生理条件下，启动子区域以外的 CpG 约 80% 处于甲基化状态，基因组甲基化程度降低或处于低甲基化状态将导致 mRNA 水平受到抑制，低甲基化状态可促进有丝分裂，导致染色体重组，并引发基因组出现不稳定现象（如基因缺失、易位等），研究表明，肿瘤细胞 DNA 大部分处于低甲基化状态，DNA 低甲基化还与原癌基因（如 c-Jun、c-Myc 及 c-Ha-Ras）的激活有关；②高度甲基化，一般发生于特定基因，启动子 CpG 岛高度甲基化导致该基因转录沉默,细胞周期调控、DNA 修复、血管生成、致癌物质代谢、细胞凋亡及细胞间相互作用等过程都涉及基因的高度甲基化。细胞正常生理过程中也存在 DNA 高度甲基化,如巴尔小体(Barr's body) DNA 的高度甲基化。肿瘤细胞抑癌基因高度甲基化被认为是基因沉默导致等位基因缺失或突变的一种方式,另外,高度甲基化与抑制甲基化诱导的重复 DNA 转录以保持基因组稳定有关。③诱导的去甲基化,DNA 去甲基化与甲基化保持动态平衡,共同调节基因表达,参与生长、发育和衰老等重要过程,DNA 去甲基化包括主动去甲基化(active demethylation)、复制相关的 DNA 去甲基化(replication-coupled demethylation)(被动去甲基化)两种方式。甲基化导致的基因沉默,通过主动的、可诱导的去甲基化而激活(虽然去甲基化并不直接导致基因表达,但低甲基化或去甲基化却是基因转录所必需的),例如在分化的辅助 T 细胞中,白介素 2 基因启动子在没有 DNA 复制的情况下迅速发生去甲基化,该系统中沉默的甲基化的哺乳动物基因 Oct-4 能够经过依赖于基因的优先去甲基化过程而重新激活转录,另外许多原癌基因激活、自身免疫性疾病的发生都与 DNA 去甲基化密切相关,异常的去甲基化可能导致基因印记丢失、微卫星序列不稳定、染色体结构变化、反转录转座子插入突变、转录蛋白结合位点改变、DNA 构象以及与蛋白质相互作用方式发生改变,进而影响基因表达、引发疾病。

DNA 甲基化在基因表达中具有重要的调控作用。DNA 正常的甲基化对细胞生长、代谢等生理过程是必需的,比如调控重复基因家族表达、异染色质形成、转座子扩散防御、基因组印迹、外源基因表达调控、转基因沉默及细胞分化、个体发育等。DNA 异常甲基化引发性状改变(如疾病,包括肿瘤发生等)或基因组不稳定(突变)、个体发育异常。目前,DNA 甲基化已成为表观遗传学和表观基因组学(epigenomics)的重要研究内容。

21.10.2　组蛋白修饰

组蛋白(histone)是真核细胞染色质的结构蛋白(原核生物少数存在组蛋白 H1),有 H1、H2A、H2B、H3、H4 五种(富含带正电荷的碱性氨基酸)。(H2A,H2B,H3,H4)₂八聚体组成核心蛋白(这四种蛋白没有种属及组织特异性,进化上十分保守),再与带负电荷的 DNA 形成核小体,成为染色质的基本结构单位。H1(有一定的种属及组织特异性,进化上保守性较差)结合在相邻的两个核小体间(与连接 DNA 结合)。H1 N 端富含疏水氨基酸,C 端富含碱性氨基酸;H2A、H2B、H3 和 H4 N 端富含碱性氨基酸(如精氨酸、赖氨酸),C 端富含疏水氨基酸(如缬氨酸、异亮氨酸)。组蛋白 C 端结构域含有球形的折叠基序(folding motif),与 DNA 缠绕、组蛋白相互作用有关;N 端含有组蛋白尾(histone tail)结构域(H2 在 C 端),约占分子全长的 25%,可与其他调节蛋白、DNA 相互作用。

组蛋白翻译后修饰主要包括甲基化(或去甲基化)、乙酰化(或去乙酰化)、磷酸化、泛素化及 ADP-核糖基化等,大部分修饰发生在组蛋白尾的第 15～38 氨基酸残基上(主要是精氨酸和赖氨酸),这些修饰发生在细胞周期的特定时间和组蛋白的特定位点上,不同组合的修饰形成了多种多样的组蛋白密码(histone code),可以通过特殊解码蛋白进行解读,是精细、有序的基因表达和生理调控方式,也在很大程度上增加了遗传密码的信息量,对于染色质结构和功能具有重要的调节作用。

H3 和 H4 的修饰作用比较普遍(甲基化、乙酰化),H2A 和 H2B 可被乙酰化和泛素化修饰,H1 则可以被磷酸化和泛素化修饰。目前,对组蛋白乙酰化和甲基化修饰研究得较多,组蛋白乙酰化修饰多发生在 H3 的 Lys9(14、18、23)和 H4 的 Lys5(8、12、16)等位点(位于蛋白质氨基端),甲基化修饰主要在组蛋白 H3、H4 N 端的赖氨酸和精氨酸残基上。

组蛋白乙酰化由乙酰化转移酶(HAT)完成,去乙酰化由去乙酰化酶(HDAC)完成,组蛋白乙酰化与转录激活相关(核小体更容易接近转录因子),并参与细胞周期调控、DNA 损伤修复等过程;去乙酰化则使基因处于转录沉默,并与染色体易位、细胞周期调控、细胞分化(增殖)及细胞凋亡有关。组蛋白乙酰化/去乙酰化异常导致细胞功能受损,引发疾病,人类多种肿瘤的发生与此相关,此外与血管形成、特发性肺部纤维化、炎症反应等密切相关。

组蛋白甲基化是在组蛋白甲基转移酶(HMT)作用下完成的,可分为主要的两类(含或不含保守催化结构域),去甲基化则由组蛋白去甲基化酶(HDM)完成。HMT 和 HDM 可以与同一个蛋白复合体结合,由此决定组蛋白甲基化还是去甲基化。组蛋白甲基化对基因转录具有激活或抑制作用(如 H3 的 Lys4 或 Lys 27 甲基化一般与基因转录激活有关,H3 Lys9 甲基化则使基因沉默),这取决于甲基化位点、甲基数量及被修饰基因。每个赖氨酸残基一般可以添加 1～3 个甲基,形成单甲基化、二甲基化及三甲基化形式,各自具有独特功能。

　　组蛋白磷酸化也是一种调控方式,在基因转录、DNA 修复、细胞凋亡和染色质凝聚等过程中具有重要作用。组蛋白 ADP-核糖基化是指 H1、H2A、H2B、H3 与多聚 ADP-核糖共价结合,这种修饰被认为是真核细胞启动 DNA 复制的触发点。组蛋白泛素化修饰,是被降解组蛋白(如 H2B)与泛素(ubiquitin)连接,从而启动基因表达,类泛素蛋白修饰分子(small ubiquitin-like modifier,SUMO)对组蛋白的修饰与染色质结构、基因转录活性调节有关。

　　组蛋白修饰类型较多,而且不同修饰间彼此关联、相互影响,形成一个错综复杂、井然有序的网络,影响细胞基因表达及代谢。一般来说,组蛋白修饰对基因表达的影响有三种途径:①改变细胞内环境(如电荷量、pH 值等),影响蛋白间相互作用,进而影响蛋白质与 DNA 间的作用、DNA 复制、DNA 修复及染色体重排等过程,导致性状发生变化;②使染色质结构发生改变,变得疏松或凝集,加强或减弱转录因子(转录辅助因子)与 DNA 的作用,从而影响基因表达;③作为信号影响下游蛋白,进而调控基因表达。

　　组蛋白的这些修饰单独或协同作用,可对基因表达进行调节。随着 DNA 甲基化与组蛋白不同类型修饰同时发生,染色质功能发生明显改变。目前,组蛋白修饰已成为表观遗传学研究热点之一。

21.10.3　基因组印记

　　基因组印记是指有性繁殖的生物,合子(受精卵,zygote)中来自父本和母本的染色体受到亲本不同的修饰(被打上不同的烙印),等位基因表现出不同的表达特性,一般只有一个亲本的基因表达(另一个亲本的等位基因沉默),基因组中经修饰打上的这些"烙印"称为基因组印记(或称遗传印记、基因印记),被修饰的基因称为印记基因(imprinted gene)。父源基因表达,母源等位基因沉默称为母系印记基因,反之称为父系印记基因。常染色体基因中约 1% 为印记基因。已发现的印记基因约 80% 成簇分布,由位于同一条链上的顺式作用元件(cis-acting element)控制,这些调控位点称为印记中心(imprinting center,IC)。基因组印记属于正常的生物学现象,在一些低等动物和植物中已被发现多年,小鼠和人类已知的印记基因有 80 多种,玉米和拟南芥已分别鉴定出 6 个、10 个印记基因。由于印记基因具有单等位基因表达的特点(某种程度上可以说不遵守孟德尔遗传规律),因此后代相关基因的表达在很大程度上依赖于亲代生活的环境条件。

　　1960 年,Helen Crouse 最早报道了基因组印记现象:尖眼蕈蚊(Sciara)中母系 X 染色体基因表达,父系 X 染色体基因沉默。20 世纪 80 年代中期,J. McGrath 等人在小鼠细胞核移植时发现了哺乳动物基因组印记:核移植的胚胎必须具备雌雄双方的原核,否则终将导致胚胎死亡,不能正常发育。1991 年,T. M. DeChiara 等人利用基因敲除技术在小鼠中发现了第一个内源性印记基因(胰岛素生长因子 II 基因,母系印记基因);同年又发现了小鼠父系印记基因(胰岛素生长因子 II 受体基因和 H19 基因)。

　　印记基因一般具有如下特点:①成簇分布,如小鼠印记基因主要分布在 2、6、7、10、11、12、15、17 和 X 色体上,7 号染色体有 3 个印记基因富集区(PEG3 印记区主要有 6 个印记基因,中央印记区主要有 9 个印记基因,IGF2 印记区有 13 个印记基因);②DNA 复制不同步,一般情况下等位基因中较早复制的表现出活性,但印记基因不遵循这一规律(较早复制的可能沉默);③时空特异性,表现为不同发育阶段印记基因表达发生改变,或者是在不同组织中表达有所差异,如小鼠 15 号染色体的母系印记基因 Slc38a4 在所有组织中均表达,但在肝脏和肠组织中并不表现印记;④真兽亚纲动物中的保守性,大部分印记基因在这些动物中具有相同的印记,如母系印记基因 MEST/PEG1 的同源基因在人、小鼠、大鼠、牛、羊中都具有相同的印记;⑤非编码 RNA,许多印记基因不编码蛋白质,而产生 siRNA 和 miRNA(见后文),参与基因的转录后表达调控,如小鼠 12 号染色体上的 Gtl2 等印记基因;⑥有一个或几个印记中心(IC),即差异甲基化区(differentially methylated region,DMR),印记基因的 DMR 中含有 CpG 岛,是印记基因甲基化修饰所必需的。

　　DNA 甲基化是常见的基因组印记,此外也包括组蛋白乙酰化、甲基化等修饰,或者是多种修饰的协同作用。基因组印记一般涉及印记消除、印记形成和印记维持。生殖细胞形成早期,父母双方的基因组印记全部被消除。父本基因在精母细胞形成精子前期产生新的甲基化(印记)模式,但这种甲基化(印记)模式在受精时还要发生改变;母本基因在卵子发生时形成甲基化(印记)模式。因此,受精前父母双方的等位基因具有不同的甲基化(印记)模式。受精完成后形成的新甲基化(印记)模式一直持续下去,直至下一轮生殖细胞产生。胚胎培养、核移植及体外繁殖都影响基因印记。

父母双方基因组印记的差异反映出性别竞争,就已发现的印记基因而言,父方对胚胎的作用是加速其发育,母方则是限制胚胎的发育速度。亲代通过基因组印记影响其下一代,使后代具有性别行为特异性,从而保证本方基因在遗传中的优势。很多印记基因对胚胎及以后阶段的生长发育具有重要的调节作用,对行为、大脑功能也有很大影响。

基因组印记研究使人们对中心法则有了新的认识,意识到遗传信息不仅仅来源于核酸,环境对性状形成的影响有些是可以遗传的,从而加深了对"获得性状"(acquired character)遗传和"返祖"(atavistic heredity)现象等问题的理解。

印记基因多与生长发育调控有关,对早期发育及出生后生长有重要影响。印记基因结构与表达异常将引发有复杂突变及表型缺陷的多种性状(疾病),基因组印记错误主要表现为生长过度或迟缓、智力障碍、行为异常等,如人类的自闭症、精神分裂症、Angelman综合征等与此有关,基因组印记错误也是引发肿瘤最常见的因素之一。

21.10.4 非编码 RNA

基因分为两大类:①不转录基因,主要是表达调控序列,如启动子(promoter)、增强子(enhancer)、绝缘子(insulator)和结构基因两侧其他调控元件;②转录基因,又分为编码和非编码两种,编码基因可翻译成多肽(转录的 RNA 不到总量的 1.5%),而非编码基因只转录合成 RNA,并不翻译成多肽,如核糖体 RNA(rRNA)、转运 RNA(tRNA)和非编码 RNA(non-coding RNA)等。对基因表达具有调控作用的功能性非编码 RNA 可分为长链和短链两种。

长链非编码 RNA(200 bp~50 kb)序列无保守性,与任何目的基因没有同源性,其来源主要有编码基因断裂、染色质重排、非编码基因转录、小非编码 RNA 多次复制、DNA 插入等方式。长链非编码 RNA 在基因簇或染色体水平进行调节,通过顺式作用使基因表达沉默,在基因组中建立单等位基因表达模式,可作为核糖核蛋白复合物催化中心,并影响染色质结构。如 Xist(17 kb)RNA 引起 X 染色体失活(Xist 基因活性受甲基化影响)。

短链非编码 RNA(21~30 bp)有干扰小 RNA(small interfering RNA,siRNA)、微小 RNA(microRNA,miRNA)、piRNA(piwi interacting RNA)和核仁小 RNA、催化小 RNA 等,是表观遗传信息的重要载体。对基因表达调控主要发生在转录和转录后两个水平,通过染色质修饰和异染色质化实现转录沉默(transcriptional gene silencing,TGS),转录后沉默(post-transcriptional gene silencing,PTGS)则是通过复杂机制使同源性 mRNA 被特异性降解(详细过程参见 RNA 干扰)(siRNA 和 miRNA 都参与 RNA 干扰,但 miRNA 还有独特的作用机制)。piRNA 可以使生殖细胞内转座子发生沉默,具有保护功能。短链非编码 RNA 一般只对同源基因表达进行调控。

非编码 RNA 在细胞分化、个体发育、异源核酸降解(自我保护功能)、阻止疾病发生等方面具有重要作用。近着丝粒处有大量的转座子,发生转座时可能导致基因功能异常或失活,着丝粒区域存在的大量有活性短链 RNA,可抑制转座以维持基因组的稳定,并保证细胞分裂的正常进行。通过 RNA 干扰(RNA interference,RNAi)方式可清除外来核酸,在防止疾病、维持细胞遗传稳定等方面具有重要作用。肿瘤发生(治疗)与非编码 RNA 的关系也越来越受到重视。

非编码 RNA 作为表观遗传学调控方式,受到了广泛关注,研究在不断深入。除细胞代谢机制研究外,对疾病预防和治疗也有很大的意义,临床上已有基于 RNAi 药物的应用。

21.10.5 染色质重塑

染色质重塑是指染色质分子结构发生的一系列变化,主要是核小体的置换或重新排列(耗能过程)。染色质分子结构是高度动态的,由于 DNA、组蛋白的修饰,其结构经常发生变化,该过程改变了染色质结构,对 DNA 复制、重组、修复及转录调控产生影响。真核生物通过转录因子对染色质修饰的精确控制,感受细胞和环境的刺激,保证基因表达及发育精确的时空性。

通过对动物和微生物的研究,染色质重塑主要表现在三个方面。①对突出于核小体核心结构以外的组蛋白氨基端尾部进行修饰,使组蛋白密码发生变化,包括位点特异的磷酸化、乙酰化、甲基化、泛素化或相应修饰基团的去除,影响染色质结构和基因表达;②DNA 分子中 CpG 甲基化作用,调节转录因子与 DNA 的相互作用;③染色质重塑复合体利用 ATPase 和解旋酶活性,改变核小体在 DNA 中的位置而重新分布,或改变 DNA 超螺旋螺距、旋转方向等染色质高级空间结构,在 DNA 转录、复制、重组、修复和细胞周期调控过程中,调节基因组的柔顺性、可接近性,实现基因转录的激活或抑制。

人类染色质重塑异常导致基因表达沉默,进而引发一些疾病,如 X 连锁的 α-地中海贫血症、Juberg-Marsidi 综合征、Carpenter-Waziri 综合征等均与此有关,此外也可能导致肿瘤发生相关基因的异常。

染色质重塑已成为表观遗传学的重要研究内容,至于这些变化有多少能够遗传,还有待于进一步研究。

21.10.6　X 染色体失活

哺乳动物雌性细胞中有两条 X 性染色体,而雄性只有一条 X 染色体,如果雌性两条 X 染色体上全部基因都表达,所控制的性状势必要比雄性强一倍(基因表达的剂量效应),这个问题是如何解决的呢? 进化产生了剂量补偿效应(dosage compensation effect),也就是使具有两份(或两份以上)基因拷贝的个体与只有一份基因拷贝的个体表型趋于一致的遗传效应。那么,雌雄个体存在数量差别的 X 染色体又是如何实现剂量补偿的呢?

这个难题是由 X 染色体失活(X chromosome inactivation,XCI)解决的。雌性个体 X 染色体中的一条在很早的时候(受精后 7～12 天)发生不可逆的随机失活,成为异染色质,被称为巴尔小体,只有另外一条 X 染色体是有活性的,于是所控制的性状便与雄性趋于一致。

X 染色体失活与该染色体上的 X 失活中心(X inactivation center,Xic)有关。Xic 是顺式作用位点,包含辨别 X 染色体数目的信息(保证只有一条 X 染色体有活性,具体机制不明)和 X 染色体失活特异性转录基因 Xist(X inactive specific transcript),Xist 基因没有被甲基化时,转录产生 17 kb 的非编码 RNA 与基因所在 X 染色体结合后引发失活,并且随着 Xist RNA 在 X 染色体上的扩展,DNA 甲基化及组蛋白修饰立即出现,以建立和维持 X 染色体失活(尚不清楚另一条有活性的 X 染色体如何阻止 Xist RNA 与之结合)。如果 Xist 被甲基化而失去转录活性,不能合成 Xist RNA,则所在 X 染色体有活性。

当然,X 染色体失活后至少还有约 25% 的基因仍有转录活性,分布在 X 染色体末端、长臂及短臂上(表明失活信号转导是由某一区段或某些基因有步骤调节的),这种现象导致有活性基因在雌性中的表达量都高于雄性,而且这些基因在雌性个体间也存在差异。还有,无论细胞中含有多少条 X 染色体,结果是只有随机的一条保持活性,并且有活性的 X 染色体较失活的 X 染色体提前复制。

哺乳动物受精后,X 染色体发生系统性变化:首先,父本 X 染色体(paternal X chromosome,Xp)在早期胚胎所有细胞中失活,表现出整个染色体的组蛋白被修饰、对细胞分裂有抑制作用的 Pc-G 蛋白(polycomb group protein,Pc-G)表达,而后父本 X 染色体又选择性恢复活性,最后父本或母本 X 染色体再随机失活。

X 染色体失活是表观遗传学最典型的实例,可通过细胞分裂遗传给后代。X 染色体失活也会导致一些疾病,大多与 X 染色体不对称失活使携带突变基因的 X 染色体在多数细胞中有活性有关。如 Wiskott-Aldrich 综合征,表现为免疫缺陷、湿疹、伴血小板缺乏症,由 WASP 基因突变引起,患者多为男性,杂合体女性因 X 染色体随机失活成为嵌合体,有 50% 携带正常基因,通常无症状表现,但携带正常 WASP 基因的染色体过多失活的女性则患病(当然也可以使携带突变 WASP 基因的染色体过多失活而表现正常)。前文讲到,失活的 X 染色体仍有一部分基因有活性,但这部分逃避失活的基因表达水平有很大差异,如果逃避失活的基因引发疾病,往往波及女性,如红斑狼疮(lupus erythematosus)等。

总体而言,表观遗传功能上是基因组适应环境变化的有效方式,机制上通过各种不影响基因组 DNA 序列的方式对基因表达进行调控。生物体既要维持遗传稳定,又要适应环境的各种变化,因此表观遗传修饰时刻处于动态变化中。表观遗传学涉及内容和范围非常广泛,进展迅速,除上述问题外,还包括很多其他亟待研究的现象,已经成为遗传与环境相互作用的重要纽带。表观遗传学改变了人们对遗传信息传递过程的传统认识(如影响基因表达的因素、遗传信息载体等),使环境对遗传的影响日益受到重视。2003 年已开始实施人类表观基因组计划,开拓了基因组学研究的新领域,也使人们从更微观水平、更深层次和更多角度揭示许多目前无法解释的难题。这些研究将成为遗传育种、疾病诊断和治疗等方面的重要手段。

本章小结

本章内容繁多,主要涉及遗传的三个经典规律(分离规律、自由组合规律和连锁交换规律)、孟德尔遗传规律的拓展、细胞质遗传、性别决定与伴性遗传、染色体畸变、基因突变、DNA 修复、表观遗传学及其研究进展。应掌握遗传三规律的实质及相互关系、细胞质遗传的特点、性别决定方式、伴性遗传特点、变异类型及机制;了解等位基因和非等位基因间的互作、DNA 修复方式,同时要了解表观遗传学与经典遗传学的区别、表观遗传的主要类型,尽可能从分子水平理解生物的遗传与变异现象。

思考题

 扫码答题

参考文献

[1] 刘祖洞,乔守怡,吴燕华,等.遗传学[M].3 版.北京:高等教育出版社,2013.
[2] 朱玉贤,李毅,郑晓峰,等.现代分子生物学[M].5 版.北京:高等教育出版社,2019.
[3] 吴相钰,陈守良,葛明德.陈阅增普通生物学[M].4 版.北京:高等教育出版社,2014.
[4] 王傲雪.基因工程原理与技术[M].北京:高等教育出版社,2015.

第22章 基因表达调控与基因组学研究

22.1 基因表达调控概述

生物的遗传信息主要储存于核酸中（以 DNA 为主，少数为 RNA），表观遗传现象表明核酸以外也存在遗传信息。然而遗传信息只是决定性状或发育的"程序"，绝大多数情况下其自身并不能直接表现所决定的性状，蛋白质才是遗传信息的体现者，通过蛋白质结构、功能决定生物的性状和发育。遗传信息从核酸到蛋白质的过程即基因表达（gene expression），主要包括转录（transcription）、翻译（translation）和翻译后加工（post-translational processing）等过程。

基因表达有组成型和诱导型两种。①组成型表达（constitutive expression），基因产物在所有细胞、任何时期和状态下都是必需的，这类基因的表达十分稳定，表达与否、表达速率和产量不受环境或代谢状态影响，例如核糖体蛋白、DNA 聚合酶、RNA 聚合酶等管家基因（housekeeping gene）的表达属于此类；②诱导型表达（inducible expression），有些基因只在特定组织、细胞中，或是特定的生存环境、生理状态和发育阶段表达，表达易受环境因素（或发育阶段）影响，只有在特定信号刺激下才能表达或表达增强，所有的奢侈基因（luxury gene）属于这种表达类型。另外，基因表达还分为阻遏表达（repression expression）（在特定环境信号刺激下基因表达关闭或减弱）、协调表达（coordinated expression）（功能相关的一组基因协调一致共同表达）等类型。

基因表达具有时空特异性。时间特异性（temporal specificity）是指基因表达严格按照特定的时间顺序发生，多细胞生物基因表达时间特异性也可称为阶段特异性（stage specificity）。空间特异性（spatial specificity）是个体生长过程中，基因在不同组织部位进行表达。

基因表达是极其复杂的过程，既有基因间互作，也受内、外环境影响，基因对性状实施精确控制，必须在正确的时间和空间进行适当的表达（包括表达量），这是通过基因表达调控（gene expression regulation）实现的。基因表达调控是生命活动的精髓，没有基因表达调控即没有细胞的生长和分化，也不会存在个体发育。

基因表达调控是为了适应不同的生存环境、生理状态及发育阶段的需要，因此营养状况、环境因素、激素水平和发育时期等都是基因表达调控的关键因素。基因表达调控是现代生命科学研究的核心问题，若想了解生物的生长发育规律、形态结构特征和生物学功能，必须清楚基因表达的过程和机制。

生物体结构复杂程度不同，生存环境千差万别，所含遗传物质多少、结构和功能也彼此各异。因此，每种生物为了适应所生存的环境，进化出多种多样的基因表达调控方式。

基因表达调控有多种模式，调控对象不同，发生在不同的水平和阶段，主要有 DNA 水平调控、转录水平调控（transcriptional regulation）、转录后调控（post-transcriptional regulation）、翻译调控（translational regulation）、翻译后调控（post-translational regulation）等方式。

22.2 原核生物的基因表达调控

22.2.1 概述

原核生物由单细胞构成，经常暴露于环境中，生存条件瞬息万变，只有根据环境条件改变调控蛋白质合成，使代谢过程适应环境变化，才能维持自身的生存和繁殖，而寄生性生物必须适应宿主的状态才能得以生存。自然选择倾向于保留高效率的生命过程,原核生物进化出准确调节基因表达和蛋白质合成的机制,以适应所生存的环境(主要面临的是营养状况和环境因素的变化)。

原核细胞基因和蛋白质种类相对较少。如大肠杆菌基因组大小约为 4.20×10^6 bp,共有 4288 个开放读码框(open reading frame,ORF)(从起始密码到终止密码的核苷酸序列,是潜在的编码序列),每个细胞中共有约 10^7 个蛋白质分子。原核生物调控基因表达的转录调节区一般很小,位于转录起始点上游附近,调控因子结合到调节位点上可直接促进或抑制 RNA 聚合酶与核苷酸序列的结合。

原核生物基因表达进化出的基本调控机制:一个体系需要时被打开,不需要时被关闭,这种"开-关"(on-off)主要是通过调节转录建立的。当然,所谓的"关"有时是相对的,是指基因表达量特别低或者无法检测到(多数是每世代每个细胞只合成 1～2 个 mRNA 分子和极少量的蛋白质),处于本底表达(background expression)状态。

原核生物基因表达调控主要有转录水平调控和转录后调控,后者包括 mRNA 加工水平的调控(differential processing of RNA transcript)和翻译水平调控(differential translation of mRNA)。转录水平调控取决于 DNA 结构、RNA 聚合酶功能、蛋白因子及其他小分子配基的相互作用,对于原核生物而言,基因转录水平上的调控是最为经济的。

22.2.2 原核生物转录水平调控模式

原核生物基因表达调控在转录水平上有负转录调控(negative transcription regulation)和正转录调控(positive transcription regulation)两种,每种方式又可分为阻遏调控(repression regulation)和诱导调控(induced regulation)。

负转录调控模式中,调节基因(regulator gene)产物是阻遏蛋白(repressor),可结合到操纵基因,阻止结构基因转录,包括:①负控阻遏系统,效应物(阻遏蛋白)与辅助物(auxiliary material)(诱导物)结合时,该复合物结合到操纵基因,导致结构基因不转录;②负控诱导系统,效应物(阻遏蛋白)与辅助物(诱导物)没有结合时,阻遏蛋白与操纵基因结合,结构基因不转录,阻遏蛋白与诱导物结合时,复合物脱离操纵基因,结构基因转录(图 22-1)。

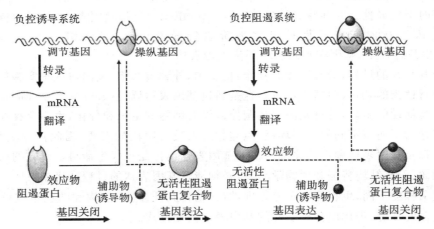

图 22-1 基因表达的负控诱导和负控阻遏方式

正转录调控模式中,调节基因产物是激活蛋白(activin),激活蛋白与启动子及 RNA 聚合酶结合后,转录才能进行。有两种调控类型:①正控诱导系统,正常情况下,合成的激活蛋白没有活性,基因处于关闭状态,当辅助物(诱导物)存在时,与激活蛋白结合成有活性的复合物,并与基因上游的操纵基因结合,基因开始转录,处于表达状态;②正控阻遏系统,正常情况下效应物为有活性的激活蛋白,结合到操纵基因中使结构基因处于转录状态,效应物(激活蛋白)与辅助物(诱导物)结合后失活,转录无法进行,于是基因处于关闭状态(图 22-2)。

基因在特定物质作用下,由原来关闭状态转变为活化状态的过程称为诱导调节,被调节的基因称为可诱导基因。正常状态下基因表达,在一些物质作用下被关闭的过程称阻遏调节,被调节的基因称为可阻遏基因。

弱化子(attenuator)也称衰减子,是原核生物转录水平重要的调控方式,在这种调节方式中,具有信号作

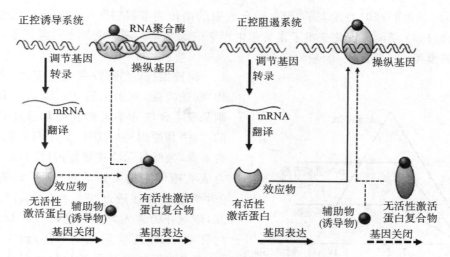

图 22-2　基因表达的正控诱导和正控阻遏方式

用的是氨酰-tRNA 浓度,例如色氨酸操纵子(tryptophan operon)中是色氨酰-tRNA 的浓度。当操纵子被阻遏,RNA 合成终止时,具有转录终止信号作用的那段核苷酸序列即为弱化子。弱化子基本作用方式是当基因转录到不同部位时,所转录的 RNA 形成特定的二级结构,由此结构决定延伸复合物与 DNA 的结合能力,最终决定基因能否继续转录(详见后续色氨酸操纵子部分)。

　　有些原核生物(如细菌),在遇到紧急状态时,例如氨基酸饥饿(氨基酸全面匮乏),为了紧缩开支渡过难关,会发生应急反应(fight-flight reaction),终止各种 RNA、糖、脂肪和蛋白质合成的几乎全部生物化学反应。引发这一过程的关键信号是鸟苷四磷酸(ppGpp)和鸟苷五磷酸(pppGpp),产生这两种分子的诱导物是空载的 tRNA。发生氨基酸饥饿时,细胞中出现大量不携带氨基酸的空载 tRNA,空载 tRNA 进一步激活焦磷酸转移酶(pyrophosphotransferase),于是合成大量的 ppGpp。ppGpp 影响 RNA 聚合酶与基因转录起始位点的结合,使许多基因被关闭,以应付这种紧急状况。ppGpp 和 pppGpp 的作用范围十分广泛,影响一大批操纵子,因此被称为超级调控因子。

　　一般情况下,影响原核生物基因转录的因素主要有以下几个方面。

　　①启动子(promoter),决定基因转录方向、转录效率和转录模板链。例如 E. coli 启动子长 40～60 bp,至少有三个功能区:a. 起始部位(initiation site),是 RNA 聚合酶转录的起始位点,记录为"+1"(其上游碱基记为"−"),该位点碱基多为 CAT 模式,即起始转录的碱基多为 ATP(或 GTP);b. 识别部位(recognition site),位于−35 bp 处,是 RNA 聚合酶 σ 亚基识别并松散结合的部位,其保守序列为 $T_{82}T_{84}G_{78}A_{65}C_{54}A_{45}$(下角标数值表示该碱基出现的概率),此序列碱基变化将导致基因表达上调或下调(即表达效率上升或下降);c. 结合部位(binding site),位于−10 bp 处,是 RNA 聚合酶牢固结合的部位,保守序列为 $T_{80}A_{95}T_{45}A_{60}A_{50}T_{96}$,碱基变化同样会导致基因表达上调或下调。

　　②σ 因子,是引导 RNA 聚合酶识别并结合到启动子上的关键组分,不同 σ 因子可竞争性地结合 RNA 聚合酶,环境变化产生特定的 σ 因子,从而打开一套特定的基因。因此,σ 因子不但决定所表达的基因种类,也决定基因表达的效率。枯草杆菌(Bacillus subtilis)有 11 种 σ 因子,E. coli 常用的 σ 因子有 σ^{70}、σ^{54}、σ^{38}、σ^{32}、σ^{28} 和 σ^{24},其中 σ^{32} 和 σ^{24} 只有受到热激(heat shock)时才使用。σ 因子更换是基因表达转录水平调控的一种重要方式。

　　③阻遏蛋白,是一种负控蛋白,对基因表达具有抑制作用。如 E. coli 的 lac I 蛋白、trpR 蛋白等。

　　④激活蛋白,是一种正控蛋白,对基因表达具有激活作用。如 E. coli 的 CAP 蛋白、ntrC 蛋白等。

　　⑤倒位蛋白(inversion protein),编码位点特异性重组酶,使 DNA 发生倒位,从而影响相关基因的表达。

　　⑥RNA 聚合酶抑制物,通过影响 RNA 聚合酶活性对基因表达产生作用。

　　⑦弱化子,位于结构基因上游,对基因转录进行精细调控。

22.2.3　乳糖操纵子——负控诱导系统

　　乳糖操纵子(lactose operon)为负控诱导系统,是在转录水平上对基因表达进行调控的方式。

　　1961 年,法国分子遗传学家雅克·莫诺(Jacques Lucien Monod,1910—1976)和他的学生弗朗索瓦·雅各布(Francois Jacob,1920—2013)发表了"蛋白质合成中的遗传调节机制"一文,提出操纵子学说,开创了基因表达调控的研究,1965年两人因此获得了诺贝尔生理学或医学奖。该学说提出后经过不断完善,成为基因表达调控最经典的模型。

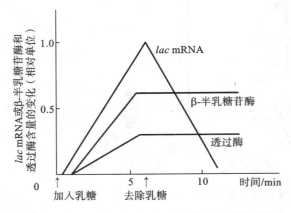

图 22-3 乳糖对大肠杆菌相关代谢酶合成的影响

研究发现,大肠杆菌培养基中不含乳糖(或类似物)和葡萄糖(原因见后文),以其他分子为碳源时,细胞几乎不合成 β-半乳糖苷酶和透过酶(还是有痕迹量的存在,其原因见后文)。如果只以乳糖(或其类似物)为碳源,大肠杆菌将在极短的时间(1 min 左右)内迅速合成乳糖代谢相关分子的 mRNA,随后(2 min 左右)β-半乳糖苷酶和透过酶开始出现,产物含量也很快升高,细胞开始进入乳糖代谢途径。如果去除培养基中的乳糖,mRNA 含量立刻下降,约 5 min 降至最低水平,但 β-半乳糖苷酶和透过酶含量在一段时间内维持较高水平(图 22-3)。这表明大肠杆菌乳糖代谢相关酶的合成受培养基中特定成分调控。

操纵子模型是特殊代谢途径相关基因转录的协同调控模型,操纵子(operon)是基因表达和调控的协调单元,典型操纵子一般包括:①结构基因(structural gene),编码特定功能的蛋白质产物,这些基因作为一个单元被协同调控;②调控元件(cis-acting element),如操纵序列,是调节结构基因转录的一段 DNA 序列;③调节基因(regulatory gene),是一个独立单元,位于结构基因调控区上游,有单独的启动子,其产物能够识别调控元件(例如阻抑物),可以结合并调控操纵基因序列。

大肠杆菌乳糖操纵子结构如图 22-4 所示。操纵子中包含三个结构基因——lacZ、lacY 和 lacA,分别编码 β-半乳糖苷酶(β-galactosidase,可将乳糖分解为半乳糖和葡萄糖)、透过酶(lactose permease,将乳糖运送到细胞内)和乙酰基转移酶(transacetylase,将乙酰辅酶 A 的乙酰基转移到 β-半乳糖苷上,形成乙酰半乳糖),三个结构基因组成一个转录单元,由上游的启动子 P$_{lac}$ 控制。在 lacZ 基因与 P$_{lac}$ 间含有一个操纵基因位点 O$_{lac}$,可与四聚体阻遏蛋白(lac I 产物)结合。P$_{lac}$ 上游是调节基因 lac I,该基因具有独立的启动子 P$_{lacI}$,为组成型表达,38 kD 的产物形成四聚体,对 O$_{lac}$ 有很强的亲和力,结合到该区域后阻止 RNA 聚合酶对 lacZ、lacY、lacA 的转录。

DNA						
基因长度	P$_{lacI}$	lac I 1045bp	P$_{lac}$ 82bp	O$_{lac}$ 35bp	lac Z 3510bp	lac Y 780bp	lac A 825bp
多肽分子量		3.8×10^4			1.25×10^4	3.0×10^4	3.0×10^4
蛋白质		四聚体 1.5×10^5			四聚体 5.0×10^4	膜蛋白 3.0×10^4	二聚体 6.0×10^4
功能		阻遏蛋白			β-半乳糖苷酶	透过酶	乙酰基转移酶

图 22-4 大肠杆菌乳糖操纵子结构示意图

当培养基中缺乏乳糖(或异乳糖、半乳糖、IPTG)等诱导物时,lac I 基因产物形成四聚体结合到 O$_{lac}$ 区域,此时 RNA 聚合酶虽然能够识别并结合到 P$_{lac}$ 上,但无法继续滑动转录 lacZ、lacY、lacA 基因,使三个结构基因处于关闭状态(此时仍有极少量的本底表达,每个细胞有 1~2 分子的 β-半乳糖苷酶和透过酶)。

培养基中含有诱导物时,β-半乳糖苷酶和透过酶浓度在很短时间内可达到细胞总蛋白量的 6%~7%,每个细胞中有 10^5 个以上的酶分子。这时,O$_{lac}$ 上的四聚体阻遏蛋白每个亚基可与一分子诱导物结合,发生别构调控(allosteric control)(与蛋白质一个位点的相互作用而影响到另一位点活性的调控方式),与诱导物的结合改变了阻遏蛋白的 DNA 结合结构域,阻遏蛋白从 O$_{lac}$ 区域脱落,RNA 聚合酶向前滑动,lacZ、lacY、lacA 基因被转录,基因处于表达状态。

IPTG(isopropyl thio-β-D-galactoside,异丙基硫代-β-D-半乳糖苷)也可以诱导乳糖操纵子表达,但自身并不参与乳糖代谢,被称为安慰诱导物(gratuitous inducer)。

由于 P$_{lac}$ 启动子没有强的 −35 序列(有些甚至只有弱的 −10 区保守序列),因此仅有诱导物并不能实现高水平转录,还需要 cAMP 受体蛋白(cAMP receptor protein,CRP)激活,以促进转录。CRP 也称分解代谢激活蛋白,可被 cAMP 激活,以二聚体形式(CAP)结合到乳糖操纵子上游,使 DNA 发生弯曲,同时作用于 RNA 聚合酶,有利于形成稳定的开放型启动子-RNA 聚合酶结构,从而使转录效率可提高约 50 倍。

cAMP 由腺苷酸环化酶(adenylate cyclase)催化产生,葡萄糖代谢产物抑制腺苷酸环化酶活性,不能合成 cAMP,导致 CRP 蛋白无法激活(不能单独与 DNA 结合),lacZ、lacY、lacA 基因不能转录。因此,乳糖操纵子表达是在没有葡萄糖、有诱导物和 cAMP-CAP 蛋白复合物激活条件下实现的。

这里有个看似矛盾的问题需要解释,乳糖操纵子表达需要诱导物,诱导物在透过酶作用下才能运输到细胞内,而透过酶合成又需要乳糖操纵子表达,细胞是如何解决这个矛盾的? 实际上前文已经交代,即便没有诱导物存在,乳糖操纵子也处于本底表达状态,每个细胞中含有极少量的 β-半乳糖苷酶和透过酶,当诱导物出现时,正是利用这些少量的透过酶将其运输到细胞内,进而引发乳糖操纵子的高效表达。

还有一个问题需要说明,lacZ、lacY 和 lacA 作为一个多顺反子单元同时转录,但 3 个基因产物并不是等量的(非等同翻译),蛋白质产物比例为 1∶0.5∶0.2,这是在翻译水平发生的调控,核糖体翻译至 β-半乳糖苷酶结束时很容易从 mRNA 上脱落,翻译需要重新启动或单独启动,由此导致后两种蛋白含量明显降低。而 lacA 基因的 mRNA 更容易受内切酶作用发生降解,使其产物进一步减少。

大肠杆菌乳糖操纵子表达调控极其灵敏,诱导物出现后极短时间内(约 1 min)基因便开始表达,清除诱导物后,诱导性转录立即终止(约 5 min),lacZ、lacY、lacA mRNA 不稳定,基因表达很快就被关闭。

乳糖操纵子表达原理在基因工程操作中有非常重要的应用,人工构建载体(vector)时,在载体中插入乳糖操纵子调控元件和 lacZ 基因部分序列,同时利用与宿主细胞发生的 α 互补现象,可以非常方便地筛选重组子,也可以进行外源基因的可调控表达。

22.2.4　色氨酸操纵子——负控阻遏系统

大肠杆菌色氨酸操纵子(tryptophan operon)由美国分子遗传学家查理斯·亚纳夫斯基(Charles Yanofsky)于 20 世纪 70 年代提出。色氨酸操纵子存在于很多原核生物中,其效应物为阻遏蛋白,是在转录水平上对基因表达进行调控的负控阻遏系统。

大肠杆菌色氨酸操纵子编码一个转录单元,即从色氨酸启动子 P$_{trp}$ 和调节基因位点 O$_{trp}$ 向下游转录出 7 kb 的产物,产生色氨酸合成途径中所需的五种酶(图 22-5)。在结构基因 trpE 与 O$_{trp}$ 间有基因表达精细调节元件——弱化子(attenuator)。编码调控蛋白的 trpR 基因位于上游,与五个结构基因不在邻近座位(图 22-6)。

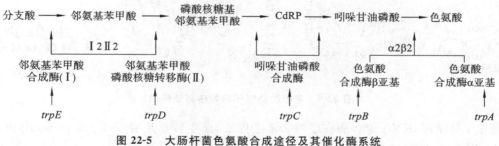

图 22-5　大肠杆菌色氨酸合成途径及其催化酶系统

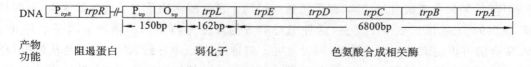

图 22-6　大肠杆菌色氨酸操纵子结构示意图

具有独立启动子的 trpR 基因编码阻遏蛋白(trpR 蛋白),通过别构调控影响结构基因表达。当培养基中色氨酸含量较高时,trpR 蛋白与色氨酸结合而被激活,以二聚体形式紧密结合到操纵基因 O$_{trp}$ 位置,阻遏结构基因表达(RNA 聚合酶无法向前滑动);而培养基中色氨酸供应不足时,trpR 蛋白没有结合色氨酸,不能结合到 O$_{trp}$ 上(或者是结合到 O$_{trp}$ 上的复合物失去色氨酸而解离),结构基因处于表达状态。这种阻遏系统是色氨酸操纵子调控的粗调开关,主管转录是否启动,其调控效率为70倍(使转录水平升降70倍)。

高浓度色氨酸与低浓度色氨酸条件下,色氨酸操纵子表达水平相差约700倍,作为粗调开关的阻遏调控效率只有70倍,应该存在其他机制调控已经启动的转录,这种机制便是基因表达的细调开关——弱化作用。

结构基因 *trpE* 上游有一段序列——*trpL*(前导序列),长度为162 bp,其中123~150位被称为弱化子(图22-7)。色氨酸操纵子转录的初始部位并不是 *trpE* 基因,而是 *trpL* 序列。由于原核生物转录与翻译是偶联(coupling)的,于是 *trpL* 转录时很快就处于翻译状态。

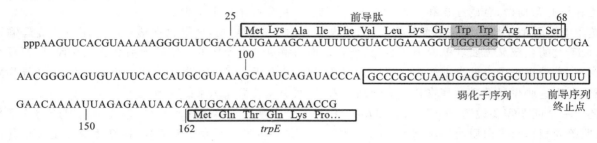

图 22-7　色氨酸操纵子前导序列结构(1)

trpL 转录产物27~68碱基区段编码14个氨基酸的小肽(前导肽),前导肽第10和11位是两个相邻的色氨酸,色氨酸为稀有氨基酸,一般情况下两个色氨酸密码子连续出现的可能性很小,如果细胞中色氨酸含量很低,翻译到此处时核糖体出现停滞,正是由于这种停滞影响了前导序列的二级结构,并最终决定色氨酸操纵子能否继续转录。

在 *trpL* 中有4个重复序列(①、②、③、④),相互间可形成颈环结构(图22-8)。前导肽 mRNA 序列 3′ 端位于重复序列①中,两个连续的色氨酸密码子也在序列①内,其终止密码子位于序列①、②间。序列④的 3′ 端是碱基 U 的富含区。这种结构对已经启动转录的色氨酸操纵子能否继续具有至关重要的作用。

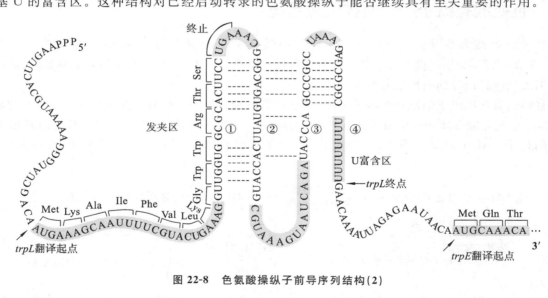

图 22-8　色氨酸操纵子前导序列结构(2)

色氨酸操纵子转录时,RNA 聚合酶在序列②末端停滞,发生转录延宕(delayed transcription),前导肽开始翻译时 RNA 聚合酶又继续转录。

前导肽翻译时,如果色氨酸含量较高,翻译迅速通过两个色氨酸密码子直至前导肽末端,此时核糖体封闭了序列②,转录出的③、④区形成 3-4 发夹,这种配对形成的发夹是典型的不依赖 ρ 因子的终止子结构(图22-9),RNA 聚合酶可识别该结构终止转录,同时发夹 3′ 端连续的 U 串导致 RNA 很容易从模板 DNA 链上解离,于是已经启动的色氨酸操纵子便终止转录,基因被关闭。这种精细调控的方式被称为弱化作用。

当色氨酸缺乏时,前导肽翻译通过两个相邻色氨酸密码子处的速度很慢,④区转录完成时,翻译只进行到①区(或停留于色氨酸密码子处),此时序列②、③形成 2-3 发夹结构(抗终止子),于是转录一直持续下去,直至完成全部结构基因的转录。此时,色氨酸操纵子处于开放状态。

细胞对色氨酸含量非常敏感,决定着已经启动转录的色氨酸操纵子能否继续。通过弱化作用,色氨酸操纵子的调控效率又提高了10倍,与阻遏调控协调作用,其调控效率接近700倍,使基因表达调控更为有效而

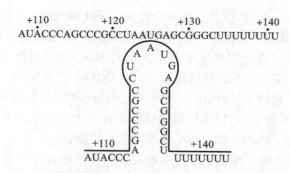

图 22-9　前导序列 3-4 配对形成的终止子结构

灵敏,避免了浪费,提高了对环境的适应能力。

原核生物有六种与氨基酸生物合成相关的操纵子存在弱化作用,除色氨酸外,组氨酸、苯丙氨酸、亮氨酸、异亮氨酸和苏氨酸也存在这种调控方式。例如组氨酸操纵子含有一个连续编码 7 个组氨酸的前导序列。但是,并非所有这些操纵子都像色氨酸操纵子那样有协同调控,组氨酸操纵子就没有阻遏调控,弱化作用是其唯一的反馈调控机制。

此外,原核生物还有很多类型的操纵子,想了解更多内容请参看其他相关资料。

22.2.5　原核生物转录后调控

基因表达的转录调控是最经济的方式,既然用不着某种蛋白质,其 mRNA 就不必转录。但 mRNA 转录后,在翻译或翻译后水平进行"微调",是对转录调控的补充,可以使基因表达调控更加适应生物本身的需求和外界条件变化。

原核生物存在多种转录后调控方式。

1. 翻译起始调控　核糖体结合位点(ribosome binding site,RBS)是 mRNA 起始密码子 AUG 上游的一段非翻译区,该区域含有 SD(Shine-Dalgarno)序列,一般为 5 个核苷酸,富含 G、A,进化上具有保守性。SD 序列与核糖体 16S rRNA 的 3′端互补配对,促使核糖体结合到 mRNA 上,有利于翻译的起始。RBS 的结合强度取决于 SD 序列的结构、与起始密码 AUG 间的距离,SD 与 AUG 间相距一般以 4～10 nt 较为合适,9 nt 最佳。SD 序列微小变化一般可导致表达效率上百倍甚至上千倍的差异,主要是因为影响了核糖体 30S 亚基与 mRNA 的结合。

2. mRNA 二级结构对翻译的影响　mRNA 二级结构是翻译调控的重要因素。有些 mRNA 5′端非翻译区(5′ UTR)还存在称为核糖开关的表达调控元件,这是一段具有复杂结构的 RNA 序列,能够感受细胞内诸如代谢物浓度、离子浓度、温度等变化,由此改变自身二级结构和调控功能,进而改变基因的表达状态。

有些 mRNA 形成二级结构后,将核糖体结合位点包裹于二级结构内部,使翻译无法启动。如 Qβ 病毒 *Rep* 基因(replicase,编码复制酶),位于 mRNA 二级结构中,无法单独启动翻译,只有上游 *CP* 基因(coat protein,编码外壳蛋白)翻译后破坏二级结构,*Rep* 基因才能得以启动蛋白质合成。

3. 起始密码子对翻译的影响　原核生物翻译依靠核糖体 30S 亚基识别 mRNA 的起始密码子 AUG,以此决定它的可读框,AUG 识别由 fMet-tRNA 中含有的碱基配对信息(3′-UAC-5′)完成。原核生物也有其他的起始密码子,14% 的大肠杆菌基因起始密码子为 GUG,3% 为 UUG,还有两个基因使用 AUU,这些不常见的起始密码子与 fMet-tRNA 配对能力比 AUG 弱,导致翻译效率降低,有研究表明 AUG 被 GUG 或 UUG 替换后,mRNA 翻译效率降低了 8 倍。

4. 稀有密码子对翻译的影响　很多稀有密码子和稀有氨基酸在很大程度上影响着蛋白质的翻译。如 *E. coli dnaG* 编码引物酶,用量很少,只在 DNA 复制时需要,过多则对细胞有害。*dnaG*、*rpoD* 及 *rpsU* 组成一个操纵子,但三种蛋白数量相差甚远:每细胞有 50 个 dnaG 蛋白、2800 个 rpoD 蛋白、40000 个 rpsU 蛋白。这种现象是由于 *dnaG* 基因含有不少稀有密码子,细胞内对应于稀有密码子的 tRNA 较少,高频率使用这些密码子的基因翻译过程容易受阻,最终影响了蛋白质合成的总量。前文所述色氨酸操纵子中的 Trp 密码子也属于这种情况。

5. mRNA 稳定性对翻译的影响　降解 mRNA 的酶都是 3′→5′ 外切核酸酶,mRNA 二级结构可阻遏这些酶的作用,例如反向重复序列的存在可使 mRNA 形成茎环,防止 mRNA 被降解。麦芽糖操纵子中 *malE* 3′

端有重复序列存在,可以形成茎环结构,使其不被外切核酸酶所降解,因此 malE 比 malG、malF 产物含量高。有些蛋白与 mRNA 结合后,使其更易被降解。通过这种调控方式,基因表达也将受到影响。

6. 重叠基因对翻译的影响 色氨酸操纵子有五个结构基因,正常情况下五个基因产物是等量的。但 trpE 突变后,trpD 比下游的 trpB、trpA 产量低很多。原因是 trpE 终止密码子与 trpD 起始密码子共用一个核苷酸(两者为重叠基因),两个密码子重叠,trpE 翻译终止时 trpD 即处于翻译起始状态,这种偶联翻译是保证两个基因产物数量相等的重要方式,可以保证同一核糖体对两个连续基因进行翻译。也正因为如此,trpE 突变也影响了 trpD 产物合成量,下游 trpB、trpA 翻译却不受此影响。

7. 调节蛋白对翻译的调控作用 操纵子表达一般受其自身一些基因产物的调控,当一个蛋白质调控其自身的表达量时,就发生了自体调控(autogenous regulation)。核糖体蛋白质是每个操纵子的调控蛋白。

核糖体蛋白除了能与 rRNA 结合外,还可以与其自身 mRNA 结合,但与 rRNA 结合强度远大于与 mRNA 结合强度,所以有游离的 rRNA 存在时,新合成的核糖体蛋白与 rRNA 结合装配核糖体。一旦 rRNA 合成减慢或停止,游离核糖体蛋白开始富集,于是核糖体蛋白与其自身 mRNA 结合,阻止其 mRNA 继续翻译,以确保核糖体蛋白合成与 rRNA 合成几乎同步进行。这些自体调控蛋白可以结合到 mRNA 的 SD 序列(或附近)上,导致核糖体不能再与 SD 序列结合,从而降低产物的合成。

8. 反义 RNA 对翻译的调控作用 反义 RNA(antisense RNA)是指与 mRNA 互补的 RNA 分子。1983 年发现了反义 RNA 对基因表达的调控作用,此前基因在 RNA 水平的调控被认为只有通过蛋白质与核酸相互作用才能实现,而反义 RNA 是核酸间相互作用对基因表达进行的调控。

反义 RNA 通过碱基互补与具有同源性的 mRNA 结合,结合位点通常是 mRNA 的 SD 序列、起始密码子 AUG 及部分 5′端密码子,由于核糖体不能翻译双链 RNA,于是 mRNA 翻译受到抑制,由此反义 RNA 也被称为干扰 mRNA 的互补 RNA(mRNA-interfering complementary RNA,micRNA)。

反义 RNA 对翻译的影响广泛存在于原核及真核生物中,不但对原核生物染色质基因表达具有抑制作用,同时对细胞内所含质粒、噬菌体基因表达也有抑制作用。

反义 RNA 对基因功能研究有非常重要的价值,利用反义 RNA 对基因表达的作用原理,已开发出很多药物用于临床治疗。我们熟知的第一例转基因商品——耐储藏西红柿,就是利用反义 RNA 对基因表达的抑制而得到的。

9. 魔斑核苷酸对翻译的影响 原核生物发生应急反应时,所有代谢都受到影响,蛋白质合成迅速下降,同时分解速度加快,这种对不良营养条件所产生的一系列反应也称为严谨反应(stringent response)。

在应急反应中,空载 tRNA 激活了焦磷酸转移酶,大量合成鸟苷四磷酸(ppGpp)和鸟苷五磷酸(pppGpp),这两种异常的核苷酸分子被称为警报素(alarmone),由于在薄层层析时两种分子与常见核苷酸不同,于是被称为魔斑(magic spot),鸟苷四磷酸称为魔斑 I,鸟苷五磷酸称为魔斑 II(可转化为 ppGpp)。

魔斑核苷酸作用范围十分广泛,影响一大批操纵子的表达,是一种超级调控因子。这两种核苷酸在很大范围内引发细胞代谢变化,如抑制核糖体和其他大分子合成、活化某些氨基酸操纵子表达、抑制与氨基酸转运无关的系统、活化蛋白水解酶等,从而实现节省或开发资源、渡过不利状态之目的。

22.2.6 原核生物 DNA 水平的调控

有些原核生物对基因表达的调控发生在 DNA 水平。如沙门菌(Salmonella)DNA 序列重排(DNA sequence rearrangement)就是 DNA 水平的基因表达调控方式。

沙门菌鞭毛蛋白由两个不同的基因 H1 和 H2 编码,分别产生 H1 型鞭毛蛋白(细菌处于 I 相)和 H2 型鞭毛蛋白(细菌处于 II 相)。处于 I 相或 II 相的细菌在细胞分裂时,以 10^{-3} 频率产生另一相的后代,这个过程被称为相变(phase change)。

H1、H2 基因位于染色质不同座位,H2 基因与编码 H1 阻遏物基因 rh1 紧密连锁,两个基因协同表达。处于 II 相时 H2 表达的同时 rh1 也表达,rh1 蛋白作为阻遏物关闭了 H1 基因的表达。处于 I 相时,H2 和 rh1 都不表达,H1 基因表达。

H2-rh1 转录单位活性由上游相邻的 DNA 片段控制,该片段长 995 bp,两端为 14 bp 反向重复序列(IRL 和 IRR),H2 起始密码子在反向重复序列 IRR 右侧 16 bp 处。hin 在 IRL、IRR 之间,Hin(H segment inversion)蛋白通过反向重复序列间的交互重组介导整个片段的倒位,H2-rh1 转录单位启动子 P_{H2} 位于倒位片段中(图 22-10)。

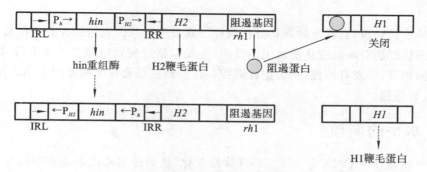

图 22-10　沙门菌鞭毛蛋白相变机制

在鞭毛蛋白相变控制途径中,细菌鞭毛蛋白的相取决于 $H2$-$rh1$ 转录单位是否有活性。启动子与转录单位方向相同时,转录在启动子处起始,而且持续通过 $H2$-$rh1$,导致 II 相表达,合成的 rh1 蛋白阻遏 $H1$ 基因表达。发生倒位时,$H2$-$rh1$ 转录单位启动子与转录方向不同而不能表达,由于没有 rh1 蛋白合成,$H1$ 基因表达,此时处于 I 相。因此,沙门菌鞭毛蛋白的这种相变是发生在 DNA 水平的基因表达调控方式。

总体上,原核生物基因表达调控是在不同水平通过多种方式完成的,主要以转录水平的调控方式为主。

22.3　真核生物的基因表达调控

22.3.1　概述

与原核生物相比,真核生物尤其是高等真核生物,具有如下特点:①基因组结构庞大,含量一般在 $10^7 \sim 10^9$ bp,所含基因数量远比原核生物多;②DNA 与大量的组蛋白、非组蛋白相结合,结构复杂,并且具有核膜;③成熟 mRNA 多为单顺反子,很少存在多基因的操纵子形式;④基因组中含有大量的重复序列;⑤绝大多数基因具有内含子,转录产物必须经过复杂的编辑加工才能翻译成蛋白质,转录和翻译是非偶联的;⑥基因组中非编码区较多,DNA 中很大部分是不转录的;⑦基因转录调节区长度很大,位置可能远离核心启动子几百甚至上千个碱基,调控区与蛋白质结合,并不直接影响启动子与 RNA 聚合酶的结合,而是通过改变整个基因 5′ 上游 DNA 构型来影响与 RNA 聚合酶的结合力;⑧不同的发育阶段、细胞类型和代谢状态,基因表达具有选择性。

真核生物结构复杂,不但有细胞生长,更为重要的是细胞和个体的分化(发育),高等真核生物激素水平和发育阶段是基因表达调控的主要因素,而营养和环境因素的影响远小于原核生物。基因表达必须受到精确调控,表现为高度的组织特异性和时空特异性,实现"预定"的、有序的、不可逆转的分化及发育,并使生物的组织和器官保持正常功能。

原核生物基因表达调控一般为负控模式,效应物是阻遏蛋白。真核生物基因表达调控大多是正控模式,效应物为激活蛋白,只有调节蛋白存在时基因表达才开启,这种表达正控调节的优势和必要性在于:①具有特异性,真核生物基因组很大,某种顺式元件出现的概率高,保证基因表达特异性的方式之一是使用多个调控蛋白,同时与顺式元件结合形成复合物才能启动转录,而且必须是正调控,如果是负调控,只要有一个调控蛋白与顺式元件结合即可关闭基因,而多细胞生物一个基因的调节位点(顺式元件)至少有 5 个,由于一种顺式元件能与多个调控蛋白结合,因此几个不同的顺式元件以适当的、有功能的方式排列在一起的随机性几乎不存在,从而保证了基因的特异性表达;②是一种最经济的调控方式,已分化细胞中只需表达一部分(套)基因,其他基因处于关闭状态,假设 100 个基因中的 10% 表达、90% 关闭,负控调节需要 90 种阻遏物,而正控调节只需 10 种激活物,因此真核生物基因表达的正控模式减轻了蛋白质合成的负担。

当然,原核生物与真核生物基因表达调控也具有很大的相似性:①具有共同的起源和共同的分子基础;②调控机制相似,存在核酸分子间互作、核酸与蛋白质分子间互作,以及蛋白质分子间的互作;③调控层次相似,包括转录水平调控、转录后水平调控、翻译水平调控、翻译后水平调控等。

真核生物基因表达一般可分为两大类:①管家基因表达,这些基因维持细胞最基本而普遍的功能,在所有类型的细胞中都表达;②奢侈基因表达,这些基因与分化细胞的特定功能有关,只在特定细胞中有选择地适时、适量表达。

原核生物主要是生长调控,真核生物则是分化调控。真核生物基因表达调控有两种形式:①瞬时调控(可逆性调控),相当于原核细胞对环境变化所做出的反应,主要包括对底物或激素水平升降做出的调节、细胞周期不同阶段酶活性的调节;②发育调控(不可逆性调控),这类调控是真核生物基因表达调控的核心,决定真核细胞生长、分化及发育进程。

22.3.2　DNA 水平的调控

高等真核生物个体发育中 DNA 会发生一些规律性变化,从而控制基因表达和个体发育。例如脊椎动物成熟红细胞能产生大量的可翻译成血红蛋白的 mRNA,未成熟前体细胞则没有相关基因的转录及蛋白质合成,这是由基因拷贝数发生了永久性变化所决定的。

DNA 水平调控是真核生物发育调控的一种方式,包括染色质结构变化、基因丢失、基因扩增、基因重排和移位等对基因表达的影响,这些变化导致基因组结构发生了改变。

1. 染色质结构对基因表达的影响　复制和转录都要求染色质解除高级空间结构、打开双链,酶和辅助因子才能与核苷酸链结合,完成相关过程。真核生物染色质具有复杂组分和结构,不同生理状态下空间结构发生变化,组蛋白和 DNA 修饰也会改变其结构,这些变化对真核生物基因表达有着很大的影响,实现基因表达开/关,或者对表达水平进行调控。关于组蛋白(核小体)和 DNA 修饰对基因表达的影响参见上文。

2. 基因丢失(gene loss)　细胞分化时通过丢掉某些基因而去除其活性。一些原生动物、线虫、昆虫、甲壳类动物体细胞常丢掉部分或整条染色体,只在生殖细胞中保留全部染色体。例如雄性蝗虫较雌性缺少一条染色体,蛔虫胚胎发育过程中有 27% DNA 丢失,在高等动植物中尚未发现这种 DNA 部分丢失现象,但高等哺乳动物成熟红细胞中细胞核解体、染色体全部消失。

3. 基因扩增(gene amplification)　为适应某些阶段生长、发育之需,基因拷贝数出现特异性大量增加。最典型例子是某些生物灯刷染色体的出现。非洲爪蟾卵母细胞中 rRNA 基因约 500 个拷贝,卵裂期和胚胎期需要大量合成 rRNA,rDNA 出现大量复制,拷贝数高达 200 万,rDNA 扩增约 4000 倍;药物能诱导抗药性基因的扩增;肿瘤细胞中原癌基因拷贝数也出现异常增加,如原发性视网膜细胞瘤中,含 *myc* 原癌基因的 DNA 区段扩增了 10~200 倍,许多致癌剂可以诱导 DNA 扩增。

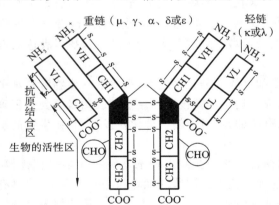

图 22-11　IgG 抗体分子结构

无论是染色体数量还是基因拷贝数变化,都会因为基因表达的剂量效应而引发相关基因表达异常,性状也随之改变,这是基因表达的一种重要调控方式。

4. 基因重排(gene rearrangement)　通过 DNA 重组、易位、转座等过程,基因座位发生改变,受邻近边界序列影响基因表达出现异常,产物结构和表达量也随之发生变化。如免疫球蛋白 IgG 基因通过重排,产生抗体分子结构(图 22-11)的多样性。

IgG 抗体由轻链(L)和重链(H)组成,每种链又分为可变区(V)和恒定区(C),分别由不同类型的基因编码(图 22-12),在胚性细胞中基因结构相同。分化的免疫细胞中,通过基因重排,轻链、重链(也包括铰链区)各自选择不同的基因表达,其组合方式极其多样,由此形成了抗体分子结构的多样性。

22.3.3　转录水平的调控

真核生物在转录水平影响基因表达的调控因素:①顺式作用元件(cis-acting element),指影响基因表达的 DNA 序列,为非编码序列,由若干 DNA 序列元件组成,常与特定的功能基因连锁在一起,主要包括启动子、增强子、沉默子、弱化子等;②反式作用因子(trans-acting factor),即跨域作用因子,是参与调控靶基因转录的 DNA 结合蛋白,能识别或结合在各类顺式作用元件核心序列上(如上游调控元件或增强子区域),使邻近基因开放(正调控)或关闭(负调控)。

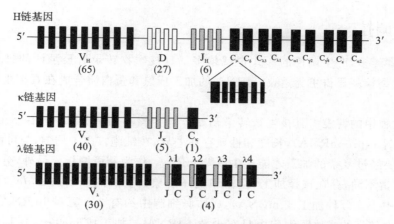

图 22-12　人类 IgG 重链和轻链的胚系基因结构示意图

注：①土中括号内数字为基因片段数；②H 链基因 C_μ 的方法部分表示 C_μ 的四个结构域（C_μ 四部分含分泌型 H 链末端外显子 SC）及膜型末端的两个外显子 MC；③λ 链基因部分显示了四个 J-C 对。

1. 顺式作用元件

（1）启动子　启动子对基因表达具有重要的调控作用，多由核心启动子和上游启动子组成，其序列组成相对保守，一般位于基因 $-200 \sim +1$ nt 区域，是具有独立功能的 DNA 序列，决定 RNA 聚合酶转录起始点和转录频率，发生变异后在很大程度上影响基因表达。

核心启动子（core promoter），指保证 RNA 聚合酶转录正常起始所必需的、最少的 DNA 序列，包括转录起始位点及其上游 $-30 \sim -25$ bp 处的 TATA 盒（Pribnow 区）。核心启动子单独起作用时，只能确定转录起始位点并产生基础水平的转录。

上游启动子元件（upstream promoter element，UPE）：①CAAT 盒（CAAT-box），位于 -75 bp 附近，保守序列为 GGGCCAATCT，是转录激活因子 NF1 和 CTF 等蛋白识别、结合位点，对转录有较强的激活作用，无方向性且作用距离不定；②GC 盒（GC-box），有时出现在 TATA 盒与 CAAT 盒间，也可出现于 CAAT 盒上游，保守序列为 GGGCGG，是转录激活因子 SP1 识别、结合位点，激活功能无方向性。

（2）增强子　能够使与之连锁的基因转录频率明显增加的 DNA 序列。病毒、植物、动物和人类正常细胞中都发现有增强子存在。其特性：①作用十分明显，一般能使基因转录频率增加 $10 \sim 200$ 倍，有的高达上千倍；②必须有两个（或以上）增强子成分紧密相连；③增强效应与位置、取向无关，不论增强子以什么方向排列，甚至与靶基因相距 30 kb（一般 $100 \sim 500$ bp）或在靶基因下游，均表现出表达增强效应，一般情况下只对同一条 DNA 中的基因具有增强作用；④大多为重复序列，一般长约 50 bp，适合与某些蛋白因子结合，其内部常含有一个产生增强效应时所必需的核心序列[（G）TGGA/TA/TA/T（G）]；⑤无基因特异性，可在不同的基因组合上表现增强效应；⑥许多增强子受外部信号调控，如金属硫蛋白基因增强子受环境中的锌、钴等离子浓度的影响。

感染真核细胞的病毒 DNA，大多具有可被宿主细胞蛋白质激活的增强子。如小鼠乳腺瘤病毒（MMTV）具有糖皮质激素基因的增强子，在类固醇激活的细胞（如乳腺上皮细胞）中该病毒能旺盛生长。

增强子功能与 DNA 空间构象有关，其作用机制：①影响转录模板附近 DNA 结构，导致 DNA 弯折，或在反式因子参与下，以蛋白质间的相互作用为媒介形成增强子与启动子间"成环"连接，激活基因转录；②将转录模板固定于细胞核内特定位置，如核基质上，有利于 DNA 拓扑异构酶改变 DNA 双螺旋结构张力，促进 RNA 聚合酶在 DNA 链上的结合与滑动；③增强子区可以作为反式作用因子或 RNA 聚合酶进入染色质结构的"入口"。

2. 反式作用因子

反式作用因子种类繁多，作用方式复杂。主要分为两种类型：①通用或基本转录因子（general transcription factor），是 RNA 聚合酶结合启动子所必需的一组蛋白因子，如 TFⅡA、TFⅡB、TFⅡD、TFⅡE 等；②特异转录因子（special transcription factor），个别基因转录所必需的转录因子，如 OCT-2 在淋巴细胞中特异性表达，识别免疫球蛋白（Ig）基因的启动子和增强子。

有些反式作用因子为 DNA 结合蛋白，存在着两个独立的功能区——DNA 结合结构域（负责与 DNA 结合）和功能结构域（具有激活或抑制功能），两者是分开的，位于蛋白质的不同区域。

反式作用因子通过蛋白质间相互作用影响转录过程，其功能变化影响基因表达效率。

22.3.4 转录后调控

基因表达过程步骤越多,产生调控的形式也就越多。真核生物转录后至翻译的过程远比原核生物步骤多,因此基因的转录后调控就显得更为重要,mRNA 的加工成熟和蛋白质合成在真核生物基因表达调控中具有重要作用。

1. mRNA 加工过程中的调控 真核生物转录初始产物为核不均一 RNA(heterogeneous nuclear RNA,hnRNA)(或称前体 RNA,pre-mRNA),长度和性质存在差异,在细胞核内不均匀,与可翻译的成熟 mRNA 结构、功能差异很大,需要经过复杂的加工才能产生成熟 mRNA,作为翻译模板。另外,分化程度不同的细胞产生的 hnRNA 种类、数量不同,存在选择加工、运输和翻译现象,例如海胆(*Echinoidea*)囊胚细胞中约有 2 万种不同的 hnRNA(其中 1.3 万种加工成 mRNA),成体肠细胞中约有 2.5 万种 hnRNA(只有 3000 种加工成mRNA),表明分化程度较高的成体肠细胞中只有少数 hnRNA 被加工成 mRNA,这种现象反映出海胆许多基因转录并不因组织不同而有很大差异,不同组织调控自身 mRNA 的主要方式似乎不在转录水平,而是对hnRNA 的选择加工,可能只有一小部分基因表达调控发生在转录水平。因此,真核生物 hnRNA 加工成熟过程是基因表达的重要调控环节。hnRNA 加工主要有以下几种方式。

(1)末端加工 要在 RNA 5′末端加"帽子"(cap),3′末端加 poly(A)。虽然这两种序列并不翻译成氨基酸,但参与蛋白质合成的调控过程。

加帽过程发生时间较早,在 RNA 转录出 50 nt 前,甚至在 RNA 聚合酶离开转录起始点前,帽子结构就已经加到 RNA 的第一个核苷酸上。由鸟嘌呤转移酶在 RNA 5′端添加含有碱基 G 的不同结构分子,形成不同类型的帽子,帽子中的碱基 G 经常被甲基化。帽子结构的作用:①能避免 RNA 被核酸酶降解,提高 mRNA稳定性;②容易被蛋白质合成中的起始因子识别,促进蛋白质合成;③在后期 RNA 加工过程中,对第一个外显子的拼接具有重要作用;④有助于 mRNA 越过核膜,进入胞质。这些作用对于基因表达至关重要。

几乎所有真核生物 mRNA 都有 poly(A)尾(tail),长度为 40～200 nt,mRNA 种类不同长度各异。poly(A)尾是在转录完成后,RNA 加工过程中由 poly(A)合成酶加上去的,在 poly(A)上游 11～30 bp 处 RNA 具有保守序列 AAUAAA[加 poly(A)信号],该序列对转录初始产物的准确切割及加 poly(A)是必需的,因此真核生物 mRNA 的 3′末端是由转录后 RNA 切割加工产生的。poly(A)尾是 mRNA 通过核膜进入细胞质所必需的,在很大程度上提高了 mRNA 在细胞质中的稳定性,能够提高翻译效率,促进蛋白质合成,poly(A)尾对最后一个内含子的剪切也可能具有重要作用。

(2)RNA 剪接(RNA splicing)对表达的影响 真核生物的基因绝大多数为间隔基因(splitting gene)(断裂基因),其结构包括成熟 mRNA 中存在的外显子(exon)及 RNA 剪接时被剔除的内含子(intron)。由于外显子和内含子具有相对性,加之 RNA 剪接时对外显子具有不同的选择和连接方式,因此同一个基因可以形成不同结构的成熟 mRNA,所合成的蛋白质产物结构和功能也不相同。这是基因表达调控的一个重要环节,通过不同方式的剪接,控制生物的生长和发育。

一般情况下,一个基因的转录产物通过组成性剪接(constitutive splicing)只能产生一种成熟 mRNA,但选择性剪接(alternative splicing)可使某些原始转录产物产生不同的 mRNA。一些编码组织或发育特异性蛋白质的基因含有复杂转录单位,有数量不等的内含子,这些基因的原始转录产物通过多种不同方式加工,或者利用多个 5′端转录起始位点,产生两种或两种以上结构的 mRNA,翻译的蛋白质结构和功能也存在差异。

例如,大鼠降钙素基因转录的 hnRNA 具有不同的加工方式(图 22-13)。在甲状腺中 1～4 外显子拼接,并在外显子 4 的下游添加 poly(A),成熟的 mRNA 翻译成降钙素,作用的靶器官为骨和肾,可降低血液中钙(磷)浓度,并抑制钙(磷)的吸收;在脑组织中 1～6 外显子拼接,并在外显子 6 的下游添加 poly(A),成熟mRNA 翻译成降钙素相关蛋白,具有强烈血管扩张作用。由此可以看出,同一 hnRNA 由于加工方式不同,产生不同的成熟 mRNA,蛋白质产物结构和功能也彼此各异。

有些基因转录时选择不同的启动子,结果导致其表达水平发生极大的变化。如小鼠淀粉酶基因表达,在唾液腺中转录自 S 外显子开始,成熟 mRNA 含有 S 外显子和外显子 2、3;在肝脏中转录自 L 外显子开始,成熟 mRNA 含有 L 外显子和外显子 2、3,由于选用了不同的启动子,唾液腺中转录产物高出肝脏转录产物 100余倍(图 22-14)。

2. mRNA 有效性对基因表达的调控 真核生物能否及时、长时间利用成熟 mRNA 翻译出蛋白质,与

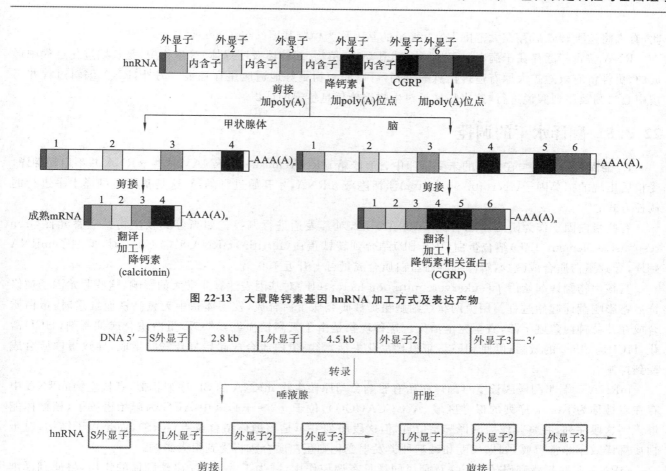

图 22-13　大鼠降钙素基因 hnRNA 加工方式及表达产物

图 22-14　小鼠淀粉酶基因在唾液腺和肝脏中的表达

mRNA 稳定性密切相关。原核生物 mRNA 半衰期较短,一般只有 3 min 左右,真核生物 mRNA 半衰期一般较长。高等真核生物迅速生长的细胞中 mRNA 半衰期平均约为 3 h,在高度分化的终端细胞中许多 mRNA 极其稳定,有些寿命长达十几天,加上强启动子的多次转录,使一些终端细胞特有的蛋白质合成量达到惊人的水平。

例如,家蚕($Bombyx\ mori$)丝心蛋白基因具有很强的启动子,几天内即可转录出 10^5 个丝心蛋白 mRNA,而这些 mRNA 寿命长达 4 天,每个 mRNA 分子能重复翻译出 10^5 个丝心蛋白,所以 4 天内可产生 10^{10} 个丝心蛋白。这种现象表明 mRNA 寿命延长是 mRNA 有效性的一个重要因素,可以在很大程度上提高基因表达量。

3′端非翻译区(untranslated region,UTR)对 mRNA 稳定性有很大影响,3′端富含 A/U 的 mRNA 稳定性较差,半衰期较短。蚕蛹羽化成蛾,破茧时需要大量蛋白水解酶溶解蚕丝蛋白,由于这些酶的 mRNA 具有稳定的 3′端结构,半衰期可长达 100 h,而其他 mRNA 通常仅有 2.5 h。结构稳定的 mRNA 提高了基因的表达量。

3. RNA 编辑对基因表达的影响　RNA 编辑是指遗传信息在 mRNA 水平上发生改变的过程,即 RNA 编码序列与转录产生它的 DNA 序列并不完全相同的现象。

通过 RNA 编辑,mRNA 发生核苷酸的缺失、插入或置换,如尿嘧啶(U)与胞嘧啶(C)的相互转换、尿嘧啶的插入或缺失、鸟嘌呤(G)或胞嘧啶的插入等。一些基因的转录产物只有经过 RNA 编辑才能有效起始翻译,或者产生正确的开放读码框(ORF)。与基因选择剪接(可变剪接)相似,RNA 编辑可以使同一基因序列产生几种结构和功能不同的蛋白质。不同发育阶段 RNA 编辑情况不同,同时还具有系统发育的特异性,是在转录后水平对基因表达进行调控的方式。

RNA 编辑最典型的例子是布氏锥虫($Trypanosome$)细胞色素 c 氧化酶亚基 Ⅲ(Cox Ⅲ)肽链,mRNA 与其基因序列存在 60% 的差异,在 712 个核苷酸位点发生了 398 个碱基 U 的插入和 9 个碱基 U 的缺失。因此,有人将这类转录后存在大范围 RNA 编辑的基因称为模糊基因(cryptogene)。

RNA 编辑广泛存在于病毒、原生动物、哺乳动物、植物(线粒体及叶绿体)等生物中,是长期进化过程中形成的、更经济有效地扩大原有遗传信息的机制,可以使生物更好地适应生存环境。另外,RNA 编辑过程并不按中心法则及序列假说进行,这也拓展了对生物遗传信息传递的认识。

22.3.5 翻译水平的调控

1. 翻译起始调控 在成熟的未受精卵中含有隐蔽 mRNA(masked mRNA),这些 mRNA 并不启动翻译,受精后出现的招募因子(recruitment factor)激活隐蔽 mRNA,才开始进行翻译,这是基因在翻译水平进行的调控方式。

有些蛋白因子作为阻遏物结合到 mRNA 5′端,对其表达进行调控。如高等真核生物铁应答元件(iron responsive element,IRE)结合蛋白(IRE-BP)结合到转铁蛋白(ferritin)mRNA 5′端 UTR 时,抑制了 mRNA 翻译,导致蛋白质合成减少,解除抑制时蛋白质合成量可上升近 100 倍。

真核生物翻译起始因子(eukaryote initiation factor,eIF)对基因表达有非常大的影响,这些起始因子被修饰后将影响翻译起始过程。用兔网织红细胞粗提液研究珠蛋白合成,发现体系中无氯高铁血红素时,蛋白质合成在几分钟内急剧下降,直至完全消失。这种现象是由于氯高铁血红素缺乏,蛋白质合成抑制剂(HCI)活化,HCI 是 eIF-2 的激酶,可使 eIF-2α 亚基磷酸化失活,影响蛋白质合成起始复合物的生成,导致蛋白质合成受到抑制。

mRNA 5′端非翻译区长度对翻译起始有影响。与原核生物 mRNA 的 SD 序列相似,真核生物 mRNA 中存在着被称为 Kozak 序列的保守区域(A/GCCAUGG),位于 $-3 \sim +4$,其中 AUG 为起始密码子,核糖体能够识别这段序列,并将其作为翻译起始位点,但这段序列并不是核糖体结合位点(RBS),而是帽子结构,对蛋白质翻译效率非常重要,如果长度和碱基种类发生变化则蛋白质合成将受到很大影响。

mRNA 5′端起始密码子 AUG 对翻译同样具有调控作用,减少正常 AUG 启动翻译的作用,将使翻译维持在较低水平。

2. 干扰小 RNA(siRNA)对基因表达的影响 作用类似 RNA 干扰(RNAi),可在翻译水平抑制同源性 mRNA 的表达。在此不做更多表述,请参阅相关资料。

22.3.6 翻译后水平调控

多肽链合成后,一般不具备蛋白质的结构和活性,必须经过切割、折叠、修饰或多聚化等方式加工,才能成为具有天然构象的功能蛋白。加工主要包括第一个氨基酸残基去除、多肽链折叠、肽链一级和高级结构的修饰(乙酰化、磷酸化、糖基化等)等,这些过程也影响基因的表达。由于涉及内容非常广泛,限于篇幅,在此仅以胰岛素合成为例加以说明。

胰岛素(insulin)合成过程中的初始产物为前胰岛素原(preproinsulin),由氨基端的信号肽、B 链、C 链(连接肽,connecting peptide)和羧基端的 A 链组成(图 22-15)。前胰岛素原合成时,在信号肽引导下,正在合成的肽链进入内质网腔,经信号肽酶切割除去信号肽,形成胰岛素原(proinsulin)。胰岛素原折叠,并在 A、B 链间形成正确的二硫键,而后包装成分泌颗粒储藏在高尔基体中。需要时,高尔基体中的转换酶(convertase)PC3 和 PC2 分别对胰岛素原分子中的 B/C、C/A 连接点进行切割,在羧肽酶作用下分别切除 Arg-Arg 和 Arg-Lys 碱性二肽,除去 C 链产生成熟的胰岛素。

很多蛋白质最先合成的是前体分子,只有经过特定的切割、修饰才能产生成熟蛋白。例如蜂毒肽(melittin)切除氨基端 22 个氨基酸残基才有活性,有些前体分子如鸦片促黑皮质素原(pro-opiomelanocortin,POMC)经不同方式切割产生功能各异的多种产物。

多肽链折叠时,大多需要分子伴侣(molecular chaperone)或称折叠酶(foldase)的辅助,分子伴侣是细胞内一类保守蛋白,可识别肽链的非天然构象,促进各功能域和整体蛋白质的正确折叠,本身并不参与最终功能蛋白质分子组成。分子伴侣的主要功能:促进多种肽链的折叠(无专一性),或阻止多肽的错误折叠(如防止初始翻译的疏水端的错误折叠)。

有些蛋白质还存在高级结构的修饰,如亚基聚合、辅基连接、疏水脂链共价连接等。

多肽链加工过程是形成天然结构蛋白的关键,只有形成正确的空间结构,蛋白质才能具备相应的功能。

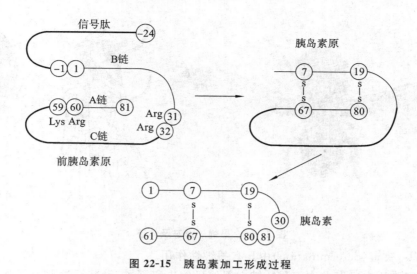

图 22-15　胰岛素加工形成过程

当然,这些过程也是基因表达调控的重要环节。

22.4　发育的实质是基因表达及调控

多细胞生物,尤其是高等动植物结构复杂,机体由结构、功能不同的细胞组成,而这些细胞都是由合子经细胞分化(cell differentiation)产生的。受精卵含有个体发育(ontogeny)所需的全部遗传信息,细胞分化及个体发育是这些遗传信息选择性表达(selective expression)及调控的结果。因此,发育(包括细胞分化)的实质是基因表达及调控。

发育生物学(developmental biology)是应用现代生物学技术,研究生物发育过程及其本质的科学,是近年来进展最快、最活跃的综合性学科。该学科主要研究多细胞生物从生殖细胞的发生、受精、胚胎发育、生长到衰老、死亡,即生物个体发育中生命过程的机制,同时也研究生物种群系统发生(systematics development)的机制。研究内容涉及分子生物学、细胞生物学、遗传学、生物化学、生理学、免疫学、解剖学、胚胎学、进化生物学及生态学等众多领域,是现代生命科学的重要分支。

发育的关键是细胞分化,是遗传信息按一定时间和空间顺序表达的结果,有严格的次序性。发育不是个别基因的表达,而是众多基因在时间、空间上的密切联系和协调表达。

高等生物发育不但要产生不同类型的细胞(细胞分化),组成功能性的组织和器官,更为重要的是这些结构必须占有正确的空间位置,形成有序空间结构的形体模式(body plan),才能发育成正常的机体。模式形成(pattern formation)是指胚胎细胞形成不同组织、器官,构成有序空间结构的过程。动物最初的模式形成主要涉及胚轴(embryonal axis)形成及其一系列相关的细胞分化过程。胚轴是指胚胎的前后轴(anterior posterior axis)和背腹轴(dorsal ventral axis),胚轴形成是由一系列基因多层次、网络性表达调控完成的。在此,仅以果蝇发育过程中胚轴的前后轴建立为例,说明发育与基因表达调控的关系。

黑腹果蝇是我们日常生活中非常熟悉的昆虫,也是理想的遗传学、发育生物学模式生物,除具有很多常见的优势外,还具有易于遗传操作(如诱变等)、基因组测序已完成(2000 年)等优势。在果蝇发育过程中发现了很多特殊现象,有很多与发育相关的基因已被克隆,其发育模式具有典型的代表意义。

果蝇是节肢动物门昆虫纲双翅目果蝇科(Drosophilidae)果蝇属(Drosophila)昆虫,身体由头、胸、腹三部分组成(图 22-16)。头部有复眼、单眼和触角;胸部有 3 个体节,第一胸节有一对附肢,第二胸节有一对附肢和一对翅,第三胸节有一对附肢和一对平衡棒;腹部由 8 个体节组成。此外还有末端的原头(acron)和尾节(telson)。

果蝇卵母细胞成熟过程中,卵泡周围的滤泡细胞(follicle cell)及滋养细胞(nurse cell)合成的产物通过特定途径运输到卵子中,并储存在卵子细胞质特定区域,导致成熟卵细胞质极化(cytoplasmic polarization)(细胞质中成分分布的不均一性)。由母体细胞合成,产物被运输到卵子中,母体中这类基因被称为母体效应基因(maternal effect gene)。母体效应基因产物是个体发育的形态发生决定子(morphogenetic determinant),在

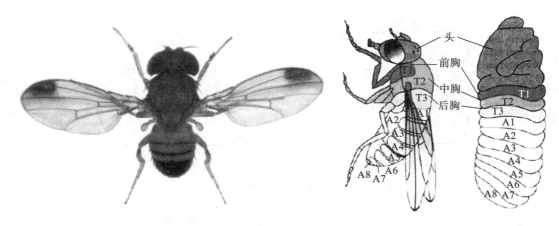

图 22-16　果蝇的形态及体节

细胞命运(fate of cells)决定(determination)中具有关键性作用。

果蝇成熟卵中,细胞质内已存在决定前后轴空间信息的决定因子,受精后这些分子作为基因表达调控的反式作用因子,调控合子基因(zygotic gene)的逐级、网络性级联表达,决定所在区域细胞的分化命运,形成躯体不同区域特定结构和功能的分化细胞,建立个体发育前后轴形成模式。目前已筛选到约 50 个母体效应基因、120 个合子基因与胚胎前后轴、背腹轴形成有关。

有三组母体效应基因与果蝇前后轴形成有关。①前端系统(anterior system),决定头胸部分节的区域;②后端系统(posterior system),决定分节的腹部;③末端系统(terminal system),决定两端不分节的原头和尾节。果蝇母体效应基因中有 4 个关键产物与前后轴形成有关,BICOID(BCD)和 HUNCHBACK(HB)调节胚胎前端结构的形成,NANOS(NOS)和 CAUDAL(CDL)调节胚胎后端结构的形成。

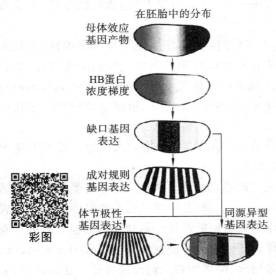

图 22-17　果蝇躯体模式建成过程中前后轴不同层次基因的表达情况

母体效应基因产生的形态发生决定子调节首先表达的合子分节基因(将早期胚胎沿前后轴分为一系列重复的体节原基),分节基因有三类,表达调控逐级进行。母体效应基因产物调控缺口基因(gap gene)表达,缺口基因不同浓度的蛋白质产物引起成对规则基因(pair-rule gene)表达,形成与前后轴垂直的 7 条表达带,成对规则基因产物激活体节极性基因(segment polarity gene)的转录,进一步将胚胎划分为 14 个体节。缺口基因、成对规则基因和体节极性基因产物共同调节同源异型基因(homeotic gene)表达,决定体节的发育命运(图 22-17)。

(1) 前端系统　前端系统至少包括 4 个主要基因,其中 *bicoid*(*bcd*)基因对前端结构的决定具有关键作用,BCD 蛋白具有组织、决定胚胎极性和空间模式的功能。

bcd 基因是母体效应基因,该基因的 mRNA 由滋养细胞合成后运输到卵子中,定位于预定胚胎的前极。合子 *exuperantia*、*swallow* 和 *staufen* 等基因的表达与 *bcd* mRNA 定位有关。受精后 *bcd* mRNA 迅速翻译,BCD 蛋白在前端累积并向后端弥散,形成从前向后稳定的浓度梯度,主要覆盖胚胎前 2/3 区域(图 22-18)。在 BCD 蛋白扩散的同时,也开始降解(半衰期约 30 min),降解对建立前后浓度梯度同样是非常重要的。

BCD 蛋白是一种转录调节因子,另一母体效应基因 *hunchback*(*hb*)是其靶基因之一,*hb* 基因控制胚胎胸部、头部一些结构的发育,*hb* mRNA 在成熟卵中沿前后轴均匀分布。*hb* mRNA 在合胞体胚盘阶段开始翻译(果蝇为表面卵裂,早期卵裂只是细胞核分裂而细胞质不分裂,形成合胞体),其表达受 BCD 蛋白浓度梯度控制,只有 BCD 蛋白浓度达到一定阈值才启动 *hb* mRNA 翻译,BCD 浓度过高或过低 *hb* mRNA 都不翻译。因此 *hb* 基因表达区域主要位于胚胎前部,HB 蛋白从前向后扩散也形成浓度梯度(图 22-19)。

HB 蛋白沿前后轴形成的浓度梯度在胚胎不同区域又继续分别开启一些缺口基因如 *giant*、*krüppel* 和 *knirps* 等,按一定顺序、沿前后轴进行表达(图 22-20)。*btd*、*ems* 和 *otd* 基因很可能也是 BCD 蛋白的靶基因。

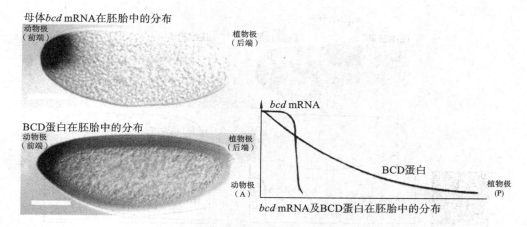

图 22-18 *bcd* mRNA 及 BCD 蛋白在胚胎中的分布

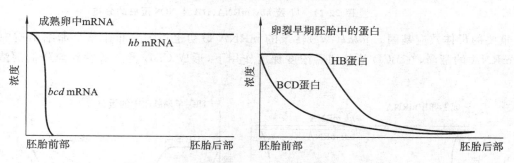

图 22-19 *bcd* 及 *hb* mRNA、BCD 及 HB 蛋白的分布

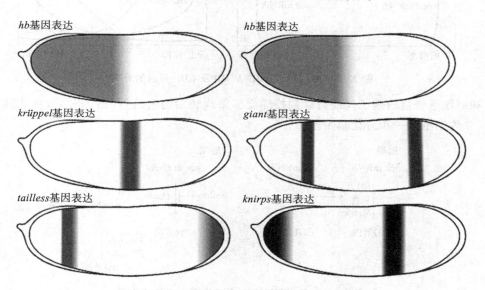

图 22-20 HB 蛋白开启下游缺口基因表达模式

不同靶基因的启动子与 BCD 蛋白具有不同的亲和力,BCD 蛋白的浓度梯度可以在胚胎不同区域同时特异性地启动不同基因的表达,从而将胚胎划分为不同的区域。

(2)后端系统 后端系统包括约 10 个关键基因,其中起核心作用的是 *nanos*(*nos*)基因。后端系统在控制模式形成中发挥的作用与前端系统有相似之处,但作用方式与前端系统存在不同,并不像 BCD 蛋白那样具有指导性作用,不能直接调节合子基因表达,而是通过抑制一种转录因子的翻译进行调节(翻译水平上的表达调控)。

果蝇卵子发生过程中,*nos* mRNA 由滋养细胞合成后转运至卵细胞,定位于卵子后极,编码产物 NANOS(NOS)蛋白从后向前弥散形成浓度梯度。卵裂阶段 HB 蛋白开始合成,在胚胎后部 *hb* mRNA 翻译被较高浓度的 NOS 蛋白抑制,而胚胎前部 BCD 蛋白浓度梯度激活 *hb* 基因表达,结果 HB 蛋白沿胚胎前后轴形成浓度梯度,在胚胎前部浓度较高(图 22-21)。胚胎后部高浓度的 NOS 蛋白同时也抑制 *bcd* 基因的表达。

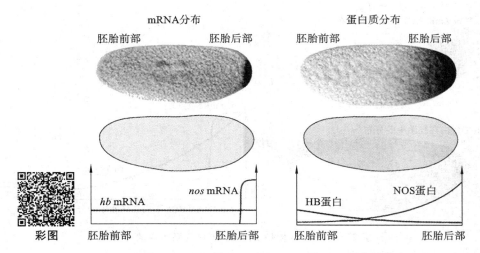

图 22-21　*hb* 及 *nos* mRNA、HB 及 NOS 蛋白的分布

另一个重要的母体效应基因 *caudal*（*cdl*）转录的 mRNA 最初也均匀分布于整个卵细胞质中，BCD 蛋白能抑制 *cdl* mRNA 的翻译，在 BCD 从前到后浓度梯度作用下，形成 CDL 蛋白从后到前降低的浓度梯度（图 22-22）。

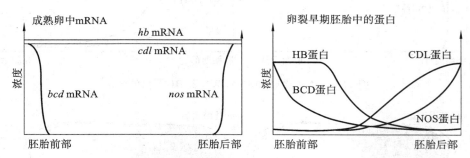

图 22-22　*hb* 及 *cdl* mRNA、HB 及 CDL 蛋白的分布

前端系统和后端系统蛋白因子间的翻译调控确立了果蝇胚胎的前后轴（图 22-23），由此确立了胚胎发育前后空间信息，并为细胞进一步分化奠定基础。

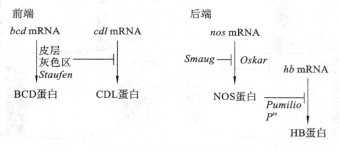

图 22-23　果蝇胚胎前端和后端蛋白因子间作用

（3）末端系统　包括约 9 个母体效应基因，这些基因失活将导致胚胎不分节部分（即前端原头区和后端尾节）缺失。如果前、后端系统失活而末端系统正常，果蝇胚胎仍可产生某些前后模式，但只形成具有两个尾节的胚胎。末端系统中起关键作用的是 *torso*（*tor*）基因。

tor 基因编码一种跨膜受体酪氨酸激酶（receptor tyrosine kinase，RTK），在整个合胞体胚胎的表面表达。TOR 蛋白氨基端位于细胞膜外，羧基端位于细胞膜内。当胚胎前、后端细胞外存在某种信号分子（配体）时，可使 TOR 蛋白特异性活化，最终导致胚胎前、后末端细胞命运的特化（图 22-24）。

TOR 蛋白配体由 *torso-like*（*tsl*）基因编码。卵子发生过程中，*tsl* 在卵子前极的边缘细胞和卵室后端的极性滤泡细胞中表达，TSL 蛋白合成后释放到卵子两极处的卵周隙中。由于 TOR 蛋白过量，TSL 不会扩散到末端区以外，由此保证了 *tor* 基因只在末端区被活化。除 TSL 外，末端系统所需要的其他成分如 *trk*、*fssDN* 和 *fssDph* 产物在胚胎中都是均匀分布的。

tor 基因对末端细胞分化通过 Torso 信号转导途径完成。TOR 蛋白与配体结合后，自身被磷酸化，经一

系列信号传递,最终激活合子靶基因的表达(图 22-25)。

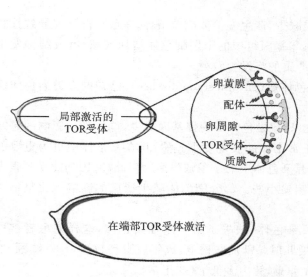

图 22-24　受体蛋白 TOR 参与胚胎末端的特化

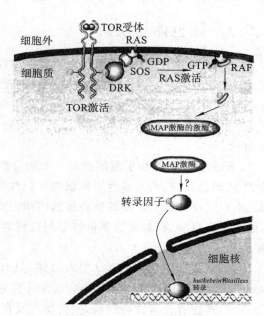

图 22-25　Torso 信号转导途径

由此看出,果蝇前、后端及末端系统发育中,母体效应基因产物作为转录因子调控合子基因表达,这些调控因子形成浓度梯度,产生特异的位置信息,进而激活一系列合子基因表达,这种调控作用是网络性的级联调控模式(图 22-26)。在胚胎不同部位,合子基因表达模式不同,决定了所在区域的细胞分化,胚胎被分成不同的区域,最后每一体节通过基因特异性表达而确定其特征,形成躯体不同部位结构(图 22-27),建立了胚胎发育中前后轴空间发育模式。所以,包括果蝇在内的生物发育的实质是通过基因表达及调控过程完成的。

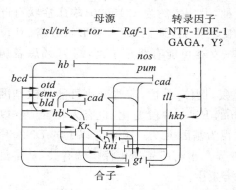

图 22-26　母源性转录因子调控缺口基因的转录

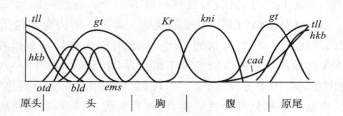

图 22-27　母源性转录因子调控缺口基因表达位置

22.5　遗传与疾病

疾病是机体正常结构或功能受到损害所导致的不良后果,根据病因分为两大类:①外界因素导致的疾病,如机械损伤、致病生物侵入等;②自身因素导致的疾病,由基因结构或表达等异常所致。基因结构及表达改变是疾病发生、发展的重要机制,而蛋白质功能紊乱是疾病发生的基本病理原因。

总体而言,除机械损伤引起的疾病外,所有疾病都可以归结为遗传物质结构或功能的异常。有些疾病虽然并非遗传物质直接导致,但遗传物质变化产生遗传易感性因素,与环境因素相互作用而导致疾病的发生。

22.5.1　获得性基因病

获得性基因病主要是病原微生物感染引起的疾病。其致病机制较为复杂,一方面是因为微生物的组分或代谢产物对机体结构、功能造成伤害,引发代谢紊乱或结构异常而致病,另一方面涉及宿主基因结构或基因表达模式改变,从而导致宿主产生病变。这方面内容在此不作详细讨论,请参见相关资料。

22.5.2 染色体与疾病

染色体变化类型:①以基因组为单位整倍性增加或减少,产生多倍体或单倍体,一般情况下将导致性状发生变化,或者是致死,存活个体表现为疾病的较为少见;②基因组中的个别染色体增加或减少(或结构发生变异),这些变化极大地影响生物的性状,或者导致疾病,严重的将发生致死。

染色体结构和数目异常导致的遗传性疾病称为染色体病(chromosome disease),已知的人类染色体病有400余种。

1. 部分染色体减少引发的疾病 个别染色体缺失,导致染色体所携带基因减少,首先受到影响的是基因表达中的剂量效应,丢失基因所控制的相应性状要比正常个体的表现度小。然而,在二倍体中更为重要的影响是,由于父本和母本来源的染色体基因印记不同,同源染色体中的一条缺失后,将导致基因功能受到很大影响,极易引发疾病,相对而言多倍体受到这种变化的影响要小些。部分染色体减少造成的影响远比整倍性减少要大。

例如,人类性染色体为 XO 型的个体,只有一条 X 染色体,缺失了另一条性染色体,这样的患者被称为 Turner 综合征,很多性状受到影响,患者外貌为女性,婴儿时颈部皮肤松弛,成年后身高较矮,并发蹼颈、肘外翻等症状,多患有先天性心脏病,生殖器官发育不良、无卵巢,智力多低下(或正常)。

部分染色体减少引发的性状变化具有普遍性,在很多物种中都存在。

2. 部分染色体增加引发的疾病 个别染色体的增加同样会引发疾病,导致一系列性状发生变化,这种现象普遍存在于各种高等生物中。染色体部分增加与染色体整倍性增加相比,对性状的影响较大,但一般情况下,染色体增加导致的负面效应比染色体减少要小。

例如,人类 21 号染色体增加了一条(21 三体),称为 Down's 综合征(亦称先天性愚型),群体发病率约为1/650,患者有眼裂小、舌常外伸并有舌裂、掌纹异常、生长迟缓、智力低下、先天性快乐等症状,幼儿期开始即有异常表现。人类 13 号染色体增加一条(13 三体)称为 Patau 综合征,发病率约为 1/10000,临床症状有严重的智力落后和前脑异常,唇裂、腭裂、小眼、虹膜缺损,视网膜发育不良较常见,眶上缘浅,耳形状异常、耳位较低,常患有耳聋、贯通掌,多发右位心,男性可能患有隐睾和阴囊异常、女性可能有双角子宫,约 70% 患者病情严重,多在 6 个月前死亡,只有不到 10% 个体存活时间大于一年。

3. 染色体结构变异引发的疾病 染色体结构变异包括缺失、重复、倒位、易位,这些变化可能导致基因结构或表达异常,引发性状的变化。染色体结构变异一般指大于 1 kb 的 DNA 片段变化,也有人将 50 bp 以上 DNA 片段的变化称为染色体结构变异,小于 50 bp 的 DNA 变化被视为基因突变。100 kb 以上的 DNA 片段变化在人群中十分少见(<1%),但会导致很多疾病。染色体结构变异几乎与所有遗传性疾病有关,从罕见疾病、单基因疾病到感染性疾病、代谢性疾病、药物毒物代谢疾病等都有发生。

人类 5 号染色体短臂缺失被称为猫叫综合征,患者由于喉部发育不良或未分化,在婴儿期有猫叫样啼哭,由此得名,发病率约为 1/50000,女性多于男性。婴幼儿期眼睛在夜晚会像猫瞳孔一样反射光线,同时并发有多种异常症状,智力明显低下,发育迟缓,成人期多动、有破坏性行为。

人类脆性 X 染色体综合征(fragile X syndrome)是 X 染色体连锁的显性遗传病,主要为男性发病,女性可能有异常表型,男性患者绝大多数具有典型的临床表现,女性携带者 70% 智力正常、30% 有不同程度的智力低下。临床症状:①智力低下,男性超过 80% 有中度以上智力低下,女性多为轻度智力障碍、学习困难或智商正常,患者计算能力差,抽象思维和推理能力等方面均有缺陷;②语言障碍是常见的临床表现,会话和言语表达能力发育严重迟缓,学语年龄延迟、词汇量少,语言重复单调,有模仿语言、持续语言等症状;③其他症状表现,如巨睾症、特殊面容、行为障碍等。其病因是 Xq27.3 区域的 FMR-1(fragile X mental retardation)基因异常所致,正常 FMR-1 基因含有 17 个外显子、16 个内含子,全长 38 kb,5′端非翻译区存在一段数目可变的 $(CGG)_n$ 重复序列,其上游 250 bp 处存在 CpG 岛,而患者 FMR-1 基因中 $(CGG)_n$ 发生不稳定扩增,并有 CpG 岛的异常甲基化,会出现以下几种情况:①中间突变,$(CGG)_n$ 重复数量为 40~60;②前突变,$(CGG)_n$ 重复数量为 50~200;③完全突变,$(CGG)_n$ 重复数量超过 200(有时高达 1300 以上),中间突变和前突变 CpG 岛没有异常甲基化,FMR-1 基因表达正常或近于正常,个体一般没有异常表型或仅有轻微的行为问题,完全突变则经常伴有 CpG 岛异常甲基化,FMR-1 mRNA 翻译受到抑制,引发临床症状。此外,FMR-1 基因编码区偶发缺失或错义突变,可能导致 FMR 蛋白表达异常,或产生异常功能蛋白,进而引发类似脆性 X 染色体综合征的临床症状。

22.5.3　基因与疾病

结构基因或调控基因异常,将导致基因产物结构和功能受损,或者由于表达量异常而引发性状变化,这是产生疾病的重要原因。理论上,生物有多少基因就会至少出现与之数量对应的基因相关疾病。由于生物的性状分为质量性状和数量性状,因此基因引发的疾病也分为单基因疾病和多基因疾病。

1. 单基因疾病(monogenic disease)　即单基因病或单基因遗传病,有时也称为孟德尔遗传病(Mendelian disease),多出现于质量性状中,是由单基因或少数基因(主基因)异常引发的疾病,以典型的遗传方式在上下代间传递。现已明确致病机制的人类单基因疾病有 7000 多种,平均每年有数 10 种新发现的单基因疾病。

人类常见的单基因疾病有白化病、血友病、色盲、镰刀形贫血症、地中海贫血症、杜氏肌营养不良、苯丙酮尿症、亨廷顿病、马方综合征等。囊性纤维化(cystic fibrosis)是隐性遗传病,患者肺部、胰脏或其他器官分泌多余黏液,极其黏稠,影响呼吸道、消化道和肝脏功能,不接受治疗在 5 岁前就会死亡,这在美国是一种较为普遍的致命性疾病,每 17000 个非裔美国人中有一个患病,而高加索人种的美国人中每 1800 人就有一个患者(每 25 人就有一个携带者)。第 21 章中图 21-11 所示为一例著名的血友病遗传情况。

人类单基因疾病多数由隐性基因控制,通常表现出特征性的家系遗传,在群体中的发病率相对较低(占总体发病率的 2%～3%)。

单基因疾病危害严重,除部分可以通过手术矫正外,大部分单基因疾病往往致死、致残或致畸,而且缺乏有效的治疗手段。

2. 多基因疾病(polygenic disease)　也称复杂遗传病(complex disease),是由控制数量性状的多个基因异常引起(也可能是其中的关键基因异常),涉及多个基因或调控基因表达的因子,环境因素也是引发多基因疾病的重要原因,这类疾病机制复杂,影响因素多,遗传虽然也遵循遗传规律,但不会表现出典型的方式。

人类的多基因疾病有先天性心脏病、原发性高血压、冠心病、痛风、糖尿病、哮喘、骨质疏松、先天性髋关节脱臼、先天性幽门狭窄、精神病和神经病等,以及一些先天性发育异常疾病。多基因疾病有家族聚集现象,但没有单基因疾病那样明确的家系遗传格局。

与单基因疾病相比,多基因疾病在同胞(兄弟姐妹)中的发病率较低(1%～10%),在群体中的发病率相对较高,数量巨大,如原发性高血压约为 6%、冠心病约为 2.5%,总体而言人群中有 15%～25% 的个体会受到波及。

3. 基因表达异常与疾病　基因表达具有严格的时间、空间特异性,在个体发育和代谢过程中,任何基因的表达如果出现错误将导致结构畸形或代谢紊乱,生存能力下降,程度严重则引发致死。

以 Burkitt 淋巴瘤为例,正常人 *myc* 基因位于 8q24 区,编码产物为 DNA 结合蛋白,存在于细胞核内,与某些特定 DNA 结合,作为反式作用因子影响 DNA 复制和转录,进而影响细胞的生长、分化和增殖。正常情况下,由于 *myc* 基因两侧分别存在强表达的基因,受其影响 *myc* 基因不表达。Burkitt 淋巴瘤患者的 *myc* 基因易位到 14q32 区,位于 Ig 基因下游,由于 Ig 基因增强子的作用,以及原位点领域效应的消失,*myc* 基因转录活性增强而表达,正是由于 *myc* 基因的错误表达,引发其下游基因表达异常,最终导致细胞发生癌变,形成 Burkitt 淋巴瘤。

22.5.4　表观遗传与疾病

前文中学习了一些表观遗传知识,了解到表观遗传是 DNA 以外的遗传信息,这些信息与 DNA 中的遗传信息、环境因素相互作用,影响着染色体结构、基因结构和基因表达调控过程,在个体发育中具有重要作用。

表观遗传异常可能导致错综复杂的各类疾病。与 DNA 突变不同,很多表观遗传修饰是可逆的,调控相对容易,这一特点使得表观遗传疾病的治疗相对容易,目前已成为生物医学领域备受关注的课题。

常见的表观遗传疾病有自身免疫性疾病、心脑血管疾病、代谢性疾病、神经(精神)疾病、肿瘤、男性不育、创伤后孤独症等。这些疾病可分为两类:①发育过程中重新编程时,产生特定基因表观遗传修饰异常,即表观突变(epimutation);②参与表观遗传修饰的蛋白质编码基因异常(基因突变或表观突变),导致表观遗传修饰错误,进而引发疾病,如 DNA 甲基转移酶基因、差异甲基化 CpG 岛结合蛋白 *CTCF* 基因突变(或表观突变)。

从进化角度有人认为,许多疾病(特别是所谓的现代病、富贵病)的产生是由于人类在进化过程中,形成的表观遗传修饰无法适应当代饮食结构与生活方式的巨大变化而造成的。

表观遗传的改变增加了特定疾病的患病风险(产生易感性),但是机体在相当程度上可以忍受这些改变而不发病,只有易感性与特殊生活条件(如饮食、感染、用药、持续压力等)同时存在时,表观修饰的弹性被破坏,机体无法正常行使功能而致病。

胚胎期 DNA 甲基化异常可能导致胚胎致死,成体中异常甲基化将引发疾病,尤其是肿瘤发展中经常出现甲基化异常现象,也可能导致基因组不稳定、个体发育异常等问题。印记基因结构与表达异常,将引发有复杂突变及表型缺陷的多种性状(疾病)。基因组印记错误主要表现为生长过度或迟缓、智力障碍、行为异常等,人类的自闭症、精神分裂症、Angelman 综合征等与此有关,基因组印记错误同样也是引发肿瘤常见的因素之一。染色质重塑异常导致基因表达沉默,进而引发一些疾病,例如人类 X 连锁 α-地中海贫血症、Juberg-Marsidi 综合征、Carpenter-Waziri 综合征等均与此有关,此外也可能引发肿瘤发生相关基因的异常。

精神病(psychosis)通常被认为是心理疾病,一般没有器质性病变,治疗有很大的难度,常用药物副作用极大,可能给患者带来更多的伤害。研究表明,表观遗传可能与这种疾病相关。表观遗传在个体发育过程中至关重要,发育中不良因素会导致胎儿成年后精神异常,典型事例是荷兰 1944—1945 年"饥饿冬季"和我国 1959—1960 年困难时期出生的新生儿,成年后具有较高比例的精神分裂症,有证据表明 DNA 甲基化参与了精神分裂症的发生,reelin 基因启动子区过度甲基化导致其低活性,这种现象在精神分裂症患者中广泛存在。幼年阶段精神状态与成年后行为密切相关:母鼠养育的大鼠,大脑中 DNA 甲基化水平发生变化,决定了仔鼠养育后代的行为;受虐儿童大脑中 DNA 甲基化水平受到影响,并与成年后的自杀有关。成年阶段不良的生活因素同样影响表观遗传,如压力导致小鼠组蛋白乙酰化、甲基化和 DNA 甲基化等修饰改变,这些改变与小鼠的抑郁相关。

诸如此类,表观遗传疾病涉及范围非常广泛,致病机制错综复杂,涉及人类健康与疾病的全部领域。随着研究的深入,以往很多在治疗上无从下手,或机制不清的疾病,将在表观遗传领域得到解决。

22.5.5 癌基因与恶性肿瘤

肿瘤(tumor)是不受正常生长调控而繁殖的一群细胞。其有两种类型:①良性肿瘤(benign tumor),细胞仅局限在特定的位置分裂、增殖,不侵染周围组织或其他器官;②恶性肿瘤(malignant tumor),即癌(cancer),具有侵染性和转移性,能够侵染、破坏临近的正常组织,并随循环系统扩散至其他部位。在病理诊断中,上皮组织来源的恶性肿瘤称为癌,而间叶组织来源的恶性肿瘤则称为肉瘤。

肿瘤细胞具有永生化(immortalization)(无限制增殖能力)和转化(transformation)(包括一系列改变,使永生细胞不受生长约束)的特性。

肿瘤研究最早可追溯到 1909 年美国病毒学家弗朗西斯·佩顿·劳斯(Francis Peyton Rous,1879—1970)对鸡肉瘤发生的分析,直到 1976 年美国微生物学家约翰·迈克尔·毕晓普(John Michael Bishop)和哈罗德·埃利奥特·瓦慕斯(Harold Eliot Varmus)的研究才揭示了基因与肿瘤间的关系。劳斯于 1966 年获诺贝尔生理学或医学奖,瓦慕斯和毕晓普获得了 1989 年诺贝尔生理学或医学奖。

肿瘤发生是一系列基因结构和表达异常所造成的。癌基因(oncogene,onc)是控制细胞生长的基因,具有潜在的诱导细胞恶性转化特性,是原癌基因的等位基因。原癌基因(proto-oncogene)是细胞内控制细胞生长的正常基因,异常表达时可使细胞无限制分裂,发生恶性转化而成为癌基因。原癌基因在正常情况下是不活跃的,不会导致肿瘤,受到物理、化学或病毒等因素刺激后被激活,成为癌基因,再经一系列复杂的过程导致肿瘤发生。

1. 癌基因 癌基因有两类,即来源于病毒的病毒癌基因和细胞癌基因。

(1) 病毒癌基因(viral oncogene,v-onc) 病毒癌基因由 DNA 或 RNA 病毒携带,研究最多的是反转录病毒中的癌基因(retrovirus oncogene)。1910 年,FP Rous 研究证明具有强烈传染性的鸡肉瘤是由反转录病毒引起的,1970 年首次发现了相关的 src 基因,其后在病毒中又发现了很多与肿瘤相关的病毒癌基因。实际上,病毒癌基因并非病毒本身的遗传成分,也不是病毒生长、增殖所必需的,是在侵染宿主细胞过程中,从细胞中捕获的额外成分,与细胞癌基因具有高度的同源性(结构已经发生了很大变化)。

(2) 细胞癌基因(cellular oncogene,c-onc) 即原癌基因,存在于正常细胞中,是维持细胞功能所必需的固有成分,其产物具有促进细胞正常生长、增殖、分化和发育的功能,例如编码一些重要的生长因子、生长因子受体、结合蛋白等。但是在一些因素作用下,这些基因结构出现异常,或表达调控发生时空上的紊乱,所编码的产物过分活跃或功能异常,从而扮演了细胞癌变和肿瘤发生中的重要角色。目前已识别的细胞癌基因已超过 100 个,有 70 多个已在染色体上定位。

病毒癌基因虽然源于细胞癌基因,但两者存在很大差别:①病毒癌基因两端通常有序列的丢失;②病毒癌基因无内含子,细胞癌基因通常有内含子或插入序列;③病毒癌基因经常出现碱基取代或碱基缺失;④两者同源序列部分也有一定程度的差异。

（3）癌基因家族及其正常功能

①src 癌基因家族:包括 abl、fes、fgr、fps、fym、kck、lck、lyn、ros、src、tkl、yes 等基因。其编码产物大多具有酪氨酸激酶活性,为膜结合蛋白,氨基酸序列有同源性。

②ras 癌基因家族:包括 H-ras、K-ras、N-ras,核苷酸同源性不高,但分子量相同,基因产物多为信息分子。

③myc 癌基因家族:包括 c-myc、fos 等基因,表达产物存在于细胞核内,属 DNA 结合蛋白。

④sis 癌基因家族:表达产物为生长因子。

⑤erb 癌基因家族:表达产物为细胞骨架蛋白。

⑥myb 癌基因家族:表达产物为转录调节因子。

根据产物功能,癌基因主要可以分为以下几类。

①生长因子类:产物为分泌性蛋白,影响细胞的生长、分裂和分化。如 sis 基因编码 PDGF 类似物,int-2 编码成纤维细胞生长因子(FGF)。这类基因异常表达时,产生许多与生长因子相似的产物,使信号转导系统失调,导致细胞增生、无限生长及永生化。

②细胞内信号蛋白及蛋白激酶类:位于细胞质中,参与细胞增殖信号的转导。如 src 和 abl 基因产物具有酪氨酸激酶活性,raf 基因产物具有丝氨酸激酶活性,gsp 基因编码 G 蛋白 α 亚基,ras 基因产物为 GTP/GDP 结合蛋白。

③受体类:产物为跨膜蛋白,具有受体蛋白功能。a. 跨膜生长因子酪氨酸激酶受体,如 erb-B 基因产物为表皮生长因子(EGF)受体,fms 基因编码巨噬细胞集落刺激因子-1(CSF-1)受体,trk 基因产物为神经生长因子(NGF)受体;b. 可溶性蛋白酪氨酸激酶受体,如 met、trk 基因产物;c. 非蛋白激酶受体,如 erb-A 基因编码甲状腺激素受体,mas 基因编码血管紧张素受体。

④核转录因子类:产物位于细胞核中,作为反式作用因子调控基因表达,影响细胞的生长、分化和增殖。如 jun、fos 基因编码转录因子 AP-1,myc 基因产物为 DNA 结合蛋白,erb-A 基因产物为类固醇受体家族成员。

2. 抑癌基因(tumor suppressor gene,TSG)　也称为抗癌基因(antioncogene)或隐性癌基因,是一类正常细胞中抑制细胞生长和肿瘤形成的基因。抑癌基因产物与癌基因产物具有拮抗作用,对于维持细胞正常功能同样有重要作用。抑癌基因表达产物主要包括跨膜受体、胞质调节因子、结构蛋白、转录因子、转录调节因子、细胞周期因子、DNA 损伤修复因子等,具有抑制细胞生长、诱导细胞分化等功能。这类基因发生突变或功能减弱时,往往引起细胞恶性转化,导致肿瘤发生。癌基因与抑癌基因的比较见表 22-1。

表 22-1　癌基因与抑癌基因的比较

特　性	癌　基　因	抑癌基因
突变等位基因的功能	获得功能,以显性方式发挥作用	丧失功能,以隐性方式发挥作用
致癌所需突变等位基因的数目	1	2
生殖细胞遗传	目前尚未发现	常见的遗传方式
体细胞突变的致癌作用	有	有
突变组织特异性	有一些,但能在许多组织中起作用	遗传型常显示无组织选择性

1986 年,视网膜母细胞瘤(retinoblastoma,Rb)抑癌基因 Rb 被克隆并测序,抑癌基因首次被证实。目前已有十余种抑癌基因被发现并定位于染色体上(表 22-2)。新的抑癌基因也在持续不断地被发现。

表 22-2　已发现的抑癌基因与相关肿瘤

基因	座位	产物定位	主要相关肿瘤	基因	座位	产物定位	主要相关肿瘤
APC	5q21	细胞质	结肠癌	BRCA	17q21	细胞质	乳腺癌、皮肤癌
DCC	18q21	细胞质	结直肠癌	E-cadherin	16q	细胞质	乳腺癌、膀胱癌
FHIT	3p14	细胞质	消化道肿瘤	K-REV-1	1p	细胞质	纤维母细胞瘤
NF1	17q11	细胞质	神经纤维瘤病	NF2	22q12	质膜	施万细胞瘤、脑膜瘤
P16	9p21	细胞质	多种肿瘤	P15	9p21	细胞质	多种肿瘤
P53	17p13	细胞核	多种肿瘤	PTEN	10q23	细胞质	胶质母细胞瘤
PTPG	3p21	细胞质	肾细胞瘤	Rb	13q14	细胞核	视网膜母细胞瘤
VHL	3p25	细胞膜	肾癌、嗜铬细胞瘤	WT1	11p13	细胞核	Wilm 瘤
Nm23	17q22	细胞核	抑制肿瘤转移				

3. 肿瘤发生的主要机制　　如果病毒中携带有病毒癌基因,侵染时会将病毒癌基因带入宿主细胞中,由于这些基因结构通常存在缺陷,也可能出现表达异常,从而导致宿主细胞发生转化,诱发肿瘤形成。除病毒感染外,许多非病毒因子(放射性物质、化学试剂等)也能诱导细胞转化,这些因子并没有把癌基因或其他致癌的遗传信息带入细胞,只是通过某些激活机制改变了细胞内原有的遗传信息(内源基因发生突变),使细胞发生恶性转化。

遗传物质损伤或基因结构异常是细胞发生转化的前提。细胞正常生长和分化过程中,原癌基因表达受到严格调控,产物行使正确功能。如果相关基因结构或表达异常,将导致细胞失去控制而增殖,或严重影响细胞的分化及功能,进而引发肿瘤。

癌基因与抑癌基因并不直接导致肿瘤发生,而是对细胞周期调控产生作用,两类基因发生突变、失活或过度表达,使细胞生长、增殖失控,进而导致肿瘤发生。肿瘤发生是一个涉及多种癌基因活化、抑癌基因失活的多步骤累积、变化的过程。

1) 染色体构象对原癌基因表达的影响　　基因表达具有位置效应(position effect),即基因在不同座位上表达强度存在差异,受染色体空间结构和邻近基因影响。当同一条 DNA 中具有相同转录方向的两个基因相距过近时,影响有效转录所必需的染色质结构的形成,从而使这两个基因中的一个或两个均不能转录或转录活性显著降低,出现所谓的领域效应(territorial effect)。原癌基因表达也不例外。

正常人 c-myc 基因位于 8 号染色体,在其两侧分别存在强表达的基因,使 c-myc 处于两面受夹击的情形。Burkitt 淋巴瘤中,由于发生基因重排,c-myc 基因一侧的强表达基因消失,消除了对 c-myc 的基因领域效应,转录活性增强。

小鼠细胞中,c-myc 的 5′ 端上游区域也存在一个强表达基因,全长 15 kb,距 c-myc 仅有 3 kb,这一间隔距离明显过短,与基因有效转录应有的最小距离相差甚远,c-myc 受基因领域效应影响非常大,表达受到抑制。而在小鼠乳腺癌细胞中,这个间隔距离被显著加长,于是激活了 c-myc 基因的转录。

2) 原癌基因结构或表达异常　　原癌基因是细胞内与细胞增殖相关的正常基因,是维持机体正常生命活动所必需的,在进化上高度保守。正常细胞中原癌基因通常以单拷贝存在、低水平表达或不表达。当原癌基因结构发生点突变或插入、缺失、重排,或基因扩增使拷贝数增加,或者出现表达异常等情况时,基因产物的结构和功能发生改变,出现异常活性,细胞周期调控失调,导致细胞转化,引发肿瘤。

(1) 点突变　　ras 基因编码 p21 蛋白(分子量 21 kD),是一种 GTP 结合蛋白,具有 GTP 酶活性,是重要的信号转导分子。ras 基因第 12、13 和 61 位密码子点突变出现于多种肿瘤,这些突变使 p21 蛋白结构和功能发生变化,细胞获得转化活性。如人类膀胱癌细胞系 T24 DNA 含 Ha-ras 基因,表达水平较正常细胞并没有明显提高,但第二个外显子中存在引起 p21 第 61 位 Gln 被 Leu 所替代的一个点突变,产物活性发生变化,导致细胞获得转化特性。

(2) 基因缺失　　很多原癌基因 5′ 端上游区域存在负调控序列,这些序列如果发生缺失或突变,丧失了抑制基因表达调控的能力,导致原癌基因异常表达。如 Brukitt 淋巴瘤中,由于 c-myc 基因上游负调控序列缺失(或者由于 LTR 插入,见后文),基因表达增强。

(3) 基因扩增　　基因扩增(gene amplification)使细胞中基因的拷贝数增加,直接增加了可用的转录模板数量,基因表达得到加强。

正常细胞生长、发育过程中需要大量的相关蛋白,通过基因扩增可以增加产物表达量。肿瘤细胞中,DNA 扩增发生频率较正常细胞高三个数量级以上,癌基因经常是肿瘤细胞 DNA 扩增的靶点,在各种人类肿瘤中已发现了十几种癌基因扩增,如 HL-60 和其他白血病细胞中 c-myc 基因扩增了 8～22 倍,正是这种基因扩增导致过量表达,使细胞获得转化活性。

(4) 基因重排　基因重排是一种重要的表达调控方式。大多数类型的人类肿瘤中存在染色体数目和结构异常,存在基因重排现象,可能涉及原癌基因间,或原癌基因与其他基因间的重排。由于基因重排,基因结构发生改变,或表达异常,正常细胞被转化形成肿瘤。

染色体易位是一种常见的 DNA 重排方式。如 Burkitt 淋巴瘤细胞发生了 t(8q24;14q32) 易位,导致 myc 基因表达增强;再如人类慢性粒细胞白血病,约有 95% 患者细胞中存在费城染色体,这种染色体的形成是由于发生了 t(9q34;22q11) 易位,9 号染色体上的原癌基因 abl 易位到 22 号染色体 bcr(breakpoint cluster region)基因下游,形成融合基因(fusion gene),所表达的融合蛋白酪氨酸激酶活性增高,参与细胞周期调节时出现异常,从而引发疾病。

(5) LTR(long terminal repeat)插入　LTR 是反转录病毒基因组两端的长末端重复序列,其中含有强启动子。病毒侵染细胞时,LTR 插入原癌基因启动子区域或邻近部位后,改变了原癌基因表达模式,表达量大幅提高。例如禽类白血病病毒(avian leukosis virus,ALV)引起的淋巴瘤细胞中,c-myc 编码序列没有发生变化,但由于 LTR 插入该基因 5′端上游启动子附近,c-myc 转录水平提高上百倍。

3) 癌基因产物对基因表达的影响　癌基因产物作用方式主要有三种。①癌基因产物模拟生长因子与相应受体作用,以自分泌的方式刺激细胞生长,如 sis 基因过量表达时,基因表达调控元件发生突变,导致细胞大量增殖;②癌基因产物模拟已结合配体的生长因子受体,在没有外源生长因子存在时提供了促进细胞分裂的信号,如 c-erbB 编码 EGF(表皮生长因子)受体,丢失配体结合区时不再受配体控制,组成型地形成二聚体,使其自身磷酸化,从而激活酪氨酸激酶活性,因而不受配体调节而持续地触发增殖信号;③癌基因产物作用于细胞内生长控制途径,解除此途径对外源刺激信号的需求,如 v-src 基因失去配体控制,受体无活性时 SRC 蛋白 Tyr527 自身磷酸化并与 SH2 区结合,抑制 416 位点磷酸化导致 SRC 被激活,而受体活化后特异位点的 Tyr 磷酸化并与 SRC 的 SH2 结合,SRC 的 527 残基从 SH2 区释放并去磷酸化,416 位点失去抑制被磷酸化使 SRC 被激活,因此无论有无配体的受体 src 基因始终是活化的。

4) 癌基因互作与肿瘤发生　肿瘤发生是多种癌基因(包括抑癌基因)协同作用的结果。细胞癌变是多步骤、多重打击的复杂过程,在肿瘤发生、发展的各阶段,需要两个或两个以上不同的癌相关基因异常激活或失活才有可能引起癌变。在基因互作中,核内癌基因易与胞质癌基因发生协同作用,前者使细胞获得永生特性,后者则改变细胞形态、降低对生长因子的要求(如 myc 与 ras 协同致癌)。同时,癌基因激活与抑癌基因失活协同作用导致肿瘤发生。

结肠癌的发生即是多种相关基因协同作用的结果:①结肠癌患者 17p12-13 缺失,该区段含有 p53 基因,在正常细胞中含有两个 p53 基因,而肿瘤细胞中只有单拷贝的 p53 基因且发生点突变,由于 p53 基因产物具有"分子警察"功能,在细胞分裂中抑制有损伤 DNA 复制,只有修复后才能进入正常的细胞周期,因此 p53 基因缺失或突变导致受损 DNA 仍可完成复制,其产物功能出现异常;②18q21.3 长臂(含有 DCC 基因)缺失,DCC 基因产物具有胶合功能,该基因功能异常使细胞生长陷入混乱,导致肿瘤细胞浸润或转移;③5q21-22 缺失,其中包含两个抑癌基因 MCC、APC 以及 FAP 基因;④12p12 中的 ras 基因突变(最常见的是 12、13 密码子突变);⑤肿瘤转移相关基因异常,细胞黏附分子 CD44 基因异常剪接体呈过度表达状态;⑥其他异常,如 1p、7q、8p、14q、17q 和 22q 杂合性等位基因丢失。上述变化最终导致结肠癌的发生。

5) 抑癌基因与肿瘤发生　抑癌基因产物具有抑制细胞生长、增殖和诱导细胞分化等功能。大多数肿瘤发生与抑癌基因突变或缺失有关。

视网膜母细胞瘤中克隆的 Rb 基因是一个抑癌基因,位于 13q14,产物功能是阻止处于 G_0/G_1 期的细胞进入 S 期,从而控制细胞增殖。发生缺失和碱基突变后,产物功能失活,原有负调控作用丧失,导致细胞生长失控,进而引发肿瘤。

p16 基因产物是 cyclin D 的竞争分子,可与 Cdk4 结合而特异性抑制其活性,参与细胞周期调控、抑制肿瘤细胞生长。p16 基因缺失(多为纯合缺失)时导致细胞周期失控。

p53 基因产物是细胞核内 53 kD 的磷酸化蛋白,是重要的细胞周期调控蛋白,被称为"分子警察",在细胞

分裂周期的 G_1/G_2 期检测点检查 DNA 损伤情况,监视细胞基因组的完整性。基因如果有损伤,P53 蛋白将阻止 DNA 复制,提供足够的时间进行损伤 DNA 修复,如果修复失败,P53 蛋白引发细胞程序性死亡(凋亡),阻止产生具有基因损伤并可能诱发癌变的细胞。$p53$ 基因常见突变有点突变、缺失、移码和重排,与很多类型的肿瘤相关。

6) 表观遗传与肿瘤发生　肿瘤是表观遗传失调引发疾病中较为典型的一种。大量证据表明,DNA 甲基化、组蛋白修饰、非编码 RNA(ncRNA)调节、染色质重塑等表观遗传现象与肿瘤发生密切相关,这些过程中的错误严重损害了正常细胞的功能。无论是原癌基因还是抑癌基因,其结构与表达都受表观遗传的影响,错误的修饰将导致基因表达异常或混乱,产物失去正常功能,细胞丧失稳定性与修复功能,也可能导致基因组不稳定。

结肠腺癌和小细胞肺癌中,c-ras 基因甲基化比邻近正常组织中的明显降低,导致原癌基因激活;结直肠癌细胞系中经常出现错配修复基因 $hMLH1$ 的高甲基化现象,等等。

4. 肿瘤的预防　肿瘤发生相关基因只有少数遗传自亲代,绝大多数是在个体发育、生长过程中受细胞内、外因素作用而产生的,基因表达异常也是如此。因此,良好的生活习惯和生活方式是降低患病风险最简易的方法,从某种程度上说,肿瘤似乎是可以预防的,其主要措施如下。

(1) 尽量避免接触诱变因素,如高能射线和粒子、紫外线、X 射线。接触具有诱变作用的化学物质(很多食品添加剂、化学试剂等)时一定要小心,受污染的食品极其危险(如黄曲霉污染等);吸烟、过度饮酒的危害很大。

(2) 合理饮食。避免过多摄入有风险的食物,比如含有亚硝酸盐等添加剂的食品,黄曲霉污染的食品及原料。多选择有益的食材(有些食物能显著降低肿瘤发生的危险性),如富含纤维素和维生素的食品(如红薯、卷心菜、花椰菜等),减少饱和脂肪酸摄入(尤其是反式脂肪酸),少食用烧烤食品。洋葱、大蒜、萝卜(白萝卜更优)等食物具有较好的防癌作用(生食最好)。

(3) 养成健康的生活方式。多参加体育锻炼、多饮水、定时排便、勿憋尿等。

(4) 保持良好的心态、快乐的心情等。

人类已开始从多方面、多角度征服癌症。通过改变日常生活方式,在很大程度上可以降低多种癌症发生的风险。就目前的技术和发展趋势而言,人类必定能战胜这一疾病。

5. 肿瘤的治疗　目前,临床中对肿瘤的治疗主要采取以下措施。

(1) 手术治疗　①根治性治疗,适用于肿瘤范围较局限、没有远处转移、体质好的患者,通过外科手术切除病灶;②姑息性治疗,适于肿瘤范围较广、已有转移而不能做根治性手术的晚期患者;③探查性手术,主要目的是确诊。

(2) 放射治疗(放疗)和化学治疗(化疗)　一般联合手术治疗,也可单独使用。其主要原理是通过物理手段(放射线)或化学试剂作用于旺盛分裂的细胞(肿瘤细胞属此类型),导致细胞发生高频率突变,基因失去功能,肿瘤细胞无法存活,而正常体细胞受到的影响较小。但这类措施副作用一般较大,而且对机体的负面影响是全方位的。

(3) 靶向药物治疗　由于很多肿瘤发生涉及细胞生长因子、信号转导途径等问题,因此根据该原理可以设计靶向药物,干预相关途径,使肿瘤细胞受到抑制。目前已有很多靶向药物用于临床,在很大程度上延长了患者寿命,提高了患者的生活质量。

(4) 中医、中药治疗　中医和中药是我国珍贵的文化遗产,在肿瘤治疗(甚至预防)中显示了巨大的作用。从红豆杉中提取的紫杉醇便是典型的一个例子(其中现代医学和生物技术发挥了重要作用)。

(5) 生物治疗　可采取增强机体抗肿瘤免疫、诱导肿瘤细胞凋亡、抑制肿瘤血管形成、提高机体对肿瘤常规治疗耐受力或加速损伤恢复等措施。

(6) 肿瘤抗体和疫苗的研制　抗体由于其特异性和高效性,一直被认为是疾病治疗极好的药物,而疫苗在疾病预防中具有非常重要的价值。关于肿瘤抗体和疫苗的研制也是当前备受重视的课题,但其难度很大,目前尚无产品应用。随着科学和技术的进步,未来将有所突破,使肿瘤疾病既能防患于未然,又能得到高效治疗。

再讨论一个问题——肿瘤是否遗传?答案是"否"。肿瘤是临床上具有一系列症状的失控细胞,其发生是多基因结构或表达异常,经历多阶段演化、受多重打击而产生的结果,一般多发生在体细胞中,因此体细胞突变引发的肿瘤一般是不会从亲代遗传给子代的。但是,相关的癌基因或原癌基因(或染色体受损)是可以遗传的,即便如此后代也未必发生肿瘤。那么肿瘤传染吗?通过前文所述,相信读者一定会得出正确答案。

遗传性疾病大多存在治疗困难、预后差等难题,目前采取的主要应对措施是做好孕前、产前检查和诊断,减少出生缺陷。随着人类基因组后续计划的开展,以及人类基因组单体型图谱(HapMap)、单核苷酸多态性(single nucleotide polymorphism,SNP)等研究的深入,将有更多遗传性疾病的致病机制在分子水平上被揭示,结合基因工程技术和生物信息学等手段,尤其是基因编辑技术(gene editing technology)的成熟和实用化,未来的若干年,遗传性疾病将可能在多水平、多层次上加以预防和治疗。

22.6 　基因组学研究

22.6.1　概述

基因组(genome)是生物所有遗传信息的总和。高等生物中常与染色体组等同,即二倍体生物成熟生殖细胞中所含有的一套染色体(核基因组)。广义基因组除核基因组外,还包括线粒体基因组、叶绿体基因组。

基因组学(genomics)是利用计算机分析及现代生物技术,测定生物全部基因结构及功能的科学,是在人类基因组计划带动下逐步形成的交叉学科,具有很强的理论性和实用性。其主要包括结构基因组学、功能基因组学和比较基因组学等分支。

基因组学出现于 20 世纪 80 年代,1977 年首次完成了噬菌体 ΦX174 全基因组测序(5368 bp),1990 年启动了以人类基因组计划(human genome project,HGP)为代表的一系列相关研究,1995 年完成了嗜血流感菌(Haemophilus influenzae,1.8 Mb)基因组测序,这是最先完成测序的自由生活物种,2001 年 2 月 16 日人类基因组计划第一阶段工作完成,公布了人类基因组工作草图,为基因组学研究揭开了新的篇章。此后,基因组学研究广泛而迅速地开展起来,获得了海量的数据和资料,至 2007 年有 1497 种原核生物和 324 种真核生物全基因组序列测定已完成或正在进行,目前到底有多少物种完成了基因组测序实在难以统计(世界上没有统一机构进行管理,数据也时刻处于更新状态),但可以肯定的是与人类关系密切、具有重要研究价值的物种都被列入了测序的清单。

目前,基因组学研究成为集基因结构、基因功能、表达调控等众多领域研究的综合性学科,并与转录组学、蛋白质组学和代谢组学等共同构成了系统生物学(systems biology)的组学(omics),同时催生了另一门重要的现代生物学技术——生物信息学(bioinformatics)。

基因组学研究具有极其重要的理论意义和应用价值。通过基因结构和功能研究,可以揭示物种遗传、发育的分子机制,从基因组水平理解基因的表达调控,加深对包括人类在内的生物的了解,分析物种产生(系统发育)的分子进化历程。基因组学研究成果在疾病诊断与治疗、药物设计和开发、优生优育、种质鉴定(也包括个体识别、亲子鉴定等)、食品、农业、工业等领域都有广泛的应用。

22.6.2　人类基因组计划

基因组学的快速发展得益于人类基因组计划。20 世纪 80 年代初人类基因组研究在许多国家已初具规模,1990 年美国能源部(United States Department of Energy)和国立卫生研究院(National Institutes of Health,NIH)合作正式启动了人类基因组计划。该计划与曼哈顿计划、阿波罗登月计划并称为 20 世纪人类自然科学史上三个最伟大的工程计划:曼哈顿计划开启了人类原子能利用时代,阿波罗登月计划开启了人类迈向太空时代,而人类基因组计划开启了人类对自身基因组奥秘的研究时代。

现在看来,1990 年开始的人类基因组计划应该称为"人类基因组计划第一阶段",这是与目前正在进行的人类后基因组计划相对应的(主要完成基因功能解析)。在第一阶段研究中,先后有六个国家的多个机构参与,包括美国的 WASH 和 MIT 等七家研究中心(完成 54% 的工作)、英国的 SANGER 研究中心(完成 33% 的工作)、日本的 RIKEN 等两家研究中心(完成 7% 的工作)、法国的 GENOSCOPE 研究中心(完成 2.8% 的工作)、德国的 IMB 等三家研究中心(完成 2.2% 的工作)、中国的华大研究中心等三家机构(完成 1% 的工作)。研究中既有国立机构,也有私人公司的投入(如美国的 Celera Genomics 公司)。

中国的人类基因组研究始于 1993 年,在众多科学家的努力和政府支持下,先后成立了相应的研究机构

（主要是上海和北京的国家人类基因组南、北两个中心），并于 1999 年 7 月正式加入国际人类基因组测序组织，是六个成员国中唯一的发展中国家。中国承担的任务是要完成 3 号染色体短臂端粒至 D3S3397(37 cM) 的测序工作，实际上除分担区域外，还完成了包括 3 号染色体其他区域以及其他染色体部分区域 14.2 Mb 的测序，共完成 31.6 Mb 的序列测定，有效总读长为 384.2 Mb。2001 年 8 月 26 日，人类基因组计划中国部分测序项目汇报及联合验收会在北京召开，标志人类基因组"中国卷"通过国家验收。经作图、大规模测序（工作框架图和完成图阶段）后，获得精确度达 99.99%（错误率低于万分之一）的完成图序列 17.4 Mb，所有 BAC 序列都经过指纹图谱的验证，在 3 号染色体短臂端粒至 D3S3397 区域，共识别 122 个基因，其中 86 个是已知基因（55 个为功能明确的基因，8 个为疾病相关基因），在 31 个基因中找到了 75 种不同的剪切方式，发现了 1760 个新的 SNP(dbSNP 中未报道)，还进行了完成图中重复序列、CpG 岛、GC 含量的分析。

人类基因组计划研究的第一阶段，要构建如下四张图谱。

①物理图谱(physical map)：利用已知 DNA 序列为标签，以 DNA 实际距离(Mb 或 kb)为图距的基因组图。实际上是利用限制性内切酶(restriction enzyme)位点分析，在每条染色体上绘制其酶切图谱。1998 年 10 月得到了 52000 个序列标签位点的物理图谱（原计划为 30000 个）。

②遗传图谱(genetic map)：即连锁图(linkage map)，是指基因或 DNA 标记在染色体上的相对位置与遗传距离，标定的是相邻基因间的遗传图距（重组率），单位为厘摩(cM 或 m. u.)。1994 年 9 月完成了包含 3000 个标签（分辨率为 1 cM）的遗传图谱绘制（原计划 600～1500 个）。

③转录图谱(transcription map)：以表达序列标签(expressed sequence tag, EST)为标记绘制的图谱，也称为 cDNA 图谱或表达序列图谱。2003 年 3 月获得了 15000 个全长人类 cDNA 文库。

④序列图谱(sequence map)：测定人类 23 对染色体全部核苷酸序列的细节，这是 HGP 研究中工作量最大的内容。2003 年 4 月，包含基因的序列中的 98%（原计划为 95%）获得了测定，精确度为 99.99%。

2001 年 2 月公布的结果为人类基因组工作草图，仍有很多细节问题需要深入研究，才能真正完成第一阶段计划的任务。通过这四张图谱，力图识别人类 DNA 中所有的基因，测定组成人类 DNA 的 30 亿碱基对的序列，并将这些信息储存到数据库中开发出有关数据分析工具，还要致力于解决该计划可能引发的伦理、法律和社会问题。

有人可能会问：为什么这样麻烦，一张图谱不行吗？就目前的技术而言还做不到，因为每种技术都有各自的优缺点，是从不同角度反映染色体的遗传特性，只有在计划最终完成的时候才可能合并成一张图谱。

在 HGP 研究中，主要涉及的手段和技术有核型分析、染色体作图、染色体显微切割、文库构建及筛选、DNA 克隆及扩增、载体构建、基因导入、DNA 提取、电泳技术、限制性内切酶技术、DNA 测序及分析技术等，辅助技术包括人工染色体构建、自动化测序、计算机辅助分析（用于自动化测序和序列拼接等）、高分辨率电泳技术等。随着研究的进行，DNA 测序技术又衍生出很多类型，如第一代的霰弹枪测序（打机关枪法）、染色体步移测序、芯片测序等，第二代测序技术有毛细管测序、全基因组 Denovo 测序（从头测序）、焦磷酸测序、Solexa 测序技术、SOLiD 测序技术等，第三代测序技术如 Heliscope 单分子测序、SMRT 测序技术、纳米孔单分子测序技术等。

新的测序技术不仅精确度和准确性高，测序成本也大幅度降低，测序速度大为加快。原计划需要 15 年完成、耗资 30 亿美元的研究，到 2003 年实现"完成图"（覆盖率 99.99%）时，进度比原计划提前两年多，耗资约 27 亿美元。现在使用第二代 SOLiD 测序技术，完成一个人的基因组测序只需一周左右时间；1995 年自动测序仪出现时，检测一个碱基的成本约为 1 美元，1998 年使用 ABI Prism 3700 DNA Analyzer 检测一个碱基的成本降到了 0.1 美元；到 2015 年，有人宣称完成人类全基因组测序的试剂成本仅为 2000 美元。这些都得益于技术的发展和进步。

第二代和第三代测序以高通量为显著特点，一次可获得上百万条，甚至几百万条序列信息，可对某一组织、某一时间表达的所有 mRNA 进行序列测定，因此被称为深度测序。

当代测序技术纷繁复杂、多种多样，自动化测序技术和相关设备日益进步，传统测序原理有两种——Sanger 双脱氧终止法测序和 Maxam-Gilbert 化学降解法测序。DNA 序列测定的流程大体相同（图 22-28），只是加入了不同的辅助技术，自动化程度和方式有所不同。

人类基因组计划是当代生命科学一项伟大的工程，奠定了 21 世纪生命科学发展和现代医药生物技术产业化的基础，经过十余年努力，人们对自身核基因组特征有了初步了解。人类基因组由 3164.7 Mb 碱基对组成，有 3 万～3.5 万个基因。当然，这只是万里长征的开始，要想彻底了解人类基因组的奥秘，完成其组学研

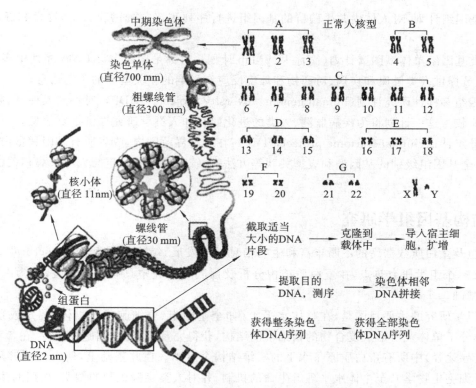

中期染色体

染色单体
(直径700 mm)

粗螺线管
(直径300 mm)

核小体
(直径 11nm)

螺线管
(直径30 mm)

组蛋白

DNA
(直径2 nm)

正常人核型

A　　　　　　　B
1　2　3　　　　4　5

C
6　7　8　9　10　11　12

D　　　　　　　E
13　14　15　　16　17　18

F　　　G
19　20　21　22　X　Y

截取适当
大小的DNA
片段　→　克隆到
载体中　→　导入宿主细
胞,扩增

→　提取目的
DNA,测序　→　染色体相邻
DNA拼接　→

获得整条染色
体DNA序列　→　获得全部染色
体DNA序列　→

图 22-28　人类基因组 DNA 序列测定示意图

究,还要等人类基因组后续计划(后基因组计划)的完成,有人形容:我们现在得到了一本关于人类遗传信息的"天书",要读懂这本书还有更多的工作要做。即便如此,现有结果给我们带来了极大的欣喜,当然也有意外。

人类基因组测序结果带来的意外:①技术进步极大地促进了研究工作,使研究进度一再提前;②人类基因总数比预计的 10 万个要少得多(可能只有 3 万~5 万),破解人类基因的难度会有所降低,而黑腹果蝇、线虫和拟南芥分别需要 13379、19427 和 28000 个基因维持生命活动,人类与这些"低等生物"基因数量相差并不悬殊;③原以为万物之灵的人类基因会与其他物种有相当多的差异,但结果表明人类有一半的基因与较为原始的生物如苍蝇、爬虫等是相同的,人与黑猩猩的差异仅有 1.23%;④第 19 号染色体基因最为丰富,13 号染色体基因最少;⑤已发现和定位了 26000 多个功能基因,其中 42% 的基因功能不详;⑥染色体上有基因成簇密集分布的区域,也有大片的区域只有"无用 DNA",基因组约有 1/4 的区域没有基因,35.3% 的基因包含重复序列;⑦人类 99.9% 的基因序列相同,差异不到 0.1%,不同人群仅有 140 万个核苷酸差异。

当然,人类基因组也表现出了结构和功能的复杂性:①人类与线虫、果蝇、植物拥有大部分相同的蛋白质家族,但人类蛋白质家族数目要大得多,如人类有 30 个成纤维细胞生长因子基因,果蝇和线虫只有 2 个,人类有 765 个编码免疫球蛋白亚基或结构域的基因,果蝇只有 140 个、线虫仅有 64 个,拟南芥和酵母根本没有;②人类基因表达调控的复杂性远高于其他生物,如 RNA 选择性剪接和编辑、转录因子表达调控及其对基因表达的精细调控、蛋白质复杂的后加工和修饰等。

人类基因组计划的意义:①加深了人类对自身的了解,确定编码基因的序列及位置,研究基因的产物及功能,分析个体之间多态性,用于基因诊断、个体识别、亲子鉴定、组织配型、发育进化等医疗、司法和人类学的研究;②对基因表达调控深入地研究,了解转录和剪接调控元件的结构与位置,从整个基因组结构的宏观水平上理解基因转录与转录后调节;③认识遗传性疾病及癌症等致病机制;④了解人类的发育过程,有利于人类的健康;⑤了解人类发展进化的历史,确定人类基因组中转座子、逆转座子和病毒残余序列,研究其相邻序列的性质。

随着人类基因组计划的深入和技术进步,未来若干年很快会实现个体全基因组测序,在人们能够承受费用的前提下,获得某个人的全部遗传信息,这无疑对遗传性疾病诊断、治疗和预防带来极大的好处,特别是药物可以实现个性化设计。但是,这也面临着巨大的挑战,即个人基因信息的隐私权问题,如果得不到法律规范和保护,个人基因信息可能会被盗用、滥用,甚至用于违法活动,好在人们已经意识到这方面潜在的风险,开始制定应对的措施。

人类基因组计划的延伸,主要有以下几个方面。

①人类元基因组计划：对人体内共生菌群的基因组进行序列测定，并研究与人体发育和健康相关基因的功能。

②国际人类基因组单体型图谱计划（简称 HapMap 计划）：目标是构建人类 DNA 序列中多态位点的常见模式，为研究人员提供人类健康和疾病、对药物和环境反应有影响的相关基因的关键信息。

③人类基因组多样性研究计划（human genome diversity project，HGDP）：对不同人种、民族、人群的基因组进行研究和比较。这一计划将为疾病监测、人类的进化研究和人类学研究提供重要信息。

④人类变异组计划（human variome project，HVP）：在全世界范围内，收集所有基因和蛋白质序列变异及多态性数据，用全基因组级别的基因型和表型关联等方法，系统地搜索并确定与人类疾病相关的变异，以便指导临床应用。

22.6.3 结构基因组学研究

随着基因组及蛋白质数据库的不断丰富和生物信息学的发展，结构基因组学（structural genomics）成为继 HGP 之后又一个组学研究热点，在蛋白质结构分析及预测等研究中具有重要意义，成为深入了解基因及基因组功能的基础。

结构基因组学研究的主要目的是，在整体水平上（如全基因组、全细胞或生物体）测定或预测核酸、蛋白质、多糖或其他分子单体及所形成复合物的精细空间结构，获得完整的、能在细胞中定位、在各种代谢途径（生理途径、信号转导途径）中所有蛋白质原子水平的三维结构全息图。在此基础上，使人们能够从基因组学、蛋白质组学、分子细胞生物学乃至个体水平理解生命的机制，并对人类疾病机制的阐明、疾病的预防及治疗产生重要的应用价值。

2000 年我国便开展了结构基因组学的研究。国家"863"计划、"973"计划、中国科学院知识创新工程、国家重大攻关项目、国家自然科学基金先后重点资助了结构基因组学的研究工作和相关技术平台的建设，相关工作既有分工，又有交叉合作，并充分考虑到我国基因组水平研究的特点和我国在结构解析方法研究的国际地位，计划在参加国际合作基础上，逐步建立基因组研究技术平台，同时完成相当数量的蛋白质三维结构测定。

22.6.4 功能基因组学研究

后基因组计划（即功能基因组学）要对包括人类在内的各物种生物基因组进行功能解析，以便读懂这些"天书"，测序只是对基因组认识的第一步。功能基因组学（functional genomics）的基本策略是将基因和蛋白质研究从单一扩展到系统，对细胞内所有基因和蛋白质进行整体分析，从基因组信息与环境相互作用角度阐明基因组功能。

功能基因组学的主要研究内容：①基因组信息学研究与服务；②重大疾病相关基因识别与克隆；③识别、克隆疾病相关基因的新策略、新方法和新技术；④人类基因突变体的系统鉴定；⑤全基因组表达谱编制；⑥基因与功能间关系鉴定；⑦基因相互作用网络图绘制；⑧与疾病防治相关基因、相关组织和器官特异性表达调控研究；⑨信号转导与基因表达相互作用机制；⑩内含子在基因选择性表达调控中的作用。

这些研究可以归结为如下几个方面：①基因组表达及调控研究，从细胞水平识别所有基因组表达产物（mRNA 和蛋白质）及其相互作用，阐明基因组表达在发育过程、不同环境压力下的时空调控网络；②基因识别与鉴定，这是分析基因组功能的基础工作，可以利用生物信息学、计算生物学和生物学实验等手段，从已有数据着手，进行比对、预测等分析；③基因功能分析，如基因突变体的系统鉴定、基因表达谱绘制、基因与功能关系鉴定等；④基因多态性分析。

中国政府已经投入大量资金开展功能基因组学研究，将人类基因组后续研究与开发列入 12 个国家重大科技专项之一的"功能基因组与生物芯片"，主要开展重大疾病相关基因、重要生理功能相关功能基因、中华民族单核苷酸多态性的开发应用，以及与人类重大疾病及重要生理功能相关蛋白质、重要病原真菌功能基因组等方面的研究与开发。现已取得大量的成果，例如分离出水稻分蘖控制基因 MOC1，这是我国首次克隆具有自主知识产权和应用前景的主要农作物重要农艺性状的功能基因，首次发现引起家族性房颤的致病基因，发现儿童白内障的致病基因，鼻咽癌研究有了新的发现，变异型 PML-RAR 融合基因研究的新成果，等等。

22.6.5　比较基因组学研究

开展人类基因组计划的同时,进行了基因组延伸计划,即对模式生物、具有重要经济价值生物、与人类密切相关生物等进行基因组学研究。目前已陆续完成支原体、大肠杆菌、痢疾杆菌、绿脓杆菌、幽门螺旋杆菌、流感嗜血杆菌、黄单孢菌、对虾白斑杆状病毒等上百个原核生物基因组测序,真核生物基因组已测序的有酵母、线虫、黑腹果蝇、小鼠、大鼠、拟南芥、水稻、玉米、小麦、大豆等。

人类以外其他物种的基因组学研究不断深入,涉及范围也越来越广。随着数据的积累,人们开始关注物种间基因组水平的关系,产生了比较基因组学(comparative genomics)(或进化基因组学),对包括人类在内的生物进行基因组比对、分析,进一步了解基因功能,同时探索物种间演化关系及历程,这方面研究有助于从基因组角度了解物种的系统发生过程。

我们知道,地球上现有物种可以通过进化树(evolutionary tree)联系起来,彼此间存在远近不同的亲缘关系。因此,从整体上了解物种的基因组情况,对于分析物种的分子进化历程十分必要,也可以利用模式生物了解复杂生物的生命机制。

生物信息学是比较基因组学研究的有力工具。目前,这方面研究已经取得了非常多的重要成果,有些方面也改变了人们对生命的传统认识。

组学研究方兴未艾,不断出现新的领域和分支。例如蛋白质组学(proteomics)是对蛋白质组(proteome,特定时期细胞或组织中的全部蛋白)进行全方位研究的科学,代谢组学(metabolomics)是研究生物体代谢产物和代谢途径变化及其规律的科学,表观基因组学(epigenomics)是研究基因组水平上表观遗传学的改变,宏基因组学(metagenomics)是研究特定环境下所有生物遗传物质的总和(即宏基因组)。此外,还有转录组学(transcriptomics)、创造力组学(creativity genomics),等等。

22.7　生物信息学研究概况

生物信息学是在基因组学研究中发展和完善起来的一门综合性学科,主要涉及生物学、化学、数学、信息科学、计算机及网络技术等学科,发展迅速、涉及面广、综合性及应用性强,已成为当代生命科学研究不可或缺的有力工具。

生物信息学研究的主要内容:①建立数据库及相关规则;②开发数据分析软件;③建立数据分析、使用和交流平台。基因组分析、蛋白质结构模拟及药物设计是生物信息学研究的主要内容,结构基因组学为其提供了数据资料,而功能基因组学的任务之一是利用生物信息学方法研究基因功能。

生物信息学主要应用于:①新基因发现与鉴定,例如酿酒酵母 5932 个基因中约 60% 是通过信息分析得到的;②DNA 非编码区分析,如人类基因组非编码区占 DNA 总量的 95%,其作用尚不是十分清楚,但这些序列必定不是"垃圾"DNA,分析认为可能与基因表达的时空调控有关,生物信息学可以对其分类、寻找新的编码方式、分析编码区与非编码区信息调节规律,揭示非编码区的功能;③生物进化研究,从分子水平揭示物种间亲缘关系和进化历程,没有生物信息学这种大数据分析手段是无法完成相关工作的;④全基因组分析及比较,目前已有越来越多的物种完成全基因组测序,只能用生物信息学手段对物种及物种间基因组结构和功能进行分析;⑤大规模基因表达图谱分析,目前所有的技术手段和工具都依赖生物信息学的理论、技术和数据库;⑥分子设计及优化,包括药物设计,现在人们已经不满足于天然产物的筛选、分析和利用,力图用已有的理论和工具人工合成自然界不存在的分子,或改造、优化天然产物的功能,生物信息学在这方面的研究展现了巨大的优势。

目前,国际上主要的核酸数据库有 GenBank 等,蛋白质数据库有 OWL、ISSD、BLOCKS、PRINTS 等,三维结构数据库有 BisMagResBank、CCSD 等。与蛋白质结构有关的数据库还有 SCOP、CATH、FSSP 等,与基因组有关的数据库还有 ESTdb、OMIM、GDB、GSDB 等,文献数据库有 Medline、Uncover 等。有些生物计算中心将多个数据库整合提供综合服务,如 EBI 的 Sequence Retrieval System 包括核酸序列数据库、蛋白质序列数据库、三维结构数据库等 30 多个数据库和 CLUSTALW 等强有力搜索工具,可进行多个数据库的多种查询;北京大学生物信息中心(CBI)成立于 1997 年,所建数据库和服务是国内最多的(表 22-3)。

表 22-3　国际互联网中重要的生物信息学资源库

数据库	网址（URL）	数据库内容
EMBL	http://www.cib.ac.uk/embl/	基因组数据核酸序列
GenBank	http://www.ncbi.nlm.nih.gov/	基因组数据核酸序列
DDBJ	https://www.ddbj.nig.ac.jp/	基因组数据核酸序列
GDB	http://www.gdb.org/	人类基因及基因组图谱
HuGeMap	http://www.infobiogen.fr/services/Hugemap/	人类基因组遗传和物理图谱
PIR	http://pir.georgetown.edu/	蛋白质序列
SWISS-PROT	http://www.cib.ac.uk/swissprot/	蛋白质序列
PROSITE	http://www.expasy.ch/prosite/	蛋白质功能位点
PDB	https://www.rcsb.org/pdb/	蛋白质三维空间结构
SCOP	http://scop.mrc-lmb.cam.ac.uk/scop/	蛋白质结构
COG	http://www.ncbi.nlm.nih.gov/COG/	蛋白质直系同源簇
KEGG	http://www.genome.jp/kegg/	功能数据库
DIP	http://dip.doe-mbi.ucla.edu/	蛋白质相互作用
ASDB	http://cbcg.nersc.gov/asdb/	可变剪接数据库
TRRD	http://www.mgs.bionet.nsc.ru/mgs/dbases/trrd4/	转录调控区
TRANSFAC	http://transfac.gdf.de/TRANSFAC	转录因子
GOBASE	http://megasun.bch.umontreal.ca/gobase	细胞器基因组
AtDB	http://www.genome.stanford.edu/Arabidopsis	拟南芥基因组
INE	http://www.staff.or.jp/giot/INE.html/	水稻基因组
SGD	http://www.genome.stanford.edu/Saccharomyces/	酵母基因组
DBCat	http://www.infobiogen.fr.edu/services/dbcat/	生物信息数据库目录
CBI	https://cbi.pku.edu.cn/	北京大学生物信息中心

　　生物信息学具有巨大的科研和商业价值,在基础科学、农业、医药、环境、卫生、食品等产业领域有着广泛的应用,各国政府及商业机构纷纷投资相关研究,欧美及日本相继成立了生物信息数据中心。我国在生物信息学方面的研究虽然起步较晚,但发展迅速。随着全球范围内生物信息资源的共享,其成果将对人类社会发展产生深远影响,研究领域和应用范围也将得到不断拓展。

本章小结

　　本章主要讲述了原核及真核生物基因表达调控方式、基因组学和生物信息学研究概况,并从分子水平探讨了遗传性疾病及肿瘤的发病机制,概述了发育与基因表达调控的关系。应重点掌握基因表达调控的机制,了解基因组学和生物信息学研究内容及现状。

思考题

扫码答题

参考文献

［1］刘祖洞,乔守怡,吴燕华,等.遗传学[M].3 版.北京:高等教育出版社,2013.

［2］朱玉贤,李毅,郑晓峰,等.现代分子生物学[M].5 版.北京:高等教育出版社,2019.

［3］张红卫.发育生物学[M].3 版.北京:高等教育出版社,2013.

［4］吴相钰,陈守良,葛明德.陈阅增普通生物学[M].4 版.北京:高等教育出版社,2014.

第 **23** 章　基因工程研究与应用

23.1　概述

23.1.1　基因工程的概念

生物在漫长的演化过程中,基因重组从来没有停止过。自然状态下,细胞分裂时遗传物质进行垂直传递,发生染色体间或染色体内重组,同时细胞间(同种或异种)借助多种方式(如转化、转导、转染及接合等)实现遗传物质的水平传递,也会发生基因重组。加之基因突变和自然选择作用,生物便不断进化,多样性增加,产生纷繁复杂、形形色色的物种,有些生物甚至可以在极端环境中很好地生存,这些生物成为定向改造生物、创造新物种的遗传资源,也是人们生产、生活不可或缺的原料。基因重组一般是在细胞内完成的,受生殖隔离(reproductive isolation)的限制,亲缘关系越远越难以进行基因交流。

生命科学和技术的进步,可以打破生殖隔离,在细胞外(试管中)完成基因重组,这些重组可以按照人们有目的、有计划地设计,在任何物种间进行,甚至可以创造自然界从未有过的基因或产物,以此改良生物性状、生产人类所需产品。这些操作便是生物工程技术。

生物工程(biotechnology)也称生物技术,是研究如何利用生物体、生命体系或生命过程制造产品、造福人类的技术。生物工程研究涉及范围极其广泛,一般分为四大领域:基因工程(genetic engineering)、细胞工程(cell engineering)、发酵工程(fermentation engineering)、酶工程(enzyme engineering)或蛋白质工程(protein engineering),这些领域彼此渗透、关系密切,基因工程技术在其中占有核心及主导地位(图 23-1)。

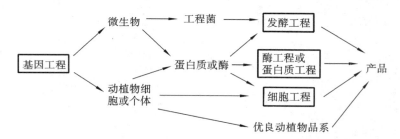

图 23-1　生物工程研究领域的相互关系

基因工程是以遗传学、分子生物学等理论为基础,以现代生物技术为手段,将不同来源的基因(或 DNA)按照人工设计,在体外构建重组 DNA,而后导入受体细胞,有目的地改造生物遗传特性,获得新品系(品种)、生产所需产物,或用于研究基因结构及功能的学科。

基因工程最突出的优势是打破了常规育种难以突破的物种间界限(生殖隔离),可以使原核生物与真核生物间、动物与植物间,甚至人与其他物种间的遗传物质进行重组和转移,极大地提高了人们改良物种甚至是创造新物种的能力。

基因工程是建立在当代生命科学诸多学科基础上的综合性技术,涉及范围广、发展迅速、理论性及应用性强,其成果推动了生命科学的快速发展。基因工程相关学科主要有遗传学、分子生物学、细胞生物学、生物化学、生理学、发育生物学、生物信息学等(图 23-2)。

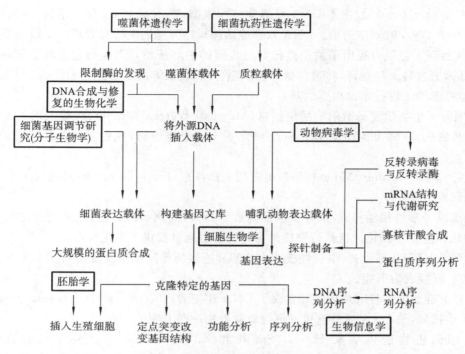

图 23-2　基因工程技术与部分学科间的关系

23.1.2　基因工程的理论依据

1. 基因具有相同的物质基础　地球现存所有生物,从病毒、细菌到高等动物和植物,包括人类在内,基因都是由核苷酸序列组成(极少数的朊病毒除外),所有生物的 DNA 或 RNA 基本结构相同。因此,不同生物的基因是可以通用的,虽然有些病毒以 RNA 为遗传物质,但其复制过程中仍然存在 DNA 阶段,也可以与 DNA 进行重组或互换。

2. 基因是可以切割并连接的　基因在核酸中呈线性分布,除少数基因存在重叠外,同一 DNA 分子中的大多数基因彼此间存在间隔序列。因此,基因可以完整地被切割、分离出来,并在连接酶的催化作用下重新拼接成新的片段。即便是重叠基因,也可以采取不同方式分别切割,获得不同基因,并重新实施连接。

3. 基因是可以转移的　基因不仅可以从 DNA 分子中切离下来,也可以重新连接到 DNA 分子中,在 DNA 分子内或分子间改变位置,基因组也是可以重组的。基因可以通过多种方式转移到细胞内,在不破坏其阅读框架的前提下,基因对产物的控制没有受到影响。

4. 多肽与基因间存在对应关系　遗传信息传递的中心法则是普遍适用的,基因与多肽间存在对应关系,不受基因重组或转移的影响。

5. 遗传密码是通用的　所有生命体共用一套遗传密码(线粒体和叶绿体个别密码子较为特殊),具有通用性,密码子与氨基酸间存在对应关系。重组 DNA 在任何具备复制、表达的细胞中都可以实现扩增,或合成多肽产物,即便是人工合成的 DNA 分子也不例外。

6. 基因可以通过复制将遗传信息传递给下一代　在适当的宿主细胞中,重组 DNA 可以借助细胞的复制系统完成扩增,并通过细胞分裂传递到子细胞中,也可以在上下代个体间实现传递。

23.1.3　基因工程发展简史

基因工程技术涉及众多学科,其发展由来已久,是伴随着现代生命科学的发展逐步形成的,其中有些重要成果直接催化了基因工程技术的产生。

1944 年,美国著名微生物学家奥斯瓦尔德·艾弗里(Oswald Theodore Avery)及其同事柯林·麦克劳德(Colin M. MacLeod)、麦克林·麦卡提(Maclyn McCarty)完成了肺炎链球菌 DNA 转化实验,成功实现了 DNA 的人工转移,并证明其遗传物质是 DNA。

1953 年,美国生物学家詹姆斯·沃森(James Dewey Watson)和英国物理学家弗朗西斯·克里克

(Francis Harry Compton Crick)提出了 DNA 双螺旋结构模型,揭示了 DNA 分子结构、半保留复制等特点,指明遗传信息储存于 DNA 碱基序列中。DNA 双螺旋结构模型为基因工程发展奠定了极为重要的基础。

1957 年,弗朗西斯·克里克提出了关于遗传信息传递的中心法则,DNA 通过自我复制将遗传信息由亲代传递给子代,基因通过转录和翻译,将遗传信息传递至蛋白质,最终决定了生物的性状。中心法则是生物学最基本的规律,也是基因工程技术最根本的基石。

1961 年,美国分子生物学家马歇尔·尼伦伯格(Marshall Warren Nirenberg)等人用人工合成的 mRNA 破译出第一个遗传密码,1969 年 Crick-Nirenberg 确定了全部遗传密码,多数生物遗传信息的表达规律已经明确。

1961 年,雅克·莫诺(Jacques Monod)和弗朗索瓦·雅各布(Francois Jacob)提出操纵子学说,开创了基因表达和调控的研究。

中心法则与操纵子学说相辅相成,从分子水平揭示了 DNA 复制、转录、翻译、基因表达及调控过程,使人们对生命现象的认识进一步深化。这些研究成果为基因工程问世提供了理论准备。

20 世纪 60 年代末至 70 年代初,限制性核酸内切酶和连接酶等陆续被发现,拥有了 DNA 操作基本工具,使 DNA 体外切割、连接成为可能。

1967 年,世界上有五个实验室几乎同时发现了 DNA 连接酶,1970 年 H. G. Khorana 又发现了具有更高活性的 T4 DNA 连接酶,使 DNA 体外连接变得像缝制衣物一样方便。

1970 年,美国微生物遗传学家 H. O. Smith 和 K. W. Wilcox 从流感嗜血杆菌(*Haemophilus influenzae*)中分离提纯了第一个Ⅱ型限制性核酸内切酶 *Hinf*Ⅰ,能够对 DNA 进行体外切割,其后不断有新的限制性核酸内切酶发现。数量众多、识别及切割位点特异的限制性核酸内切酶应用,使人们对 DNA 的体外切割变得容易、选择更自由。

1970 年,M. Mandel 和 A. Hige 发现大肠杆菌经氯化钙适当处理后能吸收 λ 噬菌体 DNA。1972 年,斯坦福大学的 S. Cohen 报道大肠杆菌经氯化钙处理后也能摄入质粒 DNA。大肠杆菌转化体系的建立,对基因工程技术具有特别重要的意义,由此可以实现重组 DNA 快速、大量的扩增。

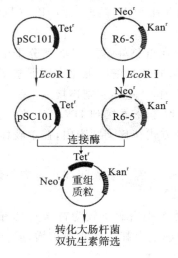

图 23-3　质粒重组及转化

1972 年,斯坦福大学生物化学家 Paul Berg 研究组用 *Eco*RⅠ限制性核酸内切酶在体外对猿猴病毒 SV40 DNA 和 λ 噬菌体 DNA 分别进行酶切,然后用 T4 DNA 连接酶将两种酶切片段重新连接,获得了重组 DNA,完成了第一例 DNA 体外重组实验,以此成果与 Walter Gilber、Frederick Sanger 共同获得了 1980 年诺贝尔化学奖。

这个阶段一系列研究成果为基因工程问世提供了技术准备。

1973 年,Herbert Boyer、Stanley Cohen 和 Annie Chan 等人进行了质粒重组及大肠杆菌转化实验,首次在体外构建了具有功能的重组质粒(图 23-3)。Cohen 等人又将非洲爪蟾编码核糖体 RNA 的 DNA 片段与 pSC101 质粒重组,导入大肠杆菌后转录出相应的 mRNA,这一成果标志着基因工程技术自此诞生。随后该技术得到迅速发展,出现了一系列新技术,构建了数量众多、类型多样的载体,得到了大量的转基因个体,逐渐进入了兴盛时期。

1974 年,美国 NIH(国立卫生研究院)成立 DNA 顾问委员会监视重组研究。Berg 等一批著名的科学家提出暂缓进行体外重组实验的倡议书。

1975 年,美国政府首次对 DNA 重组实验研究做出法律规定。

1980 年,通过显微注射法首次培育出第一例转基因动物(转基因小鼠)。同年获得了转基因鱼。

1982 年,重组人胰岛素在美国商品化。同年,通过农杆菌介导法得到第一例转基因植物(转基因烟草)。

1985 年,抗虫、抗病毒和抗细菌的转基因植物首次在田间试验。

1986 年,首次批准转基因烟草进行田间试验。同年,首个人重组乙肝疫苗诞生。

1987 年,首个转基因食品植物(抗病毒西红柿)进行田间试验。

1989 年,首个转基因(*Bt* 基因)抗虫棉花进行田间试验。

1990 年,首例基因治疗在一个 4 岁的免疫系统功能紊乱的女孩身上获得成功。基因治疗开始进入临床阶段。

1994 年，第一个转基因食品（FLAVRSAVR™西红柿）得到美国食品和药物管理局（FDA）批准，可以上市。

……

二十世纪八九十年代，基因工程技术主要处于基础研究阶段，应用研究初露锋芒。二十一世纪开始，基因工程应用研究逐渐进入鼎盛时期，并逐步走向成熟，农、林、牧、渔、医、药、轻工等诸多领域的很多产品都带有基因工程的烙印。

23.1.4　基因工程研究内容及应用

1. 基础研究　基因工程技术是应用性很强的综合性学科，但是如果没有相关的基础理论研究，必将成为无源之水、无本之木。因此，自问世以来，该领域的基础研究倍受重视，主要包括载体、表达系统构建，不同类型文库构建及筛选，开发新的工具酶、探索新的操作方法等，各方面都取得了丰硕的成果，基因工程技术也不断走向成熟。

（1）载体构建　克隆载体是实现目的 DNA 大量扩增的基本工具，表达载体可以实现重组基因的异源表达，基因工程的发展与这两种载体密切相关。

载体构建早期以天然质粒改造为主，得到了大量的实用性原核载体，例如用于基因克隆的 pSC101、colE1、pCR、pBR 系列等。随后，逐步又构建了分子量更小、容量更大的多用途载体，如 pUC 系列、M13 mp 系列、黏粒和噬菌粒等；真核生物酵母中的克隆载体最著名的是人工染色体，如 YAC 系列载体，这类载体在基因组学研究中发挥了巨大的作用；Ti 和 Ri 质粒的改造衍生出很多用于植物的载体，动物细胞的载体以病毒改造为主，这些成果极大地促进了动植物基因工程的研究。随着基因异源表达需求增加，表达载体也逐渐增多，在原核及真核细胞中都有良好的表达效果。

目前，虽然已经构建了数以千计、类型多样、用途广泛的载体，但每种载体都存在不同的问题，尚缺乏完善的通用型载体，尤其是表达载体，其特异性、可控性、稳定性等方面都有待于深入研究。因此，构建新的载体仍是基因工程技术今后研究的重要内容之一。

（2）受体系统的研究　重组基因无论是扩增还是表达，都离不开宿主细胞，这些细胞可以是原核细胞，也可以是真核细胞，可以是单细胞，也可以是组织、器官甚至是个体。

基因克隆一般用原核生物大肠杆菌作为受体细胞，具有技术成熟、安全、稳定、易操作等优势，已筛选出一系列不同突变型的菌株，用于满足不同类型载体的需要。

用于重组基因表达的宿主细胞类型较多，包括原核及真核细胞。原核表达细胞以大肠杆菌最为常见，此外蓝细菌（蓝藻）也具有很多优势；真核表达细胞多种多样，其中酵母最为常用，较原核细胞具有独特的优势，与大肠杆菌一起被视为第一代基因工程受体系统，单细胞的真核生物小球藻和衣藻，以及动物体外培养的细胞系、胚胎也被用于外源基因的表达。高等动植物个体常作为基因表达系统，其中应用价值较大的有昆虫、禽类、乳腺等，植物的种子、块根（茎）、愈伤组织也是很好的受体细胞。人体细胞或组织作为重组基因受体，在人类疾病模型建立、基因表达调控、基因治疗等多方面具有重要的价值。

（3）目的基因研究　基因是资源，某种程度上可以说是一种有限的战略资源，蕴藏着巨大的价值和财富。因此，开发基因资源成为生物产业竞争激烈的焦点之一，拥有更多的基因专利，将在基因工程领域处于优势地位。基因工程技术的基本任务之一是满足人们对一些基因产物（或性状）的需求，优良性状基因、致病基因，甚至目前功能未知的基因，都是具有开发价值的目的基因。

利用基因工程技术，可以从自然资源中筛选特定基因，也可以人工合成基因（包括自然界不存在的序列）。根据用途的不同，目的基因主要分为三类：医药相关基因；抗病虫害和不利环境的基因；编码特殊营养价值的蛋白质（或多肽）的基因。

基因组学研究为全面开发各种基因奠定了基础。比如人类基因组及延伸计划、人类元基因组计划、动植物及微生物基因组研究等，为有价值基因的开发和利用提供了材料来源。

（4）工具酶的研究　基因工程工具酶是指体外 DNA 合成、切割、修饰及连接等过程所需要的酶，主要有 DNA 聚合酶、RNA 聚合酶、限制性核酸内切酶、修饰酶、连接酶等。

限制性核酸内切酶、连接酶是基因工程的关键性工具酶，正是由于这两种酶的发现和纯化，DNA 体外重组才得以实现。已发现的限制性核酸内切酶近四千种，商品化的超过六百种，目前仍有新的限制性核酸内切酶不断被发现,耐热性限制酶、长识别序列稀有位点内切酶是现阶段研究的热门课题。目前,常用的连接酶有大肠杆菌 DNA 连接酶、T4 DNA 连接酶两种,是否有性能更好的 DNA 连接酶,有待于进一步研究。

DNA 聚合酶用于 DNA 序列的扩增。耐热性 DNA 聚合酶的发现,使 PCR 技术得以实用化,极大地促进了当代生命科学的研究,性能更加优异的耐热性 DNA 聚合酶的研发仍在进行中。修饰酶用于 DNA 片段的修饰,如甲基化酶、碱性磷酸酶、末端脱氧核苷酸转移酶、核酸外切酶Ⅲ、λ 核酸外切酶等,这些特殊用途的修饰酶对基因精细操作发挥了巨大作用,同时还需要开发更多种类的修饰酶用于基因工程研究。

(5)新技术研究　基因工程技术自问世以来,始终伴随着技术的进步和发展、新技术的不断涌现。例如外源基因导入受体细胞,先后出现了转化、转导、脂质体转染、显微注射、电击仪和基因枪等方法,导入效率不断提高;探针标记分子在同位素基础上,出现了荧光标记、抗体标记及其他非放射性标记法,特异性、灵敏度和安全性不断提高;PCR 技术发展尤为迅速,除常规 PCR 技术外,先后出现了几十种特殊用途的 PCR 改进技术,DNA 扩增变得更加便捷;凝胶电泳技术也不断进步,在原有基础上又产生了二维电泳甚至三维电泳,分辨率不断提高,在功能基因组研究中发挥着巨大作用。

基因工程研究中新技术层出不穷,需求与技术相互促进,不断推动着基因工程技术的发展。随着基因工程研究的深入,必将会出现更多的新技术。

2. 应用研究　基因工程技术出现后,有些学者便意识到所存在的一些潜在风险,人们也产生了很多猜疑和恐惧,时至今日谈起基因工程产品(主要是转基因产品)仍惶恐不安。尽管如此,不可否认的是,基因工程技术发展迅速,成果应用产生了难以估量的经济效益和社会效益,特别是人类面临的粮食、能源、人口、环境和疾病等日趋严重的社会问题,基因工程技术在解决这些问题时,正在并且必将发挥越来越大的作用。

基因工程技术自诞生的四十余年里,已广泛应用于农、林、医、药、渔、牧、环保等诸多领域,逐渐成为拉动经济发展的核心技术之一。

1)基因工程与农业　农业是维持人类社会稳定的基础产业。基因工程在农业领域中的应用主要包括提高光合作用效率、扩展植物固氮能力、转基因动植物制备及产品生产等。

(1)提高光合作用效率　地球上的有机物几乎都来自光合作用。不同类型植物光合作用效率存在差异,植物对太阳能的利用效率也很低,农作物生物量(biomass)所含能量不足转变为生物量的太阳能的 5%,提高农作物光合作用效率意义重大。

光合作用机制现已基本清楚,通过基因工程技术已克隆了多种参与光合作用的基因,并分析了光照对基因表达的调节作用。如 CO_2 固定反应中的关键酶——二磷酸核酮糖羧化酶(Rubisco),通过基因重组、定点诱变等技术,提高 Rubisco 活性,增加对 CO_2 的亲和力,消除或降低光呼吸竞争反应,可提高植物对 CO_2 的固定效率。基因工程技术也可以优化光系统组成,提高光能吸收及转化效率,从而提高光合作用效率。

植物光合作用效率提高还带来另外一个好处,将大量 CO_2 转化为有机物,降低大气中这种温室气体含量,可以改善空气质量、缓解全球变暖速度。

(2)固氮作用　氮是生命的基本元素,然而绝大多数生物只能利用化合态氮,地球上最丰富的氮以氮气(N_2)形式存在于大气中(约占 2/3)。固氮作用(nitrogen fixation)是将空气中游离态的分子氮(N_2)还原为含氮化合物的过程,包括非生物固氮(如闪电、高温放电等)和生物固氮两种,大气中 90% 以上的 N_2 是通过固氮微生物转化的,近 50 个属的细菌、放线菌和蓝细菌(蓝藻)具有这种功能,每年固定的 N_2 总量约 2×10^9 t,其中与豆科植物共生的根瘤菌属(*Rhizobium*)细菌是生物固氮的重要组成部分。

根瘤菌只能与豆科植物共生,如果禾本科或其他非豆科作物具有固氮能力,农业生产将节省大量化肥,降低生产成本、减少环境污染,对土壤改良也有极大好处。根瘤菌具有共生特异性,固氮过程也极为复杂,涉及很多基因(约有 17 个)及表达调控过程。使豆科植物以外的农作物获得固氮能力,是一项十分复杂而艰巨的工作。

通过基因工程研究,这项工作已展现了美好的前景。目前,主要有两种途径:①用带有固氮基因的质粒转化叶绿体,使这些基因在叶绿体原核表达系统中表达,从而不必将 17 个 *nif* 基因都置于核基因启动子控制下;②将豆科植物固氮基因转移到其他植物中,使受体细胞被固氮菌感染产生相应反应,形成共生关系,目前已有许多植物的根瘤蛋白基因(nodulin gene)被克隆,并建立了百脉根(*Lotus corniculatus*)根瘤形成模型。

(3)转基因植物研究　转基因植物研究及应用备受关注,与人们生活密切相关,目前至少有 35 科 200 余种转基因植物问世,24 种农作物、6 大类以上性状的百余个转基因品种获批商业化生产,粮食、水果和蔬菜都有转基因产品,这些转基因植物具有产量高、品质好、抗逆性强等优势,产生了极大的经济效益。目前还有很多转基因植物正在走向商品化应用。

植物基因导入方法也不断发展,出现了很多便捷、高效的技术。今后,建立更加安全、有效、简便的植物转化系统是需要深入研究的内容。

(4)转基因动物研究　转基因动物主要用于性状及品质改良、特殊产物(药物、营养蛋白等)生产、基因治疗、人类疾病模型建立等,成果众多。例如转基因速生鱼(羊)、高效益转基因猪、生产药物的牛(羊、鸡、昆虫)等。这些研究为动物基因工程育种提供了新方法,或者制备生物反应器生产高附加值蛋白(多肽)作为药物,利用转基因猪生产供人体移植的器官,治疗缺陷性遗传性疾病,等等。动物转基因新成果不断出现,不过人们在应用中变得越来越慎重。

(5)次生代谢产物的生产　植物提供了全世界75%的药物资源。很多次生代谢产物具有药用价值,如氨基酸、维生素、抗生素、生物碱、皂苷、动植物合成的很多毒素等,然而这些产物在生物体中含量极低,或者毒副作用较大。利用基因工程技术,改变细胞代谢途径、提高目的化合物产量,对其分子结构进行改造或修饰,提高药效、降低毒副作用,甚至生产具有新性质的化合物,开发其应用价值,基因工程技术在这些领域显示了巨大的优势。

2)基因工程与工业　基因工程技术在工业中的应用主要包括纤维素开发利用,酿酒工业、食品工业、制药工业应用,以及新型蛋白质生产等方面。

(1)纤维素的开发与利用　纤维素是植物的主要组分,粗略估计全世界纤维素资源总量约有 7×10^{11} t,每年绿色植物合成的纤维素可达 4×10^{10} t,被认为是地球上最丰富的有机物。纤维素是葡萄糖形成的多聚物,完全降解后产生的葡萄糖是食品、燃料及化工的重要原料。

天然纤维素多与其他多糖形成结构较为复杂、难以降解的聚合物,只在细菌、真菌中存在一些降解纤维素的酶,动物细胞不能合成纤维素酶。因此,目前纤维素人工降解多采用微生物发酵方式,当然化学降解也可以,但存在污染大、成本高、工艺较为复杂等问题。

利用基因工程技术,已经克隆了很多细菌和真菌的多种纤维素酶,并且已经在酿酒酵母(*Saccharomyces cerevisiae*)等宿主中得到表达。未来的趋势是,通过重组细胞高效表达纤维素酶,降解纤维素获得葡萄糖产物,或者利用葡萄糖转化成酒精、丙三醇等分子,直接应用或作为工业原料再行转化,该产业向人们展示了巨大的商业价值。

(2)酿酒工业中的应用　酿酒酵母在酿酒工业中广泛被使用,同时也是很有价值的基因操作菌株。将编码淀粉 α-1,4-葡萄糖苷酶的 *DEX* 基因导入面包酵母(*S. cerevisiae*),可以解决酿酒酵母不能发酵糊精(含22%碳水化合物)的问题,生产出含糖量低、风味更好的优质啤酒;将降解具有极高相对分子质量的分枝糊精(branched dextrin)的淀粉酶基因导入酿酒酵母,能进一步改善啤酒质量;将木瓜蛋白酶基因导入酿酒酵母,可提高啤酒的透明度。

此外,还可以通过体外突变技术改变这些与发酵有关的酶特性,使其稳定性提高。基因工程技术在酿酒工业中的应用还有待于进一步开发。

(3)食品工业中的应用　干酪生产离不开凝乳酶对乳蛋白-酪蛋白的切割。凝乳酶一般从哺乳期小牛胃液中提取,成本高。现已克隆了小牛凝乳酶基因,在酿酒酵母中实现了重组表达,得到了产量高、具有全部天然活性的重组牛凝乳酶,极大地降低了生产成本。

干酪生产中的乳清含 4%~5% 的乳糖、少量蛋白质、大量矿物质和维生素,直接废弃不但污染环境,也会造成资源浪费。将乳酸克鲁维酵母(*Kluyveromyces lactis*)β-半乳糖苷酶和乳糖透过酶基因导入酿酒酵母中,可以将乳清中的乳糖降解成葡萄糖和半乳糖,并发酵生产出酒精、生物饮料等产品,提高了原料的利用率。

利用基因工程技术还可以提高酿酒时废弃酵母的经济价值:将带有可调控启动子的表达载体导入酿酒酵母,发酵时关闭载体中外源基因表达,发酵结束后收集废弃酵母,重新悬浮,并在诱导培养基中启动外源基因表达,从而生产出大量的重组蛋白,如凝乳酶和血清蛋白等,采取这种措施可以节约大量成本,并降低污染、创造新的产值。

(4)制药工业中的应用　传统药物生产主要通过化学合成、天然产物提取、菌株发酵等方式进行,工艺复杂、得率低、成本高。基因工程制药,不但产量高、成本低,还可以创造新型药物。目前商品化生产的基因工程药物如各种抗生素、多肽药物,有百余种,我国已经实现了基因工程干扰素、促红细胞生成素(EPO)、白介素等药物的生产。

利用基因工程技术开发新型药物,是当前制药行业中最活跃、发展最快的领域,发达国家竞争日趋激烈,成为投资的热点,中国在该领域的投资也迅速增加。

基因工程药物主要有基因工程活性多肽、基因工程疫苗和抗体、核酸药物等。通过基因工程技术生产的活性多肽有干扰素(IFN)、白介素(IL)、生长因子(FGF、TGF、IGF、EGF、PDGF、NTF、NGF等)、肿瘤坏死因子(TNF)、人生长激素(hGH)、凝血因子、集落刺激因子(G-CSF、GM-CSF、M-CSF)、促红细胞生成素(EPO)、组织型纤溶酶原激活剂(tPA)和胰岛素等。这些基因工程药物,可以利用大肠杆菌、酵母、昆虫细胞及个体、植物细胞及个体、动物细胞及个体、乳腺等系统生产,成本很低,具有巨大的竞争优势。

(5)新型蛋白质生产中的应用 基因工程技术不仅能生产天然基因产物,也可以对现有基因实施结构优化、改造,结合生物信息学辅助,甚至可以创造从未有过的新型蛋白质(或多肽),获得稳定、高效、特异性好的重组产物(或复合物),在分子定向改造、结构和功能分析、新功能产物开发等方面具有非常重要的意义。

3)基因工程与环境保护 基因工程技术在环境监测、废弃物及污染物处理等方面的研究与应用已发挥了重大作用,前景非常美好。

(1)环境监测中的应用 利用基因探针检测水(特别是饮用水)中的病毒,灵敏度和准确性极高,检测周期短,一次可检测多种病毒,可同时分析大量样本,具有高通量优势。例如在不到一天的时间里可以从一吨水中检测出10个病毒。这种方法可以广泛用于沙门菌、病毒、细菌等传染性强、危害性大的疾病监测。

(2)环境保护中的应用 有人将四种不同假单胞菌的质粒重组成超级质粒,含有OCT(降解辛烷、己烷、癸烷)、XYL(降解二甲苯和甲苯)、CAM(分解樟脑)和NAH(降解萘)成分,导入细菌后获得超级菌,能在原油中快速繁殖,几小时内就可以降解2/3的烃类物质(天然菌需要一年以上才能达到同样效果),这种重组菌在清除原油(或制品)污染中显示了巨大的威力。

将嗜油酸单胞菌耐受汞的基因导入腐臭假单胞菌(*Pseudomonas putida*)中,重组菌可以将剧毒的汞化物摄入细胞内并还原成金属汞,利用气化方法可以从菌体中回收金属汞,由此可以清除汞污染。

双对氯苯基三氯乙烷(dichlorodiphenyltrichloroethane,DDT)在二十世纪上半叶被广泛用于农业病虫害防治,但由于对环境污染过于严重,很多国家和地区已经禁止使用,但令人十分头疼的是如何清除已经造成的污染。目前,利用从抗DDT害虫体内克隆的相关基因,重组后导入到细菌中,通过细菌在土壤中的繁殖可以将残留的DDT污染逐渐清除。

四氯联苯乙烷(TGE)危害极大,污染及毒性类似于二噁英,对土壤、水源、空气可造成持续性污染,诱发癌症和肝病,对人体神经、生殖、胎儿发育造成损害。一种假单胞菌(*Pseudomonas cetacia*)含有能将TGE分解成单盐离子和二氧化碳的酶,借助这种菌可以清除TGE造成的污染。

还有人通过基因重组构建新的生物杀虫剂,以取代化学农药。目前已有多种生物杀虫剂进入大田试验阶段。

诸如此类,人们正在利用基因工程技术解决环境中遇到的各种问题。

4)基因工程与医学 基因工程技术在医学中的应用极其广泛,不但可以利用转基因生物生产蛋白(多肽)药物,还可以生产疫苗、抗体用于疾病的诊断、预防和治疗。

(1)基因工程疫苗的研制与生产 传统疫苗的研制和生产遇到了一些常规技术无法解决的问题,于是开始利用基因工程技术进行重组疫苗及亚单位疫苗的研制和生产,现已成为当代疫苗研制的趋势和热点。

基因工程疫苗研制主要对象:①不能或难以培养的病原体,如乙型肝炎病毒(HBV)、丙型肝炎病毒(HCV)、戊型肝炎病毒(HEV)、EB病毒(EBV)、巨细胞病毒(CMV)、人乳头瘤病毒(HPV)、麻风杆菌、疟原虫和血吸虫等;②具有潜在致癌性或免疫病理作用的病原体,前者如Ⅰ型嗜人T淋巴细胞病毒(HTLV-Ⅰ)、人类免疫缺陷病毒(HIV)、单纯疱疹病毒(HSV),后者如呼吸道合胞病毒(RSV)、登革病毒等;③常规疫苗效果差(如霍乱和痢疾),或反应大(如百日咳和伤寒等)的疫苗;④降低成本、简化免疫程序的多价疫苗,例如以痘病毒、腺病毒、卡介苗或沙门菌属为载体的多价活疫苗。

此外,基因工程技术也可以为目前尚无有效疫苗的某些疾病(如艾滋病)研制出有效疫苗。目前,已商品化生产的基因工程疫苗有数十种之多,例如我国已进入临床应用的重组乙肝疫苗等。

传统疫苗主要是由灭活或减毒病原微生物,或细菌毒素组成,可能会出现不良反应、致病等风险。基因工程疫苗可以降低这些危险,并开发出新型疫苗,在细菌、病毒、寄生虫等感染的预防和治疗中都有应用。

疫苗研制中,转基因植物疫苗异军突起,在很大程度上可以解决疫苗保存、运输及免疫接种中的问题。例如将含有乙肝病毒表面抗原基因、大肠杆菌肠毒素基因等重组载体导入马铃薯中表达,用薯块饲喂小鼠后均产生了免疫应答。在番茄和香蕉中一些抗原基因得以表达,促进了口服疫苗的研制,这类疫苗保存、运输和使用方便,可能成为今后的一种趋势。

(2)基因工程抗体的研制与生产　抗体(antibody)具有高度特异性、灵敏度和亲和性等特点,在疾病治疗中优势显著。应用时单克隆抗体(monoclonal antibody)要比多克隆抗体(polyclonal antibody)及抗血清(antiserum)效果好。传统单克隆抗体通过杂交瘤技术(hybridoma technique)制备获得,但杂交瘤技术存在周期长、细胞培养难度大、需要免疫注射等问题,人源性抗体只能从临床获得免疫能力的病例筛选,无法进行免疫注射(特别是危险性病原微生物),一般以动物源性抗体为主。

基因工程技术的发展,产生了噬菌体展示(phage display)等技术。利用噬菌体表面展示技术制备单克隆抗体,具有周期短(几周)、操作简单、费用低、库容量高(多样性好)、筛选速度快(高通量)、产量高等优势,尤其是可以较为方便地获得人源性抗体,也可以进行动物源性抗体改造(制备嵌合抗体)、制备小分子抗体,或者利用二元载体重组表达抗体双链,在细胞内装配成完整抗体分子。这些技术在抗体研制和生产中潜力巨大。

(3)基因诊断中的应用　基因诊断(gene diagnosis)是指在基因水平上对疾病的诊断。结合基因工程技术,常见基因诊断方法有 PCR、核酸杂交、DNA 指纹分析、分子标记检测、分子免疫杂交、芯片检测等,这些方法具有特异性强、灵敏度高、简便、快速等优点,在遗传性疾病、传染性疾病、心血管疾病、肿瘤及职业病等方面应用广泛,尤其是高通量的芯片检测,一次可以快速处理大量样品,优势更加显著。

(4)基因治疗(gene therapy)　即通过基因工程技术,将重组基因(DNA)导入受体细胞(机体),矫正基因结构缺陷、调控基因异常表达,实现疾病治疗的技术。

全世界已成功进行了一千余例基因治疗,包括先天性免疫疾病、遗传性疾病、恶性肿瘤、心血管疾病、糖尿病及传染病等。然而,在临床应用中发现,一些基因治疗案例出现了意想不到的问题,甚至危及生命。因此,人们对于基因治疗的应用变得非常慎重,有些国家甚至禁止对人开展基因治疗。总体上,基因治疗仍处于探索阶段,随着技术的完善,基因治疗终将成为基因相关疾病"治本"的方法。另外,基于 RNA 干扰、反义寡核苷酸等原理设计的药物,在一些疾病治疗中显示了巨大的潜力。随着人类基因组、人类元基因组等研究的深入,核酸药物的研制与应用必将得到迅速发展。

23.1.5　基因工程研究的意义

基因工程技术产生的四十余年间发展极其迅速,可以说已经渗透到生命科学的各个领域,在农、林、牧、渔、医、药、环境监测与保护、食品、轻工、石油、化工等诸多领域有着广泛的应用,产生了难以估量的社会效益和经济效益,具有广阔的应用前景。归纳起来,基因工程技术的优势表现在以下几个方面。

1. 消除了生物间不可逾越的鸿沟　由于生殖隔离的存在,加之对遗传的传统认识,"种瓜得瓜、种豆得豆"被认为是不可改变的必然现象,跨越天然物种屏障,将原核生物、动植物乃至人类间基因连接起来,在种属间(或亲缘关系更远的物种间)进行基因交流、形成杂种生物,并造福于人类,这看似天方夜谭一样的事情,随着基因工程技术的发展,将逐渐成为现实。

2. 缩短了进化时间　遗传与变异是生物普遍存在的现象,遗传保证物种稳定,变异赋予生命进化。自然状态下,物种进化一般需要几万年以上,多则上百万年。人工育种当然等不了这么长时间,常规育种需要几年、十几年或几十年的历程,仍显过长。

通过基因工程技术可以将生物进化时间大为减少,缩短了育种周期,仅需几年时间就可以完成常规育种的工作。有理由相信,基因工程技术在育种中将有更加广泛而深入的应用。

3. 可以实现生物的定向改造　自发突变具有随机性,突变方向无法掌控。基因体外诱变及 DNA 重组技术的发展,使人们可以实现分子定向进化,极大地提高了目的性和靶向性,使基因向人们预期的方向突变,有计划地改造生物性状。

另外,基因工程技术还可以在体外大量扩增、纯化目标基因,对其结构、功能及调控机制进行研究,拓宽了分子生物学等领域的研究内容。

23.1.6　基因工程技术的基本操作与流程

完整的基因工程操作流程一般包括基因克隆、重组载体构建、基因导入、基因表达、产物分离及纯化等过程(图 23-4),不同研究的任务不尽相同,采用的技术和路线千差万别,原理大致相同(图 23-5)。基因工程操作最大的特点是计划性、目的性强,严谨、周密、可行的实验计划是决定成功的关键。

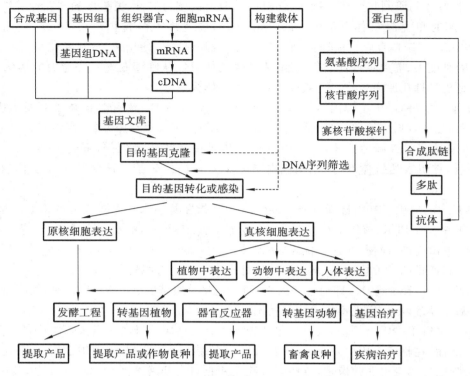

图 23-4　基因工程操作流程示意图

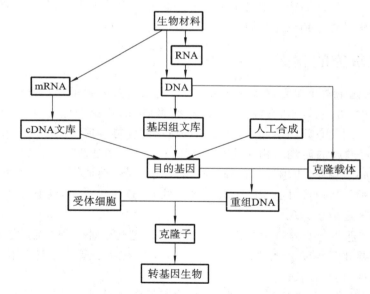

图 23-5　基因工程操作基本路线示意图

23.1.7　基因工程技术的发展前景

基因工程技术的问世使传统生产方式和产业结构发生了变化,促进了生产力迅速发展,二十一世纪基因工程研究及应用前景将更加辉煌。各国政府在战略上竞相制定基因工程研发计划,争取相关领域发展的主动权;很多有远见的企业也越发重视基因工程相关产业,投入巨资开发基因工程产品;大量的优秀科技工作者参与到该领域的研究及开发。一段时间内,基因工程将重点开展组学、基因工程药物、动植物生物反应器和环保等方面的研究。基因工程研究成果将全面改善人类生活质量、提高健康水平,人类生存环境也将得到更大改善。

23.2 基因工程工具酶

有人用缝制衣服来形象地比喻 DNA 重组操作,DNA 切割类似布料裁剪,DNA 片段连接相当于缝纫,衣物制作需要剪刀、针线,而 DNA 重组所需工具则是酶,利用这些工具酶实现对核酸的精雕细刻。

基因工程工具酶是指应用于基因工程研究的各种酶类总称,包括核酸序列分析、探针标记、载体构建、目的基因制备、DNA 重组连接等过程中所需要的酶。二十世纪六七十年代,陆续发现了 DNA 连接酶、限制性核酸内切酶、反转录酶等,目前基因工程操作中所使用的酶种类及数量繁多,一些常见工具酶的功能见表 23-1。

表 23-1 一些常见工具酶的功能

名 称	主 要 功 能
Ⅱ 型限制性核酸内切酶	在特异性碱基序列部位切割 DNA 分子
DNA 连接酶	连接两条 DNA 分子或片段
大肠杆菌 DNA 聚合酶 Ⅰ	在 DNA 分子 3'-OH 端逐一添加核苷酸,合成单链
反转录酶	以 RNA 分子为模板合成互补的 cDNA 链
多核苷酸激酶	将一个磷酸分子添加到多核苷酸链的 5'-OH 端
末端转移酶	将同聚物尾添加到线性双链(或单链)DNA 分子的 3'-OH 端
核酸外切酶 Ⅲ	从一条 DNA 链的 3'端移去核苷酸残基
λ 核酸外切酶	自双链 DNA 分子 5'端移去单核苷酸,暴露出 3'端突出的单链
碱性磷酸酶	从 DNA 分子 5'(或 3')端,或同时从两端移去末端磷酸
S1 核酸酶	将 RNA 或单链 DNA 降解成 5'-单核苷酸,也可切割双链核酸分子的单链区
Bal 31 核酸酶	具有单链特异性核酸内切酶活性,也具有双链特异性核酸外切酶活性
Taq DNA 聚合酶	在高温(72 ℃)下以单链 DNA 为模板,5'→3'方向合成互补单核苷酸链

23.2.1 限制性核酸内切酶

核酸酶(nuclease)是可以将聚核苷酸链磷酸二酯键切断的酶,属水解酶类,作用于磷酸二酯键的 P-O 位点。

根据作用底物的不同,核酸酶分为 DNA 酶与 RNA 酶,根据作用方式可分为核酸内切酶(endonuclease)与核酸外切酶(exonuclease)。核酸内切酶从核酸分子内部切割磷酸二酯键而将核酸链切断,核酸外切酶从核酸分子末端开始切割核苷酸。核酸外切酶又分为两类:①3'→5'核酸外切酶,从 3'端切除核苷酸;②5'→3'核酸外切酶,从 5'端切除核苷酸。

限制性核酸内切酶(restriction endonuclease)也称为限制性内切核酸酶,简称限制酶,是一类能够识别双链 DNA 分子中特定核苷酸序列,并在 DNA 分子内部切开相邻核苷酸间磷酸二酯键的核酸水解酶。

1. 限制酶的发现 1953 年,瑞士学者 Werner Arber 提出限制-修饰酶假说,以解释 λ 噬菌体侵染大肠杆菌时的宿主专一性。限制(restriction)是宿主菌通过限制酶的作用,破坏侵入的噬菌体 DNA,使噬菌体宿主范围受到限制,限制作用实质是宿主细胞的限制酶降解外源 DNA,维持遗传稳定的保护性措施;修饰(modification)是宿主自身 DNA 合成后在甲基化酶作用下被修饰,从而避免了自身限制酶的破坏,修饰作用实质是宿主细胞通过甲基化作用达到识别自身遗传物质和外来遗传物质的目的。

1968 年,W. Arber 等人从 *E. coli* B 中发现限制酶 *Eco*B,M. Meselson 等人从 *E. coli* K 中发现限制酶 *Eco*K,这两种酶为 Ⅰ 型限制酶,所表现出的特性令当时的人们非常困惑。1970 年,H. O. Smith 等人自流感嗜血杆菌(*Haemophilus influenzae*)中分离提纯了第一个 Ⅱ 型限制酶 *Hinf* Ⅰ,其性质研究使人们逐渐对限制酶有了深入的认识。Daniel Nathans 以限制酶切割猴 SV40 DNA 并用于测序分析。1978 年 Arber、Smith 和 Nathans 三人获得诺贝尔生理学或医学奖。

核酸酶主要存在于原核生物中,种类繁多,细胞内限制酶的主要作用是保护物种的稳定。目前发现的限制酶可分为Ⅰ、Ⅱ、Ⅲ和Ⅳ型(表 23-2),Ⅱ型又分为更多亚型,新的限制酶及其功能多样性不断被发现。2006年发现 3773 种限制酶,Ⅰ、Ⅱ、Ⅲ型各有 68 种、3692 种、10 种,甲基化指导的有 3 种,商品化的有 609 种,Ⅱ型中共有 223 种特异性;2009 年发现 3945 种限制酶,其中Ⅱ型有 3834 种,已商品化的有 641 种。因特网中的限制酶数据库由 NEB 公司负责维护。

表 23-2 三种类型限制酶的主要特性

特性	Ⅰ型	Ⅱ型	Ⅲ型
在三种酶中的比例	1%	93%	<1%
酶分子修饰活性	3 种亚基,双功能酶	内切酶和甲基化酶分开	多亚基,具修饰酶及限制酶活性
识别位点	二分非对称序列	4～6 bp,多为回文结构	5～7 bp 非对称序列
切割位点	距识别位点约 1 kb,无特异性	在识别位点或靠近位点	在识别位点下游 24～26 bp 处
限制反应与甲基化	互斥	分开的反应	同时竞争
反应所需的辅因子	ATP、Mg^{2+}、S-腺苷甲硫氨酸	Mg^{2+}	ATP、Mg^{2+}(S-腺苷甲硫氨酸)
酶催化转换	不能	能	能
DNA 转座作用	能	不能	不能
分子克隆中的用途	无用	有用	可能有用

限制酶在基因工程研究中的作用无可替代,其应用促进了基因工程技术的发展,有人赞誉限制酶是大自然赐予人类的精美工具。

2. 限制酶命名原则 H. O. Smith 和 D. Nathams 于 1973 年首次提出限制酶命名原则,1980 年 R. J. Roberts 对此又进行了修订。虽然限制酶命名原则和规范化书写格式还存在一些争议,但广为接受的普遍性原则如下。

(1) 第一个字母大写、斜体,为来源菌属名(genus)拉丁词第一个字母。

(2) 第二、三个字母小写、斜体,为来源菌种名(species)拉丁词前两个字母。

(3) 第四个字母正体,为来源菌的株或型(strain)。

(4) 如果从一种菌株中发现了几种限制酶,则根据发现和分离的先后顺序用罗马字母表示,采用正体书写。

如 *Hind*Ⅲ,来源于流感嗜血杆菌(*Haemophilus influenzae*)d 菌株,是该菌株发现的第三个限制酶。*Eco*RⅠ,来源于大肠杆菌(*Escherichia coli*)R 菌株,为该菌株发现的第一个限制酶。

3. Ⅰ型限制酶 最早发现的 *Eco*B 和 *Eco*K 属于Ⅰ型限制酶。这类酶分子量较大(约 30 万 Da),由 *hsd*R(内切酶)、*hsd*M(甲基化酶)、*hsd*S(位点识别)三个基因编码,产生 3 种不同亚基构成的复合酶,兼具修饰酶和限制酶活性(存在于不同的亚基中)。Ⅰ型限制酶能识别并结合于特定 DNA 序列位点,一般在识别位点约 1 kb 范围处随机切开 DNA 链,不能产生特异片段,酶切反应需 Mg^{2+}、S-腺苷甲硫氨酸(SAM)、ATP 等辅助因子。

Ⅰ型限制酶由于功能上的特点,在基因工程操作中很少用到。

4. Ⅲ型限制酶 与Ⅰ型限制酶相似,Ⅲ型限制酶由多亚基组成,由 *hsd*M 和 *hsd*S 基因编码。如 *Eco*P1 和 *Eco*P15 属于此类。Ⅲ型限制酶可识别特定碱基序列,一般在识别位点 3′端 24～26 bp 范围内切开 DNA,酶切反应需要 Mg^{2+}、ATP。

Ⅲ型限制酶在基因工程操作中也很少用到。

5. Ⅱ型限制酶 Ⅱ型限制酶是基因工程研究中应用广泛的限制酶,一般情况下限制酶多指Ⅱ型限制酶。Ⅱ型限制酶由一条肽链组成,在其限制-修饰系统中分别由核酸内切酶和甲基化酶两种功能域组成(内切酶和甲基化酶是分开的)。只需 Mg^{2+} 作为催化反应的辅助因子,最大特点是能够识别双链 DNA 中特定碱基序列,并在识别区域切割,产生末端特异性 DNA 片段。Ⅱ型限制酶可以分为很多亚型。

1)Ⅱ型限制酶特性

(1) 有严格的识别、切割序列,以内切方式水解 DNA 双链中的磷酸二酯键,形成 5′-P、3′-OH 产物。

(2) 识别序列一般为 4～6 bp,通常是迴文(现在一般写成"回文")结构。

（3）一般在识别序列内部切割,有些在两端或两(单)侧切割。

（4）根据概率计算,任何 DNA 分子每 9 对碱基将出现一个Ⅱ型限制酶位点。

（5）切割双链 DNA 可以产生三种不同类型的末端结构。

（6）一般形成同源二聚体(按相反方向结合)。

酶切产物末端有如下三种结构。

①产生 5′(或 3′)端突出的相同黏末端,在识别序列对称轴 5′(或 3′)端切割。如 *Eco*RⅠ等在对称轴 5′端切割(图 23-6),*Pst*Ⅰ等在对称轴 3′端切割(图 23-7)。

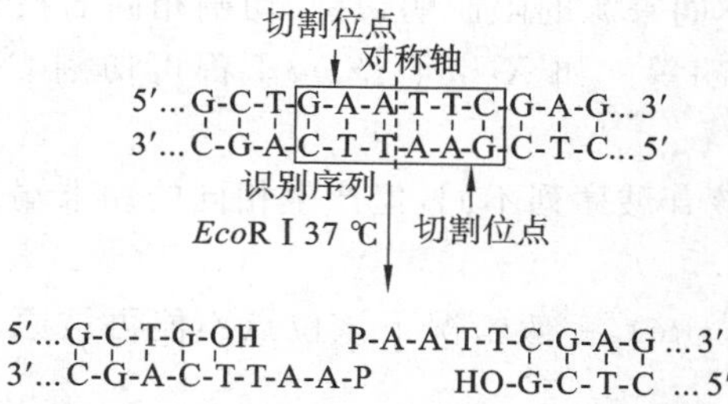

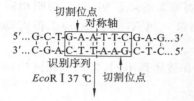

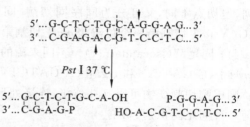

图 23-6　*Eco*RⅠ酶切产生 5′端突出相同黏末端

图 23-7　*Pst*Ⅰ酶切产生 3′端突出相同黏末端

②产生不同突出黏末端,识别序列为非对称性。如 *Bbv*CⅠ等(图 23-8)。

③产生平末端,在识别序列对称轴上切割。如 *Pvu*Ⅱ等(图 23-9)。

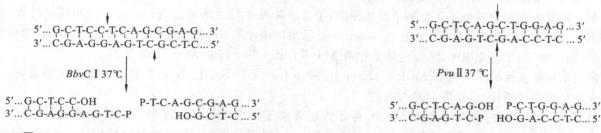

图 23-8　*Bbv*CⅠ酶切产生不同突出黏末端

图 23-9　*Pvu*Ⅱ酶切产生平末端

不同限制酶识别序列大多不同(也有些相同或近似),识别序列长度多为 4~8 个碱基对(有些更长)。对于核苷酸序列随机分布的 DNA 分子而言,识别 4 个碱基对的限制酶平均每 256 bp 将出现一个酶切位点,而识别 6 或 8 个碱基对的限制酶大致上分别每 4 kb 或 65 kb 存在一个酶切位点。根据这一特点,在制作 DNA 酶切图谱时,可以估计酶切位点数量,以便选择合适类型的限制酶。一些常用限制酶的识别序列及切割位点如表 23-3 所示。

表 23-3　一些常用限制酶的识别序列及切割位点

限制酶	识别序列及切割位点	限制酶	识别序列及切割位点
*Bam*HⅠ	G-GATCC	*Cla*Ⅰ	AT-CGAT
*Eco*RⅠ	G-AATTC	*Hind*Ⅲ	A-AGCTT
*Hind*Ⅱ	GTPy-PuAC	*Kpn*Ⅰ	GGTAC-C
*Not*Ⅰ	GC-GGCCGC	*Pst*Ⅰ	CTGCA-G
*Sal*Ⅰ	G-TCGAC	*Sau*3AⅠ	-GATC
*Sfi*Ⅰ	GGCCNNNN-NGGCC	*Sma*Ⅰ	CCC-GGG
*Xba*Ⅰ	T-CTAGA	*Xho*Ⅰ	C-TCGAG

注:"-"表示酶切位点,Py 为嘧啶碱基,Pu 为嘌呤碱基,N 为任意碱基。

2) 一些特殊的限制酶

（1）归位内切酶(homing endonuclease)　有些线粒体、叶绿体、核 DNA 及 T 偶数系列噬菌体存在编码内切酶的内含子,有些内含肽(intein,多肽剪切产物)也有内切酶活性,这两类特殊的内切酶称为归位内切酶。RNA 剪切产物编码的归位内切酶称 I-prefix,多肽剪切产物形成的归位内切酶称 PI-prefix。这类内切酶识别序列很长且不严格(单个碱基变化只是影响酶切效率),识别位点非常稀少(识别 18 bp 的酶在 7×10^{10} bp 随机序列中出现 1 个位点）。现已商品化的有 6 种。

如衣滴虫（*Chlamydomonas eugametos*）叶绿体大 rRNA 基因内含子编码的 I-*Ceu*Ⅰ，识别序列为 TAACTATAACGGTC-CTAA-GGTAGCGAA(-为酶切位点)，酶切温度为 37 ℃。

源于炽热球菌（*Pyrococcus furiosus*）GB-D 剪切产物的 PI-*Psp*Ⅰ识别序列为 TGGCAAACAGCTA-TTAT-GGGTATTATGGGT(-为酶切位点)，酶切温度为 37 ℃。

（2）切口酶（nickase） 只切割双链 DNA 中的一条链，产生一个切口的Ⅱ型限制酶。如 N.*Bst*NBⅠ。目前已商品化的有 14 种。

（3）同裂酶（isoschizomer） 也称为异裂酶（neoschizomer），不同来源的限制酶识别、切割相同的核苷酸序列，但切点不同，又可分为同序同切酶、同序异切酶、同功多位酶等。如 *Xma*Ⅰ、*Sma*Ⅰ都可切割 C-CC-GGG(*Xma*Ⅰ切割第一个位点、*Sma*Ⅰ切割第二个位点)。

（4）同尾酶（isocaudarner） 不同来源的限制酶识别、切割的核苷酸序列不同，但产生相同的黏末端。如 *Bam*HⅠ(G-GATCC)和 *Bgl*Ⅱ(A-GATCT)。

同尾酶切割产物可以互补连接，连接处形成杂种位点（hybrid site），一般情况下该位点不能再被原来的任何一种同尾酶识别、切割。

3）限制酶活性定义 在建议使用的缓冲液及温度条件下，20 μL 反应体系中作用 1 h，使 1 μg 标准 DNA 完全消化所需的酶量被定义为一个活性单位(U)。由于不同生产厂家制备的酶制剂纯度、成分存在差异，切割的标准 DNA 也可能不同，因此一个单位的酶活性可能差异较大，使用时应特别注意这个问题。

4）Ⅱ型限制酶的星活性 限制酶星活性(star activity)是指某些反应条件变化时，一些限制酶识别、切割位点专一性发生改变的现象。产生星活性的原因：①反应体系中甘油浓度过高（>5%）；②酶用量过大（超过 100 U/μg DNA）；③离子强度低（小于 25 mmol/L）；④酶切缓冲液 pH 值过高（>8.0）；⑤酶切体系中存在有机试剂，如乙醇、二甲基亚砜等；⑥反应体系中有 Mn^{2+}、Cu^{2+}、Zn^{2+}等非 Mg^{2+} 二价离子。

经常出现星活性的限制酶有 *Eco*RⅠ、*Hind*Ⅲ、*Kpn*Ⅰ、*Pst*Ⅰ、*Sal*Ⅰ、*Hinf*Ⅰ等。在使用这些酶时，一定要注意避免出现星活性，以免发生异常酶切。

5）酶切体系及反应条件 常规反应中，体系内所含离子类型及强度、pH 值等条件非常重要（表 23-4）。20~100 μL 体系中加入终浓度 50 mmol/L(pH 值为 7.5)的 Tris-HCl、10 mmol/L $MgCl_2$、0~100 mmol/L NaCl，适量的限制酶(1~10 U/μg DNA)，DNA(适量，过高可能导致不完全酶切及星活性)，有时需要加入适当浓度的二硫苏糖醇(DTT)、β-巯基乙醇、牛血清白蛋白(BSA)等保护剂。在合适温度下（大多数限制酶最适温度为 37 ℃)酶切 1~1.5 h 即可。

表 23-4　常用限制酶缓冲液类型

缓冲液成分	缓冲液类型及终浓度(10×)/(mmol/L)				
	A	B	H	M	L
Tris-Ac	330				
Tris-HCl		100	500	100	100
Mg(Ac)₂	100				
MgCl₂		50	100	100	100
KAc	650				
NaCl		1000	1000	500	
DTT	5		10	10	10
β-巯基乙醇		10			
pH 值(37 ℃)	7.9	8.0	7.5	7.5	7.5

当然，有些限制酶最适温度较为特殊，使用原则是在最适温度下酶切。双酶切时，两种酶最适温度差异较大，一般采用低温酶切，以免高温导致酶失活或活性降低。

酶切时间由酶活性、酶用量、DNA 量决定，具体操作时应适当调整。不同限制酶所用缓冲液类型不同，需参看试剂盒说明。常见一些缓冲液成分如表 23-4 所示。

6）Ⅱ型限制酶使用注意事项

（1）酶体积，所加酶原液体积不要超过反应体系总体积的 10%，否则酶液中的甘油将超过 5%，除抑制酶活性外,某些酶还可能出现星活性。

(2) 商品化限制酶均为浓缩液,每次操作时应使用新的无菌枪头吸取酶液,避免污染。

(3) 操作应在 0 ℃进行(冰水浴中),最好是最后加入限制酶。

(4) 大量切割 DNA 时,最好采用延长反应时间的方法,尽量避免使用高剂量的酶。

(5) 边界序列碱基数,不同限制酶要求识别序列两端碱基数不同,过少将导致酶切效率下降,因此设计 PCR 引物时,酶切位点 5′端需添加合适数量的保护碱基,一般 3～4 bp 即可。

(6) 位点偏好性,受识别位点边界序列的影响,有些限制酶对不同位置的同一识别序列切割效率不同(一般相差不超过十倍)。有些实验(如局部酶切)需要注意这一问题。

(7) DNA 需要用 2 种以上限制酶切割时,可选择酶的通用缓冲液同时切割。如果没有通用缓冲液时采用如下措施:先用一种酶切,产物纯化后,再进行下一个酶切反应;先用低盐、低 pH 值缓冲液,再用高盐、高 pH 值缓冲液。此时必须注意酶识别序列及酶切先后次序,避免后续酶无法切割(次序不合适导致另一个酶的切割位点消失)。

7) 影响限制酶活性的因素

(1) DNA 纯度,DNA 提取时残留的蛋白质、苯酚、氯仿、乙醇、EDTA、SDS、NaCl 等都可能抑制酶活性。遇到该问题时可采用如下方法提高酶切效率:①提高酶用量,1 μg DNA 可用 10 U 酶;②增加反应总体积,使抑制物被稀释;③延长反应时间,至 DNA 被完全酶切;④加入适量的(终浓度 1～2.5 mmol/L)聚阳离子亚精胺(polycation spermidine),有利于限制酶对 DNA 的消化,但亚精胺在 4 ℃时可促使 DNA 沉淀,因此一定要在适当温度孵育数分钟后加入。

(2) DNA 甲基化影响,有些限制酶识别序列甲基化后,酶切受到很大影响,酶切效率下降甚至无法切割。如 E. coli 的 dam 甲基化酶可以在 5′-GATC-3′序列中 A 的 N6 位引入甲基,此时受影响的酶有 BclⅠ、MboⅠ等,但 BamHⅠ、BglⅡ、Sau3AⅠ等不受此影响;E. coli 的 dcm 甲基化酶在 5′-CCAGG-3′或 5′-CCTGG-3′序列中 C 的 C5 位上引入甲基后,受影响的酶有 EcoRⅡ等,但 BglⅠ、KpnⅠ则不受影响。

如果使用的限制酶受识别序列甲基化影响,可用含有去甲基化酶编码基因的 E. coli 菌株制备质粒 DNA,以防止 DNA 甲基化。

(3) 酶切温度影响,多数限制酶最适温度为 37 ℃。存在一些例外,如 SmaⅠ最适温度为 25 ℃或 30 ℃,SfiⅠ为 50 ℃。酶切温度过低影响酶活性,过高可能导致酶失活。

(4) DNA 分子结构影响,某些酶切割超螺旋质粒 DNA 时,受超螺旋结构影响,酶用量比切割线性 DNA 高出多倍,有时高达 20 倍。这时可采用拓扑异构酶或核酸酶适当处理,消除超螺旋,再行酶切。

(5) 缓冲液离子种类及浓度,二价金属阳离子对限制酶活性至关重要,一般为 Mg^{2+},不当的离子或浓度严重影响酶活性,也可能导致识别序列的改变。pH 值是保证酶活性的重要因素,一般为 7.4(Tris-HCl 为缓冲试剂)。DTT、BSA 等保护剂浓度要适当,否则反而影响酶活性。

(6) 酶切时间,过短可能导致部分酶切,过长也可能产生一些问题。

此外,酶纯度、保存条件(一般在 −20 ℃保存)、使用时反复升温等都影响限制酶的活性。

8) Ⅱ型限制酶主要用途　Ⅱ型限制酶用途广泛,是基因工程操作不可缺少的工具酶。这些酶的主要用途:①绘制 DNA 物理图谱;②构建基因文库;③质粒改建;④分子标记(例如限制性片段长度多态性(restriction fragment length polymorphism,RFLP))分析;⑤DNA 重组克隆及亚克隆(subclone);⑥DNA 杂交及序列分析等。

23.2.2　DNA 聚合酶

1957 年 Arthur Kornberg 首次在大肠杆菌中发现 DNA 聚合酶Ⅰ(DNA polymeraseⅠ,DNA polⅠ),于是该酶早期被称为 Kornberg 酶。其后又相继发现大肠杆菌 DNA 聚合酶Ⅱ和 DNA 聚合酶Ⅲ。

DNA 聚合酶是以脱氧核苷三磷酸(dNTP)为底物催化合成 DNA 的合成酶,广泛存在于所有类型的细胞中。不同类型 DNA 聚合酶作用方式基本相似:以 DNA 单链为模板,按照碱基互补配对原则,沿 5′→3′方向将 dNTP 逐一连接到 DNA 链 3′-OH 端。催化反应需要单链 DNA 模板、底物(dNTP)、Mg^{2+} 和引物(primer)。由于需要 DNA 模板,因此这类酶又称为依赖 DNA 的 DNA 聚合酶(DNA-dependent DNA polymerase,DDDP)(反转录酶以 RNA 为模板,除外)。表 23-5 是一些常用 DNA 聚合酶的部分特性。

表 23-5　一些常用 DNA 聚合酶特性

DNA 聚合酶	3′→5′外切活性	5′→3′外切活性	聚合反应速率	持续合成能力
E. coli DNA 聚合酶	低	有	中速	低
Klenow 片段	低	无	中速	低
反转录酶	无	无	低速	中
T4 DNA 聚合酶	高	无	中速	低
天然 T7 DNA 聚合酶	高	无	快速	高
化学修饰 T7 聚合酶	低	无	快速	高
遗传修饰 T7 聚合酶	无	无	快速	高
Taq DNA 聚合酶	无	有	快速	高

真核细胞有五种 DNA 聚合酶。①DNA 聚合酶 α,位于细胞核内,由 4 个亚基组成,分子量大于 250 kD,无 5′→3′外切活性,参与复制引发过程;②DNA 聚合酶 β,位于细胞核内,由 4 个亚基组成,分子量 36～38 kD,无 5′→3′外切活性,参与 DNA 损伤修复;③DNA 聚合酶 γ,位于线粒体内,由 4 个亚基组成,分子量 160～300 kD,无 5′→3′外切活性,有 3′→5′外切活性,参与线粒体 DNA 复制;④DNA 聚合酶 δ,位于细胞核内,由 2 个亚基组成,分子量 170 kD,无 5′→3′外切活性,有 3′→5′外切活性,参与 DNA 复制;⑤DNA 聚合酶 ε,位于细胞核内,由 5 个亚基组成,分子量 256 kD,无 5′→3′外切活性,有 3′→5′外切活性,参与 DNA 损伤修复。

在原核生物大肠杆菌中,已发现五种 DNA 聚合酶,都与 DNA 链延长有关。①DNA 聚合酶 I,由单链组成,催化单链或双链 DNA 的延长,在 DNA 错配校正和修复中发挥作用;②DNA 聚合酶 II,与低分子脱氧核苷酸链延长有关,在 DNA 错配校正和修复中发挥作用;③DNA 聚合酶 III,在细胞中含量较低,是 DNA 复制中催化 DNA 链延长的主要酶。1999 年又发现了 DNA 聚合酶 IV 及 DNA 聚合酶 V。

1. 大肠杆菌 DNA 聚合酶

1) 大肠杆菌 DNA 聚合酶 I　大肠杆菌 DNA 聚合酶 I 研究得最为清楚,具有代表性。该酶由一条多肽链组成,分子量为 109 kD,分子中含一个 Zn^{2+},是聚合活性所必需的。每个大肠杆菌细胞中约含 400 个 DNA 聚合酶 I,37 ℃时每分子 DNA 聚合酶 I 催化合成速度是 667 nt/min。

DNA 聚合酶 I 具有三种催化活性:5′→3′ DNA 聚合活性、5′→3′和 3′→5′核酸外切活性。三种活性位于不同的结构域(图 23-10),用枯草杆菌蛋白酶可降解为两个片段:①小片段含 323 个氨基酸残基,分子量 34 kD,具有 5′→3′外切活性;②大片段含 604 个氨基酸残基,分子量为 76 kD,被称为 Klenow 片段,具有 5′→3′聚合活性和 3′→5′外切活性,Klenow 片段是实验室合成 DNA 经常使用的工具酶。

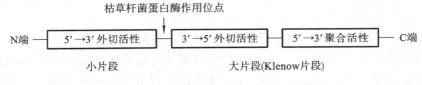

图 23-10　DNA 聚合酶 I 结构及功能示意图

DNA 聚合酶 I 5′→3′聚合活性是其最主要功能,用以完成单核苷酸链合成。DNA 聚合酶可以识别复制过程中的碱基错配,利用 3′→5′外切活性切除错配碱基并重新合成,这种作用称为校正功能,是保证 DNA 忠实复制的关键,避免 DNA 在复制过程中发生碱基突变,DNA 聚合酶校正功能强弱是衡量其质量的指标之一。5′→3′外切活性可以切断磷酸二酯键,一次可以切除 10 nt,在 DNA 损伤修复、RNA 引物切除中发挥作用。

2) 大肠杆菌 DNA 聚合酶 II　分子量为 120 kD,每个细胞约含 100 个分子,其活性只有 DNA 聚合酶 I 的 5%,具有 5′→3′聚合活性和 3′→5′外切活性,无 5′→3′外切活性。DNA 聚合酶 II 的生理功能主要与 DNA 损伤修复有关。

DNA 聚合酶 I 和 II 并不是 DNA 复制的主要酶。

3) 大肠杆菌 DNA 聚合酶 III　DNA 复制时主要的聚合酶,每细胞只有 10～20 个分子,由 α、ε、2θ、τ、2γ、δ、β 9 个亚基组成(α、ε、θ 构成核心酶)不对称的二聚体,分子量大于 600 kD。其催化速度非常快(9000

nt/min)。

大肠杆菌三种 DNA 聚合酶比较见表 23-6。

表 23-6 大肠杆菌三种 DNA 聚合酶比较

项 目	DNA 聚合酶 I	DNA 聚合酶 II	DNA 聚合酶 III
分子量	109 kD	120 kD	>600 kD
含量(个/细胞)	400	17～100	10～20
催化效率(nt/min)(37 ℃)	667	30	9000
$5' \to 3'$ 聚合活性	+	+	+
$5' \to 3'$ 外切活性	+	−	−
$3' \to 5'$ 外切活性	+	+	+
dNTP 亲和力	低	低	高
生理功能	损伤修复,切除引物,填补空缺	损伤修复	DNA 复制

4)大肠杆菌 DNA 聚合酶的基本用途

(1)用于 DNA 体外合成及扩增。PCR(polymerase chain reaction)技术产生初期使用的是大肠杆菌 DNA 聚合酶,但是该酶耐热性差,DNA 扩增无法实现自动化,因此现已被耐热的 DNA 聚合酶(Taq 酶等)所替代。

(2)制备核酸探针。利用大肠杆菌 DNA 聚合酶 I $5' \to 3'$ 聚合及外切活性,用标记(一般为同位素)的单核苷酸取代原有核苷酸,获得核酸探针(probe),该技术被称为缺口平移(nick translation)法(也称切口平移法)(图 23-11),一般情况下使用的是 Klenow 片段。

(3)利用 $5' \to 3'$ 聚合活性补平限制酶切割 DNA 产生的 $3'$ 凹端,形成平末端分子(图 23-12)。在此过程中加入的 dNTP 如果含有同位素标记,也可用于制备核酸探针。这种操作可以用于产物的平末端连接、DNA 体外诱变等研究。

(4)利用 $3' \to 5'$ 外切活性抹平 DNA 的 $3'$ 凸端,产生平末端分子(图 23-13)。

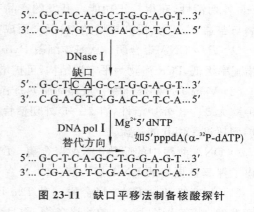

图 23-11 缺口平移法制备核酸探针

```
5'... G-C-T-G-OH    P-A-A-T-T-C-G-A-G ...3'
3'... C-G-A-C-T-T-A-A-P    HO-G-C-T-C ...5'
```

Klenow | dNTP

```
5'... G-C-T-G-A-A-T-T-OH    P-A-A-T-T-C-G-A-G ...3'
3'... C-G-A-C-T-T-A-A-P    HO-T-T-A-A-G-C-T-C ...5'
```

图 23-12 $3'$ 凹端的补平

```
5'... G-C-T-G-T-T-A-A-OH    P-C-G-A-G ...3'
3'... C-G-A-C-P    HO-A-A-T-T-G-C-T-C ...5'
```

DNA pol I |

```
5'... G-C-T-G-OH    P-C-G-A-G ...3'
3'... C-G-A-C-P    HO-G-C-T-C ...5'
```

图 23-13 $3'$ 凸端的抹平

(5)在 cDNA 克隆中,用于合成 cDNA 第二链。

(6)体外诱变中,用于从单链模板合成双链 DNA。

(7)用于双脱氧末端终止法进行 DNA 测序。

2. 耐热 DNA 聚合酶 普通 DNA 聚合酶耐热性差,最适温度一般在 37 ℃左右,温度稍高活性很快下降直至失去活性,无法在较高温度下进行 DNA 扩增。耐热 DNA 聚合酶最适作用温度比较高。

1)普通耐热 DNA 聚合酶

(1)*Taq* DNA 聚合酶 最早发现的热稳定 DNA 聚合酶,是 1969 年从美国黄石国家公园火山温泉中水生嗜热古细菌(*Thermus aquaticus*)yT1 株中分离的。

该酶基因全长 2496 bp,编码 832 个氨基酸,蛋白质分子量为 94 kD,比活性高达 20 万 U/mg。对 Mg^{2+}、单价离子性质和浓度较敏感,最适浓度为 50 mmol/L。75～80 ℃时催化活性为 150 nt/s,70 ℃时为 60 nt/s,55 ℃时为 24 nt/s,温度超过 90 ℃或低于 22 ℃几乎没有催化活性。*Taq* 酶热稳定性极好,在 PCR 混合物中,

92.5 ℃、95 ℃、97.5 ℃条件下分别保持 130 min、40 min、5～6 min 后,仍有 50% 活性;PCR 时 95 ℃变性 20 s,经 50 个循环后,Taq DNA 聚合酶仍有 65% 活性。

Taq DNA 聚合酶具有 $5'{\rightarrow}3'$ 聚合及外切活性,但缺乏 $3'{\rightarrow}5'$ 外切活性,因此没有校正功能,一般错配率为 2×10^{-4} 核苷酸/循环,这是该酶存在的最大一个问题,在基因克隆、测序时尤其要加以注意。Taq DNA 聚合酶的应用使 PCR 技术得以自动化,并迅速发展,成为基因工程操作中最基本、应用极其广泛的技术。

Taq DNA 聚合酶还具有末端转移酶活性,在 PCR 产物 $3'$ 端添加一个核苷酸(通常为 A);或只有 dTTP 存在时,在平末端 DNA $3'$ 端添加一个 T。这是 DNA 重组时 A/T 克隆的基础。

此外,Taq DNA 聚合酶还具有反转录活性,其作用类似反转录酶,65～68 ℃、有 Mn^{2+} 存在时反转录活性更高。

目前使用的 Taq DNA 聚合酶多是经过改造的重组酶,具有较宽的 Mg^{2+} 最适浓度、较低的持续合成能力(可减少错配)和较高的热稳定性。

(2) Tth DNA 聚合酶 源于嗜热菌 $Thermus\ thermophilus$ HB8 菌株,活性是 Taq DNA 聚合酶的 100 倍。与 Taq DNA 聚合酶相似,有 $5'{\rightarrow}3'$ 外切活性、无 $3'{\rightarrow}5'$ 外切活性,可在产物末端添加 A。在高温(70 ℃)、Mn^{2+} 存在条件下,能使 RNA 有效反转录,加入 Mg^{2+} 后聚合活性大为增加,这样 cDNA 合成与 DNA 扩增便可使用一种酶催化完成。

2) 高保真耐热 DNA 聚合酶 由于普通耐热 Taq DNA 聚合酶不具有校正功能,在一些要求较高的实验中应用受到限制。基因克隆、测序、突变分析等研究中,错配率要降到 10^{-6} 以下,一般是使 DNA 聚合酶具备 $3'{\rightarrow}5'$ 外切活性,获得校正功能。开发的产品有两种类型:一是混合型高保真 DNA 聚合酶,将具备校正功能的酶与普通 Taq 酶(提高扩增效率)混合而成;二是单一型高保真聚合酶。

(1) Pfu DNA 聚合酶 从海洋细菌 $Pyrococcus\ furiosus$ 中提取,无 $5'{\rightarrow}3'$ 外切活性,有 $3'{\rightarrow}5'$ 外切活性,产物错配率极低,PCR 产物为平末端结构,可扩增长片段 DNA,能有效掺入放射物标记的核苷酸及类似物。

(2) $Vent$ DNA 聚合酶 从深海嗜热球菌中获得,具有很高的热稳定性,100 ℃条件下半衰期为 95 min。这种酶无 $5'{\rightarrow}3'$ 外切活性,有 $3'{\rightarrow}5'$ 外切活性,具有校正功能,能有效去除错配碱基,产物为平末端结构,可用于扩增超过 12 kb 的片段。

3) DNA 测序中的耐热 DNA 聚合酶 DNA 测序对聚合酶的要求极高,否则将导致结果偏差。因此,开发出了保真性更好的 DNA 聚合酶。

(1) 测序级 Taq DNA 聚合酶 对 Taq DNA 聚合酶进行了修饰,除去 $5'{\rightarrow}3'$ 外切活性,以保证测序结果高度准确,能产生强度均一的测序条带,而且背景噪声信号小。

(2) Bca Best DNA 聚合酶 源于热坚芽孢杆菌($Bacillus\ caldotenax$)YT-G 菌株,$5'{\rightarrow}3'$ 外切活性被去除,持续合成能力较强,可抑制 DNA 形成二级结构,测序条带均一。

(3) Sac DNA 聚合酶 从酸热浴流化裂片菌中获得,不具 $3'{\rightarrow}5'$ 外切活性,用于测序时 ddNTP/dNTP 值较其他类型酶高。

3. T4 DNA 聚合酶 T4 DNA 聚合酶来自 T4 噬菌体,有 $5'{\rightarrow}3'$ 聚合活性、$3'{\rightarrow}5'$ 外切活性,不具有 $5'{\rightarrow}3'$ 外切活性。四种 dNTP 存在时聚合活性占主导,需要有引物及单链 DNA 为模板。无 dNTP 时可从任何 $3'$-OH 端外切;只有一种 dNTP 时,外切至互补的核苷酸(取代反应)。

T4 DNA 聚合酶可用于:①抹平限制酶产生的 $3'$ 突出端;②以取代反应标记末端或平端的双链 DNA;③以 $3'{\rightarrow}5'$ 外切方式部分消化双链 DNA,标记 DNA 片段制备核酸探针。

4. 反转录酶 反转录酶(reverse transcriptase)是依赖于 RNA 的 DNA 聚合酶,具有 $5'{\rightarrow}3'$ 聚合活性,以 RNA 为模板合成 cDNA 链(需要引物)。同时还具有 $3'{\rightarrow}5'$ 及 $5'{\rightarrow}3'$ RNA 外切活性(RNaseH)。

反转录酶源于反转录病毒。目前已商品化经常使用的有禽源(AMV)及鼠源(M-MLV)两种反转录酶,其中鼠源反转录酶被除去了 RNaseH 活性。

反转录酶是基因工程操作中经常用到的聚合酶,经常用于反转录 PCR(RT-PCR),可用于以 mRNA 为材料的基因克隆、cDNA 文库构建等研究。

聚合酶类还有 RNA 聚合酶(RNA polymerase),是依赖于 DNA 的 RNA 聚合酶,以 DNA 链为模板催化合成 RNA(转录),基因工程操作中可用于 DNA 细胞外转录、RNA 探针制备、制作 RNA 剪接反应(RNA splicing)的前体、以帽子类似物(cap analog)为引物制作 capped mRNA 等,在此不做过多阐述。

23.2.3 DNA 连接酶

DNA 连接酶(DNA ligase)催化双链 DNA 缺口(nick)处的 5′-P 和 3′-OH 生成磷酸二酯键,实现连接反应,需要能量,$E.coli$ 及其他细菌以 NAD$^+$ 为能量来源,动物细胞和噬菌体则以 ATP 为能量来源。

连接酶是 DNA 重组不可缺少的工具,相当于针线,没有连接酶 DNA 重组将无法进行。连接酶可用于:①修复双链 DNA 缺口处的磷酸二酯键,如酶切片段连接;②修复与 RNA 结合的 DNA 链上缺口处的磷酸二酯键;③连接平末端双链 DNA 分子(T4 DNA 连接酶),$E.coli$ DNA 连接酶不能用于平末端连接。

1. T4 DNA 连接酶 来源于 T4 噬菌体,可催化黏末端、缺口 DNA 连接,也可以催化平末端 DNA 或 RNA 连接,但连接 RNA 效率较低。低浓度 PEG(10%)和单价阳离子(150~200 mmol/L NaCl)可提高其平末端连接效率。

连接时需要 ATP,16 ℃条件下一般需要 4 h,4 ℃连接一般采取过夜连接(12~13 h)。已有厂家研制出快速 T4 DNA 连接酶,室温下几分钟即可完成黏末端或平末端连接。

2. 大肠杆菌 DNA 连接酶 功能与 T4 DNA 连接酶相似,需要 NAD$^+$,平末端连接效率低(一般不用),也不能连接 DNA-RNA 及 RNA-RNA。

3. Taq DNA 连接酶 可连接结合到单链 DNA 上的相邻寡核苷酸间的缺口,需要 NAD$^+$,作用温度 45~65 ℃。其可用于检测等位基因间的变化,或在 PCR 扩增时引入寡核苷酸,不能替代 T4 DNA 连接酶。

23.2.4 核酸酶

核酸酶类型较多,功能各异。

1. 双链核酸外切酶

(1) 核酸外切酶Ⅲ(ExoⅢ) 如 $E.coli$ ExoⅢ特异性从 3′端外切(图 23-14)。

(2) λ核酸外切酶(λExo) 特异性从 5′端外切(图 23-15)。

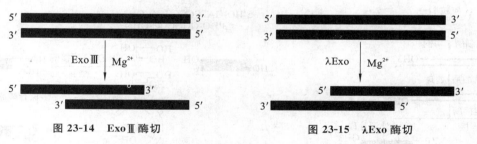

图 23-14 ExoⅢ酶切　　　　图 23-15 λExo 酶切

(3) Bal 31 核酸酶 源于海洋细菌埃氏交替单胞菌($Alteromonas\ espejiana$),从线性双链 DNA 3′端外切逐个移走单核苷酸(主要活性),也具有单链核酸内切酶活性(较弱)。Bal 31 核酸酶为 Ca^{2+} 依赖性酶,酶活性稳定、均匀,且与浓度呈线性关系,基因工程中经常用于截短 DNA 分子,构建嵌套缺失文库。

上述这些酶可用于基因体外诱变等研究。

2. 单链核酸外切酶 如核酸外切酶Ⅶ(ExoⅦ)(图 23-16)。$E.coli$ ExoⅦ不需要 Mg^{2+} 辅助。

3. 单链核酸内切酶 如源于稻谷曲霉菌的 S1 核酸酶(图 23-17),降解单链 DNA 比双链 DNA 快 75000 倍,比单链 RNA 快 7 倍。最适 pH 值为 4.0~4.3,酶切需要 Zn^{2+}、NaCl(10~300 mmol/L)。

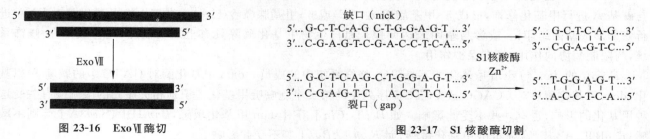

图 23-16 ExoⅦ酶切　　　　图 23-17 S1 核酸酶切割

S1 核酸酶用途较多:①去除 DNA 单链突出端,成为平末端,用于片段间连接;②去除 cDNA 合成时发夹中的单链部分;③进行 S1 核酸酶保护实验,分析转录产物;④成熟 mRNA 与基因组 DNA 杂交分子经 S1 核酸酶降解,以确定内含子位置;⑤修整渐进性删除突变的末端。

4. DNase I 来源于牛的胰脏,具有核酸内切酶活性,优先从嘧啶位点降解双链或单链 DNA。Mg^{2+} 存在时独立作用于每条 DNA 链,而且随机切割;Mn^{2+} 存在时,可在 DNA 分子中两条单核苷酸链大致相同位置切割,产生平末端分子或 $1\sim2$ bp 突出的产物。

DNase I 用途非常广泛,是基因工程操作中经常使用的核酸酶。如去除 RNA 产物中的 DNA 污染,用于缺口平移标记核酸探针,产生 DNA 嵌套缺失片段,DNA 足迹分析等。

5. RNaseH 核酸内切酶,特异性降解 DNA-RNA 分子中的 RNA,不具有其他活性。很多酶附带有这种活性(如 AMV 反转录酶),主要用于 cDNA 第二条链合成时去除 DNA-RNA 杂交分子中的 RNA。

6. 拓扑异构酶(topoisomerase) I 一般来自小牛胸腺。可瞬时破坏并再生磷酸二酯键,这种活性经常用于超螺旋去除。该酶对超螺旋相对不敏感,不受 EDTA 影响。与原核拓扑异构酶 I 不同,可同时消除正、负超螺旋。有些质粒产物处于超螺旋状态时很难被限制酶切割,此时可用拓扑异构酶处理后,再用限制酶消化。

23.2.5 核酸修饰酶

1. 碱性磷酸(单酯)酶(alkaline phosphatase) 来源广泛,如小牛胸腺碱性磷酸酶(CIP)、牛小肠碱性磷酸酶(CIAP)、虾碱性磷酸酶(SAP)、大肠杆菌碱性磷酸酶(BAP)等。碱性磷酸酶可去除核酸末端的磷酸基团,暴露出—OH。其作用是防止 DNA 连接时发生分子内自身环化连接(图 23-18),提高分子间连接效率,这种处理在单一限制酶切割产物连接中经常被使用。

2. T4-多核苷酸(磷酸)激酶(T4-PNK) 一种磷酸化酶,可在单(或双)链 DNA(或 RNA)的 5'-OH 加上磷酸基团;有过量 ATP 存在时,可以先将 DNA 5'-P 基团移除,而后重新加上磷酸基团。添加磷酸基团时,如果使用带有同位素标记的磷酸基团,可用于制备末端标记的核酸探针,或用于 DNA 测序,或者用于接头连接(图 23-19);也可与碱性磷酸酶配合使用。

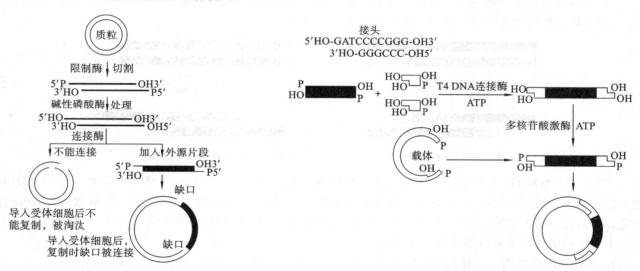

图 23-18　碱性磷酸酶处理后防止自身环化　　　　图 23-19　多核苷酸激酶用于接头连接

3. DNA 甲基化酶 原核生物与真核生物存在大量的甲基化酶(methylase),可对 DNA 分子中的碱基 C 与碱基 A 进行甲基化修饰,形成 5'-甲基胞嘧啶(^{m5}C)或 6'-甲基腺嘌呤(^{m6}A)。真核生物甲基化酶对 DNA 进行修饰形成基因组印记,或参与基因表达调控。原核生物甲基化酶除具有上述功能外,还构成限制-修饰系统,与限制酶协同作用,具有保护作用。

E. coli 的 dam 与 dcm 甲基化酶不是限制-修饰系统中的成员。dam 甲基化酶对 GATC 中的碱基 A 甲基化,dcm 甲基化酶可对 CCAGG 或 CCTGG 序列中的第二个胞嘧啶甲基化。识别相关序列的限制酶有些受这种甲基化的影响,也有一些不受此影响。如 Bcl I、Cla I 等对 dam 甲基化敏感,BamH I、Sau3A I 等则不敏感;EcoR II、Apa I 等对 dcm 甲基化敏感,而 Kpn I、Bgl I 等不受此影响。

构成限制-修饰系统的甲基化酶一般对限制酶的影响较大。E. coli 中至少有三种依赖于甲基化的限制系统,识别序列各不相同,但只识别甲基化的序列。如 Mrr 系统降解 ^{m6}A/A、McrA 系统降解 A^{m5}CG,McrB 系统降解 Pu^{m5}C,这三个系统都不降解 dcm 产生的甲基化位点,Mrr 系统则不降解 dam 产生的甲基化位点。限制-修饰系统中的限制酶与甲基化酶相互影响类型较多,在此不做详细叙述。

基因工程操作时,甲基化酶可用来修饰限制酶位点,使其失去或获得新的酶切位点。当然,在绘制基因组物理图谱时应该注意甲基化所产生的影响。

23.3　基因工程载体

23.3.1　概述

基因载体(vector)是将目的基因(或 DNA)携带到宿主细胞中,使其得到复制或表达的 DNA 分子。要实现 DNA 在宿主细胞中的复制或表达,除要求有合适的受体细胞外,载体及外源 DNA 也必须满足特定条件,具备相关的组件(顺式元件)。载体是 DNA 转移的运输工具,也提供上述必要的信息。

1. 载体类型　目前,基因工程操作中使用的载体基本为人工改造的,有不同的分类方法。

(1) 根据来源分类　质粒载体、噬菌体载体、病毒载体、人工染色体载体等。

(2) 按功能和用途分类　①克隆载体,用于基因(DNA 片段)的保存、扩增、测序等;②表达载体,主要用于外源基因的表达,又分为胞内表达和分泌型表达载体,如果拷贝数较高也可以作为克隆载体使用。

(3) 按性质分类　①整合载体,可以将外源片段插入宿主染色体组中的载体,可以稳定遗传;②非整合载体,游离于细胞质中存在的载体,有些类型遗传不稳定,容易丢失。

(4) 根据受体细胞分类　原核细胞载体和真核细胞载体。

(5) 根据使用目的分类　测序载体、克隆-转录载体和基因调控报告载体等。

2. 载体功能　载体具有如下作用:①运送外源基因高效导入受体细胞;②为外源基因提供复制能力或整合能力;③为外源基因的复制扩增或表达提供必要的条件。

3. 载体特性　载体必须具备如下条件。

(1) 能在宿主细胞内独立、稳定地自我复制,或整合到染色体 DNA 上,随染色体同步复制,载体中插入外源基因后,仍可保持稳定的复制和遗传。

(2) 容易导入宿主细胞(效率越高越好),易于从宿主细胞中分离,并进行纯化。

(3) 具有供外源基因插入的限制酶位点(一般为多克隆位点),且不影响载体及宿主细胞的功能。

(4) 具有可观察的表型特征(遗传标记基因),插入外源基因后可作为重组 DNA 的选择标记。

(5) 载体自身分子量较小,可容纳较大的外源基因片段。

(6) 拷贝数较高,便于外源基因在细胞内大量扩增。

(7) 在细胞内稳定性高,使重组体稳定传代而不易丢失。

(8) 安全性高,不含对受体细胞有害的基因,且不会任意转入除受体细胞外的其他细胞。

载体中的遗传标记基因(报告基因)有两类:①选择标记基因,用以证明载体已经进入宿主细胞(转化子)的基因,以便筛选;②筛选标记基因,可以将含有目的基因的宿主细胞(重组子)从其他细胞中识别、区分、挑选出来,具有特殊标志意义的基因,用来区别重组质粒与非重组质粒。常用的报告基因有细菌抗药性基因、氯霉素乙酰转移酶基因(cat)、萤火虫荧光素酶基因(lux)、绿色荧光蛋白基因(gfp)等。

4. 表达载体(expression vector)　表达载体是能使克隆于特定位点的外源基因在宿主细胞中正常转录,并翻译成相应蛋白质的载体。表达载体基本组件应该有复制子、遗传标记基因、多克隆位点,启动子及操纵序列、转录及翻译信号等。只要外源基因按正确读码方向插入表达载体启动子下游的多克隆位点处,导入宿主细胞后,在特定条件下外源基因即可获得转录和翻译。

转录区不同组件可以构成多种类型的表达载体(图 23-20)。

标准型含有需要表达的外源 DNA 序列,导入受体细胞后可以表达,而且在信号肽引导下产物可以分泌。Ⅰ型含有转录起始区(调控序列＋启动子)和终止子,在插入位点连接外源 DNA 后,可以实现外源 DNA 的转录,但由于 mRNA 不含翻译起始序列,因此不能合成多肽产物。Ⅱ型含有转录起始区、翻译起始区(核糖体结合序列)和终止子,在插入位点连接外源 DNA 后,可以实现外源 DNA 的转录及翻译,但产物不能分泌。Ⅲ型具备转录和翻译的组件,只要将外源 DNA 重组到插入位点,在读码框正确的条件下,即可以实现外源 DNA

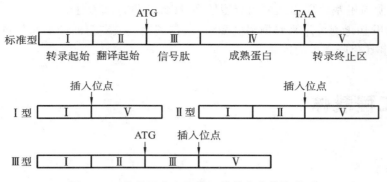

图 23-20　转录区含有不同组件的表达载体类型

的分泌型表达。

5. 克隆载体(cloning vector)　用于 DNA 扩增的克隆载体只需三个最基本组件:复制子、遗传标记基因、多克隆位点。

克隆载体是基因工程研究中的基本工具,主要用于 DNA 片段的扩增。虽然真核细胞中也有一些载体可用于 DNA 扩增,但出于各种因素考虑,人们更习惯用原核细胞进行 DNA 扩增,因此克隆载体以原核为主。

1) 克隆载体构建的基本原则　克隆载体构建应以载体用途为基准,选择不同的组件,同时可参考以下几个方面。①选用合适的出发质粒;②准确获得构建载体的元件;③组装合适的遗传标记基因;④力求构建过程简单、经济。

2) 克隆载体构建的基本策略

(1) 载体组件应与受体细胞相应系统匹配,能够有效复制。在可能的情况下,每个细胞中尽量具有较高的拷贝数,以利于质粒提取。关键组件是复制起始位点(ori),最好选用松弛型质粒的 ori 序列,同时宿主细胞的基因型应允许高拷贝质粒存在。

(2) 载体中要有合适的外源 DNA 插入位点(限制酶位点),这样的克隆位点越多越方便,而且每个酶切位点最好是单一的。天然质粒序列很难满足要求,现在采用人工合成的一段含有多种常见限制酶单一位点的双链 DNA 连接到载体中,以便于多种末端类型的外源 DNA 插入和切离,这样的序列被称为多克隆位点(multiple cloning site,MCS)。

(3) 装载合适的遗传标记基因,以便转化子的筛选(见前文)。载体中最好有两种以上的标记基因,以便同时利用多种方法鉴定,避免假阳性结果,也可以利用标记基因中的酶切位点插入外源片段,通过插入失活(insertional inactivation)进行筛选。常用的标记基因:①耐药性基因,如氨苄青霉素抗性基因(Amp^r 或 Ap^r)、四环素抗性基因(Tet^r 或 Tc^r)、链霉素抗性基因(Str^r 或 Sm^r)、氯霉素抗性基因(Cml^r 或 Cm^r)、卡那霉素抗性基因(Kan^r 或 Km^r)(表 23-7)等;②表型标记基因,如萤火虫荧光素酶基因(lux)、绿色荧光蛋白基因(gfp)、乳糖操纵子基因($lacZ$)等。

表 23-7　常见抗生素作用机制

抗　生　素	作　用　方　式	抗　性　机　制
氨苄青霉素(Amp)	干扰细菌细胞壁合成,抑制细菌增殖	Amp^r 编码的 β-内酰胺酶破坏氨苄青霉素 β-内酰胺环,使其失去功能
四环素(Tet)	与核糖体 30S 亚基结合,抑制蛋白质合成,杀死细菌	Tet^r 编码的特异性酶对细胞膜进行修饰,阻止四环素运输到细胞内
链霉素(Str)	与核糖体 30S 亚基结合,导致 mRNA 发生错译,杀死细菌	Str^r 编码的特异性酶修饰链霉素,抑制其与核糖体 30S 亚基结合
氯霉素(Cml)	与核糖体 50S 亚基结合,干扰蛋白质合成,并阻止肽键形成,杀死细菌	Cml^r 编码的乙酰转移酶使氯霉素乙酰化而失活
卡那霉素(Kan)	与 70S 核糖体结合,导致 mRNA 错读,杀死细菌	Kan^r 编码的氨基糖苷磷酸转移酶修饰卡那霉素,阻止其与核糖体发生作用

（4）载体 DNA 自身分子量尽可能小，以便提高外源 DNA 的容量和转化效率。当重组质粒大于 15 kb 时，常规导入方法转化率明显降低，当然也可以利用其他高效转化技术解决这个问题。

（5）根据一些特殊需要，可在载体中装载特殊功能的组件。如加入与宿主细胞染色体同源性片段或转座子元件，通过重组使载体插入受体细胞 DNA 中，提高载体的稳定性。如果是表达载体，也可以加入诱导型启动子、增强子、绝缘子、强终止子等组件。

3）克隆载体的用途　克隆载体用途广泛，常用于：①目的基因保存或扩增；②基因文库构建；③目的基因测序；④制作核酸探针。

23.3.2　质粒载体

质粒（plasmid）是细胞中独立于染色体进行自我复制的核酸分子，是细胞质中的共生体。所谓共生体（symbiont）是细胞生存非必需组分，以共生形式存在于细胞质中，能自我复制或在核基因作用下复制，对宿主表型可能产生一些影响，为细胞质遗传。

1. 一般特性　质粒不含组蛋白成分，是裸露的核酸分子。绝大多数质粒为环状双链 DNA（dsDNA），变性条件下可以成为单链 DNA（ssDNA），大小为 2～300 kb。眼虫、衣藻等极少数真核细胞中存在线性质粒，也有 RNA 质粒（如酵母的杀伤质粒（killer plasmid））。

质粒大多存在于原核细胞中，如大肠杆菌中最早发现的 F 因子（fertility factor，致育因子），抗药性质粒 R 因子（R factor），产生大肠菌素（colicin）的细菌素（bacteriocin）生成质粒——Col 质粒等。

某些蓝藻、真菌、绿藻等少数真核细胞中也存在质粒，但不如原核生物普遍。真核细胞质粒遗传与细胞器相似，大多无表型效应。如酵母核质中的 2-μ 环状质粒，粗糙链孢霉（*Neurospora crassa*）的 Kalilo 质粒，果蝇细胞中的 σ 病毒（导致 CO_2 敏感），玉米雄性不育的线粒体线性质粒 S1 和 S2 等。

质粒载体（plasmid vector）是以天然质粒 DNA 分子为基础，经重组、改造而成的载体。考虑到稳定性、转移效率等因素，构建的质粒载体结构上一般为共价、闭合、环状（covalent-close-circularity）的 DNA（CCC-DNA）。生理状态下质粒常以超螺旋（super helix）环状形式（SC-DNA）存在。在质粒提取过程中，如果单核苷酸链受到破坏，磷酸二酯键断裂，不同程度地释放超螺旋，可形成多种不同构象的开环状态（OC-DNA）（这些分子量相同的质粒电泳时迁移速度不同）（图 23-21），相邻处两条单核苷酸链同时发生断裂，则形成线性分子（L-DNA）。分子量相同、构象不同的质粒电泳时迁移速度由慢至快依次为 OC-DNA（无超螺旋）、L-DNA、OC-DNA（有少量超螺旋）、SC-DNA。

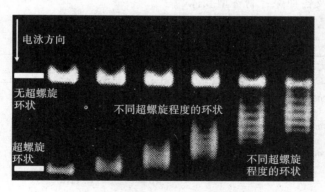

图 23-21　不同超螺旋质粒泳动速度

质粒 DNA 分子小的不到 2 kb，大的超过 100 kb，多数质粒为 10 kb 左右。表 23-8 所示为一些质粒的分子量。

表 23-8　一些质粒的分子量

质粒	宿主	分子量/kb	质粒	宿主	分子量/kb
pPbS	蓝藻	1.5	F	大肠杆菌	94
ColE1	大肠杆菌	6.4	ColV2	大肠杆菌	140
PV21	三叶草根瘤菌	700	Ti	根癌农杆菌	约 330

质粒拷贝数是指标准培养基中每个宿主细胞内所含质粒的数量。根据拷贝数的多少,质粒分为两种类型:①严紧型(stringent control),拷贝数较少,一般每个细胞1~5个;②松弛型(relaxed control),拷贝数较多,一般每个细胞10~200个。表23-9所示为一些质粒的拷贝数。

表 23-9 一些质粒的拷贝数

质粒	拷贝数/个	质粒	拷贝数/个
ColE1	10~18	ColE2	10~15
ColV2	1~2	F	1~2
R100	1~2	R6K	13
Ri	1~3		

外源基因高效表达时,考虑到对宿主细胞代谢负荷的影响,一般使用严紧型质粒作为表达载体。松弛型质粒复制不受宿主细胞蛋白质合成的影响,即使宿主蛋白质合成受到抑制,质粒DNA复制照常进行,因此大多作为克隆载体,早期的一些质粒为了在提取时获得较高的产量,可以在菌体培养一段时间后用氯霉素处理,此时菌体蛋白质合成受到抑制,不再分裂增殖,但质粒DNA复制正常,经过这种处理可以从较少的菌体中提取更多的质粒DNA。

在没有选择压力的条件下,两种亲源关系密切的质粒,不能在同一宿主细胞内稳定共存,这种现象称为质粒不相容性(incompatibility),或称质粒不亲和性。其原因是共用一套宿主细胞的复制、表达系统,出现竞争。

2. 质粒载体的用途 质粒载体用途广泛,是基因工程操作最基本的工具。其主要用途:①克隆、保存小于2 kb的目的DNA;②构建基因组或cDNA文库,但外源DNA的容量较小;③用于目的基因测序;④作为核酸杂交时探针的来源;⑤表达插入DNA片段,获得蛋白质或多肽产物。

3. 质粒载体的发展概况 第一阶段,1977年以前,基因工程技术产生的初期,主要进行天然质粒改造和重组质粒构建等研究。其间出现了pSC101、ColE1、pCR、pBR313和pBR322等质粒。

第二阶段,以降低载体自身分子量、增加载体容量为主,同时构建了多克隆位点序列,筛选了新的遗传标记基因。此时产生了pUC系列载体。

第三阶段,进一步完善载体功能,以满足不同需要。如构建的M13 mp系列载体,含T3、T7、sp6启动子载体,其他特殊表达型载体及各种探针制备型载体。

4. 常用质粒 一些常见质粒的特性如表23-10所示。

表 23-10 一些常见质粒的特性

质粒	来源	大小/kb	拷贝数/个	遗传标记	用途
pSC101	天然(*E. coli*)	9.1	1~2	*Tet*^{r}	克隆载体
ColE1	天然(*E. coli*)	6.4	10~18	E1	克隆载体
pMB1	天然(*E. coli*)	7.8	15~20	E1	克隆载体
pCR1	ColE1	11.4	10~18	E1、*Kan*^{r}	克隆载体
pBR322	pMB1	4.4	15~20	*Amp*^{r}、*Tet*^{r}	克隆载体
pUC系列	pMB1(突变)	2.7	500~700	*Amp*^{r}	克隆载体
pET系列	pMB1	5~6	15~20	*Amp*^{r}、*Kan*^{r} 等	表达载体(T7)
pGEM系列	pMB1(突变)	约2.7	300~700	*Amp*^{r}	克隆与表达载体(T7)

(1) pSC101 源于大肠杆菌的野生质粒,是最早用于基因工程研究的质粒。严紧型,每个宿主细胞含1~2个拷贝,分子量为9.09 kb($5.8×10^6$ Da),含四环素抗性基因(*Tet*^{r}),有 *Hind*Ⅲ、*Eco*RⅠ、*Bam*HⅠ、*Sal*Ⅰ、*Xho*Ⅰ、*Pvu*Ⅱ、*Hpa*Ⅰ七种限制酶单一位点,*Hind*Ⅲ、*Bam*HⅠ、*Sal*Ⅰ位点插入外源DNA导致 *Tet*^{r} 基因失活(图23-22)。

　　S. Cohen 等人首次进行了 pSC101 的重组操作,获得了具有功能的两种抗性重组载体。1974 年,J. F. Morrow 将非洲爪蟾 rDNA 序列 *Eco*R I 酶切片段连接到 pSC101 中,所鉴定的 55 个转化子中有 13 个含外源片段,重组率为 23.6%。

　　(2) ColE1　大肠杆菌中的野生质粒,分子量为 6.4 kb(4.2×10^6 Da)。松弛型,每个细胞含 10~18 个拷贝,在宿主菌对数生长末期用氯霉素处理,拷贝数可达 1000~3000 个。

　　质粒中含有编码大肠菌素 E1 基因,其产物对敏感型大肠杆菌的正常生命活动(如复制、转录、翻译、能量代谢等)有抑制作用,并最终导致敏感菌停止生长。ColE1 中同时含有细菌素免疫基因(*imm*),因此含有 ColE1 的宿主菌不受大肠菌素的影响。

　　早期构建的很多质粒中含有 ColE1 的 E1 基因,作为选择标记基因,但由于操作不便逐渐被淘汰。ColE1 是很多质粒构建的基础。

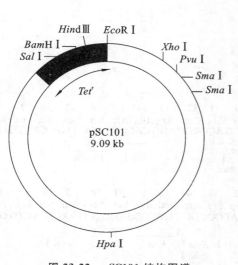

图 23-22　pSC101 结构图谱

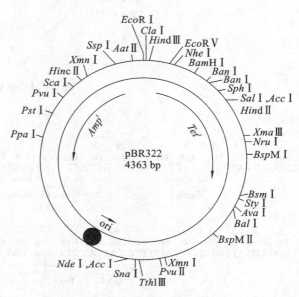

图 23-23　pBR322 结构图谱

　　(3) pBR322　人工改造的载体。松弛型,每个细胞含 50~100 个拷贝,用氯霉素处理可得到有效扩增。分子量较小(4363 bp),含有 pSF2124 质粒转座子 Tn3 的 *Amp*ʳ 基因、pSC101 的 *Tet*ʳ 基因、ColE1 派生质粒 pMB1 的复制起点(图 23-23)。有 5 种限制酶单一位点,限制酶消化片段大小明确,可以作为 DNA 分子质量标准(DNA marker)。pBR322 为克隆载体,可用于 DNA 的扩增。

　　(4) pUC 系列质粒　由美国加利福尼亚大学(University of California)构建而成,故此得名。该质粒具有很多优势,在基因工程研究中应用极其广泛,既可以作为克隆载体,也可作为表达载体。

　　pUC 载体是以 pBR322 为基础改造而成,分子量约为 2.7 kb,每个细胞拷贝数高达 2000~3000 个。含有 pBR322 的复制起点、*Amp*ʳ 基因、*lacZ* 启动子(或 *lacZ'* 片段)(图 23-24),具有良好的多克隆位点(图 23-25),使用非常方便。

　　lacZ' 是在 *lacZ* 启动子近 5' 端引入了 MCS 片段,插入后不影响读码框,可以正常编码多肽链。由于含有 *lacZ* 启动子,经诱导后可以表达插入的外源片段,表达产物为融合蛋白。

　　当外源 DNA 重组到 MCS 时,破坏了 *lacZ* 基因的读码框,宿主细胞被诱导时不能合成有活性的 β-半乳糖苷酶,无法水解 X-gal(5-溴-4-氯-3-吲哚-β-D-半乳糖苷)形成蓝色产物,此时菌落为白色。如果 MCS 序列中没有插入外源 DNA 片段,载体导入宿主细胞,经诱导后菌体产生有活性的 β-半乳糖苷酶,水解 X-gal 形成无色的半乳糖和深蓝色的 5-溴-4-氯靛蓝,此时菌落为蓝色(图 23-26)。这就是所谓的"蓝白斑反应"(blue white spot reaction),这种方法筛选含有外源 DNA 片段的重组载体极其方便。

　　为了保证蓝白斑筛选的准确性,一般采用 α-互补(α-complementation)的策略。α-互补是指载体中含有编码 β-半乳糖苷酶 N 端肽(α-肽,146 个氨基酸)序列,突变型宿主菌只含有编码 β-半乳糖苷酶 C 端肽(ω-肽,1055 个氨基酸)序列,两个肽段表达后互补,产生具有活性的 β-半乳糖苷酶。因此,含有 *lacZ'* 序列的载体只有在特定宿主菌中才能发生 α-互补,进行蓝白斑筛选,如 pUC 系列载体的宿主菌为 DH5α 或 JM109(基因型为 *lacZ*ΔM15)。

　　pUC18 和 pUC19 的差别仅在于 MCS 互为反向,pUC18 MCS 中的 *Eco*R I 位点邻近 P$_{lac}$ 下游,而 pUC19

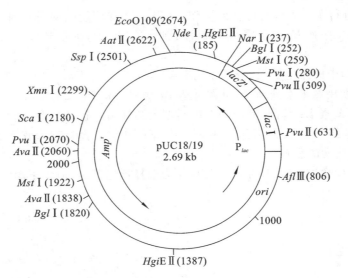

图 23-24 pUC18/19 结构图谱

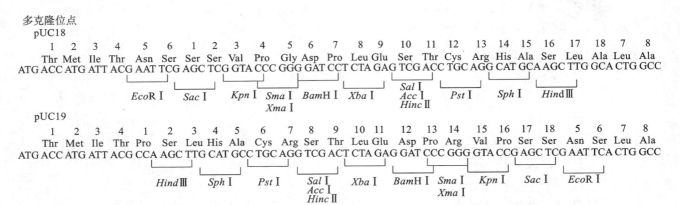

图 23-25 pUC18/19 的多克隆位点序列及所含限制酶位点

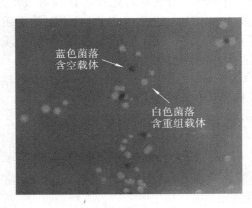

图 23-26 蓝白斑筛选

中则是 Hind Ⅲ 位点位于 P$_{lac}$ 下游（图 23-25）。这样设计的优势在于，如果不了解外源 DNA 的读码方向，若想在 pUC 载体中表达，可将其分别插入 pUC18 和 pUC19，由于两个载体对外源 DNA 的转录方向相反，因此总有一个是按正确方式转录的。

pUC 系列载体还有一个好处在于，载体上存在 M13 测序通用引物互补序列，对插入片段测序时不用额外设计测序引物（如果是未知序列也无法设计引物），使用时非常便利。

pUC 载体多用于基因克隆和测序研究，当然也可以实现外源片段的融合表达。

pUC 载体的优点：①分子量小，拷贝数高；②具有 lacZ′ 基因，筛选方便；③具有良好的多克隆位点，便于目的基因克隆；④可用载体上存在的 M13 通用引物进行外源 DNA 测序；⑤利用 lacZ 启动子可诱导外源基因融合表达。

（5）T-载体系列 为高效克隆、测序而设计的克隆载体，采用 A-T 克隆方式，DNA 末端有突出的碱基 A（或 T，一般为 A）可与之连接。很多 Taq 酶具有末端转移酶活性，在 PCR 产物 3′ 端添加 A，可直接与 T-载体连接（无须再进行限制酶处理）（载体经处理后含有 T），否则需要末端处理后再进行 A-T 克隆。T-载体有测序通用引物，非常便利。

常见商业化 T-载体有宝生物（TaKaRa）公司的 pMD 系列（pMD18/19/20-T，及对应的除去多克隆位点的 Simple 载体）（图 23-27），Promega 公司的 pGEM 系列（pGEM-T、pGEM-T Easy）（图 23-28）。

pMD-T 由 pUC 载体改造而成，在多克隆位点的 Xba Ⅰ 和 Sal Ⅰ 间加入了 EcoR Ⅴ 识别序列。试剂盒中 pMD 系列产品一般先用 EcoR Ⅴ 限制酶切割形成平末端线性分子，而后在仅有 dTTP 存在条件下，用 Taq 酶

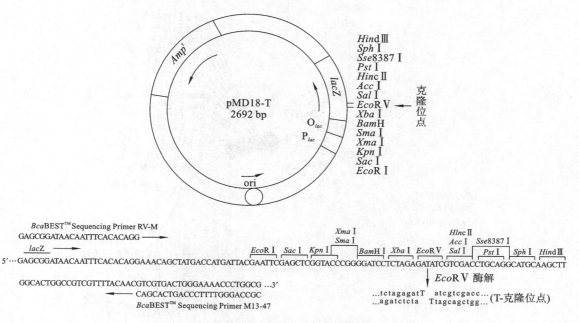

图 23-27　pMD18-T 结构图谱

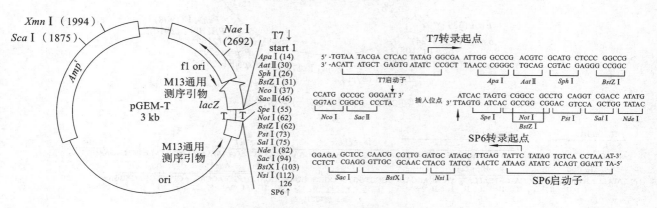

图 23-28　pGEM-T 结构图谱

72～75 ℃处理,在 DNA 分子末端加上碱基 T,这样的载体无需酶切即可直接与目的片段连接,但连接方向无法控制,属非定向克隆(较另一种非定向克隆——平末端连接,效率高出很多倍)。或者选用合适的限制酶(如 *Xcm* I)切割直接形成 3′端突出一个碱基 T 的线性分子,前提是多克隆位点中含有适当的酶切位点,如果没有这样的序列可以人工合成并连接到多克隆位点中。

pMD 和 pGEM 载体主要用于克隆、测序,可进行蓝白斑筛选。偶尔也用于表达,pMD 载体含有 *lacZ* 操纵子,诱导后可融合表达。pGEM 载体含有 T7 和 SP6 启动子,分别来源于 T7 噬菌体和 SP6 噬菌体,是高效表达的强启动子,但大肠杆菌 RNA 聚合酶不能识别这两种启动子,若想实现重组 pGEM 在大肠杆菌中表达,宿主菌必须含有编码 T7 或 SP6 RNA 聚合酶基因,如 *E. coli* BL21 菌株含有编码 T7 RNA 聚合酶的 DE3 片段,可表达外源基因。

(6) pET 系列载体　pET 系列载体是德国默克(Merck)公司旗下 Novagen 公司(著名的化学及制药公司)开发的原核表达载体,已成为该公司的金字招牌,有很多不同系列的载体(已有五十多个系列)、菌株可选择,是目前应用最为广泛、功能最强大的原核表达系统,在大肠杆菌中成功表达了类型多样的重组蛋白。

图 23-29 所示为常用的 pET-28a(＋)结构图谱。带有"＋"符号的 pET 表示含有 f1 噬菌体复制起始区(ori),可以制备单链 DNA 用于测序或突变研究,pET-28a(＋)还含有 pBR322 的复制起始区。

pET 载体一般含有卡那霉素(或氨苄青霉素)抗性基因。载体中具有信号肽编码序列,可以分泌表达。MCS 位于 *Bam*H I 至 *Xho* I 区域(图 23-30),含有多个常见限制酶位点,外源基因插入非常方便。

在多克隆位点上、下游不同位点含有多种表达序列标签(如 His·Tag),所表达的融合蛋白可以用金属螯合亲和层析分离、纯化,方便而快捷。标签与外源基因产物间有蛋白酶(如凝血酶)切割位点,表达的融合产物可以用蛋白酶处理以切除标签序列。

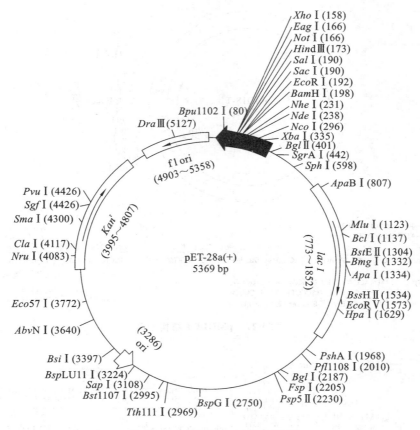

图 23-29　pET-28a(＋)结构图谱

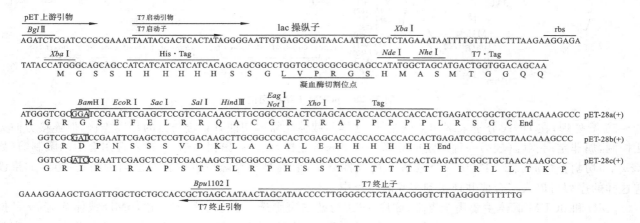

图 23-30　pET-28a(＋)MCS 区域结构及功能

pET 载体用于驱动外源基因表达的是 T7 启动子，因此要求宿主菌含有编码 T7 噬菌体 RNA 聚合酶基因(该酶较大肠杆菌 RNA 聚合酶 mRNA 合成速度快五倍)。大肠杆菌 BL21(DE3)、HMS174(DE3)菌株是 DE3 噬菌体(λ 噬菌体的衍生株)的溶原菌，染色体整合有 λ 噬菌体的 DE3 片段，插入了 lac Ⅰ、lacUV5 启动子和 T7 RNA 聚合酶基因，只有经 IPTG 诱导时才表达 T7 RNA 聚合酶，同时 pET 载体 T7 启动子上游含有 O_{lac} 序列，未诱导时即便有 T7 RNA 聚合酶，也不表达外源基因，这种双阻遏系统可避免 T7 强启动子因渗漏表达而导致宿主细胞代谢崩溃，该系统被称为 T7 表达系统，是一种设计极为精妙的高效表达体系。

表达外源 DNA 时，如果使用载体上的起始密码子，则有很多载体可供选择，因为很多型号的 pET 载体都有 a、b、c 三种类型，如 pET-28a(＋)、pET-28b(＋)和 pET-28c(＋)，三种载体分子量分别为 5369 kb、5368 kb、5367 kb，其区别在于 BamH Ⅰ 位点，与 pET-28a(＋)相比，pET-28b(＋)和 pET-28c(＋)分别缺失了 G、GG 碱基，之所以这样设计，是考虑到外源基因表达时读码框问题，由于 a、b、c 三种载体相差一个碱基，表达时有三种阅读框架，因此，无论什么样的外源 DNA 片段，分别插入到 a、b、c 三种载体中，总有一种类型会按照正确的读码方式表达外源基因，这也是 pET 表达载体的优势之一。

如果用外源 DNA 的起始密码子进行表达，Novagen 公司只提供了三种载体：pET-21(＋)、pET-23(＋)

和 pET-24(＋)。

更多信息请参看 Novagen 公司编制的系统操作手册(pET System Manual)。

pET 是原核表达载体,用途广泛。小量表达产物可用于蛋白质活性分析、筛选,突变分析,筛选配体相互作用,制备抗原等;大量表达产物可用于蛋白质结构研究,制备试剂或亲和基质等方面。

23.3.3　噬菌体载体

噬菌体是以细菌为宿主的病毒,结构简单,主要由蛋白质外壳及其内部的核酸(DNA 或 RNA)组成。噬菌体侵染宿主时,只将核酸注入菌体中,利用宿主细胞的复制、表达系统合成蛋白质及核酸,再组装成完整病毒。

野生噬菌体核酸分子经过改造,或利用其序列,可以构建成噬菌体载体(phage vector),用于基因工程研究。一般情况下,大多利用 DNA 病毒作为外源基因的载体。

1. λ 噬菌体载体　λ 噬菌体为 DNA 病毒,侵染大肠杆菌时只将 DNA 注入细胞,在宿主内独立复制。每个宿主可产生 100 个左右的子代噬菌体,以裂解方式释放;DNA 也可以整合到宿主染色体中,随宿主菌分裂而增殖(溶原状态)。

λ DNA 为线性双链分子,分子量为 48502 bp,5′端各有 12 bp(5′-GGGCGGCGACCT-3′)的突出单链,是可以互补配对的黏末端结构(称为 COS 位点),进入细胞后依靠 COS 位点及宿主的 DNA 连接酶、促旋酶(gyrase)形成环状分子,作为转录模板。

λ DNA 编码 30 个左右的基因,分为三个区域:①左臂,20 kb,含头、尾蛋白编码基因;②中央区,12～24 kb,为非必需区(可取代区);③右臂,约 10 kb,含复制、溶菌相关蛋白编码基因。

野生 λ 噬菌体 DNA 包装上限为 51 kb,外源 DNA 的容量仅为 2.5 kb。因此,构建 λ 噬菌体载体时,删除了中央区的非必需序列(占总 DNA 的 40%～50%),除去了重复的酶切位点(如 *Eco*R I 和 *Hind* III 位点),增加了一些单一酶切位点,插入适当的标记基因(如 *imm*434 和 *lacZ* 基因)。*imm*434 基因编码裂解阻遏物,插入外源 DNA 后失活,进入裂解周期形成透明的噬菌斑(未插入外源 DNA 则进入溶原周期,菌体生长缓慢,噬菌斑浑浊),*lacZ* 基因可用于蓝白斑筛选。

目前已构建的 λ 噬菌体载体分为两类。

(1) 置换型载体(replacement vector)　也称取代型载体。有两组互为反向的多克隆位点(也可以是两个酶切位点),其间所含的 DNA 片段可被外源 DNA 置换。载体对外源片段的容量为 5～20 kb,常用于构建基因组 DNA 文库。常见的如 λEMBL3/4(图 23-31)、gem-11、λNM762、Charon40 等。

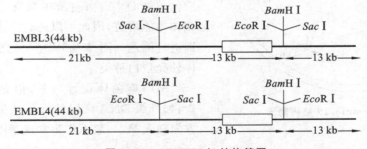

图 23-31　λEMBL3/4 结构简图

(2) 插入型载体(insertion vector)　只有一个限制酶位点或一组多克隆位点,在此位点酶切后可插入外源 DNA 片段。载体的容量为 5～7 kb,适于构建 cDNA 文库。如 λgt10/11(图 23-32)、λNM1149、Charon2、Charon6 等。

有一种特殊的 λ 噬菌体载体——凯伦(Charon)载体,是 F. R. Blattner 等人在 λ 噬菌体基础上改造而成,既有插入型(如 Charon2)也有替换型(如 Charon30),其用途十分广泛。

为了使重组 λ 噬菌体载体高效导入宿主细胞,一般采用体外包装成病毒颗粒,再侵染宿主细胞的方法(当然也可以直接采用转化、电击等方法)。现在已经有商品化的包装蛋白,出于安全考虑,包装蛋白一般分为互补的两部分:缺少 E 蛋白的组分、缺少 D 蛋白的组分。将两种蛋白组分同时与重组 λ 噬菌体 DNA 混合,即可形成具有感染能力的病毒颗粒。

λ 噬菌体载体的主要优点:①重组 λ DNA 体外可包装成噬菌体颗粒,能高效导入大肠杆菌;②外源 DNA 容量可达 25 kb 左右,远高于质粒载体;③重组 λ DNA 筛选、提取较为简便;④λ DNA 载体较适于克隆及扩增

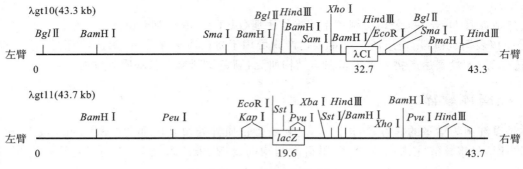

图 23-32　λgt10/11 结构简图

外源 DNA 片段,一般不用于外源基因表达。

2. M13 噬菌体载体　基因工程操作中经常使用单链 DNA,用于定点诱变、DNA 测序、单链 DNA 探针制备等研究,利用单链噬菌体载体可以非常方便地获得单链 DNA。以大肠杆菌为宿主的单链 DNA 丝状噬菌体有 M13、f1、fd 等。

M13 噬菌体为丝状长管形颗粒,只感染雄性大肠杆菌,不裂解宿主细胞,以分泌方式释放病毒颗粒,宿主细胞可继续生长和分裂。M13 噬菌体基因组为单链 DNA(正链),分子量为 6407 bp,有 11 个编码基因(占基因组的 90% 以上)。M13 DNA 进入宿主细胞后,首先形成环状双链,称为复制型 DNA(replicative form DNA,RF DNA),通过 θ 型复制进行扩增。病毒包装在周质腔(periplasm)中完成(只包装正链),不同于其他大多数噬菌体,对包装的单链 DNA 大小没有严格限制(可根据 DNA 大小进行调整),这种特性在 M13 噬菌体载体中非常有用。

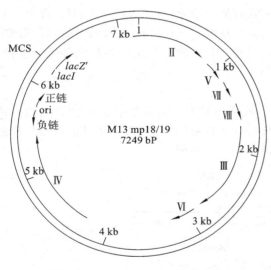

图 23-33　M13 mp18/19 结构简图

单链 DNA 酶切和连接非常不便,因此 M13 DNA 作为载体时使用的是 RF DNA。目前使用的 M13 噬菌体载体多为 M13 mp 系列(或者是其衍生载体),由重组的 M13 mp1 改造而成。M13 mp(图 23-33)载体含有 *lacZ'* 及 *lacI* 基因,可进行蓝白斑筛选;M13 mp 载体有很好的多克隆位点,载体一般是成对的,所含多克隆位点序列互为反向,常用的 M13 mp18/19 多克隆位点分别来自 pUC18/19,利用 ori 互为反向的复制,可以制备不同性质的单链 DNA;宿主菌中只有存在 F′因子时,M13 mp 载体才能增殖,因此可以通过 F′因子上的四环素抗性基因进行筛选。图 23-33 中罗马数字序号表示 M13 噬菌体外壳蛋白种类。

M13 噬菌体设计巧妙,但是有时会出现不稳定现象,如外源 DNA 区段的部分缺失、外源 DNA 总是以单方向插入等,一般不作为常规基因克隆载体,主要用于单链 DNA 的制备。

3. 噬菌粒(phagemid)　一种同时具有质粒和丝状噬菌体优势的载体,含有 ColE1 复制起始区、抗生素抗性基因和丝状噬菌体大间隔区。丝状噬菌体间隔区中含有 DNA 合成起始及终止、噬菌体颗粒形成所需的顺式作用元件。含噬菌粒的宿主菌被噬菌体感染后,通过滚环复制方式产生单链 DNA 并进行包装。

重组到噬菌粒中的 DNA 可以像在质粒中一样复制,当含有噬菌粒的宿主菌被丝状噬菌体(如 M13、f1 等)感染后,噬菌粒则以滚环方式复制,合成单链 DNA 产物,并包装于噬菌体颗粒中。

pUC118/119 是常用的噬菌粒载体,对插入的外源 DNA 片段大小不是很敏感,因此具有较大的容量。常用噬菌粒载体多是成对的,具有互为反向的多克隆位点,同时丝状噬菌体大间隔区也有不同方向,可以有选择性地扩增 DNA 双链中的一条。

噬菌粒的优势:①稳定、高产,具有质粒的特性,没有 M13 噬菌体载体那样的缺失突变;②避免了外源 DNA 从质粒亚克隆到噬菌体载体中的操作;③外源 DNA 容量可达 10 kb,能获得大片段单链 DNA 产物。

当然噬菌粒也存在一些问题,如:①需要 M13、f1 等作为辅助噬菌体,感染后才能合成单链 DNA 并包装;

②辅助噬菌体感染后，单链 DNA 产量低、重复性差，一般只有丝状噬菌体载体产量的 1/100～1/10。

23.3.4 动物病毒载体

质粒和噬菌体载体只能在细菌中复制，不能用于真核生物，有些蛋白质存在复杂的后加工修饰过程，如折叠、糖基化等，原核表达系统有时无法完成这些加工过程，因此要求以真核细胞为受体，这就需要构建真核表达载体。动物病毒 DNA 经过改造后可作为动物细胞的载体，常用于改造的病毒有腺病毒、猴空泡病毒（SV40）、多瘤病毒（BKV）、人痘病毒、昆虫杆状病毒等。

为了使用方便，动物病毒载体一般构建成穿梭载体。常用的标记基因有次黄嘌呤磷酸核糖转移酶（HPRT）基因、胸腺嘧啶核苷激酶（TK）基因、二氢叶酸还原酶（DHFR）基因等。目前构建的动物病毒载体多种多样，主要是利用原核生物载体及病毒元件组成，如哺乳动物荧光载体 pEGFP 系列、哺乳动物载体 pCMV 系列、昆虫表达载体 pFastBac 系列和 pIEXBac 系列等。这些载体一般作为表达载体，用于外源基因的细胞表达，也可用于个体性状改良，或用于基因治疗、制备生物反应器（bioreactor）、生产有价值蛋白产物或次生代谢产物。

23.3.5 植物载体

植物载体主要用于转基因植物制备或植物细胞表达。如常见的植物表达载体 pCAMBIA 系列、PBI 系列，农杆菌介导系统，植物 RNAi 载体 PKANNIBAL 等。

根癌农杆菌（*Agrobacterium tumefaciens*）中的 Ti 质粒和 Ri 质粒经过改造后，成为植物最常用的载体。根癌农杆菌（含 Ti 质粒）和发根农杆菌（含 Ri 质粒），侵染后分别使植物致瘤或引发毛状根。如图 23-34 所示，Ti 和 Ri 质粒都含有 DNA 转移区（T-DNA 区），侵染时进入宿主细胞中，在此插入外源 DNA，可以完成 DNA 的导入。改造后的 Ti 和 Ri 质粒载体也是穿梭载体，在大肠杆菌中扩增后一般需要以三亲交配（triparental mating）的方式导入农杆菌中，再利用农杆菌感染植物，完成基因导入。

早期农杆菌只能侵染双子叶和裸子植物，目前也可

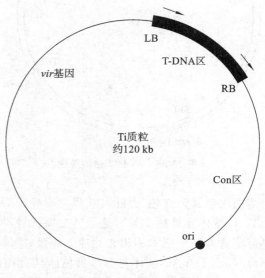

图 23-34 Ti 质粒结构简图

完成单子叶植物的基因导入。利用农杆菌介导，得到了大量的转基因植物，如转基因大豆、玉米、水稻等。农杆菌介导系统在植物基因工程研究中应用非常广泛。

23.3.6 人工染色体载体

普通载体能容纳的外源 DNA 片段大小一般都有限制，也就是说载体都有一定的容量。质粒载体的容量在 10 kb 以内，噬菌体载体一般为 15～24 kb，黏粒（柯斯质粒）为 35～45 kb。真核生物基因组测序、复杂的基因表达调控、多性状转基因改良等研究中，插入载体的外源片段分子量巨大，一般载体难以满足要求，于是出现了大容量的人工染色体载体。

人工染色体载体（artificial chromosome vector）是指利用染色体基本组件构建而成的载体。为了使用方便，人工染色体载体一般为穿梭载体。

所谓穿梭载体（shuttle vector）是可以在两种不同类型宿主细胞中复制的载体，多指既可在原核细胞中复制，也可以在真核细胞中复制的载体。这类载体同时含有原核及真核细胞两种性质的复制起始区、遗传标记基因，在原核细胞中以质粒方式复制，在真核细胞内按染色体 DNA 方式复制和传递；在原核细胞中一般采用抗生素抗性基因作为选择标记基因，真核细胞中常用与受体互补的营养缺陷型进行筛选。

人工染色体载体的基本结构：①质粒复制起始区（ori），在原核细胞中驱动 DNA 复制；②着丝粒（CEN），在真核细胞分裂时受纺锤丝牵引，使染色体移向两极，同时具有接收细胞信号使姐妹染色单体分开的功能；③端粒（TEL），防止染色体融合、降解，确保其完整复制，并参与细胞增殖调控；④自主复制起始序列（ARS），在真核细胞中驱动 DNA 复制；⑤适当的选择标记基因（原核及真核两类）；⑥多克隆位点（MCS）。

目前,人工染色体载体主要有噬菌体人工染色体(phage artificial chromosome,PAC)、细菌人工染色体(bacterial artificial chromosome,BAC)、酵母人工染色体(yeast artificial chromosome,YAC)、哺乳动物人工染色体(mammalian artificial chromosome,MAC)、人类人工染色体(human artificial chromosome,HAC)。

由于人工染色体载体具有染色体特性,理论上外源 DNA 的容量是无限的,但实际使用中容量一般为 100 kb~1 Mb。人工染色体载体一般作为克隆载体使用,当然添加表达组件后也可以充当表达载体。人工染色体载体在细胞分裂中非常稳定。

1. 酵母人工染色体(YAC) YAC 载体是最早构建的人工染色体载体,始建于 1983 年,出现后不断被完善。其作为克隆载体应用于人类基因组测序研究中,是该计划能够提前完成的关键因素之一。

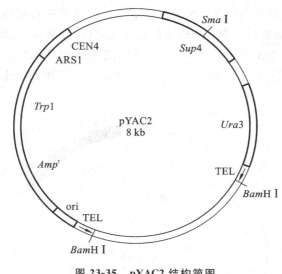

图 23-35　pYAC2 结构简图

YAC 载体的结构(图 23-35):①酵母着丝粒(CEN);②四膜虫端粒(TEL);③酵母自主复制序列(ARS);④遗传标记基因,抗生素抗性基因(如 Amp^r),酵母 $Trp1$(色氨酸合成途径中的第一个酶基因)、$Ura3$(尿嘧啶合成途径中的第三个酶基因);⑤$E.coli$ 复制子(ori);⑥克隆位点,位于 $Sup4$(酪氨酸 tRNA 赭石突变抑制基因)中,pYAC2 载体克隆位点的限制酶是 Sma Ⅰ,pYAC3、pYAC4 及 pYAC5 的克隆位点的限制酶分别是 $SnaB$ Ⅰ、$EcoR$ Ⅰ 和 Not Ⅰ。

以 pYAC2 为例,使用时环状载体先在大肠杆菌中扩增,提取纯化后,用 BamH Ⅰ 酶切使之线性化,外源 DNA 及线性化 pYAC2 同时用 Sma Ⅰ 酶切,连接,线性化重组 pYAC2 导入酵母细胞(其他片段也会导入酵母细胞,但在随后细胞增殖过程中被排除),外源 DNA 插入 $Sup4$ 基因后使其失活,导致 $Ade2$ 赭石突变宿主酵母菌落由白色转为红色,由此可获得含有外源 DNA 的重组子。

YAC 载体容量达 1 Mb,这是其主要优势,使用中也可能出现一些问题:①嵌合体比例较高,同一个 YAC 克隆可能含有两个原本不相邻的独立片段;②部分克隆子不稳定,在传代培养中可能会发生缺失或重排;③提取分离时,由于 YAC 载体与酵母染色体具有相似结构,因此较难与酵母染色体区分开;④由于片段较大,提取操作时容易发生染色体机械断裂。

2. 细菌人工染色体(BAC) BAC 是在 $E.coli$ F 质粒(F 因子)基础上构建的,容量为 100~300 kb,各种类型 pBAC 在 $E.coli$ 中只以单拷贝存在,非常稳定,也是 HGP 研究中的主要载体,可用于克隆大型基因簇(gene cluster)结构,或构建动物和植物基因组文库。

pBAC 载体的主要优势:①重组载体导入时,易于用电击法转化 $E.coli$,转化效率比酵母高 10~100 倍;②超螺旋环状结构,易于提取及操作;③F 质粒所携带的基因控制了质粒的复制($repE$ 控制复制,$parA$、$parB$ 控制拷贝数),遗传稳定,且很少出现嵌合及重排现象;④克隆位点两侧有 T7 和 Sp6 聚合酶启动子,可转录获得 RNA,或直接用于插入片段末端测序;⑤可通过菌落原位杂交筛选目的基因,方便快捷。

3. PAC 载体 基于 P1 噬菌体载体(P1 bacteriophage vector)和 BAC 载体构建而成。含有多种 P1 噬菌体的顺式作用元件,可插入 60~150 kb 的外源 DNA。载体含有 Kan^r、阳性标记 $sacB$、P1 复制子(使每个细胞含有约一个拷贝环状重组质粒),另有一个 P1 复制子(P1 裂解性复制子)在可诱导的 P_{lac} 控制下,用于 DNA 分离前质粒的扩增。

PAC 线性重组 DNA 体外可组装到 P1 噬菌体颗粒中,侵染表达 Cre 重组酶大肠杆菌后,线状 DNA 通过载体中的两个 loxP 位点发生环化,并以单拷贝质粒状态存在。PAC 载体操作要比 YAC 载体方便。

4. MAC 及 HAC 载体 哺乳动物人工染色体,含有哺乳动物或人类染色体复制起始区、端粒及着丝粒等功能元件,载体大小为 6~10 Mb,可容纳 6000~10000 kb,导入细胞后以单拷贝形式稳定存在,不整合到基因组中。

这类载体可携带非常大的外源 DNA,除了用于基因文库构建外,在转基因动物模型、复杂基因调控分析、基因治疗等方面具有重要价值。

目前已构建的载体数量众多,类型各异,可适应不同研究和应用的需求,除上述载体外,还有酵母表达载体 pPIC 系列、pYES 系列;信号通路载体 AP1、IFNβ、GAS 等;启动子检测载体 pEGFP-1、pkk232-8;分子伴侣载体 pGKJE8、pGro7、pTf16、pKJE7、pGTf2 等;酵母双杂交、单杂交及三杂交载体;哺乳动物双杂交载体 pBIND、pGAD424、pGBT9、pG5Lac 等;枯草杆菌表达系统、芽孢杆菌表达系统、乳酸菌表达系统。在此不做阐述。

表达系统由重组表达载体和受体细胞组成,包括原核及真核表达系统。

23.4　宿主细胞

任何载体必须存在于适当的宿主细胞中,才能得以扩增或表达。基因工程操作中,从低等的原核细胞到简单的真核细胞,再到结构复杂的高等动、植物细胞,都可以作为宿主细胞。合适的宿主细胞是高效克隆或表达的基本条件之一。

宿主细胞(host cell)也称为受体细胞(receptor cell),在基因工程研究中是指能导入外源 DNA 并使其稳定维持的细胞。这些细胞具有理论研究及生产应用的价值。

选择受体细胞的基本原则:①便于 DNA 导入;②便于重组体筛选,根据载体所含遗传标记与受体细胞基因是否匹配,可进行简便、快速、准确地筛选;③遗传稳定性高,自身突变率低,也不易受外源基因影响而引发突变;④易于扩大培养(或高密度发酵),不影响外源基因表达效率,动物细胞要求对培养基及培养条件适应性强,可贴壁或悬浮培养,可以在无血清培养基中培养;⑤内源蛋白水解酶缺失或含量低,有利于外源蛋白在细胞内积累,可促进外源基因高效分泌表达;⑥安全性高,无致病性,对环境无生物污染,一般选用致病缺陷型或营养缺陷型细胞为受体;⑦重组 DNA 在细胞中可稳定存在,不易被降解,一般采用诱变或遗传修饰的方法,获得特定类型的菌(细胞)株;⑧无明显的密码子偏好性,适于多种基因类型的表达;⑨有较好的翻译后加工、修饰等机制,便于目的基因高效表达,所获产物接近天然结构;⑩在理论研究和生产实践上具有较高的应用价值。

当然,要想获得满意结果,仅依赖宿主细胞是不够的,需要受体细胞、载体、外源基因和培养条件等一系列措施的综合作用。

23.4.1　原核细胞

原核细胞作为受体的优势:①大部分原核细胞没有纤维素性质的坚硬细胞壁,便于外源 DNA 的导入;②没有核膜结构,基因组 DNA 是裸露的,少有蛋白质结合,这些特点带来了很多便利;③基因组结构简单,核酸含量相对较低,没有线粒体、质体的遗传组分,便于对外源基因进行遗传分析;④多数原核细胞内含有质粒或噬菌体,便于构建相应的载体;⑤多为单细胞个体,容易获得均一性细胞,便于分析;⑥培养简便、繁殖速度快,实验周期短、易于重复;⑦代谢途径和基因表达调控机制较为清楚,代谢也容易控制,可通过发酵迅速获得大量产物。

原核细胞作为受体,表达原核生物的基因时一般不会出现问题,表达真核生物一些基因时可能存在如下问题:①由于不具备真核细胞的蛋白质折叠系统,即便表达了真核生物基因,产物与天然结构相差较大;②缺乏真核模式的蛋白质加工系统,无法对产物进行糖基化、磷酸化等修饰,产物不具备真核蛋白的活性;③原核细胞所含内源性蛋白水解酶,经常导致空间构象不正确的异源蛋白降解,表达产物不稳定。

目前,常用的原核宿主细胞有大肠杆菌、枯草杆菌、芽孢杆菌、乳酸菌、蓝细菌等。

大肠杆菌是最常见、最重要的原核宿主细胞,为革兰阴性菌,是一种人体肠道共生菌,安全性好,基因组较小(4.6×10^6 bp),已完成全基因组测序,有 4405 个开放读码框,相关生物学、遗传学、分子生物学等背景清楚,基因表达调控机制研究较为深入,有数量众多的不同类型菌株及载体可供选择,容易获得感受态(competence,细菌吸收外源 DNA 的生理状态),外源 DNA 导入效率高,易操作,对很多外源基因都有良好的表达,已成为应用广泛的常规原核表达系统,也是生物反应器的类型之一。

大肠杆菌作为克隆载体的宿主细胞一般没有问题,但表达真核生物基因时存在一定缺陷,有时无法得到具备天然结构和功能的的产物,作为生物反应器在某种程度上受到一些限制。

23.4.2 真核细胞

真核细胞作为宿主细胞发展很快,多用于外源基因的表达,如酵母菌、昆虫细胞、动植物细胞等,被广泛用作基因表达的受体细胞,并构建了一系列相应的表达载体。

1. 真菌细胞 真菌是低等真核生物,基因组结构、表达调控机制、蛋白质加工和分泌等都为真核生物模式,作为受体细胞表达高等动植物基因时,有原核细胞不具备的一些优势,其中最为常用的是酵母菌。

酵母菌(*Saccharomyces*)是单细胞真核生物,种类很多,具有悠久的应用历史,安全性极好。基因组相对较小($1.2×10^7$ bp),约有 6000 个基因,几种常见种类已完成全基因组测序。其作为真核生物基因表达系统具备的主要优势:①结构简单,基因表达调控机制较为清楚,遗传操作相对容易;②具有真核生物蛋白质翻译后修饰、加工系统;③无特异性病毒,不产生毒素;④培养简单,增殖快,便于大规模发酵培养,成本低廉;⑤外源基因产物可分泌到培养基中,便于分离提取;⑥已构建了多种类型的载体,包括人工染色体载体。酵母表达系统已成为应用广泛的生物反应器之一。

2. 植物细胞 具有纤维素组成的坚硬细胞壁,在一定程度上影响了外源基因的导入,原生质体制备及培养很好地解决了这个问题(当然这个技术有一定难度),同时微弹轰击法(基因枪法)、农杆菌介导法等技术也避免了细胞壁的不利影响。

以植物细胞为受体,最突出的优势是很多物种建立了完善的组织培养体系,利用植物细胞的全能性,经体外培养形成完整植株,也可获得大量的愈伤组织或悬浮细胞,非常方便地建立起表达体系,培养出能稳定遗传的植株或品系。

拟南芥、烟草、胡萝卜等植物经常作为转基因模式生物。水稻、玉米、小麦、棉花、马铃薯等农作物,烟草等经济作物,以及林木等都是很好的受体植物。

3. 动物细胞 动物细胞也是良好的宿主细胞。采用生殖细胞、受精卵或胚胎细胞为受体,可以制备转基因个体。体外培养的细胞株(系)作为表达系统,也可以生产很多生物产品。

家畜、家禽、水产动物(主要是鱼类)、昆虫(主要是蚕蛹、家蝇)等都已作为转基因受体,获得了巨大的成功,小鼠、大鼠、兔、猴等实验动物可用于转基因基础研究。哺乳动物乳腺、昆虫表达系统已成为经济价值巨大的生物反应器,用于大量生产具有天然结构的复杂蛋白,珍贵的药用蛋白(疫苗、抗体等),也用于性状改良和人类疾病的基因治疗。

以体外培养的动物细胞为受体,既可用于基础研究,也可用于产品制备,常用的有人 Hela 细胞、非洲绿猴肾细胞(Vero)、犬肾细胞(MDCK)、中国仓鼠卵巢细胞(CHO)等。其具备的优点:①具有 hnRNA 编辑、加工能力;②具有良好的蛋白质修饰、加工能力,产物接近天然结构;③易转染,遗传稳定,重复性好;④表达产物可分泌到培养基中,便于分离、纯化。问题是培养要求高、技术难度大、所需时间相对较长、成本较高。

23.5　目的基因制备

基因工程研究的任务之一是分离、改造、扩增并表达生物的特定基因,以获取珍贵的基因资源及其产物,满足人们生产、生活所需。

已被或即将被分离、改造、扩增(或表达)的特定基因(或 DNA 片段)称为目的基因(objective gene),主要是一些编码蛋白质的结构基因(有些是调控基因)。对宿主细胞而言,目的基因一般称为外源基因。生物长期进化积累了大量对人类有用的基因,是大自然赐予的宝贵资源,具有巨大的开发利用价值。

目的基因可用于:①正常结构、功能及表达调控分析;②结构及功能突变分析,探究疾病发生分子机制及治疗对策;③同源基因比对,分析物种起源、演化关系和历程;④生产蛋白质或多肽药物,如抗体、疫苗、胰岛素、干扰素等;⑤改良性状,提高产量和品质,增强抗逆性;⑥人类疾病的基因治疗;⑦工业、环保、能源等领域的应用。

目的基因制备是基因工程研究及应用的关键环节之一。获取病毒、原核生物基因相对简便。真核生物基因组庞大而复杂,有时需要使用多种技术才能达到目的,应从实际出发,选定材料(物种),确立目标(基因类型及结构),根据具体情况精密设计、严格操作。

目的基因制备方法多种多样,现根据基因序列已知与否加以简要叙述。

23.5.1 已知序列目的基因制备

1. 鸟枪法 原理:将基因组 DNA 随机降解成大小合适的片段,连接到克隆载体中,导入宿主细胞,对克隆子随机测序,筛选到含有目的基因的克隆,即可获得目的基因。

优势:速度快、简单易行、成本较低,所获基因接近基因组 DNA 状态。

问题:①补平基因缺口比较困难;②排序拼装麻烦,工作量较大;③专一性较差;④需要了解目的基因的背景(序列等信息);⑤不能获得最小长度的目的基因;⑥不能除去内含子结构;⑦基因组较大时,筛选工作量大、难度增加。

鸟枪法一般适用于病毒、原核生物基因的克隆及分离。

2. 直接分离法

(1) 限制酶切割分离法 用目的基因两端存在的适当限制酶切割,一次或多次(需要拼接)处理,即可得到目的基因,再连接到克隆载体中扩增。

这种方法需要了解 DNA 的酶切图谱(物理图谱),否则无法选用限制酶。如果含目的基因的 DNA 未测序或未定位,则需预先酶切分析,而后通过部分酶切,构建一个简单的基因组文库,从中钓取目的基因。

该方法适于病毒及原核生物基因,真核基因含有内含子,若想去除非常烦琐。

(2) 物理和化学法 基本原理:DNA 分子中存在 G/C、A/T 碱基对,如果不同基因碱基组成差异较大,其理化性质(如浮力密度和解链温度等)有明显不同,可通过密度梯度离心、单链酶解和分子杂交等方法分离出目的基因。

这种方法在基因工程技术发展初期经常被使用,一些生物的 rDNA 基因最早就是利用这种方法分离的,现已很少使用。

3. 化学合成法 1979 年,首次利用化学合成法得到了有活性的大肠杆菌酪氨酸转移核糖核酸基因。化学合成法是根据已知基因序列,利用 DNA 体外化学合成技术,将 dNTP 单体逐个连接,每循环连接一个单体,逐渐延长,最终得到全基因片段。

每连接一个核苷酸的基本过程包括基团保护、分离、缩合、分离、去保护五个操作单元。常见方法按反应机制分为磷酸二酯法、磷酸三酯法、亚磷酰胺法、氢磷酸法等;按操作过程可分为液相合成法和固相合成法。液相合成法操作烦琐,基本上已被淘汰,固相合成法中间物分离程序简便,DNA 合成仪便是根据固相亚磷酰胺法原理设计的。

目前,DNA 合成仪已成为人工合成 DNA 广泛使用的常规设备,可以快速合成小片段(60~80 bp)单链 DNA,用于引物合成、定点突变、核酸探针制备等。基因为 DNA 双链,DNA 合成仪只能得到单链。可以先合成两条互补的单链 DNA,然后退火(复性)形成双链。

DNA 合成仪只能得到较小片段,无法一次完成较长序列的制备,一般通过组装策略得到完整基因,也可采用酶法连接(黏末端或平末端连接),或利用重组 PCR 法连接(图 23-36)。

(1) 小片段黏接法 根据目的基因全序列,分别合成 12~15 bp 含部分互补序列的单链 DNA 小片段,再退火连接成全基因序列。

(2) 补丁延长法 根据目的基因全序列,分别合成含有互补序列的 12~15 bp 单链 DNA 小片段和 20~30 bp 的单链 DNA 中片段,混合、退火,利用 DNA 聚合酶填补单链部分,再通过 DNA 连接酶形成全基因序列。

(3) 大片段酶促法 根据目的基因全序列,分别合成 40~50 bp 含有互补序列的单链 DNA 片段,混合、退火,利用 DNA 聚合酶填补单链部分,再通过 DNA 连接酶形成全基因序列。

(4) 重组 PCR 连接 根据目的基因全序列,分别合成不同区域的单链 DNA 小片段,以其作为 PCR 模板,分别利用两对不同引物扩增(引物 R1、F2 分别含有两个不同模板的同源序列),产物再作为下一轮扩增模板,逐次连接,最后获得全基因序列。

DNA 化学合成用途广泛,主要有以下几种:①合成天然基因,特别适用于来源困难的材料;②合成探针、引物、连接子(或接头);③修饰改造基因,进行定点诱变或大片段改造;④设计新型基因,利用生物信息学技术辅助,对基因结构进行优化,将不同来源的序列拼接,也可以人工合成自然界不存在的基因序列。

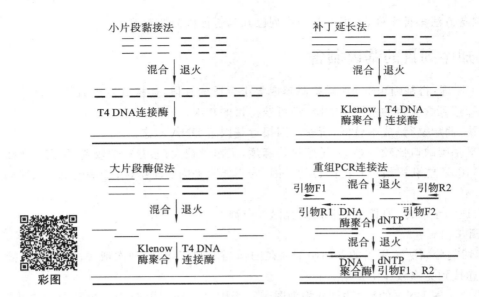

图 23-36　DNA 片段组装的几种方式

4. RT-PCR 法　即反转录-聚合酶链式反应,主要用于制备分子量较大、易获得 mRNA 的基因。原核基因几乎没有内含子,加之 mRNA 半衰期很短,一般不采用 RT-PCR 法获取基因(当然也可以用),可直接从基因组获得。

RT-PCR 时,首先提取 RNA,总 RNA、mRNA 都可以,没有必要分离特定基因的 mRNA(难度较大)。经反转录合成 cDNA 第一条链,再合成 cDNA 第二条链(有时也可省略),以 cDNA 为模板,利用特定基因两端序列设计上、下游两条引物,进行 PCR 扩增,即可得到目的基因序列,而后可以克隆到载体中再进行增殖、测序。

5. PCR 法　如果序列已知,PCR 法是制备目的基因最简捷的策略。根据基因序列设计引物,病毒及原核生物直接以基因组 DNA 为模板扩增,真核生物通常采用 RT-PCR 法,或者以基因组 DNA 为模板,分段扩增外显子序列,再进行拼接,得到全基因片段。

23.5.2　未知序列目的基因制备

有非常多的技术可用于未知序列基因制备,现介绍几种常见方法。

1. 双抗体免疫法　适用于序列未知,但其蛋白质产物可大量分离纯化的基因。此时若想克隆目的基因序列,先分离该基因翻译时形成的 mRNA-多聚核糖体蛋白复合物,与目的基因产物蛋白制备的抗体(一抗)孵育,形成抗体-mRNA-多聚核糖体蛋白复合物(原理是邹承鲁假说),通过抗一抗的抗体(二抗)分离出复合物,再以酚/氯仿抽提除去蛋白,Oligo-(dT)$_n$ 过柱层析,得到目的基因 mRNA,经反转录合成 cDNA,克隆到测序载体中,即可得到目的基因。

2. 基因文库构建　基因文库(gene library)是保存某一生物体全部或部分基因的集合,包括含有不同基因序列的重组载体及其宿主细胞,是一个多类型集合体。

文库类型很多(分类标准不同),如基因组文库、cDNA 文库,所使用的载体有克隆载体、固相载体(如DNA 芯片等),克隆载体主要有质粒、黏粒、噬菌粒、噬菌体载体和人工染色体等。

基因组文库(genomic library)是将某种生物全部基因组 DNA 切割成一定长度的片段,克隆到适当载体上,导入宿主细胞后所形成的集合。类型有核基因组文库、叶绿体基因组文库、线粒体基因组文库,主要用于目的基因分离、保存某种生物的全部遗传信息等。

cDNA 文库(cDNA library)是将生物特定发育时期(或特定组织、细胞)所转录的全部 mRNA 反转录成cDNA,再与适当载体连接,导入宿主细胞构成的集合。

基因组文库与 cDNA 文库主要区别在于,前者含有生物全部遗传信息,后者只含有表达的信息,具有时空特异性(发育阶段、组织细胞特异性)。

基因文库不但可以保存生物的遗传信息,也可以较为方便地克隆目的基因,主要操作过程如图 23-37 所示。当然,实验过程中有很多具体问题需要解决,看似简单,并非一蹴而就。

　　文库筛选方法很多,主要有以下几种:①遗传检测筛选法,如抗药性筛选、插入失活筛选、β-半乳糖苷酶系统筛选(α-互补法)等;②物理检测法,如重组质粒凝胶电泳检测、限制酶分析法、PCR 筛选法等;③核酸杂交法,利用标记的核酸探针筛选靶基因,常见的有 Southern 印迹法(检测 DNA)、Northern 印迹法(检测 RNA)、菌落原位杂交(*in situ* colony hybridization)、斑点杂交(dot blotting)等;④免疫化学法,利用抗体检测靶基因蛋白产物,如免疫荧光技术、酶联免疫吸附实验(ELISA)、蛋白质印记法(Western blotting)等;⑤DNA 序列测定法,随机选取重组子对外源 DNA 进行测序,是确定 DNA 序列最直接的证据,但存在成本高、费时、费力、重复性克隆增加不必要额外工作等问题;⑥酵母杂交检测系统,可用于目的基因克隆、DNA 与蛋白质间相互作用、反式作用因子与顺式作用元件相互作用等研究。

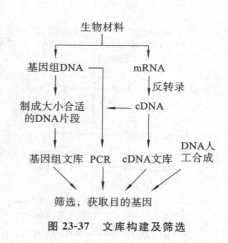

图 23-37　文库构建及筛选

　　此外,对未知序列基因的克隆,还可以采用 mRNA 差异显示法、染色体步移法(chromosome walking)、反向 PCR 法、转座子标签法(transposon tagging)等技术,不断有更加快速、准确的新方法出现。

23.6　DNA 重组及外源基因导入

23.6.1　DNA 重组

　　这里所说的重组是指基因(或 DNA 片段)间的体外连接,与细胞内发生的重组不是同一概念,该操作是基因工程研究中不可缺少的过程。DNA 体外重组的条件可控,便于生成预期产物,可避免宿主细胞的降解,转化效率提高,黏末端连接也便于重新切割。

　　基因克隆(或分子克隆)是将外源基因与具有自主复制能力的载体 DNA 体外人工连接,构建成新的重组 DNA 分子的过程。亚克隆是将载体中目的基因分离后,重新连接到另一个载体中的过程。

　　外源 DNA 插入克隆载体时,一般不用考虑插入方向,正、反向连接都不影响测序。构建表达载体时,必须注意插入方向及阅读框架,以便正确表达目的基因。

　　常用 DNA 连接方法有黏末端连接法、平末端连接法、人工接头连接法及同聚物加尾连接法,等等。

　　1. 黏末端连接法　　根据 DNA 片段末端结构,分为单酶切位点的黏末端连接、不同限制酶位点连接(配伍末端连接、非配伍末端连接)(图 23-38)。

　　单酶切位点的黏末端连接和含配伍末端不同限制酶位点连接中,载体会出现自身连接,在很大程度上影响了外源片段插入,此时可以用碱性磷酸酶处理酶切后的载体片段,除去 5′ 端磷酸基团,防止载体在连接过程中发生自身环化,以提高外源片段的插入效率。另外,这两种连接方式中,目的片段间也会连接形成重复的多拷贝分子,这样的片段如果没有插入载体中,即便导入宿主细胞,也会因为无法复制而在细胞增殖过程中被淘汰,如果插入载体中,则需要在后续重组载体鉴定中加以甄别(通过 PCR 扩增目的片段,电泳后检测目的片段分子量大小即可)。

　　含非配伍末端的不同限制酶位点连接,不存在载体自身连接问题,同时外源片段的插入方向是可控的,这种使外源 DNA 定向插入载体中的方法称为定向克隆(directional cloning),其优势在于:①外源 DNA 插入载体的方向可控;②连接处仍保留限制酶位点,便于后续操作;③载体无自身环化现象,外源片段插入效率高。

　　2. 平末端连接法　　被连接的分子为平末端结构,此时需要注意使用 T4 DNA 连接酶,一般不用大肠杆菌连接酶(平末端连接效率极低)。

　　平末端连接也存在载体自身连接和目的片段间连接问题,解决方法见前文。

　　由于平末端连接存在效率低、方向不可控等问题,一般不太使用,此时可以将平末端改造成黏末端结构,常见有同聚物加尾连接法、人工接头连接法、或者采用 PCR 连接法(PCR 扩增引入限制酶位点,或采用重组 PCR 连接)。

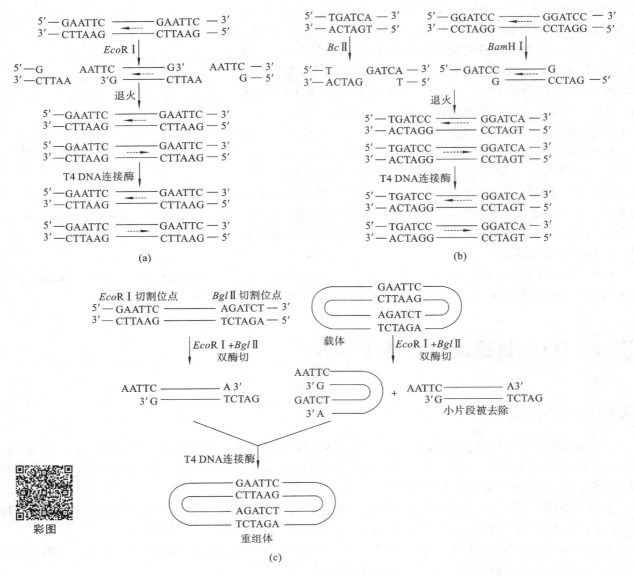

图 23-38　常见黏末端连接方式

（a）单酶切位点的黏末端连接；（b）不同限制酶位点（含配伍末端）的黏末端连接；（c）不同限制酶位点（含非配伍末端）的黏末端连接

注：虚线箭头表示方向，存在正反向连接。

（1）人工接头或衔接子法

人工接头（linker）：人工合成的具有一个或数个特定限制酶识别、切割序列的双链平末端 DNA 短序列。

衔接子（adaptor）：人工合成的双链 DNA 短序列，一端为平末端结构，另一端为含限制酶位点的单链结构。

利用平末端连接法，在将要连接的平末端加上适当的人工接头或衔接子，如果是人工接头则用适当的限制酶切割，产生黏末端，再进行连接，若是衔接子则不必酶切，可直接用于连接。

（2）同聚物加尾连接法　控制反应条件，在末端转移酶（terminal transferase）作用下，DNA 片段及载体末端加上适当数量互补的同聚物，产生黏末端，再进行黏末端连接（图 23-39）。

采取以下措施可提高平末端连接效率：①提高连接酶用量（十倍于黏末端连接）；②提高平末端底物浓度，增加分子间作用概率；③加入 10% PEG8000，促进大分子间的有效作用；④加入单价阳离子（如 NaCl），终浓度为 150~200 mmol/L。

外源 DNA 与载体连接时，可能形成的产物：①未连接载体分子；②未连接 DNA 片段；③载体自身连接分子；④含有错误插入片段的重组 DNA 分子；⑤正确重组的 DNA 分子。连接产物导入宿主细胞前，一般不进行分离操作，所有产物被同时导入受体细胞，但不同分子最终结果不同：①未连接载体分子，由于为线性结构，极少能够完成复制，最终被宿主细胞的核酸酶降解；②未连接 DNA 片段，无法复制，被降解；③自连载体（空

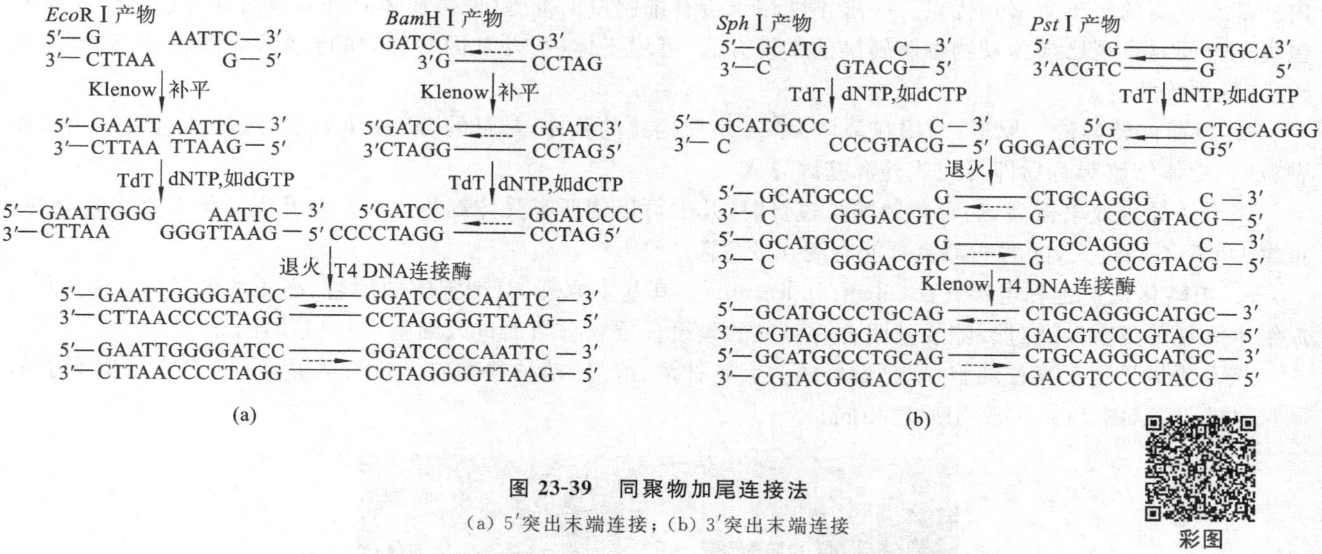

EcoR Ⅰ产物
5′— G   AATTC — 3′
3′— CTTAA   G — 5′

Klenow↓补平

5′—GAATT   AATTC — 3′
3′—CTTAA   TTAAG — 5′

TdT↓dNTP,如dGTP

5′—GAATTGGG   AATTC — 3′
3′—CTTAA   GGGTTAAG — 5′

退火↓T4 DNA连接酶

5′—GAATTGGGGATCC   GGATCCCCAATTC — 3′
3′—CTTAACCCCTAGG   CCTAGGGGTTAAG — 5′

5′—GAATTGGGGATCC   GGATCCCCAATTC — 3′
3′—CTTAACCCCTAGG   CCTAGGGGTTAAG — 5′

(a)

BamH Ⅰ产物
GATCC   G3′
3′G   CCTAG

Klenow↓补平

5′GATCC   GGATC3′
3′CTAGG   CCTAG 5′

TdT↓dNTP,如dCTP

5′GATCC   GGATCCCC
3′CTAGG   CCTAG 5′

Sph Ⅰ产物
5′—GCATG   C — 3′
3′—C   GTACG — 5′

TdT↓dNTP,如dCTP

5′—GCATGCCC   C — 3′
3′—C   CCCGTACG — 5′

退火

5′—GCATGCCC   G   CTGCAGGG   C — 3′
3′—C   GGGACGTC   G   CCCGTACG — 5′

5′—GCATGCCC   G   CTGCAGGG   C — 3′
3′—C   GGGACGTC   G   CCCGTACG — 5′

Klenow↓T4 DNA连接酶

5′—GCATGCCCTGCAG   CTGCAGGGCATGC — 3′
3′— CGTACGGGACGTC   GACGTCCCGTACG — 5′

5′—GCATGCCCTGCAG   CTGCAGGGCATGC — 3′
3′— CGTACGGGACGTC   GACGTCCCGTACG — 5′

Pst Ⅰ产物
5′   G   GTGCA3′
3′ACGTC   G   5′

TdT↓dNTP,如dGTP

5′G   CTGCAGGG
3′GGGACGTC   G5′

(b)

图 23-39　同聚物加尾连接法
(a) 5′突出末端连接；(b) 3′突出末端连接

彩图

载体)、重组 DNA 分子(含错误及正确类型),在宿主细胞中可正常复制,选择培养基中为阳性克隆,此时只有通过筛选才能鉴定出正确重组的 DNA,可通过蓝白斑法、插入失活法、限制酶法、电泳分离法、PCR 法等手段进行分析,排除不需要的连接产物。

DNA 重组操作过程可简单归纳为分(分离目的基因)、切(限制酶切目的基因与载体)、接(拼接重组体)、转(重组体导入受体细胞)、筛(重组体筛选)。

23.6.2　外源基因导入

外源基因导入是将 DNA 导入宿主细胞,实际上就是转基因(transgene)过程,方法多样、原理不同,常见的有转化、转导、转染、显微注射、电转化法、基因枪技术、脂质体介导、病毒侵染、快速冷冻、碳化硅纤维介导等。根据受体细胞类型可分为原核细胞导入、酵母导入、昆虫导入、植物导入、动物导入等。

转化(transformation):细菌摄入外界遗传物质导致其性状发生改变的过程。获得外源遗传物质的菌体细胞称为转化子(transformant)。

转导(transduction):通过病毒介导,在细胞间传递遗传物质的过程。

转染(transfection):细胞对裸露 DNA 的吸收过程。

1. 氯化钙转化法　原理:细菌在 0 ℃条件下,经低渗氯化钙溶液处理,细胞壁和膜通透性增加,菌体膨胀成球状,处于易吸收外源 DNA 的感受态。加入 DNA 后,DNA 形成抗核酸酶的羟基-磷酸钙复合物,并黏附于细胞表面。经短暂(30～120 s)热休克(42 ℃)后,细胞膜形成许多间隙,DNA 通过间隙进入细胞内,完成外源 DNA 的导入。

氯化钙转化法是大肠杆菌最常规的 DNA 导入技术,如果感受态细胞做得好,每微克超螺旋质粒 DNA 可得到 $5×10^7～1×10^9$ 个转化子。

2. 磷酸钙共沉淀法　原理:DNA 溶于磷酸缓冲液中,加入氯化钙混匀后,形成微小的磷酸钙-DNA 沉淀物,添加到细胞培养物中,使 DNA 附着于细胞表面,DNA 通过吞入被细胞摄取,或通过细胞膜脂相收缩裂开的空隙进入细胞,实现外源基因导入。

该方法操作简便,成本低廉,是动物贴壁细胞常用的方法,可用于任何类型的 DNA 导入哺乳类动物细胞,进行瞬时表达或长期表达研究,不能用于体内转染,一般转化率较低(10^{-4}),导入细胞的 DNA 仅有 1%～5% 可进入细胞核中,其中只有不到 1% 的 DNA 可与受体细胞 DNA 整合,在细胞中稳定表达。

3. 脂质体介导法　脂质体(liposome)也称人工细胞膜,主要由磷脂(如卵磷脂)和胆固醇(调节膜流动性)组成,磷脂分子在水中可自动生成闭合的双层膜,形成一种囊状物,被称为脂质体。

原理:脂质体与 DNA 混合后,包裹 DNA 形成 DNA-脂质体复合物,被表面带负电荷的细胞膜吸附,由于脂质体与细胞膜具有良好的亲和性,可通过融合或细胞内吞作用(偶尔也有直接渗透)将 DNA 导入细胞,形成包涵体(inclusion body)或进入溶酶体,其中一部分 DNA 从包涵体释放,并进入细胞质,再进入细胞核内。

该方法具有重复性好、持续、高效、易操作、毒性小、不受外源基因大小及细胞种类(指动物细胞)限制,体内外都有较高的转染效率等优点。一般不能用于带有细胞壁的细胞（原生质体除外），有时存在稳定性及核酸包裹率等问题。现已成为动物细胞转染的常规方法，可用于体内、外基因转移，如转基因个体制备、动物细胞转染、基因治疗等。

4. 噬菌体转导法 原理：利用噬菌体 DNA 组件构建的载体，与目的 DNA 重组后，经体外包装形成病毒颗粒，与受体细胞孵育后即可完成外源基因导入。

该方法导入效率极高，病毒包装颗粒过量时，几乎可以使所有受体细胞含有外源基因。但是受包装限制，重组 DNA 不能过大，同时病毒也可能有潜在的危险。

5. 电转化法 也称电穿孔法（electroporation）。其基本原理：对细胞施加短暂、高压的电脉冲，使质膜形成纳米级裂隙，DNA 通过裂隙或其闭合时引发的膜组分重新分布而进入细胞，实现基因的导入。

该方法最早用于真核细胞，现已发展成为大肠杆菌、酵母、动植物细胞常规导入技术，很多公司生产了不同型号的设备（图 23-40），所用原理相同。

图 23-40 电击仪

电穿孔法导入效率受电场强度、电脉冲时间和外源 DNA 浓度等参数影响。电压增高或电脉冲时间延长，转化效率有所提高，但受体细胞存活率降低，转化效率的提高被抵消。通过优化相关参数，每微克 DNA 可得到 $10^9 \sim 10^{10}$ 个转化子。

图 23-41 基因枪原理

6. 基因枪法 又称粒子轰击法。基本原理是将黏有 DNA 的金属微弹（常用金或钨颗粒）加速后射向细胞，穿过细胞壁、细胞膜、细胞质等结构到达细胞核，完成基因的导入（图 23-41）。该技术具有快速、简便、安全、高效等优点，改进后的便携式基因枪携带方便，可用于动植物细胞（或组织）、胚胎、细菌，以及个体基因导入（如基因治疗、植物个体转化）等。

7. 显微注射（microinjection）法 原理：用精细的玻璃针吸取 DNA 溶液，在显微操作系统下，刺入细胞并注入 DNA 溶液，完成基因导入过程。

该方法简便、快捷、易掌握，导入效率高（100%），不受细胞种类、DNA 大小及类型限制，不需要载体 DNA，常用于动物受精卵的基因导入，能够快速建立转基因品系，并获得良好的表达，是最早获得转基因动物的技术。

显微注射法也存在一些问题：①受精卵来源受到限制；②只适于未分裂的受精卵；③对受精卵有很大损伤，存活率较低；④外源基因整合及表达存在诸多问题。

8. 花粉管通道法 原理：DNA 通过花粉管，经珠心进入尚未形成正常细胞壁的卵、合子或早期胚胎细胞中，实现基因导入。

优点：直接、简便；不受组织培养技术限制，尤其适于难以建立有效再生系统的植物种类；受体是卵细胞、受精卵或早期胚胎细胞，因此 DNA 整合效率较高。

可能存在的问题：需要人工授粉，受花大小影响，结果不是很稳定。

该方法一般只用于种子植物，在玉米、水稻、小麦、棉花、大豆、花生、蔬菜等很多作物中获得了转基因品系（种）。

9. 精子介导基因转移（sperm-mediated gene transfer，SMGT） 即精子载体（sperm vector）技术。

原理：精子具有吸附和吸纳外源 DNA 能力，通过受精作用将所携带的外源 DNA 导入受精卵，完成基因导入。

SMGT 具有简单、高效、成本低及广泛适用等优点,是最有前途的基因导入方法之一,目前有很多改良技术,已在棘皮动物(海胆、海星)、贝类、腔肠动物、蛙、鱼类、昆虫、鸡、小鼠、大鼠、猪、牛、羊等动物中成功获得转基因个体。

该方法仍存在转化率低、重复性差、结果不稳定、随机重组、精子吸收外源 DNA 量无法控制等问题,只能用于有性生殖的动物,不同动物及不同实验室得出的结果相差悬殊。

除上述几种方法外,酵母和植物还有原生质体转化法、植物农杆菌介导法、动物病毒感染法、DNA 直接注射法,等等。不断有新的方法和技术出现。

23.7　重组子筛选

外源 DNA 插入载体后的重组分子称为重组体,含有重组体的宿主细胞为重组子(recombinant),如果以细菌为宿主则称为转化子(transformant)。

由于重组连接和基因导入的效率问题,并非所有载体中都含有外源基因(有空载体存在),也并非所有受体细胞都含有外源基因。因此,连接、转化后必须进行筛选和鉴定,以便得到预期的重组体。

首先是重组子筛选,由于现在所用载体都含有很好的选择标记基因,常见的如抗药性基因(抗生素、抗除草剂等),细胞培养时添加适当的筛选试剂,即可除去不含重组体的宿主细胞,也可以利用插入失活现象,通过宿主细胞表型变化进行筛选。有时载体所含的标记基因,如萤火虫荧光素酶基因(*LUC*)、β-葡萄糖醛酸糖苷酶基因(*GUS*)、绿色荧光蛋白基因(*EGF*)等,通过表型很方便地直接用于选择。大肠杆菌中最方便的是利用 α-互补现象进行蓝白斑筛选,通过表型即可筛选。

如果宿主细胞含有空载体,利用选择标记筛选会产生假阳性结果。这时若想排除假阳性克隆,可提取重组载体,通过酶切、PCR、电泳等方式进行鉴定,或者利用菌落原位杂交、基因芯片等技术筛选。DNA 序列测定则是最终确认外源基因是否符合要求的直接证据。

动植物转基因个体鉴定的一般流程:①抗性筛选,处理大批量个体,获得阳性个体;②PCR 检测所获阳性个体;③核酸杂交进一步鉴定,常用的有斑点杂交、原位杂交、Southern 印迹检测,分析外源 DNA 是否整合到受体基因组中(包括外源基因拷贝数),排除 PCR 假阳性个体;④转录水平检测,通过 Northern 印迹分析、RT-PCR、实时定量 PCR 等方法,鉴定外源基因转录与否(包括定量分析);⑤目的蛋白检测,有 ELISA、Western 印记分析等方法,如果产物具有酶活性,可直接进行活性检测;⑥转基因个体性状变化分析。

23.8　基因工程操作中一些常用技术

基因工程是综合性学科,很多技术来源于生物化学、分子生物学、遗传学、细胞生物学等领域。在此,仅就一些常用技术的原理及应用加以简要介绍。

23.8.1　核酸提取技术

基因工程操作离不开核酸,不同实验对核酸质量(纯度、完整性等)要求存在差别,必须采用适当方法进行提取和纯化。目前,有很多技术可供选择,每种技术的繁简、费用高低、设备要求及产物质量不同,各有优缺点,应根据实际条件加以选择。

核酸提取的基本过程:材料准备、细胞裂解、核酸提取及纯化。所提取核酸类型包括基因组 DNA、细胞器 DNA、质粒 DNA,以及 RNA 等。

材料准备:①选择生物种类,即所研究的对象;②选择 DNA 易提取且含量高的组织;③选择 DNA 得率最高的时期,如提取大肠杆菌质粒 DNA 应选择对数生长期后期,植物 DNA 提取选择幼嫩植株或黄化幼苗,动物 DNA 提取一般选择肝脏或不影响生存的部位。

细胞裂解:提取过程的关键步骤,决定实验成功与否及产物得率、质量。原核细胞可采用溶菌酶、NaOH 和 SDS、煮沸、冰冻(反复冻融)、超声波破碎等方法;结构复杂的动植物材料,一般先将组织粉碎(如液氮冻结后研磨,组织匀浆,研钵直接粉碎等),后续步骤与原核细胞处理相同。

核酸抽提及分离:根据核酸类型不同,采用适当方法。①总DNA,裂解液中加入适量的酚/氯仿/异戊醇或氯仿/异戊醇等有机溶液,使DNA与蛋白质分开,再用乙醇或异丙醇沉淀DNA,离心后得到DNA沉淀;②细胞器及病毒DNA,先从裂解液中分离完整的细胞器或病毒颗粒,抽提前用DNase处理,防止核基因组DNA污染,而后再采用①中的方法处理;③质粒DNA,大多采用碱变性抽提法,裂解液(pH值为12.6)使所有DNA变性沉淀,pH值调至中性时,质粒DNA很快复性溶于水相,染色体DNA仍为变性的沉淀,离心后实现分离,产物中所含RNA杂质可以用RNaseA降解除去;④RNA分子,多采用酚-异硫氰酸胍抽提法,由于RNA极易降解,因此要严格遵守实验要求。

1. 质粒DNA提取与纯化 质粒DNA提取方法很多,常见有碱变性抽提法、酶裂解法、SDS裂解法、煮沸法、氯化铯超离心法、柱层析法等。按照细胞样品量的多少分为小量和大量提取,根据产物纯度分为粗提和精提。

碱裂解法(即碱变性抽提法)原理:基于染色体DNA与质粒DNA变性、复性的差异而达到分离目的。菌体在pH值高达12.6的碱性条件下,细胞壁破裂,染色体DNA和蛋白质变性,相互缠绕成大的复合物。质粒DNA大部分氢键也断裂,但超螺旋共价闭合环状的两条互补链不会完全分离,以pH值为4.8的醋酸钠(NaAc)等高盐缓冲液调节pH值至中性时,变性的质粒DNA很快恢复为原来构型,溶解在水相溶液中。染色体DNA不能复性而形成缠连的网状结构,离心后染色体DNA与不稳定的大分子RNA、蛋白质-SDS复合物等一起沉淀而被除去,溶液中的质粒DNA用乙醇等有机试剂处理,变性沉淀,通过离心被分离出来。

碱裂解法基本操作:①殖菌,取适量鉴定后单克隆菌,接种于含抗生素的合适液体培养基中,如果是-80℃长期冻存菌种,需预先做菌种复苏培养(最好再经鉴定确认),接种后于37℃,150 r/min振荡培养12~15 h(或过夜),至培养基浑浊(一般为对数生长期后期),直接用于小量提取,如果大量提取,则将所获培养物作为一级菌种扩大培养(此时培养基中不必再添加抗生素);②集菌,离心收集菌体沉淀;③裂解,加适量(小量提取100 μL)预冷的SI(50 mmol/L葡萄糖,25 mmol/L Tris,10 mmol/L EDTANa₂,pH值为8.0)悬浮菌体,再加入适量(小量提取200 μL)新配制的SII(0.2 mol/L NaOH,1%SDS,现用现配),快速颠倒混匀,置于冰上5 min,而后加入适量(小量提取150 μL)预冷的SIII(3 mol/L KAc,5 mol/L冰醋酸,pH值为5.2),温和振荡3~5次,冰浴3~5 min;④4℃,12000 r/min离心5 min(1.5 mL离心管,其他型号离心管采用适当转速,最好采用低温离心,后同);⑤将上清液移入新的离心管,加二倍体积预冷无水乙醇(或2/3体积异丙醇)(为提高得量,在加入乙醇前,可加入1/10体积的3 mmol/L NaAc或NH₄Ac),混匀,室温放置2 min;⑥4℃,12000 r/min离心10 min,弃净上清;⑦加适量(0.5~1 mL)预冷70%乙醇(加盐沉淀时必须做,除去盐离子),温和颠倒并旋转离心管2~3次,4℃,12000 r/min离心5 min,弃上清,适度干燥;⑧加适量灭菌TE(或灭菌超纯水、三蒸水)溶解,琼脂糖电泳及紫外分光光度计检测,保存(冷藏或冻存)。

以上为粗提产物,可满足一般实验要求,但产物中可能含有蛋白质、RNA、核基因组DNA及多糖杂质。为了除去这些杂质可进一步做精提处理:①产物中加入终浓度40 μg/mL的RNaseA,37℃消化2~3 h(或过夜),大量提取时可先用5 mol/L LiCl沉淀大分子RNA,避免浪费过多的RNaseA;②加入等体积Tris饱和酚(pH值为8.0),混匀后4℃,12000 r/min离心5 min;③取上清(注意不要取出酚相和两相之间的蛋白质沉淀,后同),加入等体积酚/氯仿/异戊醇(体积比为25:24:1),混匀后4℃,12000 r/min离心5 min;④取上清,加等体积氯仿混匀,4℃,12000 r/min离心5 min;⑤取上清,可重复④操作1~2次,以彻底去除水相中的残留酚,避免对后续实验中酶活性产生影响,也可直接加入二倍体积预冷无水乙醇,混匀,4℃,12000 r/min离心5 min,弃上清;⑥适量体积预冷70%乙醇洗涤,4℃,12000 r/min离心5 min,弃上清,干燥后溶解,检测后保存。

粗提产物经过精提,可以除去蛋白质及RNA杂质,OD260/OD280的值在1.7~2.0时质量较好,比值小于1.7则说明蛋白质、糖类杂质含量过高,大于2.0则表明RNA含量过高。如果实验需要,可对产物做进一步地纯化处理。

如果所提质粒中含有菌体的基因组DNA污染(一般是提取试剂pH值不准,或操作手法不当所致),可采用粗提方法再次处理,以除去基因组DNA污染。

如果产物中含有多糖污染,可用CTAB(十六烷基三甲基溴化铵)处理,加入1/10体积的CTAB-NaCl溶液(0.7 mol/L NaCl,1% CTAB)混合,等体积氯仿/异戊醇抽提,重复操作至看不见两种溶液的界面为止,再沉淀、分离质粒DNA即可。

提取的质粒DNA应结构完好、无降解(琼脂糖电泳时条带整齐),没有蛋白质、RNA、核基因组DNA及多糖污染。但是碱裂解法经常导致质粒 DNA 结构受损,除了存在超螺旋(SC-DNA)结构外,还有不同程度的开环状态(OC-DNA),破坏严重时会出现线性分子(L-DNA)。因此,相同的质粒 DNA 分子在琼脂糖电泳时会出现多个条带,速度由慢至快依次为 OC-DNA(无超螺旋)、L-DNA、OC-DNA(有少量超螺旋)、SC-DNA。这样的质粒 DNA 用限制酶做单酶切后(完全酶切),电泳时如果为一个条带,即没有问题,否则需要查清原因,以免影响后续实验。图 23-42 所示为质粒琼脂糖电泳检测结果,M 泳道为 DNA 分子量标准(marker),1泳道为质粒 DNA(有多个条带),2 泳道为质粒 DNA 单酶切产物(一个条带)。

质粒 DNA 提取除了常规的碱裂解法以外,常见的还有去污剂(如 Triton 或 SDS)裂解法、酶裂解法、酸酚法、煮沸法、冻融法、超声波破碎法、一步法、柱层析法等,很多公司开发出了质粒提取试剂盒,适于小量提取,使用非常方便。

2. 基因组 DNA 提取　　基因组 DNA 常用于文库构建、Southern 印记分析或 PCR 克隆基因等。真核生物基因片段较长,要求提取的基因组 DNA 完整性要好,否则基因结构将被破坏,难以得到完整基因。

提取的基本原理:组织粉碎后,破坏细胞结构,释放基因组 DNA,用乙醇等有机试剂沉降 DNA,即可得到基因组 DNA。

图 23-43 为山羊基因组 DNA,M 泳道为 λ DNA/HindⅢ marker,1 泳道为核基因组 DNA。图 23-44 为杨树基因组 DNA,M 泳道为 DL2000 DNA marker,1 泳道为核基因组 DNA。

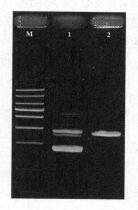

图 23-42　电泳结果

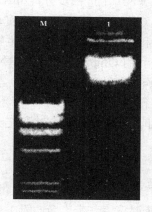

图 23-43　动物核 DNA

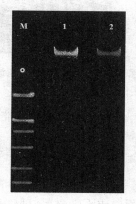

图 23-44　植物核 DNA

与质粒 DNA 不同,基因组 DNA 分子量巨大,提取过程中受机械剪切力作用很容易降解,操作时务必轻柔,移液器吸头要剪去一部分(增大内径)以降低机械剪切。

动植物及微生物基因组 DNA 提取方法有所不同,即便是同种生物的不同组织方法也有差异。需要根据文献资料和经验建立相应的提取方法,以获得满足要求的 DNA 分子。

动物细胞没有细胞壁,用蛋白酶 K 处理即可破坏细胞结构。植物细胞含有细胞壁,通常含有大量的多糖、次生代谢产物(对酶有抑制作用),一般采用 CTAB 法提取。

基因组 DNA 用乙醇处理后,形成较大的团块状沉淀,可以用灭菌牙签很方便地挑取出来,尽量不要采用离心沉降,这样可避免小片段 DNA、RNA、蛋白质、多糖等杂质污染,其纯度一般可满足常规实验的要求。

微生物基因组 DNA 可采用 SDS 和蛋白酶 K 破坏细胞,结合 CTAB-NaCl 溶液去除多糖,然后分离获得基因组 DNA。

如果对基因组 DNA 纯度要求较高,可以在提取后做进一步纯化处理。许多生产商已开发出很多类型的试剂盒,如 Oligo(dT)-纤维素、PolyU-琼脂糖柱层析等,可供选择,也可以采用超离心、分子杂交、电泳等方法进行纯化。

3. RNA 提取　　与 DNA 不同,RNA 分子极易受到降解,环境及操作者汗液、唾液中含有 RNA 酶,因此,RNA 提取时要求有清洁的环境,器具及操作台面要用含 DEPC(diethylpyrocarbonate,焦碳酸二乙酯)的水擦拭,能灭菌的处理后要灭菌。操作者要严格遵守实验要求,戴好口罩、手套和帽子,实验过程中尽量避免讲话和走动。

RNA 提取一般采用酚-异硫氰酸胍抽提法,提取试剂主要成分有苯酚、异硫氰酸胍、β-巯基乙醇、8-羟基喹啉、柠檬酸钠、十二烷基肌氨酸钠、NaAc 等。苯酚是蛋白质变性剂,可以裂解细胞,释放核酸,但不能完全抑制 RNA 酶活性;异硫氰酸胍为解偶剂,是强烈的蛋白质变性剂,也可抑制 RNA 酶;β-巯基乙醇和 8-羟基喹啉是 RNA 酶抑制剂;柠檬酸钠、十二烷基肌氨酸钠、NaAc 等成分提供缓冲环境。

RNA 提取试剂可自行配制,但现有商品化的 Trizol,质量可靠、省时省力。Trizol 可用于动植物组织、细胞及微生物总 RNA 提取,少量样品即可获得较多的产物,还有个好处是可同时获得总 RNA(上层)、DNA(中层)和蛋白质(下层),有着很好的分离效果。所提取的总 RNA 可用于 Northern 印迹分析、斑点杂交、体外翻译、RNA 酶保护分析和 RT-PCR 等操作,也可用于 mRNA 的进一步分离。

Trizol 提取的总 RNA 含有大小不同的多类型分子(mRNA、hnRNA、rRNA、tRNA)。以大鼠肝脏为例,总 RNA 产物经琼脂糖凝胶电泳、EB(溴化乙锭)染色后,7~15 kb 间可见不连续高分子量 RNA(mRNA、hnRNA)弥散条带,两条优势 rRNA 带位于 5 kb(28S)和 2 kb(18S)附近,低分子量 RNA 介于 100~300 bp 之间(5S tRNA),28S 和 18S rRNA 条带亮度大体上为 5S tRNA 的两倍。在主带间有含量较低、分子量不等的连续条带。

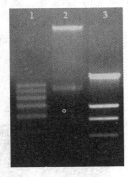

图 23-45 大鼠总 RNA 电泳结果

图 23-45 为大鼠淋巴细胞总 RNA 琼脂糖电泳检测结果,1 泳道为 RNA marker RL6000(从上至下分子量依次为 6 kb、5 kb、4 kb、3 kb、2 kb、1 kb),2 泳道为总 RNA,三条主带从上至下依次为 28S RNA、18S RNA、5S RNA,3 泳道为 DL2000 DNA marker(从上至下分子量依次为 2 kb、1 kb、0.75 kb、0.5 kb、0.25 kb)。

从总 RNA 中进一步分离 mRNA 可采用密度梯度离心、琼脂糖电泳分离等方法(详细过程参见有关实验操作手册),最为便捷的是采用 Oligo(dT)$_n$ 亲和层析法,以分离真核生物 mRNA(原核生物很少分离 mRNA),基本原理是利用 Oligo(dT)$_n$ 与 mRNA 3′端 Poly(A)$_n$ 结合,再通过磁珠(或预先将 Oligo(dT)$_n$ 与纤维素连接)等方式分离 Oligo(dT)-mRNA 复合物,洗脱后即可得到 mRNA。

核酸提取物可用琼脂糖凝胶电泳、紫外分光光度计等方法测定纯度、含量或结构完整性。

23.8.2 凝胶电泳技术

凝胶电泳是分析、分离核酸和蛋白质的常用方法。其原理是:蛋白质与核酸在生理条件下带有负电荷(如果蛋白质不带电荷,可以利用适当的缓冲液调整使其带有负电荷),在固相支持物中(少数为液相电泳),外加电场作用,分子从负极向正极泳动,由于支持物具有一定大小的孔径,不同蛋白质或核酸分子量大小、空间构象、所带电荷数不同,分子泳动速度也不同,经适当时间电泳后不同分子间彼此分开,从而达到分离目的的。

电泳主要包括两种:有支持物电泳和自由电泳。前者如纸电泳、薄层(膜)电泳、凝胶电泳等,后者有密度梯度电泳、等电聚焦电泳等。基因工程研究中应用最广泛的是琼脂糖(agarose)凝胶电泳和聚丙烯酰胺凝胶电泳(polyacrylamide gel electrophoresis,PAGE)。

琼脂糖是从红藻中提取的线性多糖聚合物,溶于沸水,不溶于冷水和乙醇,不同浓度的琼脂糖在水(使用时为各种类型的缓冲液)中煮沸后溶解,冷却时形成孔径大小不同的凝胶。不同浓度的丙烯酰胺(acrylamide)在双丙烯酰胺(bisacrylamide)、过硫酸铵、四甲基乙二胺(tetramethylethylenediamine,TEMED)作用下形成孔径大小不同的凝胶。这两种凝胶作为固相支持物用于蛋白质或核酸的电泳分离。

两种凝胶的特性不同,分辨率差别很大(表 23-11),凝胶浓度越高、孔径越小,分辨率越大。琼脂糖凝胶分辨率为 0.2~50 kb,聚丙烯酰胺凝胶为 1~1000 bp。琼脂糖凝胶多用于较大片段的核酸电泳(表 23-12),而聚丙烯酰胺凝胶电泳主要用于蛋白质电泳及小片段的核酸电泳(主要用于 DNA 测序电泳)。

表 23-11 常见浓度的琼脂糖凝胶和聚丙烯酰胺凝胶分辨率

凝胶类型	浓度/(%)	DNA 分离范围/bp
琼脂糖	0.3	1000~50000
	0.7	1000~20000
	1.4	300~6000
	4.0	100~1000
聚丙烯酰胺	10.0	25~500
	20.0	1~50

表 23-12　常见浓度的琼脂糖凝胶对 DNA 片段的分辨率

浓度/(%)	有效分离范围/kb	浓度/(%)	有效分离范围/kb
0.3	5～60	0.5	1～30
0.6	1～20	0.7	0.8～12
1.0	0.5～10	1.2	0.4～6
1.5	0.2～4	2.0	0.1～3

电泳结束后,需要用荧光染料染色(琼脂糖电泳也可以在电泳时进行),才能观察到核酸或蛋白质条带。琼脂糖电泳常用的是溴化乙锭(ethidium bromide,EB)染料,这是一种扁平的分子,可以插入到相邻碱基间,在 302 nm 波长紫外线激发下发出橙红色荧光,显示核酸条带,虽然 EB 是琼脂糖电泳常规的染色剂,但由于具有强烈诱变作用,非常危险,污染性很强,因此很多公司开发出了安全、无污染的荧光染料(如 SYBR green、GoldView、Gelred、Gelgreen 等),效果同样很好。由于 EB 对 DNA 检出下限只有 100 ng,同时聚丙烯酰胺能淬灭 EB 发出的荧光,因此在聚丙烯酰胺核酸电泳中使用硝酸银染色或其他染料(如 Gelred、Gelgreen 等)(图 23-46),银染还有个好处是凝胶可以较长时间保存,EB 染色只能用于临时观察,蛋白质聚丙烯酰胺电泳时大多采用考马斯亮蓝(coomassie brilliant blue)R-250 染色(G-250 用于蛋白质浓度测定)(图 23-47)。

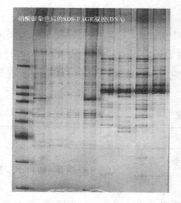

图 23-46　核酸 PAGE 硝酸银染色结果

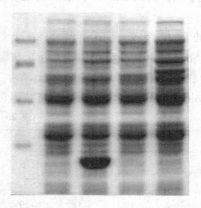

图 23-47　蛋白质 PAGE 考马斯亮蓝染色结果

在提高凝胶电泳分辨率的过程中,产生了脉冲电场凝胶电泳(pulse-field gel electrophoresis,PFGE)技术,也称二维电泳(two-dimensional electrophoresis,2D 电泳),其原理如图 23-48 所示,两对互相垂直的电极,瞬时交替施加两个方向的电场,使得电泳分子产生两个方向的运动,极大地增加了迁移路径,可以使相近的分子得到很好的分离,提高了凝胶电泳的分辨率。这种技术在蛋白质组学研究中有着广泛的应用,可以精细分离特性相近的蛋白质分子(图 23-49),用于 DNA 电泳时可以分离 10^7 bp 的片段。随后又出现了凝胶 3D 电泳技术,但目前尚不是很成熟。

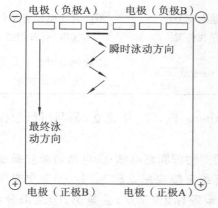

图 23-48　脉冲电泳原理示意图

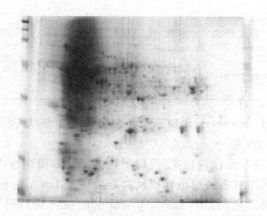

图 23-49　蛋白质 PAGE 脉冲电泳结果

23.8.3　分子杂交技术

分子杂交(molecular hybridization)广义是指不同分子间特异性识别而发生的结合,如核酸间、蛋白质间、核酸与蛋白质间的结合。狭义的分子杂交一般指核酸杂交(nucleic acid hybridization),是具有互补序列的两条核苷酸单链在一定条件下按照碱基配对原则形成双链的过程(图23-50)。通过杂交,可以用标记后的分子检测靶分子的存在或含量。

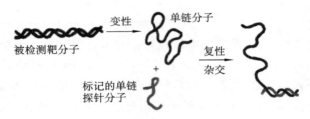

图 23-50　核酸杂交检测原理示意图

杂交一般分为固相杂交和液相杂交。固相杂交是参与杂交的一种分子固定于支持物(薄膜、微孔板、磁珠、乳胶颗粒等)上,另一种分子存在于溶液中。液相杂交是杂交分子都存在于溶液中,有过量探针去除困难、误差较大等问题,应用不如固相杂交普遍,最近商业化基因探针诊断试剂盒的应用,又推动了液相杂交技术的迅速发展。

常见的固相杂交有菌落原位杂交(*in situ* colony hybridization)、组织原位杂交(tissue *in situ* hybridization)、斑点杂交(dot blotting)、狭缝杂交(slot hybridization)、Southern 印记杂交、Northern 印记杂交、夹心杂交(sandwich hybridization)、生物芯片(biochip)、酶联免疫吸附(ELISA)、蛋白质印迹杂交(Western blotting)等。常见分子杂交技术的一些特点见表23-13。

表 23-13　常见分子杂交类型及特性

类型	靶分子	探针	电泳	转膜	优势	问题
Southern 印记	DNA	一般用DNA	需要	需要	可判断靶分子大小、半定量	步骤多、时间长,有假阳性
Northern 印记	RNA	一般用DNA	需要	需要	可判断靶分子大小、可定量	步骤多、时间长,RNA易降解,有假阳性
蛋白质印迹	蛋白质	抗体	需要	需要	可判断靶分子大小、可定量	步骤多、时间长,有假阳性
斑点杂交	核酸、蛋白质	DNA、抗体	无需	无需	快速,检测样本多	不能判定靶分子大小,有假阳性
菌落原位杂交	核酸、蛋白质	DNA、抗体	无需	需要	快速,检测样本多,可显示靶分子存在位置	不能判定靶分子大小,干扰多,有假阳性
组织原位杂交	核酸、蛋白质	DNA、抗体	无需	无需	可显示靶分子存在位置	不能判定靶分子大小,干扰多,有假阳性
生物芯片	核酸、蛋白质、多糖等	DNA、抗体	无需	无需	高通量	不能判定靶分子大小,复杂,成本高

1. Southern 印迹杂交　由英国爱丁堡大学 Edwin Mellor Southern 于 1975 年建立,是利用标记探针检测 DNA 靶分子存在与否的技术。

基本操作包括:①提取待检测 DNA,限制性内切酶处理;②酶切产物琼脂糖电泳;③电泳后凝胶碱变性处理,利用虹吸法或电转膜法将凝胶中的 DNA 转移到杂交膜(硝酸纤维素膜或尼龙膜等)上;④杂交膜交联固定、预杂交(封闭)处理;⑤与标记的探针(如同位素、生物素、地高辛等标记)杂交;⑥显影;⑦结果分析(图23-51、图 23-52)。

Southern 杂交结果是转基因个体鉴定的重要证据之一,既能检测外源基因存在与否,也可以分析外源基

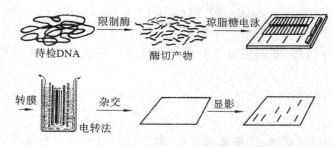

图 23-51　Southern 印迹杂交过程示意图

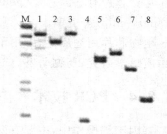

图 23-52　Southern 杂交结果

因的拷贝数。

　　Northern 杂交与 Southern 杂交的原理、操作流程相同,主要差别在于 Northern 杂交检测的靶分子是 RNA、靶分子无需酶切处理,该技术可以分析转基因阳性个体对外源基因是否进行了转录,也可以检测内源基因表达量(需要稳定表达的基因作为内参标准)。

　　2. 菌落原位杂交　M. Grunstein 和 D. Hosnese 于 1975 年根据 Southern 杂交原理提出的检测技术。

　　原理:直接将菌落从培养平板中转移到硝酸纤维素膜(或尼龙膜等)上,经溶菌和变性处理后释放出 DNA,烘干(或其他处理)固定于膜上,与标记的探针杂交,显影后检测菌落杂交信号,与原始菌板比对,筛选出含有靶基因的菌落(图 23-53)。

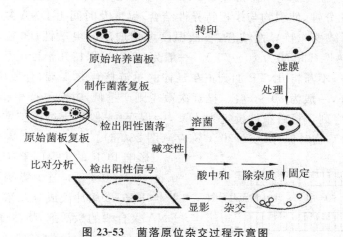

图 23-53　菌落原位杂交过程示意图

　　菌落原位杂交可快速检出含有目的基因的重组子,省时省力,为进一步鉴定奠定基础。

　　3. 斑点杂交　原理:采用适当方法,将待检测样品(主要是 DNA 或蛋白质)直接加到杂交膜上,烘烤(或紫外线交联)固定,再通过与 Southern 杂交相似的流程操作,利用探针(或抗体)检出靶分子,或进行定量分析(图 23-54)。这种方法所需时间短,操作便捷,一次可处理大量样品,是芯片技术的雏形。

　　4. 组织原位杂交　也称为原位杂交。首先制作常规组织切片,脱蜡处理后直接用于杂交。最大优势是可以显示靶分子在组织、细胞中存在的部位。

　　5. 蛋白质印迹杂交　操作流程、原理与 Southern 印记杂交相似,区别在于靶分子为蛋白质,以一抗及二抗为探针,检测目标蛋白的存在及含量。其是蛋白质检测的常规技术,具有灵敏度高(检测下限约为 50 ng)、特异性好等优势。

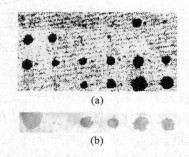

图 23-54　核酸、蛋白质斑点杂交
(a) 酵母线粒体 DNA 斑点杂交;
(b) Dot-ELISA

　　6. 生物芯片技术　也称为微阵列(microarray)技术,是一种高通量的检测、分析方法,具有大规模、高通量、高灵敏度、高度平行性、可自动化、微型化、集约化和标准化等诸多优势,广泛用于核酸、蛋白质、多糖等分子检测,是当代生命科学研究中有力的工具。

　　基本原理:将待检分子或探针高密度固定于支持物上,利用分子杂交原理,检测靶分子的存在或含量。探针可以用核酸,也可以用蛋白质(抗体);靶分子可以是提取的核酸、蛋白质或多糖等分子,也可以是组织、细胞(原位杂交);支持物上可以是探针,也可以是靶分子;被标记的可以是探针,也可以是靶分子。

常见芯片有基因芯片(gene chip)、蛋白质芯片(protein microarray)、组织芯片(tissue microarray)、糖芯片(sugar chip)等类型。

生物芯片用途广泛,可用于 DNA 测序、基因表达检测、基因多态性分析、疾病诊断、转基因鉴定及筛选、蛋白质组学研究、药物研发、试剂质量分析等领域。

23.8.4 PCR 技术

基因工程操作中,主要有两种方式可以实现目的基因扩增:①细胞内扩增,将目的片段克隆到载体中,利用宿主细胞复制系统完成扩增,可实现染色体级别的片段扩增;②体外扩增,在试管内模拟细胞 DNA 复制过程,利用 DNA 聚合酶完成扩增,一般适用于较小片段扩增。

聚合酶链式反应(polymerase chain reaction,PCR)是最为常见的、重要的 DNA 体外扩增方式,具有简便、快速、准确、成本低等优势,是基因工程操作最基本的技术,也是分子生物学研究革新性创举,对整个生命科学研究与发展有着深远影响。1985 年,美国生物化学家 Kary Mullis 设计了实用性 PCR 技术,问世不久(1989 年)即被 Science 杂志评为十大科技新闻之首。PCR 技术发展极为迅速,目前已衍生出几十种不同方法,应用到生命科学研究的几乎所有领域中。

基本原理:与体内 DNA 复制过程相似,包括以下三个阶段。①变性,将反应体系加热(90~98 ℃)几十秒至几分钟(视模板 DNA 复杂程度而定),使待扩增 DNA 解开双链结构;②复性(退火),反应体系迅速降温至 40~70 ℃,保持几十秒至几分钟,使引物与模板特异性结合,温度及时间由 DNA 复杂程度、引物序列(长度、GC 含量)决定,较高温度可减少非特异性结合,较低温度可增加反应灵敏性;③延伸,使反应体系迅速处于 DNA 聚合酶最适温度(耐热性 Taq 酶为 70~75 ℃,一般为 72 ℃),保持几十秒至几分钟(由扩增片段长度决定),在 DNA 聚合酶作用下,不断将 dNTP 加到正在延伸的单链核苷酸 3′ 端,合成模板互补链。不断重复①~③的过程(25~45 个循环,一般为 30~35 次,循环次数少则产量低,过多易产生错误扩增),循环结束后 72 ℃保持 5 min,以修补末端序列。最后条件设定为 4 ℃,∞保存(一般用于过夜扩增),或者反应结束后取出,进行琼脂糖电泳检测,或 4 ℃临时保存(或−20 ℃冻存)(图 23-55)。

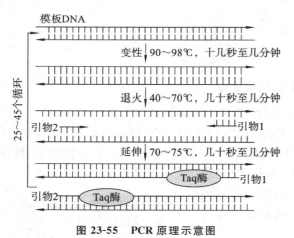

图 23-55　PCR 原理示意图

影响 PCR 的主要因素:①Taq 酶质量及特性,用量 0.5~5 U/100 μL,过少影响反应产量,过多使反应特异性下降;②缓冲液成分及浓度,其中 Mg^{2+} 最重要,是 DNA 聚合酶的激活剂,终浓度一般为 1.5~2.5 mmol/L,过低使 Taq 酶活性丧失、PCR 产量下降,过高影响反应特异性,另外还要注意 Mg^{2+} 能与负离子结合,反应体系中 dNTP、EDTA 等浓度影响游离的 Mg^{2+} 浓度,进而影响 DNA 聚合酶活性;③dNTP 质量及浓度,纯度应足够好,并避免反复冻融,一般 PCR 四种 dNTP 浓度相等,终浓度为 50~200 μmol/L,浓度过高易产生碱基错配,过低则影响产量;④模板 DNA,单链或双链均可,要避免蛋白酶、核酸酶、DNA 聚合酶抑制剂、DNA 结合蛋白等污染,浓度为 10~100 ng/100 μL(视片段大小而定),过少影响产量,过多增加非特异性扩增;⑤引物,是关键因素,设计时应具备适当的长度、结构(碱基类型、比例、分布,无二级结构等),与模板匹配良好,终浓度为 0.1~1 μmol/L,过高易引起错配(反应特异性降低),过低则影响产量;⑥反应条件,见前文 PCR 原理。当然,PCR 扩增仪质量也非常重要,尤其是升降温速度、控温误差,好的 PCR 仪应升降温速度快、控温准确(±0.1 ℃)。

PCR 反应注意事项:①防止污染,试剂尽量分装,使用一次性移液器吸头及 EP 管,用品及工作区域要分开,有时需要无菌操作;②科学设立对照,包括阳性对照(阳性模板)、阴性对照(阴性模板)、空白对照(除模板外的所有组分)。

PCR 反应特点:①灵敏度高、特异性强,可从皮克级扩增到微克级,能从 100 万个细胞中检出一个靶细胞(病毒检测的灵敏度可达 3 个 PFU,细菌的最小检出率为 3 个);②简便、快速,一次性加好反应液,2~4 h 完成扩增,扩增产物一般可用电泳分析;③模板纯度要求低,细胞或组织粗提 DNA 都能满足要求。

　　PCR 存在的主要问题：有时显得过于灵敏，往往导致假阳性结果；一般类型 PCR 无法准确定量（实时荧光定量 PCR 可以）。

　　PCR 的主要应用：①基础研究，如基因克隆、DNA 片段扩增、基因表达检测（定性和定量）；②医学领域，疾病诊断、流行病检测；③法医学应用，身份确认、亲子鉴定；④生物亲缘关系、进化途径分析；⑤转基因动、植物检测；⑥动植物遗传育种，构建遗传图谱、性别鉴定、分离目的基因、基因定位、分子标记辅助育种，分析不同品种间的亲缘关系、系统进化；⑦植物保护，杀虫病原微生物的基因型鉴定、植物病原微生物分类。

　　常见 PCR 类型：实时荧光定量 PCR、反转录 PCR、嵌套 PCR、5′（或 3′）Full RACE、反向 PCR、不对称 PCR、复合 PCR、标记 PCR、重组 PCR、膜结合 PCR、固着 PCR、免疫 PCR、锚定 PCR、减法杂交 PCR、原位 PCR、测序 PCR、热启动 PCR、长 PCR、任意引物 PCR、电子 PCR、芯片 PCR、碱基替代 PCR、mRNA-DD-PCR，等等。

　　(1) 实时荧光定量 PCR（real-time quantitative PCR）　通过检测 PCR 扩增过程中，每轮循环产物标记的荧光信号累积数量，实时监测整个 PCR 进程，并通过标准曲线对未知模板进行定量分析，主要用于基因表达定量分析。

　　(2) 反转录 PCR（RT-PCR）　以 mRNA 为模板，在反转录酶作用下合成 cDNA 第一链（或继续合成 cDNA 第二链），再以所获产物为模板进行特异性 PCR 扩增，主要用于基因克隆。

　　(3) 嵌套（巢式）PCR（nested PCR）　先以一对位于外部的引物扩增 15～30 个循环，以产物为模板再用一对内部引物扩增 15～30 个循环，可以使低拷贝序列得到高效扩增。

　　(4) 5′（或 3′）Full RACE　利用已知序列设计引物，扩增与已知序列紧密连锁的未知序列，逐步扩增、测序，最终获得未知全基因序列。

　　(5) 反向 PCR（inverse PCR）　用已知序列设计引物，扩增已知序列两端的未知序列。

　　(6) 不对称 PCR（asymMetric PCR）　所加两条引物不等量，最初是一对引物扩增，待含量低的引物耗尽后，仅用另一条含量高的引物做单引物扩增，以此获得单链 DNA 产物。

　　(7) 复合 PCR（multiplex PCR）　也称多重 PCR。一个反应体系中加入多对不同 PCR 引物，可同时扩增多个模板或同一模板的不同区域。

　　(8) 标记 PCR（labeled primers PCR）　或称彩色 PCR。用同位素、荧光素等对引物 5′端标记后，再进行 PCR 扩增。如果用不同的荧光素标记，扩增产物激发后带有不同颜色，可用肉眼直接观察，以判断目的基因是否存在及扩增基因的类型。

　　(9) 重组 PCR（recombinant PCR）　通过 3 条（或更多）引物可将 2 条 DNA 片段进行连接的 PCR 反应。

　　(10) 膜结合 PCR（membrane binding PCR）　模板固定于固相支持物上的 PCR 反应，模板可重复使用，或去处污染。

　　(11) 固着 PCR　引物固定于膜上，有利于产物的分离、纯化。

　　(12) 免疫 PCR　将抗原检测与 PCR 偶联的高灵敏度系统。利用一个对 DNA 及特异性抗体具有双重结合的连接分子，作为标记物的 DNA 特异性结合到抗原抗体复合物上，从而形成抗原-抗体-DNA 复合物，再对标记 DNA 进行扩增，根据产物存在与否、量的多少，对待测抗原进行定性或定量分析。

　　(13) 锚定 PCR（anchored PCR）　常用于扩增一端序列已知的 DNA。在未知序列一端加一段多聚 dG（或其他碱基）尾，然后分别用多聚 dC（或其他配对碱基）、已知序列作为引物进行 PCR 扩增。其主要用于分析具有可变末端序列的基因或一端序列未知的基因。

　　(14) 减法杂交 PCR　将减法杂交与 PCR 结合的方法。扩增大量 mRNA 的 cDNA，找出具有特异性差异序列，再进行基因克隆。

　　(15) 原位 PCR（in situ PCR）　将 PCR 与原位杂交结合，可检测组织、细胞中微量 DNA（或 RNA），并且可精确定位。

　　(16) 测序 PCR　将 PCR 技术与双脱氧终止法结合，对 DNA 进行序列测定。

　　(17) 热启动 PCR　在反应体系缺少一种关键试剂（如 Taq 酶）情况下，加热到接近变性温度后，再加入该试剂进行 PCR 扩增，从而避免升温初始阶段的错配，提高扩增特异性。

　　(18) 长 PCR（long PCR）　常规 PCR 所用 Taq 聚合酶延伸能力（持续合成能力）虽强，但无校正功能，不能有效扩增长片段，具校正功能的 Taq 酶（如 pfu DNA 聚合酶）延伸能力较弱，难以完成长链扩增。将两种 DNA 聚合酶联合应用，通过对缓冲液成分及循环条件的优化实现长片段扩增。

（19）任意引物 PCR(arbitrarily primed PCR)　不同物种基因组中，与引物相匹配的碱基序列空间位置和数目可能不同，扩增产物大小和数量也不同。用适当的、人工随机合成的系列寡聚核苷酸单链为引物，对靶 DNA 进行 PCR 扩增，可以显示 DNA 序列的多态性。

（20）电子 PCR(electronic PCR)　利用生物信息学数据库为平台，借助相应的分析运算软件，搜索所查询的 DNA 序列是否含有序列标记位点(sequence tagged site, STS)，根据 STS 在已知基因组图谱的位置，将所查询的 DNA 序列在基因组图谱上进行定位。某种意义上，电子 PCR 无需具体实验操作，现在已经发展出相应的软件，可在很短时间内对待分析序列进行成千上万次不同的电子 PCR，即查找事先给出的 STS，假阴性概率近于零，假阳性概率也近于零，可适应现代基因组研究的大规模分析所需。

（21）芯片 PCR　将 DNA 芯片技术与 PCR 技术结合的方法。样品 DNA（或 RNA）通过 PCR（或 RT-PCR）扩增及荧光标记后与 DNA 微阵列杂交，通过荧光扫描器及软件分析，可获得样品的基因序列及表达等信息。

（22）碱基替代 PCR　用修饰过的碱基替代正常碱基，可以满足某些特殊实验的要求。例如用生物素化脱氧尿苷三磷酸(Biotin-11-dUTP)、地高辛化脱氧尿苷三磷酸(DIG-11-dUTP)可制备非放射性标记的探针。

23.8.5　DNA 序列测定

DNA 序列分析(DNA sequencing)是基因组学研究的基本工作，随着研究的深入，当代 DNA 测序出现了纷繁复杂、多种多样的技术，测序设备也五花八门、千差万别，自动化程度不断提高。第一代测序原理有两种：Sanger 双脱氧链终止法和 Maxam-Gilbert 化学修饰法，两种测序方法也有共同之处。

基本原理：①利用待测定 DNA，制备互相独立的若干组放射性标记（或其他标记）寡核苷酸，每组寡核苷酸都有固定起点，但随机终止于特定一种或多种核苷酸残基；②DNA 链中每个碱基出现在可变终止端的概率相等，因此上述每组产物都是寡核苷酸混合物，这些寡核苷酸长度由某种特定碱基在原 DNA 片段上的位置决定；③在可区分长度仅相差一个核苷酸的条件下，对各组寡核苷酸进行电泳(PAGE)分析；④电泳后从凝胶的放射自显影底片上直接读出 DNA 的核苷酸序列。最终拼接出完整的目标 DNA 序列。

1. 双脱氧链终止法(dideoxy chain termination method)　1977 年，英国剑桥大学生物化学家 Frederick Sanger 等人利用 DNA 复制特性，设计了通过 DNA 复制识别四种碱基的方法，以便进行 DNA 序列测定，即双脱氧链终止法。

原理：①DNA 复制时，在模板指导下，DNA 聚合酶不断将 dNTP 加到引物的 3'-OH 末端，合成新的互补 DNA 链；②DNA 体外扩增时，如果反应体系中存在双脱氧三磷酸核苷(ddNTP)，因 ddNTP 3'位缺少—OH（图 23-56），无法与后续 dNTP 形成磷酸二酯键，导致 DNA 延伸在相应位点终止，反应结束；③测序时，四个反应体系中分别加入四种 dNTP 和一定比例的某种 ddNTP（一般为 ddNTP:dNTP=1:10），由于 ddNTP 在每个 DNA 分子中掺入的位置不同，因此形成具有相同 5'-引物端和以某种 ddNTP 残基为 3'端结尾的一系列长短不一的片段混合物；④采用聚丙烯酰胺凝胶电泳，区分长度差一个核苷酸的单链 DNA，最后从凝胶中读出 DNA 的核苷酸序列（图 23-57）。逐步测定，最后获得目标 DNA 序列。

Sanger 等人于 1977 年利用 DNA 双脱氧链终止法，首次完成了噬菌体 φX174 全基因组测定，得到 5375 nt 全长基因组序列。

测序时，被标记分子可以是单链寡核苷酸引物（引物标记法，dye primer reactions），也可以是 ddNTP（终止物标记法，dye terminator reactions）。以往采用同位素标记，灵敏度高、信噪比大，但污染严重，目前多采用荧光染料标记，不但安全，还可以用不同颜色染料分别标记四种 dNTP，带来的好处还有四种反应可以在同一试管中进行，并在同一泳道中电泳检测，节省了很多成本。

2. Maxam-Gilbert 化学修饰法　几乎在 Sanger 等人发明 DNA 双脱氧链终止法测序的同时，1977 年美国哈佛大学 A. M. Maxam 和 W. Gilbert 创立了 DNA 化学修饰测序法。

基本原理：用化学试剂处理末端被标记（如同位素标记）的 DNA 片段，造成碱基在特异性位点被切割，产生一组具有不同长度的 DNA 链混合物。通过 PAGE 凝胶电泳按分子大小分离，显影后（如放射自显影），便可根据所显现的相应谱带直接读出待测 DNA 的核苷酸顺序（图 23-58）。

Maxam-Gilbert 化学修饰法测序中，需要先用特定试剂修饰特定类型的碱基，而后利用特定试剂切割修饰过的碱基位点，造成 DNA 链断裂，常用的碱基修饰及切割类型见表 23-14。选择合适的反应类型，使 DNA

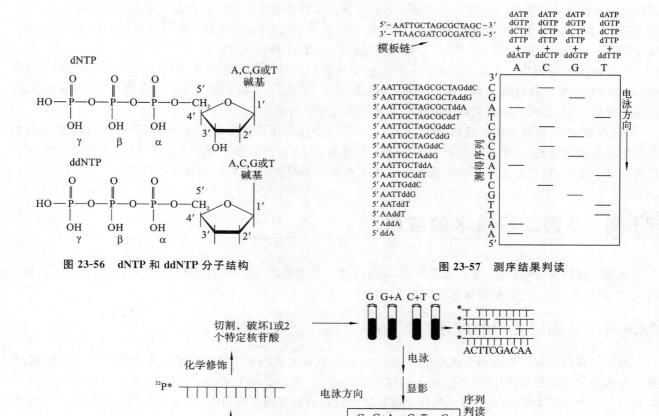

图 23-56　dNTP 和 ddNTP 分子结构

图 23-57　测序结果判读

图 23-58　Maxam-Gilbert 化学修饰法测序原理

链中四种碱基都能得到特异性切割,即可得到末端碱基已知的片段,再经凝胶电泳分离,便可判定 DNA 序列组成。

表 23-14　Maxam-Gilbert DNA 测序中碱基修饰及切割反应类型

反应	切割特性	碱基修饰试剂	修饰碱基的转移	DNA 切割试剂
R1	G＞A	硫酸二甲酯	pH 值为 7,加热	氢氧化钠
R2	A＞G	硫酸二甲酯	酸	氢氧化钠
R3	C＋T	肼	六氢吡啶	六氢吡啶
R4	C	肼＋盐	六氢吡啶	六氢吡啶
R5	G	硫酸二甲酯	六氢吡啶	六氢吡啶
R6	G＋A	酸	酸	六氢吡啶
R7	C＋T	肼	六氢吡啶	六氢吡啶
R8	C	肼＋盐	六氢吡啶	六氢吡啶
R9	A＞C	氢氧化钠	六氢吡啶	六氢吡啶
R10	G＞A	硫酸二甲酯	pH 值为 7,加热	六氢吡啶
R11	G	亚甲蓝	六氢吡啶	六氢吡啶
R12	T	四氧化锇	六氢吡啶	六氢吡啶

　　Maxam-Gilbert 化学修饰法测序的优势:①重现性好,试剂简单,易掌握;②序列为原 DNA 分子,而非酶促合成反应所生成的产物,可避免因碱基突变引发的错误;③可以对合成的寡核苷酸进行测序,用以分析诸如甲基化等 DNA 修饰的情况,通过化学保护及修饰干扰实验来研究 DNA 的二级结构及蛋白质-DNA 相互作用;④无需

延伸反应以及克隆过程;⑤更适于含稀有碱基、GC含量高或短链寡核苷酸的测序;⑥可双向标记并测序。

Maxam-Gilbert化学修饰法存在的主要问题:①所测长度比Sanger双脱氧链终止法短,对放射性标记末端小于250 nt的DNA序列效果较好;②比较烦琐费时,过长序列有困难。

Sanger双脱氧链终止法和Maxam-Gilbert化学修饰法为第一代测序技术,操作较为烦琐,效率低,速度慢,结果分析中的读片过程枯燥乏味,易出错。因此,二、三代测序技术主要以自动化为特点,以提高效率、降低劳动强度,尤其是在基因组大规模测序中自动化的优势更为突出。

目前,DNA测序技术逐渐成熟,测序方法不断改进,自动测序仪被广泛应用,计算机数据分析系统的发展及测序分析能力的提高,也在很大程度上推进了大规模DNA测序进程。像人类全基因组测序这样的工作,以前需要十余年,耗资近30亿美元,现在可以几周内完成,所需成本个人也能够负担得起。

23.9 基因工程技术的应用

基因工程技术应用广泛,涉及诸多领域,部分应用参见本章第一节中的内容。归结起来,大体上包括基础研究、生物性状改良、产品制备等方面。

23.9.1 基础研究中的应用

基因工程技术现已渗透到生命科学的各个领域,在生命现象的本质及规律研究方面发挥着巨大作用,尤其是基因组学及功能基因组学研究,使人们对生命的认识不断深入。在此基础上人们开始构建"人造生命",2010年美国私立科研机构克雷格·文特尔研究所就宣布得到首例完全由人造基因控制的单细胞细菌——辛西娅(synthia),也许不久更复杂的全人工合成生命就会诞生。

基因工程技术还可以对天然基因实施优化、改造,进行定向诱变,也可以合成自然界不存在的基因及其产物,获得稳定、高效、特异性好的重组产物(或复合物),在分子改造、结构和功能分析、新功能产物开发等方面具有非常重要的意义。

同时,基因工程技术本身也有很多基础工作需要深入研究,如载体构建、受体系统和工具酶开发、不同类型文库构建及筛选、基因克隆及功能研究、新技术探索,等等。

23.9.2 生物性状改良中的应用

基因工程技术主要用于提高农作物、家畜、家禽、水产品等产量,改善品质、增强抗性,提高生长速度或饲料利用率,或者得到一些特殊用途的性状,满足人们生产、生活所需。例如人们熟知的转基因耐储藏西红柿、转基因大豆(图23-59)、转基因玉米、转基因油菜、转基因抗虫棉(图23-60)、转基因鱼(图23-61)、转基因树木(图23-62)等。目前,世界上至少有35科200余种转基因植物问世,很多已获批准商业化生产,包括粮食作物、蔬菜、水果及花卉等。主要改良的性状有生产性状、营养成分(添加或剔除)、抗逆特性(抗病虫害、抗除草剂、抗冻、耐盐、抗旱)等。

图 23-59　抗花叶病毒转基因大豆

图 23-60　转 *CpTI* 基因棉花抗棉铃虫效果(中国农业科学院)

2015年种植转基因作物的国家有40个,种植面积达2亿公顷。美国有1/4耕地种植转基因植物,转基因大豆(抗除草剂、抗病毒等)占大豆种植面积的55%以上,转基因抗虫棉占棉花种植面积的60%以上,转基

图 23-61　转"全鱼"生长激素基因黄河鲤鱼 F1 代(上)及对照(下)(中科院水生所)

转Bt基因抗虫欧洲黑杨　　对照欧洲黑杨（受虫害）　　对照欧洲黑杨（受虫害）

图 23-62　转 Bt 基因欧洲黑杨抗鳞翅目昆虫效果(中国林业科学院)

因玉米占玉米种植面积的 30% 以上,近 400 种食品为转基因产品,超过 60% 的加工食品含转基因成分,转基因食品销售额高达上百亿美元。2011 年中国转基因作物种植面积有 390 万公顷,成为继美国、巴西、阿根廷、印度、加拿大之后第六大转基因植物种植国,转基因耐储藏西红柿、转查尔酮合成酶基因矮牵牛、抗病毒甜椒、抗病毒番木瓜、抗虫水稻、转植酸酶玉米、抗虫棉花等通过商品化生产和安全认证,其中转基因抗虫棉在主产省份种植比例高达 95%。

重组生长激素用于动物饲养,能使泌乳量提高 14% 以上(转生长激素基因的动物也具有同样效果),饲料利用率和瘦肉率提高。利用转基因技术可以改善哺乳动物乳汁成分,提高酪蛋白含量,或含有人乳成分(如荷兰 PHP 公司的转人乳铁蛋白基因奶牛)。核酸疫苗技术可使动物获得良好的免疫能力。

23.9.3　产品制备中的应用

利用基因工程技术生产药物是医药发展的一个重要方向,是当前制药行业中最活跃、发展最快的领域,国内外有数千家生物技术公司进行这方面的开发,很多政府也投入了大量资金开展相关研究,已形成潜力巨大的产业结构,竞争也日趋激烈。所获产品可用于疾病预防、治疗或诊断等方面。

基因工程药物主要有:基因工程活性多肽、疫苗、抗体、核酸药物等。如重组的干扰素(IFN)、白介素(IL)、生长因子(FGF、TGF、IGF、EGF、PDGF、NTF、NGF 等)、肿瘤坏死因子(TNF)、人生长激素(HGH)、凝血因子、细胞集落刺激因子(G-CSF、GM-CSF、M-CSF)、促红细胞生成素(EPO)、组织型纤溶酶原激活剂(tPA)和胰岛素,等等。

利用大肠杆菌生产的人重组胰岛素,每 2000 L 培养液可获得 100 g 胰岛素,大规模工业化生产使其价格下降了 30%～50%,已广泛用于临床。在我国,酵母表达系统生产的乙肝疫苗制品已被广泛应用。此外,利用动植物反应器生产了种类繁多的药用蛋白或次生代谢产物,如重组抗体、α1 抗胰蛋白酶、促红细胞生成素、凝血因子、白介素、干扰素、生长激素、组织酶原激活剂、尿激酶等。

20 世纪 80 年代末,比利时 PGS 公司将脑啡肽(enkephalin)基因导入烟草并得到良好表达,想要利用该产品达到戒烟目的,但由于脑啡肽在消化道内受到降解,也很难通过血脑屏障,产品并未发挥预期作用。

1989 年,美国 Scripps 研究所利用转基因烟草表达了抗体基因(植物抗体,plantibody),叶片中重组抗体占总蛋白含量的 1.3%,开创了植物作为反应器生产重组蛋白的时代。2011 年中国利用转基因水稻生产人血清白蛋白(占可溶蛋白的 10%),现已进入规模化生产。目前,利用植物反应器生产的药物、酶等有 100 种以上,形成了一个新的领域。

23.10 基因工程技术应用的潜在风险及面临的社会问题

基因工程技术诞生之初,便有学者意识到了存在的风险。使用过程中发生的一些重大事件,以及媒体不科学、不正确的宣传,使人们对基因工程技术(尤其是转基因技术)产生了猜疑和恐惧,不了解真相的人便无端持有否定和排斥的心理。

基因工程技术存在的潜在风险可能有:①生殖隔离被打破后,引发物种遗传稳定性丧失,对地球生命造成灾难性破坏;②人造生命对生物的影响,如果控制不好也可能导致灾难性后果;③技术不完善导致不良后果,如基因治疗个案中发生的问题;④产品安全性问题,如毒性、过敏等;⑤对受体遗传系统产生的破坏,导致有害变异;⑥对生态系统的影响,是否会产生"超级杂草""超级害虫"? 现在出现了"超级细菌",转基因生物是否会导致其他物种绝灭? 是否会演化成对生物有巨大威胁的新物种? 进而导致严重的生态灾难,等等。

科学技术是一把双刃剑,关键是如何使用、何人使用,基因工程技术也是如此。

不可否认,就目前的发展水平而言,基因工程技术的使用确实出现过一些问题,但是迄今为止,尚未出现过大范围的不良后果,所有疑问还需时间来验证。仅就技术本身来说,这些问题可以解决,重要的是要利用法律、伦理、道德等手段规范基因工程技术的使用,媒体要做出科学的宣传,使人们了解相关技术和成果,才能使基因工程技术成为造福人类的工具。

人们已经及时认识到了基因工程研究和应用中存在的问题,各国政府已经出台了一系列法律,用以规范基因工程技术的使用。另外,从事基因工程研究的科研人员需要自我约束,这一点尤为重要。

基因工程技术的发展和应用,给人类带来了巨大的福祉,今后也将发挥越来越重要的作用。

本章小结

本章主要讲述了基因工程操作中的工具(载体、酶、受体细胞)、常用技术和方法、基因工程技术的应用等问题。需要掌握常用载体、工具酶、受体细胞的特性,基因克隆、重组及外源基因导入的原理,核酸提取、凝胶电泳、分子杂交、PCR 扩增、DNA 测序等技术的原理和基本操作;了解基因工程理论依据、基本操作与流程、发展简史、研究内容及应用,还应了解基因工程技术应用时潜在的风险及其面临的社会问题。

思考题

 扫码答题

参考文献

[1] 吴乃虎.基因工程原理[M].2 版.北京:科学出版社,2001.

[2] 王傲雪.基因工程原理与技术[M].北京:高等教育出版社,2015.

第五篇 ——

生物进化

SHENGWUJINHUA

目　　录

第24章　物种的形成

24.1　物种的概念

自然界的万物都是以物种(species)的形式存在,各种生物都有其所属的种类,我们认识生物的多样性也正是从认识物种开始的。地球上生命的显著特点就是统一性与多样性并存,整个生物界是既连续又不连续的,从最简单的单细胞生命,到复杂的高等生物,不同的物种之间都或多或少地存在着一定的相似性。例如除了病毒之外,绝大多数生物有大体相似的细胞结构,相同的遗传密码,相似的代谢途径,等等,这说明它们之间存在着或近或远的亲缘关系。绝大多数的物种在直观上又可以识别区分。这说明大多数物种之间存在明显的形态上的不连续性。生物学家早已证明种间存在着不同形式的生殖隔离,在自然界物种之间在遗传上是不混合的。这也说明了在自然界中物种是真实存在的。物种是生命存在的基本形式,它体现了生物界统一性中的多样性,连续性中的不连续性,不稳定性中的稳定性。

24.1.1　不同类型的物种概念

在进化论产生之前,分类学家依据生物的表型特征来区别不同的物种,但是自从进化论产生之后,"什么是物种"和"物种是怎样产生的"就成为一个长期争论和讨论的理论问题和实际问题。不同时期、不同学科的学者对于物种概念的定义很不相同,了解这些不同的物种概念将非常有助于我们对物种含义的理解。截至目前,如果只是考虑名称的不同,物种概念的数量在 30 个以上;如果区分不同的含义,数量在 18 个以上(表24-1)。总的来看,众多的物种概念与曾经分立的各分支分类学派、进化分类学派和数值分类学派存在着比较明显的对应关系。目前比较有影响力的有两大类,一类是系统发育类的物种概念,另一类是生物学类的物种概念。

表 24-1　不同角度中的物种概念名称

类别	概念名称	释义
1	无性物种概念 (agamo-species concept)	足够相似的单性生殖群
2	普通支系物种概念 (general lineage species concept)	不同物种有不同自有衍证,另见谱系物种概念
3	遗传物种概念 (genetic species concept)	共享遗传特征基因库、产生可育后代的繁殖群
4	生物学物种概念 (biological species concept)	不同种间存在生殖隔离
5	分支物种概念 (cladistic species concept) 亨尼希物种概念 (Hennigian species concept) 节点间物种概念 (intermodal species concept)	现生物种是分支图上一个端部节点和 最近的内部节点之间的部分

类别	概 念 名 称	释　义
6	内聚物种概念 (cohesion species concept)	共享基因库和生态位的繁殖群体
7	复合物种概念 (composite species concept)	补充分支情况的节点间物种概念
8	生态学物种概念 (ecological species concept)	具有独特生态位适应的最小群体
9	进化物种概念 (evolutionary species concept)	具有独特进化地位与进化趋势的独立进化支系
10	基因型簇物种概念 (genotypic/genomic cluster species concept) 多元物种概念 (polythetic species concept)	可由形态或遗传鉴定的单或多元的生物实体簇
11	系谱物种概念 (genealogical species concept)	等位基因的排他性汇聚
12	林奈(形态学或模式)物种概念 (Linnaeus/morphological/typological species concept)	可鉴别的独特特征不变的最小群体
13	表型物种概念 (phenetic species concept)	对一组统计特征,分享其中大多数的一群个体
14	种群物种概念 (population species concept)	一个种群是一个物种
15	物种识别概念 (species recognition concept)	同种个体间可通过信息素、声音等信号识别
16	繁殖竞争物种概念 (reproductive competition species concept)	最大限度的繁殖竞争群体单位
17	演替(时间)物种概念 (successional/chrono-species concept)	据化石形态人为区分的进化阶段
18	分类学物种概念 (taxonomic species concept)	分类层级中的一个遗产间断单位

在诸多物种概念定义中,引起广泛关注的有以下几个概念。

1. 模式物种概念　模式物种概念(形态学物种概念或本质论物种概念),在神创论占据主导地位的时期,人们持有的是静止的、机械的、稳定的、不变的物种概念,也称为模式物种概念。模式概念源于柏拉图和亚里士多德的哲学思想。柏拉图认为,我们所看到的宇宙的多样性是存在于宇宙中的数目有限的"模"的反映。亚里士多德认为,特殊的生物个体是某一普遍范畴的成员。柏拉图和亚里士多德的宇宙观可以归属于"本体论"的范畴。按照本体论的观点,形态相似性是识别物种的唯一标准。模式物种概念认为物种是表型上相似的生物群体,或者是模式一致的生物群体,持这种观点的代表人物有林奈等。

2. 唯名论的物种概念　唯名论的哲学思想源于中世纪英国的哲学家奥卡姆,他否认柏拉图的本体论,认为生物个体才是真实存在的,而物种就像逻辑类一样,是虚的。在18世纪唯名论非常流行,尤其是随着进化论的提出,人们越来越意识到,无论是在历史的长河中还是在时间的横断面上,生物都是在不断地变化着。同时这些变化往往又是非常缓慢、逐步、渐进式的。因此说来,生物之间肯定是连续的,而不具有间断性。这就与不连续的界限分明的模式物种概念相矛盾,两个概念各趋向两个相反的极端。因而,唯名论物种概念应运而生。其主要的观点:只有个体是真实存在的,物种或者其他等级都是人为的,大自然中并不存在真实的物种,物种仅是为了我们可以总起来称呼大量的个体,持这种观点的主要代表人物是达尔文。

3. 生物学物种概念 从以上几种物种概念可以引出三方面的共识,即物种应该是繁殖单元、生态单元和遗传单元,这些内容也为生物学物种概念的提出奠定了一定的基础。美国的进化生物学家迈尔(Mayr)于1942 年提出了至今影响比较深远的生物学物种概念,即物种是具有实际或潜在(交配)繁殖的自然群体,它们(同其他这样的群体)在生殖(基因)上是隔离的。生殖隔离(reproductive isolation)是生物学物种概念的核心。生物学物种概念强调物种之间的基因交流与个体生殖上的连续性和相通性,而不是指形态学上的相似性,同时强调物种之间有性生殖的间断性与不连续性。即使两个物种在形态上相似,如果存在生殖隔离也是不同的物种。

24.1.2 生殖隔离

生殖隔离是指在自然条件下,有性生殖的同种生物可以交配产生具有生殖能力的后代,而不同种的生物之间不能进行交配,即使能够交配也不能产生有生殖能力的后代的现象。生殖隔离机制(reproductive isolation mechanism)是指生物防止杂交的生物学上的一些特性和机理。"隔离机制"一词最早是由杜布赞斯基于 1937 年提出。根据他的观点,物种之间都存在着一些重要的分布和表型的生物状态,它们在生殖上是相互隔离的。杜布赞斯基竭力使用隔离带来的适应性变化来解释生殖的非连续性。物种的形成是一种保守因素,不利于变异的积累,而生殖隔离是因为被选择而产生,隔离在进化过程中扮演着积极的角色。生殖隔离的机制比较复杂,可以分为生物学因素和非生物学因素。生物学因素主要是指遗传或生理方面的原因,而非生物学的因素主要是指由于环境或空间的阻隔,影响到生物的迁移、接触和分布。环境阻隔本身也是一个逐渐形成和发展的过程,它与被阻隔的种群间遗传差异的累积并行。如果以繁殖阶段来划分,又可以分为受精前隔离与受精后隔离。受精前隔离多是由于环境、生态以及行为等方面的原因影响了不同群体间成员的杂交,阻碍了杂种合子的形成。受精后隔离则是由于生理及遗传方面的原因降低了杂种的活力或生殖能力。

1. 受精前隔离

(1) 地理(空间)隔离 空间隔离是群体间机械隔离最普遍的形式。其中地理隔离(geographic isolation)是指群体间由于所栖居的地理区域不同而造成的隔离现象。造成地理隔离的因素有很多,对于陆生生物而言,如河流、湖泊、海洋、山脉、峡谷、沙漠等都能造成阻隔,而对于水生生物,除了陆地之外,不同的温度、不同的盐分的水体等因素都能形成阻隔。环境的隔离机制多种多样,任何环境都存在着一定的空间范围,即使在同一空间范围内也存在着不同的物理与生物因子。例如一个地区的不同方位,同一个湖泊的不同水层,同一座高山的不同高度等,都存在着明显的区别。一般情况下,空间范围越大,环境的变化也越大。

利用简单重复序列间扩增(inter-simple sequence repeat, ISSR)分子标记对舟山群岛红楠(*Machilus thunbergii*)8 个群 91 个个体进行了遗传结构分析,研究结果表明此红楠种群平均水平多态位点百分比(PPL)为 52.3%,较台湾岛红楠种群(PPL 为 71.1%)具有偏低的遗传多样性,地理距离与遗传距离具有显著相关性,岛屿地理隔离对红楠种群间遗传分化产生了显著影响。

采用 ISSR 分子标记对中国和日本两国舟山群岛、长门岩岛、鹿儿县岛、四国岛和五岛的 10 个山茶(*Camellia japonica*)居群的遗传多样性和分化程度进行分析,实验结果显示鹿儿县岛、四国岛和五岛的居群相对舟山群岛和长门岩岛居群而言,遗传多样性更高,地理距离与遗传距离之间具有显著相关性,表明岛屿地理隔离对山茶居群间的遗传分化具有重要影响。

(2) 生境隔离(habitat isolation) 指不同的生物生活在不同的生境(如不同的寄主或者空间),在自然条件下由于它们无法相遇而发生的隔离现象。生境隔离可能是由于不同种群所习惯的气候条件和所需的食物有所差异造成的。瑞典生态学家 Turresson 认为生态型是种内不同的种群对某些特定生态条件发生遗传反应的产物。这些种群在生理、形态等特征上具有比较明显的差异,同一种群的不同生态型之间可以相互杂交,但是由于某些隔离机制而使得杂交受到阻隔。

对于植物种群来说,在对不同生态环境的适应进化过程中,种群之间也会逐渐发生变异和分化,最后形成了许多在生理、形态等方面互有差异并且这些差异能稳定遗传的不同种群,这些种群就是该种植物的生态型。例如,生态学和遗传学研究发现,生境隔离在鸡足山地区多星韭(*Allium wallichii*)种群的草生种群、林生种群以及岩生种群的生态型的形成过程中起着巨大的作用。

生境隔离对于不同的动物种群的形成而言也具有同样的机制。例如传播疟疾的按蚊至少有 6 个物种之间的隔离属于生境隔离,它们在不同的水体中生活,有的生活在静水中,有的生活在流水中,有的生活在污水中,等等。

(3) 时间隔离(temporal isolation) 时间隔离又称为季节隔离,是一种非常有效的隔离机制。对于高等脊椎动物而言,繁殖是连续的,即全年任何时间都可以进行交配生儿育女,但是对于大多数的动植物而言,由于受发情期、开花期的限制,它们的交配时期或开花时期仅局限于一年中的某一时期,而引起隔离。

例如多星韭(*Allium wallichii*)种群中的四倍体紫花种群的开花期为8—9月,而四倍体白花种群的开花期为9—10月,它们之间重叠很少,这就极大地限制了两者间的基因流动(相互传粉),使得这两个种群向各自独特的方向分化,逐渐趋异隔离。

日本广泛培育的褶皱臂尾轮虫(*Brachionus plicatilis*)两个最普通的品系是S型品系和L型品系。由于是在一个野生种群中发现了这两个品系,因此在驯化期间其分化的可能性是可以排除的。这一点在自然分布下其分布区重叠也得到了进一步证实。野生褶皱臂尾轮虫出现于5—6月(水温上升至17~20 ℃),在夏季繁殖,11月时轮虫种群密度降低,12月初(水温低于10 ℃时)消失。L型品系轮虫的休眠卵在5月初或者5月中旬孵化,然后繁殖并且产生休眠卵,6月初消失。随后,S型品系的轮虫在6月下旬孵出,在夏季繁殖且产出休眠卵,秋季时与L型品系的轮虫交替。已被驯化的两个褶皱臂尾轮虫品系放在室外大水池中一起培育,也可以观察到类似的季节隔离现象。

(4) 行为隔离(behavioral isolation) 行为隔离主要是指雌雄个体之间不能够相互吸引而不能杂交的现象。行为隔离也称为心理隔离(psychological isolation)或者性别隔离(sexual isolation),这种类型的隔离在动物界很普遍,大多数动物的交配行为比较复杂,包括一系列紧密协调的行为动作。如果在这一系列活动中任何一步,或者某一个特定的刺激没能引起适宜的反应,那就会导致求偶过程中断而不能进行交配。求偶过程一般由雌性个体进行选择,而雄性个体普遍缺乏判断。动物行为学家注意到,一些栖息于同一生境中的在亲缘关系上相近的物种,它们之间的生殖隔离是依靠求偶信号识别系统实现的。例如某些蛙类、鸟类等,其雌性个体可以识别本种雄性个体的特殊求偶信号,会循其声进行识别并与之交配。每一个种都有其特有的求偶信号,因此不同物种之间的雌雄个体不会混淆。其他动物,例如许多昆虫具有特殊的分泌物(如气味或其他信息素等)作为求爱、通信的工具。除此之外,还有诸如触觉刺激、视觉刺激等,在雌雄交配之前这些求爱、通信等行为方式的不同,都会导致隔离。

以栽培作物为主要寄主的同翅目蚜总科的两种粉蚜,都以蔷薇科植物寄生,一个是以欧洲李(*Prunus domestica*)及杏(*P. armeniaca*)为主要寄主的梅大尾蚜(*Hyalopterus pruni*),另一个是以桃(*P. persica*)及扁桃(*P. dulcis*)为主要寄主的桃粉大尾蚜(*H. amygdali*),这两种粉蚜在形态上难以区别,分布区域重叠,但是未发现两者产生杂种子代。

棉铃虫和烟青虫受精前隔离的主要机制是性别或行为的隔离,即它们的性信息素成分比例和雄性对其的行为反应有显著差异。棉铃虫和烟青虫的性信息素都由顺11-十六碳烯醛(Z11-16:Ald)和顺9-十六碳烯醛(Z9-16:Ald)组成,但两组分在两种昆虫中的比例正好相反,在棉铃虫中比例约为97:3,而在烟青虫中比例约为7:93。室内风洞实验表明,Z11-16:Ald和Z9-16:Ald以97:3比例混合做成的棉铃虫性信息素诱芯可以引起雄性棉铃虫起飞、逆风飞行、接近诱芯并着落在诱芯上或者诱芯附近等行为,但烟青虫对该诱芯没有显著的行为反应,在网笼内保持静止不动;雄性棉铃虫、烟青虫对Z11-16:Ald和Z9-16:Ald的7:93比例混合物做成的烟青虫性信息素诱芯都有显著的趋性反应。可见,烟青虫和棉铃虫对性信息素诱芯的识别能力有差异,烟青虫的反应更为专一。进一步的雌雄引诱实验结果表明,两种昆虫的雄性只被同种的雌性吸引,而不被异种的雌性所吸引。

通过对日本稻蝗、中华稻蝗台湾亚种和小翅稻蝗的种间交配及交配后精子传送等的研究,发现分布重叠的日本稻蝗与中华稻蝗台湾亚种、日本稻蝗与小翅稻蝗存在着十分明显的行为隔离现象。

(5) 机械(形态)隔离 机械隔离(mechanical isolation)也称为形态隔离(morphological isolation),是指不同物种的生殖器或者花器在形态上存在差异,使得它们的不同性别的个体就是想交配也不能成功。这种现象在昆虫和植物中比较常见,昆虫的种类不同,其外生殖器的结构及机能往往千差万别,雌雄对应着所谓"锁和钥匙"的关系,不同种间不能杂交。

日本稻蝗、中华稻蝗台湾亚种和小翅稻蝗3种稻蝗除了其他形态特征的差异之外,雌雄个体的外生殖器也存在着明显的不同,因此,种间交配并不意味着能够成功地进行精子的传送,实验结果表明,交配率低下的日本稻蝗与中华稻蝗台湾亚种及日本稻蝗与小翅稻蝗之间,即使进行交配,也没有精子传送,显示出完全的机械隔离。

在实验室条件下,棉铃虫、烟青虫种内交配,雌成虫的交配率分别为 67％和 48％;雌性棉铃虫与雄性烟青虫杂交时雌成虫的交配率为 10％,雌性烟青虫与雄性棉铃虫杂交时雌成虫的交配率为 12％。种间杂交的配对个体在交尾后有的分不开,这与它们的生殖器在结构上不吻合有关。棉铃虫和烟青虫雄性的阴茎上都分布有大小不同的刺,前者上的大刺分布比较均匀,而后者上的大刺则主要分布在后 2/3 的区域。

对于植物,由于花形态上的差异造成不能授粉或者传粉,这种结构上的隔离主要见于一些具有比较复杂花器的植物种类,例如玄参科、唇形科、兰科等植物。由于花器的形态具有比较精细的结构,因此机械隔离现象尤为突出。例如对玄参科对马先蒿属(*Pedicularis*)植物的花冠多样化成因与其繁殖适应特性进行了总结和探讨,发现该属植物花冠多样化与其主要传粉者熊蜂属(*Bombus*)昆虫传粉行为存在较为密切的关系。具有相同(似)花冠类型的马先蒿可以被同种或不同种的熊蜂以相同的方式访问,但是在花粉落置位置上存在着显著的差异,这可能有助于同域分布重叠的物种间在生殖上的机械隔离,而花冠的分化在一定程度上促进了新的物种形成。

(6) 配子隔离(gametic isolation)　配子隔离是指一个物种的精子或者花粉管不能被吸引到达卵子或者胚珠内,或者雄性配子在另一个物种的雌性体内失去活性而不能交配的现象。有些虽然具有一定的活力,但是不能被卵细胞表面的蛋白质识别或者不具有相应的溶解酶而不能受精。如果是体外受精的生物,其雌雄配子往往不能被识别。在植物中,花粉在不同物种的柱头上不能萌发,即使能够萌发,花粉管生长也很缓慢,生长速度低于同一物种花粉管;或者因为花粉管长度不够等原因,不能完成受精。

种间配子不亲和以及种间杂交种子活力低是众多的物种间杂交隔离机制中的两个方面。通过对云南澜沧地区分布的 4 种(型)姜花属植物——圆瓣姜花(*Hedychium forrestii*)、草果药(*H. spicatum*)、两类型滇姜花(*H. yunnanense*)间进行野外杂交试验,比较杂交结实率、每果种子数以及杂交种子的萌发参数等指标来分析 4 种(型)姜花之间的杂交亲和性和杂交后代表现,发现种间杂交种子的萌发适合度比同种授粉获得的种子低。

君子兰原产南非,为石蒜科(Amaryllidaceae)君子兰属(*Clivia*)多年生常绿草本植物,对君子兰 3 个种及变种进行种间正反交,并利用荧光显微镜观察花粉萌发及花粉管伸长情况,研究不同杂交组合的亲和性。结果表明,君子兰 3 个种及变种间正反交均可得到少量杂交果实并获得有胚种子,但坐果率和单果种子数都低于自交。荧光观察发现,君子兰种间杂交的花粉萌发与花粉管伸长均比自交明显滞后,花粉管和柱头中均出现大量胼胝质,阻碍了花粉萌发和花粉管的伸长,而自交组合中乳突细胞表面未观察到胼胝质。以垂笑君子兰(*C. nobilis*)为父本进行种间杂交时,其花粉在柱头上萌发较晚、花粉管伸长较慢、花粉管中均出现大量胼胝质,只有少量花粉管可以穿过花柱,进入子房。

2. 受精后隔离

(1) 合子不活(zygotic mortality)　合子不活(杂种不活,或发育隔离)是指受精后形成的杂种合子不能够存活,或者其在适应性上比亲本差。由于杂种个体的生活力比较低下,其生命在生长发育的任何阶段都可能突然停止,因此往往得不到成体。受精后隔离致使物种能源损耗比较多,尤其是其产生的杂种后代在不同程度上无生活力或者不育时更是如此。合子不活的原因多种多样,其中最为主要的原因是遗传不均衡导致生理或发育出现紊乱。

江苏小庙洪牡蛎礁上的熊本牡蛎和近江牡蛎之间在分布空间上存在重叠区域,繁殖时间也存在重叠,并未产生明显的生态隔离和季节隔离。二者之间存在不对称性杂交,熊本牡蛎的卵子能够与近江牡蛎的精子以较低的受精率受精,而反方向完全不亲和。杂交幼虫在受精率上存在显著劣势,但是受精卵的孵化率与纯种受精卵无显著差异;杂交幼虫在生长上也存在显著劣势,而存活率与熊本牡蛎无显著差异;杂交幼虫附着变态期间大量死亡,存活下来的稚贝生长缓慢,死亡率高。这些表明熊本牡蛎和近江牡蛎之间既存在交配前的配子不亲和性隔离,又存在交配后隔离,主要表现为杂种不活。

(2) 杂种退化(hybrid inviability)　杂种退化是指 F1 杂种正常有活力并且可育,但是 F2 或回交杂种的育性或者生活力降低的现象。具有杂种优势的杂交子代一般都表现出近交衰退(inbreeding depression)现象。根据性状遗传的基本规律,F2 群体内必将出现性状分离和重组。因此,F2 和 F1 相比较,其生长势、生活力、抗逆性和产量等方面都会显著下降,而且两个亲本的纯合度越高,性状差异越大,F1 表现的杂种优势越大,则其 F2 表现衰退现象也越明显。

中国农业科学院作物研究所(1958)进行玉米杂种优势实验,结果表明:品种间杂种 F2 比 F1 减产

11.8％。山羊和绵羊一般不能杂交,极少数情况下杂交产出的个体也极为孱弱。

(3)杂种不育(hybrid dysgenesis) 杂种不育是指 F1 杂种虽然能够生存,但是不能产生具有正常功能的性性细胞。杂种不育的原因主要是染色体的同源性不足,以至于减数分裂不正常。马与驴杂交产生的骡子不育就是其中一例。因为马的染色体是 32 对,而驴的染色体是 31 对,骡子的染色体是 63 条,这使得性细胞在成熟过程中减数分裂不正常,因此很难形成可育的配子。

雌性棉铃虫与雄性烟青虫杂交 F1 代雄性个体中约有一半的个体畸形不育,而且缺少雌性。霍尔丹定律(Haldane's rule)指出一种不完全的合子后隔离的常见现象,即动物种间杂交,如果子一代缺失一个性别,或该性别个体稀少或不育,那么这一性别是异配性别(XY、XO 和 ZW)。鳞翅目昆虫的雌性均为异配性别 ZW,可见雌性棉铃虫和雄性烟青虫的种间杂交结果符合这一定律。

另外,染色体畸变也属于受精后隔离机制的范畴。例如,果蝇就有一些不同倒位特点的种,分布在不同的地理区域。欧洲百合(Lilium martagon)和竹叶百合(L. hansonii)是两个不同的种,染色体都是 $n=12$。这 12 个染色体之中,两个很大,以 M1 和 M2 代表;其他 10 个非常小,以 S1,S2,…,S10 代表。通过研究发现这两个种之间的分化就在于一个种的 M1、M2、S1、S2、S3 和 S4 6 个染色体,是由另外一个种相同的染色体通过发生臂内倒位形成的。现在已经了解,许多植物的变种就是由染色体在进化过程中不断发生易位形成的。例如,直果曼陀罗(Datura stramonium)的许多品系就是不同染色体的易位纯合体。为了研究方便,任选一个直果曼陀罗变系当作"原型 1 系",把 12 对染色体两臂分别标以数字,即 1·2、3·4、…、23·24。·代表着丝粒。以"原型 1 系"为标准,与其他变系比较,结果发现原型 2 系是 1·18 和 2·17 的易位纯合体;"原型 3 系"是 11·21 和 12·22 的易位纯合体;"原型 4 系"是 3·21 和 4·22 的易位纯合体。现已查明有将近 100 个变系是通过易位形成的易位纯合体,它们的外部形态都彼此不同。

前面分别讨论了几种不同类型的隔离机制,不同物种可能同时受到两种或者多种隔离机制的作用。实质上这些隔离都阻碍不同物种间的基因交流。一般来讲,两个物种之间往往存在着不止一种形式的隔离,而是多种隔离方式同时存在。形态方面的差异与生殖隔离具有相对的独立性。从各种生物类型形态发展的趋势来看,其形态差异越大,遗传差异也越大,从而生殖隔离的程度也就越大。同时生殖隔离差异的分离并不符合简单的孟德尔分离比,从而可以看出这些差异的遗传并不仅仅是由一个或者几个位点控制,而且,F2 群体由一系列中间类型所组成,并且具有典型的多因子遗传的频数分布。由此可知,生殖隔离是由许多位点的遗传差异所累积的结果。

24.2 物种的形成方式

物种的形成是生物进化的最根本问题,但是谁也没有亲历过自然界物种的形成过程。物种的形成与物种概念问题一样,也是长期困扰科学界的一大难题。1859 年,达尔文发表《物种起源》一书,首次科学地提出物种形成的一套理论。达尔文的物种理论与前人相比,其进步性在于承认物种是可变的,即可以从一个物种演化为另一个新的物种,或者是一个物种分化为几个新的物种。他认为所有物种都是从一个祖先种(ancestor species)或者亲本种演化而来的。这种成种理论是建立在地理隔离的基础上的,同时强调这是一个渐变过程,达尔文(1868)曾做出这样的总结,没有变异就没有一切。尽管是个体间的微妙差异,也可以导致新的物种的产生。达尔文反复强调,成种过程是一个适应过程。地理成种也是一个渐变过程。当然他的地理成种理论只是建立在鸟类、蝴蝶、蜗牛以及广布性的昆虫等生物门类之上的。

20 世纪以来,随着遗传学和生物化学的飞速发展,人类对于物种的本质及物种的形成机制有了更深刻的认识,现代遗传学认为基因突变、基因重组以及染色体变异都能产生新的物种。杜布赞斯基(1937)在他的《遗传学和物种起源》一书中提到,通过染色体的加倍就可以产生新的物种,但是到目前为止,人们试图通过实验方法来产生新物种的尝试尚未取得成功。

由于我们谁也没有亲历过自然界物种形成的过程,因而,所谓的成种方式或者理论在很大程度上是推测性的,那就仁者见仁智者见智了。在过去将近两个世纪里,科学家提出了 20 多种成种模式或者理论,这些模式或者理论都与当时的认识水平、认识角度有关,或者是与某些特定类群有关,很难简单地评说孰优孰劣。但是可以肯定的是,人类是在不断加深对这个问题的认识。

24.2.1　物种形成的三个主要环节

现代生物学在种形成研究中设计的对象主要是有性生殖的生物,对于原核生物种的形成的研究比较少。对于无性生殖的生物的物种概念和物种的识别区分标准,目前学者们还没有统一的见解。因此本书所涉及的种形成方式是指有性生殖生物的种形成方式。迄今为止,对于种形成的研究多集中在有关生殖隔离的起源问题。因此,种的形成的方式问题实际上也就成为生殖隔离的获得方式问题。

1. 可遗传的变异是物种形成的原材料　基因突变与染色体变异等遗传物质改变造成的可遗传的变异为物种的形成提供了一定的可以利用的原材料。迄今为止,在自然条件下的定向的变异仍然没得到遗传学上的证实,一般认为突变的发生是随机的,随机发生的突变在外界条件的影响下,在群体内非随机地积累和储存,进而使得群体发生分化。

2. 选择影响着物种形成的方向　随机的突变没有方向性,而且大多数的突变,对生物的生长和发育往往有害,因为现存的生物都是经历长期的自然选择进化而来的,它们的遗传物质及其所控制下的代谢活动,都已经达到一个相对平衡和协调的状态。如果某一基因发生突变,原来的平衡状态不可避免地要遭到破坏或者削弱,这样生物赖以正常生活的代谢关系就被打乱,进而引起不同程度的有害后果,一般的表现为生育出现反常,极端情况会导致死亡。有些基因仅仅控制一些次要的性状,它们即使发生突变,也不会影响生物正常的生理活动,因此仍然能够保持正常的生活力和繁殖力,通过自然选择保留下来,这些突变一般称之为中性突变(neutral mutation)。另外,还有极少数突变不仅对于生物的生命活动无害,相反对其本身有利。当然突变的有害性是相对的,而不是绝对的。在一定的条件下,突变的效应能够发生转化,有害的可以转变为有利的。大多数有害突变以隐性杂合状态在自然群体中存在,而当环境条件,非生物的(如气候等因素)和生物的(例如捕食对象等因素)发生改变时,某一些基因型就会表现出某种优势,从而发生方向性的选择。当这种选择不断地作用于群体本身时,群体的遗传组成就会发生一定的变化。一般情况下,在群体迁移至某个新的生境或者在大分布区边缘的小群体,这种方向性的选择作用就更加明显,从而出现适应新环境的生物类型。当然,还存在其他因素,例如遗传漂移等对物种形成方向的影响。

3. 隔离是物种形成的重要条件　物种的形成过程一般是通过隔离实现的,隔离是把一个群体分成多个小的群体的最常见方式。隔离使群体变小,同时也改变了基因交流的范围,导致基因交流的中断,防止因为基因交流而将彼此之间的差异淹没。地理隔离形成的不同的小种群分别在各自的小范围内进行基因交流,各自范围内所发生的突变也不相同,保证小群体向各自方向发展,使歧化不断加深,最终将形成有差别的基因库,再加上不同环境的选择作用,使得小种群向不同方向发展。这种地理隔离造成小种群之间的基因交流发生阻断,进而使得彼此基因库之间的差异越来越大,最终出现了生殖隔离,也就是出现了不同小种群之间的个体不能彼此进行交配和产生具有生殖能力的后代。因此地理隔离造成了生殖隔离,而生殖隔离又导致了新物种的形成,也就是说隔离(主要是地理隔离)是物种形成的重要条件,同时隔离(主要是生殖隔离)又是物种形成的重要标志。

24.2.2　渐进的物种形成

1. 异域物种形成　如果两个初始种群在生殖隔离获得之前,其地理分布区域是完全隔开,互相不重叠的,在这种情况下形成的种称为异域物种形成,也可以称为分布区不重叠的种形成。

异域物种形成的过程:一个分布区域足够大的祖先种,在其分布区域内,因地理的隔离(隆起的山脉、河流的改道等)或者其他隔离因素,被分隔成两个或者更多个相互隔离的种群,分布在不同的地理区域内,如果被分隔的时间足够长,这些种群之间的基因交流大大减少或者被完全阻断,由于环境条件的差异各自适应其生活的环境,通过自然选择产生不同的适应性进化,或者由于环境或其他因素导致遗传上发生随机性变异,形成不同的亚种。如果亚种之间的性状及遗传差异发展到再次相遇也不能进行基因交流,产生了生殖隔离,就形成了新的物种。哪怕地理隔离因素消失,这些种也会因为成为新的不同物种而不会再次融合,这就是异域物种形成。异域物种形成需要具备两个条件,其一是地理隔离,其二是时间。由于种群的分布区域非常广,再加上其演化过程十分缓慢,因此所能观察到的异域物种形成事件相当少。

2. 同域物种形成　在两个种形成过程中,如果没有地理上的隔离,即初始种群的地理分布区域相重叠,新种个体与原物种其他个体分布在同一地域,称为同域物种形成或者分布区域重叠的种形成。同域物种形成的主要方式有可能是以下几种：①生境多样性；②多样化选择；③异源多倍体；④染色体重排导致生殖隔离；⑤其他方式，例如求偶方式的改变、信息素分子的改变、行为上的改变等。

3. 邻域物种形成 此模式由 Bush(1975)提出，是指在种形成过程中，初始种群地理分布区域相邻接，种群之间个体在邻接区域存在一定程度的基因交流，这种情况之下种的形成称为邻域物种形成。在这些相邻区域产生的个体既具有新的生理特征，又可以占据新的生态区域，同时在一定程度上与原物种发生生殖隔离，并且其生殖隔离作用会因为后续的选择作用得以加强。

24.2.3 量子物种形成

量子物种形成又称为骤变式物种形成。当今许多学者从事实和理论的分析研究中得出结论：进化并非都是缓慢的、匀速的、渐变的进化，快速、跳跃式的进化方式也同时存在。其意义等同于渐进性进化。量子物种形成途径有以下几种：①染色体畸变。可以在很小的群体中通过这种方式快速形成新物种，常常通过多重染色体畸变(多为相互易位和倒位)，畸变纯合体的可育性仅有轻微的下降，杂合体基本不育，从而形成生殖隔离。②通过杂交形成新的物种。③通过染色体多倍化形成新物种。一般由两个原始亲本杂交，杂交个体再通过染色体组加倍得到。④通过遗传系统中特殊遗传机制。目前基因水平的进化研究已取得很大的进展，通过研究发现 DNA 上极小的变化就可以引发不同的进化事件，而仅仅是一个遗传上的变异就可以使一个物种变为多个物种。

24.3 物种的分类

生命现象本身存在着系统性和各种各样的秩序，因此对于生命现象的研究需要在整体上具有系统性。生物学中最高的统一理论——进化论主要就是生物系统学，而分类学是生物系统学这门学科的主干和基础。分类学的主要任务为系统发育研究，包括解决具有争议性的分类问题，新种的分类以及验证以前的分类系统。其中，通过认真的特征分析研究物种间的系统发育关系，并且用明确无误的方式表达此结果，将是当代系统生物学的最主要内容。在分类学工作中会不可避免地遇到很多比较现实的进化生物学问题，例如隔离机制的作用与性质、方向与进化速率及新结构的出现等。

分类学工作的实质就是从对比中发现特征、选取特征，并加以分类。分类的最具体问题是如何来认识特征、选择特征以及衡量特征，特征存在于一切方面，问题是如何抓住主要特征。在选择特征方面需要注意运用三条原理，即共同起源原理、分支发育原理以及阶段发展原理。在分类学价值导向问题上，首先是其作为一门基础学科，对于生物学其他学科来说是必不可少的，同时作为系统发育学的分类学，是一门综合性的学科，需要吸取其他学科的发展成果，同时也必然会受其他学科发展的影响，已经形成了相互制约的关系。分类学家(包括古生物学分类学家)的工作价值在于，都是进化论的积极参与者，大多数把遗传学和进化问题卓有成效结合起来的学者都有分类学家的功底。

24.3.1 物种的分类方法和特征

分类(classification)是利用大量的性状将类群或群体不断集合成群的过程，其实起着信息储存和检索系统的索引作用，真正的理想境界是建立符合自然历史中亲缘联系的分类系统，即自然分类。而鉴定(identification)就是根据现有的分类研究成果对生物有机体标本进行鉴别。由于生物界存在着内在的系统性，而分类学本身就是一个力求与之相协调的秩序系统，因此致力于生物多样性历史研究的分类学也被称为系统学(systematics)。

分类学最重要的任务就是做好系统发育关系研究，它主要分为三个方面，分别是基础分类、重建系统发育以及形式分类，这三方面内容的不同意见以及侧重点的不同构成了三种主要的生物系统学派或称生物分类学派，分别是系统发育学派(或称为分支分类学派)、进化分类学派和数值分类学派。在进化论诞生之前的分类学只是为了方便使用，进化论出现之后，分类学的意义就发生了改变，分类学不再是为了归类而归类那样简单，而是要探寻系统发生、重建进化的系谱。当然在分支分类以前，仍然采用比较经典的表型分类方法，任何的特征原则上都会作为分类的依据，特征之间的重要性是相同的。在这种分类学基础之上，经过几百年的努力,以及随着进化理论与分子生物学的发展,分类学的理论和方法也有了很大的发展。

1. 物种的分类方法

(1) 数值分类学方法 在 20 世纪 60 年代,一些分类学家为了避免特征分析中的主观性,将分类的特征数值化,即将所有的数值输入计算机中,应用计算机程序进行生物的分类。数值分类研究所能选用的性状来源比较广泛,不论是宏观还是微观,不论形态的、生化的、生理的,还是生态的、行为的以及地理分布的,凡是能够提供分类信息的,都在考虑之列。数值分类引用了多种数学工具,包括多元统计引论、信息论、模糊数学、概率论、图论以及集合论等。数值分类研究的程序包括:①生物概念的数量化——建立原始数据矩阵;②原始数据的标准化;③建立相似性系数矩阵;④建立分类结构;⑤图示结果及分类研究。数值分类研究时性状选取的数量少及各部位比重的不恰当对分类结果有较大的影响,特别是排除趋同现象要花很大的工夫,要在比较熟悉传统分类的基础上进行性状分析才容易得出比较满意的结果。数值分类学是以严格的总体相似性来建立的分类系统,趋同现象及近祖共性没有很好地排除,因此生物类元的系谱关系分析不够。这种方法现已很少采用,但是相关的统计学和计算机方法仍在运用。

(2) 进化分类学方法 关于进化分类学的观点,很多国内外知名学者都是其坚定的支持者,比如美国进化生物学家迈尔以及中国的昆虫学家陈世骧等。他们认为高级阶元的分类中不应仅考虑分支分化,而应该将前进进化的程度放在第一位。就像达尔文在《物种起源》中写道,进化观点可以为分类学提供自然基础。进化分类学的目的是通过每个类群的分类反映其进化历史或者系统发生,使每一个种进入的分类单元能够通过进化联系起来。进化分类学通过决定同源特征(即由同一祖先遗传而来)或同工特征、原始特征、衍生特征以及估计两个类群中的特征之间进化差异度分类,并以进化树来表示。

(3) 分子系统发生学方法 生物系统学是研究生物多样性以及生物间相互关系的一门科学。生物系统学研究所有的生命形式(包括灭绝与现生)的多样性,以及所有生命形式的发生、发展及其相互关系。早期的生物系统研究通常利用表型形态特征、化石证据或者解剖结构性状来推演生物之间的系统关系。20 世纪 50 年代以来,生物系统学家开始采用不同生物类群中的同源分子作为特征来源,例如用核糖体 RNA 的碱基序列推断生物类群的系统发生。可以用相异和相似的碱基序列或者氨基酸序列的数量,来测量两个类群的系统发生;也可以利用蛋白质电泳以及 DNA 杂交等分子生物学技术,研究生物之间的相互关系,这就是分子系统发生学的方法,具有很大优势。它可以利用一些生物大分子(如蛋白质、核酸)重构生物之间的相互关系。生物演化的本质应该是遗传物质的改变,因此可以通过分析遗传物质的相似程度反映生物之间亲缘关系的远近。分子数据与表型以及解剖性状由于表型可塑性而容易受到环境因素的不同影响,能够反映生物的基因型,是推演生物系统关系的理想标记。早期分子系统学研究多采用蛋白质电泳技术和氨基酸序列分析,但是,随着分子生物学与计算机技术的发展,DNA 已逐渐成为分子系统学研究中的主流标记。传统意义上,分子系统学分为种上水平的系统发生学与种下水平的种群遗传学,包括系统基因组学、系统地理学、DNA 分类学、DNA 条形码、分子可操作性分类单元(molecular operational taxonomic unit,MOTU)分析、进化显著性单元(evolutionary significant unit,ESU)分析等理论体系与分析手段。在推演早期生物进化历程中,基于少量短基因片段所构建的基因树往往很难准确反映真实的物种树。随着测序技术的进步,基因组信息被广泛地应用到进化生物学领域,形成了一门新学科——系统基因组学。群体遗传学是以种群为单位研究群体内遗传结构及变化规律的科学。群体遗传学通过哈迪-温伯格平衡分析、Mantel 检验和 F_{ST} 分析等来研究群体基因和(或)基因型频率的分布及变化,并以此推断基因交流、自然选择以及基因漂变和突变等进化事件。系统地理学是研究种及其以下水平基因谱系的地理分布类型及分布格局形成历程的科学。近年来古 DNA 已经成为系统地理学研究中新的数据来源,并已应用于第四纪气候、生物迁徙、灭绝和遗传分化推演等方面。DNA 条形码是 Hebert 等提出的基于线粒体细胞色素 C 氧化酶亚基 I(cytochrome c oxidase I,COI)来进行物种鉴定的技术,除此之外还被广泛应用于调查生物多样性、辅助分类、揭示隐存种等方面的研究。DNA 分类学是指利用 DNA 序列通过构建系统树的方式来定义种(属于系统发生种的范畴)。MOTU 主要用于遗传及物种多样性研究,将生物依据基因片段遗传差异度的不同分配到不同的组群,每一个组群就是一个 MOTU。每个MOTU 完全由基于基因标记的遗传距离界定。对于不同个体而言,相同的 MOTU 遗传差异小,不同的MOTU 遗传差异大。ESU 是指具有显著进化意义和能体现一定遗传构成的生物群体单元。一般 ESU 用于定义种下水平生物间系统关系,如种、亚种、地理变种等。由以上阐述得出,不同分子系统研究理论应用于不同分类阶元。总之,随着分子系统学的不断发展,它将会在生物演化历程、生物多样性格局以及种形成机制等方面发挥更广泛的应用。

（4）分支分类学方法　20世纪50年代德国昆虫学家亨尼希（Willi Hennig）提出系统发育系统学（phylogenetic systematics），主要侧重于合理、规范的定义并且建立物种或者分类单元间的亲缘关系。自20世纪70年代系统发育的概念及其研究方法被生物学广泛接受，并且渗透到各个分支学科。系统发育学（phylogenetics）在进化生物学领域具有核心地位，相对应的研究方法论被称为分支分析学（cladistics）。从各种意见被接受程度的变化趋势看，进化分类学派的观点没有被广泛接受。可以说，从拉马克、达尔文到迈尔（进化分类学派），再到分支分类学（种系发生学的系统分类学）的创始人亨尼希（分支分类学派），这是一个共同祖先思想不断增强的过程，而同时非共同祖先的思想被系统发育系统学完全抛弃，共同祖先原则就成了分支分类学中的唯一原则。亨尼希认为在进化过程中最关键的就是物种的分裂。任何物种的存在在时间纵轴上都是有限的，它不可能永远存留在地球上面，它的存在时间由两次分裂过程确定。一次是族种分裂，是指成为一个独立繁殖群体的分裂；另一次不再作为一个繁殖群体，而是分裂为一对后代姐妹群的分裂。而在这两次分裂之间无论形态上是否发生了变化，都应该认为是一个种，同时这两次分裂的时间间隔也就是这个物种的垂直存在时限。在姐妹群中必定有一个进化比较快。通过特征分析就可以追溯其谱系分支，进行生物分类。祖征（plesiomorphy）是指物种分裂后仍然保存的祖先特征，而衍征（apomorphy）是指衍生的变异特征。单系类群（monophyletic group）是指一个分类单元中同一个共同祖先已知的所有后裔，每个分类单元经过分支进化产生，可以根据它们的共同特征确定之间的谱系关系。

2. 物种的分类特征　如果说物种定义的标准就是生物学特性，那么在进行具体的生物物种的识别时首先就要运用生物的生物学本质。因此杂交实验就成为识别物种的重要手段，因为它是生殖隔离标准的直接利用。依据配合前隔离中的时间隔离、生境隔离、机械隔离以及行为隔离等机制，如果发现不同种群在某些方面存在不同，尤其是与生殖有关的特征上有重大不同，就可以认为它们是不同的物种，这些已被分类学所证实。在大多数情况下，分类学不是做生殖隔离试验，而是做形态学研究。在分类实践过程中既然要用到特征，那么哪一些特征可以用呢？理论上所有的特征都可以使用（表24-2）。

表 24-2　可用于分类的生物特征

生物特征	具体表现
形态特征	外形、内部形态及体内外器官的超微结构
幼期特征	胚胎期、卵期、幼虫期、蛹期的各种特征
行为特征	各种行为性状，如鸣声、气味信息物质等
生态特征	生境、生态位、食性、取食、寄生物等
地理分布特征	地理形态差异、同域或异域分布
生物学特征	生殖隔离、生活史
细胞学特征	组织生殖细胞结构、核型、染色体条带等
生物化学特征	各类初级、次级代谢，蛋白质，核酸等
遗传特征	遗传距离

24.3.2　物种分类的基本单元及阶层系统

当物种鉴定准确之后，还需要对它们进行归类，以便以后进一步检索、认识和研究。那么，依据什么进行归类分析呢？一般依据其重要特征和相似性。迄今为止，地球上的生命多种多样，它们都是过去生物的延续以及长期进化的结果。按照生物进化以及亲缘关系将不同的生物进行分类是生物学研究的基础。

同种生物具有一个共同的进化祖先，种是最基本的分类阶元，它既是生物分类的单元，又是遗传单元与生态单元。生物的分类从低级到高级分为7级基本分类阶元，分别为种（species）、属（genus）、科（family）、目（order）、纲（class）、门（phylum）和界（kingdom）。每个基本阶元还可以衍生出几个，但是它们都属于同一层次阶元。有的种还可以分为亚种（subspecies）、变种（variety）或品系（strain）。生物系统学分类阶元及其级别关系如下。

界（kingdom）
　门（phylum）
　　亚门（subphylum）

总纲（superclass）

纲（class）

亚纲（subclass）

总目（superorder）

目（order）

亚目（suborder）

总科（superfamily）

科（family）

亚科（subfamily）

属（genus）

亚属（subgenus）

种（species）

亚种（subspecies）

对于生物的分界，因为涉及生物的起源与进化引起了比较热烈的讨论。早在 18 世纪，现代生物分类的奠基人，瑞典博物学家林奈（Carolus Linnaeus，1707—1778）在《自然系统》一书中明确地将生物分为两大类，即植物界（Kingdom Plantae）和动物界（Kingdom Animalia）。他在 1753 年发表的著作《植物种志》中将植物分为 24 个纲，把动物分为 6 个纲。这就是通常所说的生物分界的两界系统。19 世纪前后，随着显微镜的发明和广泛应用，人们发现有些生物兼有植物和动物两种属性，例如甲藻、裸藻等，既含有叶绿素能够进行光合作用，同时又可以运动，放入两界分类系统的哪一界都不合适。1866 年德国生物学家海克尔（E. Haeckel，1834—1919）突出成立原生生物界（Kingdom Protista）。他把原生生物、原核生物、硅藻以及海绵等，分别从植物界与动物界中分出来，共同归入原生生物界，这就是生物分界的三界系统。1959 年，美国康奈尔大学的生物学家魏泰克（R. H. Whittaker，1924—1980）提出四界分类系统，他将不含叶绿素的真核菌类从植物界分出来，单独建立真菌界（Kingdom Fungi），和植物界一起并列原生生物界之上。1969 年魏泰克在四界系统的基础之上，又提出五界系统，将细菌与蓝藻分出来，建立一个原核细胞结构的原核生物界（Kingdom Monera），位于原生生物界之下。原核生物的细胞没有细胞核和细胞膜所包被的各种细胞器，这些生物在进化上明显比真核生物早，与真核生物存在本质的区别，因此被归入原核生物界；藻类生物和原生动物是比较原始的真核生物，它们大多数是单细胞生物，结构简单，生活一般离不开水体环境，这些生物被归入原生生物界；能够从外部环境吸收化学物质进行营养代谢并获取能量的真菌单独归入真菌界；可以依靠光合作用将无机物转化为有机物并获取能量的植物类归入植物界；依靠捕食其他生物获取能量并且能够运动的动物类被归入动物界。魏泰克的四界、五界分类系统的优点是在纵向显示出生物进化的三个阶段，即原核生物、原生生物（单细胞真核生物）和真核生物（植物界、动物界、真菌界）；同时又在横向显示了生物演化的三个方向，即光合自养的植物、摄食方式的动物以及吸收方式的真菌。魏泰克的五界系统影响比较广泛，比最早的两界分类系统更科学，在科学界现已被大多数人所接受。1949 年捷恩（Jahn）将生物分为后生动物界（Metazoa）、后生植物界（Metaphyta）、真菌界、原核生物界、原生生物界与病毒界（Archetista）的六界系统。1990 年布鲁斯卡（R. C. Brusca）等提出另外一个六界系统，即古细菌界（包括产甲烷细菌等）、原核生物界、原生生物界、真菌界、植物界和动物界。1989 年卡瓦勒-史密斯（T. Cavalier-Smith）提出了生物分界的八界系统，把真核生物分为古真核生物超界与后真核生物超界，前一个超界仅包含古真核生物界，后一个超界包括原生生物界、藻界（隐藻和有色藻两个亚界）、动物界、植物界和真菌界；将原核生物界分为古细菌界和真细菌界。上述各种生物分界系统其依据主要是形态、营养方式和细胞结构。20 世纪 70 年代末以来，随着分子生物学的研究与发展对上述传统的分界系统提出了挑战。伍斯（C. R. Woese）等对 60 多株细菌的 16S rRNA 序列进行比对后发现，产甲烷细菌没有作为细菌特征的序列，随后，在对大量原核以及真核菌株进行 16S 类 rRNA 序列比对时发现，极端嗜酸菌、极端嗜盐菌以及极端嗜热菌与产甲烷细菌具有许多共同的序列特征，它们的序列特征既不同于其他细菌，也不同于真核生物。于是他提出三域理论，即真核生物（Eukaryote）、真细菌（Eubacterium）和古细菌（Archaebacteria）三个域。1990 年，伍斯为避免人们将古细菌看作是细菌的一类，就改称为真核生物、细菌（Bacteria）和古菌（Archaea）三个域。伍斯的三域生物系统提出之后，在国际上引起了广泛的关注，人们陆续开展了大量的相关工作。三域生物系统理论的建立和发展，不仅从分子水平促进了人们对生物分界的新的探讨，而且对于研究生命的起源与进化也具有重要科学价值。

从以上介绍的各种学者对于生物分界的探讨可以看出,随着科学技术的不断发展进步,人们对于生物的认识和研究在不断加深并接近本质。相信随着科学技术的进一步发展以及多学科研究的不断深入,人们对于生物分界的认识会不断加深,对于生物的分界原则与依据将更加科学。

24.3.3　物种命名概要

在研究生物多样性的过程中,需要给所研究的物种以及分类单元命名。名称是独一无二的代码,有了名称,就可以很清楚、容易地将不同的物种区分开来,这样便于交流。例如车前草(*Plantago major*)在德语中有106种不同的名称,荷兰语中有75种,英语中有45种,如果不统一,很难想象它们是指同一个生物,这样就无法进行交流。

为了避免物种重名问题的出现,研究人员必须对所研究的物种及种名进行认真的检查和区别,确保物种名称是唯一的。国际组织为了使物种名称具有唯一性与时效性,很早就想到用法规的形式来规范命名过程和物种名称。目前,国际上有《国际动物命名法规》(International Code of Zoological Nomenclature)、《国际植物命名法规》(International Code of Botanical Nomenclature)和《国际细菌命名法规》(International Code of Nomenclature of Bacteria),分别来统一全球范围内相应生物物种的命名。以下介绍生物命名法规的内容及主要依据。

国际法规规定,物种的名称必须是由拉丁文字或者拉丁化的文字组成,主要原因就是,在这些法规制定之前,许多的名称都是由欧洲研究人员用他们古代的文字——拉丁文命名的,其次拉丁文没有人再使用,就可以避免因为民族情绪和感情而抵触。

物种的种名必须是双名,即种名由两个拉丁文组成。第一个是属名(generic name),第二个是种本名(specific name)。其中属名的首字母必须大写。由于种名需要与其他文字有明显区别,因此必须要求斜体,如果条件不允许,可以用下划线进行标注。双命名法是由林奈首先全面使用的。在第一次引用时,为了表示尊敬或者指明负责人,应该将命名人的姓氏与命名年代一起写出。这样一个完整的物种种名就包括5部分:属名、种本名、命名人姓氏、逗号、命名年代。如果命名人是两个,需要将他们的姓氏全部写出,之间用"and"或者"et"连接。如果是3个或3个以上,可以把他们的姓氏全部写出,或者只写第一作者。

本章小结

自然界的万物都是以物种的形式存在,我们认识生物的多样性也正是从认识物种开始的。物种的形成是生物进化的主要标志,从进化的观点来看,物种是进化的,是在进化过程中逐渐形成的,因此要应用进化理论才能够真正认识物种。物种的概念和定义一方面要满足分类学要求,在生物分类实践中具有实用性或者可操作性;另一方面又要符合进化理论。不同时期、不同学科的学者对于物种概念的定义很不相同。美国的进化生物学家迈尔提出了较为完整、简明的物种定义:物种是具有实际或潜在(交配)繁殖的自然群体,它们(同其他这样的群体)在生殖(基因)上是隔离的。

生殖隔离是指自然界中生物之间不能自由交配或者交配之后不能产生有生殖能力的后代的现象。隔离在进化过程中扮演着积极的角色。生殖隔离的机制比较复杂,可以分为生物学因素和非生物学因素。生物学因素主要是指遗传或生理方面的原因,而非生物学因素主要是指由于环境或空间的阻隔,影响到生物的迁移、接触和分布。如果以繁殖阶段来划分,又可以分为受精前隔离与受精后隔离。受精前隔离包括地理(空间)隔离、生境(生态)隔离、时间(季节)隔离、行为隔离、机械(形态)隔离、配子隔离。受精后隔离包括合子不活、杂种退化、杂种不育。

物种的形成是生物进化的最根本问题,常因看问题的角度不同分为不同的方式。对于物种形成的研究多集中在有关生殖隔离的起源问题,因此,物种的形成的方式问题实际上也就成了生殖隔离的获得方式问题。地理隔离造成的小种群之间的基因交流发生阻断,进而使得彼此基因库之间的差异越来越大,最终出现了生殖隔离,因此地理隔离造成了生殖隔离,而生殖隔离又导致了新物种的形成,也就是说隔离(主要是地理隔离)是物种形成的重要条件,同时隔离(主要是生殖隔离)又是物种形成的重要标志。渐进的物种形成包括异域物种形成、同域物种形成、邻域物种形成。量子物种形成又称为骤变式物种形成,因遗传机制或者随机因素而相对快速地获得生殖隔离,并形成新种。

　　分类是利用大量的性状将类群或群体不断集合成群的过程。分类学最重要的任务就是做好系统发育关系研究,它主要分为三个方面,分别是基础分类、重建系统发育以及形式分类。物种的分类方法包括数值分类学方法、进化分类学方法、分子系统发生学方法、分支分类学方法。

　　按照生物进化以及亲缘关系将不同的生物进行分类是生物学研究的基础。同种生物具有一个共同的进化祖先,种是最基本的分类阶元,它既是生物分类的单元,又是遗传单元与生态单元。生物的分类从低级到高级分为 7 级基本分类阶元,分别为种、属、科、目、纲、门和界。

　　在研究生物多样性的过程中,需要给所研究的物种以及分类单元命名。为了避免物种重名问题的出现,研究人员必须对所研究的物种及种名进行认真的检查和区别,确保物种名称是唯一的。物种的种名必须是双名,即种名由两个拉丁文组成,第一个是属名,第二个是种本名,其中属名的首字母必须大写。

思考题

扫码答题

参考文献

[1] 周长发.生物进化与分类原理[M].北京:科学出版社,2009.

[2] 沈银柱,黄占景.进化生物学[M].2 版.北京:高等教育出版社,2008.

[3] 谢强,卜文俊.进化生物学[M].北京:高等教育出版社,2010.

[4] 许崇任,程红.动物生物学[M].北京:高等教育出版社,2000.

[5] 周云龙.植物生物学[M].2 版.北京:高等教育出版社,2004.

[6] 理查德·道金斯.地球上最伟大的表演:进化的证据[M].李虎,徐双悦,译.北京:中信出版社,2017.

[7] 冷欣,王中生,安树青,等.岛屿地理隔离对红楠种群遗传结构的影响[J].南京林业大学学报(自然科学版),2006,30(2):20-24.

[8] 林立,胡仲义,李纪元,等.10 个山茶岛屿天然居群的遗传多样性分析[J].园艺学报,2012,39(8):1531-1538.

[9] 王琛柱.从棉铃虫和烟青虫的种间杂交理解生物学物种概念[J].科学通报,2006,51(21):2573-2575.

[10] 甘甜,李庆军.几种同域分布姜花属植物的种间杂交亲和性及杂交后代种子活力[J].云南植物研究,2010,32(3):230-238.

[11] 王冲,雷家军,姜闯,等.君子兰种间杂交及自交亲和性研究[J].中国农业科学,2011,44(18):3822-3829.

[12] 许飞,郑怀平,张海滨,等.海湾扇贝"中科红"品种与普通养殖群体不同温度下早期性状的比较[J].水产学报,2008,32(6):876-883.

[13] 陈军,李琪,孔令锋.分子系统学研究进展[J].生命科学,2013,25(5):518-523.

第25章 进化学说与系统发育

25.1 进化学说

25.1.1 从进化思想到进化论

进化学说的产生与发展是一个漫长的过程,可以具体区分为以下几个时期:古代演变论的自然观形成与发展时期,中世纪创世说和不变论占据统治地位时期,18世纪至19世纪进化学说产生时期,19世纪末以来进化论的补充与发展时期(图25-1)。进化现象不像一些物理现象可以直接观察到,不能在实验室中完整地再现,只能通过对现存的和已经灭绝的生物体的研究产生出来。因此,对于进化的认识需要进化生物学之外的知识上的革命,16世纪到18世纪期间,地质学、天文学、生物地理学、分类学以及自然哲学等学科的不断发展为进化理论的建立开辟了道路。

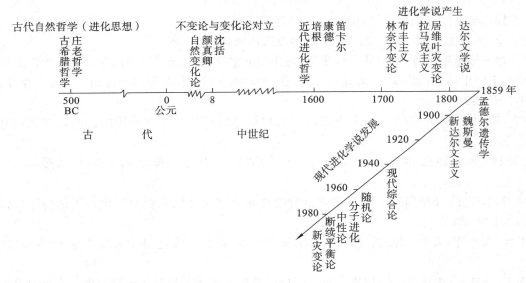

图 25-1 进化思想与进化学说的产生和发展历史图解

所谓的进化思想,是指对自然界的一种朴素的认识,认为自然界是变化的,可以相互转化或演变,近代的进化思想具有历史的、动态的、群体的等一系列特点。进化学说则是指系统阐述生物的由来、变化、发展的原因及规律的理论或者假说。较为具体地说,进化思想是指东西方古代和近代哲学中关于自然界发生、发展和变化的自然观;而进化学说则是指近代科学关于自然界自身的发生、发展的历史及自然界变化规律与变化原因的理论解释。从进化思想发展到进化学说是一个较为漫长的历史过程。宇宙诞生之后,物质存在方式中最重要的改变之一也许就是生命现象的"无中生有",而对生命演进历史的认识过程同样经历了一个发展的历程。

作为中国哲学思想源头的《易经》中提出的"八卦"即"乾、坤、坎、离、震、巽、艮、兑"对应八种自然现象,即"天、地、水、火、雷、风、山、泽",认为这八种自然现象相互作用才构成了万物的变化。《易经》用抽象符号来表述宇宙万物的演变规律:阴(--)和阳(—)两种爻符可组成8个单卦和64个重卦,意味着天地万物由阴阳矛盾对立面而生出无穷的变化。

庄子和老子的哲学继承了《易经》的辩证思想。"万物生于有,有生于无"(老子《道德经》)。任何的物都来自另一些有形之物("万物生于有"),有形之物则产生于无形的初始状态,即"有形者生于无形"或者"有生于无",这里面也包含有演变论的思想。在《列子》中有一段话阐述得更明白:"夫有形者生于无形,则天地安从生?(若说有形之物产生于无形之物,那么天与地是怎么产生出来的呢?)故曰,有太易,有太初,有太始,有太素。太易者,未见(现)气也;太初者,气之始也;太始者,形之始也;太素者,质之始也。"把天地万物之起源和演化分成:"太易""太初""太始"与"太素"4 个相继的阶段,逐步产生出"气""形"和"质",并由气、形、质不分离的混沌态逐步演化而达到清(天)浊(地)分异(即宇宙轻重物质分异)和万物化生(自然界万物产生)。将这一段论述和现代的宇宙起源假说对照,不难看出 2500 年前的中国哲人与现代的天体物理学家的观点乃至阐述的方式是如此的相近。现代宇宙起源说认为宇宙起源于大约 200 亿年前的质量无限大、体积无限小,物质与能量未分离,引力、电磁力、核力和弱相互作用力未分的小质点。通过"大爆炸",宇宙体积迅速膨胀,质量与能量分离,4 种作用力分离,宇宙物质元素、星系、太阳系和地球产生,生命万物逐步产生出来。这不正是所谓"万物生于有,有生于无""有形者生于无形"吗?斯宾塞的进化定义中所说的物质由不定的、支离破碎的同质状态(也就是浑沦或混沌状态)转变为确定的、有条理的异质状态(就是清浊分,天地出,万物化生),也正和例子所阐述的自然万物发生与变化的机理一致。

与中国先秦诸子百家的哲学思想遥相辉映的古希腊哲学是西方近代科学思想的源头。古希腊的哲学家们大多数是唯物论者,他们视生命为自然现象,而不是像 18 世纪以来的那些学者们那样将生命现象神秘化。古希腊有 3 种传统对于生物学的发展产生了一定的影响,第一种是博物学传统(自然-历史传统)、第二种是哲学传统(爱奥尼亚学派,公元前 600—401 年)、第三种是生物医学传统(希波克拉底学派,公元前 450—373 年)。虽然亚里士多德(Aristotle,公元前 384—322 年)在哲学传统中被更多地提及,但是事实上他从上述三个学派中都曾受益。生物学史的任何一部分内容几乎都要从亚里士多德开始,他的自然观表达得更为具体。他把生物学区分为各个学科并致力于分学科的专题论述;他是比较方法的创立者;他最早翔实地揭示出大量动物物种的生活史,针对生命有机体的多样性,以二分法(dichotomous division)对动物进行了非正式的分类,被称为分类学之父。凡是读过他的《动物志》的人无不为这位两千年前的古希腊学者对于动物解剖构造、生理习性以及分类的研究之深入、了解之细微而叹服。亚里士多德所进行的动物分类是以经验主义、实用主义的方法,根据动物躯体整体与各个部分形状的异同建立一些动物群,将其相互区分开来,然后才挑选一些便于进一步分类的性状。这并非完全的二分法,但是为形态学、生理学、分类学、胚胎学以及动物行为学的研究奠定了基础。亚里士多德不是一位进化论者,他认为各种动植物是永恒不变的,不会消亡,也不会被创造。

从亚里士多德到林奈之间漫长的历史阶段,涌现出了许多杰出的博物学家。例如,底奥斯克里底斯(Pedanius Dioscorides,公元 40—90 年)的《药剂学》作为植物学教材使用长达 1500 年之久;格斯纳(Konrad von Gesner,1516—1565)的《动物志》一书厚达 4000 多页;雷(John Ray,1627—1705)发表了包括哺乳动物、鸟类、爬行动物、鱼类以及昆虫 5 个类群的分类提纲;列奥米尔(Rene Antoine Ferchault de Reaumur,1683—1757)应该是最早提出上行分类原则的学者之一,他的《昆虫自然史》一书对林奈的昆虫分类系统影响很大。达尔文在其《物种起源》一书中也曾提到中国古代一些博物学著作,例如,北魏时期(公元 6 世纪)贾思勰的《齐民要术》一书和明代李时珍(1518—1593)的《本草纲目》等。列文虎克(Antoni van Leeuwenhoek,1632—1723)发明的显微镜,促进了细微性状在昆虫类群分类中的应用,这为林奈创立分类学提供了契机。

现代生物系统学奠基人,瑞典人林奈(C. Linnaeus,1707—1778),被称为现代分类学之父,是最早揭示生物有机体分布和最早开始现代生物系统学研究的学者,他奠定了自然的按阶层体系分类的基础。林奈在其《自然系统》一书中确立了生物命名的双名法——即以属名加种本名作为一种生物的物种名称基础。林奈的分类系统包含纲、目、属和种 4 个阶元,属是分类基础。科的阶元在 1800 年左右才被用来指属和目之间的等级。布丰(Georges-Louis Leclerc de Buffon,1707—1788),法国人,是动物地理学创始人,开创了完全不同于林奈的博物学传统,是 18 世纪后半叶博物学思想之父。他的研究涉及地球起源、地质年代、物种灭绝、生殖隔离等方面。布丰的《博物学》一书所取得的成功远远超过其他论述自然的书籍,他虽然没有明确提出进化理论,但是他强调自然界的连续性,这为拉马克的进化论奠定了基础,他的思想还涉及宇宙-地球演化、胚胎学、自然系统等方面。他与林奈分别代表博物学的两个极端,他强调解剖、习性、分布,强调自然界的连续性,而后者强调鉴定、形态与分类,以及自然界的不连续性。两者的思想随着研究的进展日益接近,其系统在他们的学生中逐渐合并在一起。

伊拉斯谟斯·达尔文是查尔斯·罗伯特·达尔文的祖父,他在其著作中阐述物种可变的观点以及不同类型的生物可能起源于共同祖先的概念。例如他在其《动物生物学或生命法则》(*Zoonomia or the Laws of Organic Life*,1794 年伦敦出版)一书中阐述到"获得性状遗传"的见解。书中写道:所有的动物都曾经历转变,这种转变一部分是由于自身的努力,对快乐和痛苦的回应,许多这样获得的形态及行为倾向于遗传给它们的后代。这可以说是在拉马克之前或与拉马克几乎同时提出的拉马克主义原理。

拉马克(Lamarck,1744—1829),法国人,布丰的门徒,他是第一个坚定的进化论者,是一位勇敢并且富有独创性提出与传统信念相抵触的解决办法的博物学家。他早年当过兵,曾经参加过资产阶级革命,后来从事植物学、动物学以及古生物学研究,于 1809 年发表了《动物学的哲学》,早于达尔文 50 年提出了一个系统的进化学说。尤其是在当时,他提出有关人类起源的观点,要比晚他 50 年的达尔文提出类似观点需要更大的勇气。拉马克学说中包含有布丰的观点和老达尔文的观点。但比二者的阐述更系统、更完整。拉马克学说的基本内容及主要观点可以概括如下。

第一,进化等级说。他认为自然界中的生物都存在着由低级到高级,由简单到复杂的一系列等级,生物本身也存在着一种由低级向高级发展的力量。他把动物分成六个等级,认为自然界中的生物缓慢地、连续不断地由一种类型向另一种类型,由一个等级向更高等级发展变化。拉马克所描述的进化过程是一个由简单、不完善的较低等级向较复杂、较完善的较高等级转变的过程。第二,传衍理论。他列举了大量的事实说明生物种是可变的,所有现存的物种,包括人类都是从其他物种变化、传衍而来。他相信物种的变异是连续的渐变过程。第三,进化原因——强调生物内部因素。拉马克不太强调环境对生物的直接作用,他仅承认在植物进化过程中外部环境可直接引起植物变异。他认为环境对于有神经系统的动物仅起间接作用。他认为环境的改变可能会引起动物内在"要求"的改变,如果新的"要求"是稳定的、持久的,就会使动物产生新的习性,新的习性会影响器官的使用,进而造成器官的改变。

古生物学是曾经唯一可以直接研究大进化现象的生物科学。古生物学的创始人是法国人居维叶(Georges Cuvier,1769—1832),他是第一个强调底层序列有许多剧烈变化断层的地质学家,他认为生物的适应是绝对完善的,就像钟表一样精密、谐调、准确,其结构与功能严格对应。居维叶认为:①不存在无功能的器官。②不存在功能不完善的器官(他相信上帝的智慧)。③结构上相似的器官,执行的功能也相似,而生存条件的相似导致功能的相似。居维叶在进化论的历史中起着一种矛盾的作用,首先他以自己的知识与逻辑强烈的反对拉马克进化论,但是他在比较解剖学、古生物学以及生物系统学方面的研究又为进化论提供了非常有力的证据。

德国学者冯贝尔(Karl Ernst von Baer,1792—1876)被称为比较胚胎学之父,他首先发现了脊索、哺乳动物以及人的卵细胞。冯贝尔发现早期胚胎都十分相似,共同具有的结构优先发生,而不同纲的特征结构后发生(图 25-2),随着胚胎发育依次表现各纲、目、属以及种的特征,也就是说脊椎动物共同具有的结构,例如脑、脊髓、脊索、主动脉弓以及体节等优先发生;而不同纲的结构,例如鸟类的羽毛、哺乳类的毛发等后发生。这也被称为冯贝尔法则。

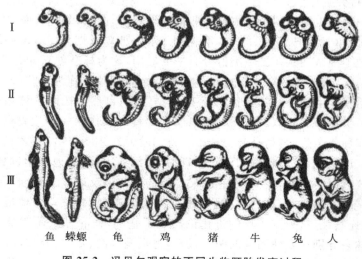

鱼　蝾螈　龟　鸡　猪　牛　兔　人

图 25-2　冯贝尔观察的不同生物胚胎发育过程

赫克尔(另译为海克尔,Haeckel,1834—1919),德国动物学家、艺术家及哲学家。曾于 1866 年提出生物发生律,后人将此学说也称为"个体发育重演系统发育"。生物发生律虽然从发育生物学的角度指明了生物进化的前后关系,但是必须纠正的是,个体的发育并非在重复物种的系统发育过程,而是在重复以前的个体发育过程,其发育过程与相关物种相比有或多或少的改变。虽然冯贝尔反对进化的客观性,但从现代分类学角度来看,他的总结与发现与系统发育学是基本一致的。

25.1.2　达尔文和达尔文的进化理论

查尔斯·罗伯特·达尔文(Charles Robert Darwin,1809—1882),英国生物学家、博物学家。达尔文早期因地质学研究而著名,后又提出科学证据,证明所有生物物种是由少数共同祖先,经过长时间的自然选择过程后演化而成。到了 1930 年,达尔文的理论成为对演化机制的主要诠释,并成为现代演化思想的基础,在科学上可对生物多样性进行一致且合理的解释,是现今生物学的基石。

1809 年 2 月 12 日,达尔文出生在英国,他的祖父和父亲都是当地的医生,家里希望他将来继承祖业。1825 年时达尔文便被父亲送到爱丁堡大学学医,但他无意学医,经常到野外采集动植物标本并对自然历史产生了浓厚的兴趣。父亲认为他"游手好闲""不务正业",一怒之下,于 1828 年又送他到剑桥大学,改学神学,希望他将来成为一个"尊贵的牧师",这样,他可以继续他对博物学的爱好而又不至于使家族蒙羞,但是达尔文对自然历史的兴趣变得越加浓厚,完全放弃了对神学的学习。在剑桥期间,达尔文结识了当时著名的植物学家亨斯洛和著名的地质学家席基威克,并接受了植物学和地质学研究的科学训练。1831 年于剑桥大学毕业后,他的老师亨斯洛推荐他以"博物学家"的身份参加同年 12 月 27 日英国海军"小猎犬号"(也称贝格尔号舰)环绕世界的科学考察航行。他们先在南美洲东海岸的巴西、阿根廷等地和西海岸及相邻的岛屿上考察,然后跨太平洋至大洋洲,继而越过印度洋到达南非,再绕好望角经大西洋回到巴西,最后于 1836 年 10 月 2 日返抵英国(图 25-3)。

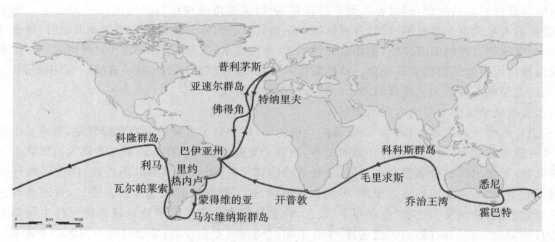

图 25-3　贝格尔号航海路线

在出发之前,罗伯特·费兹罗伊(Robert FitzRoy)送给了达尔文一卷查尔斯·赖尔(Charles Lyell)所著的《地质学原理》(*Principles of Geology*,在南美他得到第二卷)。该书将地形地貌解释为漫长历史时间渐进演变的结果。当他旅程的第一站抵达圣地亚哥佛得角的时候,达尔文注意到该地火山岩峭壁的高处有一条白色的沉积层内有许多裸露的珊瑚与贝壳碎片。这很好地解释了赖尔的理论,并给予了达尔文思考岛屿地质史全新的视角,使他决定写一本关于地质学的书。达尔文在接下来的旅程中有着更多的发现,它们中的许多是戏剧性的。在巴塔哥尼亚,他看见次级而上的分布着圆石与海贝平原,它们其实是被抬高的海滩。在经历了智利的地震后,他发现贻贝的床基高高地搁浅在潮汐之上,这显示陆地已经被抬高了。在安第斯山脉的高处,他发现化石树矗立在一片沙滩上,周围分布着海贝片。在贝格尔号勘探了科科斯(基林)群岛(Cocos (Keeling) Islands)后,他推论这些珊瑚环岛,是形成在下沉的火山之上的。

在南美,达尔文发现并挖掘了一些已灭绝的巨型哺乳动物化石,其中相当一部分并不处于有剧烈天气变化与灾难发生迹象的地质层里。在赖尔的第二卷书中,万物的创生被归结为"centres of creation",而此时思想已经走在时代前方的达尔文对此困惑不解。

这次航海改变了达尔文的生活。回到英格兰后,他一直忙于研究,立志成为一个促进进化论的严肃的科学家。当时他认识到物种是可以随时间-空间发生改变,但是他仍然无法设想在神创力量之外,会有什么力量可以引起这种改变。随后,当他寻求进化的动力时,1838 年,他偶然读了马尔萨斯(Thomas Malthus)的《人口论》(*An Essay on the Principle of Population*),从中得到启发,开始形成群体思想,认识到种群内的个体差异,以及性状传递、过度繁殖、差异化生存繁殖。这使他更加确定自己正在发展的一个很重要的想法:世界并非在一周内创造出来的,地球的年纪远比《圣经》所讲的老得多,所有的动植物也都改变过,而且还在继续变化之中,至于人类,可能是由某种原始的动物转变而成的,也就是说,亚当和夏娃的故事根本就是神话。达尔文领悟到生存斗争在生物生活中的意义,并意识到自然条件就是生物进化中所必需的"选择者",具体的自然条件不同,选择者就不同,选择的结果也就不相同。然而,他对发表研究结果抱着极其谨慎的态度。1842 年,他开始撰写一份大纲,后将它扩展至数篇文章。1858 年,出于年轻的博物学家 R. 华莱士的创造性顿悟的压力,加之好友的鼓动,达尔文决定把华莱士的文章和他自己的一部分论稿呈交专业委员会。1859 年,《物种起源》一书问世,初版 1250 册当天即告售罄。以后达尔文用了二十年的时间搜集资料,以充实他的物种通过自然选择进化的学说,并阐述其后果和意义。

可以说,从拉马克、居维叶到达尔文之间的阶段,是进化生物学思想发展过程中的分水岭。科学史上没有哪一个理论学说像达尔文的进化论那样面对着如此多的反对者,遭到如此多的攻击、误解和歪曲,经历了如此长久而激烈的争论,受到如此悬殊的褒贬,造成如此深广的影响。

达尔文进化学说大致包括两方面内容,一方面接受前人有关进化学说的部分内容,主要是拉马克和布丰的观点,另一方面是达尔文自己创造的理论,主要是自然选择理论。之前所提到的相关进化学说成立的条件是:首先承认物种是可变的;其次认为生物的特征(原有的和变异的)都是通过遗传从亲本传递给子代;最后必须排除超自然因素来解释生物进化现象。在达尔文之前的进化学说多强调单一的进化因素,如布丰强调环境在生物变异中的主要作用,而拉马克强调生物自身的改变。达尔文兼并包容各种进化思想,他接受了布丰关于环境对生物直接影响的观点,同时也接受了拉马克"获得性遗传的观点",因此说达尔文进化学说是一个综合学说,是在前人基础之上发展形成的,自然选择理论是其核心内容。在构思自然选择理论时,他受到两方面的启发,一是农牧业育种的实践经验,例如前面提到的《齐民要术》以及唐朝郭橐驼的《种树书》中,记载的植物嫁接以及由嫁接所引起的植物变异现象。特别是达尔文在《物种起源》一书(第一章第 9 节)中提到了《齐民要术》中阐述的关于鸡选种的人工选择原理。二是马尔萨斯的著作。

将达尔文进化学说的主要内容归纳如下。

第一,遗传和变异。达尔文在野生及家养的动植物中,观察到了大量的生物变异现象,有些是不遗传的变异,有些是可遗传的变异,对于变异与环境的关系,达尔文更强调生物内在的因素。他认为自然状态下偶然的变异是少见的,即便出现也会通过杂交消失;他否认种的真实性,否认自然界的不连续,认为自然界从个体之间的差异到轻微变种,再发展到显著变种,再到亚种和种,这之间的过渡是连续的。第二,自然选择。在说明自然选择概念之前,达尔文引进了"生存斗争"概念,什么是生存斗争?简单地说就是每一种生物都有高速增加个体数目的倾向,这就和有限的生活条件(生存空间、食物等)发生矛盾,导致同种个体之间或者不同物种之间为生存而斗争。同时在自然环境下存在着大量的变异,同种个体之间也存在着相互差异,这种差异使它们在一定环境下的生存和繁殖机会不均等,那些具有更多生存、繁殖机会的个体,就会将这些微小的、有益的变异遗传给子一代进而保存下来。第三,性状分歧、种形成、绝灭和系统树,通过家养的动植物,达尔文观察到按不同需要进行选择,可以从一个原始的共同祖先得到许多性状各异的不同品种。达尔文认为地理隔离对性状变异和新种形成有促进作用,例如被太平洋与南美洲大陆隔开的加拉帕戈斯群岛,它是 500 万年前由海底火山喷发形成的火山岩溶群岛,比南美洲大陆形成晚很多,赤道横贯北部,因受秘鲁寒流影响,气候凉爽并极干旱,属于贫瘠的沙漠群岛,达尔文在加拉帕戈斯群岛考察了一个多月,采集了大量的岩石及植物和动物标本。他发现,岛上 26 种陆栖鸟类中,有 25 种是特有的,15 种海栖鱼类全部是新种,25 种甲壳虫中只有 2～3 种是南美洲也有的,185 种显花植物中新种为 100 种。不同岛屿上的海鬣蜥形态各不相同,地雀的许多特征也有差异,显示出这些不同的物种是这里特殊的气候和环境创造的。

25.1.3　进化理论的补充和发展

英国人华莱士(Alfred Russel Wallace,1823—1913),被称为动物地理学之父,其研究领域包括植物、昆虫、鱼类、鸟类、灵长类等,他在进化生物学、生态学、动物地理学等方面都有贡献,尤其是在动物地理学方面。华莱士在亚马孙考察期间,对物种相关问题产生兴趣,如地理隔离对物种分布影响以及生态位与适应形成的过程。华莱士阐述了间断分布类型的成因,提出了廊道扩散理论,他独立提出自然选择学说并将其结论建立在严格的生态学论据基础之上。

20 世纪初德国动物学家魏斯曼(A. Weismann)及其他学者对达尔文进化学说进行了一次修订,去除了自然选择以外的内容,例如拉马克的获得性遗传理论、布丰的环境直接作用理论等,把自然选择理论确定为达尔文学说的核心。后期随着遗传学的快速发展,自然选择学说相关的概念得到了一定的修订。摩尔根(T. H. Morgan)及其他遗传学家对遗传突变的研究,使得"颗粒式遗传"理论替代了"混合式遗传"的传统概念。俄裔美国遗传学家杜布赞斯基(T. Dobzhansky,1900—1975)在种群遗传学方面弥补了达尔文进化论在遗传学方面的不足之处,促进了进化在种群方面的研究。在其著作《遗传学与物种起源》(1937)中将遗传学中的突变、重组、基因频率、基因型频率与漂变等概念与进化论中的表型、地理隔离、生殖隔离和自然选择等概念相互协调形成一个概念体系。人们把综合了种群遗传学的达尔文进化论称为新达尔文主义,也称为现代综合进化论。新达尔文主义主要包括以下几个方面。第一,认为自然选择决定生物进化的方向,生物在内在的遗传变异这一对矛盾推动下逐渐向适应环境的方向发展。第二,种群是生物进化的最基本单位,进化的实质就是种群内基因频率和基因型频率的改变,进而引起生物类型的逐渐改变。第三,突变、选择和隔离应该是物种形成和生物进化的机制。新达尔文主义认为新种的形成过程是:在自然选择条件下,群体基因频率发生改变,首先必须通过隔离(地理或生态隔离)使差异逐渐扩大,达到基因交流阻断的程度,也就是生殖隔离程度,最终出现新种。

德裔美国人迈尔(Ernst Mayr,1904—2005)是进化分类学的代表人物,是 20 世纪最杰出的进化生物学家。他将达尔文进化论分为 5 个相互独立的部分:进化观念(evolution as such)、自然选择(natural selection)、群体思想(populational speciation)、渐变思想(gradualness)和共同起源(common descent)。他是 1936—1947 年间促成进化论综合的关键人物。在其《生物学思想的发展》(*The Growth of Biological Thought*)(1982)一书中就强调分子分类的重要性,他认为分子方面的相似性要比形态分析更为可靠,分类不仅仅是个别性状的分类,而是整个生物的分类。当代通行的生物学物种概念是由迈尔归纳总结的(见第 24 章),迈尔的定义摒弃了之前一些学者将隔离仅仅局限于地理隔离的狭隘思想。除了上述生物学物种概念、地理成种概念,迈尔在新特征的起源、种群大小与进化的关系,以及基因型的整体概念等问题研究上都做出了很大贡献。

亨尼希(Willi Hennig,1913—1976),德国人,是系统发育系统学的奠基人,在其《系统发育系统学理论基础》(1950)中提出,分类只能依据系统发育的分支模式,强调重建系统发育的过程可以不依赖化石证据。日本国立遗传研究所群体遗传部主任木村资生(Kimura Motoo,1924—1994),于 1968 年在英国的《自然》杂志上发表"分子水平上的进化速率"一文,创立了中性突变进化学说,也称为分子进化论。他认为生物进化的主要动力在于中性突变和突变的漂移固定,中性突变主要是指像同工突变、同义突变这些不影响蛋白质功能,既无益也无害的突变。然后通过突变的漂移固定,导致生物形态与生理出现差异,进而由自然选择发挥作用导致表型的进化。

在国际上,进化生物学与功能生物学在 1936—1947 年之间,初步地弥合了两者之间的分歧,研究表明物种形成、进化趋势、生物界的阶层系统等主要进化现象都能够通过 20 世纪 20 年代到 30 年代逐渐成熟的遗传学理论解释。随着生命科学的飞速发展,进化生物学逐渐吸收生物学各分支科学的成就,越来越能够体现出其作为生物学最高理论的价值。

25.2　生物的微观进化(小进化)

遗传学家哥德斯密特(R. B. Goldschmidt)在其《进化的物质基础》(*The Material Basis of Evolution*)一书中用小进化(微观进化)和大进化(宏观进化)两个概念来区别进化的两个方式。随着遗传学的发展,一些学者开始引入基因频率、基因型频率等概念,用统计生物学和种群遗传学的知识解释达尔文的自然选择学说,从量化的角度说明自然选择如何起作用。

25.2.1 什么是微观进化

哥德斯密特认为自然选择在物种内作用于基因,只能产生小的进化改变,称为小进化或微观进化;古生物学家辛普孙(G. G. Simpson)在其《进化的速度与方式》(*Tempo and Mode in Evolution*)一书中提出小进化(微观进化)是指种内的个体和种群层次上的进化改变,也就是指以现生的生物个体或种群作为研究对象,研究其短时间内的进化改变。从微观进化的角度看,有性繁殖的生物其进化的单位是种群,无性繁殖的生物其进化的单位是无性繁殖系。

25.2.2 种群结构与动态

对于有性繁殖的真核生物来说,同种个体之间不存在生殖隔离,但是,同种个体因为地理因素或环境因素的限制在空间分布是不均匀的,形成不同程度隔离的个体集合,称为种群。种群之间互交繁殖的概率明显大于不同种群之间互交的概率,而遗传学上对于种群的定义是随机互交繁殖的个体集合,又称为孟德尔种群(Mendelian population)。"Population"遗传学家译为群体,而生态学家翻译为种群。

有性生殖的种群或无性生殖的无性生殖系既是进化中的基本单位,也是生态系统中的基本单位。有性生殖的生物个体,其基因型不可能世代不变延续,但是种群的全部基因的总和却是相对恒定的。一个种群在一定时间内,其全部成员的全部基因型总和被称为该种群的基因库(gene pool),种群的基因库在一定条件下和范围内是相对恒定的,种群内大多数个体在很多位点上是不同等位基因的杂合子。在研究群体遗传时,既要考虑个体的遗传结构,又要着重考虑基因在群体相继世代中是如何分配和传递的。经典遗传学通过实验种群的遗传分析得出,种群中各基因位点上的正常型(野生型)等位基因的纯合子占据优势,而突变等位基因保持极低的频率。对许多物种自然种群遗传结构分析证明,在自然种群中存在大量的变异储存。种群内既有连续的变异(多基因控制的数量性状特征,例如体重、身高等),也有不连续的变异;既有一般的形态学的变异,也存在细胞学(例如染色体结构、数目)以及生理生化的变异。种群遗传学研究等位基因和基因型频率的变化。研究种群遗传学的重要目的之一就是从微观的角度阐明生物进化的机制。

25.2.3 种群遗传的基本模型

1. 哈迪-温伯格平衡 基因组中的一个基因位置称为基因座位,某一个给定基因座位上的不同基因形式互为等位基因。某一等位基因在该位点上所有基因总数中所占的比例称为基因(或者等位基因)频率;某一基因型个体在种群所有个体中所占比例称为基因型频率。遗传平衡(genetic equilibrium),又称为基因平衡(genic balance),是指在一个大的随机交配的群体中,基因频率和基因型频率在没有突变、选择和迁移等条件下,世代相传、不发生变化的现象。该定律由英国数学家哈迪(Godfrey Harold Hardy,1877—1947)和德国医生温伯格(Wilhelm Weinberg,1862—1937)于1908年各自独立发现,因此被称为哈迪-温伯格定律(Hardy-Weinberg law)。设某二倍体生物群体中有一对等位基因 A 和 a 的频率是 p 和 q,且 $p+q=1$。其可能的基因型为 AA、Aa、aa 共 3 种,相应的基因型频率分别为 D、H、R,即

$$\begin{bmatrix} AA & Aa & aa \\ D & H & R \\ p^2 & 2pq & q^2 \end{bmatrix}$$

如果下一代的基因型频率与前一代的相同,那么这个群体(p^2,$2pq$,q^2)被称为平衡群体,以二项式展开式($p_A + q_a)^2 = p^2(AA) + 2pq(Aa) + q^2(aa)$表示。作为群体遗传学的理论基石之一的哈迪-温伯格定律的要点如下。第一,在一个大的随机交配的孟德尔群体中,如果没有改变基因频率因素(选择、迁移、基因突变与遗传漂移)的干扰,群体的基因频率和基因型频率将保持不变,这样的群体也称为平衡的孟德尔群体;第二,在任何一个大群体内,不管基因频率与基因型频率如何,只需经过一个世代的随机交配,这个群体就可以达到平衡状态,由下列二项式的展开式所决定,即($p_A + q_a)^2 = p^2(AA) + 2pq(Aa) + q^2(aa)$;第三,如果随机交配系统得以保持,群体中的基因型频率保持在上述平衡状态不会改变,即基因型频率和基因频率的关系是 $D=p^2$,$H=2pq$,$R=q^2$。遗传变异一旦被某一个群体获得,就可以维持在一个恒定不变的水平,并不会因为交配而发生融合和最后消失,这就是颗粒式遗传原理在群体水平的体现,也是哈迪-温伯格定律重要性所在。

2. 自然选择 达尔文认为,可遗传的变异和繁殖过剩都是自然选择的前提或必要条件。但是,根据种群遗传学原理或现代综合论对自然选择的解释,在下面的情况下发生选择:第一,种群内存在突变和不同基因型的个体;第二,不同基因型个体之间适应度有差异;第三,突变影响表型,影响个体的适应度。根据现代综合论的解释,繁殖过剩并非选择发生的必要条件,只要不同基因型个体之间适应度有差异,就会发生选择,但繁殖过剩是选择的保障条件,因为选择性淘汰使种群付出的代价(个体的损失)通过超量繁殖而得以补偿。虽然自然种群内存在着大量的可遗传的变异,但如果变异不影响适应度,就不会发生选择。选择就是"区分性繁殖"。

自然选择也可以理解为随机变异(突变)的非随机淘汰与保存。变异(突变)提供选择的原材料。变异的随机性是选择的前提。如果变异是"定向"的或决定的,那就没有选择的余地了。选择作用于表型,如果突变不影响表型,不影响适应度,那么选择就不会发生。自然选择是种群基因频率改变的一个重要因素,由选择引起的种群遗传构成的改变是适应性的改变,即能够提高种群平均适应度的进化改变。因此,选择是微观进化的主要因素。

自然选择对等位基因频率的改变具有十分重要的作用。在自然界,一个具有低生活力基因的个体要比正常个体产生的后代少,因此它的频率自然也就会逐渐减少。一般从选择作用影响等位基因频率的效果来看,可得到两点结论:第一,等位基因频率接近 0.5 时,选择最有效果,但是当频率大于等于 0.5 时,有效度很快;第二,隐性基因很少时,对于一个隐性基因的选择或淘汰的有效度就非常低,因为这时隐性基因几乎完全存在于杂合体中得到保护。

3. 随机遗传漂变 群体相当大,在环境不变的条件下,基因的频率的平衡值可以稳定地一代代保持下去,但是,一个群体的大小是有限的,在小群体中,基因频率的改变与选择、突变和迁移所引起的改变完全不同。在一个小群体中由于抽样的随机误差所造成的群体基因频率的随机波动现象称为随机遗传漂变(random genetic drift),或者遗传漂变(genetic drift),这是由赖特(S. Wright)于 1931 年提出的关于群体遗传结构变化的一个重要理论,因此又称为赖特效应(Wright's effect)。遗传漂变也是影响群体平衡的重要因素,但是与其他影响群体平衡的因素(例如选择、迁移和突变)相比,不同之处在于其改变群体基因频率的作用方向完全是随机的。

基因频率由于抽样的随机误差而发生随机变化,因为样品的个体数目不同而有很大的变化。样本越小,基因频率的随机波动越大;样本越大,基因频率的随机变动越小。在生物统计学中,方差与标准差分别定量测度了抽样误差与群体大小的关系。如果在等位基因 A、a 的频率分别为 p 和 q 的群体中,从个体数为 N 的样品中抽取许多样品,那么这些样品基因频率的方差为

$$\sigma^2 = \frac{pq}{2N}$$

标准差

$$\sigma = \sqrt{\frac{pq}{2N}}$$

设 $p = q = 0.5$,则当 $N = 50$,

$$\sigma = \sqrt{\frac{0.5 \times 0.5}{2 \times 50}} = 0.05$$

当 $N = 500$ 时

$$\sigma = \sqrt{\frac{0.5 \times 0.5}{2 \times 500}} = 0.0158$$

当 $N = 5000$ 时

$$\sigma = \sqrt{\frac{0.5 \times 0.5}{2 \times 5000}} = 0.005$$

$N = 50$ 的标准差恰好是 $N = 5000$ 的 10 倍,这充分说明样本越小,抽样误差越大。运用计算机模拟实验,图 25-4 显示群体大小与遗传漂变的关系,3 种群体的个数分别是 50、500、5000,初始等位基因频率为 0.5。漂变使随机交配的小群体(50 个)的等位基因在 30~60 代就被固定。当群体内个体数目增加至 500 个个体后,经过 100 代的随机交配,等位基因频率已逐渐偏离 0.5。当群体内个体数目达到 5000 时,经过 100 代,其等位基因频率仍然接近初始值 0.5,显然,漂变的速度不及小群体快。遗传漂变在小群体中可能是主要的进化动力。

遗传漂变在小群体中的作用很强,它可以掩盖甚至是违背选择所起的作用。无适应意义的中性突变基因,或者是选择不利于某一个基因时,只要它不携带致死基因,这个基因就会通过漂变作用而被固定下来。相反,如果对选择有益的基因,就有可能在选择还没有充分表现出其效应之前就被漂变所淘汰。

遗传漂变作用就可以解释在远离大陆的孤岛上常出现大陆上没有的物种。这是由于,在被隔离的小群体

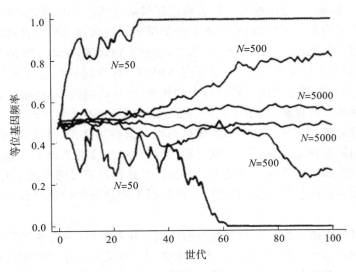

图 25-4　群体大小与遗传漂变效应

中,一旦发生某个位点的突变,经过若干代小群体的繁殖,新产生的基因可以通过漂变作用使基因频率增加固定下来,逐渐形成新的物种。在随机交配的大群体中,虽然这种突变同样可以发生,但是由于大群体随机交配产生的遗传平衡使得新出现的基因的频率没有机会被固定下来,因此很难有机会被发现。

25.2.4　遗传多态性

自然界大多数生物群体中存在着大量的遗传变异。遗传多态性(genetic polymorphism)是指在一个群体内存在着两个或者多个高频率(>1%)的等位基因的现象。遗传多态性是群体的遗传变异的度量,是由诸如核苷酸的插入、置换以及缺失等基因突变,或者基因间的重组等产生。遗传多态性的微观基础是各类突变和染色体行为,其作为生物进化的基础普遍存在于生物界自然群体中。群体遗传学的任务之一就是将这些普遍存在的遗传变异进行量化,研究其在群体水平上产生、维持的机制。

染色体核型是一个物种的染色体的显著特征,很多物种在染色体数目以及形态上具有很高的多态性。例如相互易位、倒位等染色体结构变异导致多态性,这些现象在植物、昆虫以及哺乳动物中都存在。随着分子生物学的快速发展,遗传多态性研究已经深入到结构基因编码的多肽层次上。通过纯化、测序,分析不同个体的某种特异蛋白质,就可以在蛋白质水平研究群体内的遗传变异。例如,利用蛋白质电泳技术可以测定蛋白质静电荷的变化,然后通过电泳观察到的条带数目和位置,来推断样本的基因型。

DNA 序列测定使得人们直接检测不同物种之间,以及同一物种不同个体之间的 DNA 序列变异成为可能。通过人类基因组序列分析已鉴定出数以百万计的 DNA 多态性。在群体遗传学中常用的有以下几种。

1. 限制性片段长度多态性(restriction fragment length polymorphism)　又称为 RFLP,是指当用限制性内切酶处理不同生物体的 DNA 时,所产生的大分子片段其长度有可能不同,这种限制性长度的差异就是 RFLP。它是以生物基因组 DNA 序列的变异作为基础,研究不同基因组之间差异的技术。之所以存在限制性片段长度多态性,就是因为生物体在长期进化的过程中,种属间或者同一物种不同个体之间同源 DNA 序列上,限制性内切酶的识别位点不同,或者由于基因重组、基因突变等原因导致原来的限制性内切酶位点上核苷酸的缺失、插入,造成酶切位点之间的长度发生变化,或者点突变产生新的酶切位点、去除原酶切位点,从而引起 DNA 分子上某一特定限制性内切酶的识别位点发生变化,产生不同的 RFLP 分子标记。

2. 可变数目串联重复(variable number of tandem repeat)　又称为 VNTR,是一种基于 Southern 杂交的分子标记,如果探针是来自基因组中可变数目串联重复,就形成一种因为串联重复序列的拷贝数变化而产生多态性的分子标记方法。VNTR 分子标记实际是一种特殊的 RFLP 标记,RFLP 使用的探针是单拷贝或者低拷贝序列,而 VNTR 分析所用的探针是高拷贝的小卫星探针、微卫星探针或者是人工合成的简单重复序列。其具体操作如下:用限制性内切酶切割基因组 DNA,经琼脂糖凝胶电泳分离酶切片段,然后印迹到尼龙膜上,用小卫星探针杂交,鉴定由于重复数目变异引起的片段长度差异。由于条带的高度多态性,因此也被称为 DNA 指纹图谱。

3. 随机扩增多态性 DNA(randomly amplified polymorphic DNA)　又称为 RAPD,是基于 PCR 技术发展

起来的方法。它的原理:用寡核苷酸随机引物(5~30 bp),以未知序列的基因组 DNA 为模板进行 PCR 扩增,扩增产物长度一般为 200~2000 bp,扩增产物通过琼脂糖凝胶电泳分离,溴化乙锭染色,显示扩增产物的多态性。RAPD 具有分析速度快,所需样品少的优点,而且对没有任何分子生物学研究基础的物种都可以采用,既不需要已知的基因组 DNA 序列,也不需要物种特异性的探针或者引物,只要合成一套随机引物,就可用于任何物种,同时通过 RAPD 技术获得的 DNA 片段多态性也符合孟德尔遗传规律。

4. 扩增片段长度多态性(amplified fragment length polymorphism)　又称为 AFLP、扩增酶切片段多态性,或称为专一扩增多态性(specific amplified polymorphism,SAP),是 1992 年 Zabeau 和 Vos 结合 RFLP 和 PCR 的优点发明的一种新的 DNA 指纹技术。这种方法避免了烦琐的 DNA 酶切、转移、杂交、放射自显影等步骤,只需要少量的 DNA 模板,在无需知道有关基因序列信息的情况下就可以进行 PCR 扩增,来检测 DNA 多态性。AFLP 技术简便经济、安全快捷,因此自问世以来,就已经广泛地应用于基因鉴定、基因作图等方面的研究。

5. 基因芯片(gene chip)　也称为微阵列(microarray)、基因组芯片(genome chip)或基因阵列(gene array),基因芯片技术操作包括以下几个方面:①通过大规模的 PCR 扩增得到独立 cDNA 插入片段;②将 PCR 扩增产物固定在基质材料上;③分离提取 mRNA,逆转录生成 cDNA;④用不同的荧光染料标记样品 cDNA;⑤将标记的 cDNA 样品与点好的芯片进行杂交;⑥激光扫描芯片、杂交信号的读取;⑦杂交数据的分析。该方法常用于新基因的筛选、疾病诊断、药物设计等方面,在种群分子遗传学中可以用于群落生物学研究。

25.2.5　适应

适应(adaptation)是生物界普遍存在的一种现象,也是生命特有的现象。生物的适应是指生物的形态结构和生理机能与其赖以生存的一定环境条件相适应的现象。一般地说,适应包含两个方面的含义:第一,生物各层次的结构(从生物大分子、细胞、组织、器官,乃至由个体组成的种群等)都与其功能相适应;第二,生物的这种结构与相关的功能(包括习性、行为等)适合于该生物在一定环境下的生存和延续。

达尔文是第一个用进化论来解释适应起源的学者。他用自然选择原理来解释适应的起源,使生物学摆脱了目的论。事实上,对适应起源的解释成了进化论的核心内容,不同的进化学说对于适应起源有着完全不同的解释。随机论者认为,生物的适应是随机事件和随机过程(例如,随机突变的随机固定或者突变事件中的幸者生存)所产生的偶然结果,是纯机会或纯偶然的。环境决定论者却认为适应是生物对环境作用的一种应答,是生物定向变异的结果,是生物的可塑性与环境之间直接作用的结果,例如拉马克主义主张的"获得性遗传",米丘林-李森科主张的"定向变异"。大量的科学研究结果以及自然现象都能够证明适应来源于自然选择,适应是一种进化现象。无论随机论或者环境决定论,对适应的解释都难以说明生物界各种各样的适应现象,更无法解释大自然的适应机制。生物个体通过自然选择达到适应是目前人类对适应起源及适应机制的唯一合理解释,然而如何通过实验来证明这个理论是我们所面临的十分艰巨的任务。

达尔文没有使用过适应这个词,也没有定义适应的概念。达尔文在阐述生存斗争和自然选择原理时使用了"最适者"(fittest)这个词。这是一个最高级形容词,表明除了"最适者"之外还有"次适者""较不适者"等。从达尔文的原意来看,适应或适合是一个相对的概念,是可比较的概念,但是达尔文却错误地采纳了斯宾塞的表述:"生存斗争,最适者生存"。生存与死亡是"全或者无"的概念,不能用来定量地衡量适应或适合的程度,这是一个逻辑性的错误。达尔文在《物种起源》中指出,繁殖出来的个体比能够生存下来的个体多得多,那么那些具有任何优势的个体,无论其优势是多么的微小,都将比其他个体获得更多地生存和繁殖的机会,最终成为生存者。而任何微小的有害变异,都将招致灭亡,这就是适者生存。

适应形成的条件可以归纳为三方面:第一,变异必须是可遗传的变异,这是适应形成的先决条件。第二,发生变异的生物个体不仅能够生存,而且可以繁衍后代。第三,定向的环境变化提供了一种选择性的压力,使得生物已经产生的有利于生存和繁衍的变异可以不断积累和加强,最终适应改变的环境。适应必然带来种的繁荣和物种分布范围的扩大,同时由于环境变化的随机性、不定向性,生物需要及时快速适应变化的环境。一旦这种适应落后于环境的变化,尤其是当两者的差距比较大时,生物就有可能灭绝。因此从这个意义上,我们可以把生命的多样性看作是生命不断适应环境变化,保持自身连续性所出现的一种适应状态或者进化状态。

适应是自然界普遍存在的现象,适应是相对的,而不是绝对的。植物不能移动,因此只能通过改善其各种器官的机能来适应生存环境的改变,例如植物的根、茎、叶的结构、功能都与其生活环境相适应。动物具有独特的保护性适应方式,例如保护色、警戒色以及拟态等。在微生物对环境的适应现象中,细菌的抗药性是最典型的例子。抗菌药物在发现初期,可以治疗许多细菌性疾病,可是随着长期使用,一些细菌开始对药物产生适应,即耐药性,使得疗效大大降低,即便增加用药量也不奏效。目前耐药性已经成为临床上比较棘手的问题。适应是暂时的、有条件的,因此适应具有相对性。其相对性体现在生物个体对环境变化适应的滞后性上。其原因就是遗传的相对稳定性,以及环境变化的多样性和不定向。

25.3 生物的宏观进化(大进化)

在一个小的时空范围内观察宏观的现象是达不到完全认识的目的的,反之,以大的时空尺度观察细微的事物或者过程也达不到精确的认识。以大的时空尺度观察生物进化过程,也就是观察种以上的高级分类群,在比较长的时间(地质时间)尺度上的变化过程就是宏观进化的研究内容。宏观、微观进化的区分只是观察的尺度、层次不同。只有宏观进化与微观进化的结合研究,才能对生物进化有较为完全、精确的认识。一千多年前的中国古代学者已经在这方面有所认识,例如北宋时期的沈括在其《梦溪笔谈》中记载有关环境和生物在大的时空尺度上的变化,"山崖之间,往往衔螺蚌壳及石子如鸟卵者,横亘石壁如带,此乃昔之海滨"。

现代进化生物学将物种内的进化称为微观进化,而在大的时空尺度上考察进化,就不能以个体或者种群作为研究对象,而要以物种及种以上的分类群作为研究对象。

25.3.1 宏观进化的概念

遗传学家哥德斯密特在其《进化的物质基础》一书中将大进化(宏观进化)的概念描述为:由一个种变为另一个新种是一个大的进化步骤,不是通过微小突变的积累,而是所谓的系统突变(systematic mutation),其涉及整个染色体组的遗传突变。古生物学家辛普孙在其《进化的速度与方式》一书中重新定义了宏观进化的概念,即宏观进化是指种和种以上分类群的进化。两者的区别在于哥德斯密特认为宏观、微观进化是两种完全无关的进化方式;而辛普孙认为是研究领域的区分及研究途径的不同。也就是说,生物学家以现生的生物种群和个体为研究对象,研究短时间内的进化变化的是微观进化。生物学家和古生物学家以现生生物和古生物化石为依据,研究物种及物种以上的高级分类群在地质时间内的进化现象,就是宏观进化。

如果以时间(地质时间)为纵坐标,以进化的形态改变的量作为横坐标,那么在这个坐标系中的一点就相当于某一瞬时存在的物种,这个种随着时间(世代)延续,就会在坐标系中延伸出一条线,这条线称为线系,线系是物种在空间和时间两个向度上的存在。灭绝就是指一个线系在某一地质时间的终止,相当于这个线系停止于在坐标系中某一点。如果一个物种因为线系进化导致表型改变就可以判断为不同于原物种的新分类单元,古生物学家称之为时间种。在一个线系内,由一个时间种过渡到相继的时间种,这是前一个时间种的终止,并不意味着线系延续的终止,这在古生物学上称为假灭绝。通过一个线系形成分支,相当于在同一物种内分化出一个或多个新种,称为种形成,或分支进化。由同一个线系分支形成若干线系,称为支丛(图25-5)。

在宏观进化方面还包括其他一些概念。垂直进化(vertical evolution)也称为前进进化,是指导致生物结构复杂程度增长的进化过程。水平进化(horizontal evolution)又称为分支进化,是指导致生物分类学多样性增长的进化过程。停滞进化(stasigenesis)指结构复杂程度和分类学多样性都无明显变化的进化过程(图25-6)。

25.3.2 宏观进化形式

宏观进化形式(macroevolutic pattern)就是指在一定时间,一组线系经过进化、种形成和灭绝过程所表现的出来的谱系特征。简而言之就是系统发生的时空特征。目前对于宏观进化形式存在两种不同的观点,一种是现代综合进化论者主张的渐变模式(gradualistic model),另一种是由美国古生物学家艾德里奇(Eldredge)和戈尔德(Gould)于1972年提出的断续平衡模式(punctuated equilibria model),又称为间断平衡模式(图25-7)。

1. 渐变模式 影响进化形式的主要因素是种形成(图中表现为线系分支)和表型(形态)进化速度(图中

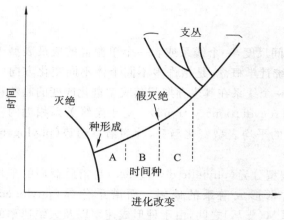

图 25-5　宏观进化名词概念图解一

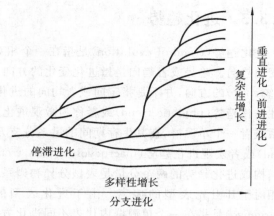

图 25-6　宏观进化名词概念图解二

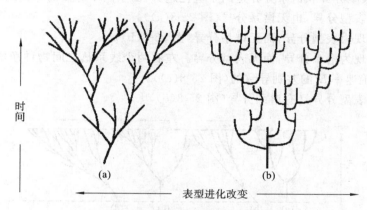

图 25-7　渐变模式和间断平衡模式

(a)渐变模式；(b)间断平衡模式

表现为线系的倾斜度)。如图 25-7(a)所示，渐变模式中各个线系的倾斜是均匀的，表明进化是匀速的、渐进的，进化改变主要由线系进化导致，而与种形成无关，种形成(分支)本身只是改变进化的方向。渐变模式的主要观点为：①新种只能通过线系进化产生，如在古生物学中时间种就是线系进化的产物。而线系分支是线系进化的负效应，在进化中是次要现象。②新种只能以渐进的方式形成，进化是匀速的、缓慢的。③适应进化是自然选择作用下的线系进化。渐变模式论认为每一个生物个体都是在一定的生存环境下发生变异，那些发生有益变异的个体能够快速适应环境的变化存活下来，并繁衍后代；而那些发生不利变异的个体由于不能适应环境的变化，就逐渐被淘汰。

2. 间断平衡模式　间断平衡模式中线系的显著倾斜(几乎水平，代表快速的表型改变)和几乎不倾斜(几乎垂直，代表表型没有变化)交替发生，表型进化是非匀速的，即在种形成(分支)期间表型进化加速(跳跃)，而在种形成之后保持长时间的相对稳定(几乎不发生表型的进化改变)，表型的进化改变发生在相对比较短的种形成期间(图 25-7(b))。间断平衡模式的主要观点为：①新种只能通过线系分支产生，古生物学中的时间种——通过线系进化产生的表型上可以区分的分类单位，是不存在的。②新种只能通过跳跃的方式快速形成，新种形成后就处于保守或进化停滞状态，在下一次种形成事件发生之前，表型不会发生明显变化。③进化是跳跃和停滞相间，不存在匀速、平滑和渐进的进化。④适应进化只能发生在种形成过程中，因为物种在长期停滞时期是不会发生表型的进化改变。间断平衡理论比较合理的解释了化石记录。按照传统的渐进进化观点，化石记录是一个循序渐进的完整连续过程。但实际上，在连续的地层中，新种有时候往往是突然出现，并找不到其祖先的痕迹。因此说，生物的进化并不总是缓慢的进化，有的时候是跳跃；生物的进化也不总是连续的、渐进的，有的时候是间断性的。渐变模式与间断平衡模式仅代表了两种极端的观点，但是两者并不对立，有时可能同时存在。研究发现，新种和旧种在各自延续过程中变异幅度比较小，但是从新种到旧种的过渡种群中会产生大幅度的不定变异，这说明种的形成是飞跃性的，一旦形成就会长期保持稳定。因此自然界渐变模式和间断平衡模式都可能存在。

25.3.3 进化趋势

进化趋势(trend of evolution)是指在一个相对长的时间尺度,一个线系或者一个单源群的成员表型进化改变的趋向。趋势或者趋向是指进化变化的方向,趋势是统计学概念,是指许多不同个体不同变化方向的综合(统计学)的方向,并不是指定向或者均向的进化方向。一个线系在其生存期间其表型进化改变的趋势称为线性进化趋势(phyletic trend)或者称为微观进化趋势(microevolutionary trend)。对于亲缘关系相近的一组线系或者一个单源群,在其生存期间的谱系分支及其后裔的平均表型变化趋势,称为谱系趋势(phylogenetic trend)或者宏观进化趋势(macroevolutionary trend)。

构成进化趋势的两个分量是表型分异和谱系分异。表型分异(phyletic divergence)是指后裔们的平均表型相对于其祖先表型的偏离。由于进化表型的改变常常形成谱系的偏斜。而谱系分异(phylogenetic divergence)是指在一个单源群内代表不同进化方向的线系丛(支丛)之间,由于种形成速率以及灭绝速率的差异造成的谱系不对称。表型分异和谱系分异这两个进化趋势,由于两个分量的不同组合存在以下四种情况。

①无进化趋势,既无表型分异,也无谱系分异(图25-8(a))。

②有进化趋势,仅表现为表型分异,而无谱系分异(图25-8(b))。

③有进化趋势,仅表现为谱系分异,而无表型分异。左右两个线系丛之间物种净增率 R 的差异是各线系丛的种形成速率 S 和灭绝速率 E 的差别导致的(图25-8(c))。

④有进化趋势,既有表型分异又有谱系分异(图25-8(d))。

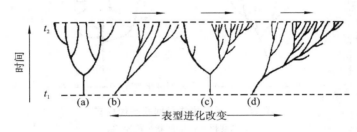

图 25-8 表型分异与谱系分异

古生物学家很早就注意到一些化石记录显示的形态学特征的进化改变趋势。例如在人科谱系中,能人的脑容量为 660 cm³,直立人的是 935 cm³,智人的是 1400 cm³。能人的前臼齿咀嚼面为 109 mm²,直立人的是 99.3 mm²,而智人的只有 69 mm²,脑容量增大和牙齿减小的趋势十分明显。同样的在马的进化谱系中,从始新世的马的始祖到现代马,其身材呈逐渐增大的趋势,即由犬一般的身材进化到现代的高头大马(图25-9)。生物进化并没有预定的目标或目的,那么,进化趋势是如何产生的呢? 有关进化趋势发生原因的理论,现代进化学者提出以下观点。

1. 以微观进化来解释宏观进化 一些学者认为,在进化过程中表型的改变主要是微观进化的结果,进化的主分量是线系进化。微观进化趋势与宏观进化趋势一致。微观进化趋势(线系进化趋势)是由稳定的、长期的选择压力造成的。或者说,定向选择是微观进化和宏观进化趋势的原因。

2. 物种选择假说 一些学者认为,自然选择不仅仅在个体和种群层次上起作用,而且在物种层次上也起着作用,他们将微观进化机制搬用到宏观进化中。例如,宏观进化中的物种被当作微观进化中的个体,宏观进化中种的形成和灭绝被看作是出生和死亡,而宏观进化中的种形成产生的变异就相当于微观进化中的突变和重组。物种被看作自然选择的单位,因此称之为物种选择(species selection)。物种选择的存在可以从某一些对物种生存有利的特征得到证实。也就是说,某些特征(性状)对个体有利,但是另外一些特征(性状)对个体就未必有利,但是却对物种有利。例如孤雌或者孤雄生殖对个体的延续有利,有性生殖对个体未必有利,但是有性生殖对物种是有利的,因为有性生殖过程增加了遗传变异量,同时减少了物种灭绝的可能性,因此在自然界有性生殖比孤雌或者孤雄生殖更加普遍。由此可以推论,自然选择可以作用于个体和物种两个不同的层次。

3. 定向种形成(directional speciation) 渐进的种形成常常与局部环境的变化趋势有联系。假如环境在较长时间内和较大的范围内存在趋向性变化,那么通过渐进的种的形成过程形成的新种也就逐渐适应了变化中的环境。在这种情况下,种形成本身就具有某种趋向性。

4. 效应假说(the effect hypothesis) 对于宏观进化趋势发生的原因,有学者认为是物种内在的生物学特

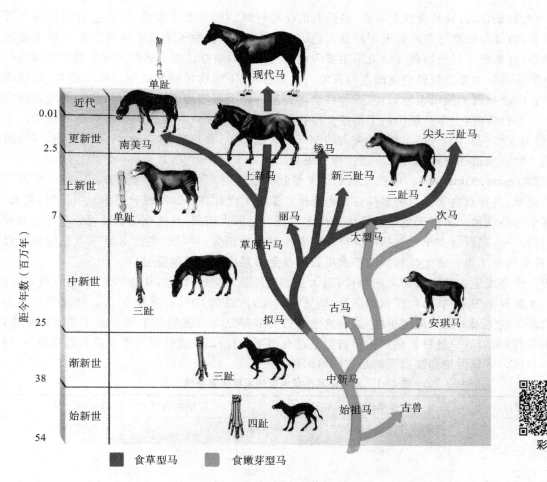

图 25-9 马的进化历史

征的非自然选择的效应,称为效应假说。效应假说的基本观点:生物种本身的生物学特征应该是进化趋势的控制因素。认为种形成是随机的,没有一定的方向;新种不一定比旧种更适应,只是适应方式不同于旧种,在微观进化过程中自然选择有可能造成一些适应特征,这些特征可能影响物种的进化能力。

5. 谱系漂移 一些学者运用计算机模拟进化的随机趋势,得出结论,在一些小的支丛(如微观进化中的小种群)内,随机的灭绝和随机的种形成会造成谱系显著偏斜,即为谱系趋势,就称为谱系漂移(phylogenetic drift),就好像微观进化的小种群内发生遗传漂移一样。

25.3.4 灭绝

灭绝就是指物种的死亡,物种总体适应度下降到零,灭绝是种形成的负面或负面效应,因为物种的数目在有限的空间范围内和有限的可利用资源状态下,不可能无限增长,在产生新物种的同时就会有消亡。灭绝是生物圈在更大的时空范围内的自我调整。物种灭绝应该是生物与环境相互作用的过程,生物在为达到与环境的相对平衡与协调所付出的代价,也是任何物种都将遭遇的命运之一:①线系长期延续没有显著的表型进化改变——活化石。②线系延续进化并且改变为不同的时间种,或者发生线系分支形成新种。③线系终止——灭绝。

据估计,地球上大约有 99% 存在过的物种已经灭绝了。物种灭绝最可能的原因是竞争失败,或者是当环境发生剧烈变化,物种本身缺乏合适的变异适应环境的变化而被淘汰。化石证据表明,生物灭绝基本上分为两类,常规灭绝和集群灭绝。

1. 常规灭绝(normal extinction) 常规灭绝是指在整个生命史上,以一定的规模经常发生,表现为新种产生和旧种的消失,也称为背景灭绝(background extinction)。常规灭绝的原因,有以下几种解释:①物种内在的原因,物种遗传系统可以提供的变异量减少,例如一个小种群内由于长期近交导致种群基因库变异量降低,在环境发生变化时由于不能适应,导致灭绝。其次由于自身结构的高度特化极大地限制了自身的进一步发展。例如,熊猫是由肉食性熊科动物的祖先进化而来的。其在食性方面的改变要比其他熊科动物走得更远，经过了从肉食到杂食，再到植食性的发展，虽然其消化粗纤维的能力变得很强，但是它的捕食能力及灵活性方面丧失很多，因此在环境改变的情况下濒临灭绝。②生存竞争，食物链下层的物种间的竞争主要表现为生存空间的争夺；食物链上层的物种间的竞争主要表现为对食物的争夺。而上述两种竞争的结果就是被排挤的物种如果不能获得新的生态位就会逐渐走向灭绝。食物链上、下层物种间的竞争是相互控制、相互依存及有限制的竞争。③小种群的随机灭绝，当某一种群个体数量下降至某临界值以下时，非常容易因某些偶然事件而灭绝。④生态链效应，生态系统中由于某些支持物种的灭绝，而导致其他相关物种灭绝的现象。在新石器时代之前，兽类大约8000年灭绝1种，鸟类大约300年灭绝1种；而目前，动物大约每天灭绝1种，植物大约每分钟灭绝1种。窄适性物种相对较广适性物种更易灭绝。

2. 集群灭绝（mass extinction） 集群灭绝是指大量物种在相对短的地质时间消失。居群灭绝速率大大超过常规灭绝速率，其导致生物群生物多样性显著降低。集群灭绝往往涉及高级分类单元（科、目、纲或门）中的大部分或者全部的物种。集群灭绝是整个生命史上重复发生的大范围、高速率的物种灭绝事件。在相对比较短的地质时间，一些高级分类单元包括的大部分或者全部物种消失，伴随着集群灭绝发生适应辐射以及新类群的出现，进而构成了生命史上生物圈的多次更新以及生态系统的大范围重建。

地球历史上曾经发生过若干次大灭绝事件，最大型的有五次（表25-1），其中以晚二叠纪的最宏大，差不多海洋生物一半的科消失了，如果以属或种估计，则更为严重，占总数83%的属和96%的种灭绝了。表25-1中罗列出的只是一些主要的集群灭绝事件，这些灭绝事件并非都是无可置疑的事实。由于地层的缺失，或者化石记录的不完整（例如有一些种类虽然生存过但是没有留下化石）以及统计方法本身的问题等原因，定量地识别危机时期和区分常规灭绝和集群灭绝是有困难的。

表 25-1 地球上五次最大型的集群灭绝事件

集群灭绝事件	距今年代/百万年	灭绝的海洋动物科的比例/（%）
晚奥陶纪	439～440	22
晚泥盆纪	360～380	21
晚二叠纪	220～230	50
晚三叠纪	175～190	20
晚白垩纪	60～65	15

对于集群绝灭发生的原因，有很多不同的观点，主要由以下几种：①地外天体撞击地球，这种异常事件在地球上曾经发生过多次，而且将来还有可能发生，但是撞击事件与集群灭绝事件之间的因果关系还有待于进一步研究证实，其次对于撞击对地球环境和生物圈的影响（机制、规模以及程度）也有待于研究。②全球降温，由于低纬度的热带生态系统和高纬度的寒带和温带生态系统的物种耐受低温环境的能力存在差异，说明寒冷有可能也是集群灭绝的原因之一。③火山活动也是集群灭绝的可能原因之一，在短时间内大规模的火山喷发形成蔽日的尘云、气温下降等影响。但是大多数的火山活动延续时间要比集群灭绝持续时间长，因此有关火山活动与集群灭绝之间的联系有待进一步研究。

集群灭绝与地球历史上曾经发生过的环境灾变事件已经被证明是事实，但是两者之间的联系还有待继续研究。集群灭绝的原因可能是复杂的，每一次灭绝事件的原因可能不同。而认为生命史上主要的灭绝事件是由单一因素导致的说法，是把复杂问题简单化了。但是总的来说，地球上稳定平衡的生态系统因为环境灾变事件暂时失去稳定、平衡，这为新的生态系统的重新建立创造了条件，即大的破坏（或者毁灭）为大的创造提供了条件。

25.4 生物的系统发育

25.4.1 多细胞化

多细胞生物的出现是地球生命进化史中非常重要的事件，生物多细胞化以后，才有细胞的分化，进一步实现器官的分化及各种功能和形态的出现。在现今生物圈内，包括人类在内的所有肉眼看得见的生命，几乎都是多细胞宏体生物,它们在生物谱系树上属于真核生物一支。迄今为止,真正的多细胞化只发生在真核生物中,对于原核生物的多细胞化由于缺乏各种时空异质性,仅仅停留在细胞集群水平。在地球生命进化史中,自寒武纪至今,这些多细胞生物在地球生物圈中发挥了重要的作用,但是它们是何时、在何种环境背景下以何种形态由单细胞生物演化而来? 要回答这些问题,也许只能从保存在古老岩层中的生物化石才能提供最直接的证据。

经过蓝菌在整个元古宙(元古宙(Proterozoic)是 1887 年由埃蒙斯命名的,属希腊字源,意为早期原始生命。一般把元古宙分为古元古、中元古和新元古 3 个代,界限分别是 18 亿年前和 10 亿年前。元古宙时藻类和细菌开始繁盛)中长期的光合作用,大气中 O_3 和 O_2 的含量不断升高,前者导致臭氧层的逐渐形成,有效地降低了太阳辐射对于地球生命的影响;随着 CO_2 浓度的下降,全球温度下降,冰川作用出现,同时海平面的下降造成大面积浅海海滩的形成,这为底栖的多细胞动植物的形成提供了能够适应的外部环境。

真核生物的起源是早期生命演化史上的一个革新事件,它们与大气圈中氧气的出现紧密相关,可靠的单细胞真核生物化石可以追溯到古元古代,它们的主要支系在新元古代冰期之前都已出现,例如,绿藻、红藻以及杂色藻类在 10 亿~13 亿年前已发生分异,原生动物在 7.5 亿年前也有代表分子出现,虽然后生动物在新元古代冰期之前可靠的化石记录很少,但是按照最保守的分子钟(利用已知的分子系统学数据与古生物数据建立的表示分子进化变化量与进化时间之间关系的通用曲线)的推算,原口动物和后口动物至少在 7 亿年以前就发生了分异,甚至还有的分子钟推算原口动物和后口动物在 10 亿年前就已起源了。从多细胞化开始,随后的每一项转变都有利于生物能够更好地适应陆地环境。早在 19 世纪,Haeckel 就推测过早期后生动物应该是微体的,其形态与现生动物的胚胎与幼虫类似。双胚层动物的出现伴随着背腹极向的形成,三胚层动物的出现伴随着两侧对称的逐渐形成,后续还有头尾极向、体腔分化、性分化以及钙化和登陆等一系列进化事件的发生,对于三胚层动物中的性分化和有性生殖可能是寒武纪生命大爆发的诱因之一,主要原因可能是染色体行为加速了进化。多细胞化是继真核细胞起源之后的又一个重大进化事件,其生物学意义:①生物个体体积的显著增大,大的体积为组织分化和器官的形成奠定了基础;②生物结构和功能的复杂化,是指生物个体在细胞组织化的基础之上形成功能特化的器官系统,极大地提高了生物的适应能力,同时也相应地扩大了生物对环境适应的范围;③生物个体内环境处于相对稳定的状态;④个体的寿命延长;⑤多细胞生物个体发育过程涉及的遗传调控机制复杂化,单细胞生物只涉及细胞内的调控,而多细胞涉及细胞间调控。

对于多细胞化进化,有学者认为,原核生物是新元古代大冰期之前的浅海底栖生态系统的主体,虽然真核生物在古元古代就已经起源,但是由于氧气含量较低所带来的一系列环境因素的影响,使得真核生物多样化进程受到了延缓,它们分异度较低,主要以微体类型为主,其中大部分营浮游生活处在水体浅表层含氧带。对于多细胞支系而言,从细胞的最初出现到真核细胞形成的过程经过了至少 15 亿年。从真核细胞开始到多细胞化经历了大约 10 亿年。从多细胞化试探开始到现生多细胞生物的共同出现,又经过了大约 5 亿年时间。因此细胞内部的精巧结构和复杂有序的运作机制的形成,与如此漫长的进化时间是分不开的。

25.4.2　染色体进化

遗传系统不仅是生物遗传的基础,同时也是生物进化的基础。生物进化归根到底是由于遗传系统发生的变异在时空上所表现出的生命现象。在细胞水平,遗传系统的进化就表现为染色体的进化。染色体水平的也存在多种改变方式,例如染色体的重排(rearrangement)、分裂(fission)、易位(translocation)、倒位(inversion)、倍增(duplication)、融合(fusion)等。总的来说,染色体的变化可以归纳为结构上的变异和数量上的变异。

1. 染色体结构的进化　原核生物的染色体是一条裸露的 RNA 或者 DNA 分子,结构比较简单,可以说是染色体结构的低级水平。而真核生物染色体是由一条较长的 DNA 分子和许多蛋白质组成的 DNA-蛋白质纤丝与少量 RNA 等组成,结构复杂,有一级结构、二级结构和多级结构,是染色体结构的高级水平。由此可见,在生物从低级向高级进化的过程中,染色体的结构也是从低级向高级水平进化。

染色体结构的稳定是相对的,在各种自然因素及人为因素影响下,染色体的结构都会发生改变。引起染色体结构变异的因素包括内因与外因两方面。内因主要是指营养、生理与温度等方面的异常变化;外因主要是指物理诱变因素(如紫外线、X 射线等)和化学药剂等。在以上因素的作用下,染色体会发生断裂和重接,各种染色体结构变异均与染色体的断裂和重接有关。在发生染色体结构改变的过程中,首先是染色体发生断裂,形成两个或数个片段,这些新的片段具有愈合或重接的能力,它们可以出现在一条染色体的不同区段或是不同染色体中,以各种方式进行重接,导致缺失、重复、倒位以及易位的出现。

缺失分为末端(terminal)缺失和中间(interstitial)缺失,多是有害的,对于多倍体及非整倍体而言可能危害程度相对比较低。重复分为串联(tandem)重复和反向串联(reverse tandem),如果发生重复的片段较大,将会影响生物个体的生活力,严重时会导致死亡。倒位分为臂内倒位和臂间倒位两种。染色体发生倒位后,倒位区段内基因的直线顺序也随之发生颠倒。这样,位于同一染色体上的倒位区段的各个基因与区段之外的基因间的距离发生改变。同一染色体上基因的连锁关系的改变导致生物遗传性状的改变。在自然界中,种与种之间的差异有些也是由于倒位产生的。果蝇的种和亚种之间也存在多种倒位。因此倒位是自然界物种进化的一个重要因素。易位是指非同源染色体之间发生节段转移的现象。易位的类型有多种,最主要的类型是相互易位(reciprocal translocation)。易位可以引起染色体水平的物种形成。

易位染色体再次发生易位也可形成新变系,曼陀罗有近 100 个变系是通过易位形成的易位纯合体。在两个易位染色体中,其中产生一个很小的染色体,形成配子时未被包在配子核内而丢失导致后代中可能出现缺少一对染色体的易位纯合体。植物还阳参属,出现 $n=3$、4、5、6、7、8 等染色体数目不同的种。人类中称罗伯逊易位,Brown C. (1966)研究了 1870 例个体,该易位频率为 0.43%,其他相互易位频率为 0.16%。

2. 染色体数目的进化　每一种生物的细胞中的染色体数目一般情况下是恒定的,因为染色体数目的稳定对于保持物种种性的稳定是非常重要的。然而,生物体染色体的数目同染色体结构一样,稳定是相对的,变异是绝对的。在自然因素以及人工因素诱变下,生物体细胞中的染色体数目也会发生变异,从而导致生物性状、育性以及生活力等一系列的变异,甚至产生新的物种。

细胞中染色体数目的变异类型有两类。一类是染色体数在正常染色体数 $2n$ 的基础之上以染色体组(X)整倍的增减,形成整倍体(euploid)。另一类是染色体数在正常染色体数 $2n$ 基础上增加或者减少一条或者数条的个体,这样的变异类型称为非整倍体(aneuploid)。整倍体有多种类型,按照生物细胞中染色体组(X)的数目分为一倍体、二倍体和多倍体。细胞中有 3 个或 3 个以上染色体组的个体称为多倍体。多倍体根据染色体组的种类又可以分为同源多倍体、异源多倍体、同源异源多倍体以及节段异源多倍体等,常见的为同源多倍体和异源多倍体。同源多倍体是指所有染色体由同一个物种的染色体组加倍得到的多倍体。异源多倍体是指体细胞中染色体组来自不同的物种,一般是由不同种、属的杂交种染色体加倍形成。同源多倍体中由于染色体成倍性增加,个体组织器官的形态特征、产量、品质以及生理功能等都会产生显著的变化。异源多倍体是物种进化的一个重要因素:中欧植物中,652 个属,有 419 个属是异源多倍体;被子植物门内,异源多倍体占 30%~35%,主要分布在蓼科、景天科、蔷薇科、锦葵科、禾本科等;禾本科中约占 70%,如栽培的小麦、燕麦、甘蔗;果树中有苹果、梨、樱桃等;花卉中有菊花、大理菊、水仙、郁金香等。通过人工诱导多倍体的方法,已经证明种间杂种的染色体加倍是自然界异源多倍体产生的主要途径。例如,普通烟草是异源四倍体($2n=4x=$ TTSS$=48$),有 T、S 两类染色体组;拟茸毛烟草(*Nicotiana tomentosiformis*)为二倍体($2n=2x=$ TT$=24$),美花烟草(*N. sanderae*)也是二倍体($2n=2x=$ SS$=24$)。将拟茸毛烟草和美花烟草杂交,再将 F1($2x=$ TS$=24$)的染色体数加倍成 $4x=$ TTSS 的异源四倍体,形态上与自然存在的普通烟草极为相似,因此现在普遍认为普通烟草是拟茸毛烟草和美花烟草的合并种,被称为双二倍体。与此相似,小麦属中不同种的染色体组也存在进化上的关系。一粒小麦(*Triticum monococcum*,$2n=2x=$ AA$=14$)与拟斯卑尔脱山羊草(*Aegilops speltoides*,$2n=2x=$ BB$=14$)杂交,将 F1($2n=2x=14$)的染色体数加倍,形成了新的异源四倍体($2n=4x=$ AABB$=28$),其性状正好与异源四倍体的二粒小麦相似。再以这个异源四倍体与二倍体的方穗山羊草(*Aegilops aquarrosa*,$2n=2x=$ DD$=14$)杂交,将 F1($3x=$ ABD$=21$)的染色体加倍,便得到一个新的异源六倍体($2n=6x=$ AABBDD$=42$),其性状与自然界存在的异源六倍体的斯卑尔脱小麦相似。普通小麦是由斯卑尔脱小麦通过一系列基因突变衍生得到的。

总之,通过染色体数目的增减,可以使遗传物质增加或者减少,有时甚至是倍增或者倍减,形成新的物种。

25.4.3　基因与基因组的进化

1. 基因的进化　基因,也称为遗传因子,是指携带有遗传信息的 DNA 序列,是控制性状的基本遗传单位。基因通过指导蛋白质的合成来表达自己所携带的遗传信息,从而控制生物个体的性状表现。自从生命产生以来,即使是单细胞生物,其性状也受基因的控制。

生物的进化本质上是基因进化。一个物种性状保持不变，是因为控制这个物种性状的基因在遗传的过程中，通过基因复制保留下来，显然，这些基因具有良好的保守性。同时，我们也应该看到，在某种条件下，例如温度的改变，地理位置的变迁等，它们的一些基因位置将会发生变化。我们可以称之为基因突变，开始这种改变和变化是微妙的，但是当这种变化在逐代遗传积累到一定程度，就会导致一个新物种的产生，它跟以前的物种相比，无论在基因上，还是在表型性状上都有很大的变化。在这个基因突变过程中，不同的环境和不同的积累，也会导致物种在不同的方向进化。而作为基因载体物质的 DNA 分子中的核苷酸变异是基因进化的原始驱动力。DNA 分子中核苷酸的改变和变异，也被称为核苷酸替换，它是遗传密码和基因变化的直接结果。核苷酸的替换会导致基因编码的蛋白质分子的氨基酸的变化，同时我们也要考虑到这些氨基酸的替换是不是由基因调控区序列的变化引起的，不管是哪种原因，它们最终会导致生物体表面的表型特征改变。

真核生物基因常常是不连续的，在单个基因中存在两种成分，即具有编码意义的 DNA 片段，称为外显子（exon），而无编码意义的 DNA 片段称为内含子（intron），编码的外显子被不编码的插入序列内含子中断。把具有这种结构的基因称为断裂基因（interrupted gene）。真核生物基因的高度断裂结构表明真核生物基因组是内含子的海洋，在这些内含子中外显子岛（有时外显子非常短）伸展成为构成基因的单独结构。目前的基因都是断裂的，那么最初的基因形式是怎么样的呢？

虽然内含子的起源仍然是一个没有定论的问题，但是内含子中的基因或多或少与内含子的起源方式有关。因此，分析内含子各种可能的起源与内含子中的基因的状况，就可以为后者的起源与进化问题的研究提供一些新的启示。对于内含子的起源，目前有"后起源"和"先起源"两类观点。"后起源"观点认为，内含子都是作为间隔序列插入到连续编码的基因序列中而形成，内含子在较高级的功能基因或在真核生物出现之后才产生。在发现了内含子也存于原核生物的基因组中之后，支持该观点的依据主要还有内含子本身可具移动性这一点。"后起源"观点必须面对的一个难题就是内含子最初如何能插入到连续编码的基因中而对其功能丝毫无损？此外，这种观点对内含子本身的序列是怎么产生也难以说明清楚，只能认为它们是基因组进化的副产物，是一些"自私的 DNA"。

"先起源"观点则认为：早期的内含子具有自我催化、自我复制等能力，因此它们是原始基因和基因组的复制与组织必不可少的部分。内含子在原始基因组中就已经存在，现代的内含子则是一类进化遗迹。它们能够继续存在，是因为具有重新组合基因组中外显子以形成新的基因的能力，即内含子能赋予其携带者更大的进化潜力。支持"先起源"观点的依据很多，不过并不能够排除内含子"后起源"这种产生方式。

在内含子"先起源"的前提下，对于内含子本身的序列的来源，有观点认为是早期编码序列的上下游非编码部分成了原始的内含子，也有一些观点认为外显子是源于原始的微型基因，而内含子则是这些外显子的衍生物，除此之外，还有观点认为最原始的基因组是由可以自复制的生物大分子作为结构单元而组成的重复序列，外显子和内含子最初都是直接起源于这种重复序列。在后两种观点的模式中，内含子与外显子实际上是同源的。

内含子除了自身的进化外，还有在基因和基因组中地位的进化。至于内含子中的基因，目前已知主要有两大类。第一大类是一些 I、II 类内含子和一些原细菌 rRNA 内含子中编码蛋白质的基因。这些基因编码的蛋白质一般都是与内含子本身的活动有关：例如起到类似逆转录酶、内切酶的作用，参与催化内含子在基因组内或基因组之间的移位或者扩增，另外还起到所谓成熟酶的作用，参与催化有关内含子的剪接过程。第二大类是真核生物核 mRNA 内含子中的核仁小分子 RNA（snoRNA）基因。这些基因编码的 snoRNA 在真核生物 rRNA 的加工与修饰中起着非常重要的作用。

在内含子中的基因种类与内含子的起源方式的关系方面，首先考虑"先起源"的情况。如果内含子和外显子同源，那么在内含子中含有基因，特别是一些比较原始的基因，是不足为奇的，这类基因的性质应该是由原始基因组的序列来决定。在起源上，编码功能 RNA 的基因似乎要比编码蛋白质的基因产生得更早，因此，"先起源"的内含子如果含有基因，有可能就是一些编码小分子 RNA 的基因。如果从 snoRNA 的功能和结构看，snoRNA 基因应该是一类比较原始的基因。从这种意义上说，核 mRNA 内含子中编码 snoRNA 的基因很可能是与内含子的"先起源"联系在一起的。

在内含子"后起源"的情况下，它们不大可能含有比较原始的基因，但是却有可能含有一些次生性的基因，或含有一些有利于内含子本身移动和扩增的基因。一些 I、II 类内含子似乎就属于这类情况。当然，这只能说明部分移动性较强的 I、II 类内含子是"后起源"的。同时，这些内含子所编码的蛋白质种类也比较多，编码序列的位置也比较多变（例如 I 类内含子），因此它们所含的基因也非常有可能是在内含子的进化过程中才产生。

综上所述,可以推测:内含子这种结构在原始基因中就已经存在,而且当时内含子的序列与外显子序列具有一定的同源性,也可能含一些比较原始的基因,在进化过程中,仍然有一部分内含子能够继续保留并发展其内的基因;而另外一些内含子获得或形成了次生性的基因,可移动性增强,可以在基因组中移位或扩增,产生了"后起源"的内含子。所以,在现代基因组中,"先起源"和"后起源"的内含子应该是同时存在的。对于含有基因的内含子来说,其基因的种类就可以在一定程度上反映出其起源。

2. 基因组的进化　现代分子生物学中,基因组(genome)是一个生物体遗传信息的全部,包括单倍体细胞中编码序列和非编码序列的全部 DNA 分子,是全套染色体的总和。分子生物学是生物信息学的基础,从 DNA 是生物体遗传物质的载体,到对 DNA 组成和结构的研究,以及遗传中心法则的提出,为研究生命科学奠定了理论基础,同时也起到了积极的推动作用。20 世纪 90 年代,随着 DNA 自动测序技术的发展和分子结构测定技术的突破及计算机技术的提高,生物数据大量、快速地增长,这些生物数据中包含着怎样的信息? 基因组中的这些 DNA 分子是如何调控有机体的发育? 基因组本身又是怎样进化的?

基因组的进化应该包括大小、组成、序列、三维结构等方面的进化,是一种具有整体效应的过程。基因组进化的每个方面都是相互联系,并与基因组的整体进化密切相关。其中,对于基因组的大小和组成的进化能体现出基因组整体发展的趋势,而基因组成成分的特点还能够反映出基因组进化的大体途径。因此,基因组的进化可以通过个别方面来进行深入研究。

内含子是基因组组成中的一种重要而又令人疑惑的成分。继在基因中发现非编码的内含子后,又发现了某些内含子含有编码与它们活动有关的蛋白质的基因,近年来,又在一些核 mRNA 内含子中发现编码核仁小分子 RNA(snoRNA)的基因。虽然人们对内含子中含有基因这种特殊结构形式已有不少研究,但是这种结构是如何起源和发展变化的,却是有待进一步探讨的问题。毫无疑问,这一方面对基因组的进化也是起着十分重要的作用。因此,对其进行深入研究,一定能够加深人们对基因组进化的认识。

内含子在基因组进化中无疑是起着相当重要的作用。除此之外,它们又是基因组组成中的一种独特成分,或者是一种"非必需成分"(原始基因组中的情况除外)。因此,随着基因组的进化,内含子的进化除了其自身的进化(包括各类内含子的产生及其进化关系),还有内含子在基因和基因组中的地位的进化。

根据各类内含子的剪接方式与结构的相似程度,把它们归纳为三大类:①Ⅰ类内含子。②Ⅱ、Ⅲ类内含子与核 mRNA 内含子。③核 tRNA 内含子与原细菌的内含子(主要是 tRNA 和 rRNA 基因中的内含子)。其中,Ⅱ、Ⅲ类内含子以及核 mRNA 内含子之间的进化关系已有比较多的事实依据支持,然而Ⅰ类内含子与它们之间的差别主要是在剪接过程的第一个步骤,在其他方面还是存在不少相似之处。核 tRNA 内含子与原细菌的内含子很可能是有共同起源的,但是它们与其他内含子之间却似乎没有什么进化关系。因此,目前在内含子本身的进化问题上,基本上公认的是核 mRNA 内含子起源于原始的Ⅱ类内含子,而对Ⅰ类内含子与Ⅱ类及核 mRNA 内含子之间是否有进化关系存在有不同的意见。作为一种"非必需成分",内含子在基因以及基因组中地位的进化,可以从其含量的变化趋势体现出来,而后者又与基因组大小的进化有密切联系。在核(类核)基因组、叶绿体基因组和线粒体基因组中,都有"小基因组"型与"大基因组"型两种结构形式。这三大类基因组的"小基因组"型总的来说是以基因组相对较小(对同一类基因组而言),基因排列比较紧密,不含或只含较少量内含子与重复序列为特点。而"大基因组"型是以基因组相对较大或很大,含有大量的非编码序列(基因间隔、内含子和重复序列等)为特点。动物型线粒体基因组、高等植物的叶绿体、类核基因组以及大多数藻类基因组就分别是三大类基因组中所对应的"小基因组"型,而核基因组、植物线粒体基因组、以伞藻属为代表的叶绿体基因组属于所对应基因组类别中的"大基因组"型。"小基因组"型与"大基因组"型的存在说明三大类基因组在组成和大小方面的进化都存在两种与其结构特点相应的途径,即"小基因组"途径和"大基因组"途径。如果假设在原始基因组中就有内含子和重复序列,那么,"小基因组"进化途径就是以丢失、残留内含子和重复序列为特点,包括属于"小基因组"型的各种基因组的进化,而"大基因组"的进化途径是以保留、发展内含子和重复序列为特点,包括属于"大基因组"型的各种基因组的进化。因此,内含子在基因组进化过程中,既可以被淘汰掉,又可以得到扩增与发展,至于是哪一种情况完全取决于基因组在大小方面的进化趋势。另一方面,因为核基因组本身大小的变化范围比较大,在基因组组成上也有类似"小基因组"型与"大基因组"型的分化。例如,酵母的核基因组是真核生物中最小的,仅有约 1000 万碱基对,与个别原核生物的基因组大小差不多。在结构组成方面,它们也具有类似"小基因组"型的一些特点。至于绝大部分真核生物,它们的核基因组都非常大,在结构组成上归属于"大基因组"型。因此,在绝大部分真核生物的核基因组沿"大基因组"途径进化的同时,也有一小部分真核生物的核基因组是按照"小基因组"进化途径的模式发展的,这就使得真核基因组中的内含子也可以有两种进化趋势。

25.4.4　分子系统学

1. 分子系统学的起源　分子系统学的提出要比 DNA 测序早几十年。它是由物种分类的传统方法衍生而来的。最早由林奈于 18 世纪提出,按照生物间的相似点与不同点,用综合的方式对其进行分类。林奈是一个系统学家而不是进化学家,他的目的是将所有已知的物种放入一个逻辑有序的分类形式中,用以揭示造物主的宏伟规划——系统自然。而他这一无心之作却为后来的进化图提供了框架。由林奈设计的分类纲要(第 24 章第 3 节)被定义为种系发生(phylogeny),其不仅显示物种间的相似性,同时也表明了它们的进化关系。

不论林奈的目的是构建分类学还是揭示种系发生,其分析所用的资料都是来自不同生物个体的形态学特征。而对于分子生物数据在生物进化研究方面的引入也相当早。早在 1904 年 Nuttall 用免疫学实验推测不同动物之间的亲缘关系,其研究目的就是确定人类与其他灵长目动物之间的进化关系。尽管 Nuttall 的研究非常成功,但是由于技术方面的限制,分子生物学方法直到 20 世纪 50 年代末才得到广泛应用。而在分子生物学数据的价值被充分认识之前,分类学和进化学正经历着各自的发展和变化。这种变化伴随着表型分类学和生物分类学的引入。虽然它们不是同一种方法,但是都强调对于大量能够用于严格数学分析的数据的需要。利用表型特征比较难达到这些要求,从而促进了向蛋白质与 DNA 数据的逐渐靠拢。因为蛋白质和 DNA 数据与其他类型的数据相比较,具有以下三方面的特点:①分子资料比较容易转换成数字形式,可以用数学和统计学方法分析检验。②许多分子特征能够立即量化,实际上,DNA 分子序列中的每一个核苷酸位置就是一个特征,存在四种不同的特征状态,即 A、T、G、C。③分子的特征状态比较清晰,A、T、G、C 容易辨认,不会混淆,但是形态学的特征状态经常相互重叠不容易区分。

蛋白质及 DNA 分子序列的研究为分子系统进化学提供了比较翔实的数据。20 世纪 60 年代末蛋白质测序才成为常规方法,而 DNA 的快速测序也是直到 20 世纪 70 年代末才发展起来。早期这方面的研究主要采用免疫学资料、蛋白质电泳以及 DNA-DNA 杂交数据三种方法。20 世纪 80 年代以 DNA 为基础的系统进化学研究开始大规模地发展起来。时至今日,虽然蛋白质序列仍在某些情况下使用,但是 DNA 序列研究已经占据主导地位。这主要是因为 DNA 能够比蛋白质提供更多的进化信息。除此之外,分子系统学还使用 RFLP、SSLP 以及 SNP 等 DNA 标记,尤其是在进行物种特异性研究方面。

2. 分子系统学研究的步骤简述　分子系统学研究主要包括以下几个方面。①选择主要研究的类群:研究的类群包括内群(in-group)和外群(out-group)。内群主要研究生物分类单元,数目没有具体规定,但是一般要求代表性越全越好,最好是能够包含所有相关分类单元,如果条件不允许,最好选择有代表性的种类。外群一般选取与内群有密切关系但是祖征比较多的 1 个或者 2 个分类单元。外群也可以是一个理想模型,即选取若干与内群亲缘关系较近的生物分类单元,选取它们的共同特征。②准备材料:确定内群和外群之后,就需要着手进行材料的准备,例如采集标本或样本,以便取得分子材料。采集标本必须保证标本来源可靠以及采集信息的完整性。可以通过交换等方法来获取较大范围的标本或样本,也可以选用已公布序列或者已发表的进行研究,但是这种工作原创性比较低,除非研究不同主题。③确定分子标记:确定所要研究的类群之后,就需要决定选用哪一种分子标记(marker)来进行研究。可以选用基因或者蛋白质,对于基因,有核基因、线粒体基因以及叶绿体基因,核中 DNA 或者 RNA,在具体操作中选用什么样的分子标记与所研究课题有密切关系。一般认为,如果研究的是高级分类单元之间的系统发育关系,常用核基因;如果是种及以下水平的系统学,一般采用线粒体基因或用叶绿体基因。当然这也不是绝对的,需要参考、研究相关的研究成果及分子标记并结合自身条件来决定,同时还要考虑创新性问题。④基因纯化:有了实验材料,确定了分子标记和需要研究的问题之后,就进入实验阶段,实验阶段最主要的工作就是获取高纯度的单链基因或蛋白质序列。⑤测序:获得高纯度的基因和蛋白质后,就需要进行测序。⑥Blast 比对:得到序列之后,需进行 Blast,即在基因库中寻找获取更多相关的同源序列。然后对这些序列进行比对(alignment)。比对的目的就是找出不同序列间的同源位点,在不确定同源位点的情况之下比较不同序列是毫无意义的。例如你得到 10 个位点,如果这些位点在基因中的位置完全不同,这时候的比较是没有意义的。只有确定了它们在基因同一位置上的位点之后,才能够比较它们的异同。⑦确定序列长度:比对完成之后需对比对结果进行剪切,以保证所有序列长度保持一致。因为在比对结果中,有空白点的插入等方面的原因,会出现序列长度不相同的情况。⑧构树:这是分子系统学中除比对之外的另外一个关键步骤。目前构树方法基本分为两类：第一类是距离法，基于相似距离，包括非加权配对法（UPGMA）、邻接法（neighbour joining）、最小进化法（minimum evolution method）；第二类是特征法，主要基于特征变化，包括最大简约法（maximum parsimony）、最大似然法（maximum likelihood）和贝叶斯分析法（Bayesian analysis）。⑨讨论和比较：利用分子系统学方法得到分支图后，利用已有的形态特征所建立的分类系统进行比较和讨论。

本章小结

　　进化学说的产生与发展是一个漫长的过程，经历了古代演变论的自然观形成与发展时期，中世纪创世说和不变论占据统治地位时期，18 世纪至 19 世纪进化学说产生时期，19 世纪末以来进化论的补充与发展时期。进化思想是指东西方古代和近代哲学中关于自然界发生、发展和变化的自然观。进化学说则是指近代科学关于自然界自身的发生、发展的历史及自然界变化规律与变化原因的理论解释。从进化思想发展到进化学说是一个较为漫长的历史过程。达尔文进化学说大致包括两方面内容，一方面接受前人有关进化学说的部分内容，主要是拉马克和布丰的观点；另一方面是达尔文自己创造的理论，主要是自然选择理论。

　　微观进化是指种内的个体和种群层次上的进化改变，也就是指以现生的生物个体或种群作为研究对象，研究其短时间内的进化改变。从微观进化的角度看，有性繁殖的生物其进化的单位是种群，无性繁殖的生物其进化的单位是无性繁殖系。

　　种群是生活在同一生态环境中能够自由交配和繁殖的一群同种个体。一个种群在一定时间内，其全部成员的全部基因型总和被称为该种群的基因库。种群的基因库在一定条件下和范围内是相对恒定的，种群内大多数个体在很多位点上是不同等位基因的杂合子。某一基因型个体在种群所有个体中所占比例称为基因型频率。遗传平衡是指在一个大的随机交配的群体中，基因频率和基因型频率在没有突变、选择和迁移等条件下，世代相传，不发生变化的现象。

　　自然选择学说是达尔文进化论的核心理论。自然选择也可以理解为随机变异（突变）的非随机淘汰与保存。自然选择对等位基因频率的改变具有十分重要的作用。在一个小群体中由于抽样的随机误差所造成的群体基因频率的随机波动现象称为遗传漂变。遗传多态性是指在一个群体内存在着两个或者多个高频率的等位基因的现象。

　　DNA 序列测定使得人们直接检测不同物种之间，以及同一物种不同个体之间的 DNA 序列变异成为可能，常用的有限制性片段长度多态性、可变数目串联重复、随机扩增多态性 DNA、扩增片段长度多态性、基因芯片。

　　生物的适应是指生物的形态结构和生理机能与其赖以生存的一定环境条件相适应的现象。适应是生物界普遍存在的一种现象，也是生命特有的现象，适应是相对的，而不是绝对的。大量的科学研究结果以及自然现象都能够证明适应来源于自然选择，适应是一种进化现象。

　　宏观进化是指研究物种及物种以上的高级分类群在地质时间内的进化现象。宏观进化形式就是指在一定时间，一组线系经过进化、种形成和灭绝过程所表现的出来的谱系特征。目前对于宏观进化形式存在两种不同的观点，一种是渐变模式，另一种是间断平衡模式。进化趋势是指在一个相对长的时间尺度，一个线系或者一个单源群的成员表型进化改变的趋向。

　　灭绝就是指物种的死亡。灭绝是生物圈在更大的时空范围内的自我调整，是生物与环境相互作用的过程。生物灭绝基本上分为两类，常规灭绝和集群灭绝。

　　多细胞生物的出现是地球生命进化史中非常重要的事件，生物多细胞化以后，才有细胞的分化，进一步实现器官的分化及各种功能和形态的出现。真核生物的起源是早期生命演化史上的一个革新事件，它们与大气圈中氧气的出现紧密相关。

　　遗传系统不仅是生物遗传的基础，同时也是生物进化的基础。在细胞水平，遗传系统的进化就表现为染色体的进化，染色体的变化可以归纳为结构上的变异和数量上的变异。

　　生物的进化本质上是基因进化。一个物种性状保持不变，是因为控制这个物种性状的基因在遗传的过程中，通过基因复制保留下来。真核生物基因常常是不连续的，在单个基因中存在两种成分：具有编码意义的 DNA 片段，称为外显子；而无编码意义的 DNA 片段称为内含子。

　　基因组的进化应该包括大小、组成、序列、三维结构等方面的进化，是一种具有整体效应的过程。内含子在基因组进化中无疑是起着相当重要的作用。

分子系统学的提出要比 DNA 测序早几十年。它是由物种分类的传统方法衍生而来的。蛋白质及 DNA 分子序列的研究为分子系统进化学提供了比较翔实的数据。

思考题

扫码答题

参考文献

[1] 吴庆余.基础生命科学[M].2 版.北京:高等教育出版社,2006.

[2] 谢强,卜文俊.进化生物学[M].北京:高等教育出版社,2010.

[3] 许崇任,程红.动物生物学[M].北京:高等教育出版社,2000.

[4] 周云龙.植物生物学[M].2 版.北京:高等教育出版社,2004.

[5] 理查德·道金斯.地球上最伟大的表演:进化的证据[M].李虎,徐双悦,译.北京:中信出版社,2017.

[6] 武云飞.系统生物学[M].青岛:中国海洋大学出版社,2004.

[7] 袁训来,陈哲,肖书海,等.蓝田生物群:一个认识多细胞生物起源和早期演化的新窗口[J].科学通报,2012,57(34):3219-3227.

第26章 生命的起源与生物多样性

26.1 生命的起源

26.1.1 有关生命起源的几种学说

1. 早期地球环境　要理解生命起源,就非常有必要了解早期地球的环境。对于研究生命起源的学者来说,早期的地球大气和海洋的性质一直是他们比较感兴趣的话题,关于这个问题,很早就有一些观点现在仍然受到重视。最早的观点是由俄罗斯生物学家 A. I. Oparin 在其 1924 年出版的著作中提出。后期类似的观点来自 1929 年 J. B. S Haldane 在英国出版的书,因此这一关于生命起源和早期地球性质的模型也被称为"Oparin-Haldane"假说。这一模型预测,地球早期的大气是高度还原性的,富含氢气(H_2)、甲烷(CH_4)、氨气(NH_3)。在 Oparin 模型中,早期的地球大气温度很高,大气中的热能可以使这些还原性的气体相互作用,形成厚厚的浆状物,或者有机化合物"汤",并且认为生命就是在其中出现的。Oparin 关于地球形成的理论虽然不能让人信服,但是关于地球初期高度还原性大气的模型在后期得到了实验论证,即由来自芝加哥大学的地球化学家尤瑞(Harold Urey)和其学生米勒(Stanley Miller)合作完成。尤瑞是一位知名的地球化学家,他对木星和土星的光谱分析比较感兴趣,他通过研究观察证明了这些大行星富含甲烷和氨气。他认为上述行星非常大而重,它们保留了形成过程中的原始氢,而一些较小的行星,例如地球、火星以及金星在形成过程中将其逐渐散失到空间中,这使得它们的氧化性随时间而增强。在地球还没有失去氢之前,其大气环境应该类似于木星和土星。因此当他的学生提出研究模拟闪电对原始大气混合物的影响并把它作为其博士论文时,尤瑞让

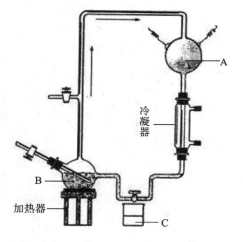

图 26-1　米勒的实验装置

他尽管去做。米勒根据原始地球还原性大气条件设计了一套密闭循环实验装置(图 26-1),在装置中有一个盛了水溶液的烧瓶代表原始地球上的海洋,其上部球形空间含有还原性气体 H_2、CH_4、NH_3、H_2O(水蒸气)等。给烧瓶加热模拟太阳照射,水蒸气在密闭装置中循环,接着通过两个电极放电产生电火花,模拟闪电,同时激发密闭装置中不同气体之间发生化学反应,在上部球形空间连接冷凝装置,让水蒸气和发生化学反应的气体冷却形成液体,模拟降雨过程。此循环反应持续了一周后烧瓶中原来无色透明的液体逐渐变成了暗褐色,米勒取出部分液体样本经过化学检测分析发现,其中含有 5 种氨基酸和不同有机酸在内的多种新的有机化合物,除此之外还检测到了氰氢酸(HCN),5 个 HCN 分子可以合成腺嘌呤,腺嘌呤的形成为 ATP 的形成提供了基础。米勒关于生命起源的模型在科学文献以及流行科学意识中都占据稳固地位。但遗憾的是,到目前为止,还没有人通过实验模拟从无机物到真正生命的整个过程。

与此同时,另外一位地球化学家 William Rubey 建立了地球大气起源不同的模型。他研究现代火山口散发的气体组成,发现它们主要由 CO_2 和 H_2O 组成,而不是 CH_4 和 NH_3,如果火山气体组成保持不变,那么最早的大气应该是 CO_2 和 N_2 主导,而不是 CH_4 和 NH_3,因为 N_2 在现代火山口放气时很难检测到,因此 Rubey 预测碳和氮都应该是以氧化的状态释放出来。许多学者提出不同的模型,有关生命起源的模型中,最突出的

是"喷气孔"模型,此模型认为生命起源于海洋中脊热液循环系统中合成的还原性有机化合物,"空间起源"模型认为复杂有机物来自陨石和星际间尘埃粒子(IDP)的组分。

我们对于地球早期大气的组成的了解有多少是正确的?我们真的知道早期大气是弱还原性的吗?目前对于上述问题的回答仍然非常不明确,因为地球的形成是一个非常复杂过程。地球的形成相当得快,在几千万年间就已经形成,在其增长的后期,与月亮大小类似,月球的质量约为地球的 1/80。巨大的小行星体撞击一颗形成中的行星表面,能够释放相当巨大的能量,其中的一部分能量用于熔化地球表面。目前有确凿的地球化学证据能够证明地球早期历史上确实存在过一个或者多个岩浆的海洋。这种广泛的熔化能够使金属铁从熔化的硅酸盐中分离出来,渗透下去形成地核。在撞击过程中散失的能量可能更大,一些较大的小行星在撞击时可能被蒸发掉了。它们含有的挥发性物质(如 CH_4、NH_3、H_2O,具有低沸点很容易蒸发)就可以直接注入大气中,因此这个过程被称为撞击放气。撞击放气在地球大气和海洋的形成过程中起着非常重要的作用,但是海洋并没有马上形成,因为地球表面温度极高,水最初形成了浓密的蒸汽大气,其表面比现在高 10 倍甚至 100 倍。

2. 有关生命起源的几种解释　地球生命历史中最重要的事件就是生命的产生。对生命和生命起源的探索历史几乎和人类文明史一样长久。生命现象是宇宙现象中最复杂的现象。生与死,活的生命与无生命的物质之间的对比是如此的鲜明。对于"生命是什么?生命从何处来?"这个问题,既是一个哲学问题,又是一个科学问题,是人类长期探索自然科学的一个很重要的问题。对"生命从何处来"这个问题的回答反映了人类对生命本质认识的历史过程。目前对于地球生命的由来存在以下几种不同的解释。

第一种解释认为地球上的一切生命都是上帝设计和创造的,或是在某种超自然的东西的干预下产生的。例如 19 世纪以前西方比较流行的创世说。在世界三大宗教中,佛教和伊斯兰教都没有明确地提出和具体地回答生命由来的问题,只有基督教详细地解释了"地球上生命怎样产生的"问题。《圣经·旧约全书·创世纪》是这样记载宇宙万物的形成:第一天创造了昼与夜、光和暗;第二天创造了空气和天;第三天创造了海和地,树木、蔬菜与种子;第四天创造了太阳和月亮;第五天创造了动物(鸟、鱼以及各种陆生动物);第六天创造了人(亚当、夏娃);第七天,安息。现代创世说的支持者试图做出新的努力,使圣经与科学调和,用科学知识来证明圣经的故事。例如《创世实例》(A Case For Creation,1983)一书,列举了古生物学和生物学的一些"证据"来证明上帝造物和种不变的观点。该书作者将古生物记录中的适应辐射、"寒武爆发"等事实说成是"新种类的突然起源恰恰证明了上帝创造的行为",将某些生物进化的缓慢说成是"有限改变",是种不变论的证据。这就是现代的新创世说。我国三国时期的徐整在其《三五历记》中记载了盘古开天地的故事:"天地混沌如鸡子,盘古生其中。万八千岁,天地开辟,阳清为天,阴浊为地。"在《五运历年记》中他写道:"天气蒙鸿,萌芽兹始,遂分天地,肇立乾坤,启阴感阳,分布元气,乃孕中也,是为人也。首生盘古,垂死化身;气成风云,声为雷霆,左眼为日,右眼为月,四肢五体为四极五岳,血液为江河,经脉为地理。"

第二种解释认为生命是宇宙中本来就有的,早在地球形成之前就在宇宙中存在了,地球上的生命来自地球之外。按照此观点,不存在"地球生命起源"这样的问题,科学需要探索的问题是生命通过何种途径从宇宙间的别处"传播"到地球上来。而对于宇宙中的生命由来已成为不可知的问题。假如说,生命就像非生命物质一样,是宇宙或者地球上固有的、永恒的物质存在,当然就没有生命由来的问题。德国化学家利比希认为:问地球生命的由来,就应当首先回答物质的由来以及物质运动的力的由来,如果你回答不出来,那就别再问"生命的由来"。

19 世纪以来流行各种"泛种论"解释生命如何从宇宙空间传播到地球上。和利比希不同的是,泛种论认为地球生命是外来的。而利比希并没有地球历史的知识。有些理论家走到另一个极端,把生命说成是天外掉进来的。其中的代表人物是瑞典化学家阿伦尼乌斯(S. Arrhenius),他在 1907 年发表的《宇宙的形成》一书中说,宇宙一直就有生命,生命穿过宇宙空间游动,不断地在新的行星上定居下来。生命是以孢子的形式游动着,孢子在星际空间被光辐射推动着一直往前走,直到它死去或者落到某个行星之上,在那里继续发展成活跃的生命,如果那个行星上已经有了生命,它就会和它们展开竞争,如果还没有生命且条件许可,就在那里定居下来,使这个行星有了生命。显然,阿伦纽斯只考虑光辐射作为宇宙"孢子"的推动力,而没有想到宇宙空间中有强烈辐射作用的射线,仅仅太阳紫外线就足以把细菌孢子杀死。

如果把阿伦尼乌斯称作旧的天外来客论者,那么在生命起源于无机界的化学进化的现代潮流中,新的天外来客论又悄然兴起。1969 年 9 月 28 日一块落到澳大利亚的陨石,经斯里兰卡裔美籍生化学家庞然佩鲁马的仔细检测分析,发现其中含有微量的甘氨酸、丙氨酸、谷氨酸、缬氨酸和脯氨酸。这些氨基酸都是没有光学活性的,这表明陨石里的氨基酸并非受地球污染,而是通过非生命途径产生的。天文学研究表明,星际空间的气体组成除了 H、He 外,还有 CH、CN 等简单的游离基存在。有学者(古尔瓦利和霍斯廷,1963)曾设想,如果原始地球上的海洋是由巨大陨石或微行星的撞击而形成,那么这样的撞击也一定会产生大量有机物。陨星将大量有机分子带入地球,促发化学进化和生命起源。有的甚至认为,在太阳系起源时,原始星云就有能引起生命起源的简单有机分子,在形成地球时,简单有机分子就已经在化合和分解。对于太阳系起源的原生化学进化这种说法带有普遍性。陨星带入说也有一定根据,因为早期的强烈陨石撞击作用是一个普遍的天文现象,陨击作用所带入的有机分子,有可能加入地球本身的化学进化。

第三种解释认为生命可以随时从非生命物质直接产生出来。例如在西方长期流行的,并在 19 世纪引起广泛争论的"自生论"。例如我国古代的"腐草为萤"的说法(即萤火虫是从腐草堆中产生的)。亚里士多德认为生物的繁殖有三种主要方式:第一种是自然发生的,通常产生蚤类、蚊虫和各种虱子;第二种是无性生殖,像海星、蜗虫、贝类等;第三种是有性生殖。根据亚里士多德的观点,自然发生也是按照一定规律进行的,只有在某些特定的软泥中才会产生出某些特定的昆虫和蚤虱。亚里士多德的自然发生论,在欧洲一直到 17 世纪仍然很盛行,并认为"生命来自死物"。人们根据从腐烂的肉里看到长出蛆来的"事实"甚至认为,昆虫和蛆可以从腐肉,蛙可以从泥,老鼠可以从霉烂的麦子里产生出来。

第一个用实验来检验自然发生说的是意大利医生雷地。1668 年他做了一个对比实验:把肉块分别放在几个容器里,有的盖上细布,有的敞开着口,苍蝇可以自由进出,结果不盖布的容器里的烂肉生长出蛆来,而盖着布的容器里的烂肉则不生蛆。因此,雷地得出结论,烂肉里的蛆是由苍蝇在上面产的卵生长出来的,如果没有苍蝇卵,不论烂肉放多久都不会生长出蛆来的。后来,许多人重复了雷地的实验得出同样的结果,自然发生说才渐渐消退。但是就在这个时期,虎克(Robert Hooke)用显微镜发现了细菌(1665 年),很多人虽然不相信蛆从烂肉生出来,但仍然相信至少像细菌这样的微生物是从死物变来的。因此,在雷地实验以后的 200 年中,关于微生物可能是自然发生的信念一直很盛行。第一个检验微生物自然发生论的,是另一个意大利人斯帕兰札尼(Lazzaro Spallanzani),1765 年他用两组装有肉汤的瓶子,一组开着口,另一组先煮沸把已有的微生物杀死,然后封口不让空气里可能有的微生物跑进去。结果开口的肉汤很快长满微生物,封口的肉汤保持无菌。斯帕兰札尼还分离出一个细菌,并且观察到这个细菌分裂成两个的情形。尽管如此,斯帕兰札尼的实验还不能完全说服当时坚持自然发生说的人们,他们坚持说,煮沸能把空气中的某种"生命力"煮死,但空气中仍然存在这种"生命力"。这个问题又僵持了近一百年,这种观念一直到 1864 年,巴斯德(Louis Pasteur,1822—1895)设计制造了一个形态独特的鹅颈瓶进行肉汤煮沸实验后,才真正击败了自然发生说。巴斯德在鹅颈瓶里装着肉汤,"鹅颈"作 S 形弯曲,但开着口,他把肉汤煮沸后,将汤里和瓶内的微生物统统杀死,然后放在原处观察其变化,结果肉汤保持无菌(图 26-2)。巴斯德实验成功之妙处在 S 形的瓶颈,外部的空气不能回流进去,这样,巴斯德实验证明空气不存在"生命力","生物只能够来源于生物"——这就是生源论的著名论点。综上所述,人们为了击败自然发生论,前后花了近二百年的不懈努力,从自然发生说到确定生源论,可以说是来之不易的,这是科学实验的一次重大胜利。但是必须指出生源论仅仅只是解释了生命进化阶段中生命的发生问题,并没有回答第一个生命的来源问题。为了揭示生命起源的奥秘,人类还得继续探索。

第四种解释认为地球上的生命是在地球历史的早期,在特殊的环境条件下,通过所谓"前生命的化学进化"过程,由非生命物质产生出来的,并且经历长期的进化过程延续至今。这种解释称为生命的进化起源说,是达尔文进化理论的延伸。达尔文认为现今地球上的各种生物起源于远古时期少数的共同祖先,这些原始祖先必定也是通过特殊的进化过程产生的。根据进化的观点,生命起源是一个自然历史事件,是整个物质世界演化的一部分。创世说实际上对生命由来没有做实质性解释,生命固有论和泛种论实际上也回避了生命由来问题。自从巴斯德以精确的实验证明即使最简单的生命也不可能现时从非生命物质中自发地产生出来之后,自生论被彻底否定了。以上介绍的几种进化观点,除了"自然发生论""新天外起源论"外,都没有超越生源论的大范畴。自然发生论虽然不属于生源论体系,但其过程过于简单直接(如从烂肉生出蛆来等)而且荒唐。新天外起源论则是属于我们在下面要介绍的化学进化论的一个特殊例子,比较接近近代生命起源学说,它只是把生命追溯到了原点上,他的"原始海洋胶状物产生出纤毛虫"的假设,只差向生命的源头再跨进一步。

化学进化论,是现代自然科学综合研究的必然结果,它为我们了解生命起源打开了新思维,推进现代生命科学的研究。目前,大多数学者认为,关于地球上生命由来问题的合理解释是生命的进化起源说或化学进化说,此学说体现了历史的观点和进化的观点。

(1)奥巴林的团聚体理论 奥巴林(1894—1980),苏联科学院院士、著名生物化学家。1917 年毕业于莫

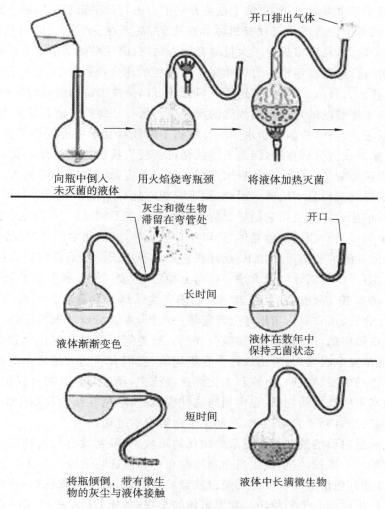

向瓶中倒入
未灭菌的液体　　用火焰烧弯瓶颈　　将液体加热灭菌　　开口排出气体

灰尘和微生物
滞留在弯管处　　　　开口

液体渐渐变色　　长时间　　液体在数年中
保持无菌状态

将瓶倾倒，带有微生
物的灰尘与液体接触　　短时间　　液体中长满微生物

图 26-2　巴斯德鹅颈瓶实验

斯科大学。1922 年在莫斯科生物科学通讯上发表"关于地球上生命起源的假说"，这是生命起源现代学说的第一篇论文。两年后，完成出版了《生命的起源》一书(1924 年)，这是第一本专门论述生命是如何从无机化合物进化到有机化合物，从无生命进化到原始生命的书，它和达尔文的《物种起源》一样，是生命科学史上的又一个里程碑。如果说达尔文解释了生命起源以后，生物进化是如何进行的话，那么奥巴林则是以现代的科学观点，阐述了生命是怎么来的。因此《生命的起源》和《物种起源》这两本书构筑了生命起源和进化的完整体系，是人类对生命起源和进化的思辨得到合乎科学的归宿。1934 年他出版了《活细胞中的酶反应》一书，进一步揭示了生命的化学反应的本质。1936 年他又综合了当时在天文、地质、生物、化学等学科上的成就进一步丰富自己的学说，完成并出版了《地球上生命的起源》一书，全面阐述生命起源的化学进化和团聚体理论。这本书出版两年后便被翻译成英文并走向世界，并在世界上引起强烈的反响，推动了生物化学和生命起源的研究。我们前面介绍的著名的米勒模拟实验，就是在奥巴林学说影响下，米勒在他的导师指导下完成的。米勒模拟实验成功以后，生命起源研究在化学、天文、地质、古生物等学科内如火如荼的开展起来了，并且取得不少新进展。1957 年奥巴林总结了自 1936 年以来他本人以及世界研究成果，出版了《地球上生命的起源》(新版)一书，所引用文献达 1128 篇之多，使团聚体理论建立在更加广泛而坚实的基础上。1957 年在莫斯科举行的首次生命起源国际讨论会上，与会学者对奥巴林的学说展开热烈的讨论。1972 年正式成立国际生命起源研究协会(International Society for the Study of the Origin of Life，ISSOL)，在会上奥巴林被推举为该学会主席。1974 年 8 月 2 日—8 月 7 日在莫斯科为纪念奥巴林《生命的起源》一书出版 50 周年举行的"生命起源国际讨论会"，德高望重的奥巴林院士走上讲台，发表了"生命起源概念的演变"学术报告，总结了半个世纪以来人类在生命起源现代科学研究中的成就。他说："生命起源的现代学说几乎完全是在 20 世纪提出的。在 21 世纪初这个问题曾处于严重危机状态，科学界实际上忽视了生命起源的问题，认为这与其说是科学不如说是信念。没有任何有关生命起源的科学文献，只有个别的假想。它们不能作为对生命起源进行客观研究的假说。"在这篇著名演说中,奥巴林讲了三个问题。第一,关于进化开端的有机物的宇宙起源问题。奥巴林指出,现在已经有直接证据说明有机物的非生物合成不仅在有机体起源之前,甚至在我们居住的行星形成之前就已经进行了。地球在它最初形成的时候,从宇宙接受了大量储存的有机物,而且根据太阳星云形成小行星过程的研究,以及碳质陨石的分析,可以设想这些宇宙的有机物属于挥发性的化合物。第二,关于地球上原始有机体起源的多次发生问题。奥巴林认为目前,根据大量地质资料已经可以描绘出造山旋回的地槽早期(生命发生之前)地球表面的情景,当时非常平整的陆地稍高出浅海的水平线。水与陆地的对比到处发生变化。水时而到来使土地受到浸湿,时而又退去。这样,使溶解于水中的有机物不断地从其形成处迁移至另外一处进行积累和浓缩。在那里有机物免受紫外线的分解作用,因而通过催化可能使有机物进一步复杂化,并进而结合成多分子体系——生命的前体,即前生命体。前生命体后来形成了第一个生命。在同一时间内,地球表面不同的亚生命区域,生物形成过程的进化阶段是不同的。因此,很难设想在地球上生命的起源只可能发生一次。生命的前驱——高分子化合物,前生命体以及由它们形成的原始生命体在不同时间、不同地点曾多次发生、分解又重新形成。第三,关于必须形成具有相应的独立体系,以便自然选择,并从化学进化过渡到生物进化问题。

奥巴林对地球上生命起源的蓝图概要如下:地球在它还处于星云凝聚阶段时以及在初期形成过程中,在热的大气里存在过热的水蒸气,当碳化物像火焰一样向上冲射时,大气便立即发生了瞬间的化学反应,混合在水蒸气里的碳化物使氢和水蒸气分解,并且和氢结合起来产生了碳氢化合物。当地球外部结成硬壳(地壳)时,大气中便有了碳氢化合物、水和氨。当地球上降落第一次雨,水就沿地球表面汇合在低洼处,并逐渐汇成海洋。水从大气中吸取最简单的含碳化合物,如醛类、醇类、酸类等。这些含碳化合物彼此间发生反应,使碳原子链日益增长,分子逐渐复杂起来,最后出现许多有机物质,它们有着越来越复杂的组成和结构,有着越来越复杂的微妙的性质。巴赫的实验表明,甲醛和氰化钾在溶液中,经过若干时期可以出现一些具有蛋白质性质的物质。古代水池温水中所产生的物质,也应当同这种实验一样,从复杂的物质中出现最复杂结构的蛋白质。它虽还不是生命,但它却有利于向前进化,有利于生命的物质进化。

在古代水池中发生的蛋白质溶液和其他复杂的碳化物溶液里,最初没有任何独特性的现象,在这些溶液里的所有团块都是一样的——微粒,它们彼此自由地掺合在一起。这些微粒还不具有复杂的结构和专门的组织,但是这些单独的不能和其他溶液团块混合的蛋白质微粒,最后形成一些胶状的、半流动的小块,称作团聚体。团聚体的出现是走向生命的一个新阶段。在团聚体的小块中,分子是有机的,以一定顺序散布着,分子可以从外面吸收"新异"的微粒,并在团聚体内部发生各种转变,从而转化成团聚体的一部分,这就具有某种类似营养和生长的东西,已经有了某些生命象征的萌芽。经过几百万年以后,由于团聚体的进一步发展,有些团聚体点滴形成了独特性的内部结构,使之能从外面摄取蛋白质和其他物质微粒,并同化它们而生长起来。当生长到一定范围,团聚体分解为许多部分,每个部分都能保持那种稳定的内部机构而继续生存下去,并在母体的点滴中成功地成长起来,成为第三代生命征象,称为原生体。如此年复一年地发展,原生体内部的组织越来越严密,生命的征象也就更为固定而明确起来,最后便出现最简单的真正的原始生命。

(2)福克斯的微球体理论   福克斯(S. W. Fox),美国化学家、教育家,1933年洛杉矶加利福尼亚大学文学士,加州理工学院哲学博士。早年工作变换频繁,1934—1935年任洛克菲勒研究所技师,1940—1941年为库特实验室化学研究员,1942—1943年在波什公司任化学研究员,1943年以后转入衣阿华州立大学任教,其间(1949—1955年)兼任衣阿华农业出口站化学组主任,1955—1961年任美国海洋研究所指导教授,兼任佛罗里达州立大学指导教授,1961—1964年任美国空间生物科学研究所指导教授,1964年起任迈阿密大学分子和细胞进化研究所指导教授,致力于生命起源研究。他的主要著作有《蛋白质化学导论》和《分子进化与生命起源》。他和多斯(K. Dose)合著的《分子进化与生命起源》(1972年初版)一书,集中反映了福克斯关于生命起源的学术观点,在书中系统阐述了他的微球体理论,成为继奥巴林之后,系统提出生命起源理论的学者。奥巴林团聚体理论对生命起源研究无疑具有划时代意义,但是他对团聚体所做的各种生物化学反应实验,是建立在原始地球已经产生蛋白质等生物高分子的条件下进行的,他所使用的实验材料都是由生物制成的胶体物质。奥巴林团聚体理论最大的困难是原始地球上蛋白质的自然缩合问题没有解决。为了避开奥巴林的困难,找出一种替代物质,但其生化机能又接近于蛋白质,且在原始地球条件下容易生成,福克斯根据自己的实验,提出氨基酸聚合物(类蛋白)代替蛋白质的前生命进化途径。福克斯(1959)把按比例混合的各种氨基酸混合物在干燥无氧条件下,加热到$160 \sim 170 \ {}^\circ\text{C}$,得到高分子量的类蛋白聚合物(聚氨基酸),并将类蛋白物质放到稀薄的盐溶液中加热溶解,冷却之后出现白浊物,在显微镜下观察,发现这些白浊物是无数微小的球状凝聚滴粒。福克斯把它们称作微球体。微球体在水溶液中也能生成。微球体加压时发生类似细胞分裂的现象。将微球体悬液放置一段时间,可以看到出芽现象。

由上述两种假说,可以看出它们之间并没有本质上的差别,团聚体是由蛋白质产生,微球体是由类蛋白物质组成,它们都是被作为前细胞模型而提出来的,在和核酸结合时进化为第一个生命体(原细胞)。然而把团聚体和微球体作为一种原始细胞模型,并考虑其进化时,必然会出现这样的问题:在原始细胞或前细胞(前蛋白)阶段上,是蛋白质重要还是核酸重要?因此,便出现了先蛋白质和先核酸的不同见解。主张先有核酸的认为没有蛋白质而只有核酸(RNA)所构成的自我繁殖体系的出现,促使了原始细胞产生。他们认为由核酸构成的自我繁殖体系,把各种具有催化作用的蛋白质吸收到体系里来,结果体系内的化学反应变得复杂起来,也组织化了,经过自然选择,把最有效能的体系保存下来。持先有蛋白质观点的认为在原始地球条件下氨基酸容易在地球上产生,它们通过缩合过程易于形成类似于蛋白质的物质,所产生的蛋白质具有催化作用,形成微球体那样的多分子独立体系,这些独立的多分子体系可能就是一些原始细胞。毫无疑问,福克斯的微球体可以克服奥巴林的困难,但它的类蛋白体——聚氨基酸还不是蛋白质,它要进化到原始生命还差一步,而且福克斯对类蛋白的机制研究还是不够的。因此,从生命起源和生命化学角度来看,福克斯仍然遇到理论上的困难,他还不能摆脱"是先有蛋白质还是先有核酸?"的困扰。而解决这个问题的是 20 年以后的中国学者——赵玉芬和她的合作者曹培生。

(3) 赵玉芬、曹培生的核酸与蛋白质共同起源学说　　赵玉芬,中国女化学家,1948 年出生,祖籍河南,1971 年台湾新竹清华大学的化学学士,1975 年获美国纽约州立大学石溪分校有机化学博士学位。此后,先后在纽约大学(1977—1979 年,博士后)、中国科学院化学研究所(北京,1979—1988 年副研究员、研究员)从事有机磷化学研究工作,1988 年调入清华大学化学系,任教授、博士生导师。由于她在化学领域内做出的卓越贡献,1992 年 1 月当选为中国科学院化学部委员,成为这次当选的 210 位学部委员中年龄最小的委员("学部委员"1994 年改称为"院士")。如前所述,在过去半个多世纪中,不论是奥巴林、福克斯,还是其他研究者,都把注意力集中在构成生命最基本物质——蛋白质的非生物途径的起源上,在讨论核酸时也总是注重这种生物高分子的复杂而有序排列结构的起源上。蛋白质和核酸在生命起源的先后问题是最大的争论,使相关研究在很长一段时间内陷入了困境。赵玉芬(1991)在前人研究基础上,通过对 N-磷酰化氨基酸及其肽衍生物的研究,发现这些生成物具有磷上酯交换、磷酰基转位以及自身长大等生命现象。针对这种以磷酸基为中心的有机协同效应在核酸、蛋白质和糖的生化过程中所起的作用,她提出了"磷是生命化学过程的调控中心"的崭新学术观点,从而使生命起源研究出现新的思路和转机。在此基础上,赵玉芬联合曹培生,对她的磷调控中心理论进行了深入研究,取得了突破性成果,终于在 1994 年创立了生命起源新的科学理论——核酸与蛋白质共同起源与进化学说。

曹培生,1946 年生于江苏宜兴,1978—1982 年在清华大学工程力学系、北京大学数学系、中国科技大学数学系就读研究生,曾任上海华能机械新技术研究所所长,中国发明协会副会长。他擅长数学和非线性振动学。他的加盟,使得赵玉芬理论得到了升华和系统化。1994 年,赵玉芬、曹培生发表了论文"磷酰化氨基酸——核酸与蛋白质的共同起源",指出磷酰化氨基酸是核酸和蛋白质最小单元的结合体。1996 年 7 月在法国召开的第十一届国际生命起源大会上,他们发表了全面阐述新学说的论文"生命化学进化的基本模型",受到了各国与会学者的高度评价,称赞他们是世界上第一家证明核酸和蛋白质的共同进化,在生命起源研究科学界独辟路径。

以上介绍的是三种有关化学进化的学说,但是关于生命起源问题远比此复杂得多。生物高分子在原始地球上是如何起源的?蛋白质和核酸一旦产生并且同处于一个独立的分子体系内,生命就算产生了。因此,针对原始地球上,蛋白质和核酸的起源条件和地点,便出现了三大分支学说:陆相起源说、海相起源说和深海烟囱起源说。这三大分支学说在化学进化阶段上没有分歧,它们只是在大分子和原始细胞形成的地点和条件上有不同的见解。

(1) 陆相起源说　　这一学说认为,蛋白质和核酸形成的缩合反应是在大陆火山附近,那里由于火山活动而造成地球表面的局部高温区,火山的高温条件是解决氨基酸或核苷酸缩合的理想场所,大陆无氧干燥的环境也是脱水缩合的良好条件。他们曾做模拟实验:把一定比例的氨基酸混合物,在干燥无氧的条件下,加热到 160~170 ℃,得到了分子量很高的聚合物。分析表明,这种高聚物有某些类似蛋白质的性质,但也有非肽键成分。热聚合的多聚尿嘧啶在大肠杆菌的非细胞系中,可以引起苯丙氨酸的掺入,表明核苷酸热聚合产物具有一定程度的类似核酸的性质。因此,陆相起源学派认为,在大陆火山区附近的水池里生成的大量氨基酸,在火山喷发时被强烈的高温蒸发干枯,剩下的氨基酸发生热聚合脱水而成高聚物(多肽等),雨水(火山喷发常带来倾盆大雨)又把高聚物带到海中,在海水的条件下,高聚物(多肽等)经过自我装配形成蛋白质。持陆相起源观点的有福克斯等学者。

(2)海相起源说 这一学说认为,在原始海洋中,小分子量氨基酸和核苷酸可以被吸附在黏土、蒙脱石一类物质的活性表面,在适当的缩合剂(如羧胺类化合物等)存在时,可以发生脱水,缩合成高分子量的聚合物,产生团聚体和原始细胞。

(3)深海烟囱起源说 随着深海探测的深入研究,特别是20世纪70年代人们对加拉巴哥斯群岛洋中脊的火山喷口的研究,说明海水在深海烟囱中经历了巨大的温度和化学梯度的变化,有可能形成各种溶解物,包括形成原始生物化学物质。深海烟囱巨大的热量,可以发生在大陆火山区里产生的那种缩合反应。因此,美国霍普金斯大学的地质古生物学家斯坦利(S. M. Stanley,1985)提出生命的深海烟囱起源说。在洋中脊,直接安在炽热岩浆上面的海底烟囱,温度高达 1000 ℃。烟囱冒出滚滚的浓烟,热能使周围海水沸腾,浓烟里富含金属、硫化物,热水中富含 CO_2、NH_3、CH_4 和 H_2S,这是一个既有能量又有生命起源所必需的物质的环境,于是有机化合在这里发生,并且按照温度的递降而出现了一系列化学反应梯度区。由 H_2、CH_4、NH_3、H_2S、CO_2 经高温化合形成氨基酸,继而形成硫和其他复杂化合物,形成多肽、核苷酸链,继而形成似细胞体的化学合成物。有趣的是这些成分在高热作用下化学合成了硫细菌。鉴于现代深海形成硫细菌的事实,斯坦利推想,在太古代绿岩带里面也一定存在类似于现代深海洋中脊的地质条件,存在深海烟囱,生物化学合成的一系列反应就在那里发生,生物有机高分子在那里缩合而成,最后原始生命就在那里诞生。据美国《华盛顿邮报》(1992)报道,加利福尼亚大学洛杉矶分校的分子生物学家詹姆斯·莱克在大洋底烟囱附近找到了在黄石公园热泉里生存的嗜硫细菌,证明海底烟囱热泉生命起源的非常规理论是正确的。莱克由此还把嗜硫细菌作为单独的一大类,和真核细胞生物、原核细胞生物、原细胞细菌生物并列为四大类,在起源上嗜硫细菌和原细胞细菌互为并行发生的类群,这是非常有意思的。

以上三种说法,都应当被认为是有道理的,只要适合生命的化学进化条件,生命的起源进程便是不可避免的。这些发现证明了奥巴林在 1974 年莫斯科生命起源国际讨论会上提出的"原始生命存在不同时间、不同地点曾多次发生、分解又重新形成"的论断。

26.1.2 生物进化的证据

1. 生物进化的直接证据——化石 支持达尔文生物进化论的最有力证据就是自然界发现的古生物化石记录。最典型的化石是早已灭绝的爬行动物——恐龙的骨骼化石。化石包括保存在地层中的古生物的遗体(实体化石)、遗物(遗物化石)、遗迹(遗迹化石)以及生命有机成分(化学化石)的残余物。遗物化石包括蛋、卵、花粉、落叶、粪团、粪粒以及古人类所使用的石器等。遗迹化石包括低等动物在底质上移动的印迹、动物在软底质上遗留的足迹、生物在硬底质钻蚀的栖孔以及在软底质挖掘的潜穴等。

古生物死亡之后只有在海底或者湖底被快速掩埋,上层泥沙沉积压实形成沉积岩才有可能保存下来,沉积岩在地壳运动作用下有可能被抬升,形成山峰或者地质断层,被风化或河水、雨水冲蚀,人们才有机会发现这些古生物化石。海洋和湖泊的沉积埋藏作用应该是化石形成的重要条件。因此大部分古生物化石是水生化石,而对于陆生动植物需要经过河流等的搬运作用,才有可能沉积在湖泊或者海洋中成为化石。在湖泊和海洋中,古代大量的动植物尤其是藻类生物死亡后被沉积埋藏,经过漫长的地质年代,在沉积岩中温度和压力作用下,发生复杂的反应,生物体内物质被降解转变为碳氢化合物,就是我们现在使用的化石燃料。

如果按照保存方式划分,化石被分为未变保存(例如琥珀、冷冻、干燥等)、变化保存(置换作用、过矿化作用等)、模铸保存(外膜、内膜、铸型等)等。按照掩埋地点划分可以分为原地掩埋(autochthonous burial)和异地掩埋(heterochthonous burial)。按照化石大小分为大化石(肉眼、放大镜观察)、微体化石(显微镜观察)和超微体化石(电子显微镜观察)。按照作用可以划分为标准化石(指示地质年代)、指相化石(指示沉积环境)以及生物化石(指示生物种类)。化石的形成也需要一定的保存条件,对于生物本身来说,最好是硬体(zoarium),例如低等动物的文石、方解石等,节肢动物的几丁质,脊椎动物的硬骨、牙齿以及植物的纤维素和木质素。从外部环境来讲,尽量降低机械破坏(水流、风沙等作用)、化学破坏(水体溶解)以及生物破坏(腐食动物、细菌),掩盖物将动物遗体迅速掩埋。一般情况下,如果掩埋物质的粒度小(细沙、淤泥等),沉积作用比较宁静,无各类破坏,就容易形成完整精美的化石。

　　18 世纪之后,科学家通过研究认识到,在地球沉积岩层中,上部比较新的地层形成的时间较晚,而下部比较老的地层形成时间较早。所以,在较新地层中发现的化石沉积埋藏的时间距离现代比较近,而在较老地层中发现的化石是距离现代比较久远的生物。化石记录显示,越古老的地层,生物的形态越简单,而越新的地层,生物的形态越复杂。化石记录证明,生物是进化的,复杂的生物是由简单生物进化来的,陆生生物是由水生生物进化来的。

　　国际上有两种通用的地质年表,一种是剑桥地质年表,另一种是国际地层委员会地质年表,目前这两个地质年表已经统一为一个。地质年表中年代的划分,按照时间跨度递减的顺序依次为宙(Eon)、代(Era)、纪(Period)、世(Epoch)和期(Age)。从最早的细胞生命出现开始的生物进化,经历了太古宙(38 亿年前到 25 亿年前)、元古宙(25 亿年前到 7 亿年前)和显生宙(7 亿年前至今)(图 26-3),每一代至少 6500 万年。20 世纪 40 年代发展起来的同位素测定技术应用到古生物学研究后,科学家可以测定出生物演化事件发生的实际年代(图 26-4)。活化石(living fossil)是指表现的前进进化速率非常缓慢,形态与地质历史上某一个时期的化石类群相比较区别不大的类群,又称为孑遗生物。

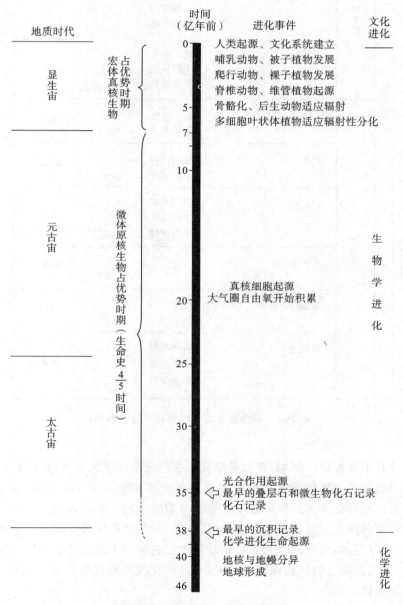

图 26-3　地质年代及生命史的划分

　　2. 生物地理学证据　　生物地理学(biogeography)是研究物种地理分布的科学。内容包括:地球上各自然景观生物群落的组成结构、时空变化以及地域规律,生物群落与地理环境各个要素之间的关系,生物物种的分布区和生物区系的形成与演变。生物地理学研究涉及地质学、地理学、气候学、古生物学、分类学、进化以及生

宙	代	纪	亚纪	世	同位素定年/Ma	延续时间/Ma
显生宙	新生代	第四纪		全新世	0.01	0.01
				更新世	2.0	2.0
		第三纪	新第三纪	上新世	5.0	3.0
				中新世	24.6	19.6
			老第三纪	渐新世		
				始新世	65.0	40.0
				古新世		
	中生代	白垩纪		晚白垩世		76.0
				早白垩世	141.0	
		侏罗纪		晚侏罗世		54.0
				中侏罗世		
				早侏罗世	195.0	
		三叠纪		晚三叠世		35.0
				中三叠世		
				早三叠世	230.0	
	古生代	二叠纪		晚二叠世		50.0
				早二叠世	280.0	
		石炭纪		晚石炭世		65.0
				早石炭世	345.0	
		泥盆纪		晚泥盆世		50.0
				中泥盆世		
				早泥盆世	395.0	
		志留纪			435.0	40.0
		奥陶纪			500.0	65.0
		寒武纪		晚寒武世		40.0
				中寒武世		
				早寒武世	540.0	

图 26-4 显生宙地质年代划分及主要事件

理、生态学的知识。

现存生物的部分具有不连续性。例如,有袋类哺乳动物仅分布在澳大利亚,而世界其他地方却少有分布,相反在澳大利亚胎生的哺乳类动物却非常稀少。如今只在亚洲和非洲分布有骆驼,仅在南美洲分布有其近亲——美洲驼。为什么相距如此遥远的地区分布着如此相似的生物?而距离比较近的北美洲却没有骆驼分布?比较合理的解释是北美洲也曾经存在过,只不过已经灭绝了,化石证据证实确实如此。综上所述,并且结合大陆漂移学说,我们可以得出,现存的骆驼的祖先原先生活在古代大陆的广阔地区,由于自然条件的改变,北美洲的骆驼灭绝了,其他大陆上的骆驼保留了下来,并且演化成为现在的样子。现在的骆驼就是由远古时代连续分布的同一祖先演化来的。

冰川孑遗植物小苦艾(*Artemisia norvegica*)是一种高山小植物,现仅存于挪威、乌拉尔山脉和苏格兰,这种生物在最后一次冰川活动之后是广泛分布的,但是随着森林的扩展,它的分布受到了限制。冰川时期以气候突然转暖而告终,冰川北撤,随之是冰川时期被迫南移的动植物物种的返回;喜暖动物,特别是昆虫能够迅速北移。植物的反应比较慢,因为它们的扩展速度比较慢。随着种子被北携,经过萌发、生长、开花并结出更多的种子,在裸露的北部地面繁衍。同时随着迁移继续,消融的冰川产生巨大水量注入海洋,使海平面上升。

有些早先拓殖者通过相连的陆地到达,后来被上升海面阻断,通过漫长的进化形成独特的动植物区系。岛屿上的生物一般总是与最近的大陆上的生物有最大的相似性,如马达加斯加岛上的生物与非洲的很相似,加拉帕戈斯群岛上的生物与南美洲大陆的非常相似,这些地方的生物就是由大陆上的迁移过来后,在孤立的情况下演化来的。

3. 形态学证据　亚里士多德发现,一切哺乳动物不仅具毛和其他外部特征,而且五脏六腑也都彼此相似。在不同种群生物中,科学家也发现,一些器官即使行使不同的功能,其在解剖结构上也具有相似性,这反映出这些生物之间具有同源性。同源的定义是两个或者多个类群的某一性状如果来源于最近的共同祖先的同一性状,那么这个性状就是同源的。这些器官就是同源器官。最典型的同源器官的例证就是哺乳动物的前肢,如人的手臂、猫的前肢、鲸的前鳍以及蝙蝠的翅膀,尽管它们的形态和功能差别很大,但是骨骼的基本结构是完全一样的(图 26-5)。对于这种现象的唯一解释就是,它们是由共同祖先进化来的,它们之所以有这么大的不同,就是因为适应不同环境而逐渐进化形成的。

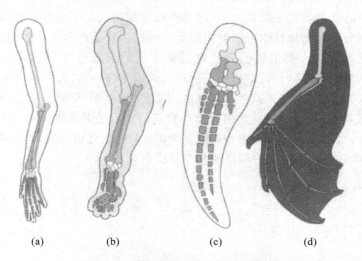

图 26-5　同源结构反映生物进化的轨迹
(a) 人的手臂;(b) 猫的前肢;(c) 鲸的前鳍;(d) 蝙蝠的翅膀

4. 胚胎学证据　胚胎学是指研究个体发育过程及其建立器官机制的科学。早在《物种起源》出版之前,通过研究就已得到以下结论。第一,多细胞动物胚胎发育早期的主要阶段都极为相似,在后期的发育过程中才越来越不相同,分类地位相差越远的物种之间的差别越大。第二,许多生物的发育要通过极其迂回的途径。例如蝙蝠的翼和海豚的鳍在胚胎早期并没有出现,所有脊椎动物在其早期发育的胚胎阶段都出现了尾巴和鳃弓(图 26-6),高等脊椎动物有脊索。螃蟹的发育过程与虾的发育过程几乎完全一样,只是在胚胎后期,螃蟹的腹部才缩短变小形成如此的体型,以上事例显示出它们都是由共同祖先进化来的。德国学者赫克尔(E. H. Haeckel)提出了生物发生律(biogenetic law)和重演律(recapitulation law),他认为生物发展史可以分为两个相互紧密联系的部分,即个体发育(ontogeny)和系统发生(phylogeny),而且个体发育史是系统发育史的简单而迅速地重演。例如青蛙的个体发育从受精卵开始,经囊胚、原肠胚、三胚层、无腿蝌蚪、有腿蝌蚪到成体蛙,整个过程反映了在系统发育过程中经历单细胞动物、两胚层动物、三胚层动物、低等脊椎动物、鱼类动物,最后发展到两栖动物的过程。生物发生律对了解各动物类群的亲缘关系及其发展线索极为重要,因此在确定许多动物的亲缘关系和分类位置时,常可由胚胎发育提供一定的依据。

5. 生理生化证据　这方面最明显的证据就是所有的药品在临床使用之前,都必须通过一系列的临床前动物药理、毒理试验,一般需要在老鼠、兔子等试验后,才能在人群中试验。在全世界范围内那么多的药物在动物和人身上都取得了类似的效果,这说明它们的生理过程应该是一致或者类似的,所有的动物体内的生化过程和代谢产物也基本上是相似的。

6. 分子生物学证据　20 世纪后半叶,分子生物学发展迅速,加深了人们对于生命本质的认识。同时分子生物学的研究方法也为生物进化提供了许多有力的证据和更多的信息。对于所有生物而言,遗传密码的通用性说明自然界所有生命形式之间都是相互关联的。从病毒到人,遗传信息都是 DNA 或者 RNA,既简单又普适。DNA 的 4 种遗传字母分别是腺嘌呤(A)、鸟嘌呤(G)、胸腺嘧啶(T)以及胞嘧啶(C)。RNA 的 4 种遗传字母中,尿嘧啶(U)代替了胸腺嘧啶(T)。整个生命世界的进化历程,不是通过发明遗传字母表中的新字

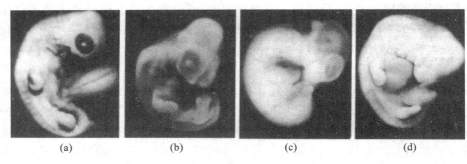

图 26-6 几种脊椎动物胚胎发育的早期形态

(a) 龟；(b) 鸡；(c) 老鼠；(d) 人

母，仅仅是通过推敲这些字母的新的组合发生的。

生物体内的无数不同的蛋白质几乎都是由 20 种基本氨基酸组成。不同的氨基酸对应着 DNA 遗传字母中的任意三种字母。利用分子生物学技术可以对不同生物的同一种蛋白质氨基酸序列进行分析，进而判断生物之间的亲缘关系及进化顺序。人类细胞色素 C 和其他生物的细胞色素 C 存在氨基酸数目的差异[猴子(1)、兔子(12)、袋鼠(12)、狗(13)、猪(13)、驴(16)、马(17)、酵母菌(56)]。人类与其他脊椎动物血红蛋白氨基酸序列也存在差异（图 26-7），人与猴子相差 8 个氨基酸，与老鼠相差 30 个氨基酸，人类与图 26-7 中 5 种脊椎动物氨基酸序列的差异范围为 5%～86%，其中人类与猴子的亲缘关系最近，与八目鳗最远。除了上述蛋白质氨基酸序列的分析之外，也可以利用不同生物同源基因 DNA 序列分析、基因组分析以及基于 PCR 技术的 DNA 多态性分析为研究生物进化提供有力的证明和丰富的信息。

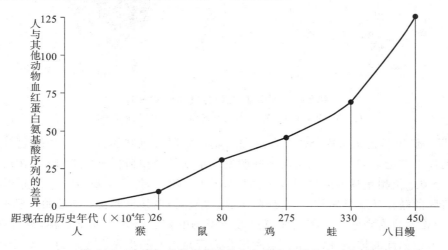

图 26-7 人类与 5 种脊椎动物血红蛋白氨基酸序列比较

26.2 单细胞生物

26.2.1 原核生物

1. 原核生物概述 原核生物最早的定义是由 Chatton 于 1937 年提出，是指一类没有真正细胞核的单细胞生物或者类似于细胞的简单组合结构的微生物。相对于真核生物而言，原核生物的细胞结构有 3 个特点：①基因的载体是由不具有核膜分散在细胞质中的双链 DNA 组成；②缺乏由单元膜隔开的细胞器；③核糖体是 70S 型，而不是 80S 型。

最早发现的生物化石表明原核生物（主要是早期细菌）繁衍于 35 亿年之前，在南非东部 Barberton 镇的无花果树（fig tree）组的燧石（年龄约 38 亿年）中发现许多有机体，从中分离出来了棒状的和球状的单细胞生物，其细胞壁结构及大小与现代许多细菌类似。在澳大利亚皮尔巴（Pilbara）地质年代为 35 亿年的 Warrawoona 群碳质燧石中发现了叠层石的丝状细菌（图 26-8）。在南非昂威瓦特系（Onverwacht Series，大约 34 亿年前）发现可能是蓝藻和细菌的球形或椭圆形有机体。上述化石记录就是从非生物的化学物质向生物进化转变过程中出现的最早生物，它们代表了生物演化的第一次飞跃。

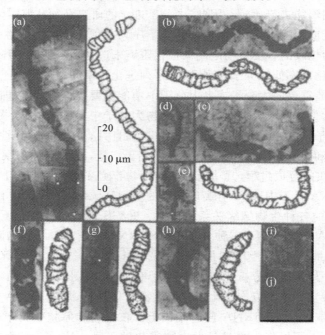

图 26-8　细菌化石图片

细菌分为两个域（domain），分别是真细菌（eubacterium）和古细菌（archaea）。真细菌包括细菌、蓝细菌、放线菌、螺旋体、衣原体、立克次氏体以及无细胞壁结构的支原体等。原核生物是生物圈的主宰者，其生物量最大（约占地球生物量的 50％）、分布最广、生物多样性最丰富。原核生物在地球物质循环中起着至关重要的作用，它们通过光合作用、固氮作用以及物质转化作用改变着大气的成分；通过氧化还原反应改变着水质和土壤的生产力；通过分解代谢活动维持着生物圈中物质循环和物种的组成结构。地球上至今还有 95％～99％ 的微生物尚未被培养和认识，它们所采用的代谢途径和类型更是未知的。对于一个生态体系中微生物新的代谢功能和协同机理在关键物质循环中的作用的研究，对人们认识生物圈完整的物质循环流都是十分必要的。高等生物能够通过功能专一化和分化的细胞或者器官适应逆境。原核生物使用的是适应性不同的单细胞群，形成了具有耐受或者适应广泛特殊环境的生物种群。它们能够耐受沸水、冰冻、碱、酸、无氧、高盐、营养极限等使其他生物束手无策的极端环境，尤其是古细菌，多生活在地球上开始出现生命的原始环境和极端环境中。

人类对于原核生物的分离培养研究开始于病原微生物，1877 年培养了炭疽病菌，1882 年培养了结核杆菌和肺炎链球菌，1883 年培养了霍乱弧菌，还有历史上数次爆发、杀死数以万计生命的鼠疫、伤寒病菌。后来人们发现这些原核生物并不都是人类的敌人，它们中的许多种群具有丰富的代谢功能，可以服务于人类。最新出版的《伯杰氏系统细菌学手册》记载的原核生物有 26 个门，其中古细菌 2 个门、真细菌 24 个门，包括的物种超过 5000 个。从种群多样性看，虽然已经培养的原核生物的种类远远低于高等生物，但是分子系统学以及分子生态学研究表明，在自然界中还有 95％～99％ 的微生物种群未被分离培养和描述。

20 世纪 70 年代后期，随着对生物大分子研究的不断深入，人们对生物大分子在进化过程中的作用及其变化规律有了进一步认识，因此研究原核生物的系统发育主要是分析和比较生物大分子的一级结构特征，特别是蛋白质、RNA 或者 DNA 这些反映生物基因组特征的分子序列，作为判断各类原核生物乃至所有生物进化谱系的主要指征。

研究发现，蛋白质、RNA 和 DNA 序列进化变化的显著特点是进化速率相对恒定（当然也发现有少数蛋白质分子进化速率不恒定）。也就是说，这些分子序列进化的改变量（氨基酸或核苷酸替换数或替换百分率）与分子进化的时间成正相关。因此，这些生物大分子被看作是进化的时钟。根据这一原理，我们就可通过比较不同种类生物的大分子序列的改变量来确定它们彼此间系统发育相关性或进化距离。很显然，在两群生物中，如果同一种大分子的序列差异很大时，表示它们进化距离远，这两群生物在进化过程中很早就分支了。如果两群生物同一来源的大分子的序列相同，说明它们处在同一进化水平上。为了准确确定各种生物间的进化谱系，还必须挑选恰当的大分子来进行序列研究。在挑选大分子时应注意以下几点：①它必须普遍存在于所研究的各生物类群中,如果我们所研究的是整个生物界的进化,那么所选择的分子必须在所有生物中存在,这样才便于分析和比较。②选择在各种生物中功能同源的大分子,催化不同反应的酶的氨基酸序列,或者具有不同功能核酸的核苷酸序列不能进行比较。因此,大分子进化的研究必须从鉴定大分子的功能开始。③为了鉴定大分子序列的同源位置或同源区,要求所选择的分子序列必须能严格地线性排列,以便进行进一步的分析比较。④还应注意根据所比较的各类生物之间的进化距离来选择适当的分子序列,当我们比较亲缘关系远的生物类群时,必须选择变化速率低的分子序列,因为序列进化速率高的分子,在进化过程中共同的序列已经丧失。大量的资料表明:功能重要的大分子或者大分子中功能重要的区域,比功能不重要的分子或分子区域进化变化的速率低。通过大量实验研究表明,在众多生物大分子中,最适合用于揭示各类生物亲缘关系的是rRNA。rRNA是古老的分子,它的功能稳定、分子分布广,而且具有适当的保守性。rRNA共有三种分子,分别是5S rRNA、16S rRNA和23S rRNA。16S rRNA应用更广泛,被用于研究原核生物的系统发育,这是因为:①rRNA参与生物蛋白质的合成过程,其功能是任何生物都必不可少的,而且在生物进化的历程中,其功能保持不变。②在16S rRNA分子中,既含有高度保守的序列区域,又有中度保守和高度变化的序列区域,因此,它适用于进化距离不同的各种生物亲缘关系的研究。③16S rRNA相对分子质量大小适中,便于序列分析。在5S rRNA、16S rRNA、23S rRNA三种分子中,5S rRNA约含120个核苷酸,虽然它也可以作为一种信息分子利用,但是其信息量小,应用上受到很大限制,23S rRNA虽然含有大量信息,但由于相对分子质量大(约含2900个核苷酸),序列测定和分析比较工作量大,使用时难度比较大。而16S rRNA相对分子质量大小适中(约含1540个核苷酸),含有足以广泛比较各类生物的信息量,加上rRNA在细胞中含量大(约占细胞中RNA的90%)也易于提取。④16S rRNA普通存在于真核生物和原核生物中(真核生物中其同源分子是18S rRNA)。因此16S rRNA可以作为测量各类生物进化的工具。这一点极为重要,在20世纪70年代以前,生物进化的研究之所以没有取得突破性进展,重要原因就是没有找到一把可以测量所有生物进化关系的尺子。这把"尺子"是美国学者伍斯(Carl Woese)70年代首先发现的,他用这把尺子对微生物系统发育进行了研究。

把地球上所有的生物分成动物界和植物界的理论统治了生物学100多年,20世纪60年代末根据细胞核结构把生物分为原核生物和真核生物两大类,也得到了生物学界的普遍认同。除此之外,在近代,还有人提出过诸如三界、四界、五界和六界的生物分类系统。上述这些分类系统虽然分类不同,但分类的基本依据是一样的,即以生物整体及细胞形态学特征和某些生理特征作为推断生物亲缘关系的指征。在60—70年代,一些科学家通过比较某些生物蛋白质分子(如细胞色素C等)的氨基酸顺序进行生物谱系分析,取得了一些成果。随着蛋白质系统发育研究的进展,伊利诺斯大学的伍斯却把研究的注意力转向小亚单位核糖体RNA的比较。他用寡核苷酸序列编目分析法对60多株细菌的16S rRNA序列研究后发现:产甲烷细菌完全没有作为细菌特征的那些序列,于是认为发现了地球生命的第三种形式——古细菌。随后他与同事们对包括某些真核生物在内的大量菌株进行了16S rRNA(18S rRNA)序列分析研究。相继发现极端嗜盐菌和极端酸嗜热菌也和产甲烷菌一样,具有既不同于其他细菌也不同于真核生物的序列特征,而它们之间却具有许多共同的序列。于是他们提出将细胞生物分成三界(后改称三个域):古细菌、真细菌和真核生物。1990年,他为了避免把古细菌也看作细菌的一类,又把三界(域)改称为:细菌、古细菌和真核生物,并构建了三界(域)生物的系统树。

三界(域)理论提出后,国际上对生物系统发育进行了更广泛的研究,除了继续对rRNA序列进行分析比较外,还广泛研究了其他特征,这些研究结果也在一定程度上支持了三界生物的划分。将古细菌与细菌分开单独作为一界(域),除了因为它们的16S rRNA缺乏作为细菌特征的那些序列外,它们还具有以下突出特征区别于细菌:①细胞壁无胞壁酸。②有醚键分支链的膜脂。③tRNA的T或TΨC臂没有胸腺嘧啶。④特殊的RNA聚合酶。⑤核糖体的组成和形状也不同。某些全基因组序列研究也表明,古细菌确实不同于细菌和真核生物。例如,第一个古生菌——詹氏甲烷球菌(*Methanococcus jannaschii*)全基因组序列测定结果表明,它只有44%(1738个)的基因与其他细菌和真核生物同源;其在DNA复制、转录和翻译方面的基因类似于真核生物,但是非常不同于细菌。另外一些古细菌全基因组测定结果也有类似情况。当然,许多微生物全基因组序列测定结果的资料还有待全面解读,因为在它们之中发现存在大量未知基因,要全面阐明全基因组的数据资料还有许多问题需要解决。所以三界理论还需要进一步深入研究,但是古细菌作为生活在地球上某些极端环境(高盐、低pH值、高温、高压或极端缺氧环境)的一个特殊群体,其特殊生境与地球生命起源初期的环境有许多相似之处。因此,三界学说的建立和发展,其意义并不在于目前研究所取得的某些结论,更重要的是它为进一步探讨生命起源和进化,进一步认识、研究和开发微生物资源提出了新的思路。

2. 古细菌　根据 16S rRNA 序列分析可以将古细菌域进一步细分为泉古菌门(Crenarchaeota)(极端嗜热菌,多数厌氧,通过代谢可以将硫酸盐还原为硫化物,生活在高温温泉和洋嵴水热喷口附近)、广古菌门(Euryarchaeota)(极度嗜盐菌,有紫膜结构可以进行光合作用)、初古菌门(Korarchaeota)(嗜热菌,美国黄石公园 Obsidian Pool 温泉中的嗜热古菌)、纳古菌门(Nanoarchaeota)(极端嗜热,直径 400 nm,寄生于一种嗜泉古菌(*Ignicoccus sp.*)上,由德国科学家在冰岛北部附近北冰洋水下面 120 m 的洋底水热喷口附近发现。纳古菌的寄生很容易使人联想到内共生)。

根据 16S rRNA 的序列分析并且结合其他生物学性状,可以将极端嗜盐菌划分为盐杆菌属(*Halobacterium*)、盐球菌属(*Halococcus*)、富盐菌属(*Haloferax*)等 8 个属,目前已增加到 15 个属。所有的嗜盐菌属古细菌的革兰氏染色均为阴性。细胞内的基因组成不同于真细菌和其他古细菌,在盐杆菌和盐球菌的细胞中存在着多拷贝的大质粒,质粒 DNA 占细胞总 DNA 的 25%～30%,远远超过真细菌 0.5%～3% 的含量。所有的极端嗜盐古细菌都是化能有机营养类型,大多数以氨基酸或者有机酸作为碳源和能源,并需要一定量的维生素作为生长因子。嗜盐菌的生长虽然需要高钠环境,但是细胞内的 Na^+ 浓度并不高,这是因为嗜盐菌具有浓缩、吸收外部 K^+,向细胞外排放 Na^+ 的能力,在 Na^+ 占优势的高盐环境中,可以防止过多的 Na^+ 进入细胞,保持环境中的高 Na^+。紫膜是极端嗜盐古细菌细胞结构的一大特征,除具有光合作用之外,还具有光能转换特性。

产甲烷的古细菌分解代谢的产物是 CH_4,不断发现产甲烷新种,1997 年有学者根据形态特征等方面,将产甲烷古细菌划分为 7 个类群 18 个属,根据外部形态特征分为球形、短杆状、长杆状、丝状、八叠球状和盘状。它们中多数为革兰氏阳性,少数为阴性。产甲烷古细菌是严格的厌氧菌,细胞内不含有过氧化物酶,氧对它们有毒害,因此不能在有氧的环境中生活。

超嗜热古细菌能在 100 ℃ 以上的高温环境中生活,它们的最适生活温度约为 80 ℃。超嗜热古细菌分布在地热区炽热的土壤中或者含有元素硫、硫化物的热水域中。绝大多数的超嗜热古细菌专性厌氧,以硫作为电子受体,进行化能有机营养或化能无机营养的厌氧呼吸产能代谢。超嗜热古细菌的呼吸类型呈现高度多样性,不论是以有机物还是以无机物作为呼吸底物,进行化能有机营养或化能无机营养,硫元素在各类型的呼吸作用中都起着关键性的作用,或作为电子受体或作为电子供体。现已对 18 个属的超嗜热古细菌进行了形态、生理和遗传特性的研究。

古细菌中,有一类无细胞壁的原核生物很像无细胞壁的支原体,它们无细胞壁、嗜热、嗜酸,所以称为热原体。热原体的细胞大小变化较大,从 0.2 μm 到 5 μm。有的具有多根鞭毛,能够运动。热原体能抵御外界渗透压的变化,对抗外环境的低 pH 值和高热极端环境。最令人感兴趣的是热原体的基因组,像支原体一样,热原体也只有一种极小的基因组,其 DNA 的碱基周围裹以结合蛋白,这种球蛋白颗粒的组成特别像真核细胞中的核小体,很坚硬,其蛋白组分也类似于真核细胞核小体中的组蛋白。经氨基酸测序,显示出二者有一定的同源性。从系统发育上看,热原体属于广古生菌。

正如我们在前面所指出的那样,三界学说的建立和发展,为进一步探讨生命起源和进化,提出了新的思路。在生命出现前的原始地球上,大气的组成是还原性的,富含大量的水蒸气、CH_4、NH_3 和少量的 H_2。宇宙大爆炸的能量使氨基酸、核苷酸、糖类及脂质等生命物质得以出现,由此演化成原始生命。早期地球高热、高盐、高湿、低 pH 值及无氧并充满还原性的气体,是一种极端环境。只有克服和适应这种极端环境条件的生命才能得以生存和繁衍下去。在当时大约 100 ℃ 甚至更高温度的环境中,只有超嗜热的生物才可能生长和繁殖,这种超嗜热生物应该是类似的超嗜热古细菌。从 16S rRNA 序列分析的数据比较表明:古细菌在系统发育中的进化比真细菌和真核生物缓慢,这种缓慢的进化过程特别表现在超嗜热古细菌中。究其原因,这可能与超嗜热古细菌和它们所栖息的极端高热环境有密切的关系。生活在高热环境中的生物必须保持其基因的稳定性和保守性,即使由于进化,这些基因也不会发生重大改变以保持其特殊的表型特征。

3. 真细菌　真细菌根据碳来源、能量来源以及电子供体性质的不同,分为以下 4 种:光能自养型(photoautotroph)(以 CO_2 作为唯一或者主要的碳源)、光能异养型(photoheterotroph)(碳来源于有机物,能量来源于太阳光)、化能自养型(chemoautotroph)(以 CO_2 作为主要碳源,自无机物氧化获取能量)、化能异养型(chemoheterotroph)(能源和碳源都来源于有机物)。

4. 真核细胞内共生起源　近代细胞学研究,特别是细胞超微结构的研究揭示出原核与真核细胞之间内部结构的差别,从而证明生物界内部结构上的最大的不连续不是在动物和植物之间,而是存在于以细菌、蓝细菌等原核生物为一方,以单细胞和多细胞的真核生物为另一方的两大类生物之间。生命史研究表明,原核生物在地球上出现很早,而且在整个生命史的前 3/4 的阶段里,它们是地球生物圈中唯一的或主要的成员。从化石记录来看,虽然有争议的单细胞真核生物化石出现于 19 亿～20 亿年前,但是大量的真核生物化石则出现于元古宙晚期,即 8 亿～10 亿年前。

从原核细胞向真核细胞的进化是最重要的细胞进化事件。由于原核细胞与真核细胞之间差别很大,而且缺少连续的中间过渡类型,因此学者们在进化过渡方式上的争论持续了 20 多年,主张渐进式的进化与主张通过细胞内共生而实现过渡的两种观点截然相对。主张真核生物起源于细胞内共生的观点可以追溯到 100 多年前。1883 年,A. F. W. Schimper 发现植物叶绿体可以自主繁殖、分裂,因此认为植物的质体来源于"寄生"的蓝绿藻(即蓝细菌)。20 世纪 80 年代美国波士顿大学的生物学家 L. Margulis 在她的专著《细胞进化中的共生》中重新提出并详细论证了真核细胞起源于细胞内共生的假说。她认为真核细胞是一个复合体,而原核细胞才是最小的细胞单位;真核细胞的线粒体和质体来源于共生的真细菌(线粒体可能来源于紫细菌,质体来源于蓝细菌)。这一假说除了有许多自然界的细胞内共生的事实和真核细胞器相对的独立性,以及细胞器 DNA 中有与原核生物 DNA 相同的序列等论据之外,还得到了分子生物学方面的研究结果的支持。

但是,内共生假说也存在着一些不足之处。例如,内共生假说对细胞核起源难以解释。又如,真核细胞的细胞器 DNA 与原核细胞 DNA 有部分相同的顺序,这被作为内共生假说的证据,但是真核细胞质体中的 DNA 也包含真核生物所特有的核基因和内含子序列,而且真核细胞核 DNA 中也包含有与原核细胞 DNA 相同的部分,可见内共生假说这方面的证据是不足的。反对内共生假说的学者认为这个假说太粗糙,只注重形态学方面而忽略了细胞生理和生化方面的特征。

关于从原核细胞到真核细胞的进化过渡途径,虽然至今仍有争论,但愈来愈多的分子系统学的证据倾向于支持细胞器的内共生起源假说。例如,不同生物的核糖体核酸小的亚单位的序列(一级结构)的比较分析表明,质体可能来源于类似蓝细菌的原始祖先,是通过多次的共生事件而进化产生的,主张质体起源于多次内共生事件的理由:第一,现生的真核生物的质体及其色素组成有显著不同的 3 种类型,即含有叶绿素 a、叶绿素 b 的绿藻和陆地植物,含有叶绿素 a、叶绿素 c 的杂色藻,以及含有叶绿素 a 与藻胆素蛋白的红藻。这 3 种类型可能代表 3 条进化线系,是各自独立起源的。第二,质体是由两层或多层膜包被的,原核细胞之间的一次共生事件不可能产生两层或多层膜结构。如果质体起源于细胞内共生,那么至少要通过两次以上的进化事件,即第一次内共生事件发生在含有上述不同类型色素组成的各原核生物祖先与具有吞噬特性的原核生物宿主之间,第二次和以后的内共生事件则发生在第一次共生所产生的原始真核生物之间。关于最早的真核生物的化石研究虽有许多报道,但鉴定和确认是困难的。这是因为单细胞真核生物形态简单,化石保存中形态改变,古生物学家难以单从简单形态特征判断化石的分类地位。

26.2.2　原生生物

原生生物(protist)是最简单的真核生物,个体微小,多数为单细胞,细胞核有核膜,基本无分化。原生生物是从原核生物祖先进化来的第一种原始真核生物,不仅是大量和多样化的现代原生生物的祖先,也是后续出现的多细胞真核生物——植物、真菌以及动物的祖先。生物的共同祖先沿着真细菌、古细菌以及真核生物 3 条路线进化,其中一条路线就是真核生物的演化过程。真核生物是源于原始的原核细胞间的内共生演化而来的。单细胞的原生生物具有与其他真核生物类似的细胞结构。通过电子显微镜,我们能够找到不同原生生物细胞器结构和数量的差异。越来越多的证据表明原生生物同时代表一类处于次生性退化并失去若干细胞器的趋势中的生物。在细胞演化过程中,线粒体(所有真核生物细胞的典型结构)和质体(光合营养的真核生物的典型结构)会发生退化甚至消失,而只有原来携带的遗传特性转由细胞核承载。大多数重要的寄生虫都属于这样的原生生物。通过次生性退化失去线粒体的例子是阿米巴原虫和贾第虫(Giardia)(贾第虫能够引起人类腹部痉挛和严重腹泻,是现存的古真核生物的代表。没有鞭毛、线粒体和叶绿体,是细胞骨架非常简单的单细胞原生生物)。

1. 藻类　大多数藻类(algae)是光能自养型,只有少数是化能异养型,它们吞噬食物或者营异养生活。藻类是一个庞大多样的真核生物类群。这个类群虽然包含有叶绿素、放氧的光合类型的生物,但藻类不能与同样也是行光合营养、放氧的蓝细菌混淆。蓝细菌是原核生物,在进化上与藻类有显著的差异。藻类在大小上差别很大,有些是单细胞微小的生物,而有的藻类如海带(褐藻)长达 30 多米。除单细胞藻类外,许多藻类是群体生活,呈丝状或栅状。有些藻类是多细胞的,有含纤维素的细胞壁或者蛋白质表膜。藻类细胞的细胞核均有核膜,有线粒体、溶酶体和高尔基体等细胞器。有的丝状藻类不分支,有的具复杂的分支。大多数藻类含有叶绿素,呈现绿色,少数藻类含有类胡萝卜素,掩盖了叶绿素的绿色,成为褐色和红色。藻类细胞中均含有一个或多个叶绿体,叶绿素分布在叶绿体的膜结构中。根据核糖体 RNA 序列分析的结果看出,藻类的系统发育是离散性很明显的异质类群。眼虫藻自发地失去叶绿体成为一种异养生物,与具有鞭毛的原生动物显示出系统发育中较为密切的亲缘关系。与绿藻和红藻相比较,褐藻与硅藻显然是更为古老的生物。只有绿藻和一些红藻与绿色植物有非常密切的亲缘关系。不同藻类的形态、运动性、所含叶绿素的种类、用于产生高聚物的碳源物质、细胞壁类型以及栖息地可以作为藻类分离的特征依据。很多生物学家都赞成将藻类分为 6 个类群,金藻门(Chrysophyta)、裸藻门(Euglenophyta)、甲藻门(Pyrrophyta)为单细胞藻;绿藻门(Chlorophyta)有单细胞、群体和多细胞等;红藻门(Rhodophyta)和褐藻门(Phaeophyta)为多细胞藻类。

2. 黏菌　黏菌(slime mold,又称黏质霉菌)属于非光合营养的真核微生物。其不含叶绿素,以吞噬方式摄食,由于产孢子和子实体等表型特征使它们介于真菌和原生动物之间。但是,系统发育的剖析表明,黏菌比真菌和某些原生动物,例如纤毛虫,更为古老。在自然界中,黏菌生活在腐烂的枯枝落叶、木头和土壤中,主要以吞噬方式摄取细菌为食。黏菌门分为 3 个纲 500 种。黏菌分为细胞黏菌和非细胞黏菌两个类群。细胞黏菌的营养体由单个的变形虫状的细胞组成。在生长过程中具有特异的生活史,如盘基网柄菌(*Dictyostelium discoideum*)生活史的无性和有性阶段。在有性阶段:变形虫状营养细胞→假原质团→子实体→变形虫状营养细胞。在无性阶段:变形虫状营养细胞(单倍体核)→接合→大孢囊(双倍体核)→减数分裂→变形虫状营养细胞。周围的食物被用尽之后,盘基网柄菌的变形虫状营养细胞处于饥饿状态,此时,由细胞产生 cAMP 和特异性蛋白两种物质作为中心来吸引其他营养细胞,这两种物质具有趋化性介质的功效,引发变形虫状的营养细胞聚集。从而形成一种假原质团的结构。在这一结构中,变形虫状营养细胞失去了独立性,但并不融合。假原质团是一种黏液状可移动的细胞团,当假原质团停止移动进行垂直生长时,开始形成子实体。营养时期的非细胞黏菌像一个不定型的原质团,与巨大的变形虫相似。由于细胞质的流动使得非细胞黏菌呈现变形虫状运动,在运动时吞食颗粒状食物。细胞质的流动由肌动蛋白(actin)的蛋白丝驱动。它位于细胞质膜下面的薄层中。非细胞黏菌细胞质流动时呈现出明显的一股股的束(strand),束顶端的原质团紧缩、黏滞,后面的较稀薄。细胞质向束的顶端流动,每一束都裹着一层薄的细胞质膜。在流动的时候,并不总是单独的一束。有时可以融合成一个大的原质团,然后又分离成一股股小的束。

3. 原生动物　原生动物是动物界最低等的一类,其大多为水生,只有少数生活在潮湿土壤中或者寄生在其他生物体内。原生动物属于真核单细胞动物,整个生物体只有一个细胞,其新陈代谢、感觉以及运动、繁殖等各种生理功能都通过一个细胞完成。原生动物是无色、无细胞壁、能进行运动的单细胞真核生物,具有个体大、不含叶绿体、无细胞壁、能运动及不产子实体等突出的特征,因此,它们与原核生物的细菌、真核生物的藻类、真菌、黏菌有着十分明显的区别。原生动物通常是以吞噬作用捕食其他生物或者有机物颗粒来获得营养,也可以通过胞饮作用获得溶液中的大分子物质,为了适应捕捉食物,许多原生动物能够运动。肉足纲的原生动物以变形虫方式进行运动,腋毛纲的原生动物用鞭毛进行运动,纤毛纲的原生动物以纤毛进行运动。因此,原生动物的运动方式以及在自然界中的分布是区分各类群的特征。

26.3　病毒

病毒被认为是最简单的生命体,其生命活动很特殊,对细胞有绝对的依存性。病毒有两种存在形式,一种是细胞外形式,另一种是细胞内形式。存在于细胞外环境中时,不显复制活性,但是保持感染活性,是病毒体或病毒颗粒形式;进入细胞内则解体释放出核酸分子(DNA 或者 RNA),借助细胞内环境的条件以其独特的生命活动体系进行复制。病毒十分微小,只能在电子显微镜下才能看到,与其他微生物真菌、细菌等不同,它是以次级键方式结合组成的颗粒,而且具有一定的形状、大小、重量、化学组成以及理化性质。到目前为止,已鉴定的病毒约 2500 种。尽管来源于不同宿主的病毒种类成百上千种,但是它们的形态特征可以归纳为以下几种。①球状病毒:病毒结构的一条总的原则是病毒颗粒质量的很大一部分为蛋白质外壳,这种蛋白质又是由许多亚单位组合而成,并构成具有相同大小和形状的病毒颗粒。电子显微镜和 X 射线衍射的资料表明,大多数球状病毒是由核酸和蛋白质亚单位构筑成一个立方体对称的二十面体、有特定数目的形态学单位。②杆状病毒:有些杆状病毒,像烟草花叶病毒(TMV)和太子参花叶病毒,具有棒状的颗粒。而另一些杆状病毒如昆虫杆状病毒,具有可弯曲的颗粒。在 TMV 的电子显微镜照片中可以看出蛋白质亚单位像垂直于颗粒长轴的条纹。③砖形病毒:痘病毒是一群最大最复杂的病毒。这些病毒常被描述成砖形或面包形。用磷钨酸盐处理病毒,在电子显微镜下观察时可清楚地看到涡轮状的细管或细丝。经酶和化学处理后用电子显微镜可以看到在丝状体表面的下面还有其他结构,包括组成和功能尚不明确的"侧体"和一个含有病毒核酸和蛋白质外壳的芯或称病毒核心。④有包膜的球状病毒:那些在细胞膜上完成其结构的病毒通常具有包膜结构,其中一部分包膜取自寄生的膜。这些包膜结构一般呈现突起,利用负染技术在电子显微镜下可以观察到,称为尖突或者包膜子粒。⑤具有球状头部的病毒:细菌病毒在大小及形状方面可能是各类病毒中最为花样繁多的。⑥封于包含体内的昆虫病毒:有些昆虫病毒颗粒同其他动物病毒相似。如大蚊虹色病毒或呼肠孤病毒。大多数昆虫病毒的成熟颗粒都封于特征性的包含体中。包含体是结晶状的稳定形态,其中含有一个或更多的病毒颗粒。有两种主要类型:多角体病毒和颗粒体病毒。

26.3.1 病毒分类

病毒是作为病原而被发现的,目前已知,从原核生物的细菌、支原体、放线菌、立克次氏体、蓝藻,真核生物的藻类、真菌、裸子植物、被子植物、原生动物、腔肠动物、线虫、节肢动物、软体动物、脊椎动物乃至人类中都能分离到病毒。其中从细菌、被子植物、节肢动物、脊椎动物和人类中找到的病毒最多,但是不少低等植物如硅藻、黏菌、苔藓、苏铁属植物和低等动物的许多门,如多孔动物门、扁虫动物门、腕足动物门、棘皮动物门等均未报道有病毒的存在。这种分布不均的现象也许部分地反映了处于演化系统不同位置的动、植物对病毒有不同的易感性。

(1)细菌病毒 迄今为止,几乎所有细菌的噬菌体都被发现,只有那些我们了解还很肤浅的细菌,尚未报道相应的噬菌体。已报道的细菌病毒有几百种。噬菌体的寄主范围不会跨越已经确立的细菌类群之间的分类学界限,例如,小球菌的噬菌体不会在链球菌内增殖,伤寒菌的噬菌体通常不会在假单胞菌内增殖。这种界线不仅限制于"科"或"种",就是"株"间也存在着特异性。放线菌也同样地为病毒所侵袭,株间的特异性也很明显,例如,病毒能感染产生链霉素的灰色放线菌而不能感染不产生链霉素的放线菌。病毒也感染线状的蓝藻,所有被研究过的蓝藻噬菌体均含有双链 DNA,有大的基因组。

(2)真核藻类病毒 珊瑚轮藻病毒是人们发现的第一个具有感染性的真核藻类病毒;除此之外,在小球藻中也发现有病毒的存在。

(3)真菌病毒 迄今为止,已发现的真菌病毒已超过 100 种。报道已经从下列真菌中分离获得病毒,而且对这些真菌都具致病作用:丝核菌、栗疫病菌、根前毛菌、燕麦孺孢菌、蘑菇及啤酒酵母等。蘑菇病毒对商业生产的蘑菇造成很大的损失。

由病毒引起的高等植物毒害相当普遍。例如病毒会引起粮食作物、纤维作物、油料作物、糖料作物、兽类作物、蔬菜、花卉、药材和林木等病害,造成的经济损失是众所周知的。高等植物病毒绝大多数属 RNA 病毒,但是花椰菜花叶病毒组和双链病毒组属 DNA 病毒。烟草花叶病毒的研究,对促进病毒学的发展起到特殊的作用。

在无脊椎动物中,昆虫的病毒病最多,已知有 1671 种。此外,在水螅、牡蛎、虾等中也发现病毒的存在。昆虫杆状病毒的研究日益受到重视,主要是因为其可以作为杀虫剂,在农林害虫防治上具有巨大的经济效益;又可作为外源基因的表达载体,在医学和农业生产上有重要意义。鱼类的病毒病,至少有 35 种,例如鲤鱼乳头状上皮瘤病毒、草鱼出血病病毒等。两栖类动物、鸟类中也发现有病毒病。家禽的肿瘤病毒病,包括肉瘤和白血病,是研究病毒与肿瘤关系的良好材料,大家已经公认许多野生的哺乳动物和大多数家养的哺乳动物都有病毒病。人的病毒病包括天花、黄热病、小儿麻痹症、麻疹、腮腺炎、狂犬病、肝炎以及艾滋病等,对人类的身体健康造成很大的威胁。

26.3.2 亚病毒因子

亚病毒因子包括类病毒、卫星病毒和朊病毒。在亚病毒因子中,仅有朊病毒能够独立复制,朊病毒颗粒不具有基因组核酸。卫星病毒和卫星 RNA 都具有核酸基因组,必须依赖辅助病毒进行复制,并与其辅助病毒没有核酸序列同源性。

需要与辅助病毒一起对宿主进行共感染的亚病毒因子,当其编码包裹自身的蛋白质衣壳时称为卫星病毒。卫星病毒首先在植物中被发现，已知的植物卫星病毒包括卫星烟草花叶病毒（satellite tobacco mosaic virus，STMV）、卫星玉米白线花叶病毒（satellite maize white line mosaic virus）等。它们都依赖辅助病毒提供复制酶进行复制，并且都编码壳体蛋白。植物卫星病毒对辅助病毒的依赖性非常专一。

卫星 RNA 是指一些必须依赖辅助病毒进行复制的小分子单链 RNA 片段，它们被包装在辅助病毒的壳体中，本身对于辅助病毒的复制不是必需的，而且它们与辅助病毒的基因组无明显的同源性。

朊病毒仅由蛋白质组成，杆状，直径 25 nm，长 100～200 nm。朊病毒对许多理化因子都有很强的抵抗力，如甲醛、DNA 酶、紫外线、超声波等，在 80 ℃时不被破坏，但是对蛋白酶、苯酚、尿素等敏感，迄今还没有有效的防治方法。它是一类能引起哺乳动物亚急性海绵样脑病的病原因子，这些疾病包括人的库鲁病、克雅氏病、格-史氏综合征和致死性家族失眠病，发生于动物中的羊瘙痒症、牛海绵状脑病（又称疯牛病）等。由于这类病原因子能引起人与动物的致死性中枢神经系统疾病，并且它们具有不同于病毒的生物学性质和理化性质，故一直引起人们极大的兴趣。研究者们以羊瘙痒病为模型进行了大量的研究。

26.3.3　病毒的进化

从进化角度来看，病毒是高度进化的生物，并且仍然在不断地进化。由于病毒的大小和形态对基因组的限制，它们演化成最经济、有效的生命形式之一。病毒一般只能编码从宿主细胞中得不到的功能，除功能基因外很少浪费基因组序列。实际上，不少病毒通过翻译过程中阅读框架的改变或通过 mRNA 不同的拼接方式，或转录中改变阅读框架来编码不同的蛋白质。某些病毒如黄热病毒既可在蚊子中复制也可在人中复制，可以编码相对于不同宿主的两套不同的复制系统。病毒的结构在进化过程中演变得具有双重功能：蛋白质外壳一方面保护病毒在环境中的稳定性，另一方面保证病毒进入敏感宿主后能够迅速脱去外壳进行复制。

病毒是专性的细胞内寄生物，其 DNA 或 RNA 包装在基因组编码的蛋白质中，不同病毒的大小、结构、基因组成都很不相同。病毒可以划分为下列三种类型：①单纯以 DNA 为遗传物质的病毒；②在其生活的不同阶段以 DNA 和 RNA 作为其遗传物质的病毒（如反转录病毒、花椰菜花叶病毒属）；③以 RNA 为其遗传物质的病毒。这三类病毒之间非常不同，一般认为它们有着不同的起源和不同的进化。目前有关病毒的转录、复制、基因组核苷酸的变化、蛋白质氨基酸组成的变化以及高分辨率所揭示的结构的细微变化等一系列变化比较，使我们对病毒及病毒家族的进化史有越来越清楚的了解。一般认为病毒的进化是独立于宿主的进化进行的，质粒、转座子、插入片段等的进化与病毒的进化有一定的相关性。

要讨论病毒起源的学说，必须首先定义什么是病毒的起源以及如何判断这个起源的发生。这里我们将病毒或其遗传物质从它的前身大分子中独立出来进行自主复制和进化的时间，定义为病毒的起源。当病毒获得了决定自身繁殖和命运的遗传信息时，它就获得了新的分类地位，成为独立的遗传元件。病毒的起源有三类学说：①退化性起源学说。②病毒起源于宿主细胞中的 RNA 和（或）DNA 成分的学说。③病毒起源于具有自主复制功能的原始大分子的学说。前两个学说认为病毒起源发生在宿主细胞出现之后，第三种理论则认为病毒和细胞是一同从生命的起源中进化而来的。

26.4　植物和真菌

26.4.1　植物

1. 植物的起源及早期进化　在长达 30 多亿年的前显生宙时期，即整个太古宙与元古宙期间，地球上的生命一直生存在水环境中。陆地上的生命最早出现于 4 亿多年前，陆地生态系统的建立和维管植物的出现和进化是分不开的。维管植物是地球上最为奇特的生物类群之一，它们具有一系列适应陆地生活的特性：①它们的地上部分的表皮上有角质层和气孔用来控制水的蒸腾作用，生殖细胞被一层或者多层没有生殖功能的细胞包围，起保护作用。②存在根、茎、叶的分化。③有维管系统，既有支持作用，又有远距离运输的功能。就现今的生物圈而言，维管植物占总生物量的 97％左右，约有 30 万种。维管植物、陆生和淡水藻类、苔藓植物以及蓝细菌等一起作为初级生产者支持着庞大的陆地生态系统。

本质化其实就是植物的骨骼化。动物与植物的第一次骨骼化发生在元古宙末期至寒武纪初期，即大约

5.3亿年前。以无脊椎动物钙质外壳的形成和植物中钙藻化石的最早出现为标志,实际上是外骨骼的产生。植物的第二次骨骼化可能发生于晚奥陶世或志留纪,以本质化的维管系统的起源作为标志。由叶状体植物向维管植物的进化是植物由水环境向陆地干旱环境适应改变的过程,此过程包含着植物内部结构与生理机能的一系列进化革新,使植物具备了下面的新的适应特征:①具备了调节和控制体内外水平衡的能力,从而能够适应陆地的干旱环境。②具备了非常有效的运输水分和营养物质的系统,能有效利用陆地土壤中的水分与营养物质。③具备了抗紫外线辐射损伤的能力,能暴露于强日光照射之下。④具备了很坚强的机械支撑力,不需要水介质的支持就能直立于陆地上。

苔藓植物主要是通过生理过程适应陆地干燥环境。非维管植物可以通过形成厚壁的休眠孢子、厚的胶质外鞘和某些生理机制获得抗旱或耐旱的能力,但是只能被动地适应干旱的环境,而只有维管植物达到了主动地适应和"利用"陆地特殊环境条件的程度。维管植物体表角质层的产生是其减少体内水分丢失的重要的结构特征。植物表层细胞外的角质层是醇与酸的聚合物,它有效地防止了体内水分的蒸发。但是角质层同时也阻碍了CO_2向植物组织内部扩散吸收。与角质层相对应的适应进化就是气孔结构的产生。气孔上的半月形或肾形的保卫细胞可以通过改变其膨胀度来调节气孔的开闭,进而能够对水分蒸发和CO_2扩散实行有效的调控。对光照的竞争和为使生殖细胞有效的散布,促使植物体进一步向高大的方向发展。随着植物体的增高,水分与营养成分运输的难度也增大了,同时高大的植物体需要更强的机械支撑。这些因素所构成的选择压推动了维管系统的进化。最初是局部增厚的木质化的圆柱形的输导细胞(管胞)和有利于营养物质输送的筛胞产生,进而是有运输和支撑双重功能的维管系统的出现。角质层、气孔、维管系统、木质化、植物体增大,这些都是陆地维管植物进化过程中的一系列进化改变。这些进化改变造就了适应陆地环境的维管植物。

虽然某些藻类与蓝细菌可能在元古宙晚期就已经登陆了,但是为什么一直到古生代志留纪或晚奥陶世之后,大部分陆地才被绿色生命所覆盖?或者说为什么维管植物起源和陆地植物大规模的适应辐射要比学者们预期晚很多?究其原因,一方面,对植物而言,只有当结构与机能达到一定的进化水平或组织化水平时,才能获得对陆地干旱环境的主动适应,并有效地扩展其生境并且达到一定丰度。另一方面,从地球环境方面而言,存在许多环境限制因素控制着生物进化的方向与进度,例如大气的化学组成、水的物理化学特征以及地表温度和土壤的形成和发展等。

最早的陆地植物化石有两类:一类是作为微体化石保存在碎屑岩中的植物生殖细胞(孢子)和组织碎片,另一类是一些相对完整的植物遗体化石。最早的陆地植物遗体化石有下面两类:①织丝植物(Nematophytes),是一类小的叶状或线条形的植物,发现于志留纪到泥盆纪陆相沉积岩中。植物内部有一系列长管状体,无薄壁组织。有的学者认为它们是陆地早生植物,也有人认为是维管植物进化线上的早期过渡类型。②直径为1~2 mm,双分叉的、末端附着有孢子囊的 Cooksonia Lang,这一类化石最早出现于志留纪。

2. 原核藻类 光合自养的原核蓝藻类是如何产生的?有人认为是由含叶绿素a、具光系统Ⅰ的不放氧的原核原藻类演化来的,也有人认为是从能够进行初步光化学反应的含有卟啉类化合物的多分子体系的原始生物演化而来。在非洲东南部距今32亿年的斯瓦特科匹的炭质页岩中发现蓝藻化石,化石直径1~4 μm,折叠为近球形至碟形,细胞分裂是二分裂式,状似于现代蓝藻中的隐球藻。

距今31亿年的非洲南部无花果树群的沉积岩地层中发现1种单细胞蓝藻化石,称为古球藻,状似现代的色球藻类,并且从化石所在的岩石中分析出卟啉等生物成因的有机化合物。在距今28亿年以后的地层中也相继发现了许多球状和丝状蓝藻类化石。从最早的蓝藻化石的发现说明原核的蓝藻类出现的时间为33亿~35亿年前。至前寒武纪已很繁盛了,15亿年前的地球上光合放氧生物只有蓝藻。所以也有人称这段地质时期为蓝藻时代。现存的蓝藻约2000种,分布比较广泛。它们是经过30多亿年长期演化发展的结果,但是在外部形态上似乎变化不是很大。

蓝藻的出现具有重大意义,因为其在光合作用过程中释放出氧气,不仅使水中的溶解氧增加,也使大气中的氧气不断积累,并逐渐在高空形成臭氧层。一方面为好氧的真核生物的产生创造条件,另一方面也为生物生活在水的表层和地球表面创造了条件。因为臭氧层可以阻挡一部分紫外线的强烈辐射。

3. 真核藻类 真核藻类在14亿~15亿年前出现。据推测,那时地球上大气中的氧含量可达现在大气中氧含量的1%左右。对于真核细胞怎样产生的问题,大多学者认为是由原核细胞进化来的。可靠的真核细胞化石,如中国河北蓟县10.5亿年的前震旦系洪水庄组的地层以及澳大利亚北部10亿年前的苦泉组地层中发现的真核细胞化石,其细胞形状类似绿球藻类,有一些还处在细胞分裂阶段。由单细胞真核藻类又逐渐演化出丝状、群体和多细胞类型。约9亿年前出现了有性生殖,这不但极大地提高了真核生物的生活力,而且可以发生遗传重组，产生更多的变异，大大加快了真核生物的进化和发展速度。从真核生物出现至 4 亿年前近 10 亿年的时间应该是藻类急剧分化、发展和繁盛的时期。有化石记录表明，现代藻类中的主要门类几乎都已产生。这个时期，藻类植物（包括蓝藻在内）是当时地球上（水中）生命的主角。因此这一时期也被称为藻类时代。

4. 苔藓植物 苔藓植物可能出现于泥盆纪早期。对于苔藓植物的起源存在两种假设，一种认为苔藓植物是从早期原始的裸蕨类演化而来，如霍尼蕨属，它们的孢子体为二叉状分枝，只有假根，孢子囊顶生枝端，霍尼蕨的孢子囊内还有 1 个不育的囊轴，这和苔藓植物很相似，另外霍尼蕨的根茎中输导组织消失。因此，一些学者认为苔藓植物是由原始的裸蕨类演化而来的。另一种认为苔藓植物是从绿藻类演化来的。根据苔藓植物生活史中的原丝体在形态上非常类似丝状绿藻，绿藻和苔藓植物的光合色素相同，储藏的光合产物都有淀粉，特别是角苔中不仅叶绿体大，数少（有的仅有 1 个），而且还有蛋白核，这和绿藻类很类似，除此之外，苔藓植物的精子有 2 条等长、尾鞭型、近顶生的鞭毛，这也类似于绿藻。目前赞成苔藓植物来源于绿藻的人较多。苔藓植物没有维管系统的分化，没有真根等，使其对陆生环境的适应能力不如维管植物。虽分布较广，但是仍然多生于阴湿环境。迄今尚未发现它们进化出高一级的新植物类群。因此，一般认为苔藓植物是植物界进化中的一个侧支。

5. 裸蕨和蕨类植物 裸蕨植物是最古老的陆生维管植物。其共同特征是无叶、无真根、仅有假根；地上部分为轴，多为二叉状分枝，孢子囊单生枝顶，孢子同型等。最早的裸蕨植物化石发现于 4 亿年前的志留纪晚期，定名为光蕨（*Cooksonia*）。后来在泥盆纪的早、中期又先后发现莱尼蕨（*Rhynia*）、裸蕨（*Psilophyton*）等。它们生活在陆地上面或者沼泽地，分布在各大洲，繁盛于泥盆纪的早、中期，这段地质时期称为裸蕨植物时代。裸蕨植物在泥盆纪晚期灭绝，仅仅生存了 3000 万年。

裸藻类植物登陆成功的原因有以下几点：第一，水生藻类的大发展，一些种类也逐渐向陆地发展，以扩大生活领域，个别种类已接近完成这种转化，例如原杉藻（*Prototaxites*）等。第二，藻类的大发展也增加了大气中的氧含量，据推测，当时地球上大气中氧含量已达现大气中氧含量的 10% 左右，并且在大气层的高空形成了一定厚度的臭氧层，这就为陆生植物的生存创造了基本的条件。第三，在晚志留纪和泥盆纪之间，地球上发生了远古以来最大的一次地壳运动，即加里东造山运动，在地球表面形成了许多山脉，广大地区的海水退却，陆地面积增大。上述三个条件为某些水生藻类的登陆提供了条件，一些自身条件较好的、对沼泽以及陆生环境适应比较快的种类生存了下来，并且继续发生变异产生出裸蕨类植物。另外，许多不能适应这种变化的种类被淘汰灭绝。大多数人认为裸蕨植物是由古代的绿藻类演化来的，主要的依据是均含叶绿素 a、叶绿素 b，储藏的光合产物都为淀粉，细胞壁的主要成分都为纤维素等。裸蕨的出现具有重要意义，开辟了植物由水生发展到陆生的新时代，植物界的演化进入了一个与以前完全不同的新阶段。裸蕨植物在植物进化中的意义还在于，它们以后又演化出了其他蕨类植物和原裸子植物。

蕨类植物是由裸蕨植物分为 3 条进化路线通过趋异演化的方式进化来的。蕨类植物也称为无种子维管植物，包括石松类（Lycophyta）、楔叶类（Sphenophyta）和真蕨类（Pterophyta）。其与苔藓植物不同，有维管组织；无种子维管植物的孢子体，胚胎阶段附着在配子体获取营养，长大后伸出配子体，成为营光合自养的植物体；在生活史中，孢子体世代具有较大植株和较长生存时间。它们在泥盆纪早、中期出现，从泥盆纪晚期到石炭纪和二叠纪的一亿六千万年的时期内种类多、分布广、生长繁茂，因此这一时期被称为蕨类植物时代。在二叠纪时气候发生急剧的变化，生长于湿润环境中的许多种类，不能适应二叠纪时出现的季节性的干旱和大规模地壳运动而遭淘汰。后来在三叠纪和侏罗纪时又进化形成了一些新的种类，其中大多数种类进化发展到现在。

6. 裸子植物 原裸子植物（progymnosperm）也称为前裸子植物或半裸子植物。它们是由裸蕨植物演化而来，兼有蕨类和裸子植物的特征。1974 年 Burn 将这类植物称作原裸子植物。最早的原裸子植物的化石发现于泥盆纪中期的无脉蕨（*Aneurophyton*），另一著名的原裸子植物为古蕨属（*Archaeopteris*），两者都为乔木。古蕨属为孢子异型，叶在枝上为交互对生排列，不是复叶。原裸子植物在泥盆纪晚期均已绝灭。

裸子植物作为种子植物，和无种子的维管植物存在以下区别：一是出现了种子，加强了对胚的保护，提高了孢子体的抵抗能力；二是在有性过程出现了花粉和花粉管，使受精过程不再需要水作为媒介。作为无种子维管植物和被子植物之间的类群，裸子植物没有真正意义上的花，以孢子叶球作为其繁殖器官，保留了颈卵器的构造。原始裸子植物最早发现于泥盆纪，如种子蕨类（Pteridospermae），其中最著名的代表是凤尾松蕨（*Lyginopteris oldhamid*），其种子外面有一杯状包被，珠心外有一层珠被。在石炭纪和二叠纪种子蕨类分布很广,通常认为种子蕨类是原裸子植物演化而来,然后再由种子蕨类演化出苏铁类和具两性孢子叶球的本内苏铁类(Bennettitinae),本内苏铁类在白垩纪已灭绝,苏铁类尚存 100 余种。由原裸子植物演化出的另一类裸子植物为科得狄(Cordaitinae)。它出现于石炭纪,单叶。有人推测银杏类和松杉类有可能是科得狄的后裔,也有人认为银杏类有可能来源于原裸子植物。银杏最早出现于二叠纪早期,在三叠纪至侏罗纪时最为繁盛,目前仅在我国保存下来,成为活化石植物,松杉类植物出现在晚石炭纪,在中生代后期最繁盛,现存种类仍然最多,分布最广。

在 2.8 亿年前的二叠纪早期,地球上大部分地区干旱、酷热。许多在石炭纪时的无种子维管植物由于不能适应环境的变化逐渐灭绝。裸子植物逐渐兴起并取而代之,成为地球生态系统的主角,因此这一时期也被称为裸子植物时代。直到中生代末期,裸子植物才将主角的位置让位于被子植物。迄今在欧亚大陆以及北美洲的北部仍然可以看到大面积的针叶林,包括在一些低纬度的高山地区。

7. 被子植物 被子植物是植物界中进化水平最高、种类最多的大类群。最早的被子植物来自白垩纪地层,在白垩纪之前尚未发现可靠的化石记录。达尔文也曾认为白垩纪之后被子植物的突然发展是一个可疑的秘密,最古老的被子植物的花粉、果实、叶、木材等化石也仅仅发现在白垩纪早期。被子植物果实的最早化石是在美国加利福尼亚州约 1.2 亿年前的早白垩纪欧特里夫期的地层中发现的,称为"加州洞核"(Onoana california)。尽管如此,被子植物的发生时间应在白垩纪之前的某个时期。由于它们发达的营养器官,完善的输导系统,双受精,以及产生果实等特点,在侏罗纪、白垩纪早期裸子植物大量灭绝减少时,它们当时的数量还很少,但从晚白垩纪开始迅速发展起来,经历了极其复杂的各种自然环境的考验与改造,大大丰富了多样性。延续至今,一直保持着绝对优势的地位。由于化石资料的缺乏,对于被子植物是由哪一种植物演化而来的目前还不清楚,但不少学者提出了多种假说,有学者认为现生的买麻藤类和已经灭绝的本内苏铁类和被子植物亲缘关系接近,并将三者合称为显花植物(phanerogamae)。在此基础上,学者们提出假花学说和真花学说两种观点,各自得到若干系统发育假设重建的支持,但从目前分子系统发育结果分析,两种假说都不确切。假花学说认为,买麻藤目与被子植物互为姊妹群,被子植物起源于风媒的单性花的柔黄花序植物,可能的共有衍证是双受精和木质部具有导管。真花假说认为,本内苏铁与被子植物互为姊妹群,被子植物中的木兰类植物起源于具有两性花球穗的植物,可能的共有衍证为两性花。被子植物是单系群的观点目前已被普遍接受,其共有衍证是胚珠为心皮所包被,受精发育后种子被果实包被。

被子植物与裸子植物的生活史相比较,有以下特征:①裸子植物是风媒花,而大多数的被子植物是虫媒花。②被子植物在传粉 12 h 内受精,在几天或者几周产生出种子,而裸子植物从传粉到种子形成需要一年以上时间。③被子植物是双受精的,胚乳是三倍体或者多倍体,而裸子植物仅有卵子和精子的结合,胚乳是单倍体。④被子植物的雌雄配子体不但寄生在孢子体中而且进一步简化。⑤被子植物的孢子体组织分化细致,生理机能效率高。

26.4.2 真菌

1. 真菌概述 真菌(fungi)是不含叶绿体、化能有机营养,具有真正的细胞核、线粒体,以孢子进行繁殖及不运动(仅少数种类的游动孢子有 1～2 根鞭毛)的典型的真核微生物。

真菌的类群庞大而多样,估计有 10 万种,目前已知的真菌有 4 万余种。真菌在自然界中的分布极其广泛。一些水生的种类生活在湖泊、河流中,只有少数种类栖息在海洋中(如海洋中的红酵母),大多数真菌主要生活在土壤中或死亡的植物残体上。它们在自然界的碳素循环和氮素循环中起主要作用。真菌参与淀粉、纤维素和木质素等有机含碳化合物的分解,生成 CO_2,为植物的光合作用提供碳源。许多真菌特别是担子菌,它们重要的生态学活性在于能够分解木材、纸张、棉布和其他自然界中含碳的复杂有机物。担子菌分解这些有机物时,是利用纤维素和木质素作为生长的碳源和能源。真菌对蛋白质及其含氮化合物的分解所释放出的 NH_3,一部分可供植物和微生物的吸收同化,另一部分可转化成硝酸盐,成为氮素循环中不可替代的一步。在真菌中,还有一些真菌是引起许多重要经济作物病害的病原菌,例如玉米腥黑穗病、小麦锈病等;少数真菌是人类、动物的致病菌,如由白色假丝酵母引起的鹅口疮,由表皮癣菌引起的癣症等。不同于系统发育多样化的藻类,除卵菌纲这一较为古老的例外,在真核生物的系统发育树中,真菌是亲缘关系密切的类群。它们之间仅仅在形态特征和有性生活史中呈现有差异的多样性,目前真菌的分类仍以形态特征和有性生活史作为分类的指征。真菌的营养要求简单,属于低营养微生物,其代谢和合成不像细菌那样多种多样。真菌中的霉菌、酵母菌和蕈菌与人类的生产和生活密切相关。

2. 真菌的生活史、生殖及遗传 有丝分裂是真菌中最简单的无性繁殖方式,多发生在单细胞类群中。在无性孢子生殖中,亲代形成孢子囊。游动孢子囊常见于水生真菌,例如壶菌。孢子囊破裂或者通过生出的开口释放出成熟孢子,游动孢子一般具有 1 根鞭毛,借助鞭毛可以游动。鞭毛位于细胞膜内的部分称为鞭毛动体,与细胞核相连,由线粒体、微体和类脂体组成的侧泡复合体紧靠细胞核,侧泡复合体可以分解类脂产生能量供鞭毛运动所需。分生孢子是真菌中最常见的无性孢子,形状、大小以及结构与着生方式多样,包括芽殖型和菌丝型两种发育类型。

真菌也可以通过配子融合产生有性孢子行有性生殖,包括质配和核配两个阶段。绝大多数真菌是单倍体,在核配后立即进行减数分裂,没有明显的二倍体阶段,只有少数真菌形成二倍体的营养体。

异核现象是指菌丝细胞内的细胞核不属于单一遗传型,这种差异可以通过突变或者不同遗传型菌丝体间的融合引起,这种现象常见于子囊菌和担子菌等类群。如果两个异核单倍体间融合为杂合二倍体,并且通过减数分裂产生单倍体或者有丝分裂产生二倍体,此过程称为准性生殖,进而发生重组,增强了遗传上的变异。

26.5 动物

动物界包括 30 多个门 70 多个纲 350 多个目,目前已知的种类超过了 150 万种。这么多种类的动物从哪里来呢? 现有的证据显示它们很可能由同一祖先进化而来。生物学家根据古动物化石、形态学证据、胚胎学证据、生理生化证据以及分子生物学证据,描述出动物多样性进化的进程及轮廓。

在动物界里除了单细胞动物之外,其余都是多细胞动物。从单细胞到多细胞是生物从低级向高级发展的一个重要阶段,是生物进化史上一个极为重要的时期。所有高等生物虽都是多细胞的,但是发展是不平衡的。动物的发展水平要远远高于植物,它们进化发展的速度也远较植物快。动物的基本特点:①有对称的体型。两侧对称的体型不仅有利于活动,且促使身体分为前后、左右和背腹。②在进化过程中,神经感官和取食器官逐渐向前端集中,形成了头部。对称体型和头部的形成是动物体复杂化的关键。一切高等动物以至于人都是在这一体型基础上发展起来的。③体腔的出现增加了动物的复杂性,体腔是动物体中充满体液的空间。④体节的出现使真体腔动物分出不同类型。体节是指身体沿着纵轴分成很多相似的部分,每个部分称为体节。⑤在真体腔动物中大部分属于原口动物,它们的口是由原肠胚的胚孔发展而成。另一部分动物的胚孔发展成肛门。而原肠的另外一端发育为口,称为后口。单细胞动物在形态结构上虽然有的也比较复杂,但是它只是一个细胞本身的分化。它们之中虽有群体,但是群体中的每个个体细胞,一般独立生活,彼此之间的联系并不密切,因此,在动物进化中它们处于低级、原始阶段,属于原生动物。除单细胞的原生动物之外,动物界绝大多数多细胞动物称作后生动物(metazoan),这和原生动物的名称是相对而言的。

在寒武系底界(5 亿~5.3 亿年前)多门类的无脊椎动物化石(节肢动物、软体动物、腕足动物和环节动物等)几乎"同时"地、"突然"地出现,但是在寒武系底界及更古老的地层中长期以来却找不到动物化石。这一现象被古生物学家称为"寒武爆发"(Cambrian explosion),成为古生物学和地质学一大悬案。达尔文在其著作中也提到这一事实,并大感迷惑。达尔文认为,寒武纪的动物一定是来自其前寒武纪的祖先,并且是通过很长时间的进化过程才产生的。澳大利亚的寒武纪时的伊迪卡拉化石动物群幅(Ediacaran fauna)的发现,证实达尔文的解释一半是对的,即寒武纪的动物有其前寒武纪的进化历史,但是如果说寒武纪初期动物化石出现的"突然"性完全是地质记录不全所致,未必全正确。后生动物在寒武纪初期的出现确实有一点"突然",尽管目前对寒武系底界以下的后生动物化石知道得越来越多了,但这并不能抹掉"寒武爆发"。因为寒武系底界以下的化石是如此稀少以致寒武至前寒武的界线比任何其他地层界线都突出。后生动物起源和早期进化的信息可以从古生物学资料和现代生物的比较研究两方面获得。①后生动物第一次适应辐射发生在"寒武爆发"前 0.4 亿~0.5 亿年,即元古宙末期的全球冰期后不久。以多种形态奇特的动物化石的出现为标志的伊迪卡拉动物群——软躯体的、宏观体积的无脊椎动物印痕化石。伊迪卡拉动物群首次发现在澳大利亚中南部的伊迪卡拉地区的庞德砂岩中,从 20 世纪 40 年代末到现在,在世界许多地区陆续发现类似的动物化石,都统称为伊迪卡拉动物,同位素测定时间是 5.7 亿年。②伊迪卡拉动物没有硬骨骼,形态多样而奇特,它们和现生的所有动物都显著不同,因此不能纳入到现生的动物分类系统之中。它们生存时间较短,是快速出现又快速灭绝了的原始动物。伊迪卡拉型化石的某些类型和现代的某些无脊椎动物外表相似,有些完全不能和现生的动物比较。③最早的有钙质外骨骼的动物化石出现在"寒武爆发"之前,伊迪卡拉动物群之后。它们是一些形体较小的(直径大约若干毫米)、管状的和异形的硬壳化石,统称为小壳化石。它们的出现标志着动物的第一次骨骼化。④在伊迪卡拉动物化石产出地层之下的更老的地层中,偶尔有一些印痕化石的发现。⑤现生的无脊椎动物的形态比较研究也可以用于推测后生动物的起源。一般认为,后生动物起源于原始的单细胞真核生物祖先,它们各自独立地定向多细胞化,但是后生动物究竟起源于何种类型的祖先,通过何种方式进化出动物各个门类,尚无据考证。所以,对于后生动物起源问题基本停留在推测或假说上。19 世纪 70 年代,德国学者海克尔(E. Haeckel)提出一个假说,认为最早的后生动物是形态上类似现代动物的胚胎或幼虫的微小的生命。具体说,后生动物起源于类似鞭毛虫的祖先,进化的第一步是由许多鞭毛虫聚集成中空的囊胚,称作纤毛浮浪虫(blastaea);然后通过内陷形成双层壁的原肠虫(gastraea)。原肠虫就是最早的后生动物的形式,类似现在无脊椎动物胚胎发育中的原肠胚。

26.5.1　无脊椎动物

1. 海绵动物　海绵动物(sponges)(多孔动物门,Porifera),是最原始、最低等的二胚层多细胞动物,大约有 10000 种,大小从 1 cm 到 1.5 cm 不等。海绵的颜色各种各样,大多呈白色和灰色,也有红、黄、蓝、紫等颜色。它们主要生活在海水中,只有极少数生活在淡水中。成体全部营固着生活、附着在水中的岩石、贝壳、水生植物或其他物体上。遍布全世界,从潮间带到深海,在淡水的池塘、溪流、湖泊都可以见到它们。海绵动物的体形各种各样,有不规则的块状、球状、树枝状、管状以及瓶状等。海绵动物体表有很多的小孔(故名多孔动物),是水流进入体内的孔道,与体内管道相通,然后从出水孔排出,群体海绵有很多出水孔,通过水流带进食物、氧气并排出废物。

海绵动物体壁的最内层称为胃层,胃层由单层带有鞭毛的领细胞组成,每个细胞有一透明领围绕一条鞭毛。由于鞭毛波动引起水流通过海绵体,在水流中的食物颗粒和氧附在领上,然后落入细胞质中形成了食物泡,在领细胞内进行消化,或将食物传给中胶层的变形细胞内消化,不能消化的食物残渣,通过变形细胞排出到水流中。

皮层和胃层之间是中胶层,中胶层是胶状物质,其中有钙质或硅质的骨针和类蛋白质的海绵纤维(也称海绵丝)。骨针和海绵质纤维起骨骼支持作用。中胶层中的细胞有:能分泌骨针的成骨细胞,能分泌海绵质纤维的成海绵质细胞;还有一些游离的变形细胞,这些细胞有的能消化食物,有的能形成卵和精子,有的作为形成其他细胞的原细胞;在中胶层中还有芒状细胞,它具有神经传导的功能。海绵动物的细胞有一定分化,但是细胞排列比较疏松,在细胞之间有些联系但又不是那么紧密协作,身体内、外表层的细胞接近于组织,但又不同于真正的组织,可以说是原始组织的萌芽。

海绵动物的生殖有无性生殖和有性生殖两种方式。无性生殖又分为出芽和形成芽球两种。出芽(budding)是由海绵动物体壁的一部分向外突出形成芽体,与母体脱离后长成新个体,或者不脱离母体形成群体。芽球(gemmule)的形成是在中胶层中,由储存了丰富营养的原细胞聚集成堆,外包以几丁质膜和一层双盘头或短柱状的小骨针,形成球形芽球。

有性生殖的海绵动物有些是雌雄同体(monoecism),有些是雌雄异体(dioecism),但均为异体受精。精子和卵由原细胞或者领细胞发育来。成熟的精子自水沟系统流出海绵体,进入另一个体内,被领细胞吞噬,并带入中胶层与卵结合受精。受精卵经过卵裂发育成两囊幼虫(钙质海绵)或实胚幼虫(寻常海绵),幼虫离开母体在水中营自由生活,经过变态,固着下来而发育为成体。

海绵动物的胚胎发育过程与其他多细胞动物不同之处为:囊胚期位于动物极的小分裂球在其他多细胞动物的胚胎发育中,将来形成外胚层,包在成体的体表,海绵动物的小分裂球却发育为成体的内层细胞。其他多细胞动物囊胚期位于植物极的大分裂球,后来发育为成体的内胚层,而海绵动物囊胚期的大分裂球却发育成成体的外层。人们把海绵动物这个胚胎发育中的特殊现象称为胚层"逆转",把海绵动物内、外两层的细胞分别称为胃层和皮层,以便和其他多细胞动物胚胎发育中的内胚层和外胚层区别开来。海绵动物的再生能力很强,如果把海绵动物切成小块,每块都能独立生活,而且能继续长大。将海绵动物捣碎过筛,再混合在一起,同一种海绵动物能重新组成小海绵个体。海绵动物根据其骨骼特点分为三个纲。①钙质海绵纲(Calcarea):骨针为钙质,水沟系简单,体形较小,多生活于浅海。如白枝海绵(*Leucosolenia*)和毛壶(*Grantia*)。②六放海绵纲(Hexactinellida):骨针为矽质、六放形,复沟型,鞭毛室大,体形较大,生活于深海,如偕老同穴

（*Euplectella*）、拂子介（*Hyalonema*）。③寻常海绵纲（Demospongiae）：具有硅质骨针（非六放）或海绵质纤维，复沟型，鞭毛室小，体形常不规则，生活在海水或淡水。如浴海绵（*Euspongia*）、淡水的针海绵（*Spongilla*）。

海绵动物由鞭毛纲领鞭毛虫的群体演化而来亦无异议。海绵动物的领细胞和领鞭毛虫在构造上完全相同，就是最好的证据。不过，有一部分海绵动物胚胎发育过程中的逆转现象，与其他动物都不相同。加上多腔动物的其他特点（例如无消化腔与神经系统等），这说明海绵动物在演化上是很早就分出来的一个侧支，因此又称为侧生动物（parazoan）。

2. 腔肠动物　海绵动物在动物演化上是一个侧支，腔肠动物才是真正后生动物的开始。这类动物在动物系统进化上占有重要的地位，其他高等的多细胞动物，都可以看作是经过这个阶段发展而来的。腔肠动物是真正的双胚层多细胞动物，在结构、生理及演化水平上都超过了海绵动物。腔肠动物约有 1 万种，全部水生，绝大部分海产，尤以热带、亚热带海洋的浅水区最多，如僧帽水母、伞水母、海蜇等。仅有水螅、桃花水母等少数种类生活在淡水。因动物体壁上具特有的刺细胞，故又名刺胞动物（cnidarian）。体小者数毫米，最大的霞水母伞部直径约 2 m，触手长可大于 30 m。

腔肠动物有水螅型和水母型两种基本的体型，前者呈圆筒形，营固着生活；后者呈伞形，营漂浮生活。两种体型的基本构造是一致的，所不同的是：水螅型口向上，而水母型口向下；水螅型的触手分布在口的周围，而水母型的触手分布在伞的边缘。海绵动物的体型多数是不对称的。动物界中从腔肠动物开始有了固定的对称形式。腔肠动物的身体呈辐射对称。所谓辐射对称，就是通过身体的中央轴有许多切面，均可将身体分为镜像对称的两部分。这种对称只有口面和反口面（或上、下）之分，只适于在水中固着或漂浮生活，利用其辐射对称的器官从周围环境中摄取食物或感受刺激。在腔肠动物中有些种类已由辐射对称发展为两辐射对称，即通过身体的中央轴，只有两个切面可以把身体分为相等的两部分。这是介于辐射对称和两侧对称的一种中间形式。

海绵动物主要是有细胞分化，而腔肠动物不仅有细胞分化，而且开始分化出简单的组织。动物的组织一般分为上皮、结缔、肌肉、神经四类，而在腔肠动物中上皮组织却占优势，由它形成体内、外表面，并分化为感觉细胞、消化细胞等。

腔肠动物的体壁由内、外两层细胞和中胶层组成。外层细胞来源于外胚层，构成体壁的外体层；内层细胞来源于内胚层，构成体壁的内体层；中胶层是内、外胚层细胞分泌形成的胶状物质。内外层的细胞出现了较为复杂的分化，形成了组织，可以分化成下面几种不同形态与功能的细胞。①皮肌细胞（epitheliomuscular cell），是基部含有肌原纤维的上皮细胞，是构成内、外体层的主要细胞。②腺细胞（glandular cell），可以分泌黏液帮助动物捕食或者附着，在水螅的基盘和触手部较多，多在内体层中分布。细胞内含有大量分泌颗粒，含有各种消化酶，分泌到消化腔中对食物进行细胞外消化。③刺细胞（sting cell）是腔肠动物特有的细胞，也是本门动物最主要特征之一，多分布于外体层、口区、触手部位。刺细胞具有攻击及防御的功能，一般呈囊状，里面有一个细胞核、一个刺丝囊，外端有一刺针。当刺针受到刺激时刺丝翻出，刺丝的种类不同，作用也不同。

从腔肠动物开始，出现神经系统。它的神经细胞常常具有两个或多个细长的突起，彼此联络成疏松的网状，又称网状神经系统。这些神经细胞还与内、外胚层的感觉细胞和皮肌细胞相联系，感觉细胞接受刺激，通过神经细胞的传递，使皮肌细胞的肌纤维收缩产生运动。

一般认为腔肠动物起源于与浮浪幼虫相似的祖先。这种浮浪幼虫演化成原始的水母，后来发展为固着型的水螅型，或漂浮的复杂的水母型。

3. 扁形动物　扁形动物大约有 12700 种，其中包括各种涡虫、吸虫和绦虫。它们的身体背腹扁平，故称扁形动物。扁形动物在动物进化史上占有重要地位。从这类动物开始出现了两侧对称和中胚层，使得这类动物能够适应于极其多样的生存环境。它们在海水、淡水及潮湿的土壤中有分布，而更多的则是适应于脊椎动物体内外的寄生生活。中胚层的出现，引起了扁形动物身体结构上的复杂分化，这在动物的进化史上是一个重大的发展。现存的种类包括真涡虫（*Dugesia*）、华支睾吸虫（*Clonorchis sinensis*）、猪带绦虫（*Taenia solium*）等。除部分自由生活的种类外，多数种类是人、畜禽严重寄生虫病的病原体，也有不少是自由生活的种类。

扁形动物身体背腹扁平，两侧对称。所谓的两侧对称，就是通过身体的中央纵轴只有一个切面可以将动物体分成左右相等的两部分，也称左右对称。这种体制的出现使动物体明显表现出前后、左右、背腹的区分，在功能上也相应有了分化：背面起保护作用，腹面负责运动与摄食。神经系统和感觉器官逐渐向前集中，有利于对多变的环境产生及时而迅速的反应，虫体的运动也由不定向趋于定向，同时也促进了脑的分化和发展。

两侧对称体制的出现,扩大了动物体空间活动的范围,使虫体不仅能游泳,而且也能在水底爬行。由于这些高度的分化,使得动物能够主动寻找食物并逃避敌害,对外界环境的反应也更迅速、准确。从进化的角度来看,两侧对称为动物从水生生活进入陆地生活创造了条件。

动物界从扁形动物开始,在胚胎发育过程中,在内、外胚层之间,又增添了一个新的胚层——中胚层。中胚层的发生,极大地减轻了内、外胚层的负担,为动物体各器官结构的进一步复杂与完善提供了必要的物质基础。促进了动物器官系统的形成和发展,使扁形动物达到了器官系统水平。由于分化出了肌肉,大大地强化了机体的运动和新陈代谢能力,扁形动物开始有了原始的排泄系统。

华支睾吸虫的成虫寄生在人、猫、狗等的肝脏胆管内,在人体内被它寄生而引起的疾病就称为华支睾吸虫病。该病在我国主要流行于广东、台湾、四川、福建、江西、湖南、辽宁、安徽等地区。患者有软便、慢性腹泻、消化不良、黄疸、水肿、贫血、乏力、胆囊炎、肝肿等,主要并发症是原发性肝癌,可引起死亡。生活的华支睾吸虫呈肉红色,固定后呈灰白色,体内器官隐约可见,在虫体后 1/3 处有 2 个前后排列的树枝状睾丸,是该虫主要特征之一,因此称为支睾吸虫。华支睾吸虫为雌雄同体,能自体受精,也能行异体受精,生活史复杂。成虫在宿主的胆管内受精,受精卵由子宫经生殖孔排出虫体,随着宿主胆汁进入肠内,随粪便排出体外。在寄主体内脱去尾部,形成囊蚴,囊蚴椭圆形,排泄囊颇大,无眼点,大多数囊蚴寄生在鱼的肌肉中,也可在皮肤、鳞片上。囊蚴是感染期,人或动物吃了未煮熟或生的含有囊蚴的鱼、虾而感染。囊蚴在十二指肠内,囊壁被胃液及胰蛋白酶消化,幼虫逸出,经寄主的胆总管移到肝胆管发育成长,一个月后成长为成虫,并开始产卵。因此,人和猫、狗是华支睾吸虫的终末寄主,有些成虫寿命可达 15～20 年之久。

4. 原腔动物　原腔动物是动物界中较为庞大而复杂的一个类群,包括很多形态各异的类群,包括棘头动物、轮虫动物、腹毛动物、动吻动物、线虫动物、线形动物和内肛动物等类群。原腔动物具有一个共同的特征,即具有一个充满液体的假体腔(或称初生体腔),所以,又称为假体腔动物(pseudocoelomata)。假体腔位于动物体壁层(皮肤肌肉囊)和肠道之间,相当于胚胎时期囊胚腔的剩余部分,保留到成体时期,此腔仅在贴着体壁的部分存在肌肉细胞层,而在肠壁上没有肌肉细胞,腔内充满体腔液,没有管道与体外相通。在体腔内充满着体腔液,能运输营养物质及代谢废物,调节体内水分平衡,此外也能使虫体保持一定的形态。原腔动物的大多数种类体形如蛔虫、铁线虫的身体,呈细长的圆筒形,因此又称为线形动物。体表被有非细胞结构的角质膜,在发育过程中,角质膜有周期性脱落的现象,称为蜕皮。角质层下面为表皮层,为没有明显细胞界限的合胞体,其下面只有一层纵肌层。消化系统分化为一条直管,前端有口,后端有肛门,称为完全消化管。从整个身体结构看来,形成了"管中套管"的结构形式,这也是所有高等动物的共有特征。

由于原腔动物在形态上存在多样性,其相关结构上的可比性也比较差,生活习性以及生活方式存在极大差异。因此关于原腔动物的系统发生问题尚未得到很好的解决。线虫动物具有特殊排泄管,无纤毛,具有特殊的纵肌层、线性生殖系统,上述结构特点与原肠动物中其他类群显然不相同,它们可能是动物演化上的一个分支。腹毛动物体表具备角质膜、原体腔,尾部具有黏腺。这些特征与线虫类似,但是其体表有纤毛,双复式神经,具备焰球的原肾管,大多数雌雄同体有类似涡虫纲。这说明原腔动物与涡虫纲在演化上存在亲缘关系。除了原体腔、上皮组织为合胞体和原肾等特征与其他原腔动物相似之外。动吻动物有很多特征类似于节肢动物,例如身体分节,具有几丁质外骨骼,体壁肌肉成束都是横纹肌,具有神经节的神经索。另外通过核苷酸序列分析,发现它们之间存在亲缘关系。

5. 环节动物　环节动物在动物演化上发展到了一个较高阶段,是高等无脊椎动物的开始。身体分节,并具有疣足和刚毛,运动敏捷;次生体腔出现,相应地促进循环系统和后肾管的发生,从而使各种器官系统趋向复杂,机能增强;神经组织进一步集中,脑和腹神经索形成,构成索式神经系统;感官发达,接受刺激灵敏,反应快速。如此能更好地适应环境,向着更高阶段发展。

环节动物大约有 15000 种,它们分布于潮湿的土壤、淡水和海域,常见的有蚯蚓、蚂蟥和沙蚕等。与上述几种动物比较,它们的形态结构和生理功能,都发展到比较完善和较高的水平。具体表现为身体分节、具有真体腔、出现了疣足和刚毛,具备了完善的闭管式循环系统和按体节排列的后肾管,以及集中的链状神经系统。

环节动物的身体由许多体节构成,具有分节现象。分节现象是高等无脊椎动物在演化过程中的一个重要标志。环节动物多数是同律分节,除前两节和最后一节外,其余各体节的形态和机能都基本相同。体节的出现促进了形态构造和生理功能向高级水平分化和发展,由同律分节发展到异律分节为进一步分化为头、胸、腹提供了可能性。

环节动物体壁和消化管之间有一广阔的空腔,即次要体腔或称真体腔。真体腔的出现和中胚层进一步分化密切相关,是动物向更复杂、更高等阶段发展的重要前提。中胚层的高度分化,促进了循环、排泄、生殖等器官系统的进一步发展,同时也促进了相应生理机能的完善。刚毛和疣足是环节动物的运动器官,由体壁衍生而来。大部分环节动物体节上有刚毛,刚毛是表皮细胞内陷形成的刚毛囊中的一个细胞分泌而形成的。刚毛和疣足的出现加强了环节动物游泳和爬行的能力。环节动物开始具有较完善的循环系统,结构复杂,由纵行血管和环行血管及其分支血管构成。各血管通过微血管网相连,血液始终在血管内流动,不流入组织间的空隙中,形成了闭管式循环系统。血液循环有一定方向,流速较恒定,提高了运输营养物质及携氧功能。多数环节动物具有按照体节排列的一对或多对后肾管。典型的后肾管是一条两端开口迂回盘曲的管子,一端是带纤毛的多细胞漏斗状的肾口,开口于前一体节的体腔,另一端为肾孔或排泄孔,开口于本体节的腹面的体表。

6. 软体动物　软体动物门种类繁多、分布广泛,现存种类 128000 余种,此外,还有 35000 多种化石种类,软体动物种类多,在种的数量上仅次于节肢动物,为动物界第二个大群类。常见的有蜗牛、螺类、河蚌、乌贼等,因为它们常具贝壳,故被称为贝类,与人们的关系十分密切。软体动物的结构进一步复杂,机能更趋于完善,它们具有一些与环节动物相同的特征,如次生体腔,后肾管,螺旋式卵裂,个体发育中具有担轮幼虫等。通常认为软体动物和环节动物是从共同的祖先进化而来,只是出于在长期进化过程中各自向着不同的生活方式发展,所以最后形成两类体制不同的动物。软体动物分为 8 个纲,其中主要的 3 个纲是腹足纲、双壳纲和头足纲,通常认为现在的软体动物是由前寒武纪的原始软体动物进化而来。

软体动物的形态结构变异较大,但基本结构是相同的。身体柔软,不分节,由头、足和内脏团 3 部分构成。体外被套膜,常具贝壳。头位于身体的前端。头部有口、眼和触角等摄食和感觉器官。头部的发达程度与运动能力的大小有关。足位于头后,身体的腹面,是软体动物的运动器官。由于生活方式的不同和对环境的适应而形成了不同的形状。内脏团即躯干部,是足部背面隆起的部分,是消化、循环、神经、生殖等内脏器官集中而成的不分节的柔软团块。外套膜是包在内脏团背面的肉膜,向外分泌形成贝壳,向内与内脏团之间的空隙称为外套腔,腔内有消化、排泄、生殖等器官的开口。外套膜由内、外两层表皮细胞和居中的一层肥厚结缔组织构成。消化系统可分为消化道和消化腺,前者包括口、口腔、食道、胃、肠和肛门。口位于身体前端,口腔发达的种类,口内常有发达的齿舌,状如锉刀,帮助取食,为软体动物独有。软体动物是动物界中最早出现专职呼吸器官的类群。排泄器官是肾脏,一般由 1 对肾管组成,与环节动物的后肾是同源器官。肾口开口于围心腔。含氮的废物经肾管,由肾孔排至外套腔的水流中。淡水生的种类,其肾脏还具有调节渗透压的功能。

就软体动物发育过程中的螺旋式卵裂和具担轮幼虫阶段看,软体动物与环节动物的亲缘关系无疑是很密切的。这两个类群的动物应该是同一祖先朝不同方向发展的结果。环节动物向活动的方向发展,因此身体出现了环节与疣足,而软体动物朝不活动方向发展,出现了贝壳。

7. 节肢动物　节肢动物门是动物界中最大的一个类群,已知种类在 100 万种以上,占整个动物界的 85% 左右。它们不仅种类多,而且个体数量也特别大。如一窝蜂群约有 5 万只,一窝白蚁群可达 300 万只之多。节肢动物对环境具有高度的适应能力,分布极为广泛,从深海到陆地到空中,几乎都有不同种类的节肢动物,是无脊椎动物中唯一真正适应陆生的动物。节肢动物与人类的关系十分密切。一般认为节肢动物起源于环节动物或类似环节动物的祖先,因此环节动物的一些基本结构多见于节肢动物,如树侧对称、身体分节等。节肢动物还有许多比环节动物复杂的结构,生理机能也发生了相应的变化。

节肢动物的身体是分节的,并从同律分节发展到异律分节。异律分节是在环节动物的同律分节的基础上进一步愈合、特化而来的,各体节在外部形态、内部构造及生理功能上大不相同,使不同部位的体节形成头、胸和腹 3 部分。有些种类的头部和胸部愈合成头脑部,也有的种类胸部和腹部愈合形成胸腹部(躯干部)。

节肢动物的多数体节上,都有成对的附肢,而且附肢是分节的。在身体与附肢之间,附肢的节与节之间,都有可活动的关节,从而有力地保证了活动的灵活性。附肢具有摄食、感觉、行动等功能。节肢动物要在陆上存活,首先必须制止体内水分的大量蒸发,其包被身体的角质膜,也就是外骨骼十分发达,坚硬厚实,自外而内可分 3 层,分别称为上角质膜(上表皮)、外角质膜(外表皮)和内角质膜(内表皮)。节肢动物外骨骼的发达,限制了身体的生长,因而发生蜕皮现象。

节肢动物的真体腔趋于退化,体壁与消化道之间的空腔由部分真体腔及囊胚腔形成,因此称混合体腔,又因其中充满血液,也称为血腔。循环系统由心脏及其向前端发出的一条短动脉构成。水生节肢动物靠鳃或书鳃进行呼吸,陆生种类靠气管或书肺呼吸,它们都由皮肤衍生而来。此外,无专门呼吸器官的小型节肢动物,仅靠体表呼吸。

8. 棘皮动物　棘皮动物为古老的类群,大约在 5 亿年前始于古生代寒武纪,到志留纪、石炭纪、泥盆纪最为繁盛。有些特征(如后口动物、具内骨骼)很像脊椎动物。这类动物因其内骨骼连同包在其外面的表皮一起突出成棘而得名。化石种类多达 20000 多种。现存种类共约 6000 种,我国已记录 300 多种,如海星、蛇尾、海参、海胆、海百合等。

棘皮动物全部生活在海洋中,身体为辐射对称,大多数为五辐射对称,但这是次生形成的,是由两侧对称体形的幼体发展而来。棘皮动物的次生体腔发达,是由体腔囊(又称肠腔囊)发育形成的。棘皮动物特有的结构是水管系统和管足。这是次生体腔的一部分特化形成的管道系统,有开口与外界相通,海水可进入循环。水管系统包括环管、辐管和侧管。棘皮动物一般运动迟缓,因此神经系统和感官不发达。

9. 半索动物 半索动物是种类仅几十种的动物类群,全为海产,包括体呈蠕虫的肠鳃纲和形似苔藓植物的羽鳃纲两大类群。其营掘土或不活动的固着方式,居住在海底泥道内或在岩石和藻类中。这类动物的存在为棘皮动物与脊索动物之间的联系提供了某些证据。

半索动物呈蠕虫状,主要特征如下:①有鳃裂,是呼吸器官,即在消化道的前端出现裂孔,司呼吸作用。②背神经索的前端出现空腔,被认为是最早的背神经管。③有口索,这是半索动物特有的结构,在口腔的背面向前伸出一个短盲管状结构,即口盲囊,过去被认为是最原始的脊索,起到支持身体的作用,现在认为口索相当于未来的脑垂体前叶,是一种内分泌器官,故半索动物由此得名。它的代表动物是柱头虫,身体呈蠕虫状,长 20~2500 mm,分为吻、颌和躯干三个部分。

26.5.2 脊索动物

脊索动物是动物界中最高等的一门动物,现存种类有 7 万多种,常见的有鱼、蛙、龟、鸟、兽和不常见的海鞘、文昌鱼。脊索动物包括所有的脊椎动物和海产无脊椎骨具脊索的动物。脊索动物在外部形态、内部结构、生活力以及生活方式等方面,都存在着明显差异,但作为同一个门的动物。它们具有三大共同特征。①脊索(notochord):为消化管背方的一条纵长的、不分节的棒状结构,起着支持身体纵轴的作用。脊索在胚胎发育过程中,由原肠胚背侧的部分细胞离开肠管而形成。细胞内富含液泡而产生膨压,使脊索有弹性又结实。脊索的外面围有一层或两层结缔组织的膜状物,称为脊索鞘。低等脊索动物终生保留脊索,而高等脊索动物只见于胚胎期。成体时即被分节的脊柱取代,称为脊椎动物。②背神经管:脊索动物神经系统的中枢部分,位于脊索的背面,呈管状,里面有管腔,称为背神经管。它由外胚层下陷卷褶所形成。原始脊索动物终生保持管状,高等脊椎动物进一步分化为脑和脊髓。③咽鳃裂:低等脊索动物消化管前端咽部的两侧有左右成对的排列数目不等的裂孔,直接或间接和外界相通,即咽鳃裂,为呼吸器官,低等种类(水生)终生存在,高等类群(陆生)仅在胚胎期出现和某些种类的幼体期(如蝌蚪)出现,在成体时消失或变为其他结构,鳃的呼吸功能由肺取而代之。

大多数脊索动物还具有以下几个次要特征:心脏总是位于消化道的腹面,称为腹位心脏;尾部总是在肛门的后方,即肛后尾,在水中起推进作用;骨骼如存在,则属于由中胚层形成的内骨骼,可随动物体的发育而不断生长。脊索动物还具有两侧对称、三胚层、真体腔、后口及身体分节等特征,这些特征是某些较高等的无脊椎动物也具有的,这些共同点表明了脊索动物与无脊索动物之间的联系。

1. 圆口纲 圆口纲是无成对偶肢和上下颌的低等脊椎动物。它们比鱼类低级很多,因为还没有出现上、下颌,所以又称为无颌类;又因为它们有一个圆形的口吸盘,所以又称为圆口类。本纲的种类不多,主要包括七鳃鳗和盲鳗两类,海洋或淡水中均有分布,营半寄生或者寄生生活,有些种类具有洄游。化石发现于古生代奥陶纪,其演化历史已有 5 亿多年,是迄今所知地层中最早出现和最原始的脊椎动物。

圆口纲无真正上、下颌和牙齿,只有由表皮演化而来的角质齿;无成对的附肢,仅有奇鳍,无偶鳍;骨骼全为软骨,脊索终生保留,外围脊索鞘,无真正的脊椎骨,但出现脊椎骨的雏形;有不完整的头骨,脑的发达程度低,仅有 10 对脑神经,1 对内耳,心脏出现分化,由 1 心房、1 心室、1 静脉窦组成;生殖腺单一,无生殖导管;肌肉按节排列,分化少。其具有可以吸附但不能启闭的口漏斗,口漏斗内壁和舌上有角质齿,舌位于口底部;皮肤光滑无鳞,富有强液腺;具有呼吸管,鳃位于特殊的鳃囊中,鳃囊内附有来源于内胚层的鳃丝。圆口纲的代表动物七鳃鳗的幼体具有很多与文昌鱼相似的特征以及脊椎动物的一些基本特征,这表明了圆口纲动物在动物演化过程中的特殊地位。

2. 鱼纲 鱼纲(Pisces)是典型的水生脊椎动物,具有适应水中生活又比圆口纲更加进步的特征,如上、下颌的发生,能够主动捕食和防御敌害,用鳍帮助运动与维持身体的平衡,使鱼类在水中的运动更迅速和敏捷。

大多数鱼类体被鳞片,发达的鳃可保证它们在水中生活时获得氧气。同圆口纲相比,它们有了更完善的器官系统,如与积极主动生活方式相联系的骨骼、神经、感觉等器官系统。鱼类适应水栖生活的特征表现为:①身体仅分为头、躯干和尾 3 部分。头部与躯干间缺少颈部,头部不能灵活转动。②体形多呈梭形或纺锤形,体表多被鳞片,以减少在水中运动时的阻力。③用鳃进行呼吸,鱼的呼吸动作是依靠口的开关、鳃弧的张缩以促使水的通入与流出。水由口进入咽,由鳃裂流出体外,当水流经鳃丝时,水中的氧渗透进薄的鳃壁再进入血管与血液中的红细胞结合,血液中的二氧化碳则渗出水中。④血液循环是单循环,和鳃呼吸相联系,鱼类心脏只有 1 心房、1 心室。由心室压出的血液流至鳃。在鳃处,血液与外环境进行气体交换后,多氧血流到身体各器官和组织。经过毛细血管时,血液中的氧与组织进行气体交换后进入静脉,缺氧血流回心房,再入心室,整个循环途径是一个大圈,称为单循环。⑤出现了成对的附肢,即胸鳍和腹鳍。偶鳍的出现,大大提高了动物体的活动能力,这就为鱼类在生存斗争中取得优势,不断扩大分布区提供了有力的保证。

3. 两栖纲　两栖纲是一类在个体发育中经历幼体水生和成体水陆兼栖生的变温动物,这个类群绝大多数都是亦水亦陆的种类,也有少数种类终生生活在水中,那是登陆后重新返回水域的次生性现象。现存的两栖动物大多生活在热带、亚热带和温带区域,尤以温暖湿润的热带森林中种类最多,寒带和海岛上的种类却甚稀少,最南分布到新西兰,往北可进入北极圈。迄今为止,南极尚未发现两栖动物的踪迹。这些现象表明,温度、湿度和地理障碍等环境因素对两栖动物的发展及其分布范围起着严格的制约作用。早在 35 亿年前的古生代泥盆纪,某些具有"肺"的古总鳍鱼曾尝试登陆,并获得初步成功。两栖动物很可能就是在那时由古总鳍鱼类演化而来。最早发现的两栖类化石鱼头螈与古总鳍鱼类在头骨结构、肢骨等方面非常的相似。这些古两栖动物大约 1.5 亿年间,在征服新的陆生环境的同时,迅速地向各方面辐射演化,但以后相继灭绝。现存两栖动物都是从侏罗纪以后才出现的,它们的身体结构及器官机能方面,既保留着原祖的水栖特性,又获得了一系列适应陆地生活的进步特征,居于两者的中间地位。

现代已知的两栖类包括青蛙、蟾蜍、大鲵等,在身体结构、功能和个体发育上,表现出水栖脊椎动物的某些特征,又发展了适应陆栖生活的一系列特征。本纲动物的主要特征如下:①皮肤裸露、富黏液腺,其中有些腺体是毒腺,除无足类鳞片隐于皮下外,其余均无鳞片;②内骨骼多为硬骨,连接坚固,多数种类无肋骨;③多具有"五趾型"附肢,足趾间常具蹼;④通常口较大,上颌或上、下颌有小齿,鼻孔通入口腔前部;⑤用皮肤、口咽腔、鳃、肺进行呼吸,有的种类终生具有外鳃;⑥有 2 心房、1 心室,是不完全的双循环;⑦排泄系统为成对的中肾,排出的含氮废物主要是尿素;⑧脑神经 10 对;⑨雌雄异体,体外或体内受精,大多为卵生,少数为卵胎生,一般是变态发育。

4. 爬行纲　爬行(纲)动物或称爬行类,是指体被角质鳞,在陆地繁殖的变温动物。它们是在古代石炭纪末期从古两栖类分化出来的一支产羊膜卵的类群,并演化成为真正的陆生脊椎动物。两栖纲虽已成功地登上陆地,但还有两个根本性的问题没解决,即保持体内水分和在陆地繁殖,这就决定了它们的两栖性,因此它们并不是真正的脊椎动物,与圆口纲、鱼纲同属于低等无脊椎动物类群。而爬行纲不仅解决了两栖纲所遗留的两个问题,而且在运动、感觉、气体交换、循环和排泄等方面取得了进一步发展。古代爬行类是鸟类与哺乳类演化的原祖,因为这三类动物在胚胎发育时都出现了羊膜,故称为羊膜动物。爬行纲在中生代曾盛极一时。虽然大多数爬行动物的类群已经灭绝,但是爬行动物仍然是繁盛的一群,其种类仅次于鸟类,现存的爬行动物有近 8000 种。出于摆脱了对水的依赖,爬行动物的分布受温度的影响大于受湿度的影响,现存的爬行动物大多分布在热带、亚热带地区,在温带和寒带地区则很少,也有少数种类到达北极圈附近。

爬行动物的主要特征如下:①皮肤角质化程度加深,外被角质鳞,皮肤干燥,缺乏腺体,能防止体内水分的蒸发。②五趾型附肢及带骨进一步发达和完善,指(趾)端具角质爪,适于在陆地爬行。③骨骼系统发育良好,适应于陆生。主要表现在脊柱分区明显,颈椎有寰椎和枢椎的分化,提高了头部及躯体的运动性能。躯椎有胸椎和腰椎的分化,荐椎数目增多。④头骨具单一枕髁,头骨两侧有颞窝形成。⑤肺呼吸进一步完善,既没有鳃呼吸,也没有皮肤辅助呼吸。⑥心脏 3 腔,心室内具不完全的分隔,为不完全的双循环,但多氧血与缺氧血已基本分开。⑦新陈代谢水平低,神经调节机制不完善,仍为变温动物。⑧后肾,尿以尿酸为主。⑨陆地繁殖。⑩大脑具新脑皮层。

5. 鸟纲　鸟类是体表被覆羽毛、有翼、恒温和卵生的高等脊椎动物。从生物学观点来看,鸟类最突出的特征是新陈代谢旺盛,并能在空气中飞行,这也是鸟类与其他脊椎动物的根本区别,使其在种数(9000 余种)上成为仅次于鱼类、遍布全球的脊椎动物。

鸟类起源于爬行类,在躯体结构和功能方面有很多类似爬行类的特征:皮肤缺乏皮肤腺、干燥;鸟类的羽毛和爬行类的鳞片都是表皮角质层的产物;头骨仅有一个枕髁和寰椎相关节;都是卵生的羊膜类,盘状卵裂,以尿囊作为胚胎的呼吸器官,排泄尿酸,成体后肾。此外,鸟类还具有如下一系列比爬行类高级的进步性特征:①具有高而恒定的体温(37.0～44.6 ℃),大大提高了新陈代谢的水平,减少了对外界温度条件的依赖性,扩大了其在地球上的分布范围。动物界中只有鸟类和哺乳类属于恒温动物。②具有比较完善的循环系统和呼吸系统。四腔心脏,血液循环为完全的双循环,使动、静脉血完全分开。呼吸系统的结构特点,使鸟类通过独特的双重呼吸方式,获得充足的氧气供应。③具备发达的神经系统和感官,以及与此相联系的各种复杂行为,能够更好地协调内外环境的统一。④具有迅速飞翔的能力,借主动迁徙来适应多变的环境。⑤具有筑巢、孵卵、育雏等比较完善的繁殖行为,保证后代有较高的成活率。此外,鸟类还具有身体呈流线型,体表被覆羽毛;前肢特化为翼;骨骼轻而多愈合,为气质骨;胸肌发达,气囊发达,双重呼吸等适应飞翔生活的特点。

6. 哺乳纲 哺乳动物是脊椎动物中形态结构最高等、生理机能最完善的动物类群。与鸟类相比,其具有更多而且更进步的特征,主要表现在:全身被毛、胎生、哺乳,保证了后代有较高的成活率,具有高而恒定的体温,减少了对环境的依赖性;具有高度发达的神经系统和感觉器官,加强了对环境的适应性;出现了口腔咀嚼和消化,大大提高了对能量的摄入,并具有陆上快速运动的能力等。在系统进化史上,哺乳类是从具有若干类似于古两栖类特征的原始爬行动物起源的,还保持着与两栖纲类似的特征(如头骨只有两个枕髁,皮肤富有腺体,排泄尿素)。

哺乳动物在长期的历史发展进程中,成为脊椎动物中结构最完善、功能和行为最复杂、适应能力最强、演化地位最高的类群。它们的主要特征表现为以下几个方面:①具有高度发达的神经系统和感觉器官,哺乳动物的中枢神经系统高度发达,大脑不仅体积大,而且大脑皮层(新脑皮)特别发达,形成了高级神经活动中枢。与此相联系的是感觉器官高度发达。它们能协调复杂的机能活动和适应多变的环境条件,在生存竞争中占据了优势地位。②出现了口腔消化,口腔中出现了异型槽生齿和含消化酶的唾液腺,通过咀嚼和唾液淀粉酶的作用,大大提高了对营养物质的摄取能力。③具有高而恒定的体温,哺乳动物的心脏四腔,为完全的双循环。肺由大量肺泡组成,肌质膈参与了呼吸运动,提高了呼吸效能,使血液内含氧量丰富,新陈代谢旺盛,产生更多热量。另外体外被毛,皮下有发达的脂肪层,形成了良好的隔热保温装置,还可以通过汗腺蒸发水分以防止体温过热。再加上中枢神经系统有完善的体温调节能力,从而保证了哺乳动物有较高而恒定的体温,减少了对外界环境的依赖性。④具有陆上快速运动能力,在运动装置上,哺乳动物四肢垂直着生在躯体的腹面,支撑力强,骨骼和肌肉发育完善并呈现多样分化,运动能力加强,活动范围扩大,形成了向空中、水中、地下等生态环境的辐射发展。⑤胎生、哺乳,完善了陆上繁殖的能力,在动物界,仅有哺乳动物具有胎盘,胚胎发育时通过胎盘吸取母体血液中的营养物质和氧,同时把代谢废物送入母体。胎儿产出后,依靠吮吸母体乳腺所分泌的含丰富营养物质的乳汁来获取营养。这样,就大大提高了幼仔的成活率,使哺乳动物能在复杂多样的环境条件下繁育后代,这是脊椎动物演化史上的又一跃进。哺乳动物由于这些进步特征,在中生代末期地球环境发生剧烈变化时,表现出极高的适应性,逐渐取代了占统治地位的爬行类。到了新生代,哺乳动物得到了空前的发展。

本章小结

生命就其本质而言也是物质的,它是物质存在与运动的一种特殊形式。地球生命历史中最重要的事件就是生命的产生。对生命和生命起源的探索历史几乎和人类文明史一样长久。目前对于地球生命的由来存在以下几种不同的解释。第一种解释认为地球上的一切生命都是上帝设计和创造的,或是在某种超自然的东西的干预下产生的。第二种解释认为生命是宇宙中本来就有的,早在地球形成之前就在宇宙中存在了,地球上的生命来自地球之外。第三种解释认为生命可以随时从非生命物质直接产生出来。第四种解释认为地球上的生命是在地球历史的早期,在特殊的环境条件下,由非生命物质经历长期化学进化过程而产生的。

目前,大多数学者认为,关于地球上生命由来问题的合理解释是生命的进化起源说或化学进化说。此学说包括以下不同理论:奥巴林的团聚体理论,福克斯的微球体理论,赵玉芬、曹培生的核酸与蛋白质共同起源学说。针对原始地球上,蛋白质和核酸的起源条件和地点,便出现三大分支学说:陆相起源说、海相起源说和深海烟囱起源说。

支持达尔文生物进化论的最有力证据就是自然界发现的古生物化石记录。最典型的化石莫过于早已灭绝的爬行动物恐龙的骨骼化石。

　　生物地理学是研究物种地理分布的科学,内容包括地球上各自然景观生物群落的组成结构、时空变化以及地域规律,生物群落与地理环境各个要素之间的关系,生物物种的分布区和生物区系的形成与演变。

　　在不同种群生物中,科学家也发现,一些器官即使行使不同的功能,其在解剖结构上也具有相似性,这反映出这些生物之间具有同源性。胚胎学是指研究个体发育过程及其建立器官机制的科学。20 世纪后半叶,分子生物学发展迅速,加深了人们对于生命本质的认识。同时分子生物学的研究方法也为生物进化提供了许多有力的证据和更多的信息。

　　原核生物是指一类没有真正细胞核的单细胞生物或者类似于细胞的简单组合结构的微生物。原核生物有 26 个门,其中古细菌 2 个门、细菌 24 个门,包括的物种超过 5000 个。

　　从原核细胞向真核细胞的进化是最重要的细胞进化事件。20 世纪 80 年代,美国生物学家 L. Margulis 提出并详细论证了"真核细胞起源于细胞内共生的假说"。她认为真核细胞是一个复合体。

　　原生生物是最简单的真核生物,个体微小,多数为单细胞,细胞核有核膜,基本无分化。大多数藻类是光能自养型,只有少数是化能异养型,它们吞噬食物或者营异养生活。藻类是一个庞大多样的真核生物类群。黏菌,属于非光合营养的真核微生物,介于真菌和原生动物之间。

　　原生动物是动物界最低等的一类,其大多为水生,只有少数生活在潮湿土壤中或者寄生在其他生物体内。

　　病毒被认为是最简单的生命体,其生命活动很特殊,对细胞有绝对的依存性。存在形式有两种情况,一种是细胞外形式,另一种是细胞内形式。从进化角度来看,病毒是高度进化的生物,并且仍然在不断地进化。

　　维管植物是地球上最为奇特的生物类群之一,它们具有一系列适应陆地生活的特性。陆地生态系统的建立和维管植物的出现和进化是分不开的。维管植物、陆生和淡水藻类、苔藓植物以及蓝细菌等一起作为初级生产者支持着庞大的陆地生态系统。苔藓植物主要是通过生理过程适应陆地干燥环境。原核的蓝藻类出现的时间为 33 亿～35 亿年前。真核藻类在 14 亿～15 亿年前出现。苔藓植物可能出现于泥盆纪早期。最早的裸蕨植物化石发现于 4 亿年前的志留纪晚期。蕨类植物是由裸蕨植物分为 3 条进化路线通过趋异演化的方式进化来的。被子植物是植物界中进化水平最高、种类最多的大类群。最早的被子植物来自白垩纪地层。

　　真菌是不含叶绿体、化能有机营养,具有真正的细胞核、线粒体,以孢子进行繁殖,不运动的典型的真核微生物。真菌的类群庞大而多样,估计有 10 万种,目前已知的真菌有 4 万余种。

　　动物界包括 30 多个门 70 多个纲 350 多个目,目前已知的种类超过了 150 万种。在动物界里除了单细胞动物之外,其余都是多细胞动物。海绵动物是最原始、最低等的二胚层多细胞动物,大约有 10000 种。海绵动物在动物演化上是一个侧支,腔肠动物才是真正后生动物的开始。扁形动物大约有 12700 种,其中包括各种涡虫、吸虫和绦虫。由于它们的身体背腹扁平,故称扁形动物。原腔动物是动物界中较为庞大而复杂的一个类群,包括很多形态各异的类群,包括棘头动物、轮虫动物、腹毛动物、动吻动物、线虫动物、线形动物和内肛动物等类群。环节动物在动物演化上发展到了一个较高阶段,是高等无脊椎动物的开始。软体动物门种类繁多、分布广泛,现存种类 128000 余种,此外,还有 35000 多种化石种类,软体动物种类多,在种的数量上仅次于节肢动物,为动物界第二个大群类。节肢动物门是动物界中最大的一个类群,已知种类在 100 万种以上,占整个动物界的 85％左右。棘皮动物为古老的类群,大约在 5 亿年前始于古生代寒武纪,到志留纪、石炭纪、泥盆纪最为繁盛。半索动物是种类仅几十种的动物类群,全为海产,包括体呈蠕虫的肠鳃纲和形似苔藓植物的羽鳃纲两大类群。

　　脊索动物是动物界中最高等的一门动物,现存种类有 7 万多种。圆口纲是无成对偶肢和上下颌的低等脊椎动物。它们比鱼类低级很多,因为还没有出现上、下颌,所以称为无颌类,又因为它们有一个圆形的口吸盘,所以又称为圆口类。鱼纲是典型的水生脊椎动物,具有适应水中生活,又比圆口纲更加进步的特征。两栖纲是一类在个体发育中经历幼体水生和成体水陆兼栖生的变温动物,这个类群绝大多数都是亦水亦陆的种类,也有少数种类终生生活在水中,那是登陆后重新返回水域的次生性现象。爬行(纲)动物或称爬行类是指体被角质鳞,在陆地繁殖的变温动物。它们是在古代石炭纪末期从古两栖类分化出来的一支产羊膜卵的类群,并演化成为真正的陆生脊椎动物。鸟类是体表被覆羽毛、有翼、恒温和卵生的高等脊椎动物。鸟类起源于爬行类,在躯体结构和功能方面有很多类似爬行类的特征。哺乳动物是脊椎动物中形态结构最高等,生理机能最完善的动物类群。与鸟类相比,其具有更多而且更进步的特征。由于哺乳动物的这些进步特征。因此,在中生代末期地球环境发生剧烈变化时,表现出极高的适应性,逐渐取代了占统治地位的爬行类,到了新生代,哺乳动物得到了空前的发展。

思考题

 扫码答题

参考文献

[1] 周长发.生物进化与分类原理[M].北京:科学出版社,2009.

[2] 沈银柱,黄占景.进化生物学[M].2版.北京:高等教育出版社,2008.

[3] 吴庆余.基础生命科学[M].2版.北京:高等教育出版社,2006.

[4] 谢强,卜文俊.进化生物学[M].北京:高等教育出版社,2010.

[5] 理查德·道金斯.地球上最伟大的表演:进化的证据[M].李虎,徐双悦,译.北京:中信出版社,2017.

[6] 武云飞.系统生物学[M].青岛:中国海洋大学出版社,2004.

第 27 章   人类的起源与进化

27.1   人类的起源

　　人是地球上生命的最高形式,是 38 亿年来生命演化的结晶。人类几乎集中了整个生物界(主要是动物界)最优秀的结构和功能,以最复杂、最完美、最高能的生命物质结构创造出来的。人——男人和女人的有机躯体,经过大约 300 万年的演进和发展,已彻底地和动物界划清界限。人不再是一个动物。人作为哺乳动物的组成一员,有与动物界共同的一些生物学本能,即维持生命和繁衍。但是,人却有不同于动物的第三种本能,即思维与创造。由于人具有第三种本能,人不再像动物般地追求生命的存在和物种的延续,而是通过思维和创造,建造人类的物质文明和精神文明。这两个文明缺一不可。这两个文明的思维与创造也伴随着人类史的全过程,并且越是现代化,这两个文明的创建越是进入高一级层次,越是标志人对自然的依赖程度的降低,标志人与动物分道扬镳越来越远。人类至今所积累的文明是非常初步的,还将继续创造下去,世代积累下去,永无止境。

　　早先,人类学家多认为最早发现于印度的腊玛古猿和西瓦古猿是人科的最早祖先。它们生存于中新世 900 万～1400 万年前。西瓦古猿颌骨较粗大,因此有些学者认为它可能不是人科动物,而是猩猩的祖先。而腊玛古猿具有一些人科动物的形态特征,例如犬齿退化。腊玛古猿化石在亚洲西南部(中国云南、巴基斯坦)、中亚(土耳其)以及欧洲(匈牙利)、非洲(肯尼亚)都有发现。根据在我国云南禄丰发现的起初认为属于腊玛古猿与西瓦古猿的化石标本的比较研究,我国学者吴汝康将二者合并,命名为禄丰古猿,认为禄丰古猿具有较多的人科动物特征,而不同于巴基斯坦和土耳其的腊玛古猿。如果中新世的腊玛古猿和我国的禄丰古猿是人科最早的化石代表,则可以推论人与猿的最早分异发生在 1400 万年前。但根据某些同源蛋白质分子一级结构的比较及在此基础上建立的分子钟的推论,人与猿的分异时间在 400 万～600 万年前。化石及地层年代数据与分子钟数据相差甚远,蛋白质分子进化速率是否恒定尚有疑问,我们暂且存疑。但最近对于腊玛古猿是否属于人科的最早祖先尚有争论,有的学者认为腊玛古猿是人与大猩猩及黑猩猩的共同祖先。

27.2   人类的进化过程

27.2.1   南方古猿

　　比较肯定的人科的早期化石代表,是发现于非洲南部与东部的南方古猿,生存时间从 440 万年前持续到大约 100 万年前。它们带有一些类似猿的特征,例如弯曲的指骨、稍微突出的犬齿和脑颅比较小等,最显著的特征是能够直立行走。20 世纪 70 年代在埃塞俄比亚的阿法(Afar)地区发现的较老的(约 350 万年前)南方古猿化石被命名为阿法南猿,其中最完整的骨骼是被称为"露西"(Lucy)的,具有直立的特征,可能是已确证的最早的直立的人科化石。"露西"的骨盆短而宽,足具有类似人的脚弓,股骨与躯干的垂直线能够形成外翻角,同时她的指(趾)骨是弯曲的,前肢比后肢长,这说明她仍然经常攀援树木。2006 年在距离"露西"出土不远的地方又发现约 330 万年前的三岁女童"塞拉姆"(Salam)的遗骸,这具骨架非常完整,其下半身很接近人类,上半身更像猿类。塞拉姆的出现为研究人类进化提供了十分宝贵的材料。20 世纪 90 年代在埃塞俄比亚的亚的斯亚贝巴市东北 200 公里附近,人们发现了更为古老的南方古猿化石,被命名为始祖古猿,生存年代在

440 万年前或更早,后来还在肯尼亚发现了年龄为 400 万年的古老的人科化石,被命名为阿纳姆南猿。

从形态上说,南方古猿是猿与人特征的混合,其身材与体重大致与现代的黑猩猩相近:头小,脑量为 400～500 mL,但从颅内膜形态来看其脑皮层结构比猿类复杂,与人脑皮层结构相似,颅底结构及枕骨大孔的位置显示头部大体能平衡地保持在脊柱上方,表明其身体已能够直立;颜面骨发达且外突,保留着猿的特点,臼齿发达,但犬齿并不高出齿列。阿法南猿的膝部骨骼结构显示出适应直立的特征,但臂与肩胛的结构似黑猩猩,适应于攀援,可见还未能完全离开树。专家们对进化谱系的分析得出的一般结论:始祖南猿是目前已知的古猿化石种类最早的共同祖先,由它进化为阿法南猿。非洲南猿、粗壮南猿及鲍氏南猿都来自阿法南猿,但粗壮南猿及鲍氏南猿是人科谱系中的盲支(已灭绝的线系),也就是人类线系之外的旁系。

27.2.2 能人

20 世纪 30 年代在东非坦桑尼亚奥杜威峡谷发现了至少 100 多万年前的简单石器,这种石器文化被称为奥杜威文化。1959 年在石器出土地点发现了鲍氏南猿头骨化石(当时称东非人),但是大多数学者不相信小脑袋的鲍氏南猿能够制造石器。20 世纪 60 年代在同一地点又发现了颅骨较发达、脑量较大的头骨化石,其颊齿特别是前臼齿比非洲南猿窄,下肢骨明显具有直立行走的特征,手骨表明其拇指与其他四指能够对握,被定名为能人(*Homo habilis*)。此后不久,又在其他地点(肯尼亚、埃塞俄比亚)发现了能人化石。能人是最早的人属成员,生存时间大致在 100 万～250 万年前,与南方古猿的生存时代重叠。能人可能是由阿法南猿进化产生的。

27.2.3 直立人

直立人,即俗称的猿人,直立人的生存时代为 50 万～150 万年前。匠人(*Homo ergaster*)是 1975 年从原归于直立人的非洲标本中建立的,颅骨细致,骨壁较薄,颅骨细小,鼻梁突伸,具有与现代人相比更相近的上下肢比例。有学者认为匠人是能人和智人之间的过渡类型,是晚期人类的直接祖先,而亚洲的直立人则是人类进化系统树的旁支。直立人已完全消除了树栖的形态特征,可以奔跑,能猎取大型动物。直立人时期是人类语言的萌芽时期。最初的直立人 1881 年发现于印尼爪哇岛,没有发现有共生的石器。各地发现的众多猿人化石,过去常冠以不同的属名,现在认为他们最多是直立人的不同亚种而已。我国已发现的直立人化石比较多,包括:云南元谋人,出现在 160 万～170 万年前,也有学者认为其可能出现在 50 万～60 万年前;陕西蓝田人,出现在 110 万～133 万年前,也有学者认为其可能出现在 50 万～80 万年前;北京周口店人,出现在 23 万～71 万年前;南京汤山人,中更新世晚期,出现在 20 万～30 万年前,等等。北京周口店是世界上至今已发现的材料最丰富的猿人遗址,对这一阶段人类体质形态、生产活动、生活环境、物质文化和社会形态的了解,主要来自对周口店材料的研究。直立人的脑量比南方古猿和能人有较大的增长,头也相应增大。北京直立人能制造较精致的石器,能用火。直立人有原始的社会组织,创造了原始的文化(旧石器文化)。

27.2.4 智人

智人(*Homo sapiens*),发现于亚洲、非洲、欧洲的许多地区,包括早期智人和晚期智人。早期智人又称远古智人,出现在 10 万～30 万年前,发现于非洲、欧洲及亚洲。早期智人具有大脑壳、前臼齿及臼齿窄,脸平,头骨薄,两性双形现象弱。我国发现的早期智人化石包括辽宁金牛山人(16 万～31 万年前)、湖北长阳人(15 万～20 万年前)、北京周口店新洞人(10 万～20 万年前)、山西丁村人(7 万～21 万年前)、山西许家窑人(约 10 万年前)等。早期智人的脑量已达到现代人的水平,他们所制造的石器有很多的改进,能够狩猎巨大的野兽,能用兽皮制作粗陋的衣服,不仅会使用天然火,而且可能已会取火。欧洲的早期智人主要有尼安德特人(或简称尼人),其最早发现于德国尼安德特河谷。尼人的主要形态特征包括强壮的身体,指、趾短,前牙、鼻子大,大鼻子可能是对寒冷的更新世气候的适应。尼人可能直接从直立人进化而来,保存在胳膊中的 DNA 研究表明,尼人祖先在 60 万年前就从演化主线上分离出了,但尼人在演化上走进了死胡同,最终为晚期智人所取代。有一种观点认为,在 2 万～3 万年前,尼人被晚期智人所同化。这种观点的依据是有些尼人特征至今还保留在几个现代欧洲群体中,如宽大的鼻子,后伸的脑壳。此外,53% 的尼人下颌骨神经开孔为骨桥部分地覆盖,在早期的晚旧石器时代,44% 的欧洲人有此特征,现代欧洲人中仅有 6%,而在非洲、亚洲及澳洲人中则非常稀少。

晚期智人在形态上已非常像现代人,出现的时间约为 10 万年前,晚期智人化石最早在 1868 年发现于法国的克罗马农村,所以晚期智人最初称为克罗马农人。晚期智人与早期智人的区别是晚期智人前额高、脑壳短、身高高、骨筋轻薄。早期智人与晚期智人分别生活于 10 万年之前和之后,但是其形态特征则是过渡的。我国的晚期智人化石包括内蒙古的河套人,7 万~10 万年前;广西的柳江人,7 万年前;四川的资阳人,2 万年前;北京山顶洞人,1.8 万年前等。从考古学角度来看,人类历史可分为旧石器时代、新石器时代。旧石器时代相当于更新世,距今 250 万年至 1 万或 1.5 万年前,人类主要使用打击而成的石器。新石器时代相当于全新世早期,1 万~1.5 万年至几千年前,人类主要使用以磨制而成的石器,同时已出现陶器。再后,便进入有文字记载的时期。

27.2.5　现代人的起源

从肤色上,现代人分为黑种人、白种人、棕种人和黄种人四种基本类型,目前还不清楚现代人的种族是在我们的亚种刚出现时分化的,还是在此之前的直立人阶段分化的。根据 mtDNA(即线粒体 DNA,它只能通过母亲遗传给下一代)的计算证明,现代世界各地的人类均是从非洲起源的,这就是所谓的“非洲夏娃”理论,按照这一理论,所有现代种族可追溯到非洲约 15 万年前的一个早期智人群体,到 10 万年前这个群体扩散到旧大陆的其他地方而取代当地“居民”,这与早期智人与晚期智人的分化时间吻合。通过对现在人类细胞 mtDNA 研究发现,全球人类种群的 mtDNA 非常一致。撒哈拉沙漠以南的非洲人 mtDNA 差异较大。全球人类种群 mtDNA 一致说明现代人源自同一祖先,而撒哈拉沙漠以南非洲人 mtDNA 差异较大,又进一步说明现代人起源于此,因此那里不同种群之间有比较长的时间发展遗传的多样性。这种认为现代人是某一地区的祖先类群侵入世界各地形成的理论称为单一起源(single origin)学说。1997 年慕尼黑大学动物研究所科学家宣称,他们通过对尼安德特人化石中基因残存物监测分析结果支持单一起源学说。1999 年我国科学家金力等通过研究人类 Y 染色体上的遗传标记,研究结果同样为单一起源学说提供了有力的证据。

与单一起源学说持相反观点的是多地域起源(multicentric origin)学说,认为亚、非、欧各洲的现代人是由当地的直立人演化而来的,该假说认为,直立人到我们现代人种的演化在世界各地不一定同时发生,即现代人的起源是多中心的。例如,从头骨及面部相似性分析来看,澳大利亚土著人起源于 10 万年前的印尼的直立人,而我国辽宁的金牛山人出现在 25 万年前,属早期智人。在我国发现的古人类化石证明我国有着自成体系的猿—人演化链。一些人类学家根据化石证据推断,现代智人从原先分布于旧大陆各地的早期智人进化而来。而现代人类种族表现的地区多样性是直立人走出非洲之后 100 多万年时间里逐渐形成的。不同地区的人都彼此平行地从直立人到早期智人再到现代人。他们认为,邻近种群之间存在基因交流,使得如今的人类同属一个物种。

现代人的起源是一个很复杂的问题,遗传学研究证据倾向于单一起源学说,古人类学的证据则支持多地域起源学说,这两种观点的争论及探索随着科学的发展仍将持续,现代人的起源问题还在探索中。

本章小结

人类起源于动物,人与动物之间存在亲缘关系。人与类人猿有更近的亲缘关系。人类在进化过程中,体质形态和行为特征都发生了很大的变化。人类的进化经历了南方古猿、能人、直立人和智人四个阶段。

从肤色上,现代人分为黑种人、白种人、棕种人和黄种人四种基本类型。对于现代人种的起源有两种学说,一种是单一起源学说,另一种是多地域起源学说。现代人的起源是一个很复杂的问题,遗传学研究证据倾向于单一起源学说,古人类学的证据则支持多地域起源学说,现代人的起源问题仍在探索中。

思考题

扫码答题

参考文献

[1] 吴庆余.基础生命科学[M].2 版.北京:高等教育出版社,2006.

[2] 谢强,卜文俊.进化生物学[M].北京:高等教育出版社,2010.

[3] 许崇任,程红.动物生物学[M].北京:高等教育出版社,2000.

[4] 理查德·道金斯.地球上最伟大的表演:进化的证据[M].李虎,徐双悦,译.北京:中信出版社,2017.

[5] 武云飞.系统生物学[M].青岛:中国海洋大学出版社,2004.

[6] 彭奕欣,黄诗笺.进化生物学[M].武汉:武汉大学出版社,1997.

第六篇

生态学与生物多样性
SHENGTAIXUEYUSHENGWUDUOYANGXING

本篇引言

目　　录

第28章　生物与环境

生物的生存、活动、繁殖需要一定的空间、物质与能量。生物在长期进化过程中,逐渐形成对周围环境某些生理条件和化学成分,如空气、光照、水分、热量和无机盐类等的特殊需要。各种生物所需要的物质、能量以及它们所适应的理化条件是不同的,同时任何动物的生存都不是孤立的,同种个体之间有互助有竞争,与其他物种(植物、动物、微生物)之间也存在复杂的相互关系,这些关系构成了生物的生存环境。

环境(environment)一般是指生物的有机体周围一切事物的总和,它包括空间以及其中可以直接或间接影响有机体生活和发展的各种因素。组成环境的因素称为环境因子(environment factor),或称生态因子(ecological factor)。在生态因子中,凡是有机体生活和发育所不可缺少的外界环境因素(如食物、热、氧对于动物,二氧化碳和水对于植物),有时被称为生存条件。

生态因子常直接作用于个体和群体,主要影响个体生存和繁殖、种群分布和数量、群落结构和功能等。生物的进化就是通过基因突变和重组,再经生态因子的选择而实现的,因而有人在分析生态适应和种群调节等现象时,把个体基因型或种群基因频率及基因型频率等非环境因子也视为生态因子。

28.1　生态因子

根据生命和非生命的特征,最常见的分类是将环境因子分为非生物因子(abiotic factor)和生物因子(biotic factor)两大类。非生物因子包括气候(温度、光、湿度、风)、理化因子(化学成分、pH 值、氧等)、地形和土壤因子(坡向、坡度、土壤结构等)、纬度、经度、水域、陆地等;而生物因子则包括同种生物的其他有机体和异种生物的有机体。同种生物的其他有机体则构成了种内关系(intraspecific relationship),异种生物的有机体则构成了种间关系(interspecific relationship)。种间关系包括竞争、捕食、寄生、互利共生等。人类活动(垦殖、灌溉、放牧、狩猎、采伐、污染等)所形成的结果往往包含种内关系和种间关系。

按因子与种群密度有无关系的分类。动物种群的密度虽然在各种因子作用下常有波动,但却倾向于维持一个较稳定的平均值,因此可能存在这样一种因子,当种群密度增加时,它(或其作用)就发生相应变化,使种群密度减小并趋于稳定。史密斯(Smith)于 1935 年从环境因子对于动物种群数量变动的作用出发,曾将它分为密度制约因子(density-dependent factor)和非密度制约因子(density-independent factor)。非密度制约因子如温度、降水等气候因子,它们的影响大小不随动物种群密度而改变,但史密斯也指出,气候在某种条件下也可能成为密度制约因子。例如,适于避寒的场所总是有限的,种群数量增长后,有些个体可能因得不到庇护而在严寒中死亡。密度制约因子包括食物、生物、病原微生物、捕食者、竞争者、天敌等生物因子,它们的影响大小随种群密度而变化,即这些因子(或其作用)受种群密度的影响。例如,某种群的密度增加时,流行病的病原体因接触机会增多而加速传播和繁殖,结果发病率及病死率上升,该种的种群密度又趋于减小。有些物种的种群因营养及空间限制而出现自我稀疏,这也是密度制约因子常见的事例。

按因子有无周期的分类。蒙恰斯基于 1958 年从环境因子的稳定性及其作用特点,把环境因子分为稳定因子和变动因子,稳定因子如地心引力、地磁、太阳辐射常数等长年恒定的因子,这些因子决定了动物的栖息地和分布。变动因子是变化着的,根据其变化规律又分为两类:①有周期性变动的因子,例如由于地球围绕太阳转动,出现日照时间的长短变化和温度的变化,月球与地球的关系引起潮汐涨落等,它们主要影响动物的分布和生活史。周期性因子变化的特点是很有规律、很准确。生物在这些因子的作用下发展出多种适应能力,如某些生物的发育阶段便与自然周期相对应,生物普遍具有的定时能力和生物节律。②非周期因子,又称为无规律的变动因子,如风、降水、捕食、寄生生物、病原微生物及人类活动等,特点是变化规律不明显。这类因子主要影响动物的发生数量。

有的学者把生态因子分为四类,即气候因子、土地因子、生物因子和人为因子。

28.1.1　生物与非生物环境间的关系

生态因子的分类是人为的一种划分方法,实际上绝大多数生态因子之间相互影响,因而这些因子对生物的作用是综合的,但不同因子对生物的影响是不同的。有些因子直接作用于生物体,如日照、温度、水分等;有些则间接作用于生物体,如地面坡向、坡度常影响日照和土壤含水量等而间接影响生物。

生态因子直接作用于个体的情况有几种,可能仅仅作为信号,如通过动物的神经系统引起行为变化;也可能通过多种途径造成生物正常或异常的生理反应;还可能直接影响生物的形态解剖结构。就生态因子的性质看,不外物质、能量和信息三种。它们通过种种渠道输入生命系统,作用形式大体有三类:①构成维持生物代谢和繁殖所必需的营养物质和理化条件。这些理化条件也都表现为能量或物质,如日照、温度、pH 值、渗透压等。②构成种种破坏力量。例如天敌、自然灾害(超限的理化条件)及某些人类活动(滥垦滥牧、工业污染等)。③仅仅作为信息,诱发生物的节律性反应。例如日照和温度的昼夜或季节变化,能引起动物的冬眠、迁徙等周期活动。生态因子作用的直接对象是生物个体,但通过生物间的交互作用会影响到群体。同种动物的集群活动可以增加取食和避敌能力。群落食物中某环节的增减,常导致连锁反应,例如天气变化造成蝗群增长及其散居型和群居型的变化,继而导致迁飞,破坏迁入地的大片植被。

生态因子的作用与生物的适应性密切相关。对于温度,各物种反应不同,有些物种能适应的温度却可能使另一些物种死亡。一般来说,生物在不同发育阶段的适应性也不大相同。环境改变,生物的适应性也随之改变。一个物种可能通过生理过程适应一个新环境,当新旧环境差别太显著时,可能需要较长时期的适应过程,引种驯化便属于此类。在生物演化过程中,生态因子作为选择因素淘汰掉不适应的物种。生态因子还可能直接诱发基因突变或重组,促进生物进化的进程。

28.1.2　生态因子作用的特点

(1)生态因子的综合作用　影响生物生长发育的生态因子不是单独起作用的,而是相互影响、相互制约的,任何一个生态因子的变化,将在不同程度上引起其他因子发生变化。这就构成了生态因子的综合作用特点。

(2)生态因子的非等价性　在影响生物的各种因子中,起作用程度并非是相同的,而是有主次、轻重之区别。

(3)生态因子的不可替代性和互补性　各种因子对生物的作用虽非等价,但都是必需的,若缺少,便会引起生物正常生活失调,甚至死亡,这即是生态因子的不可替代性。互补性是指在一定的条件下,若某个因子在量上出现不足,可以由其他因子的加强而得到补偿。

(4)生态因子的阶段性　生物的生长发育是有阶段性的,在不同阶段,往往需要不同的生态因子或不同强度的生态因子。

(5)生态因子的直接作用和间接作用　对生物生长发育的生态因子,可以是直接的,也可以是间接的。如干旱地区,雨量多少直接影响植物的生长,而又可以间接地影响动物的种类和数量。

28.1.3　限制因子

地球各个地方的环境条件很不相同,再加上地球上常有季节性的变化,所以各种生物的生存和繁衍就处处都受到环境的限制。一个生物或一种生物能否成功地出现,取决于各种因素的综合情况。换言之,各种有机体和环境的相互关系是很复杂的,但所有这些因素的限制作用又不是相等的,有的更重要,有的比较次要。在各种因素中,任何一个因素,只要接近或超过某生物的耐受程度的极限时,就可以成为一个限制性的因子。在众多的环境因素中,任何接近或超过某种生物的耐受性极限而阻止其生存、生长、繁殖或扩散的因素,称作限制因子(limiting factor)。分析限制因子概念的意义表现在:①在某一特定情况下,对某种特定生物来说,各种可能的生态因子的重要性是不同的。②如果某生物对某生态因子有较宽的耐受程度,而在环境中这种特定的因子又相当稳定,量也适中,那么,这个生态因子对该种生物就不大可能成为限制因子。③在野外记录到的实际范围,要比在实验室中测定的潜在可能范围窄一些,因为野外还会受到其他一些因素的影响。

28.1.4　最小因子定律

19 世纪德国的农业化学家利比希(Liebig)在研究各种因子对植物生长影响时发现,谷物的产量常常不是由于大量需要的营养物质所限制,而是取决于那些在土壤中极为稀少,而又是植物所需要的元素,例如硼、镁、铁等。因而他提出了"最小因子定律(Liebig's law of minimum)"。使用这个定律有两个补充条件:第一,利比希定律只有在严格的稳定状态的条件下,即在物质和能量的输入和输出处于平衡的状态时,才能应用。第二,因子的替代作用,即当一个特定因子处于最小量状态时,其他处于高浓度或过量状态下的物质,可能会具有替代作用,替代这一特定因子的不足。至少是化学性质上接近的元素能替代一部分。

28.1.5　耐受性定律

利比希提出的是因子处于最小量时可能成为限制因子,但事实上,因子过量时,例如过高的温度,过强的光,或过多的水分,同样可以成为限制因子。因此,每种生物对每一种环境因素都有一个能耐受范围,即有一个生态上的最低点(或称最低度)和一个生态上的最高点(或称最高度)。在最低点和最高点(或称耐受性下限和上限)之间的范围,称为生态幅(ecological amplitude)或生态价(ecological valence)。据此,谢尔福德(Shelford)于 1913 年提出了"耐受性定律(law of tolerance)"。它指的是任何一个生态因子在数量上或质量上的不足或过多,即当其接近或达到某种生物的耐受性限度时,就会使该种生物衰退或不能生存(图28-1)。

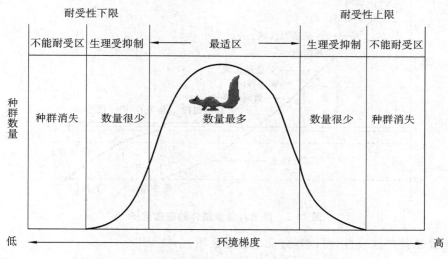

图 28-1　生物种耐受性限度图解

对耐受性定律的一些补充原理可概述如下:①生物可能对某一个生态因子耐受性范围很宽,而对另一个因子又很窄。②对很多生态因子耐受性范围都很宽的生物,其分布一般很广。③当某种生物对于某一个生态因子不是处于适度状态下时,对其他生态因子的耐受性限度可能随之下降。④在自然界中常常会出现这样的事实,即生物并不在对某一特定生态因子处于最适范围内的地方生活,而在不很适宜的地方生活。在这种情况下,可能有其他更重要的生态因子起决定作用。⑤繁殖期往往是一个临界期,环境因子最可能在繁殖期中起限制作用。

28.2　气候因素对生物作用的一般特征

气候因素与生物的发生发展有密切的关系。气候因素主要包括温度、湿度、降雨、光照、气流(风)和气压等。这些因素常相互影响并共同作用于生物,但也各有其特殊的方面。气候因素可以直接影响生物的生长、发育、生存及繁育,从而引起不同的发生期和发生量。

28.2.1 温度的生态作用

生物在完成其生命活动(生长、发育、活动和繁殖等)的过程中需要一定的热能。它的主要热能来源有太阳的辐射热和体内新陈代谢中所产生的化学能。温度是热的度量方式。在亚热带和温带地区,温度有明显的季节及昼夜变化规律,这种有节律的变动与动物的生活、生存和数量的变化有十分密切的关系。根据动物体温的变化情况把动物划分为变温动物(poikilotherm)和常温动物(homoiotherm),常温动物包括鸟类和兽类,它们的体温相当稳定,其他动物均为变温动物。

1. 动物对温度条件的适应性 对于常温动物可以通过代谢来调节体温保持稳定,而变温动物的代谢率常随着外界温度的升降而增高或降低。如昆虫的体温基本上是随外界温度而起变化的。外界温度的变化直接影响昆虫代谢率的高低,从而对昆虫的生长发育、繁殖生存及活动行为等产生十分重要的直接影响。这也就是外界温度因素对昆虫产生作用的根本原因。

变温动物调节体温的能力较差,它的体温基本上是取决于周围环境的温度条件,但也有一定的调节能力。在较低气温下,它们的体温常比气温高一些;在较高的气温下,则常偏低一些。动物对环境温度的适应不是无限的,而是有一定的适应范围。每一种动物都有一定的适宜温度范围,在适温范围内,生命活动最旺盛,繁殖后代最多;而超过这一范围(过高或过低),则繁殖停滞,甚至死亡(图 28-2)。

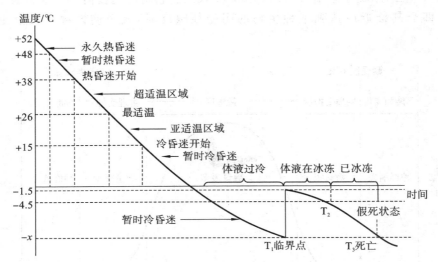

图 28-2 昆虫对温度条件的适应范围

根据动物对温度条件的适应性,可以划分几个温度区域。

(1) 致死高温区(zone of fatal high temperature) 在此区内,由于温度过高,动物表现兴奋、昏迷,其酶系统被破坏,部分蛋白质凝固,经过短时间后动物死亡,即使再将其移入适温区内也不能恢复。在温带地区,此区温度一般为 45～60 ℃。

(2) 亚致死高温区(zone of high sublethal temperature) 在此区内,由于不适宜的高温使动物体内的同化和异化作用失去平衡,因而导致其生长发育和繁殖不良。如果延续时间过长,也可以造成其热昏迷或死亡。如果在短时间内温度下降到适宜范围,则该动物仍可恢复正常状态,但也可能有部分机能受到了损伤,特别是最为敏感的生殖机能。在此区内,动物的死亡取决于高温的强度和高温持续的时间。在温带地区,此区温度一般为 40～44 ℃。

(3) 适温区(zone of favorable temperature) 在此区内动物的生命活动能正常进行,处于积极状态。此区温度一般为 8～39 ℃。而在适温区内还有最适温度范围,一般为 20～30 ℃。在最适温区内动物表现为能量消耗最少,发育速度适当,寿命长,繁殖力最大。

(4) 亚致死低温区(zone of low sublethal temperature) 动物在此区内代谢急剧下降,处于昏迷状态,或体液开始结冰。如果在短时间内温度上升到适温区,仍可恢复活动;但如果低温持续时间长,则可致死。此区温度一般为 −10～7 ℃。

(5) 致死低温区(zone of fatal low temperature) 在此区内,动物体液大量冰冻和结晶,使原生质遭受冰晶的机械损伤,脱水,生理结构遭到破坏,或因毒物的积累而死亡,且残废后不能恢复。此区温度一般为 −40

～−11 ℃。

2. 温度与动物体内的生理过程　对变温动物来说,体温的变化取决于外界温度,当体温升高时,体内的生理过程加快。在一定的温度范围内,温度每升高 10 ℃,化学过程的速率则加快 2～3 倍,即所谓的范托夫定律(van't Hoff law)。该定律因以温度每增高 10 ℃ 的生理反应速率加快倍数,故又称为 Q_{10} 定律。其公式如下:

$$Q_{10} = (R_2/R_1)^{10/(t_2-t_1)}$$

式中,Q_{10} 为系数;t_1、t_2 为温度;R_1、R_2 为在 t_1、t_2 温度下某生理过程的速率。

3. 有效积温法则　1735 年雷默尔(Reaumur)发现植物的生长发育与温度有密切关系,并提出有效积温法则(law of effective accumulative temperature),指植物在生长发育过程中,需从环境中吸收一定的热量才能完成其某一阶段的发育,且植物各个发育阶段所需要的总热量是一个常数。

用数学公式表示如下:

$$K = NT$$

式中,K 为常数,即总积温;N 为生长期所需时间,以发育历期表示;T 为发育期中的温度,一般为平均温度。

由于生物的发育不是从 0 ℃ 开始的,而且在高于 0 ℃ 的某一特定温度以上时发育才能开始进行,故常称此特定温度为发育起点温度(或称为生物学零度,也即最低有效温度),以"C"表示。所以,公式应修正为:

$$K = N(T-C)$$

式中,C 为发育起点温度;$(T-C)$ 为有效平均温度;K 为有效总积温,其单位为"度·日"。

昆虫的有效总积温(K)和发育起点温度(C)不仅在昆虫的种之间是不同的,而且同一种昆虫的不同世代、不同虫态(或虫龄)也都可以不相同。

有效总积温的实用意义可有下列几个方面:①预测某一地区某种昆虫可能发生的代数,以 K_1 代表某种昆虫发生一代所需的有效总积温,K 代表当地全年有效总积温,则当地可能发生的代数为 K/K_1。②预测昆虫在地理上的分布界限,如果当地有效总积温不能满足某种昆虫一个世代的 K 值时,则这种昆虫在该地就不能发生。③预测某种昆虫来年的发生程度。④预测昆虫的发生期。

有效积温法则的应用有一定的局限性,有时会产生较大的误差,在实际应用时要注意下列几点:①要注意昆虫实际生活环境的小气候温度。有的昆虫的生活场所的小气候温度和百叶箱大气温度差别较大。所以,在应用气温资料来代表昆虫的发育温度预测发生期时,便会发生一定的误差。②昆虫在变温和恒温下发育所需的积温有不同。如果测定昆虫的 C、K 值是在室内恒温下进行的,则因自然温度有季节和日夜的变动,年温差和日温差比较显著,而常使所测定的结果与实际情况有一定的差异。③影响昆虫发育速度的外界因子除温度外,还有湿度、食物等。外界湿度对有的昆虫或虫态的发育速度影响较大,对有的则影响较小。④有效积温法则的基本公式 $K = N(T-C)$ 是在温度与发育历期呈双曲线关系,或温度和发育速率呈直线关系的前提下建立的,这种情况常常在温度处于该种昆虫的适温区时比较符合实际情况。实际上,在各生长季节中温度的日变化常常在短时间内会超出昆虫的适温范围。在这种情况下,温度与发育速率的关系常呈 S 形曲线(逻辑斯谛曲线)或抛物线。在统计分析时要注意选用不同的经验公式。

4. 几个定律

(1) 约丹定律(Jordan's rule)　生活于低温条件下的鱼类,一般呈现脊椎增多和身体加大的趋势。

(2) 贝格曼定律(Bergman's rule)　温度对动物生长发育有较大影响,低温可延缓恒温动物的生长。由于性成熟的延缓,则动物可以生活的时间更长,长得更大。因此,同类恒温动物在寒冷地区的个体要比温带、热带地区的个体大。如虎的不同亚种,其体形差异较大。

(3) 阿伦定律(Allen's rule)　恒温动物身体的突出部分,如肢体、外耳、尾巴等在气候寒冷的地方有变短的趋向,这与在寒冷地区减少散热的适应有关。如北极狐、温带常见的赤狐和非洲的大耳狐的外耳的差异(图 28-3)。

28.2.2　水分的生态作用

生命起源于水环境,许多动物目前仍然在水中生活,水作为动物所必需的物质,也是动物最重要的生存条件之一,在整个动物界,大多数类群是水生的,真正在陆地上生活的类群主要包括下列几个类群,如昆虫纲、蜘蛛纲、爬行纲、鸟纲、哺乳纲。即使在这些类群中,在它们的生活史中往往出现某一个时期与水密切相关,如蜻

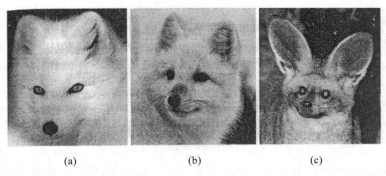

图 28-3 北极狐、赤狐和大耳狐的外耳比较
(a) 北极狐；(b) 赤狐；(c) 大耳狐

蜓,其稚虫就是生活在水中。

1. 湿度对生物的影响 相对湿度过大或过小,都会给植物带来不利后果,尤其对开花和授粉阶段的植物影响更大。湿度可直接影响动物的生长和发育,过高或过低均能抑制昆虫的发育。湿度对动物的繁殖有一定的影响,例如湿度过高或过低均能影响昆虫的繁殖率。湿度对动物的寿命也有一定影响。例如,东亚飞蝗在相对湿度 70% 时,性成熟最快,但寿命最短,而湿度增加或降低,则性成熟延缓,寿命也延长。

2. 旱涝对生物的影响 植物对干旱或水涝的适应主要是形态和生理上的适应,如缩小植物表面、降低冠与根的比值、减小细胞体积、气孔小而内陷、角质层发达。涝害首先表现为对植物根系的不良影响,因氧化还原作用而产生硫化氢等物质,使根发黑。植物对水涝产生一定的适应,如根系木质化,不易腐烂,耐湿性增大;生理代谢产生相应改变,如积累苹果酸。而动物则更多于行为上的适应,如在干旱环境中滞育、夏眠或迁徙。水涝对土栖动物影响较大。它们转移栖息地,因此水浸土壤中土栖动物很贫乏。

3. 水的生态意义 水是生命活动的基础。生物体内含水量虽不同,但它们都离不开水。生物的新陈代谢是以水为介质进行的,生命活动的整个联系、协调、营养物质的运输、代谢物的运送、废物的排除、激素的传递都与水密切相关。水分的不足或无水都会导致生物体生理上的不协调,引起正常生理的破坏,甚至引起死亡。

28.2.3 光的生态作用

1. 光周期和生物类型 根据植物开花对日照长度反应的不同,可将植物分为四种类型:①长日照植物,一般需 14 h 以上的较长光照才促进开花,如小麦、菠菜;②短日照植物,一般需 14 h 以上的较长黑暗才促进开花,如水稻、棉花;③中日照植物,一般昼夜长短比例几近相等时才促进开花,如甘蔗;④中间型植物,对日照长短要求不严格,如番茄、黄瓜、四季豆。

动物也可按其繁殖与光照长短关系而分成不同的类型,例如昆虫对光周期反应也有四种类型。黑暗在昆虫的滞育中所起的作用比光照更明显,即要有一定持续时间的黑暗才可引起滞育。若黑暗短于 9 h 或长于 24 h,则不会引起滞育。

2. 光照强度与生物适应 植物对光适应的生态类型可分为喜阳植物、喜阴植物和耐阴植物三类。①喜阳植物,只有在足够光照条件下才能进行正常生长,能在直射光下充分地利用红光。②喜阴植物,对光照的要求较低,可低于全光照的 1/50,抗高温干旱能力较低,没有角质层或很薄,气孔与叶绿体较少。③耐阴植物,对光照具较广的适应能力,但最适宜的还是在完全的光照下生长。它们在形态、生态上的可塑性较大。

光的强度对动物的影响:①光与动物的体色。很多动物的体色往往与光有一定的关系,淡水水域中的鱼类,一般背部的体色较暗,腹部白色。海洋上层的鱼类一般背部为蓝绿色,腹部白色。由于光是从上面照射下来的,鱼类深色的背部不易被敌害从上面发现。白色的腹部,从下面向上看也是不易发现的。有些动物的体色与其生活环境的背景色一致。这些都是对环境色彩的一种适应。②光对动物生长、发育和繁殖的影响。光对动物生长、发育的影响可能是复杂的,不同动物对光的反应很不相同,光照对海星卵和许多昆虫的发育有加速作用,但是过强的光照又会使其发育迟缓甚至停止。光期的延长能使具有"怀孕潜伏期"的哺乳动物缩短怀孕期,如貂的怀孕期为 10 个月,但人工增加光期后,6 个月即可产仔。③光对动物活动的影响。依据动物生活与光照强度的关系可将动物的昼夜活动习性分为四大类,即白天活动、夜间活动、黄昏活动、昼夜活动。

28.2.4　风的生态作用

气流与风对动物的生长发育虽无直接的作用,但对种群的扩散迁移,尤其对一些动物的远距离迁飞却有重要意义。许多飞翔的昆虫种类大多在微风或无风晴天飞行,当风速每小时超过 15 公里时,所有昆虫都停止自发的飞行。风的生态意义为:①风力大小不同,具有不同的生态意义。②风级大小不同可影响植被的形状。③风还能影响和制约环境中的温度、湿度及二氧化碳浓度的变化,从而间接影响生物的新陈代谢。④在一定程度上,影响了动植物的地理分布和生活方式。

1. 风对植物的影响　风对植物的影响主要表现在多风的生境中。某些正常情况下,能直立的植物,往往会变得低矮、平展。若受强风、干风的影响,植株还会变矮,即强风能降低植物的生长高度。

2. 风对动物的影响　经常有强风的地方,飞行动物的种类则较少。尤其是飞行的昆虫种类较少,甚至蝙蝠的数量也少。强风地带的鸟类、兽类的羽或毛相当短,且紧贴在身上,有助于防风和散热。昆虫的迁飞与风力及风向紧密相关。

28.2.5　火的生态作用

火的生态学意义为:①火的焚烧作用,可清扫林下的枯枝落叶,使其转化为植物重新利用的无机营养物。②火可作为一种自然选择压力,对生态系统产生深远影响。③火在物种竞争中发挥作用。例如在草原中,防止了灌木的入侵,而有利于草原植被的更新。

28.2.6　土壤的生态作用

土壤温度与植物生长有密切关系:①影响种子萌发和扎根出苗。②影响无机盐的溶解速度、土壤气体交换和水分蒸发、有机物的分解和转化等。③土壤温度对植物根系的生长、呼吸及吸收能力的影响较大。

土壤酸碱度对动物的影响:在半沙漠的灰钙土、沙土和盐渍土环境下,往往由于过酸、过碱或盐度过高,则土壤动物贫乏。依据土壤的特点也可将动物划分为:①嗜酸土壤动物,如金针虫;②嗜碱土壤动物,如小麦吸浆虫,大多数的软体动物;③中性土壤动物,大多数动物适宜于中性土壤。

本章小结

环境一般是指生物的有机体周围一切事物的总和,它包括空间以及其中可以直接或间接影响有机体生活和发展的各种因素。组成环境的因素称为环境因子,或称生态因子。

生态因子划分方法:①根据生命和非生命的特征,最常见的分类是将环境因子分为非生物因子和生物因子两大类。②按因子与种群密度有无关系,分为密度制约因子和非密度制约因子。③从环境因子的稳定性及其作用特点,把环境因子分为稳定因子和变动因子,稳定因子根据其变化规律又分为有周期性变动的因子和非周期因子两类。有的学者把生态因子分为四类,即气候因子、土地因子、生物因子和人为因子。

生态因子作用的特点:生态因子的综合作用;生态因子的非等价性;生态因子的不可替代性和互补性;生态因子的阶段性;生态因子的直接作用和间接作用。

限制因子是在众多的环境因素中,任何接近或超过某种生物的耐受性极限而阻止其生存、生长、繁殖或扩散的因素。利比希在研究各种因子对植物生长影响时发现谷物的产量常常不是由于大量需要的营养物质所限制,而是取决于那些在土壤中极为稀少,而又是植物所需要的元素,因而提出了最小因子定律。耐受性定律是指每种生物对每一种环境因素都有一个能耐受范围,即有一个生态上的最低点(或称最低度)和一个生态上的最高点(或称最高度)。在最低点和最高点(或称耐受性下限和上限)之间的范围,称为生态幅或生态价。

气候因素主要包括温度、湿度和降雨、光照、气流(风)和气压等。这些因素常相互影响并共同作用于生物,但也各有其特殊的方面。气候因素可以直接影响生物的生长、发育、生存及繁育,从而引起不同的发生期和发生量。

思考题

 扫码答题

参考文献

[1] 孙儒泳.动物生态学原理[M].3 版.北京:北京师范大学出版社,2001.

[2] 林育真,付荣恕.生态学[M].2 版.北京:科学出版社,2011.

[3] Odum E P.生态学基础[M].孙儒泳,钱国桢,林浩然,等译.北京:人民教育出版社,1981.

[4] 尚玉昌.普通生态学[M].3 版.北京:北京大学出版社,2010.

[5] 郑师章,吴千红,王海波,等.普通生态学:原理、方法和应用[M].上海:复旦大学出版社,1994.

第**29**章　种群的结构、动态与数量调节

29.1　种群的基本概念

　　种群(population)是指一定空间中同一物种个体的组合,种群的基本构成成分是具有潜在互相交配能力的个体。种群是物种具体的存在单位、繁殖单位和进化单位。一个物种通常可包括许多种群,不同种群间存在一定的地理隔离,长期隔离则可能形成不同的亚种,进一步产生新的物种。

　　种群的空间界限并不十分明确,根据研究需要来划定界限。同一物种不同种群间可互配,但不同物种间存在生殖隔离,如空间、时间、生态、行为、细胞学和遗传学的隔离。例外,近缘种可互配,如马和驴互配生出骡子,但骡子是杂种不育的。

　　种群是构成物种的基本单位,一般来说,种群具有三个基本特征:①空间特征,即种群具有一定的分布区域;②数量特征,每单位面积(或空间)上种群的数量(即密度)是变动的;③遗传特征,种群具有一定的基因组成,即系一个基因库,以区别于其他物种,但基因组成同样是处于变动之中的。

　　种群是物种存在的单位,在自然界中,界、门、纲、目、科、属等分类单位是分类学者按物种的特征及其在进化中的亲缘关系来划分的,只有种(species)才是真实存在的,种群则是物种在自然界存在的基本单位。因为组成种群的个体是会随时间的推移而死亡和消失的,又不断通过新生个体的补充而持续,所以,物种能否在自然界持续存在的关键问题,就在于种群是否能不断产生新个体补充那些消失的个体。

　　种群生态学(population ecology)是研究种群的数量、分布以及种群与其栖息环境中的非生物因素和其他生物种群的相互作用的科学。种群生态学的基本任务是定量地研究种群的出生率、死亡率、迁入率、迁出率以及其他种群参数,以了解是什么因素影响种群波动的范围及种群的发生规律,了解种群波动所围绕的平均密度以及种群衰落和绝灭的原因。

　　种群动态(population dynamics)是种群生态学的核心问题。种群动态是研究种群数量在时间上和空间上的变动规律,包括以下四个方面:①种群的数量或密度(有多少);②种群的分布和空间结构(哪里多,哪里少);③数量变动(怎样变动);④种群数量调节机制(为什么这样变动)。

　　种群数量往往围绕某一种群密度而上下波动,当生境被破坏时,种群密度就会降到平衡密度以下,但当种群数量高于平衡密度时,又会面临密度过高导致的死亡,甚至绝灭的危险。但长期来看,尽管种群出现较大的波动,但基本能保持自身的平衡。

　　种群动态研究的两种方法:①归纳法,建立简单模型来模拟种群动态变化,但此法受假设条件的限制,不能模拟种群的全过程。②演绎法,研究现实的野外种群,详细记录种群的出生率、死亡率及其他参数,进行分析和模拟,探讨影响某一种群的关键生态因子。

29.2　种群的数量统计

　　种群密度(population density)通常以个体数目或生物量来表示,如每平方米或每立方米面积或体积中的数量。密度可以分为绝对密度(absolute density)和相对密度(relative density),绝对密度即单位面积或体积中的实际数量,相对密度测定值不是单位空间中动物密度的绝对值,而只是表示种群数量的相对值,如每一百铗捕获的老鼠数。也有人将种群的密度分为原始密度(crude density)和生态密度(ecological density)。原始

密度指每单位空间内个体的数量,但种群并不占据所有的空间,每一生物只能在适合它们生存的地方生活和生长,从而导致种群的斑点状分布。因此,生态密度就是按照生物实际所占有的面积计算的密度。如某一地域中某种鱼的种群数量为原始密度,而此地域中以鱼可生存的实际水域面积来计算,则得出生态密度。

种群密度调查包括绝对密度和相对密度的测定。绝对密度测定又分为总数量调查和取样调查。绝对密度测定即把个体数量全部记录。由于样本很大,总数量调查比较困难,研究者只记数种群的一部分,用一部分估计种群整体,因此采取取样调查,包括样方法(use of quadrat)、标志重捕法(mark-recapture method)、去除取样法(removal sampling)等。相对密度的测定,如捕捉、粪堆计数、鸣叫计数、毛皮收购记录、痕迹计数等。

种群的密度随季节、气候条件、食物储量和其他因素而发生很大变化,但其上限主要由生物的个体大小和该生物所处的营养级决定。一般来说,生物个体越小、营养级越低,则种群的密度就越大。

29.3 种群的基本参数

种群的特征大都具有统计性质,影响种群密度的四个基本参数是出生率、死亡率、迁入率和迁出率。密度是最重要的种群参数,对种群的能流、资源的可利用性、种群内部生理压力的大小及种群的散布和种群的生产力有重要的影响。

29.3.1 出生率和死亡率

出生率(natality)和死亡率(mortality)是影响种群增长的最重要的因素,均可用生理出生率/死亡率,或生态出生率/死亡率来表示。

1. 生理出生率(最大出生率,maximum natality) 一定时期内种群在理想条件下所能达到的最大出生数量,对某个特定的种群,最大出生率是一个常数。这在野生生物种群中不可能达到,因此采用生态出生率(实际出生率,realized natality)。一定时期内种群在特定条件下实际繁殖的个体数量,受多种因素影响,因而是变化的。

影响出生率高低的因素:①性成熟速度;②每次产仔数量;③每年生殖次数;④生殖季节类型,如连续、不连续或季节性的;⑤妊娠或孵化期长短;⑥其他因素,如环境条件、营养状况、种群密度等。

2. 生理死亡率(最小死亡率,minimum mortality) 是指种群在最适条件下所有个体都因衰老死亡,即每一个体都能活到该物种的生理寿命(physiological longevity),使种群死亡率降到最低。同样在野生生物种群中不可能实现,因此采用生态死亡率(实际死亡率)。生态死亡率(ecological mortality)是指种群在特定的环境条件下的种群实际上的死亡率,即一定条件下的实际死亡率。可能少数个体能活满生理寿命而死于衰老,但大部分个体可能死于饥饿、疾病、竞争、捕食、寄生、恶劣环境条件、意外因素等。

29.3.2 迁入和迁出

迁入(immigration)和迁出(emigration)也是种群变动的两个主要因子,它描述了各种群之间进行基因交流的生态过程,是物种进化的一个重要过程。

29.3.3 性比

大多数生物进行有性生殖,且大多数雌雄性比保持1:1。动物出生时的性比,一般雄性多于雌性,但随年龄组逐渐变老则雌性多于雄性,如偶蹄动物、人类。在鸟类中,一般雄性多于雌性。性比(sex ratio)从1:1向多元化发展:①雄性少于雌性;②雄性多于雌性。影响性比的因素包括遗传、生理、生化、行为等。

由于性比的变化,从而出现配偶制的多元化:①一雄一雌,最常见。②一雄多雌。如资源占有或领域防卫型的,如犬类、灵长类;保卫雌性型的,如鹿科动物。③一雌多雄。如某些鸟类,雌性只管产卵,多个雄性参与孵卵。④多雄多雌。混交制,无固定配偶,如非洲狮、大熊猫。

29.3.4 年龄结构

种群由不同年龄个体组成并占一定的比例,从而形成一定的年龄结构(age structure),对种群数量动态有很大影响。常用年龄金字塔图形来表示,从下往上的比例分别表示由幼年组到老年组个体的数量多少。

种群可分成三个主要年龄组:繁殖前期(pre-reproductive period)、繁殖期(reproductive period)、繁殖后期(post-reproductive period)。

种群可分成三个主要年龄结构类型(图 29-1):增长型(三角形)、稳定型(钟形)、衰退型(瓮形)。

种群的年龄结构与种群增长率 r 密切相关,r 的最适值取决于稳定的年龄结构;每一物种在特定条件下都有一特定的 r 值;条件发生变化则 r 值也相应变化,从而引起年龄结构的改变。

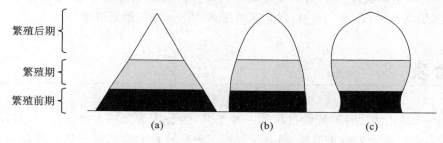

图 29-1 年龄金字塔三种类型
(a)增长型;(b)稳定型;(c)衰退型

29.3.5 种群分布型

由于自然环境的多样性,以及种群内个体之间的竞争,因而每一种群在一定空间中都会呈现特有的分布形式,一般来说种群空间分布及其形式可分为随机型(random)、均匀型(uniform)、聚集型(clumped)(图 29-2)。

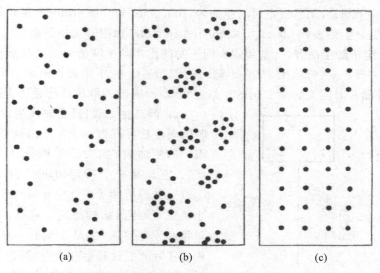

图 29-2 种群分布的基本形式
(a)随机型;(b)聚集型;(c)均匀型

1. 随机型分布 随机型分布是指种群中每一个个体在占领领域中各个点上出现的机会是相等的,并且,某个个体的存在并不影响另一个体的分布。当环境均一,资源在全年平均分配且种群内成员间的相互作用并不导致任何形式的吸引或排斥,则每个个体的位置不受其他个体分布的影响,如此形成的分布格局为随机分布。随机分布是罕见的,如一些森林底层的某些无脊椎动物、寒带的某些森林树种、海潮冲刷到沙滩的软体动物等,其分布既不均匀也不集群。

2. 均匀型分布 均匀型分布是指种群中每一个个体在占领领域中呈有规则的分布,分布很均匀。当环境均匀时,由于种群成员进行种内竞争,尤其是领域现象经常导致个体均匀分布,即个体间的距离要比随机分布更为一致。如在海岸悬崖上营巢的海鸥常常是均匀地分布。

3. 聚集型分布 是三种分布型中最常见的,是对生境差异产生反应的结果,同时受气候、环境和季节变化、生殖方式和社会行为等影响。如一些动物在冬季的集群,犬类动物的生殖合作及共同捕猎,非洲狮和蚂蚁的社会性集群,等等。

了解种群分布型,对于取样调查、保护等具有重要意义。确定物种分布型的方法如下,选取很多样方,记载各样方中的个体数,然后进行统计。

$$m = (\sum fx)/N$$

$$S^2 = \frac{\sum (fx)^2 - [(\sum fx)^2/N]}{N-1}$$

式中,x 为样本中含有的个体数;f 为出现的频率;N 为样本总数;S^2 为方差;m 为平均数。

若 $S^2/m = 0$,则是均匀型;若 $S^2/m = 1$,则是随机型;若 $S^2/m > 1$,则是聚集型。

29.4 生命表

生命表(life table)是指描述种群死亡过程的一种工具,生命表最先在人口统计学,尤其是人寿保险业中用以估计人的期望寿命。生命表是最清楚、最直接地展示种群死亡和存活过程的一览表,它是研究种群动态的一个有力工具,被广泛应用于动植物种群研究中。

1947 年,Deevey 最早将人口生命表的概念和方法应用在动物生态学的研究中。1954 年,Morris & Miller 将其应用于研究昆虫的自然种群。此后,昆虫生命表迅速发展为研究害虫种群数量的一个重要手段。

29.4.1 生命表类型

生命表主要分两种:①动态生命表(dynamic life table),又称特定年龄生命表(age-specific life table);②静态生命表(static life table),又称特定时间生命表(time-specific life table)。在此基础上发展了另外两种类型的生命表,即动态混合生命表(dynamic-composite life table)和图解式生命表(diagrammatic life table)。

1. 动态生命表(特定年龄生命表) 是用观察同一时间出生的生物的死亡或存活动态过程而获得的数据所制作的表。如:×月×日,一头母猪生 10 头小猪,然后记载 10 头小猪死亡时间、原因,至最后全部死亡为止。它是一个环境条件随着时间变化而变化的动态过程,所研究的种群成员均经历了同样的环境条件。

2. 静态生命表(特定时间生命表) 是根据某一特定时间对生物种群做一个年龄结构调查,并根据调查结果而编制的生命表,如去某村调查所有人口(规定时间特别严)。它是某一个特定时间的静态横切面。假设条件:①假定种群所经历的环境年复一年地没有变化;②种群大小稳定;③年龄结构稳定。优点:①易于看出种群的生存对策和生殖对策;②易于编制。缺点:①所描述的死亡过程与实际死亡过程会存在差异;②无法分析引起死亡的原因;③不能对种群的密度制约过程和种群调节过程进行定量分析;④难以根据它来建立更详细的种群模型;⑤不适用于世代不重叠的生物。

3. 动态混合生命表 是将动态与静态生命表相结合。它所记载的内容同动态生命表一致,只是该生命表把不同年份同一时期标记的个体作为一组处理,即这组动物不是同一年出生的。

4. 图解式生命表 是以图形的方式表示生命的过程(图 29-3)。

制作生命表对于了解种群动态以及分析其影响因子均有意义,其编制方法是:首先根据研究对象的生活史、习性、空间分布等有关生物和非生物的各类环境特点,确定调查取样方案(包括取样单位大小及样本数),在取样过程中同时要记载观察环境因子的变化情况(如气候变化情

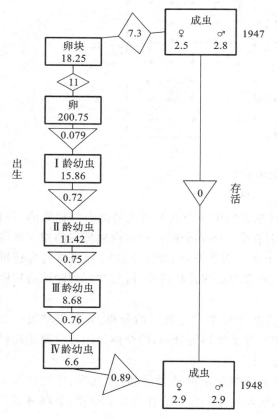

图 29-3 褐色蝗虫的图解生命表

况),然后根据一定时间(或一定世代数)的数据编写生命表。

在制作表的过程中有下列项目:

x——按年龄的分段。

n_x——在 x 期开始时的存活数目。

l_x——在 x 期开始时的存活率。

d_x——从 x 到 $x+1$ 期的死亡数目。

q_x——从 x 到 $x+1$ 期的死亡率。

L_x——本年龄组期间的全部个体的存活时间之和,即 $L_x=(n_x+n_{x+1})/2$。

T_x——本年龄组全部个体的剩余寿命之和,其值等于将生命表中的各个 L_x 值自下而上的累加值,即 $T_x = \sum L_x$。

e_x——x 期开始时的平均生命期望或平均余年。

表 29-1 是一生命表范例。

表 29-1　藤壶的生命表

x	n_x	l_x	d_x	q_x	L_x	T_x	e_x
0	142	1.000	80	0.563	102	224	1.58
1	62	0.437	28	0.452	48	122	1.97
2	34	0.239	14	0.412	27	74	2.18
3	20	0.141	4.5	0.225	17.75	47	2.35
4	15.5	0.109	4.5	0.290	13.25	29.25	1.89
5	11	0.077	4.5	0.409	8.75	16	1.45
6	6.5	0.046	4.5	0.692	4.25	7.25	1.12
7	2	0.014	0	0.000	2	3	1.50
8	2	0.014	2	1.000	1	1	0.50
9	0	0	—	—	0	0	—

29.4.2　生命表参数分析

生命表可直观地观察种群数量动态的某些特征,如种群不同年龄或发育阶段的死亡数量、死亡原因、生命期望等。另外,将生命表中的数据资料加以综合、归纳和分析,则可进一步了解种群数量动态的规律和机制。下面介绍根据生命表的数据分析得出的几个主要的种群参数和曲线。

1. 存活曲线　存活曲线(survivorship curve)以生命表的年龄或年龄组为横坐标,以相对应的各年龄或年龄组的存活个体数量(n_x)为纵坐标作图。

存活曲线有两种绘制方法:①以存活数量的对数值(即 n_x 的对数值)为纵坐标,以年龄为横坐标作图,此方法常用;②与前者相同,但年龄是用平均生命期望的百分离差表示,此方法较少用。生存曲线可对不同环境条件下的种群进行比较,也可在不同性别之间进行比较,也可以用死亡率曲线来表示。死亡率曲线则是以生命表的年龄或年龄组为横坐标,以相对应的各年龄或年龄组的死亡率(q_x)为纵坐标作图。

存活曲线有三种基本类型:①类型 A,凸曲线。大多个体能活到其生理年龄,早期死亡率极低,但当达到一定生理年龄后,死亡率骤然增加。如人类、大型兽类等。②类型 B,直线或对角线。种群各年龄阶段的死亡率大致相等,没有引起个体大量死亡的因素。如一些小型兽类、某些多年生的植物等。③类型 C,凹曲线。早期死亡率极高,一旦活到某一年龄,则死亡率较低。这类生物的寿命短,具较高的出生率。如低等脊椎动物、寄生虫、许多植物等(图 29-4)。

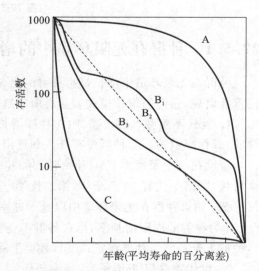

图 29-4　存活曲线的基本类型

2. 生命期望　　生命期望(life expectancy, e_x)是指某个龄期的个体,平均还能活多长时间的估计值。在人寿保险中用得多,他们要估计被保险人的寿命,而确定自己的保险费等。

$$e_x = T_x/n_x$$

3. 内禀增长率　　当环境条件是无限制的,即空间、食物和其他生物等外界条件都没有限制性影响,在该理想和最适条件下,具稳定年龄结构的某个种群所能达到的恒定的、最大的增长率,即内禀增长率(intrinsic rate of increase)。用符号 r_m 来表示。

r_m 实际上是种群的一个统计特性,并与特定的环境条件紧密相关。r_m 取决于该种生物的生育力、寿命和发育速率。实际上它是瞬时特殊出生率(b)与瞬时特殊死亡率(d)之差,因此 r_m 实际上是一个瞬时增长率。

注意:①不同生物种群间的内禀增长能力 r_m 的值,可相互间进行比较;②r_m 的值总是与特定的环境条件相联系的,任何环境因子都能影响出生率和死亡率,从而影响 r_m 的值。

29.5　种群增长

种群增长(population growth)是指种群在一定时间内的数量变化,如从入侵到稳定的过程等。一个种群,从其入侵新的栖息地,经过种群增长到建立种群后,一般有下列几种情况(图 29-5):①较长期地维持在同一水平上,称为平衡(equilibrium)。②经受不规则的或有规律的波动(fluctuation)。③下降(decline),到最后灭亡(extinction)。有时种群数量在短期中迅速增长,称为种群大发生或爆发(population outbreak),在种群大发生后,往往出现大批死亡,种群数量剧烈下降,即种群崩溃(population crash)。由于某种原因,某种生物进入新分布区并迅速扩展蔓延的过程,则称为生态入侵(ecological invasion)。

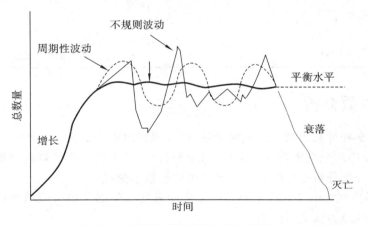

图 29-5　种群数量在时间过程中的动态

29.5.1　种群在无限环境中的增长

种群在无限环境中增长是指种群的增长不受环境的影响。由于物种有的一年只有一个世代,有的多个世代重叠出现,它们的增长模式表达有所区别。

1. 世代不重叠　　假设条件:①种群增长是无限的,无资源等条件的限制。②世代不相重叠,增长是不连续的,或称离散的。③种群没有迁入和迁出。④没有年龄结构。

假设在一个繁殖季节 t_0 开始时,有 N_0 个个体,生下子代后立即死亡,如以 10 个个体为例,每个个体产 2 个后代,则第一代有 20 个个体,第二代 40 个⋯⋯即一年增长 2 倍,以 λ 代表种群两个世代的比,即 $\lambda = N_1/N_0 = 2$。如果种群在无限环境中以这个速率年复一年地增长,则有 $N_{t+1} = \lambda N_t$ 或 $N_t = N_0 \lambda^t$。

λ 为种群的周限增长率,指在种群不受资源限制的情况下,种群内平均每一个个体能产生的后代数。λ>1,种群上升;λ=1,种群稳定;λ<1,种群下降;λ=0,种群在下一代灭亡(没有繁殖)。

2. 世代重叠(J 形增长)　　假设条件:①种群以连续方式增长;②种群增长是无限的,无资源等条件的限制;③世代重叠;④种群没有迁入和迁出。

如果世代重叠,种群数量以连续的方式改变,则以微分方程来描述。其数学表示方法如下:

$$\frac{\mathrm{d}N}{\mathrm{d}t} = rN$$

其积分形式为：

$$N_t = N_0 \mathrm{e}^{rt}$$

式中：r 为种群的瞬时增长率。

（1）当 $r > 0$，则种群数量增长，种群增长曲线往上，呈 J 形，开始增长较慢，当种群基数增大时，就增长很快；

（2）当 $r = 0$，则种群数量不增不减，种群增长曲线平行于 X 轴；

（3）当 $r < 0$，则种群数量下降，增长曲线向下无限接近于 X 轴（图 29-6）。

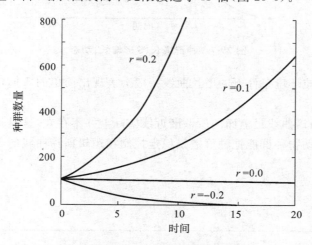

图 29-6　种群增长（J 形增长）动态

29.5.2　种群在有限环境中的逻辑斯谛增长

前述指数增长模型中，只要 $\lambda > 1$ 或 $r > 0$，理论上种群就会永续增长，实际上种群总会受到食物、捕食、空间和其他种内或种间因子的限制。种群不可能长期连续地呈几何级数式增长。当种群在一个有限的空间中增长时，随种群密度的上升，对有限空间资源和其他生活必须条件的种内竞争也将增加。这必然影响到种群的出生率和存活率，从而降低种群的实际增长率，一直到停止增长，甚至种群下降。

设想有一个环境条件所能承受的最大种群值，称为环境容纳量或负荷量（carrying capacity），通常以 K 表示。当种群大小达到 K 值时，种群不再增长，即 $\mathrm{d}N/\mathrm{d}t = 0$。

另一个设想是使种群增长率降低的影响，随着种群密度上升而逐渐地、按比例增加。当种群数量增加时，则种群增长率下降，当种群数量等于环境容纳量时，种群就停止增长，此时种群数量不再发生变化。例如，藤壶的增长受岩石表面积的限制。

用数学方式表示，即为逻辑斯谛方程（logistic equation）：

$$\frac{\mathrm{d}N}{\mathrm{d}t} = rN\left(1 - \frac{N}{K}\right)$$

其积分形式为：

$$N_t = \frac{K}{1 + \mathrm{e}^{a-rt}}$$

用图形表达则为 S 形增长（图 29-7）。

逻辑斯谛方程生物学含义如下：

①当种群数量 N 趋向于 0 时，那么 $(1 - N/K)$ 项就趋近于 1，这表示几乎全部 K 空间没有被利用，种群接近指数增长。

②当 N 趋向于 K 时，那么 $(1 - N/K)$ 项趋近于 0，这表示几乎全部 K 空间已被利用。

③当种群数量 N 由 0 增加到 K 时，$(1 - N/K)$ 项由 1 下降为 0，这表示种群增长的"剩余空间"在减小。

种群的瞬时增长率（$\mathrm{d}N/\mathrm{d}t$ 值）随种群数量（N）的变化而变化，当 $N = 0$ 和 $N = K$ 时最小；当 $N = (1/2)K$ 时最大，此时种群密度正处种群增长曲线的拐点上。

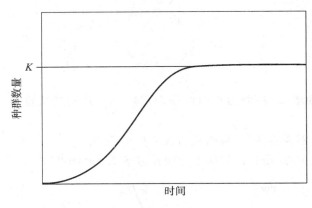

图 29-7 种群增长（S形增长）动态

许多实验表明种群在受控环境条件下的增长曲线一般会表现出简单的S形，因此与理论上的逻辑斯谛增长曲线大致吻合。

但需提出，典型的逻辑斯谛曲线最上面的所谓渐近线实际上并不存在，这只是一个抽象的概念。目前，还没有一种具有复杂生活史的动物种群能把种群数量稳定控制在逻辑斯谛曲线的渐近线上，种群数量一般是处于较大的波动状态。

29.6 种群调节

种群的数量变动，是出生、死亡、迁入和迁出相互作用的结果，影响出生、死亡、迁入和迁出的物理和生物因素都对种群数量起着调节作用。从自然选择的意义上讲，种群的数量波动实际上是种群适应这种多因素综合作用而发展成的自我调节能力的整体表现。

由于作用于种群数量变动的因素非常多，研究者们提出了许多有关种群调节的理论，有强调外部环境因素的，如气候学派和生物学派；有强调生物本身因素的，如自动调节学派。在这些大的学派里，有很多学说被用于解释种群数量变动的原因，如遗传调节等。下面分几个部分说明。

29.6.1 密度制约和非密度制约

密度制约是指出生率和死亡率均随种群密度的增加而改变。

密度制约因素：①它对种群变化的影响是随着种群密度的变化而变化的，且种群受影响的百分比也与种群密度的大小有关。②种群的密度制约调节是一个具负反馈机制的内稳定过程（homeostatic process），当种群达到一定大小时，某些与密度相关的因素就会发生作用，通过降低出生率和增加死亡率而抑制种群的增长。如果种群数量降到一定水平以下，则引起出生率增加而使死亡率下降。这种负反馈机制导致种群数量围绕平衡密度上下波动。

非密度制约是指出生率和死亡率均不随种群密度的增加而改变。

非密度制约因素：①它对种群变化的影响不受种群密度本身的制约，且种群受影响的百分比与种群密度的大小无关。②非密度制约因素实际上对种群的增长无法起调节作用，但可对种群大小有较大影响，也可影响种群的出生率和死亡率。一般而言，由环境的年变化或季节变化引起的种群波动是不规则的，且大多与气候，如温度、湿度变化有关。

逆（反）密度制约是指出生率可能随种群密度的增加而增加，或者死亡率可能随种群密度的增加而下降。其作用刚好与密度制约相反，因此逆密度制约永远不会使种群密度趋于平衡。

29.6.2 气候学派

以色列的博登海默（Bodenheimer，1928）是最早主张昆虫种群密度主要是靠气候来调节的人。气候可影响生物的发育和存活，他阐明了低温影响昆虫产卵和发育的机理；他认为昆虫的早期死亡率有 $80\%\sim90\%$ 是由天气条件引起的。

1938 年,尤瓦洛夫(Uvarov)发表"昆虫与气候",认为气候因素是控制种群数量的主要因素,强调自然种群的不稳定性,反对野外种群处于稳定平衡的概念。

查普曼(Chapman,1928)的生物潜能(biotic potential)学说认为:生物种群具有一个固定不变的增殖能力成为生物潜能或生殖潜能,但该潜能在自然界很少能完全表现出来,这是由于受到了环境阻力(environmental resistance)的限制。用公式表示为:

$$种群增长＝生物潜能－环境阻力$$

早期的气候学派的主要观点可以归为 3 点:①种群参数受天气条件的强烈影响;②种群数量的大发生与天气条件的变化明显相关;③强调种群数量的变动,否认稳定性。

气候是对种群影响最大的外源因素,尤其是极端的温度、湿度。极端的环境条件可影响种群内个体的生长、发育、生殖、迁移和扩散,甚至导致局部灭绝。一般而言,气候对种群的影响是不规律的和不可预测的。例如,鹿群对冬季的严寒气候极为敏感;而沙漠地区的某些啮齿动物和鸟类的种群数量与降雨量直接相关。

29.6.3　生物学派

20 世纪 30 年代,生物学派兴起。生物学派主要强调种间调节,包括捕食、寄生和种间竞争共同资源等。主张这些生物因素对种群调节起决定作用的就属于生物学派。

29.6.4　食物因素

强调食物因素的学者也可以归为生物学派,如英国的鸟类学家拉克(D. Lark)在《动物数量的自然调节》(1954)一书中认为,引起鸟的死亡原因可能有 3 个:食物短缺、捕食和疾病。他认为食物是决定性的原因。除了拉克强调食物是决定性的因素外,皮特克(Pitelka)的营养恢复学说(图 29-8)也强调了这一点。

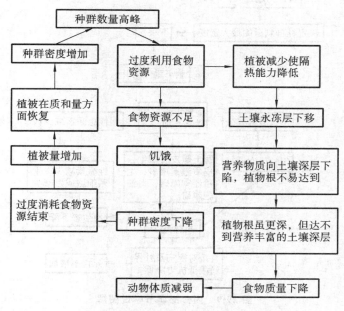

图 29-8　营养恢复学说图解

29.6.5　种内调节

一些生态学家将研究重点放在种群的内源性调节因子上,特别强调种群内部各个体之间的相互关系在它们的行为、生理和遗传特性上的反映。内源性调节学派按其强调点不同又可分为行为调节学说、内分泌调节学说、遗传调节学说。

1. 行为调节学说——温·爱德华学说　温·爱德华(Wyune-Edward,1962,1964)认为:社群行为是一种调节种群密度的机制。社群等级、领域性等社群行为可能是一种传递有关种群数量信息的行为,尤其是关于资源与种群数量关系的信息。通过这种社群行为,可限制生境中的动物数量,使食物供应和场所在种群内得到合理分配,把剩余个体从适宜生境排挤出去,使种群密度维持稳定。

优势等级的个体往往先占据最适生境,而低等级个体只能占据较次的生境。随种群密度进一步增加,有些个体甚至成为没有栖境的"游荡者",由于缺乏食物和保护,它们不能较好地发育和生殖,也易于受捕食、疾病、恶劣气候的侵害。因此,限制了种群的增长,并使领域内的种群维持在环境容纳量水平。这种作用是密度制约的,即随种群密度大小来调节种内竞争作用的强弱。

2. 遗传调节学说——奇蒂学说 遗传调节学派认为个体的表现型和基因型的变化对种群数量调节起重要作用。遗传调节学说首先由英国遗传学家 Ford 在 1931 年提出,他认为当种群密度增加时,自然选择压力将松弛下来,结果是种群内的变异增加,许多遗传上较弱的个体也能存活下来。当条件回到正常时,这些低质量的个体由于自然选择压力的增加而被淘汰,于是种群数量下降,同时也就降低了种群内部的变异性。支持此学说的是奇蒂(Chitty)(1960)对黑田鼠的研究。

3. 内分泌调节学说——克里斯琴学说 该学说由克里斯琴(Christian)在 1950 年提出,用来解释某些哺乳动物的周期性数量变动,在某些啮齿类数量大发生后的急剧下降的过程中,研究了许多鼠尸,结果没有发现流行的病原体,但却发现它们有下列共同特征:低血糖、肝脏萎缩、脂肠沉积、肾上腺肥大、淋巴组织退化等,这与加拿大生理学家塞利(Selye)关于适应性综合征(adaptive syndrome)的第三阶段"衰竭"很一致。这些说明动物体内发生了某些变化,通过实验,他认为,当种群数量上升时,种群内的个体间"紧张压力"明显增加,这样加强了对中枢神经系统的刺激,影响了脑下垂体和肾上腺的功能,一方面使生长激素分泌减少,另一方面促肾上腺皮质激素增加,这样体内分泌物(激素)有的增加,有的减少,引起了内分泌代谢的紊乱。这种生理上的变化使个体抵抗疾病和外界不利环境的能力降低,最终导致种群的死亡率增加。因此,种群由于这些生理上的反馈机制而得到调节(图 29-9)。

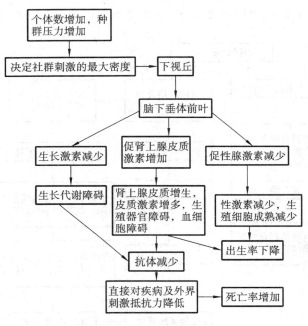

图 29-9 内分泌调节学说图解

29.7 种群生活史

29.7.1 种群生活史对策

一切生物,不管其是大的还是小的,都具有出生、生长、分化、繁殖、衰老和死亡的过程。一个生物从出生到死亡所经历的全部过程称为生活史(life history)或生活周期(life cycle)。

　　生活史对策是生物适应环境的整体过程,是由许多方面的对策构成的,包括以下几个重要的对策。

　　1. 体型的效应　个体大小是生物遗传上的特征,它强烈地影响到生物所采取的生态策略。一般认为个体大小与生活周期长短有很强的正相关,即个体大者寿命长;并与内禀增长率有同样强的负关系,即个体越大者,内禀增长率越低,简单地说,即产下后代的数量越低,如昆虫一次可产上千个卵,而大象则极少。

　　2. 休眠和迁移的作用　休眠的行为是适应环境变化的结果,使生物度过极端恶劣的环境,如冬天植物落叶,动物入洞巢。迁移也是适应环境变化的结果,与休眠不同,迁移能使生物避开恶劣的环境。

　　动物在不良的季节性气候或食物条件下,常表现生长发育停止、新陈代谢速度显著下降的现象,并常潜伏在一定的保护环境中,借以渡过不良时期,这种现象常统称为"越冬"或"越夏"。这是动物物种对环境条件适应性的一种重要表现,但不是所有的个体都能安全渡过不良时期。动物经过越冬、越夏后还能存活多少,什么时间开始停止发育,什么时间又开始恢复活动,这些都关系到未来种群的发生基数和发育进度。

　　动物发育周期中出现休止期,从其本身的生物学与生理学上来看,可以分为休眠(dormancy)与滞育(diapause)两大类。休眠是动物在个体发育过程中对不良外界条件的一种适应性。当这种不良条件(主要是气候条件)一旦消除而能满足其生长发育的要求时,动物便可立即停止休眠而继续正常地生长发育。滞育是动物在系统发育过程中本身的生活方式与其外界生存因素间不断矛盾统一的结果,是一种遗传性表现。这种遗传特性在其个体发育过程中有相当的顽固性,即有时不能用其个体发育过程中的一般生态适应标准来解释,而常常是在一定季节或一定时期必然产生的一种现象。

　　迁移(migration)是指动物周期性地往返于或单方向性的移动于不同地区之间的远距离移居行为,例如候鸟的迁飞和鲸的洄游。鸟兽离巢觅食早出晚归,不论外出多远,这个行为都不属于迁移的范畴。这里远距离一词是相对于动物的身体大小和行动能力而言,可以由数十公里直到近万公里,但它们在其间往返的地区在气候、食物、天敌等生态因子上必然有所不同。周期性一词也只是指整个种群而言,王蝶在秋季可飞行二三千公里到南方越冬,成虫寿命不长而长途飞翔需时较久,故最后返回原地者已属子代,就个体而言可能并未经历一个完整周期。大范围的迁移行为动物主要见于昆虫、鱼类、鸟类和哺乳类,一般以一年为周期,其水平迁移距离常跨越不同的温度带,且除幼体外主要采取主动移动方式。

　　3. 生殖对策　生殖对策包含两个方面:第一个是生殖者存活的问题,也即生殖的代价问题;第二个是生殖的效率问题。生殖的代价是指生物生殖必然带来变化的生理压力和个体危险,因此,也就必然会影响到生物的生存。例如一个雌性蜥蜴,产一大窝卵的比产一小窝卵的面临的危险更大,一年产几窝后代的比只产一窝后代的更具危险。这是因为:①多产的个体在短期内,将有更多的能量流入卵中,这样使母体防御的能量减少;②母体孵卵越多,则逃避捕食性的能力降低;③产卵的时间较长,因而暴露给天敌的机会增多。因此,一个具有较大生育力的种,将会有一个较低的生存率。

　　生殖效率是指产下后代成活的概率。一般而言,在稳定的环境中,生物的生殖效率高,而在不稳定的环境中,生物的生殖效率低。如一种蚊母草是生活在池塘中的,在春天,池塘中心部分是一种相对稳定的环境,竞争相当激烈,因此该草产生数量较少而较重的种子,以便能迅速萌发。与此相反,在池塘周围,由于环境不稳定,它们产生数量较多、重量较轻的种子,以便增加从不良的池塘环境逃脱的机会。

　　生物的生殖存在着两种极端:①以牺牲自己的生存为代价,将自己的全部能量用于繁殖后代,当产出大量的后代之后,亲代因能量耗尽而立即死亡,如许多昆虫和鲑鱼;②每次繁殖产生较少后代,但一生中可多次繁殖,如寿命较长的高等动植物。大多数生物处于两种极端情况之间。

　　4. 生态对策　生态对策是现代生态学中普遍关注的问题,前面所讲的三种对策是从生物本身来分析的,而生态对策,则考虑了生活史类型与环境类型相结合的情况。1954 年英国鸟类学家拉克在研究鸟类生殖率进化问题时提出:生殖率和动物其他特征一样,是自然选择的结果。在自然选择中,动物总是面临着两种相反的、可供选择的进化对策,一种是低生育力的,亲体有发育良好的保护和关怀幼体的行为;另一种是高生育力的,没有亲体关怀的行为。1967 年麦克阿瑟(R. H. MacArthur)和威尔逊(E. O. Wilson)推进了这个思想,他们按栖息环境和进化对策把生物分成 r-对策者(r-strategist)和 K-对策者两大类,这两类对策特征见表29-2。种群在这方面有两种可以选择的对策:①产生较少的后代,但借助于良好的亲代抚育确保后代有很高的存活率,称为 K-对策;②最大限度地进行繁殖,产生较多的后代,但亲代对后代的抚育和照顾较少,因此后代的存活率较低,称为 r-对策。因此,r-对策就是最大限度地减少亲代抚育的能量投入和最大限度地增加繁殖后代的能量投入。

表 29-2　r 类与 K 类生物的特征比较表

项　　目	r 类动物	K 类动物
气候条件	可变的或不可变的,不确定的	稳定的或可测的,较为确定
死亡率	常是灾难性的、非直接的、非密度制约的	较为直接的、密度制约的
存活率	常为 C 型	常为 A、B 型
种群大小	在时间上是可变的、不平衡的,通常小于 K 值,为群落中的不饱和部分,每年需重新移植	在时间上是稳定的、平衡的,常处于 K 值附近,在群落中处于饱和部分,不必重新移植
种内种间竞争	常松弛,可变	经常保持
选择有利性	快速发育 r_m 高 生育提早 体型小 单次生殖	缓慢发育 竞争能力强 延迟生育 体型大 再次生殖
寿命	短,常少于一年	长,常长于一年
导致	提高生产率	提高效率

　　对于大的动物而言(如大象、老虎等)属于典型的 K-对策者,昆虫则是典型的 r-对策者。但就昆虫本身来说,它们的生态对策也是有很大的差异的,因而昆虫学工作者也把昆虫划分为两类。在植物中,几乎所有一年生植物均属 r-对策者,而森林树木大多属 K-对策者。由此可见,r-对策者和 K-对策者是两个进化方向不同的类型,其间有各种过渡,有的更接近于 r-对策者,有的更接近于 K-对策者,也就是说,从极端的 r-对策者到极端的 K-对策者之间有一个连续的谱。

　　r 和 K 两类生态策略,在进化过程中各有其优缺点。K-对策者的种群接近 K 值但不超过,因为超过 K 值有导致生境退化的可能。生育力低则要求有高存活率,这才能保证种族的延续,因此 K-对策者防御和保护幼代的能力较强。由于有亲代照顾培育,K-对策者通常寿命较长,个体较大,这些特征可保证 K-对策者在激烈的生存竞争中取得胜利。但是,当 K-对策者种群在过度死亡或激烈动乱之后,回到平衡水平的能力是有限的。如果种群确实很小,还有可能灭绝。大熊猫、虎、豹等珍贵稀有动物就属此类。因此 K-对策者的资源保护比 r-对策者更困难、更重要。相反,r-对策者的密度是经常激烈变动的,常常突然暴增或猛烈下降。所以高 r 值是通过提高生殖率和缩短世代时间达到的。但其死亡率很高,防御和竞争能力不强。高 r 值必然导致种群的不稳定性,但种群不稳定并不意味在进化中必然不利,其数量很低时 r-对策者不像 K-对策者那样易于灭绝,反而可通过迅速增殖而恢复到较高水平。r-对策者当种群密度很高时,可能大量消耗资源使生境破坏,但它们通常具有较大的扩散和迁徙能力,可以离开恶化了的生境,在别的地方建立新种群。所以,r-对策者的个别种群虽然易于灭绝,但物种整体却是富有恢复力的。如果说 K-对策者在生存竞争中是以"质"取胜,则 r-对策者可视为以"量"取胜,所以有的学者将 r-对策者称为"机会主义者",一遇良好机会就会出现大发生。r-对策者的死亡率高,扩散力强以及它们需要不断面临新局面,这些特征可能使它们成为物种形成的丰富源泉。在自然界很多生物则属于 r-K 之间类型。

　　5. 能量分配　在地球上一切生命的能源来源于太阳能,太阳能通过绿色植物的光合作用转化为生物能,然后在生态系统中流动。生物做出的任何一种生活史对策,都意味着能量合理分配,并通过这种能量使用的协调,来促进自身的有效生存和繁殖,这就是"能量分配原则"。如昆虫分有翅与无翅,有翅者在飞行中耗去大量能量,而无翅者则往往身体粗壮,以利于在落叶层中寻找猎物。

　　生物从外界摄取的能量主要用于维持自身的生存生长和繁殖后代两方面。如果在繁殖上消耗能量过多,则生活力越弱;反之,生存力越强、生长发育越好。因此,一个生物如果用于生殖的能量太多,就会减少用于维持生存和生长的能量,则可能导致生长速度减慢,甚至会引起死亡。

　　生物用于繁殖的能量所占的比例,依种类不同而差异很大。生殖能量消耗与后代大小、抚育后代能量消耗有关。一般,多年生草本植物每年消耗 15%～25% 的净生产量用于繁殖,粮食作物为 25%～35%,胎生蜥蜴为 7%～9%,而卵生的一种蝾螈约为 48%。

29.7.2　生态适应

适应有两方面的含义,一是指生物通过变化而能在某一环境中更好地生活的过程,二是指有利于生物在环境中生存和繁殖后代的任何发育上的、行为上的、解剖上的或生理上的特征。生物对外界的适应是多方面的,有形态的、生理的、行为的和生态的适应。

生态适应(ecological adaptation)是指生物与其生存环境的协调过程。生物多通过行为、生理或结构的改变来增加存活和繁殖机会。如在英国工业区,烟尘杀死树干上附生的地衣,树表颜色由浅变深,从而使栖于树表的桦尺蠖的黑色突变种数目超过原来的浅色种,原因是深色树干上的浅色种缺乏良好的保护色,易被鸟类捕食。

1. 生态型　生态型(ecotype)是指同一物种内因适应不同生境而表现出具有一定结构或功能差异的不同类群。生态型主要用于植物,生态宗多用于动物,在动物中也有使用生态型概念的。

2. 生活型　生活型(life form)是不同种类的生物对于特定生境长期适应而在外貌上反映出来的类型。在同一环境中,所有物种会表现出某些共同适应的特征,这种趋同适应的结果使不同种的生物在外貌上及内部生理上表现出一致性或相似性(图 29-10)。生物在进化过程中以相似的方式来适应相似的自然地理环境条件,因此,亲缘性很差的生物在相似的自然地理环境条件下也会很相像,在形态上,表现出相似的外部特征,称为生活型。

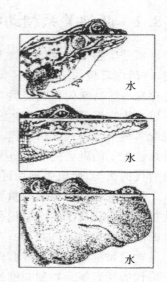

图 29-10　趋同适应

29.8　种内关系

种内关系是指种群内个体之间的相互关系,包括密度效应、动植物性行为(植物的性别系统和动物的婚配制度)、领域性和社会等级等,还包括种内互助和种内斗争。

29.8.1　密度效应

1. 动物密度效应　集群有利于物种生存,但随着种群中个体数量的增加,将对整个种群带来不利的影响,如抑制种群的增长率、增加死亡率等。阿利(Allee)用许多实验证明,集群后的动物有时能增加存活率,降低死亡率,其种群增长情况较密度过低时为佳,即种群有一个最适的密度(optimal population density),种群过密(over-crowding)和过疏(under-crowding)都是不利的,都可能产生抑制性的影响,这种规律就称作阿利氏规律(Allee's law)(图 29-11)。

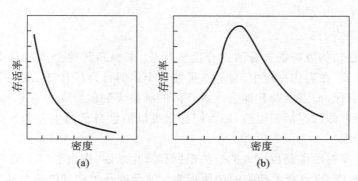

图 29-11　阿利氏规律图解

注:在某些种群增长中,种群小时,存活力最高(a);另一些种群,在种群中等大小时最有利(b);在后一种情况下,过疏和过密都是有害的。

2. 植物密度效应　最后产量恒值法则(law of constant final yield)是指在一定范围内,当条件相同时,不

管一个种群的密度如何,最后产量差不多总是一样的。可用公式表示为:

$$Y = Wd = K$$

式中,Y 为单位面积产量;W 为植物个体平均重量;d 为密度;K 为常数。

自疏现象(self-thinning)是指随着种群密度的提高,种内对资源的竞争不仅影响到植物生长发育的速度,也影响到植物的存活率。在高密度下,有些植物死亡了,于是种群开始出现"自疏现象"。

29.8.2 两性关系和动物的婚配制度

繁殖是生物体产生子代的现象,是生物体最基本的特征之一。生物繁殖方式的多样性是生物适应环境的体现,在适应环境的过程中,不同的生物具备了不同的繁殖方式。除了最基本的无性生殖和有性生殖外,生物界还存在一些特殊的繁殖类型,如非细胞生物病毒的增殖、植物的无融合生殖、昆虫的多胚生殖以及真菌的准性生殖。生物繁殖方式的多样性不仅仅表现在不同的物种各自采取不同的繁殖方式,而且表现在同一物种可以采取多种繁殖方式繁衍后代。一般认为,有性繁殖是对生存在多变和易遭不测的环境的一种适应性,因为雌雄两性配子的融合能产生更多变异类型的后代,在不良环境下至少能保证有少数个体型生存下来,并获得繁殖后代的机会,所以多型性可能是一种很有效的对策。

生殖方式和行为与两个重要的生物学问题有关,即两性细胞的结合和亲代投入(parental investment)。亲代投入是指花费于生产后代和抚育后代的能量和物质资源。例如有的动物产的卵大,有的卵小;有的一次生产的后代数很多,有的很少;有的精心抚育,有的置之不顾。这些都直接影响亲代投入的强度。

动物的婚配制度是指种群内婚配的各种类型,婚配包括异性间相互识别、配偶的数目、配偶持续时间,以及对后代的抚育等。婚配制度的类型按配偶数可分为单配偶制(monogamy)和多配偶制(polygamy),后者又分一雄多雌制(polygyny)和一雌多雄制(polyandry)。决定动物婚配制度的主要生态因素可能是资源的分布,主要是食物和营巢地在空间和时间上的分布情况。如一种食虫鸟,占据一片具有高质食物(昆虫)资源并分布均匀的栖息地,雄鸟在栖息地中各有其良好领域,那么雌鸟寻找没有配偶的雄鸟结成伴侣显然将比找已有配偶的雄鸟有利。这就是说,选择有利于形成一雄一雌制。相反,如果高质资源是呈斑点状分布,则容易产生多配偶制。

29.8.3 领域性和社会等级

领域性(territoriality)行为是指一个动物或一个特定的动物群有选择地占领一定的空间,并加以守卫和防御,排斥同类个体或群体入侵的行为。领地一般来说是由雄性动物建立起来的,其他雄性动物不容许进入其中。雄性动物在领地内接受雌性,进行求爱、建巢、抚育幼崽的活动,进食也通常在领地内进行。

同种动物间的集体合作行为称为社群行为(social behavior)。这种合作可以仅表现为暂时的和松散的集群现象,但更典型的是动物组成一个有结构的永久性社群,其中有明确的分工和组织,即社会等级(social hierarchy)。动物集群共同取食、共同御敌、共同育幼,增强了个体存活和种族延续的概率,特别是职能分工的出现和互相学习促使它们的生活技能不断改进,这大大提高了上述取食、御敌等行为的效率。

29.8.4 利他行为

利他行为(altruism)是动物以降低自身的适合度为代价,来提高其他个体适合度的行为,利他行为是一种社会性的相互作用。然而,在进化过程中,自然选择使得个体的行为具有自私的性质,即为了使自己具有更长久的生存,更多的繁殖后代,而不顾及其他个体或群体的利益。利他行为和自私行为看起来是不可调和的矛盾。自然选择只有利于个体的存活和生殖,那为何会出现以牺牲自己的生存和繁殖机会,去帮助其他个体的生存与繁殖的利他行为呢?

行为生态学家已经初步揭示了利他行为的遗传根据和进化原因,提出了广义适合度(inclusive fitness)和亲缘选择(kin selection)的概念,解释了动物的利他行为。适合度是生物有机体个体生存能力、繁殖能力和后代生存能力的总称。广义适合度不是以个体的存活和繁殖成功为衡量的尺度,而是指一个个体在后代中传递自身基因(亲属体内也或多或少含有这种基因)的能力有多大。能够最大限度地把自身基因传递给后代的个体,则具有最大的广义适合度。传递自身基因通常是通过自己繁殖的方式,但也可以通过对亲属表现出利他行为的方式。所谓亲缘选择,就是选择广义适合度大的个体,而不管这个个体的行为是不是对自身的存活和繁殖有利。

29.8.5　动物的信息传递

动物的信息传递是通过信号的释放来完成的,这种信号的释放是动物为了影响其他个体的行为而发展起来的一种适应形式。它的作用表现在种内和种间两方面,种间的信号是作用于不同物种之间的,发出信号者和接收信号者是不同的物种。种内的信号是作用于同一物种内不同个体之间的。

动物之间传递的信号有很多形式,同一个体也有多种不同的信号传递方式,根据它们的特点可以归结为以下几个类型。

(1)视觉信息传递　这一类信号主要是通过动物的视觉器官来感应的,这种信号在一定的距离才能起作用。如萤火虫发出的冷光信号是用来寻找配偶的。

(2)听觉信息传递　动物中能发出声音的种类很多,有些声音人耳可以听到,如蛙声是雄蛙为了吸引雌蛙和保卫领地。但也有很多声音人耳根本无法听到,如一种毛毛虫和蚂蚁非常友好,毛毛虫为蚂蚁提供蜜露,蚂蚁保护毛毛虫免受敌害,当毛毛虫遇到危险时,身体某个部位叩击发出声音,蚂蚁能听到,很快跑过来提供帮助。

(3)化学信息传递　化学通讯方法是体内一些器官或组织分泌一些特殊的化学物质,然后释放到体外,当同伴接收到之后就可以过来进行交配或聚集在一起。如昆虫释放的性外激素是专门用来吸引异性来交配的。

(4)接触信息传递　有些动物是通过身体的接触来传递一些信息,在猴群中,经常可以见到母猴、小猴和被统治的雄猴为猴王梳理皮毛,通过这种方式可以获得猴王的好感或性爱,同时来表示自己的服从地位。

(5)电信息传递　一些水生动物能放电,一般认为是获取食物或保护自己,其实还可以用于求偶,如雄电鳗可以通过改变自己的电波释放形式来对雌性电鳗做出反应,这是雄电鳗求偶行为的一种表现形式。

29.8.6　种内竞争

竞争是指种内或种间的两个或更多个个体间,由于它们的需求或多或少地超过了共同资源的供应而产生的一种生存斗争现象,所以在这些竞争着的个体间相互施加着不利的影响。这种影响可以表现为存活率、个体增加速率、体重和生育力的下降,而其总的效应,则表现为种群增殖率随密度增长而下降。

竞争包括对生存空间、食物或营养物质、光等资源的争夺。广义的竞争包括捕食、取食、寄生等,物种 A 要对物种 B 捕食或取食,物种 B 并非毫无反应,而是采取相适应的措施来逃避捕食或在体内产生化学物质使不利取食。狭义的竞争是专指两生物具有共同的食物、空间等所产生的竞争关系。通常在同一地区,物种越丰富,种间竞争越激烈。同样在同一空间范围内,同一物种的个体越多,种内竞争也越激烈。从物种关系来考虑,竞争则分为种内竞争(intraspecific competition)和种间竞争(interspecific competition)。种内竞争是指同一物种内不同个体之间对资源的竞争,种间竞争是指两个或多个物种之间对资源的竞争。一般而言,种间竞争的物种具有相同的资源需求,也即具有部分或全部相同的生态位幅度。

种内竞争是同一个物种内的个体相互之间为资源的争夺而进行的一些相互反应,种内竞争在植物和动物中不一样,动物激烈,植物短期内不明显。种内竞争的特点:①种内竞争与种群数量密切相关,数量越多,竞争越激烈,对每个个体的影响也越严重。②种内竞争的结果限制了生物个体的生物潜能的发挥。③资源有限时发生种内竞争,如对某种食物。④种内竞争是平等的,即个体间的竞争是平等的,但在一些特定情况下也不平等,如早孵出的幼体比晚孵出的幼体,从母体口中争取食物的能力要强。

种内竞争主要有以下两种类型(图 29-12)。

(1)争夺性竞争(contest competition)(又称为干扰性竞争,interference competition)

竞争中胜利者为了它们的生存和繁殖的需要,尽量多地得到控制的必需品,而失败者则把必需品让给它的胜利者,在争夺性竞争中,每一个获胜的个体均能得到其所需要的一切需求品,而失败者所得的需求品不能满足其生存或繁殖的需

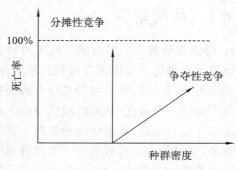

图 29-12　种内竞争类型

要而最终死亡。如某些独立性土蜂对有限数量的巢穴的竞争,某些独居性寄生昆虫对寄主的竞争等都属于这一类型。如鸟类对巢域的竞争,只要胜利则独占,因为一个萝卜只有一个坑,又如猴王之争。

(2) 分摊性竞争(scramble competition)(又称为利用性竞争,exploitation competition)

竞争表现得温和,并不发生直接对抗和接触。种群中所有个体都有相等的机会去接近有限的资源,都可以参加竞争。由于竞争没有产生完全的胜利者,有时全部竞争个体所获得的平均资源,由于不足以维持生存所需的能量,使种群难以维持。在分摊性竞争中,通常获胜者是不完全的,被竞争者取走的部分资源,不能用于维持该种群,资源在所有竞争着的个体间的分摊是均等的,所以当每个个体所摊得的资源不足以维持生存时,死亡率将立即从 0 突升到 100%。如以 1 g 公牛脑匀浆作为食物,在不同密度下饲喂培养羊绿蝇(*Lucilia cuprina*)幼虫,结果表明,在低密度下,羊绿蝇可以发育为成虫,但当密度为 200 头或更多时,羊绿蝇因分摊的食物资源不足,均不能正常发育而全部死亡。

29.9 种间关系

由于自然界的物种不是单独存在的,这些不同的物种混合在一起必然会出现以食物、空间等资源为核心的种间关系。长期进化的结果,又使各种各样的种间关系得以发展和固定。从理论上讲,任何物种对其他物种的影响只可能有三种形式,即有利、有害、无利无害。因此,全部种间关系只是这几种形式的可能组合,表29-3 中列出了所有几种重要的相互作用类型。

两个种群间相互关系的表达方法:两个种群之间可彼此相互影响或互不相扰,这种影响可能有利也可能有害。因此,可用(+)表示有利,(-)表示有害,(0)表示无利也无害。因此,两个种群间的关系可用这三种基本符号的不同组合来表示(表 29-3)。

表 29-3 两物种间相互作用类型

作用类型	物种 1	物种 2	一般特征
中性作用(neutralism)	0	0	两个种群彼此不受影响
种间竞争(competition)	—	—	两个种群竞争共同资源而带来负面影响
偏害作用(amensalism)	—	0	种群 1 受抑制,种群 2 无影响
捕食作用(predation)	+	—	种群 1 是捕食者
寄生作用(parasitism)	+	—	种群 1 是寄生者
偏利作用(commensalism)	+	0	种群 1 是偏利者,种群 2 无影响
互利共生(mutualism)	+	+	相互作用对两种均有利
原始合作(protocooperation)	+	+	对两种均有利,但并非必然

在上述种群相互关系中,可以分为三大类:①正相互作用,包括偏利作用(如蛤贝的外套腔中有一种豆蟹,豆蟹取食蛤贝的残食和排泄物,但不对蛤贝产生危害)、互利共生(白蚁和鞭毛虫)、原始合作(如某些鸟在大动物体表啄食体外寄生虫,当捕食者来时,能报警)。②负相互作用,包括种间竞争、偏害作用(如异种的抑制作用)、捕食作用、寄生作用。以种间竞争和捕食作用最为常见,也最为重要。③中性作用。

29.9.1 种间竞争

1. 种间竞争特点 共栖同一地区的两个物种,如果它们利用相同的资源(即生态位很近),则种间竞争往往导致每个物种的出生率下降或死亡率上升,从而引起其种群数量发生较大的波动。竞争关系有时表现得异常激烈而明显,常导致某一物种竞争失败而被淘汰;有时表现得温和而隐蔽,常导致竞争相同资源的两物种在生态位上出现一些分化,如在时间或空间上出现分化等。

通常在同一地区内,生物的种类越丰富,种间竞争也就越激烈。在进化发展过程中,两个生态上接近的种类的竞争,从理论上讲可以向两个方向发展。①一个物种完全排挤掉另一个物种,使其不能生存。如 Gause (1934)所进行的大草履虫(*Paramecium caudatum*)和双小核草履虫(*P. aurelia*)培养实验(图 29-13)。②生态隔离，一个物种使另一个物种占有不同的空间（如异域分布）、取食不同食物（如食性上特化）或其他生态习性上的分隔（如活动时间的不同），这些统称为生态隔离（ecological isolation）。如 Crombie（1947）所进行的锯谷盗（*Oryzaephilus surinamensis*）和拟谷盗（*Tribolium confusum*）实验，这两种昆虫共同生活在面粉中时，拟谷盗会积极地攻击未成熟的锯谷盗而使它灭亡，但在面粉内放上管子，体形较小的锯谷盗则能逃脱拟谷盗的攻击，两个物种就能共存。

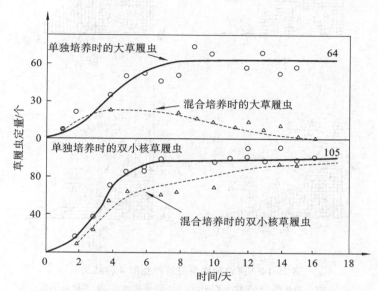

图 29-13　大草履虫和双小核草履虫单独和混合培养时的种群动态（引自孙儒泳，2001）

2. 竞争理论模型　洛特卡（Lotka）和沃尔泰拉（Volterra）提出了竞争的数学方程，奠定了竞争关系的理论基础。Lotka-Volterra 竞争方程是在逻辑斯谛方程的基础上建立起来的，它们具有共同的假设前提条件。

两个物种的种群单独增长模型如下：

$$\mathrm{d}N_1/\mathrm{d}t = r_1 N_1 ((K_1 - N_1)/K_1) \quad \text{物种甲的逻辑斯谛增长}$$
$$\mathrm{d}N_2/\mathrm{d}t = r_2 N_2 ((K_2 - N_2)/K_2) \quad \text{物种乙的逻辑斯谛增长}$$

种群的增长率（$\mathrm{d}N/\mathrm{d}t$）取决于种群已经积累的密度（N）、内禀增长能力（r）和种群尚未利用的空间（$K-N$）/K 或（$1-N/K$）。

现在考虑的是两个物种在同一环境中，那么每一物种的增长率除取决于上述三项外，种群尚未利用的空间这一项则更加复杂了，因为两个物种都在增长。

$$\frac{\mathrm{d}N_1}{\mathrm{d}t} = r_1 N_1 \left(1 - \frac{N_1 + N_2}{K_1}\right)$$
$$\frac{\mathrm{d}N_2}{\mathrm{d}t} = r_2 N_2 \left(1 - \frac{N_1 + N_2}{K_2}\right)$$

由于两个物种对资源的利用是不同的，因此必须进行个体数的换算。现假设 α 个 N_2 个体相当于一个 N_1 个体，同理，β 个 N_1 个体相当于一个 N_2 个体。

那么，上述模型改变为：

$$\frac{\mathrm{d}N_1}{\mathrm{d}t} = r_1 N_1 \left(\frac{K_1 - N_1 - \alpha N_2}{K_1}\right)$$
$$\frac{\mathrm{d}N_2}{\mathrm{d}t} = r_2 N_2 \left(\frac{K_2 - N_2 - \beta N_1}{K_2}\right)$$

模型的行为如图 29-14 所示。

（1）在没有种间竞争时，则两个种群均呈 S 形的逻辑斯谛增长。α、β 为竞争系数，α 是 N_2 对 N_1 的竞争系数，指 N_2 中每个个体对 N_1 种群的竞争抑制作用。因此，当环境容纳量 K 一定的情况下，如果 $\alpha = 0$，说明 N_2 对 N_1 种群的增长没有任何影响；如果 $\alpha = 1$，说明 N_2 中一个个体的资源利用量完全相当于 N_1 种群中一个个体对同一资源的利用量；$\alpha > 1$，表示一个乙物种个体（N_2）所占的空间体积比一个甲物种（N_1）个体所占体积要小；$\alpha < 1$，表示一个乙物种个体（N_2）所占的空间体积比一个甲物种（N_1）个体所占体积要大。同样，β 是 N_1 对

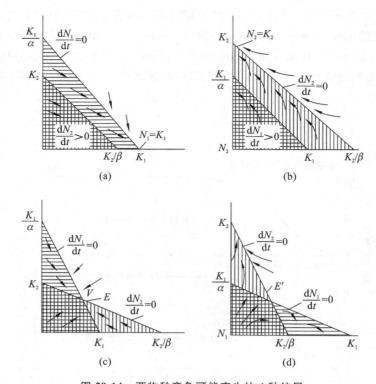

图 29-14 两物种竞争可能产生的 4 种结局

(a) 物种甲获胜；(b) 物种乙获胜；(c) 稳定平衡；(d) 不稳定平衡

N_2 的竞争系数,指 N_1 中每个个体对 N_2 种群的竞争抑制作用。

(2) N_1 中每个个体对自身种群增长的抑制作用等于 $1/K_1$,而对 N_2 种群增长的抑制作用等于 β/K_2;同样,N_2 中每个个体对自身种群增长的抑制作用等于 $1/K_2$,而对 N_1 种群增长的抑制作用等于 α/K_1。

(3) 如果 N_1 能抑制 N_2,则说明 N_1 每个个体对自身种群增长的抑制作用小于其对 N_2 种群增长的抑制作用,说明 $(1/K_1) < (\beta/K_2)$,则 $(K_2/\beta) < K_1$;同理,如果 N_2 能抑制 N_1,则 $(K_1/\alpha) < K_2$。

(4) 当 N_1 种群数量达到 K_2/β 时,则 N_2 种群就再也不能增长(因为此时将 $N_1 = K_2/\beta$ 代入方程,则 $dN_2/dt = 0$);同理,当 N_2 种群数量达到 K_1/α 时,则 N_1 种群就再也不能增长。

(5) 在逻辑斯谛方程中,瞬时增长率 r 是随种群数量 N 的增加而呈直线下降的。在此,也可用图来表示 r_1 或 r_2 随 N_1 和 N_2 数量的增加而呈直线下降。

(6) 种群竞争的四种结果中,只有一种情况可导致两个种群的稳定平衡。种群平衡密度均分别低于各自环境容纳量 K_1 和 K_2,且同时满足 $(K_2/\beta) > K_1$ 和 $(K_1/\alpha) > K_2$。

3. 竞争排除原理(Gause 假说) 高斯(Gause,1934)用实验方法观察了两个物种之间的竞争现象,他用大草履虫和双小核草履虫为材料研究,大草履虫和双小核草履虫培养在一个容器内,起初两种数量都少,均表现同时增长。但几天后,大草履虫数量开始下降,最后被完全排除。而双小核草履虫仍增长到其环境容纳量水平,只是增长速度由于种间竞争而有所减慢,Gause 的研究结果表明:由于竞争,两个相似的物种不能占有相似的生态位,即完全竞争者不能共存,这就是竞争排除原理(principle of competitive exclusion)。

竞争排除原理的主要内容:①两个在生态学上完全相同的物种不可能同时生活在一起,其中一个物种最终必将另一个物种完全排除掉。②完全的生态重叠是不可能的,如果两个物种实现了共存,则它们在生态学上必存在一些差异。

派克(Park,1942,1954)用赤拟谷盗和杂拟谷盗做实验也得到同样的结果。两种拟谷盗在 6 种不同环境下的竞争结果为:在潮湿条件下,赤拟谷盗竞争得胜机会多;在低温条件下杂拟谷盗得胜机会多。

29.9.2 生态位

生态位(niche)是生态学中的一个重要概念,其含义正在不断拓展,生态位理论阐明了生物群落内物种对环境资源的利用状况及种间的竞争关系。生态位最早的概念是表示对栖息地再划分的空间单位。Elton (1927)认为:一个动物的生态位表明它在生物环境中的地位及其与食物和天敌的关系。Hutchinson(1957)借助于集合论,从空间、资源利用等多方面考虑,把生态位表示为由多种环境资源所构成的多维超体(multidimensional hypervolume),它是生物与环境各种相互关系的总和。一个生物的生态位就是一个 n 维的超体积,这个超体积所包括的是该生物的生存和生殖所需的全部条件。因此,与该生物生存和生殖有关的所有变量都必须包括在内,且它们还必须是彼此相互独立的。

Hutchinson 还进一步提出了基础生态位和实际生态位的概念。某特定生物生存和生殖的全部最适生存条件为该物种的基础生态位,即一个假设的理想生态位。在基础生态位中,所有环境条件是最适宜的,且不会有竞争者和捕食者等天敌。实际生态位是指生物实际所遇到的全部条件不会总像基础生态位那么理想,而是一个现实的生态位。它包括了所有限制生物的各种作用力,如竞争、捕食和不利的气候等。

Levins(1968)在 Hutchinson 定义的基础上做了进一步发展,认为生态位不仅是物种在一个 n 维环境空间中存在的一个范围,还应有一个在该区域中适合性的测度。

R. H. Whittaker(1970)认为:生态位是每个物种在一定生境的群落中都有不同于其他物种的自己的时间、空间位置,也包括在生物群落中的功能地位。

E. P. Odum(1971)认为:生态位是生物在群落和生态系统中所处的位置和状况,及其所发挥的功能作用;其位置和状况则取决于该生物的形态适应、生理反应和特有的行为(包括本能行为和学习行为)。

生态位特征一般用生态位宽度和生态位重叠指数来表达。生态位宽度(niche breadth)是一个生物所利用的各种资源的总和,指现实生态位的限度范围,通常用宽或窄来描述。其测定常常与测定某些形态特征(如犬牙的大小)、某些生态变量(如食物大小)或生境空间有关。一个物种的生态位越宽,则说明该物种的特化程度越小,更倾向于一个泛化物种;一个物种的生态位越窄,则说明该物种的特化程度越大,更倾向于一个特化物种。

生态位宽度的测定:一般采用以 Shannon-Wiener 多样性指数为基础的生态位宽度指数。

$$B_i = \frac{\lg \sum N_{ij} - (1/\sum N_{ij})(\sum N_{ij} \lg N_{ij})}{\lg r}$$

式中,B_i 为物种 i 的地理生态位宽度;N_{ij} 为物种 i 在分布地点 j 中的数量;r 为取样样点数。$0 \leqslant B_i \leqslant 1$,$B_i = 0$ 表示在 r 个取样点中仅在一个样点出现;$B_i = 1$ 表示该物种在 r 个取样点中出现的数量一样。

生态位宽度可按食物资源、空间利用情况及形态差异来考虑。例如,空间可被分割为取食生态位。空间分离是由动物的行为和形态特化引起的,这种特化可使每个物种限定于生境的一定部位和利用特定部分的资源。空间分离包括垂直分离和水平分离,在相对平衡状态下,若某一物种或个体在此空间中消失,则其他物种或个体就会扩大其垂直或水平活动的范围。

生态位重叠(niche overlap)是指在一个资源序列上两个物种利用相同等级资源而相互重叠的情况。当两个生物利用同一资源或共同占有其他环境变量时,就会出现生态位重叠现象。通常生态位之间只发生部分重叠,即一部分资源是被共同利用的,其他部分则分别被各自所独占。

生态位重叠度指数:一般采用 Pianka(1973)的重叠度指数。

$$P_{ij} = \frac{\sum P_{ik} P_{jk}}{\sqrt{\sum P_{ik}^2 \sum P_{jk}^2}}$$

式中,P_{ik} 为物种 i 在样点 k 的数量与物种 i 在所有样点中数量和之比;P_{jk} 为物种 j 在样点 k 的数量与物种 j 在所有样点中数量和之比。

$0 \leqslant P_{ij} \leqslant 1$,$P_{ij} = 1$ 表示第 i 和第 j 物种以完全相同的比例分布于所有的取样样点,即物种 i 和物种 j 完全重叠;$P_{ij} = 0$ 表示第 i 和第 j 物种以完全不相同的比例分布于所有的取样样点,即物种 i 和物种 j 完全不重叠。

29.9.3　捕食

广义的捕食(predation)有四种形式:肉食、植食、拟寄生、同种相残。它们均可用同一数学模型来描述。

1. 捕食者与猎物之间的相互适应　捕食者的适应是指捕食动物通常有一种或几种捕杀猎物的专门器官,如锋利的爪、牙、鸟的喙、毒腺等。

食肉动物的消化道一般比食草动物的短,并有消化动物性蛋白的多种酶;神经系统和感官比较发达;食性一般比较广,单食性很少;运动速度快,耐力比较好,善于隐蔽。

猎物的保护适应：机械和化学保护，如水螅的刺丝胞，气味、放电、坚硬的外壳等；保护色的形式多种多样，如背景色、警戒色等，拟态和假死。

2. 捕食的数学模型 Lotka 和 Volterra 提出捕食的数学模型，说明了在捕食-资源系统中，一个物种的种群数量对另一物种种群数量的反影响。

基本假设：①捕食者种群的出生率是资源种群数量的一个函数；②资源种群的死亡率是捕食者种群数量的一个函数。用 P 代表捕食者的种群数量，用 N 代表资源种群数量。则可得以下方程式。

（1）对于被食者，可以假定无捕食者的条件下，则资源种群呈指数增长：$dN/dt = r_1 N$（N 为被食者密度，t 为时间，r_1 为被食者的内禀增长能力）。

（2）对于捕食者，可以假定没有食物（被食者或猎物）的情况下，则种群呈指数下降：$dP/dt = -r_2 P$（P 为捕食者密度，t 为时间，r_2 为捕食者的瞬时死亡率）。

（3）假如两者共存于一个有限的空间，那么被食者的种群增长率就会因有捕食者而降低，这个降低因素随捕食者的密度而变化（图 29-15），因此被食者种群方程为：

$$dN/dt = (r_1 - \varepsilon P)N$$

ε 代表捕食者个体攻击的成功率，为常数，若 $\varepsilon=0$，表示捕食不成功，被食者逃脱，ε 越大，表示捕食者对被食者的压力越大。

（4）同样，捕食者种群增长率取决于被食者种群数量及捕食者利用资源种群的能力。则捕食者方程为：

$$dP/dt = (-r_2 + \theta N)P$$

θ 是一个常数，代表捕食者利用被食者而转化为新生捕食者效率的常数，称捕食效率的常数。

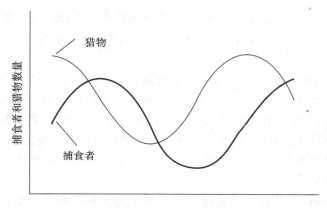

图 29-15 捕食者种群和被食者种群增长

（5）模型行为

求两个种群处于平衡时的方程解：

对于方程 $dN/dt = (r_1 - \varepsilon P)N$，当 $(r_1 - \varepsilon P)=0$，即 $P = r_1/\varepsilon$ 时，则 $dN/dt = 0$，即被食者种群增长率等于零。

对于方程 $dP/dt = (-r_2 + \theta N)P$，当 $(-r_2 + \theta N)=0$，即 $N = r_2/\theta$ 时，则 $dP/dt = 0$，即捕食者种群增长率等于零。

3. 捕食者的功能反应（functional response） 随着猎物密度的增加，每个捕食者可捕获更多的猎物或可较快地捕获猎物，这种现象即捕食者的功能反应。该概念最早是由 M. E. Solomon 提出的，后来 C. C. Holling 进行了详细的研究，提出以下三种不同的功能反应类型（图 29-16）。

（1）Ⅰ型功能反应 最简单，当食物供应达到饱和状态时，一定数量的捕食者在一定时间内，所捕获的猎物数量是固定不变的。如水蚤吞食酵母菌。

（2）Ⅱ型功能反应 Holling(1959)的圆盘实验表明，捕食者捕食的数量随猎物密度增加而增加，但增加的速率是递减的。这个实验揭示了捕食过程的几个重要组成，即猎物密度、捕食者的攻击率和处理时间。如豆娘的稚虫捕食水蚤属于这个类型。

原理如下：捕食者攻击猎物时，包括两种时间消耗，即搜索时间（Ts）和处理时间（Th），当总时间（T）取定值时将有下列关系：$Ts = T - Th \cdot Na$，Na 为每个捕食者所攻击的猎物的数量。

（3）Ⅲ型功能反应　进一步将处理时间和搜寻效率再细分,则处理时间包括追赶和征服猎物所花的时间,吃每一个猎物(或产卵)所花的时间,捕食发生之前的休息、清理或完成任何其他重要功能(如消化)所花的时间。

搜寻效率则取决于捕食者开始对猎物进行攻击时所处的最大距离;攻击成功次数所占的比例;捕食者和猎物的移动速度;捕食者从捕获猎物中所得到的好处。

4. 捕食者的数值反应(numerical response)　指当被食者密度上升时,捕食者密度的变化。可以分为三个类型(图 29-17):①直接或正反应,即单位面积中捕食者随被食者密度上升而增加。②无反应,捕食者的密度没有什么变化。③逆或负反应,即被食者密度增加时,捕食者反而降低。

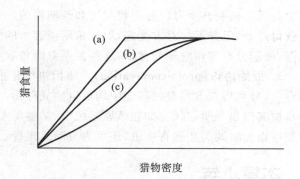

图 29-16　捕食者的功能反应类型曲线

(a)类型Ⅰ:每个捕食者捕食的猎物量随猎物密度的增加而呈线性增长,直到最大值;(b)类型Ⅱ:捕食量呈非线性增长(捕食速率逐步下降),直到最大值;(c)类型Ⅲ:捕食量开始最低,然后呈 S 形增长,并趋近于一个渐近线。

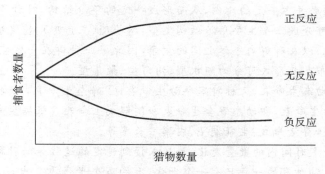

图 29-17　数值反应类型曲线

29.9.4　寄生物与寄主间的相互关系

寄生物对寄主种群的影响:捕食直接导致猎物死亡,而寄生物为了自己的长期生存而将食物消耗水平保持在寄主能够忍受的水平上。因此,寄生物与寄主之间达到了一种平衡状态。寄生物朝减少其致病性的方向发生适应,如毒性和危害性下降;而寄主则朝减弱寄生物危害的方向发生适应,如增强免疫和抵抗力。当这种平衡状态被打乱时,例如,当寄生物偶然传播到一个新种寄主时(例如人、家畜等),则可引起流行病的传播。

特点:①寄生物为了能将后代传播到另一个寄主体内,它们首先必须进入环境,常常还利用中间寄主;②寄生物的感染往往具有很强的季节性;③具有明显的年周期波动;④寄生物并不直接导致寄主死亡,而通过加重寒冷、抢夺食物等造成的有害影响来间接导致寄主死亡;⑤寄生物的传播和散布受寄主生态学特点的限制。

寄生物与寄主之间的相互作用:寄生物与寄主种群之间也存在相关的数量周期波动,并且寄生物与寄主的种群波动也存在时滞效应。

29.9.5　共生作用

共生(symbiosis)是指生物间的组合状况和利害程度的关系,指由于生存的需要,两种或多种生物之间必然按照某种模式互相依存、相互作用地生活在一起,形成共同生存、协同进化的共生关系。生物共生按其作用程度可分为互利共生、偏利共生和原始协作。

1. 互利共生(mutualism)　互利共生多见于生活需要极不相同的生物之间,是自然界中普遍存在的一种现象,是指两物种长期共同生活在一起,彼此相互依存、互惠互利。如豆科植物根部在根瘤菌的刺激下分裂膨大形成根瘤,为固氮菌提供了理想的活动场所和丰富的养料。固氮菌固定空气中的氮素,将其转化为植物能够吸收的离子态,使豆科植物也从根瘤活动中受益。

2. 偏利共生(commensalism)　偏利共生指种间相互作用仅对一方有利,对另一方无利但也无害的一种共生关系。偏利共生可以分为暂时性和长期性的。暂时性偏利共生是一种生物暂时附着在另一种生物体上以获得好处,但并不使对方受害,如鲫鱼用强有力的吸盘吸附在鲨鱼等大型鱼类的体表,既扩大了自身的活动范围,又能分享鲨鱼吃剩的食物,这种关系对鲫鱼有利,对鲨鱼无害。

3. 原始协作(proto-cooperation) 原始协作是指两个物种在相互作用关系中都可以获得微利,但协作并不专一,分离后双方在自然环境中均可以独立存活。它们的协作非常松散,二者之间不存在依赖关系,任意方均易被其他物种所取代。如在草原系统中,某些鸟类啄食有蹄类身上的体外寄生虫,有蹄类为鸟类提供食物,鸟类可以为有蹄类清除寄生虫,还可为有蹄类报警。

■ 本章小结

种群是指一定空间中同一物种个体的组合,种群的基本构成成分是具有潜在互相交配能力的个体。种群是物种具体的存在单位、繁殖单位和进化单位。种群具有三个基本特征:空间特征、数量特征、遗传特征。

种群的数量统计包括绝对密度测定和相对密度的测定。影响种群密度的四个基本参数是出生率、死亡率、迁入率和迁出率。

种群由不同年龄个体组成并占一定的比例,从而形成一定的年龄结构,对种群数量动态有很大影响。常用年龄金字塔图形来表示,可分成三个主要年龄结构类型:增长型(三角形)、稳定型(钟形)、衰退型(瓮形)。

由于自然环境的多样性,以及种群内个体之间的竞争,因此每一种群在一定空间中都会呈现特有的分布形式,一般来说种群空间分布及其形式可分为随机型、均匀型、聚集型。

生命表主要分两种:①动态生命表,又称特定年龄生命表;②静态生命表,又称特定时间生命表。在此基础上发展了另外两种类型的生命表,即动态混合生命表和图解式生命表。根据生命表的数据分析得出的几个主要的种群参数和曲线,包括存活曲线、生命期望、内禀增长率等。

种群增长是指种群在一定时间内的数量变化,如从入侵到稳定的过程等。种群在无限环境中增长是指种群的增长不受环境的影响。物种有的一年只有一个世代,有的多个世代重叠出现,它们的增长模式表达有所区别。种群在有限环境中的表现为逻辑斯谛增长。

种群的数量变动是出生、死亡、迁入和迁出相互作用的结果,影响出生、死亡、迁入和迁出的物理和生物因素都对种群数量起着调节作用。从自然选择的意义上讲,种群的数量波动实际上是种群适应这种多因素综合作用而发展成的自我调节能力的整体表现。

由于作用于种群数量变动的因素非常多,因此研究者们提出了许多有关种群调节的理论,有强调外部环境因素的,如气候学派和生物学派。有强调生物本身因素的,如自动调节学派。在这些大的学派里,有很多学说被用于解释种群数量变动的原因,如遗传调节等。

生活史对策是生物适应环境的整体过程,是由许多方面的对策构成的,包括体型的效应、休眠和迁移的作用、生殖对策、生态对策、能量分配。

生态适应是指生物与其生存环境的协调过程,因适应不同生境而表现出具有一定结构或功能差异。生态型是指同一物种内因适应不同生境而表现出具有一定结构或功能差异的不同类群。生活型是不同种类的生物对于特定生境长期适应而在外貌上反映出来的类型,在同一环境中,所有物种有表现出某些共同适应的特征,这种趋同适应的结果使不同种的生物在外貌上及内部生理上表现出一致性或相似性。

种内关系是指种群内个体之间的相互关系,包括密度效应、动植物性行为(植物的性别系统和动物的婚配制度)、领域性和社会等级等,还包括种内互助和种内斗争。

由于自然界的物种不是单独存在的,这些不同的物种混合在一起必然会出现以食物、空间等资源为核心的种间关系。

共栖同一地区的两个物种,如果它们利用相同的资源(即生态位很近),则种间竞争往往导致每个物种的出生率下降或死亡率上升,从而引起其种群数量发生较大的波动。由于竞争,两个相似的物种不能占有相似的生态位,即完全竞争者不能共存,这就是竞争排除原理。生态位是生态学中的一个重要概念,其含义正在不断拓展,生态位理论阐明了生物群落内物种对环境资源的利用状况及种间的竞争关系。

广义的捕食有四种形式:肉食、植食、拟寄生、同种相残。捕食直接导致猎物死亡,而寄生物为了自己的长期生存而将食物消耗水平保持在寄主能够忍受的水平上。

共生是指生物间的组合状况和利害程度的关系,指由于生存的需要,两种或多种生物之间必然按照某种模式互相依存、相互作用地生活在一起,形成共同生存、协同进化的共生关系。

思考题

扫码答题

参考文献

[1] 尚玉昌. 普通生态学[M]. 3 版. 北京:北京大学出版社,2010.

[2] 林育真,付荣恕. 生态学[M]. 2 版. 北京:科学出版社,2011.

[3] Odum E P,Barrett G W. 生态学基础[M]. 5 版. 陆健健,王伟,王天慧,等译. 北京:高等教育出版社,2009.

[4] 孙儒泳. 动物生态学原理[M]. 3 版. 北京:北京师范大学出版社,2001.

[5] 丁岩钦. 昆虫数学生态学[M]. 北京:科学出版社,1994.

[6] 尚玉昌. 行为生态学[M]. 北京:北京大学出版社,1998.

第**30**章　群落生态学

30.1　群落的基本概念

生物群落（biotic community）（简称群落）是指在一定地段或一定生境里占有一定空间的多种生物种群的集合体，此集合体包括了植物、动物和微生物等各分类单元的种群。群落具有一定的结构、种类组成和种间相互关系，并在环境条件相似的不同地段可以重复出现。但不同学者使用这个词时，其所指的含义往往是有差别的，如有的不是强调所有物种，而是强调某一类生物的结构单元，如森林蚊虫群落。

生物群落概念是德国生物学家莫比乌斯（K. Mobius）于 1877 年开始使用的，他把生物构成的统一体称为 biocoenosis。一般地说，英国和美国学者习惯于用 biotic community，而德国和俄罗斯学者则用 biocoenosis，实际上这两者含义相同。

30.2　群落的基本特征

群落主要有以下五个基本特征。

（1）一个群落中所有的生物，在生态上是相互联系的。任何一个物种其形态和功能可能是独特的，但在群落中，所有物种却是彼此依赖、相互作用而共同生活在一起的一个有机整体，如森林群落，上层乔木的树冠能遮阴，为下层的灌木和草本植物建立的一个适合它们的环境。另外群落中的生物通过能量和物质相互联系。

（2）群落与其环境的不可分割性。在任何情况下，生物群落都与其环境紧密联系并相互作用，如气候和土壤特征在决定群落的类型和特征上起着决定性的作用。但群落也对其生境与许多特征起着决定性的作用，如沙漠植物。

（3）生物群落内各个成员在群落生态学上的重要性是不相等的。对分类学家而言，一棵大树和一棵小草都是一个分类单元，但生态学家则重视各个生物种在群落功能中的重要性，如优势种的划分。

（4）群落的空间和时间结构。空间结构如分层现象，时间结构如昼夜相、季节相。

（5）群落结构的松散性和边界的模糊性。一个动物体，其体内外结构是非常明显的，而群落的结构（如分层结构、物种组成等）就明显不同了，即结构的松散性。在边界方面，有的明显，如池塘中的水生群落与陆地群落之间的边界，但有的就不明显，甚至有很宽的过渡地带，如森林群落与草原群落之间，因而边界是模糊的。

群落的这些特征是随着群落的时间和空间格局的变化而变化的，即群落演替。

30.3　群落的种类组成

大多数群落中常常有一种或少数几种能决定其主要特征的生物，它们对群落中其他物种的发生具强大的控制作用，称为优势种（dominant species），优势种在群落中往往个体数量多或生物量大。群落的不同层次可以有各自的优势种，优势层中的优势种称为建群种（constructive species）。建群种是群落的创造者、建设者，如油松是燕山油松林内的主要层（乔木层）的建群种。建群种在个体数量上不一定占绝对优势，但决定着群落内部的结构和特殊环境条件。

群落伴生种(companion species)是指群落中的常见种类,它与优势种相伴存在,但不起主要作用。偶见种或稀有种(rare species)是那些在群落中出现频率很低的物种。特有种是指某地独有存在的物种。优势种通常占有竞争优势,并能通过竞争排除来取得它们的优势。而且,优势种也常常在群落中占有较稳定的优势;但如果环境条件发生改变,则优势度的结构有可能发生改变。例如,湖泊的富营养化常常会改变浮游植物群落的优势度结构,使原来的稀有种数量很快增加,直到发展为优势浮游植物为止。

关键种(keystone species)是指其活动和丰富度决定群落的完整性并在一定时间内保持系统稳定的物种。生态系统中不同物种的作用是有差别的,其中有一些物种的作用是至关重要的,它们的存在与否会影响到整个生态系统的结构与功能,这样的物种即称为关键种或关键种组(keystone species group)。去除关键种将引起系统中部分物种的丧失和其他新物种的侵入。关键种的作用可能是直接的,也可能是间接的;可能是常见的,也可能是稀有的;可能是特异性(特化的),也可能是普适性的。

30.4 种间关联测定方法

在群落生态学研究中,需要确定两个问题:①哪些物种是倾向于生活在一起而形成群落的;②群落的边界在哪里。为了避免主观,就需要进行种间关联测定。这个可以应用种间关联系数(association coefficient)来进行,一般采用统计学方法中的 2×2 列联表法。

关联系数

$$V = \frac{ad - bc}{[(a+b)(c+d)(a+c)(b+d)]^{1/2}}$$

关联系数显著性检验采用下式:

$$X^2 = \frac{n(ad-bc)^2}{[(a+b)(c+d)(a+c)(b+d)]^{1/2}}$$

式中,a 表示物种 i 和 j 同时存在的样本数;d 表示物种 i 和 j 均不存在的样本数;c 表示物种 i 存在而 j 不存在的样本数;b 表示物种 i 不存在而 j 存在的样本数。

若 $X^2 > X^2_{0.05,1} = 3.84$,则表示物种关联显著,若 $X^2 > X^2_{0.01,1} = 6.64$,则表示物种关联极显著。$V > 0$,表示正关联;$V = 0$,表示不关联;$V < 0$,表示负关联。

30.5 物种多样性

物种多样性(species diversity)的含义包括两个方面:①物种丰富度(species richness),指群落中所含有的物种数量的多少。群落所含的物种数量越多,则群落的多样性越大。②群落的异质性(heterogeneity)或均匀性(equitability),指群落中各个物种的相对密度。在一个群落中,各个物种之间的相对密度越均匀,即各物种的个体数量很接近或大致相等,则群落的异质性也就越大。群落的异质性与均匀性是呈正比的。

1. 物种多样性的测定 以下是几个测定多样性指数的公式。

(1)香农-威纳指数(Shannon-Wiener index) 这是从信息论导出的方法。香农-威纳指数的公式如下:

$$H = -\sum_{i=1}^{S} P_i \log P_i$$

式中,H 为群落的多样性指数;S 为种数;P_i 为样品中属于第 i 种的个体的比例。例如样品总个体数为 N,第 i 种个体数为 N_i,则 $P_i = N_i/N$,$\log$ 为对数,可以以 2、e 或 10 为底。

例如,A、B、C 三个群落各有 100 个个体,其中 A 群落有 100 个个体,但只属 1 个种;B 群落有 2 个种,每个种有 50 个个体;C 群落也有 2 个种,1 个种有 99 个个体,另 1 个种只有 1 个个体。

群落	物种甲	物种乙
群落 A	100(1.00)	0(0.00)
群落 B	50(0.50)	50(0.50)
群落 C	99(0.99)	1(0.01)

则用上述公式计算,结果如下。

群落 A:$H = -[1.0(\log_2 1.00)] = 0$

群落 B:$H = -[0.50(\log_2 0.50) + 0.50(\log_2 0.50)] = 1$

群落 C:$H = -[0.99(\log_2 0.99) + 0.01(\log_2 0.01)] = 0.081$

因此,群落 B 比群落 C 的多样性要大,群落 A 的多样性等于 0。

(2)均匀性指数(E)   在香农-威纳指数中,各种之间个体分配越均匀,则 H 值越大。如果每一个个体都属于不同的种,多样性指数就最大;如果每一个个体都属于同一种,则其多样性指数就最小。因此可通过估计群落的理论上的最大多样性指数(H_{max}),然后以实际的多样性指数对 H_{max} 的比率,从而获得均匀性指数。

$$H_{max} = -\sum_{i=1}^{S}(P_i)\log(P_i) = \log S$$

则

$$E = H/H_{max} = H/\log S$$

例如,群落 A 的均匀性指数 $E = 0$,群落 B 的均匀性指数 $E = 1/\log_2 2 = 1$,群落 C 的均匀性指数 $E = 0.081/\log_2 2 = 0.081$。

(3)辛普森指数(Simpson's index)   这是从概率论导出的方法,辛普森指数(D)的公式如下:

$$D = 1 - \sum_{i=1}^{S}P_i^2$$

式中:P_i 为群落中某一物种的个体比例。

如前面假设的群落,辛普森指数计算结果如下:

群落 A:$D = 1 - (1^2 + 0^2) = 0$

群落 B:$D = 1 - [(0.5)^2 + (0.5)^2] = 0.50$

群落 C:$D = 1 - [(0.99)^2 + (0.01)^2] = 0.02$

因此,群落 B 比群落 C 的多样性要大,而群落 A 的多样性等于 0。

2. 物种多样性的变化趋势

(1)物种多样性是群落生物组成结构的重要指标,一般而言,物种多样性随着纬度梯度、海拔梯度的增高而呈逐渐降低的趋势;但从浅海到深海,物种多样性却呈增加趋势。热带环境的植物种类很多,其多样性显然高于温带和北极地区。在我国,哺乳类动物的物种多样性变化趋势的规律如下:

①物种数与纬度的关系。在北纬 40°~45°,平均物种数最低,由北纬 40°往更低纬度地区,物种数随纬度的降低而增加。

②物种数与年平均气温的关系。在年平均气温为 0~8 ℃的地区,平均物种数最低,8~20 ℃的地区物种数随年平均气温增加而增加。

③物种数与内陆干旱地区的年平均降水量的关系。年降水量由 50 mm 上升到 500 mm 时,平均物种数也随之增加。

④物种数与海拔的关系。在海拔 850~4750 m 范围内,平均物种数随海拔的升高而降低。

(2)为什么热带地区生物群落的种类的多样性高于温带地区和极地呢?这是由什么原因决定的呢?围绕这个问题,研究者们提出了不少学说。

①进化时间学说:认为多样性的高低与群落的进化时间有关,热带群落比较古老,进化时间较长,并且环境条件稳定,很少经受灾难性的气候变化。

②生态时间学说:考虑的时间范围比较短,认为物种把分布区扩大到尚未占有的地区需要一定的时间,从热带到温带的时间尚不够。

③空间异质性学说:认为物理环境越复杂越多样,即异质性越高,则其动物和植物的区系就越复杂。

④气候特定学说:认为气候越特定,变化越小,动植物种类就越丰富;热带最稳定。

⑤竞争学说:在物理条件严酷的地区(如极地),自然选择主要受物理因素所控制,但在气候温和而稳定的地区,生物之间竞争则是物种进化的动力。

⑥捕食学说:因为热带捕食动物较多,捕食者捕食作用使猎物的数量处于较低的水平,从而减少了猎物相互之间的竞争,竞争的减少使得有更多种类的猎物,这又转而支持了更多的捕食动物。

⑦生产力学说:认为环境稳定性增加,需要用于调节的能量就减少,于是就有更多的净生产力,而净生产力的增加又支持了更多的种群。

30.6　群落的成分和结构

研究生物群落的形态和结构的学科,一般称为生物群落外貌(physiognomy)。陆地群落外貌的区别主要取决于植物的特征,而水生群落的外貌区别主要取决于水的深度和水流特征。在描述植物群落外貌时,要考虑植物的生活型,植物的生活型包括乔木、灌木、附生植物、藤本植物、草本植物、藻菌植物等。

植物的生活型是指植物地上部分的高度与其多年生组织之间的关系。多年生组织是指植物的鳞茎、块茎、芽、根等。如 Braun-Blanquet(1932)将所有植物分成 10 种生活型:①浮游植物;②土壤微生物;③内生植物;④水生植物;⑤一年生植物;⑥地下芽植物;⑦地面芽植物;⑧地上芽植物;⑨高位芽植物;⑩附生植物。C. Raunkiaer(1934)把陆生植物划分为 5 种生活型:①高位芽植物;②地上芽植物;③地面芽植物;④隐芽植物;⑤一年生植物。

在两个群落交界的区域称群落交错区(ecotone),实际上是一个过渡地带。由于交错区的环境条件比较复杂,明显不同于两个群落的核心区域,这也同样反映在生物群落上,其植物种类丰富多样,动物也更丰富,在群落交错区中生物种类和种群密度增加的现象,称作边缘效应(edge effect)。

同资源种团(guild)是指以相似的方式,利用同样环境资源的物种集合体,在这个物种集合体中,不考虑物种的分类地位,而它们在生态位需求方面则显著重叠,这就是 Root(1967)最早因研究橡树林中的鸟类而提出的同资源种团概念。该概念一经提出,便给群落生态学注入了活力,很快就被广泛接受,并且由此得到很大的发展。

30.6.1　群落的结构

1. 水平格局　群落水平格局(horizontal pattern)的形成与构成群落成员的分布情况有关,陆地群落的水平格局主要取决于植物的内分布型。均匀型和随机型分布的植物较少见,人工林、沙漠灌木属均匀型分布。大多数植物呈聚集型分布,例如大多群落内各物种常形成相当高密度的斑块状镶嵌,其主要原因如下:①亲代的扩散分布习性。如无性繁殖或种子传播不远的植物则易在母体周围群聚。另外,如由卵块孵化出来的昆虫幼体也常集群生活。②环境的异质性。土壤的性质、结构和水分条件影响着植物的分布。③种间关系的作用。植食性动物明显依赖于它所取食植物的分布,植物与植物之间,植物与动物之间,可存在互相吸引或互相排斥的相关关系,即存在正关联和负关联关系。

2. 垂直结构　首先是植物具有垂直分层(vertical stratification)现象,然后动物也随之分层,如不同的鸟类在不同的高度。群落的垂直结构就是群落的层次性,大多群落都有垂直的分化。群落的层次主要由植物的生长型和生活型(即植物高矮、大小、分枝、叶等情况)以及受光照强度的递减情况所决定。例如自上而下分别是乔木、灌木、草本植物和苔藓,分别位于群落的不同高度上,形成群落的垂直结构。另外,水生群落也有分层现象,其层次性主要由光的穿透性、温度和氧气的垂直分布所决定,自上而下可分为表水层、斜温层、湖下静水层和底泥层。例如,我国饲养的四大家鱼"青、草、鲢、鳙"的垂直分层现象。水生的浮游动物大多具有垂直迁移现象,通常是夜间从深水层迁移到表水层,白天回到深水层。

3. 时间格局　很多环境因素具明显的时间节律,如昼夜节律、季节节律,所以群落结构随时间变化而呈明显的变化,此即群落的时间格局(temporal pattern),主要表现为群落的季节性变化。气候四季分明的温带、亚热带,群落时间格局的季节变化非常明显。例如,温带草原,冬季是一片枯黄,春季是一片嫩绿(各种植物发芽抽叶),入夏则背景浓绿(植物茂盛,春花植物开始结实),夏末绿中带黄(禾本科植物抽穗开花),秋末则黄绿(菊科植物、蒿类成为优势种),向冬季的枯黄过渡。群落中的动物组成及活动也呈明显的昼夜节律。例如,磷虾的昼夜垂直迁移现象;白天活动的昆虫有蝶类、蜂类和蝇类,而一到夜间,则被蛾类取代;另外,许多动物可分成昼行性和夜行性或晨昏性活动。陆生植物的开花具明显的季节性,各种植物的开花时间和开花期长短有很大差别。例如,Heinrich(1976)发现,沼泽草本植物在整个夏季都陆续有植物开花,花期平均为 32 天;森林草本植物集中在春季树叶萌发之前开花,花期平均为 18 天;而受过人为干扰的生境内,草本植物大多在夏季中期开花,花期为 45~55 天。

30.6.2　进化对群落结构的影响

1. 个体间的进化适应对群落功能和稳定性的影响　群落是由无数彼此相互作用的个体聚合而成的,因此群落功能是个体功能的总和并反映着个体的适应性。但是,群落的属性不能完全用个体的属性之和来解释,因为群落本身也是一个适应单位,它有着自己特有而为个体所不具有的功能。

群落的效率和稳定性是随着群落内种群之间的进化适应程度而呈比例递增的。一般来说,外来物种很难成功侵入一个群落,侵入后也会很快灭绝。但当将一个外来物种成功侵入某一群落时,常常可打乱群落各成员之间所取得的微妙平衡,引起群落功能的瓦解。这就是因为所引入的物种与群落中原有成员之间尚未相互适应和进化。

2. 进化对群落结构和功能的影响　在历史上,由于地理障碍等原因而引起的分布的偶然性,在岛屿上最明显,如澳大利亚,有袋类动物很多,在这种情况下往往容易引起物种的趋同进化。这表明环境对于塑造物种的特定特征起到很重要的作用。这些特征只同气候和其他自然因素有关,说明群落对地方环境条件的依赖性比对群落内物种进化起源的依赖性更大。

30.6.3　影响群落组成和结构的因素

1. 生物因素　群落结构总体上是对环境条件的适应,但在其形成过程中,生物因素起着重要作用,其中作用最大的是竞争和捕食。竞争对群落结构的影响表现在竞争可导致生态位分离。捕食对群落结构的影响表现在改变物种多样性,如使优势种的密度降低,而使一些非优势种上升。Odum(1971)提出"由于群落的发展而导致生物的发展",因此,控制某种特定的生物的最好办法是改变群落,而不是直接攻击生物本身。

2. 干扰对群落结构的影响　干扰是指林中倒树、食草动物的啃食、潮汐活动、火灾、反常气候变化或人类活动等经常发生的扰乱或干涉,它们迫使物种经历某些选择压力。比如生长在易发生火灾的环境中的植物,在形态和生活史方面有其独特的适应,以保证它们自己和后代在这样的环境中生存下去。中度干扰假说认为:适当的干扰可增加群落的物种多样性,因为它能阻止少数竞争力强的物种成为优势种,使其他物种有机会入侵。如果某个地方的种群,由于干扰而不断减少,此地的竞争排斥就可能使那些本来相互竞争的物种停止竞争,而共存。

3. 空间异质性与群落结构　群落的环境是不均匀的,即异质的,空间异质性(spatial heterogeneity)的程度越高,意味着有更多的小生境,可以使更多的物种共存。空间异质性包括生物的和非生物的空间异质性。

4. 岛屿与群落结构　由于岛屿的特点,可以认为它是一个独立的生态系统。MacArthur 和 Wilson (1967)创立的岛屿生物地理学理论指出,岛屿上物种的数目是由新迁移来的物种和以前存在物种的灭绝之间的动态平衡决定的。当迁入物种的数目增加时,到达岛屿的迁入物种的数目会随着时间的推移而减少。相反,当物种之间的竞争变得激烈时,灭绝的速率就会增加。当灭绝和迁入的速率达到相等时,物种的数目就处于平衡稳定状态。

30.6.4　群落中生物之间的关系

生物群落中的各种生物之间的关系主要有三类,即营养关系、成境关系和助布关系。

1. 营养关系　当一个种以另一个种,不论是活的还是它的死亡残体,或它们生命活动的产物为食时,就产生了这种营养关系。其可分为直接的营养关系和间接的营养关系。采集花蜜的蜜蜂,吃动物粪便的粪虫,这些动物与作为它们食物的生物种的关系是直接的营养关系。当两个种为了同样的食物而发生竞争时,它们之间就产生了间接的营养关系,因为这时一个种的活动会影响另一个种的取食。在营养结构中,生产者是系统中其他生物的营养来源,属第一营养级,作为一级消费者的植食动物属第二营养级,依此类推。但实际上对具体物种进行营养分级只能是相对的。例如,一个杂食动物可能同时占若干营养级。微生物可能分解生产者和各级消费者的尸体和排遗物。

2. 成境关系　一个种的生命活动使另一个种的居住条件发生改变,植物在这方面起的作用特别大。林冠下的灌木、草类和地被以及所有动物栖居者都处于较均一的温度、较高的空气湿度和较微弱的光照等条件下。植物还以各种不同性质的分泌物(气体的和液体的)影响周围的其他生物。一个种还可以为另一个种提供住所,例如,动物的体内寄生或巢穴共栖现象,树木干枝上的附生植物等。

3. 助布关系　指一个种参与另一个种的分布,在这方面动物起主要作用。它们可以携带植物的种子、孢子、花粉,帮助植物散布。

30.7　群落的稳定性

群落的稳定性是指群落在一段时间过程中维持物种互相结合及各物种数量关系的能力,以及在受到扰动的情况下恢复到原来平衡状态的能力。它包括四个方面:现状的稳定、时间过程的稳定、抗扰动能力和扰动后恢复原状的能力。一般情况下,物种多样性越高,群落越稳定。

判定一个群落稳定程度的因素:①当想扰动一个群落系统时,所需扰动外力越大,则表明群落愈稳定;②群落从平衡状态被扰动后,产生波动的幅度越小,则群落越稳定;③群落被扰动后,恢复到原来平衡状态所需时间越短,则越稳定。

稳定性有两个组成成分——恢复力(resilience)和抵抗力(resistance)。这两个指标描述了群落在受到干扰后的恢复能力和抵御变化的能力。复杂性被认为是决定群落恢复力和抵抗力的重要因素。然而群落越复杂并不意味着群落越稳定。复杂性增加已经显示会导致不稳定。此外,群落的不同组分(如物种丰富度和生物量)也许对干扰有不同反应。具有较低生产力的群落(如冻原)其恢复力是最低的。相反,较弱的竞争可以使许多的物种共存,从而降低群落的不稳定性。

30.8　群落形成与发育

生物群落是一个运动着的体系,它处于不断的运动变化之中,并且这种运动变化是有规律性的,有时候甚至是有一定顺序的,即从一个群落,经过一系列的演变阶段,而进入到另一个群落。根据这个特点,我们可以把生物群落视为一个超级有机体,如同生物个体一样,有其发生、发展、成熟直至衰老消亡的过程。

由于生物与环境的相互作用导致群落环境不断地改变,群落内的生物组成发生了相应的变化,这又直接影响到生态系统结构与功能的变化。在实践中,我们应将群落演替的自然规律用于生物资源的开发利用、森林采伐更新和营造、牧场管理、农田耕作制度的改革等,最大限度地持续利用自然资源。

30.8.1　群落的形成

群落的形成可从裸地开始,也可从已有的先行群落开始。一般群落形成过程都要经历物种扩散、定居、竞争等阶段。

1. 物种扩散　物种扩散主要有主动扩散和被动扩散两种类型。植物以被动扩散为主,如由风、水、动物等来传播;有些植物也可主动扩散,如有些植物果实干裂后(苹果),种子向四周弹出,有的植物依靠根、茎向外蔓延。动物则以主动扩散为主,如迁徙、迁飞、洄游等。

2. 定居　最能迅速定居成功的是扩散力很强、对环境忍受力强的物种,例如低等植物(地衣、苔藓)和草本植物等。它们是生物群落开拓新分布区的先锋种。在原生裸地最初形成的只能是地衣群落,而在次生裸地,最早形成的一般为苔藓或草本群落。随先锋植物进入新区的是昆虫、螨类等开拓性动物。定居是物种扩散成功与否的衡量标准。植物定居包括发芽、生长和繁殖三个过程,若不能适应当地气候或中途死亡,则说明定居失败。动物要想定居成功,除适应当地气候外,还须有足够的食物,在种间竞争中能取胜,可躲避天敌,并在新区具一定的数量以建立一个新的种群。

3. 竞争　随着已定居物种种群数量的增长,新种的不断迁入,物种对空间、营养或食物资源的竞争会不断加剧,同时遭受捕食的危险也不断增加。通过竞争,获得优势的物种常是生态幅较宽、繁殖能力较强的物种。竞争胜利者在群落中立足、发展,失败者则遭受抑制,甚至灭绝。然后成功者之间分享共同资源,分别占有各自独特的生态位,使资源的利用更加有效。

30.8.2　群落的发育

群落发育是指一个群落从开始形成到被另一个群落代替的过程,大致可分为三个阶段,即群落发育的初期、盛期和末期。

1. 群落的发育初期　动荡是初期的总的特征,其表现为:①物种组成结构不稳定,个体数量变化大;②群落物理结构不稳定,植物层次分化不明显,每一层的植物种类在不断变化;③群落特有的植物一直在变动,因此群落特点不突出。

2. 群落的发育盛期　群落的物种组成结构已基本稳定,每种生物都能良好的生长发育。群落结构已经定型,表现出明显的自身特点,层次分化良好,空间异质性增加,每一层都有代表性的植物及动物。群落中植物的生活型组成及季节变化,均具其自身典型的特点。

3. 群落的发育末期　群落内由于郁闭度增加,通风透光性能减弱,使温度、湿度改变,植物枯枝落叶层加厚,影响到土壤温度和腐殖质的形成,则土壤物理性质发生变化等。因此,群落对内部环境的这种改造,渐渐对自身不利,为新种的迁入和定居创造了有利条件。此时,物种组成又开始混杂,原来群落的结构和环境特点逐渐减弱。这样就孕育着下一个群落发育的初期。通常要到下一个群落的发育盛期,前一群落的特点才会完全消失。因此,前一个群落的末期和下一个群落的初期的交叉和逐步过渡,将群落演替的系列有机地联结在一起。

30.8.3　群落演替

生物群落是在不断运动变化的,且这种运动变化是有规律、有一定顺序的,即从一个群落,经过一系列的演变阶段进入另一个群落。例如,在原来群落的地段,由于火灾、水灾、砍伐等各种因素使群落受到破坏,以后在这个地方,群落就会有顺序地发展,许多暂时性的群落一个接一个地彼此交替,一直到完成了在该气候条件下能相对稳定的、其组成与结构与原先的群落相似的新群落为止。因此,这种在一定地段上,群落由一个类型转变为另一个类型的有顺序的演变过程,称为群落演替(community succession)。

群落演替的主要特征如下。

(1)演替的方向性　一个群落的演替系列就是从生物侵入开始直至形成顶极群落的有顺序的演变过程。因此,大多群落的演替都有共同的趋向,而且是不可逆的。群落演替的趋向一般是从低等生物到高等生物,从小型生物到大型生物,生活史从短到长,群落层次从少到多,营养级从低到高、从简单到复杂,竞争从无到有再到非常激烈,最后趋于动态平衡。演替总的方向是群落结构从简单到复杂,物种从少到多,种间关系从不平衡到平衡,从不稳定趋向稳定。

(2)演替的速度　先锋种要在一个裸地、沙漠或荒原等地域形成一个种群,在此基础上再发展成为一个初级群落,是一个艰难的长期自然选择的过程。因此,在演替初期其发展速度极其缓慢。当一个初级群落建立以后,定居下来的新物种就面临着繁殖、扩散、巩固等问题,物种间存在激烈的竞争。因此,在演替盛期群落的物种组成是不稳定的,且物种更替的速度较快,经常几年或数十年就更替一系列物种。但稳定平衡是演替的必然结果,在激烈、复杂的种间竞争与环境生存斗争中,最终会有一些优势种占主导地位,使演替的速度缓慢下来。因此到演替末期,在群落的稳定平衡中只存在相对的波动。

(3)物种取代机制(演替效应)　群落中的物种在自身的发展过程中,经常对生境产生一些不利于自己生存而有利于其他物种生存的因素,从而在演替中创造了物种替代的环境条件。

图 30-1　苏格兰石楠群落的周期性演替

(4)群落的周期性演替　群落演替除具一定的顺序性和方向性之外,还具一定的周期性,即群落由一个类型转变为另一个类型,最后形成的群落又回到与原有群落相似类型的现象,将其称为群落的周期性演替。例如,在苏格兰的石楠群落的周期性演替(periodic succession)(图 30-1)。因此,只要植物群落的物理环境条件不改变(例如气候、温度、湿度、土壤性质等),优势种的生活周期可引起群落的演替呈周期性变化。

30.8.4　群落演替的类型

生物群落演替的类型的划分可以按不同的原则进行,因而存在各种各样的演替名称。

1. 按照演替的延续时间划分　可分为世纪演替、长期演替和快速演替。世纪演替延续时间相当长,一般以地质年代计算,常伴随气候的历史变迁或地貌的大规模变化而变化。长期演替延续达几十年,有时达几百年,如森林被砍伐后的恢复演替可以作为长期演替的例子。快速演替延续几年或十几年,如草原弃耕地的恢复演替。也可以将其简单划分为地质演替(geological succession)和生态演替(ecological succession)。

2. 按演替的起始条件划分　可分为原生演替和次生演替。原生演替(或称为初生演替)(primary succession)是指开始于原生裸地(完全没有植被并且也没有任何植物繁殖体存在的地方)的群落演替。例如,在沙丘、火山岩、裸岩、冰川泥上所发生的演替。初生演替的基质条件较差,因此演替时间很长。次生演替(secondary succession)是指演替地点曾被其他生物定居过,原有的植被受到人类或自然因素(如野火、暴风、洪水)破坏后再次发生的演替。次生演替的基质条件较好,如有机物丰富、土壤层厚并含植物种子等,因此演替时间较短。

3. 按基质的性质划分　可分为水生演替和旱生演替。水生演替开始于水生环境中,但最终一般都能发展到陆地群落,如淡水或池塘中水生群落的演替。旱生演替从干旱缺水的基质上开始,如裸露的岩石表面生物群落的形成过程。

4. 按控制演替的主导因素划分　可分为内因性演替和外因性演替。内因性演替是由于生物本身的作用使环境发生了改变,环境的改变影响了群落本身,如此相互作用,使演替向前发展,又称为自发演替(autogenic succession)。外因性演替是由外界环境因素的作用所引起的群落变化,其中包括气候变化、地貌变化、土壤的改变、火烧和人类的作用等。例如海岸的升降、河流的冲积、冰川的影响、河流的干涸等,又称为异发演替(allogenic succession)。

5. 按演替群落的代谢特征　可分为自养性演替和异养性演替。自养性演替(autotrophic succession)中,光合作用所固定的生物量越来越多,植物的活动所固定的生物量积累得越来越多,这是由于植物种类增加、个体增大、数量增多,因此其总光合量增加的结果,大多自然群落的演替属自养性演替。异养性演替(heterotrophic succession)中,有机质一般是越来越少的。群落中细菌和真菌的分解作用特别强,从而使群落中的有机物的量由于腐败和分解而逐渐减少,例如,受污染的水体、朽木、动植物尸体、粪便、植物果实等,它们为各种微生物、植物和动物提供了一个演替基质,经过各种生物在其上的演替,它们最终被降解而消失。

30.8.5　群落演替顶极

群落的演替是一个漫长的过程,但并非一个永无休止的过程。最后会出现一个相对稳定的顶极群落期。一般而言,当一个群落或一个演替系列演替到同环境处于平衡状态的时候,演替就不再进行了。在这个平衡点中,群落结构最复杂、最稳定,只要不受外力干扰,它将基本保持原状。群落演替所达到的这个最终平衡状态称为顶极群落(climax community)。顶极群落与非顶极群落的性质存在较大的差别,如表 30-1 所示。

表 30-1　演替中群落和顶极群落特征的比较

项　　　目	群　落　特　征	演替中群落	顶极群落
群落能量	总生产量/群落呼吸	≥1	1
	总生产量/生物量	高	低
	单位能流维持的生物量	低	高
	群落净生产量	高	低
	食物链	线状,牧食为主	网状,腐食
群落结构	有机物质总量	少	多
	无机营养物	生物外	生物内
	物种多样性	低	高
	生化多样性	低	高
	层次性和空间异质性	简单	复杂
生活史	生态位特化程度	宽	窄
	生物个体大小	小	大
	生活周期	短、生活史简单	长、复杂

续表

项 目	群落特征	演替中群落	顶极群落
物质循环	无机物循环	开放式	封闭式
	生物与环境的物质交换	快	慢
	腐屑在营养物再生中作用	不重要	重要
内部稳定性	内部共生	不发达	发达
	营养保持	差	好
	抗干扰能力（稳定性）	弱	强
	熵	高	低
	信息	少	多

关于顶极群落的性质,有三种理论,即单顶极理论、多顶极理论、顶极格局理论。

(1) 单顶极理论(monoclimax theory)　该理论是美国生态学家 F. E. Clements(1916)所提出的。它认为在同一个气候区内,只能有一个顶极群落,其他所有一切群落类型都向这唯一的一种顶极群落发展着,而此顶极群落的特征完全由当地气候条件决定,因此又称为气候顶极。

(2) 多元顶极理论(polyclimax theory)　该理论是英国生态学家 A. G. Tansley(1954)提出的。它认为一个地区的顶极群落都是多个的,该区域的群落可由几种不同类型的顶极群落镶嵌而成,而每一种类型的顶极群落都是由一定的环境条件所控制和决定的。如土壤的湿度、土壤理化特性、地形和动物的活动等。因而除了气候顶极以外,还有土壤顶极、地形顶极、火烧顶极、动物顶极等。

(3) 顶极格局理论(climax pattern theory)　该理论是美国生态学家 R. H. Whittaker(1953)提出的,实际上是多元顶极的一个变型,也称为种群格局顶极理论(population pattern climax theory)。该理论认为在任何一个区域内,环境因子都是连续不断地变化的。随着环境梯度的变化,各种类型的顶极群落(如土壤顶极、地形顶极、火烧顶极、动物顶极等)不是截然呈离散状态,而是连续变化的,因而形成连续的顶极群落。

顶极群落与群落的稳定性密切相关。①群落稳定性是指群落的自我维持能力。尽管可能存在各种干扰,群落从各种干扰中恢复自我的过程就是演替。②群落稳定性包括对干扰的抵抗能力和恢复能力。如果一个群落抵抗干扰的能力很强,则不会发生演替。③一个群落具有恢复力,则在受到干扰后,它就会借演替过程恢复到稳定的平衡状态。④一个群落受到干扰后,则在原来的地域上通过演替重建那里的生物群落,当它再次达到稳定状态时,可与原来的群落非常相似。

30.8.6　群落演替的机制

在群落演替研究过程中,出现两种不同的演替观点,即经典的演替观和个体论演替观。

经典的演替观认为每一演替阶段的群落明显不同于下一阶段的群落,前一阶段群落中的物种活动促进了下一阶段物种的建立。

个体论演替观是 F. E. Egler(1952)提出初始物种组成决定群落演替系列中后来优势种的学说,Connell 和 Slatyer(1977)提出了三种可能的物种取代机制:促进模型、抑制模型、忍受模型(图 30-2)。

(1) 促进模型(facilitation model)　物种替代是由于先来物种的活动改变了环境条件,使它不利于自身生存,而促进了后来物种的繁荣;因此物种替代有顺序性、可预测性和方向性,多出现在环境条件严酷的原生演替中。

(2) 抑制模型(inhibition model)　先来物种抑制后来物种,使后者难以入侵和发育,因而物种替代没有固定的顺序,各种可能都有,其结果在很大程度上取决于哪一种先到。演替在更大程度上取决于个体的生活史对策,因而难以预测。在该模型中没有一个物种可以被认为是竞争的优胜者,而是取决于谁先到该地,所以演替往往是从短命种到长命种,而不是由有规律、可预测的物种替代。

(3) 忍受模型(tolerance model)　介于上述二者之间,认为物种替代取决于物种的竞争能力。先来的机会种在决定演替途径上并不重要,任何物种都可能开始演替,但有一些物种竞争能力优于其他种,因而它最后能在顶极群落中成为优势种。至于演替的推进是取决于后来入侵还是初始物种的逐渐减少,可能与开始的情形有关。

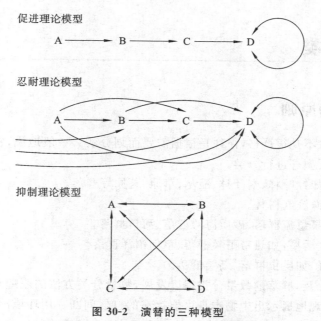

图 30-2　演替的三种模型

注:A、B、C、D 代表 4 个物种,箭头代表被替代。

30.8.7　群落演替实例

从湖泊演替为森林。一个湖泊经历一系列的演替阶段后,可演变为一个森林群落,演替过程大体经历以下几个阶段。

1. 演替的第一阶段:裸底阶段　类似于陆地的裸岩,最早出现的是微小的浮游藻类和浮游动物,这些生物死亡后,在湖底形成一层有机质,随浮游生物的数量达到一定程度时,其他生物出现了,如栖息在湖底的石蚕等。

2. 演替的第二阶段:沉水植物阶段　泥沙进入和有机质混合形成湖底的软泥,为有根的沉水植物定居创造条件,如眼子菜等。这些植物的定居使湖底软泥变得更加坚实和富含有机物,这时演替进入第二阶段。前一演替阶段的很多生物不适应已经改变的环境条件,于是逐渐消失;而其他种类取而代之,如蜻蜓和小型甲壳类等。

3. 演替的第三阶段:浮叶根生植物阶段　湖底有机质和沉积物迅速增加使湖底逐渐垫高,湖水变浅。于是有些植物可以扎根于湖底,使叶子浮于水面,像睡莲、荇菜等,这时演替进入第三阶段。由于此时浮叶根生植物的叶子浮于水面,阻挡了阳光,沉水植物则逐渐被排除。动物生存空间大大增加,于是动物种类逐渐变得多样化,如水螅、青蛙、潜水甲虫等出现。

4. 演替的第四阶段:挺水植物阶段　湖水水位的季节波动使湖边浅水地带的湖底时而露出水面,时而被淹没,浮叶根生植物因失去水对它的浮力和保护,因此无法生存而逐渐消失。于是挺水植物就占据这个地带,如芦苇、香蒲、白菖、泽泻。同时,新的动物群落开始出现,如肺呼吸的螺类代替鳃呼吸的螺类,野鸭、麝鼠等常常栖息此处。

5. 演替的第五阶段:沼泽植物阶段　挺水植物出现后,由于湖底密集根系的发展和有机质大量增加,湖泊边缘的沉积物也开始变得实而硬,很快形成了坚实的土壤。当湖底抬升到地下水位以上时,则湖泊实际上成为沼泽,湿生草本植物群落出现。

6. 演替的第六阶段:森林植物群落阶段　随着地面进一步抬升和排水条件的改善,开始出现湿生灌木;接着灌木又逐渐被树木,如杨树、榆树、槭树等所取代。随着森林密闭度加大,适于弱光条件的树木,如山毛榉、铁杉、枫树、雪松等占优势。这些树种适合生长在它们自己所创造的环境中,并形成较稳定的植物群落。

从湖泊的演替过程来看,实际上是湖泊池塘的填平过程,这个过程是从边缘向中央推进的,每一个新生群落的结构和成分都比前一个群落更复杂,高度也逐渐增加,可充分利用各种资源,改造环境的能力也逐渐加强。每一群落在发展的同时改变了环境条件,而环境改变的最终结果是越来越不利于本群落的生存和发展,但为新的群落的产生创造了条件。

群落的分类

30.9.1 群落分类的原则

群落的分类和命名一般不是很严格,往往是根据需要而划分的。一般地说,常用的分类系统是依据群落的外貌、优势种、生境和生活型等进行分类。

①根据群落外貌特征:如针叶林、阔叶林、灌丛、草原、苔原等群落。

②根据主要优势种:如海滨红树林。

③根据自然生境:如山泉急流群落、砂质海滩群落、河口群落。

④根据优势种的主要生活型:如热带雨林群落、草甸沼泽群落。

⑤根据研究的生物类群:如昆虫群落、鸟类群落。

由于计算机的发展和普及,群落的数量分类得以发展,数量分类方法的原理是用生物种的数据(属性)去划分样方(实体),可以较客观地揭示出生物本身可能存在的自然间断。用环境因素的数据去划分样方,可能揭示生物间断的环境原因。把两者的结果结合起来,进行比较,可以反映出生物变化与环境变化的关系。数量分类方法的基本过程是将生物属性数量化,然后以数学的方法实行分类运算,如相似性计算、聚类分析、模糊分析等。其共同点是把相似的单位归在一起,把性质不同的群落分开。

30.9.2 世界主要生物群落类型

地球上的生物群落可以划分为三大类型:陆地生物群落、海洋生物群落、淡水生物群落。

1. 陆地生物群落 世界陆地生物群落的划分主要是依据植被类型和气候条件的关系来确定。一般划分为十个大的类型(图 30-3)。①热带雨林(tropical rain forest);②热带落叶林(tropical deciduous);③旱生林(thorn forest);④热带稀树草原(savanna);⑤荒漠(desert);⑥温带草原(temperate grassland);⑦亚热带常绿林(subtropical evergreen forest);⑧温带落叶林(temperate deciduous forest);⑨北方针叶林(boreal coniferous forest);⑩苔原(又称为冻原,tundra)。

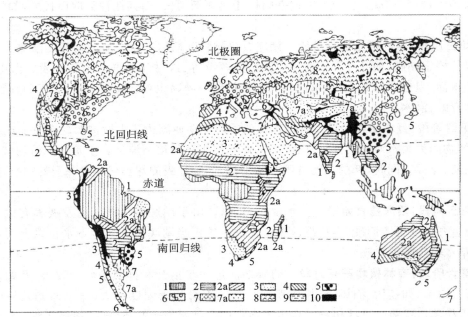

图 30-3 世界植被带图(Walter,1968)

1—低地和山地的常绿雨林(云雾林);2—半常绿林和落叶阔叶林;2a—干燥疏林,天然稀树草原或草地;3—炎热半荒漠和荒漠;4—冬雨硬叶林;5—潮湿暖温带林;6—落叶阔叶林;7—温带草原;7a—具寒冷冬季的半荒漠;8—北方针叶林带;9—冻原;10—山地

2. 海洋生物群落 海洋环境与陆地环境完全不同,海洋生物群落的种类组成、结构特征和生活型差别也

很大,一般根据海洋环境将生物群落分成三部分,即沿岸带、大洋带和深海带(图 30-4)。

(1) 沿岸带(littoral zone):生物群落包括海洋与陆地连接处及大陆架深 200 m 以内的沿岸及浅海底部和水层区的一切海洋动植物的总称。沿岸带光线充足,可透入底部,且大陆径流带来丰富的有机物质和营养盐,海洋动植物十分丰富。

(2) 大洋带(pelagic zone):生物群落是指生活在沿岸带范围以外全部开阔大洋上层水区的生物。大洋带通常以阳光透入的最大深度(一般为 200 m)为下界,海水透明,光照充足,各种理化条件稳定,动植物种类和数量较沿岸带贫乏。

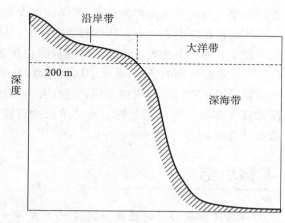

图 30-4 海洋的三个生态带

(3) 深海带(abyssal zone):生物群落是指深度在 200~500 m 的大洋底部区域。由于所处部位非常深,环境条件非常严酷,生活在这里的生物对这里的环境条件具有特殊的适应性。生命所需要的食物和氧是来自于海洋的上层。冷的水体的下沉是氧的唯一来源,海洋上层沉落下来的有机体残片是食物的主要来源。

3. 淡水生物群落 分为流水和静水两种类型。流水包括溪流和河流等,静水包括池塘、沼泽和湖泊等。在陆地,还有一些特殊的水体生物群落,如温泉、盐湖等。

30.9.3 水生动物群落

1. 底栖动物 底栖动物(zoo benthos)是指栖息于海洋或内陆水域底内或底表的动物,自由生活或固着于水底,淡水中主要是软体动物、环节动物等。在海洋生物中,底栖动物种类最多,数量极大,包括无脊椎动物的绝大部分门类。动物的生活方式则多种多样,大多数埋栖于水底泥沙中(如蛤类、海胆),或穴居于底内管道里(如虾、多毛虫),这类动物又称为底内动物(infauna)。有的固着或附着于岩礁或其他坚硬基质(包括动物的外壳)表面(如牡蛎、藤壶、苔藓等),或匍匐爬行于基底之上(如鲍、螺类等),这类动物又称为底表动物(epifauna)。另有一些能够在近底层水体中游动,但经过一段时间就要沉降在底上(如虾),称为游泳底栖动物。

2. 漂浮动物 漂浮动物(zoo neuston)是指生活在水体表面膜上或附于表面膜下的动物群,淡水种类较少,如豉甲科和鼋蝽科昆虫,海水种类较多,有一定的运动能力,包括许多门类的无脊椎动物和脊椎动物。海洋漂浮生物种类较多,有甲壳纲、蜘蛛纲和昆虫纲动物,偶尔还有蠕虫、腹足类、水螅类、幼鱼和鱼卵等。漂浮动物可分为两大类:①水面上漂浮动物,靠水体表面张力的支持而生活于水体表面膜之上,能在水面行动,如鼋蝽。②水面下漂浮动物,是较重要的类群,主要栖于水气界面下 0~5 cm 处,如角水蚤。

3. 浮游动物 浮游动物(zooplankton)是指行动能力微弱(缺乏发达的行动器官),主要受水流支配,悬浮于水层中的动物。一般个体很小,在显微镜下才能看清其构造,但种类繁多、数量很大、分布又很广,是水生动物的重要组成部分。与漂浮动物不同之处是,浮游动物生活于水面上或附着于水的表面膜下面。与游泳动物不同之处是,浮游动物能自由行动。

浮游动物的种类组成包括无脊椎动物的大部分门类,如原生动物、腔肠动物(包括各类水母)、轮形动物、甲壳动物、腹足动物(包括翼足类和异足类)、毛颚动物、被囊动物(包括浮游有尾类和海樽类)以及各类动物的浮游幼体。浮游动物中以甲壳动物(特别是桡足类)最为重要。淡水和海洋中浮游动物的种类组成明显不同。有些种类如毛颚动物、浮游腹足动物和浮游被囊动物在淡水中没有分布,水母(钵水母纲)在海洋中常占优势,但桃花水母(水螅纲)能生活在淡水中。此外,种类繁多的浮游甲壳动物中,磷虾类和樱虾类(包括萤虾和毛虾)纯为海产,而淡水枝角类则远比海洋的枝角类多。

4. 游泳动物 游泳动物(nekton)是指在水层中能克服水流阻力自由游动的水生动物生态类群,游泳动物能主动活动,其活动主要靠发达的运动器官。这类器官不仅可克服海流与波浪的阻力,进行持久运动,还可迅速起动,以利捕捉食物、逃避敌害等。为了适应水中运动,游泳动物往往具备典型的流线体型(如鲐鱼、梭鲻鱼类、海豚等),并且有发达的肌肉系统、神经系统、视觉以及适应不同生境的各种形态结构。游泳动物始终处于水体之中,特别是在大洋水层区没有任何隐蔽体,因此游泳动物多具有发达的伪装隐蔽、接收传递信息和摄取食物的适应性结构。

游泳动物主要由脊椎动物的鱼类、海洋哺乳类、头足类、甲壳类的一些种类,以及爬行类和鸟类的少数种类组成。游泳动物在纬度上的分布特点和动物界的总分布特点相同。在低纬度水域种类数目多,但各个种的种群数量相对较少。海洋中底栖性游泳动物的分布范围是从沿岸到数千米深处。浮游性游泳动物和真游泳动物分布于沿岸带至离岸很远的区域,从水表层到深海,其中鱼类可达深海区,已有的记录超过1万米。陆缘游泳动物的分布主要局限于100 m以内的水层,某些广深性分布种,例如韦德尔海豹,可潜至600 m深的水层。

游泳动物多数具有洄游习性。有的可长途跋涉往返千百海里到产卵场生殖,到索饵海域觅食,冬季到深水处或低纬度水域越冬。

本章小结

生物群落是指在一定地段或一定生境里占有一定空间的多种生物种群的集合体,此集合体包括了植物、动物和微生物等各分类单元的种群。群落具有一定的结构、种类组成和种间相互关系,并在环境条件相似的不同地段可以重复出现。

群落主要有五个基本特征:①一个群落中所有的生物,在生态上是相互联系的。②群落与其环境的不可分割性。③生物群落内各个成员在群落生态学上的重要性是不相等的。④群落的空间和时间结构。空间结构如分层现象,时间结构如昼夜相、季节相。⑤群落结构的松散性和边界的模糊性。

物种多样性是群落生物组成结构的重要指标,物种多样性的含义包括两个方面:①物种的丰富度,指群落中所含有的物种数量的多少。群落所含的物种数量越多,则群落的多样性越大。②群落的异质性或均匀性,指群落中各个物种的相对密度。

群落的结构包括水平格局、垂直结构、时间格局三个方面。生物群落中的各种生物之间的关系主要有三类,即营养关系、成境关系和助布关系。

群落的稳定性是指群落在一段时间过程中维持物种互相结合及各物种数量关系的能力,以及在受到扰动的情况下恢复到原来平衡状态的能力。它包括四个方面:现状的稳定、时间过程的稳定、抗扰动能力和扰动后恢复原状的能力。

生物群落是一个运动着的体系,它处于不断的运动变化之中,并且这种运动变化是有规律性的,有时候甚至是有一定顺序的,即从一个群落,经过一系列的演变阶段,而进入到另一个群落。这种在一定地段上,群落由一个类型转变为另一个类型的有顺序的演变过程,称为群落演替。群落的演替是一个漫长的过程,但并非一个永无休止的过程,最后会出现一个相对稳定的顶极群落期。一般而言,当一个群落或一个演替系列演替到同环境处于平衡状态的时候,演替就不再进行了。在这个平衡点中,群落结构最复杂、最稳定,只要不受外力干扰,它将基本保持原状。群落演替所达到的这个最终平衡状态称为顶极群落。关于顶极群落的性质,有三种理论,即单顶极理论、多元顶极理论、顶极格局理论。

在群落演替研究过程中,出现两种不同的演替观点,即经典的演替观和个体论演替观。

思考题

扫码答题

参考文献

[1] 赵志模,郭依泉.群落生态学原理与方法[M].重庆:科学技术文献出版社重庆分社,1990.

[2] 怀梯克 R H.群落与生态系统[M].姚璧君,王瑞芳,金鸿志,译.北京:科学出版社,1977.

[3] 尚玉昌.普通生态学[M].3版.北京:北京大学出版社,2010.

[4] 郑师章,吴千红,王海波,等.普通生态学:原理、方法和应用[M].上海:复旦大学出版社,1994.

[5] 林鹏.植物群落学[M].上海:上海科学技术出版社,1986.

第**31**章 生态系统概论

31.1 生态系统的基本概念

生态系统(ecosystem)一词是由英国植物生态学家 A. G. Tansley(1871—1955)于 1935 年首先提出来的，他对植物群落学进行了深入的研究，发现土壤、气候和动物对植物的分布和丰盛度有明显的影响，于是提出了这个概念，即居住在同一地区的动植物与其环境是结合在一起的。他在提出生态系统概念时，强调了生物与生物之间、生物与环境之间在功能上的统一性，认为生态系统就是一个生态学上的功能单位，而不是生物学上的分类单位。

生态系统是指在一定时间和空间范围内，由生物群落与其生活的环境组成的一个整体，该整体具有一定大小和结构，各成员借助能量流动、物质循环和信息传递而相互联系、相互影响、相互依存，并形成具有自我组织和自我调节功能的复合体。生态系统的范围可大可小，通常可以根据研究目的和对象而定，最大的是生物圈，小的可以是一块草地，甚至一滴水。

生态系统定义有四个基本含义：①生态系统是客观存在的实体，有时间、空间的概念；②由生物成分和非生物成分所组成；③以生物为主体；④各成员有机地组织在一起，具统一的整体功能。

生态系统的基本特征：①具特定的空间概念。与空间相联系，反映一定地区特性及空间结构。②复杂、有序的宏观系统。由于生态系统是由多种生物成分、非生物环境因子等形成的整体，各种成分构成复杂的系统，其中有些构成亚系统，各亚系统之间存在一定秩序的相互作用。③具明确功能的单元。能量和物质在各营养级中流动、转移和交换。④是开放系统，具自动调节功能。任何一个自然生态系统都是开放的，具有物质和能量的进入和输出。一个自然生态系统中的生物与其环境是经过长期进化适应的，建立了相互协调的关系。生态系统自动调控机能主要有三个方面，即种群内密度的制约机制、物种间的食物链关系、生物与环境间的相互适应的调控。⑤具动态的、生命的特征。生态系统随时间也可分幼期、成长期和成熟期，表现出系统自身特有的整体演化规律。

31.2 生态系统的组成成分

在一个生态系统中所有生物与非生物都是直接或间接地相互联系、相互依赖的，通过能量流动或物质流动形成一个极其复杂的网络。所有生态系统的组成可分为非生物和生物两大部分，或分为非生物环境、生产者、消费者、分解者四种基本成分。其中非生物环境包括光、热、气、水、土和营养成分等，是生物生存的场所和物质、能量的来源，可称为生命支持系统。生产者是指绿色植物等自养生物，包括绿色植物、光合细菌、化能细菌等，能制造有机物和储存能量。消费者是指各种动物，以生产者为食物和获取能量，包括食草动物(一级消费者)、食肉动物(二级、三级消费者等)、杂食动物、腐食消费者、其他消费者等。分解者主要是细菌等微生物，它们的主要功能是把动物植物的有机体残体分解为简单的无机物，这些物质又可以被生产者利用，故分解者又称为还原者。

31.3 生态系统的基本结构

31.3.1 生态系统的空间结构

生态系统中动植物的垂直分层现象,如草地、水域生态系统。分层有利于生物充分利用阳光、水分、养料和空间。生态系统的空间结构的特点:①结构布局的一致性,上层阳光充足,称为光合作用层;下面为异养层或分解层。②所有生态系统都是由生产者、消费者和分解者之间的相互作用而联系在一起的。③生态系统的边界的不确定性,大多是开放的系统。

31.3.2 生态系统的时间结构

生态系统的结构和外貌也会随时间不同而变化,一般可从三个时间量度来衡量:①长时间量度,以生态系统进化为主要内容;②中等时间量度,以群落演替为主要内容;③短时间量度,以昼夜、季节和年度变化为主要内容,一般是周期性的。

31.3.3 生态系统的营养结构

生态系统中各种成分之间最基本的联系是通过复杂的营养来实现的,即通过食物链把生物与非生物、生产者、消费者和分解者相互连成一个整体(图 31-1)。

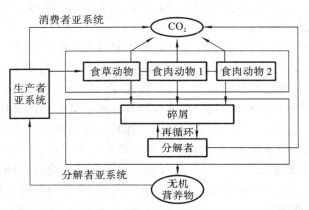

图 31-1 生态系统结构的一般模型

1. 食物链 食物链(food chain)指生态系统内不同生物之间在营养关系中形成的一环套一环的链条式的关系,即物质和能量从植物开始,然后一级一级地转移到大型食肉动物(图 31-2)。

研究食物链对于了解有毒物质浓缩很重要,如 DDT 在生物体内的浓缩,又称为生物扩大作用(biological magnification)。同时食物链不是固定不变的,主要是动物食性的改变。一个生态系统中可以有很多条食物链,根据食物链的起点不同,可以把食物链分成两大类:①牧食食物链(grazing food chain,又称捕食食物链),一般从活体植物开始,然后是食草动物、一级食肉动物、二级食肉动物等。②腐食食物链(detrital food chain,又称碎屑食物链),从死亡的有机体开始,如动物尸体—埋葬虫—鸟。

2. 食物网 实际上,大多生物以几种或多种食物为食。因此,生态系统中的食物链很少是单条、孤立出现的(除非食性均是专一的),它往往是交叉呈链状或网状,形成复杂的网络结构,即食物网(food web)。

食物网具以下特点:①食物网从形象上反映了生态系统内各生物有机体之间的营养位置和相互关系。②生态系统中各生物成分间,正是通过食物网发生直接和间接的联系,保持着系统结构和功能的稳定性。③生态系统内部营养结构不是固定不变的,而是不断发生变化的。如果食物网中某一条食物链发生了障碍,可以通过其他食物链来进行必要的调整和补偿。④有时,营养结构网的某一环节发生了变化,则其影响可能会涉及整个生态系统。⑤生物还可在食物链上使有毒物质逐级增大,即生物放大现象。

3. 营养级和生态金字塔 由于食物链和食物网上关系复杂,无法用图解完全表示,为了方便进行定量的

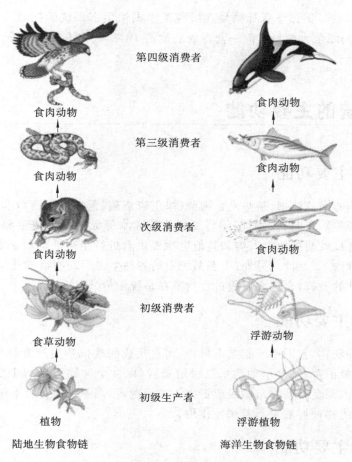

第四级消费者

食肉动物

食肉动物

第三级消费者

食肉动物

食肉动物

次级消费者

食肉动物

食肉动物

初级消费者

食草动物

浮游动物

初级生产者

植物

浮游植物

陆地生物食物链

海洋生物食物链

图 31-2　食物链

能流和物质循环研究,生态学家提出了营养级(trophic level)概念,一个营养级是指处于食物链上的某一个环节上所有生物种的总和。如自养生物(绿色植物)为一级,以生产者为食物的(食草动物)是二级,以食草动物为食物的(一级食肉动物)是三级等。

生态系统中通过食物链或营养级进行能量流动,但能量流动是单向的,并通过营养级逐步减少,所以把通过各营养级的能量,由低到高画成图,就形成一个金字塔形,即能量锥体(pyramid of energy)(图 31-3),也可以用生物量表示,则为生物量锥体(pyramid of biomass)和数量锥体(pyramid of number)。这些统称为生态金字塔(ecological pyramid)。

4. 生态效率　生态效率(ecological efficiency)是指在生态系统食物链的不同点上,能量之间的百分率,特指某一营养级的能量输出和输入之间的比率,包括同化效率、生产效率、消费效率等。

(1) 同化效率(assimilation efficiency):对植物而言,同化效率是指植物吸收光能被光合作用所固定的能量比率。对动物而言,同化效率是指被动物摄取的能量中被同化的能量比率。

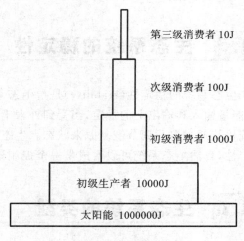

第三级消费者 10J

次级消费者 100J

初级消费者 1000J

初级生产者 10000J

太阳能 1000000J

图 31-3　能量锥体

(2) 生产效率(production efficiency)或生长效率(growth efficiency):形成新生物质的生产能量占同化能量的百分率。

(3) 消费效率(consumption efficiency)或利用效率(exploitation efficiency):指上一级营养级(如摄食)的能量占被食对象营养级净生产能量的比率。

(4) 林德曼效率(Linderman's efficiency):又称为十分之一定律,是指($n+1$)营养级所获得的能量占 n 营养级获得能量的比率,它相当于同化效率、生产效率和消费效率的乘积,即林德曼效率=($n+1$)营养级摄取的食物/n 营养级摄取的食物。美国学者林德曼在研究淡水湖泊生态系统的能量流动时发现,在次级生产过程中,后一营养级所获得的能量大约只有前一营养级能量的 10%,大约 90% 的能量损失掉了,这就是著名的百分之十定律。

31.4 生态系统的主要功能

31.4.1 生产者的主要功能

生产者包括所有自养的绿色植物、某些光合细菌(绿色硫细菌、紫色硫细菌和非硫细菌等)和其他自养细菌(硝化细菌、氧化硫细菌等),它们利用太阳能将二氧化碳和水等无机物合成糖和淀粉等有机物,并放出氧气。此光合作用的过程直接或间接地为人类和其他生物提供着进行生命活动所必需的能量和物质。目前已被定名的高等植物和苔藓约 25 万种。另外,生态系统中的各种生命活动所需的化学元素,如 N、S、P、K 及微量元素,可通过植物根、叶的吸收,合成之后通过食物链在系统中传递。

31.4.2 消费者的主要功能

消费者主要包括各种动物,它们不能制造有机物,而直接或间接依赖生产者所生产的有机物。根据食物链的等级关系,可分为一级消费者(食草动物)、二级消费者(以食草动物为食的小型食肉动物)、三级消费者(以小型食肉动物为食的大型食肉动物)、四级或更高级的消费者,等等。消费者不仅对初级生产物起着加工、再生产的作用,且对其他生物种群数量起着调控作用。

31.4.3 分解者的主要功能

分解者都是异养生物,如细菌、真菌、放线菌及土壤原生动物和一些小型无脊椎动物。这些微生物在生态系统中连续进行着分解作用,把复杂的有机物逐步分解成简单的无机物,再重新回到环境中,成为自养生物的营养物质。每一种天然有机物都能被已经存在于自然界中的微生物所分解,因此,分解者使营养物质不断地以无机物—有机物—无机物的形式循环流动。

31.5 生态系统的稳定性

生态系统的稳定性(stability)是指生态系统通过发育和调节达到一种稳定的状态,表现为结构上、功能上、能量输入和输出上的稳定,当受到外来干扰时,平衡将受到破坏,但只要这种干扰没有超过一定限度,生态系统仍能通过自我调节恢复原来状态。生态系统稳定性机制在于生态系统具有自我调节的能力,维持自身的稳定性,自然生态系统可以看成是一个控制论系统。

31.6 生态系统的类型

(1)从物理角度,根据生态系统结构和外界物质与能量交换状况,可分为以下三种。

①隔离系统(isolated system):有严格的边界系统,其边界能阻止任何物质和能量的输入和输出,仅理论上存在。

②封闭系统(closed system):有边界,但其边界只能阻止系统与周围环境之间的物质交换,却允许能量出入,如太空舱。

③开放系统(opened system):边界开放,同时允许物质和能量与周围环境交换,如自然生态系统。

(2)根据人类活动及其影响程度,可以把生态系统分为以下三种。

①自然生态系统(natural ecosystem):指实际上未受到人类活动影响或轻度影响的生态系统,如热带

雨林。

②半自然生态系统：指系统营养结构、类型或比例受到人类活动的影响有了变化。

③人工生态系统（artificial ecosystem）：人类活动在系统中起主导作用。

（3）根据生态系统所处的环境，可以把生态系统分为以下三种。

①陆地生态系统（terrestrial ecosystem）：指在陆地存在的生态系统。

②淡水生态系统（freshwater ecosystem）：淡水环境为主体。

③海洋生态系统（marine ecosystem）：海洋环境为主体。

（4）根据生态系统的生物成分，可以把生态系统分为以下四种。

①植物生态系统：如森林、草地生态系统。

②动物生态系统：如鱼塘、畜牧生态系统。

③微生物生态系统：如土壤腐殖层、池塘底泥。

④人类生态系统：如城市、乡镇等生态系统。

生态系统的范围有大有小，最大的是生物圈（biosphere），包括地球上的一切生物。小的如一块草地、一个池塘等，甚至还有人把海洋、湖泊中的一滴水也看作一个生态系统。很多密切关联的小系统又可以组合成一个大系统。有时因研究需要，还可以把任意划定的一个范围当作一个系统，研究有关的生态现象。一般说来，一定的生物群落总生存在一定的自然环境内，其中的生态关系也具有相应的特点。因此人们常按生境和植被来划分各类生态系统。

31.7　生态系统的生物生产

31.7.1　生物生产的基本概念

生物生产是生态系统的重要功能之一。生态系统不断运转，生物有机体在能量代谢过程中，将能量、物质重新组合，形成新的产品（碳水化合物、脂肪和蛋白质等）的过程，称为生态系统的生物生产。

生态系统中绿色植物通过光合作用，吸收和固定太阳能，从无机物合成、转化成复杂的有机物。由于这种过程是生态系统能量储存的基础阶段，因此，绿色植物的这种生产过程称为初级生产（primary production），或称第一性生产。

初级生产以外的生物有机体的生产，即消费者和分解者利用初级生产所制造的物质和储存的能量进行新陈代谢，经过同化作用形成异养生物自身的物质和能量的过程，称为次级生产（secondary production），或称第二性生产。

绿色植物通过光合作用合成碳水化合物等有机物质的数量称为生产量（production）。这些物质特别重要，是一切生命活动的基础。

生态系统中一定空间内的植物群落在一定时间内生产的有机物质积累的速率称为生产率（production rate）或生产力（productivity）。

生物量（biomass）是指单位面积（体积）内动植物等生物的总重量。如每平方米多少千克。生物量只指有生命的活体。

现存量（standing crop）是指绿色植物净初级生产量被动物取食、枯枝叶掉落后所剩余的存活部分。

31.7.2　初级生产

初级生产的过程可以用下列化学方程式表示：

$$6CO_2 + 12H_2O \xrightarrow[\text{叶绿素}]{2.8 \times 10^6 \text{ J（能量）}} C_6H_{12}O_6 + 6O_2 + 6H_2O$$

植物在单位面积、单位时间内，通过光合作用固定的太阳能的量称为总初级生产量（gross primary production，GP）。在生产过程中，有一部分能量被植物本身的呼吸（R）所消耗，剩下的可以用于植物的生长和生殖，这部分生产量称为净初级生产量（net primary production，NP）。它们之间的关系：

$$GP = NP + R$$

影响初级生产力的主要因素很多,如光照(表 31-1)、温度、水分等环境因素;也包括植物本身因素,如植物光合途径——Calvin 循环(C_3 途径)、Hatch-Slack 循环(C_4 途径)和景天酸代谢途径(CAM)。陆地生态系统和水体生态系统也有差别。

表 31-1　理想条件下初级生产量的效率/$(kcal \cdot m^{-2} \cdot d^{-1})$

初级生产能	输入	损失	百分数
总太阳能	5000		100
植物色素不吸收的		2780	−55.6
植物色素吸收的	2220		44.4
植物表面反射的		185	−3.7
非活性吸收		220	−4.4
光合作用可利用的能量	1815		36.3
在碳水化合物合成中未被固定的能量		1633	−32.7
总初级生产量(GP)	182		3.6
呼吸作用(R)		61	−1.2
净初级生产量(NP)	121		2.4

全球初级生产量及其分布因地球上各种生态系统的差异而有较大的不同(表 31-2)。一般估计每年地球初级生产量约为 1000 亿吨有机物质,其分布特点:①陆地比水域的初级生产量要大。②陆地上的初级生产量随纬度增加呈逐渐降低的趋势。③海洋中初级生产量有由河口湾向大陆架和大洋区逐渐降低的趋势。

表 31-2　地球主要生态系统的净生产量(干重)和生物量(干重)

生态系统类型	面积 /$(10^6 \, km^2)$	平均净初级生产力 /$(g \cdot m^{-2} \cdot a^{-1})$	全球净初级生产量 /$10^6 \, t$	平均单位面积生物量 /$(kg \cdot m^{-2})$	全球生物量 /$10^9 \, t$
湖、河	2	500	1.0	0.02	0.04
沼泽	2	2000	4.0	12	24
热带森林	20	2000	40.0	45	900
温带森林	18	1300	23.4	30	540
北方森林	12	800	9.6	20	240
林地和灌丛	7	600	4.2	6	42
热带稀树草原	15	700	10.5	4	60
温带草原	9	500	4.5	1.5	14
冻土带	8	140	1.1	0.6	5
荒漠密灌丛	18	70	1.3	0.7	13
荒漠、裸岩冰雪	24	3	0.07	0.02	0.5
农田	14	650	9.1	1	14
陆地总计	149	730	109.0	12.5	1852
开阔海洋	332	125	41.5	0.003	1
大陆架	27	350	9.5	0.01	0.3
河口	2	2000	4.0	1	2
海洋总计	361	155	55.0	0.009	3.3
全球总计	510	320	164.0	3.6	1855

31.7.3　次级生产

次级生产是指初级生产以外的生物有机体的生产,即消费者和分解者利用初级生产所制造的物质和储存的能量进行新陈代谢,经过同化作用形成异养生物自身的物质和能量的过程(图 31-4)。次级生产的生长效率因动物类群不同而异(表 31-3),一般来说,低等动物的生长效率高于高等动物,异温动物高于恒温动物。

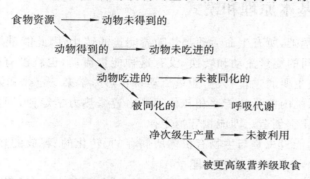

图 31-4　次级生产的一般过程

表 31-3　不同动物类群的生长效率

动 物 类 群	生长效率/(%)
食虫兽	0.86
鸟类	1.29
小型兽类	1.51
其他兽类	3.14
鱼和社会性昆虫	9.77
无脊椎动物(昆虫除外)	25.0
原生动物	40.7

31.8　生态系统的分解

生态系统中的分解作用(decomposition)是死的有机物质的逐步降解过程。分解时,无机元素从有机物质中释放出来,称为矿化,并且能量也释放出来。分解过程可用化学方程式表示为:

$$C_6H_{12}O_6 + 6O_2 \xrightarrow{\text{酶}} 6CO_2 + 6H_2O + 能量$$

分解作用在生态系统中的具体进程非常复杂,包括降解、碎化、溶解等。如果没有分解作用,地球上死的有机物质会越来越多,可实际上地球不是这样的。因此分解作用的意义在于维持了全球生产和分解的平衡。分解的主要作用:①分解死亡物质,使营养物质再循环,给生产者提供营养物质。②维持大气层中的 CO_2 浓度。③提高土壤有机物质含量,为碎屑食物链以后各级生物生产食物。④改善土壤物理性状,改造地球表面惰性物质。

分解者主要由微生物和动物组成,其中微生物起主要作用,动物主要是土壤动物类群,如蚯蚓等;专门取食尸体的昆虫,如蝇类等。

影响分解作用的主要因素包括环境因子、分解者、资源质量等。

31.9　生态系统的能量流动

能量在生态系统中的流动过程称为生态系统的能流(energy flow),这种流动是通过生物的食物链来进行的。

能量是一个物理学概念,是指物体做功能力的量度。能量在生态系统中以多种形式存在,主要有以下五种。①辐射能:来自光源的光量子以波状运动形式传播的能量,在植物光化学反应中起重要作用。②化学能:化合物中具有的能量,它是生命活动中基本的能量形式。③机械能:运动着的物质所含有的能量。如动物肌肉收缩产生的能量。④电能:生物电。⑤生物能:凡参与生命活动的任何形式的能量均称为生物能。

31.9.1　能量流动的基本原理和模式

能量是一切生命活动的基础,所有生命活动都伴随着能量的转化,因此能量是生态系统的动因,一切生命活动都依赖于生物与环境之间的能量流动和转换,没有这种能量流动,也就没有生命过程。生态系统的能量主要来自太阳能,其流动方式主要通过食物链,能量流动符合热力学第一定律和第二定律。

热力学第一定律:生态系统内能量的传递和转化都严格遵循热力学定律,即能量由一种形式转化为另一种形式,既不被消灭,也不能凭空创造。即能量守恒定律。

在生态系统中,所输入的能量总是与生物有机体所储存的、转化的、释放的热量相等,即 $I=P+F+R$(P 为生产量,F 为未被利用能量,R 为呼吸消耗的能量)。

热力学第二定律(熵律):生态系统的能量随时都在进行转化和传递,一种形式的能量转化为另一种形式时,都有一部分能量转化为不能利用的热量。简单说是指能量在转换过程要产生损耗,并且流向是单向的。

生态系统中的食物链实际反映了系统中能的流动。在森林中,绿色植物以日光为能源,吸收空气中的 CO_2 及土壤中的养分,制造构成自身的生命物质。食草动物吞食绿色植物,食肉动物又捕杀食草动物,它们都利用食物中的能量维持自身的生命活动。一切动植物死亡后都在一定的条件下被微生物分解。微生物依靠分解所释放的能量为生,分解过程又把各种复杂的有机物质还原为绿色植物能重新利用的无机物质。在这个过程中,太阳能是一切生命活动的初始能源,它以化学键的形式在食物链中传递,并在逐级分解过程中释放出来,最后以热的形式散失。这是能量的单向流动过程。

能量在生态系统中流动,大部分被各营养级生物所利用,通过呼吸作用以热的形式散失。但物质与能量不同,可在生态系统中不断循环运动。能量以物质作为载体,不断推动着物质的运动。因此,能量流动与物质流动是不可分割的。生态系统的能流(E)是势能(P)与动能(R)之和,势能就是生物本身及其产物,动能就是维持新陈代谢所消耗的量。Odum(1959)曾把生态系统的能量流动概括为一个通用的模型(图 31-5)。

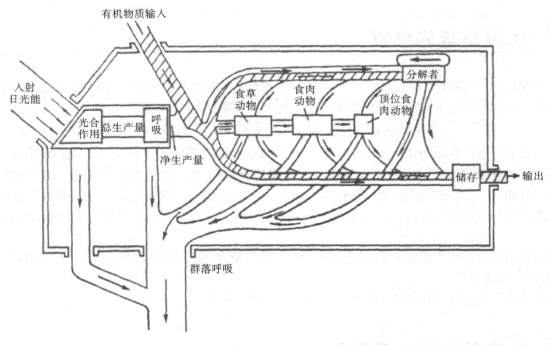

图 31-5　一个通用的能量流动模型

31.9.2　能量流动的途径和速率

在生态系统中基本的食物链形式有如下几种。①捕食食物链:植物→食草动物→食肉动物;②碎食食物链:碎食物→碎食物消费者→小型食肉动物→大型食肉动物;③寄生性食物链:哺乳动物等→跳蚤→原生动物→细菌→病毒;④腐生性食物链:以遗体为基础进行腐烂。

营养阶层的研究发现,从食草动物到顶位食肉动物有如下规律:①种类逐渐减少,种群密度逐渐降低,繁殖速率渐慢。②体型增大,取食专一性降低。③行为更为复杂,利用不同生境的能力增大。图 31-6 是美国学者对佛罗里达州的银泉(Silver spring)进行的能流分析,可以看出,当能量从一个营养级流向另一个营养级时,其数量急剧减少。

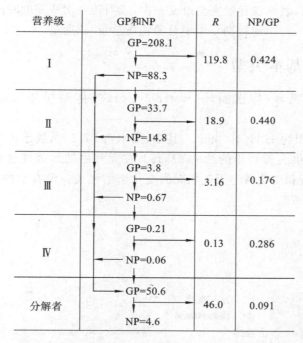

营养级	GP和NP	R	NP/GP
I	GP=208.1 NP=88.3	119.8	0.424
II	GP=33.7 NP=14.8	18.9	0.440
III	GP=3.8 NP=0.67	3.16	0.176
IV	GP=0.21 NP=0.06	0.13	0.286
分解者	GP=50.6 NP=4.6	46.0	0.091

图31-6　银泉的能流分析(单位:$\times 10^2$ kcal(4.184×10^5 J)·m^{-2}·a^{-1})

31.10　生态系统的物质循环

生命的维持不但需要能量,而且也依赖于各种化学元素的供应。如果说生态系统中的能量来源于太阳能,那么物质则是由地球供应的。生态系统从大气、水、土壤等环境中获得营养物质,通过绿色植物吸收,进入生态系统,被其他生物重复利用,最后,再归还于环境中,即生态系统的物质循环(cycle of materials),又称为生物地球化学循环(biogeochemical cycle),简称为生物地化循环。在生态系统中能量不断流动,而物质不断循环。

物质循环与能流不同,生物所需的物质只能是来自周围环境,这些物质通过生物的排遗或尸体分解又归还到自然界,在有限的范围内反复使用,因而形成循环。虽然有些气态或水溶性物质可随气流、水流传到远处,但就全球范围来讲物质只能是循环的。

在地球上已知的 109 种化学元素中,有 30 多种在生态系统中流动,其中有 20 多种是生命活动必不可少的,一般占生物量干重的 0.2%~1%,如 C、H、O、N、P、S、Cl、K、Mg、Fe、Cu 等。这些元素是构成有机体的常量元素或大量元素。另外一些元素在生物体内含量很低,一般占生物干重的 0.2% 以下,称为微量元素,如Al、B、Br、Se 等。

31.10.1　物质循环的几个基本术语

1. 库(pool)　物质在环境中都存在一个或多个储存场所,其数量大大超过结合在生物体中的数量,这些储存场所称为库。如氮在大气中的数量是一个库,在生物体内又是一个库。根据库容量不同及各种营养在各库中的滞留时间和流动速率的不同,可把库分为两种。一种是储存库(reservoir pool),其特点是库容量大,元素在库中滞留时间长,流动速度慢,多属于非生物成分。另外一种是交换库(exchange pool),其特点是库容量小,元素在库中滞留时间短,流动速度快,多属于生物成分。

2. 流通率(flux rate)　指物质在生态系统中单位时间、单位面积流通的数量。流通量通常指单位时间、单位面积内通过营养物质的绝对值。

3. 周转(或轮回,turnover) 分为周转率(turnover rate)和周转期(turnover time)。在特定时间阶段中,新加入的生物量占总生物量的比率称为周转率:

$$周转率＝流通量/库中营养物质总量$$

周转期则是周转率的倒数,表示现存量完全改变一次,或周转一次所需的时间,公式如下:

$$周转期＝库中营养物质总量/流通量$$

31.10.2 物质循环的基本类型

物质循环一般分为三类循环,即水循环(water cycle)、气体型循环(gaseous cycle)和沉积型循环(sedimentary cycle)。

1. 水循环 地球水总体积约 $1.4×10^9$ km^3。其中,海水占97.5%,淡水占2.5%,但是淡水中的3/4以固体状态分布于两极,可直接供人类利用的约0.325%。在大气中的水蒸气含量只占淡水含量的很小一部分,但它在大气中的数量、运行和变化常与天气状况的变化密切相关。没有水的循环,就没有生物地化循环,就没有生态系统的功能(图31-7)。

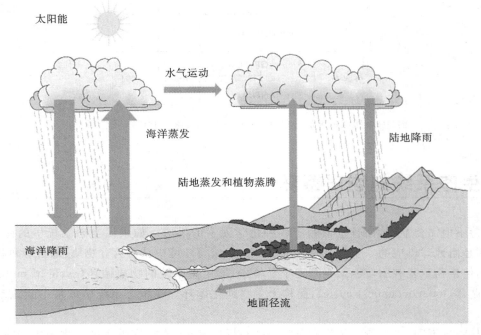

图 31-7 全球水循环示意图

水循环的作用:①水是所有营养物质的介质。生物体内营养物质需要水才能流动。②水是很好的溶剂。地球陆地上每年大约有 $36×10^{18}$ g的水流入海洋,携带着 $3.6×10^{15}$ g的溶解质进入海洋。③水是地质变化的动因之一。其他物质的循环是结合水循环进行的。

全球水循环的原因:①太阳能驱动了全球水循环,太阳的照射使水分蒸发。②植物的蒸腾,据估计,地球上每生产1 g初级生产量需要蒸腾500 g水。③动物体表的水分蒸发量很小。这些水进入空气中后流动,形成不同区域的水量,通过降雨到达地面。

人类对水循环的影响:①空气污染和降水。空气污染影响降水的质和量,水蒸气在空气中,需要凝聚在颗粒表面,空气污染使颗粒增加,刺激降水。酸雨就是这样形成的,人工降水原理也是这样的。②改变地面,增加径流,城市地面变硬不透水,农业开发,开矿、砍伐森林使水土流失增加。③破坏植被,改变植物的蒸腾作用。④过度开发地下水。⑤人为改变水的分布,如建设水利设施。

2. 气体型循环 包括碳循环、氮循环等气体的循环,储存库主要在大气和海洋;循环性能完善,其循环与大气、海洋密切相关;具明显的全球性循环。

碳循环:碳是生命的主要元素。环境中的 CO_2 通过光合作用被固定在有机物质中,然后通过食物链的传递,在生态系统中进行循环。其循环途径有:①在光合作用和呼吸作用之间的细胞水平上的循环;②大气 CO_2 和植物体之间的个体水平上的循环;③大气 CO_2—植物—动物—微生物之间的食物链水平上的循环。这些循环均属于生物小循环。此外,碳以动植物有机体形式深埋地下,在还原条件下,形成化石燃料,于是碳便进入了地质大循环。当人们开采利用这些化石燃料时,CO_2 被再次释放进入大气(图 31-8)。

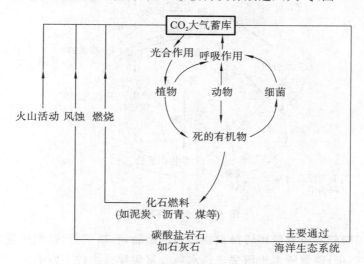

图 31-8　全球碳循环

氮循环:氮是生命代谢元素。在大气中氮的含量达到 79%,氮是一种惰性气体,不能为大多数生物直接利用。只有通过固氮菌的生物固氮、闪电等的大气固氮,火山爆发时的岩浆固氮以及工业固氮等四条途径,转为硝酸盐或氨的形态,才能为生物吸收利用。在生态系统中,植物从土壤中吸收硝酸盐,氨基酸彼此联结构成蛋白质分子,再与其他化合物一起建造了植物有机体,于是氮素进入生态系统的生产者有机体,进一步为动物取食,转变为含氮的动物蛋白质。动植物排泄物或残体等含氮的有机物经微生物分解为 CO_2、H_2O 和 NH_3 返回环境,NH_3 可被植物再次利用,进入新的循环。氮在生态系统的循环过程中,常因有机物的燃烧而挥发;或因土壤通气不良,硝态氮经反硝化作用变为游离氮而挥发;或因灌溉、水蚀、风蚀、雨水淋洗而流失等。损失的氮或进入大气,或进入水体,变为多数植物不能直接利用的氮素。因此,必须通过上述各种固氮途径来补充,从而保持生态系统中氮素循环的平衡(图 31-9)。

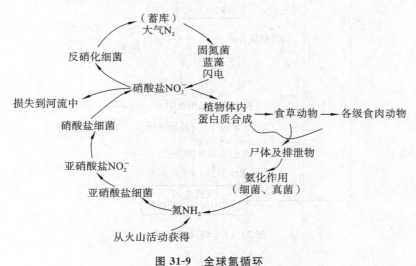

图 31-9　全球氮循环

3. 沉积型循环　包括 P、S、Ca 等的循环,储存库主要是岩石、沉积物、土壤等;循环过程缓慢,沉积物主要通过岩石的风化作用和沉积物本身的分解作用,才能转变成可供生态系统利用的营养物质;非全球性循环,易出现局部物质短缺现象。

磷循环:磷是生命信息元素。磷循环属典型的沉积循环。磷以不活跃的地壳作为主要储存库。岩石经土壤风化释放的磷酸盐和农田中施用的磷肥,被植物吸收进入植物体内,含磷有机物沿两种循环支路循环:一种是沿食物链传递,并以粪便、残体归还土壤;另一种是以枯枝落叶、秸秆归还土壤。各种含磷有机化合物经土壤微生物的分解,转变为可溶性的磷酸盐,可再次供给植物吸收利用,这是磷的生物小循环。在这一循环过程中,一部分磷脱离生物小循环进入地质大循环,其支路也有两种:一种是动植物遗体在陆地表面的磷矿化;另一种是磷受水的冲蚀进入江河,流入海洋(图 31-10)。

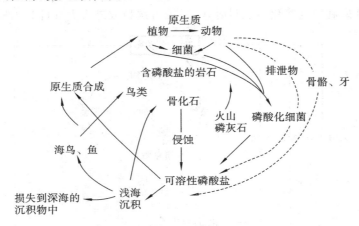

图 31-10　全球磷循环

　　农业生产上大量施用磷肥不仅有使磷资源面临枯竭的威胁,且磷矿石、磷肥中含有重金属和放射性物质,长期大量施用,会使土壤污染;磷素随水土流失进入水域并富集导致水体富营养化,殃及鱼类等水生生物。

　　硫循环:硫是生物蛋白质和氨基酸的基本成分,但含量很低。硫循环的特点既属于沉积型循环,又属于气体型循环。硫主要储存于岩石圈和海洋中,在地下水、地面水、土壤圈、大气圈中含量均较小。有机物分解释放 H_2S 气体或可溶硫酸盐,火山喷发等过程使硫变成可移动的简单化合物进入大气、水或土壤中。大气中的硫通过降水和沉降、表面吸收等作用,回到陆地和海洋。植物所需要的硫主要来自土壤中的硫酸盐,动植物的遗体被微生物分解后,又能将硫元素释放到土壤或大气中,这样就形成一个完整的循环回路(图 31-11)。

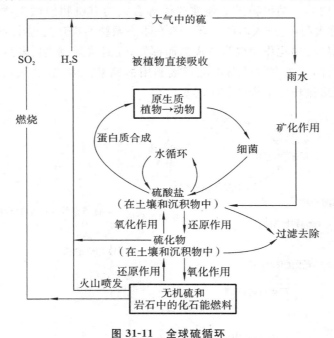

图 31-11　全球硫循环

31.11　生态系统的信息传递

31.11.1　信息的概念及其主要特征

　　信息通常是指包含在情报、信号、消息、指令、数据、图像等传播形式中的新的知识内容。信息是现实世界物质客体间相互联系的形式。所以信息以相互联系为前提,没有联系也就不存在什么信息。

　　信息的主要特征如下。

（1）传扩性：这是信息的重要特征，信息通过传输可以沟通发送者和接受者双方间的联系。

（2）永续性：信息作为一种资源，是取之不尽，用之不竭的。信息普遍存在于生态系统中，如生态系统中有机物质和无机物质可以通过信息以表达它们的存在，化石可以说明当时的气候等。

（3）时效性：信息的利用可以提高人们的认识，可以给观察者提供关于事物运动状态的知识，但不一定能了解事物未来的状态。故具有时效性。

（4）分享性：信息与实物不同，信息可以通过双方交换，相互补充而共享。

（5）转化性：信息在采集、生成中可以压缩、加工和更新。

31.11.2　生态系统信息及其传递

1. 物理信息及其传递　生态系统中以物理过程为传递形式的信息称为物理信息，生态系统中的各种光、声、热、电、磁等都是物理信息。如光信息对动物的活动等有决定作用，动物鸣叫的声信息会引起动物的行为反应。

2. 化学信息及其传递　生态系统各个层次均有生物代谢产生的化学物质参与传递信息、协调各种功能，这种传递信息的化学物质称为信息素。包括动物与植物间的化学信息、动物之间的化学信息、植物之间的化学信息等。

3. 行为信息　如蜜蜂跳舞的行为表示蜜源情况。

4. 营养信息　如食物链使得各种生物联系形成一个互相依存和互相制约的整体。

31.11.3　生态系统的稳态调节与信息流

动物个体体内的温度、渗透压、pH 值以及各种电解质和营养物的浓度都保持在一个稳定的范围内，这是在其自身神经体液系统调节下，随时抵消各种偏差而实现的。生态系统虽然没有与此类似的调节机制，但也具有一定的抵御环境压力，保持平衡状态的能力。例如水体受到轻度污染时能通过理化及生物作用自净，森林经受一定程度的火灾或砍伐后能通过自我更新复原，特别是成熟的生态系统，每年的能量收支大致相等，营养物质循环近于"封闭式"，流失极少，系统能相当长久地保持一定的外观和结构，这些都是稳态调节（homeostatic regulation）的结果。

生态系统的稳态调节是通过负反馈机制实现的。例如，种群的个体数量增加并达到一定程度时，食物必然相对短缺，内部竞争随之加剧，从而导致出生率的下降和死亡率的上升，迫使种群的个体重新接近稳定的水平。反之，种群的个体数量减少并达到一定程度时，食物会相对充裕，内部竞争也会减少，这就为个体数量的恢复创造了条件。在这些过程中，数量的增减作为一种信息回输到系统中去，这种通过信息传输的调节过程也常称为生态系统的信息流。

生态系统的自我调节能力是有一定限度的，超过这一限度将导致系统结构和功能的不可恢复的破坏。例如水体污染超过自净能力，可导致水生生物大量死亡；森林大面积砍伐会造成水土流失、岩石裸露；草原过度放牧会引起荒漠化等。

本章小结

生态系统是指在一定时间和空间范围内，由生物群落与其生活的环境组成的一个整体，该整体具有一定大小和结构，各成员借助能量流动、物质循环和信息传递而相互联系、相互影响、相互依存，并形成具有自我组织和自我调节功能的复合体。

所有生态系统的组成可分为非生物和生物两大部分，或分为非生物环境、生产者、消费者、分解者四种基本成分。

食物链指生态系统内不同生物之间在营养关系中形成的一环套一环的链条式的关系，即物质和能量从植物开始，然后一级一级地转移到大型食肉动物。实际上，大多生物以几种或多种食物为食。因此，生态系统中的食物链很少是单条、孤立出现的（除非食性均是专一的），它往往是交叉呈链状或网状，形成复杂的网络结构，即食物网。

由于食物链和食物网上关系复杂，无法用图解完全表示，为了方便进行定量的能流和物质循环研究，生态学家提出了营养级概念,一个营养级是指处于食物链上的某一个环节上所有生物种的总和。如自养生物(绿色植物)为一级,以生产者为食物的(食草动物)是二级,以食草动物为食物的(一级食肉动物)是三级。

生态系统中通过食物链或营养级进行能量流动,但能量流动是单向的,并通过营养级逐步减少,所以把通过各营养级的能量,由低到高画成图,就形成一个金字塔形,即能量锥体,也可以用生物量表示,则为生物量锥体和数量锥体。这些统称为生态金字塔。

生态效率是指在生态系统食物链的不同点上,能量之间的百分率,特指某一营养级的能量输出和输入之间的比率,包括同化效率、生产效率、消费效率等。

生态系统的主要功能包括生产者主要功能、消费者主要功能、分解者主要功能三个方面。

生态系统的稳定性是指生态系统通过发育和调节达到一种稳定的状态,表现为结构上、功能上、能量输入和输出上的稳定。当受到外来干扰时,平衡将受到破坏,但只要这种干扰没有超过一定限度,生态系统仍能通过自我调节恢复原来状态。

生物生产是生态系统的重要功能之一。生态系统不断运转,生物有机体在能量代谢过程中,将能量、物质重新组合,形成新的产品(碳水化合物、脂肪和蛋白质等)的过程,称为生态系统的生物生产。

生态系统中绿色植物通过光合作用,吸收和固定太阳能,从无机物合成、转化成复杂的有机物。由于这种过程是生态系统能量储存的基础阶段,因此,绿色植物的这种生产过程称为初级生产,或称第一性生产。

初级生产以外的生物有机体的生产,即消费者和分解者利用初级生产所制造的物质和储存的能量进行新陈代谢,经过同化作用形成异养生物自身的物质和能量的过程,称为次级生产,或称第二性生产。

生态系统中的分解作用是死的有机物质的逐步降解过程。分解时,无机元素从有机物质中释放出来,称为矿化,并且能量也释放出来。

能量在生态系统中的流动过程称为生态系统的能流,这种流动是通过生物的食物链来进行的,能量流动符合热力学第一定律和第二定律。

生态系统从大气、水、土壤等环境中获得营养物质,通过绿色植物吸收,进入生态系统,被其他生物重复利用,最后,再归还于环境中,即生态系统的物质循环,又称为生物地球化学循环,简称为生物地化循环。物质循环一般分为三类循环,即水循环、气体型循环和沉积型循环。

生态系统信息及其传递包括物理信息及其传递、化学信息及其传递、行为信息和营养信息。

思考题

 扫码答题

参考文献

[1] 郑师章,吴千红,王海波,等.普通生态学:原理、方法和应用[M].上海:复旦大学出版社,1994.

[2] 林育真,付荣恕.生态学[M].2版.北京:科学出版社,2011.

[3] Odum E P,Barrett G W.生态学基础[M].5版.陆健健,王伟,王天慧,等译.北京:高等教育出版社,2009.

[4] 孙儒泳.动物生态学原理[M].3版.北京:北京师范大学出版社,2001.

[5] 尚玉昌.普通生态学[M].3版.北京:北京大学出版社,2010.

第 **32** 章 生物多样性及其保护

一个物种的形成过程是极其漫长的,从现在地球上存在的物种来看,物种是由少到多增加的,这种增加使得地球上物种越来越丰富,形式也越来越多样化,但是随着人口的迅速增长,人类经济活动的不断加剧,作为人类生存最重要的生物多样性受到了严重的威胁,特别是有些物种在人类还没有了解它之前,就已经灭绝了。由于生物多样性决定人类的生存,因而生物多样性受到普遍的关注,特别是在 1992 年 6 月在巴西召开的联合国环境与发展大会上有 150 多个国家首脑签署的《生物多样性公约》,以及由此引发的生物多样性保护的后续行动。

32.1 对生物多样性的关注

为什么全人类会对生物多样性如此关注呢?甚至愿意为一个物种花费如此巨大的人力、物力和财力呢?人类对生物多样性普遍关注主要是从四个方面考虑的。

(1) 生物多样性受到的威胁是前所未有的,在生物历史上,以前从未出现过有如此众多的物种在如此短的时间内遭受灭绝的威胁。

(2) 由于人口激增和技术的持续进步,生物多样性的威胁也是与日俱增的,这种危机来自世界财富的分布不均,许多国家物种丰富,但极端贫困,如非洲。

(3) 科学家已了解到对生物多样性的胁迫因子是协同性的,如单个因素——酸雨、过度采伐森林和过度捕猎,可结合并表现出附加和倍增的效果。

(4) 人们终于认识到危害生物多样性必然会危及人类自身,因为人类需要从自然界获得天然物质、粮食、药物等,如近年发现的红豆杉中具有抗癌物质等。

32.2 生物多样性的概念

生物多样性是生物及其与环境形成的生态复合体以及与此相关的各种生态过程的总和,包括动物、植物、微生物和它们所拥有的基因以及它们与其生存环境形成的复杂的生态系统。它是生命系统的基本特征,生命系统是一个等级系统(hierachical system),包括多个层次或水平——基因、细胞、组织、器官、种群、物种、群落、生态系统、景观。每一个层次都具有丰富的变化,即都存在着多样性。生物多样性包括三方面内容,即物种多样性、遗传多样性及生态系统多样性。

32.2.1 物种多样性

物种多样性(species diversity)是生物多样性在物种水平上的表现形式。物种多样性有两方面的含义,一是指一定区域内物种的总和,主要是从分类学、系统学和生物地理学角度对一个区域内物种的状况进行研究,可称为区域物种多样性;二是指生态学方面的物种分布的均匀程度,常常是从群落组织水平上进行研究,有时称为生态多样性(ecological diversity)或群落物种多样性。这两种含义的区别主要在于研究的层次和尺度的不同。前一种含义主要是通过区域调查(regional survey)进行研究,后一种含义主要是通过样方或点样(point sample)在群落水平上进行研究。

1. 物种多样性特丰富国家 物种并不是均匀地分布于世界上各个国家,位于或部分位于热带、亚热带地区的少数国家拥有全世界最高比例的物种多样性(包括海洋、淡水和陆地中的生物多样性),称为生物多样性特丰富国家(megadiversity country)。包括巴西、哥伦比亚、厄瓜多尔、秘鲁、墨西哥、刚果(金)、马达加斯加、澳大利亚、中国、印度、印度尼西亚、马来西亚在内的 12 个生物多样性特丰富国家拥有全世界 60%～70% 甚至更高的生物多样性。从表 32-1 可以看出,各类群物种数量多的前 10 个国家对该类群的生存起着关键性的作用,在全球生物多样性保护中也有着重要的战略意义。

表 32-1　重要生物类群物种数量最多的前 10 个国家

名次	哺乳类/种	鸟类/种	两栖类/种	爬行类/种	种子植物/种
1	印度尼西亚(515)	哥伦比亚(1721)	巴西(516)	墨西哥(717)	巴西(55000)
2	墨西哥(449)	秘鲁(1701)	哥伦比亚(407)	澳大利亚(686)	哥伦比亚(45000)
3	巴西(428)	巴西(1622)	厄瓜多尔(358)	印度尼西亚(600)	中国(27000)
4	刚果(金)(409)	印度尼西亚(1519)	墨西哥(282)	巴西(467)	墨西哥(25000)
5	中国(394)	厄瓜多尔(1447)	印度尼西亚(270)	印度(453)	澳大利亚(23000)
6	秘鲁(361)	委内瑞拉(1275)	中国(265)	哥伦比亚(383)	南非(21000)
7	哥伦比亚(359)	玻利维亚(1250)	秘鲁(251)	厄瓜多尔(345)	印度尼西亚(20000)
8	印度(350)	印度(1200)	刚果(金)(216)	秘鲁(297)	委内瑞拉(20000)
9	乌干达(311)	马来西亚(1200)	美国(205)	马来西亚(294)	秘鲁(20000)
10	坦桑尼亚(310)	中国(1195)	委内瑞拉(197)	泰国(282)	苏联(20000)

　　2. 全球物种多样性的热点地区　一个地区物种多样性的高低不仅取决于该区域物种数目的多少,还在于该地区物种的特有性程度的高低。Myers 依据极高的特有性水平、严重受威胁的程度这两个标准,在全球范围内划分出了 18 个生物多样性的热点地区(hot-spot area),这些地区包括马达加斯加、新喀里多尼亚、巴西大西洋沿岸、菲律宾、东喜马拉雅、西亚马孙高地、哥伦比亚乔科省、厄瓜多尔西部、马来西亚半岛、缅甸北部、科特迪瓦、坦桑尼亚、印度加茨西部、斯里兰卡南部、南非开普敦地区、澳大利亚西南部、加利福尼亚植物区系、智利中部(表 32-2)。

表 32-2　18 个生物多样性的热点地区及其特有物种数目

地区	高等植物/种	哺乳动物/种	爬行类/种	两栖类/种
马达加斯加	4900	86	234	142
新喀里多尼亚	1400	2	21	0
巴西大西洋沿岸	5000	40	92	168
菲律宾	3700	98	120	41
东喜马拉雅	3500	—	20	25
西亚马孙高地	5000	—	—	—
哥伦比亚乔科省	2500	8	137	111
厄瓜多尔西部	2500	9	—	—
马来西亚半岛	2400	4	25	7
缅甸北部	3500	42	69	47
科特迪瓦	200	3	—	2
坦桑尼亚	535	20	—	49
印度加茨西部	1600	7	91	84
斯里兰卡南部	500	4	—	—
南非开普敦地区	6300	15	43	23
澳大利亚西南部	2830	10	25	22
加利福尼亚植物区系	2140	15	15	16
智利中部	1450	—	—	—

　　3. 中国的物种多样性　我国疆域辽阔,地形、气候复杂,南北跨越寒、温、热三带,生态环境多样,孕育了丰富的物种资源。同时,由于具有独特的自然历史条件,特别是第三纪后期以来,受冰川影响较小,我国的动、植物区系形成了自己的特色,保留了许多北半球其他地区早已灭绝的古老孑遗和残遗的种类。

　　我国是生物多样性特丰富国家之一。从已记录的物种数目上来看,哺乳类占有种数为世界第 5 位,鸟类为世界第 10 位,两栖类为世界第 6 位,种子植物居世界第 3 位,并且新分类群和新记录仍在不断发表和增加,如占生物界 56.4% 的昆虫在中国估计有 15 万种以上,而已定名的有 4 万种左右,约占总数的 1/4。相对来说,动物中的哺乳类、鸟类、爬行类、两栖类及鱼类,植物中的苔藓、蕨类、裸子植物和被子植物中,已知种数较为清楚(表 32-3)。

表 32-3　中国已知各类群种数及占世界已知种的比例

类群	中国已知种数	占世界已知种数的百分率/(%)
哺乳类	499	11.9
鸟类	1186	13.2
爬行类	376	5.9
两栖类	279	7.4
鱼类	2804	13.1
昆虫	34000	4.5*
高等植物	30000	10.5
真菌	8000	11.6
细菌	500	16.7
病毒	400	8.0
藻类	5000	12.5

* 注:根据世界上已鉴定记录的 751000 种昆虫数目计算(Primack,1993)。

4. 中国的特有物种　我国特有物种较为丰富,特有植物有 15000～18000 种,占维管植物总数的 50%～60%,在世界上处于第 7 位(WCMC,1992)。特有高等脊椎动物在世界上处于第 8 位(表 32-4)。

表 32-4　中国动、植物部分分类群特有种(或属)数统计表

门类名称	中国已知种(或属)数	特有种(或属)数	百分率/(%)
哺乳动物	499 种	73 种	14.6
鸟类	1186 种	93 种	7.8
爬行动物	376 种	26 种	6.9
两栖动物	279 种	30 种	10.8
鱼类	2804 种	440 种	15.7
苔藓植物	494 属	8 属	1.6
蕨类植物	224 属	5 属	2.2
裸子植物	32 属	8 属	25.0
被子植物	3116 属	235 属*	7.5

* 注:其中双子叶植物特有属 204 属,单子叶植物特有属 31 属。

32.2.2　遗传多样性

遗传多样性指生物体内决定性状的遗传因子及其组合的多样性,它决定其他两个方面的生物多样性。

生物遗传的物质基础是脱氧核糖核酸(DNA)或核糖核酸(RNA)。每个基因都可能参与性状控制,或是一个基因起主导作用,或是多个基因协调控制一个性状。同一个基因位点可能存在着多个等位基因,这些等位基因可以分离重组,于是产生了丰富多样的基因型。

基因可能发生突变,基因突变增加了遗传多样性。例如,一个人类基因位点的突变率为十万分之一。由于遗传学研究生物的遗传变异,因此,保护生物学与遗传学有着密切的关系。但保护生物学研究者更关心物种中基因位点杂合度、近交和杂交引起的物种进化适合度(evolutionary fitness)的变化以及小种群中的遗传多样性的变化等。

遗传是一个保守的过程,因为遗传保持性状和物种的相对稳定性,在 DNA 核苷酸顺序中记录的遗传信息作为一种规律忠实地进行复制,故每次复制形成的两个 DNA 完全相同,因而后代与亲本完全一致,但 DNA 在复制过程中偶尔也会发生"错误",导致子细胞或后代在 DNA 的顺序或数量上不同于母细胞或亲本。遗传多样性的根本来源可以归因于这种偶尔发生的错误,即遗传物质的改变,这种改变主要包括染色体畸形、基因突变、重组。

研究遗传多样性的意义:

①有助于进一步探讨生物进化的历史和适应潜力。一般而言,来自同一个物种的后代,在结构、组织和生境上越是多样化,就越能够占领更广阔更多样的空间,其个体数目也就越多。一个物种的遗传多样性水平高低和其群体遗传结构是长期进化的结果,它们影响着该物种未来的生存和发展。如大熊猫,数量稀少,分布区狭窄且相互隔离,食物单调,生殖力低下,面临灭绝。初步查明,我国的大熊猫被隔离为30多个小群体,每个群体不到50只,有的少于10只,小群体近交概率很大,使得遗传多样性以每代7.14%的速度减少。

②有助于推动保护生物学研究。生物多样性保护的关键之一是保护物种,更具体地说是保护物种的遗传多样性或进化潜力。种内遗传多样性越丰富,物种对环境变化的适应能力越大,其进化的潜力也就越大,有助于保护物种和整个生态系统的多样性,或可以减慢由于适应和进化所导致的灭绝过程。只有掌握物种多样性水平高低,及其群体遗传结构,才能制定有效的保护策略。如对于近亲繁殖的后代,如东北虎、华南虎,则重点选择差异明显的个体繁殖。

③有助于生物资源的保存和利用。动植物的遗传多样性被人类有意无意地加以利用,如水稻在中国仅地方品种就有近万个,这是由于我国存在着复杂的地势、土壤、气候条件和不同的耕作制度,因而产生了适应不同地区栽培需要的地方品种。国家已建立了种子库来保存这些品种。

32.2.3 生态系统多样性

生态系统多样性是指生物圈内生境、生物群落和生态过程的多样化以及生态系统内生境、生物群落和生态过程变化的多样性。此处的生境主要是指无机环境,如地貌、气候、土壤、水文等。生境的多样性是生物群落多样性乃至整个生物多样性形成的基本条件。生物群落的多样性主要指群落的组成、结构和动态(包括演替和波动)方面的多样化。生态过程主要是指生态系统的生物组分之间及其与环境之间的相互作用或相互关系,主要表现在系统的能量流动、物质循环和信息传递等方面。

32.3 生物多样性的价值

生物多样性的价值包括直接经济价值、间接经济价值和伦理价值。

1. 直接经济价值 生物多样性的直接经济价值指生物资源可供人类消费的部分,如作为食物、燃料、建材等。目前人们仅仅利用了生物界的一部分,许多野生动植物还有待驯化,以培育为新的作物、家畜;许多野生乔木可以筛选为速生树种。

2. 间接经济价值 生物多样性的许多方面可赋于间接经济价值,例如对环境的影响过程和生态系统的公益,在享用时无需进行采收或损坏就可以给人们提供福利效益,由于这些效益不是通常经济意义上的实物和服务,因而它们不能明显地反映在 GDP 中。间接价值包括多方面,如生态系统生产力、保护水资源、保护土壤、调节气候、处理废物、维持物种关系、娱乐与生态旅游、教育和科学活动、环境监测等。

3. 生物多样性的伦理价值 伦理价值是从伦理学观点来看待的,该观点存在于大多数宗教、哲学和文化的价值中。这方面的价值现在仍存在争议。伦理价值包括:①每个物种都有生存权利;②人类必须像其他物种一样生活在同一个生态范畴之内;③人们必须对他们的行为负责、对未来的后代负责,不应浪费资源;④尊重人类生活和人类多样性与尊重生物多样性是一致的;⑤自然具有超越经济价值的精神和美学价值;⑥生物多样性与生命起源有关等。

32.4 生物多样性丧失

地球上现存的大量物种是生物通过长期进化而形成的,这些物种的存在,使得人类也能在其中生存和发展,这些生物也是人类生存的必要条件之一,但在发展过程中,生物也出现了大规模灭绝事件,这些灭绝对人类也产生了重大影响。据估计,到目前为止,地球上生存过的物种绝大部分灭绝了,现存的只是一小部分。

在生物进化史上,曾出现过六次大灭绝事件。第一次发生在约 5 亿年前,大约 50% 的动物灭绝。第二次发生在约 3.5 亿年前,大约 30% 的动物灭绝。第三次发生在约 2.8 亿年前,大约 40% 的动物灭绝。第四次发生在约 1.85 亿年前,大约 35％的动物灭绝。第五次发生在约 6500 万年前,恐龙灭绝。第六次发生在约 1 万年前,与人类有关。

物种灭绝是一种自然现象,任何时刻都可能发生,据估计一个物种从它的形成到灭绝的平均寿命短于 1000 万年。灭绝的原因是物种未能适应环境。从现在物种灭绝的情况来看,除了自身原因外,人类对灭绝的影响越来越大。工业化高度发展使物种灭绝的概率越来越大。人类活动对生物进化的冲击,首先表现在对地球生态系统的巨大改变,一些大型动物由于人类的大批捕杀而绝种,更多的动植物种类由于人类改变了环境而灭绝。地球表面的 40％的区域被人类用作城市、公路、铁路、水库,尚未灭绝的物种也面临着人类活动所引起的巨大的环境挑战,特别是最近这种破坏在加剧。

32.4.1　灭绝的脆弱性

灭绝的脆弱性是指那些极易灭绝的种类,当环境被人类活动所破坏,许多物种的种群数量将缩小,一些物种将走向灭绝。生态学家已经注意到并非所有物种走向灭绝的概率都相同,某些特殊物种最易灭绝,那些物种需要有意识地小心监护和管理。

(1) 地理分布区狭窄的物种　这些物种可能只生长在有限的地理分布区中一个或少数几个地方。如果所有这些地方都遭到人类活动的影响,那么这些物种就会走向灭绝。海岛上的鸟类正是此类分布区局限易于灭绝物种最有说服力的例子。

(2) 只有一个和少数几个种群的物种　任何一个物种都可能因为偶然因素如地震、火灾、突发的病虫害或人类活动而灭绝。所以,仅有一个种群和少数种群的物种比拥有许多种群的物种更易于走向灭绝。

(3) 种群规模小的物种　由于小规模种群对统计和环境变化的脆弱性及遗传变异的丧失,它比大种群更易局部灭绝。像大的肉食性动物或极端的专化种类,这些生性形成小规模种群的物种比有时能形成大种群的物种更有灭绝的可能。同样,当种群规模因生境的破坏或分割而缩小时,物种的消失常随之而来。

(4) 种群密度低的物种　如果其分布区为人类活动所分割,种群密度低的物种,即单位面积个体数目少,常倾向于仅以小规模种群存在。在每个小分布区里,这些物种很可能不能持久,它们会逐渐在整个景观中消亡。

(5) 需要较大生活空间的物种　当个体或群体需要在较广阔范围内取食,它们的分布区被人类活动所破坏和分割时,这些物种很容易消失。

(6) 个体较大的种类　个头大的动物喜欢拥有大的生活空间,需要更多的食物,也更易于被人类猎取。特别是大的肉食性动物常常被人类捕杀,因为它们与人类竞争猎物,有时还伤害家禽,人类也将捕杀这些大型动物作为一项运动。

(7) 种群个体数增长速率低的物种　某些物种生活在稳定的生境中,常倾向于年龄较大才开始繁殖,而产下的后代数量少、个体大。这些种类比那些在生长早期就能产下许多后代,又能占据动荡不定生境的物种更易于灭绝。

(8) 不能有效扩散的物种　因为局部环境总是在变化,所有种群最终的命运都会是灭绝。然而,由于人类活动的影响,物种局部灭绝的步伐正在加快。对一个物种而言,长远的对策就是当旧的生境遭到破坏或不再适合时,它能迁移到新的生境。有些物种在它们原有生境受污染、天敌、全球气候变化的影响时,它们不能穿过道路、农田、被人为破坏的生境而扩散,那么它们注定要灭绝。

(9) 迁移性物种　季节性迁移的物种依赖于两个或更多不同类型的生境。如果这些生境中的任何一个遭到破坏,这类物种都不能生存。同样,如果所需的栖息地之间被道路、绿篱或水坝阻隔,这类生物将不能完成其生命周期。例如,定期迁徙的鸟类需要两个广阔的栖息地,总是比非迁徙性鸟类有更大的灭绝性危险。

(10) 很少遗传变异的种类　种群内的遗传变异常能保证一个物种适应不断变化的生境。当环境中新的病害、新的捕食者或某些其他变化来临时,很少或没有遗传变异的种类就有走向灭绝的趋势。比如,猎豹缺乏遗传变异性被认为是对疾病丧失抵抗力的最主要因素。

(11) 需要特殊生态位的物种　一旦由于人类活动使生境发生变化,环境可能会对某些特殊物种不再适合。例如,湿地植物需要特殊而有规律的水位变化,当人类活动影响到一个地区的水文状况时,这些湿地植物就会很快绝迹。

(12) 以稳定生态环境为特征的物种　许多物种常见于干扰很小的环境里,例如赤道雨林的老林区和温带落叶林的深处。而在干扰环境中生长旺盛的喜光性植物种类,在这样的环境中可能相当少,它们局限于林间空隙、塌方处、沟壑及崖壁上。当这些森林被砍伐放牧、火烧和其他人为干扰后,许多土著物种将不能忍受变化后的小气候条件(更多的光照、温度变低、温差大)和外来物种的引入。能够忍受这些干扰条件的物种就会排除原生种类,在变化后的生境上成为优势种。

(13)长期或暂时群聚的物种 聚居于特定的地方的物种易于局部灭绝。例如,蝙蝠食性广,但特别喜欢群集在特殊的洞穴里,猎人白天便可以捕获到洞穴中的所有蝙蝠。

(14)被人类猎取或收获的种类 过度捕获能迅速降低一个物种的种群数量,如果对一个物种的追捕或收获既不被法律制裁也不受当地习俗限制,这将会导致该物种走向灭绝。

32.4.2 人类活动对生物多样性的威胁

物种和它们所在的群落是与当地环境所适应的,只要条件保持不变,物种和群落就能在该地长期生存下去。人类活动破坏了生物群落缓慢变化的模式,短期内可使物种灭绝,即使人类不能使一些物种直接灭绝,也可以使物种数量变得很小,以至于不能继续生存而趋向灭绝。

人类活动对生物多样性的威胁主要有生境被破坏、生境片段化、生境退化(包括污染)、引入外来物种、增加疾病流行、过度开发利用六个方面。造成这六个方面的威胁的主要原因是人口的膨胀导致对资源的利用不断增加,人口增加需要柴火、食物、土地等,另外低效和不合理的利用自然资源也是生物多样性下降的一个重要原因。

(1)生境的破坏(或丧失) 由于人类开发,绝大多数的原始生境都已被毁灭。现在生境破坏受到普遍关注,如热带雨林的毁灭与物种的丧失,草地开垦为农田,沙漠化。

(2)生境片段化(habitat fragmentation) 指一个大面积而连续的生境如何缩小分割为两个或更多个小块的过程,生境主要是被道路、农田、城镇及其他较大的人类活动场所分割成小块。片段化后与原有生境之间差异主要有两点:①片段化的生境面积具有更大的边际面积;②片段化的各个部分的中心边距级更近。

(3)生境的退化与污染 农药污染、水体污染、大气污染(如酸雨)、温室效应等。

(4)外来物种的引入 由于无法跨越大环境的障碍进行扩散,许多物种的分布因此局限在某些地方。这样的种到达一个新的地方称外来种,外来种的引入纯粹是人类活动的结果。

(5)外来病害(exotic disease) 这方面主要是指病原微生物的引入,由于当地物种对某些外来病害无抵抗能力,因而极易感染而死亡。

(6)过度开发 这与人口数量和人的欲望有关(如商业利润),过度开发给世界上已经濒危的物种中约三分之一的种类造成威胁。

32.5 生物多样性的保护

由于人们已经充分意识到经济发展对生物多样性破坏带来的危害,因此,有必要采取措施来防止这种破坏的加剧,那么采取哪些措施防止呢?立法保护和建立自然保护区,是有效的途径。

32.5.1 物种濒危等级

对物种进行濒危等级划分具有科学和实用两方面的意义。从科学的角度来说,划分濒危等级能对物种的濒危现状和生存前景给予一个客观的评估,并提供一个相互比较的基础,在一定程度上既是以往调查和研究结果的一个汇总,又提出了需要深入和补充研究的内容;从实用的角度来说,能将物种按其受威胁的严重程度和灭绝的危险程度分级归类,简单明了地显示物种的濒危状态,提供了开展物种保护及制定保护优先方案的依据。国际自然及自然资源保护联盟(International Union for Conservation of Nature and Natural Resources,IUCN)(1994)建立了一个濒危等级结构,提出了等级的确定标准(图 32-1)。

(1)IUCN濒危物种新等级系统各等级定义如下。

①灭绝(extinct,EX) 一分类单元如果有理由确认其最后的个体已经死亡,即可列为灭绝。

②野生灭绝(extinct in the wild,EW) 一分类单元如果已知仅生活在栽培和圈养条件下或仅作为一个

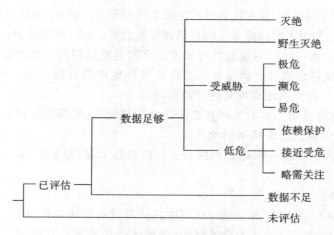

图 32-1　IUCN 濒危等级结构

（或多个）驯化种群远离其过去的分布区生活时，即为野生灭绝。

③极危（critically endangered，CE）　一分类单元在野外随时灭绝的概率极高，即可列为极危。

④濒危（endangered，EN）　一分类单元虽未达到极危，但在不久的将来野生灭绝的概率很高，即可列为濒危。

⑤易危（vulnerable，VU）　一分类单元虽未达到极危或濒危，但在未来的中期内野生灭绝的概率较高，即可列为易危。

⑥低危（lower risk，LR）　一分类单元经评估不符合列为极危、濒危或易危任一等级的标准，即可列为低危。列为低危的类群可分为 3 个亚等级，①依赖保护（conservation dependent，CD）：已成为针对分类单元或针对栖息地的持续保护项目对象的类群，若停止对有关分类单元的保护，将导致该分类单元 5 年内达到上述受威胁等级之一；②接近受危（near threatened，NT）：未达到依赖保护但接近易危的类群；③略需关注（least concern，LC）：未达到依赖保护或接近受危的类群。

⑦数据不足（data deficient，DD）　对一分类单元无足够的资料，仅根据其分布和种群现状对其灭绝的危险进行直接或间接的评估，即可列为数据不足。

⑧未评估（not evaluated，NE）　未应用有关标准评估的分类单元可列为未评估。

（2）国内动植物红皮书和国家重点保护野生动物等级参考 IUCN 红皮书等级制定，彼此相关但不相等。已出版的《中国植物红皮书》第一卷中，采用濒危（endangered）、稀有（rare）和渐危（vulnerable）3 个等级，其定义如下。

①濒危　物种在其分布的全部或显著范围内有随时灭绝的危险（immediate danger of extinction）。这类植物通常生长稀疏，个体数和种群数低，且呈狭域分布。由于栖息地丧失或破坏，或过度开采，其生存濒危。

②稀有　物种虽无灭绝的直接危险，但其分布范围很窄或很分散，或属于不常见的单种属或寡种属。

③渐危　物种的生存受到人类活动和自然原因的威胁，这类物种由于毁林、栖息地退化及过度开采等在不久的将来有可能被归入"濒危"等级。

中国动物红皮书其等级划分参照相关类群已出版的 IUCN 红皮书，使用了野生灭绝、国内灭绝、濒危、易危、稀有和未定等等级。

我国《国家重点保护野生动物名录》使用了 2 个等级，将中国特产、稀有或濒于灭绝的野生动物列为一级保护动物，将数量较少或者有濒于灭绝危险的野生动物列为二级保护动物。

32.5.2　自然保护区

1. 自然保护区类型　保护区的类型取决于特定地区、生态系统、物种或种组受威胁的程度，以及管理机构和当地的社会经济情况。自然保护区的设计原则也有差别。一般将自然保护区划分为以下 6 类。

（1）科学保护区/严格自然保护区　在不受外来干扰的自然状况下，通过保护自然及其生态过程提供具有典型生态意义的自然环境，用来进行科学研究、环境监测和教育，在动态和进化状态下维护遗传资源的自然保护区。

（2）国家公园（National Park）　1969 年，在 IUCN 第十届全会上确定国家公园应具有相当大的面积，包括一种或几种基本上未受人类开发利用的,具有代表性的生态系统类型,并包括一定的自然景观以及为科学、教育和娱乐的目的而保护,具有突出的国家和国际意义的自然区和风景区。在这些地区禁止进行商业性资源开发。

(3)自然遗迹/自然纪念地 保护和维护具有国家意义的自然风貌和当地特征的保护区。

(4)自然保护区/野生生物禁猎区 确保和维护在自然环境中具有国家意义的物种、类群、生物群落,以及需要人类的特殊管理,允许有控制地利用某些资源的地区。

(5)风景保护区 在保持当地正常的生活和经济活动的情况下,既保护居民和土地相协调的具有国家意义的自然景观,又为社会提供娱乐旅游场所的地区。

(6)多用途管理区/资源保护区 为综合利用和保护的自然资源,如水体、森林、野生生物、牧场和户外娱乐场所。

2. 自然保护区确立原则

(1)典型性(typicalness) 在不同自然地理区域中选择有代表性生物群落的地区建立保护区,以保护其自然资源和自然环境,探索生物发展演化的自然规律,保护区所代表的自然地理区域的范畴对确定该保护区的类型和级别有着至关重要的意义。

(2)稀有性(rarity) 稀有种,地方特有种或群落及其独特生境,以及汇集了一群稀有种的所谓动植物避难所的地区,在保护区选址中具有特别重要的优先地位。

(3)脆弱性(fragility) 对环境改变敏感的生态系统具有较高的保护价值,但它们的保护比较困难,需要特殊的管理。

(4)多样性(diversity) 保护区中群落的数量多少和群落的类型取决于保护区立地条件的多样性以及植被发生的历史因素,这也是保护区选址的重要依据。

(5)自然性(naturalness) 表示自然生态系统未受人类影响的程度,自然性对于建立以科学研究为目的的保护区具有特别的意义。

(6)感染力(intrinsic appeal) 虽然从经济的角度来看,不同物种具有不同的利用价值,但是由于科学技术的发展和认识的深化,一些动植物新的经济价值不断被发现。由于不同的物种和生物类型是不可替代的,就这个意义上来说,各个物种及生物群落和自然景观都是等价的。因此从科学的角度来看,很难断言哪一种生物群落类型和哪一物种更重要。由于人类的感觉和偏见,不同有机体具有不同的感染力。虽然这一标准只是人类的感觉要求,但对选择风景保护区来说仍很重要。

(7)潜在价值(potential value) 一些地域由于各种原因遭到了破坏,如森林采伐、沼泽排水和草原火烧等。在这种情况下,如能进行适当的人工管理或减少人类干扰,通过自然的演替,原有的生态系统可以得到恢复,有可能发展成为比现在价值更大的保护区。

(8)科研潜力(scientific research potential) 包括一个地区的科研历史、科研基础和进行科研的潜在价值。

上述选择自然保护区的标准有时可能是互相交叉、互为补充的,例如一个具有典型性的保护区同时可能具有多样性、自然性、科研潜力;有些标准则可能相互矛盾,相互排斥,如一个稀有的保护对象往往很难具有典型性或代表性等。因此保护区的选择是一个十分复杂的问题,运用上述标准进行选择和评价时,必须和建立自然保护区的目的结合起来,以保护物种多样性最丰富的地区,面积大、功能完整的生物群落或生态系统的典型代表,以及特有物种或特殊兴趣的群体。

3. 保护区内部的功能分区原则 自然保护区的内部功能分区一般分为3部分,即核心区、缓冲区和试验区(图32-2)。

核心区是自然保护区的核心区域,在该区域,严禁任何形式的狩猎与砍伐,或其他形式的人为破坏。其主要任务是保护基因和物种多样性,并可进行生态系统基本规律的研究。

缓冲区一般位于核心区的周围。缓冲区主要用于防止对核心区的影响与破坏,同时在该区域可以进行某些实验性和生产性的科学研究。

试验区是指在缓冲区周围设立的区域,主要是考虑当地人的经济发展需要,建立当地的特有生物资源的利用场地,也可作为野生动植物的就地繁育基地。

32.5.3 立法保护

1. 国际法规 与所有的国际法一样,国际环境法的主体是国家。国家的主权特征确定了它可以独立参

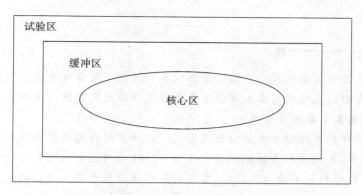

图 32-2　自然保护区功能分区

加并确立包括国际环境关系在内的国际关系,独立自主地直接承担国际法规定的权利和义务。①国际环境法是一个与许多法律紧密交叉的边缘性法律体系,它与国内环境法共同组成了广义的国际法整体,即人类赖以生存的地球环境必须从国内和国际两个方面进行保护。②国际环境法有很强的公益性和普遍性。保护环境是为了全人类的共同福利和利益,因此它是全人类的共同事业。③国际环境法还具有很强的科学技术性。

国际环境法的基本原则:①经济、社会发展与环境保护相协调的原则。②各国共同且又分别负有保护全球环境责任的原则。③尊重国家主权原则。④不损害他国和各国管辖范围以外环境的原则。⑤为保护人类环境进行国际合作的原则。⑥兼顾各国利益和优先发展中国家需要的原则。⑦共享共管全球共同资源的原则。⑧禁止转移污染和其他环境损害的原则。⑨重视预防环境污染和生态破坏的原则。⑩各国对造成国际环境损害承担责任的原则。⑪和平解决国际环境争端原则。

《生物多样性公约》是在联合国环境规划署主持下制定的,并于 1992 年 6 月由签约国在巴西里约热内卢召开的联合国环境与发展大会期间签署。该公约于 1993 年 12 月 29 日生效。该公约由序言、42 项条款以及 2 个附件组成,主要规定了 4 个方面的内容:①基本原则。②保护和持续利用生物多样性的方式。③生物技术的取得、转让和获益。④履约供资机制。

《濒危野生动植物种国际贸易公约》是 1973 年 3 月 3 日在美国华盛顿召开的缔结该公约全权代表大会上通过并向世界各国开放签字的,于 1975 年 7 月 1 日生效。公约控制着 3 个附录中野生动植物的国际贸易。①列入附录Ⅰ中的物种(包括标本、产品及其衍生物),缔约国间的合法贸易只能出于非商业贸易目的;②附录Ⅱ中的物种,原则上可以进行国际间商业贸易目的活动,但不能危及该物种的生存和持续利用;③附录Ⅲ物种的贸易,该物种分布的任一缔约国都可以提出限制或防止其开发利用,并需其他缔约国合作控制其贸易活动。

2. 中国法律　中国的环境保护基本法就是 1989 年 12 月颁布的《中华人民共和国环境保护法》,该法是在 1979 年《中华人民共和国环境保护法(试行)》的基础上修订后颁布的。它在环境法体系中占有除宪法之外的最高核心地位,对环境保护的目的、范围、方针政策、基本原则、重要措施、管理制度、组织机构、法律责任等做出了原则规定,为其他单行环境法规的制定提供了立法依据。作为一部综合性的基本法,它对环境保护的重要问题做了系统的规定。

《中华人民共和国野生动物保护法》于 1988 年 11 月 8 日公布,1989 年 3 月 1 日施行。为了更有效地实施该法,我国于 1992 年 3 月 1 日和 1993 年 10 月 5 日分别发布了《中华人民共和国陆生野生动物保护实施条例》《中华人民共和国水生野生动物保护实施条例》。该法的目的是保护和拯救珍贵、濒危野生动物,保护发展和合理利用野生动物资源。国家和地方政府分别制定国家和地方重点保护野生动物名录,保护野生动物及其生存环境,对珍贵、濒危物种给予重点保护。在野生动物主要栖息繁殖区域划定自然保护区,组织资源调查并建立资源档案,监测环境对野生动物的影响。在自然灾害威胁野生动物时要采取救护措施,政府补偿保护野生动物造成的损失。禁止猎捕、出售、收购国家重点保护的野生动物或其产品;因特殊情况或需要捕捉国家重点保护的野生动物需申办特许猎捕证;驯养繁殖要持有驯养繁殖许可证并凭证向政府指定收购单位出售;运输要有准运证;进出口要办理允许进出口证明书。自然保护区、禁猎区和禁猎期内禁止猎捕野生动物和从事其他影响其栖息繁衍的活动;其他情况下猎捕一般野生动物必须取得狩猎证并限额猎捕;经营利用野生动物及其产品的,应当交纳资源保护管理费。

本章小结

生物多样性是生物及其与环境形成的生态复合体以及与此相关的各种生态过程的总和,包括动物、植物、微生物和它们所拥有的基因以及它们与其生存环境形成的复杂的生态系统。生物多样性包括三方面内容,即物种多样性、遗传多样性及生态系统多样性。

物种多样性是生物多样性在物种水平上的表现形式。物种多样性有两方面的含义:一是指一定区域内物种的总和,主要是从分类学、系统学和生物地理学角度对一个区域内物种的状况进行研究,可称为区域物种多样性;二是指生态学方面的物种分布的均匀程度,常常是从群落组织水平上进行研究,有时称生态多样性或群落物种多样性。物种并不是均匀地分布于全世界各个国家,位于或部分位于热带、亚热带地区的少数国家拥有全世界最高比例的物种多样性(包括海洋、淡水和陆地中的生物多样性),称为生物多样性特丰富国家。

遗传多样性指生物体内决定性状的遗传因子及其组合的多样性,它决定其他两个方面的生物多样性。

生态系统多样性是指生物圈内生境、生物群落和生态过程的多样化以及生态系统内生境、生物群落和生态过程变化的多样性。

生物多样性的价值包括直接经济价值、间接经济价值和伦理价值。

灭绝的脆弱性是那些极易灭绝的种类,当环境被人类活动所破坏,许多物种的种群数量将缩小,一些物种将走向灭绝。生态学家已经注意到并非所有物种走向灭绝的概率都相同,某些特殊物种最易灭绝,某些物种需要有意识地小心监护和管理。

人类活动对生物多样性的威胁主要有生境被破坏、生境片段化、生境退化(包括污染)、引入外来物种、增加疾病流行、过度开发利用六个方面。造成这六个方面的威胁的主要原因是人口的膨胀导致对资源的利用不断增加,人口增加需要柴火、食物、土地等。另外,低效和不合理地利用自然资源也是生物多样性下降的一个重要原因。

对物种进行濒危等级划分具有科学和实用两方面的意义。从科学的角度来说,划分濒危等级能对物种的濒危现状和生存前景给予一个客观的评估,并提供一个相互比较的基础,在一定程度上既是以往调查和研究结果的一个汇总,又提出了需要深入和补充研究的内容,从实用的角度来说,能将物种按其受威胁的严重程度和灭绝的危险程度分级归类,简单明了地显示物种的濒危状态,提供开展物种保护及制定保护优先方案的依据。

自然保护区的建立取决于特定地区、生态系统、物种或种组受威胁的程度,以及管理机构和当地的社会经济情况。一般而言,自然保护区确立原则包括典型性、稀有性、脆弱性、多样性、自然性、感染力、潜在价值、科研潜力等。自然保护区的内部功能分区一般分为三部分,即核心区、缓冲区和试验区。

思考题

扫码答题

参考文献

[1] Primack R B. 保护生物学概论[M]. 祁承经,译. 长沙:湖南科学技术出版社,1996.

[2] 蒋志刚,马克平,韩兴国. 保护生物学[M]. 杭州:浙江科学技术出版社,1997.

[3] 陈灵芝. 中国的生物多样性:现状及其保护对策[M]. 北京:科学出版社,1993.